U0287276

人与自然和谐的
山江海地域系统构建研究

胡宝清 等 著

科 学 出 版 社

北 京

内容简介

本书以桂西南喀斯特—北部湾地区为研究区，以地球系统科学、地球关键带科学、人地系统动力学、（山水林田湖草海）生命共同体科学、生态学、信息科学等多学科交叉融合，以喀斯特系统-流域系统-海岸带系统为研究客体，基于人与自然和谐、山江海地域系统研究的视角，从国家发展需要和关键科学问题分析入手，以研究范式—理论体系—方法集成—数据模型—环境效应—响应模式为研究思路，以数据采集与融合—模型构建与数据平台—机器学习与专题分析—智慧决策为研究方法链，对理论方法与智慧决策、耦合关键带及环境效应、系统耦合与可持续发展和山水林田湖草海统筹共治四大方面内容进行研究。本书包括既相对独立又相互关联的4篇内容，共30章，对桂西南喀斯特—北部湾海岸带地区山江海地域系统、人与自然和谐发展存在的突出问题进行定性与定量分析，并提出针对性的管理建议，同时结合桂西南喀斯特—北部湾地区独特的地理区位条件，为其谋划发展方向。

本书可供自然地理学、人文地理学、地理信息科学、土地资源管理学、生态学、资源与环境科学、人地系统科学等学科研究人员及有关院校师生参考。

审图号：桂S（2024）3号

图书在版编目（CIP）数据

人与自然和谐的山江海地域系统构建研究 / 胡宝清等著. —北京：科学出版社，2024.10

ISBN 978-7-03-074450-0

Ⅰ. ①人… Ⅱ. ①胡… Ⅲ. ①喀斯特地区－研究－广西 ②海岸带－地质环境－研究－广西 Ⅳ. ①P931.5 ②P737.172

中国版本图书馆CIP数据核字（2022）第252382号

责任编辑：王 运 / 责任校对：何艳萍

责任印制：肖 兴 / 封面设计：图阅盛世

科学出版社出版

北京东黄城根北街16号

邮政编码：100717

http://www.sciencep.com

涿州市般润文化传播有限公司印刷

科学出版社发行 各地新华书店经销

*

2024年10月第 一 版 开本：889×1194 1/16

2024年10月第一次印刷 印张：50 3/4

字数：1 680 000

定价：678.00元

（如有印装质量问题，我社负责调换）

本书作者名单

胡宝清　严志强　蔡会德　成伟光　胡佳莹　张建兵　覃星铭

李　玲　谢余初　成柠茜　刘　菊　罗蔚生　黄锡富　张　泽

丘海红　袁勤敏　卢　峰　李楣楣　董丽丽　赖国华　莫素芬

邓雁菲　黄秀雨　梁中惠　李　敏　黄莉玲　黄思敏　李成杰

韦雯雯　徐占勇　黄丽芳　李惺颖　张礼黎　万春宏　罗金玲

黄丽排　陈汉唐　史莎娜　韦俊敏　黄秋倩　吴秋菊　吴晶晶

姜　宁　秦登华　高春莲　谢薇薇　包　婷　陈思锜　李彩茶

党湛皓　文少强　任金蕊

序

党的十九大报告指出，坚持人与自然和谐共生，建设生态文明是中华民族永续发展的千年大计。这需要学术界提供理论和方法支撑；中国领土辽阔，环境复杂，差异显著，地域类型多样，需要对不同的地域进行实践研究，以提供典型案例。《人与自然和谐的山江海地域系统构建研究》一书在这两方面都做了有益的新探索。

山江海地域系统指山地、江河、海岸带共轭构成的复合地域系统。自云贵高原东侧山地到北部湾沿海，山盆交错、江河纵横、海陆互动、区域共轭，形成我国南方一个重要的山江海地域系统。这是我国南方重要的生态屏障，也是北部湾国际门户港连接西江黄金水道乃至整个西南地区的陆海新通道，还是中国—东盟自由贸易区的重要走廊。北部湾经济区发展已上升为国家战略，西部陆海新通道重点项目——平陆运河经济带沿线建设即将启动。因此，选择桂西南喀斯特—北部湾地区山江海地域系统，研究其在建设生态文明的新时期所面临的诸多问题，探索其走上人与自然和谐和可持续发展的途径，响应了国家重大实践要求，也在学术研究上走在了前沿。

该书按照研究范式—理论体系—方法集成—数据模型—环境效应—响应模式的研究思路，通过对地球系统科学、地球关键带科学、人地关系地域系统动力学、生命共同体科学、生态学、信息科学等多学科交叉的融合，对桂西南喀斯特—北部湾地区山江海地域系统进行了系统的集成研究。研究主要围绕“理论方法与智慧决策、耦合关键带及环境效应、系统耦合与可持续发展、山水林田湖草海统筹共治”展开。在理论方法与智慧决策方面，提出了山江海地域系统的研究范式、研究体系、方法集成、科学问题和关键技术。该书在耦合关键带及环境效应方面分析了山江海地域系统关键带分类分区、生态环境脆弱性、生态及资源环境承载力、土地利用变化与生态系统服务、土地利用碳排放、“两山”价值转化评价、森林生态系统碳储量等当前生态文明建设中的重大基础性问题。在系统耦合与可持续发展方面，剖析了山江海人地系统耦合发展状态、国土空间三生功能、国土整治及优化调控、县域乡村地域多功能时空变化等重要实践问题。在山水林田湖草海统筹共治方面，提出了一系列策略和实施途径，如石漠化防治及发展其衍生生态产业培育的模式，以平陆运河—茅尾海流域、南流江流域、防城港、北海红树林为代表的北部湾流域—海湾统筹发展优化模式，山水林田湖草海统筹共治模式等。

胡宝清团队曾发表过《喀斯特人地系统研究》（科学出版社，2014 年）和《流域系统研究新范式——西江流域案例》（科学出版社，2019 年）两部专著，分别对桂西南喀斯特—北部湾地区山江海地域系统的“山”和“江”进行了系统研究。该书不仅在地域上扩展到“海”（岸带），更重要的是将“山江海”整合为一个相互关联的地域系统，而且立足这个特殊地域系统，与时俱进地关注和研究了我国新时期构建人与自然和谐生态系统所面临的一系列理论和实践问题，具有重要参考价值。

蔡运龙

2022 年 9 月 15 日

前 言

云贵高原东侧山麓下倾北部湾沿海，山地交错、江河纵横、海陆互动、区域共轭，形成独特人地系统——山江海地域系统。山江海地域系统不仅是中国—东盟自由贸易区的重要走廊、“一带一路”的重要区域，同时也是我国南方生态屏障与西部陆海新通道的战略承载区，其人地和谐的重要性不言而喻。然而，近几十年来，人类活动对陆地表层影响的范围、强度和幅度不断扩大，区域可持续发展面临的威胁不断增加，其中社会面临的主要挑战之一是如何科学理解和管理人类与自然之间的复杂互动。面对深入理解生态环境变化机理和准确预测未来变化趋势的可持续发展科学诉求，需要耦合关键带人地系统过程，通过发展系统整体的综合方法，探讨变化环境下的人地系统关键带耦合机制和山水林田湖草海生命共同体动态变化特征。

本书以桂西南喀斯特—北部湾为研究区，以地球系统科学、地球关键带科学、人地系统动力学、（山水林田湖草海）生命共同体科学、生态学、信息科学等多学科交叉融合，以喀斯特系统—流域系统—海岸带系统为研究客体，基于复杂性和可持续性视角，主要探究山江海地域系统研究理论方法与智慧模拟调控、山江海耦合关键带及其环境效应研究、山江海人地系统耦合与可持续发展研究和山江海地域系统山水林田湖草海系统与统筹共治案例研究四个方面的内容。

本书包括既相对独立又相互关联的 4 篇内容，共 30 章，通过基础研究和专题研究，对桂西南喀斯特—北部湾人地系统存在的突出问题进行定性和定量分析，并提出针对性的综合管理对策，同时结合桂西南喀斯特—北部湾地区独特的地理区位条件，为其谋划发展方向。

第一篇为山江海地域系统研究理论方法与智慧模拟调控。本篇包括第 1～5 章，第 1 章以系统论、地球科学论、可持续发展论、信息科学论为基础，提出山江海地域系统研究范式、研究体系、方法集成、科学问题和关键技术。第 2～4 章基于山江海地域系统结构，在研究区内设立核心研究站点，系统地开展气候、植被、土壤、微生物、生态海洋、农业环境等多方面的动态监测。第 5 章建立山江海地域系统资源环境数据体系，构建一个支撑山江海地域系统可持续发展的资源、生态、环境、防灾减灾信息基础数据库，为科学研究及管理提供重要的基础数据和决策分析依据。

第二篇为山江海耦合关键带及其环境效应研究。本篇包括第 6～12 章，第 6 章以地球关键带科学和可持续发展科学为指导基础，探究山江海耦合关键带的分类分区，拟从三个级别来对关键带进行分类分区，提出具有地区特色的分类分区方法，为后续的优化调控提供良好的基础。第 7～10 章围绕山江海地域系统的生态环境脆弱性及生态风险评价、生态环境承载力时空变化及优化、土地利用变化及土地生态系统服务权衡进行分析，探究了山江海地域系统生态环境脆弱性和综合生态风险评价、生态承载力、资源环境承载力和生态系统服务。第 11～12 章分别从土地利用碳排放及低碳经济发展路径、人地系统“两山”价值转化评价及其优化两方面进行分析，探究土地利用转移及变化对碳排放的影响，提出一条低碳经济发展路径，通过能值-生态足迹、生态系统生产总值（GEP）构建转换测算方案，进行“两山”价值转化评价并探究治理优化措施。

第三篇为山江海人地系统耦合与可持续发展研究。本篇包括第 13～19 章，主要探讨山江海地域系统经济、资源子系统、人口子系统、生态子系统之间的耦合机制，以及如何对国土空间功能质量进行评价，为可持续发展提供必要的技术支持。第 13 章对景观过程及其生态系统服务价值的时空格局进行深入分析，探究景观过程对生态系统服务价值变化的影响，提升区域生态系统服务价值及可持续发展水平，提出相关景观格局优化对策。第 14～19 章分别从国土空间三生功能、研究区国土整治分区及其生态修复模式、县域可持续发展水平评价及其情景模拟、县域乡村地域多功能时空分异及影响因素、新型城镇化耦合协调时空分异与高质量发展、农业可持续发展评价与粮食安全、国土空间功能质量评价及优化分区管控方面进行分析，探究研究区的三生空间和县域可持续发展水平，提出国土整治和生态修复模式，探究乡村地域功能、粮食安全和新型城镇化时空分异及其影响因素，为高质量发展提供理论依据。

第四篇为山江海地域系统山水林田湖草海系统统筹共治案例研究。本篇包括第 20～30 章，第 20～23 章分别从山水林田湖草海时空变化及其健康评价、耦合关键带社会生态特征及其生态治理、人-山水林田湖海系统和谐及高质量发展、桂西南喀斯特人地系统及其统筹共治方面进行分析，建立山水林田湖草海沙生命共同体的社会、经济、自然生态系统的“架构”体系，构建山水林田湖草海沙生态保护修复技术体系，耦合人-山水林田湖草海系统及推动高质量发展，提出发展石漠化防治及其衍生生态产业培育模式。第 24～30 章，通过不同尺度、不同研究单元的调查观测、遥感监测、空间分析研究山江海地域系统生态环境现状，采用定性定量相结合的方法，深入剖析资源共享、产业发展、环境整治、生态修复和功能布局等人地系统的关键内容，提出了平陆运河—茅尾海流域、南流江流域、防城港山江海人地系统中以金花茶保护区、北海红树林区为代表的北部湾流域—海湾统筹发展优化模式、山水林田湖草海沙统筹共治模式，为西部陆海新通道和陆海社会-生态系统可持续协调发展提供科学依据。

本书的研究成果得到以下基金项目的资助，特此感谢：国家自然科学基金项目“北部湾红树林潮滩响应陆海水沙变化的沉积动力过程”（41930537）、“喀斯特峰丛洼地土壤养分过程及其生态系统服务权衡”（42071135）、“复杂环境下西江流域社会-生态系统变化及其生态风险模拟研究”（41661021）和“北部湾海陆过渡带生态环境演化机理及其情景模拟研究”（41361022），国家重点研发计划项目课题“生态工程背景下区域石漠化演变机制及治理成效评估”(2016YFCO502401)，广西自然科学基金创新团队项目“北部湾海陆交互关键带与陆海统筹发展研究”(2016JJF15001)，广西科技基地与人才专题“喀斯特关键带与生态功能提升技术高层次人才培养示范”（桂科 AD19110142）以及广西科技开发项目“基于水-土-气-生-人耦合的西江流域生态环境风险评价与情景模拟”(250103-402)、“来宾金秀大瑶山森林生态系统广西野外科学观测研究站科研能力建设项目”（桂科 22-035-130-01）。

本书得到北部湾环境演变与资源利用教育部重点实验室、来宾金秀大瑶山森林生态系统广西野外科学观测研究站和广西地表过程与智能模拟重点实验室，以及南宁师范大学地理学一级学科博士学位点建设项目经费的资助。本书包含各位集体项目合作者的智慧，特此向一切给予关照和支持的同仁致以衷心的感谢。在项目研究和本书撰写过程中，作者参考了大量相关的著作和论文，谨向原作者表示衷心的感谢。特别感谢蔡运龙老师的长期关心和支持，尤其是为本书赐名和作序。由于作者水平有限，书中难免存在不足之处，敬请同仁不吝赐教。

胡宝清

2022 年 12 月 12 日

目　　录

第二篇 山江海耦合关键带及其环境效应研究

第三篇　山江海人地系统耦合与可持续发展研究

第一篇　山江海地域系统研究理论方法与智慧模拟调控

21 世纪以来我国经济社会迅猛发展，在享受生态环境惠益的基础上，人民生活水平与幸福感得到极大提升，发展需求逐渐转变为更高层次的对美好生活的向往。但与此同时，大尺度、高强度的人类活动又对生态环境造成了不可逆转的破坏，生态空间不断萎缩，生态功能严重损耗，生态系统退化与人类需求提升之间的矛盾愈演愈烈。山江海地域系统理论的提出为山江海研究提供了全新视角，即从系统科学、生命共同体科学的角度出发，建立山江海地域系统研究范式，综合山区-流域-海岸带人口、资源、生态、环境、经济等子系统，从人地关系协调角度来统领生态文明问题。

本篇以山江海地域系统研究为主要探讨对象，以系统论、地球科学论、可持续发展论、信息科学论为基础，提出山江海人地系统研究范式、研究体系、方法集成、科学问题和关键技术。同时基于山-江-海系统结构，在研究区域内设立研究站点，结合航天遥感数据监测及无人机，系统地对区域气候、植被、土壤、微生物、生态海洋、农业环境等多方面进行动态监测并获取数据，构建一个支撑山江海地域系统可持续发展的资源、生态、环境、防灾减灾信息基础数据库，实现山江海地域系统资源环境数据体系及技术规程研究，山江海地域系统智能模型库构建与大数据集成共享关键技术研究，智能模型关键技术研究及可持续发展决策支持开发系统研发。

第 1 章　山江海地域系统研究范式和理论体系

1.1 引　言

1.1.1 研究背景与意义

生态环境是人类赖以生存和经济社会高质量发展最基本的条件，保护、建设和修复生态环境，构建可持续人地系统，是实现我国社会经济可持续发展的根本保障（傅伯杰，2018）。自云贵高原东侧山麓下倾北部湾沿海，山地交错、江河纵横、海陆互动、区域共轭，形成独特人地系统——山江海地域系统人地系统。山江海地域系统人地系统是我国南方生态屏障与西部陆海新通道的战略承载区。作为连接西江黄金水道与北部湾国际门户港的江海联运重大战略，同时也是国家向海经济战略的关键环节，北部湾经济区发展上升为国家战略，西部陆海新通道重点项目——平陆运河经济带建设即将启动。北部湾经济区和平陆运河经济带的规划和建设，亟待通过山江海复合区人地系统耦合机制与可持续性研究来提供科技支撑。

山江海地域系统是地理环境中一个独特的人地系统，其物质能量循环变异极其强烈，具有生态环境系统变异敏感度高、空间转移能力强、稳定性差、承灾能力弱、灾害承受阈值弹性小等一系列生态脆弱性特征。探索山江海地域系统演变空间格局、变化过程、驱动机制、环境效应、生态服务、智慧决策，是人口、资源、环境与经济协调发展的迫切需要。综观西南及广西近 20 年来的生态治理与修复，受实施部门业务功能、部门利益、权限等制约，基本上是局部单一治理，缺乏统筹共治，尚待从系统工程角度出发，从根本上解决生态重建与发展生态经济、区域经济相结合的问题（张泽等，2021）。总结过去，筹谋未来，应从系统科学、生命共同体科学的角度出发，构建山江海地域系统研究范式，综合喀斯特山区-江河-海岸带，人口、资源、生态、环境、灾害、城镇、基建、产业等子系统，从人地关系协调角度来统领生态文明与生态重建问题。针对国家重大科技发展战略，结合国际国内科学前沿问题，充分发挥具有中国特色、复杂、多样性的地理优势，寻求重要研究领域的突破，需要以学科交叉和融合的方式研究地球表层系统的演变及动态机制。

当前，地理学已经进入地理科学新时代，在这一时代背景下，以可持续发展面临的问题为导向，地理学研究议题将变得更为综合和多元，地理学视角也在其他领域得到越来越多的应用和重视，在局地、区域和全球不同尺度环境变化与经济发展的决策中发挥着重要作用（黄秉维，1996；李凯等，2021）。现代地理学是统筹环境、经济、社会和人的地理学，更注重应用空间统计、对地观测、地理信息系统、遥感、大数据、可视化和虚拟现实等多种技术手段，建立模型和决策支持系统，为决策和管理服务（傅伯杰，2017；明庆忠和刘安乐，2020）。

山江海地域系统人地系统科学研究以综合的观点、学科交叉融合的方式研究地球表层山江海耦合关键带演变及动态机制，进行山江海地域系统人地系统耦合与可持续性研究，探究山江海地域系统山水林田湖草海统筹共治和高质量发展模式。

1.1.2 相关研究进展

在人类活动的强烈影响下，全球资源环境面临前所未有的压力，地球进入“人类世”的新纪元（Crutzen and Stoermer，2019）。深入理解现代环境变化机理、准确预测未来变化趋势是地球系统科学研究的前沿领域（Steffen et al.，2020；Zand and Heir，2021）。人地系统耦合是地球系统科学研究的前沿领域，是区域可持续发展的重要理论基础（傅伯杰等，2021），自人类起源以来便存在人地关系。将地理环境和人类社会两大系统作为一个整体，研究它们相互作用的机理、功能、结构和整体调控的途径，构成地理学的研究核心——人地关系地域系统（吴传钧，1991；Fu and Li，2016）。随着人类活动对陆地表层系统的影响范围、强度和幅度不断扩大，当前可持续发展面临的核心问题之一就是如何科学理解和管理人类与自然之间的复杂互动关系（刘彦随，2020），这就需要发展系统整体的方法，耦合自然与人文过程，探讨变化环境下人地系统耦合机制。人地系统是自然地理环境与人类社会经济所构成的相互作用、相互影响的复杂巨系统，揭示其要素动态演化、解析过程耦合机制、明晰优化调控途径，可为区域可持续发展提供坚实的理论基础（徐冠华等，2013）。

1. 山江海地域系统与可持续发展研究进展

可持续发展被定义为既要满足当代人的需求，又不损害后代人满足其自身需求的能力。该定义描述了人类和自然系统之间的耦合，即人类期望对自然资源和生态系统服务的使用水平可以无限期地持续下去（Brundtland，1985）。然而，近几十年来，人类活动对陆地表层影响的范围、强度和幅度不断扩大，人地矛盾突出，全球可持续发展面临的威胁不断增加。可持续性是人地系统的重要属性和关键维度，可持续性可以被理解为一个过程，人地系统通过这一过程走向可持续发展（Mayer et al.，2014）。为了推动人地系统耦合研究的深入发展，科学界正在逐步推出国际研究计划，如人与生物圈计划、国际人文因素计划、千年生态系统评估和包括未来地球在内的若干国际计划等。国际组织对人地系统耦合与可持续发展的关注较高，20 世纪末后相关研究开始逐渐兴起，从关注人地耦合系统状况和动态，探讨概念框架，到探讨气候变化下的影响和适应，再到探讨双向反馈与可持续发展。目前，人地系统的耦合研究经历着快速发展，正在从直接相互作用深化为间接相互作用、从近程耦合发展为远程耦合，从局地尺度拓展到全球尺度，从简单过程演化为复杂模式。近年来，学界在人地系统耦合研究框架、耦合模型、研究网络或科学计划、耦合分析和综合评价等方面取得了丰富的成果。然而，难以刻画人地系统双向反馈作用机制，难以深化全球人地系统演变动态，探究国家和区域可持续发展的路径。需要重点关注生态系统服务与人类福祉的动态连接；人地系统耦合的模型、方法与机制；辨析人地系统耦合及双向反馈机制；人地系统与可持续发展的机理、途径、政策等方面。作为跨学科的综合集成研究，人地系统耦合研究目前也面临着前所未有的跨学科挑战。

实现复杂性区域可持续发展的基础是建立和谐、稳定的复杂性区域人地系统。作为人地系统理论研究的重要课题，复杂性区域人地系统研究不仅需要刻画和揭示特有的自然地理环境演化特征，同时也要将社会人文情况纳入研究范畴（赵文武等，2020；敬博等，2021）。综合性、复杂性、多元化的系统研究越来越受到学界关注，但复杂区域人地系统的研究成果并不充足，分散性明显，在概念内涵、耦合机制、模型应用于模拟等方面仍未成熟。部分学者进行了相关的探讨，如邓伟等（2020）基于人文自然耦合视角，认为过渡性地理空间具有半人文半自然的过渡性属性，还从地理学系统观的角度，结合多学科等理论，表征了色差渐变性原理，并结合地理编解码和空间分析技术，构建了人文自然耦合过渡性地理空间科学研究逻辑框架；明庆忠和刘安乐（2020）对山-原-海概念、战略价值解读及科学发展思路进行研究，他们认为山-原-海是一个山地、平原和海洋等相互关联有机发展的系统，是对山地、平原和海洋统筹发展的战略；张泽等（2021）基于山江海视角并使用 SRP（sensitivity-resilience-pressure，生态敏感度-生态恢复力-生态压力度）模型对桂西南-北部湾地区进行生态环境脆弱性评价分析研究。这些研究为后续的发展提供了很好的基础。在研究视角上，学科综合性趋势明显，系统科学研究内核凸显，在研究内容上，研究领域广泛、成果丰富，但理论基础和系统性有待加强，在研究方法上，定量化和数字化不断加强，但针对性研究有待提高。大数据、人工智能技术及尺度交互背景下的复杂性区域要素时空分布规律、机理与预测研究需立足于生态文明建设，强化复杂性区域自然环境变化监测、预警及人地系统调控研究，突出复杂性区域人地系统理论体系的多学科交叉和融合。

2. 山江海地域系统生态环境效应研究进展

生态风险评价研究主要分为萌芽阶段、人体健康风险评价阶段、生态风险评价阶段及区域生态风险评价阶段 4 个阶段。生态风险起源于环境影响评价，1964 年国际环境质量评价会议首次提出环境影响评价的概念（苑全治等，2016）。20 世纪 70 年代后期开始环境风险评价方面的研究，但以定性分析意外事件风险为主，处于发展萌芽阶段。早期的生态风险评价主要是以人体为风险受体，探讨化学污染对人体健康的影响（Timmerman，1981）。美国橡树岭国家实验室在 1981 年，以生物组织、群落、生态系统水平为目标，提出生态风险评价新方法。20 世纪 90 年代以后，风险评价的重点由环境影响评价及人体健康风险评价逐渐转向生态风险评价。美国科学家 Joshua Lipton 等认为风险受体包括人类、种群、群落等各个组分，可进行多因子的定性与定量相结合的评价。在 Bammouse 第一次尝试将人体健康评价框架改变成生态风险评价框架后，1998 年，环境保护署（Environmental Protection Agency，EPA）提出了“三步法”框架，颁布了生态风险评价指南，推动流域及水生系统生态风险评价研究。随后，许多国家都在此基础上构建了符合国情的生态风险评价框架。20 世纪 90 年代之后，生态风险的评价尺度不断扩大，区域及流域等大尺度的综合风险评价不断涌现，生态风险评价逐渐转向多风险源、多风险受体，以及大尺度区域环境风险评价（赵梦梦，2018）。

山江海地域系统生态风险目前尚未有完整的定义，流域生态风险评价是以自然地貌分异与水文过程形成的生态空间格局为评价区域，评价自然灾害、人为干扰等风险源对流域内生态系统造成不利影响的可能性及危害程度的复杂的动态变化过程，是由生态风险源的危险度指数、生态环境脆弱度指数及风险受体潜在损失度指数构成的时间和空间上的连续函数，用于描述和评价风险源强度、生态环境特征及风险源对风险受体的危害等信息，具有很大的模糊性、不确定性和相对性（方创琳和王岩，2015）。目前国内对生态风险的研究主要基于景观格局、灾害、土壤侵蚀及河流沉淀物重金属污染等方面：有的以景观指数为重要指标，构建生态风险指数，对石羊河流域的生态风险进行分析评价；有的通过分析巢湖流域土地景观格局变化，探究流域生态风险的主要驱动力，有助于正确诊断流域主要风险源，对流域生态环境风险进行有效管控；有的以干旱、洪涝等灾害为主要风险源对漓江流域的综合生态风险进行评价；有的从土壤侵蚀及景观格局角度出发，以土壤侵蚀敏感性及景观干扰指数为主要风险源，对流域的生态风险进行评估；有的通过采集分析赤水河流域的重金属含量，对流域的标称沉淀物重金属潜在风险进行评价。随着 3S（地理信息系统、遥感、全球定位系统）技术的不断发展，生态风险评价研究热点逐渐从单一风险源向多风险源转移，从单一风险受体向多风险受体转移，从灾害、土地利用、水环境污染等单风险评价向综合风险评价转移，评价范围由小尺度区域向区域、流域等大尺度扩展（李平星和樊杰，2014；薛联青等，2019）。目前生态风险评价还处在发展阶段，评价模型与体系尚未成熟，对生态风险的本质及发生机理的研究尚不完善，目前对生态风险评价的研究大多为对生态环境潜在风险进行评价，对于生态风险的时空动态变化研究及预测研究较少。

对地域系统人地系统脆弱性进行评价，极大地促进了流域的可持续发展，能有效减轻由自然因子、人类活动等外部因素对社会生态水文系统产生的不利影响，以及能为环境污染和生态退化的综合整治提供科学依据（曹琦等，2013；齐姗姗等，2017）。脆弱性评价最早应用于自然灾害方面，随后被广泛运用于地理学、生态学等学科中，接着有不少学者将脆弱性概念引入社会人文学科中。不同学科对脆弱性的定义差别很大。不同学者对脆弱性评价模型进行研究，如风险因素（the risk hazards，HR）模型、暴露-敏感-适应模型、压力-状态-响应（pressure-state-response，PSR）模型、驱动力-压力-状态-影响-响应-管理（driving force-pressure-state-impact-response-management，DPSIRM）模型、交互式脆弱性评估模型，敏感性-恢复力-压力（sensitivity-resilience-pressure，SRP）模型等相继出现（职璐爽，2018；杜娟娟，2019）。在脆弱性评价方法上，层次分析法和主成分分析法运用得比较多，而模糊评价法和指数指标法的评价结果精确，应用综合评价法和灰色关联法进行评价更全面，评价方法不断发展更新（赵毅等，2018；吴泽宁等，2018）。在脆弱性应用研究上不断创新，主要有水环境系统脆弱性评价、灾害系统脆弱性评价、地下水系统脆弱性评价和生态系统脆弱性评价等方面（肖兴平等，2012）。随着气候变化和经济活动的发展，生态环境问题突出，生态环境对人类活动的干扰做出响应等问题渐渐受到人们的关注，人类活动-环境耦合系统脆弱性评价的重要性逐渐凸显，对社会生态水文系统脆弱性的研究已经发展为新的趋势。

3. 山江海地域系统人地系统综合管理研究进展

山江海地域系统人地系统综合管理是保障资源-生态环境-社会-经济-人口可持续发展的有效措施与重要工具（何彦龙等，2019）。中国在山-江-海单要素治理方面有卓越的经验，在古代，大禹治水的传说就有所体现。现代山江海地域系统人地系统综合管理兴起于20世纪30年代欧洲、北美洲等地，其中有不少优秀的模式案例，如澳大利亚墨累-达令河流域人地系统管理模式、欧洲莱茵河的国际合作开发与管理模式，以及美国密西西比河综合管理模式（曹诗颂等，2016）。我国关于人地系统综合管理起步较晚，20世纪90年代开始对资源、生态环境及沿岸的经济、人口等进行管理。为了推动人地系统人口、经济、生态环境可持续发展，党的十七大报告提出要加强生态文明建设。山江海地域系统人地系统综合管理涉及国家各部门之间的合作。有些国外学者对水政策进行研究，探求欧洲各国如何综合管理流域并保证粮食生产安全。

4. 山水林田湖草海系统研究进展

“山水林田湖草是生命共同体”这一理念被习近平总书记提出后，明确了对山水林田湖草进行“统一保护、统一修复”的工作思路，布局了国家生态保护修复的试点工程，为支撑国家安全体系、建设美丽中国、实现绿色高效发展奠定了生态环境资源基础（山红翠等，2016）。众多学者从不同的研究视角对“山水林田湖草生命共同体”开展了相关的研究与分析。山水林田湖草生态保护修复工程是新时代生态修复、生态建设与保护、环境与自然资源管理等工作的重要基础性支撑工作之一，为国家生态安全建设与维护区域可持续发展提供了坚实的基础（董林垚等，2013）。在国内，随着我国生态文明建设的实施，“绿水青山就是金山银山”理念的不断深化，我国在内涵与机制、示范与应用等方面取得了不小的成绩。但山水林田湖草生态保护修复工程中存在整体性不够、系统性不足、连续性较差、持续性不强等问题，从“山水林田湖草生命共同体”角度出发，统筹兼顾、整体施策、多措并举，并结合人类生产与生活行为，有机融合区域内山、水、林、田、湖、草、海等自然要素，为实现山江海地域系统人地系统的协调发展提供新视角、新理论、新思路、新方法（吴浓娣等，2018），对构建国家安全体系、推进生态文明建设具有重要的意义。

5. 研究评述

作为具有明确边界范围的水-土-气-生-人要素相互作用的完整单元，流域是环境变化背景下人地系统研究的理想场所（程昌秀等，2018）。在沿海地区，流域还与海洋相互作用，山江海地域系统人地系统在历史开发和近现代高强度经济活动影响下，人类活动与资源环境间的要素关系、上中下游区域之间的空间联系不断变化。阐明广西山江海地域系统人地耦合机理，开展环境效应及统筹共治研究，构建耦合模型探求山江海人地系统优化调控路径，支撑广西可持续发展，将有助于推动我国跻身地球系统科学研究的国际前沿。山江海地域系统人地耦合机制模型及生态修复情景模拟研究，在新时代综合地理学理论方法与案例研究中取得原创成果，为地理综合研究提供典型范例。

本书以广西喀斯特山区、江河海岸带的山江海地域系统为研究对象，在新时代、新理念、新理论、新方法的大背景下，基于复杂性和可持续性视角，针对山江海复合区域这一独具优势特色区位、复杂脆弱环境，主要探究山江海地域系统理论方法与智慧决策、山江海耦合关键带及其环境效应研究、山江海地域系统人地耦合与可持续发展研究，以及山江海地域系统山水林田湖草海系统与统筹共治研究4个方面的内容。聚焦自然环境与人类活动之间的和谐关系，揭示人地系统机制及其可持续发展机理，为国土空间功能优化提供重要的理论指导，为西部陆海新通道、向海经济、西部大开发提供理论、技术与数据支撑，推进生态文明建设和高质量发展。

1.1.3　山江海地域系统研究面临的形势

1. 人地关系矛盾亟须解决的需要

生态安全与高质量发展是 21 世纪人类面临的共同主题，也是我国经济社会可持续发展的重要基础。在第 35 个世界环境日里，中国确定要发展成生态安全与环境友好型社会。这说明生态环境的安全和建设对我国实现社会主义现代化强国具有十分重要的战略意义。生态环境是人类赖以生存和经济社会高质量发展最基本的条件，保护、建设和修复生态环境，构建可持续生态系统，是实现我国社会经济可持续发展的根本保障。从我国目前的生态环境状况来看，桂西南喀斯特地区生态环境状况令人担忧，它直接影响整个广西经济的健康发展和和谐社会的建设。该区域既是自然资源丰富区，又是生态环境脆弱区，既是社会经济发展战略区，又是经济社会相对落后和贫困人口聚集区，这些矛盾交织在一起，构成了喀斯特地区社会经济发展的障碍因素。喀斯特石漠化是继我国西北地区沙漠化之后最大的生态环境问题，直接威胁珠江-西江流域、北仑河及部分入海河流等生态安全，也会影响北部湾海岸带的生态环境，这将会形成区域发展不均衡的状态，无法满足国家区域协调一体化发展的战略。不合理的土地利用活动与紧张的生态过程使得人类面临许多环境与发展问题。土地利用与土地覆盖变化（LUCC）已成为全球变化研究的核心主题之一。LUCC 研究的基本目标是深入了解某区域尺度上土地的相互作用及其变化，提高 LUCC 精准高效智能提取和模拟的能力，从而为全球、国家或区域的可持续发展战略提供决策依据。因此揭示 LUCC 空间格局、变化过程、驱动机制、生态环境效应、未来变化方向和后果，以及制定相应的对策至关重要。复杂人地系统（喀斯特-江河-海岸带）是地理环境中一个独特的生态环境系统，它是碳物质能量循环变异极其强烈，具有生态环境系统变异敏感度高、空间转移能力强、稳定性差等一系列生态脆弱性特征，承灾能力弱，灾害承受阈值弹性小的一种生态风险环境。尽管水热条件相对良好，但生态系统复杂，其一旦遭到破坏，环境重新整治及恢复修复难度很大，周期也很长，造成长期以来人地系统严重失调的状态。研究复杂人地系统演变空间格局、变化过程、驱动机制、生态环境效应、智慧决策是人口、资源、环境与经济协调发展的迫切需要。

2. 生态文明建设与高质量发展的需要

生态文明是人类文明发展的一个新的阶段，即工业文明之后的文明形态；生态文明是人类遵循人、自然、社会和谐发展这一客观规律而取得的物质与精神成果的总和。从人与自然和谐的角度来看，生态文明是人类为保护和建设美好生态环境而取得的物质成果、精神成果和制度成果的总和，是贯穿于经济建设、政治建设、文化建设、社会建设全过程和各方面的系统工程，反映了一个社会的文明进步状态。2007 年，我国开始把建设生态文明确定为全面建设小康社会的重要任务，要求全社会牢固树立生态文明观念，从此我国进入了全面的有组织有计划地开展生态文明建设的新阶段。习近平总书记在党的十九大报告中指出，加快生态文明体制改革，建设美丽中国。面对资源约束趋紧、环境污染严重、生态系统退化的严峻形势，必须树立尊重自然、顺应自然、保护自然的生态文明理念，走可持续发展道路。近几年生态文明建设取得了很大成绩，但生态领域的形势依然严峻，结果是人口、资源、环境、发展的矛盾进一步激化，已成为社会可持续发展的现实威胁。生态文明建设已成为人类生存的迫切需要，也是高质量发展和幸福生活的需要。党的十八大报告针对生态文明建设提出了优化国土空间开发格局、全面促进资源节约、加大自然生态系统和环境保护力度、加强生态文明制度建设四大战略任务。总结过去，筹谋未来，应从系统科学、生命共同体科学的角度出发，构建山江海人地复合系统，综合喀斯特-江河-海岸带人口、资源、生态、环境、灾害、城镇、基建、产业等子系统，从人地之间相互关系来统领生态文明与石漠化生态重建问题。要全面落实推动经济发展、社会进步和环境优化的综合发展措施，全面治理生态不平衡、功能不完善、结构不合理和科教不发达的综合征，要坚持科学发展，突出地方特色，依靠科教进步，创建新型体制，发展绿色经济。

3. 地理学创新研究的必然趋势

地理学的未来发展趋势是走向综合发展的道路，更加密切地为实现区域可持续发展服务，更加重视运用新兴智能技术进行分析。针对国家重大科技发展战略，结合国际国内科学前沿问题，充分发挥具有中国特色、复杂、多样性的地理优势，寻求重要研究领域的突破。要以学科交叉和融合的方式研究地球表层系统的演变及动态机制。最重要的问题是人类活动与环境变化，核心是人地关系地域系统。对比分析国内外研究内容可以发现，国内外同样关注城市、人口增长、自然地理等主题，地理学已经进入地理科学的新时代。在这一时代背景下，以可持续发展面临的问题为导向，地理学研究议题将变得更为综合和多元，地理学视角也在其他领域得到越来越多的应用和重视，在局地、区域和全球不同尺度环境变化与经济发展的决策中发挥着重要作用。传统的地理学方法主要有勘查、观测、记录、制图、区划与规划等，现代地理学是统筹环境、经济、社会和人的地理学，在发展过程中继承了原有优势，在加强野外考察、观测的同时，更注重应用空间统计、对地观测、地理信息系统、遥感、大数据、可视化和虚拟现实等多种技术手段建立模型和决策支持系统，为决策和管理服务。山江海地域系统人地系统科学研究秉承了地理学人地系统研究的宗旨，是人地系统研究在典型区域研究的扩展。山江海地域系统人地系统科学研究以综合的观点、学科交叉和融合的方式研究地球表层山江海地域系统人地系统耦合关键带演变及动态机制，揭示人类对山江海地域系统环境变化的效应和响应，进行山江海地域系统人地系统耦合与可持续发展研究，以及山江海地域系统山水林田湖草海系统与统筹共治研究。

1.2　山江海地域系统人地系统研究范式

1.2.1　山江海地域系统人地系统研究范式思路

1. 人地系统理论基础

1）系统结构与格局形态学分析

山江海地域系统结构与格局的表象包含着丰富的信息，在一定程度上反映出山江海地域系统人地系统的成因机制、演变过程与方向。从系统结构与格局的表象出发，通过分析格局与过程的静态与动态变化过程来研究山江海地域系统演变趋势及其与其他影响因素之间的关系，为山江海地域系统演变的驱动力诊断与机理模型的构建提供依据。因此，山江海地域系统结构与格局分析是进行山江海地域系统演变过程与机制研究的前提。

山江海地域系统是一个涉及人口、资源、环境和经济发展等方面的复合系统，类似于其他人地系统，具有结构复杂、动态时变性和高阶非线性多重反馈特征。由于山江海地域系统的组成要素及影响因素非常多，相互之间存在着复杂的多重反馈关系，而这些反馈关系基本上都表现为典型的非线性关系，因此，在进行山江海地域系统结构分析时，一般不能进行简单的线性化处理，可以用系统动力学方法来对其展开研究。系统动力学方法是从系统内部的元素和系统结构分析入手来建立数学模型，与以获得最优解的运筹学和计量经济学方法相比，它除了能动态跟踪和不受线性约束外，也不追求最优解，其以现实存在为前提，通过改变系统的参数和结构，测试各种战略方针、技术、经济措施和政策的滞后效应，寻求改善系统行为的机会和途径。景观空间格局主要是指不同大小和形状的景观斑块在空间上的排列状况。它是景观异质性的重要表现，反映各种生态过程在不同尺度上的作用结果。由于景观格局的形成是在一定地域内各种自然环境条件与社会因素共同作用的产物，研究其特征可了解它的形成原因与作用机制，为人类定向影响生态环境并使之向良性方向演化提供依据（张世熔等，2003）。通过对山江海地域系统景观空间格局进行分析，可以将其空间特征与时间过程联系起来，从而能够较为清楚地对山江海地域系统内在规律性进行分析和描述。景观生态学家针对景观空间格局的定量描述提出了许多不同的指标，为景观空间格局的分析奠定了基础，也是山江海地域系统景观空间格局分析的重要指标。

2）系统演变与时空动态运动学分析

从足够大的时间尺度上看，任何系统都处于或快或慢的演化之中，都是演化系统。山江海地域系统是一个动态系统，其不断地受到自然环境因素和社会经济的影响，当这些影响因素的作用强度达到一定程度或作用效果累积到一定规模时，山江海地域系统属性会发生变化，系统也会随之演化。山江海地域系统的时空演变分析是在分析其结构与景观空间格局的基础上，进一步研究其变化方向及变化的幅度等特性的一种分析方法。其根本目的在于掌握山江海地域系统状态的变化及其变化的过程，揭示山江海地域系统的格局变化及与其相关的地质-生态-社会-经济等参数的变化特征与规律，建立山江海地域系统的时空演变描述模型，刻画山江海地域系统的时空演变过程及规律，对山江海地域系统演变的时间动态过程进行研究。

在不同的自然地理单元内，由于各个自然要素及其空间组合的差异性，区域总体特征与主要的自然地理过程各不相同；与此同时，各个人文要素的影响也各异，从而导致山江海地域系统演变的过程与趋势不同。通过研究山江海地域系统土地利用系统演变空间差异特征和内在规律，同样可揭示山江海地域系统演变空间差异特征和内在规律，研究山江海地域系统土地利用系统演变与地形等空间要素的关系，对揭示地质-生态环境因子与山江海地域系统土地利用系统演变的内在规律尤为重要。

3）系统动因与机制动力学分析

一般系统论认为（蒋勇军等，2005），任何系统都有定性特性和定量特性两方面，定性特性决定定量特性，定量特性表现定性特性。只有定性描述则对系统行为特性的把握难以深入准确。但定性描述是定量描述的基础，定性认识不正确会直接影响定量的准确性。定量描述是为定性描述服务的，定量描述能使定性描述深刻化、精确化。定性与定量相结合是系统研究的基本方法之一。山江海地域系统的演变既受地形、地貌、土壤及其基础地质、水文、气候和植被等地质-生态环境背景因素的驱动，同时也受到社会、经济、文化、技术、政策等人文因素的驱动。因此，人们可从系统及其演变中提取自然、社会、经济、技术、管理、体制、政策等定性方面的信息，分析系统演变的动因和机制，从而为研究的定量化、具体化、区域化和可持续利用战略选择的理性化奠定基础。山江海地域系统演变动因与机制定性分析正是在对其结构与格局进行分析及时空演变分析的基础上，根据已有研究成果，确定并描述山江海地域系统演变的动因、驱动力因素及其作用机制。其目的是揭示山江海地域系统演变所表现出的现象与原因的关系，并为进一步揭示其内在演变规律的定量研究做准备。

山江海地域系统动因与机制定量分析的目的是揭示其演变的原因、内部机制和过程，并预测其未来演变的趋势与结果，从而为山江海地域系统的优化调控和智慧决策提供科学依据。目前，驱动力研究的方法以模型为主，通过建立模型可加深人们对喀斯特人地系统演变规律性的认识。山江海地域系统动因和机制的定量分析就是通过驱动力模型来对系统演变驱动力因子与变化过程进行简化、拟合、验证等，从而达到去伪存真以及揭示系统演变原因、机制和过程的目的。驱动力系统研究的定量化与模型化是山江海地域系统动因和机制研究的有力工具。进行山江海地域系统动因与机制定量分析时，除了应用常规模型进行分析外，还应根据山江海地域系统的区域特殊性来建立演变的驱动力模型。

4）系统演变与环境效应经济学分析

山江海地域系统是一种复杂的、综合的生态系统，土地利用变化引起山江海生态环境系统各要素发生一系列变化，是山江海地域系统演变的主要原因。因此，山江海地域系统土地利用变化环境效应是演变环境效应最为直接的表现形式，研究山江海地域系统环境效应主要从土地利用环境效应入手。山江海地域系统土地利用变化改变了地表土地覆被状况并影响许多生态过程，引起相应地区及周围地区乃至全球土壤、植被、水体等的改变。近几十年来，由于人口激增，过度垦殖和放牧等产生的生态环境问题日益突出，土地退化已经威胁区域的生态环境和经济发展。土地利用变化的环境效应存在正负两个方面，其中负面的环境效应相对更加突出，是土地利用环境效应研究的主要内容。土地退化的核心是土壤退化，人类对土地不合理利用的叠加作用，如陡坡开垦、顺坡耕种，对土地进行掠夺式经营，导致水土流失十分严重，致使土层变薄，养分流失，土壤质量退化。不合理的土地利用方式已经严重威胁土地次生植物及其种子库，致使植被覆盖率不稳定，生物多样性减少，造成严重的水土流失，岩石裸露，导致土地退化不可逆转。

5）系统优化调控与运筹学分析

根据耗散结构理论，山江海地域系统通过各相关子系统及其间的物质、能量与信息的不断转换，以及系统与外部环境之间多种流的传递，按照内在的非线性相关关系，维持其耗散结构。随着科学技术的进步，人类可以按照特定的目的改变系统中各子系统或各组成要素的不断“涨落”的运动状态，从而促使人地系统各个领域子系统之间的协调，推动山江海地域系统的有序化与可持续发展。由于土地利用是推动山江海地域系统空间格局演变最直接最根本的动力，山江海地域系统优化调控的直接形式就是土地利用系统的优化配置。其目标是通过向人类社会持续发展和向土地系统优化双向逼近而实现提高经济效益、社会效益和生态环境效益的目标。

山江海地域系统优化配置是实现资源环境可持续利用的根本保证。山江海地域系统土地的自然结构特征是以山地、丘陵为主，且坡度较大，因而客观上应形成耕地较小，林、牧地较多的格局，然而耕地、林地、牧地、园林利用比例很不合理，土地资源自然属性结构严重失衡。因此，系统地辨识山江海地域系统资源环境现状构成及土地利用特点和存在的问题，合理调整土地利用结构与布局，是实现山江海地域系统资源环境可持续利用的根本保证。

2. 关键科学问题

1）如何融合多源观测数据定量刻画山江海地域系统过程多重关系

山江海地域系统研究的核心是定量刻画山江海地域系统耦合机理及其协同进化过程。山江海地域系统最重要的特点就是多要素和多重关系，如江河发源于山地，流域外围分水岭是高地、山地、丘陵及江海所形成的山江海关系；整个流域系统作为一个整体，其上下游物质迁移和能量转化形成的上下游关系；在北部湾海陆交错带海洋与陆地之间物质、能量和信息交流所形成的海-陆关系。

2）如何模拟山江海地域系统人类活动与环境变化的互馈机制

山江海地域系统可持续发展水平与发展趋向预测是进行地域系统有效调控的前提，人地系统耦合方法与模型模拟是其核心技术问题。亟待在发展大数据平台、构建人地系统指标体系的基础上，建立山江海地域系统耦合模型，模拟山江海地域系统空间人类活动与环境变化的互馈机制，从而为自然生态过程与社会经济过程综合模拟、情景分析与优化调控提供关键技术途径。

1.2.2 山江海地域系统

1. 山江海地域系统理论框架

山江海地域系统研究以山地、江河、海岸带区域过渡性为研究视角，以桂西南喀斯特-北部湾地区为研究区，从地貌角度看，该区域整体处于中国地貌第二阶梯和第三阶梯过渡地带，地处云贵高原南部，是沿云贵高原山麓向北部湾沿海地区呈自上而下的倾斜过渡地带，而且内部还包括不同大小不同性质的过渡带。从气候角度看，该区域包括亚热带季风气候和热带海洋性季风性气候，呈现出亚热带向热带过渡的趋势，降水和气温受到气候的影响，降水由西北山麓向东南沿海逐渐增多，呈过渡性分布。从土壤角度看，西北地区以红壤和黄壤为主，中部地区以赤红壤为主，北部湾沿海地区以砖红壤为主。该区域河流众多，有西江、南流江、北仑河、茅岭江、钦江、防城河等，且大部分河流是入海河流，西江也正在通过平陆运河的建设入海，实现山江海联动发展。在社会经济方面，喀斯特山区地形复杂，资源难开发，生态环境脆弱，贫困地区多，东南部沿海地区经济密度和人口密度都相对较低，呈现出经济密度和人口密度从西北向东南方向逐渐增大的过渡性分布。在国际国内战略区位上，该区域处于广西北部湾经济区、泛珠三角经济区、西南经济区、左右江革命老区、西部陆海新通道的交会处，也是中国—东盟自由贸易区的重要走廊，同时也是“一带一路”的重要门户。同时借鉴以明庆忠教授“山-原-海”战略的发展思路和邓伟教授过渡性地理空间的研究范式为代表的研究成果，结合该区域自然人文地域环境的实际情况，认为该区域具备推动山江海地域系统整体协调发展的客观条件，基于此，本节提出山江海地域系统概念。

山江海地域系统即山地、江河、海岸带三种生态系统共轭协调发展的简称。山江海地域系统的地质地貌、气候水文、土壤植被、人口密度与经济社会发展水平呈现出不同程度的过渡性，是具有复杂性、综合性、过渡性的非均质性空间，是一种独特的综合地域系统（图 1.1）。桂西南喀斯特—北部湾海岸带的喀斯特山区、多个流域、北部湾海岸带三种生态系统共同形成一个典型的山江海地域生态系统，山-江-海之间不断地进行物质循环、能量流动和信息转化，因此，科学合理地充分发挥各地区的特色优势，建立喀斯特新国土开发区、流域新联动示范区、北部湾新海洋经济区，打通三者之间的传统边界，改变现在发展的不均衡性，缩小发展差距，形成山江协作、江海联动、山江海综合发展的模式，实现山江海地域社会-生态系统高质量发展。

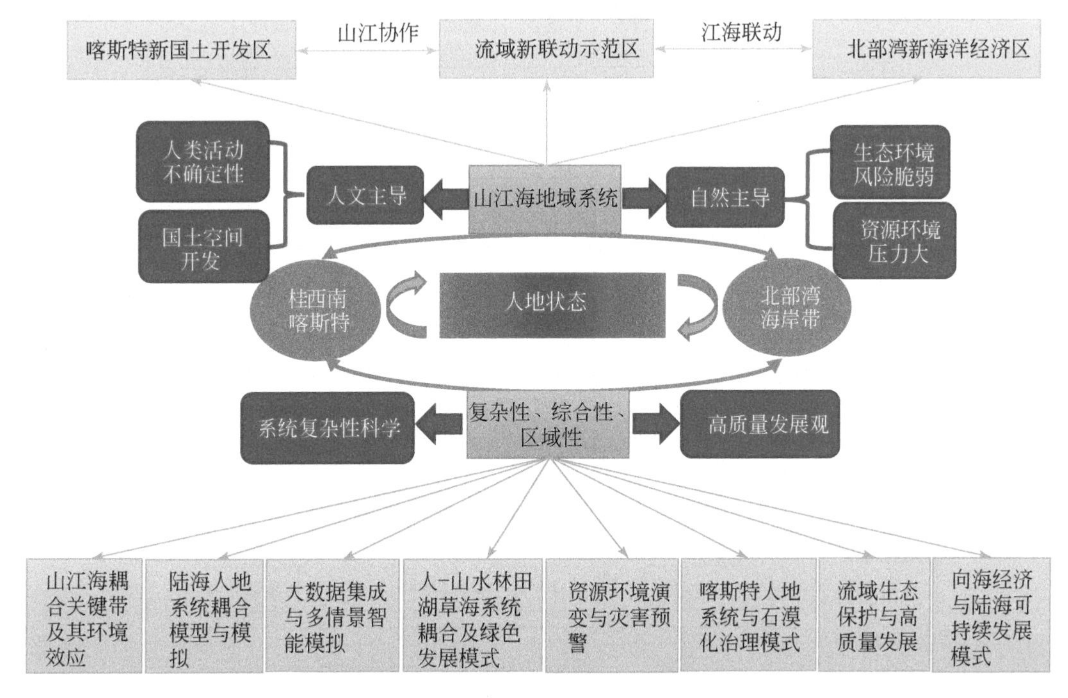

图 1.1　山江海地域系统理论框架

2. 山水林田湖草海系统理论框架

2013 年 11 月，《关于〈中共中央关于全面深化改革若干重大问题的决定〉的说明》指出，“我们要认识到，山水林田湖是一个生命共同体，人的命脉在田，田的命脉在水，水的命脉在山，山的命脉在土，土的命脉在树”。“山水林田湖是一个生命共同体”这一理念的提出，界定了人与自然和生态系统要素之间的内生关系。2017 年 9 月，《建立国家公园体制总体方案》将“草”纳入山水林田湖同一个生命共同体之中，使“生命共同体”的内涵更加广泛、完整。用“命脉”把人与山水林田湖草生态系统、山水林田湖草生态系统各要素连在一起，生动形象地阐述了人与自然、自然与自然之间唇齿相依、共存共荣的一体化关系。本书根据研究区的特点及研究的需要，将“海”加入山水林田湖草这个生命共同体中，使得“生命共同体”的内涵更加形象、具体。山水林田湖草海生命共同体是一个集山、水、林、田、湖、草、海等不同资源环境要素于一体的复杂系统，是人口、资源及环境等相互作用关系及人地协调关系的高度凝练（图 1.2）。

山水林田湖草海生命共同体具有整体性、系统性、结构性和动态性 4 个基本特征。

（1）整体性。山、水、林、田、湖、草、海各要素组成了一个十分复杂的综合生态系统，各个要素之间相互联系、相互制约，且无法分割。各要素之间是互利共赢、相辅相成、牵一发而动全局的关系，这种复杂且密切的关系充分体现了山水林田湖草海生态系统的整体性。

（2）系统性。山、水、林、田、湖、草、海各要素之间进行物质循环、能量流动和信息传递，组成一个形态各异、功能多样且互为依托和基础的综合生态系统。

（3）结构性。山、水、林、田、湖、草、海各要素的数量、质量及空间位置在生命共同体中存在差异，不同类型生态系统结构、功能等也不同。因此，需明确生命共同体各要素所组成的景观的特性和形成机制，因地制宜、因时制宜以及合理开发、高效利用自然。

（4）动态性。山、水、林、田、湖、草、海各要素在时空尺度上具有持续变化的特性。所以，在进行山水林田湖草海生命共同体健康状况评价时，应多了解时空变化的特点，找到最优解决方案，从而更准确地评价其生命共同体健康状态，为区域生态系统修复与保护提供一定的科学依据。

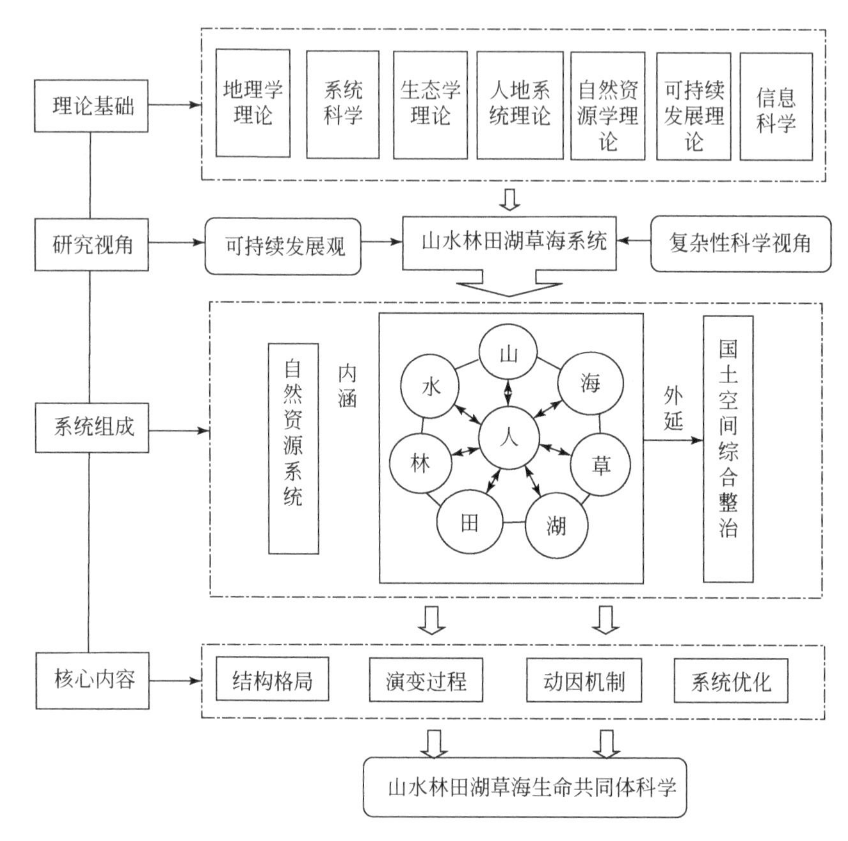

图 1.2　山水林田湖草海系统理论框架

1.3　山江海地域系统人地系统学科体系

1.3.1　山江海地域系统人地系统研究的核心概念

1. 系统科学

系统科学是从系统的观点来研究客观世界，是从系统这个统一的概念出发，将其他学科中从不同角度研究系统特性的基本原理加以总结，并上升到一门基础科学，其研究着眼于系统的总体功能，并注意系统内部子系统的相关关系和层次结构，从系统环境、系统结构、系统功能三者的相互关系入手研究系统普遍规律，从分析和综合的统一性出发，研究影响和改变系统。系统科学形成于 20 世纪 70 年代，是运筹学、控制论、信息论、现代数学、计算机科学、生命和思维科学等全面发展的结果，是自然科学与社会科学的交叉产物，属于软科学的研究范围。根据人们观察世界的角度不同，钱学森把现代科学划分为十一大门类。系统科学既不属于自然科学也不属于社会科学，更不是交叉科学和边缘科学，而是与其他学科门类并列的、独立的科学门类。但是从研究内容上来看，系统科学又和其他学科门类相联系。无论是自然现象还是社会现象都存在着系统问题，都可以用系统科学的方法对其开展研究。系统的观点源远流长，先后经历了古代朴素系统思想、现代辩证哲学系统思想和现代系统科学思想 3 个阶段。系统科学的基本内容包括一般系统论、耗散结构论、协同论和突变理论。凡是用系统观点来认识和处理问题的方法，亦即把对象当作系统来认识和处理，不管是理论的还是经验的，是定性的还是定量的，是数学的还是非数学的，是精确的还是近似的，都称为系统方法。在系统科学的不同层次上，以及系统科学的不同学科分支之间，系统方法既有共同点，也有相异之处。

2. 人地系统科学

从“人类世”的提出，到“未来地球计划”的发起和“2030 年可持续发展议程”的发布，国内以 2020 年决胜全面建成小康社会决战脱贫攻坚为基础，以推进生态文明建设、构建人类命运共同体和 2035 年基本实现社会主义现代化目标为指引，标志着人类应对全球环境变化、谋求可持续发展新时代的到来。现代人地系统科学的研究主题聚焦人地系统耦合与可持续发展，重在凸显“五观”，即系统科学观、圈层整体观、耦合过程观、协调发展观、国际合作观。人地系统科学研究应当主要围绕“五观”主题，聚焦“五性”，即人地圈原理与结构解析奠定理论基础性，人地系统格局与过程研究突出技术性，人地系统耦合模式强化地域性，高强度人类活动效应立足地方性，人地系统协调与可持续发展强调全球战略性。在理论层面，围绕重塑现代人地关系，推进地表人地圈、地域综合体（人地耦合体）、地带循环链系统研究，深入探究带链体、体融圈的“圈-体-链”贯通的人地有机体，尤其要探明地球表层关键带界面性、脆弱性、动态性及其发生机理，重点聚焦陆海交界带、农牧交错带、城乡过渡带、山川孕灾带等关键地带。立足人地系统理论，确立“人地圈”系统思维，将地理学地域尺度的人地关系系统延展到全球圈层尺度的人地耦合系统。从“人地关系”到“人地耦合”不仅仅是视角的转换，而且是聚焦人地有机体，并以探测人地有机体的要素相互作用、过程交互效应为研究重点，形成以人地系统耦合机理、循环过程、分异格局、环境效应、协同模式（MPPEM）为主线的人地系统科学研究范式。现代地理信息系统作为一门空间科学，从空间相互联系和相互作用出发，揭示各种事物与现象的空间分布特征和动态变化规律，因而可以在引领现代人地系统格局、过程及耦合、调控的全空间理论创新领域发挥重要的支撑作用。在技术方法方面，要充分借助地球探测、现代遥感、无人机等技术手段获取大气、生态、土壤、水环境等要素的动态监测数据。运用虚拟现实、深度学习、人工智能、5G 网络等现代大数据和信息技术方法，创建大数据时代生态观测研究网络体系，实现在区域、国家及全球尺度上观测地球生命系统变化，深度探测人类适应与利用自然的行为过程及其对人地圈系统影响的程度和效应。运用耦合协调度模型（coupling coordination degree model，CCDM）度量人地圈多个系统（要素）非线性耦合作用关系及强度，刻画人地系统相互作用中良性耦合程度的强弱、协调发展的状况；利用远程耦合理论模型，分析揭示人地系统多尺度、跨区域、全要素、流空间下的复杂交互作用机理，深度解析现代人地系统耦合机理与传导机制。现代地理工程是促进人地系统有机重构，实现区域可持续发展的重要保障和科学途径，亟须深入开展定位观测、工程试验及典型示范，借助观测监测研究与情景模拟分析，构建区域人地系统耦合大数据系统；加强人地系统耦合过程与格局研究的新理论供给和方法论创新；研发人地系统耦合模型和创新应用土地整治工程、环境治理工程、生态建设工程等现代地理工程技术，为促进人地系统耦合与可持续发展提供决策支持和技术支撑。

3. 地球关键带科学

地球表层系统中的水、土壤、大气、生物、岩石等在地球内外部能量驱动下的相互作用和演变不但是维系自然资源供给的基础，也发挥着不可替代的生态功能。理解地球表层系统中各个要素的现状、演变过程和相互作用是实现关键带过程调控和资源可持续利用的必要前提。2001 年，美国国家研究理事会在《地球科学基础研究机遇》中正式提出地球关键带的理念与方法论，为研究上述问题开辟了新的路径，为地球表层系统科学研究提供了一个可以操作的实体框架，前述地球科学各分支学科之间从此多了一座便于沟通的桥梁，因此极大地促进了地表圈层多学科综合研究。地球关键带科学被认为是 21 世纪地球科学研究的重点领域，也是新时期我国环境地球学科的优先发展领域。2020 年，美国国家科学院、工程院和医学院发布题为《时域地球：美国国家科学基金会地球科学十年愿景》的报告，建议继续将“地球关键带如何影响气候”作为优先资助的方向之一。将地球关键带作为一个整体来系统研究能够突破传统研究的局限。以土壤氮素的生物地球化学循环为例，长期以来，土壤学家和农学家往往仅关注氮素在作物根区（地下 0～1m）的循环过程，对于根区以下范围的研究甚少。然而，长期过量施肥和不合理的管理措施导致不少区域的土壤存在氮素盈余的问题。在进行氮素收支平衡研究时，由于对盈余氮素的去向和归宿认识不足，笼统地将其称为“消失的”氮素。实际上，这些氮素并没有真正消失，在淋溶作用下，大部分盈余氮素随水流出土壤根区，积累在包气带深部，甚至有可能进入地下水，威胁人类的饮用水安全。因此，为了全面理解氮素的循环过程，需要从地球表层全要素的角度对其加以研究。这样才有可能更加全面地理解氮素在整个地球关键带范围内的生物地球化学循环过程。

地球关键带科学是多学科研究的系统集成，能够解决单一学科所不能解决的科学问题。地球关键带研究的总体目标是观测地球表层系统中耦合的各种生物地球化学过程，试图理解这个生命支撑系统的形成与演化、对气候变化和人类干扰的响应，并最终预测其未来变化。地球关键带科学一般遵循“结构-过程-功能-服务”的研究范式，因此当前的研究主要围绕这 4 个方面展开。在结构方面，主要开展地球关键带的结构变异和多学科表征方法的研究。例如，结构是认识地球关键带的基础，能够深刻影响物质的运移过程，但由于地表环境的复杂性，不同地方的关键带结构存在很大的差别，这给地球关键带分类研究也带来了巨大挑战。因此，如何结合传统的钻井调查和新兴的探测技术更加精细和准确地表征地球关键带结构是目前地球关键带研究的热点领域之一。在过程方面，重点关注地球关键带的形成与演化及其对气候变化和人类活动的响应与反馈、重要物质（如碳、氮、磷、硫）在地球关键带中的生物地球化学循环过程等。这方面的研究主要反映在对溶质、水、气体、土壤和沉积物等关键带物质进行监测和模拟。在理解了地球关键带结构和物质循环过程的基础上，通过开发新的预测模型来定量表征地球关键带结构并预测地球关键带过程的未来变化，可以为评估地球关键带的功能服务。在功能方面，主要关注地球关键带功能的提升与权衡。例如，在“碳达峰”和“碳中和”的背景下，如何评估地球关键带固定大气二氧化碳的潜力并对其加以调控值得进一步研究。最后，地球关键带服务提供了一套测度地球关键带过程供给产品和惠益的指标，正在发展成为评价地球关键带过程的环境评价标准。虽然地球关键带研究多以流域为基本单元，但在水平维度上并没有给出明确的边界。

4. 生命共同体科学

山水林田湖草海生命共同体科学吸收了可持续发展理论和生态系统管理理论的思想，凝聚了广泛的国际共识，是多种要素构成的有机整体，也是具有复杂结构和多重功能的生态系统的生命共同体科学。系统内外各要素之间是普遍联系和相互影响的，不能实施分割式管理。山水林田湖草海是生命共同体，人与自然也是生命共同体。山水林田湖草海生态系统是人与自然、自然与自然普遍联系的有机体。山水林田湖草海生态系统给人类提供物质产品和精神产品，又给人类提供生态产品。人类不仅需要更多的物质产品和精神产品，同时也需要更多的生态产品，人类如果只注重开发自然资源，从自然界获取物质产品，忽视对自然界的保护，就会破坏山水林田湖草海生命共同体。破坏了山水林田湖草海生命共同体，也就破坏了我们生存和发展所需要的物质产品、精神产品和生态产品，也就破坏了人与自然这个生命共同体。人类归根到底是自然的一部分，人类不能盲目地凌驾于自然之上，人类的行为方式必须符合自然规律，人类开发利用山、水、林、田、湖、草、海其中一种资源时必须考虑对另一种资源和对整个生态系统的影响，要加强对各种自然资源的保护和对整个生态系统的保护，人类必须处理好发展与保护的关系，发展是人类永恒的主题，节约资源和保护生态环境是我国的基本国策。我们必须在开发利用自然资源时，注意保护自然资源和生态环境，在不断推进社会经济发展的同时，推进自然资源节约集约利用和生态环境可持续发展，要坚持生态优先、绿色发展，要建立绿色低碳循环的现代经济体系。

1.3.2　山江海地域系统人地系统科学的学科结构

学科研究范围及抽象程度有所不同，形成了不同层次的学科，进而形成学科体系。从广义上讲，学科体系是高等教育培养专门人才的横向结构，它包括专业结构的比例关系，以及专业门类与经济结构、科技结构、产业结构等之间的联系。狭义的学科体系指高等教育部门根据科学分工和产业结构的需要所设置的学科门类。根据前人的研究情况，我们认为，山江海地域系统的学科体系指的是结合广西实际围绕喀斯特-江河-海岸带的人地关系展开研究的相关子学科。

当前关于山江海地域系统的研究尚未看到系统、全面的论述，根据近十几年来，各领域专家学者研究人地系统的不同角度，在分析、研究有关人地系统相关研究成果的基础上，提出山江海地域系统科学的学科结构为地球系统科学、地球关键带科学、人地系统科学、生命共同体科学、地球交叉科学、生态学、信息科学等以及它们的下属子学科。山江海地域系统科学的学科结构表明了山江海地域系统科学不同的研究领域，也反映了山江海地域系统科学是一门综合性学科。随着研究的不断深入与发展，其研究领域也会相应地拓展。与此同时山江海地域系统科学各子学科均有各自的研究对象、研究内容与方法，从而形成了相互独立的学科，但它们又是互相联系的，从不同的方面研究山江海地域系统科学，从而形成一个学科群。山江海地域系统科学的子学科系统是一种开放系统，随着科学技术的发展及其在山江海地域系统科学方面的应用，将会有新的学科加入山江海地域系统科学子学科的行列。同样，山江海地域系统科学的子学科也将不断地调整、补充和优化。

1.3.3　山江海地域系统科学与相关学科关联

山江海地域系统科学为研究组成山江海地域系统的各子系统间相互联系、相互作用的机制，山江海地域系统变化的规律及机理，山江海地域系统的科学管理提供依据。山江海地域系统科学是一门综合性学科，与地球系统科学、地球关键带科学、人地系统科学、生命共同体科学、地球交叉科学、生态学、信息科学等相关学科关联密切。这些学科主要是对地球系统科学、地球关键带科学、人地系统科学、生命共同体科学、地球交叉科学、生态学、信息科学的某一组成部分进行分门别类的研究。地球系统科学是以地理学和地质学为基础科学研究地球的起源、组成、结构、运动和演化的科学。其研究任务是揭示各种地质作用的过程和规律，探讨与人类生存、社会发展密切相关的地质资源、生态环境系统、地质灾害等的形成、分布和演变规律，并对其进行综合评价和预测；为合理开发利用资源、防治灾害、保护和优化环境提供科学依据；为探索一些重大的基本理论问题提供必要的依据和实际资料。地理学是研究地理环境形成、发展与区域分异及生产布局的科学，它具有鲜明的地域性与综合性的特点，同时具有明显的实践作用，与国民经济建设的各个部门有着极其密切的关系。山江海地域系统同样具有鲜明的地域性与综合性，其研究离不开地理学的支撑。地球关键带是指从地下水底部或者土壤-岩石交界面一直向上延伸至植被冠层顶部的连续体域，包括岩石圈、水圈、土壤圈、生物圈和大气圈五大圈层交会的异质性区域。在水平方向上，可以被森林、农田、荒漠、河流、湖泊、海岸带与浅海环境所覆盖，由于地域分异规律的存在，它的组成表现出很强的地表差异性。从功能上来讲，因为地球关键带对于维持地球陆地生态系统的运转和人类生存发展至关重要，所以被称作地球关键带。具体而言，地球关键带的功能可以分为供给、支持、调节和文化服务 4 个方面。地表圈层的交汇区域构成了关键带，水驱动物质在其中进行循环和流动。地球关键带科学被认为是 21 世纪地球科学研究的重点领域，也是新时期我国环境地球学科的优先发展领域。人地系统科学或人地科学是研究人地系统耦合机理、演变过程及其复杂交互效应的新型交叉学科。它是现代地理科学与地球系统科学的深度交叉和聚焦，以现代人地圈系统为对象，致力于探究人类活动改造和影响地表环境系统的状态，以及人地系统交互作用与耦合规律、人地协同体形成机理与演化过程。人地系统耦合与可持续发展是人地系统科学的研究核心。传承创新人地关系地域系统理论和发展人地系统科学，更能凸显地球表层人类的主体性、人地协同的过程性和可持续发展的战略性，为人地系统协调与可持续发展决策提供科学指导。山江海地域系统研究需要生物学、土壤学、生态学等学科的参与。纵观近十几年来的研究成果，生物学、土壤学、生态学在过程、机理及生态环境防治与重建模式方面的研究已取得相当大的成就，在实际应用中也获得很好的效益。信息科学的兴起为调查生态环境的现状、动态监测、演化过程重构、未来趋势预测提供了先进的技术手段。结合遥感科学、地理信息科学、地球数据科学和决策支持系统，建立野外科学观测研究台站和科学数据中心、建设自然资源数据库、研发大数据集成与决策平台。突破系统模型模拟及人工智能关键技术和科学数据一体化研究范式。可见，信息技术的应用极大地拓展了山江海地域系统研究视角。

1.4 山江海地域系统研究内容

1.4.1 研究区地理综合研究

1. 地理位置

桂西南喀斯特—北部湾地区位于广西的西南部，南临北部湾，面向东南亚，西南与越南交界，与我国云南省、贵州省、湖南省和广东省接壤，与海南省隔海相望，地理位置为 106.17°～109.21°E，22.59°～24.64°N，区域总面积为 108365.41km^2（图 1.3）。由桂西南喀斯特地区，即百色市、崇左市、南宁市，北部湾经济区，即南宁市、北海市、钦州市、防城港市、玉林市、崇左市组成。该区域政治环境极其特殊，地处祖国西南边境，有西部陆海新通道，中国—东盟自由贸易区的重要走廊等多方面重要通道，同时也是“一带一路”重要区域，对国家实现可持续发展、国家合理开发利用资源和生态环境保护有一定的现实意义。

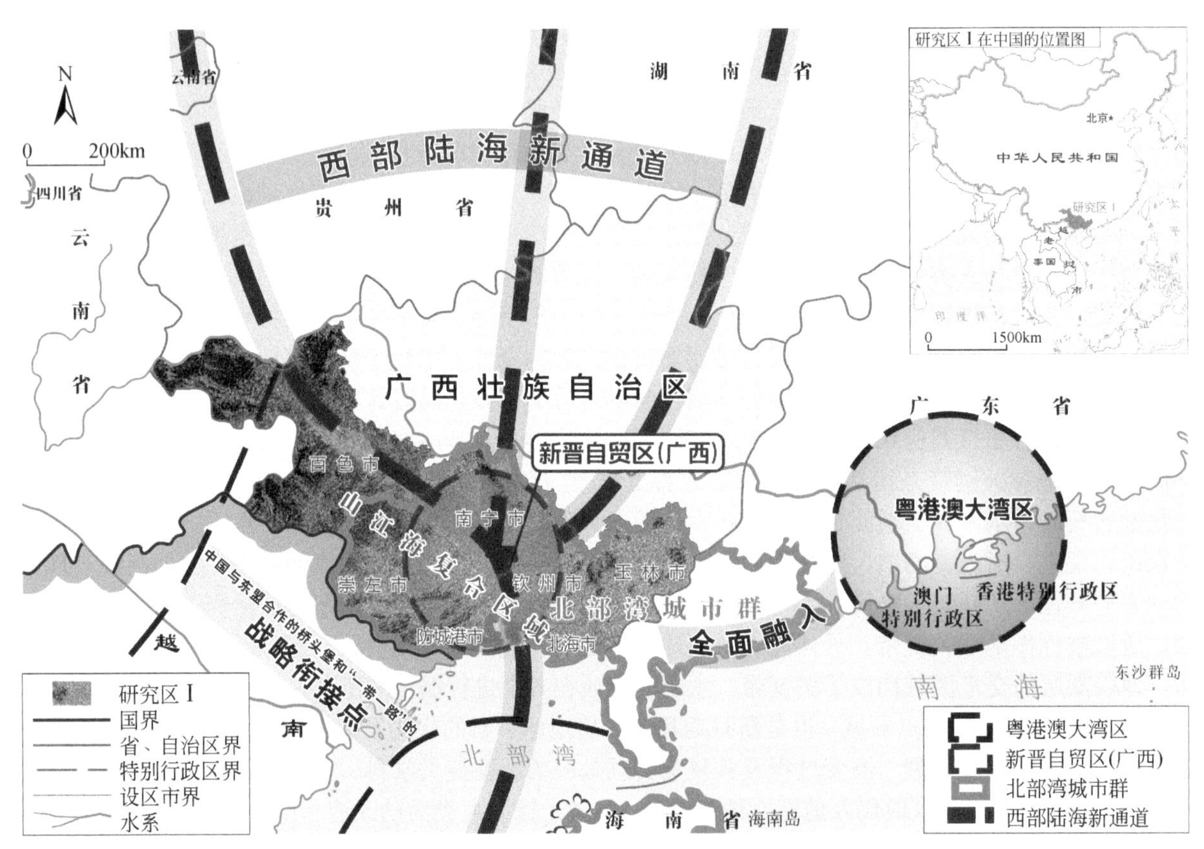

图 1.3 研究区Ⅰ战略区位图

2. 地质地貌

桂西南喀斯特—北部湾地区地势从西北向东南逐渐降低，沿云贵高原山麓到北部湾海岸带呈向下的斜坡带。西北部的百色市地区为云贵高原的南部边缘地带，分布有金钟山脉、青龙山脉、六韶山等，该区域内大部分为山地，几乎没有平原，整体地势较高，该区域以土山和石山为主，喀斯特地貌分布广泛。西部的崇左市地区分布着一条西江的支流——左江，左江及其支流对崇左市地区进行切割，使得该区域既有喀斯特洼地，也有丘陵平原等地貌交错。中部及东部为南宁盆地，南宁盆地是以南宁市为中心的河谷盆地，四周山地丘陵围绕，其东西南北分别分布有大明山、高峰岭和昆仑关、七坡丘陵等，地貌类型有喀斯特峰林、孤峰平原等。北部湾海岸带地区东起英罗港西至北仑河口，其海岸线长达约 1083km。由于受上述地质构造的影响，海岸线的东部地区是古洪积-冲积平原，海岸线较为平直，海成沙堤广泛发育，如北海银滩、铁山港等；西部地区是丘陵和多级基岩剥蚀台地，海岸地形破碎，岸线曲折，港湾深入内陆，如珍珠港、钦州湾等（图 1.4、图 1.5）。

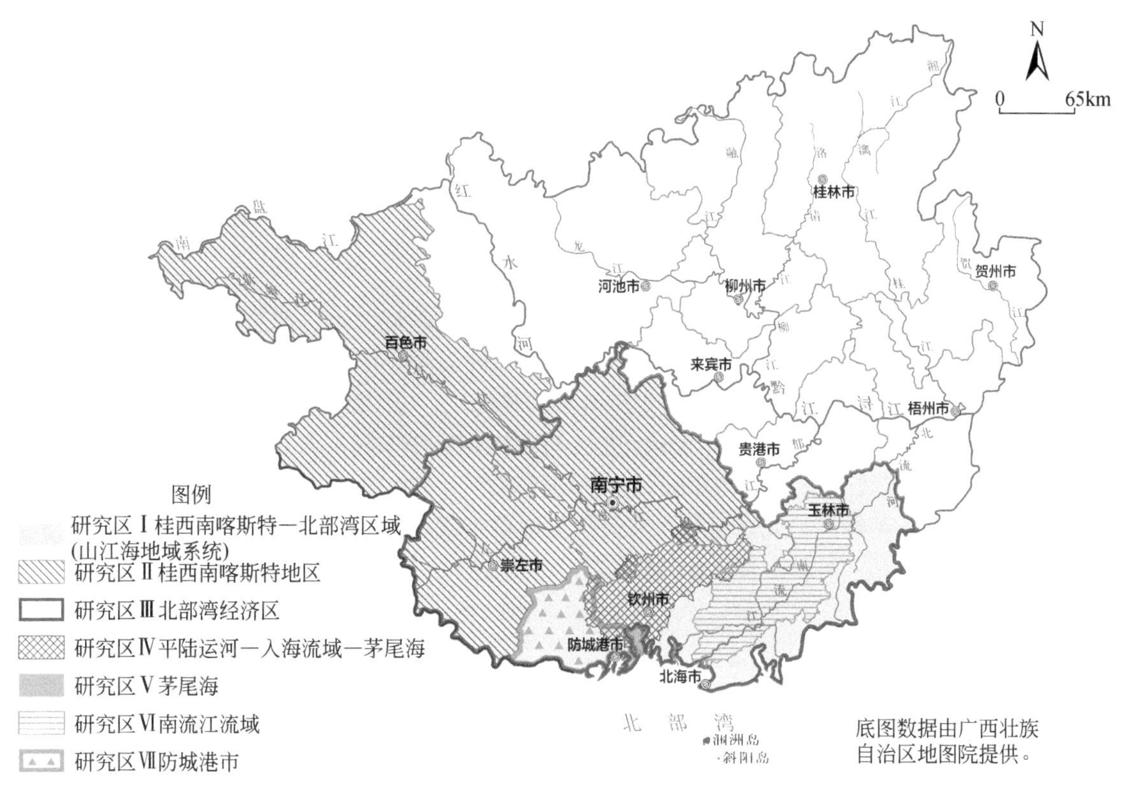

图 1.4　各研究区在广西的位置图

3. 气候水文

桂西南喀斯特—北部湾地区所处的纬度较低，气候属于亚热带季风气候，温暖湿热，夏长冬暖，太阳辐射强，光照充足，热量丰富，无霜期长，利于农作物生长。该地区的气温在 2.8～40.4℃，年平均气温为 22.5℃，年平均日照时间为 1567h 左右。降水量丰富，降水量在 1745.6～3111.9mm，但是降水的时空分布不均匀，年际变化较大，其中南部降水量多，北部降水量相对较少，夏季降水量多，冬季降水量较少。西北部及北部的喀斯特山区地形复杂，形成了不同的小气候区，使得山区内的天气也在随时变化。北部百色市和西部崇左市的石山地区，由于石山吸热和散热较快，相对于东部及南部的丘陵台地地区，夏天气温较高，冬天气温较低，同时，该区域的喀斯特地貌发育良好，峰林峰丛多，山体的迎风坡和背风坡两面的气温、降水、日照时数等都有差异。南部为北部湾沿海城市，地势低平，起伏度小，又常年受海洋暖湿气流的影响，因此南部地区具有干湿分明、海洋性强、暖热多雨的典型气候特征。

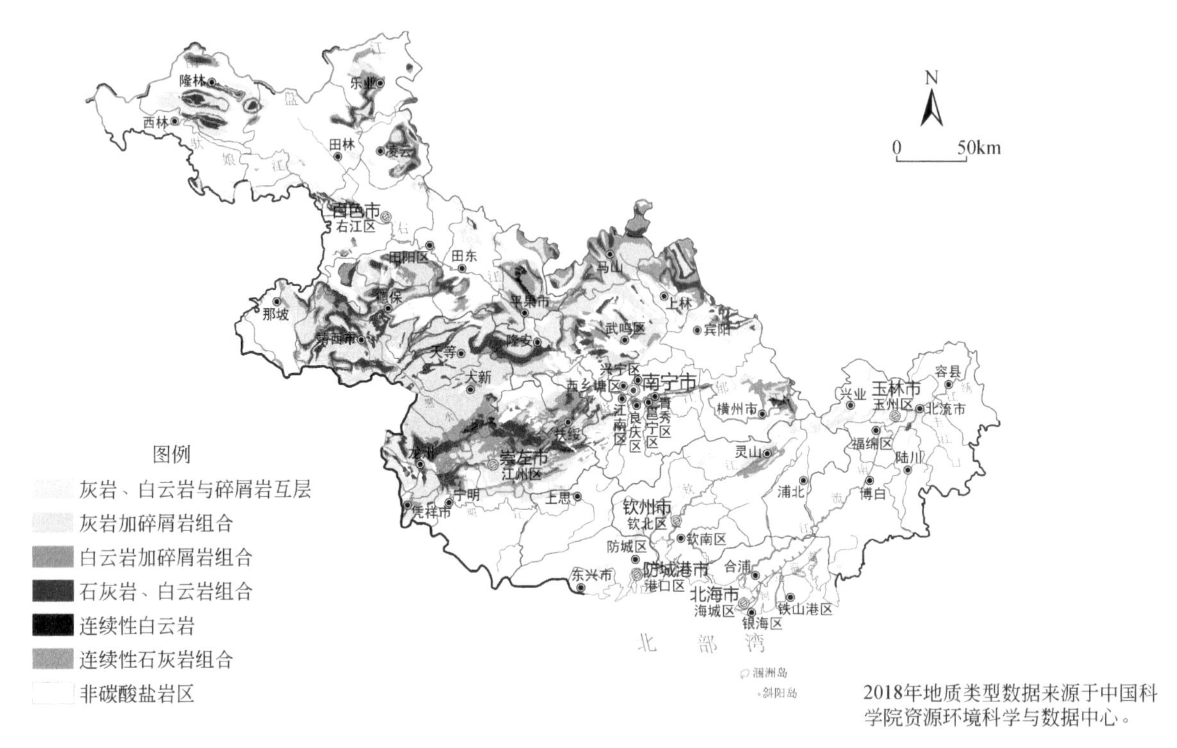

图 1.5 研究区 I 地质分布图

桂西南喀斯特—北部湾地区水资源丰富，河流众多，2018 年区域内水资源总量约为 874.3 亿 m^3。桂西南喀斯特地区主要有左江、右江、郁江等大型河流，其中左江发源于中越边界枯隆山，左江干流的长度为 539km，流域面积为 32068km^2；右江发源于云南广南县的杨梅山，与广西百色市澄碧河汇合后被称为右江，右江河段长度为 707km，流域面积为 38612km^2；左江与右江在南宁宋村汇合后被称为郁江，郁江河段长度为 1179km，在广西境内流域面积为 70007km^2，年平均径流量为 479 亿 m^3。区域南部沿海的 3 个城市河流较多，主要河流有钦江、茅岭江、北仑河等，河流从陆地携带大量的物质流入大海，形成了三角洲冲积平原，土壤肥沃，很适宜水稻的种植（图 1.6、图 1.7）。

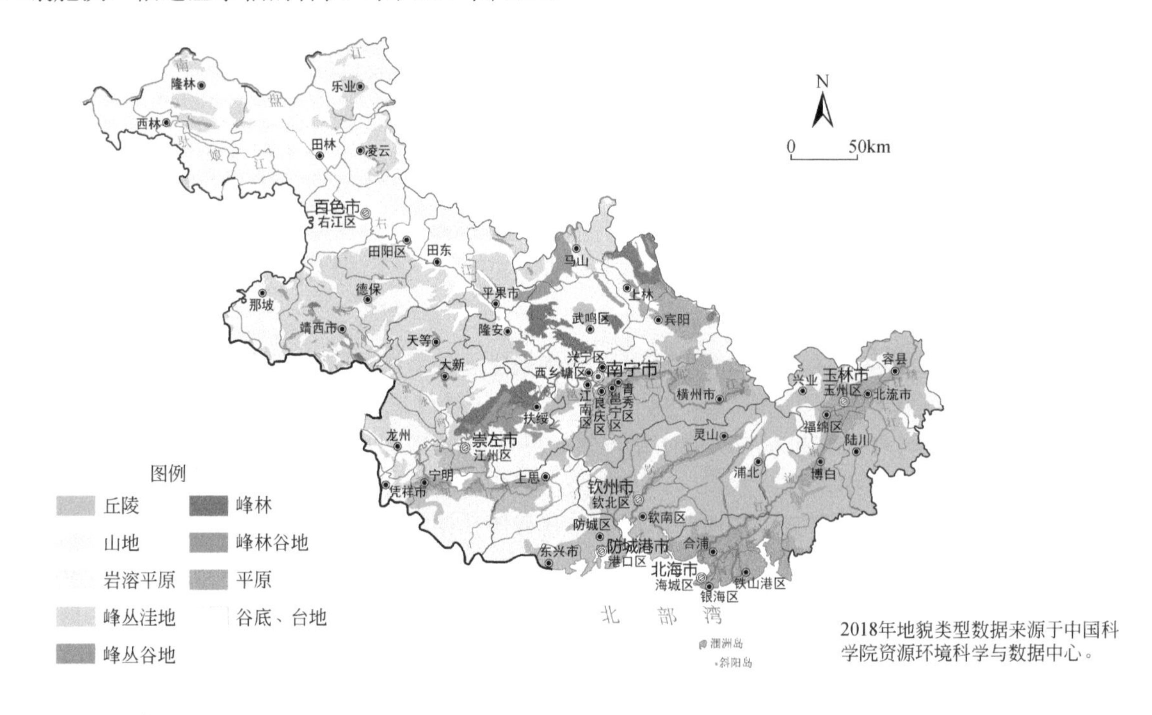

图 1.6 研究区 I 地貌分布图

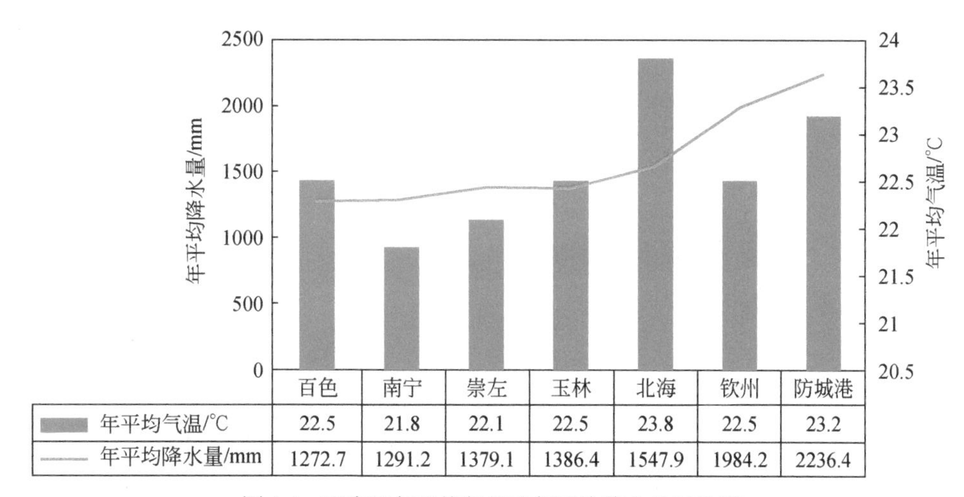

	百色	南宁	崇左	玉林	北海	钦州	防城港
年平均气温/°C	22.5	21.8	22.1	22.5	23.8	22.5	23.2
年平均降水量/mm	1272.7	1291.2	1379.1	1386.4	1547.9	1984.2	2236.4

图 1.7 研究区年平均气温和年平均降水量对比图

4. 土壤植被

由于桂西南喀斯特—北部湾地区地形较为复杂，地貌类型多样，山地、丘陵、盆地都有分布，地形起伏大，土壤植被呈垂直地带性分布规律。赤红壤主要分布在亚热带地区，如南宁市、崇左市、钦州市、防城港市等地区，多处在海拔 200 m 以下。海拔低且起伏度小，是人类集中居住场地，因此受人类活动的影响，赤红壤所在地的植被覆盖度相对较低，水土流失严重，原生植被较难生存，只有在沟谷等不易发生人类活动的地方才会多一些植被，如马尾松、桃金娘、细毛鸭嘴草等。砖红壤主要分布在北海市、钦州市南部、防城港市南部等地区，该土壤的土层分 3 个层次，分别是腐殖质层、淀积层及母质层；该土壤适宜种植季雨林，以及无花果、黄牛木、海芋、大沙叶等次生植被。水稻土零散分布在研究区的中部、东部及南部，如右江盆地、南宁盆地等，该土壤的发生层次十分明显，主要分为耕作层、犁底层、淀积层、漂洗层、潜育层及木质层 6 个层次；该土壤适宜种植水稻、瓜果蔬菜等农作物。石灰（岩）土主要分布在隆林各族自治县、乐业县、凌云县、那坡县、靖西市、田阳区、德保县、龙州县、天等县、大新县、平果市、马山县等喀斯特山区；该类型土壤的细土物质黏粒含量高，但其土层薄，岩石碎屑多，不适宜开垦（图 1.8）。

5. 生态环境问题

在人口、工业化、新型城镇化的快速发展下，不合理的国土资源开发、自然灾害、水土流失等导致桂西南喀斯特—北部湾地区面临着各种生态环境问题。桂西南喀斯特—北部湾地区的地势为西北内陆向东南沿海倾斜，西部及北部为滇黔桂石漠化区，喀斯特地貌分布广泛，石灰岩比重大，土壤贫瘠，且成土速率慢，加之降水较丰富，水土流失严重，治理难度大。北部湾沿海地区，人们临海而居，人类活动频繁，围海造田、水产养殖和景区开发等使生态环境遭到严重破坏。此外，受气候的影响，研究区多地受到暴雨洪涝、干旱、台风等自然灾害的影响。

6. 社会经济状况

桂西南喀斯特—北部湾地区有 7 个地级市，下辖 50 个县（市、区），由表 1.1 可以看出，截至 2020 年末，该区域的常住人口约有 2643.31 万人，人口密度为 243.93 人/km²，占广西人口的 53%，2020 年地区生产总值（地区 GDP）达 12028.85 亿元，人均 GDP 为 49034.9 万元，第一、第二、第三产业产值分别为 1920.06 亿元、3532.75 亿元、6576.04 亿元。该区域工业产业主要有有色金属加工业、制造业、临海化工等，农业特色优势产业有芒果、甘蔗等，区域内人均 GDP 值超广西人均 GDP 值的一半，占比达到 55%。由此而得，桂西南喀斯特—北部湾地区的经济发展是广西经济发展的重要组成部分。该区域交通发达，具有四通八达的公路铁路网、众多民航机场、河内航运等，在国家、自治区各级政府的共同努力下，广西的交通设施将会越发便利。

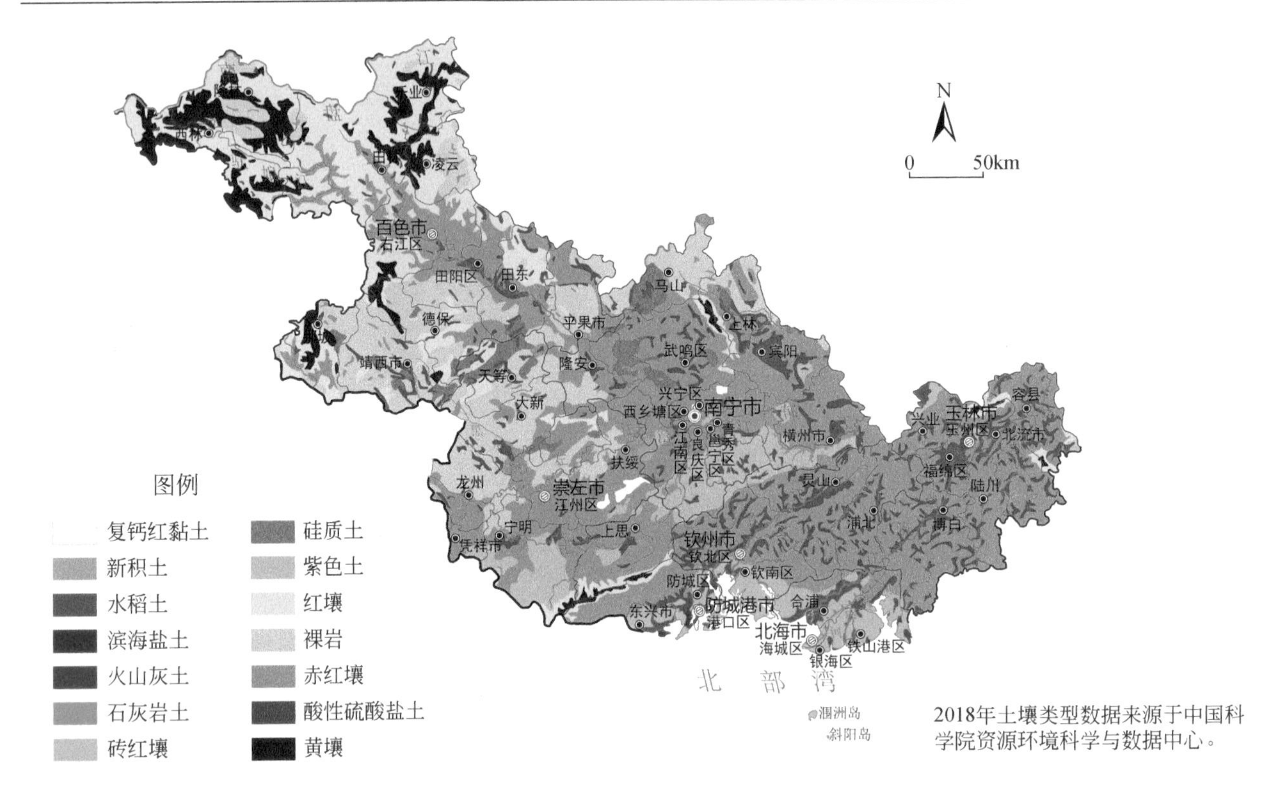

图 1.8 研究区 I 土壤分布图

表 1.1 2020 年桂西南喀斯特—北部湾地区社会经济统计表

市名	年末常住人口/万人	GDP/亿元	第一产业/亿元	第二产业/亿元	第三产业/亿元	人均 GDP/元
南宁市	875.26	4826.34	534.36	1084.32	3107.67	54669.00
百色市	357.60	1333.73	259.37	531.11	543.25	37332.00
崇左市	209.13	809.00	180.41	232.61	395.98	38722.00
防城港市	104.71	732.81	111.08	348.07	273.66	70697.00
钦州市	330.64	1387.96	282.82	390.13	715.01	42054.00
北海市	185.56	1276.91	206.60	485.66	584.66	69373.00
玉林市	580.41	1761.08	345.42	460.85	954.81	30397.00

7. 地理综合区划

山江海地域系统综合区划研究的目的是促进区域可持续发展，本章以县级为研究单元，分区界线与行政界线相一致，使得分区结果具有更强的可操作性。因此本章以山江海地域系统各个县（市、区）行政区作为基本单位，利用 ArcGIS 空间分析中的区域分析工具，基于山江海地域系统地理环境中的气候、水文、地形地貌等因子，在分析各区发展现状的基础上提出今后的发展方向，并探讨山江海地域系统整体开发的初步建议。

结合各地区地理位置及社会经济水平、发展方向等情况，在遵循区域共轭性原则基础上，以县（市、区）为基本单元，划分出山江海地域系统综合区划图。命名采用区位+地貌类型+发展方向三命名法，分区的命名综合体现了各区地域特征及其今后的发展方向，综合各方面因素对山江海地域系统综合区划分区命名见表 1.2，最终区域结果如图 1.9 所示。

表 1.2　山江海地域系统综合区划

编号	一级区	二级区	所含县（市、区）
I	中部缓丘平原、岩溶盆地区	Ⅰ-1 桂中丘陵盆地金融、商贸物流、会展旅游区	西乡塘区、兴宁区、良庆区、江南区、邕宁区、青秀区
		Ⅰ-2 桂北岩溶山地丘陵农业、矿产与旅游综合区	武鸣区、宾阳县、横州市
II	东南部山地丘陵平原区	Ⅱ-1 桂东南低山丘陵休闲农业、资源加工与生态保育功能区	陆川县、北流市、福绵区、玉州区、浦北县、容县、兴业县
		Ⅱ-2 东部低山丘陵商贸物流、旅游等产业区	博白县
III	中南部丘陵平原区	Ⅲ-1 低山丘陵平原生态旅游、地表作物产业区	钦北区、灵山县
		Ⅲ-2 桂南丘陵山地重点生态保育功能区与生态旅游区	防城区、东兴市、港口区
		Ⅲ-3 南部海岸平原特色旅游、资源开发与海洋生态保护区	钦南区、合浦县、铁山港区、海城区、银海区
IV	西南部峰丛洼地、低中山区	Ⅳ-1 桂西南右江河谷山地特色农业、矿产与生态型工业园区	马山县、上林县、右江区、田阳区、平果市
		Ⅳ-2 岩溶低山丘陵特色农业、建材与食品加工与重要生态功能区	田东县、德保县、那坡县、靖西市、天等县、隆安县
		Ⅳ-3 西南左江河谷山地丘陵生态农业、资源加工与边贸旅游区	江州区、扶绥县、宁明县、龙州县、大新县、上思县、凭祥市
V	西北部峰丛洼地、高原斜坡区	Ⅴ-1 西北高原山地生态农业、有色金属与桑蚕优势产业区	田林县、西林县、隆林各族自治县
		Ⅴ-2 桂西北峰林山地特色农业、旅游与生态保育建设区	乐业县、凌云县

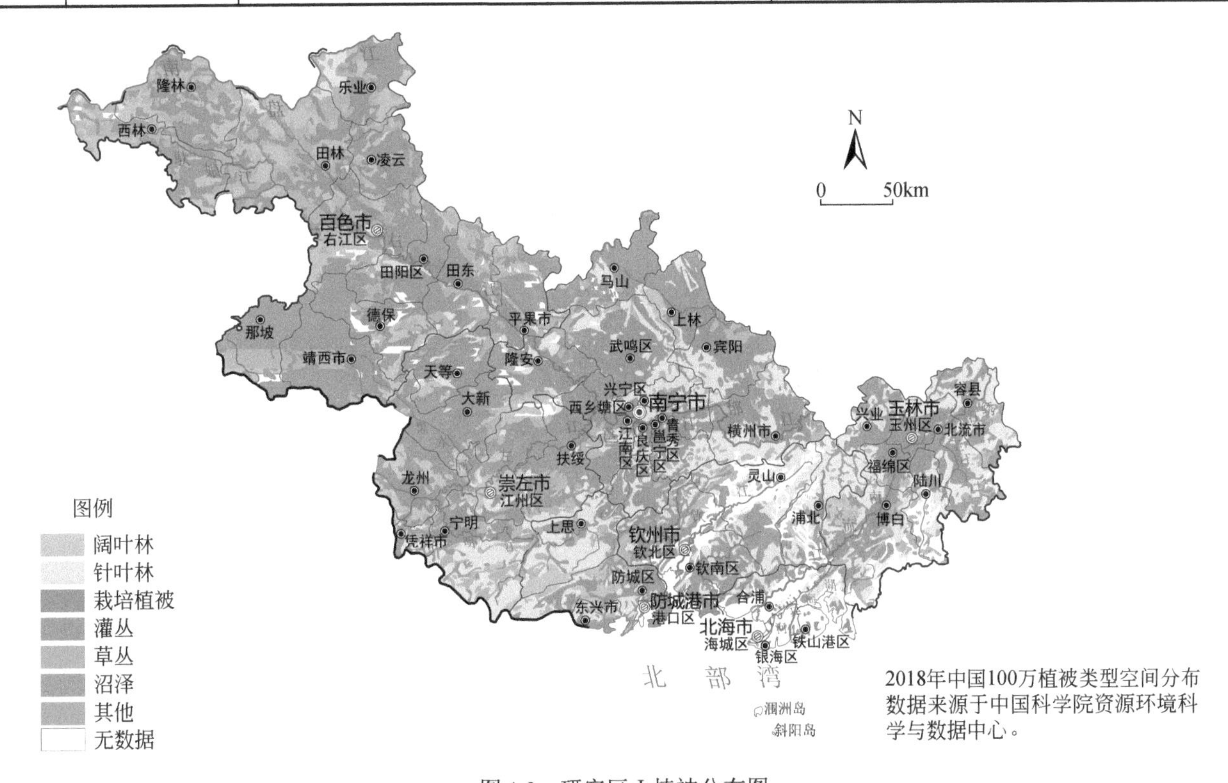

图 1.9　研究区 I 植被分布图

1.4.2　山江海地域系统理论方法与智慧决策研究

以系统论、地球科学论、可持续发展论、信息科学论为基础，提出山江海地域系统研究范式、研究体系、方法集成、科学问题和关键技术。

基于山-江-海系统结构，在金钟山、环江毛南族自治县、平果市、龙州县、防城港市、北海市、钦州市设立核心研究站点，系统地开展气候、植被、土壤、微生物、生态海洋、农业环境等多方面的动态监测。

通过航天遥感数据监测，可以获取研究区大尺度的影响人地系统生态环境变化的土地覆盖变化情况。对于小尺度的植被变化情况，则可以通过无人机航空遥感进行监测，由于其具有高精度和时间连续性的特点，可以补充航天遥感信息的缺失；野外站点实地监测是协同探索大空间尺度科学问题非常有效的方式，是地理科学和生态科学未来发展的趋势。

建立山江海地域系统资源环境数据体系，构建一个支撑山江海地域系统可持续发展的资源、生态、环境、防灾减灾信息基础数据库，为科学研究及管理提供重要的基础数据和决策分析依据。

实现山江海地域系统资源环境数据体系及技术规程研究，山江海地理系统智能模型库构建与大数据集成共享关键技术研究，智能模型关键技术研究及可持续发展决策支持开发系统研发。

1.4.3 山江海耦合关键带及其环境效应研究

以地球关键带科学和可持续发展科学为指导基础，探究山江海耦合关键带的分类分区，拟从 3 个级别来对地球关键带进行分类分区，提出具有地区特色的分类分区方法，为后续的优化调控提供良好的基础。

从生态负效应出发，探究山江海地域系统生态环境脆弱性和综合风险评估，基于驱动力-压力-状态-影响-响应（driving force-pressure-state-impact-response，DPSIR）模型，构建生态环境脆弱性和综合风险评价指标体系，评价脆弱程度，识别风险源，对环境污染、生态退化、自然灾害、资源利用等方面进行系统评估，并进行风险决策，为制定生态风险防范对策及生态安全管理提供科学依据。

从生态正效应出发，探究生态承载力、资源环境承载力和生态系统服务。土地是最基本的自然资源，是人类社会活动赖以生存和发展的保障，也是社会发展必不可少的物质基础。在人口-资源-环境-社会-发展这个复杂的系统中，土地资源处于关键的基础地位。人类在利用土地发展经济的同时，也对自然资源结构产生了巨大影响。因此从土地利用变化入手，采用机器学习和 PLUS 模型分析其对生态承载力当前和未来的影响，并基于最小累积阻力模型构建其生态安全格局。掌握资源环境承载力相关的理论基础，从人居适宜-资源限制-社会发展三个维度构建流域资源环境承载力评价体系和三维平衡模型，最终进行综合承载力评价和警示性分析，对山江海地域系统进行国土空间优化，提出区域资源开发利用与环境建设的合理模式。在生态系统服务功能方面，综合站点数据、遥感监测数据、已有调查数据和 DEM（数字高程模型），运用 InVEST 模型（生态系统服务和权衡的综合评估模型）在数据处理、参数本地化和模型校验的基础上，对研究区产水量、碳储量两大功能进行定量评估，分析两大生态服务功能的空间格局、动态变化和影响因素，并基于产水量和碳储量服务评估结果的平均值进行功能重要性分级，通过叠加分析对产水量功能与碳储量功能进行综合分区，并确定出优先开发与保护区域。

土地利用变化不仅对生态环境效应具有重要的影响，对碳排放和“绿水青山就是金山银山”理念的践行也具有深远的影响。测算每种土地利用类型的碳排放情况，分析土地利用转移及变化对碳排放的影响，提出一条低碳经济发展路径。如何将“绿水青山”价值转化为“金山银山”，是一大难题与热点，通过能值-生态足迹、GEP（生态系统生产总值）构建转换测算方案，进行“两山”价值转化评价并探究治理优化措施。

1.4.4 山江海地域系统人地耦合与可持续发展研究

探究山江海地域系统经济、资源子系统、人口子系统、生态子系统之间的耦合机制。根据研究区人口、经济、产业、水资源、生态环境变化，从生态安全、优化产业、加强水土资源管理、法律法规、数字流域等方面提出对策及建议，推动流域社会生态系统的可持续发展。对研究的三生空间和县域可持续发展水平进行评价，提出国土整治和生态修复模式，探究乡村功能、粮食安全和新型城镇化时空分异及影响因素，为高质量发展提供理论依据和措施。

石漠化是在湿润的岩溶条件下和脆弱的地质基础上所形成的一种岩石大面积裸露、植被退化的现象，已成为我国最严重的生态问题之一。近年来，我国政府十分重视石漠化的研究和治理工作，国家“十二五”规划都提到了石漠化治理工作，石漠化治理已经提高到国家目标的高度。当前我国桂西南喀斯特石漠化的演变具有改善和恶化并存、面积和空间变化快的特点。在短时间内表现为植被、土壤、岩石等地表覆盖要素的空间静态分布特征，在长时间内是一种动态的土地退化过程。快速准确监测石漠化分布现状及变化状况是石漠化科学研究中的最基本问题，也是治理和改善区域生态环境的关键前提。

在乡村振兴和高质量发展的时代大背景下，本书作者提出了山江海地域系统空间功能优化分区及其管控研究课题。通过对各县域评价单元多功能性的评价和分析确定各评价单元的主导功能，并且结合各评价单元的自然环境条件和社会经济因素，优化国土空间功能格局，为可持续发展提供必要的技术支持。

1.4.5　山江海地域系统山水林田湖草海系统与统筹共治研究

根据不同尺度、不同研究单元对山江海地域系统生态环境现状进行调查观测、遥感监测、空间分析，采用定性定量相结合的方法，深入剖析资源共享、产业发展、环境整治、生态修复和功能布局等人地系统的关键内容，测算生态敏感性指数、生态功能性指数、人-山水林田湖草海沙协调性指数等，确定重要生态功能区和生态健康分布区，建立山水林田湖草海沙生命共同体的社会、经济、自然生态系统的“架构”体系，建立山水林田湖草海沙生态保护修复的技术体系，耦合人-山水林田湖草海系统及高质量发展；提出发展石漠化防治及其衍生生态产业培育模式，以平陆运河—茅尾海流域、南流江流域、防城港为代表的北部湾流域—海湾统筹发展优化模式，山水林田湖草海沙统筹共治模式，为西部陆海新通道（南段）暨山江海地域系统可持续协调发展提供科学依据。

1.5　山江海地域系统方法集成

1.5.1　物理-事理-人理系统工程

1. 物理-事理-人理基本原理

根据顾基发等（2007）关于物理、人理、事理系统方法论的论述，在物理-事理-人理（wuli-shili-renli system approach，WSR）系统方法论中，物理涉及物质运动的机理，它既包括狭义的物理，还包括化学、生物、地理、天文等。通常运用自然科学知识回答 “物（W）”是什么。事理（S）是指做事的道理，通常运用运筹学与管理科学方面的知识来回答“怎样去做”的问题。人理（R）是指做人的道理，通常要用人文与社会科学知识去回答“应当做什么”和“最好怎么做”的问题。系统实践活动是物质世界、系统组织和人的动态统一。人的实践活动应当涵盖这 3 个方面，即考虑“物理”“事理”“人理”，从而获得满意的关于考察对象的全面的认识和想定，或是对考察对象进行更深入的理解，以便采取恰当可行的对策。

2. 物理-事理-人理方法论

WRS 的内容易于理解，而具体实践方法与过程应按实践领域和考察对象灵活变动。WRS 的一般工作过程可理解为以下 7 个步骤：理解意图、形成目标、调查分析、构造策略、选择方案、实现构想、协调关系。当然，WRS 的 7 个步骤不一定严格按照上述顺序进行，但协调关系始终贯穿于整个过程。协调关系并不仅仅是指协调人与人的关系，实际上，协调关系可以是协调每一步实践中物理、事理和人理的关系，协调意图、目标、现实、策略、方案、构想间的关系。协调系统实践的投入、产出与成效的关系。这些协调都是由人完成的，着眼点与手段应依据协调的对象而有所不同。WSR 的最大优势在于系统分析与决策，其应用长处在于能全局把握与系统调控目标、方法与构想实现清晰。顾基发和唐锡晋的上述理论观点对喀斯特人地系统优化调控颇具理论与实践指导意义，尤其是对山江海地域系统土地利用子系统的优化配置赋予了全新的概念。山江海地域系统的优化调控实质上是对喀斯特土地利用结构的优化配置，它是一个确定一整套的土地布局的技巧或活动，来达到一定特殊目标的过程，或被认为是对适合特定土地利用目标的多种用地类型的合理选择。其最终目标是实现县域经济-生态经济-循环经济-低碳经济目标的协调和统一。山江海地域系统优化调控实质上就是国土可持续利用的优化配置问题，最终目标是实现喀斯特山区人口、资源、环境的协调发展。因此，从优化调控目标的确定、区域调查分析、优化调控策略的构造、优化调控方案的选择、各土地实施主体间关系的协调，到最终实现既成构想，无不渗透着物理、事理、人理方法论的思想和观点。

1.5.2 模型分析法

1. 实体模型

实体模型是一个三维的三角网数据。通常定义实体模型是在三角形所确定 3 个数据点数据的基础上，由一组通过空间位置，在不同平面内的线相互连接而成的。实体模型是建立三维模型的基础。例如，一个实体模型可能是通过周围穿过实体的剖面线形成的，实体模型是由线串上包含的点形成的一系列三角形创建的，这些三角形在平面视角上可能是重叠的，但是三维中认为是不重叠或相交的，实体模型中的三角形是一个完全封闭的结构。

2. 概念模型

概念模型是指利用科学的归纳方法，以对研究对象的观察、抽象形成的概念为基础建立起来的关于概念之间的关系和影响方式的模型。概念模型的理论基础是数学归纳方法，模型的内容是概念之间的关系和影响方式。概念模型通过系统分析法来建立，模型的表现是概念之间的关系。建模的首要步骤就是建立概念模型，其核心内容是明确定义所研究的问题，确定建模的目的，确定系统边界，建立系统要素关系图。概念模型是一种基于经验的定性分析模型，它是建立定量分析模型的基础。因此，山江海地域系统演变的定性分析模型是建立山江海地域系统演变定量研究模型的基础。定性分析法以定性描述为主，揭示山江海地域系统演变的本质，但与定量方法相比缺乏说服力，通常与定量研究方法相结合。在影响山江海地域系统演变的地质-生态环境背景因素与经济-社会诸要素中，有些因素难以定量化，必须以概念化逻辑模型来描述土地利用系统演变的机制。因此，概念模型是研究土地利用系统演变机制不可缺少的方法之一。

3. 数学模型

系统的数学模型指的是描述元素之间、子系统之间、层次之间相互作用，以及系统与环境相互作用的数学表达式。原则上讲，现代数学所提供的一切数学表达形式，包括几何图形、代数结构、拓扑结构、序结构、分析表达式等，均可作为一定系统的数学模型。大量的数学模型是定量分析系统的有力工具。用数学形式表示输出与输入的相应关系，就是规范使用的一种定量分析模型。定量描述系统的数学模型必须以正确认识系统的定性性质为前提。简化对象原型必须先做出某些假设，这些假设只能是定性分析的结果。描述系统特征量的选择建立在建模者对系统行为特性的定性认识基础上，这是一种科学共同的方法论。数学模型，即山江海地域系统定量研究法，在内容上比定性方法要丰富得多，对山江海地域系统演变机制的深入研究将起到积极作用。在众多定量研究方法中，概括起来主要有三大框架模型：模拟与解释模型、描述模型和预测模型。其中，模拟与解释模型包括统计模型、系统动力仿真模型、细胞自动机模型等；描述模型包括数量变化模型、质量变化模型、空间变化模型等；预测模型包括时间序列预测模型、灰色预测模型、马尔可夫预测模型、系统动力学预测模型、规划预测模型等。

4. 计算机模型

用计算机程序定义的模型称为基于计算机的模型。首先明确构成系统的“构建”，把它们之间的相互关联方式提炼成若干简单的行为规则，并以计算机程序表示出来，以便通过计算机上的数值计算来模仿系统运行演化，观察如何通过对构件执行这些简单规则而涌现出系统的整体性质，预测系统的未来走向。所有数学模型都可以转化为基于计算机的模型，通过计算机来研究系统。由于山江海地域系统演变是基于社会-生态背景的人类活动的直接反映，具有显著的时空特征，遥感（remote sensing，RS）技术又是获取地理空间信息和时间序列信息的重要手段，因此，遥感为山江海地域系统空间特征和演化过程研究提供了必要的技术支持。地理信息系统（geographic information system，GIS）具有数据的输入、存储、管理、检索、查询、计算、分析、描述和显示功能，GIS 是“3S”技术的核心部分，空间分析和属性分析是地理信息系统技术的重中之重。山江海地域系统结构与格局、时空演变、动因、过程和机制、效应等的研究与 GIS 强大的空间数据处理、分析功能密不可分。全球定位系统 （global positioning system，GPS）定位的高度灵活性和常规测量技术无法比拟的高精度，使测量科学发生了革命性的变化。GPS 技术的应用将为形成实时、高效的山江海地域系统动态监测体系奠定基础，成为山江海地域系统动态变化研究的重要技术手段。可见，RS、GIS、GPS 三种技术各具特色和优势，“3S”一体化技术集成三者优势，将为山江海地域系统演变机制研究提供全新的技术手段。

5. 虚拟现实

虚拟现实（VR）又称为模拟技术，就是用一个系统模仿另一个真实系统的技术。VR 技术实际上是一种可创建和体验虚拟世界（virtual world）的计算机系统。这种虚拟世界由计算机生成，可以是现实世界的再现，亦可以是构想中的世界，用户可借助视觉、听觉及触觉等多种传感通道与虚拟世界进行自然的交互。它是以仿真的方式给用户创造一个实时反映实体对象变化与相互作用的三维虚拟世界，并通过头盔显示器（HMD）、数据手套等辅助传感设备，为用户提供一个观测与该虚拟世界交互的三维界面，使用户可直接参与并探索仿真对象在所处环境中的作用与变化，产生沉浸感。VR 技术是计算机技术、计算机图形学、计算机视觉、视觉生理学、视觉心理学、仿真技术、微电子技术、多媒体技术、信息技术、立体显示技术、传感与测量技术、软件工程、语音识别与合成技术、人机接口技术、网络技术及人工智能技术等多种高新技术集成之结晶。其逼真性和实时交互性为系统仿真技术提供有力的支撑。虚拟技术与地理信息技术的融合，将是地理人工智能的全新篇章，为山江海地域系统提供前沿高水平的技术。

1.5.3　科学数据与关键技术

1. 科学数据

多个野外站点的联网研究是协同探索大空间尺度的科学问题非常有效的方式，是地理科学和生态科学未来发展的趋势。在水热环境梯度条件下，本节选择研究区的金钟山、环江毛南族自治县、平果市、龙州县、防城港市、北海市、钦州市作为核心研究站点，系统地开展气候、植被、土壤、微生物、生态海洋、农业环境等多方面的动态监测。以中国科学院环江喀斯特野外生态系统观测研究站（环江站）、中国地质科学院岩溶地质研究所果化野外监测站（果化站）、大瑶山森林生态系统广西野外科学观测研究站、广西弄岗国家级自然保护区（弄岗区）为参考站，在每个区域内分别建立不同生态恢复阶段序列的长期定位观测样地，为山江海复合区域人地系统的基础理论研究和技术示范提供支撑野外平台。以监测山江海复合区域人地系统生态环境以及由人类活动引起的环境变化对生态系统造成的影响为目标。研究内容包括喀斯特石漠化发生或恢复过程的机理及其关键影响因子，以及流域地区退化生态系统修复的生态环境效应，北部湾流域—海湾生态修复规划及设计治理。目前拥有的比较完善的观测场地和仪器设备能够对气象、土壤、植被等环境因子进行观测，为本节的创新性研究提供了良好支撑。形成从数据集成到模型模拟，构建案例推理平台、智能决策支持平台，提供决策者服务等一系列相互衔接的关键技术，构建了基础地理要素数据库，海洋温度、盐度、溶解氧等海洋生态环境、海洋经济数据库，特色农业生态环境数据库，地标作物及其环境多要素数据库，初步研发了生态、海洋、农业环境监测分析预测模型，提出山江海复合区域人地系统监测—观测—数据—模型—平台—服务一体化范式（图 1.10）。

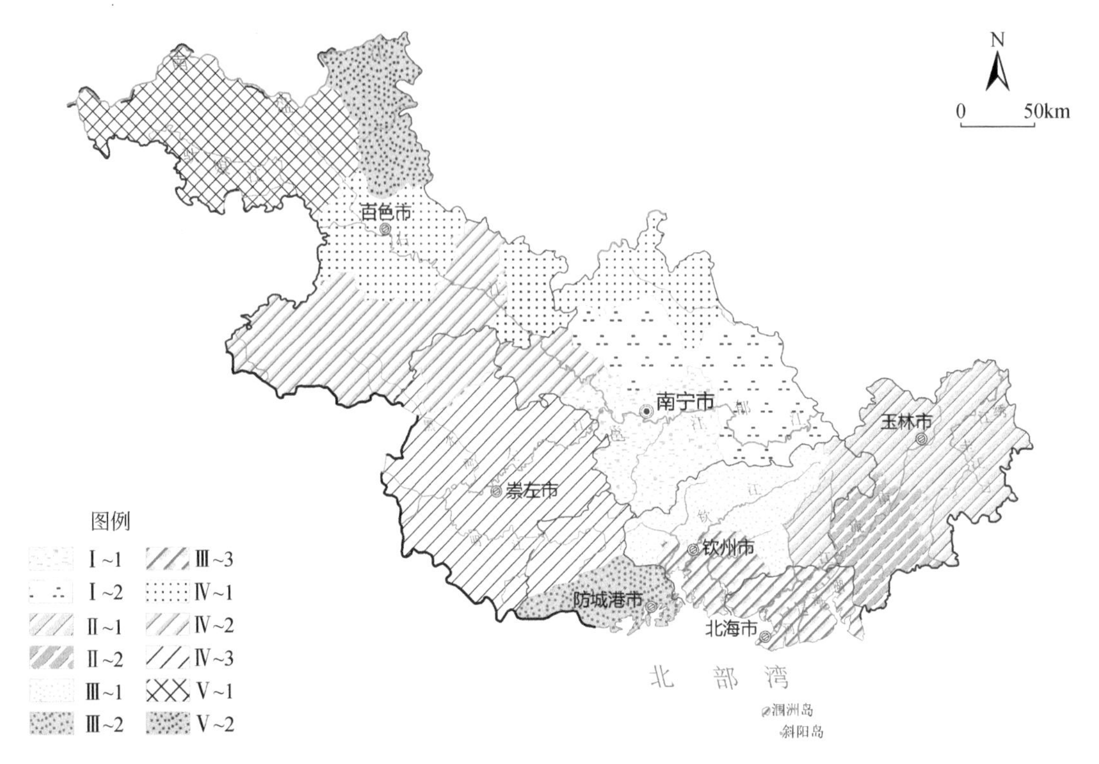

2018年DEM数据来源于地理空间数据云平台；2018年地质类型、地貌类型、土壤类型、中国1∶100万植被类型空间分布数据来源于中国科学院资源环境科学与数据中心；年均气温数据来源于2018年《广西统计年鉴》；年平均降水量数据来源于2018年《广西壮族自治区水资源公报》；图上专题内容为作者根据2018年DEM、地质、地貌、土壤、植被类型、年均气温、年平均降水量数据推算出的结果，不代表官方数据。

图 1.10　研究区Ⅰ综合地理区划分区

2. 关键技术

以数据采集—数据融合—地理探测—机器学习—智慧决策为核心技术链，形成自主知识产权的监测—数据—模型—平台—服务一体化科学数据监测技术，形成自主知识产权的山江海地域系统人-水土气生要素智能优化提取技术和山水林田湖草海湿地空间优化模拟技术，突破多源异构数据融合技术、复杂性系统模型构建智能技术、多尺度多要素过程耦合模型模拟优化技术。

1.6　学术思路与技术路线

1.6.1　学术思想与思路

本书对山江海地域系统理论深化、规律认知、野外监测、实验检测、数据分析、平台构建、智慧决策等方面有着重要的支撑作用。以桂西南喀斯特—北部湾为研究区，以地球系统科学、地球关键带科学、人地系统科学、（山水林田湖草海）生命共同体科学、生态学、信息科学等多学科交叉融合，以喀斯特系统—江河系统—海岸带系统为研究客体，提出浅层地表系统（根）—地球关键带（干）—人地耦合系统（叶）—山水林田湖草海系统（果）的研究范式，将整体性、复杂性、典型性相结合，对复杂环境下山江海地域系统耦合模型与模拟，生态变化过程及环境效应、可持续发展进行揭示，提出喀斯特人地系统、流域生态高质量发展和向海经济可持续等发展模式，为资源环境利用与修复、灾害防治与生态安全、绿色可持续发展、负碳排放和固碳增汇等方面进行社会服务，最终形成山江海地域系统科学。具体学术思想和思路如图 1.11 所示。

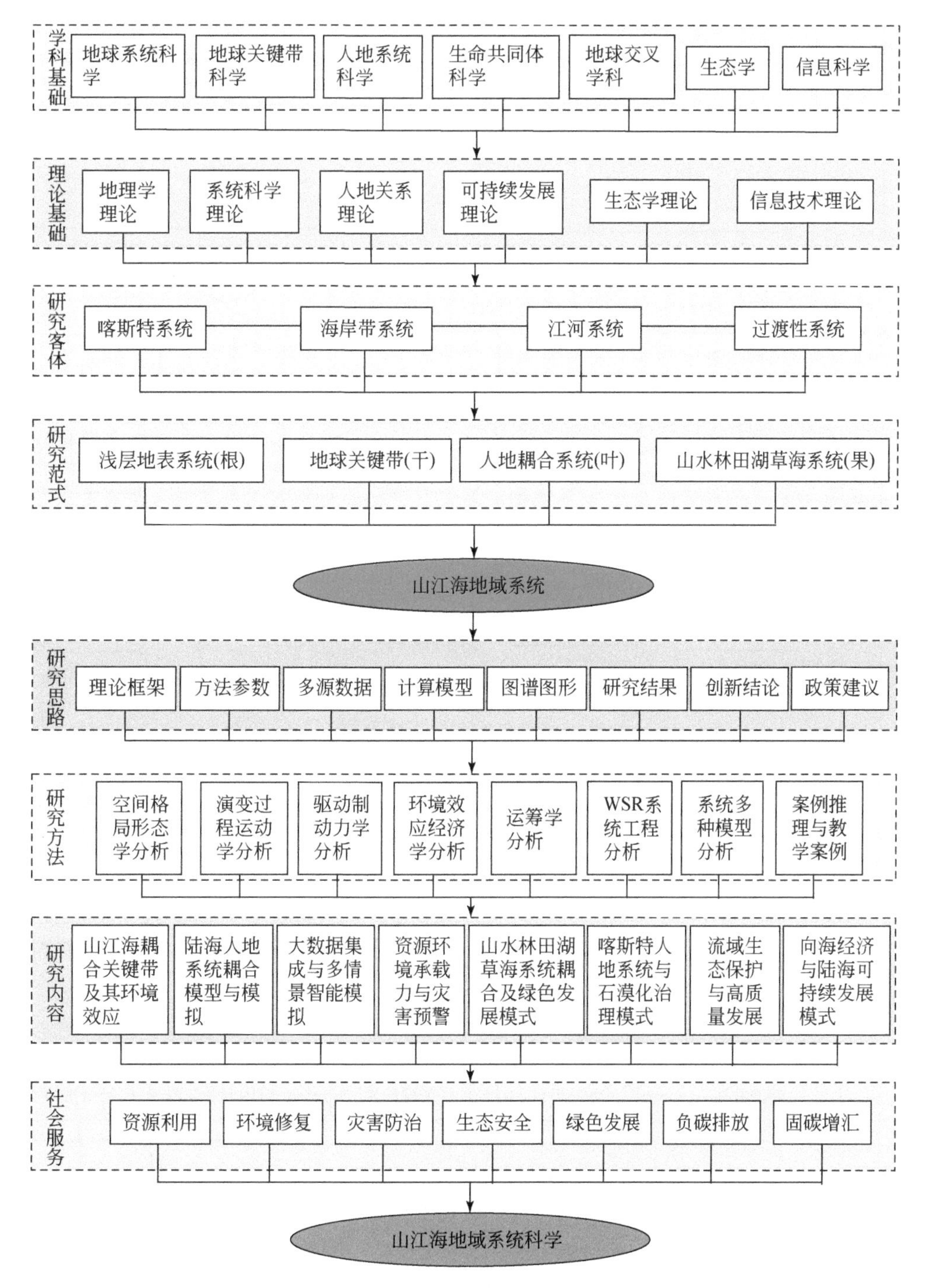

图 1.11　全书学术思想和思路

1.6.2　技术路线

本书从国家发展需要和关键科学问题分析入手，以研究范式—理论体系—方法集成—数据模型—环境效应—响应模式—科教融合为研究思路，在复杂系统视域和高质量发展观的指导下，以理论方法与智慧决策、耦合关键带及环境效应、系统耦合与可持续发展以及山水林田湖草海统筹共治案例为主要研究内容，以数据采集与融合—模型构建与数据平台—机器学习与专题分析—智慧决策为研究方法链，在理论方法、决策平台、关键技术、应用示范和社会成果方面取得预期成果，技术路线如图 1.12 所示。

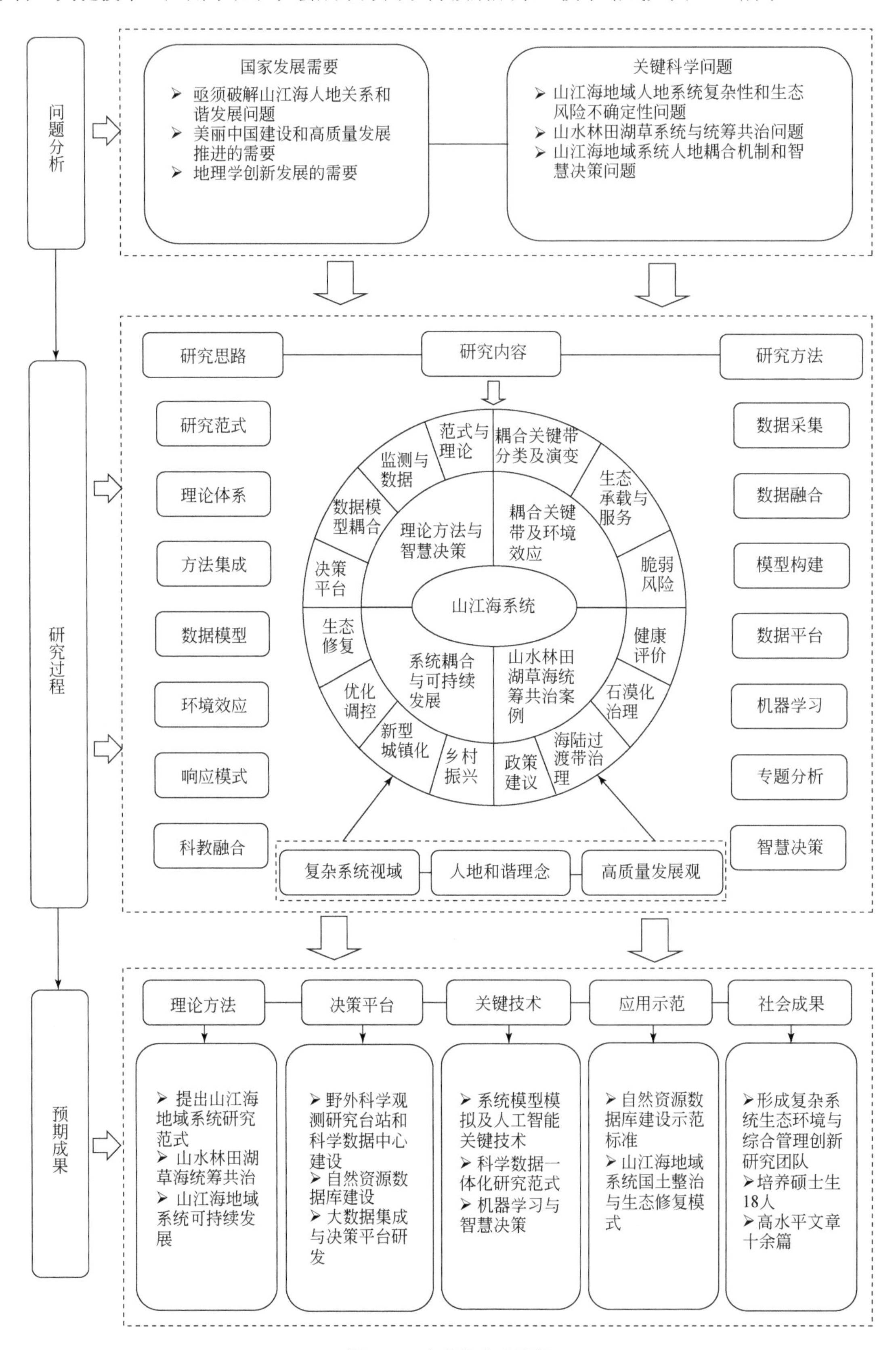

图 1.12　全书技术路线图

参考文献

曹琦，陈兴鹏，师满江，2013. 基于SD和DPSIRM模型的水资源管理模拟模型——以黑河流域甘州区为例. 经济地理，33（3）：36-41.

曹诗颂，王艳慧，段福洲，等，2016. 中国贫困地区生态环境脆弱性与经济贫困的耦合关系——基于连片特困区714个贫困县的实证分析. 应用生态学报，27（8）：2614-2622.

程昌秀，史培军，宋长青，等，2018. 地理大数据为地理复杂性研究提供新机遇. 地理学报，73（8）：1397-1406.

邓伟，张少尧，张昊，等，2020. 人文自然耦合视角下过渡性地理空间概念、内涵与属性和研究框架. 地理研究，39（4）：761-771.

董林垚，陈建耀，付丛生，等，2013. 西江流域径流与气象要素多时间尺度关联性研究. 地理科学，33（2）：209-215.

杜娟娟，2019. 山西省水资源脆弱性时空分析评价研究. 中国农村水利水电，（2）：55-59.

方创琳，王岩，2015. 中国城市脆弱性的综合测度与空间分异特征. 地理学报，70（2）：234-247.

傅伯杰，2017. 地理学：从知识、科学到决策. 地理学报，72（11）：1923-1932.

傅伯杰，2018. 面向全球可持续发展的地理学. 科技导报，36（2）：1.

傅伯杰，王帅，沈彦俊，等，2021. 黄河流域人地系统耦合机理与优化调控. 中国科学基金，35（4）：6.

顾基发，唐锡晋，朱正祥，2007. 物理-事理-人理系统方法论综述. 交通运输系统工程与信息，（6）：51-60.

何彦龙，袁一鸣，王腾，等，2019. 基于GIS的长江口海域生态系统脆弱性综合评价研究. 生态学报，39（11）：1-7.

黄秉维，1996. 论地球系统科学与可持续发展战略科学基础. 地理学报，51（4）：350-354.

蒋勇军，袁道先，章程，等，2005. 典型岩溶农业区土地利用变化对土壤性质的影响. 地理学报，60（5）：751-760.

敬博，李同昇，朱依平，等，2021. 我国山区人地系统研究进展. 世界地理研究，30（6）：1230-1240.

李凯，侯鹰，Skov-Petersen H，等，2021. 景观规划导向的绿色基础设施研究进展——基于“格局-过程-服务-可持续性”研究范式. 自然资源学报，36（2）：435-448.

李平星，樊杰，2014. 基于VSD模型的区域生态系统脆弱性评价——以广西西江经济带为例. 自然资源学报，29（5）：779-788.

刘彦随，2020. 现代人地关系与人地系统科学. 地理科学，40（8）：1221-1234.

明庆忠，刘安乐，2020. 山-原-海战略：国家区域发展战略的衔接与拓展. 山地学报，38（3）：348.

齐姗姗，巩杰，钱彩云，等，2017. 基于SRP模型的甘肃省白龙江流域生态环境脆弱性评价. 水土保持通报，37（1）：224-228.

山红翠，袁飞，盛东，等，2016. VIC模型在西江流域径流模拟中的应用. 中国农村水利水电，（4）：43-45，49.

吴传钧，1991. 论地理学的研究核心——人地关系地域系统. 经济地理，11（3）：1-6.

吴浓娣，吴强，刘定湘，2018. 系统治理——坚持山水林田湖草是一个生命共同体. 水利发展研究，18（9）：25-32.

吴泽宁，申言霞，王慧亮，2018. 基于能值理论的洪涝灾害脆弱性评估. 南水北调与水利科技，16（6）：9-14，32.

肖兴平，佟元清，阮俊，2012. DRASTIC模型评价地下水系统脆弱性中的GIS应用——以河北沧州地区为例. 地下水，34（4）：43-45.

徐冠华，葛全胜，宫鹏，等，2013. 全球变化和人类可持续发展：挑战与对策. 科学通报，58（21）：2100-2106.

薛联青，王晶，魏光辉，2019. 基于PSR模型的塔里木河流域生态脆弱性评价. 河海大学学报（自然科学版），47（1）：13-19.

苑全治，吴绍洪，戴尔阜，等，2016. 过去50年气候变化下中国潜在植被NPP的脆弱性评价. 地理学报，71（5）：797-806.

张世熔，龚国淑，邓良基，等，2003. 川西丘陵区景观空间格局分析. 生态学报，23 （2）：380-386.

张泽，胡宝清，丘海红，等，2021. 基于山江海视角与SRP模型的桂西南-北部湾生态环境脆弱性评价. 地球与环境，49（3）：297-306.

赵梦梦，2018. 基于省际的气候变化脆弱性综合评价及应对策略研究. 天津：天津大学.

赵文武，侯焱臻，刘焱序，2020. 人地系统耦合与可持续发展：框架与进展. 科技导报，38（13）：25-31.

赵毅，徐绪堪，李晓娟，2018. 基于变权灰色云模型的江苏省水环境系统脆弱性评价. 长江流域资源与环境，27（11）：2463-2471.

职璐爽，2018. 广东省水资源脆弱性评价. 西安：西安理工大学.

Brundtland G H，1985. World commission on environment and development. Environmental Policy & Law，14（1）：26-30.

Crutzen P J，Stoermer E F，2019. The “Anthropocene”. IGBP Newsletter，41：16-18.

Fu B J，Li Y，2016. Bidirectional coupling between the earth and human systems is essential for modeling sustainability. National Science Review，3（4）：397-398.

Mayer A L，Donovan R P，Pawlowski C W，2014. Information and entropy theory for the sustainability of coupled human and natural systems. Ecology and Society，19（3）：11.

Steffen W，Richardson K，Rockstrom J，et al.，2020. The emergence and evolution of earth system science. Nature Reviews Earth & Environment，1：54-63.

Timmerman P，1981. Vulnerability，resilience and the collapse of society：a review of models and possible climatic applications . Toronto：University of Toronto.

Zand A D，Heir A V，2021. Integration of rapid impact assessment matrix method and sustainability modeling for management of municipal solid waste transfer stations in cold regions. Modeling Earth Systems and Environment，（1054）：1-12.

第2章　山江海耦合关键带生态系统野外科学观测网络研究

2.1　生态系统定位观测网络研究现状与发展趋势

2.1.1　生态系统定位观测网络研究现状

野外科学观测站是开展科学研究的重要基础，是地球科学、生命科学和环境科学发展的重要试验场地和必须依赖的基本研究手段，自 1988 年以来部分国家和国际组织开始在生态领域建立区域、国家或者全球尺度的生态环境观测网络，包括英国环境变化监测网络（ECN）、美国长期生态学研究网络（US-LTER）、中国生态系统研究网络（CERN）等国家尺度的生态环境观测网络（王兵等，2003），以及全球气候观测系统（GCOS）、全球环境监测系统（GEMS）、全球陆地观测系统（GTOS）、全球海洋观测系统（GOOS）、全球通量观测网络（FULXNET）和国际长期生态学研究网络（ILTER）等全球尺度的生态环境观测网络（崔洋等，2019）。这些观测网络的建立在观测和研究本国重要生态环境问题以及支撑全球生态环境研究等方面发挥了重要作用，并已成功应用在资源保护、环境管理及相关政策制定等实际工作中。

我国在生态系统定位研究方面的起步相对于一些发达国家稍晚，从 20 世纪 50 年代中国科学院建立首批野外生态系统定位观测站开始，生态系统野外观测台站的数量不断扩大、质量不断提高，并从单一站点开始逐渐向网络化方向发展。建立了中国生态系统研究网络（CERN）、中国森林生态系统定位研究网络（CFERN）、中国陆地生态系统定位观测研究站网（CTERN）以及各部委管理的自然资源部野外科学观测研究站、农业部野外台站、水利部野外科学观测研究站等。其中，CERN 由中国科学院负责建设和管理，研究重点集中于我国生态系统的结构、功能、格局与过程的变化规律，为生态环境保护与开发、资源合理利用、全球变化响应和可持续发展提供基础的科学数据和决策依据（卢康宁等，2019）。CTERN 以森林、湿地、荒漠三大生态系统类型为对象，主要开展生态系统结构与功能及生态过程关键技术研究，属于国家林业科技创新机制的重要组成部分。在各部委野外台站和相关研究网络的基础上，通过功能整合，形成了跨部门、跨行业、跨地域的国家层面上的国家生态系统观测研究网络（CNERN），该观测网络主要围绕生态系统长期变化、生态系统演变机制、示范生态系统优化管理模式等基本任务（崔洋等，2019），对生态系统水、土、气、生、岩要素的长期观测数据、专项观测实验数据与科学分析数据进行规范化采集、管理和开发共享，形成了具有鲜明特色的生态系统长期观测数据资源体系，在生态系统过程与演变机制、气候变化与生态系统的响应、生物多样性保育与生态系统稳定性维持、脆弱生态系统退化与生态修复等方面取得了丰富的科学研究成果（于贵瑞等，2021）。

总体而言，我国生态系统研究网络经过多年发展已成为集生态系统“观测、研究、示范和服务支撑”于一体的多功能综合性网络（何洪林和于贵瑞，2020），对阐明生态系统发生、发展、演替的内在机制及服务国家、区域、行业发展战略发挥着重要作用。

2.1.2　生态系统定位观测网络研究发展趋势

在生态系统定位观测网络建设方面，已成立了规范的组织管理机构，制定了发展战略目标，开展观测、研究、示范和服务的能力显著提高。随着科学技术水平的不断提高，针对科学问题的研究不断深入，生态系统定位观测网络的发展将呈现网络结构更加完善、观测与数据分析技术更加先进、数据融合和服务支撑更加全面等变化趋势。具体表现为两个方面。一是多个台站、多个观测研究网络甚至多个国家研究网络的联网观测与研究逐渐成为发展主流（刘海江等，2014），观测尺度从站点走向流域、区域和全球，关注的对象从生态系统扩展到地球科学系统，深化了联网观测和联网研究的层次结构。二是观测技术手段的多样化、先进化和自动化。随着科技水平的不断发展，无人机、遥感、大数据等先进技术手段在生态系统观测研究网络建设中的应用，将促进观测数据精度、观测工作效率和数据分析处理能力的显著提高，极大地促进了观测能力的跨越式发展。三是建立规范标准的观测与分析体系（卢康宁等，2019），融合不同网络的观测标准，并将自然生态要素与社会经济相结合，有助于推动联网观测研究，能更好地发挥数据服务区域可持续发展的潜在价值与作用。随着生态系统定位观测网络的不断发展，当前存在的建设经费不足、网络布局不完整、多源数据融合能力不强、决策服务水平不高等方面的问题将逐步解决。

展望未来，面对复杂因素驱动的生态系统变化，生态系统研究需要发展多学科交叉、国际合作的研究平台，需要从单纯的生态系统过程机理的研究转向与全球可持续发展相结合。国际生态系统研究计划正在与全球可持续发展相结合，旨在推动区域和全球可持续发展相关生态系统科学知识的发现和应用。多尺度、多平台集成的生态系统观测研究网络将有力地支撑上述计划的实施，进而服务于管理决策，促进可持续发展目标的实现。

2.2 山江海耦合关键带生态系统野外科学观测网络建设背景及意义

广西具有独特喀斯特山区、江河海岸带的山江海耦合关键带生态系统结构，山江海耦合关键带生态系统野外科学观测网络的建立，将有助于对区域的生态系统进行长期、系统的定位观测和科学研究，揭示生态系统的结构和功能及其与环境之间的关系，监测人类活动对生态系统的冲击与调控，建立生态系统动态评价和预警体系，保护与合理利用自然资源；为社会经济发展及环境建设提供理论基础，为建设生态监测体系及实施重点生态工程建设提供科学依据。此系统网络的规划布局对加强广西生态站网建设具有重大的科学意义和战略意义。总体而言，山江海耦合关键带生态系统野外科学观测网络建设的意义主要体现在以下几个方面。

2.2.1 统筹山江海耦合关键带山水林田湖草海共治

山江海耦合关键带生态系统野外科学观测网络所包含的站点具备山水林田湖草海的系统组成要素，开展系统内物质、能量交换监测、观测与分析研究，可为实现山江海耦合关键带多要素、多情景、复杂环境问题的统筹共治提供科学依据。现有的传统研究一般是将山水林田湖草海中的某个要素作为独立个体进行研究，无法从整体上实现生态环境整体保护和多要素系统修复。而山江海耦合关键带生态系统把山水林田湖草海等要素固定在一个空间尺度上，为实现山水林田湖草海多要素一体化关键参数的观测提供了研究区域，对科学认识山江海地域系统空间生态系统内部的物质与能量交换，以及解析森林、石漠化山地、湿地等类型生态系统多要素的协调机制提供了科学场地，对实现区域统筹共治及可持续发展具有重要价值和意义。

2.2.2 补充和完善国家野外科学研究网络体系，服务区域社会经济可持续发展

在山江海耦合关键带形成具有区域特色的野外观测网络，可推动完善我国野外科学研究网络体系，高效服务区域社会经济可持续发展。目前国家野外科学观测研究站建设发展规划和广西野外科学观测研究站管理办法等对野外台站的建设提出了明确的要求，并在贵州普定、广西环江与平果等地成立了国家野外科

学观测研究站点，但大多都是根据各自生态系统的结构和功能而设立的独立站点，缺乏系统的区域融合和功能整合，且主要是观测自然环境要素，对社会经济要素的监测较少。山江海耦合关键带生态系统野外科学观测网络将区域内重要的站点结合起来，按照标准化和规范化模式一体化管理观测数据，实现自然要素和社会经济要素数据的融合与集成，可推动完善国家和地方野外科学研究网络体系，由共享服务高效支撑区域乡村振兴等社会经济可持续发展关键问题的决策。

2.2.3　构建山江海耦合关键带生态系统野外科学观测网络研究体系，树立山江海研究典型

立足广西山江海独特地理与资源优势，面向东盟，为实现区域性国际合作发挥科研、科教、科普功能。山江海耦合关键带生态系统具有独特的地理与资源优势，此区域也是面向东盟的桥头堡，区域特色与部分东盟国家具有相似性，山江海耦合关键带生态系统野外科学观测网络研究可为东盟国家的山江海研究提供参考，可推动中国与东盟在生态系统统筹共治、社会经济可持续发展及气候合作与环境保护等领域的国际合作，对支撑《中国—东盟战略伙伴关系 2030 年愿景》相关战略措施的实施具有重要意义。

2.3　野外科学观测网络总体思路

2.3.1　指导思想

构建山江海耦合关键带生态系统野外科学观测网络研究体系，以桂西南喀斯特—北部湾海岸带山江海耦合关键带各类生态系统为研究重点，遵循山水林田湖草海是一个生命共同体的理念，以完善站点布局为基础，以提升站网设施水平为重点，以提高观测研究能力为核心，构建布局合理、功能完备、运行高效的野外科学观测研究网络，由共享服务高效支撑区域社会经济可持续发展关键问题的决策，提升区域生态建设和生态安全的决策与管理支撑能力，促进生态系统功能服务大众和人类生态福祉提升。

2.3.2　建设原则

1. 综合性和代表性兼顾原则

按照国家和广西重大发展战略的科技创新需求，结合山江海耦合关键带生态系统的特征和基础条件，充分考虑野外网络站点的功能定位和代表性，构建具有功能综合性和代表性的山江海地域系统生态系统野外科学观测网络，科学地开展试验观测和数据采集，提升观测网络的影响力。

2. 联合共建，灵活开放原则

山江海耦合关键带生态系统野外科学观测网络由多个野外站点构成，涉及多个管理单位和建设单位，是林业、地质、地理、生态、农业、水利等多学科站点，在明确知识产权等相关权责的情况下，站点建设单位可联合共建观测网络，实施灵活开放、协调合作的站点联合机制。

3. 一体化规范管理，提质增效原则

制定规范化管理制度和工作标准，从站点观测设施建设、观测数据采集分析到服务共享的全过程管理均采用标准化和规范化的程序、方法和技术，实现数据信息化，提高工作效率与服务共享质量。

4. 目标导向性原则

以国家和广西重大发展战略的科学需求为目标导向，山江海耦合关键带生态系统野外科学观测网络既要符合国家野外科学观测研究站建设发展和广西野外科学观测研究站建设要求，又要能服务于山江海研究区社会经济可持续发展；山江海耦合关键带生态系统野外科学观测网络既要对国家和广西的观测网络具有继承性和关联性，还要能全面、准确、实效地服务区域发展。

2.3.3 建设目标

围绕山江海耦合关键带生态系统可持续发展所面临的复杂科学问题，以野外多站点联合共建为基础，通过系统开展生态系统过程的长期试验观测，并结合区域社会经济发展状况，构建具有区域特色的山江海耦合关键带生态系统观测网络，培育形成具有重要区域影响力的多功能数据观测与服务共享平台，为山江海耦合关键带生态系统可持续发展提供新的理论和技术支撑。

2.4 总体布局

2.4.1 布局原则

1. 多站点联合、多系统组合、多尺度拟合、多目标融合

多站点联合即通过建设山江海耦合关键带生态系统野外科学观测网络，在科研项目带动下，实现多个站点协同研究。多系统组合即实现森林、草地、湿地、荒漠和城市等多生态系统类型的联网研究。多尺度拟合即研究对象覆盖个体、种群、群落、生态系统、景观和区域多个尺度。多目标融合即生态站布设目的多样，如应对气候变化、水资源管理、生物多样性保护、森林健康、生态效益补偿和国土安全等。

2. 立足于区域生态系统特色

山江海耦合关键带地处广西西南部，地形复杂，气候多样，蕴藏着丰富独特的陆地生态系统，按照不同类型生态系统的典型性、代表性和科学性，立足现有生态站点，全面科学地规划布局森林、草地、湿地、石漠和城市生态站，优化资源配置，根据区域内地带性观测需求，在山江海耦合关键带建设具有区域典型性和代表性的一批生态站，为保护和研究区域生态系统提供理论和数据支撑。

3. 服务于国家重大战略

山江海耦合关键带地处祖国西南边境，既是西部陆海新通道，又是中国—东盟自由贸易区的重要走廊，同时也是“一带一路”的重要区域，对支持“一带一路”国家实现可持续发展战略，国家合理开发利用和生态环境保护有一定的现实意义。山江海耦合关键带生态系统野外科学观测网络研究应服务于国家重大战略，为国家战略落实提供基础数据、科技支撑与生态服务保障。

4. 科学合理的站点规划

在充分分析山江海耦合关键带生态系统功能区划的基础上，从国家、地方及区域生态建设的整体出发，遵循“统一规划、分期建设、分类指导、集中管理”的原则，按照“先易后难、先重点后一般”的规划步骤，依据山江海耦合关键带生态环境建设的需要，分阶段对山江海耦合关键带生态系统野外科学观测研究站进行建设。按照不同类型生态系统的典型性、代表性和科学性，立足现有生态站点，全面科学地规划布

局森林、草地、湿地、荒漠和城市生态站，优化资源配置，优先建设重点区域，避免低水平重复建设，逐步形成层次清晰、功能完善、覆盖重要生态区域的生态站网，全面提升山江海耦合关键带生态系统长期定位观测研究的水平。

2.4.2 总体分布情况

根据山江海耦合关键带生态地理分区特征，以桂西南喀斯特—北部湾海岸带山江海耦合关键带各类生态系统为研究重点，按照森（竹）林、湿地、石漠、草地、城市、农业六大类型进行规划，形成层次清晰、功能完善、覆盖山江海耦合关键带重要生态区域的生态站网，共规划建设 17 个生态站（含已建成的 6 个台站），其中 7 个森林生态站，4 个湿地生态站，3 个石漠生态站，1 个草地生态站，1 个城市生态站、1 个农业生态站。

台站布局涵盖常绿阔叶林、落叶阔叶林、热带竹林（丛）、热带季雨林、季节性雨林等多种森林类型，滨海、河流、湖泊等湿地，以及西南岩溶石漠恢复区和南方暖性灌草丛等；衔接国家和地方网络规划布局、全国生态功能区划布局、广西主体功能规划布局等功能区定位，结合各类型生态站观测目标和任务实际，形成纵向以国家台站为重点、地方台站为补充的上下衔接，以及横向省内地方台站之间、省内和省外台站跨省区域之间联网观测的布局；同时，兼顾广西重点生态工程生态效益监测布局，满足重点生态建设工程监测与评价需求，见表 2.1。

表 2.1 生态系统定位观测研究台站规划布局表

序号	生态地理区	规划台站数量与类别						
		数量/个	森林站	湿地站	石漠站	草地站	城市站	农业站
II	桂西北亚热带山原季风常绿阔叶林区	1	金钟山森林站					
III	桂中亚热带石山季风常绿阔叶林区	1	大明山森林站					
VI	桂东南南亚热带山地丘陵栽培植被林区	2	六万大山经济林站	横州市西津湿地站				
VII	桂西南亚热带石山山地丘陵季雨林区	6	友谊关森林站	大新黑水河湿地站	陇均石漠站	天等喀斯特草地站	南宁城市站	田阳芒果站
		2	凭祥竹林站		平果喀斯特站			
		2	南宁桉树林站		弄岗石漠站			
VIII	桂南十万大山北热带季雨林区	1	十万大山森林站					
IX	桂南沿海北热带栽培植被林区	2		北海红树林湿地站				
				北仑河口红树林湿地站				
合计		17	7	4	3	1	1	1

2.5 野外科学观测站基本情况

2.5.1 森林站

1. 金钟山森林站

该台站地处桂西北亚热带山原季风常绿阔叶林生态地理区，代表植被类型有暖性针叶林、暖性落叶阔叶林、常绿落叶阔叶混交林等，主要保护物种有贵州苏铁、伯乐树、中华桫椤、黑颈长尾雉等，属广西生物多样性优先保护区——桂西山原区。台站规划布局区域是重点公益林、退耕还林、珠江流域防护林体系建设工程等重点林业生态工程实施的重点区域，遵循一站多点、涵盖类型多样的原则，同时兼顾重点公益林、退耕还林、珠江防护林等重点工程监测点。

2. 大明山森林站

该台站地处桂中亚热带石山季风常绿阔叶林生态地理区，代表植被类型有南亚热带季风常绿阔叶林，主要保护物种有伯乐树、熊猴、林麝等，属广西生物多样性优先保护区——大明山区。台站规划布局区域是重点公益林实施的重点区域，遵循一站多点、涵盖类型多样的原则，同时兼顾重点公益林监测点。

3. 六万大山经济林站

该台站地处桂东南南亚热带山地丘陵栽培植被林生态地理区，有大面积的八角、肉桂等经济林。该台站以人工经济林为主要监测对象，规划布局区域属于玉林市，是广西桉树种植面积排名第二位的重点区，同时兼顾人工林监测点。

4. 友谊关森林站

该台站地处北热带，属桂西南亚热带石山山地丘陵季雨林生态地理区，森林植被分区属桂西南石山山地丘陵蚬木林八角林区，代表植被类型有北热带季雨林、马尾松林等，是广西植物特有现象中心，主要保护物种有蚬木、白头叶猴、黑叶猴等，属广西生物多样性优先保护区——桂西喀斯特山地区。该台站以中国林业科学研究院热带林业实验中心为主站点，拥有林木良种研究、优良珍贵树种培育、人工林生态服务功能研究等多个领域研究的示范基地，是中国林业科学研究院直属的林业科学实验基地、科技创新基地和科普教育基地，该台站结合监测重点与研究实际，同时兼顾广西重点人工林监测点。

5. 凭祥竹林站

该台站地处北热带，低山丘陵地貌，属桂西南亚热带石山山地丘陵季雨林生态地理区，是以我国热带、南亚热带地区的麻竹、撑篙竹、吊丝竹、车筒竹等丛生竹林生态系统为主要研究对象的科研平台；该区域也是广西植物特有现象中心，属广西生物多样性优先保护区——桂西喀斯特山地区。该台站以竹林为重点研究对象，处于国家规划布局中的南方丛生竹林区，是全国 8 个竹林生态站成员之一，与广西滇南竹林生态站形成联网观测，其主要监测范围在中国林业科学研究院热带林业实验中心内，是重要的人工示范基地，台站同时兼顾人工林监测点。

6. 南宁桉树林站

该台站地处桂西南亚热带石山山地丘陵季雨林生态地理区，区域范围内的代表植被类型主要为桉树人工林，主要保护物种有金毛狗等。广西是我国桉树种植的主要区域，南宁是广西桉树种植面积排名第一位的重点区，该台站是除了广东湛江桉树林生态站外的以桉树为监测重点的补充台站，同时兼顾国际上桉树研究的相关热点问题；监测区还是珠江流域防护林系统建设工程实施区域，该台站也兼顾珠江防护林监测点。

7. 十万大山森林站

该台站地处桂南十万大山北热带季雨林区生态地理区，代表植被类型有北热带季雨林，主要保护物种有狭叶坡垒、豹等，属广西生物多样性优先保护区——十万大山区。该台站规划布局区域是重点公益林、沿海防护林体系建设工程、珠江流域防护林体系建设工程等重点林业生态建设工程实施的重点区域，同时兼顾重点公益林、沿海防护林、珠江防护林监测点。

2.5.2 湿地站

1. 北海红树林湿地站

北海红树林湿地站于 2018 年开始建设第一期工程，现已建有综合实验楼、标准气象观测场、物种监测样地等，开展了部分指标的观测工作。主站址建设在北海市防护林场内，建设单位为北海市防护林场；生态地理区为桂南沿海北热带栽培植被林区，代表植被类型有红树林，主要保护物种有海鸬鹚、白斑军舰鸟、白琵鹭和虎纹蛙等，属广西生物多样性优先保护区——广西北部湾沿海地区。该台站属滨海湿地区的红树林湿地，与福建泉州湾湿地生态站和海南东寨港红树林湿地生态站，形成以红树林为重点监测对象的沿海一带跨省区域的联合观测网；台站规划布局区内是沿海防护林体系建设工程实施区域，同时兼顾沿海防护林的监测点。

2. 北仑河口红树林湿地站

规划建站地址为广西北仑河口国家级自然保护区内。北仑河是中国和越南边境东段上的一条界河，发源于中国广西防城港境内十万大山中，向东南在中国东兴市和越南芒街市之间流入北部湾，全长约 109km，其中下游 60km 构成中国和越南之间的边界线。生态地理区为桂南沿海北热带栽培植被林区，代表植被类型有红树林，具有海草床和滨海过渡带等生态系统，主要保护物种有岩鹭、大天鹅、小青脚鹬等，属广西生物多样性优先保护区——广西北部湾沿海地区。新建台站是国家规划中以红树林为重点监测对象的刚性指标台站，被纳入国家林业和草原局 CTERN，与位于沿海一带以红树林为监测对象的台站形成跨省联合观测网；台站规划布局区是实施沿海防护林体系建设工程区域，同时兼顾沿海防护林的监测点。

3. 横州市西津湿地站

规划建站地址为横州市西津国家湿地公园内。西津湿地是广西乃至华南地区面积最大的人工湿地之一，是珠江流域的重要组成部分，位于具有国际性意义的亚洲中北部与东南亚、南洋群岛和澳大利亚之间的一条候鸟迁徙通道上，是沿太平洋西海岸迁飞候鸟的重要中途停歇地和越冬地。生态地理区为桂东南南亚热带山地丘陵栽培植被林区，主要保护物种有水蕨、线柱兰、黑鹳、鼋等。

4. 大新黑水河湿地站

规划建站地址为大新黑水河国家湿地公园。黑水河是中国和越南边境的一条界河，属珠江上游西江支流左江水系，是珠江流域左江支流的重要水源，是桂西南重要的喀斯特地貌岩溶河流，全长 192km，流域面积 6025km^2（包括越南境内 505km^2）。黑水河国家湿地公园连接广西恩城国家级自然保护区和广西下雷自治区级自然保护区，承担着连接两处保护区水系、提供物种交流迁徙通道的功能。生态地理区为桂西南亚热带石山山地丘陵季雨林区，依次分布常绿季雨林、常绿落叶阔叶混交林、矮林与灌丛等，主要保护物种有蚬木、金丝李、猕猴、黑叶猴等珍稀濒危动植物，属于全国 35 处生物多样性保护优先区之一的桂西南山地生物多样性保护优先区。

2.5.3 石漠站

1. 陇均石漠站

规划建站地址在三十六弄—陇均自治区级自然保护区内。三十六弄—陇均自然保护区地处南宁市武鸣区境内，地貌为典型的喀斯特低山丘陵地貌，植被具有较强的代表性，生物多样性明显，有被誉为植物界大熊猫之一的“茶族皇后”金花茶和列入《国家重点保护野生植物名录》的珍稀兰科植物 20 属 28 种。生态地理区为桂西南亚热带石山山地丘陵季雨林区，代表植被类型有暖性石山灌丛，主要保护物种有兰科植物、地枫皮、蚬木、任豆等，属广西生物多样性优先保护区——大明山区。台站规划布局监测区是实施退耕还林工程、石漠化综合治理林草植被恢复工程的重点区域，新建台站的同时兼顾相应工程的监测点。

2. 平果喀斯特站

平果喀斯特站位于广西平果市西北约 35km 处，以果化镇布尧村龙何屯区域为核心区，核心区面积约 3km^2，属于典型的岩溶峰丛洼地地貌。区域气候属南亚热带季风气候，热量丰富，雨量充沛，但降水年内分布不均，形成春雨不足、夏多暴雨、秋雨剧减、冬雨稀少的特点。站点为典型峰丛洼地地貌，岩溶发育强烈，存在石漠化、水土流（漏）失、干旱与内涝、植被条件差、产业落后等典型生态环境问题，为我国西南岩溶峰丛石山区的典型代表。台站瞄准岩溶学科的国际前沿关键科学问题，以生态文明建设和乡村振兴等国家重大战略需求为导向，通过开展长期的定位观测、科学实验与示范应用，揭示岩溶生态系统演变规律，探索石漠化综合治理关键技术与措施，为服务区域发展和国家重大战略提供科技支撑。

3. 弄岗石漠站

弄岗石漠站位于广西龙州县境内的弄岗国家级自然保护区弄岗和陇呼片区内，包括念吾、埂宜、新联、弄在、楞垒等村屯，其中核心面积约为 3.5km^2，属于典型的岩溶峰丛洼地和峰丛谷地地貌，海拔 200～450m。该站属于热带季风气候，太阳辐射较强，热量丰富，雨量较充沛。区域动植物资源、岩溶地质环境与景观具有典型性与代表性，是我国研究热带岩溶地貌、古气候、古地貌特征的较为理想的场所，也是开展岩溶生态学、植被地理学等研究的重要基地。台站瞄准岩溶关键带的国际学科前沿，立足广西北部湾北热带岩溶关键带研究，面向东盟，建立具有区域特色的地球关键带研究、示范和服务平台，以创新驱动提升岩溶地区山水林田湖草海统筹共治能力，服务于实现美丽中国和生态文明建设。

2.5.4　草地站

天等喀斯特草地站规划建站地址在天等县境内，地理环境为喀斯特天然草地。生态地理区为桂西南亚热带石山山地丘陵季雨林区，代表植被类型有热性石山灌丛、北热带石山季雨林、热性草丛，主要保护物种有蚬木、金丝李、石山苏铁、地枫皮等，是广西植物特有现象中心，属广西生物多样性优先保护区——桂西岩溶山地区。

2.5.5　城市站

南宁城市站规划建站地址在青秀山风景名胜区内。南宁市地处南热带，是广西首府及广西政治、经济、文化中心，也是环北部湾沿岸重要经济中心，有毗邻粤港澳，背靠大西南，面向东南亚之区位优势。市区内绿树成荫，有“绿城”之称，常见绿化树种有大王椰、棕榈、扁桃、大花紫薇、美丽异木棉、人面子、小叶榕、琴叶榕、黄金榕、吊钟花、红绒球、三角梅、苹婆、朱槿、仪花等。生态地理区为桂西南亚热带石山山地丘陵季雨林区，代表植被类型有南亚热带季风常绿阔叶林，主要保护物种有苏铁、见血封喉、兰花等。

2.5.6　农业站

田阳芒果生态遥感综合试验观测站位于广西百色市田阳区百育镇的广西百色国家农业科技园区内。该站兼传统生态定位站、涡度相关站和遥感地面实验站于一身。配备有涡度相关仪 1 套（OPEC 150）、大型蒸渗仪 2 套、光合-荧光全自动测量系统（LI-6800）、树干液流 37 组、区域生态因子监测系统（ENVI data）、便携式叶面积仪（LC-2400P）、便携式野外光谱仪（SVC GER2600）等仪器设备。分别对土壤、植物和大气的生态和遥感要素进行监测和试验。不间断监测内容包括水汽和 CO_2 通量、土壤蒸渗、树干液流（植物蒸腾）、环境因子、气候因子、光合光量子等；定期监测和试验内容包括叶片高光谱反射、树型特征（3D 激光雷达扫描）、植物叶片形态和水分参数、植物叶片生理生化参数等。通过监测获得长序列时间数据，结合空间遥感数据，可进行芒果生理-环境过程研究，并进行不同尺度遥感信息的机制解释、建模和反演，为芒果水分和病虫害遥感监测与早期预警，果园养分及变量施肥决策，作物产量与品质监测以及智能管理平台等服务。

2.6　重点方向

2.6.1　山江海耦合关键带山水林田湖草海统筹治理研究

山江海地域系统空间是自然人文交互的复合空间，具有差异性与复杂性，凸显人地关系的特殊性，同时拥有山、水、林、田、湖、草、海等自然要素，是一个多重复合的山水林田湖草海生命共同体，“山水林田湖草是生命共同体”这一理念是生态文明建设的重要组成部分。随着社会经济水平的提高，生态环境质量问题突出，地域系统区域治理难的问题显现，以构建山江海地域系统关键生态系统野外科学观测站网络，深入开展山江海地域系统空间的山水林田湖草海生命共同体的统筹治理为重点，对山江海复合新系统的发展具有积极促进的意义。

2.6.2　山江海耦合关键带人地关系研究

桂西南喀斯特—北部湾海岸带非单一的自然地理空间，也非单一的人文地理空间，是人与自然相互作用的地域系统地理空间，是生态环境脆弱典型研究区，表现出人地关系的复杂性和不确定性。以地表关键带—人地系统耦合—山水林田湖草海生命共同体—区域高质量发展为主线，通过山海协作、陆海统筹和江海联动，应用人地系统耦合学科交叉理论方法研究广西特色区域喀斯特、北部湾、西江流域，总结出自己独特的“交叉-系统-模型”科研思维，形成典型区域“科学-技术-管理”交叉融合研究方法，在县域-生态-循环经济评价与高质量发展模式研究、喀斯特土地变化与石漠化治理模式优化、西江流域生态环境与高质量发展、北部湾海陆过渡带演变与山水林田湖草海湿地统筹整治等方面进行研究与应用。

2.6.3　山江海耦合关键带生态系统的修复治理研究

桂西南喀斯特—北部湾海岸带既是喀斯特岩溶治理区，也是西南沿海发达的黄金地区，是推进新时代西部大开发形成新格局的重要区域。以桂西南喀斯特—北部湾海岸带为双重典型研究区，针对不同类型的退化与受损生态系统，分析其退化过程及发生机制，分析退化及受损森林、荒漠生态系统的恢复机理及稳定性维护机制、恢复途径与可行性，预测恢复生态系统未来变化趋势及优化管理模式。科学、系统地对该区域进行生态环境脆弱性评价，为该生态系统的修复治理、植被恢复等提供建议及科学依据。

2.6.4　山江海耦合关键带生物多样性保护研究

结合山江海耦合关键带范围重点生态区域的生物多样性保护及其观测研究目标定位，以桂西南生物多样性热点地区为重点，以桂西南区域的森林、荒漠及北部湾沿海湿地生态系统生态站为主线，辐射山江海耦合关键带各重要生态区域的生物多样性联网观测与研究，为加强自然保护区群建设、扩大保护范围、坚持自然恢复、优化森林生态系统结构、修复野生动植物栖息地生境、保护生物多样性和持续增强生态系统服务功能等提供必要的参考。

2.6.5 山江海耦合关键带生态系统研究服务国家重大战略研究

广西具有独特的喀斯特山区、江河海岸带山江海复杂关键带生态系统结构，广西是西部陆海新通道建设、北部湾城市群建设、向海经济发展、乡村振兴等国家战略的主战场，也是面向东盟的桥头堡。瞄准广西山江海耦合关键带生态系统的前沿关键科学问题，针对限制区域可持续发展的生态环境问题，通过开展长期的定位观测、科学实验、示范应用和决策服务，揭示区域生态系统演变规律，探索山江海耦合关键带生态系统对社会经济可持续发展的影响，阐明山江海耦合关键带生态系统研究服务国家重大发展战略的有效机制，为区域可持续发展提供科技支撑。

2.6.6 山江海耦合关键带生态评估研究

以山江海耦合关键带重点生态工程的典型区域为研究对象，建立不同区域“站点”尺度生态工程生态效益评价指标体系，研发多尺度效益评价技术，制订相关技术标准和监测规范，定量评价与预测重点生态工程的生态效益。同时，针对完善绿色国民经济核算体系和编制自然资源资产负债表等需求，研究典型森林（含竹林）、湿地、荒漠、草地和城市生态系统生态服务功能形成机理和变化规律；研发生态服务功能指标实物量及价值量信息库构建技术、生态系统服务功能评估技术；获取生态系统长期定位观测研究数据，按照森林（含竹林）、湿地、荒漠、草地生态系统类型，科学评估山江海耦合关键带重要生态区域的生态系统服务功能。

2.7 野外科学观测数据处理与共享云平台建设

2.7.1 野外科学观测数据采集与处理

野外科学观测站点各种观测设备与数据采集器通过一定的通信方式组网后，数据采集器根据相关的配置信息，按一定的时间频率从各观测设备中采集相关的感知数据，并对这些数据按一定格式处理后，利用因特网或移动通信网络将其传输到生态监测大数据云平台上。

1. 生态站数据采集内容

数据采集内容是根据站点建设过程中设置的观测仪器设备来确定的，对研究网络观测指标体系已进行标准化制定，按照森林生态系统长期定位观测方法、森林生态系统长期定位观测指标体系、城市生态系统定位观测研究站建设技术规范、荒漠区盐渍化土地生态系统定位观测指标体系、湖泊湿地生态系统定位观测技术规范、湿地生态系统定位观测研究站建设规程、湿地生态系统定位观测技术规范、湿地生态系统定位观测指标体系等不同类型站点的观测方法和技术体系来确定观测的指标。再根据数据使用目的和资源类型的不同，按照长期联网观测数据、专项观测实验数据与科学研究数据三类科学数据来对生态站数据指标进行分类，对气象、水文、土壤、植物群落及空气质量等通用常规指标要素进行长期定位观测，对不同类型站点的特定指标进行专项监测，再根据科学研究的需要将所获取的生态系统指标数据与社会经济数据融合，从而形成科学研究数据。

2. 生态站数据采集与处理

由单项指标监测仪器配套的数据采集与通信传输模块实现单项指标数据的采集、传输，或通过生态监测系统将所有水、土、气、生等要素的野外监测进行集成，然后再通过数据传输模块将所有数据由采集终端向服务器进行实时传输。传输获取的数据在数据处理软件的数据转换模块下按特定的数据组织方式转换后再分类存储在服务器数据库中。所采集的数据还可以通过加载地图等以图表的形式被实时展示。存储在服务器中的数据，可通过选择查询字段与查询条件或使用 SQL 等查询语句进行筛选查询，并在相应权限条件下获取 Excel 等形式的下载文件。

2.7.2 数据服务与共享云平台

科学数据已成为促进国家和地区发展及提升国家竞争力的基础性和战略性资源，将野外科学研究中产生的科学数据和社会经济发展数据结合，形成的系统集成数据所发挥的作用越来越重要。利用互联网和大数据信息技术，整合山江海耦合关键带野外科学观测与实验数据，融合地理信息数据，构建山江海国土空间数据服务与共享云平台，将山江海国土空间规划、生态治理、风险防范等功能集中起来，高质高效地向各个社会单元、单位和个人提供查询、分析、决策支持等服务。

1. 数据服务与共享云平台基础建设

在大数据快速发展的带动下，适应信息技术的硬件、软件、解决方案及与之相关的一系列技术等均获得了长足的发展，为数据服务共享提供了重要的基础支撑。其中云平台硬件方面主要采用主流高性能服务器作为底层节点和管理机，由检测线连接节点，交换机连接节点与管理机，存储设备采用大容量存储器。软件方面部署主流云平台操作系统以及数据处理与地理信息处理常用软件，能正常管理运营系统、存储和处理数据资料，并提供友好的人机界面，方便、快捷地实现基础查询、进阶分析和决策支持等功能。

关键技术可采用多源数据融合、数字孪生、深度学习等，实现山江海野外监测数据与时空地理大数据的融合、分析、归类、多情景模拟、服务共享等功能。解决方案则需要考虑平台系统工程的复杂性，充分保障方案的扩展性、完整性、安全性。扩展性主要考虑数据存储与计算分析过程中不断增加的存储量和计算量，预留进一步扩展存储空间和计算分析的能力；完整性则是以已有数据资源为基础，以用户需求为导向，形成山江海国土空间数据服务与共享平台系统架构建设，在数据资源采集、数据管理、数据开发和服务共享等方面进行完善；安全性主要保障服务共享平台的稳定，在与互联网连接使用的过程中防止其遭受偶然或恶意的攻击、泄露、更改、破坏，不影响数据共享服务系统连续、正常工作，网络服务不中断，让信息正确、完整、通畅地传输到指定的位置。为了使数据真实、准确、完整、高效地传输到指定的位置或用户，需要全面规划平台的安全策略，在数据采集、传输等方面做好安全防护方案。

2. 数据服务与共享云平台框架构建

山江海国土空间数据平台主要由数据资源、数据管理、数据开发、服务共享 4 个层次组成，如图 2.1 所示，分别对应元数据库、标准库、共享资源库和业务库。其中数据资源主要是山江海耦合关键带生态系统野外科学观测数据的采集、检索、分类，参考相关的数据规范实现数据自动化处理；数据管理是对区域地理信息、社会经济等数据进行处理，并对这些数据与所有监测数据进行归类，实现数据存储、迁移、处理和运维功能；数据开发围绕服务共享的目标，从已有的数据资源和数据管理的角度，结合用户需求，开展数据融合、模型构建、数据集成等；服务共享主要从用户管理、数据管理、服务受理等通道，实现基础查询服务、进阶分析服务、决策支持服务等功能。

3. 数据服务与共享云平台建设保障措施

1）加强野外科学观测网络建设，强化野外监测站点观测数据资源开放共享

山江海国土空间数据服务与共享云平台以观测数据和区域社会经济数据为基础，通过共同承担国家、广西重大科学研究项目，开展学术交流活动，推动野外观测台站的科研仪器、试验装置、样地设置、样品采集、自动长期观测等科技手段的发展，加强山江海耦合关键带野外科学观测网络建设，规范野外监测数据采集与处理工作机制，充分发挥野外监测站点观测平台科学研究作用。

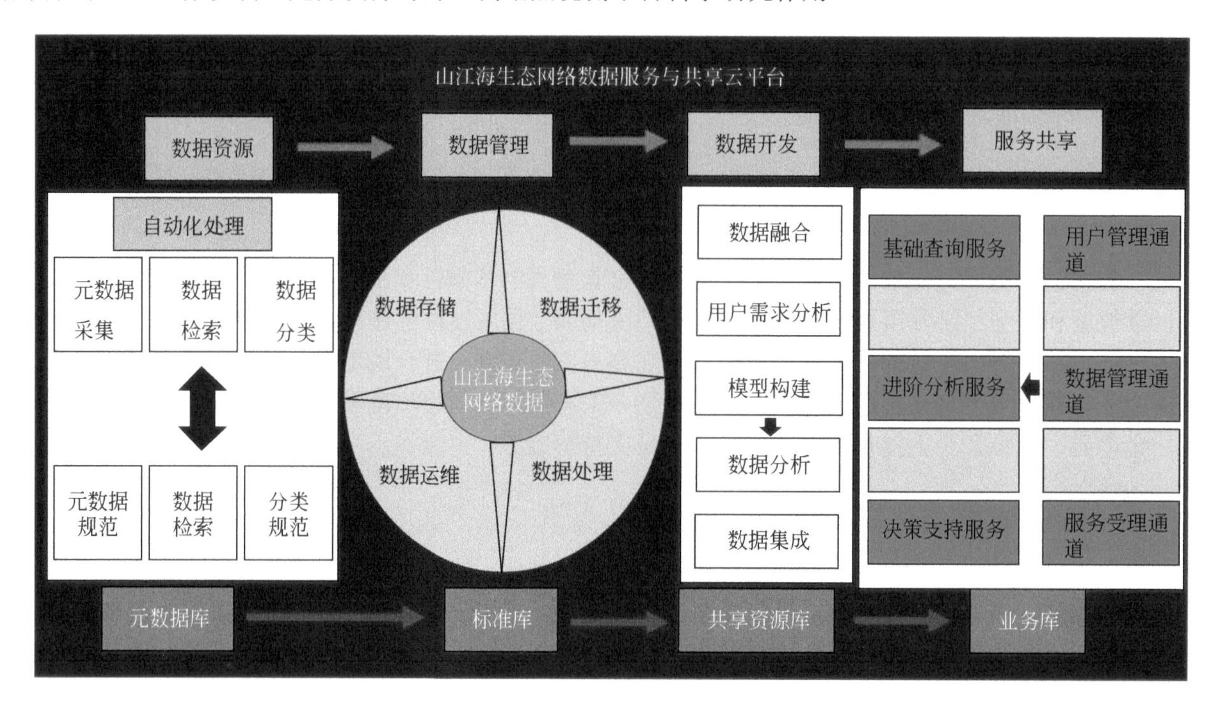

图 2.1 山江海生态网络数据服务与共享云平台框架

2）挖掘观测数据的分析、融合等研究工作，实现数据的高效整合利用

采用先进的数据分析方法、模型开发技术，将野外观测数据与区域社会、经济及其他地理信息数据充分融合，从区域社会发展迫切需要解决的山江海生态环境问题出发，引导开展数据的深入挖掘、分析和融合，通过数据高效利用来解决社会发展所遇到的科学问题。

3）不断更新完善山江海国土空间数据服务共享机制

结合国民经济和社会发展不断变化的需要，从用户需求的角度，不断调整完善业务库的结构组成，提供界面更友好、分析更深入、决策支持能力更强的数据服务共享云平台。

4）规范和完善运行管理与支持机制

建立由各部门共同参与、角色分工明确的组织管理体系，结合山江海区域特征制定野外科学观测网络的规章制度、考核制度和发展政策，规范制度的落实和野外科学观测网络过程管理，通过绩效管理以及争取国家、广西基础资源调查专项等项目，完善山江海野外科学观测网络的支持机制，加强野外观测台站的条件保障能力建设。

参 考 文 献

崔洋，王鹏祥，常倬林，等，2019. ECN、US-LTER 和 CNERN 网络发展现状、比较与思考. 干旱区资源与环境，33（2）：96-102.

何洪林，于贵瑞，2020. 《中国生态系统研究网络（CERN）专题》卷首语. 中国科学数据（中英文网络版），5（1）：2.

刘海江，孙聪，齐杨，等，2014. 国内外生态环境观测研究台站网络发展概况. 中国环境监测，30（5）：125-131.

卢康宁，段经华，纪平，等，2019. 国内陆地生态系统观测研究网络发展概况. 温带林业研究，2（3）：13-17.

王兵，崔向慧，杨锋伟，2003. 全球陆地生态系统定位研究网络的发展. 林业科技管理，（2）：15-21.

于贵瑞，张雷明，张扬建，等，2021. 大尺度陆地生态系统状态变化及其资源环境效应的立体化协同联网观测. 应用生态学报，32（6）：1903-1918.

第3章　山江海地域系统数据体系与自然资源数据库建设研究

3.1　引　言

3.1.1　国内外自然资源分类研究现状

1. 国外

目前，国外自然资源分类体系与划分标准并不统一，一般由简单的特征分类向多层级的、具有综合特征的分类形式演化。根据其固有特性将自然资源划分为生物资源和非生物资源是基础和常见的分类方法之一，前者包含具有繁殖能力的动物、植物，后者包含一系列生产资源（水、矿物等）和环境资源（太阳辐射、大气、风等）（Bostedt，2013）。联合国欧洲经济委员会（UNECE）于2019年修订了《联合国化石能源和矿产资源分类框架》（UNFC），UNFC 专门对能源、矿产、原材料资源等进行分类和管理，是当前国际上被普遍接受和应用的一种分类体系，被欧盟、非洲联盟委员会及包括中国、印度、墨西哥等国家在内的许多国家用作国家资源分类的基础。UNFC 基于对估算值的置信度、技术可行性和成熟度以及环境-社会-经济可行性构建三维系统，使用数字编码系统对某一资源项目的产品加以分类（Winterstetter et al.，2021）。《国民账户体系（2008）》（SNA 2008）由联合国、欧盟委员会、经济合作与发展组织等编著，是西方国家对本国国民经济生产活动进行的一种综合考量和编制的统一核算的制度体系。SNA 2008 的分类体系涉及土地、生物、水、矿产、能源及其他资源（封志明等，2014；胡文龙和史丹，2015）。其中，土地资源分为农业和非农业土地资源；水资源的划分与中国常见的水资源分类形式相近，分为地表水资源和地下水资源；生物资源分为木材资源及其以外的作物、植物和动物资源。联合国粮食及农业组织（FAO）将自然资源划分为土地资源、水资源、森林资源、牧地饲料资源、野生动物资源、鱼类资源及种质遗传资源等（邱琼和施涵，2018）。欧盟统计局的《资源使用和管理活动及支出分类》（CRUMA）（Ardi and Falcitelli，2007）通过建立分类矩阵，对使用和管理不同种类自然资源的不同类型活动进行分类，自然资源类型涉及内陆水域、自然森林资源、野生动植物资源、化石能源资源等。矿产储量国际报告标准委员会（CRISRCO）是国际上比较主流的国家矿产资源报告组织之一，包括中国、美国、英国、澳大利亚、加拿大、南非等成员方，负责开展矿产资源分类标准的修订研究（陈长成等，2019）。

2. 国内

中国自然资源分类多样，划分标准不一，现行分类多依据自然资源属性特征及属性之间的相互关系来划分。最早关于自然资源分类的研究是由李文华等在 1985 年提出的多级分类。该资源分类体系是以美国学者 Owen 的多级自然资源分类体系为基础，通过简化、补充与改进而提出的。该资源分类体系主要根据自然资源的耗竭性特征将自然资源首先划分为耗竭性资源和非耗竭性资源，前者又划分为再生性资源和非再生性资源，后者划分为恒定性资源和易误用及污染资源。在《中国资源科学百科全书》（2000年版）中，依据资源的空间分布属性将自然资源划分为陆、海、空3个一级类型。其中，在二级分类中，陆地自然资源分为土地资源、水资源、气候资源、生物资源和矿产资源；海洋自然资源分为海洋生物、海水化学、海洋气候和海底资源。此外，还可对三级分类进一步进行第四、第五级的分类。该分类体系基于自然资源属性特征及用途对各类自然资源进行了系统、详细的分类，但这种分类形式依然存在各级资源间属性界定不易明确的不足。在以法律为基础的分类中，《中华人民共和国宪法》《中华人民共和国民法典》将自然资源分为矿藏、水流、森林、山岭、草原、荒地、滩涂、海域、野生动植物资源、无线电频谱等类型。此外，自然资源还包括两类概念资源，即存量资源与流量资源，前者指已有一定储量但最终会耗尽的资源（如矿藏），后者指理论上取之不尽、用之不竭的资源（如太阳能）。

中国自然资源类型复杂，演化出了多种自然资源分类方式。中国学者从不同维度对自然资源展开了众多分类研究。例如，陈国光等（2020）尝试以自然资源空间为基础对不同类型自然资源提出三级分类体系，根据资源属性及功能来划定自然资源的二级分类，并结合第三次全国国土调查结果来确定第三级分类体系；张文驹（2019）采用“来源”和“功能”的二维标准建立了自然资源的一级分类；郝爱兵等（2020）结合学理、法律与管理，提出了地球圈层与自然资源分层分类关系的分类方案，划分了 10 个自然资源一级类、34 个自然资源二级类；孔雷等（2019）采用自上而下、细分归并，构建了土地、矿产、水流、森林、草原、遗产、海域空间、海域矿产和海域能源 9 种资源类型的分类系统。

中国自然资源分类具有多元化的特点，如何科学合理划分各类自然资源要素，规避自然资源类型相互重叠、交叉等问题成为中国自然资源实现现代化管理的主要阻碍。受此前部门管理体制的影响，中国在自然资源管理过程中普遍存在着分类标准设置不一、权属不明确、职责交叉、重复等问题（张洪吉等，2021；孙兴丽等，2020）。党的十八大以来，习近平总书记强调“山水林田湖草是生命共同体”，要统筹各类资源的综合治理。自然资源分类成为当前中国实现自然资源综合治理（黄贤金，2019）、统一治理的基础和关键。如何综合统筹中国各类自然资源要素，建立一套面向统一管理且适应新形势发展需求的自然资源分类标准，均是当前中国开展自然资源分类研究工作所面临的挑战（沈镭等，2020）。

3.1.2 数据库建设现状

我国的自然资源管理普遍存在很多问题，主要体现为：一是数据的现势性不强，数据更新速度赶不上城市化的速度，难以满足日常自然资源管理业务的应用及需要；二是不同部门建立不同的专业数据库，但是由于技术问题，数据的共享程度不高，数据管理分散，数据格式及存储方式多样，通用性较差，难以实现数据资源的综合利用；三是不同业务系统之间相对孤立，对基础数据的采集和管理经常出现重复，系统之间缺乏交流，业务数据应用受到限制，业务协同和信息互通程度较低；四是各类数据之间存在数据矛盾与数据冲突，土地信息类型与地质矿产信息之间存在一定的类型不匹配情况，影响业务和项目实施。进行自然资源“一张图”及核心数据库建设主要是为了解决当前自然资源管理中的各种数据采集、更新、积累、整合、开发和利用等尚不能满足国土资源监测监管及社会化服务需求等的信息化瓶颈问题。

通过建立一个具有统一基础地理空间参考，充分集合土地、矿产、基础地质和地质环境等各类国土资源专业数据，满足统一分类编码、统一命名规则、统一数据格式、统一统计口径等要求，经过数据抽取、转换和加载过程而形成的国土资源综合数据库，实现部门资源数据的统一管理，解决数据的分散性、异构性、逻辑不符等问题；实现数据的综合展示和分析，使得各级国土资源部门能够准确掌握其国土资源现状和家底；实现数据的高效共享，使得自然资源各类业务进行时，能够加载各类需要兼顾的数据资源，避免业务工作中出现与非本业务系统数据的逻辑不符（如土地利用现状数据与规划数据不符、与地质灾害数据冲突）等问题，为各项工作提供科学、合理、准确的数据综合分析。核心数据库还可以与资源监管、行政监察、应急指挥、土地执法、数据共享、社会服务等监管和服务平台结合，实现各类自然资源数据在自然资源业务系统中的统一调用，为自然资源管理中的业务审批、资源监管、执法监察等提供全面的数据支持服务，实现自然资源的高度共享和多种社会化服务，全面提升自然资源管理在社会发展过程中的保障能力。自然资源“一张图”核心数据库建设是“一张图”建立的基础，更是自然资源信息化建设的核心任务之一，因此，应研究其关键技术，优化数据组织管理和数据库建设步骤，提高“一张图”系统建设的质量和效率，提高资源共享效率。

综合国内外自然资源分类的现状和数据库建设的现状，如何在综合资源管理的实践过程中，针对不同资源特性进行科学合理的分类与管理，成为当前亟须解决的问题。根据国家发展战略背景、自然资源统一和现代化治理的目标，结合广西山江海地域系统的特点，本节以山江海地域系统自然资源分类和数据库建设存在的问题为导向，遵循山水林田湖草整体保护、系统修复、综合治理的理念，希望解决多维度分类导致的资源分类交叉、重复问题，以及将新分类体系与建库、统一管理需求相适应的问题。

3.2 山江海地域系统自然资源数据分类研究

3.2.1 自然资源概念

自然资源目前没有法定的定义，学界对自然资源的概念有多种定义和理解，《中国资源科学百科全书》（孙鸿烈，2020）中的自然资源是指自然界产出和形成的、处在原始状态下的、被人利用的各类自然物的总称，包括矿产、土地、海洋、森林、水、牧草等形式；《辞海》将自然资源定义为人类可直接从自然界获得，并用于生产和生活的物质资源。联合国环境规划署（UNEP）把自然资源定义为，在一定时间地点条件下能够产生经济价值的、以提高人类当前和将来福利的自然环境因素的总称。总而言之，自然资源指在一定历史条件下能够被人类开发利用以提高福利水平或生存能力、具有某种稀缺性的、可资产化的各种自然环境因素和条件的总称。这个定义涵盖三层含义：第一层，自然资源是天然资源，如森林资源、矿产资源、草原资源等；通过人类主观能动性改造的天然资源也属于该范畴，如水库、人构遗产等。第二层，自然资源具有某种稀缺性，如空气没有被列入自然资源范畴。第三层，自然资源是受社会约束的资源，所划分的自然资源是可资产化和可登记的不动产资源。

3.2.2 山江海地域系统自然资源数据分类依据

2018 年，自然资源部统一行使所有自然资源的资源所有者职责，统一行使所有国土用途管制和生态保护修复职责。国家有关部门陆续发布了《关于统筹推进自然资源资产产权制度改革的指导意见》《自然资源统一确权登记办法（试行）》《自然资源调查监测标准体系（试行）》等通知文件。

根据上述文件内容，从管理的角度出发，山江海地域系统自然资源分类体系的一级分类应侧重于数量的对应，即可以采用土地、矿产、森林、草原、水、湿地、海域海岛 7 类自然资源分类对应；二级分类应有利于质量的评价，将具有相同或相似质量的分类评价要素归为一类，三级分类应与权属相联系，方便管理应用。图 3.1 为自然资源分类体系思路框架图。

3.2.3 山江海地域系统自然资源分类基础

我国土地资源分类相对较系统，颁布了《中华人民共和国土地管理法》、《土地利用现状分类》（GB/T 21010—2017）和《第三次全国国土调查技术规程》（TD/T 1055—2019）。《中华人民共和国土地管理法》第一章第四条将土地分为农用地、建设用地和未利用地。《土地利用现状分类》（GB/T 21010—2017）和《第三次全国国土调查技术规程》（TD/T 1055—2019）进行了二级标准划分。《资源环境承载能力和国土空间开发适宜性评价技术指南（试行）》提出开展农业（渔业）生产用地、城镇建设用地、生态用地评价，以支撑国土空间规划。

水资源未见有专门的分类标准，但 2018 年《中国水资源公报》对水资源进行了分类，水资源量分为地表水资源量和地下水资源量。以水资源利用为标准划定了供水量、用水量、耗排水量，水资源质量则分为河流水质、湖泊水质、水库水质、水功能区水质、浅层地下水、集中式饮用水水源水质。《地下水质量标准》（GB/T 14848—2017）未对地下水进一步分类。

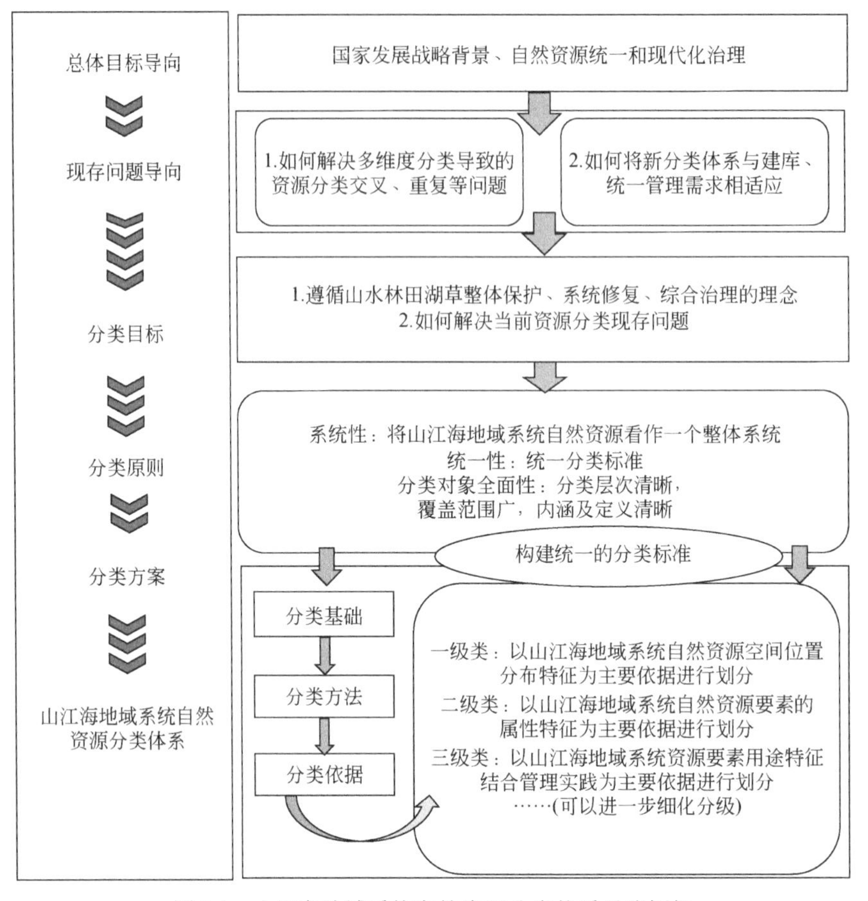

图 3.1　山江海地域系统自然资源分类体系思路框架

矿产资源也没有专门的分类标准，但《中华人民共和国矿产资源法（修订草案）》（征求意见稿）公开征求意见，提出矿产资源分为固态、液态、气态 3 类。《地球科学大辞典·应用学科卷》将矿产资源分为金属矿产、非金属矿产、可燃性有机矿产和其他矿产（含矿热水、二氧化碳、海底矿物资源等）。地质矿产管理部门和石油管理部门专门编制了一系列按矿种分类的勘查规范，如铁、锰、铬地质勘查规范和岩金矿地质勘查规范等。林业资源有专门的分类标准《林业资源分类与代码　森林类型》（GB/T 14721—2010），按森林植被类型划分为一级分类，分为乔木林、针叶林、针叶混交林、落叶阔叶林、落叶常绿阔叶混交林、常绿阔叶林、季雨林和雨林、亚高山矮曲林、红树林与珊瑚岛常绿林、竹林、经济林 11 类；二级分类采用森林类型组分类；三级分类采用森林类型分类。《中华人民共和国森林法》第一章第六条提出对公益林和商品林实行分类经营。商品林分类：一是以生产木材为主要目的的森林；二是以生产果品、油料、饮料、调料、工业原料和药材等林产品为主要目的的森林；三是以生产燃料和其他生物质能源为主要目的的森林；四是其他以发挥经济效益为主要目的的森林。重要江河源头汇水区域的森林，重要江河干流及支流两岸饮用水水源地保护区森林，重要湿地和重要水库周围森林，陆生野生动物类型的自然保护区森林，荒漠化和水土流失严重地区的防风固沙林基干林带，沿海防护林基干林带，未开发利用的原始林地区，需要划定的其他区域的森林为公益林。《中华人民共和国草原法》第一章第二条将草原分为天然草原和人工草地。《草地分类》（NY/T 2997—2016）将天然草地按气候带和植被型组划分为温性草原类、高寒草原类等 9 类，将人工草地进一步划分为改良草地和栽培草地；将天然草原进一步划分为草地、草山和草坡；将人工草地进一步划分为改良草地和退耕还草地，但不包括城镇草地。《湿地分类》（GB/T 24708—2009）将湿地分为三级：一级分类按成因分类，划分为自然湿地和人工湿地。二级分类按湿地的地貌特征进行分类，自然湿地分为近海与海岸湿地、河流湿地、湖泊湿地、沼泽湿地 4 类；人工湿地分为水库、运河与输水河、淡水养殖场、海水养殖场、农用池塘、灌溉用沟与渠、稻田与冬水田、季节性洪泛农业用地、盐田、采矿挖掘区和塌陷积水区、废水处理场所、城市人工景观水面和娱乐水面 12 类。三级分类按湿地的水文特征进行分类，主要将自然湿地进一步划分为30类。目前，我国尚无关于海洋资源的专门分类法规，但《海洋功能区划技术导则》（GB/T 17108—2006）将海洋功能区划分为农渔业区、港口航运区、工业与城镇用海区、矿产与能源区、旅游休闲娱乐区、海洋保护区、特殊利用区和保留区八大类。《中华人民共和国海岛保护法》第一章第二条将海岛划定为有居民海岛和无居民海岛。在自然资源分类的基础上，各专业部门制定了自然资源质量评价的相关规范与管理要求，大致可以分为两类：一是对土地进行质量评价，如《耕地质量等级》（GB/T 33469—2016）、《土地质量生态地球化学评价规范》（DZ/T 0295—2016）等；二是对地上或地下资源进行质量评价，如《防护林分类》（LY/T 2256—2014）、《公益林与商品林分类技术指标》（LY/T 1556—2000）、《国家重要湿地确定指标》（GB/T 26535—2011）等。

3.2.4 山江海地域系统自然资源数据分类系统

2022年自然资源部颁发了《自然资源标准体系》，体系的构建思路是，以支撑自然资源事业高质量发展为目标，围绕履行"两统一"职责，按照资源属性及业务流程两条主线，将技术逻辑与行政逻辑融入标准体系构建全过程。坚持系统观念，以标准化基本理论为基础，总结继承以往标准体系建设经验和成果，分类梳理自然资源标准需求，与标准化技术组织相匹配，构建协调统一、系统完备、科学简明的自然资源标准体系。并依据各类自然资源的自然特点和用途特征等因素，对自然资源的类型和类别进行归纳和划分。

1. 协调性原则

分类系统的制定必须服从国家和行业相关法律法规，确保本节研究与法律法规相衔接，为相关法律、法规的实施提供技术支撑。

2. 系统性原则

分类系统覆盖主要的自然资源技术领域，框架合理、层次清晰、内容完整、数量精简，形成标准间相互协调、相互补充的有机整体。

3. 科学性原则

分类系统构成属于分类科学体系，应具有先进性、兼容性、超前性，推进自主创新和技术进步。

4. 指导性原则

分类系统的制定必须适应自然资源相关改革发展工作要求，体现自然资源现代化发展的特点，增强对自然资源标准化工作的指导和管理。

5. 完整性原则

分类系统划分应穷尽自然资源的内容，使得划分后的类别之和等于类型。

6. 稳定性原则

分类系统划分出来的各类型和类别之间应相互排斥、界限分明，类型和类别之间不应存在相互交叉现象。

7. 逻辑性原则

每一个类型的划分尽量只使用一个标准，如采用两个或两个以上的标准仅存在类别范畴的补充，不存在矛盾情况。

综合以上自然资源分类的原则，山江海地域系统自然资源数据分类原则如下。

8. 以空间为基础，属性与功能并重

以科学划分自然空间为基础，有利于防止在同一空间内出现杂乱无章的现象，本次自然资源空间分类根据地表、地下与地上进行划定。在空间划定的基础上，根据自然资源属性或功能进一步划定自然资源，有利于自然资源质量评价，并在质量评价中提出对资源的精准利用与保护政策。

9. 与国家法律相衔接

各类自然资源法律条款对自然资源分类进行了论述，各专业规范与标准对自然资源也进行了分类。在自然资源分类过程中，应遵循以各类自然资源法确定的分类为优先的原则，保持与国家法律相衔接，同时在来源与功能分类中参考专业规范与标准。

10. 有利于支撑国土空间规划、生态修复、自然资源综合利用等自然资源管理工作

综合调查的目标应包含以下几方面：一是支撑自然资源的数量、质量、生态现状评价；二是支撑资源环境承载能力与国土空间适宜性评价；三是支撑优质自然资源综合利用与生态系统保护；四是支撑自然资源统一确权登记。在自然资源分类系统建立过程中充分考虑自然资源分类结果有利于目标任务的完成，为自然资源空间规划、生态修复、自然资源综合利用提供基础。

3.2.5　明晰类型和类别的划分

类型和类别划分需要一定的依据，对其进行“抽样-具体”的理性认知，主要依据其自然本质属性、特性和存在状态等内容属性进行分类，再将一些形式特征作为辅助标准。首先，按照实用顺序确定自然资源分类体系中同种类型或类别的次序。其次，考虑各个类型或类别的逻辑、空间、时间、事物进化和惯用等再次进行排序。图 3.2 为山江海地域系统自然资源划分。

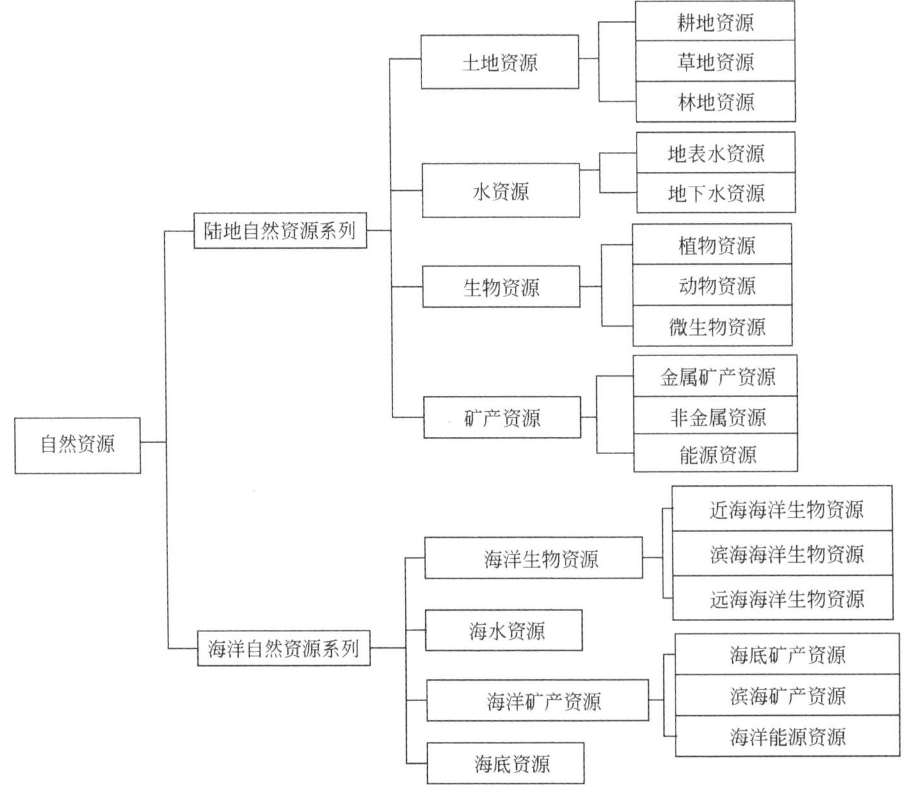

图 3.2　山江海地域系统自然资源划分

3.2.6 规范类型和类别的名称

类名是自然资源分类体系中表达类目概念的名称，科学规定类目的含义和范围。本节对自然资源类名的选择进行了严格、科学、简明和确切的控制，能够充分揭示其所代表的自然资源实体，避免通俗和大众化。在自然资源原生态的视角下，力求类名具有学术性、专业性和实用性。

分类简表是将基本大类进一步展开为一级或两级而形成的主要类目一览表。通过对自然资源分类现状的评析和自然资源体系的抽象认知，编制出自然资源类型和类别分类简表。通过分类简表可以迅速了解分类体系的概貌，对自然资源的大类体系有一个系统的认识。

3.3 山江海地域系统自然资源数据库研究

由于山江海地域系统数据来源广泛，数据类型和结构多样，数据量也随时间呈爆炸性增长，山江海地域系统数据逐渐扩展，形成了有典型体积、类别、值、速度（volume、variety、value、velocity，4V）特征的大数据（张孟，2019）。传统数据管理方式缺乏统一标准规范和对山江海地域系统自然数据的应用梳理，人为干预大，共享性与独立性差。迫切需要构建山江海地域系统资源数据库，以实现数据规范、资源共享。

3.3.1 山江海地域系统数据体系特点

山江海地域系统数据体系按来源可以分为多遥感影像数据、野外调查数据、科研调查数据、监测点数据、社会普查数据以及各部门的历史数据等，这些数据来源复杂，所采用的标准不一、覆盖面广。山江海地域系统数据按照数据类型可以分为矢量数据和栅格数据等空间数据，以及表格、文本、图片、地图和影像数据等非空间数据，这些数据包含空间数据和非空间数据，数据存储方式多样，数据量巨大，尺度不一，导致山江海地域系统资源数据呈现海量、多尺度、格式复杂等多源异构的大数据特点，如图 3.3 所示。

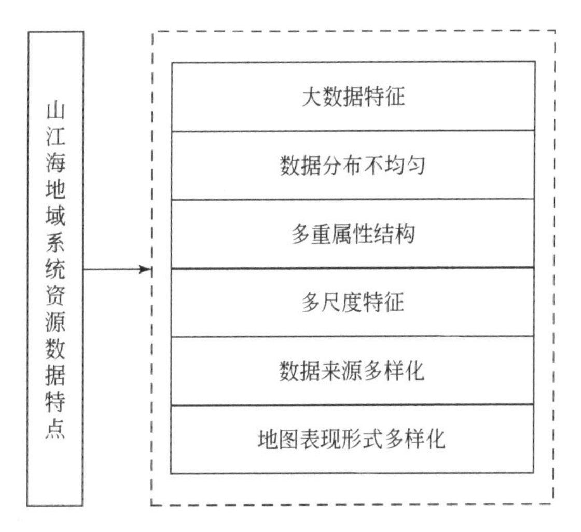

图 3.3 山江海地域系统资源数据特点

3.3.2 山江海地域系统自然资源数据建设架构

在大数据时代背景下，以山江海地域系统资源数据特征和山江海地域系统资源管理需求为导向，根据国家自然资源分类体系，研究自然资源资产数据的整合方法与整合流程，结合地理信息技术和数据库技术，形成了山江海地域系统资源数据库建设框架，如图 3.4 所示。

该数据库实现了数据的统一管理与控制，避免数据受到自然或人为因素损坏，并在山江海地域系统业务工作中得到充分的共享和使用，是推动传统山江海地域系统资源监管业务向数字化、网络化、智能化转型的重要前提。

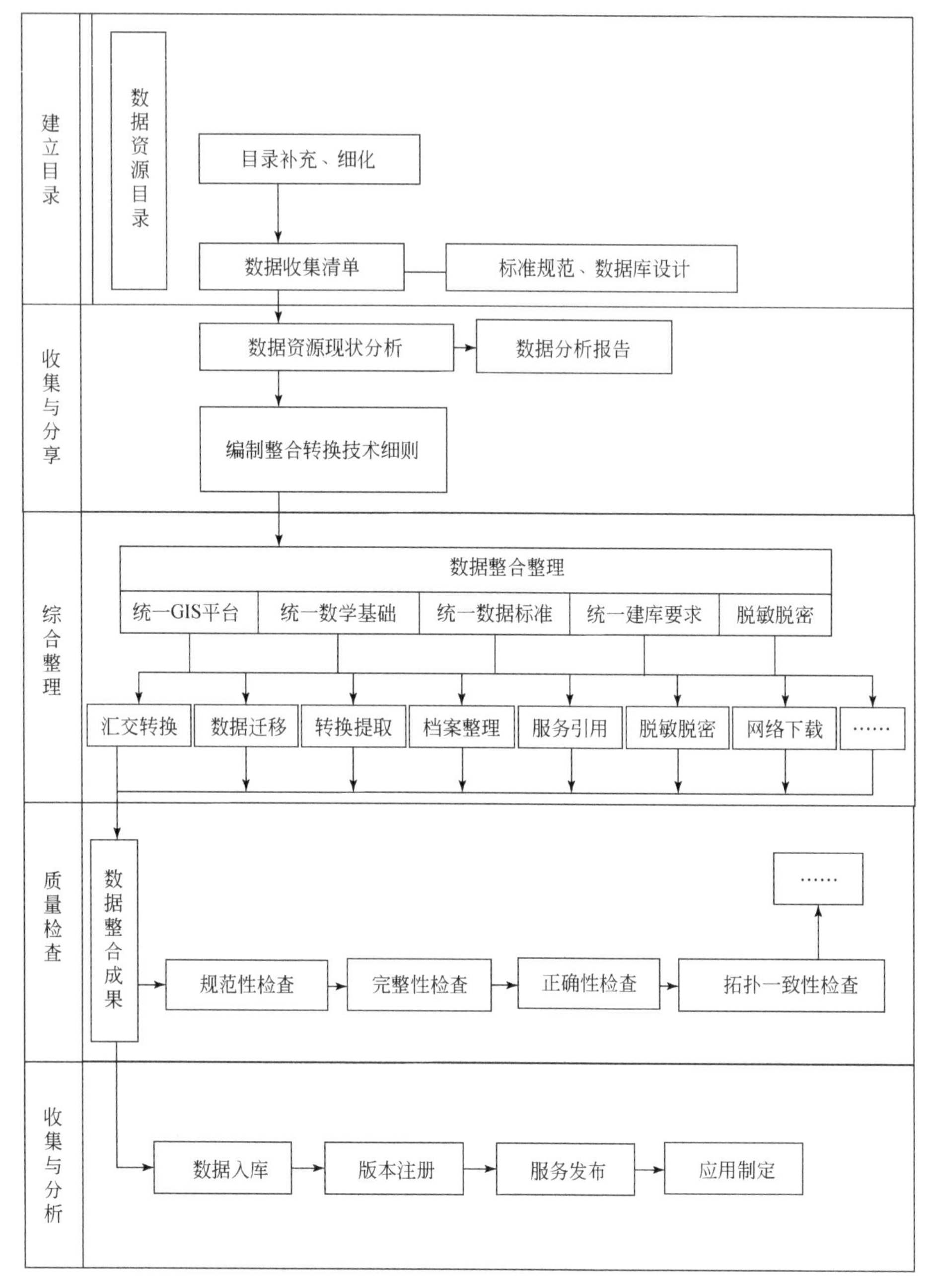

图 3.4　数据库建设架构

3.3.3　山江海地域系统资源数据库标准建设方法

1. 要素分类与编码方法

山江海地域系统资源数据库要素分类大类采用面分类法，小类及以下采用线分类法。根据分类编码通用原则，将山江海地域系统资源数据库数据要素依次按大类、小类、一级类、二级类、三级类和四级类划分，分类代码由十位数字层次码组成，如图 3.5 所示。

2. 标识码编制规则

按照每个要素的标识码应具有唯一代码的基本要求，依据《信息分类和编码的基本原则与方法》（GB/T 7027—2002）规定的信息分类原则和方法，要素标识码采用三层 18 位层次码结构，由县级行政区划代码、要素层代码、要素标识码顺序构成，其结构如图 3.6 所示。

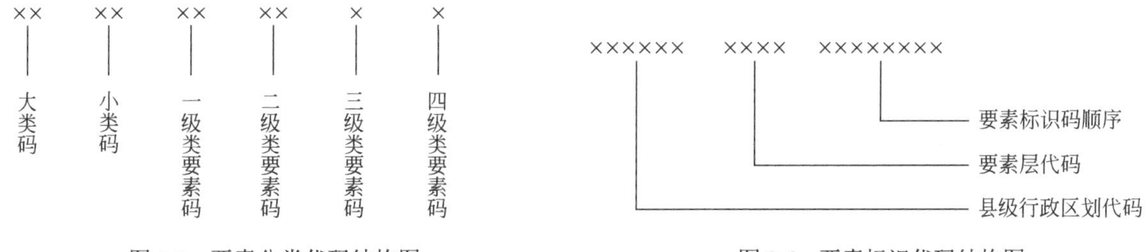

图 3.5　要素分类代码结构图　　图 3.6　要素标识代码结构图

3. 利用 XML 技术进行多源异构数据向结构化数据转换

XML 作为一种简便的标记语言，具有便于传输、交互的特点（圣文顺等，2019）。而它独立的结构化数据及统一的描述方法使其具有优秀的跨平台特性（夏秀峰等，2005；田诗奇，2019）。它能转换为各种格式文件，描述各类型结构的数据，同时可作为数据表示和交换的标准，其应用广泛，是异构数据最好的转换格式。

3.3.4　山江海地域系统自然资源数据标准体系的构建

1. 要素分类与编码标准

按照《基础地理信息要素分类与代码》（GB/T 13923—2022），根据山江海地域系统资源数据库要素分类与编码方法中的分类代码结构，分别将山江海地域系统资源数据分成四大类。大类码为专业代码，设定为二位数字码（毕曼，2013），其中，基础地理专业码为 10；其他专题专业码为 20；社会经济专业码为 30。山江海地域系统资源数据库要素代码名称描述见表 3.1。以此类推，小类码为业务代码，设定为二位数字码，不足位以 0 补齐；一至四级类码为要素分类代码，不足位以 0 补齐。其中，一级类码为二位数字码；二级类码为二位数字码；三级类码为一位数字码；四级类码为一位数字码；基础地理要素的一级类码、二级类码、三级类码和四级类码参照《基础地理信息要素分类与代码》（GB/T 13923—2022）中的基础地理要素代码结构与代码，行政区与行政区注记要素参照《中华人民共和国行政区划代码》（GB/T 2260—2007）进行扩充，各级行政区的信息使用行政区与行政区属性表描述。

表 3.1　山江海地域系统资源数据库要素代码名称描述表

要素代码	层代码	要素名称	备注
1000000000	1000	基础地理信息要素	《基础地理信息要素分类与代码》（GB/T 13923—2022）的扩展
2000000000	2000	其他专题要素	
3000000000	3000	社会经济要素	

2. 数据格式标准

山江海地域系统资源数据按数据格式类型主要分为矢量数据、栅格数据、文档数据、表格数据等。根据数据存储的通用性和便利性，将矢量数据统一转换为 Shapefile 格式保存，栅格数据则统一采用 TIF 格式，文档数据统一转换为 TXT 格式，表格数据则统一转换为 CSV 格式。

3. 数字标准

山江海地域系统资源数据信息主要有文字和数值。其中数值数据包含普通数值和坐标值，普通数值用 Number（r38，2）表示，38 为 Number 类型最大长度，2 则表示取两位小数；坐标值则用 Decima（110，7）

表示，坐标值字段将会存储小数点后7位数及小数点前最多3位数。文字则使用Varchar保存，相对于Char占用设定空间不可改变的保存方式，Varchar根据实际输入的数据长度进行空间占用。

4. 非结构化数据转换

通过XML技术处理方法，按照统一的格式将非结构化数据转换为DataXML格式的数据。这个过程完成了数据从非结构化到半结构化的转换。半结构化数据（DataXML）转换为结构化数据的过程则是基于模型驱动的映射原理，将XML文档中数据模型的结构隐性或显性地映射为关系数据库的结构。其中XML数据转换模块的主要功能就是将得到的DataXML数据按照结构匹配文档和相关算法，将数据写入文件结果表中。

具体操作是利用Oracle开发的辅助工具Oracle XML SQL Utility（陈伟立，2003），把XML文档元素建模为一组嵌套的表。根据对象-关系模型构造规则建立XML到SQL的映射，把每个嵌套的XML元素映射在适当类型的一个对象引用上，使得映射规则被暗含地嵌入数据库模型中，从而完成非结构化数据在山江海地域系统数据库中的转换。

3.3.5 山江海地域系统资源数据库建设

1. 需求分析

山江海地域系统资源数据库需要支持多源异构的大数据存储，即要同时支持结构化与非结构化数据的存储。针对山江海地域系统资源数据分散、难以管理等问题，需要提供数据录入、修改、删除、查询、导出等数据管理功能进行统一化管理。根据不同的用户分配不同的用户权限，对山江海地域系统资源数据进行管理和操作，以满足和有效支撑山江海地域系统资源各项业务工作，以及对山江海地域系统数据进行再开发利用与共享，进而为开展山江海地域系统遥感监测信息快速提取与在线服务、山江海地域系统大数据管理与分析、山江海地域系统生产管理与决策支持，实现山江海地域系统可持续化发展提供信息化管理技术支撑。

2. 山江海地域系统资源数据库设计

1）数据框架设计山江海地域系统数据种类繁多、数据量庞大、数据采集周期长

建设数据库过程中需要对数据库结构进行较详细的设计，以相同的地理范围作为对不同类数据进行数据集成的基本控制框架，通过建立统一的坐标系统，实现多种数据的集成显示和叠加，并建立各种数据之间的有机联系，形成集成化的多源异构的山江海地域系统数据库，其结构如图3.7所示。

2）山江海地域系统资源数据库概念设计

概念设计指通过对用户要求描述的现实世界进行分类、聚集和概括，建立抽象的概念数据模型。这个概念模型应真实反映各部门的信息结构、信息流动情况、信息间的互相制约关系，以及各部门对信息储存、查询和加工的要求等。所建立的模型应避开数据库在计算机上的具体实现细节，用一种抽象的形式表示出来。山江海地域系统资源数据库建设根据需求分析，利用E-R模型进行概念设计（图3.8）。

3）山江海地域系统资源数据库逻辑结构与物理结构设计数据库逻辑设计

山江海地域系统资源数据库逻辑结构与物理结构设计数据库逻辑设计是整个设计的前半段，包括所需的实体和相互关系，以及实体规范化等工作。设计的后半段则是数据库物理设计，包括选择数据库产品，确定数据库实体属性（字段）、数据类型、长度、精度数据库管理系统（DBMS）页面大小等。本数据库采用的是Oracle数据库环境，因此参照Oracle数据库设计逻辑结构模型与物理结构模型，如图3.9所示。

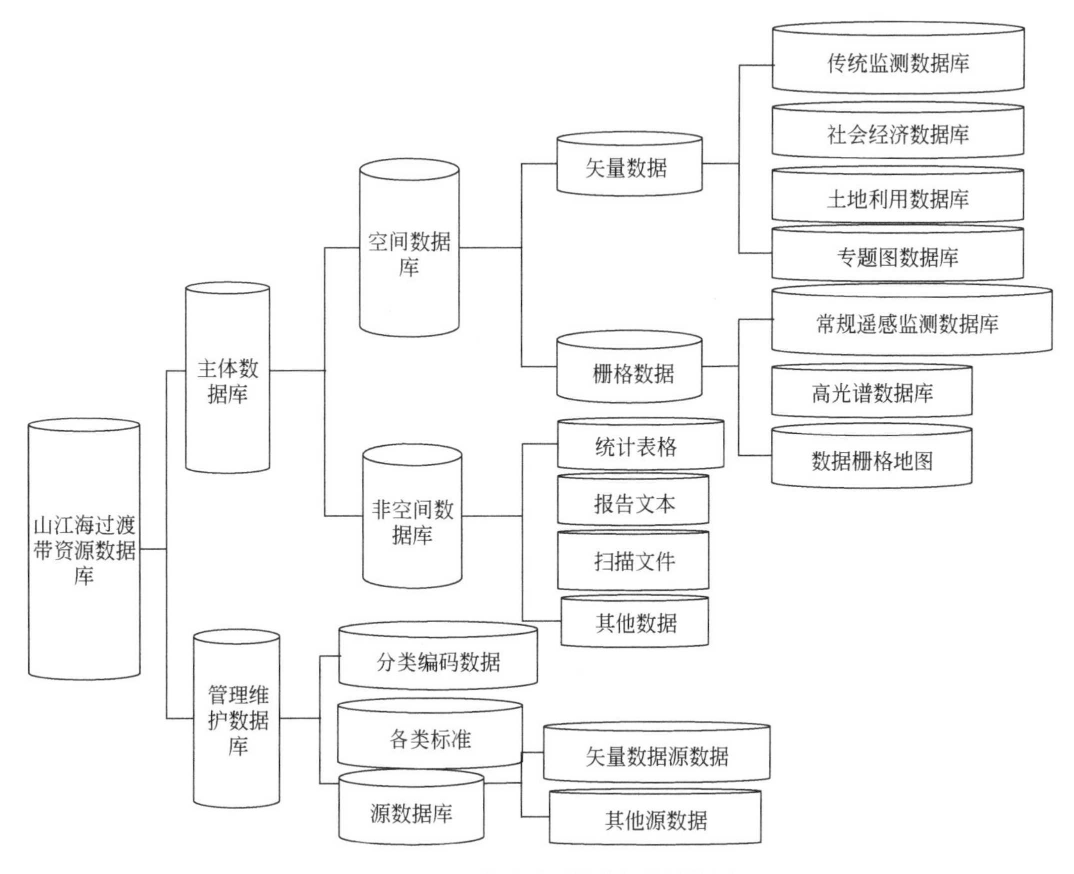

图 3.7　山江海地域系统数据库结构图

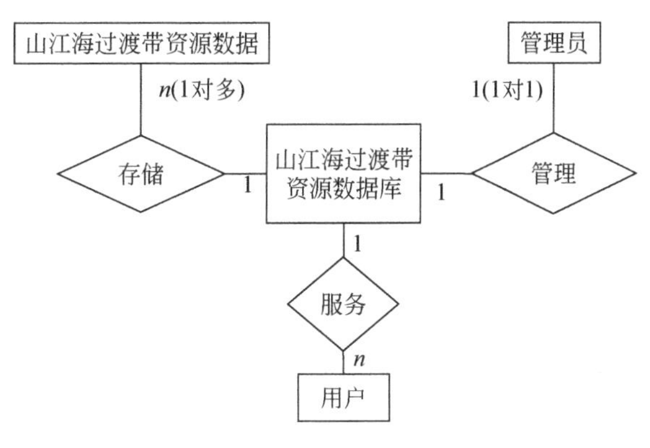

图 3.8　山江海地域系统资源数据库概念型 E-R 图

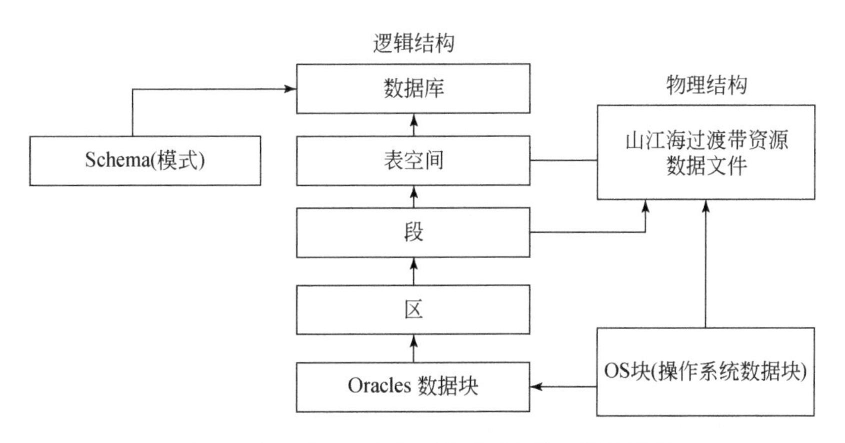

图 3.9　数据库设计逻辑结构模型与物理结构模型

3.4　山江海地域系统自然资源数据库建设——以森林资源数据为例

森林资源是林地及其所生长的森林有机体的总称，包括林地以及依托林地生存的野生动物、植物和微生物。森林资源综合调查监测是重要的基础性工作，对用于林业的土地进行其自然属性和非自然属性的多次连续的调查或清查，是掌握森林资源分布、种类、数量、质量、结构和生态状况及变化情况，洞悉森林资源历史演变、经营现状、未来发展的有效手段。

森林资源调查监测类型多样，各种调查监测的工作方案、技术方案、技术规程、成果要求也不同，但均要求产出完整、准确、科学的成果数据。森林资源随着自然生长、气候变化、人为活动、经营管理等因素的影响而动态变化，为保证成果数据的可靠性、现实性、科学性，需要对本底数据进行定期更新、对长时间序列的历史数据进行科学管理。

目前，在森林资源数据运用、管理、维护等工作中存在以静态管理为主、数据离散度高、检索效率低、共享度差、时效性差等诸多问题。同时，在实际工作与研究中多注重数据空间维度和属性维度的分析，常常忽略了时间维度信息，无法继承、发挥历史数据的宝贵价值，更无法有效地表达森林资源长时间序列的动态变化情况。因此，采用更科学、合理、高效的信息技术来提升数据管理水平，实现海量森林资源数据价值的最大化已势在必行。本节以森林资源数据体系与时空数据库建设为例，旨在为森林资源数据的组织、管理、维护、挖掘、服务提供一种科学、准确、高效的技术方案，实现海量数据的可视化、网络化和智能化表达，力求促进森林资源数据的开放共享和高效利用，为森林资源的经营与管理提供综合分析与决策。

3.4.1　数据体系

根据森林资源调查监测与评价、可持续经营与管理、生态系统监测与调控及其他行政管理等工作的需求，为多角度表达森林资源的特征，便于数据成果的组织、维护和使用，可将森林资源数据划分为基础数据集、专项数据集、规划数据集、督查数据集、管理数据集五类，各类数据专题及内容详见表 3.2。

表 3.2　森林资源数据主要内容情况表

<table>
<tr><th>数据集</th><th>数据专题</th><th>数据内容</th></tr>
<tr><td rowspan="5">基础数据集</td><td>森林资源计量</td><td>主要树种材积表（式）、生物量、碳储量等计量模型及背景资料</td></tr>
<tr><td>森林资源连续清查</td><td rowspan="4">空间属性数据库、统计表、报告、图件</td></tr>
<tr><td>森林资源规划设计调查</td></tr>
<tr><td>森林资源管理“一张图”</td></tr>
<tr><td>林草生态综合监测</td></tr>
<tr><td rowspan="6">专项数据集</td><td>珍稀濒危野生动植物调查</td><td>空间属性数据库、名录、报告、图件</td></tr>
<tr><td>母树林、种子园调查</td><td>空间属性数据库、报告、图件</td></tr>
<tr><td>森林生态系统定位观测</td><td>长时序空间属性数据库及背景资料、报告</td></tr>
<tr><td>石漠化、沙化土地调查监测</td><td rowspan="2">空间属性数据库、统计表、报告、图件</td></tr>
<tr><td>森林景观调查</td></tr>
<tr><td>林业经济调查</td><td>属性数据库及背景资料</td></tr>
<tr><td rowspan="2">规划数据集</td><td>林地保护利用规划</td><td>空间属性数据库、统计表、报告、图件</td></tr>
<tr><td>森林资源专项规划</td><td>森林经营规划、自然保护地规划等</td></tr>
<tr><td rowspan="3">督查数据集</td><td>国家森林督查</td><td rowspan="3">空间属性数据库、统计表、报告、图件</td></tr>
<tr><td>地方森林资源监测监督管理</td></tr>
<tr><td>自然保护地人类活动遥感监测</td></tr>
<tr><td rowspan="2">管理数据集</td><td>森林经营档案</td><td rowspan="2">空间属性数据库</td></tr>
<tr><td>森林资源产权</td></tr>
</table>

基础数据集：是森林资源数据的基石，主要包括不同时期、不同业务的森林资源状况及其测算方法数据，不仅能够从多角度反映某一时期内森林资源的状况，还能从时间维度反映森林资源的动态变化过程。

专项数据集：森林资源除林木资源、土地资源以外，还包括森林地域系统内的动植物资源、水资源、游憩资源等。为正确评价森林多种效益，发挥森林的各种有效性能，满足森林资源保护、利用的需要，多年来开展了多类专项调查，其中不仅包括各类资源调查监测，还包括为使各项林业生产建设获得较佳的经济收益，处理好森林的直接收益和间接收益的关系以及经济与技术的关系，所开展的林业经济调查，如原料成本价格，木材供需情况以及人口、经济和社会等相关数据。

规划数据集：在充分掌握森林资源历史、现状情况的基础上，对未来森林资源的保护与利用进行科学合理的部署。此类数据集主要为管控数据，为森林资源的行政审批和用途管制提供依据，如林地保护利用规划、森林经营规划等。

督查数据集：主要利用遥感技术及时发现森林资源发生明显变化的区域，具有数据时效性好、更新频率高、问题发现及时等特点，为对森林资源保护、经营、利用等状况进行监测、监督和管理提供坚实的数据基础，为森林资源行政管理法治化提供监督、检查依据。

管理数据集：包括森林经营活动以及林地资源权属、流转等信息数据，此类数据是森林资源经营管理过程中十分重要的过程数据，如林地占用数据、林地审批数据、林木采伐数据、营造林数据、灾害数据等森林经营档案数据，林木、林地使用（所有）权属数据等管理数据。

3.4.2　数据特征

森林资源分布范围极其广阔，由于自然和人为因素的影响而不断地发生消长动态变化，它除了具有一般自然资源数据的特点之外，还具有一些区别于其他数据的特征，主要包括长时间序列性、时空异质性、多重属性结构、多重尺度结构、多异构数据和多数据来源等特征。

1. 长时间序列性

森林资源持续的动态变化决定了其数据拥有很强的时间性，大多森林资源数据涵盖的内容反映的是某一时期的森林资源状况或其消长变化。因此，若要掌握相对准确、科学的森林资源状况就需要定期对其开展调查监测，如国家森林资源连续清查，每5年开展1次，截至2015年广西已开展9次；森林资源规划设计调查，每10年开展1次，截至2019年已开展5次；森林督查暨森林资源管理“一张图”年度更新，每1年开展1次，截至2021已积累6年的成果数据。自2021年开始，国家林草主管部门组织开展全国林草生态综合监测评价工作，首次以第三次全国国土调查为统一底版，整合森林、草原、湿地等监测资源，实现监测数据统一分析、统一处理、综合评价，统筹推进山水林田湖草沙一体化保护和系统治理，支撑林草生态系统保护修复。

2. 时空异质性

森林资源分布范围广阔，高山、丘陵、平原、沿海、江河两岸、道路两侧、城市、乡村都有各自的区域特征，森林更新受物理环境、自然干扰、人为干扰、更新树种特性、树种对干扰的反应等因素及其相互作用的影响。这些生物的和非生物的因素随空间和时间而不断变化，构成了森林的空间异质性和时间异质性，使森林更新具有空间和时间上的变化特点。山江海地域系统地带气候、土壤、地质、地貌等影响森林资源结构、质量、分布的因素丰富多样。例如，受人类经营活动、生态环境、气候变化的影响，同一区域的森林在不同时间段内出现的状况不同；分布在高山的森林，随着海拔的显著变化而呈现出不同的特征；分布在桂西北与桂东南的森林的树种结构存在明显的差异。因此，森林资源数据存在较强的时间异质性与空间异质性。

3. 多重属性结构

影响森林资源状况的因素众多，为全面掌握森林资源及其生态环境状况，满足森林资源综合调查、监测及评估、评价工作的需要，森林资源数据常包括行政区划立地条件、经营管理、林分状况、空间结构等多重属性结构，如 2021 年全国林草生态综合监测，整合森林、草原、湿地等监测资源，其小班属性表具有 12 个属性类组，共计 124 个字段，详见表 3.3；广西开展的第五次森林资源规划设计调查，其小班属性表具有 11 个属性类组，共计 60 个字段，详见表 3.4。

表 3.3 2021 年森林、草原、湿地资源现状数据属性及数据结构

类型组编号	类型组名称	字段编号	字段名称	数据项名称	数据类型	长度	小数位	备注
1	第三次全国国土调查属性	1	BSM	标识码	字符型	18		
		2	YSDM	要素代码	字符型	10		
		3	TBYBH	图斑预编号	字符型	8		
		4	TBBH	图斑编号	字符型	8		
		5	DLBM	地类编码	字符型	5		
		6	DLMC	地类名称	字符型	60		
		7	QSXZ	权属性质	字符型	2		
		8	QSDWDM	权属单位代码	字符型	19		
		9	QSDWMC	权属单位名称	字符型	60		
		10	ZLDWDM	坐落单位代码	字符型	19		
		11	ZLDWMC	坐落单位名称	字符型	60		
		12	TBMJ	图斑面积	双精度	18	2	
		13	KCDLBM	扣除地类编码	字符型	5		
		14	KCXS	扣除地类系数	浮点型	6	4	
		15	KCMJ	扣除地类面积	双精度	18	2	
		16	TBDLMJ	图斑地类面积	双精度	18	2	
		17	GDLX	耕地类型	字符型	2		
		18	GDPDJB	耕地坡度级别	字符型	2		
		19	XXTBKD	线性图斑宽度	浮点型	5	1	
		20	TBXHDM	图斑细化代码	字符型	4		
		21	TBXHMC	图斑细化名称	字符型	20		
		22	ZZSXDM	种植属性代码	字符型	2		
		23	ZZSXMC	种植属性名称	字符型	10		
		24	GDDB	耕地等别	整型	2		
		25	FRDBS	飞入地标识	字符型	1		
		26	CZCSXM	城镇村属性码	字符型	4		
		27	SJNF	数据年份	整型	4		
		28	BZ	国土备注	字符型	254		
2	行政区域	29	SHENG	省（区、市）	字符型	2		
		30	XIAN	县（市、旗）	字符型	6		
		31	XIANG	乡	字符型	3		
		32	CUN	村	字符型	3		
		33	LIN_YE_JU	林业局（场）	字符型	6		
		34	LIN_BAN	林班	字符型	4		
		35	XIAO_BAN	小班号	字符型	5		

续表

类型组编号	类型组名称	字段编号	字段名称	数据项名称	数据类型	长度	小数位	备注
3	国有林区划	36	LIN_CHANG	林场（分场）	字符型	3		
4	基本属性	37	DI_LEI	地类	字符型	6		
		38	ZBFGLX	植被覆盖类型	字符型	5		
		39	YOU_SHI_SZ	优势树（灌）种	字符型	6		
		40	QI_YUAN	起源	字符型	2		
5	自然环境	41	DI_MAO	地貌	字符型	1		
		42	HAI_BA	海拔	字符型	4		
		43	PO_XIANG	坡向	字符型	1		
		44	PO_WEI	坡位	字符型	1		
		45	PO_DU	坡度	整型	2		
		46	JT_QW	交通区位	字符型	1		
		47	TU_RANG_LX	土壤类型（名称）	字符型	20		
		48	TU_CENG_HD	土层厚度	整型	3		
		49	TU_RANG_ZD	土壤质地	字符型	1		
		50	DISASTER_C	灾害等级	字符型	2		
		51	DISPE	灾害类型	字符型	1		
		52	ZL_DJ	林地质量等级	字符型	1		
		53	TD_TH_LX	土地退化类型	字符型	1		
6	经营管理	54	QYKZ	主体功能区	字符型	1		
		55	LD_QS	土地所有权属	字符型	2		
		56	TDSYQS	土地使用权属	字符型	2		
		57	LMSYQS	林木使用权属	字符型	2		
		58	LMQS	林木所有权属	字符型	2		
		59	STQW	生态区位	字符型	3		
		60	STQWMC	生态区位名称	字符型	60		
		61	G_CHENG_LB	工程类别	字符型	2		
		62	SEN_LIN_LB	森林类别	字符型	3		
		63	LIN_ZHONG	林种	字符型	3		
		64	GJGYL_BHDJ	国家级公益林保护等级	字符型	1		
		65	SHI_QUAN_D	事权等级	字符型	2		
		66	SF_TBQ	是否天保区公益林	字符型	1		
		67	GYL_BHLX	公益林变化类型	字符型	2		
		68	LYFQ	林地功能分区	字符型	10		
		69	BHYJ	变化依据	字符串	40		
		70	BGYJ	变更依据	字符串	2		
		71	YZ_BHYY	变化原因 2（验证）	字符型	2	7	
		72	LDGH_GL	林地规划管理	字符型	2		
		73	BH_DJ	林地保护等级	字符型	1		

续表

类型组编号	类型组名称	字段编号	字段名称	数据项名称	数据类型	长度	小数位	备注
7	林分因子	74	YU_BI_DU	乔木郁闭度/灌木覆盖度	浮点型	6	2	
		75	PINGJUN_XJ	平均胸径	浮点型	6	1	
		76	PINGJUN_SG	平均树高	浮点型	6	1	
		77	MEI_GQ_ZS	每公顷株数	整型	6		
		78	MEI_GQ_XJ	每公顷蓄积	双精度	12	1	
8	几何因子	79	Shape	小班几何	几何图形	\		
		80	XBMJ	小班面积	双精度	18	4	
9	派生因子	81	LING_ZU	龄组	字符型	1		
		82	HUO_LM_XJ	蓄积量	双精度	12		
		83	SHENG_WU_L	生物量	双精度	12		
		84	TAN_CHU_L	碳储量	双精度	12		
10	草原因子	85	CAO_BAN	草班	字符型	4		
		86	CAO_XB	草原小班	字符型	5		
		87	ZI_YUAN_LX	资源类型	字符型	1		
		88	CD_QY	草原起源	字符型	2		
		89	CD_L	草原类	字符型	2		
		90	CD_XING	草原型	字符型	3		
		91	YS_CAOZ	优势草种	字符型	20		
		92	CDGN	功能类别	字符型	2		
		93	ZB_JG	植被结构	字符型	1		
		94	CDGD	植被盖度	整型	3		
		95	XC_CL	单位面积鲜草产量	双精度	8	1	
		96	XB_XCCL	小班鲜草产量	双精度	8	1	
		97	XB_GCCL	小班干草产量	双精度	8	1	
		98	XB_KSGCCL	小班可食干牧草产量	双精度	8	1	
		99	XB_KSXCCL	小班可食鲜牧草产量	双精度	8	1	
		100	CDLYFS	利用方式	字符型	2		
		101	JBCYQK	基本草原	字符型	1		
		102	HQLM	划区轮牧	字符型	1		
		103	LBMJ_BL	裸斑面积比例	整型	2		
11	湿地因子	104	SD_L	湿地类	字符型	2		
		105	SD_MC	重要湿地名称	字符型	50		
		106	SD_DJ	湿地管理分级	字符型	6		
		107	SDBHXS	湿地保护形式	字符型	2		
		108	BHDMC	保护地名称	字符型	50		
		109	SDLYFS	湿地利用方式	字符型	2		
		110	SDZBLX	湿地植被类型	字符型	3		
		111	SDZBMJ	湿地植被面积	双精度	15	2	单位：m^2
		112	SDWXZK	受威胁状况	字符型	4		

续表

类型组编号	类型组名称	字段编号	字段名称	数据项名称	数据类型	长度	小数位	备注
12	附加因子	113	LD_KD	林带宽度	浮点型	8	1	
		114	LD_CD	林带长度	浮点型	8	1	
		115	BYZBZ	不一致标注	字符型	1		
		116	DC_RY	调查人员	字符型	20		
		117	DC_RQ	调查日期	字符型	8	1	
		118	BEIZHU	备注	字符型	254		
		119	SFZCGL	是否种草改良	字符串	1		
		120	SFTGHL	是否退耕还林	字符串	1		
		121	JJZWSZ	经济作物树种	字符串	3		
		122	JJZWMJ	经济作物面积	双精度	18	4	
		123	JJZWGD	经济作物高度	浮点型	6	1	
		124	JJZWFGD	经济作物覆盖度	浮点型	6	1	

表 3.4　小班属性数据表结构（第五次森林资源规划设计调查）

类型组编号	类型组名称	字段编号	字段名称	数据项名称	数据类型	长度	小数位	计算单位
1	行政区域	1	SHI	市	字符型	6		
		2	XIAN	县	字符型	6		
		3	XIANG	乡镇	字符型	12		
		4	XIANG_C	乡镇（名称）	字符型	12		
		5	CUN	村	字符型	12		
		6	CUN_C	村（名称）	字符型	20		
2	森林区划	7	LIN_BAN	林班	字符型	4		
		8	XIAO_BAN	小班	数值型	3		
3	国有林区划	9	LIN_CHANG	林场/自然保护区	字符型	9		
		10	LINCHANG_C	林场/自然保护区（名称）	字符型	20		
		11	FEN_CHANG	分场/管理站	字符型	12		
		12	FENCHANG_C	分场/管理站（名称）	字符型	12		
		13	GONG_QU	工区	字符型	2		
		14	GY_LINBAN	国有林班	字符型	4		
		15	GY_XIAOBAN	国有小班	数值型	3		
4	基本属性	16	DI_LEI	土地类型	字符型	8		
		17	YOU_SHI_SZ	优势树种	字符型	3		
		18	QI_YUAN	林木起源	字符型	2		
		19	BSSZ	伴生树种	字符型	3		
5	自然环境	20	DI_MAO	地貌	字符型	2		
		21	HBG	海拔	数值型	4	0	m
		22	PO_XIANG	坡向	字符型	1		
		23	PO_WEI	坡位	字符型	1		
		24	PO_DU	坡度	数值型	2	0	
		25	CHENGTU_MZ	成土母质	字符型	1		
		26	TU_RANG_LX	土壤类型（名称）	字符型	3		
		27	TU_CENG_HD	土层厚度	数值型	3	0	cm
		28	SLHL_DJ	石砾含量等级	字符型	1		
		29	LD_ZL_DJ	林地质量等级	字符型	1		

续表

类型组编号	类型组名称	字段编号	字段名称	数据项名称	数据类型	长度	小数位	计算单位
6	经营管理	30	LD_QS	土地权属	字符型	2		
		31	LM_QS	林木权属	字符型	2		
		32	LIN_ZHONG	林种	字符型	3		
		33	SEN_LIN_LB	森林类别	字符型	3		
		34	SHI_QUAN_D	公益林事权等级	字符型	2		
		35	GJGYL_BHDJ	国家级公益林保护等级	字符型	1		
		36	LD_BH_DJ	林地保护等级	字符型	1		
		37	G_CHENG_LB	林业工程类别	字符型	2		
7	林分因子	38	YU_BI_DU	郁闭度/覆盖度	数值型	4	2	
		39	PINGJUN_NL	平均年龄	数值型	2	0	年
		40	PINGJUN_XJ	平均直径	数值型	5	1	
		41	PINGJUN_SG	平均高	数值型	5	1	m
		42	YOUSHI_G	优势高	数值型	5	1	m
		43	PINGJUN_DM	每公顷断面面积	数值型	5	1	m^2/hm^2
		44	MEI_GQ_ZS	每公顷株数	数值型	5	0	株/hm^2
		45	MEI_GQ_XJ	每公顷蓄积量	数值型	5	1	m^3/hm^2
		46	SS_SP_SZ	散生/四旁主要树种	字符型	3		
		47	SS_SP_XJ	散生/四旁树蓄积	数值型	5	0	m^3
		48	SS_SP_ZS	散生/四旁树株数	数值型	5		株
8	空间结构	49	QUNLUO_JG	群落结构类型	字符型	1		
		50	LINCENG_JG	林层结构类型	字符型	1		
9	几何因子	51	Shape	小班几何	几何图形	—		
		52	MIAN_JI	小班面积	数值型	6	2	hm^2
10	派生因子	53	SZJG_LX	树种结构类型	字符型	2		
		54	LING_ZU	龄组	字符型	1		
		55	LING_JI	龄级	字符型	2		
		56	JJL_CQ	经济林产期	字符型	1		
		57	ZXJ	小班蓄积量	数值型	5	0	m^3
11	附加因子	58	REMARK	备注	字符型	30		
		59	DI_LEI_A	林地保护利用规划的土地类型	字符型	3		
		60	DI_LEI_B	林地类型（连清代码）	字符型	3		

4. 多重尺度结构

不同组织单位以不同目的开展的森林资源调查监测工作，其工作目标、监测对象、工作方案、技术方案也有所不同，因此产出的成果数据也并非一致。目前，已有的森林资源数据包括单木、样地、小班、区域 4 级尺度。例如，国家森林资源连续清查、全国林草生态综合监测——样地调查等工作的成果数据为单木数据，见表 3.5，样地因子数据见表 3.6。森林资源管理“一张图”更新等工作的成果数据以小班、区域尺度为主，根据实际情况的需要可能也会包含部分样地数据；部分森林资源专项调查监测工作的成果数据既有样木、样地尺度的实测数据，又有小班、区域尺度的调查数据。

表 3.5　样木因子表（第九次森林资源连续清查）

类型组编号	类型组名称	因子编号	因子名称
1	基本信息	1	样木号
		2	立木类型
		3	检尺类型
		4	树种名称
		5	树种代码
2	胸径信息	6	前期胸径
		7	本期胸径
3	管理信息	8	采伐管理类型
4	林分空间结构信息	9	林层
		10	跨角地类序号
5	位置信息	11	方位角
		12	水平距（m）
		13	定位点
6	附加信息	14	树种照片号
		15	标本号
		16	备注

表 3.6　样地因子表（第九次森林资源连续清查）

编号	名称	编号	名称	编号	名称
1	样地号	22	腐殖质厚度	43	产期
2	样地类别	23	枯枝落叶厚度	44	平均胸径
3	纵坐标	24	植被类型	45	平均树高
4	横坐标	25	木覆盖度	46	郁闭度
5	GPS 纵坐标	26	灌木平均高	47	森林群落结构
6	GPS 横坐标	27	草本覆盖度	48	林层结构
7	县（局）代码 1	28	草本平均高	49	树种结构
8	地貌	29	植被总覆盖度	50	自然度
9	海拔	30	地类	51	可及度
10	坡向	31	土地权属	52	森林灾害类型
11	坡位	32	林木权属	53	森林灾害等级
12	坡度	33	森林类别	54	森林健康等级
13	地表形态	34	公益林事权等级	55	四旁树株数
14	沙丘高度	35	公益林保护等级	56	杂竹株数
15	覆沙厚度	36	商品林经营等级	57	天然更新等级
16	蚀沟崩岗面积比	37	抚育措施 1	58	地类面积等级
17	基岩裸露	38	林种 1	59	地类变化原因
18	土壤名称	39	起源	60	有无特殊对待
19	土壤质地	40	优势树种	61	调查日期
20	土壤砾石含量	41	平均年龄	62	是否为非林地森林
21	土壤厚度	42	龄组	63	活立木总蓄积

5. 多异构数据

我国的森林资源调查监测工作多年来分阶段逐步开展，同一工作在不同时期拥有不同的技术要求及特点；不同组织单位以不同目的开展的森林资源调查监测工作，其工作目标、监测对象、工作方案、技术方案也有所不同，因此成果数据也不尽相同；同一系列的森林资源数据格式类型不仅包括常用的结构化数据类型，还包括与各种经营管理相关的图片、音频、视频、文档、表格等格式的非结构化数据类型。对第五次森林资源规划设计调查小班数据结构与近年来的森林资源管理“一张图”小班数据结构进行差异比较，见表 3.7。

表 3.7 近 4 年森林资源管理数据属性结构对比

序号	属性类组	字段数量				
		森林资源管理“一张图”		第五次森林资源规划设计调查	森林、草地、湿地资源现状	
		2018 年	2019 年	2019 年	2020 年	2021 年
1	行政区域	9	7	6	5	5
2	森林区划	2	2	2	2	2
3	国有林区划	5	7	7	1	1
4	基本属性	4	3	4	4	4
5	自然环境	19	13	10	11	13
6	经营管理	51	29	8	20	20
7	林分因子	33	21	11	5	5
8	林分空间结构	2	2	2	—	—
9	几何因子	2	2	2	2	2
10	派生因子	9	9	5	1	4
11	附加因子	28	5	3	3	12
12	国土三调属性	—	—	—	28	28
13	草原因子	—	—	—	10	19
14	湿地因子	—	—	—	6	9
15	合计	164	100	60	98	124

6. 多数据来源

目前，以航天、航空、地面、互联网、物联网等多项先进技术为基础的“天-空-地-网”一体化森林资源调查监测新技术体系正在蓬勃发展。同时基于全新的调查监测体系，根据工作需求，结合实地情况，利用高效的技术手段，采集、获取到了海量的森林资源数据。

遥感监测：在近年来的森林资源调查监测工作中，利用遥感卫星的高时空分辨率、覆盖范围广、服务稳定等优势，结合无人机遥感技术的高效、便捷、低成本、高精度等特点，组织建立了丰富的区域森林资源样本数据库，基于大数据云计算平台和深度学习算法库，研发适用于监测区域的遥感数据解译模型，依托高性能空间大数据引擎，快速获取森林资源分布情况，可以为开展森林资源动态监测、自然保护地人类活动遥感监测、“林长制”目标考核、森林灾害监测等业务提供数据基础。

定位联网监测：在世界各国对全球气候变化等重大科学问题日益关注，以及在互联网、物联网等信息技术井喷式发展的背景下，森林生态系统定位观测研究已从基于单个生态站的长期观测研究，向跨国家、跨区域、多站参与的全球化、网络化观测研究体系发展。森林生态定位联网观测系统由分布在野外的传感器、通信网络、数据中心及互联网管理平台构成。整体分为四层，硬件层包括各类布设在观测样地的传感器及其组件、数据中心的服务器组，它们为系统采集生态观测数据并提供汇总、存储、传输及分析处理服务。数据层包括数据库软件及操作系统，对数据进行存储和对文件进行读写操作。支撑层主要由一个数据解析器来支持对各类传感器数据的提取，通过通信组件与传感器实现数据互通并将数据写入临时数据库中。应用层则在数据汇总后根据国家或地方标准要求从临时数据库中提取相应数据填入标准统计表中，同时提供一个公网页面展示实时监测数据及生态站相关信息。

地面调查：主要包括抽样调查及全面调查两种方式。例如，森林资源规划设计调查采用全面区划调查方法，数据通过林场、县、市、省（自治区）逐级汇总统计，其优势为，调查对象为区域内的全部森林，不存在抽样误差；可以全面掌握森林资源的分布和特征，为森林资源的分析与研究提供详细数据。其劣势为，调查对象涉及面广，工作量大，调查员掌握调查技术和检查方法的熟练度不一，较难保证调查质量；耗费的人力、物力资源一般较大，费用往往较高。森林资源连续清查根据系统抽样理论，按照数理统计方法，计算数据统计中值，并根据抽样精度计算估计区间。其优势在于可以节省时间、人力、物力资源且调查工作更为细致。其劣势在于抽样调查的设计、实施与资料分析均比全面调查复杂；不适用于变异过大的研究对象或因素。

3.4.3 时空数据库分库建设

森林资源时空数据库分库的建设可实现对调查监测成果数据的逻辑集成、立体管理、高效应用及共享服务。同时，还可以实现历史数据的整合集成，在研究与工作中，结合现状数据及历史调查，能够准确回溯森林资源的动态演替过程，科学预测未来发展趋势和方向。森林资源时空数据库建设技术路线如图 3.10 所示。

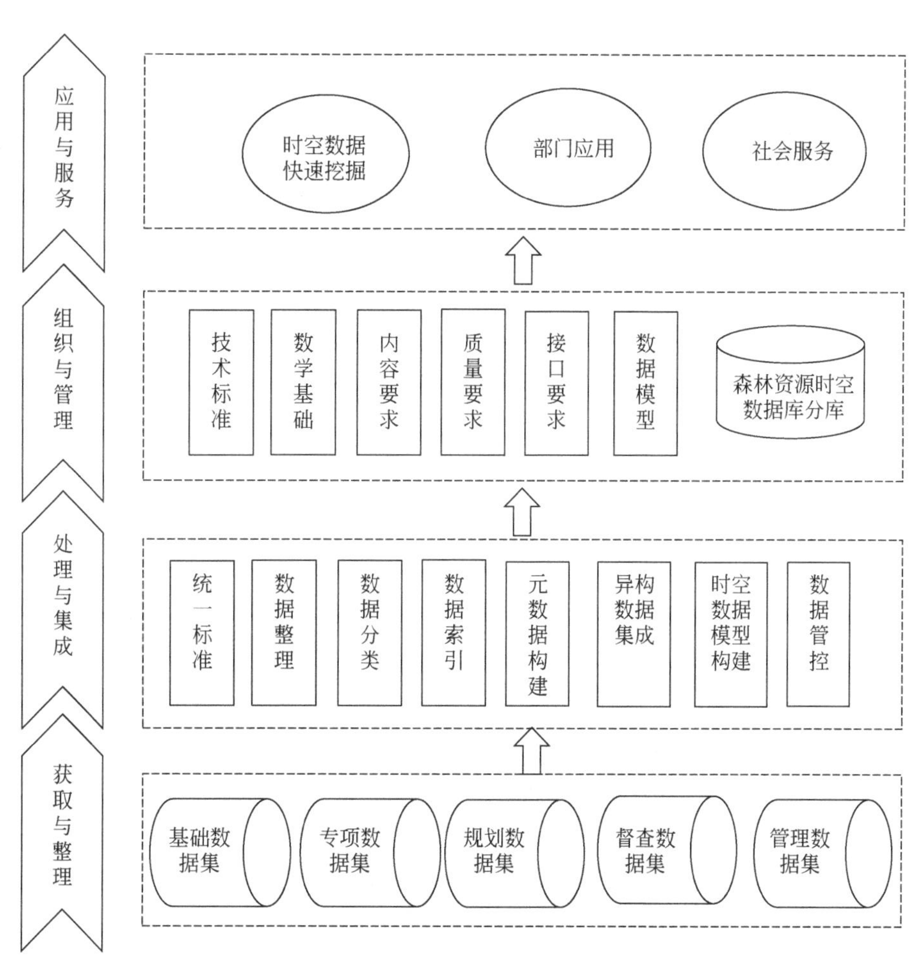

图 3.10　森林资源时空数据库建设技术路线

森林资源时空数据库建设主要包括数据获取与整理、处理与集成、组织与管理以及应用与服务四项内容。第一步，需要对现有的各类森林资源调查监测工作、技术方案、技术规程及成果数据进行分析梳理，结合各类森林资源数据特征，将其划分为相应的数据集，形成山江海地域系统森林资源数据体系。第二步，按照统一的技术标准、管控规则，对成果数据进行整理和完善，按标准编码索引规则对数据进行分类，抽取关键特征信息构建元数据，并对异构数据开展研究，设计时空数据实体模型。第三步，当各类数据成果的数据学基础、内容要求、质量要求、接口要求、数据模型等符合统一的技术标准后，将数据导入森林时空数据库分库，为实现森林资源数据的统一管理、快速挖掘、部门应用与社会服务打下坚实基础。

森林资源时空数据库分库建设工作需要在森林资源数据中心基础设施支撑体系与森林资源数据成果统一技术规范体系的有力支撑下，以森林资源经营与管理工作为切入点，充分剖析各类森林资源调查、监测、评估、评价技术工作的要点、难点及痛点，收集多年来积累的森林资源时空数据，总结数据特征，构建成果数据体系，以时空数据高效组织管理与深度挖掘为目标，构建森林资源时空数据库分库，实现森林资源现状数据及历史数据的价值最大化，使得各类森林资源数据更好地为部门监管、社会服务及科研共享所应用、服务。森林资源时空数据库分库建设总体架构如图 3.11 所示。

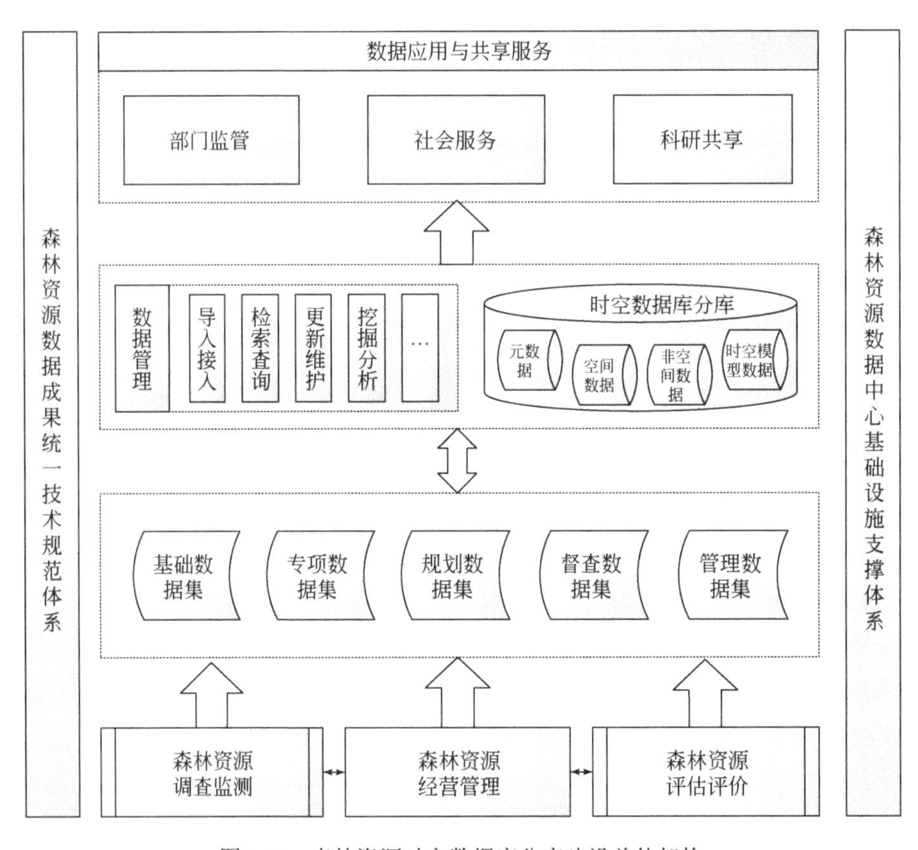

图 3.11　森林资源时空数据库分库建设总体架构

森林资源时空数据库分库主要由元数据库、空间数据库、非空间数据库和时空数据模型库构成。其中，元数据库主要包含各类空间元数据、非空间元数据及其他元数据，元数据的构建意义在于用户想要了解数据概要信息、技术参数、数据结构、背景资料等信息时，无须直接浏览数据本体，只要了解元数据即可对数据本体有一个较为全面准确的认识。空间数据库为森林资源时空数据库分库的主要内容，其包含五大数据集中各个时间段的各类空间数据，包括各类数据的几何形状及属性记录，是各类实体数据库中体量最大的。非空间数据库主要体现形式为属性表、文档、图片等，如森林资源调查中的样木数据、各类调查监测工作的技术方案、规程、成果报告、图件及其他文件等。森林资源时空数据库分库组织结构如图 3.12 所示。

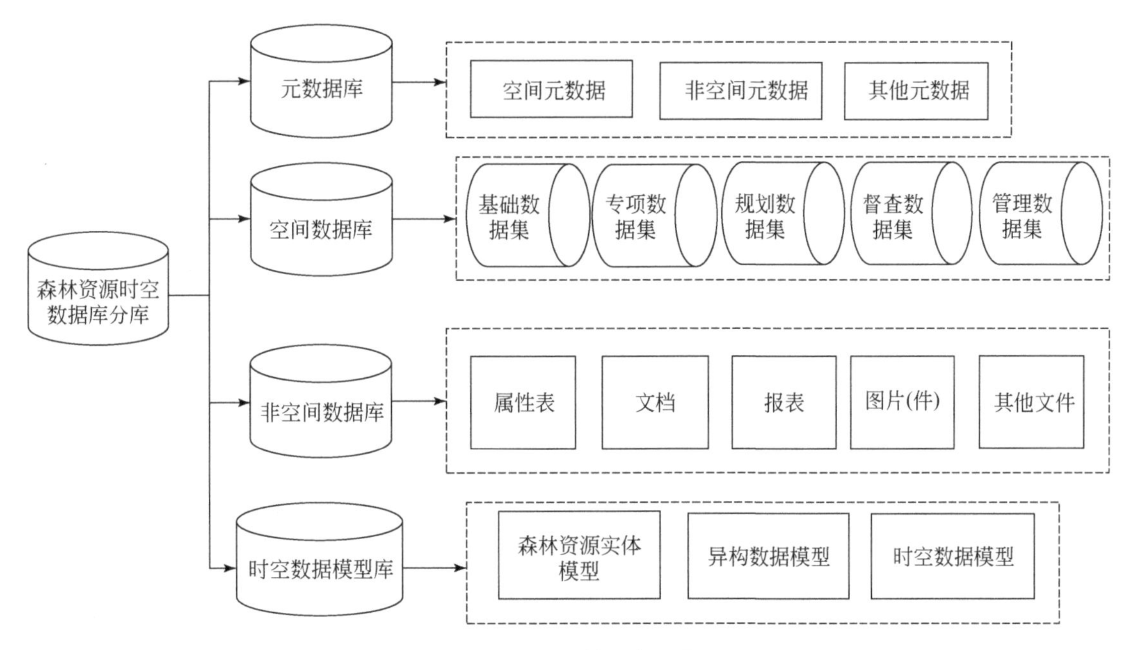

图3.12　森林资源时空数据库分库组织结构

1. 数据分类

基于森林资源时空数据库建设方案，本节从时空维度出发，将各类森林资源调查监测成果数据分为以下三类。

横截面数据：是指在某一时点收集的不同对象的特征数据。它对应同一时点不同对象所组成的特征数据集合，突出对象之间的差异，数据离散性高。此类森林资源数据包括某一年度的各类森林资源调查监测数据、古树名木、珍稀濒危野生动植物数据等。

时间序列数据：是指对同一对象在不同时间连续观测所取得的数据。其着眼于研究对象在时间顺序上的变化，寻找对象历时发展的规律。此类森林资源数据包括固定样地监测数据、生态定位观测数据等。

面板数据：是横截面数据与时间序列相结合的一种数据资源。其可以用于分析各对象的特征在时间序列上的变化规律，综合利用对象的特征信息，既可分析对象之间的个体差异情况，又可以描述其动态变化特征。此类森林资源数据包括森林资源连续清查数据、森林资源规划设计调查数据、“一张图”、林草生态综合监测。

同时，为实现在海量森林资源数据中快速定位、索引、搜索目标对象，按照前文中指定的命名规则对相应数据库、数据集、图层要素、报告、统计表、图件等各类成果数据进行编码，确保每个资源数据都有一个唯一不变的标识码。

2. 元数据构建

在梳理上述各类数据、确定数据资源分类体系及制定数据资源编码规则的基础上，再对数据进行元数据编制。编制工作主要依据国家及地方的标准、规程要求开展元数据的采集与整理。

根据数据管理、应用场景的需求，森林资源时空数据库分库元数据主要由标识信息、限制信息、质量信息、维护信息、空间参照信息、内容信息、元数据扩展信息、引用和负责单位信息8类共21项内容构成，为资源数据的检索、概览、共享提供支撑。元数据构成详见表3.8。

3. 多源异构数据处理

多源异构数据标准化整合技术包括统一技术标准、分类重组、派生层数据处理等技术。本节历史成果数据积累较多，且不同时间段森林资源调查监测工作的目标、对象及侧重点不同，因此无法采用技术标准统一的方式进行处理，本节以历年森林资源管理“一张图”与林草生态综合监测更新成果两种异构数据为例，采用分类重组的技术方法开展异构数据处理，具体流程如图 3.13 所示。

表 3.8　元数据构成

序号	类别	序号	数据项	约束条件
1	标识信息	1	数据名称	M
		2	数据格式	M
		3	数据时间	M
		4	关键字	M
2	限制信息	5	法律限制	M
		6	安全限制	M
		7	其他限制信息	O
3	质量信息	8	完整性	M
		9	逻辑一致性	M
		10	数据精度	C
4	维护信息	11	周期监测数据更新的频率	C
		12	更新范围	C
5	空间参照信息	13	空间要素类型	C
		14	椭球参数	C
		15	坐标参照系	C
		16	外接矩形	C
6	内容信息	17	详细数据结构	C
7	元数据扩展信息	18	数据字典	C
		19	通知文件、规定、方案、规程、细则等附件	M
8	引用和负责单位信息	20	数据生成单位	M
		21	数据主管部门	M

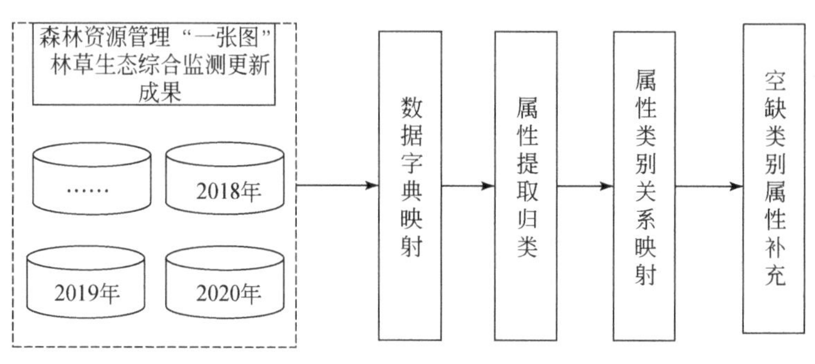

图 3.13　异构数据处理流程实例

第一步，收集整理历年成果数据库及相关资料；第二步，对不同年份的数据字典进行分析，构建历年数据字典映射的数据关系，分析时序数据时，基于数据字典映射进行同类数据检索与分析，消除数据字典差异带来的异构问题；第三步，对属性字段进行归类，如将小班的海拔、坡度、坡向、坡位等因子归为自然环境类，将郁闭度、平均胸径、公顷株数、公顷蓄积等因子归为林分因子类，并对各年度间的属性类别进行关系映射，保证各年度数据间的属性类别基本一致，消除字段结构差异带来的异构问题；第四步，对个别十分重要的且空缺的属性进行逻辑补充，补充方式为根据现有字段进行大类归并填写，并非凭空捏造数据。例如，历年数据均要体现国土地类变化，早期的成果数据中并不包含国土地类字段，此时就可以根据林业地类与国土地类的映射关系进行对应补充。

4. 时空数据模型构建

时空数据模型是一种有效组织和管理时态地理数据，属性、空间和时间语义更完整的地理数据模型。时空数据模型表达了随时间变化的动态结构，用于地理空间数据的时态变化分析。目前比较有影响的时空数据模型有时空复核模型、连续快照模型、基态修正模型、时空立方体模型、时空对象模型、面向对象的时空数据模型等。根据森林资源数据特征及时空数据库建成后数据在应用、分析、服务等方面的需求，本节采用时空立方体模型表达森林资源在时间、空间维度的动态变化。

时空立方体模型用几何立体图形表示二维图形沿时间维发展变化的过程，表达了现实世界平面位置随时间的演变，将时间标记在空间坐标点上。给定一个时间位置值，就可以从三维立方体中获得相应截面的状态，也可扩展表达三维空间沿时间变化的过程。其劣势为随着数据量的增大，对立方体的操作会变得愈加复杂，不断降低算法性能。

森林资源时空数据立方体模型主要由森林资源属性数据实体、空间数据实体及时间数据实体组成，如图 3.14 所示。其中，属性数据实体与空间数据实体构成的数据截面表达为某一时点上的森林资源状况数据；属性数据实体与时间数据实体构成的数据截面表达为某一区域的森林资源在不同时点上的状态；空间数据实体与时间数据实体构成的数据截面表达为森林资源的某一属性在不同时间、空间上的状态。

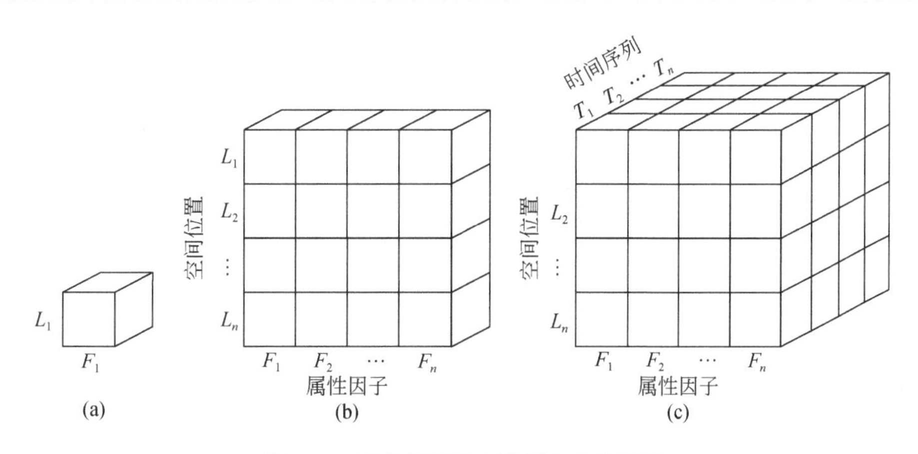

图 3.14　森林资源时空数据立方体模型

对森林资源时空数据立方体在不同维度上进行下钻或上卷处理后，用户可得到不同汇总级别的数据，并可在此基础上进行进一步数据挖掘与分析。例如，对森林资源时空数据立方体在时间维度上进行上卷处理，如图 3.15 所示，即可获得区域内近 5 年、10 年、15 年的森林资源数据变化状况；对森林资源时空数据立方体在空间维度上进行下钻处理即可获得市、县、乡、村、林班级别的森林资源数据随时间变化的情况；对森林资源时空数据立方体在属性维度上进行下钻处理即可获得该区域在不同时间点上的样地、样木因子变化情况等。

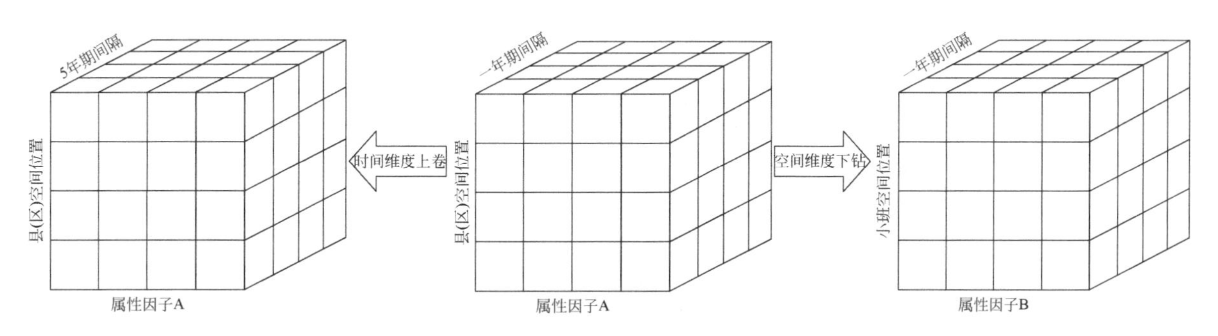

图 3.15　森林资源时空数据立方体模型分析示意图

3.4.4　数据应用与共享服务

建立森林资源时空数据库分库后，用户能够基于时间、空间、因子等多个维度对海量资源数据进行快速检索、多维统计，安全、高效地组织、管理各类森林资源数据；基于数学、地理、计算机等多学科理论与技术对多属性资源数据开展综合分析，清晰、准确地掌握森林资源在时间维度、空间维度上的动态变化情况及分布特征。实现森林资源时空数据快速挖掘，即时监测、监督、管理森林资源保护、开发及利用情况，智能研判森林资源开发潜力及发展趋势，为森林资源的经营与管理提供全覆盖、全过程、全方位的数据支撑。

以森林资源时空数据库分库为基础载体，完善数据发布、应用、共享、服务等机制，为各级政府相关部门提供数据共享服务，实现业务协同，打破部门间的数据共享壁垒；为各类林业经营、保护、生态修复等工作提供数据分析服务，发挥时空数据价值，推进森林资源经营管理工作的智能化；基于数据发布机制，将涉及社会关注的成果数据统一对外发布，鼓励科研机构、企事业单位利用数据成果开展各类研究、开发与应用，满足社会公众的广泛需求，提升森林资源数据社会化服务水平。

3.5　结　　语

本章结合国家发展战略背景，以自然资源统一和现代化治理的总体目标为导向，面对生态文明建设背景下的自然资源管理需求，使用先进的数据存储技术、快速服务发布技术，为自然资源大数据体系的构建和应用提供了从目录编码到入库与服务发布的完整解决方案。根据国家自然资源资产数据的整合方法和整合流程，形成了一套适合广西山江海地域系统的数据整合技术方案，并以实际数据为基础，按照数据整合技术方案，形成了山江海自然资源数据库。本章以山江海地域系统自然资源数据库为基础，分析了自然资源数据库建设的技术方法和流程，形成了一套自然资源资产信息化评价技术思路，对评价思路进行具体实施，形成了可操作、可应用的系统，为自然资源资产信息化评价提供了强有力的技术支撑，从而促进自然资源节约、集约利用，推动生态文明建设，并有效提高了工作人员的办公效率，提升了数据共享程度。针对国土空间规划编制与管理“一张图”的多项关键技术进行研究，并结合城市规划管理的实际应用需求，建设了国土空间规划编制与管理“一张图”。通过“一张图”在城市规划管理信息化建设和数字城市地理空间框架建设中的应用，提升了规划决策的科学性和前瞻性，为空间规划体系的建设和完善提供了信息化服务和支撑。

参 考 文 献

毕曼，2013. 国土资源“一张图”核心数据库建设研究. 西安：长安大学.

陈长成，邓木林，朱江，2019. 面向国土空间规划的自然资源分类. 国土与自然资源研究，(5)：9-14.

陈国光，张晓东，张洁，等，2020. 自然资源分类体系探讨. 华东地质，41 (3)：209-214.

陈伟立，2003. Oracle 数据库的 XML SQL Utility 技术. 计算机时代，(5)：6-8.

池美月，2021. 基于“一张图”的福建省自然资源数据体系建设. 水利科技，(3)：62-65.

封志明，杨艳昭，李鹏，2014. 从自然资源核算到自然资源资产负债表编制. 中国科学院院刊，29 (4)：449-456.

韩有志，王政权，2002. 森林更新与空间异质性. 应用生态学报，(5)：615-619.

郝爱兵，殷志强，彭令，等，2020. 学理与法理和管理相结合的自然资源分类刍议. 水文地质工程地质，47 (6)：1-7.

胡文龙，史丹，2015. 中国自然资源资产负债表框架体系研究：以 SEEA 2012、SNA 2008 和国家资产负债表为基础的一种思路. 中国人口·资源与环境，25 (8)：1-9.

黄贤金，2010. 资源经济学. 南京：南京大学出版社.

黄贤金，2019. 自然资源统一管理：新时代，新特征，新趋向. 资源科学，41 (1)：1-8.

亢新刚，2011. 森林经理学. 北京：中国林业出版社.

孔雷，唐芳林，刘绍娟，等，2019. 自然资源类型和类别划分体系研究. 林业建设，(2)：20-27.

吕晓莉，2008. 森林资源数据质量控制的研究. 北京：北京林业大学.

孟祥舟，2020. 对实现自然资源集中统一管理的若干思考. 国土资源情报，(1)：46-50.

邱琼，施涵，2018. 关于自然资源与生态系统核算若干概念的讨论. 资源科学，40（10)：1901-1914.

沈镭，钟帅，胡纾寒，2020. 新时代中国自然资源研究的机遇与挑战. 自然资源学报，35（8)：1773-1788.

圣文顺，乔雨，邵琳洁，2019. 基于 XML 的异构数据库信息交互机制的实现. 物联网技术，(12)：32-35.

孙鸿烈，2020. 中国资源科学百科全书. 北京：中国大百科全书出版社.

孙梅，2017. 森林资源调查时空数据模型与云存储研究. 福州：福州大学.

孙兴丽，刘晓煌，刘晓洁，等，2020. 面向统一管理的自然资源分类体系研究. 资源科学，42（10)：1860-1869.

田诗奇，2019. 面向分布式飞行仿真系统的实时通信中间件的研究与实现. 成都：电子科技大学.

夏秀峰，张悦，周大海，2005. 基于 XML 的异种数据库间数据交换技术. 微处理机，(5)：33-37.

张洪吉，李绪平，谭小琴，等，2021. 浅议自然资源分类体系. 资源环境与工程，35（4)：547-550.

张孟，2019. 基于大数据的定标方法研究与初步应用. 合肥：中国科学技术大学.

张文驹，2019. 自然资源一级分类. 中国国土资源经济，32（1)：4-14.

周涛等，2022. 自然资源调查监测体系数字化建设. 北京：科学出版社.

Ardi C，Falcitelli F，2007. The Classification of Resource Use and Management Activities and Expenditure：CRUMA. Rome：Istituto Nazionale di Statistic.

Bostedt G，2013. Resource economics—an economic approach to natural resource and environmental policy. Marine Resource Economics，8（1)：105-106.

Pata U K，Aydin M，Haouas I，2021. Are natural resources abundance and human development a solution for environmental pressure? Evidence from top ten countries with the largest ecological footprint. Resources Policy，70：101923.

Winterstetter A，Heuss-Assbichler S，Stegemann J，et al.，2021. The role of anthropogenic resource classification in supporting the transition to a Circular Economy. Journal of Cleaner Production，(297)：126753.

第4章　山江海地域系统模型及其智能模拟关键技术和应用

4.1　地理系统模型

4.1.1　概念及内涵

地理系统模型是从地理系统的整体出发，从多个角度对地理要素进行分析，对地理整体的结构和功能进行分析，在此基础上进行模拟系统的构建，融合了数学模型和计算机技术等多种技术手段对地理系统进行空间上的虚拟，达到实验、观察和研究的目的。地理系统模型是理解和预测不同尺度地理系统格局和过程变化最重要的研究方法。地理系统模型作为可持续发展科学决策必需的工具，是自然地理学重要的研究方向（彭书时等，2018）。

钱学森早在 1988 年就提出地理系统是一种开放的复杂巨系统。地理系统具有的复杂性特点决定了地理系统的研究也呈现复杂化。地球在长期演化过程中形成了典型的圈层结构，如岩石圈、水圈、大气圈和生物圈。相比于部门地理学比较侧重其中某一圈层的机制、形成过程和区域分异等，地理系统则更多地着眼于圈层之间的界面及其物质流、能量流与信息流的关系，更多关注人地关系高度复合地带和生态环境脆弱地带。从整体上看，地理系统是由多个层次嵌套组成的循环系统与开放系统，每个子系统进行各自的物质迁移、能量转换与信息传输的内部循环；同时通过高层次的外部循环与其他圈层发生关联。地理系统具有非线性、多层次、多尺度、突变性、随机性、自组织、自相似等复杂系统特点，地理学家需要用复杂理论和方法来进行研究（蔡运龙，2000）。地理模型是地理对象与地理现象的重要表达形式；地理建模是对地理实体、地理事件、地理过程及地理机理进行抽象与表达的过程，是现代地理学研究的重要方法；地理模拟可以用于反演过去、预测未来、模拟过程、揭示规律，是拓展 GIS 地理分析能力的重要手段。传统意义上的地理模型包括数据模型（如矢量模型、栅格模型、面向对象模型、时空数据模型等）与分析模型（如空间分析模型、时空统计模型、机理过程模型、智能体模型等）（Chen et al.，2018）。目前，各类地理模型已经被用于应对地理学特征的探索和研究。例如，高精度曲面建模方法（HASM）被提出用于不同尺度区域地表要素曲面建模和生态环境要素的表达，从而服务于地理学区域性研究；通过综合地球表层系统的全局宏观信息和微观细节信息，推动了地球表层系统的综合性模拟与分析；HASM 方法从系统论出发，提出了生态环境曲面建模基本定理，探索了地球表层系统及其生态环境要素模拟过程中相关复杂性问题（如尺度问题和误差问题）的解决途径（Yue，2011； Yue et al.，2016； 岳天祥等，2020）。

地理系统模型作为地理研究的一种空间系统，是地理学科研究的技术关键点。对于地理系统模型的研究在文献上已经有较长时间的积累，特别是近 30 年的发展，地理科学、数学和计算机技术科学等领域的研究非常活跃，为解决地球重大环境问题和人类社会问题作出了积极的决策贡献，国内外学者对此进行了长时间的研究。

4.1.2　地理系统模型研究现状

地理系统模型经过多年的发展，已成为研究预测多地理要素间相互作用影响，分析地理发展过程、格局、机制和关系的重要工具，通过梳理近些年地理系统模型的发展，能更好地理解地理系统模型的现状及未来发展趋势。彭书时在梳理地理系统模型时，从单要素到多要素，从统计模型到过程模型，从单点模型到区域最后到全球尺度模型，从静态植被模型到动态植被模型进行分类阐述。耦合模型和模拟预测模型是目前地理系统模型研究的热点，因此本节主要从人地系统耦合模型入手，结合模拟预测模型，梳理地理系统模型的发展现状。

1. 人地系统耦合模型的现状

人地系统耦合是指人与自然两大系统之间，通过人类经济社会活动与资源、生态、环境之间的相互作用和复杂的反馈机制而形成彼此影响的动态关联关系。人地系统耦合强调在组织上、空间上和时间上的多维度耦合，即一个要素与多个要素的复杂相互作用，以及多个要素之间一连串交互耦合作用，体现了更高层次的综合性、复杂性与非线性特征（田亚平等，2013）。研究地理系统中人地系统耦合演化机理与驱动机制是主要的科学问题。人地系统耦合强调自然过程与人文过程的有机结合，注重知识—科学—决策的有效链接，通过不同尺度监测调查、模型模拟、情景分析和优化调控，开展多要素、多尺度、多学科、多模型和多源数据集成，探讨系统的脆弱性、恢复力、适应性、承载边界等（赵文武等，2020）。刘彦随（2020）总结出人地系统耦合是人类经济社会系统与自然生态系统交互作用、相互渗透，并形成人地耦合系统（“人地圈”）的综合过程，针对人地系统耦合这一概念的研究，为更好地认识地表自然过程和人类活动的联系，为预测和模拟复杂的人地系统提供了定性描述。人地系统耦合模型的方法体系如图4.1所示。

自20世纪80年代以来，耦合自然系统和人类社会经济模型概念被提出后，全球开发出超过20个综合评估模型（integrated assessment models，IAMs），为气候变化政策提供科学依据。其中，荷兰环境评估局所开发的全球环境评估整合模式框架（Integrated Model to Assess the Global Environment Framework，IMAGE）是全球IAMs的代表性模型之一。IMAGE考虑人口密度变化、资源可得性、地形和农业生产力，使用适宜性评估和迭代分配的方法来评估农业用地的扩张、分配各土地利用类型面积对环境造成的影响；根据能源系统、工业、农业和土地利用变化等方面的活动强度及减排力度，可评估关于人为排放的温室气体和污染物等政策的有效性（Stehfest et al.，2014）。20世纪70年代经济合作与发展组织（OECD）和联合国环境规划署（UNEP）基于“原因-效应-反应”原理共同提出了PSR环境评价模型。PSR模型可以通过分析水土流失区生态-经济系统压力、状态和响应揭示水土流失区生态恢复的障碍、进度和途径（毕安平和朱鹤健，2013）。为了模拟地球表层系统中各子系统及圈层之间的物质迁移、能量转换与信息传输过程，人们常用地球系统模型（Earth System Models，ESMs）和IAMs。其中，早期的ESMs、IAMs分别起源于20世纪60年代、70年代后期，在20世纪90年代逐渐趋于成熟（郭彦，2019）。

随着国内外学者对人地系统耦合研究的逐步深入，研究方法从单一、静态定性的模式发展成综合、动态且定性与定量相结合的方法。毛汉英（2018）认为人地系统优化与区域PRED（即人口、资源、环境和发展）协调发展，着重探讨人地系统优化与PRED协调发展的关系，以及PRED协调发展的目标、重点、理论模式和定量测度。宋长青等（2020）从地理要素耦合、地理空间耦合、地理界面耦合、地理空间尺度耦合、地理关系耦合、地理耦合解译6个方面，对地理耦合的内涵进行全面解析和界定，并给出了相应的研究实践案例。崔学刚等（2019）综述城镇化与生态环境耦合动态模拟的理论、方法与应用的研究进展，认为目前理论发展与整合不足，制约机理解析和动态模拟。周鹏等（2019）认为山地水土要素耦合情景是陆地表层过程的重要表征，其耦合程度决定了水土资源利用效率，并直接影响自然生态系统格局及过程；占车生等（2018）通过科学文献计量法，分析了陆面水文-气候耦合研究的发展状况及研究热点和趋势，并进一步对研究中存在的问题和挑战进行综述和探讨。赵文武等（2018）在构建生态系统服务与人地系统耦合研究框架的基础上，系统梳理了生态系统服务评估、生态系统服务权衡、生态系统服务影响因素、生态系统服务供给流动与需求等研究前沿；王成等（2022）研究村镇建设用地扩展与生态环境效应，以人类活动为纽带构成交互耦合体，解析了二者的耦合协调关系，同时运用耦合协调模型并结合同步发展模型将研究区域划分为保护与发展同步型、生态环境支持型、生态环境损耗型3种耦合协调类型；邱坚坚等（2021）提出从级联到耦合的关系研究新思路，以生态系统服务与人类福祉的耦合研究来系统辨析其交互胁迫效应

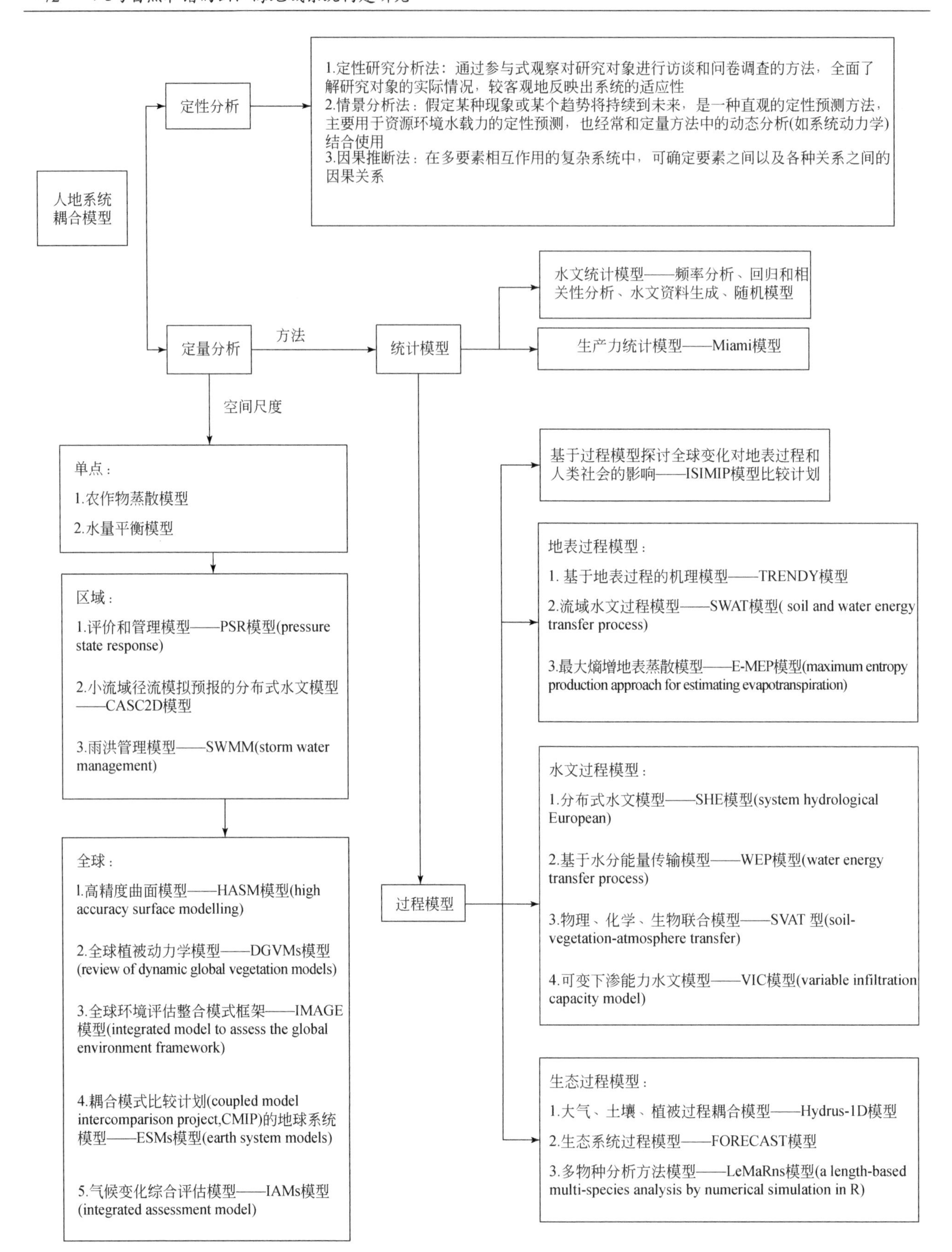

图 4.1 人地系统耦合模型的方法体系

及内在动力演化机理，同时探索性构建耦合研究的理论框架与技术思路，丰富人地系统耦合的关键命题。李文龙等（2021）基于社会-生态系统（SESs）适应性循环理论，尝试构建在气候变化与政策实施双重驱动下的农牧交错区乡村人地系统适应性演化理论分析框架，刻画乡村人地系统适应性演化路径，理解系统结构与功能演化过程与特征，识别其主控因子，并基于农牧户生计行为分异与乡村转型发展互馈过程理解农牧交错区乡村人地系统适应性循环演化的影响机理。

2. 人地系统模拟预测模型发展现状

地理系统模拟从地理系统的整体出发，从多个角度对地理要素进行分析，对地理整体的结构和功能进行分析，在此基础上进行模拟系统的构建，融合数学模型和计算机技术等多种技术手段对地理系统进行空间上的虚拟，达到实验、观察和研究的目的（郑新奇，2012；郑晓磊，2013）。地理系统复杂性研究的重要贡献是从方法论层面上为地理学提供有力的工具，系统动态学、元胞自动机、多智能体、混沌、分形、突变、神经网络、遗传算法等在地理研究中得到了广泛的应用。这些方法或单体或组合应用推动了地理系统模拟的发展。

系统动力学（SD）是一门研究系统动态复杂性的科学。SD 以现实的世界存在为前提条件，以存在整体为基本出发点，探索能够改善系统行为的手段和方法，是在系统实际观测信息的基础之上建立起来的一种动态仿真模型。SD 将多个子系统建立成一个具有因果关系的网络系统，着重于研究系统整体与个体之间的关系，并采用建立流图和建立方程式的方法进行计算机仿真试验。SD 模型的特点在于在历史数据的计算和未来预测的基础上进行信息反馈。其缺点在于缺乏有效的空间数据表达，无法进行空间可视化。一般用在人地系统耦合模型上，通过集成 SD 模型、元胞自动机（CA）模型和网格化地理信息系统技术，建立空间系统动力学模型，探索华北永定河流域水环境承载力时空格局。王玮等（2015）利用 SD 方法，建立气候变化、土壤水分、人口、经济、放牧、土地利用六大沙漠化驱动力与植被净初级生产量（NPP）的影响与反馈，结合不同沙漠化等级对应的 NPP 阈值范围，构建耦合自然与人文因素的沙漠化动态系统动力学模型。

CA 是在一个有限的规则格网中每一元胞取有限的离散状态，在同一规则的作用下进行同步更新，大量的元胞通过相互间的简单的作用形成系统的动态演化。CA 模型与普通的动力学模型不同，它是由多个模型构造规则构成的模型，只要模型满足这些规则，它们就都属于 CA 模型的范畴。CA 模型在整体反馈方面表现较弱，其侧重的是局部的规则演化，只有很少的计算方程。CA 模型主要用于 LUCC 的动态模拟或城市的发展等。孙毅中等（2020）以江阴市 2007 年、2012 年、2017 年 3 期土地利用现状数据为基础，在多层次矢量元胞自动机建模基础上，模拟了 2017 年土地利用变化，通过模拟结果与用地现状对比分析，对模型个别参数进行了修正，进一步提高了模型的可行性与适用性，进而预测了 2022 年城市土地利用格局。王晓学等（2012）通过模拟影响喀斯特系统地表覆被变化的基本生态过程，利用随机 CA 模型具有的简单邻域规则形成复杂空间格局的特点，使喀斯特系统地表覆被植被-裸土-裸岩状态在一定概率下发生状态转换，并结合 RS 和 GIS 技术，构建了简单、有效的喀斯特石漠化模拟及预测模型（KarstCA）。CA 模型的特点使其在地理系统模拟基本模型中占据了重要地位，但是 CA 模型也具有一定的缺陷，其反馈能力较弱，无法对个体与整体之间的相互影响进行判断。为了解决以上问题，近年来，CA 耦合机器学习模型被应用。Geng 等（2022）将非线性时空依赖学习与基于 CA 的空间分配相结合，提出了一种基于混合时空卷积的元胞自动机（ST-CA）模型，该模型中引入了三维卷积神经网络（3D-CNN），以吸收非线性驱动机制和时空依赖性。这将有助于产生更精细的发展潜力，以提高模拟精度。

近几年来，随着人地系统复杂程度的不断增大以及各类观测设备的逐步升级，地理系统模型也面临着诸多挑战：①海量数据的融合与挖掘问题；②数字系统与物理系统间存在相互割裂的问题；③多源异构数据的协调问题。数字孪生（DT）技术的出现为解决以上问题提供了新的思路。DT 是一种实现物理系统向信息空间数字化模型映射的关键技术，它通过充分利用布置在系统各部分的传感器，对物理实体进行数据分析与建模，形成多学科、多物理量、多时间尺度、多概率的仿真过程（Korth et al.，2018）。DT 可充分利用传感器全方位获取真实世界数据信息，结合多物理场仿真、数据统计分析和机器学习、深度学习等功能，使真实世界在孪生世界中完成数字化映射，进而实现物理空间与数字空间的实时双向同步映射及虚实交互（黄艳，2022）。DT 技术已被认为是一种能够实现业务数字信息与物理世界交互融合的有效手段。

最初的 DT 技术依靠计算机辅助设计、建筑信息模型、地理信息系统等传统数字化技术构建真实世界与数字世界的数字模型，并通过传感器、物联网技术与真实世界实现数据交换与同步。此外，它还与新兴的人机交互、虚拟现实（VR）、混合现实（MR）及人工智能等技术结合，实现 DT 的人机交互和智能化（李炜等，2022）。目前，DT 模型的研究内容主要涉及模拟、虚拟建模、孪生系统的可视化和交互方法 3 个方面。应用复杂的物理系统往往很难建立精确的数理模型，无法通过解析数理模型的方式对其进行状态评估和控制优化，DT 采用数据驱动的方式，利用系统的历史数据和实时运行数据，对数理模型进行更新、修正、连接和补充，融合系统机理和运行数据，能够更好地实时、动态评估系统。交互与协同是 DT 的关键环节，虚拟实体通过传感器数据监测物理实体的状态，实现实时动态映射，再在虚拟空间通过仿真验证控制效果，并通过控制过程实现对物理实体的操作。

目前，DT 技术主要应用在流域管理和空间规划上，研究者通过新一代信息技术在虚拟数字世界中创建一个与真实世界物理实体相互映射、协同交互的数字孪生体，并在孪生体上进行模拟，实现决策方案的智能推送与实施。刘昌军等（2022）提出了数字孪生淮河流域智慧防洪试点建设方案，探索了数字孪生淮河流域智慧防洪“四预”新模式，研究了试点区域数字孪生底板、数字化场景、数字化流场和数字映射、基于高性能并行计算的水文水动力学实时模拟预报技术等，开发了淮河流域智慧防汛系统，在淮河正阳关以上流域初步实现了流域防洪“预报预警实时化、预演实景化、预案实地化”，取得了良好效果。

DT 技术已被应用在数字乡村、未来社区和智能铁路等典型场景中，发挥了巨大的作用。然而，离真正的“万物感知互联，虚实孪生融合”的目标仍有一定的距离，尤其是在信息建模、实时同步、智能分析、交互决策方面仍有待进一步提高。

3. 综述总结

综上所述，目前国内外对人地系统耦合研究开展得较为丰富，但由于人类活动与地球系统二者具有十分复杂的关系，对各要素之间的交互作用机制还未能完全清晰理解，对于人地耦合模拟模型的研发还需要进一步的研究。地理系统研究的最大障碍在于其定量化研究的难度，如何从复杂的要素中选取影响因子，以及对影响因子的量化、指标体系、模型建立与检验、动态预测等方面至今还都缺乏坚实的理论基础。

4.2 山江海地域系统模型

山江海地域系统以山地、流域、海岸带区域过渡性为研究视角，以桂西南喀斯特—北部湾地区为研究区。广西喀斯特山区、江河、海岸带的山江海过渡性人地系统（喀斯特—流域—海岸带）是地理环境中一个独特的生态环境系统，它是一种碳物质能量循环变异极其强烈，具有生态环境系统变异敏感度高、空间转移能力强、稳定性差等一系列生态脆弱性特征，承灾能力弱，灾害承受阈值弹性小的生态风险环境，尽管水热条件相对良好，但其生态系统综合复杂，一旦遭到破坏，环境重新整治恢复修复难度很大，周期也很长。与此同时，毁林开荒、陡坡开垦、过度资源利用等不合理的国土空间开发往往起主导的作用，造成了长期以来人地系统严重失调的状态，对这一区域进行耦合建模，在开展山江海地域系统的过程和机制的研究基础上构建模拟模型，进而预测地域系统的发展是该区域的迫切需求。

由于山江海地域系统的演变既受到地形、地貌、土壤及其基础地质、水文、气候和植被等地质-生态环境背景因素的驱动，同时也受到社会、经济、文化、技术、政策等人文因素的驱动，因此具有结构复杂、动态时变性和高阶非线性多重反馈特征。此外，山江海地域系统的组成要素及影响因素非常多，相互之间存在着复杂的多重反馈关系，而这些反馈关系基本上都表现为典型的非线性关系，因此，在进行山江海地域系统结构分析时，一般不能进行简单的线性化处理，可以用复杂性科学方法和精细的模型来对其展开研究。

近年来，地球关键带的研究受到极大的关注和重视，各国针对地球关键带相继开展了大量的研究，形成了制图—观测—建模的循环研究模式，并强调建模是关键带过程机理研究的基础。江海过渡带是典型的地球关键带，建模是开展山江海地域系统机理研究、定量评价、预测演化的手段，对监测获得的时空数据进行整合，对关键过程进行耦合模拟，是地球关键带科学研究的重要领域之一（马腾等，2020）。因此，对山江海地域构建系统模型，开展其格局-过程-机理的研究，并在此基础上，对其演化进行模拟和预测是认识山江海地域的关键手段。同时，为深化对山江海地域形成、运行与演化的科学认识，多过程耦合模型的建立将成为未来过渡带科学研究的核心趋势。基于综合多学科知识和多源数据，发展集成评估模型，在综合更多的社会经济、生物物理要素和过程的同时，更好地模拟人类对环境变化的适应以及环境变化对社会经济的影响，并且更好地预测政策及管理措施对人地系统短期及长期的变化影响，从而形成“数据—计算—模拟—分析”的方法框架，是未来人地关系研究的趋势（李小云等，2021）。

4.2.1　山江海地域系统模型概念

地域系统模型目前尚未有完整的定义，传统的地理系统模型是以自然地理系统和人文地理系统作为研究对象，从系统角度分析各地理要素的能量流、物质流和信息流的相互作用构成的有一定结构和功能的整体，融合了数学模型和计算机技术等多种技术手段对地理系统进行空间上的虚拟，达到实验、观察和研究的目的。从这个基本概念出发，地域系统模型则是从过渡带人地系统的角度，分析系统内各个地理要素的相互影响相互耦合而构成的具有复杂结构和功能的整体，并用数学模型、计算机技术等对山江海地域系统进行模拟，从而为山江海地域系统的优化调控和智慧决策提供科学依据。建立山江海地域系统模型的目的是理清山江海地域系统关系及其内部子系统协调发展机理，模拟评价山江海地域要素、区域、地域、功能结构，开展人地系统协同观测体系和协调预测预警研究，探索山江海地域性绿色低碳循环发展路径，模拟预测山江海地域性不同气候变化与社会经济发展情景，研究提出应对极端气候事件与灾害的重大政策措施。

山江海地域系统模型主要包括两个内容的研究：一是通过模型揭示山江海过渡带过程、机理及其产生的环境效应，明确其对典型生态环境问题的控制，并提出相应的防治对策；二是通过假定气候、环境的一般或极端演化，预测典型生态环境问题未来的发展趋势，为避免其后续的威胁提供前瞻性的研究。

4.2.2　山江海地域系统模型研究现状

山江海地域系统是研究喀斯特山区、江河、海岸带三者之间的相互关系和相互作用的系统，这个复杂人地系统（喀斯特—流域—海岸带）是地理环境中一个独特的生态环境系统。地理系统的复杂性特征决定了其研究必须采用复杂性方法。本章回顾和梳理了山江海地域系统模型的发展。

大多数学者是从单要素视角持续开展纵深研究，聚焦于某个研究区域，如喀斯特山区，或者西江/南流江流域及北部湾海岸带，关注某些地理要素的过程或者人类活动对地理要素的影响以及具体地理要素对某些人类活动的支撑。在研究喀斯特山区上，研究者的主要研究包括喀斯特石漠化过程和驱动力，喀斯特特殊的土壤和植被，以及生态价值和脆弱性评价等，采用的模型从最初简单的熵值模型、灰色模型、SPR 模型到较为复杂的神经网络（BP）模型、RUSLE 模型等。随着计算机模拟技术的进步，研究者慢慢采用更为复杂的模型进行评价模拟和预测。例如，林彤等（2022）采用 FLUS 模型，在分析 2000～2020 年喀斯特地区生态用地数量分布特征的基础上，模拟预测 2030 年不同情景下生态用地数量及分布，曾成等（2018）利用 GIS 技术和 RUSLE 模型，对喀斯特峰丛洼地的土壤侵蚀空间变化特征进行了分析，研究峰丛洼地土壤侵蚀与土壤养分流失之间的关系，揭示了该地区不同土壤养分流失之间的空间变化差异。钟昊哲等（2018）基于野外实测气象和蒸散发数据，采用最小二乘法对彭曼-蒙特斯-勒宁（Penman-Monteith-Leuning，PML）模型中气孔导度土壤湿度指数进行参数优化，并结合 MOD15A2 叶面积指数进行空间外推，实现了区域尺度上长时序蒸散发的估算。同时，有些学者也应用耦合模型对喀斯特地区进行研究，陈珂等（2022）

利用模拟降水在土壤—植被—大气中传输的主流生态水文模型——SVAT 模型，展开针对全市区域—区县单元—小流域 3 个空间尺度水文变化过程的模型模拟，研究表明尺度效应影响较为有限。

关于流域方面，过渡带流域的研究主要集中在西江流域和南流江流域等区域，包括对径流、水质评估、水循环模拟、洪水预报等的研究，采用的模型主要包括新安江模型、土壤和水资源评估模型（soil and water assessment tool，SWAT）、分布式降雨径流模型（DEM-based distributed rainfall-runoff model，DDRM）和陆面水文（variable infiltration capacity，VIC）模型等，研究的思想一般是将本地流域的环境地理特征参数输入模型中，通过参数的率定来对流域进行模拟和预测。其中，针对喀斯特流域复杂的特征，许波刘等（2017）提出了集总式喀斯特水文模型（lumped karst hydrological model，LKHM），该模型以三水源新安江模型为基础，针对喀斯特流域二元三维的流域性质，对汇流计算层做了改进，结果证明该模型精度较高，适用于资料缺乏的喀斯特流域。

在北部湾海岸带研究方面，主要是对沿海的土地利用进行模拟和预测，以及近海环流和风暴潮模拟预测等。在海岸带土地利用上，研究者一般在定量分析的基础上，采用 CLUE 模型及其改进模型如 CLUE-S 或 CLUMondo，在假设各种未来情景模式下，模拟土地利用未来的变化情况（陈恺霖，2018；田义超等，2020）。近海环流数值模拟一般采用海洋数值模型，如非结构化网格有限体积群落海洋模型（the unstructured grid finite volume community ocean model，FVCM）、普林斯顿海洋模型（Princeton ocean model，POM）等。此外，在风暴潮模拟预测方面，大多采用三维水动力-水质模型系统 Delft3D 模型、水动力计算模型（an advanced circulation model for oceanic，coastal and estuarine waters，ADCIRC）和海洋环流与生态模型（finite volume coastal ocean model，FVCOM）等（蒋昌波等，2017；杨万康等，2018；陈波，2014）。

综上所述，山江海地域复杂的形成、运行与演化过程需要科学家对此进行深入研究，传统的统计模型无法满足山江海过渡带复杂性研究的要求，需要引入复杂的耦合机理模型，并结合山江海地域独特的环境因素进行改进和修正，使得模型适用于该区域特殊的地理背景。此外，目前山江海地域系统模型仍然偏重自然过程，对人类活动和社会经济过程刻画不足，难以准确模拟和预测复杂山江海过渡带人地系统。人地系统本质是人类社会与地理环境的耦合系统，复杂性在以往研究中未得到充分体现，因此需要将人类行为决策纳入地表格局变化研究中，以弥补以往研究的不足，从而促进该区域的人地系统研究。

4.2.3 山江海地域系统模型发展趋势

山江海过渡带人地系统在组织、空间和时间上具有高度复杂性，理解人类与自然互动的复杂性是人类福祉和全球可持续性研究的核心科学问题。目前，人地系统模型研究经历着快速发展，正在从直接相互作用深化为间接相互作用、从邻域效应发展为远程耦合效应，从局地尺度拓展到全球尺度。未来的发展集中在以下几个方面。

1. 融合多源数据以提高模型的准确性

系统模型的构建以数据作为基础，因此数据是核心。系统模型的构建和假设检验都需要异常丰富的数据集。山江海过渡带系统模型要充分借助地球探测、现代遥感、无人机等技术手段获取大气、生态、土壤、水环境等要素的动态监测数据，此外，在人文数据方面，则在统计和调查及遥感数据的基础上，增加以手机信令数据、交通轨迹数据、个人时空行为数据等为代表的“对人观测”数据，以及兴趣点（point of interest，POI）、城市街景、夜间灯光等“对地观测”数据等。这些多源数据从不同的角度和过程提供山江海地域系统内部之间能量、水和物质流的通量，为生态系统和景观进化与适应模拟提供基本支撑。图 4.2 为山江海地域系统模型的多源数据融合的示意图。

多源数据用于山江海地域系统模型的研究框架如图 4.2 所示，不同来源的、结构和非结构数据通过集成到同一平台下，为用户提供透明、便捷的访问方式，获得各自所需的有用信息，这也给集成带来很大的挑战。山江海过渡带多源数据集成需要屏蔽信息系统的异构性和数据表示方式的差异性，将不同来源中的数据通过各种技术手段进行无缝连接，并实现统一的访问。

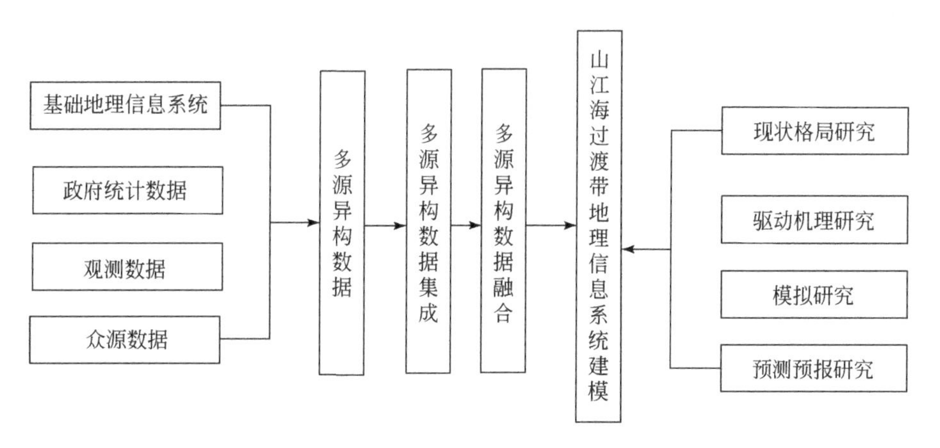

图 4.2　山江海地域系统模型的多源数据融合的示意图

多源异构数据的融合目前也是数据融合的前沿和热点问题，数据融合是对多来源数据分析进行处理的过程，目的是得出更准确、统一的信息，通常用来增强决策过程（余辉等，2020）。目前对多源数据的融合方法以机器学习/深度学习方法为主。在深度学习应用的算法上，和经典机器学习一样，使用特征表示的深度学习进行数据融合受模型和参数的影响较大、可解释性差，是目前深度学习领域需要解决的难题。目前多源数据融合的算法可以分为经典估计统计方法和现代信息论与人工智能方法。图 4.3 为数据融合算法的流程图。

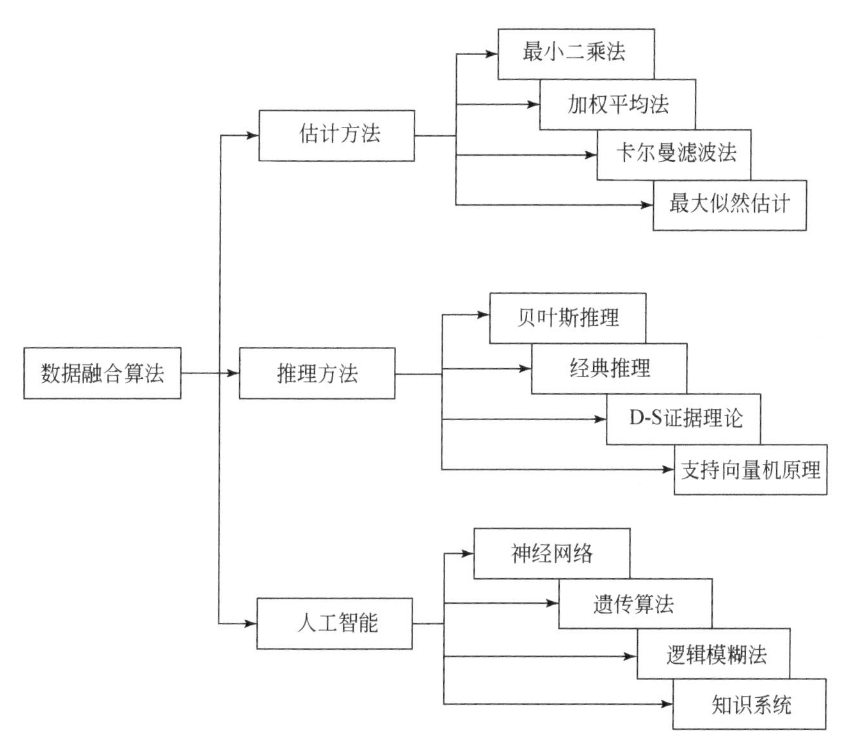

图 4.3　数据融合算法的流程图

2. 开发耦合的地理系统模型来探究山江海地域系统

地理系统论认为人地系统是一个耦合系统，是一个开放的复杂巨系统，各要素之间存在复杂的非线性联系，包括“一对一”、“一对多”与“多对多”3 种类型。人地系统的研究不单要揭示要素内部的关系，更重要的是聚焦要素之间相互作用、过程交互效应，形成以人地系统耦合机理、循环过程、分异格局、环境效应、协同模式（MPPEM）为主线的人地系统科学研究范式（刘彦随，2020）。加强人地系统耦合过程与格局研究的新理论供给和方法论创新；基于综合多学科知识和多源数据，研发人地系统耦合模型，发展集成评估模型，在综合更多的社会经济、生物物理要素和过程的同时，模拟人类对环境变化的适应以及环境变化对社会经济的影响，并且更好地预测政策及管理措施对人地系统短期及长期变化的影响，为促进人地系统耦合与可持续发展提供决策支持和技术支撑。

山江海地域系统研究的核心是定量刻画山江海过渡性人地系统耦合机理及其协同进化过程。山江海地域系统最重要的特点就是多要素和多重关系，如江河发源于山地、流域外围分水岭是高地、山地和丘陵所形成的山江关系；整个流域系统作为一个整体，其上下游物质迁移和能量转化形成的上下游关系；在北部湾海陆交错带海洋与陆地之间物质、能量和信息交流所形成的海-陆关系，山江海地域系统空间可持续发展水平与发展趋向预测是进行地域系统空间有效调控的前提，人地系统耦合方法与模型模拟是其核心技术问题。耦合不同生态系统功能与水、能源与风化循环之间的关系，有利于在山江海地域开展生物和物理过程之间相互作用和反馈的研究，因此，将山江海地域中喀斯特的山、流域及近海 3 个研究区域的水文、气象和生物地球化学过程整合为一个耦合的系统模型，对提高对过渡带多尺度和多进程的认识是至关重要的。亟待在发展大数据平台、构建人地系统指标体系的基础上，建立山江海地域系统耦合模型，模拟山江海地域系统空间人类活动与环境变化的互馈机制，从而为自然生态过程与社会经济过程综合模拟、情景分析与优化调控提供关键技术途径。

3. 大数据与机器学习方法在系统模型中的应用

地理过程与大数据机器学习相结合是大数据时代下人地耦合系统的新范式和最佳路径（Karpatne et al., 2017），对于推动复杂人地系统的精确模拟及预测有重要作用。近几十年来，在全球变化等重大环境问题和科学决策需求的推动下，地理系统模型发展迅速，但目前相关模型偏重自然过程，对人文社会过程及系统的复杂性刻画不足，难以准确模拟和预测复杂的山江海过渡带人地系统。大数据极大地丰富了地理研究对人文社会要素的感知能力，一系列线性或非线性机器学习方法为人地系统的模拟和预测创造了新路径（程昌秀等，2018）。地理大数据为人地系统的过程和演化研究提供了数据基础，而机器学习善于在因素众多、关系复杂、内部机制鲜为人知的数据中总结规律，两者相结合为人地耦合研究提供机遇。

目前大数据和机器学习方法用于人地系统的研究还存在一些问题，如地理现象或事件探测中标记样本的缺乏，在一定程度上造成机器学习的结果缺少精细的分类标准，同时地理现象的异质性和自相关性等特征，导致训练样本、分析方法等难以满足地理研究的需求，制约了地理变量数据推断的准确性。此外，大数据时代下地理要素关系候选模式的搜索空间巨大，给数据挖掘和探测带来困难，自然界中常见的伪相关问题可能产生错误的因果关系或得到因果倒置的结论。因此，如何与机理模型耦合实现复杂人地系统的精准模拟与预测，是机器学习面临的挑战，把机器学习和机理模型有机结合，也是当前地球科学的前沿之一。

鉴于山江海地域系统表现出的多层、嵌套、复杂、开放等特征，需要建立系统思维，从整体论与还原论相结合的角度出发，运用大数据和机器学习等新时代科学研究范式，揭示山江海地域系统自然环境与人文社会要素、结构和功能的相互联系、级联特征，探索远距离人地耦合关系及其对生态环境、社会经济的影响；认识系统自组织、非线性、涌现、混沌等复杂特征；实现对山江海地域系统复杂人地系统的准确模拟和科学预估；为提高山江海地域系统研究的系统性、整体性和协同性提供科学基础。同时，将机器学习与山江海地域系统机理模型进行耦合，也为开展人地系统研究提供了契机。

4.2.4　山江海地域系统模型的关键技术

1. 多模型的耦合技术

一般情况下，单一的模型能够满足实际需要，但随着研究区域不断扩大、研究内容不断增加、影响因素的增加，使用单一模型就无法满足其精确性。采用耦合模型能够克服使用单一模型的缺陷，其模拟精度优于单一模型，在研究人地系统领域意义显著。模型的耦合根据耦合的方式可分为外部耦合技术、内部耦合技术和全耦合技术。其中，外部耦合技术是指一个模型的输入条件是另一个模型的输出结果；内部耦合技术是指模型的参数信息、边界条件及内部数据都是共享的，同时模型独立求解；而全耦合技术是指将耦合的 2 个模型当作一个完整的模型，同时联合 2 个模型的控制方程，并整体求解。其中，外部耦合技术应用最为广泛，但相比之下模拟效果较差。模拟效果最好的应属全耦合技术，但其复杂度最高，因而应用较少。采用何种耦合方式，除与建模者对于所模拟过程的认识有关之外，还取决于模型面向的主要问题。图 4.4 为多模型的耦合技术的流程图。

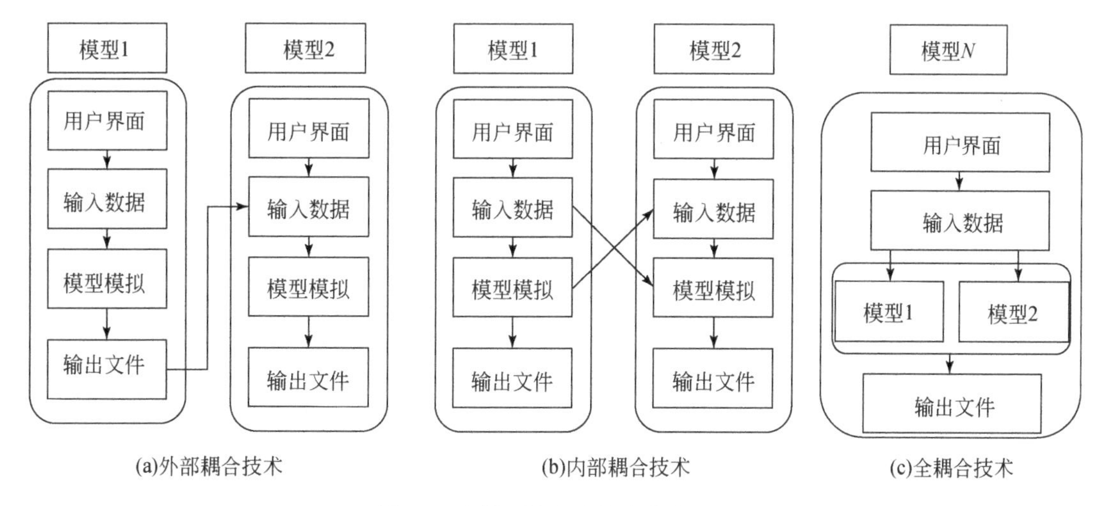

图 4.4　多模型的耦合技术的流程图

总体来说，各个模型的参数、输入、输出等条件及数据格式的要求使得模型的紧密集成与完全集成困难较大，多见于商业开发模型，因为需要对核心代码进行二次开发。一般多模型耦合方式以松散集成耦合为主，其他耦合方式应用较少。

地理系统耦合模型众多，根据耦合对象的不同，总结起来可以分为三大类：多个机理模型组成的耦合模型、GIS 机理耦合模型及数据驱动-机理模型耦合等。目前多个机理模型组成的耦合模型和 GIS 机理耦合模型较为常见，如水文-水质-水动力耦合模型（hydrology，hydrodynamics，and water quality model，DHQM）和 GIS 耦合模型（程晨健等，2011）等。近年来，随着人工智能技术和算法的不断发展，机器学习和深度学习被用于大量的场景中，取得了较好的效果。但是，由于数据驱动模型的“黑箱”特征及结果的不可解析性，数据驱动-机理模型耦合的研究应运而生，并快速成为耦合模型研究的热点问题。

根据模型的建模原理，系统模型一般分为机理模型和基于数据驱动的模型，机理模型主要是从系统内部的机理出发，根据物理定律建立数学方程，并将其用于表达系统的演化过程的模型，一般为理论解析模型，属于“白箱”模型。例如，WHF 模型、SWAT 模型等。机理模型精确地描述了对象过程的内在规律，直观地展现出系统的内在信息。但是，机理建模技术仍存在很多不足之处。首先，在构建机理模型时，需要对所研究的过程及对象有足够的认识，但由于自然界的大多数过程或研究对象是十分复杂的，尚未对其机理获得全面清晰的认识，难以准确表达系统行为和性能；其次，机理模型建立在很多假设和简化的基础上，使得建立的机理模型与客观事实之间存在相当大的偏差，可靠性有待进一步提高；最后，机理模型求解一般比较困难，计算需要耗费大量的硬件和时间，无法满足在线实时估计的要求。

基于数据驱动的建模方法则从大量的数据出发，运用数据挖掘和机器学习的方法，获得可描述这些已知过程实测数据间映射关系的数据驱动模型。相较于机理模型，数据驱动模型无须完全掌握有关过程的内部机理知识或精确的数学表达式，仅仅依靠已知过程对象的输入输出数据，通过对输入输出数据进行一定的参数辨识，挖掘可提炼过程对象内在关系的有效信息知识，所以数据驱动模型亦可称为“黑箱”模型。然而，由于这类建模方法对模型训练数据较为敏感，给模型应用带来了一定的局限性。基于数据驱动的建模方法对训练样本数据质量有较高的要求，否则会导致这样训练得到的指标软测量值与期望值之间偏差较大，拓延性较差。数据驱动模型仅能维持其训练数据范围内的预测精度，而人地系统过程普遍具有非线性、多变量和高维度等特点，使得其难以满足准确的预测效果。图 4.5 为基于机理与数据驱动的建模方法流程图。

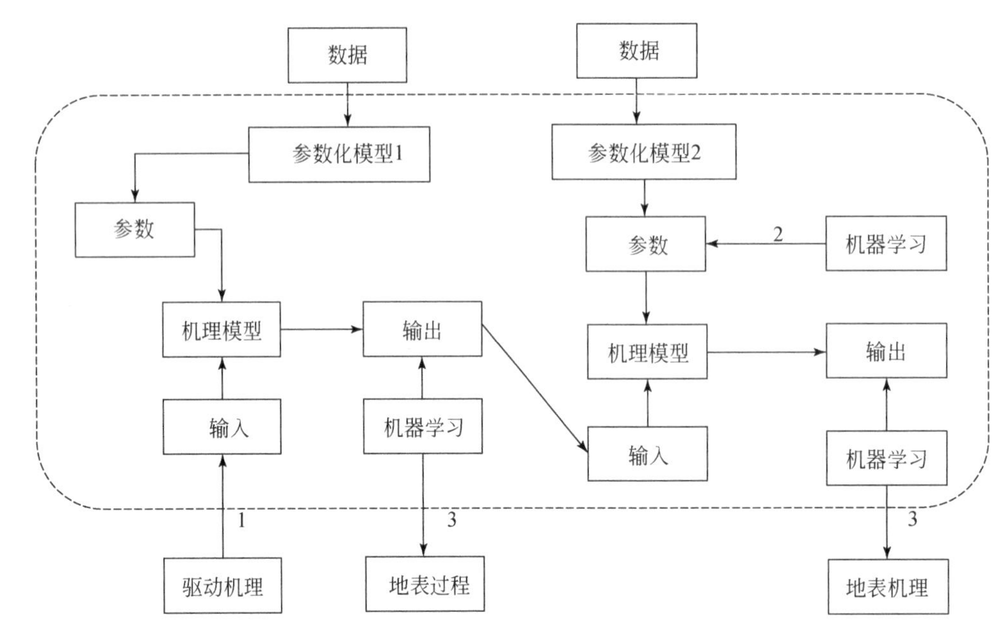

图 4.5　基于机理与数据驱动的建模方法流程图

基于上述两种建模方法的优缺点，将二者通过某种形式或方法合理地结合在一起，克服上述两种建模方法的自身局限性，将这两种模型类型的优点组合起来，互为补充，实现混合建模，是目前耦合建模的热门研究。

数据驱动模型和机理模型进行耦合的方式有很多，根据机理模型与数据驱动模型的连接方式，可将耦合模型结构分为串联、并联及混联。连接方式由建模目的与应用场景决定，因此需要依赖专业人员根据行业知识并就实际问题遴选合适的建模方法。

山江海地域系统基于数据驱动-机理模型耦合的建模框架如图 4.5 所示，其过程主要包括以下三种模式。

（1）在构建数据集时添加领域知识，对输入数据进行物理约束，搭建模型时将由机理模型得到的参数作为输入，将由机理模型生成的数据添加到机器学习训练的数据集中作为训练集和测试集。

（2）在深度神经网络隐层中添加领域知识约束，如修改隐藏层结构，根据机理模型增加一些中间输出变量，修改损失函数的构建方式等。

（3）在输出时添加领域知识约束，通过对山江海地域人地系统知识的应用，对输出参数做出符合领域知识的判断和挑选。

2. 模型参数的率定

山江海地域系统模型涉及大量参数，参数的取值关系到模型的结果，因此，必须对模型的参数进行率定，高效的参数率定可以减少模型误差，使得模拟结果更加精确。参数率定主要是对参数进行调试，参数估计和参数优化使模型的模拟输出值与实际观测值误差最小。模型参数率定的目标是寻求模拟客观系统的最满意的模型和最佳参数，这是建模的主要环节（章四龙和刘九夫，2005）。

模型参数一般分为两种，一种是具有明确的物理含义的，可以根据实际情况确定，如流域面积、河段长度、坡度等，这些参数一旦确定，就不会再被修改；另一种是物理含义不明确的参数，需要根据以往的观测数据对这些参数进行率定，如蒸散系数、各水流的消退系数及自由水库的最大库容等，这些参数会随着下垫面或者降水条件的改变而变化（何自立，2012）。

模型参数率定的一般步骤为确定目标函数准则、选取参数初始值、带入模型模拟结果，校准模拟与实测结果，看是否满足目标函数准则，如果满足，那么寻找的参数值即流域模型参数值；如果不满足，依次循环往复，直到获得满足目标函数准则的参数值为止。因此，模型参数率定的关键是目标函数的确定，在优选参数时，首先要选定一种目标函数，以判定模型参数率定的精度，目标函数一般定义为

$$\text{Nash 系数}=1-\frac{\sqrt{\Sigma(S_o-S_c)^2/N}}{\sqrt{\Sigma(S_o-\overline{S}_o)^2/N}} \tag{4.1}$$

式中，S_o 为观测值；S_c 为模拟预测值；$\overline{S}_o$ 为观测平均值；N 为研究单元数；Nash 系数表示模拟值和观测值的差距，其取值为负无穷至 1。Nash 系数若接近 1，则表示模拟质量好，模型可信度高；Nash 系数若接近 0，则表示模拟结果接近观测值的平均值水平，即总体结果可信，但过程模拟误差大；Nash 系数若远远小于 0，则模型是不可信的。

常用的模型参数率定方法有人工试错法、自动优选法和人机联合优选法三种：

（1）人工试错法：其基本原则是设定一组参数，在计算机上运算，比较模拟值与实测值，分析对比或计算其目标函数，再循环调整参数，重复计算，直至达到最优，参数即为所求。从生产应用角度来看，该方法对人员素质要求较高，且须具备一定的模型参数率定技术。

（2）自动优选法：由计算机按一定的规则自动优选，而不需要任何人工调节，这类方法也可统称为搜索技术，此种方法可以系统地找到一组参数，使给定的目标函数达到最优。香蕉函数方法（Rosenbrock）、单纯形法（simplex method）、SCE-UA 方法、遗传算法（genetic algorithm，GA）、粒子群算法（particle swarm optimization，PSO）、模拟退火算法（simulated anneling，SA）等都是常用的自动优选算法（张健，2020）。

（3）人机联合优选法：是人工试错法和自动优选法的结合，对于概念明确、易于确定的模型参数采用人工试错法。对于其他概念不明确、参数值易变的模型参数采用自动优选法。一方面，计算机技术和数学优化算法的革新，均在一定程度上推动了模型参数的高效率定。然而在人类活动影响下，为了更好地考虑下垫面的异质性，大范围研究区域上计算单元的增加不可避免，而计算耗时将呈指数延长。在这种情况下，参数率定不能过分依赖计算机自动优化方法，而应充分利用人的知识和经验，有可能更迅速地判断复杂问题解的搜索方向，即应当注重将人的智慧和经验融入计算机自动优化方法中。

目前，模型参数率定存在以下问题。

（1）参数固定，无法反映模拟对象的动态变化。传统的参数率定基本上是基于历史数据率定得到的一个固定的参数，然后将其用于模拟未来的情景。然而，随着模拟对象空间分布发生改变（如流域），采用历史资料和固定模式的模型率定参数也失去了代表性，已很难适用于不断变化的水文模拟，从而使得利用固定参数进行模拟时模型的精度受到影响。因此，有必要通过大数据遥感信息来模拟模型参数的时变，提高模型的精度。

（2）参数众多，参数率定需要耗费大量的计算。为应对变化环境的影响，分布水文模型物理过程考虑得越加细致，其参数数量也越多，过多参数导致的模型高维参数率定问题将面临更大的挑战。但是由于传统参数优化过程都是串行执行，运行时间较长，特别是在大尺度水文模拟的参数率定中，运行时间有可能长达几个小时到几个月，参数率定优化效率问题成为制约水文模型发展的重要问题。

山江海地域系统模型考虑的过程更细致，其参数也更多，参数率定方法除了传统的方法外，还需要将大数据遥感和基于位置的时空数据作为参数率定的来源，同时，由于高维数据的参与，采用分布式模型，为了使得参数计算的效率高，可以在超级计算机上或云上运行。山江海地域系统模型参数率定的并行处理框架如图 4.6 所示。具体方法为，在 CPU 端划分多个通信域，并通过算法产生多组初始参数组，将 CPU 端产生的初始参数组传入进程中，获取参数，并采用率定算法，将其代入模拟模型中，加速器端通过对模型的计算产生多组 Nash 系数，并将其传回 CPU 端，将在 CPU 端产生的多组 Nash 系数代入优化算法中，经过多次迭代，达到收敛条件后，便可以找到最佳的 Nash 系数，完成参数率定工作（田在荣，2021）。图 4.6 为该大规模多级并行参数率定异构计算的基本流程图。

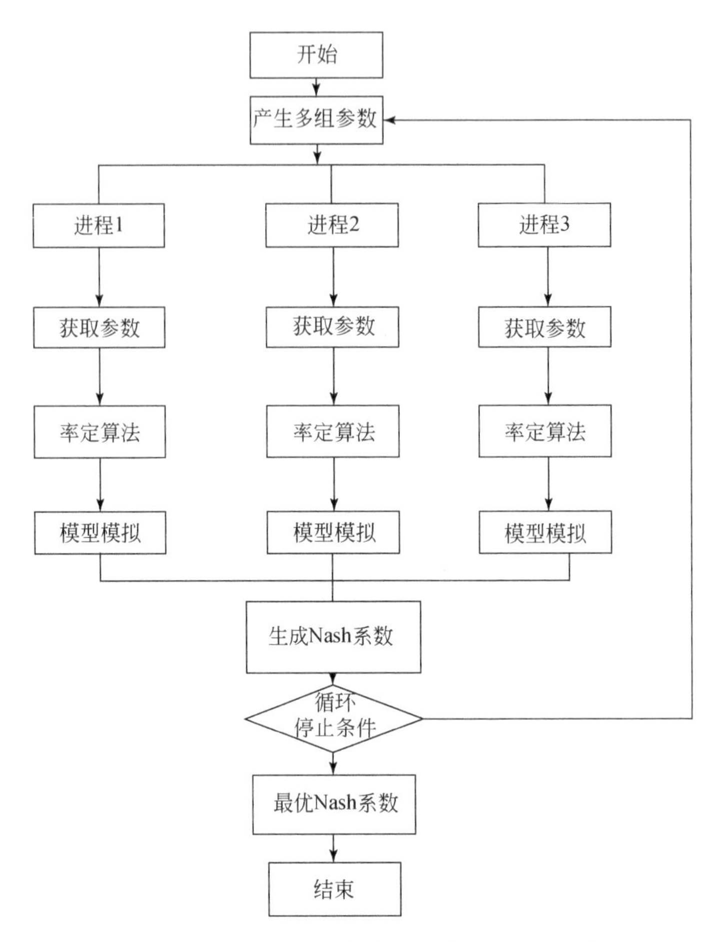

图 4.6　大规模多级并行参数率定异构计算的基本流程图

3. 数据-模型融合技术

长期以来，由于模型自身的缺陷、模型参数误差和观测数据误差等，不同模型的模拟结果差异较大，导致陆地生态系统关键过程（碳循环、水循环等）的模拟和预测还存在很大的不确定性（方精云等，2011）。数据-模型融合把模型与实验和观测数据有效融合，并定量表达不同尺度过程的不确定性。数据-模型融合是当前地球系统科学的研究热点，特别是在地球关键带的研究中发挥巨大的作用。数据-模型融合的基本思想为，充分利用已有观测数据，用数学方法调整模型的参数或状态变量，使模拟结果与观测数据之间达到一种最佳匹配关系，从而更准确地认识和预测系统状态的变化。

山江海地域系统是一个复杂的巨系统，涉及的因素众多，因素之间相互影响，把大量的观测数据应用在地域研究中，并从中挖掘其中的机理和规律的最有效的技术是数据-模型融合技术。数据-模型融合技术提供了一个技术框架，能把模型与实验和观测数据有效融合，并定量表达不同尺度过程的不确定性，成为关键带研究的热点领域。

目前，山江海地域系统数据-模型融合方法的实现途径主要包括以下三个：数据同化、参数估计和模型-参数同步估计，如图 4.7 所示。根据山江海地域系统研究的目标选择驱动因子，并通过观测收集有关状态和参数的数据，观测数据经过合适的观测算法/算子，生成模型需要的数据，这些数据和模型结合的方式可以通过数据同化，以获得信息更丰富的数据集或进行预测，也可以利用数据进行模型参数的调整，甚至进一步实现参数调整和模拟预测的目的。

山江海地域系统数据同化的目的是把不同来源、不同分辨率、直接和间接的观测数据与模型模拟结果集成，生成具有时间一致性、空间一致性和物理一致性的各种地表状态的数据集。为了达到这个目的，数据同化算法成为连接观测数据与模型模拟预测的关键核心部分。目前，以变分方法为代表的全局拟合数据同化方法以及以集合卡尔曼滤波（ensemble Kalman filter，EnKF）为代表的蒙特卡罗顺序同化方法成为数据同化的主要算法。随着技术的不断进步，以粒子滤波、贝叶斯方法为代表的智能算法相继被引入数据同化领域，大大促进了数据同化的发展。不同的同化算法有各自的优缺点，因此在使用时，需要仔细分析问题背景和数据结构，选择合适的算法进行数据同化。

山江海地域系统参数估计主要通过优化模型参数达到提高预测效果的目的，目前参数估计方法主要包括梯度方法、遗传算法、智能优化算法、复形洗牌法、蒙特卡罗方法、马尔可夫链蒙特卡罗（Markov Chain Monte Carlo，MCMC）和顺序蒙特卡罗（se-quential Monte Carlo，SMC）方法等。其中，马尔可夫链蒙特卡罗方法具有融合多源观测数据、多尺度过程，调和不确定性影响的优势，是一种反演模型参数、评估由参数引起的模拟结果不确定性的有效方法。在参数估计中，需要结合实际情况选择合适的算法。值得注意的是，模型与观测数据之间误差分布形式的选择对参数估计结果的影响比较大，基于模型与观测达到最佳匹配的数据-模型融合方法在定量表述输入数据误差、观测误差和模型结构误差方面还存在明显的不足。

模型-参数同步估计是采用一定的方法力求实现模型状态变量和参数的同步估计。要实现模型和参数的同步估计，主要有两个方法，一是状态空间扩展方法，即将模型参数扩展到状态变量空间中，从而把参数优化问题转化为状态变量的滤波问题，再利用数据同化方法来进行二者的估计。二是组合方法，把数据同化方法和参数估计方法相结合，先利用数据同化方法定量表达模型的输入数据误差、模型结构误差及观测误差的分布形式，然后应用优化算法寻求最优参数，使观测得到的数据能够最佳拟合。状态空间扩展方法把参数和状态放在一起考虑，容易导致参数估计误差增大，增加模型的不确定性；而组合方法充分考虑不同参数的特征，但计算复杂性较高，随着模型复杂程度的提高，模型参数和状态变量维数将显著增加，会导致计算负担过重和后验分布估计不合理，发展高效的数据-模型融合方法仍是亟待解决的前沿科学问题。图 4.7 为数据-模型融合方法的示意图。

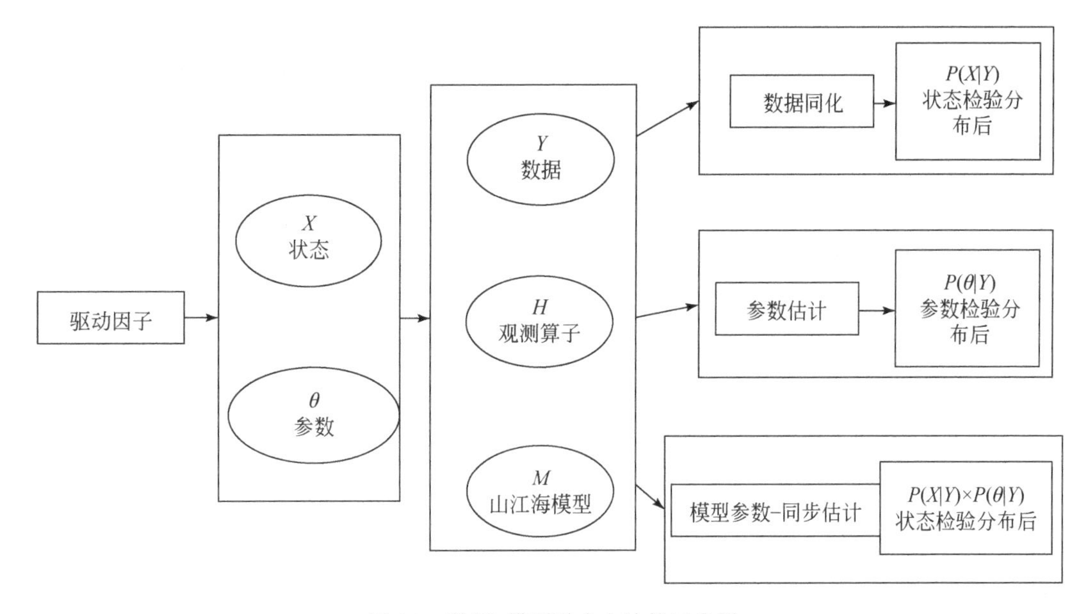

图 4.7　数据-模型融合方法的示意图

针对以上问题，目前，山江海过渡带研究需要做的事情主要包括以下 4 个方面。

（1）构建一个统一的综合建模系统，能准确表达复杂过程的耦合模型。在过渡带研究中，我们经常独立研究某个系统的状态和过程，每种过程都对应一个独立的模型，如水文模型、陆地过程模型等，这些模型通常是多个模型或至少是嵌套的模型，按照松散连接的方式耦合起来。然而，对于过渡带人地系统内部，水土气生人等要素是相互影响、相互制约的，单独研究水文过程，则割裂了水文和其他 4 个要素之间的相互作用，所得到的预测结果可能会与实际相背离。为了实现对整个人地系统过程进行模拟和预测，需要把这些系统和模型进行扩展，同时把这些模型集成在统一的模型框架下，采用模块调用的方式来使用这些模型组件，只有这种统一的或综合的建模系统，才能进行跨空间和时间尺度准确预测，才可用于天气、气候或空气质量的预测。一个真正全面统一的综合模型系统需要丰富的专业知识来建立，而且必须是多学科多专业的人员共同努力的结果。因为，每个模型-数据融合（预测）系统的任务各不相同，拥有一个适用于所有用途的模型-数据系统是不明智也是不切实际的，因此，可行的做法是以模块化和可互操作的方式分享想法和进行最佳实践，然后把各个模块耦合起来，直至发展为整个系统或者共同的组件。

（2）利用多源观测数据约束和改进模型，提高数据-模型融合的精度。多方面的数据来源比单方面的数据来源能有更多的信息，目前数据-模型融合涉及的数据较少，仅关注本演化过程的少数数据，忽略了从多方面来获取信息，如大气预报仅同化一些参量：风、温度、水汽和化学成分，却忽略了云和气溶胶信息以及下垫面信息，这些信息从多种角度为大气的演化预报提供数据支持，因此，加强多源数据/信息的共享是进行准确预测的第一步，可以通过共享开发同化系统的框架以及将模型和多源数据整合在一起实现。同时，多源数据的加入还可以扩展系统对观测资料的反演和不确定性分析。

（3）加强模型和参数的不确定性研究。为了预测结果具有更高的精度，仅仅推进观测或模型是不够的，同时需要加强对观测和模型的不确定性研究。传统上，我们更关注在模型的制定和参数计算过程中是否会产生不确定性，却忽略了观测也会产生误差。事实上，每种观测方法、传感器和情况都有特定的误差（观测误差取决于物理情况），必须对观测的不确定性进行定义，对空间和时间上的观测误差相关性进行研究。为了使同化技术发挥作用，我们需要对模型和观测的不确定性进行精细量化，以此来对某一观测进行调整，同时集成模型-观测同化系统，还可以产生性能指标和相对于观测的偏差指标，这些指标可以更好地描述模型的不确定性。

（4）推进观测技术的更新，促进数据科学的进步。除了定量计算方面的进步、计算效率提高和成本降低（如采用加速器）以外，模型-数据融合的进步还可以通过不断发展新技术和方法来实现。利用新的传感器和网络技术，如立方体卫星或嵌入式传感器，可以使模型-数型融合的发展得到进一步提升。新的观测可以与数据科学的进步相结合，如机器学习，以推进对数据中不确定性的解释和大数据集的因果发现。这种方法存在改进和自动化错误表征的潜力，使得“数据驱动”的观察算子和预测模型可以通过数据约束来建立，取代当前的经验。

4.3 本章小结

本章在研究地理系统模型的概念和内涵以及其发展现状的基础上，提出了山江海地域系统模型的概念和内涵，并梳理了山江海地域系统研究的现状；总结山江海地域系统未来发展趋势，以及关于山江海地域系统研究的关键技术；最后以喀斯特土地系统的模拟模型为例子，验证山江海地域系统模型的适用性。

参考文献

毕安平，朱鹤健，2013. 基于PSR模型的水土流失区生态经济系统耦合研究——以朱溪河流域为例. 中国生态农业学报，21（8）：1023-1030.

蔡运龙，2000. 自然地理学的创新视角. 北京大学学报：自然科学版，36（4）：576-582.

陈波，2014. 北部湾台风暴潮研究现状与展望. 广西科学，21（4）：325-330.

陈恺霖，2018. 基于CLUMondo模型的广西北部湾沿海地区土地利用变化模拟. 南宁：广西大学.

陈珂，杨胜天，黄诗峰，等，2022. 基于SVAT模型的喀斯特地区水文过程尺度效应研究. 中国水利水电科学研究院学报（中英文），（4）：352-361.

程昌秀，史培军，宋长青，等，2018. 地理大数据为地理复杂性研究提供新机遇. 地理学报，73（8）：1397-1406.

程晨健，李天文，陈靖，等，2011. 利用WASP模型和GIS可视化集成的水质监测与模拟——以渭河为例. 地下水，33（2）：52-55.

崔学刚，方创琳，刘海猛，等，2019. 城镇化与生态环境耦合动态模拟理论及方法的研究进展. 地理学报，74（6）：1079-1096.

方精云，朱江玲，王少鹏，等，2011. 全球变暖、碳排放及不确定性. 中国科学：地球科学，41（10）：1385-1395.

郭彦，2019. 第二届人地系统模型与模拟国际研讨会. 国际学术动态，(4)：54-55.
何自立，2012. 气候变化对流域径流的影响研究. 咸阳：西北农林科技大学.
黄艳，2022. 数字孪生长江建设关键技术与试点初探. 中国防汛抗旱，32 (2)：16-26.
蒋昌波，赵兵兵，邓斌，等，2017. 北部湾台风风暴潮数值模拟及重点区域风险分析. 海洋预报，34 (3)：32-40.
李炜，朱德利，王青，等，2022. 监测生长状态和环境响应的作物数字孪生系统研究综述. 中国农业科技导报，24 (6)：90-105.
李文龙，匡文慧，吕君，等，2021. 北方农牧交错区人地系统演化特征与影响机理——以内蒙古达茂旗为例. 地理学报，76 (2)：487-502.
李小云，杨宇，刘毅，等，2021. 中国人地关系的系统结构及 2050 年趋势模拟. 地理科学，41 (2)：187-197.
林彤，冯兆华，吴大放，等，2022. 基于 FLUS 模型的喀斯特地区生态用地时空变化及多情景预测——以湖南省宁远县为例. 水土保持通报，42 (2)：219-227.
刘昌军，吕娟，任明磊，等，2022. 数字孪生淮河流域智慧防洪体系研究与实践. 中国防汛抗旱，32 (1)：47-53.
刘彦随，2020. 现代人地关系与人地系统科学. 地理科学，40 (8)：1221-1234.
马腾，沈帅，邓娅敏，等，2020. 流域地球关键带调查理论方法：以长江中游江汉平原为例. 地球科学，45 (12)：4498-4511.
毛汉英，2018. 人地系统优化调控的理论方法研究. 地理学报，73 (4)：608-619.
彭书时，朴世龙，于家烁，等，2018. 地理系统模型研究进展. 地理科学进展，37 (1)：109-120.
邱坚坚，刘毅华，袁利，等，2021. 人地系统耦合下生态系统服务与人类福祉关系研究进展与展望. 地理科学进展，40 (6)：1060-1072.
宋长青，程昌秀，杨晓帆，等，2020. 理解地理“耦合”实现地理“集成”. 地理学报，75 (1)：3-13.
孙毅中，杨静，宋书颖，等，2020. 多层次矢量元胞自动机建模及土地利用变化模拟. 地理学报，75 (10)：2164-2179.
田亚平，向清成，王鹏，2013. 区域人地耦合系统脆弱性及其评价指标体系. 地理研究，32 (1)：55-63.
田义超，黄远林，张强，等，2020. 北部湾南流江流域土地覆盖及生物多样性模拟. 中国环境科学，40 (3)：1320-1334.
田在荣，2021. 大规模水文模拟异构并行率定算法的设计与实现. 青岛：青岛大学.
王成，冀萌竹，代蕊莲，等，2022. 村镇建设用地扩展与生态环境效应的耦合协同规律及类型甄别——以重庆市荣昌区为例. 地理科学进展，41 (3)：409-422.
王玮，唐德善，金新，等，2015. 基于系统动态耦合模型的河湖水系连通与城市化系统协调度分析. 水电能源科学，33 (7)：20-24.
王晓学，李叙勇，吴秀芹，2012. 基于元胞自动机的喀斯特石漠化格局模拟研究. 生态学报，32 (3)：907-914.
许波刘，董增川，洪娴，2017. 集总式喀斯特水文模型构建及其应用. 水资源保护，33 (2)：37-42，58.
杨万康，杨青莹，张峰，等，2018. 典型海湾风暴潮特征数值模拟与研究. 海洋通报，37 (5)：537-547，564.
余辉，梁镇涛，鄢宇晨，2020. 多来源多模态数据融合与集成研究进展. 情报理论与实践，43 (11)：169-178.
岳天祥，赵娜，刘羽，等，2020. 生态环境曲面建模基本定理及其应用. 中国科学：地球科学，50 (8)：1083-1105.
曾成，白晓永，李阳兵，2018. 基于 RUSLE 模型的喀斯特峰丛洼地土壤侵蚀及其养分流失评估. 科学技术与工程，18 (10)：197-202.
占车生，宁理科，邹靖，等，2018. 陆面水文—气候耦合模拟研究进展. 地理学报，73 (5)：893-905.
张健，2020. 中小河流洪水预报调度智能系统建设思路及关键技术. 河南水利与南水北调，49 (4)：19-20，56.
章四龙，刘九夫，2005. 通用模型参数率定技术研究. 水文，(1)：9-12，4.
赵文武，侯焱臻，刘焱序，2020. 人地系统耦合与可持续发展：框架与进展. 科技导报，38 (13)：25-31.
赵文武，刘月，冯强，等，2018. 人地系统耦合框架下的生态系统服务. 地理科学进展，37 (1)：139-151.
郑晓磊，2013. 地理系统模拟基本模型. 硅谷，6 (22)：75，65.
郑新奇，2012. 论地理系统模拟基本模型. 自然杂志，34 (3)：143-149.
钟昊哲，徐宪立，张荣飞，等，2018. 基于 Penman-Monteith-Leuning 遥感模型的西南喀斯特区域蒸散发估算. 应用生态学报，29 (5)：1617-1625.
周鹏，邓伟，彭立，等，2019. 典型山地水土要素时空耦合特征及其成因. 地理学报，74 (11)：2273-2287.
Chen M，Yang C，Hou T，et al. ，2018. Developing a data model for understanding geographical analysis models with consideration

of their evolution and application processes. Trans GIS，22：1498-1521.

Dai D，Sun M，Lv X，et al. ，2022. Comprehensive assessment of the water environment carrying capacity based on the spatial system dynamics model，a case study of Yongding River Basin in North China. Journal of Cleaner Production，（344）：131-137.

Geng J，Shen S，Cheng C，et al. ，2022. A hybrid spatiotemporal convolution-based cellular automata model （ST-CA）for land-use/cover change simulation. International Journal of Applied Earth Observation and Geoinformation，（110）：102789.

Karpatne A，Atluri G，Faghmous J H，et al. ，2017. Theory-guided data science：a new paradigm for scientific discovery from data. IEEE Transactions on Knowledge & Data Engineering，（99）：1-1.

Keyhanpour M J，Habib S，Jahromi M，et al. ，2021. System dynamics model of sustainable water resources management using the Nexus Water-Food-Energy approach. Ain Shams Engineering Journal，（12）：1267-1281.

Korth B，Schwede C，Zajac M，2018. Simulation-ready digital twin for realtime management of logistics systems//2018 IEEE International Conference on Big Data（Big Data）. Seattle，WA，USA，4194-4201.

Markus R，Gustau C V，Bjorn S，et al. ，2019. Deep learning and process understanding for data-driven Earth system science. Nature，566（7743）：195-204.

Stehfest E，Vuuren D，Bouwman L，et al. ，2014. Integrated Assessment of Global Environmental Change with IMAGE 3. 0：Model Description and Policy Applications. The Hague：Netherlands Environmental Assessment Agency.

Walters J P，Archer D W，Sassenrath G F，et al. ，2016. Exploring agricultural production systems and their fundamental components with system dynamics modelling. Ecological Modelling，（333）：51-65.

Yue T X，2011. Surface Modelling：High Accuracy and High Speed Methods. New York：CRC Press.

Yue T，Liu Y，Zhao M，et al. ，2016. A fundamental theorem of Earth's surface modelling. Environmental Earth Sciences，75（9）：751.

第5章　山江海地域系统大数据集成与可持续发展决策平台研发

人地系统是一个动态的、极其复杂的相互作用系统，在漫长的历史进程中不断演变。人类活动同自然资源和生态环境之间，存在着相互依存、相互促进、相互抑制等诸多直接或间接的影响、简明或复杂的作用、微弱或强烈的反馈。因此，必须注重自然资源与生态环境的保护与优化，强化自然灾害治理及生态修复，不断提高生态环境质量，促进人与自然的和谐。任何区域规划、开发和管理都必须以改善人地相互作用结构、发掘人地相互作用潜力、加快人地相互作用在地域系统中的良性循环为目标。

1987年，世界环境与发展委员会出版《我们共同的未来》报告，将可持续发展定义为，既能满足当代人的需要，又不对后代人满足其需要的能力构成危害的发展。其遵循公平性、共同性和持续性三大基本原则。本节以区域可持续发展战略为指导，以协调山江海地域系统人地关系为中心，以自然资源、社会发展、经济建设等类型多样的海量数据时空数据为基础，开展大数据集成；从空间结构、时间演变、整体效应、内部协同等多角度出发，深度分析、挖掘数据资源，理性认识山江海地域系统的人地关系；以人地系统的统筹共治为核心，坚持人与自然和谐共生。在全面剖析系统历史发展及现实状况的基础上，积极探索系统内部协调发展与动态调控机理，为区域可持续发展提供决策支持，寻求人地关系的整体优化。

本章以山江海地域系统大数据集成与可持续发展决策平台（简称平台）为建设目标，细化研发任务，剖析功能需求，并在前期研究工作的基础上，开展平台架构及系统功能模块设计，从而完整描绘平台建设的技术蓝图，为平台的全面分析、详细设计和最终建立提供优质的解决方案，促进区域可持续发展战略研究的深入开展。

5.1　平台建设目标及任务

5.1.1　建设目标

平台建设方案围绕山江海地域系统关键带可持续发展战略和新时代人地系统统筹共治研究的实际需求，整合软、硬件及各类信息资源，以区域数据体系、自然资源时空数据库、地理系统模型、地理智能关键技术等前期研究成果为支撑，充分发挥大数据、云服务、人工智能、物联网、互联网等新一代信息技术优势，构建行业联动、开放共享、简约高效、精准安全的时空大数据集成与可持续发展决策平台，使其为山江海地域系统耦合与统筹共治研究奠定坚实的基础。

平台建设以自然资源时空数据管理、科学数据共享服务、可持续发展战略宏观决策等方面的需求为目标，整合现有的数据资源，持续汇集自然资源、生态环境、社会经济等多行业信息资源，面向山江海地域系统关键带大数据集成与管理，基于云计算平台及现有的信息资源构建时空大数据分析、挖掘算法，提升平台服务能力。计算高价值、高准确率的辅助决策信息，快速聚焦人地系统内部协调发展的关键问题，并开展深入分析，以便决策者把更多的资源投入解决方案中，对各类问题的解决方案做出更为科学、合理、全面的分析评估及准确决策，使其更好地服务于区域科学研究及可持续发展战略。实现系统内部协调发展研究便捷化、精准化、智能化。为区域发展分析评价、预测预警、监管决策、“互联网+服务”等应用提供数据服务、技术保障和平台支撑。

5.1.2　主要任务

平台建设立足于已有的工作、研究基础，统筹整合相关资源，借助新时期前沿信息技术，通过汲取、吸收、完善、优化和创新，积极探索数据集成与管理—模型集成与决策支持服务—数据挖掘分析服务—知识共享服务模式，建立山江海地域系统大数据集成与可持续发展决策平台。

1. 数据集成与管理

在多源海量异构数据的存储、调用阶段，数据集成技术主要用于解决数据结构差异性及多类数据库统一访问的问题，平台建设需综合考虑区域内各类数据体系的特征，从平台建设需求出发，深入分析数据库技术、联邦数据库、数据库中间件、数据仓库等集成方案的体系结构、技术原理，总结对比各方案的优势、劣势，优选、优化一套适用于山江海地域系统大数据集成的技术方案，为长时序数据集成与组织管理提供底层支持。

数据集成方案要求以前期研究建立的数据体系与自然资源时空数据库为数据基础的核心，整合人口、社会、经济、生态等多类信息资源，同时满足长时序的多源异构数据集成统一、便捷化调用、结构化管理的需求，可在同一平台下实现多源异构空间数据与非空间数据的协调组织，且能够支撑应用方案的集成搭建，为平台搭建提供基础支撑。

2. 模型集成与决策支持服务

山江海地域系统是一个极为复杂的巨系统，系统内各要素之间相互联系、相互依存且各要素间的相互作用机理存在极高的不确定性，并且区域统筹共治研究内容大多为多学科领域交叉的复杂问题，不能仅凭单个模型来实现整个系统准确、全面的分析、模拟、预测、决策等一系列研究工作。现存的各类科学模型建立都具有特定的学科背景，其在数据结构、参数要求、时空尺度、运行架构等方面都不尽相同，所以模型集成并非各模型之间简单的串联使用。

决策问题往往是决定系统未来发展方向的重要问题，系统内部各要素之间的相互影响机制极为复杂，不能单靠某个模型来实现全面、准确的分析，应通过集成跨学科模型来进行综合研究。因此，平台建设需在可持续发展战略决策支持服务的背景下，充分发挥各类科学模型优势，借助前沿信息技术，开展多模型的集成技术研究，引入集成建模的思想，在借鉴建模环境中的模型交互思路的基础上，研究更适合决策支持服务的松耦合组织方式来集成多学科模型，引入指标计算因子概念将模型输出结果与决策方法关联起来，提供多种模型集成应用的能力，使决策问题求解结果更科学合理。

3. 数据挖掘分析服务

数据挖掘分析服务应主要涵盖数据快速处理服务、时空数据统计服务、动态变化分析服务、综合分析评估服务、系统评价服务等方面内容。基于海量时空数据挖掘分析的需求，要全面客观地描绘大范围区域统计对象的数量特征、空间分布、区位关系和演变规律。传统单点地理信息系统分析服务无法满足以上需求，必须借助云服务、分布式计算、人工智能、分析挖掘等方面技术手段和专业知识，实现大数据的高效处理和深度挖掘，平台需具有数据质检、数据清洗、高性能计算、数据分析与挖掘处理、人类自然智能与人工智能深度融合等功能。利用大数据挖掘技术可实现高性能数据并行计算和统计分析工作。

4. 知识共享服务

为充分发挥区域信息资源及各类科学研究成果的价值，平台需综合利用知识图谱、空间知识工程、数据工程等技术，建立科学知识库，解决传输数据、成果管理效率低下及各部门数据共享、检索、统计困难的问题。平台知识共享服务的核心是基于统一的时空框架，汇集、融合、管理、挖掘区域各类信息资源，以山江海地域系统协调发展为导向，以社会空间发展红线为约束，以区域多源时空数据为基础，构建一个开放化、标准化、便捷化、智能化的知识共享服务平台，实现知识成果的对外发布、时空检索、综合分析、系统评价、知识交换等功能，提升数据资源、科研成果对政府、部门、企业、科研院所和社会公众的服务能力。

5.2　功能需求分析

山江海地域系统大数据集成与可持续发展决策平台研发，首先要解决海量多源异构数据的整合问题，构建对数据的一体化管理和应用的平台，在此基础上进一步整合各类业务应用需求及数据模型，对所管理的数据开展应用，将结果用于辅助决策。因此，完整的山江海地域系统大数据集成与可持续发展决策平台应该由两个主要功能构成：一是基础服务功能，包括数据的存储管理和查询支持；二是专业服务功能，在基础服务功能支撑下对各类模型进行计算并输出，提供辅助决策参考。

5.2.1　数据特征分析

数据是信息的一种表达符号，管理和决策所需的信息经过加工处理，成了实现经营目标、管理决策的参考。这些内容有数值数据和非数值数据两种具体的表达，数值数据包括各类计量和统计数据等，非数值数据包括图像、视频、音频、表格、文字描述和特殊符号等。在长期管理和应用过程中可以发现绝大部分数据具有以下特征。

1. 空间特征

地理空间数据的空间特征是指地理空间实体的几何特征及其与其他地理空间实体的空间关系，山江海地域系统数据是一种典型的地理空间数据。数据出自各地不同部门的调查采集和汇集，从行政区域的角度，数据有垂直分布的特性，自治区、市、县、乡、村等不同尺度的数据均有其统计意义；从资源的分布的角度，数据有水平分布的特性，不同类型的地域系统地带分布格局往往是经营管理、决策的重要指标和参考。

2. 时间特征

时间是现实世界的第四维，山江海地域系统的发展变化有一定的周期性、顺序性和不可逆性，有强烈的时空特征。监测要素变化与时间相关，由于调查监测手段的限制，目前只能获取多个时间点上的监测数据，但从长时间范围看，连续变化的监测数据对于辅助决策有着更为重要的辅助作用，时间特征也是重要应用特征之一。

3. 体量和管理特征

山江海地域涵盖公共基础数据、自然资源时空数据、人口社会经济数据等丰富的信息资源，其中自然资源时空数据由各行业主管部门分散管理，并且数据体量较为庞大，其数据基本构成除了点、线、面、体等空间几何外，还包括大量的属性字段，其中大部分为文本型数据。例如，区域范围内第三次全国国土调查数据量超794.53万条，矢量数据大小为4.91GB；区域范围内2021年的林草湿地资源现状数据量超1398.86万条，矢量数据大小为11.58GB。

5.2.2　基础服务功能

基础服务解决数据的存储管理和高效利用问题。考虑数据的空间和时间特性，存储方式需要有针对性地进行设计，同时建立合适的索引以便快速、精准检索到所需数据；考虑数据的体量和管理特征，同时考虑其多源异构性，对数据进行分布式存储是最为合适的，因此还要对数据应用过程的并行化、对结果的归集过程进行设计，充分利用现有计算资源提高效率。

1. 数据存储

1）存储方式

在传统的SDE与RDBMS管理方式下，SDE将查询条件翻译为SQL语句，将结果数据转化为空间数据格式都需耗费大量时间，并且SDE的空间数据查找需要进行关联表查询，还会增加扫描的资源开销。除此以外，涉及多张表的查询难以发挥RDBMS对并行查询的支持。其结果的输出与选用的架构直接相关，难以灵活调整。

因此，从数据存储方式上看，使用SDE的好处在于管理和分析能力。目前山江海地域系统数据没有复杂的管理需求，也没有复杂的分析需求，因此完全可以放弃基于SDE的管理，转而直接使用数据库提供的空间数据支持。通过直接操作数据库或减少SDE翻译、输出过程以及联表额外消耗的资源集中到数据扫描本身可以提高其并发能力。

2）数据粒度

数据粒度通常指数据仓库中数据的大小或者细化程度，通常数据查询过程以数据记录为基本单元，因此本书扩展粒度的概念用作数据表中记录数的度量。以空间查询为例，在同一范围的查询中，数据表粒度越小，选中数据表概率越大，需要扫描的无关数据越少。同时，数据表扫描的时间与其数据量和命中率有关，数据量越小扫描时间越短，并且数据表粒度的减小增加了单表数据的命中率，高命中率的查询和小粒度的数据表可以发挥全表批量扫描的优势，充分利用I/O带宽。但数据粒度越小，数据表越多，数据处理期间的调度和结果的处理过程越复杂，占用的数据传输带宽就越多。

因此，选择适当的数据粒度可以减少对无关记录的扫描，提高单表扫描速度，提高查询的并行度，合理分配I/O带宽和数据传输带宽提高效率。

3）存储布局

传统管理体系中，多服务器任务的执行相对独立，对于数据的存储并没有特别的规划。通常数据的查询以县、林场、市乃至省为单位，必然是在一台机器的一张表中进行查询，其余的服务器将全部闲置。为了充分利用多台服务器的计算资源，应该以适当的规则使所有数据表按照查询的特点，分布在所有服务器上，优化设计查询过程使得查询任务能有多台服务器共同负载。同时，基于数据安全的考虑，如果为每个数据表建立备份（数据副本），对这些数据副本进行合理布局，查询过程的分配就会更灵活，最终既保障了数据安全，又能利用数据副本提高查询效率。

2. 数据索引

山江海地域系统的变化过程是资源监测、管理的重要内容，时间、空间、属性都是构成要素。随着年度更新数据的逐步加入，需要有机、交互地组织不同年度的数据。目前主流的时空数据模型主要有侧重描述时空实体状态、描述时空实体变化过程以及描述时空实体本身和时空关系三类，见表5.1。

表5.1 时空数据模型对比

类型	优点	缺点	举例
描述时空实体状态	实现简单	无法表达时空对象关系和变化过程，效率低	快照序列模型，基态修正模型，时空立方体模型，时空复合模型
描述时空实体变化过程	适用矢量和栅格数据，能描述变化过程、规律，作时空推理	数据结构和规模难以预计，存储困难	事件驱动模型，基于过程的模型
描述时空实体本身和时空关系	建模简单，可追踪过程	实现困难	面向对象模型，面向特征和地理模型

描述时空实体状态：把时间作为要素的一个属性，以不同时间点下的同一个要素来描述局部变化过程，如林地地块的变化。

描述时空实体变化过程：从事件出发，将与事件相关的所有要素及其变化、结果记录在事件时间轴的某一点，可用于追踪状态变化，如地块审批、流转过程。

描述状态和时空关系：把要素对象化，把空间、变化、时间均作为其属性，并提供相关的操作，管理时基于要素对象进行。

对于山江海地域系统数据的应用而言，既要跟踪地块的变化过程，又要分时间段统计变化的结果，无疑采用第三种模型是最合适的。但考虑到：

目前没有合适的成熟的面向对象空间数据库可用；

变化追踪过程可通过状态累加达到目的；

年度批量更新频率，更新数据量不会对存储空间造成太大压力；

空间数据模型的应用成本，包括数据库改型、数据模型构建以及业务系统的改造成本。

采用第一类数据模型中的快照序列模型是比较符合山江海地域系统数据特点的，如在增量更新过程中，为某个县的不同年度的数据保存一个完整版本，形成该县数据的快照序列。

3. 并行调度

并行计算（parallel computing）是指同时使用多种计算资源解决计算问题的过程，是提高计算机系统计算速度和处理能力的一种有效手段。它的基本思想是通过多个处理器对同一问题协同求解，将问题分成多个部分，每部分任务由一个处理器执行，最后再将结果合并返回给用户。并行计算有多种实现，可以在含有大量处理器的大型计算机，也可以是网络中的计算机集群，根据并行处理的性能和计算特点进行选择。

并行查询（parallel searching）是指基于并行计算的方法和思路，在并行编程基础上实现查询过程，是并行计算的一个具体实现。

并行计算模型（parallel computing model，PCM）是连接实际问题和计算机指令的桥梁，实际问题根据并行计算模型进行改造、编程，在计算机中执行，最终得到问题的解。并行计算模型的发展与计算机的硬件的发展密切相关，从共享存储到分布存储，规模扩大以后又出现了考虑存储开销的模型。为了使模型能反映硬件体系结构的变化，在模型中不断加入反映机器性能的新参数，计算行为不断调整，开销函数不断修改。模型功能不断丰富，却也越来越复杂。多目标不但使得模型难以描述、在有效时间内无法求解，更重要的是脱离了实现的基础，最终使得模型不再是为了更有效地进行并行计算，而是为了描述并行计算过程本身而设计，失去了其主要的意义。

从实现的角度看，大多数并行模型会描述从问题的并行算法、一直到规划处理器和内存之间的操作，复杂的并行计算模型甚至试图描述多服务器多处理单元及其分布存储之间的操作规则。在实现的过程中，除了算法本身的实现，还要考虑编译器、操作系统、硬件特性方面的问题，我们可以规划完善的模型，但绝大部分情况下却不可能为了解决问题重写编译器、硬件驱动和操作系统，很难在不同的硬件特性下成功建立复杂模型。

并行计算的基本思路是把问题分为若干部分，每个部分分别由一个处理器进行计算。若在理想情况下一个问题的求解过程可以分解为 n 个相同的子任务，无论处理器本身速度如何，在 n 个相同的处理器上同时执行的速度都将是只有一个处理器时的 n 倍。实际上这取决于计算机的硬件体系、子任务划分的方法和可并行度、程序的实现难度、软件支持等多方面的因素。

山江海地域系统大数据集成与可持续发展决策平台首先界定进行并行设计的层次，建立并行编程模型。然后对所使用的并行算法、并行程序和并行执行过程进行设计。将并行计算模型分层，在不同的层次使用相应的并行模型。同时，参考大系统（large scale systems）理论将大系统管理分割为多个子系统，由整体目标最优转向寻求局部目标最优的思路，建立不同层次的并行子模型，寻求各子模型的最优目标。

4. 结果归集

1）结果汇集

在查询结果较多的情况下，无论哪种汇集方式，传回全部结果都将大幅占用传输资源，影响其他查询任务的工作。从用户的角度，通常并不需要一次性获取所有的结果，分页（分批）输出即可满足要求；在一次查询中，用户或者调用数据分析程序不希望为获取数据等待过长时间。

由此，首先应该为查询结果建立多条传输通道和汇集机制，并建立自动选择模型，根据查询类型和结果数量选用相应的传输通道和汇集机制。对于数据量较大的结果，分批传回客户端；对于数据量小的结果，直接传回客户端。同时，根据查询特点，选择相应的汇集方式，在节点汇集结果再传回客户端或是直接在客户端汇集结果等。

2）结果归约

对于查询结果的内容而言，用户的查询通常并不需要完整的结果就能对自己的业务做出判断。查询结果一般会超出用户实际需求，此时对于剩余部分的结果传输，就变成了传输资源的浪费。

因此，利用数据挖掘领域的数据归约理念，根据业务应用特点、查询习惯对数据结果进行归约，能够有效减少数据传输量，减少对传输资源的占用。

3）结果缓存

当前的查询体系中没有为用户查询设置结果的缓存，数据库优化器只针对 SQL 的语法检查建立缓存，相同语句也会再次执行。虽然数据库另外针对查询语句建立了缓存，但是对于林地数据来说仍然不够，不但管理不便，也无法按需取用缓存的数据。而林地数据的查询有一定的特点，如分级、按省—市—县逐级查询、按照不同分类查询同一个区域的数据等，查询这些结果对数据进行了缓存。

5.2.3　专业服务功能

专业服务功能以业务应用为主线。根据应用需要通过时空索引从数据仓库中取出相应数据，模型分发至各个计算资源池中开展计算，并将结果汇集后告知业务应用系统，根据模型适用情况得出辅助决策参考，数据流转过程如图 5.1 所示。

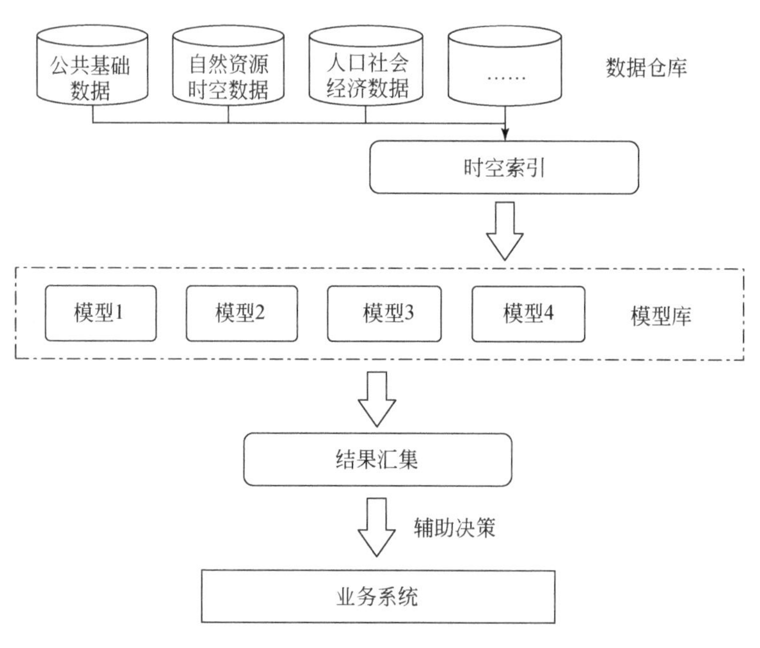

图 5.1　数据流转过程

5.3　平台架构设计

5.3.1　设计原则

1. 可行性及可靠性

坚持方案可行、技术可靠原则。可行性原则用来衡量决策是否可行，即从人力、物力、财力、科学技术能力诸方面来说，决策都是可以执行的。假设做出的决策无论是从外部环境还是从内部条件及其他方面来说都是不可能实现的，那么这样的决策显然是不可行的。决策的目的是行动。如果决策不能实施且见之于行动，就是没有价值的非科学的决策，这类决策就没有任何实际意义。

平台设计要求的实时性、高度稳定性、可行性、可靠性是不言而喻的，一个不稳定、不可靠的网络平台不但影响数据交换、共享、应用的顺利进行，还会影响平台建设单位在社会公众心中的形象。因此在平台设计和建设过程中，要从各个方面充分考虑网络资源的质量和设备的冗余，必须保证网络中设备、电路均安全可靠，关键设备、电路要有冗余备份，应用先进的容错技术和故障处理技术，保证数据传输的安全可靠，因为云平台可能对数据和信息交换应用场景有更多的需求，要考虑其容灾备份措施，保证网络平台建设可行、服务可靠。

2. 规范性及安全性

坚持规范管理、安全高效原则。作为各类用户的数据共享交换、应用和开放平台，鉴于其接入互联网后联通范围广、连接节点多，存在不确定性、安全性、敏感性和重要性等诸多相关安全问题，所以平台安全性至关重要。为此，在规划设计的全过程中要充分体现系统建设和信息安全相结合的原则，从物理、技术、管理等方面制定严密的安全方案，形成多层次、全方位的安全防线。建立、健全网络传输安全及信息安全的管理办法、标准规范体系及防范措施，严格执行平台分级管理和信息分级保护制度，以保证网络全天候运行的可靠性和安全性。信息加密是最基本的安全机制，是保护数据、文件和控制信息的一种主动防卫手段。此外，在后续实施过程中遵循国家相应设计、施工标准和规范要求，结合实际情况，构建静态数据加密措施，实现网络通信安全保密。

3. 实用性及易用性

坚持功能实用、操作便捷原则。平台的设计、建设要充分体现其实用性和易用性。首先要能兼容已有网络、系统、服务，要充分考虑已汇集的信息资源、算法模型、决策过程等要素的特点和未来需求。其次要对各类决策业务的需求进行调查，根据调查结果汇总需求，适当考虑设备、技术的前瞻性，采用多种成熟的技术手段，来满足业务部门的业务要求，实现各种功能需求。最后，在平台界面及操作设计上要充分调研社会主流平台人机交互模式及用户界面设计，在实现各类功能的前提下，优化平台操作，删减不必要的流程，使得平台设计能够符合使用者的习惯与需求，并能让用户在使用平台功能时，通过最少的努力发挥最大的效能。

4. 先进性及可拓展性

坚持适度超前、优化创新原则。作为大数据集成应用平台，应适度超前布局，具备领先的技术水平，充分采用当前先进成熟的软件和网络技术，同时兼顾考虑未来发展趋势的需要，预留发展空间，以保证当前及今后一段时间内的各类数据应用顺利运行。由于网络设备及技术更新换代频繁，盲目地追求系统的先进性也会带来更大投资风险，因此在规划、设计时，既要考虑先进性，又要避免盲目的投资风险。网络资源和设备要具有一定的扩展性和兼容性；在技术上，保证 3～5 年基本不过时。

随着用户规模的扩大、功能的完善，平台应能够在不影响或少影响用户正常使用的情况下，根据业务的需要，灵活、方便地进行服务功能的平滑升级、网络硬件的扩展扩容。要考虑平台具备未来升级简单、调整结构配置灵活方便的特性，以满足业务的不断发展、业务量的逐渐增加、网络节点的增加以及调整业务流向所需要的各种环境和条件。

5. 经济合理性及资源节约性

坚持经济合理、资源节约原则。平台建设方案设计应结合功能、性能等方面的实际需求，通过各类技术方案的经济比较、性能比较，选择性价比较高的软硬件及网络架构，在保证平台功能、性能的前提下，尽可能降低投入费用，在通信电路费用、平台建设前期投入，特别是平台投入使用后的长期运营维护投入上做到资源节约、经费合理、效益最大。

5.3.2 总体架构

基于前沿科学、信息技术推动区域可持续发展决策业务向智能化迈进，以制度及标准规范体系、安全及运营维护保障体系为支撑，以混合云基础设施服务为基础进行平台规划建设，平台连接“天—空—地—网”一体化监测感知网络，整合集成现有数据资源，通过基础应用服务与算法模型，为业务应用提供支撑，并根据用户权限，控制用户可见的业务系统和数据范围，总体框架如图 5.2 所示。

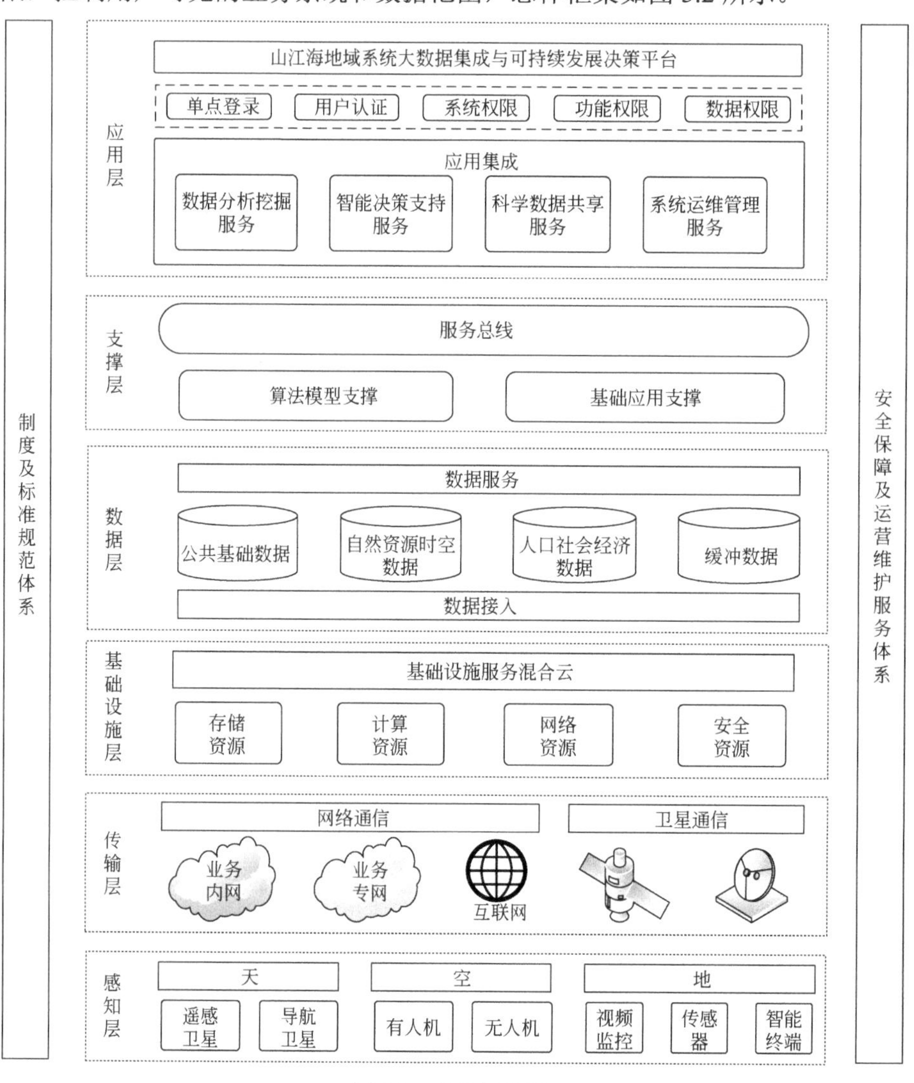

图 5.2 总体框架图

平台总体框架在制度及标准规范体系、安全保障及运营维护服务体系的“双体系”支撑下，自下而上分为 6 层。具体内容如下：

感知层：主要通过航空、航天、视频感知、物联网、各类自然资源及生态环境传感器等技术途径，构建立体感知体系，实现对各类信息数据的获取。

传输层：传输层是连接前端感知设备与后端数据中心的纽带，承担数据传输、融合通信、控制指令上传下达等任务。

基础设施层：依托公有云、数据中心，搭建基础设施服务混合云，完成基础软硬件架构建设，满足平台系统运行相匹配的软硬件基础设施，实现各类业务系统云端部署。

数据层：通过规范信息分类、采集、存储、处理、交换和服务的标准，各类信息资源数据进行统一汇聚、整合，增强数据服务能力。

支撑层：支撑层是平台建设的中枢，其为业务系统整合集成、扩展升级、算法模型开发管理提供基础支撑。

应用层：应用层是服务各级行政管理部门、各类用户的窗口，涵盖资源监测监管、生态保护与修复、灾害监测与防治、改革与产业管理服务与公众服务等，通过平台门户实现自建、外部、在建及规划建设的应用集成，为各类、各级用户快速访问提供“一站式”服务。

制度及标准规范体系：是平台建设工作的基础，能起到协调统一的作用，为平台规划、设计、实施和管理提供依据及准则。

安全保障及运营维护服务体系：是平台建设与运营的重要保障。体系主要由物理安全、网络安全、系统安全、应用安全、数据安全等内容组成；运营维护服务体系主要包括基础软硬件运行维护、系统数据维护和应用软件系统运行维护。

5.3.3　技术应用架构

目前各类信息管理系统、决策支持系统的数量、体量日益庞大，复杂的单体式系统暴露出诸多缺点，阻碍了应用规模的进一步扩大，不利于相关技术的持续发展。针对大数据集成与决策支持服务的深度剖析和发展规划，平台技术应用架构主要围绕互联网技术、云服务技术、大数据集成技术、数据挖掘与人工智能技术五大核心技术进行构建，使平台建设能适应新时期信息管理与决策支持业务的需求，进而推动业务平台实现快速响应、云计算、智能服务。技术应用架构如图 5.3 所示。

图 5.3　技术应用架构

平台建设围绕五大核心技术开展，各结构层的设计研建需综合考虑多源数据的汇集存储与访问调用、信息资源整合、数据共享与数据应用服务等业务的需求，综合兼顾良好的兼容性、扩展性与高效性等，综合运用虚拟化技术、微服务技术、分布式计算技术、数据仓库技术、地理信息技术、数据挖掘分析技术以及各种非结构化数据专业处理技术。

设施层：作为平台的设施基础层，应充分发挥现有基础设施、私有云的性能，结合公有云基础设施服务，高效利用云服务、虚拟化、互联网等技术为平台搭建牢固的设施基础，实现平台各类业务功能的部署，同时与监测感知网络中的物联网传感器、智能传感器等监测网络建立连接，实现互联互通，数据上传及命令下达。

数据层：作为平台的数据核心层，根据区域数据资源规模巨大、类型众多且多源异构等特点，采用分布式存储技术实现海量数据的存储与管理。在传统关系型数据库基础上扩展、优化，构建云关系型数据库，采用非关系型数据库满足对象、文档、键值等类型数据的云端存储需求。

服务层：作为平台的服务核心层，充分利用面向服务的技术架构为前端业务应用提供直接的服务支撑，利用微服务、地理信息系统、数据挖掘、人工智能、语义分析、知识图谱等一系列信息技术为时空大数据的服务与应用提供检索、清洗、分析、挖掘等能力，用于支撑时空大数据共享服务及决策支持计算的性能。

应用层：作为平台的人机交互层，平台应采用优秀、稳定、持久化的前端框架快速搭建平台门户，通过数据可视化、实景三维、移动 GIS 等技术进行数据表达与服务，支持接入微信等各类互联网公众服务平台，实现平台面向社会公众提供知识数据共享及专业数据服务。

5.3.4 数据架构

1. 数据存储架构

平台数据源为由矢量数据、栅格数据、表数据、其他文件数据等构成的多源时空大数据集，因此，平台数据存储架构采用多源大数据融合存储技术，立足于现有的数据基础，深度剖析各类数据特征，运用分布式系统基础架构、分布式计算引擎等组件及技术，实现多源异构数据融合集成模型，综合空间数据库、关系型数据库、非关系型数据库及分布式文件系统的优势特征，实现区域各类信息资源的一体化存储访问及组织管理，提升数据访问、检索的效率。平台数据存储架构如图 5.4 所示。

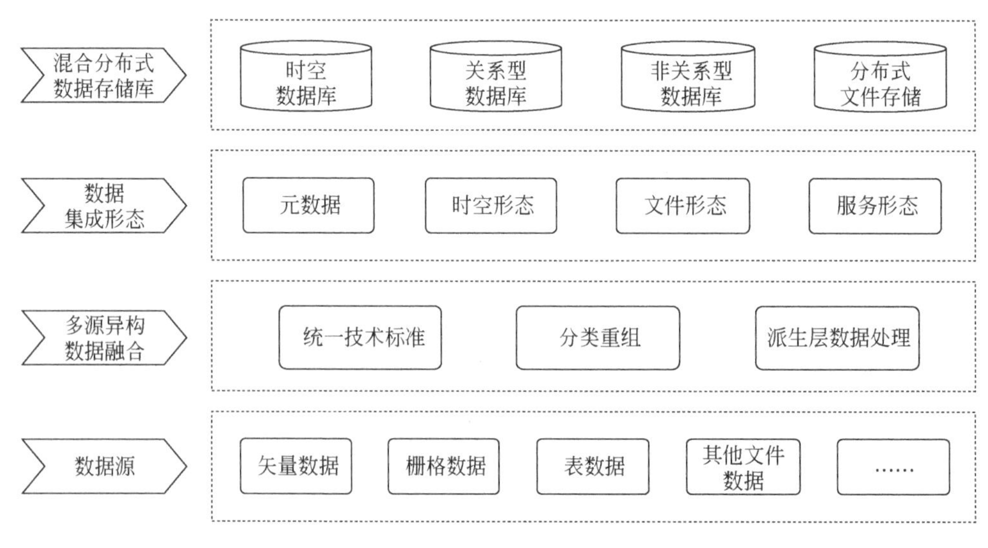

图 5.4 平台数据存储架构

平台数据存储架构分为四层，逻辑顺序自下而上，由原始数据构成的数据源层出发，经由统一技术标准、分类重组、派生层数据处理等多源异构数据融合技术，产出元数据、时空形态、文件形态、服务形态等不同的数据集成形态，再根据各类数据集成形态的特征存储相应类型的数据库，构成混合分布式数据存储库。

2. 数据管理体系架构

数据仓库是一个多源信息存储库，其将目标信息存储在同一模式下，并通常驻留在单个服务节点上。数据仓库通过数据清理、数据变换、数据融合、数据集成、数据载入和定期更新来构造。为了便于决策，数据仓库中存放的并非每个过程的微观信息，而是围绕同一决策目标组织构造的相对宏观信息，并从时间序列维度为决策提供参考依据。

数据中心是一种强兼容性的数据仓库，可以在同一个框架下，把来自不同生产厂商、不同格式、不同标准、分布在不同位置的数据整合在一个系统之内，同时其也具有对分布式多源异构数据的管理能力。数据中心具有一个定义完备的功能仓库，支持以多种方式（组件、插件、流程、动态库、程序片段、脚本）提供数据操作服务，并能通过一致的方式对此类服务进行调用、执行。

平台采用数据仓库、数据中心的概念、思想及技术框架，设计了数据管理体系架构，如图5.5所示。

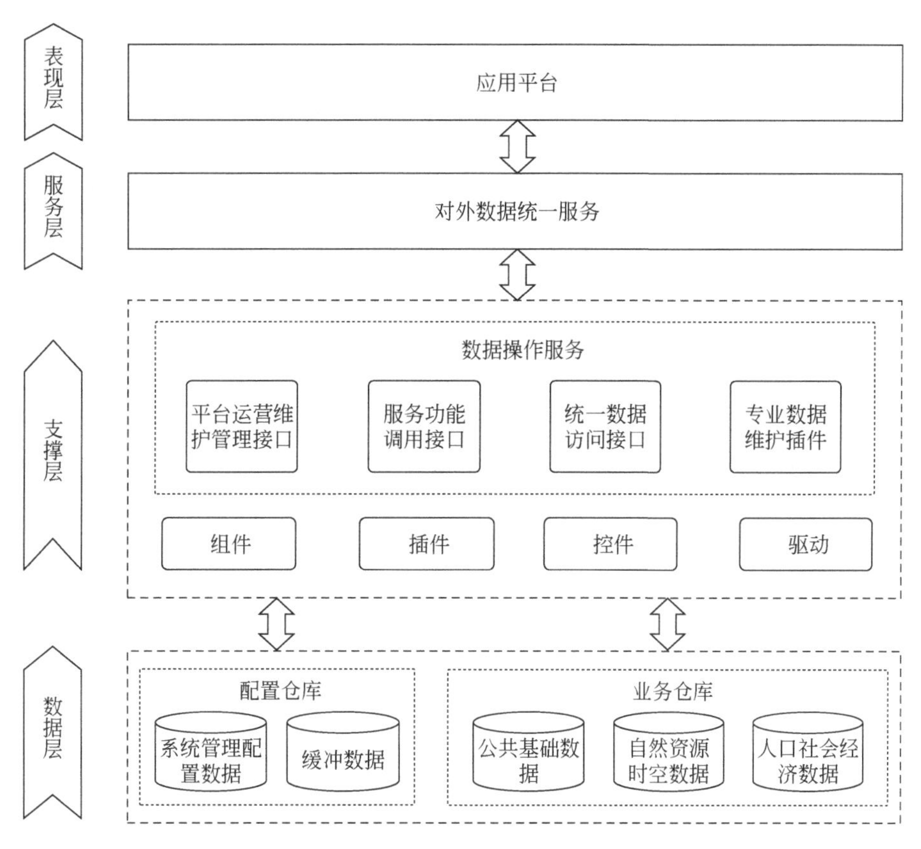

图5.5　数据管理体系架构

平台数据管理体系架构分为四层，逻辑顺序自下而上。

数据层：由数据仓库管理的各类信息资源构成，包括公共基础数据、自然资源时空数据、人口社会经济数据及系统管理配置数据等。

支撑层：采用中间件技术，以各类数据访问的组件、插件、控件、驱动为基础，构建平台运营维护管理、服务功能调用、统一数据访问等接口，为平台建设提供数据操作服务。

服务层：整合封装支撑层提供的各类数据操作服务接口，提供对外数据统一服务，实现数据统一管理、服务统一调用。

表现层：应用平台可在对外数据统一服务的基础上顺利完成功能模块建设，使用户无须关心数据位置、数据格式及访问驱动，只需通过对外数据统一服务即可访问各类数据，实现区域大数据融合集成，为下一步多源异构数据的混合挖掘提供技术支撑，为决策支持系统的实现打下坚实基础。

5.4　系统功能研究与设计

5.4.1　基础功能服务

1. 地图服务

地图是现代 GIS 的基础，也是设计空间分析查询的基础，是数据层对外提供最主要的功能服务。平台首先要提供标准化的地图服务，提供符合开放式地理信息系统协会（OGC）规范的国际标准访问接口，采用 OWS 服务模型实现 W*S 服务。各服务类型将符合目前最新的协议和规范，实现地图数据的可视化访问。

W*S 是指基于 OGC 标准的 WMS、WFS、WCS、WMTS 等数据发布标准。

1）网络地图服务（WMS）

利用具有地理空间位置信息的数据制作地图。其中将地图定义为地理数据可视化的表现。能够根据用户的请求返回相应的地图（包括 PNG、GIF、JPEG 等栅格形式或者 SVG、WEB、CGM 等示例形式）。WMS 支持网络协议 HTTP，所支持的操作是由 URL 定义的。WMS 提供如下操作。

GetCapabities：返回服务级元素数据，它是对服务信息内容和要求参数的一种描述。

GetMap：返回一个地图影像，其地理空间参考和大小参数是明确定义的。

GetFeatureInfo：返回显示在地图上的某些特殊要素的信息。

GetLegendGraphic：返回地图的图例信息。

2）网络要素服务（WFS）

支持用户在分布式的环境下通过 HTTP 对地理要素进行插入、更新、删除、检索和发现服务。该服务根据 HTTP 客户请求返回要素级的地理标识语言（Geography Markup Language，GML）数据，并提供对要素的增加、修改、删除等事务操作，是对 Web 地图服务的进一步深入，WFS 通过 OGC Filter 构造查询条件，支持基于空间几何关系的查询、基于属性域的查询，当然还包括基于空间关系和属性域的共同查询。WFS 提供如下操作。

GetCapacities：返回服务级元数据，它是对服务信息内容和要求参数的一种描述。

DescribeFeatureType：生成一个 Schema，用于描述 WFS 实现所能提供服务的要素类型。Schema 描述定义了在输入时 WFS 对要素实例进行编码以及输出时如何生成一个要素实例。

GetFeature：可根据查询要求返回一个符合 GML 规范的数据文档。

LockFeature：用户通过 Transaction 请求时，为了保证要素信息的一致性，即当一个事务访问一个数据项时，其他的事务不能修改这个数据项，对要素数据加要素锁。

Transaction：与要素实例的交互操作。该操作不仅能提供要素读取，而且支持要素在线编辑和事务处理。Transaction 操作是可选的，服务器根据数据性质选择是否支持该操作。

3）网络覆盖服务（WCS）

面向空间影像数据，它将包含地理位置的地理空间数据作为“覆盖（coverage）”在网上相互交互，如卫星影像、数字高程数据等栅格数据。该服务使得数字高程数据等栅格数据能够以 HTTP 接口上的标准请求检索，并以元数据和 GeoTIFF、NetCDF 等二进制图形数据返回。Grid coverages 栅格数据通常指卫星图片、数字航摄图片、数字高程模型及其他使用各个点的数值模型表达的信息。WCS 提供如下操作。

GetCapabilities：返回服务器元数据，它是对服务信息内容和要求参数的一种描述。

DescribeCoverage：支持用户从特定 WCS 服务器获取一个或多个覆盖的详细的描述文档。

GetCoverage：可根据查询要求返回一个包含或者引用请求的覆盖数据的响应文档。

4）切片地图服务（TMS）

定义了一些允许用户访问切片地图的操作。WMTS 可能是 OGC 首个支持 RESTful 访问的服务标准。

2. 数据查询服务

平台的数据查询服务主要提供以下功能。

1）查询过程语义解析

将用户/模型的查询语言转换为参数，拼接为完整的查询语句，从全局时空索引中检索数据所在位置并将查询语句发送至不同存储位置请求数据。

2）查询缓存管理

记录查询条件及索引状态，记录并缓存查询结果，提高下一次返回相同、近似或者有可能包含的查询结果的效率，同时管理缓存检查是否过期。

3）数据清洗

为保证查询结果的准确可靠，满足决策支持的需求，系统对查询结果数据进行质量检查。经校验后，如果数据质检合格，则直接返回查询结果；如果数据存在问题，则根据业务需求及内置的处理规则对查询出的结果进行自动清洗，获取最终的业务数据。

3. 数据管理与调度

为了提高数据命中率，计算资源及网络空窗期，根据数据资源命中和分配情况，自动分配冗余，提高数据命中率和计算资源的参与率，减少传输过程。设计数据资源管理模型，对计算资源、数据存储节点进行登记管理和自动分配，同时基于平台运行过程中对数据的查询及结果反馈情况，修正调整计算资源和数据存储，在计算资源和网络闲暇时开展数据传输，变更数据索引，如图 5.6 所示。

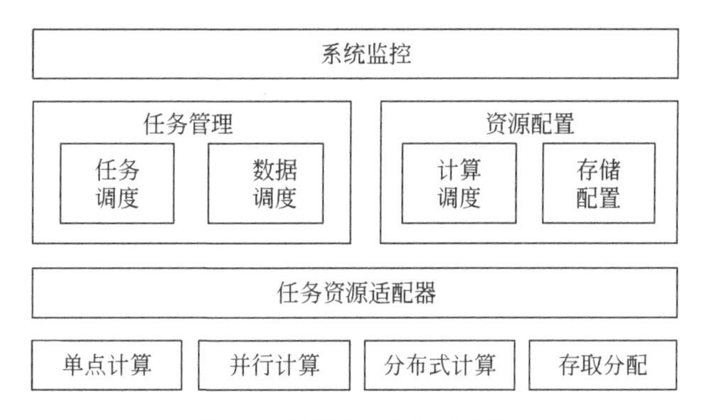

图 5.6　数据管理与调度框架

5.4.2　数据挖掘与决策支持服务

决策支持服务作为平台核心功能模块建立在海量且精准的数据基础之上，在性能强大的混合云服务基础设施平台强有力的支撑下，立足于平台内置的基础模型库及经验参数库，实现如分类分级、预测预警、风险评估、时空演变、格局分析、驱动机制、优化决策等相关问题的决策支持，可以便捷、高效地为用户提供专业级决策支持，决策支持服务技术流程如图 5.7 所示。

第一步，进行决策问题确定与分析，提出实际决策问题，对问题开展时间空间上的多维系统剖析，掌握问题历史成因及未来方向，明确问题所处环境的限定条件，对宏观问题进行微观拆解，将一个庞大抽象的决策问题拆解为多个具体微观的子问题，并根据实际情况合理确定决策目标，且目标应具有可计量性、时间限制性、方向明确性等特征。

第二步，基于对决策问题的系统分析，提取与各个子问题相关的多源时空数据，为问题的解决提供全面丰富的基础数据支撑。为确保数据翔实可靠以及数据能够服务于应用的需求，对数据进行完整性、规范性、冗余性等基本质量检查与评估，针对问题数据根据系统内置的规则进行数据清洗处理，针对缺失或错误数据进行核实补充。基础数据合格后进行时空统计挖掘，为问题的解决提供多维资料信息，为下一步流程奠定基础。

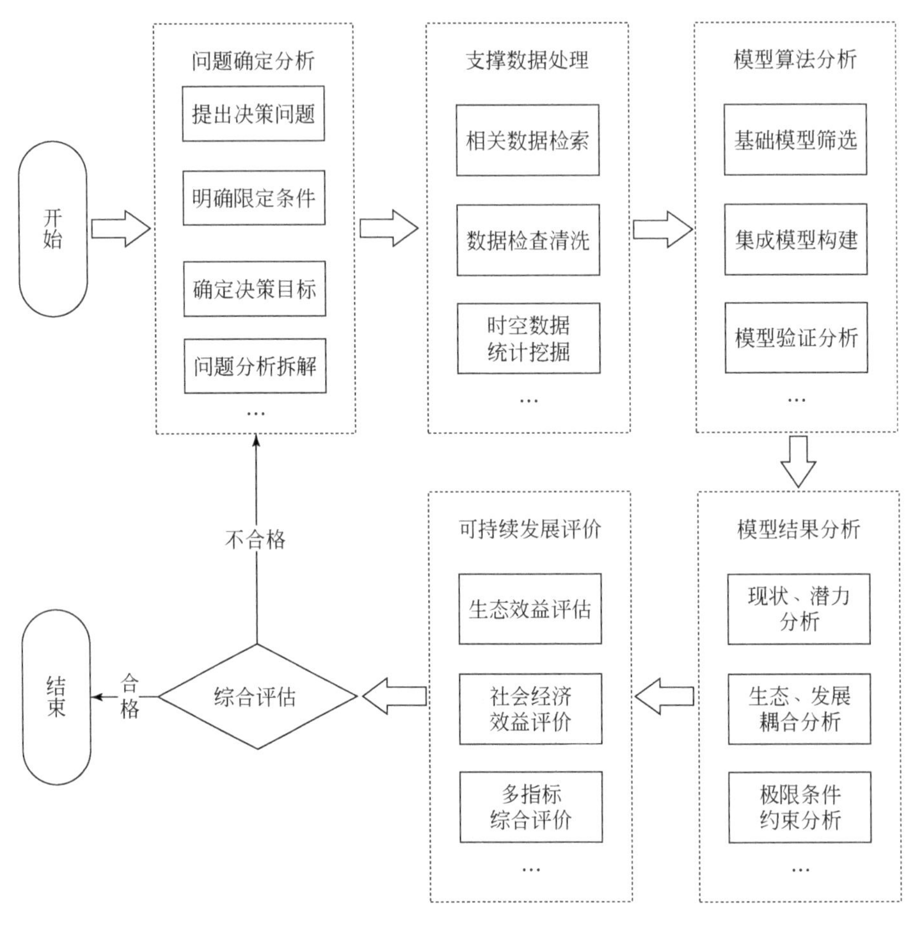

图 5.7 决策支持服务技术流程

第三步，根据各个子问题特征与目标，从模型库中筛选调用符合各类问题解决思路的基础模型，并基于平台内置参数开展多模型集成构建，并对集成模型进行多维验证与适用性分析，确保每个子问题能匹配到切实可行的模型算法。

第四步，获取各个子问题的模型运算结果，以自然地理单元、行政区域、规则格网等为基本单元，从历史、现状、潜力、生态环境保护、经济社会发展、极限约束条件等多角度开展探究，判断人地系统变化情况、发展趋势，综合分析系统内部发展整体协调情况。

第五步，基于人地系统中自然地理条件和社会经济发展状况开展区域可持续发展评价，如耕地适宜性评价、林地生产力评价、生物多样性评价、生态系统碳汇评价、生态效益评估、社会经济效益评价等多指标综合评价，并得出定性、定量的评价结果。根据分析评价结果综合评估决策问题解决得是否合格，如果不合格，则总结问题原因，变化解决思路，重新开始技术流程；如果合格，则该服务可为自然资源保护与合理利用、开发红线及适宜开发强度明确等方面提供决策参考。

5.4.3 知识交换共享服务

知识交换共享服务面向用户的信息资源共建、共享需求，基于高性能云服务设施平台设计的用户服务功能模块，支持多行业、多用户进行跨学科、跨专业、高并发的知识服务接入与输出。平台知识交换共享服务模式如图 5.8 所示。

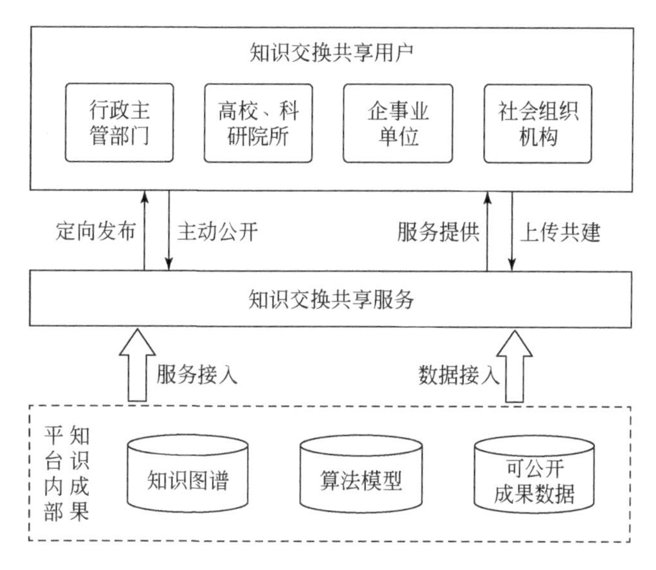

图 5.8　平台知识交换共享服务模式

共享服务模块基于数据或服务的形式接入平台内部知识图谱、算法模型及脱敏成果数据等知识成果，通过专业知识服务定向发布、网络在线服务等方式向用户输出知识成果，获取政府部门、高校、科研院所主动公开的服务、数据等信息及共建用户上传的知识成果实现知识输入，系统支持“用户-平台”及“用户-用户”两种交换共享方式。

用户-平台：共享服务模块为连接用户与平台的纽带。通过平台资格审核的用户可以对自己感兴趣的知识、数据、服务等资源进行申请，系统后台审核通过后即可使用、下载目标服务或资源，平台通过用户申请与审核的方式实现知识服务输出；此外，用户还可以申请作为平台共建者，上传自有知识成果或共建平台知识内容，实现知识服务输入。

用户-用户：用户与平台进行知识交换共享服务的同时，平台还可作为连接用户与用户之间的桥梁，支持用户将自己的知识成果、知识服务推送给指定用户，实现用户-用户之间知识交换共享。

5.4.4　平台运营维护管理服务

根据系统业务需求，平台运营维护管理服务主要涵盖用户、系统、数据三大方面，主要的功能模块为账户管理、权限管理、日志管理、业务办理、服务管理、数据管理和资源监控 7 个功能模块。平台运营维护管理服务功能结构及模块如图 5.9 所示。

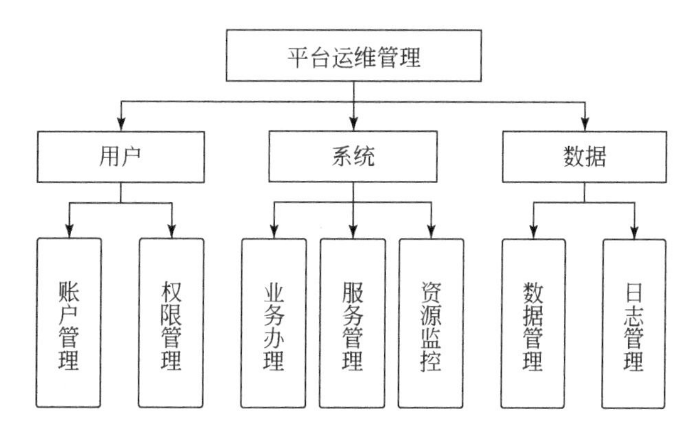

图 5.9　平台运营维护管理服务功能结构及模块

账户管理：实现对用户账户的增加、注销、修改、查询功能，具体内容包括用户账户的名称、密码、角色、组织结构、绑定平台及其他基本信息等内容的组织与管理。

权限管理：平台实现分角色、分级进行用户权限统一管理。平台维护人员可以根据用户来源定义各类组织机构，各组织结构支持多级管理，提供对子部门进行增加、删除和修改功能，客观反映各使用组织机构的管理状态；平台中各类功能模块为松耦合连接，各并列功能模块之间权限相对独立，需要为用户单独赋权；权限分配操作，平台对于按照一类权限的用户建立对应角色，并通过授权管理批量为角色分配对应的功能、服务、数据等权限可视化配置。

业务办理：包括各类服务功能注册、发布、使用、注销等流程的管理。

服务管理：主要提供平台各类专业服务功能的查看、编辑、注册、发布、运行、注销、恢复等管理操作，并支持对服务进行高级检索及首页推荐。

资源监控：该模块主要用于监测平台中各类服务的运行情况及硬件资源的使用情况，如 CPU、GPU、进程、磁盘 I/O（输入/输出）、内存使用等情况的监测，并根据当前任务及队列任务特征进行资源优化配置，避免任务阻塞、响应迟缓等问题。

数据管理：该模块主要实现平台中各类时空数据、表数据、文件数据等类型数据的融合集成，并对其进行组织入库、数据实体操作、数据实体维护、数据实体分发及灾难备份等综合管理操作。此外，由于平台中集成数据量大、数据来源众多，除了综合管理外，平台还应提供数据质检、数据清洗、数据修复、专业处理等功能。

日志管理：主要实现对用户登录、服务请求、业务流程、数据交换、平台运行过程中内部消息等信息的记录和统计，包括消息日志、提醒日志、错误日志等类型，按文件大小及时间在云服务器数据管理节点上存储。

5.4.5　定制开发服务

平台建设应具有良好的开放性，能够提供在线可调式、交互式开发帮助页面，提供各类接口的代码调用示例和完善的说明文档，如 API（应用程序编程接口）文档、示例代码、软件开发工具包等，满足用户的二次开发需求，提供在线搭建功能、功能定制服务、平台拓展能力，利用移动应用服务和定制开发服务将经过脱密处理的成果向社会公众开放，推动科研成果的广泛共享和社会化服务。

第二篇　山江海耦合关键带及其环境效应研究

桂西南喀斯特—北部湾地区位于广西的西南部，南临北部湾，面向东南亚，西南与越南交界，与我国云南省、贵州省、湖南省和广东省接壤，与海南省隔海相望。自云贵高原山麓到北部湾海岸带呈自上而下的倾斜带，该区域既有喀斯特洼地，也有山地丘陵，还有沿海平原等地形交错，且该区域政治环境极其特殊，地处祖国西南边境，有西部陆海新通道、中国—东盟自由贸易区的重要走廊等多方面重要通道，同时也是“一带一路”倡议的重要区域，对支持“一带一路”倡议以及国家合理开发利用资源和保护生态环境有一定的现实意义。

本篇为山江海耦合关键带及其环境效应研究篇，包括山江海耦合关键带分类分区、生态环境正负效应以及“两山”价值转化与碳排放/碳储量测算等内容。

第一，在山江海耦合关键带分类分区及其环境效应研究方面，提出具有关键带特色的分类分区方法方式，剖析生态环境问题。

第二，在山江海过渡性空间的生态环境脆弱性及风险评估研究中，系统分析该区域生态环境脆弱性的时空分异特征及驱动机制，提出“资源—风险—脆弱—决策”的生态综合风险评价思路，科学分析该区域的生态综合风险和不同情景下的风险决策。

第三，在生态环境承载力时空变化及生态安全研究方面，基于机器学习算法和改进生态足迹模型，测算生态承载力指数，分析其时空变化，耦合地理探测器-PLUS 模型分析未来 20 年生态承载力时空变化，基于“过去—现状—未来”的思路进行生态安全优化规划。

第四，在资源环境承载力时空变化及其国土优化研究方面，创建资源环境承载力三维平衡模型，对区域进行资源环境承载力的综合评价分析，揭示了山江海过渡性空间不同区域的警示性分级，为资源环境承载力监测预警提供了技术支持。

第五，在土地利用变化及其生态系统服务权衡研究中分析土地利用变化特征，并基于 InVEST 模型与情景模拟法评估研究区土壤保持、产水服务、碳储存和生境质量四项生态系统服务的供给能力，探讨各项生态系统服务的时空权衡或协同关系。

第六，在土地利用碳排放及低碳经济发展路径、人地系统“两山”价值转化评价及其优化两方面的研究中，探究土地利用转移及变化对碳排放的影响，提出一条低碳经济发展路径，通过能值法、GEP 构建转换测算方案，进行“两山”价值转化评价并探究治理优化措施。

第6章　山江海耦合关键带分类分区及其环境效应研究

6.1　引　　言

6.1.1　研究背景与意义

1. 研究背景

地球是人类赖以生存与发展的物质源泉和环境保障，人类的社会经济活动在近代以来对全球的生态环境带来显著的影响（毕思文，2004）。因此地球系统观、整体观在20世纪80年代应运而生，地球系统科学不仅为地球科学提供理论基础，而且对生态环境的可持续发展奠定基础。地球系统科学的一个重要理论研究思路“地球关键带”在21世纪初由美国国家研究会（National Research Council）提出，目前，地球关键带研究是中国地球系统科学研究的一个重要方向，“地球关键带过程与功能”已被列为国家自然科学基金“十三五”发展规划中地球科学部优先发展领域。

随着城市化的进展，我国的可持续发展面临着人口三大高峰相继来临、能源资源超规利用、生态环境恶化等问题，因此必须构建好人与自然和谐发展的关系。我国幅员辽阔，生态类型多样，森林、湿地、草地、海洋等生态系统均有分布。地球表层系统中的水、土壤、大气、生物、岩石等在地球内外部能量驱动下的相互作用和演变不但是维系自然资源供给的基础，也发挥着不可替代的生态功能。然而，随着人类社会的不断发展，资源耗竭、环境恶化和生态系统退化等问题日益成为制约社会可持续发展的瓶颈。

2. 研究意义

地球关键带科学是多学科研究的系统集成，能够解决单一学科所不能解决的科学问题。关键带研究的总体目标是观测地球表层系统中耦合的各种生物地球化学过程，试图理解这个生命支撑系统的形成与演化、对气候变化和人类干扰的响应，并最终预测其未来变化。桂西南喀斯特—北部湾海岸带在全国区域协调发展、面向东盟开放合作、生态保护中具有重要的战略地位，并响应我国的生态文明建设，有利于多学科交叉融合发展对地球关键带进行研究。

以桂西南喀斯特—北部湾为研究对象，从可持续发展角度出发，在梳理地球关键带的构成及其形成与演化主导影响因素的基础上，对山江海耦合关键带区划、制图和环境效益进行研究，为该区域生态环境的建设和保护、资源合理利用提供参考依据，本书可以作为其他地球表层系统关键带研究的出发点与综合框架，综合分析在不同的地质、地貌、土壤类型条件下，山江海耦合关键带过程在空间上所体现的分布规律，为区域下一步的优化调控提供基础。对桂西南喀斯特—北部湾海岸带这一典型区域进行分类分区研究，形成一套具有山江海过渡性区域特色的分类分区方法，可以为其他区域的分类分区方法提供理论支撑，并且提供方法借鉴，为国土空间的优化调控提供决策支持，以期更好地服务于区域生态系统规划。

6.1.2　地球关键带国内外研究背景

“关键带”（critical zone）一词最早由物理化学家D.E.Tsakalotos于1909年提出，指两种流体的二元混合物区域（Tsakalotos，1909）。而地球关键带的概念于 2001 年由美国国家科学研究委员会首次提出，该概念描述了地球关键带是地球各大圈层进行物质循环、能量交换的区域。2000 年国际地圈生物圈计划（IGBP）提出“人类世”（Anthropocene）的概念；并从“人类世”的视角全面描述了人类活动对地球系统变化与响应的核心和主导作用，地球表层系统和人类世是自然要素和人文要素联结的综合体，包含水土气生岩人类各要素（曹小曙，2022）。然而，20 世纪以来，人类活动对地球表层影响的范围、强度和幅度不断扩大，人地矛盾突出，全球气候变暖对生态环境的影响程度加大，使得地球关键带的研究成为研究的热点。

地球关键带作为 21 世纪地球科学发展的前沿，为了推动地球关键带研究的深入发展，科学界逐步推出科学研究计划、项目（Banwart et al.，2011）。美国 2005～2014 年总共创建了 10 个地球观测站，对地表过程进行研究；欧盟委员会同期也资助开展了 SoilTrEC 项目，建立了一个集土壤侵蚀、溶质运输、养分和碳的转换和食物链于一体的流域尺度计算过程模型；法国建立了法国河流流域网络，监测地球表面的永久环境，研究地表水及化学物质循环，根据土地覆盖及土壤的状态获得研究结果；德国建立了地球关键带观测网络平台，全面调查全球变化对陆地生态系统和社会经济的影响；澳大利亚建立了协作机制解决未来生态系统科学中的问题，解决当下和未来澳大利亚生态科学和环境管理的关键问题。我国对地球关键带的研究也越来越受到重视，陆续启动了“国际岩溶大科学计划”以及“岩溶系统关键带过程、循环与可持续性全球对比研究（IGCP661）”计划（Zhang，2019）。目前我国对地球关键带的研究主要集中在几个方面：在概念上，主要是从系统和学科的视角出发，为研究地球表层系统间的相互联系、相互作用提供新的研究思路；在研究主题上，主要包括风化和侵蚀过程对环境因素与生物过程的互馈作用机理、生物在地球关键带中的作用、地球关键带演化的时间尺度及在不同时间尺度上的影响、气候变化对地球关键带生物地球化学过程的影响方式和速率、地球关键带结构的演化与预测等；在研究内容及方法上，集中选择不同尺度的研究单元，如大江大河、山区平原高原、海岸带湿地、城郊、红壤、黑壤矿区等（陈肖如等，2021；沈彦俊等，2021；马腾等，2020；雷传扬等，2020），研究方法包括地质-水文地质学方法、数学方法、同位素方法、水文地球化学模拟方法、填土-检测-建模、压力-状态-影响-响应等（周长松等，2022）。曹小曙（2022）研究人类关键带及人类关键区的识别，探讨人类关键区的物质循环、能量流动、耦合机理与动力机制、地理模拟与调控决策等不同方面。总体而言，学者已经对地球关键带做了大量的研究，是很好的参考对象，目前我国的地球关键带研究主要是根据单一要素对近地表过程进行综合研究，对地表间系统性的有机关联研究甚少，且在近地表过程综合集成研究中更多的是强调多要素及其相关联因子之间的综合分析。因此，地球关键带地表多要素耦合研究亟须加强。

山江海耦合关键带是指地质地貌、土壤植被、土地利用类型、气候水文、人类活动与经济发展水平呈现出过渡性交错，综合水土气生岩要素，具有复杂性、综合性、空间异质性的人地系统。鉴于此，大多学者对地球关键带的研究大多仅是基于单个要素的研究，甚少进行多要素的耦合协调研究，根据其他学者研究存在的局限性，本节基于地球关键带的基本内涵，运用“自上而下与自下而上”相结合的分类分区方法、空间叠置法进行研究分析，根据山江海耦合关键区存在的环境问题，对该区域资源环境承载力进行定性研究，揭示研究山江海过渡性关键带分类分区及其环境效应，以期为国土空间规划优化调控提供理论借鉴。

6.1.3　研究内容与目标

桂西南喀斯特—北部湾海岸带地区是我国西部大开发和面向东盟开放合作的重点地区，对于国家实施区域发展总体战略和互利共赢的开放战略具有重要意义。本节以桂西南喀斯特—北部湾海岸带为研究对象，在梳理地球关键带的构成及其形成与演化主导影响因素的基础上，采用地貌类型、地质类型、土壤类型、植被类型、土地利用要素构建了山江海耦合关键带三级分类方案。按照自上而下和自下而上相结合的方法，遵循地理要素量变和质变相结合的原则，使用叠置法对主要构成要素的高级分类进行综合。以桂西南—北部湾为案例进行山江海过渡性关键带区划和制图，基于制图综合，将桂西南—北部湾地区划分为 38 个一级单元、78 个二级单元、111 个三级单元，对比分析三级分类中典型单元的空间分异特征及其形成原因；对比不同的地球关键带观测站类型并探索其研究意义；分析桂西南喀斯特—北部湾海岸带产生的环境效应及其治理举措。

本节通过对桂西南喀斯特—北部湾海岸带进行分类分区研究，综合分析在不同的地质、地貌、土壤、植被、土地利用类型条件下，探索山江海耦合关键带过程在空间上的分布规律及其带来的环境效应，以期为相似、邻近区域的科学研究提供借鉴，有望更好地服务于区域生态系统规划。

6.1.4　选题思路与技术路线

1. 选题思路

21 世纪以来自然资源趋紧，生态环境被破坏，已成为全球的热点话题，更是制约我国社会经济发展的重大问题。地表圈层是与人类联系最密切的圈层，美国国家研究委员会提出了地球关键带，地球关键带已成为国际地学界的前沿研究领域，其地处地球岩石圈、水圈、生物圈、大气圈的交叉地带，是维系人类生存与地球生态系统功能的关键区域。桂西南喀斯特—北部湾海岸地区是“一带一路”倡议重要区域，随着人类活动的干扰，生态环境的脆弱性愈加明显，这将会引发一系列生态环境问题，因此选择这一区域进行研究，以期为该地区的生态环境可持续发展和邻近区域的关键带研究提供理论指导。

2. 技术路线

对文献进行研究后构建山江海过渡性关键带研究框架，并对山江海过渡性关键带进行三级分区，对每一级分类分区指标体系构建、方法构建、分类特征及其环境效益分析形成一个系统的研究范式，如图 6.1 所示。

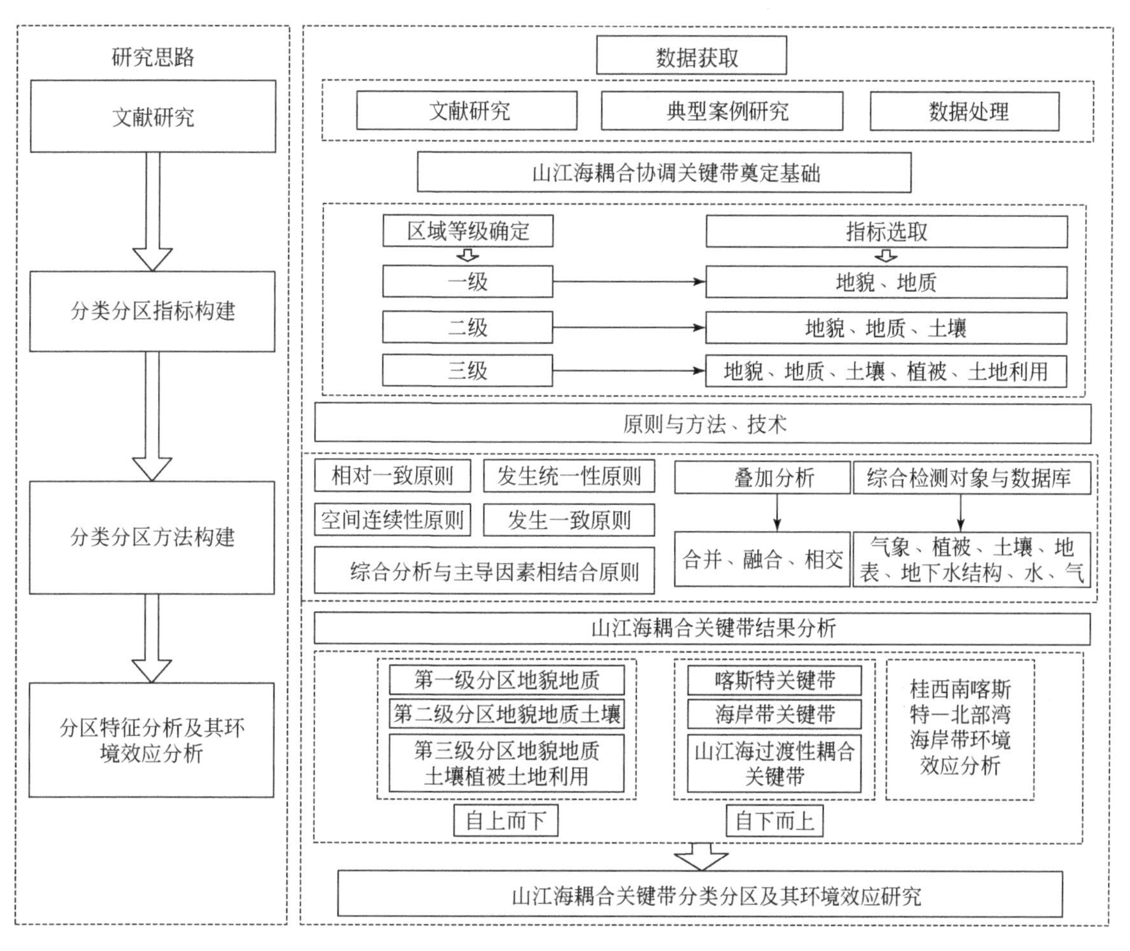

图 6.1　技术路线

6.2 地球关键带理论与方法

6.2.1 地球关键带内涵与外延及其研究学科意义及其实践作用

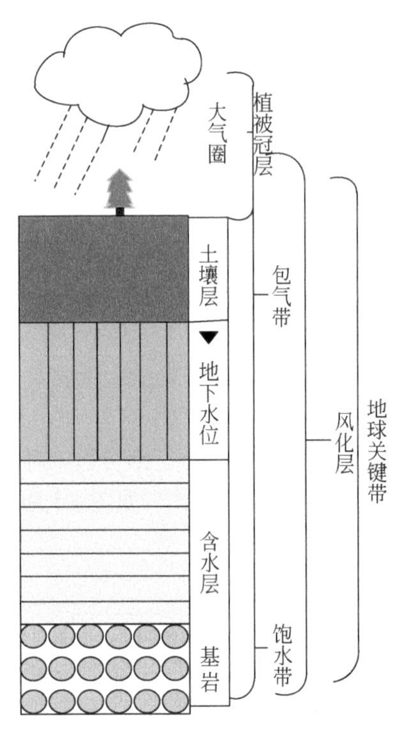

图 6.2　地球关键带分类示意图

1. 地球关键带的内涵与外延

地球关键带是地下基岩底部或者地下水底部垂直向上延伸至植被冠层顶部的连续垂直区域（宋照亮等，2020），包含着大气圈、水圈、岩石圈、生物圈，四大圈层间进行着物质循环和能量交换，存在着明显的空间异质性。在水平方向上，存在着森林、草原、荒漠、农田、湖泊、河流、海岸带、浅海环境（杨建锋和张翠光，2014），表现出明显的差异性和空间异质性；在垂直方向上，包含着植被界面层、土壤界面层、饱和包气带界面层、含水界面层、基岩界面层，即它们是由植被、土壤、水、岩石、生物和大气相互联系、相互影响的动态系统，如图 6.2 所示。然而地球关键带并非限于单一要素的研究，地球关键带是水文、土壤、气候、生物、岩石相互交汇的区域，是一个有机的整体，在时空上综合集聚效应的外在表现，因此需要针对水土气生岩多要素的耦合协调研究地球关键带的形成与演化。水土气生岩涉及多学科的综合研究，因此需要进行多学科的综合交叉与融合，在这一层面上地球关键带的外延更大，综合性更强，地球关键带是自然界和人类活动的重要场所，对其进行研究可以为生态文明的可持续发展提供优化调控的方向与理论借鉴，如图 6.3 所示。

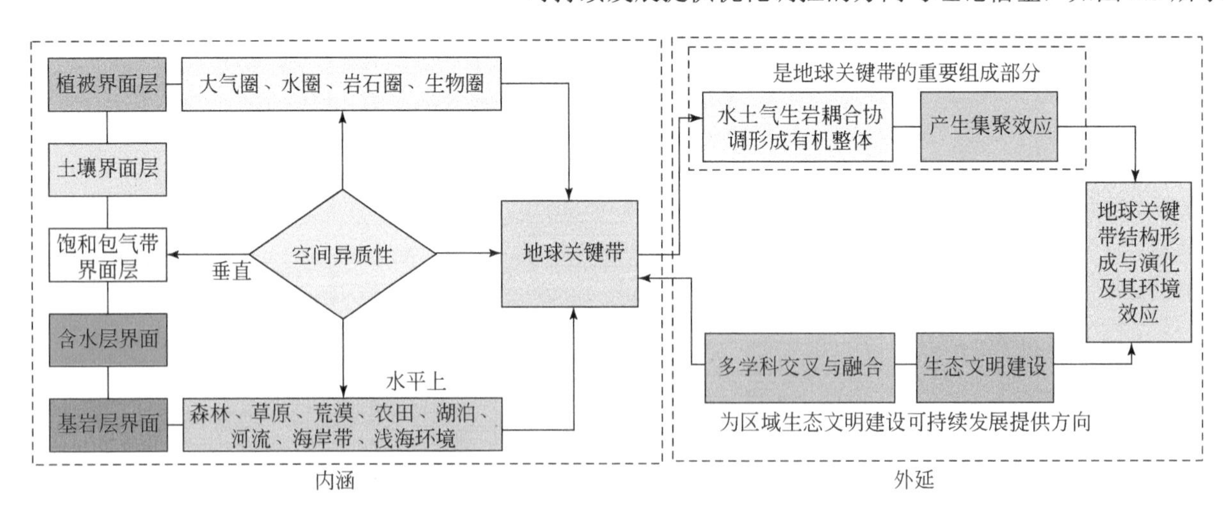

图 6.3　地球关键带的内涵与外延

目前研究关键带类型有黄土高原关键带、红壤关键带、岩溶关键带、流域关键带、华北山前平原农田关键带，见表 6.1。不同的地球关键带类型有不同的分布区域，其中，黄土高原典型的黄土丘陵沟壑和黄土塬区域，其地形陡峭，黄土集中分布，是典型的关键带分布区域；红壤关键带是连接大气圈、岩石圈、土壤圈、水圈和生物圈的关键部分，是地球表层系统最活跃的部分，土壤为地球关键带的核心；岩溶关键带是岩溶地质条件制约下的大气圈、生物圈（植物、微生物、动物和人类）、土壤圈、水圈和岩石圈的交汇地带，具有为人类生存服务和促进地球可持续发展的系统功能；流域关键带有其自然生存法则，精准控制流域水和物质的储备、释放、分配、传输、沉积，其包含 3 个区域，即物源区—传输区—汇集区。

表 6.1　关键带类型及分布区域

关键带类型	关键带概念及分布区域	作者
黄土高原关键带	黄土高原典型的黄土丘陵沟壑和黄土塬区域，其地形陡峭，黄土集中分布使这两类关键带各土地利用类型具有较高的径流量和产沙量，特别是耕地和裸地，各关键带植被缺乏的裸地和撂荒地的水土流失都较严重	胡健等（2021）
红壤关键带	红壤关键带是连接大气圈、岩石圈、土壤圈、水圈和生物圈的关键部分，是地表层系统最活跃的部分，土壤为地球关键带的核心，对土壤中的有机碳、颗粒有机碳、易氧化有机碳、水溶性有机碳及微生物生物量碳等活性有机碳进行研究	高振等（2019）
岩溶关键带	岩溶关键带是岩溶地质条件制约下的大气圈、生物圈（植物、微生物、动物和人类）、土壤圈、水圈和岩石圈的交汇地带，具有为人类生存服务和促进地球可持续发展的系统功能。岩溶关键带在垂向上由两个大系统组成：①大气-（降水）-植被-土壤-裂隙-基岩-水组成的“碳-水-钙”循环强烈的表层岩溶带；②岩溶/管道-洞穴-地下河-隔水层组成的巨大岩溶地下空间。前者更关注物质的运移、能量的转换、动力机制以及子系统的状态；后者更关注岩溶地下水与其溶质的运动、赋存及其与上部关键带的内在联系	吴泽燕等（2019）
流域关键带	流域关键带有其自然生存法则，精准控制流域水和物质的储备、释放、分配、传输、沉积，包含三个区域，即物源区—传输区—汇集区，源头区主要负责水资源的存储和物质的搬运侵蚀；上游区通过节律性的崩滑流为中下游提供物源，中游区通过河曲和湖泊实现上游物质的转存和传输，下游区通过河网沉积中游传输来的物质并入海。流域关键带从结构上包含盆-山作用断面、地表-地下水作用断面和海陆作用断面。流域关键带分别经历了风化及垂向侵蚀，搬运及侧向侵蚀、堆积及分配入海，流域系统生态环境问题频发，总体上表现出上游（冰川消融、水土流失和地质灾害）—中游（湿地退化、劣质地下水、洪涝灾害）—下游（水体污染和地面沉降）生态环境问题的显著差异性	马腾等（2020）
华北山前平原农田关键带	华北山前平原农田位于华北太行山前冲洪积平原的中段，是地下水灌区高产农业生态类型的典型代表	沈彦俊等（2021）
城郊关键带	城郊关键带处于城市和农村之间的城郊区域，成为具有独特结构、功能和城乡双重特性的过渡地带，也是环境矛盾冲突最激烈的区域	马琦琦等（2020）

2. 研究学科意义及其实践作用

在地球关键带中，岩石和矿物的风化与成土过程是大气圈、生物圈、岩石圈和水圈相互作用的主要形式，是控制地表环境、改变地球表面形貌和维持生命资源的重要物理、化学和生物过程，维持着陆地生态和水生生态系统的运行，并影响着全球生物地球化学循环。此外，地球关键带还包括我们的生活圈。地球关键带为整个生态系统提供营养，维持整个生态系统的运行，地球关键带的变化过程与人类活动和大气变化紧密相关，可以说，地球关键带是人类可持续发展的关键因素。地球关键带包含人类活动通常所能影响的所有区域，并为人类乃至所有生命的生存和发展提供了所需的生态系统服务功能。可以说，地球关键带为地球表层系统研究提供了可操作的对象，使地球表层系统研究有了明确和清晰的三维空间，为多学科综合研究奠定了基础。地球关键带对维系生态系统功能和人类的生存与发展起着至关重要的作用。具体而言，地球关键带的功能可以分为供给、支持、调节和文化服务 4 个方面。地球关键带的科学研究提出了一个系统科学的理念，有助于提高对环境变化的预测能力，提高应对我国资源、环境灾后问题的能力，可更好地服务于我国的生态文明建设和发展。例如，在解决城市面临的一些问题时，城市生态学将对城市化的科学管理提供很好的科学基础。城市生态学主要研究复杂的生态系统，而受人类活动高度干预的物质能量流动是相当复杂的。在城市化过程中，目前在自然科学的基础上进行的城市规划还不够，应充分考虑城市生物地理化学问题，如生物地理结构、城市土壤学、地理学等关系。地球关键带观测站的建立将有利于多学科集成关键带的研究，由于地球关键带观测站的战略是将单独的地表科学在研究过程中有效整合，了解地球关键带在学科之间的内在联系研究，从而更好地理解过程的耦合，过程耦合能引起长期的观测进化和对短期环境变化的响应，为地理学科的研究发展奠定基础。

6.2.2　地球关键带理论构架

地球关键带的界面上到植被冠层，下到地下水蓄水层底部，包含着近地表的生物圈、大气圈、整个土壤圈，以及水圈和岩石圈地表/近地表部分（安培浚等，2016）。地球关键带的形成与演化紧密受控于气候条件，因为不同的气候会带来不同的水分、热量、植被，而这些对物理侵蚀、化学风化、矿物转化、有机碳储存、土壤呼吸和碳循环等地表过程都会产生影响。地球关键带与土壤学、水文学、地质学等学科紧密相关，多时空尺度地球关键带形成和演化的特征、机制是对地质、气候、水文条件和生物活动的响应。为了综合反映不同地球关键带结构的耦合形成与演变的影响因素、组成与结构特点、生态系统服务等主题，本节构建了山江海耦合关键带的分类体系，第一级分类：选用地貌地质类型指标，桂西南喀斯特关键带中的水通过重力作用逐步改变地形，促进岩溶作用，从而驱动各类岩溶组合形态的产生。以碳酸盐岩为主的脆弱生态地质环境是喀斯特地区石漠化发育的基础。第二级分类：在一级分类的基础上增加土壤类型，物理的集聚和土壤运输改变土壤结构，促进植物生长，形成小气候，改变局部环境，循环持续对山江海耦合关键带产生作用，随着时间的推移，逐渐达到一个相对稳定的状态。第三级分类：在二级分类的基础上增加植被类型和土地利用类型，植被形态的形成与气候类型、植被类型、土壤类型有着直接或间接的联系，桂西南喀斯特—北部湾海岸带属于典型的亚热带季风气候区，雨热同期，形成亚热带阔叶林，土地利用方式的改变和人类活动的变化影响土壤的形成演化，地球关键带也会发生着一定程度的改变。

6.2.3　关键带分类分区方法

区域综合区划是根据区域内部的差异，将同一类型的自然特征和人文特征归入同一类研究区，并确定其界线范围（张海燕等，2020）。再根据区域之间的从属关系，各区域的环境、资源特征及其社会发展趋势进行研究，使各区域形成一定的等级系统。这样的分类区划有利于使人与自然和谐相处，从而实现社会的可持续发展。

在进行综合区划时，要遵循一定的准则和要求。区划依据的确定是选取指标的基础，随着区划对象、尺度、目的的不同而有所差异，因此要根据区划的目的和要求进行合理判定。地球关键带分类分区的综合区划重点是体现相对一致性原则，即注重不同等级区域内部特征的相对一致性和变异特征。因此不同分类等级的同一类型区域必须体现发展过程的相似性，为了综合反映不同圈层的相互交错机理、演化影响因素、组成与机构特点、生态系统服务的主题，本节构建三级分类体系。

综合区划要以实现社会的可持续发展和高质量发展为目标，以地域的分异规律为理论基础。综合自然区划原则是选取指标、运用合适区划方法、建立等级系统的依据，也是综合区划的指导思想。因此，综合区划要遵循发生统一性原则、相对一致性原则、空间连续性原则、自上而下与自下而上原则、综合分析与主导因素相结合原则。

1. 发生统一性原则

任何区域都是各组成要素和各组成部分相互联系、相互作用的产物，具有一定的历史继承性。发生统一性是区域所共有的特征，包括现代自然综合体统一形成过程与古地理过程的共同性。在进行山江海耦合关键带综合区划时要深入探讨区域间的历史背景和相互联系，以及各区域的形成原因与形成过程。

2. 相对一致性原则

相对一致性是指划分出的区域单元内部具有相对一致的特征。不同等级的区域单元的一致性是相对的，不同的区划单元具有不同的标准。根据相对一致性的要求，在进行山江海耦合关键带综合区划时必须要注意类型内部的相对一致性。

3. 空间连续性原则

空间连续性指划分出的自然区域单元必须保持空间连续性和不可重复性，又称区域共轭性，任何一个区域都是完整的个体，不存在彼此分离的部分。对于两个自然特征类似但是彼此隔离的区域，不能把它们划分到同一区域当中，如每个区域的综合区划都有各自的自然、人文、生态特征，根据空间连续性原则，它们应归属于不同的空间区划。

4. 自上而下与自下而上原则

较高等级的区域划分一般采取自上而下的演绎途径，较低等级的区域划分多根据自然资源组合运用自下而上的聚类分析法。自上而下更有助于把握宏观格局，自下而上则更有助于微观的空间单元定量精细化分析。自然资源综合区划体系应体现出等级性，高级别和低级别之间应存在包含关系，且高、低级的指标应受分区等级的影响。

5. 综合分析与主导因素相结合原则

任何区域都是各自然要素在地理分异规律的影响下，相互联系、相互作用所形成的统一整体。每一自然要素有各自的特征，某一要素变化必然会影响其他要素的变化，会影响整体特征和性质发生变化，并且还会受到其他要素的部分作用而产生新的特征。因此在划分区域时必须全面分析区域所有要素的特征和相似性，特别要注意区分地带性和非地带性的差异，并且依据特征划分合理的区域和界限。任何区域都是由自然地理要素和区域内各部分相互联系、相互作用形成的整体。

分类是山江海耦合关键带分区的基础（山江海耦合关键带的分类重点是体现相对一致性原则），即注重不同关键带内部特征的一致性与演变性特征（张甘霖等，2021）。因此，不同等级的同一类型区域必须体现发展过程的相似性。本节构建了山江海耦合关键带的分类体系，第一级：基于地貌要素与地质要素；第二级：在第一级的基础上增加土壤类型要素；第三级：在前两级的基础上增加植被类型、土地利用类型要素。

地球关键带是一个空间异质性较强的区域，并且在实际的研究边界上很难找到一条明确的自然界线，如何客观地体现山江海耦合关键带各组成要素的过渡特征，也是最大限度反映山江海耦合关键带类型分异程度的技术难点之一。综合考虑可以使用综合自然地理区划叠置法（倪绍祥，1994），在对类型归纳和总结的基础上使用对各地理要素最高分类级别进行综合叠加的方法，叠加操作产生的面积较小的图斑按照其相邻图斑大小与相邻长度进行融合，各级别单元的命名规则见表6.2。

表6.2　山江海过渡性耦合关键带的分类级别与命名规则

级别	包含要素	理论单元种类	实际单元种类	命名举例	编码举例
第一级	地貌类型、地质类型	12×4	38	平原-石灰岩区	Ab
第二级	地貌类型、地质类型、土壤类型	12×4×15	78	平原-石灰岩-砖红壤区	AbD
第三级	地貌类型、地质类型、土壤类型、植被类型、土地利用类型	12×9×15×7×6	111	平原-石灰岩-砖红壤区-阔叶林-农田区	AbD11

第一级分类：桂西南喀斯特—北部湾地区气候类型相对单一，因此在本分类方案中不考虑气候要素。地球关键带有空间异质性强、垂直分层、水平分异、立体交叉多级嵌套的特征。在空间上，各个圈层不是独立存在的个体，而是相互交叉、相互渗透构成的立体结构，其控制类型包含地貌类型、地质类型。其中，地貌类型是喀斯特关键带重要的控制因素之一。

第二级分类：岩石经过一系列物理过程，如风化、侵蚀、搬运、堆积，最终在地表形成疏松多孔的地质岩性，成土母质再经物理、化学及生物作用最终形成土壤。土壤圈位于岩石圈、生物圈、水圈、大气圈的交界层，在五大圈层中扮演着重要的角色，并且作为地球的皮肤，在地球关键带中是形态变动最活跃的圈层，土壤类型是将具有共性的土壤进行分门别类后得到的结果，对土壤进行高级分类是对典型的土壤类型进行概括与归纳，在大范围的地球关键带类型划分中具有重要的指示作用。因此，山江海耦合关键带第二级分类中增加了土壤类型这一要素。

第三级分类：在纵向上，地球关键带的上边界是植物冠层，下边界是含水层或者基岩层与半风化体的接触面。一方面为了体现更多的生态信息、土壤发生过程与水文过程，另一方面植被类型能够深刻地反映一个地区的气候、土壤类型和地貌类型，因此还需要考虑植被类型与土地利用信息。

编码机制：地貌类型、地质类型、土壤类型各自的类型数量不一，分别使用大小写字母进行标识。植被类型、土地利用要素的种类个数小于 10，使用数字进行标识。为了简化命名，针对第三级分类单元新建了一个“缩写字段”，以突出主要的影响因素。考虑第三级分类涉及的要素较多，为了体现编码的继承性，编写名称中因简化而删除的要素使用横线作为占位符。如果编码的后几位全是占位符，则可以省略。

6.2.4 数据来源及其数据介绍

本节研究的数据主要有地貌类型、土壤类型、地质类型、植被类型、土地利用类型，它们均来源于资源环境科学与数据中心（https：//www.resdc.cn/）。地质类型主要有岩石风化物与松散沉积物两大类，并包含两大类的 12 种子类。基于中国土壤系统分类，土壤类型图包含 14 种土纲与非土壤类型，地貌类型图以起伏高度为主（程维明等，2019），包含低海拔平原、低海拔丘陵、低海拔台地、低海拔山地、中海拔山地 5 种分类单元；植被类型图包含阔叶林、草丛、栽培植被、针叶林、灌丛、其他、沼泽；土地利用类型图是在全国 1∶100 万土地利用数据和遥感分类数据的基础上编制完成的，包含耕地、林地、水体、建设用地、未利用地、海洋；地表温度和归一化植被指数（NDVI）来源于美国国家航空航天局（NASA）（https://www.nasa.gov/）；气象数据来源于国家气象科学数据中心（http://data.cma.cn/）；社会数据来源于《广西统计年鉴》（http://tjj.gxzf.gov.cn/tjsj/tjnj/）。

6.3 山江海耦合关键带分类分区

6.3.1 桂西南喀斯特—北部湾海岸带

基于地貌类型与地质类型，第一级分区包含 38 个单元，由图 6.4 可以看出，中海拔山地-非碳酸盐岩区占据最大面积（19.1%），此类地球关键带主要分布在桂西南百色市、崇左市西北部。其次是，低海拔丘陵-非碳酸盐岩区（16.8%）主要分布在崇左市南部、南宁市西南部、防城港市北部；低海拔低平原（地）-非碳酸盐岩区主要分布在北海市大部分地区、钦州市南部、百色市中部、玉林市中部。

在第一级分区的基础上加入土壤类型这一要素，经过破碎图斑的融合得到山江海耦合关键带的第二级分区，如图 6.5 所示，其中，中海拔山地非碳酸盐岩区红壤性土的覆盖面积最大（13.98%），主要分布在百色市西北部、防城港市西北部地区、崇左市北部及其玉林市小部分地区，这些地区为喀斯特地貌类型典型区域，山地、峰丛洼地，红壤性土、非碳酸盐岩占地面积大。山江海耦合关键带第二级分区图中面积覆盖较大的单元有低海拔山地-非碳酸盐岩区-红壤性土（D-a-D，9.98%）、低海拔丘陵-非碳酸盐岩区-红壤性土（B-a-D，9.31%）、低海拔低平原（地）-非碳酸盐岩区-红壤性土（A-a-D，9.17%）、低海拔丘陵-非碳酸盐岩区-酸性紫色土（B-a-L，4.55%）、中海拔山地-非碳酸盐岩区-黄壤性土（E-f-k，3.72%）、中海拔山地-灰岩加碎屑岩组合-石灰（岩）土（E-f-G，3.50%）、中海拔山地-连续性石灰岩组合-石灰（岩）土（E-g-G，3.01%）。地质类型主要是非碳酸盐岩区（钦州市、北海市、防城港市、百色市），灰岩加碎屑岩组合、石灰岩土区（崇左市、百色市、南宁市）。

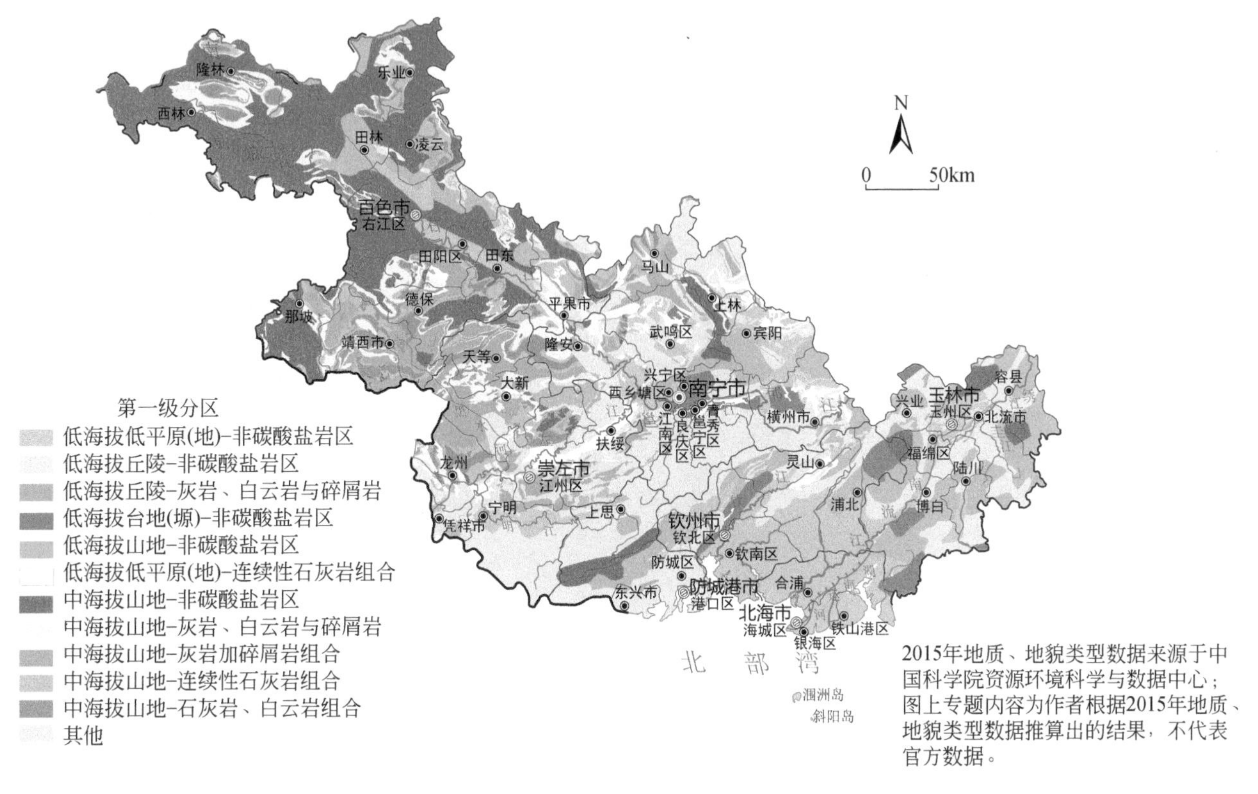

图 6.4　山江海耦合关键带第一级分区

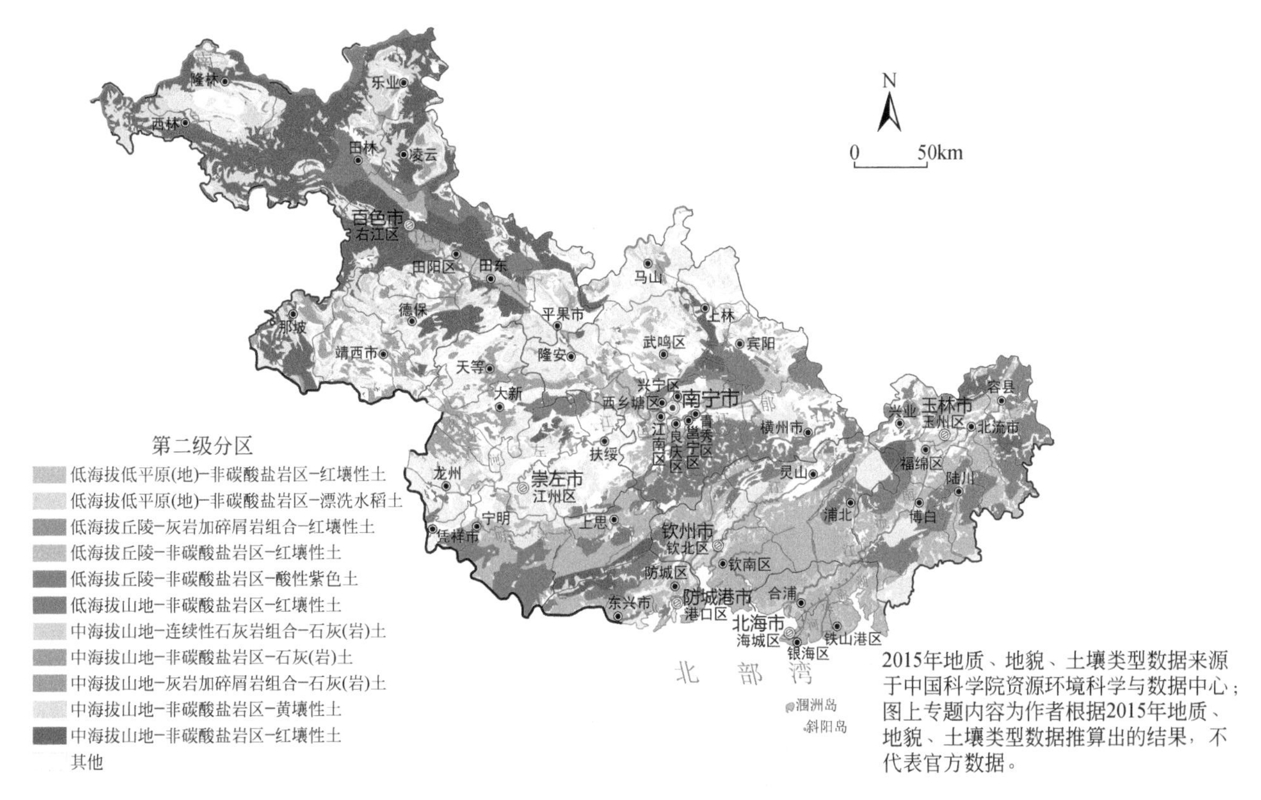

图 6.5　山江海耦合关键带第二级分区

山江海耦合关键带第一、二级分区具有较好的继承性，第三级分区是在第二级分区的基础上增加植被类型、土地利用类型后叠加生成的。山江海耦合关键带第三级分区显著提升了图斑的破碎程度，如图 6.6 所示，地球关键带分类所用的指标空间中，这些类别在区域尺度上的空间分布存在明显的差异。为了体现这些类别在研究区域尺度的空间分布特征，按照面积百分比排序，列举前 10 个具有代表性的类型，见表 6.3。低海拔丘陵-非碳酸盐岩-复盐基红黏-针叶林-河渠（B-a-M-4-10）的面积为研究区总面积的 15.21%，主要分布在防城港市、南宁市、玉林市这 3 个城市的大部分地区。其次是低海拔山地-非碳酸盐岩-复盐基红黏土-针叶林-河渠（D-a-M-4-10），其面积为研究区总面积的 13.17%，主要分布在百色市东北部，南宁市东北部和东南部地区，玉林市东北部和西南部，以及崇左市西南部和防城港市中部地区。

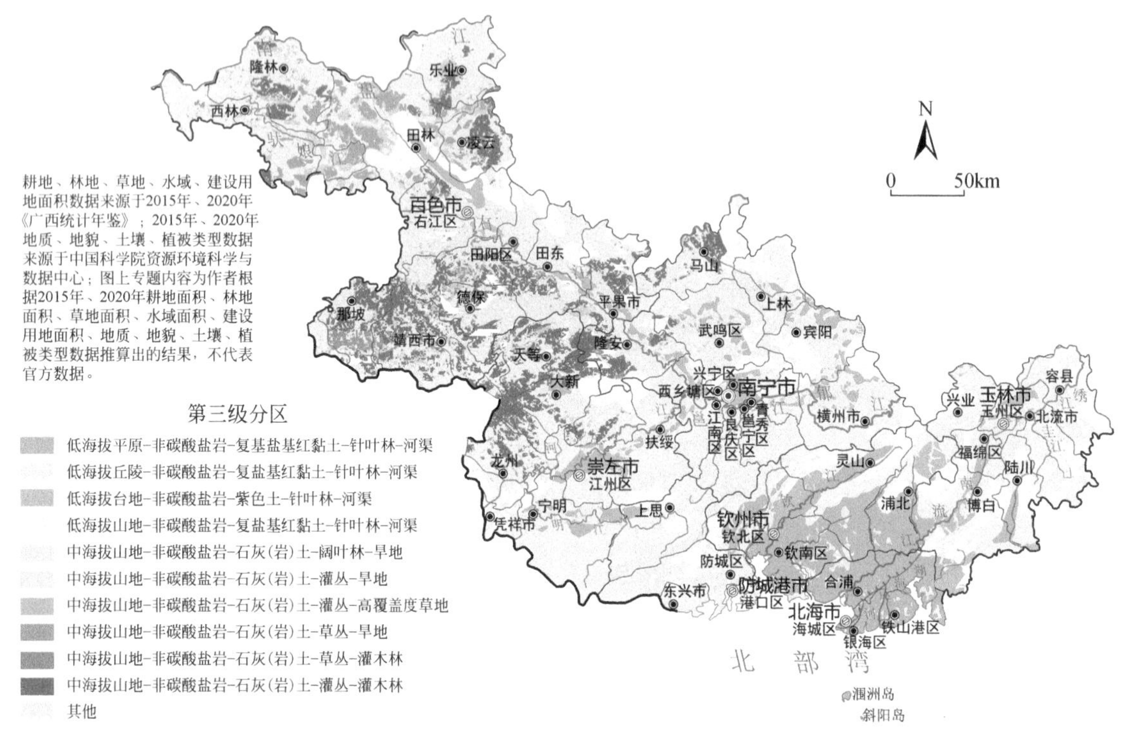

图 6.6 山江海耦合关键带第三级分区

6.3.2 典型山江海耦合关键带类型特征

以山江海耦合关键带的前十大单元为例，见表 6.3，统计各单元的环境因子信息，见表 6.4，将相似的地球关键带单元进行对比。NDVI 是反映农作物长势和营养信息的重要参数之一，在土壤生态系统中扮演重要的角色，用植被覆盖度来表征植被状况。有研究指出提高植被覆盖率能够减小土壤侵蚀率，因此，植被覆盖率与土壤侵蚀率成反比。植被的覆盖度越大，说明植被的生长状况越好，且覆盖面积广还可以调节大气。此外，土壤碳汇对生态系统起重要的调节作用，土壤有机碳含量越高，对减缓气候变化越有利，土壤有机碳储存与气候调节功能正相关。将相似的山江海耦合关键带分区进行对比分析，如 B-a-M-4-10（低海拔丘陵-非碳酸盐岩-复盐基红黏土-针叶林-河渠）、D-a-M-4-10（低海拔山地-非碳酸盐岩-复盐基红黏土-针叶林-河渠）、A-a-M-4-10（低海拔平原-非碳酸盐岩-复基盐岩红黏土-针叶林-河渠）。B-a-M-4-10、D-a-M-4-10、A-a-M-4-10 的地质类型、土壤类型、植被类型、土地利用类型基本一致，但地貌类型有一些区别，如 B-a-M-4-10 属于低海拔丘陵，D-a-M-4-10 属于低海拔山地，A-a-M-4-10 属于低海拔平原；D-a-M-4-10 主要分布在桂西南地区，桂西南地区是以山地和丘陵为主，该地区喀斯特地貌占地面积大，土壤有机碳含量为 18.34g/kg，A-a-M-4-10 主要分布在北部湾地区，北部湾地区以丘陵、平原为主，土壤有机碳含量为 17. 42g/kg，D-a-M-4-10 的高程（297. 9m）和坡度（15°）略高于 A-a-M-4-10 的高程（279.8m）与坡度（13.2°）；E-a-G-5-4（中海拔山地-非碳酸盐岩-石灰（岩）土-灌丛-灌木林）、E-a-G-5-2（中海拔山地-非碳酸盐岩区-石灰（岩）土-灌丛-旱地），两个分区单元的地貌类型都是中海拔山地，E-a-G-5-2 的高程（820.3m）与坡度（21.8°）略高于 E-a-G-5-4 的高程（658.2m）与坡度（21.0°），E-a-G-5-2 的深层黏土含量为 56.7%、深层盐碱度 pH 为 4.0，E-a-G-5-4 的深层黏土含量为 52.9%、深层盐碱度 pH 为 5.3。这两个区域的区别主要是土地利用类型不同以及土壤盐碱度、黏土含量不同，体现了不同的成土环境对土壤形态特征的影响；E-a-G-5-2 的主要成土过程是脱硅富铝化过程，由于土壤矿物的风化，形成弱碱性条件，可溶性盐、碱金属和碱土金属盐及硅酸大量流失，导致铁、铝在土体内相对富集。E-a-G-5-2 的主要发生过程是黏化作用，风化成土过程中的黏粒形成、迁移与淀积导致特定土层黏粒含量增加。

表 6.3　山江海关键带第三级分区示例单元命名及编码（占研究区总面积百分比的前 10 名）

第三级分区	缩写名称	完整编码	缩写编码	面积/%	地理位置
低海拔丘陵-非碳酸盐岩-复盐基红黏土-针叶林-河渠	低海拔丘陵-非碳酸盐岩-复盐基红黏-河渠	B-a-M-4-10	B-a-M-10	15.21	防城区、东兴市、灵山县、良庆区、邕宁区、横州市、宾阳县、马山县、西乡塘区、隆安县、福绵区、博白县、陆川县、北流市、兴业县、容县
低海拔山地-非碳酸盐岩-复盐基红黏土-针叶林-河渠	低海拔山地-非碳酸盐岩-复盐基红黏-河渠	D-a-M-4-10	D-a-M-10	13.17	乐业县、田林县、凌云县、田东县、平果市、武鸣区、马山县、上林县、西乡塘区、宾阳县、兴宁区、横州市、龙州县、扶绥县、上思县、防城区、钦北区、灵山县、浦北县、福绵区、兴业县、陆川县、容县
低海拔平原-非碳酸盐岩-复盐基红黏土-针叶林-河渠	低海拔平原-非碳酸盐岩-复基盐岩红黏-河渠	A-a-M-4-10	A-a-M-10	10.81	田林县、右江区、田东县、平果市、隆安县、西乡塘区、武鸣区、江州区、宁明县、上林县、宾阳县、钦南区、灵山县、合浦县、海城区、铁山港区、陆川县、福绵区
中海拔山地-非碳酸盐岩-石灰（岩）土-灌丛-灌木林	中海拔山地-非碳酸盐岩-灌木林	E-a-G-5-4	E-a-G-4	7.47	隆林各族自治县、乐业县、凌云县、那坡县、靖西市、德保县、马山县、隆安县、江州区、马山县、大新县、天等县、龙州县
中海拔山地-非碳酸盐岩-石灰（岩）土-灌丛-旱地	中海拔山地-非碳酸盐岩-石灰（岩）土-旱地	E-a-G-5-2	E-a-G-2	3.39	西林县、隆林各族自治县、凌云县、那坡县、德保县、龙州县
低海拔台地（塬）-非碳酸盐岩-紫色土-针叶林-河渠	低海拔台地（塬）-非碳酸盐岩-紫色土-河渠	C-a -L-4-10	C-a -L-10	1.92	武鸣区、兴宁区、马山县、青秀区、横州市、钦南区、兴业县、博白县、陆川县
中海拔山地-非碳酸盐岩-石灰（岩）土-阔叶林-旱地	中海拔山地-非碳酸盐岩-阔叶林-旱地	E-a-G-1-2	E-a-G-2	1.78	隆林各族自治县、西林县、田林县、乐业县、凌云县、那坡县、德保县、龙州县
中海拔山地-非碳酸盐岩-石灰（岩）土-草丛-旱地	中海拔山地-非碳酸盐岩-草丛-旱地	E-a-G-2-2	E-a-G-2	1.57	隆林各族自治县、西林县、田林县、乐业县、那坡县、靖西市、田东县、隆安县
中海拔山地-非碳酸盐岩-石灰（岩）土-灌丛-高覆盖度草地	中海拔山地-非碳酸盐岩-灌丛-高覆盖度草地	E-a-G-5-7	E-a-G-7	1.33	西林县、隆林各族自治县、田林县、乐业县、凌云县、右江区、那坡县、靖西市、德保县、天等县、田东县、平果市、马山县、大新县
中海拔山地-非碳酸盐岩-石灰（岩）土-草丛-灌木林	中海拔山地-非碳酸盐岩-草丛-灌木林	E-a-G-2-5	E-a-G-5	0.91	西林县、隆林各族自治县、乐业县、凌云县、右江区、田阳区、德保县、那坡县、靖西市、田东县、天等县、隆安县

表 6.4　山江海耦合关键带第三级分区的部分环境指标（平均值±标准差）

环境指标	B-a-M-4-10	D-a-M-4-10	A-a-M-4-10	E-a-G-5-4	E-a-G-5-2	C-a-L-4-10	E-a-G-1-2	E-a-G-2-2	E-a-G-5-7	E-a-G-2-5
年均气温/℃	21±1.1	21.1±1.7	21.5±1.8	19.6±1.5	19.4±1.4	22.1±0.8	19.1±1.4	19.1±1.4	19.3±1.2	19.5±1.6
年降水量/mm	1632.5±210.7	1619.7±230.3	1486.3±225.1	1568.1±237.5	1448.6±152.1	1703.9±209.6	1423±149.3	1487±223	1432.7±198.5	1434.4±211.6
地表温度/℃	24.9±08	24.6±10	25.3±13	24±0.9	24±1.0	24.7±0.6	23.8±0.9	23.9±0.6	23.9±0.6	24.0±0.7
日照时数/h	1534.4±158.4	1552.6±181.6	1586.2±181.0	1504.0±223.2	1560.8±215.2	1562.2±166.0	1554.8±208.5	1553.4±210.7	1543.1±208.0	1549.0±205.1
NDVI	0.7±0.0	0.7±0.0	0.7±0.1	0.7±0.0	0.7±0.0	0.7±0.0	0.7±0.0	0.7±0.0	0.7±0.0	0.7±0.0
坡度/（°）	13.1±28	15.0±41	13.2±55	21.0±24	21.8±24	12.5±34	21.9±21	20.9±24	21.2±19	21.0±22
高程/m	171.3±68.0	297.9±233.8	279.8±290.4	658.2±298.6	820.3±265.6	158.4±80.4	829.6±235.2	769.2±291.6	689.9±263.9	713.99±268.3

续表

环境指标	B-a-M-4-10	D-a-M-4-10	A-a-M-4-10	E-a-G-5-4	E-a-G-5-2	C-a-L-4-10	E-a-G-1-2	E-a-G-2-2	E-a-G-5-7	E-a-G-2-5
土壤有机碳含量/（g/kg）	17.5±3.1	18.3±2.5	17.4±2.4	20.5±1.3	21.3±0.9	16.9±1.3	21.1±1.0	20.51±1.6	20.4±1.2	20.5±1.4
深层酸碱度 pH	6.8±1.4	6.3±2.2	5.7±1.4	5.3±2.0	4.0±1.6	7.0±1.3	4.2±1.4	5.1±0.9	5.7±1.3	5.7±1.3
深层黏土含量/%	35.4±16.7	38.2±16.4	39.5±14.4	52.9±4.9	56.7±0.7	34.8±15.3	55.4±3.6	52.9±5.7	52.9±5.0	48.8±10.4
深层盐度/%	0.2±0.1	0.2±0.1	0.2±0.1	0.7±0.0	0.1±0.0	0.2±0.1	0.1±0.0	0.1±0.0	0.1±0.1	0.1±0.1

6.3.3　不同关键带特征分析

桂西南喀斯特关键带如图 6.7 所示。桂西南喀斯特关键带地区主要的分区类型为第三级分区中面积排名占比前 10 名的中海拔山地-非碳酸盐岩-石灰（岩）土-灌丛-灌木林（E-a-G-5-4）、中海拔山地-非碳酸盐岩-石灰(岩)土-灌丛-旱地(E-a-G-5-2)、中海拔山地-非碳酸盐岩-石灰(岩)土-阔叶林-旱地(E-a-G-2-2)、中海拔山地-非碳酸盐岩-石灰（岩）土-草丛-旱地（E-a-G-2-2)、中海拔山地-非碳酸盐岩-石灰（岩）土-灌丛-高覆盖度草地（E-a-G-5-7)、中海拔山地-非碳酸盐岩-石灰（岩）土-草丛-灌木林（E-a-G-2-5），该地区以喀斯特地貌、低山丘陵为主，地势自西北向东南倾斜，地形起伏大，平均起伏度为 24.08m，平均海拔 411.82m，是广西喀斯特发育的典型地区之一，主要的地质类型为以碳酸盐岩为主的白云岩、石灰岩，土壤类型以酸性红壤为主，植被类型较丰富，以亚热带和热带为特色。该地区水热资源相对丰富，降水充沛，年均降水量为 1465.6mm，地表温度为 23.92℃。植被覆盖度较高，生长季平均 NDVI 为 0.74，石漠化发生的坡度范围为 15°～50°，坡度越大，石漠化发生的风险就越高、程度就越严重。土壤有机质含量为 20.72g/kg，土壤有机质含量越大，土壤的肥力越高。南宁市、百色市、崇左市是喀斯特地貌分布广泛的地区，3 市 2020 年户籍人口数总和为 1641.98 万人，常住人口数为 1441.99 万人，人口密度为 217.1 人/km^2。3 市人口密集，人类活动强烈，土地开发利用程度高；人地关系紧张，石漠化问题最为突出，极大地影响该地区生态环境和经济发展。

北部湾海岸带关键带如图 6.7 所示。该地区主要的分区类型为第三级分区中面积排名在 10 以内的低海拔丘陵-非碳酸盐岩-复盐基红黏土-针叶林-河渠（B-a-M-4-10)、低海拔山地-非碳酸盐岩-复盐基红黏土-针叶林-河渠（D-a-M-4-10)、低海拔低平原-非碳酸盐岩-复盐基红黏土-针叶林-河渠（A-a-M-4-10)、低海拔台地（塬）-非碳酸盐岩-紫色土-针叶林-河渠（C-a-L-4-10)。该地区以海岸地貌、低山丘陵、盆地、滨海平原为主，地形起伏较小，平均起伏度为 15.94m，平均海拔 125.52m，土壤类型以酸性的红壤、赤红壤、砖红壤为主，植被类型较丰富，以亚热带和热带为特色。该地区亚热带季风气候雨热同期，降水充沛，年均降水量为 1610.59mm，地表温度为 24.87℃。植被覆盖度较高，生长季平均 NDVI 为 0.69，该地区坡度为 13.46°，坡度小于 15°的地区发生石漠化的概率较小。土壤有机质含量为 17.55g/kg，土壤的有机质含量是评价该地区土壤肥力大小的重要因素，该地区土壤以红壤为主，土壤肥力相对于桂西南喀斯特部分地区较小。北海市、防城港市、钦州市靠近海洋，玉林市邻近北部湾海岸带地区，4 市 2020 年户籍人口数总和为 1441.94 万人，常住人口数为 1201.35 万人，人口密度为 424.74 人/km^2。人口密度大，社会经济活动频繁，人类不合理的经济活动将进一步影响海洋生态环境的可持续发展。

人类关键区。人类活动指在一定时空尺度上能够直接改变或影响人类生存环境的、具有一定规模的人的活动或行为，具体包括工业活动（采掘、能源、冶炼、加工、制造等)、农业活动（种植业、畜牧业、林业、渔业等）和城镇活动（商业、交通、供水、垃圾与排污等)。其对地球四大圈层的影响形式包括地表形态、地表植被、地表地球化学过程、水循环途径和物质成分、大气物质成分、物种等，人类活动是建立在资源环境承载力的基础之上的，资源环境承载力是指在自然环境不受危害的前提下，所能承载的人类活动和经济的数量和质量（彭再德和杨凯，1996)，人类活动对地球系统变化带来的影响主要表现在人类长期以来带给地表环境的压力，因此导致人类赖以生存的森林、草原、河流、海洋生态环境健康程度持续下降，人类关键带频繁的、不合理的人类活动将会进一步影响喀斯特地区的生态环境，加剧喀斯特关键带的脆弱性；同时区域环境恶化、污染与重大灾害多发频发的海洋生态环境问题，将会对海洋生态环境的可持续发展带来严峻的挑战，因此将会进一步影响海岸带关键带，产生不利于区域发展的环境效应问题，以上问题的产生实质上是人类活动强烈作用于生态环境，从而导致了人地系统耦合失调（刘彦随，2022）。因此，必须要协调好人类关键区和喀斯特关键带、海岸带关键带各要素之间的耦合协调关系。

图 6.7　占研究区总面积排名前 10 的山江海耦合关键带空间分布

6.3.4　中国典型关键带类型

为了更深入地研究地球关键带，中国开始进行关键带观测站的研究，现对中国 5 种典型的关键带进行分析，分别为喀斯特关键带、城市（城郊）关键带、红壤关键带、黄土高原关键带、流域关键带。地球关键带中发生的物理、化学和生物过程均与人类活动密切相关，在不同地理区域起主导作用的环境因子也迥异。中国在 CERN 的基础上，基于研究项目先后在 6 个典型生态站开展了以地球关键带观测为标准的系统观测，见表 6.5，并开展了地球关键带过程与生态系统服务功能研究。

喀斯特关键带。喀斯特石漠化带来的生态环境效应主要表现为水土流失、河道淤积和自然灾害频发，同时石漠化使得生态环境恶化，严重影响了农、林、牧业生产，甚至影响了人类的生存，由于喀斯特地区特殊的成土母质，中国喀斯特地区人地矛盾突出，主要体现在石漠化的快速扩展、成土物质的先天不足等方面，不同等级的地球关键带分类对于理解区域碳酸盐岩对土壤存量与物质循环的影响提供了有效的数据支撑。今后对于喀斯特关键带的研究重点是喀斯特土壤和植被的相互作用与生态功能。发现植被-水文-生物地球化学耦合机理及生态系统服务提升机制不仅有利于区域石漠化治理和区域经济可持续发展，而且对于喀斯特脆弱的生态系统功能恢复具有重要的生态意义。

城市（城郊）关键带。土壤在地球关键带中的核心地位导致土壤安全能够显著影响其他要素，这一点在城郊区域尤为显著。地球关键带分类信息的综合利用有助于对城市（城郊）关键带生物地球化学循环及不同土地利用类型下物质的时空分布规律的认识，进而为促进城市（城郊）的和谐发展提供指导。城市（城郊）关键带研究的重点主要体现在城乡双重特性过渡地带的生物地球化学循环，这不仅对于指导城乡双重特性过渡地带的土壤环境治理具有重要的社会经济价值，而且对于城乡生态系统评价具有重要的意义。

表 6.5　中国典型地球关键带的观测站及其类型

环境信息	喀斯特关键带	城市（城郊）关键带	红壤关键带	黄土高原关键带	流域关键带
地理位置	贵州省普定县	浙江省宁波市	江西省鹰潭市	陕西省洛川县	长江中游江汉平原
气候带	中亚热带	北亚热带	中亚热带	暖温带	中亚热带
高程/m	1170	200	50	1106	27
年均气温/°C	15.1	18.1	17.7	10.0	13.7
年均降水量/mm	1367	1382	1795	600	1200
主要成土母质	石灰岩	河流冲积物	红砂岩	黄土	河流冲积物、湖泊淤积物
主要土壤类型	淋溶土	人为土	人为土	雏形土	黏质粉土
主要农作物	水稻、小麦、玉米	水稻、玉米	水稻、花生	小麦、高粱、花生	水稻、棉花、油菜
研究重点	喀斯特土壤-植被相互作用与生态系统功能	城乡双重特性过渡地带的生物地球化学循环	地球关键带演化过程与水土资源安全	水土过程及其对生态系统服务功能影响的观测与模拟	建立了流域生态环境问题库、地球四大圈层变量库和人类活动变量库进行模拟与预测
重要发现	植被-水文-生物地球化学耦合机理及生态系统服务提升机制	城郊土壤生态系统服务所涉及的安全问题	自然和人为作用下红壤风化与形成的关键过程、速率及驱动机制	多尺度水土保持过程的空间变异规律和机制，以及其对重大生态工程的响应机制	识别了各断面和界面的共性变量和特征变量
社会经济价值	服务于区域石漠化治理，区域经济可持续发展	指导城乡双重特性过渡地带的土壤环境治理	服务于土壤水土资源安全可持续管理	为人地系统耦合与区域经济可持续发展提供支撑	为流域地球关键带调查理论方法体系的建立提供探索性经验
生态意义	喀斯特脆弱的生态系统功能恢复	城郊生态系统服务评价	红壤生态系统抵御退化的能力及可恢复性评价	区域生态系统服务评估	构建了流域地球关键带调查理论方法体系，服务流域生态文明建设

红壤关键带。中国红壤地区的低山丘陵长期受亚热带季风气候的影响，雨季旱季分明，集约化的农业给当地的生态保护带来了潜在的威胁，准确识别红壤地区的成土母质、土壤类型、地下水深度等土壤信息的空间分布特征，对于正确理解自然和人为作用下红壤风化与形成的关键过程、速率及驱动机制具有一定的借鉴意义。目前对于中国红壤关键带主要研究的是地球关键带演化过程与水土资源安全，这不仅可以服务于土壤水土资源安全可持续管理，而且可以进行红壤生态系统抵御退化的能力评价及可恢复性评价。

黄土高原关键带。由于独特的地貌特征与地理位置，黄土高原有近 2/3 的地区为干旱-半干旱地区，退耕还林还草实施了 20 年，已导致黄土高原的土地利用发生了剧烈变化，这与该地区人为扰动、气候与成土母质的主导作用密切相关，因此，随着黄土高原关键带的构建，系统研究了季风区黄土高原多尺度土壤水文过程，阐明了土壤水文过程对重大生态工程的响应机制，对于评估黄土高原生物和工程治理的环境效应具有重要的参考价值。

流域关键带。流域地球关键带的非均质结构控制着物质流和能量流的循环节律，包括循环方向、循环强度和循环周期。因此，我们可以通过监测流域地球关键带横向上 3 个断面（盆-山作用断面、地表-地下水作用断面、海-陆作用断面）和垂向上 5 个界面（大气-植被界面、植被-土壤界面、包气带-饱水带界面、弱透水层-含水层界面、含水层-基岩界面）的物质和能量循环信息，认识和掌握水文过程生物地球化学过程和生态过程的动态变化规律，识别地球关键带的健康状态。选取合适的过程耦合模型作为基础，然后整合流域地球关键带结构与表征、过程与变量检测所获得的时空数据，开展流域地球关键带模拟与预测，可以为流域地球关键带提供合理的对策与建议。通过模型揭示地球关键带过程、机理及其产生的环境效应，明确其典型的生态环境问题，提出合理的防治对策；通过假定气候、环境的一般或极端演化预测典型的生态环境问题，为后续相关研究提供具有前瞻性的建议。

6.4　关键带环境效应

6.4.1　资源环境承载力理论体系

地球关键带是指具有空间异质性的区域，是大气圈、水圈、岩石圈、生物圈相互联系、相互交汇的区域（杨顺华和张甘霖，2021）。岩石圈包括地层、构造、地貌、矿产资源、内外动力地质现象等要素的发生、发展与演化；水与大气圈包含气候要素，如雨量、温度、湿度、风力、阳光辐射、蒸发、冻融等，以及地表水体、地下水体、水的循环、水-气变换等特性与规律；生物圈则包括自然界动物、植物和微生物的分布与进化以及相互间生态平衡与制约规律。环境承载力是指在一定时期和一定范围内，在维持区域环境系统结构不发生质的改变、区域环境功能不朝着恶性方向改变的条件下，区域环境系统所能承受的人类各种社会经济的能力（彭再德和杨凯，1996）。其中资源承载力包含环境承载力和生态承载力，各类承载力不同，因此其会在不同的时期具有不同的内涵，其中资源承载力在农业文明时期包含人口承载力、土地资源承载力、水资源承载力、矿产资源承载力。环境承载力在工业文明时期包含水环境承载力、大气环境承载力、旅游环境承载力。生态承载力在生态文明时期包含生态服务承载力。其中影响资源承载力的重要因素有自然资源、科技发展、区域的经济开发程度、生活消费水平。地球关键带具有空间异质性，说明资源环境承载力将会面临很多挑战，因此形成一定的理论方法体系具有重要的科学意义。

6.4.2　资源环境承载力评价指标体系

资源环境承载力系统是一个包含多个子系统互动反馈的复杂系统，构建具有区域特色和适合资源环境承载力评价的指标体系框架是研究的关键所在。应根据资源环境承载力评价指标体系的设置依据和构建原则，以及自然、人文特色和 SPR 模型构建资源环境承载力评价指标体系。从资源环境开发地所处的生态系统组成部分出发，充分体现研究区的自然资源和经济社会各自的发展特点。资源环境承载力的理论框架内涵，不仅要关注压力指标和状态指标，还要兼顾促进生态系统稳定的响应指标。SPR 模型是评价某一特定区域生态环境脆弱性的常用方法（樊杰等，2017），包含生态压力度因子、生态恢复力因子、生态敏感度因子。生态压力度指该系统受到外界干扰及其产生的生理效应。生态恢复力是指某一区域及其某一时间段内该系统在内外干扰下的自我调节和自我恢复能力。生态敏感度是指在保持生态环境质量不变的情况下，外界环境变化对生态因子的影响能力。生态敏感度高的地区对区域生态环境起决定性作用，生态敏感度越高，对外界环境变化的反应越敏感，生态敏感区的变化将影响周边区域，从而影响整个区域生态环境的状况。

为了体现桂西南喀斯特关键带和北部湾海岸带关键带的资源环境承载力，构建一定的评价指标体系、建立科学的评价指标体系直接关系资源环境承载力量化结论的准确性，对所选的桂西南喀斯特关键带、北部湾海岸带关键带生态环境承载力的评价应以生态环境承载力作为目标。具体的指标体系可为目标层、准则层、指标层。目标层的构建要素包括生态压力度、生态敏感度、生态恢复力。准则层的构建要素包括人口压力、经济压力、自然风险压力、地形、地表、气象、水文、生态、文化、功能、弹性等。评价指标体系见表 6.6。

表 6.6　评价指标体系

目标层	准则层	指标层
生态压力度	人口压力	人口密度
		海岸带人口密度
	经济压力	经济密度
		海岸带经济密度
	自然风险压力	矿山地质环境分布密度
		崩塌、滑坡、泥石流灾害点分布密度

续表

目标层	准则层	指标层
生态敏感度	地形因子	高程、地貌
		坡度、坡向
		地形起伏度
	地表因子	植被覆盖度
	气象因子	年均相对湿度
		汛期降水量
		高温季节温度
	水文因子	河流面积
		水库面积
		滩涂面积
	生态因子	生态林地面积
		湿地公园面积
		森林公园面积
		城市公园面积
	文化因子	自然文化遗产、洪水淹没、地质灾害
生态恢复力	功能	废水入海量
		废水排放量
		生物丰富度
		人均水资源量
		生物垦殖率
	弹性	植被净初级生产力

6.4.3　山江海耦合关键带环境承载力

1. 喀斯特关键带地区环境承载力

人类活动建立在资源环境承载力的基础之上，资源环境承载力是指在自然生态环境不受危害并维系良好的生态系统前提下，一定地域空间的资源禀赋和环境容量所能承载的人口与经济规模（彭再德和杨凯，1996）。人类活动与地理环境并非一成不变，而是随着人类社会的变化而变化，并且向深度和广度发展。桂西南岩石山地区石漠化发育，成土母岩的岩性差异造成风化速率及其风化产物营养元素含量具有明显差异，导致石漠化发育程度不同、植被的自然恢复能力各异。泥质灰岩夹薄层泥岩、粉砂岩、砂岩等岩性组合区，由于碎屑岩成土能力较强，发育轻度石漠化；厚层灰岩、白云岩、大理岩化灰岩、硅质灰岩等岩性组合的碳酸盐岩区域，发育中度及以上石漠化，降水条件差异影响了植被可恢复潜力。

桂西南喀斯特地区生态环境脆弱，其脆弱性特征表现为生态系统变异面感度高，环境容量小，灾害承受能力低，并且喀斯特石漠化带来的生态环境效应主要表现为水土流失、河道淤积和自然灾害频发等，同时石漠化使生态影响力减弱，严重影响了农林牧业的生产，甚至影响人类的生存。生态敏感度指在不受人类活动的影响下，仅考虑自然因素研究该地区存在的生态环境问题的大小。因此生态敏感度的评价指标选用高程、地貌、坡度、地形起伏度、年均相对湿度、汛期降水量、高温季节温度、河流面积、水库面积、生态领地面积、森林公园面积、城市公园面积、自然文化遗产面积、洪水淹没面积、地质灾害面积等。桂西南喀斯特地区生态敏感度高的地区，生态稳定性差，当受到人类不合理活动的影响时，容易产生生态环境问题，如喀斯特石漠化，因此生态环境保护和恢复是建设的重点。

生态环境所面临的压力主要与人类活动方式、强度与规模等因素密切相关，生态压力指数可以通过生态环境承载的人口数量、资源利用方式和环境治理 3 个方面来反映（徐福留等，2004），对于承载对象的压力评价，反映了资源损耗、环境污染及人口压力和经济增长带给生态系统的压力状况的评价，指数越大，表示生态系统受到的压力越大，生态系统的承载能力越弱，指数越小，表示生态系统受到的压力越小，生态系统的承载能力就越强。因此本节生态压力评价指标选用人口密度、经济密度、矿山地质环境分布密度以及崩塌、滑坡、泥石流灾害点分布密度等。

生态恢复力指区域生态系统在受到有限强度的扰动后，具有的恢复到平衡点、保持原状态和定性结构的能力。生态恢复力高的系统往往表现出较强的自我维持能力，其基本作用是确保系统的可持续性，即确保社会生态系统按照管理者所期望的方式持续发展，所以综合的恢复力分析往往是恢复力评估的前提。因此生态恢复力指标本节选用废水排放量、生物丰富度、人均水资源量、生物垦殖率、植被净初级生产力。

2. 北部湾海岸带关键带环境承载力

随着中国—东盟自由贸易区的创建，环北部湾经济圈建设已步入起飞阶段。随着国际大通道的开发、临港工业的创建和旅游产业的蓬勃发展，北部湾地区的生态环境也发生了巨大的改变。目前，广西沿海存在着不同程度的掠夺性开发、盲目围垦、不当用海、建设性破坏、工业废水和生活污水及养殖废水污染局部海域等现象，造成了水动力环境改变、传统潮向改变、港口淤积、原海岸线和海滩自然风景受到破坏、维持海洋生态环境系统的红树林局部受到破坏、近海无机氮和耗氧有机物及石油类污染等受到严重破坏。北部湾海陆交错关键带选择的目标因子为生态压力度、生态敏感度、生态恢复力，除了选择的其他指标与喀斯特关键带一样以外，生态敏感度指标在本节中增加滩涂面积指标；生态压力度指标增加海岸带人口密度、海岸带经济密度；生态恢复力指标增加废水入海量。敏感性高的地区是在不考虑人类活动的影响下，生态环境出现脆弱性的地区，生态不稳定的地区，浅海滩涂、海陆交错地区容易发生生态环境问题的地区，如岸线被侵蚀、红树林遭到破坏、“三废”排放将会进一步影响浅海海域生态环境，导致生态环境脆弱。

3. 生态环境效应与可持续发展的路径

从土壤植被效应看，亚喀斯特关键带土壤以黄壤、石灰土及水稻土等为主，土壤肥力较高，土层较厚，土被覆盖连续，土壤酸碱性适中，其 pH 大多在 5.2～6.9，适合树木及农作物生长。酸性土壤上多生长常绿阔叶灌木林、常绿阔叶林、常绿针叶林和灌木，如常见的有马尾松林等；偏碱性土壤上多生长柏树、藤刺灌丛，具有耐旱、喜钙等特性。灌木林次生性较强，植被覆盖度较高，宜农耕地多，土地农用价值较大。自然条件下生态功能和资源功能潜力都较大，生态效应积极作用比较明显，生态脆弱度不如纯喀斯特关键带高。北部湾海岸带关键带的土壤以赤红壤为主，植被类型主要是热带季雨林，北部湾地区地势起伏相对和缓，以盆地、丘陵和滨海平原为主，开发程度较低，水资源丰富，但是分配不均。但是以上两种关键带在不合理的人类活动下生态敏感性仍然很高，容易向不良生态系统退化。从地质地貌效应上看，喀斯特关键带地质类型以石灰岩、白云岩和泥灰岩为主，按溶解度从大到小排序为石灰岩、白云岩、泥灰岩，因此石灰岩更容易喀斯特化，尤其是节理发育、层厚、质纯和位于区域性断裂带的石灰岩，喀斯特作用最强。喀斯特地貌分为地表和地上喀斯特。喀斯特地区在自然气候条件下容易形成石漠化，北部湾海岸带关键带对浅海海域生态环境开发力度加大，海洋污染加剧、红树林面积遭到一定面积的破坏、生物多样性减少。随着人口的增长和资源环境的破坏，生态环境压力将会加大。

为促进该区域生态环境、社会经济的可持续发展，该区域应该建立和完善生态保护、监测和管理体系，掌握该区域动态变化，要坚持生态环境保护优先和因地制宜的原则，积极开展水土保持、加强石漠化治理等生态治理工作，控制陆源污染对海域的影响，合理、适度地开发利用海岸带资源，构建生态安全格局，研究考虑自然人文因素对该区域生态环境脆弱性的影响（张泽等，2021）。“一带一路”沿线面临着共同的资源环境问题产生这些问题的主要原因是对山江海耦合关键带物质能量循环转化规律及其与岩溶动力过程的关系，以及山江海耦合关键带结构、组成及类型缺乏系统深入的科学认识，因此，以山江海耦合关键带理念为指引，推动“一带一路”沿线国家合作开展岩溶关键带结构、组成及类型划分研究，建立监测站网，创新性、系统性监测岩溶关键带物质循环转化过程，能够在揭示其资源环境问题形成机理方面取得科学突破，合作破解资源环境难题，促进区域可持续发展，并进而引领不同类型关键带的研究。

6.5 本章小结

本章在梳理地球关键带的构成及其形成与演化主导影响因素的基础上，构建了山江海耦合关键带三级分类方案，在遵循自上而下与自下而上原则的基础上，以桂西南喀斯特—北部湾海岸带为案例进行山江海耦合关键带区划和制图，基于制图综合将桂西南—北部湾地区划分为38个一级单元、78个二级单元、111个三级单元，对比分析三级分类中典型单元的空间分异特征及其形成原因；不同的地球关键带观测站类型的对比及其研究意义；桂西南喀斯特—北部湾海岸带产生的环境效应分析及其治理举措。

本章提出的山江海耦合关键带三级分类体系最多的是对地球表层综合体进行表征、命名与归类，以桂西南喀斯特—北部湾海岸带的类型划分为例，证明分类体系具有一定的可行性，有望在不同空间尺度的地理区域进行尝试。山江海耦合关键带分类与环境效应研究是综合自然区划的组成部分，也是农业规划、生态环境规划、国土综合整治的基础。本章通过对桂西南喀斯特—北部湾海岸带进行分类分区研究，综合分析在不同的地质、地貌、土壤、植被、土地利用类型的条件下，桂西南喀斯特—北部湾海岸带过程在空间上体现出的分布规律，以期为相似、邻近区域的科学研究提供借鉴，有望更好地服务于区域生态系统规划。

对多个关键带耦合研究有效弥补了其他学者单一关键带研究的不足，凸显不同区域地球关键带的共性和特性，以便为更深层次地划分关键带提供方法指导和理论借鉴，为相似区域的生态文明建设提供科学依据并为区域的优化调控奠定基础。然而，现今对山江海耦合关键带的研究仅仅是起步阶段，仅对山江海耦合关键带的结构-过程-变化-产生的资源环境效应进行了理论研究分析，亟待定量分析山江海耦合关键带物质循环与能量流动以及耦合机理与动力机制，对山江海过渡性关键带进行地理模拟与预测，对敏感区产生的环境效应进行有效识别，识别人类活动的影响，并提出有效的决策。

参考文献

安培浚，张志强，王立伟，2016. 地球关键带的研究进展. 地球科学进展，31（12）：1228-1234.

毕思文，2004. 地球系统科学综述. 地球物理学进展，（3）：504-514.

曹小曙，2022. 人类关键区的科学逻辑与研究趋势. 地理科学，42（1）：31-42.

陈肖如，李晓欣，胡春胜，等，2021. 华北平原农田关键带硝态氮存储与淋失量研究. 中国生态农业学报（中英文），29（9）：1546-1557.

程维明，周成虎，李炳元，等，2019. 中国地貌区划理论与分区体系研究. 地理学报，74（5）：839-856.

樊杰，周侃，王亚飞，2017. 全国资源环境承载能力预警（2016版）的基点和技术方法进展. 地理科学进展，36（3）：266-276.

高振，刘真勇，王艳玲，2019. 不同利用方式对红壤关键带孙家小流域土壤活性有机碳组分的影响. 江西农业大学学报，41（4）：823-834.

胡健，胡金娇，吕一河，2021. 基于黄土高原关键带类型的土地利用与年径流产沙关系空间分异研究. 生态学报，41（16）：6417-6429.

雷传扬，李威，尹显科，等，2020. 祁连山地区关键带过程与生态自然修复的关系研究. 矿物岩石地球化学通报，39（4）：741-753.

刘彦随，2022. 现代人地关系与人地系统科学. 地理科学，40（8）：1221-1234.

马琦琦，李刚，魏永，2020. 城郊关键带土壤中溶解性有机质的光谱特性及其时空变异. 环境化学，39（2）：455-466.

马腾，沈帅，邓娅敏，等，2020. 流域地球关键带调查理论方法：以长江中游江汉平原为例. 地球科学，45（12）：4498-4511.

倪绍祥，1994. 中国综合自然地理区划新探. 南京大学学报（自然科学版），（4）：706-714.

彭再德，杨凯，1996. 区域环境承载力研究方法初探. 中国环境科学，16（1）：5.

沈彦俊，闵雷雷，吴林，等，2021. 华北山前平原农田关键带观测研究平台（栾城关键带观测平台）. 中国科学院院刊，36（4）：502-511，521.

宋照亮，张浩，罗维均，等，2020. 关键带土壤演化及其控制机制研究. 矿物岩石地球化学通报，39（1）：24-29，4.

吴泽燕，章程，蒋忠诚，等，2019. 岩溶关键带及其碳循环研究进展. 地球科学进展，34（5）：488-498.

徐福留，赵珊珊，杜婷婷，等，2004. 区域经济发展对生态环境压力的定量评价. 中国人口·资源与环境，（4）：32-38.

杨斌，顾秀梅，刘建，等，2011. 基于 ArcGIS 的山地与非山地分类方法体系研究. 国土资源遥感，（4）：64-68.

杨建锋，张翠光，2014. 地球关键带：地质环境研究的新框架. 水文地质工程地质，41（3）：98-104，110.

杨顺华，张甘霖，2021. 什么是地球关键带. 科学，73（5）：33-36，4.

张甘霖，宋效东，吴克宁，2021. 地球关键带分类方法与中国案例研究. 中国科学：地球科学，51（10）：1681-1692.

张海燕，樊江文，黄麟，等，2020. 中国自然资源综合区划理论研究与技术方案. 资源科学，42（10）：1870-1882.

张泽，胡宝清，丘海红，等，2021. 基于山江海视角与 SRP 模型的桂西南-北部湾生态环境脆弱性评价. 地球与环境，49（3）：297-306.

周长松，邹胜章，冯启言，等，2022. 岩溶关键带水文地球化学研究进展. 地学前缘，29（3）：37-50.

Banwart S，Bernasconi S M，Bloem J，et al.，2011. Assessing soil processes and function across an international network of critical zone observatories：research hypotheses and experimental design. Vadose Zone Journal，10（3）：974.

Tsakalotos D E，1909. The inner friction of the critical zone. Zeitschrift Fur Physikalische Chemie-Stochiometrie Und Verwandtschaftslehre，68：32-38.

Zhang C，2019. Karst IGCP International cooperation and perspectives of karst critical zone research. Acta Geologica Sinica（English edition），93（z2）：152-153.

第7章 山江海地域系统生态环境脆弱性分析及综合生态风险评价

7.1 引 言

7.1.1 研究背景及意义

近年来，全球气候变暖、人类活动频繁、国土资源开发混乱以及资源环境等问题的出现，导致生态系统自我调节能力下降，生态问题严重，生态环境脆弱性和生态环境脆弱带的评价已经成为全球生态环境的重点和热点问题。山江海地理空间呈现出显著脆弱性特征的原因，一方面是山江海系统内部结构不稳定造成的积累性脆弱，另一方面是人类活动频繁。喀斯特山区石漠化严重、植被被破坏、水土流失等问题突显，工业废水废物的过量排放超过环境自净能力，河流被污染；水源涵养能力持续下滑，自然灾害频发，西江、南流江等流域的迅猛发展及西江黄金水道建设破坏了鱼类生境，造成生态系统脆弱易损。种种问题将会导致流域综合承载力降低，脆弱性增强。

桂西南喀斯特—北部湾地区并非只是单一的自然地理空间或人文地理空间，是人与自然相互作用的地理空间，是生态环境脆弱典型研究区，表现出人地关系的复杂性和不确定性，因此构建人与自然和谐非常重要。该区域既是喀斯特岩溶治理区，也是大西南沿海发达的黄金地区，是推进新时代发展、推进西部大开发形成新格局的重要区域。多年来，经济的高速发展、人口的急剧增多，给自然带来了很大的压力，在前人的基础上，对两大区域进行综合研究具有一定的创新性，为该区域生态环境脆弱性提供新视角、新思路，对解析该区域的结构功能优化和国土空间开发具有重要的理论指导意义。此外，该区域政治环境极其特殊，地处祖国西南边境，对边境地理的研究有推动作用，同时，对支持国家“一带一路”倡议，国家合理开发利用和生态环境保护有一定的现实意义。

7.1.2 国内外研究综述

1. 生态脆弱性

从20世纪初期 Clements 将 Ecotone 概念引入生态学开始，一系列计划和报告接踵而至，使生态环境脆弱性成了研究的热点，至此关于生态环境脆弱性的科学研究，理论不断深化，概念逐渐完善，内容持续丰富（李永化等，2015）。生态环境脆弱性是内部结构不稳定并且对人类的活动表现出的敏感性，是在时空尺度以及自然属性和人文属性共同作用下产生的结果（廖炜等，2011），是自身功能结构评估和自我调节能力评估的重要指标。从研究内容看，主要从特征、评价方法、指标及体系等（靳毅和蒙吉军，2011）方面对某一区域进行生态环境脆弱性分析和评价。从研究方法看，主要运用了主成分分析法、模糊综合评价法、层次分析法（AHP）、加权求和法等方法（张圆圆等，2020；陈桃等，2019）。从研究区域看，主要选择自然灾害易发区、高原及山区、城乡交错接合带等区域（张行等，2020；杨俊等，2018）。虽然生态环境脆弱性的分析方法不断精进，分析内容不断丰富，但在研究区选择方面仍然出现一些局限性，而陆海统筹区也同样呈现生态环境脆弱性的特征。针对陆海研究，我国学者从概念内涵、发展思路等方面做了大量的定性研究，部分学者也做了一些定量分析，但相对较少，在陆域经济与海洋环境关系、陆海经济关系、人海经济系统等方面有一些研究（李博等，2019；徐静和王泽宇，2019）。有学者利用熵权-TOPSIS 模型基于脆弱性的视角对中国陆海统筹绩效进行了分析，但对陆海复合系统的脆弱性研究不足，基于山江海视角的地理空间生态环境脆弱性研究更是少之又少。我国的生态环境脆弱性研究起步较晚，但发展迅速。国内学者经过近 30 年的努力，在脆弱性评价方面取得了一定的成果。虽然研究方法不断创新，研究内容不断完善，但对研究区的选择上多为单一尺度。山江海地理空间的生态环境脆弱性评价不仅可以反映生态环境现状，还可以指导人们合理利用自然资源并对其进行有效的管控和治理，对资源环境的可持续发展具有重要的意义。

2. 生态综合风险

近年来生态系统外界胁迫压力加大，人地矛盾不断突显，这使得生态风险程度加大。因此有必要进行生态风险评价，对生态系统进行保护，科学合理地规划利用具有重要的意义。生态综合风险评价是生态风险评价的分支，是多重风险受体的综合生态风险评价模式，是对某区域的风险程度的评估。20 世纪 80 年代关于生态风险的概念和理论开始出现，国际地圈生物圈计划（International Geosphere-Biosphere Program，IGBP）、政府间气候变化专门委员会（Intergovernmental Panel on Climate Change，IPCC）等对生态风险重点关注，风险源的选取由单一的化学污染扩大到人类活动、社会经济等多种复合因素、多风险源、多风险评价（Kristin et al.，2019）。经历 30 多年的研究与应用，生态综合风险评价在领域、内容、方法等方面有不同的研究进展。从研究领域看，主要有土壤、沉积物和农作物的重金属污染、生态健康及保护、景观生态等方面（刘珍环等，2020；Wang et al.，2021a）；从研究区域看，主要有流域、湿地、城市及工业园区、海岸带等区域（Zhang et al.，2021；Wang et al.，2021b）；从研究方法看，有熵权法、层景观生态模型法等多种研究方法（杨阿莉等，2019）。生态风险评价有从单风险源评价向多风险源评价转移，从单风险评价向综合风险评价转变的趋势。研究成果不断涌现，研究方法不断优化，针对多风险源的生态综合风险评价逐渐成为研究的焦点。

随着技术不断发展，研究方法不断丰富，多方法综合研究逐渐成为主流，但是评价模型和评价体系还未成熟。为更好地解决生态环境问题，驱动力-压力-状态-影响-响应（driving force-pressure-state-impact-response，DPSIR）模型于 1999 年被提出，DPSIR 模型综合了压力-状态-响应（pressure-state-response，PSR）模型和驱动力-状态-响应（driving force-state-response，DSR）模型的优势，并且加入了影响指标，使模型更加系统、综合、灵活，可以很好地解决指标繁杂、指标体系混乱的问题，为选取指标提供依据。目前该模型主要应用于生态环境脆弱性评价、土地适宜性评价、生态安全等方面（张泽等，2021）。因此 DPSIR 模型是本节研究选取指标的重要依据。主观赋权法中的层次分析法被众多学者应用到评价指标赋权中，可以根据研究区的实际情况进行赋值，针对性强，但人为影响因素较大，会忽略数据的客观性。两种方法成熟，可信度高，可行性强，操作方便，可以快速、有效地解决问题。因此本节综合两种方法，尽可能地回避单一方法的不足和误差。

随着 GIS 技术和多准则评价方法相结合的广泛应用，大量研究采用单一的主观或者客观评价方法对栅格图层进行赋权并叠加从而得到评价结果，这种简单的加权后图层叠加有可能会造成评价因子的折中结果，考虑问题的角度不够全面，会失去评价者或决策者想表述的想法，目前评价方法在不断丰富，应用多种方法进行评价已经成为主流。所以采用有序加权平均（OWA）法对评价因子属性进行重要程度的排序，并且模拟不同评价者的偏好后得出决策结果。目前，OWA 法已经被应用于地理空间决策和经济综合评价等方面，渐渐被用在地理-生态综合评价中。

本章评价复杂性地域系统空间的生态风险，应用 OWA 法一方面能避免传统分析中权重的不合理不确定导致的误差；另一方面能避免情景的极端化，对区域的未来发展有很好的预见作用。

7.1.3　关键概念与技术

1. 生态环境脆弱性

生态环境脆弱是生态系统在特定时空尺度对外界干扰的敏感反应，能体现自我恢复能力，是生态系统的固有属性。生态环境脆弱的表现为生态稳定性差，生物组成和植被生产力波动性较大，对人类活动及突发性灾害反应敏感，自然环境易于向不利于人类利用的方向演替。生态系统脆弱指生态系统在一定机制作用下，容易由一种状态演变成另一种状态，变化后又缺乏恢复到初始状态的能力。如果这种机制来自生态系统内部，则属于自然脆弱性，如果来自人为压力，就属于人为影响脆弱性。

2. 生态环境风险评价

生态环境风险评价是评估一种或多种压力导致的正在发生或将要发生的不利的生态环境效应，帮助环保部门掌握和预测外因对生态环境的影响和可能造成的生态环境风险。生态环境风险评价在一定程度上可预测未来生态的不利影响或评估由过去某种因素导致生态变化的可能性，有利于环境决策的制定。生态环境风险评价要素一般包括生态风险源、风险受体、生境、胁迫、测定、负面影响、暴露、生态终点等。随着风险分析从单风险源、单风险受体向多风险源及多风险受体扩展，区域尺度的生态环境风险研究应运而生。区域生态环境风险评价是在区域尺度上描述和评估环境污染、人为活动或自然灾害对生态系统及其组分产生不利作用的可能性和大小的过程。其目的在于为区域风险管理提供理论和技术支持。

3. 综合生态风险评价

生态风险评价是估算不可预见事件发生概率和严重程度的方法学。综合生态风险评价研究逐渐由单一风险源、单一风险受体评价转向多重风险源、多重风险受体评价。综合生态风险评价主要是进行风险分析，识别主要风险源，探究多种风险源作用下综合生态风险状况，并对生态风险进行风险控制和处理，以及风险决策支持。

4. RS 和 GIS 技术

RS 广义泛指一切无接触的远距离探测，包括对电磁场、力场、机械波（声波、地震波）等的探测；狭义是应用探测仪器，不与探测目标相接触，从远处把目标的电磁波特性记录下来，分析和揭示地物特性及其变化的综合性探测技术。

GIS 是随着信息时代的到来迅速发展的一门空间信息分析技术。在计算机软硬件系统的支持下，对空间信息进行采集、编辑、分析和处理。GIS 技术应用广泛，不仅能对空间数据进行高效的管理和分析，还能为规划和决策提供支持。

7.2 山江海地域系统空间生态环境脆弱性分析

7.2.1 研究内容

为揭示山江海地域系统空间生态环境脆弱性情况，构建人与自然和谐发展关系，本章以桂西南喀斯特—北部湾海岸带为双重典型研究区，应用地理学、数学、统计学等方法进行综合研究。基于 SRP 模型，运用无量纲化模型、层次分析法（AHP）、空间主成分分析法、地理探测器模型，结合生态环境脆弱性综合指数，系统分析桂西南喀斯特—北部湾海岸带生态环境脆弱性的时空分异特征及其随高程和土地利用的分布情况及驱动机制，如图 7.1 所示。

7.2.2 基于 SRP 模型的生态环境脆弱性评价方法

1. 评价指标选取原则

生态环境脆弱性的影响因素较多，受自然因素和社会经济因素的共同影响。因此在构建生态环境脆弱性评价指标体系时，应在充分了解研究区特征的前提下，遵循指标体系建立的原则，构建一套科学、实际的评价指标体系。生态环境脆弱性评价指标体系构建原则如下。

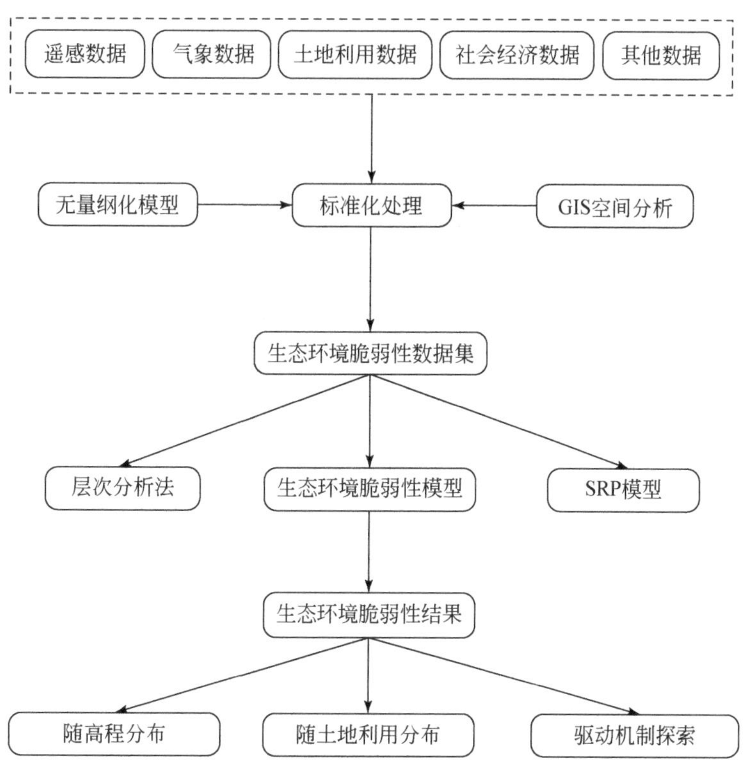

图 7.1　生态环境脆弱性技术路线图

科学性原则：科学的评价指标体系是研究的基础，也是获得合理结果的基本保证。评价指标体系对评价结果意义重大，选取的评价指标应能反映区域生态环境的特征及生态环境脆弱性发展的驱动力和能力。

系统性和针对性相结合原则：桂西南喀斯特—北部湾海岸带在多种因素的共同影响下脆弱易损，应从地形、地貌、水文、气象、人类活动等多方面考虑，系统性选取指标；同时针对评价目标选取评价指标，选取能够为评价服务的指标，且指标要能反映该区域生态环境的脆弱性特征。

定量与定性相结合原则：定量与定性相结合可全面反映研究区脆弱性的真实情况，获取较精确的脆弱性评价结果。

可行性原则：评价指标数据必须易于获取和分析，争取在现有的技术条件和有限的时间内运用可操作性较高的指标体系实现生态环境脆弱性分析。

动态性原则：考虑系统的动态变化特征，评价指标应能反映该区域未来一定时期的发展趋势，便于工作人员进行预测和管理。

2. SRP 模型

SRP 模型是一种综合评价某一特定区域的生态环境脆弱性的常用方法，包括 3 个因子：生态敏感性、生态恢复力和生态压力度。某一区域在某时间段内具有不稳定性，在内外界的干扰下其会表现出敏感性及产生生理效应，同时还会向不利于自身发展的方向演变，呈现出生态恢复力。

3. 无量纲化模型

由于各个指标的性质不同，单位和量纲也不一致，无法直接使用，所以必须进行指标标准化处理。公式如下：

$$X_i' = \frac{X_i - X_{\min}}{X_{\max} - X_{\min}} \quad （正向指标） \tag{7.1}$$

$$X_i' = \frac{X_{\max} - X_i}{X_{\max} - X_{\min}} \quad （负向指标） \tag{7.2}$$

式中，X_i'为指标 i 的标准化值；X_i为指标 i 的初始值；$X_{\min}$为指标 i 的最小值；$X_{\max}$为指标 i 的最大值。

4. 评价指标体系构建

进行生态环境脆弱性评价要构建合理的评价指标体系，评价指标要体现出生态环境不同的脆弱性特征。因此，在前人研究的基础上，结合区域独特的地理人文环境，遵循科学性、差异性、层次性和可行性原则，结合 SRP 模型，从人类社会经济和资源环境之间的联系出发，在可持续发展的战略指导下，选取15个评价指标构建该区域的生态环境脆弱性的多目标、多层次评价指标体系。应用客观赋值法得到的评价指标权重主要是依据数据得到的，没有考虑实际情况，客观性较强，可能出现不合理性。应用主观赋值法时，可以依据研究区的实际情况进行权重赋值，所以采用 AHP 来计算各个指标的权重，将定性和定量相结合，可以全面地、准确地、有层次地分析问题。应用 AHP 进行分析主要分为以下 4 个步骤。

1）建立层次结构模型

首先，分析主要影响因素，理清各因素之间的相关关系，依据指标选取原则筛选代表性指标。其次，依据指标的相互关系，构建层次结构模型。模型主要包括目标层、准则层和要素层。上层元素对下层元素有支配作用，下层元素受上层元素的制约。

2）构造判断矩阵

对于 n 个元素来说，其判断矩阵 $\boldsymbol{A}$ 为

$$\boldsymbol{A} = (a_{ij})_{n\times n} \quad (a_{ij}>0；\ a_{ij}=1/a_{ji}；\ a_{ii}=1) \tag{7.3}$$

当判断矩阵存在以下关系时，称其为一致性矩阵。

$$a_{ij} = \frac{a_{ik}}{b_{jk}} \quad (i，j，k=1，2，\cdots，n) \tag{7.4}$$

对于 a_{ij} 的确定，如表 7.1 所示，用 1～9 及其倒数的定量标度法，对每两个因素进行重要性比较。

表 7.1 基于 1～9 及其倒数的定量标度法的每两个因素的重要性比较

标度	含义
1	两因素对比，具有同等重要性
3	两因素对比，前者比后者稍显重要
5	两因素对比，前者比后者明显重要
7	两因素对比，前者比后者强烈重要
9	两因素对比，前者比后者极端重要
2、4、6、8	上述相邻判断的中间值
倒数	因子 i 对因子 j 的比较标度值为 b，则因子 j 对因子 i 的比较标度值为 $1/b$

3）层次单排序

对 n 个元素权重进行排序，并进行一致性检验，即为层次的单排序。计算满足：

$$\boldsymbol{A} \cdot \boldsymbol{W} = \lambda_{\max} \cdot \boldsymbol{W} \tag{7.5}$$

式中，$\boldsymbol{A}$ 为判断矩阵；$\lambda_{\max}$为矩阵的最大特征根；$\boldsymbol{W}$ 为相对应的正规化特征向量，其分量（W_1，W_2，$\cdots$，W_n）即相应元素的单排序权重值。

应用 AHP 对元素权重进行计算，需要判断矩阵 $\boldsymbol{A}$ 具有一致性，即满足 $a_{ij}\times b_{jk}=a_{ik}$（$i$，$j$，$k$=1，2，$\cdots$，$n$）。如果成立，则判断矩阵 $\boldsymbol{A}$ 具有完全的一致性，计算获得的权重值基本合理。因此需要应用$\lambda_{\max}$进行一致性检验，采用一致性指标（CI）表示，其计算公式为

$$\mathrm{CI}=\frac{\lambda_{\max}-n}{n-1} \tag{7.6}$$

当 CI=0 时，判断矩阵 $\boldsymbol{A}$ 具有完全一致性；反之，CI 值越大，判断矩阵 $\boldsymbol{A}$ 一致性越差。CI 与随机一致性指标 RI 的比值为随机一致性比例 CR，计算公式如下：

$$\mathrm{CR}=\frac{\mathrm{CI}}{\mathrm{RI}} \tag{7.7}$$

当 CR＜0.10 时，则判断矩阵 $\boldsymbol{A}$ 具有令人满意的一致性，对应系数分配合理，$\boldsymbol{W}$ 即可作为权重向量；否则需要对判断矩阵 $\boldsymbol{A}$ 进行调整。

4）层次总排序

计算某一层所有指标对目标层指标的相对重要性后获取指标权重，然后进行层次总排序。其检验步骤与单排序相同。最终得到生态环境脆弱性评价指标（表 7.2）。

表 7.2　生态环境脆弱性评价指标

目标层	本层权重	准则层	本层权重	指标层	本层权重
生态压力度	0.3131	人口压力	0.7328	人口密度	0.4517
				海岸带人口密度	0.5483
		经济压力	0.2672	经济密度	0.5334
				海岸带经济密度	0.4666
生态敏感性	0.2275	地形因子	0.2923	高程	0.2962
				坡度	0.5195
				地形起伏度	0.1843
		地表因子	0.4201	植被覆盖度	1
		气象因子	0.2876	年均相对湿度	0.1824
				汛期降水量	0.6019
				高温季节气温	0.2157
生态恢复力	0.4594	功能	0.4388	废水入海量	0.6824
				废水排放量	0.3176
		活力	0.2485	生物丰富度	1
		弹性	0.3127	植被净初级生产力	1

5）生态环境脆弱性评价模型

利用 SRP 模型和 AHP 得到指标的权重系数，对得到的权重系数与其对应的标准化值相乘的结果进行累加，最后得到生态环境脆弱性指数（EEVI），计算公式如下：

$$\mathrm{EEVI}=\sum_{i=1}^{n}(X_i \times Y_i) \tag{7.8}$$

式中，EEVI 为生态环境脆弱性指数；X_i 为第 i 个指标的标准化值；Y_i 为第 i 个指标的权重值。EEVI 数值范围为［0，1］，数值越大，说明该区域的生态环境脆弱性等级越高。

6）空间主成分分析

空间主成分分析（spatial principal component analysis，SPCA）法是在 GIS 软件的支持下，通过旋转原始空间坐标轴，把原始变量因子转化为少数几个综合主成分指标，在最大限度保留信息的同时减少数据量。空间主成分分析法是一种客观的评价方法，受人为影响较小。

$$\mathrm{PC}_i=\alpha_{1i}X_1+\alpha_{2i}X_2+\alpha_{3i}X_3+\cdots+\alpha_{pi}X_p \tag{7.9}$$

式中，PC_i 为第 i 个主成分；α_{pi} 为第 i 个主成分各个指标因子对应的特征向量；X_1，X_2，…，X_p 为各个指标因子。

7）地理探测器模型

地理探测器是揭示背后驱动力的探测空间分异性的一组统计学方法。该方法无须过多的假设条件，克服了传统数学统计方法的局限性。本节采用因子探测器和交互探测器对桂西南喀斯特—北部湾海岸带生态环境脆弱性驱动因子进行分析。计算方法如下：

$$P_{D,H}=1-\frac{1}{n\sigma^2}\sum_{h=1}^{L}n_h\sigma_h^2 \tag{7.10}$$

式中，$P_{D,H}$为影响因子 D 对生态脆弱性 H 的因子解释力；n 为区域的个数；L 为指标因子分类数；n_h 和 σ_h 分别为 h 层样本量和生态脆弱性的方差。$P_{D,H}$ = [0，1]，值越大说明影响因子 D 对流域生态环境脆弱性的因子解释力越强。

影响因子 X_1、X_2 相互作用后是否会强化或弱化对流域生态环境脆弱性的影响，主要有表 7.3 的五种类型。

表 7.3 交互探测类型

判断依据	交互作用
$P(X_1 \cap X_2) < \min(P(X_1), P(X_2))$	非线性减弱
$\min(P(X_1), P(X_2)) < P(X_1 \cap X_2) < \max(P(X_1), P(X_2))$	单线性减弱
$P(X_1 \cap X_2) > \max(P(X_1), P(X_2))$	双线性增强
$P(X_1 \cap X_2) = P(X_1) + P(X_2)$	相互独立
$P(X_1 \cap X_2) > P(X_1) + P(X_2)$	非线性增强

7.2.3 数据源及预处理

生态压力度指标：选取的 2000 年、2010 年及 2018 年人口密度和经济密度均来源于《广西统计年鉴》《广西海洋经济统计公报》，并且根据公式进行预处理。人口密度=区域人口数量/区域土地总面积，人口密度越大，人类活动强度越大，生态系统承受的负荷也越大。经济密度=区域国民生产总值/区域土地总面积。

生态敏感性指标：DEM 数据来源于国家基础地理信息中心（http://www.ngcc.cn/ngcc/）；对所获得的 DEM 数据利用 ArcGIS10.2 软件进行裁剪、数据转换等处理，利用 DEM 提取坡度和地形起伏度。选取 2000 年、2010 年及 2018 年的 NDVI，数据来源于美国地质调查局（United States Geological Survey，USGS）（https://www.usgs.gov/）陆地产品，采用最大合成（MVC）法对所获得的陆地产品合成为年 NDVI 数据，并去除异常。选取 2000 年、2010 年及 2018 年的汛期降水数据（4～9 月）、高温季节气温数据（6～10 月）和年均相对湿度进行计算，数据来源于《广西统计年鉴》（http：//tjj.gxzf.gov.cn/tjsj/tjnj/）和国家气象科学数据中心（http://www.cma.gov.cn/2011qxfw/2011qsjgx/），对汛期降水量和年均相对湿度采用反比距离权重（IDW）法进行插值，对高温季节气温采用克里金（Kriging）法进行插值，得到结果。

生态恢复力指标：选取 2000 年、2010 年及 2018 年的土地利用类型数据，数据来源于资源环境科学与数据中心（http://www.resdc.cn/），根据公式进行预处理，生物丰度指数=(0.35×林地面积+0.21×草地面积+0.28×水域面积+0.11×耕地面积+0.04×建设用地+0.01×未利用地）/区域面积。NPP 来源于 USGS（https://www.usgs.gov/），利用 ENVI5.3 和 ArcGIS10.2 软件，根据研究需要对 MOD17A3H 数据集进行提取、图像镶嵌、裁剪、数据转换、投影转换等预处理。其他数据均来源于《广西海洋经济统计公报》（http：//hyj.gxzf.gov.cn/）。

7.2.4 生态环境脆弱性分析

1. 生态环境脆弱性时空演变分析

应用 ArcGIS10.2 软件计算每个栅格生态环境脆弱性指数，选择自然间断点分级法，将生态环境脆弱性分为潜在脆弱性、微度脆弱性、轻度脆弱性、中度脆弱性、重度脆弱性 5 个等级，并通过计算 2000～2018 年三期各市每个等级生态环境脆弱性的面积占比，得到图 7.2。

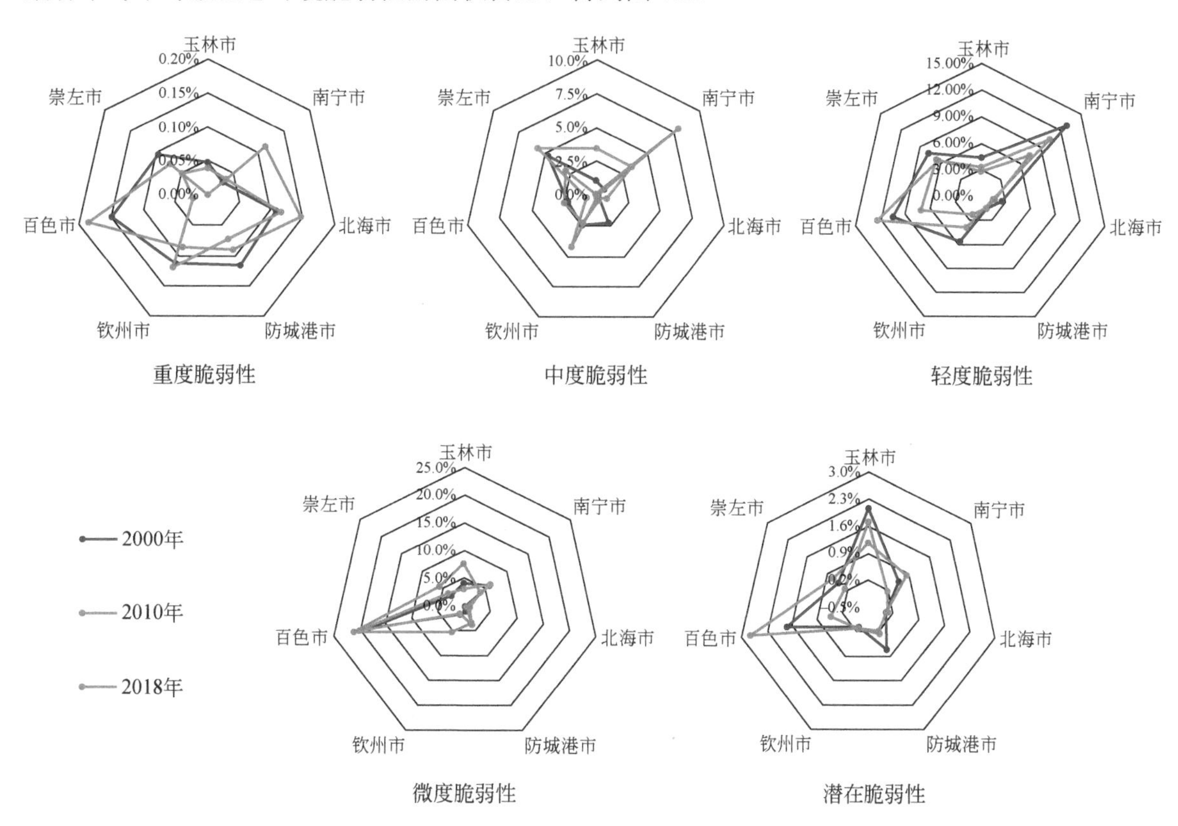

图 7.2　2000～2018 年各市生态环境脆弱性等级占比图

2000～2018 年三期研究区生态环境脆弱性整体属于中度脆弱。根据各市各个等级的生态环境脆弱性占比，2000 年研究区生态环境脆弱性呈现西南低、东北高的趋势。潜在脆弱区主要分布在百色市、玉林市、防城港市，分布比较分散；微度脆弱区主要分布在百色市，占研究区面积的 18.9%，南宁市和钦州市微度脆弱区面积共占 6.7%，三市的微度脆弱区共占 29.2%，以上区域要继续维持现状；轻度脆弱区分布比较广泛，但主要分布在南宁市、百色市，占比均超过 10.0%；中度脆弱区主要分布在百色市、崇左市、防城港市、钦州市，其他地区占比不超过 2%，这些区域需要重点关注，有向重度脆弱区转化的趋势；重度脆弱区分布在防城港市、钦州市与百色市，防城港市、钦州市作为北部湾海岸带，同时也有河流入海口，政府及有关部门要做好国土整治和生态修复措施。2010 年研究区生态环境脆弱性整体呈现出西北高，西南、东南低的趋势。潜在脆弱区在该年占 3%，相比于上期降低了 2%；在三期的微度脆弱区面积占比中，百色市均在 20%左右；轻度脆弱区主要分布在研究区的中北部，在南宁市、百色市分布比较广泛；相比于 2000 年，从以边境地区为主的中度脆弱区扩散到玉林市、南宁市，且均占 3.5%，中度脆弱区呈现出向中部、东部扩散的趋势；重度脆弱区大部分聚集在北部湾海岸带。2018 年生态环境脆弱区除北海市外，潜在脆弱区和微度脆弱区大面积覆盖于其他区域。该区域整体处于轻度脆弱等级，生态环境脆弱情况与前两个研究时段变化较大，呈破碎化，分布零散。潜在脆弱区只在百色市、玉林市和南宁市小部分地区分布；微度脆弱区有向轻度脆弱区和中度脆弱区转化的趋势，分布变得更加零散；中度脆弱区主要分布在南宁市及其周边城市的交界处；重度脆弱区仍出现在北部湾海岸带，多年来没有明显变化。总体来看，生态环境脆弱性等级较低的地区生物多样性较为丰富，温度和降水适中，植被净初级生产力较高，植被覆盖状况较好，人口压力较小，因此生态环境状况较好。生态环境脆弱性等级较高的地区受自然条件及人类社会活动的影响，生物多样性比较单一，植被净初级生产力及植被覆盖度较低，人口压力较大，导致生态环境破坏较为严重，脆弱易损。

对比2000年、2010年和2018年的山区情况，其整体处于微度脆弱区，由于山区近年来有效地实行了封山育林措施，林地面积始终较大，而由于林地自身的原因，其对外界的抗干扰能力强，所以脆弱性等级较低。对比2000年、2010年和2018年的江域情况，百色市等上游江域生态环境脆弱性等级良好，下游江域生态环境脆弱性等级较低，穿过南宁市、崇左市和钦州市，以中度脆弱性等级为主，特别是江域入海口，如北仑河、茅岭江、南流江、钦江和防城河入海口处生态环境脆弱性等级最高，由图7.2了解到，江域入海口区域在这三期时间里，变化徘徊在重度脆弱区和中度脆弱区之间，所以防城港市、钦州市和北海市对海岸带的生态服务功能进行了划分，调控生态机制、保持生态平衡和生态系统健康是生态治理的重点。对于海岸带和海域要建立海洋科技创新体系，提高山江海科技发展水平，完善海岸带污染治理措施，合理开发海岸资源，使经济协调可持续发展。

结合生态环境脆弱性等级得到表7.4，2000年轻度脆弱区面积比重最大，为42.20%，中度脆弱区面积比重次之，重度脆弱区面积比重最小，但要注意轻度脆弱区和中度脆弱区向重度脆弱区转化的可能。2010年轻度脆弱区和中度脆弱区面积比重较大，相较于2000年潜在脆弱区面积减少，减少了2267km^2，且重度脆弱区面积也在减少，减少了2564km^2。2018年仍然是轻度脆弱区面积比重最大，为39.95%，相较于2010年重度脆弱区面积增加了1746km^2，潜在脆弱区面积有小幅增加，只增加了374km^2。政府要高度重视生态环境问题，迅速采取有效措施，完善相关政策，内陆各市县与北部湾海岸带城市联防联控，综合整治，进行生态修复，打造北部湾海岸带生态环境保护线。

表7.4　2000～2018年三期研究区生态环境脆弱性面积及比例

年份	面积和占比	潜在脆弱区	微度脆弱区	轻度脆弱区	中度脆弱区	重度脆弱区
2000	面积/km^2	8145	14888	45733	33203	6397
	占比/%	7.52	13.74	42.20	30.64	5.90
2010	面积/km^2	5878	18771	41924	37960	3833
	占比/%	5.42	17.32	38.69	35.03	3.54
2018	面积/km^2	6252	16208	43288	37039	5579
	占比/%	5.77	14.96	39.95	34.18	5.14

2. 生态脆弱性随坡度的分布

结合研究区地形，根据该区域的高程数据，将研究区高程分为<200m，[200m，400m)，[400m，600m)，[600m，800m)，≥800m，将高程分级图和生态环境脆弱性等级图进行叠加，得到图7.3。2000年高程<200m的区域主要是轻度脆弱区和中度脆弱区，比重分别为34.26%和55.88%，微度脆弱区比重次之，为7.97%，潜在脆弱区比重最小；[200m，400m)区域仍然是轻度脆弱区和中度脆弱区比重大，微度脆弱区次之，潜在脆弱区最小；[400m，600m)区域分布情况相比于前者，微度脆弱区比重增加18.63%，中度脆弱区比重减少24.08%；[600m，800m)区域除潜在脆弱区和微度脆弱区以外，其他脆弱区的比重均有不同程度的降低；≥800m区域微度脆弱区比重较大。2010年研究区整体脆弱性等级升高，高程<200m区域主要包括轻度脆弱区和中度脆弱区，中度脆弱区相比于2000年比重升高了18.96%；[200m，400m)区域仍然是轻度脆弱区和中度脆弱区比重较大，占整个脆弱性面积的94.56%，此高程区域多为人类活动频繁地区，受人口和社会经济压力的影响，生态环境脆弱等级升高；[400m，600m)区域中度脆弱区和重度脆弱区面积比重下降，其他区域面积比重升高；[600m，800m)区域潜在脆弱区、微度脆弱区和轻度脆弱区面积比重比上一高程等级大；高程≥800m的区域除了轻度脆弱区、中度脆弱区和重度脆弱区面积比重下降，其他等级脆弱区比重均有不同程度的升高，潜在脆弱区面积增加了2.19%。2018年情况有一定的好转，与2000年分布情况相似，但并未恢复至2000年的状态，也说明近几年山区和北部湾的治理和管控有一定的成效，仍需继续被治理。

从整体结果看，2000～2018年三期生态环境脆弱性等级图与高程分级结果的叠加分析都具有以下特征：随着高程的增加，生态环境脆弱性程度整体有减小的趋势，重度脆弱区比重越来越小。高程在 200m 以下的区域，轻度脆弱区和中度脆弱区比重较大，高程在 200m 以上的区域，微度脆弱区比重较大，并且随着高程的不断增大，重度脆弱区不断减少，植被覆盖度和 NPP 增大，生物多样性较为丰富，受外界干扰减少，因此生态环境状况改善较好。总的来说，随着高程增大，区域生态环境脆弱性状况有所减轻，区域高程与生态环境脆弱性关系较为密切。

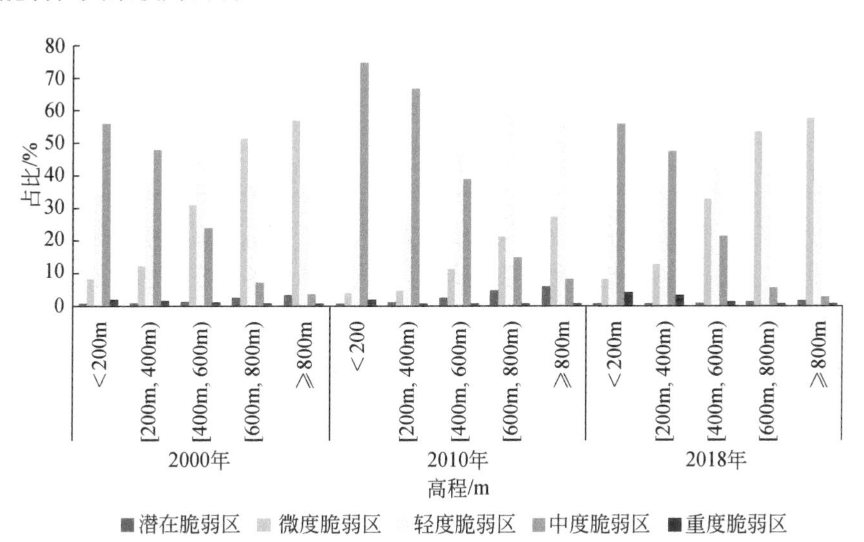

图 7.3　2000～2018 年三期研究区生态环境脆弱性随高程分布情况

3. 生态环境脆弱性随土地利用的分布

本节 LUCC 数据采用资源环境科学与数据中心解译的 2000 年、2010 年和 2018 年土地利用现状遥感监测数据，依据刘纪远先生提出的中国科学院土地资源分类系统及数据分类标准，将三期的 LUCC 数据重新分为六大类，分别为耕地、林地、草地、水域、建设用地和未利用土地。将三期该区域的生态环境脆弱性分级图和 LUCC 分级图叠加，统计各土地利用类型在不同时期生态环境脆弱性等级的面积和比重，统计结果见表 7.5。

表 7.5　2000～2018 年三期不同生态环境脆弱区在不同土地利用类型下的分布表

年份	利用类型	潜在脆弱区 占比/%	微度脆弱区 占比/%	轻度脆弱区 占比/%	中度脆弱区 占比/%	重度脆弱区 占比/%
2000	耕地	6.67	28.68	33.04	56.86	43.61
	林地	83.68	62.52	50.23	23.69	26.03
	草地	1.65	3.61	11.01	10.94	21.04
	水域	6.05	2.33	2.20	6.24	9.16
	建设用地	1.85	2.81	3.47	2.25	0.08
	未利用地	0.10	0.05	0.05	0.02	0.08
2010	耕地	6.38	19.57	29.49	45.17	38.01
	林地	84.02	62.27	54.10	35.99	22.92
	草地	1.74	7.93	9.25	11.40	25.89
	水域	6.24	5.04	2.63	3.29	8.91
	建设用地	1.60	5.17	4.45	4.11	4.27
	未利用地	0.02	0.02	0.08	0.04	0.00

续表

年份	利用类型	潜在脆弱区占比/%	微度脆弱区占比/%	轻度脆弱区占比/%	中度脆弱区占比/%	重度脆弱区占比/%
2018	耕地	9.16	20.87	26.18	59.09	37.68
	林地	80.67	58.16	51.62	18.96	18.29
	草地	1.73	18.62	13.14	10.63	5.04
	水域	6.63	1.29	3.91	4.51	10.72
	建设用地	1.79	1.03	5.07	6.79	28.26
	未利用地	0.02	0.03	0.08	0.02	0.01

分析2000～2018年三期不同地类的生态环境脆弱性变化情况可知，潜在脆弱区和微度脆弱区在2000～2018年三期数据分析结果中的主要土地利用类型均为林地，林地的潜在脆弱区的面积比重在80.67%～84.02%，林地的微度脆弱区的面积比重在58.16%～62.52%，耕地和水域的潜在脆弱区的面积比重较小，均不足10%，潜在脆弱区和微度脆弱区有小部分的建设用地和未利用地。分析2000～2018年三期轻度脆弱区的土地利用类型主要为林地和耕地，并且面积比重林地>耕地，建设用地面积比重一般，但建设用地主要分布在此区域，在其他脆弱区比重很小，随着生态环境脆弱程度的加深，除个别情况外林地面积比重减小，耕地和草地面积比重均有不同程度的增加。2000～2018年三期中度脆弱区的土地利用类型主要为耕地和林地，并且耕地在中度脆弱区的面积比重大于林地在中度脆弱区的面积比重，此外，草地在中度脆弱区的面积比重比较稳定，保持在10%左右，其他用地类型比重很小；2000～2018年三期重度脆弱区的土地利用类型主要为耕地，其他类型土地比重较小，但2018年草地面积比重下降，建设用地面积比重上升，升高至28.26%。

总的来说，林地主要分布于潜在脆弱区、微度脆弱区和轻度脆弱区，耕地、水域、建设用地和未利用地主要分布在轻度脆弱区，草地主要分布在微度脆弱区、轻度脆弱区和中度脆弱区。

4. 生态脆弱性驱动机制探测

本节应用ArcGIS 10.2的Principal Components函数分别对2000年、2010年和2018年研究区生态环境脆弱性的14个指标进行空间主成分分析，得到各主成分的特征值、贡献率及累计贡献率。依据三期生态环境脆弱性空间主成分分析结果，2000年、2010年和2018年均选取累计贡献率在85%以上的5个主成分，分别为汛期降水量、植被覆盖度、高温季节气温、废水入海量和人口密度。2000年、2010年和2018年前3个主成分的累计贡献率分别为88.9150%、85.7910%、91.7573%，如表7.6所示，能够较好地反映生态环境脆弱性现状，因此用前3个主成分替代原本的14个指标计算生态环境脆弱性指数。

表7.6 桂西南喀斯特—北部湾地区2020年、2010年和2018年主成分信息表

年份	项目	主成分				
		PC1	PC2	PC3	PC4	PC5
2000	特征值λ	0.04263	0.02768	0.01454	0.00565	0.00129
	贡献率/%	41.9525	26.5784	12.2197	4.1509	4.0135
	累计贡献率/%	41.9525	68.5309	80.7503	84.9015	88.9150
2010	特征值λ	0.04629	0.02459	0.01359	0.00676	0.00193
	贡献率/%	44.4321	23.1661	11.3461	5.2585	1.5382
	累计贡献率/%	44.4321	67.5982	78.9943	84.2528	85.7910
2018	特征值λ	0.03954	0.02267	0.01428	0.00971	0.00565
	贡献率/%	38.3611	21.6723	13.8861	8.7862	6.9984
	累计贡献率/%	38.3611	60.0334	73.9195	82.7057	91.7573

本节利用空间主成分分析结果可知，各年份的主成分对原始指标因子的解释能力不完全相同，但驱动力基本一致。在累计贡献率在 85%以上的主成分中存在以下规律：第一、二主成分的主要贡献因子为汛期降水量和植被覆盖度；第三、四、五主成分中，高温季节气温、废水入海量、NPP、人口密度等因子的贡献较大。因此，本节选取汛期降水量、植被覆盖度、高温季节气温、废水入海量、NPP 和人口密度 6 个主成分影响因子进行分析。以 6 个因子的多年平均值为自变量，生态脆弱性指数多年平均值为因变量，提取样本点并将其导入 GeoDetector 软件中进行探测分析。整体来看，气候条件、水土保持及植被覆盖情况为此区域生态环境脆弱性的主要驱动因子。

时空分异是自然和人文因子复杂耦合作用下的时空表现，人类可以根据时空数据来认识自然，利用地理探测器模型可获得自然和人文驱动因子对其空间分异的贡献程度，可明确各因子之间的相互关联性，分析该区域的驱动因子来解释分异现象，从而对比各类型因子的空间分异的相对重要性。根据因子探测结果进行分析，6 个驱动因子对生态环境脆弱性的解释力强度为汛期降水量（0.457）＞植被覆盖度（0.384）＞高温季节气温（0.311）＞废水入海量（0.248）＞NPP（0.184）＞人口密度（0.036）。汛期降水量状况对生态环境脆弱性影响较大，可见降水对喀斯特山区侵蚀较大，容易发生水土流失、滑坡等情况；植被覆盖度次之，对喀斯特山区、流域及海岸带侵蚀均有一定的保护作用；人口密度影响最小，人类活动对生态环境也有一定的影响，应合理分区和管控；高温季节气温、废水入海量和 NPP 影响一般，但也不可忽视，要做好预防高温的措施，控制陆源的污染情况。结果表明，自然因子占主导地位，但也要高度重视人文因子对该区域的影响，尤其是废水入海量和废水排放量对流域的影响极大，对流域和海洋的环境有直接的负面影响。对比 2008 年、2013 年、2018 年三期的各驱动因子发现，2008 年汛期降水量较高，并在研究区的中部和东南部较为明显，西北部喀斯特地区水土流失较为严重。

单因子只会对局部环境产生影响，多因子的交互作用才会导致区域生态环境脆弱性变化。根据地理探测器中的交互探测分析，对两两因子相互作用进行分析能够发现区域生态环境脆弱性的驱动机制。由表 7.7 可知，只有汛期降水量∩NPP、高温季节气温∩NPP、废水入海量∩NPP 呈非线性增强，其余的交互作用均为双线性增强，而且汛期降水量∩植被覆盖度的单因子影响较强，交互作用后的影响也最强（0.679），再次说明了汛期降水量∩植被覆盖度为该区域的主要驱动因子。因此，在未来的喀斯特山区治理和北部湾海岸带的经济产业发展中，都要考虑地方特点，因地制宜地做好预防洪涝灾害的措施及植被的修复工作。避免不合理的利用，有针对性地治理，有规划地发展，稳步建设该区域的生态环境，使自然、人文协调可持续发展。

表 7.7　各因子交互探测结果

$X_1 \cap X_2$	$P(X_1 \cap X_2)$	判断	交互作用
汛期降水量∩植被覆盖度	0.679	$P(X_1 \cap X_2) > \max(P(X_1), P(X_2))$	双线性增强
汛期降水量∩高温季节气温	0.607	$P(X_1 \cap X_2) > \max(P(X_1), P(X_2))$	双线性增强
汛期降水量∩废水入海量	0.541	$P(X_1 \cap X_2) > \max(P(X_1), P(X_2))$	双线性增强
汛期降水量∩NPP	0.648	$P(X_1 \cap X_2) > P(X_1)+P(X_2)$	非线性增强
汛期降水量∩人口密度	0.433	$P(X_1 \cap X_2) > \max(P(X_1), P(X_2))$	双线性增强
植被覆盖度∩高温季节气温	0.442	$P(X_1 \cap X_2) > \max(P(X_1), P(X_2))$	双线性增强
植被覆盖度∩废水入海量	0.429	$P(X_1 \cap X_2) > \max(P(X_1), P(X_2))$	双线性增强
植被覆盖度∩NPP	0.406	$P(X_1 \cap X_2) > \max(P(X_1), P(X_2))$	双线性增强
植被覆盖度∩人口密度	0.327	$P(X_1 \cap X_2) > \max(P(X_1), P(X_2))$	双线性增强
高温季节气温∩废水入海量	0.453	$P(X_1 \cap X_2) > \max(P(X_1), P(X_2))$	双线性增强
高温季节气温∩NPP	0.537	$P(X_1 \cap X_2) > P(X_1)+P(X_2)$	非线性增强
高温季节气温∩人口密度	0.233	$P(X_1 \cap X_2) > \max(P(X_1), P(X_2))$	双线性增强
废水入海量∩NPP	0.479	$P(X_1 \cap X_2) > P(X_1)+P(X_2)$	非线性增强
废水入海量∩人口密度	0.247	$P(X_1 \cap X_2) > \max(P(X_1), P(X_2))$	双线性增强
NPP∩人口密度	0.108	$P(X_1 \cap X_2) > \max(P(X_1), P(X_2))$	双线性增强

7.2.5 讨论与结论

1. 讨论

本章基于山江海视角和 SRP 模型，采用无量纲化模型、AHP，利用 2000 年、2010 年和 2018 年三期数据的 14 个评价指标对桂西南喀斯特—北部湾海岸带进行了较为清晰的生态环境脆弱性评价，对该区域的可持续发展和生态修复具有理论参考和技术指导作用。本节研究结果是，随着高程的增加，生态环境脆弱性程度整体有减轻的趋势，与王钰等学者的研究结果相似，主要是因为优越的自然条件，较少的人类活动，且大多数地区为自然保护区，使得高程较高的地区生态状况良好。研究考虑自然人文因素对该区域生态环境脆弱性的影响，着眼于山江海地理空间大框架，但现阶段还没有形成统一的评价指标体系，下一步研究要完善指标体系，用更为先进的技术对数据和指标进行处理，建立合理的、科学的、客观的指标体系是下一步研究的重点，而且在日后的研究中要采用多种权重赋值法进行赋权，并且对评价结果进行科学验证。

2. 结论

（1）2000～2018 年三期生态环境脆弱性指数在 0.14～0.96，平均值为 0.52，整体属于中度脆弱等级。2000 年轻度脆弱区面积比重最大，为 42.20%，中度脆弱区面积比重次之，重度脆弱区面积比重最小；2010 年轻度脆弱区和中度脆弱区面积比重相似，潜在脆弱区面积和重度脆弱区面积减少；2018 年仍然是轻度脆弱区面积比重最大，为 39.95%，重度脆弱区面积增加，相较于 2010 年增加 1746km^2。江域入海口为重点治理区。

（2）随着高程的增加，生态环境脆弱性程度整体有减轻的趋势，重度脆弱区面积比重越来越小。高程在 200m 以下的区域，轻度脆弱区和中度脆弱区面积比重较大，高程在 200m 以上的区域，微度脆弱区面积比重较大，并且随着高程的不断增大，重度脆弱区面积不断减少。

（3）林地主要分布于潜在脆弱区、微度脆弱区和轻度脆弱区，耕地、水域、建设用地和未利用地主要分布在轻度脆弱区，草地主要在微度脆弱区、轻度脆弱区和中度脆弱区。

（4）单因子汛期降水量对生态环境脆弱性影响最大，植被覆盖度次之，人口密度影响最小，其他因子影响一般。多因子交互作用后影响汛期降水量∩植被覆盖度最强，说明了汛期降水量∩植被覆盖度为该区域的主要驱动因子。

7.3 山江海地域系统空间综合生态风险评价

7.3.1 研究内容

本章从以下 3 个方面对桂西南喀斯特—北部湾地区进行综合生态风险评价，具体流程如图 7.4 所示。

（1）基于多源数据（遥感数据、气象数据、社会数据和其他数据）量化指标数据，建立桂西南喀斯特—北部湾地区综合生态风险评价基础数据集。

（2）基于无量纲化模型对指标数据进行标准化处理，采用主客观评价法对指标进行准则赋权，充分分析该区域自然人文风险、脆弱风险、灾害风险、资源风险、生态综合风险的特征及分布情况。

（3）采用模糊量化模型对指标进行次序赋权。将 OWA 与 GIS 结合对桂西南喀斯特—北部湾地区进行综合生态风险决策，得到不同风险系数下的生态风险综合评价结果。

7.3.2 数据源及预处理

本章数据包括遥感数据、气象数据、社会统计数据、其他数据，数据时间均为 2018 年，具体的数据来源和预处理如下。

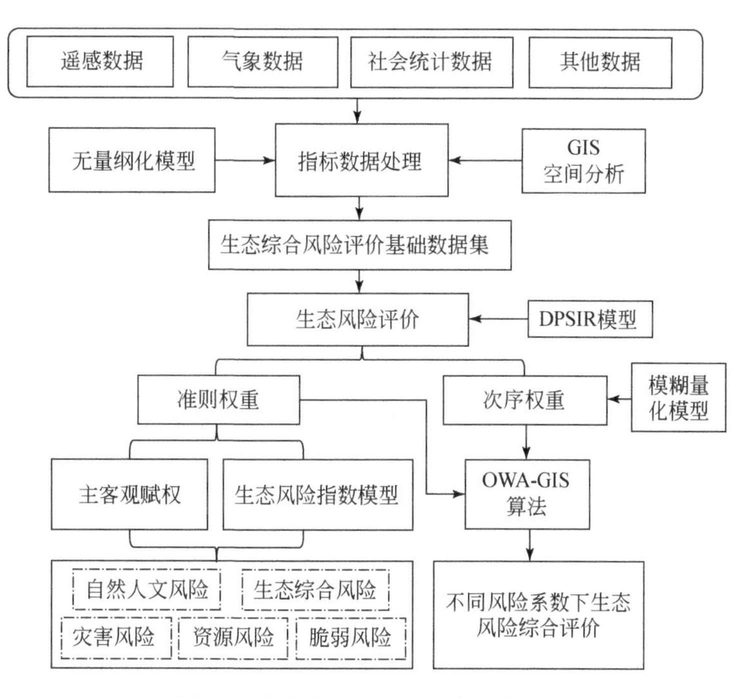

图 7.4　生态综合风险评价技术路线图

1. 遥感数据

NDVI 来源于 USGS 官网（https：//www.usgs.gov/）的遥感影像，根据所获得的数据，采用像元二分模型并利用 MODIS NDVI 数据和 LUCC 数据计算耕地、林地、草地等地类的植被覆盖度，水域、建设用地等统一赋值为 0，合成为年 NDVI 数据，并去除异常，公式如下：

$$VFC=（NDVI-NDVI_{min}）/（NDVI_{max}-NDVI_{min}） \tag{7.11}$$

式中，VFC 为区域的植被覆盖度；$NDVI_{min}$ 和 $NDVI_{max}$ 分别为区域内的最小和最大的 NDVI 值。

本章获取气象数据、MODIS NDVI 数据、广西植被类型数据后，将数据输入 Carnegie-Ames-Stanford Approach（CASA）模型中计算 NPP，CASA 模型计算公式如下：

$$NPP(x，t) = APAR(x，t) \times \varepsilon(x，t) \tag{7.12}$$

式中，NPP$(x，t)$为像元 x 在时间 t 内植被的净初级生产力［g/（m^2 • a)］；APAR$(x，t)$为像元 x 在时间 t 内植被光合作用产生的有效辐射［g C/（m^2 • month)］；$\varepsilon(x，t)$ 为像元 x 在时间 t 内的实际光能利用率（g C/MJ^2）。

2. 气象数据

气象数据来源于国家气象科学数据中心（http：//data.cma.cn/），对实测数据进行对比后得到降水和气温数据。对汛期降水数据（4～9 月）及高温季节气温数据（6～10 月）进行计算，应用 ArcGIS10.2 软件空间分析的反比距离权重法（IDW）进行插值，得到结果。

3. 社会统计数据

社会统计数据来源于《广西统计年鉴》，水土流失治理面积来源于《广西水土保持公报》和各市水土保持公报，统计整理各数据并在 ArcGIS10.2 软件中对数据进行可视化处理。有效灌溉面积、除涝面积和人均供水量数据来源于《广西水利统计公报》。

4. 其他数据

耕地数据在土地利用数据提取中得到，土地利用现状数据是基于 Landsat 影像进行人机交互解译产生的，空间分辨率为 30m，数据分类精度达到 90%，利用 ArcGIS10.2 的栅格计算器提取耕地、林地、水域面积，该区域的自然灾害主要是洪涝、干旱和台风，从广西壮族自治区气象局网站（http：//gx.cma.gov.cn/）获取各单一自然灾害数据，并计算得到自然灾害危险性结果。收集并整理《第一次全国水利普查公报》中的数据，获得各县（区）土壤侵蚀强度数据。

7.3.3 研究方法

1. DPSIR 模型

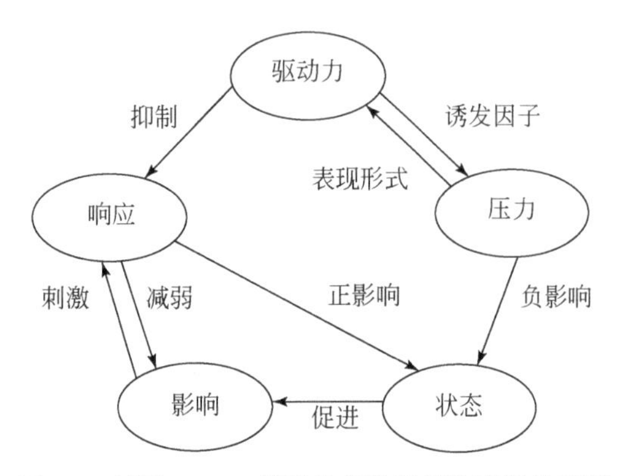

图 7.5 基于 DPSIR 模型的各准则层的逻辑关系图

应用 DPSIR 模型可以更明确地分析影响生态风险的各种因素之间的相互关系。根据图 7.5，驱动力指标是复杂生态环境系统压力的诱发因子；压力指标是驱动力指标的表现形式，是生态风险的直接影响因子，是对生态环境系统的胁迫，表现为区域可持续发展的障碍力；状态指标反映当前的生态环境状态或者发展趋势，是驱动力和压力共同引起的可测特征；影响指标反映最终结果，即驱动力和压力作用下对人类的影响；响应是指人类面对多种风险源，预防非预期的环境状态而做出的一系列积极措施。运用此模型对生态风险进行评价更具有科学性、合理性和层次性，为评价体系构建提供理论依据和支持。

2. 桂西南喀斯特—北部湾地区综合生态风险评价指标体系构建

构建一套适用于研究区的评价体系是综合生态风险评价的核心，也是一个复杂的过程，目前还没有一套能应用于综合生态风险评价的国内外普遍公认的指标评价体系。因此，参考前人的研究，遵循科学性、差异性、层次性和可行性原则，根据数据的可获取性，在可持续发展战略指导下，本节应用多角度概念模型来建立综合生态风险评价指标体系。为了实现该地区生态风险评估的目标，从 3 个角度分析该区域的生态风险：①参考生态风险评估概念模型，从人类社会经济和资源环境之间的联系出发构建自然危害和人为危害风险源；②以脆弱风险-灾害风险-资源风险为概念模型构建多源风险评估体系，兼顾三者在区域内的联系与互动造成的影响；③应用 DPSIR 模型进行综合生态风险全面评价。根据研究区的实际情况，从各个角度选取了 18 个指标进行详细完整的分析，并对原始参数进行了优化。该方法在该领域中的应用是可行的、稳定的和适用的。具体指标构建如图 7.6 所示。

3. 准则权重——主客观赋权法

熵权法是一种客观赋权法，可以很好地将指标中的有用信息表征出来，但此方法的缺点是过度依赖客观数据，不考虑专家知识经验和实际情况；而层次分析法是一种主观赋权法，根据专家的知识经验和实际情况来确定权重，但对于数据的客观性考虑欠缺，两种方法各有利弊，可以优势互补，所以准则权重采用主客观赋权法，将熵权法与层次分析法相结合，并且对原有的公式进行改进，得到准则权重。公式如下：

$$W_j = \frac{\sqrt{W_{1j} \times W_{2j}}}{\sum_{j=1}^{n} \sqrt{W_{1j} \times W_{2j}}} \tag{7.13}$$

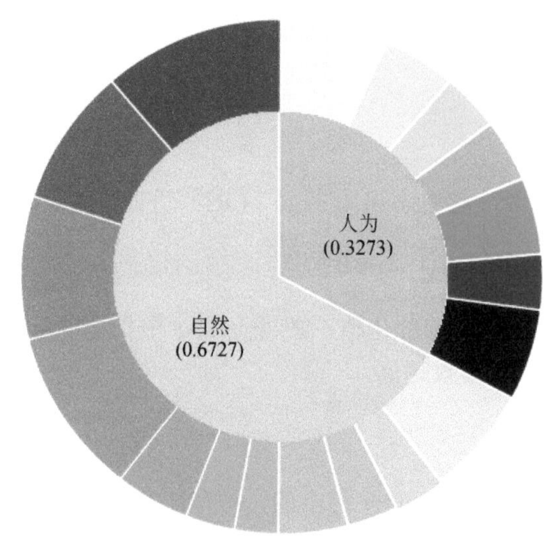

(a)自然和人为危害

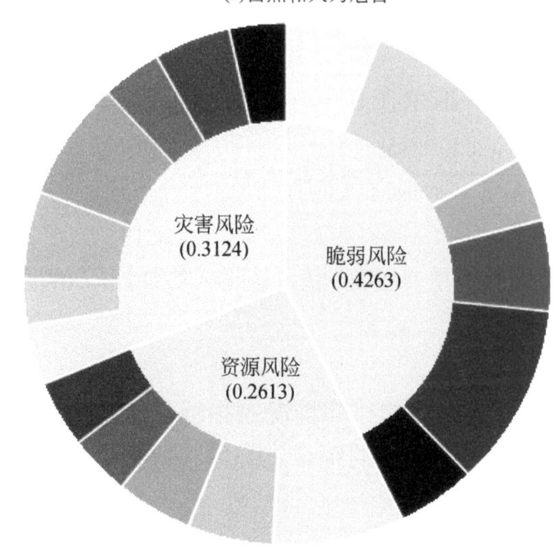

(b)脆弱风险-灾害风险-资源风险

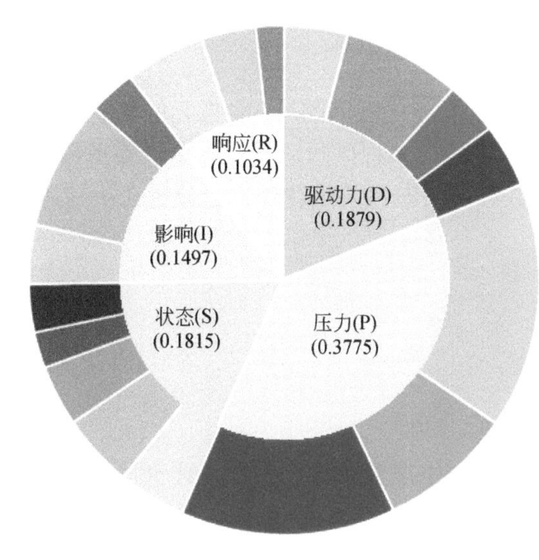

(c)DPSIR模型

图7.6 生态风险评价指标体系

式中，W_j 为第 j 个指标的准则权重；W_{1j} 为应用熵权法计算得到的第 j 个指标的客观权重；W_{2j} 为应用层次分析法计算得到的第 j 个指标的主观权重。

4. 生态风险指数

利用主客观赋值法得到各指标的权重系数，对生态风险指数（ERI）进行评价，计算公式如下：

$$\mathrm{ERI} = \sum_{i=1}^{n} X_i \times W_i \tag{7.14}$$

式中，ERI 为生态风险指数；X_i 表示第 i 个指标的标准化值；W_i 表示第 i 个指标的权重值。ERI 取值范围在［0～1］，数值越大，说明该区域的生态风险指数越高。

5. 次序权重——模糊量化模型

次序权重采用模糊量化模型确定，此方法是由 Yagger 提出的，具有计算量小、易于理解的特点。公式如下：

$$V_j = \left(\sum_{i=1}^{j} U_i\right)^{\alpha} - \left(\sum_{i=1}^{j-1} U_i\right)^{\alpha} \tag{7.15}$$

式中，V_j 为第 j 个指标的次序权重；α 为决策系数，取值在 0～∞；U_i 为指标的重要等级。U_i 计算公式如下：

$$U_i = \frac{n - r_i + 1}{\sum_{i=1}^{i} (n - r_i + 1)} \quad (i = 1, 2, \cdots, n) \tag{7.16}$$

式中，n 为指标的个数；r_i 为基于指标数值大小而进行的重要程度赋值，按照从大到小依次赋值为 1、2、3、…、n。

6. OWA 法

OWA 法是根据指标的属性进行重新排序，依据新的排序情况对指标赋予新的次序权重，此方法可以更好地减小误差。通过风险系数的调节，得到不同偏好下的综合生态风险决策结果，避免考虑单一方向导致的结果不合理、不全面。公式如下：

$$\mathrm{OWA}_j = \sum_{j=1}^{n} \left\{ \frac{W_j V_j}{\sum_{j-1}^{n} W_j V_j} \right\} Z_{ij} \tag{7.17}$$

式中，W_j 为准则权重；V_j 为次序权重；Z_{ij} 为经过标准化赋值的第 i 个像元的第 j 个指标的属性值。

OWA 法可表现布尔 AND 和布尔 OR 决策之间的多种风险场景。本章借鉴王嘉丽的决策风险系数值，选取 7 种决策风险系数，采用 OWA 法对区域综合生态风险进行评价，分析在不同风险系数下流域不同的风险情景，并对其进行对比分析。

7.3.4 综合生态风险评价

1. 生态危害风险分析

将所有指标分为自然和人文两个方面对该区域生态危害程度进行了评价，参考表 7.8 得到自然危害风险和人为危害风险等级分布图（图 7.7 和图 7.8）。

1）自然危害风险分析

通过整体分析，该区域呈现出中西部和沿海地区自然危害风险等级高，北部和东部地区自然危害风险等级低的特点（图 7.7）。该区域低风险区主要分布在百色林区、南宁北部和防城港中部；中低风险区主要分布在低风险区周围并有向中风险转化的趋势；中风险区、中高风险区和高风险区主要分布在百色和崇左的喀斯特山区、玉林中南部和北海沿海区。从自然危害指标来看，喀斯特地区人类压力逐渐增大是由于耕地的占用，同时受气候影响，高温季节气温最高的县域均在此区域；北部湾沿海地区由于气候的影响，台风侵袭严重，汛期降水量最高的区域也在北海。中高风险区和高风险区的面积占比达到该区域的 45.32%，受影响的县达到 16 个，要对该地区实施应急和危害预警方案。

表 7.8　生态风险程度分级

综合生态风险程度	分级赋值
低	1
中低	2
中	3
中高	4
高	5

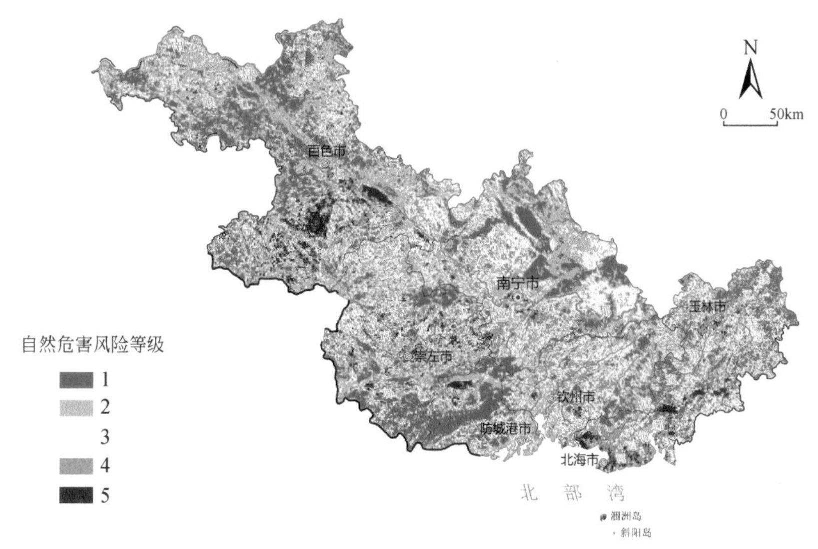

水土流失面积数据来源于2018年广西水土保持公报；2018年坡度数据来源于地理空间数据云平台；2018年NPP、土壤侵蚀强度、NDVI数据来源于中国科学院资源环境科学与数据中心；林地面积比重、水域面积比重、汛期降雨量、高温季节温度数据来源于2018年《广西统计年鉴》；图上专题内容为作者根据2018年水土流失面积、坡度、NPP、林地面积比重、水域面积比重、汛期降雨量、高温季节温度、土壤侵蚀强度、NDVI数据推算出的结果，不代表官方数据。

图 7.7　自然危害风险等级分布图

2）人为危害风险分析

通过整体分析，建设用地面积、人口密度、GDP 的增加和耕地的减少使得人类危害风险在空间上存在明显的差异（图 7.8）。中南部地区人为危害风险等级高，主要是中高风险和高风险。中高风险区和高风险区分布在南宁市及周边县、钦州中部和北海北部，西南部地区人为危害风险等级低，特别是防城港山区。中高风险区和高风险区可能是由于经济的高速发展，城区不断扩建及沿海城市资源开发利用不合理，该区域承担了更大的风险。虽然有更多的县处于低风险和中低风险等级，但这也不是一个积极的现象。高风险区在南宁、北海都有进一步扩大的趋势。人类对中南部地区的危害增加，使该地区生态环境面临更大的威胁。

2. 生态多角度风险分析

将所有指标分为脆弱风险因子、资源风险因子、灾害风险因子 3 个方面，结合表 7.8 得到生态多角度风险等级分布图。

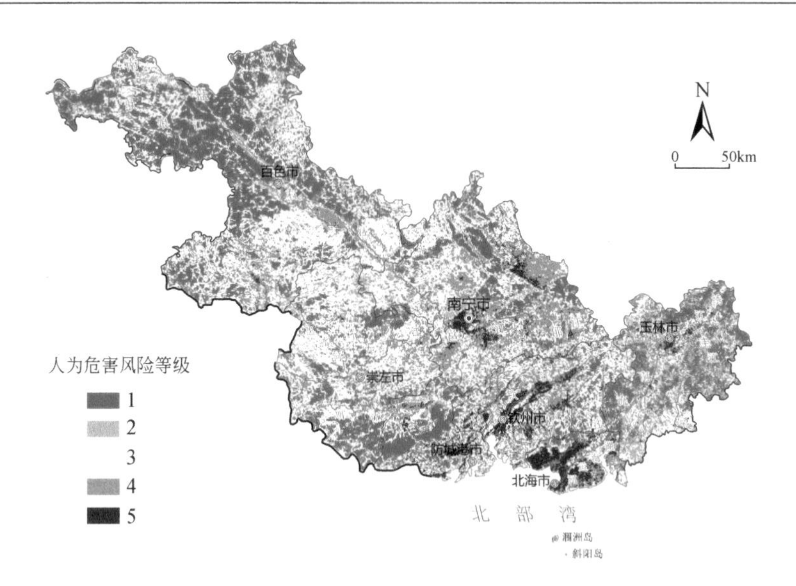

人口密度、人均GDP、人均供水量、除涝面积、经济密度、医疗卫生机构床位数、人均耕地面积比重数据来源于2018年《广西统计年鉴》；图上专题内容为作者根据2018年人口密度、人均GDP、人均供水量、除涝面积、经济密度、医疗卫生机构床位数、人均耕地面积比重数据推算出的结果，不代表官方数据。

图 7.8　人为危害风险等级分布图

1）脆弱风险分析

通过对脆弱风险进行分析，低风险区和中低风险区主要分布在北部，中高风险区和高风险区主要分布在中南部地区，出现两极分化的空间分布格局（图 7.9）。百色林区依然呈现低风险和中低风险等级，由于林地自身的原因，生态结构和功能比较稳定，抗干扰能力较强，整体 NPP 高。崇左喀斯特石山区居多，人类活动破坏严重，并且 GDP 较低。钦州东北部和玉林西北部与广西南流江接壤，是水陆过渡带，地形环境复杂，NPP 一般。北海仍然处于高风险区，NPP 明显低于其他城市，水土流失严重，北海大力发展旅游产业，海岸带开发强度大。

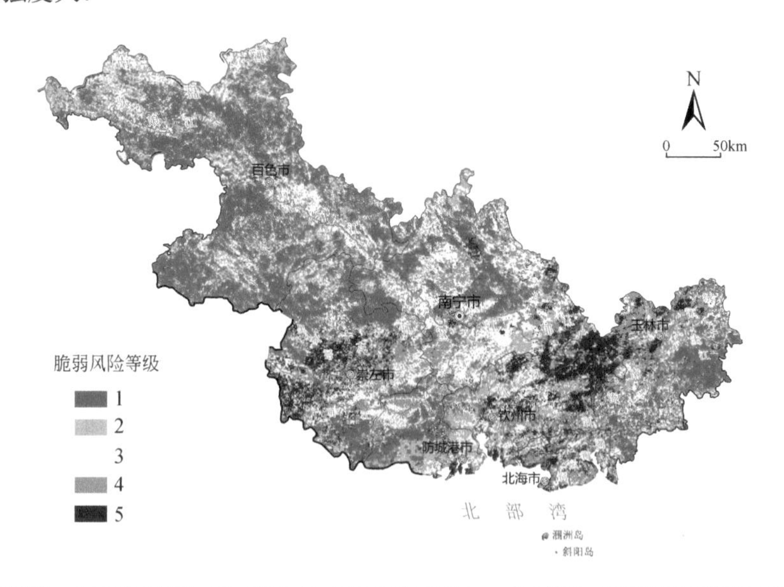

人口密度、人均GDP数据来源于2018年《广西统计年鉴》；水土流失面积数据来源于2018年《广西壮族自治区水土保持公报》；2018年坡度、地形起伏度数据来源于地理空间数据云平台；2018年NPP数据来源于中国科学院资源环境科学与数据中心；图上专题内容为作者根据2018年人口密度、人均GDP、水土流失面积、坡度、地形起伏度、NPP数据推算出的结果，不代表官方数据。

图 7.9　脆弱风险等级分布图

2）资源风险分析

通过对资源风险进行分析，如图 7.10 所示，西北地区风险等级较低，中部地区风险等级中等，西南部和沿海地区风险等级较高。百色西南部、崇左西部均是喀斯特分布区，这些地区耕地面积少、水域面积少及人均供水量较低，可利用资源开发不合理。防城港十万大山以南地区为高风险区，广西柳州的大部分工业已经迁移至此地，对此地的开发利用强度较大，同时削山建城严重，植被覆盖率不高，对生态资源破坏严重，风险加大。

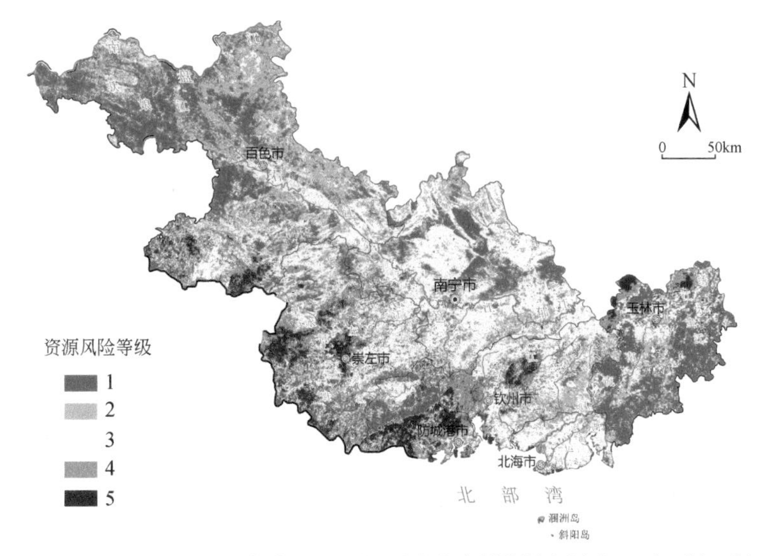

人均耕地面积、林地面积比重、水域面积比重、人均供水量数据来源于2018年《广西统计年鉴》；2018年NDVI数据来源于中国科学院资源环境科学与数据中心；图上专题内容为作者根据2018年人均耕地面积、林地面积比重、水域面积比重、人均供水量、NDVI数据推算出的结果，不代表官方数据。

图 7.10　资源风险等级分布图

3）灾害风险分析

通过对灾害风险进行分析，如图 7.11 所示，该区域低风险和中低风险等级分布面积较少，占研究区的 39.17%，主要分布在百色和防城港部分区域，中风险和中高风险地区大部分分布在中部地区，在崇左分布最广，高风险区主要分布在南宁中北部以及北海和玉林城区周边。崇左部分喀斯特山区水土流失较严重，第七次全国人口普查结果显示，南宁和北海人口增长较大，对生态胁迫压力较大，北部湾沿海城市受自然灾害中的台风和洪涝影响较大，且汛期降水量较大，导致生态灾害风险加大，人类生产生活的风险增大。

3. 综合生态风险分析

基于 DPSIR 模型，结合图 7.7～图 7.11 的分析结果，对该区域整体进行风险等级分区，得到图 7.12。分区结果表明，低风险区主要分布在百色中部、南宁北部、崇左西南部以及防城港中西部，中低风险区主要分布在低风险区周围，这些区域人类活动相对较少、自然灾害较少以及植被覆盖率较大等。中风险区比重最大，占该区域的 48.33%，集中分布在研究区中部，如百色南部、崇左中北部、南宁市辖区周边地区和玉林中北部。中高风险区主要分布在百色市辖区和喀斯特石山区以及钦州市近海岸带，而高风险区主要分布在中高风险区的中心，包括南宁市中心城区，城市扩张较大，植被覆盖度下降，尤其是北部湾海岸带，受台风、洪涝灾害等影响严重，降水量大，水土流失严重，近些年北部湾海岸带大力发展旅游观光产业，海岸开发强度大，人类活动频繁，植被净初级生产力低。部分喀斯特石山区水土流失严重，耕地面积较少且第一产业产值较低，自然环境一般。

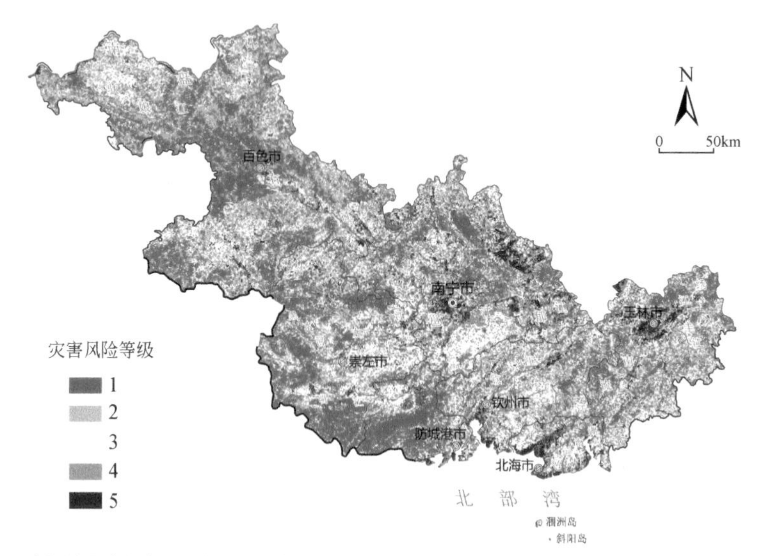

2018年土壤侵蚀强度数据来源于中国科学院资源环境科学与数据中心；高温季节温度、除涝面积、经济密度、医疗卫生机构床位数数据来源于2018年《广西统计年鉴》；汛期降雨量数据来源于2018年《广西壮族自治区水资源公报》；图上专题内容为作者根据2018年土壤侵蚀强度、医疗卫生机构床位数、汛期降雨量、高温季节温度、除涝面积、经济密度数据推算出的结果，不代表官方数据。

图 7.11 灾害风险等级分布图

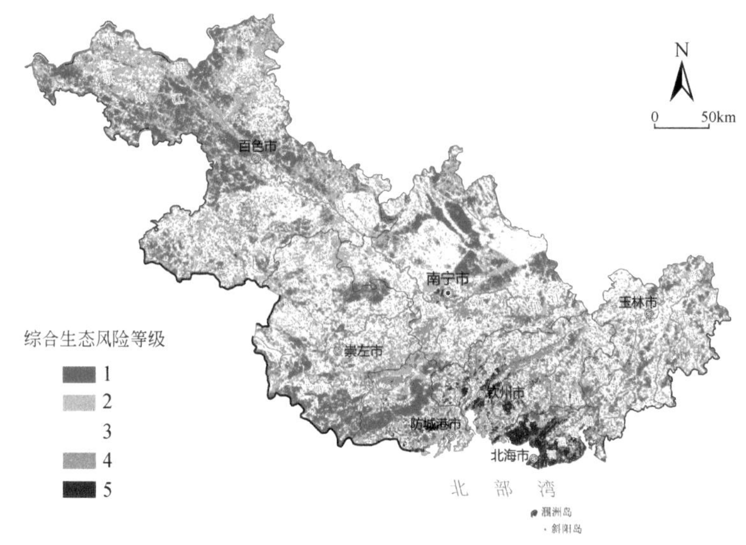

水土流失面积数据来源于2018年广西水土保持公报；2018年坡度数据来源于地理空间数据云平台；2018年NPP、土壤侵蚀强度数据来源于中国科学院资源环境科学与数据中心；人口密度、人均GDP、人均供水量、除涝面积、经济密度、医疗卫生机构床位数、人均耕地面积比重、林地面积比重、水域面积比重、高温季节温度数据来源于2018年广西统计年鉴；汛期降雨量数据来源于2018年广西水资源公报；图上专题内容为作者根据2018年水土流失面积、坡度、NPP、土壤侵蚀强度、人口密度、人均GDP、人均供水量、除涝面积、经济密度、医疗卫生机构床位数、人均耕地面积比重、林地面积比重、水域面积比重、高温季节温度、汛期降雨量数据推算出的结果，不代表官方数据。

图 7.12 综合生态风险等级分布图

4. 不同风险决策系数下综合生态风险分析

在 IDRISI 平台中将数据转化为.rst 格式的栅格文件，利用 MCE 模块中的 OWA 法分析桂西南喀斯特—北部湾地区的综合生态风险情况。将 18 个指标的标准化分级图导入 IDRISI 软件中，输入各指标准则权重和次序权重进行加权集成，最后得到桂西南喀斯特—北部湾海岸带综合生态风险评估结果（图 7.13）。

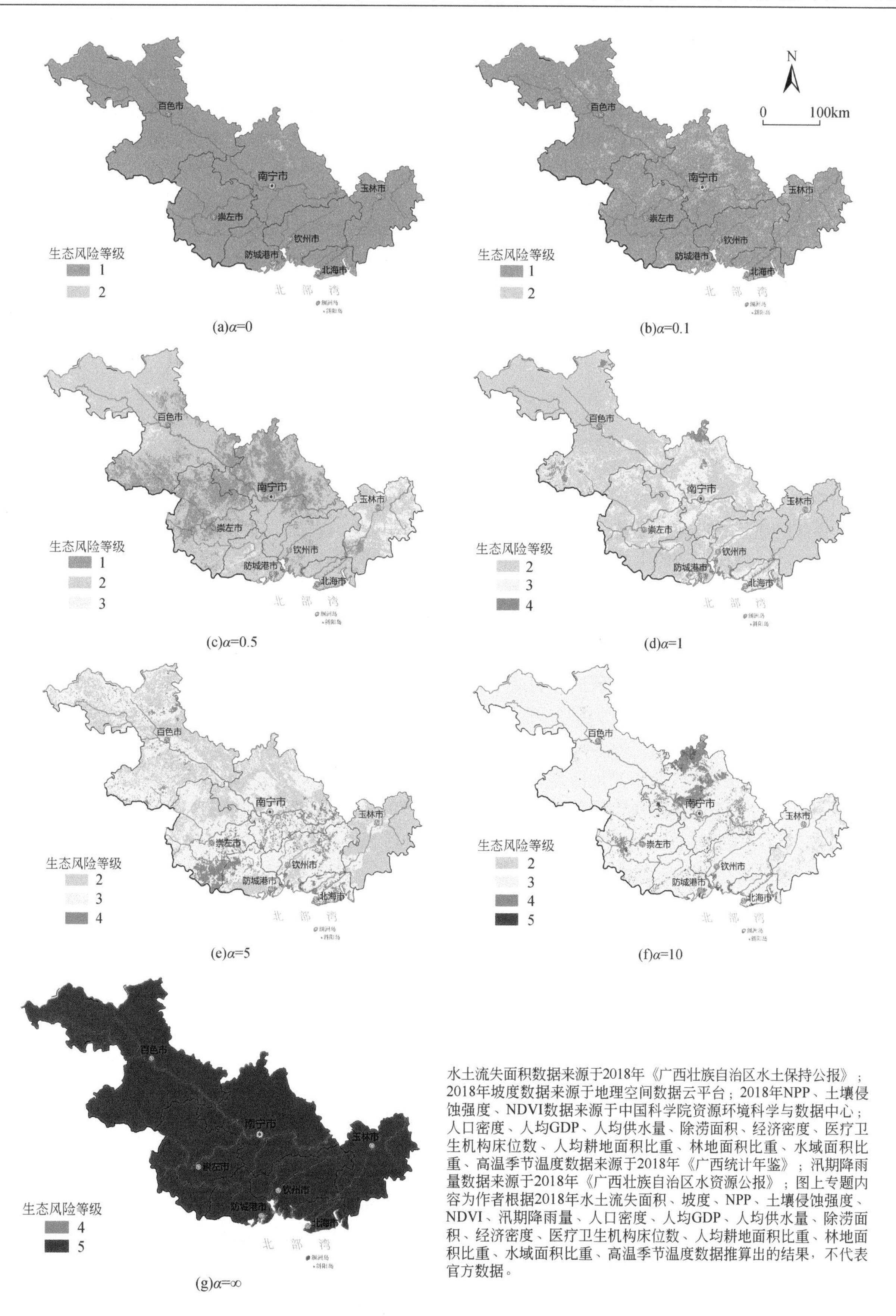

图 7.13　不同风险决策系数下综合生态风险分析

从整体上看，随着决策系数的增大，风险等级逐渐增大。当决策系数 $\alpha \to 0$、$\alpha=0.1$ 和 $\alpha \to \infty$ 时，这三种情况比较极端，缺乏对复杂环境的权衡，所以不具备实际参考价值，实际应用中不考虑。当 $\alpha=1$ 时，可视为“维持现状情景”，该情景表示决策者认为维持生态环境现有的本身状态就好。人口密度权重较大，对水土流失和土壤侵蚀影响较大，治理防控力度不够，人类活动影响严重，导致自然灾害增多。植被净初级生产力较低和汛期降水量较大的区域风险程度较高。此评价结果的决策者认为自然资源、环境质量、社会经济等均为安全。当 $\alpha=0.5$ 时，可视为“忽视风险情景”，该情景表示决策者对风险考虑不足，对风险的重视程度较低，认为存在风险，但可以控制，不会影响该区域的生态健康情况。当 $\alpha=3$ 和 $\alpha=10$ 时，可视为“重视风险情景”，该情景表示决策者对风险性考虑较多，对风险的重视程度较高，认为生态系统平衡会受影响。在实际复杂环境下生态风险评价中不是单一的决策系数的选择，而是要根据不同的实际情景和决策目标进行充分的论证和权衡。建议在 0.5～10 选择理想决策系数，在保守和冒险之间采取中立措施。

7.3.5 讨论与结论

1. 讨论

在研究内容及其研究意义方面，本节基于 DPSIR 模型选取 18 个综合生态风险评价指标，采用 OWA 和 GIS，系统分析了桂西南喀斯特—北部湾地区的综合生态风险，表征了从最乐观到最悲观的 7 种决策者的生态风险态度，为该区域的生态环境治理、生态风险提供科学的理论参考和决策支持。在评价方法方面，单一地使用主观方法或客观方法都是不严谨的，所以采用主客观赋权法，但也不一定能对指标权重进行最佳描述，所以采用 OWA 法可以有效地规避这一部分误差。在局限性和未来发展方面，综合生态风险是一个动态过程，本节只对 2018 年该区域进行了空间分异，并没有长时序地分析区域时空变化过程，没有探测风险结果的驱动机制，在下一步研究中将会丰富这些内容。

2. 结论

本节以桂西南喀斯特—北部湾地区为研究对象，建立生态风险多重评价体系，分析 2018 年该区域生态风险情况，进行了不同风险决策系数下综合生态风险评价。结果表明，桂西南喀斯特石山区和北部湾沿海区以及人类活动密集地区风险等级处于高风险，百色林区在不同风险角度下均呈现低风险。脆弱风险-资源风险-灾害风险对综合生态风险有影响，崇左喀斯特地区、南宁市区、北海和防城港综合生态风险等级较高。综合生态风险呈现出由西北山区低风险向东南沿海区高风险过渡分布的趋势。决策态度从乐观到悲观，随着决策系数的增大，风险等级逐渐增大，中南部地区风险高于北部，社会经济发展较好及人类活动频繁地区的风险等级较高，在现实中，依据不同的决策目标对决策风险系数进行调整，得到合理的决策结果。因此，未来该区域应引入更严格的措施和控制制度，加强生态管理和保护，从而有利于该区域生态文明的可持续发展和建设。

参考文献

陈桃，包安明，郭浩，等，2019. 中亚跨境流域生态环境脆弱性评价及其时空特征分析——以阿姆河流域为例. 自然资源学报，34（12）：2643-2657.

靳毅，蒙吉军，2011. 生态环境脆弱性评价与预测研究进展. 生态学杂志，30（11）：2646-2652.

李博，史钊源，田闯，等，2019. 中国人海经济系统环境适应性演化及预警. 地理科学，39（4）：533-540.

李永化，范强，王雪，等，2015. 基于 SRP 模型的自然灾害多发区生态环境脆弱性时空分异研究——以辽宁省朝阳县为例. 地理科学，35（11）：1452-1459.

廖炜，李璐，吴宜进，等，2011. 丹江口库区土地利用变化与生态环境脆弱性评价. 自然资源学报，26（11）：1879-1889.

刘珍环，张国杰，付凤杰，2020. 基于景观格局-服务的景观生态风险评价——以广州市为例. 生态学报，40（10）：3295-3302.

徐静，王泽宇，2019. 中国陆海统筹绩效时空分异及影响因素——基于脆弱性视角的分析. 地域研究与开发，38（2）：25-30.

杨阿莉，仲鑫，张洋洋，等，2019. 基于 AHP—模糊综合评判的旅游开发生态风险评价研究——以甘肃河西走廊为例. 资源开发与市场，35（6）：861-866.

杨俊，关莹莹，李雪铭，等，2018. 城市边缘区生态环境脆弱性时空演变——以大连市甘井子区为例. 生态学报，38（3）：778-787.

张行，陈海，史琴琴，等，2020. 陕西省景观生态环境脆弱性时空演变及其影响因素. 干旱区研究，37（2）：496-505.

张圆圆，毛爽，张淑伟，2020. 2000—2017 年龙门山断裂带生态环境脆弱性演变研究. 天津农业科学，26（2）：22-28.

张泽，胡宝清，丘海红，等，2021. 桂西南喀斯特-北部湾海岸带生态环境脆弱性时空分异与驱动机制研究. 地球信息科学学报，23（3）：456-466.

Eccles K M，Pauli B D，Chan H M，2019. The use of geographic information systems for spatial ecological risk assessments：an example from the athabasca oil sands area in Canada. Environmental Toxicology and Chemistry，38（12）：2797-2810.

Wang D，Ji X，Li C，et al.，2021a. Spatiotemporal variations of landscape ecological risks in a resource-based city under transformation. Sustainability，13（9）：5297.

Wang L P，Yan F，Wang F，et al.，2021b. FMEA-CM based quantitative risk assessment for process industries—a case study of coal-to-methanol plant in China. Process Safety and Environmental Protection，149（B1）：299-311.

Zhang Z，Hu B Q，Jiang W G，et al.，2021. Identification and scenario prediction of degree of wetland damage in Guangxi based on the CA-Markov model. DOI：10.1016/j.ecolind.2021.107764.

第8章　山江海地域系统生态承载力时空演变机制及其生态安全研究

8.1　引　　言

8.1.1　研究背景

进入21世纪以来，我国科技和经济高速发展，生产力也得到了极大的提高，与此同时，人口增长，国土资源利用粗放，使得生态系统服务功能下降，影响着人与自然的和谐关系。我国也正在积极推进生态文明建设，践行“绿水青山就是金山银山”理念，打造美丽中国新局面，有效应对生态环境恶化。在改革开放进程中，在促进经济发展的同时忽略了生态保护，许多地区对资源的利用已经超过了该地区的生态环境承载力，发展模式不可持续。生态环境是人类赖以生活和发展的基础与根本，对人类社会的发展具有重要的作用。联合国可持续发展目标（SDGs）多次提出生态系统恢复的相关报告，呼吁人类复原和保护自然，人类需求要与自然环境承载力实现动态平衡，这俨然已成为国际共识。生态承载力是评价一个区域可持续发展能力的重要指标，如何保护、恢复生态环境并使其可持续发展是SDGs研究的热点和核心内容之一，因此，有必要对生态承载力进行系统研究，这对生态系统保护和科学合理利用生态资源具有重要的意义。

土地是生态系统的载体，土地资源是人类生存和发展的基础，土地利用变化与人类活动有着密切的联系。我国的土地资源随人口的激增开始减少，《关于建立资源环境承载能力监测预警长效机制的若干意见》中指出，加强对江、湖、河、山脉等自然生态系统的保护，控制生态超载，严格把控土地的不合理利用导致的生态问题，构建人与自然的和谐关系。因此，从土地利用入手实现对生态承载力的研究，探究土地利用变化对生态系统产生的效应。

随着地理信息技术的迅猛发展，土地利用分类方法逐渐从传统的目视解译向遥感智能分类算法转变。如今，复杂生态系统下单一的数据源和分类方法不足以满足研究的需求，如何高效地利用多源多尺度数据快速提取地表信息是一项巨大的挑战，如何精准地对土地利用类型进行识别、提取和模拟，实现智能算法高精度对比分析也仍处于发展阶段。

桂西南喀斯特—北部湾地区是地跨山-江-海-边的综合地域系统，具有喀斯特山区的脆弱性、多条流域的复杂性和海岸带的交互性，生态系统综合、多样且复杂。该区域经济发展差异大，生态保护重视程度不够，很难满足国家的沿海、沿江、沿边区域协同一体化发展需求。该区域是“一带一路”各地区有机衔接的重要门户，是西部陆海新通道和新晋自贸区，是北部湾城市群、泛三角城市圈、中国—东盟城市群中心地带，试图全面融入粤港澳大湾区建设，地处西南边陲，被推到了中国对外开放的前沿，获得了难得的历史性机遇。构建该区域生态安全格局和生态安全网络，提出生态安全优化空间规划是非常重要的。因此，科学地进行复合型生态系统管理，贯彻习近平总书记提出的“创新、协调、绿色、开放、共享”的新发展理念，实现生态-社会可持续发展是无法规避的重要内容。

8.1.2　研究意义

桂西南喀斯特—北部湾地区作为我国南疆大门，既是喀斯特岩溶治理区，也是大西南沿海发达的黄金地区，是新时代推进西部大开发形成新格局的重要区域，区位优势显著。多年来，经济的高速发展，人口的急剧增多，土地利用的变化给资源利用带来了很大的压力，出现了生态环境恶化、生态承载力不稳定等问题。

（1）综合运用遥感技术和地理信息技术重构过去 30 年的生态承载力的变化趋势以及土地利用对其产生的影响，有利于该区域选择合适的生态发展模式，正确权衡社会经济和生态环境的关系；有利于推进该区域的生态文明建设进程和可持续发展，为提高该区域生态承载力和促进高质量发展提供科学依据。

（2）构建该区域生态承载力未来格局预测模型，实现对该区域未来 20 年生态承载力格局的预测，以期为该区域生态安全格局构建，以及生态保护、修复及决策者的相关方案制定提供理论参考。

（3）实现该区域的土地利用多种遥感智能分类算法的提取识别和精度对比，以期为土地利用智能信息提取的最优算法筛选和制定提供技术支撑。

8.1.3　国内外研究综述

1. 山江海地域系统空间研究进展

国外涉及的地域系统的相关研究以交错带为主，在不同的文献中有环境梯度、交错带等术语，但研究围绕的中心是生态与地理空间的交互地带，一些欧美国家在 20 世纪 30 年代开始研究关于交错带的内容，在此基础之上，学者发现并提出一种系统边缘的生物种群密度高于其相邻系统的边缘效应，将这种生态交错带视为一个边缘区，即交错带。由于学科的不断发展，国际环境问题科学委员会在 20 世纪 80 年代为生态交错带赋予了新的内涵。随后专家学者认为水陆交错带是两个生态系统的集合区域，具有复杂性、不明确性的特点。到了 20 世纪 90 年代，其定义被进一步完善，被定义为一个能将陆地和水域进行物质、能量转换的植物生态系统。国内对于地域空间的研究同样集中在交错带，近些年，关于农牧交错带的研究比较多，农牧交错带一词最早是赵松乔（1953）提出的，他调查了内蒙古自治区察北、锡林郭勒盟等地的农牧情况，得出此概念；宋乃平等（2020）探究农牧交错带的可持续发展，指出水浇地和水资源可持续性是农牧复合系统能长期持续的关键。杨露等（2020）基于遗传算法和 FLUS 模型探究农牧交错带的土地利用优化配置问题。关于其他交错带和过渡带的研究也越来越丰富。

关于山江海地域系统空间的相关研究的进展和内容不尽相同。在概念内涵研究方面还不是很成熟，如邓伟等（2020）从地理学角度，基于自然人为耦合视角，构建过渡性空间逻辑框架，表征色差渐变原理；李博等（2019）对中国人海经济环境适应性演化进行分析，并做出预警探索；徐静和王泽宇（2019）基于脆弱性的视角，利用熵权-TOPSIS 模型对中国海陆统筹绩效进行了分析。关于广西山江海地域系统空间的相关研究主要体现在对喀斯特山区、流域、北部湾海岸带等单一生态系统的研究。张泽等（2021）首次提出山江海地理空间概念，结合广西实际，选择桂西南喀斯特—北部湾地区为典型研究区，基于 SRP 模型对该区域进行生态环境脆弱性评价。

2. 生态承载力研究进展

国外对承载力及生态承载力的研究较早，生态承载力最早被定义为某环境某种生物能够生存的最大规模，反映生态供给能力。随着社会的不断发展，20 世纪 70 年代出现人口增长迅猛、生态资源环境问题，各方学者对生态承载力越来越重视。1987 年，世界环境与发展委员会发表的《我们共同的未来》中阐述了可持续发展，这为后续的生态承载力研究奠定了坚实的基础。20 世纪 90 年代，生态足迹被提出，生态承载力研究进一步被优化和完善。关于生态承载力的研究不断涌现。

国内的生态承载力研究相较于国外起步较晚，大概在 20 世纪 90 年代开始，目前仍然处于迅速发展的阶段。但国内关于生态承载力的研究已经有了丰富的成果。在研究内容上，旅游生态承载力、农林渔业生态承载力等研究层出不穷。吴毅（2019）对生态足迹模型进行了改进，对“生态旅游的可持续发展的前提是生态环境的保护”进行了研究；张翠娟（2020）基于生态足迹模型，对粮食大省河南省的农业生态承载力进行了评价。在研究方法上，有生态足迹法、三维生态足迹模型、生命周期评价法等。在研究区域与尺度上，有全球及全国大尺度、城市群、流域、县域等，如张文彬等（2020）基于 3 个生态环境层面的自净能力和污染水平视角，采用生态支撑力和压力脱钩模型测度和评价了中国生态承载力状况；一些学者对广西生态承载力的研究也取得了一定的进展，近几年水资源、喀斯特山区、海洋等方面的研究有了长足的进展，如莫崇勋等（2020）分析近 10 年来广西水资源生态特征的时空变化规律及驱动因素；杜元伟等（2018）构建了海洋生态承载力评价方法，对海洋生态承载力指数和贡献因素进行了评价。

3. 土地利用变化遥感监测及预测研究进展

国外对于土地利用的研究历史悠久，在不同的时期有不同的研究重点。第一阶段，20 世纪初期，国外学者开始对土地利用进行研究，研究内容集中在土地登记、土地分类、制图等方面。20 世纪 50 年代，航天技术不断发展，以遥感数据为主的土地利用分类研究逐渐成为主流。20 世纪 80 年代，基于遥感数据的 LUCC 研究取得了进一步成果。第二阶段，20 世纪 90 年代至今，研究方向从单一的登记、分类和制图逐渐向土地利用的驱动机制和模拟预测转变，随着国际全球环境变化人类行为计划（UHGP）和国际地圈生物圈计划（IGBP）的提出，LUCC 研究变成了全球的热点和前沿。

国内对土地利用的研究起步较晚，但发展速度飞快，在生态环境、社会经济等领域发挥着重要的作用。由于我国国土辽阔，地形气候多样且复杂，引发土地利用的变化因素较多，20 世纪 90 年代后人地关系日益紧张，各方学者开始讨论全球气候环境变化下的土地利用变化趋势，加速 LUCC 的研究进展。进入 21 世纪后，土地利用研究成果不断丰富，取得了一定的成果。在研究内容上，集中在土地利用变化过程分析、驱动机制分析、变化效应研究等方面。在研究尺度上，城市、流域和生态脆弱区等较为集中，如杨皓然和吴群（2021）运用系统动力学方法，对南京市土地利用碳排放现状及趋势进行动态模拟。在研究方法上，除传统的目视解译方法以外，应用最广泛的智能分类算法有支持向量机（support vector machine，SVM）、随机森林（random forest，RF）、人工神经网络（artificial neutral network，ANN），支持向量机通过解算最优化问题，在高维特征空间中寻找最优分类超平面，从而解决数据的分类问题，具有小样本训练、支持高维特征空间分类的优势，但对于大规模训练样本和多类别的分类问题需做相应改进。

4. 生态安全格局研究进展

国际应用系统分析研究所（IIASA）提出生态安全是人类的生活、健康、安乐等基本权利以及必要的生活保障、资源和适应环境变化的能力等各方面不受损害的一种状态，包含自然、经济和社会 3 个子系统的综合系统安全。作为一个复合概念，生态安全的内涵强调生态平衡与环境要素相互协调；立地尺度的要素协调与平衡；空间尺度的过程协调与平衡；时间尺度的动态适应能力。其特点主要表现在以下几个方面。①综合性：影响因素多元化；②区域性：表现形式与实现途径不同；③动态性：生态系统易受外界干扰而变化，只在一定时间范围内有效。

生态安全格局是各类景观要素、空间位置及其相互联系构成的空间格局。生态安全格局的构建是为了实现生态安全目标，需结合区域特点设定发展目标：保护区域生物多样性，维护生态平衡；维持生态系统结构与过程完整，否则生态资产基础将遭受破坏；控制、改善区域生态环境问题，提高区域生态承载力。生态安全格局研究常以生态系统服务价值、土地利用等角度为切入点，以城市、城市群、生态脆弱区为研究区，常见方法有最小累积阻力面模型、神经网络模型等，大多是基于数理统计或RS/GIS技术构建生态安全格局，以指导区域生态规划，对区域生态安全格局的研究已实现从质性分析走向量化研究。

8.1.4 研究方案

1. 研究目标

为揭示过去30年和未来20年山江海地域系统空间土地利用变化对生态承载力演变的影响，本节运用多种机器学习算法，耦合多源数据对土地利用进行寻优分类，以确保分类的精准性。分析1990～2020年土地利用时空演变，为探究其对生态承载力的影响提供基础，探究1990～2020年生态承载力的时空演变及演化趋势，探测其驱动机制，并以此为基础，验证PLUS模型并构建该区域2030年和2040年生态承载力预测模型，进行生态承载力未来格局预测，根据1990～2040年生态承载力数据集提取生态源地，构建生态安全格局和生态安全网络，提出生态安全优化规划，为该区域的生态高质量发展提供理论参考和技术支持。

2. 研究内容

本节在综合研究背景和国内外研究现状的基础上，利用RS和GIS技术，集成多源数据和方法，以“格局—过程—机制—效应—预测”为思路，以“数据集成—遥感提取—高精建模—网格分析—应用评估”为技术链，探究利用遥感信息提取土地利用类型的时空演变、生态承载力时空演变和驱动机制、未来生态承载力模拟预测以及生态安全优化规划，具体研究内容如下。

（1）以1990年、2000年、2010年和2020年可获取的Landsat TM/OLI影像为基础数据，借助现有的土地利用分类产品和91卫星数据辅助训练样本的选取，运用多种机器学习方法对土地利用进行分类，对比总体精度，对不同地类仅使用Landsat数据参与分类的结果和使用多源数据参与分类的结果进行对比分析，并采用总体精度和Kappa系数作为分类性能指标对分类结果进行评价，选取精度最高的算法作为研究的分类算法，对目标年份影像进行土地类型解译。

（2）基于研究区1990～2020年四期土地利用数据，从土地利用时间、空间格局、土地转移、动态度等方面，对近30年的土地利用变化进行分析。

（3）改进生态足迹法，计算研究区1990～2020年四期生态承载力指数，分析近30年生态承载力的时空演变及变化趋势，探究生态承载力随土地利用变化情况，基于地理探测器模型探测生态承载力变化的驱动机制。

（4）结合研究区2010年生态承载力现状图和驱动因子设置模型模拟参数，并对2020年生态承载力空间格局进行仿真模拟，检验PLUS模型模拟的适用性。预测2030年和2040年研究区的生态承载力格局，对其结果进行精度验证，分析研究区未来的变化趋势。

（5）根据1990～2040年生态承载力数据集提取生态源地，应用最小累积阻力（MCR）模型建立生态安全最小阻力面，构建生态安全格局，进行生态功能分区，通过提取生态廊道及构建生态安全网络，最终作出生态安全优化规划。

3. 技术路线

本章以山江海地域系统空间为研究视角，以桂西南喀斯特—北部湾地区为研究区，以30m×30m栅格为研究单元，耦合多源数据和机器学习算法对土地利用类型进行分类分析，探究1990～2020年生态承载力的变化规律，模拟预测2020～2040年该地区生态承载力时空格局，具体技术路线如图8.1所示。

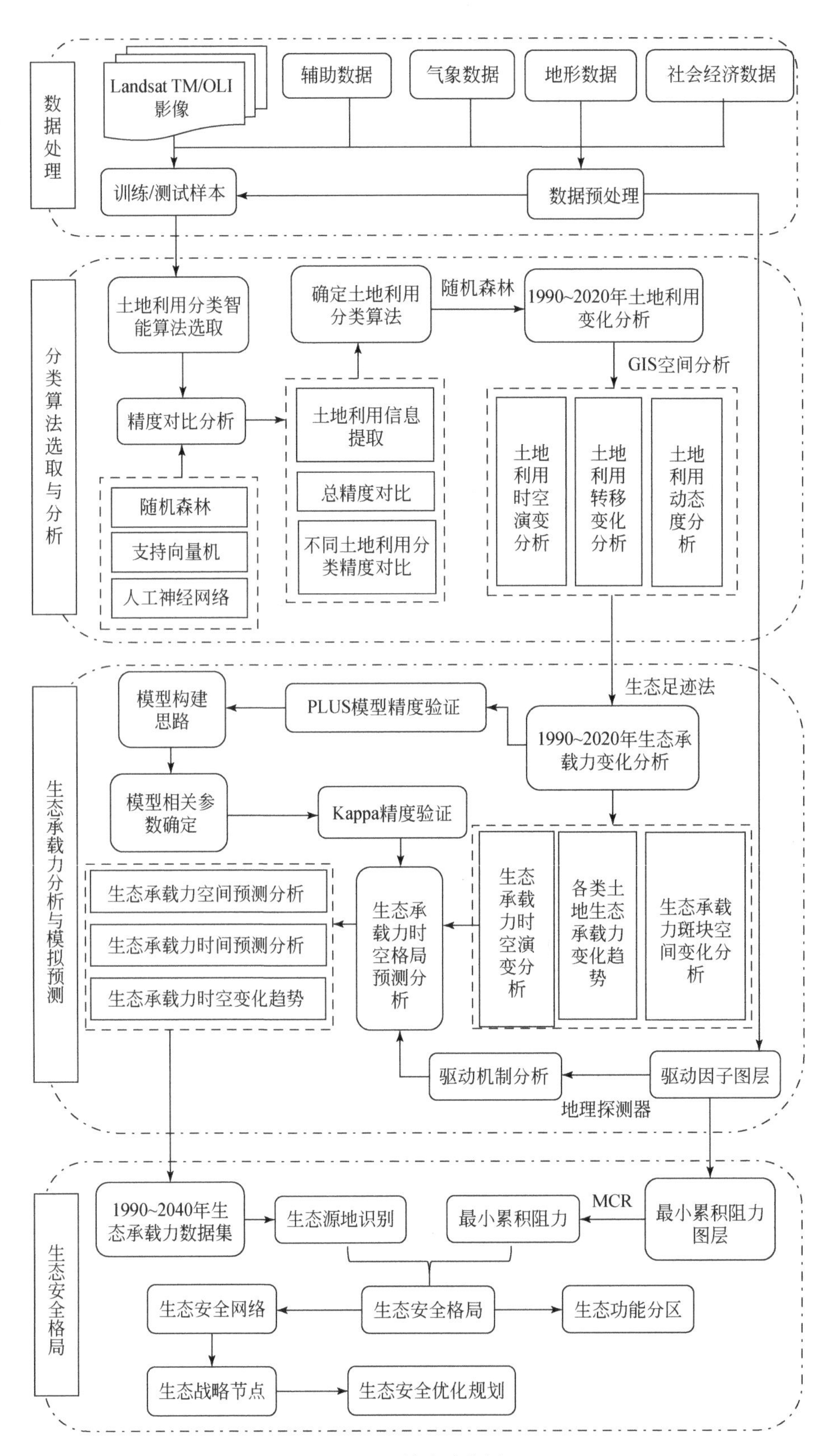
数据处理
Landsat TM/OLI
影像
辅助数据
气象数据
地形数据
社会经济数据
训练/测试样本
数据预处理
分类算法选取与分析
土地利用分类智能算法选取
确定土地利用分类算法
随机森林
1990~2020年土地利用变化分析
GIS空间分析
精度对比分析
土地利用信息提取
总精度对比
不同土地利用分类精度对比
随机森林
支持向量机
人工神经网络
土地利用时空演变分析
土地利用转移变化分析
土地利用动态度分析
生态承载力分析与模拟预测
生态足迹法
模型构建思路
PLUS模型精度验证
1990~2020年生态承载力变化分析
模型相关参数确定
Kappa精度验证
生态承载力空间预测分析
生态承载力时间预测分析
生态承载力时空变化趋势
生态承载力时空格局预测分析
生态承载力时空演变分析
各类土地生态承载力变化趋势
生态承载力斑块空间变化分析
驱动机制分析
驱动因子图层
地理探测器
生态安全格局
1990~2040年生态承载力数据集
生态源地识别
最小累积阻力
MCR
最小累积阻力图层
生态安全网络
生态安全格局
生态功能分区
生态战略节点
生态安全优化规划

图 8.1 技术路线图

8.2　数据源及预处理

8.2.1　数据来源

本章数据主要包括遥感数据、气象数据、基础地理信息数据、社会经济数据和土壤数据，数据详情见表 8.1。数据主要通过专业网站下载、文献阅读、数据库提取、GIS 空间分析和模拟、实地调查等方式获取。获取的数据主要用于土地利用分类、生态承载力分析、驱动机制探测、PLUS 模型模拟预测、生态安全格局构建等。

表 8.1　研究数据一览表

数据类型	数据名称	年份	数据来源	用途说明
遥感数据	Landsat TM/OLI 影像	1990、2000、2010、2020	USGS	解译土地利用数据
	NDVI/NDWI/NDBI	1990、2000、2010、2020	USGS	辅助土地利用提取
	DEM	2017	国家基础地理信息中心	提取坡向、坡度用于辅助土地利用提取、驱动机制分析
	夜间灯光数据	1990、2000、2010、2020	USGS	辅助土地利用提取、对人口和 GDP 进行空间化模拟
气象数据	年均降水量	1990、2000、2010、2020	国家气象科学数据中心	驱动机制分析
	年均气温	1990、2000、2010、2020		
基础地理信息数据	水系	2017	全国地理信息资源目录服务系统	驱动机制分析、生态格局阻力因子
	公路（高速公路、国道、省道、县道、乡道等）	2017		
	铁路（标准轨铁路、窄轨铁路等）	2017		
	居民地［村、镇（乡）居民地］	2017		
社会经济数据	人口数据	1990、2000、2010、2020	《广西统计年鉴》	驱动机制分析
	GDP	1990、2000、2010、2020		
土壤数据	土壤类型	2015	资源环境科学与数据中心	生态格局阻力因子
	土壤侵蚀	2015	资源环境科学与数据中心	生态格局阻力因子

注：NDWI 为归一化水体指数；NDBI 为归一化建筑指数。

8.2.2　数据预处理

本章所有数据统一采用阿伯斯投影坐标系，以及基准面 D_Krasovsky_1940。

1. 遥感影像数据

遥感影像数据为 Landsat 系列影像，来源于 USGS 官网，空间分辨率为 30m，时间分辨率为 16d。对影像分类之前要对其进行辐射校正、镶嵌、裁剪融合等预处理。

2. 地形数据

DEM 数据来源于国家基础地理信息中心（http://www.ngcc.cn/ngcc/），利用 GIS 软件的空间分析功能提取 DEM 数据（30m），对其进行统一投影、裁剪、重分类等预处理。应用空间分析工具计算坡度和坡向，将其用于驱动机制和模拟预测的限制区域设定分析。

3. 气象数据

本节气象数据包括年平均降水量和年平均气温，采用反距离加权法对获取的数据进行空间插值，得出年平均气温、年平均降水的空间分布数据集。

4. 基础地理信息数据

基础地理信息数据包括公路、铁路、居民点数据，根据 91 卫星高清数据核对矢量修改，数据主要用于驱动机制探测和模拟预测的限制区域设定，通过欧氏距离法计算得到与主要公路距离、与铁路距离和与居民点中心距离，得到相应的空间分布图层。

5. 辅助数据提取

辅助数据包括 NDVI、NDWI、NDBI 和 DEM。

NDVI 可以加强对植被类型的区分度，是目前应用比较广泛的植被指数计算方法，公式如下：

$$\mathrm{NDVI}=\frac{\mathrm{NIR}-\mathrm{Red}}{\mathrm{NIR}+\mathrm{Red}} \tag{8.1}$$

式中，NIR 为近红外波段；Red 为红光波段。

根据 NDWI 可以加强对河流、湖泊、水库等水体的区分，NDWI 是基于绿光波段与近红外波段的归一化比值指数，公式如下：

$$\mathrm{NDWI}=\frac{\mathrm{Green}-\mathrm{NIR}}{\mathrm{Green}+\mathrm{NIR}} \tag{8.2}$$

式中，Green 为绿光波段。

根据 NDBI 能够有效对建设用地进行区分，短波红外线的反射率高于近红外波段，公式如下：

$$\mathrm{NDBI}=\frac{\mathrm{SWIR}-\mathrm{NIR}}{\mathrm{SWIR}+\mathrm{NIR}} \tag{8.3}$$

式中，SWIR 为短波红外波段。

6. 基于夜间灯光数据对人口和 GDP 空间化模拟

1）逐步回归模型

后变量的引入使得当前变量不显著，将当前变量剔除，反复进行这个过程，直到无不显著变量可以剔除，说明回归模型构建完成。本节分别以研究区各县（区）统计人口和 GDP 为因变量，各县（区）内不同土地利用类型的暗元数、亮元数及灯光总辐射亮度值为自变量，进行逐步回归分析，构建回归模型。像元尺度模型表达式如下：

$$P_{xyz}=\frac{P_{\mathrm{o}}}{N_x}+\sum_{y=1}^{n}(a_x\times \mathrm{NU}_{xyz}+b_y\times \mathrm{NL}_{xyz}+c_z\times \mathrm{LE}_{xyz}) \tag{8.4}$$

式中，P_{xyz} 为第 x 个县（区）内第 y 种土地利用类型第 z 个像元上的人口数和 GDP；P_{o} 为常数；N_x 为第 x 个县（区）内的像元总个数；n 为土地利用类型数量；a_x、b_y、c_z 为回归系数；NU_{xyz}、NL_{xyz}、LE_{xyz} 分别为第 x 个县（区）第 y 种土地利用类型第 z 个像元上的暗元数、亮元数及灯光总辐射亮度值。

2）相对误差

本节为确定模拟的准确性，采用相对误差衡量模拟数据，公式如下：

$$\partial=\frac{P_{\mathrm{mo}}-P_{\mathrm{sta}}}{P_{\mathrm{sta}}}\times 100\% \tag{8.5}$$

式中，P_{mo} 为某县（区）空间化模拟人口数和 GDP；P_{sta} 为某县（区）人口和 GDP 统计数据。经计算，人口相对误差计算结果准确率达到 70%，GDP 相对误差计算结果准确率达到 79%，说明结果具有可信度，可以用于后期研究。

8.2.3　主要研究方法

1. 土地利用遥感智能分类算法——机器学习

机器学习是一种可以提高自身性能、优化内在规则的计算机算法，应用这种方法在运算的过程中可以避免过多的人工干预，具有智能性、高效性和准确性。本节采用 SVM、RF、ANN 三种智能分类算法对土地利用进行分类，基于多源数据从不同角度进行对比分析，选取精度最高的算法作为最终算法。

1）SVM

SVM 是将训练样本以非线性形式映射到高维空间，并根据结构风险最小化原理建立 VC 维，调整函数寻找训练样本的最优超平面，依据此平面分类，使分类结果的风险尽可能降到最小。基本思想是用少量的训练样本得到误差较小的分类结果。应用此方法可以解决线性不可分情况，也可以利用核函数将平面的线性数据转化为非线性数据，建立超平面公式：

$$w \cdot x + b = 0 \tag{8.6}$$

式中，w 为可以调整的权重向量；x 为训练样本；b 为偏置。当 w 和 b 的值最优时，为最优分离超平面。

在高维特征中寻找最优分类超平面，并将其转化为线性数据进行学习和分类。核函数 $K(x_i, y_i)$ 代替高维特征空间内积。公式如下：

$$f(x) = \operatorname{sgn}\left\{\sum_{i=1}^{n} a_i y_i K(x_i y_i) + b\right\} \tag{8.7}$$

2）RF

RF 是一种集成学习算法，比单一的分类器精度更高。原理是随机选择训练样本和特征参数用于决策树分类，最终结果由综合决策树投票得到。假设有 n 棵决策树，需建立 n 个随机向量，向量表示对放回的训练样本重采样和随机选择特征参数，形成训练集后，RF 用投票的方式获得最终分类结果，投票机制公式如下：

$$y = \overset{\max}{Y} \sum_{t \in F} [f(x,t) = y] \tag{8.8}$$

式中，Y 为类别标签；F 为随机森林表达，$F=\{f_1, f_2, \cdots, f_n\}$；$[f(x, t)=y]$ 为指示性函数，取值为 0 或 1，取值为 1 则说明函数成立，投票数最多的分类目标为最终类型。

3）ANN

ANN 根据神经单元处理数据，以网络结构形式储存、调整和联系各个神经单元权值变化，得到数据处理结果，完成该方法学习过程。该方法模拟生物神经结构对信息进行处理，其具有自学能力和组织能力，是由大量处理单元互联组成的非线性、自适应信息处理系统，具有动态运行、处理数据量大、适应性强的特点。该方法包括 3 个部分，即输入层、隐藏层和输出层。输入层用于接收训练样本的特征参数，对数据进行简单的求和和变换；隐藏层中包含主要运算过程、运算输入数据和神经单元的权值；输出层对数据进行组织分类，得出最后结果。

输入层与隐藏层之间的计算过程如下：

$$\text{net}_j(p,t) = \sum_i W_{i,j} \times X_i(p,t) \tag{8.9}$$

式中，$W_{i,j}$ 为输入层与隐藏层之间的权值；$X_i(p, t)$ 为在第 i 个输入层在像元 p、训练时间 t 内所接收的信息；$\text{net}_j(p, t)$ 为在第 j 个隐藏层在像元 p、训练时间 t 内所接收的信息。

隐藏层与输出层之间的计算过程：

$$sp(p,k,t) = \sum_j w_{j,k} \times \frac{1}{1+\mathrm{e}^{-\text{net}(p,t)}} \tag{8.10}$$

式中，$w_{j,k}$ 为隐藏层与输出层之间的权值；$sp(p, k, t)$ 为第 k 种用地类型在像元 p、时间 t 上的适应性概率。

输出层经过隐藏层对样本和输入变量进行处理，得到适应性概率。其中输出的适应性概率特性为

$$1=\sum_{k} sp(p,k,t) \tag{8.11}$$

式中，各类土地利用在单个像元上的适应性概率之和为 1，其中 sp（p，k，t）为第 k 种土地利用类型在像元 p、时间 t 上的适应性概率。

4）精度评价

精度评价是遥感土地利用分类常用的方法之一，可以评估不同分类算法的性能。本节对不同年份不同土地利用类型选取不同数量的训练样本点，每年每个地类按照 3∶1 的比例选取测试样本点。用总体分类精度和 Kappa 系数评估分类的整体性能，用生产精度和用户精度评估每个类型的分类性能，具体公式见表 8.2。

表 8.2　精度评价

指标	公式	含义
总体精度	$P_0=\dfrac{\sum_{i=1}^{n} x_{ij}}{N}$	正确分类的测试样本占总测试样本的比例
Kappa 系数	$K=\dfrac{N\times\sum_{i=1}^{n} x_{ij}-\sum_{i=1}^{n}(x_{+i}\times x_{i+})}{N^2-\sum_{i=1}^{n}(x_{+i}\times x_{i+})}$	描述总体和分类的一致性
生产精度	$P_\rho=\dfrac{x_{ij}}{x_{+i}}$	数据正确分类比例
用户精度	$P_\mu=\dfrac{x_{ij}}{x_{+i}}$	正确分类到该类别的比例

2. 生态承载力计算——生态足迹模型修正

生态足迹模型在生态承载力的研究中应用广泛，具有直观、操作简洁、可行性强等优点。由于不同地类的生产能力不同，需要根据均衡因子进行转换加和等运算，同时，产量因子也是计算中的重要参数，反映区域内部分生产能力和整体生产能力之间的差异。不同的均衡因子和产量因子对结果有不同意义。目前国内的生态足迹模型计算公式统一基于全国公顷和全球公顷，基于省级公顷还没有形成统一的计算方法，这将影响结果的可靠性和针对性。因此，本节以省级公顷为核算单位，对重要参数进行本土化修正，合理反映该区域的生态承载力。生态足迹模型公式如下：

$$Q=\sum_{i=1}^{n} A_i\times p_i\times r_i \tag{8.12}$$

式中，A_i 为第 i 类生产性土地面积；p_i 为均衡因子；r_i 为产量因子。

1）均衡因子

均衡因子表征不同地类生产能力的差异，可以将不同生产性地类的人均占用面积转为均衡面积，具体公式如下：

$$p_i=\frac{\overline{p}_i}{\overline{p}}=\frac{E_i}{F_i}\bigg/\frac{\sum E_i}{\sum F_i} \tag{8.13}$$

式中，p_i 为第 i 类生产性土地的均衡因子；$\overline{p}_i$ 为第 i 类土地的平均生产力；$\overline{p}$ 为全部土地生产力；E_i 为第 i 类土地的总产量；F_i 为第 i 类土地的生产面积。

2）产量因子

产量因子表示同一地类地域间的生产能力差异，自然、人文因素不同导致各年各地类的生产力不同，

因此需要进行产量因子的转换，具体公式如下：

$$r_i=\frac{\overline{p_i^j}}{\overline{p}_i}=\frac{E_i^j}{F_i^j}\bigg/\frac{E_i}{F_i} \tag{8.14}$$

式中，r_i为第 i 类生产性土地的产量因子；$\overline{p_i^j}$为第 I 类土地的平均生产力；$\overline{p}_i$为全部土地生产力；E_i^j为第 j 区域第 i 类土地的总产出；F_i^j为第 j 区域第 i 类土地的面积；E_i为第 i 类土地的总产量；F_i为第 i 类土地的生产面积。

3. 生态承载力驱动机制探测——地理探测器模型

地理探测器是揭示背后驱动力的探测空间分异性的一组统计学方法，也是揭示影响因素的新的空间统计方法。本节采用地理探测器对桂西南喀斯特—北部湾地区的生态承载力驱动因子进行分析。

1）因子探测

因子探测是探测某因子多大程度上解释变量的空间分异。将生态承载力空间图层与驱动因子图层叠加，探测驱动因子间的重要性，公式如下：

$$P_{D,H}=1-\frac{1}{n\sigma^2}\sum_{h=1}^{L}n_h\sigma_h^2 \tag{8.15}$$

式中，$P_{D,H}$为影响因子 D 对人口密度 H 的因子解释力；n 为区域的个数；σ为全区所有样本生态承载力方差；L 为驱动因子分类数；n_h和σ_h^2分别为 h 层样本量和生态承载力空间的方差。$P_{D,H}$的范围为［0，1］，值越大说明影响因子 D 对该区域生态承载力空间的因子解释力越强。

2）生态探测

生态探测用于研究驱动因子 A 和 B 对生态承载力空间分布的影响是否显著，用 F 统计量来衡量，公式如下：

$$F=\frac{n_{X_1}(n_{X_2}-1)\mathrm{SSW}_{X_1}}{n_{X_2}(n_{X_1}-1)\mathrm{SSW}_{X_2}} \tag{8.16}$$

$$\mathrm{SSW}_{X_1}=\sum_{h=1}^{L_1}n_h\sigma_h^2,\quad \mathrm{SSW}_{X_2}=\sum_{h=1}^{L_2}n_h\sigma_h^2 \tag{8.17}$$

式中，n_{X_1}和n_{X_2}分别为 A 和 B 的样本量；SSW_{X_1}和SSW_{X_2}分别为 X_1 和 X_2 形成层的层内方差之和；L_1 和 L_2 分别为 A 和 B 分层数量。

3）交互作用探测

交互作用探测用于研究 A 和 B 相互作用后是否会强化或弱化对生态承载力的影响，主要有以下五种类型，见表 8.3。

表 8.3　交互作用探测类型

判断依据	交互作用
$P(A\cap B)<\min(P(A),P(B))$	非线性减弱
$\min(P(A),P(B))<P(A\cap B)<\max(P(A),P(B))$	单线性减弱
$P(A\cap B)>\max(P(A),P(B))$	双线性增强
$P(A\cap B)=P(A)+P(B)$	相互独立
$P(A\cap B)>P(A)+P(B)$	非线性增强

4. 生态承载力预测——PLUS 模型

本节采用 PLUS 模型对研究区生态承载力时空格局进行模拟预测。与其他相关模型相比，应用 PLUS 模型能得到更高的模拟精度和更合理的时空格局。PLUS 模型完全是在 C++语言中开发的。模型中的随机森林技术来自 ALGLIB 3.9.2（http://www.alglib.net/）。利用 PLUS 模型可以模拟自然人文驱动因子对研究区生态承载力的影响，是对传统元胞自动机的较大的改进。

1）基于土地扩张分析策略的转化规则挖掘框架（LEAS）

对生态承载力变化数据进行叠加，提取两期数据之间变化的部分，然后随机选取采样点，并对其分别进行训练。这项研究采用随机森林算法来探索每种土地利用类型的增长与多种驱动因素之间的关系。该算法能够处理高维数据并处理变量之间的多重共线性，并最终输出增长概率。

2）基于多类随机斑块种子的 CARS 模型

PLUS 模型采用基于降阈值的多类型随机斑块种子机制，该机制通过总体概率的计算过程实现。

3）模拟精度验证

通常采用 Kappa 系数和 FOM 系数来进行数据分类精度的验证。基于混淆矩阵的 Kappa 系数用于一致性检验具有非常显著的优势。

5. 生态安全格局构建——最小累积阻力模型

最小累积阻力（minimal cumulative resistance，MCR）模型由 Knappen 提出，最初始应用于对物种扩散的研究，其实质是各源地经过不同阻力景观所耗费的费用或克服阻力所做的功。采用俞孔坚修正的 MCR 模型计算生态源地扩展阻力面，计算方式如下：

$$\text{MCR} = f\min\left(\sum_{i=n}^{i=m} D_{ij} \times R_i\right) \tag{8.18}$$

式中，MCR 为源扩展到某景观处的最小累积阻力值；f 为未知的负函数；D_{ij} 为生态源 i 到景观 j 的空间距离；R_i 为生态源 i 在扩展过程中所受阻力值的大小。

8.3　基于多源数据的土地利用机器学习算法对比研究

土地利用是人类活动的直接表征，它描述了人类活动强度所引起的土地变化和生态环境效应。土地利用遥感信息提取的重难点在于准确地识别、提取土地利用类型，这将会直接影响基于土地利用的后续研究的准确性。因此，本章选取训练样本和测试样本，耦合多源数据进行土地利用机器学习算法的分类，系统对比分析分类精度，探究土地利用的时空变化，期望能为研究区未来的土地利用管理、自然资源整合提供技术支持。具体流程如图 8.2 所示。

8.3.1　土地利用的遥感信息提取

1. 分类体系建立

参考中国科学院资源环境数据库土地利用分类体系，以及国家标准《土地利用现状分类》（GB/T 21010—2017），将研究区土地利用类型划分为五大类，具体分类见表 8.4。

表 8.4　土地利用类型

一级分类	二级分类
耕地	水田、旱地
林地	有林地、灌木林地、疏林地、其他林地
草地	高覆盖度草地、中覆盖度草地、低覆盖度草地
水域	河流、湖泊、水库、水塘、水渠、滩涂湿地
建设用地	城镇住宅、农村宅基地、工矿用地、商服用地、道路和交通设施用地、公共服务用地、特殊用地

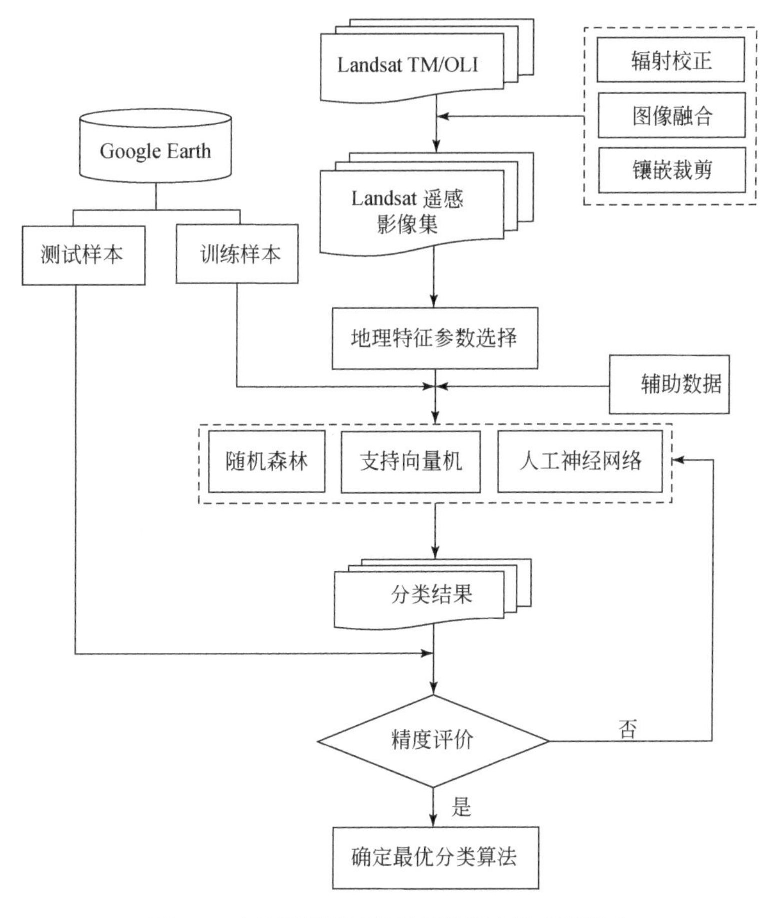

图 8.2　土地利用遥感信息智能提取技术流程图

2. 解释标志建立

（1）耕地。水田：有水源保证和灌溉设施，在一般年景能正常灌溉，用以种植水稻、莲藕等水生农作物的耕地，包括实行水稻和旱地作物轮种措施的耕地。旱地：无灌溉水源及设施，靠天然降水生长作物的耕地，以种菜为主的耕地，正常轮作的休闲地和轮歇地。

（2）林地。有林地：以大片林木分布为主，在影像上呈现大片绿色，伴随着阴影。灌木林地：高度在 2m 以下的矮林地和灌丛林地。其他林地：分布比较稀疏，颗粒特征不明显。

（3）草地。高覆盖度草地：覆盖度＞50%的天然草地、改良草地和割草地。此类草地一般水分条件较好，草被生长茂密。中覆盖度草地：覆盖度在 20%～50%的天然草地和改良草地，此类草地一般水分不足，草被较稀疏。低覆盖度草地：覆盖度在 5%～20%的天然草地。此类草地水分缺乏，草被稀疏，牧业利用条件差。

（4）水域。湖泊、河流：根据水系深度的不同，所呈现出来的颜色不一致，一般有蓝色、深绿色、墨绿色等。水库：水库的水面积一般比较大。滩涂湿地：沿海大潮高潮位与低潮位之间的潮浸地带，以及河、湖水域平水期水位与洪水期水位之间的土地。

（5）建设用地。城镇用地：大、中、小城市及县镇以上建成区用地，具有高度集中、路网交错等特征。农村居民点：独立于城镇以外，远离城区且零散分布。其他建设用地：厂矿、大型工业区等用地以及交通用地和特殊用地等，一般呈灰白色，或者地物十分统一规整。

3. 影像特征建立

土地利用类型解译标志见表 8.5。

表 8.5　土地利用类型解译标志图

影像	名称	特征
	耕地	呈现深红色和浅红色，方块状，形状规则，纹理均匀，主要分布在地势平坦地区，以及山坡丘陵、距离水源较近的地区
	林地	呈现深红色，形状不规则，纹理不均匀，主要分布在中高山丘及山体阴坡
	草地	呈现暗红色、淡红色或者青色，形状不规则，纹理比较均匀，以块状分布，在各地形中有不同程度的分布
	水域	呈现蓝色，形状为条状或者不规则形状，纹理均匀，主要分布在山谷和地势低洼处
	建设用地	蓝绿相间，形状特征明显且规则，纹理不均匀，主要分布在河谷、丘陵及地势平坦地区

4. 训练样本的选取

在分析研究区的总体情况后，通过参考 91 卫星助手、Google Earth 和现有的土地利用数据产品，将 NDVI、NDWI、NDBI 和 DEM 作为辅助数据，按照样本均匀布点的原则，采用人工目视判读的方式，依据先验知识和地物光谱特征依次选取耕地、林地、草地、水域、建设用地和其他用地，建立训练样本集和测试样本集，根据算法结果反复实验，对与实际情况不符的结果反复调整，直到分类结果达到较高的精度，各地类训练样本数量和测试样本数量分别见表 8.6 和表 8.7。

表 8.6　研究区 1990～2020 年训练样本数量　（单位：个）

年份	耕地	林地	草地	水域	建设用地	总计
1990	114	127	63	72	100	476
2000	123	141	59	73	112	508
2010	105	135	54	64	124	482
2020	113	101	60	69	137	480

表 8.7　研究区 1990～2020 年测试样本数量　（单位：个）

年份	耕地	林地	草地	水域	建设用地	总计
1990	40	43	20	23	33	159
2000	42	47	19	24	37	169
2010	32	45	16	20	40	153
2020	37	42	24	23	32	158

8.3.2　土地利用机器学习算法选取

每种算法优缺点各异，为了可以有效对比相同数据集、不同分类算法对同一研究区的不同土地利用类型分类精度的差异，以及不同数据集、相同分类算法对同一研究区的不同土地利用类型分类精度的差异，在对比分析和综合权衡各算法总体精度和不同土地利用分类精度的基础上，选取耦合多源数据最优分类算法，最终实现对研究区土地利用信息的提取，采用总体精度和 Kappa 系数作为分类结果的评价标准。

1. 各算法总精度对比

三种智能分类算法的总体精度见表 8.8，对比结果整体如图 8.3 所示。分别对比三种分类算法仅使用 Landsat 数据进行分类的结果（A）和使用多源数据进行分类的结果（B）发现，使用多源数据进行分类的总体精度和 Kappa 系数明显较高。对比不同数据集发现，支持向量机的总体精度和 Kappa 系数的提升是最小的，分别提升了 1.6%和 0.02，人工神经网络的总体精度和 Kappa 系数的提升是最大的，分别提升了 7.1%和 0.06。由于人工神经网络不受人为控制而且 Training Rate 参数设置会提高该算法的分类速度但会降低分类精度，出现了碎斑块较多的现象。但对三种分类算法的精度进行对比后发现，随机森林算法的土地利用分类的总体精度（81.8%）和 Kappa 系数（0.78）均为最高。此结果为进一步的对比分析提供了较佳的参考。

表 8.8　不同分类算法的精度

分类算法	总体精度/%		Kappa 系数	
	A	B	A	B
支持向量机	76.3	77.9	0.71	0.73
随机森林	79.4	81.8	0.75	0.78
人工神经网络	72.6	79.7	0.69	0.75

注：A 为仅使用 Landsat 数据进行分类的结果，B 为使用多源数据进行分类的结果。

2. 不同土地利用类型分类精度对比

为了进一步对比验证使用多源数据的分类优势，本节对仅使用 Landsat 数据进行三种分类算法的对比分析，对比结果见表 8.9～表 8.11，表中的整数表示测试样本的数量，可以看出每个地类和其他类的混淆情况。

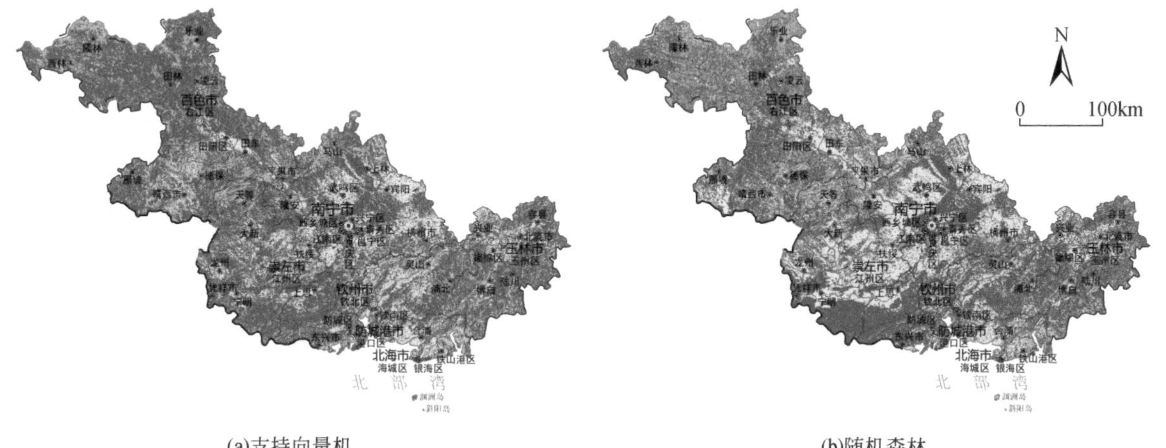

(a)支持向量机　　(b)随机森林

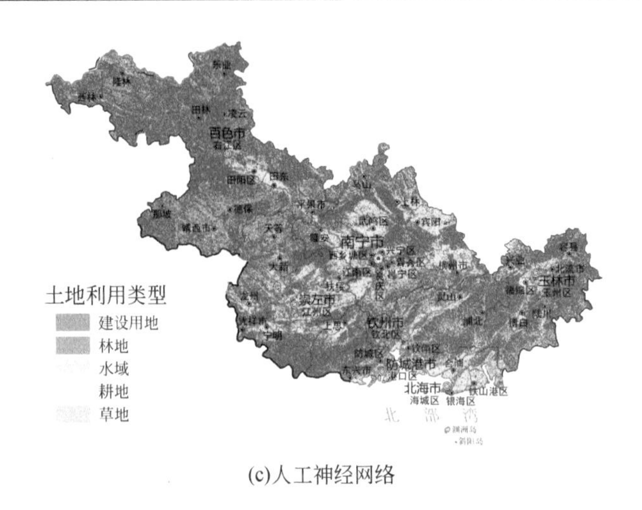

(c)人工神经网络

图 8.3　三种分类算法对比结果整体图

在应用支持向量机算法时，根据表 8.9，对比不同地类用户精度，所有地类的用户精度都有不同程度的提升，提升幅度最大的为建设用地，从 64.8%提升至 73.7%，提升了 8.9 个百分点，其次是草地，从 62.5%提升至 70.8%，提升了 8.3 个百分点，提升幅度最小的是水域，从 91.3%提升至 95.7%，提升了 4.4 个百分点。耕地和建设用地容易混淆，草地和林地容易混淆，草地的精度低主要是因为草地分布零散，而且一些草地极易和灌木、矮木等混淆。对比不同地类生产精度，所有地类的生产精度都有不同程度的提升，提升幅度最大的是耕地，从 65%提升至 77.8%，提升了 12.8 个百分点，其次是建设用地，从 67.7%提升至 80%，提升了 12.3 个百分点，提升幅度最小的仍然是水域，从 91.3%提升至 91.7%，提升了 0.4 个百分点。虽然水域的提升幅度较小，但不论基于任何一种数据集水域的精度都是最高的，均超过 90%。可见支持向量机算法可以使建设用地、草地和耕地的分类精度都有明显的提升。

表 8.9　支持向量机算法基于 Landsat 数据和多源数据分类的混合矩阵

土地利用类型	耕地/个		林地/个		草地/个		水域/个		建设用地/个		合计/个		用户精度/%	
	A	B	A	B	A	B	A	B	A	B	A	B	A	B
耕地	26	28	3	2	2	2	0	0	6	5	37	37	70.3	76.4
林地	2	2	32	35	8	5	0	0	0	0	42	42	76.2	83.3
草地	4	1	6	2	15	17	2	2	4	1	24	24	62.5	70.8
水域	0	0	0	0	2	1	21	22	0	0	23	23	91.3	95.7
建设用地	8	5	0	0	3	3	0	0	21	24	32	32	64.8	73.7
合计	40	36	41	39	30	28	23	24	31	30				
生产精度/%	65	77.8	78	89.7	50	60.7	91.3	91.7	67.7	80				

注：A 为仅使用 Landsat 数据进行分类的结果，B 为使用多源数据进行分类的结果。

在应用随机森林算法时，根据表 8.10，对比不同地类用户精度，除水域外，其他地类的分类精度都有不同程度的提升，提升幅度最大的为草地，从 70.8%提升至 79.1%，提升了 8.3 个百分点，其次是林地，从 78.6%提升至 85.7%，提升了 7.1 个百分点，提升幅度最小的是耕地，从 75.7 提升至 81.1%，提升了 5.4 个百分点，水域没有提升，但用户精度高达 95.7%，只有一个样本被识别成了草地。容易混淆的地类和支持向量机算法相同，草地用户精度仍然是最低的并且与其他地类都有不同程度的混淆。对比不同地类生产精度，除水域外，其他地类的生产精度都有不同程度的提升，提升幅度最大的是草地，从 56.6%提升至 65.5%，提升了 8.9 个百分点，其次是建设用地，从 76.7%提升至 83.3%，提升了 6.6 个百分点，提升幅度最小的是林地，从 84.6%提升至 90%，提升了 5.4 个百分点。可见选择随机森林算法可以使草地和建设用地的分类精度都有明显的提升。

表 8.10　随机森林算法基于 Landsat 数据和多源数据分类的混合矩阵

土地利用类型	耕地/个		林地/个		草地/个		水域/个		建设用地/个		合计/个		用户精度/%	
	A	B	A	B	A	B	A	B	A	B	A	B	A	B
耕地	28	30	2	2	2	2	0	0	5	3	37	37	75.7	81.1
林地	2	2	33	36	7	4	0	0	0	0	42	42	78.6	85.7
草地	0	0	4	2	17	19	1	1	2	2	24	24	70.8	79.1
水域	[illegible]	0	0	0	1	1	22	22	0	0	23	23	95.7	95.7
建设用地	6	4	0	0	3	3	0	0	23	25	32	32	71.9	78.1
合计	36	36	39	40	30	29	23	23	30	30				
生产精度/%	77.8	83.3	84.6	90	56.6	65.5	95.7	95.7	76.7	83.3				

注：A 为仅使用 Landsat 数据进行分类的结果，B 为使用多源数据进行分类的结果。

在应用人工神经网络算法时，根据表 8.11，对比不同地类用户精度，所有地类的用户精度都有不同程度的提升，提升幅度最大的为林地，从 73.8%提升至 85.7%，提升了 11.9 个百分点，耕地、草地和水域提升幅度大致相同，分别提升了 8.9 个百分点、8.3 个百分点和 8.7 个百分点，提升幅度最小的是建设用地，从 64.8%提升至 71.8%，提升了 7 个百分点。耕地和建设用地容易混淆，容易混淆的地类和前两个算法一致。对比不同地类生产精度，所有地类的生产精度都有不同程度的提升，提升幅度最大的是耕地，从 62.5%提升至 80%，提升了 17.5 个百分点，林地、草地、建设用地的提升幅度都超过了 10 个百分点，分别为 14 个百分点、12.7 个百分点、15.7 个百分点，提升幅度最小的仍然是水域，从 91.3%提升至 95.7%，提升了 4.4 个百分点。虽然水域的提升幅度较小，但不论基于任何一种数据集水域的分类精度都是最高的，均超过 90%。可见人工神经网络算法可以使建设用地、草地、耕地和林地的分类精度都有明显的提升。

表 8.11　人工神经网络算法基于 Landsat 数据和多源数据分类的混合矩阵

土地利用类型	耕地/个		林地/个		草地/个		水域/个		建设用地/个		合计/个		用户精度/%	
	A	B	A	B	A	B	A	B	A	B	A	B	A	B
耕地	25	28	3	2	2	2	0	0	7	5	37	37	67.5	76.4
林地	3	2	31	36	8	4	0	0	0	0	42	42	73.8	85.7
草地	4	1	6	2	16	18	2	1	3	1	24	24	66.7	75
水域	0	0	0	0	2	1	20	22	1	0	23	23	87	95.7
建设用地	8	4	0	0	3	3	0	0	21	23	32	32	64.8	71.8
合计	40	35	40	40	31	28	22	23	33	29				
生产精度/%	62.5	80	76	90	51.6	64.3	91.3	95.7	63.6	79.3				

注：A 为仅使用 Landsat 数据进行分类的结果，B 为使用多源数据进行分类的结果。

8.4　1990～2020 年土地利用变化时空格局分析

研究区地形复杂，自然人文等多要素都对土地利用有影响，为了更全面地掌握土地利用时空格局的变化，对土地利用重分类，从时空变化、土地利用转移、土地利用动态度 3 个方面分析土地利用变化规律，为剖析生态承载力奠定科学的基础。

8.4.1　土地利用时空变化分析

通过 GIS 空间分析得到图 8.4，各年的土地利用空间分布差异不大，对比发现，耕地在 1900 年分布零散，而且面积较小，主要分布在南宁市、崇左市和百色市，2010～2020年主要分布在崇左市、南宁市、百色市，这两期分布相对集中，这与我国“三生用地”的划分政策有一定的关系，将生态用地封好，将生产、生活用地集中管理，尽量不跨越至生态用地，让生态用地自我调节修复。林地面积有下降的趋势，主要体现在百色市和崇左市，通过对比后初步判读，百色市的林地有逐渐被草地侵占的趋势，而崇左市的林地有逐渐被耕地侵占的趋势，林地一直是该区域分布最广泛的土地类型，对该区域的生态环境起着至关重要的作用，同时，根据SDG15.2目标，该区域的林地状况很难达到其目标。草地在该区域的分布是比较少的，而且这些年一直都是零散分布，草地面积有下降的趋势，主要分布在百色市、南宁市和玉林市。水域一直是面积变化最小的地类，空间分布情况比较稳定，尤其是河流、湖泊等，没有明显的变化，在百色市和北部湾沿海地区受极端天气的影响会有轻微变化。建设用地有明显扩张的趋势，在南宁市、玉林市和北海市扩张最明显，在基于夜间灯光模拟GDP空间分布时，也是上述三市等级较高，说明城市的建设和经济有直接的关系，但要考虑建设用地扩展的合理性和适度性，这也再次印证对生态承载力研究的必要性，要始终坚持“绿水青山就是金山银山”理念。

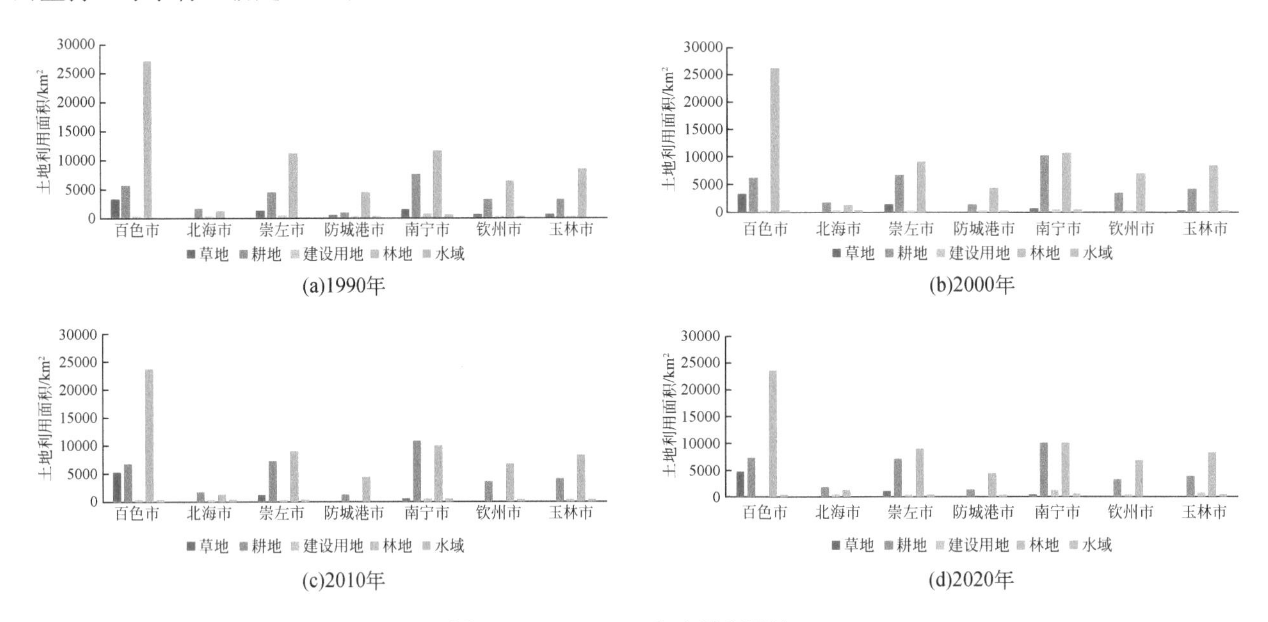

图8.4　1990～2020年土地利用情况

8.4.2　土地利用转移变化分析

为了深入探究土地类型之间的转移情况，应用栅格计算器将两期土地利用数据进行叠加，根据公式进行计算，可以得到两期不同土地利用类型之间的转移情况。

通过计算得到土地利用转移矩阵结果，如表8.12～表8.14所示。1990～2000年土地利用转出情况为，耕地共转出362.59km²，转出类型最多的是林地，占转出面积的51%，其次是建设用地，占转出面积的45%。林地共转出103.88km²，转出类型最多的是草地，占转出面积的37%，其他转出类型面积相近。草地转出总面积为143.91km²，转出类型最多的是林地，占转出面积的56%，水域和建设用地较少，共只占转出面积的7%左右。水域共转出51.66km²，转出类型最多的是耕地，占转出面积的52%，转成的其他类型面积较少。建设用地是转出面积最小的类型，只转出了10.06km²。1990～2000年土地利用转入情况，耕地共转入115.59km²，其中林地转入最多，占转入面积的25%。林地共转入274.24km²，转入面积最多的是耕地，占转入面积的68%，其次是草地，但只占转入面积的29%。草地共转入41.56km²，转入最多的是林地，占转入面积的93%。水域共转入25.04km²，耕地和林地的转入面积相近。建设用地共转入215.67km²，耕地面积转入最多，占转入面积的76%。综上所述，转出面积最多的是耕地，大部分转为林地和建设用地，因此可以说明林地恢复和建设用地的扩张侵占了大量的耕地。

表 8.12　1990～2000 年土地利用转移矩阵　（单位：km^2）

	土地利用类型	2000 年				
		耕地	林地	草地	水域	建设用地
1990 年	耕地	26923.74	186.72	2.24	10.74	162.89
	林地	28.41	69513.7	38.81	8.88	27.78
	草地	53.5	80.5	7102.03	5.26	4.65
	水域	27.1	3.76	0.45	1710.35	20.35
	建设用地	6.58	3.26	0.06	0.16	2337.49

2000～2010 年土地利用转出情况为，耕地转出类型最多的仍是建设用地，占转出面积的 47%。林地共转出 80.02km^2，转为建设用地的面积最大，占转出面积的 52%，耕地和水域转出类型面积相近，草地转出面积最少。草地转出总面积为 275.69km^2，转出面积最多的为建设用地，其次是林地。水域转出面积很少，共转出 9.37km^2，转出类型最多的是建设用地。建设用地是转出面积最小的类型，只转出了 3.6km^2。2000～2010 年土地利用转入情况为，耕地共转入 71.46km^2，转入面积最多的草地。林地共转入 144.88km^2，转为林地最多的仍然是草地，其次是耕地。草地共转入 8.04km^2，转为草地最多的为林地，面积为 6.42km^2。水域共转入 66.22km^2，耕地和林地的转为水域的面积都将近 20km^2。建设用地共转入 210.5km^2，草地转为建设用地的面积最多，超过了 100km^2。综上所述，转出面积最多的是草地，林地大部分转为林地和建设用地，耕地大部分转为耕地和建设用地，转为林地面积最多的是草地，因此可以说明林地占用耕地较少，建设用地的扩张侵占了大量的草地和耕地。建设用地仍然侵占耕地面积较大，但相较于前一时间段，侵占面积减少，林地的转出面积最大的类型由草地变成建设用地。

表 8.13　2000～2010 年土地利用转移矩阵　（单位：km^2）

	土地利用类型	2010 年				
		耕地	林地	草地	水域	建设用地
2000 年	耕地	26907.23	49.87	0.54	19.21	62.8
	林地	13.29	69707.36	6.42	18.65	41.66
	草地	54.92	91.28	6966.92	26.53	102.96
	水域	2.79	2.45	1.05	1726.56	3.08
	建设用地	0.46	1.28	0.03	1.83	2556.55

表 8.14　2010～2020 年土地利用转移矩阵　（单位：km^2）

	土地利用类型	2020 年				
		耕地	林地	草地	水域	建设用地
2010 年	耕地	26412.83	245.92	3.51	7.1	309.2
	林地	73.71	69714.61	20.26	2.83	41.07
	草地	39.69	174.67	6673.46	5.84	80.67
	水域	13.04	4.43	1.12	1766.46	7.78
	建设用地	1.39	0.83	3.07	0.73	2761.43

2010～2020 年土地利用转出情况为，耕地转出面积最大的是建设用地，达到 309.2km^2，转为林地的面积为 245.92km^2；林地转出面积最大的是耕地，转出面积为 73.71km^2，其次是建设用地；草地转出面积最大的是林地，转出面积为 174.67km^2；水域的转出面积不大，转为耕地的面积最大；建设用地转出面积最大的草地。2010～2020 年土地利用转入情况为，建设用地的转入面积最大，大部分都是由耕地转入的。林

地转入面积为 425.85km^2，主要是耕地转入的。草地的转入面积主要是由林地转入的，转为草地的林地面积为 20.26km^2。水域的转入和转出面积相差较小，耕地为水域的主要转入类型。综上所述，本期土地利用转移面积与前两个时期相似。根据自然资源的整备和规划对土地利用的一些调整，对耕地和林地的规划力度最大，同时对于水域的利用与治理力度也在加大。

为了能更直观地分析土地转移的空间分布情况，根据表 8.15 进一步分析土地转移情况。建设用地转出较少，由林地和耕地转为建设用地的面积较大，主要分布在玉林市、北海市、南宁市和崇左市。建设用地主要在原来建成区的基础之上继续扩张，侵占部分耕地和水域，也有一些小城镇在逐渐扩建，如工厂用地、交通用地等增多，这些小城镇也是广西重点建设区域，也是国家重点发展区域。林地转移变化较大，主要分布在百色市、崇左市、南宁市、钦州市和玉林市。林地转出区域多为平坦丘陵、距离水源较近的地带，同时也在耕地附近，下一步生态修复与国土整治要把重点放在林地上，虽然该区域林地占比最大，但长期被转出不利于该区域的林地恢复和生物多样性保护。水域转移空间分布比较平稳，主要分布在南宁市和北海市，这与水利工程和水资源分配有一定的关系，城市建设、耕地灌溉都需要充足的水分，因此很多水域周围分布着耕地。耕地一直是政府及相关部门规划重点关注的地类，该区域地势复杂，大规模平坦地区较少，结合国家新时代指导思想，耕地作为生产用地被集中规划，耕地变化地区主要分布在百色市、崇左市、南宁市、钦州市、玉林市，这些区域地势平坦、水利设施齐全、交通便捷。草地始终是零散随机分布的，在百色市有明显的转移分布，在南宁市、钦州市和玉林市也有小部分分布。

表 8.15　1990～2020 年各市土地利用转移　　（单位：km^2）

土地利用类型转移	百色市	北海市	崇左市	防城港市	南宁市	钦州市	玉林市
草地—耕地	625.95	6.52	548.22	90.37	609.07	177.14	169.92
草地—建设用地	16.16	0.55	2.21	9.69	60.83	12.74	22.29
草地—林地	1995.29	23.93	483.28	276.97	687.87	319.21	383.91
草地—水域	32.74	3.76	3.98	3.18	15.98	6.49	3.75
耕地—草地	629.24	2.08	203.15	0.80	71.60	0.61	4.79
耕地—建设用地	140.07	144.65	39.60	28.82	509.30	190.18	363.27
耕地—林地	2026.23	257.57	392.02	279.08	814.21	1211.00	762.21
耕地—水域	42.47	38.94	32.50	7.38	65.29	30.90	18.38
林地—草地	2901.92	0.29	407.29	7.76	219.69	2.72	20.12
林地—耕地	3815.43	381.10	2528.92	536.91	2786.44	1073.37	1180.98
林地—建设用地	56.39	27.82	18.91	28.71	130.86	48.56	119.01
林地—水域	115.26	18.81	21.70	16.70	46.44	28.10	21.32
水域—草地	11.44	40.74	3.23	0.21	1.50	73.90	0.60
水域—耕地	19.10	7.71	65.61	34.67	145.22	11.22	41.62
水域—建设用地	1.05	19.19	1.75	11.83	20.43	87.59	2.69
水域—林地	22.79	0.00	23.94	67.76	110.99	0.00	53.07
建设用地—草地	6.28	1.80	16.83	0.02	5.96	0.00	0.27
建设用地—耕地	57.82	114.85	304.34	35.05	320.16	77.45	114.35
建设用地—林地	9.17	68.84	26.41	13.87	42.32	50.27	25.11
建设用地—水域	2.88	27.99	5.45	7.64	8.47	10.19	1.34

8.5　山江海地域系统空间生态承载力时空演变分析

生态承载力通常用来评价一个生态系统的稳定性和可持续发展能力。为探究山江海地域系统空间生态承载力的演变情况，本章通过计算生态承载力并基于土地利用类型分析生态承载力时空变化，生态承载力的演化趋势以及生态承载力随土地利用转移的变化，以期揭示土地利用变化所产生的生态效应，为该区域的生态修复和可持续发展提供参考。

8.5.1 生态承载力时空变化分析

通过改进生态足迹模型计算出生态承载力，采用 GIS 空间分析和几何断点法将单位面积生态承载力分为 5 个等级，分别是低承载力（0～1.462）、中低承载力（1.463～2.776）、中承载力（2.777～4.392）、中高承载力（4.393～6.454）、高承载力（6.455～8.176），最终得到如图 8.5 所示的 1990～2020 年生态承载力等级图。

总体来看，1990～2020 年研究区四期单位面积生态承载力在 0.884～8.176，平均值为 4.53，整体属于中高承载力等级。1990 年研究区单位面积生态承载力为 5.412，属于中高承载力等级，低承载力区域主要分布在水域周围，如水库、湖泊等，百色市、南宁市、北海市比较明显，分布面积较小；中低承载力区域集中分布在建设用地周围，如南宁市市辖区、玉林市市辖区；中承载力区域呈零散分布，在百色市分布较多；中高承载力区域分布最广，在百色市、南宁市中北部、崇左市南部、防城港市和玉林市南部分布广泛；高承载力区域被中高承载力区域包围，在南宁市中部分布居多。该年生态系统结构较为完善，存在轻微的生态异常，服务功能良好，承受的生态压力较小，对各类干扰敏感性较弱。2000 年研究区单位面积生态承载力为 6.512，属于高承载力等级，低承载力区域仍然主要分布在水域周围，百色市、北部湾沿海地区比较明显；中低承载力区域集中分布在建设用地周围，面积相较于 1990 年有所增大，如南宁市市辖区、玉林市市辖区和北海市沿海地区；中承载力区域呈零散分布，部分地区开始出现集中分布，如崇左市、南宁市和百色市交界处；中高承载力区域集中分布在研究区中部，在崇左市、南宁市和北海市分布居多；高承载力区域分布最广，在百色市分布最多，有向中高承载力区域转移的趋势。该年研究区生态系统结构完整，有潜在的生态异常出现，服务功能很好，承受的生态压力小，对各类干扰敏感性弱。2010 年研究区单位面积生态承载力为 4.962，属于中高承载力等级，低承载力区域主要分布在北部湾海岸带和部分水库；中低承载力区域主要分布百色市北部，有向北扩张的趋势；中承载力区域在南宁市市辖区分布最明显，在其他地区零散分布；中高承载力区域集中分布在研究区的中部，在崇左市、南宁市和玉林市分布居多；高承载力等级出现向中高承载力等级及更低等级转移的趋势，百色市高承载力区域相较于前 2 个时期明显减少，防城港市高承载力区域在中南部、钦州市西部分布较多。2020 年研究区单位面积生态承载力为 4.306，属于中承载力等级，在空间格局上有明显不同，低承载力区域在流域和北部湾海岸带有部分分布；中低承载力区域在百色市北部、崇左市、南宁市和百色市交界处都有不同程度的分布，这些区域在前 3 个时期基本都是中低承载力区域或低承载力区域，这可以说明这些地方的生态系统不稳定，生态环境破坏程度加大；中承载力区域在南宁市市辖区和玉林市市辖区分布最明显，在钦州市和北海市有小面积分布，面积相较于前 3 个时期明显增大；中高承载力区域集中分布在研究区的北部和南部，在百色市、防城港市和玉林市分布居多；高承载力区域基本消失。通过对比分析，研究区 1990～2020 年生态承载力是先升高后持续下降，2010 年破碎化比较严重，到 2020 年有所改善，但总体情况下降比较严重；水域始终处于低承载力等级，但 2010～2020 年指数上升，生态承载力有逐渐变好的趋势。总结发现，生态承载力区域等级较高的地区生物多样性较为丰富，温度适宜和降水适中，植被净初级生产力较高，植被覆盖状况较好，人口压力较小，因此生态环境状况较好。生态承载力区域等级较高的地区受自然条件及人类社会活动的影响，生物多样性比较单一，植被净初级生产力及植被覆盖度较低，人口压力较大，导致生态环境破坏较为严重，脆弱易损。

8.5.2 生态承载力演化趋势分析

为了探究研究区生态承载力的变化趋势，进一步掌握土地利用类型和生态承载力之间的关系，对生态承载力空间分布变化、各地类生态承载力变化趋势以及生态承载力随土地利用类型转移的变化进行分析。

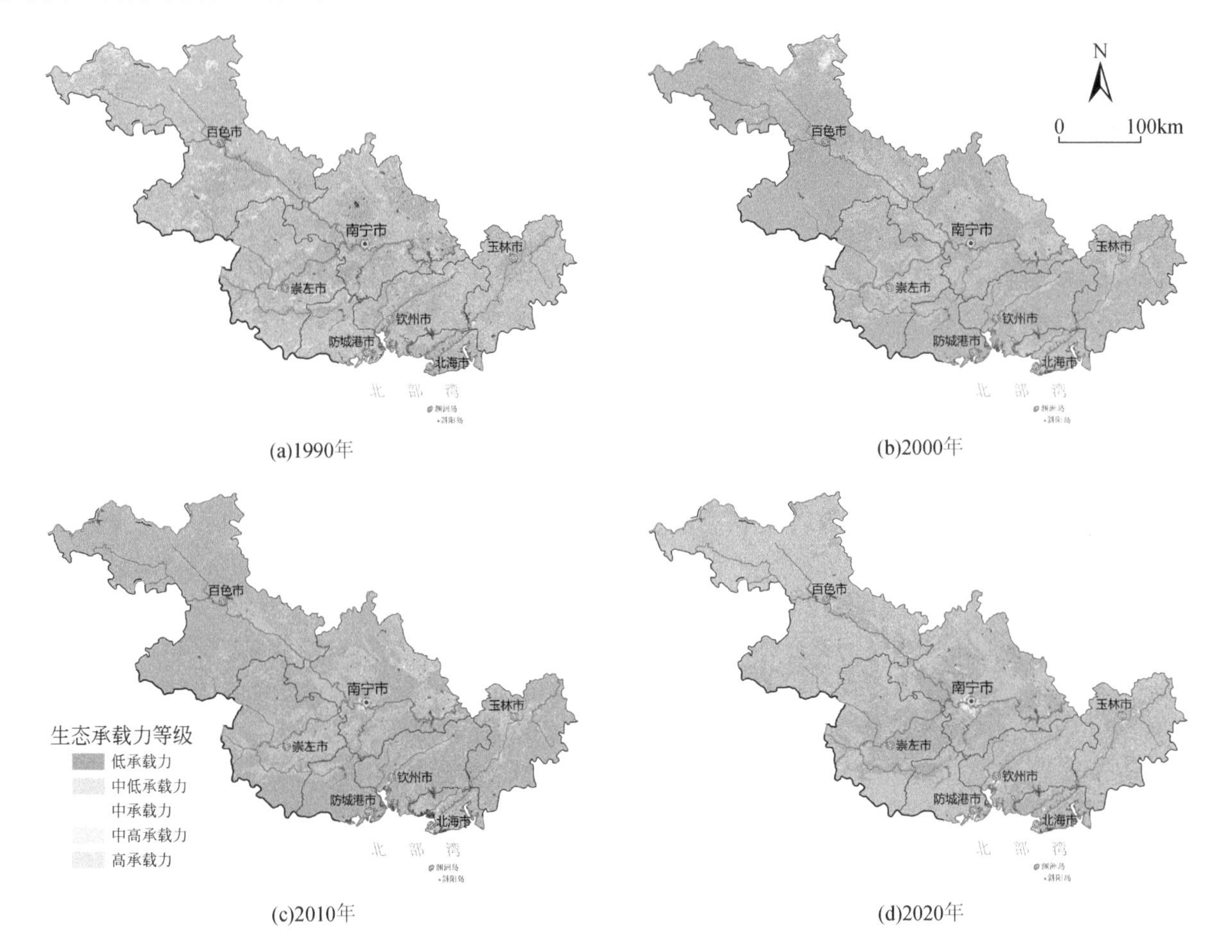

(a)1990年　(b)2000年　(c)2010年　(d)2020年

林地面积、草地面积、水域面积、耕地面积、建设用地面积数据来源于1990年、2000年、2010年、2020年《广西统计年鉴》；图上专题内容为作者根据1990年、2000年、2010年、2020年林地面积、草地面积、水域面积、耕地面积、建设用地面积数据推算出的结果，不代表官方数据。

图 8.5　1990～2020 年研究区生态承载力等级图

1. 各土地类型生态承载力变化趋势

土地利用类型不同，生态系统服务功能不同，相应的生态承载力也就不同，经计算得到各土地利用类型生态承载力变化情况（图 8.6）。耕地的生态承载力逐年上升，1990～2020 年上升幅度较大，上升了 34593hm^2，随着耕地面积逐年稳步上升，其生态承载力呈上升趋势，但要注意的是耕地质量及化肥等使用情况，保证粮食安全至关重要，且不可以盲目扩大耕地面积，应提高耕地质量和土壤肥力，国家相关部门多次强调要注意防范土壤污染情况。林地生态承载力呈持续下降的趋势，变化较大，1990～2020 年林地生态承载力下降了 17559hm^2，根据土地利用类型变化，林地系统具有潜在的生态风险，林地的退化主要是由耕地和建设用地侵占造成的，这使得林地的生产能力下降，但封山育林政策始终强有力地实施，这就使林地处于一边保护一边退化的状态，其恢复效果并不理想，相关研究表明，广西的林地到 2020 年仍然处于受损状态，这应该引起决策者的注意。草地生态承载力为先上升后下降的趋势，1990～2000 年草地生态承载力上升 9019hm^2，从 2000 年开始下降，到 2020 年，下降了 11143hm^2，草地在研究区一直为不稳定的生态系统，具有分布不规律、零散等特征，整治与修复难度较大，草地在生态系统中扮演着重要的角色，但在对广西的研究中，因为草地面积稀少，因此不受重视，近 30 年草地面积减少，生态承载力下降，对草地生态系统影响较大，在广西山水林田湖草的修复工程中，草地不应该被忽略，其是水陆、林草过渡带的重要组成部分。水域生态承载力较低，但变化平稳，呈现出先降低后上升的趋势，1990～2010 年生态承载力下降 4664hm^2，到 2020 年上升了 4236hm^2，基本恢复到 1990 年的状态，水域多处于水陆交互带和海陆交互带，生态系统复杂，自身生态环境脆弱，对其稍有利用和保护不当就会造成水体污染和浪费等问题，2010 年低承载力区域也主要分布在海岸带地区，说明了论证的准确性，加上海岸带自然灾害频发，加剧了生态承载力的降低，因此要加大预防水域生态风险，积极提高其生态承载力。建设用地的生态承载力呈上升趋势，1990～2020 年上升了 17272hm^2，与近些年持续提出的生态工程和城市化进程的加快有密切的联系。

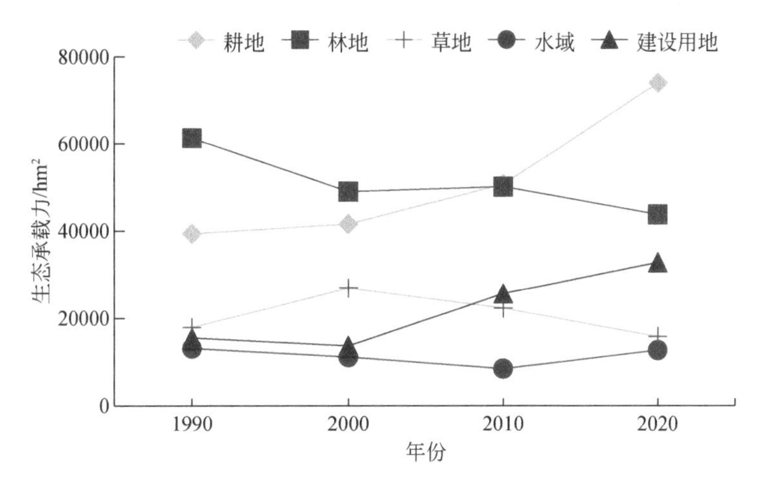

图 8.6　1990～2020 年各地类生态承载力变化

2. 生态承载力各市变化情况

为了更详细地掌握生态承载力变化情况，统计出各市的生态承载力面积增加和减少情况，如图 8.7 所示，总体来看，1990～2020 年各市生态承载力增加面积小于减少面积，整体呈下降趋势，在增加面积和减少面积的差值上各有不同。生态承载力面积减少最严重的是南宁市，减少了 84431hm^2，其次是钦州市和崇左市，分别减少了 76386hm^2 和 58385hm^2。减少面积较少的为北海市和防城港市，分别减少了 39615hm^2 和 23853hm^2。生态承载力面积增加最多的两个市为百色市和崇左市，分别增加了 88179hm^2 和 63254hm^2，增加面积最少的两个市仍然是北海市和防城港市，分别增加了 14774hm^2 和 20246hm^2。各市对比发现，百色市生态承载力增加面积与减少面积相差最多，相差 39048hm^2，其次是钦州市和南宁市，分别相差 32155hm^2 和 27330hm^2，这与城镇建设、当地的生态修复治理政策有一定的关系。南宁作为广西首府，必要的经济建设和城市扩张在所难免，但要注意生态保护与资源利用，崇左市是研究区的边境地区和喀斯特石山区，地形、政治等因素复杂，修复难度较大。增加面积和减少面积差值最小的是玉林市，只有 941hm^2，从上述分析中也可以看出，这些年玉林市的生态承载力比较稳定，应该在促进该区域全面融入粤港澳大湾区建设的同时保持好当地的生态环境。

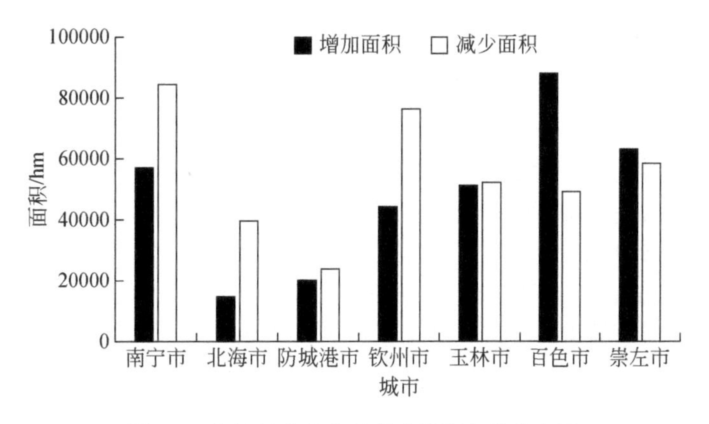

图 8.7　各地级市生态承载力面积变化分布图

8.5.3 生态承载力随土地利用转移的变化分析

为了探究生态承载力随土地利用转移的变化情况，基于 1990～2020 年土地利用转移情况，计算得到 1990～2020 年 3 个时间段的各地类生态承载力转移情况，见表 8.15～表 8.17，表中括号内的数值为前一年土地转出前的生态承载力，括号外的数值为土地转出后的生态承载力，即后一年转入的新类型土地的生态承载力。*代表未转移的土地生态承载力保持量。整体显示，除了没有变化的土地利用类型保持原有的生态承载力以外，土地生态承载力转移方向各不相同。不同年份的不同地类的生态承载力不同，导致同一块土地生态承载力发生变化，使得研究区生态承载力的内部结构发生改变。

由表 8.16 可知，1990 年总转出量为 204721.36hm^2，2000 年总转入量为 261429.73hm^2，整体增加了 56708.37hm^2，总转入量是总转出量的 1.28 倍，说明 2000 年生态承载力在上升。其中，耕地的生态承载力转出量最多，转入量是转出量的 1.70 倍，向建设用地转出的生态承载力最多，比转入量多 57969.9hm^2。林地的生态承载力增加，所有地类的生态承载力转出量均少于转入量，生态承载力差值依次为耕地＞水域＞草地＞建设用地。草地的生态承载力整体损失 25579.86hm^2，转向林地的生态承载力最多，转移了 46990.65hm^2，转为水域和建设用地的生态承载力大于草地的转出量，分别多出 2098.42hm^2 和 1367.88hm^2。水域 1990 年转出量要大于 2000 年转入量，转出量是转入量的 2.61 倍，水域向耕地的生态承载力转移最多，水域转入草地的生态承载力较小，这类土地因部分土地转向比自身生态生产力低的土地导致生态承载力下降。建设用地 1990 年转出量大于 2000 年转入量，建设用地的生态承载力主要向耕地和林地转出；草地转向建设用地的生态承载力最少。

表 8.16 1990～2000 年生态承载力转移矩阵 （单位：hm^2）

	土地利用类型	2000 年					
		耕地	林地	草地	水域	建设用地	转出、转入合计
1900 年	耕地	7372068*	（13079.49） 4932.43	（624.94） 833.67	（5783.26） 13326.91	（62392.79） 120362.69	（81880.49） 139455.71
	林地	（36992.04） 49796.43	5435657*	（2953.21） 14062.61	（1631.03） 13416.49	（1700.89） 3506.77	（43277.17） 80782.31
	草地	（9672.96） 7363	（46990.65） 20254.46	1732053*	（1284.32） 3382.74	（1135.23） 2503.11	（59083.17） 33503.31
	水域	（9718.27） 2421，14	（3304.69） 466.27	（336.79） 371.85	1350275*	（5476.28） 3952.56	（18836.06） 7212.16
	建设用地	（926.30） 259.35	（552.81） 87.64	（44.21） 24.79	（123.15） 104.45	1510742*	（1644.47） 476.24

由表 8.17 可知，2000 年总转出量为 112346.42hm^2，2010 年总转入量为 63529.43hm^2，整体减少了 48816.99hm^2，总转入量是总转出量的 1.77 倍，所有地类的转出量均大于转入量，可以说明 2010 年的生态承载力在下降。其中，耕地生态承载力的转出量是转入量的 1.34 倍，向建设用地转出的生态承载力最多，比转入量多 9530.23hm^2，其次是向林地转移的生态承载力，比转入量多 5948.55hm^2，草地和水域的生态承载力是转入量大于转出量。林地的生态承载力降低，转出量是转入量的 1.08 倍，耕地和草地的生态承载力转入量大于转出量，分别增加了 645.81hm^2 和 305.4hm^2，水域和建设用地的生态承载力转入量小于转出量，分别减少了 1022.27hm^2 和 519.97hm^2。草地的生态承载力整体损失 37113.68hm^2，向林地转移的生态承载力最多，转移了 56254.59hm^2，耕地和林地的生态承载力转出量大于转入量，分别减少了 419.08hm^2 和 44572.52hm^2，水域和建设用地的生态承载力转出量小于转入量，分别增加了 654.93hm^2 和 722.99hm^2。水域 2000 年转出量要大于 2010 年转入量 1880hm^2，水域生态承载力向建设用地转出量最大，其次是转向耕地和林地的生态承载力，水域转入草地的生态承载力最小。建设用地的生态承载力主要向林地和水域转出，

建设用地转向草地的生态承载力最少。

由表 8.18 可知，2010 年总转出量为 75640.54hm^2，2020 年总转入量为 72709.87hm^2，整体增加了 2930.67hm^2，总转入量是总转出量的 1.04 倍，生态承载力呈上升趋势。其中，耕地的生态承载力转出量最多，除林地外其他用地的转入量大于转出量，向建设用地转出的生态承载力最多，比转入量少 1209.58hm^2，向林地转出的生态承载力为 9352.01hm^2，比转入量多 2226.68hm^2。林地的 2010 年转出量比 2020 年转入量少 21145.31hm^2，耕地和草地的生态承载力转入量大于转出量，分别增加了 8534.91hm^2 和 6876.89hm^2，水域和建设用地的生态承载力转入量大于转出量，分别增加了 1840.67hm^2 和 3892.79hm^2。草地的生态承载力整体损失 10706.35hm^2，向林地转移的生态承载力最多，转移了 12564.49hm^2，其次是向耕地转移了 6939.83hm^2，转为水域和建设用地的生态承载力大于草地的转出量，分别多出 58.04hm^2 和 802.21hm^2。水域 2020 年转入量小于 2010 年转出量，转出量是转入量的 2.59 倍，水域转为耕地和林地的生态承载力最多，分别是 2228.69hm^2 和 1920.48hm^2，水域转为草地的生态承载力较小，向建设用地的转入量大于转出量，相差 281.55hm^2。建设用地 2010 年转出量大于 2020 年转入量，建设用地的生态承载力主要向耕地转出，转出了 10976.61hm^2，其余依次是林地、水域和草地，建设用地向其他所有地类的转出量均大于转入量。

表 8.17　2000～2010 年生态承载力转移矩阵　（单位：hm^2）

	土地利用类型	2010 年					
		耕地	林地	草地	水域	建设用地	转出、转入合计
2000 年	耕地	4974639*	（10185.29） 4236.74	（100.53） 1734.95	（3566.24） 9070.05	（19084.19） 9553.96	（32936.26） 24595.70
	林地	（1396.85） 2042.66	7334998*	（149.15） 454.55	（1855.61） 833.34	（4484.84） 3964.87	（7886.45） 7295.42
	草地	（714.41） 295.33	（56254.59） 11682.07	2591771*	（2428.28） 3083.21	（4818.31） 12041.30	（64215.60） 27101.92
	水域	（1792.64） 428.99	（1571.28） 188.89	（33.26） 16.58	1109124*	（1976.15） 2858.87	（5373.35） 3493.35
	建设用地	（245.99） 70.32	（688.11） 98.81	（16.55） 9.86	（984.10） 864.05	1361864*	（1934.76） 1043.04

表 8.18　2010～2020 年生态承载力转移矩阵　（单位：hm^2）

	土地利用类型	2020 年					
		耕地	林地	草地	水域	建设用地	转出、转入合计
2010 年	耕地	1830257*	（9352.01） 7125.33	（1548.75） 2373.70	（410.58） 1902.57	（11607.18） 12816.76	（22918.52） 24218.37
	林地	（9700.71） 18235.62	4004494*	（3352.92） 10229.81	（223.81） 2064.48	（316.78） 4209.57	（13594.23） 34739.54
	草地	（6939.83） 3144.44	（12564.49） 4593.29	225668*	（210.92） 268.96	（364.15） 1166.36	（20079.42） 9373.07
	水域	（2228.69） 685.21	（1920.48） 476.39	（95.01） 47.41	435534*	（239.96） 521.51	（4484.15） 1730.54
	建设用地	（10976.61） 1714.62	（2567.24） 323.55	（335.18） 84.98	（685.16） 525.19	1047126*	（14564.22） 2648.35

8.6　山江海地域系统空间未来生态承载力时空格局预测

探究山江海地域系统空间未来生态承载力的时空格局对该区域未来生态发展及资源利用等有重要的

意义。同时土地利用变化对生态承载力空间格局现状及未来发展都有着不可忽视的影响，因此，获取生态承载力主要驱动因子，探究其驱动机制，对预测模型进行精度验证，揭示未来生态承载力时空格局及变化趋势，分析土地利用变化对生态承载力的影响。

8.6.1　生态承载力驱动机制分析

1. 驱动因子选取原则

在结合广西生态系统实际情况和前人研究成果基础上，参考其他学者的原则设定，本节遵循以下几个原则选取驱动因子。

（1）科学性原则：所选取的驱动因子能够真实、客观及合理地反映研究区生态承载力的实际情况，驱动因子概念清晰明确，要与生态承载力具有相关性。

（2）可获取性和可操作性原则：数据能否获取以及是否可以操作直接决定后续研究是否可以顺利进行，以及研究成果是否具有可行性和可靠性，因此研究所选择的驱动因子可以在文献收集、网络下载、RS 和 GIS 技术处理的基础上获取及操作。

（3）全面系统性原则：生态系统复杂，驱动因子之间既要相互独立又要相互联系，结合自然人文环境的实际情况，系统全面地选取因子。

（4）代表性原则：不同的驱动因子具有较大的差异性、代表性和不可替代性，这样可以有效避免数据的过度冗余，提高模型的模拟预测精度。

本节将遵循上述选取原则，结合自然和人文情况对驱动因子进行初步选取，以期保证驱动因子的合理性和科学性。

2. 驱动因子的选取

对土地利用变化特征和生态承载力变化特征进行分析总结后发现，研究区的生态承载力受多种驱动因子相互影响。驱动因子以自然因素和人文因素为主，而自然因素主要包括地形地貌、气候变化、植被覆盖等；人文因素包括人口增长、经济建设、社会发展政策等。

自然因素是改变土地利用结构、影响生态承载力的重要基础，自然条件的改变也会引起生态系统的变化。坡度、坡向是最重要的影响因素之一，它能够对气象因子进行再分配，对城镇建设、耕地和林地发展有直接或间接影响；植被覆盖度、水系的分布对土地利用的限制和发展有一定的影响，对生态承载力的提升起着重要作用；气温、降水也是造成生态承载力变化的重要因素。

人文因素在一段时间内对生态承载力有一定的影响。随着社会经济的发展，人类活动对生态系统的影响越来越大，人口密度、GDP、居民点和道路的建设等人为干预行为能直接影响土地利用变化，也会引起周边生态承载力的变化。

本节结合研究区的实际情况和前人研究成果，在遵循驱动因子选取原则的基础上，采用共线性诊断及地理探测器的方法，定量分析研究区生态承载力的驱动机制。

3. 驱动因子筛选确定

为了使选取的指标具有科学性和合理性，本节将运用 SPSS20.0 软件对生态承载力进行筛选，对所有的驱动因子进行 Z-score 标准化处理，采用 Cramer’s V 指数分析生态承载力与潜在驱动因子之间的相关关系，分析结果区间为［0.1，1］，表明所选的潜在驱动因子均与生态承载力存在相关性；为避免所选因子间存在显著的共线性关系，采用方差膨胀因子（variance inflation factor，VIF）对经过检验的潜在驱动因子进行多元共线性诊断，剔除具有显著共线性关系的因子，当 VIF 值小于 10、容差大于 0.1 时，则认为驱动因子间不存在显著共线性关系；最终，筛选坡度、坡向、年均气温、年均降水量、植被覆盖度、人口密度、人均 GDP、距离铁路距离、距离公路距离、距离县距离、距离乡镇距离 11 个驱动因子，驱动因子相关描述见表 8.19。

表 8.19　生态承载力驱动因子体系建立

因子类型	因子名称	意义解释说明
气象因子	年均气温（X_1）	随着气温升高，湿度降低，土壤和空气含水量降低，土地容易干旱退化
	年均降水量（X_2）	降水量影响水域、植被类型及土壤的变化，进而影响土地的面积和结构变化
社会经济因子	人口密度（X_3）	人口密度越大，人类活动影响越剧烈，对区域自然资源和生态环境的影响越大
	人均 GDP（X_4）	人均 GDP 越高，对区域自然资源的利用强度越大
自然环境条件	坡度（X_5）	不同的地形因子对于不同的土地利用类型、水和植被会产生不一样的影响
	坡向（X_6）	
	植被覆盖度（X_7）	植被覆盖度越大，生态系统越稳定
交通区位因素	距离公路距离（X_8）	距离道路越近，人类活动影响越大
	距离铁路距离（X_9）	
	距离县距离（X_{10}）	越靠近行政中心区域，人类活动影响越大
	距离乡镇距离（X_{11}）	

4. 驱动因子探测结果分析

应用地理探测器可以清晰、系统地分析驱动因子对生态承载力的影响，各驱动因子对生态承载力的作用强度不同，同一驱动因子对不同地区的生态承载力的影响强度也存在差异，不同的驱动因子叠加后，其影响强度有增减作用，对 11 个驱动因子分等级和离散化处理后进行地理探测。因此采用地理探测器中的“因子探测”和“生态探测”区分每个因子对生态承载力的分异程度，通过“交互探测”分析每个因子对生态承载力空间分异的交互作用结果。

利用因子探测器能揭示各因子对生态承载力的影响力，11 个驱动因子单独作用对生态承载力空间分布有一定的影响，通过计算驱动因子的 $P_{D,H}$ 值，提取各因子对生态承载力的影响，各驱动因子对生态承载力空间分布的影响由大到小的排序是：坡度＞年均气温＞人均 GDP＞人口密度＞植被覆盖度＞距离铁路距离＞年均降水量＞距离公路距离＞距离乡镇距离＞距离县距离＞坡向。由探测结果发现，坡度的影响力最大，$P_{D,H}$ 值为 0.369，所以坡度是主要的驱动因子；年均气温和人均 GDP 的 $P_{D,H}$ 值分别为 0.335 和 0.323；人口密度、植被覆盖度和距离铁路距离的 $P_{D,H}$ 值分别为 0.271、0.244 和 0.209；年均降水量、距离公路距离和距离乡镇距离的 $P_{D,H}$ 值分别为 0.183、0.152 和 0.111，距离县距离和坡向对生态承载力空间分布的解释力是最小的，分别为 0.069 和 0.035。说明坡度、年均气温、人均 GDP 和人口密度是影响研究区生态承载力空间分布异质性的主要驱动因子，该区域地形地貌复杂，以山地、丘陵为主，坡度较高，不利于耕地、建设用地等生态系统的形成；适宜的气温对于耕地、森林的生长具有重要的意义。

生态探测器能反映驱动因子对生态承载力空间分布的影响是否显著，以及每两个驱动因子是否有显著差异，如果有显著性差异则记为“Y”，置信度为 95%，否则记为“N”，表示无显著性差异。由表 8.20 可知，坡向和距离公路距离、距离铁路距离没有显著性差异，植被覆盖度和距离县距离、距离乡镇距离没有显著性差异，距离铁路距离、距离公路距离、距离县距离和距离乡镇距离之间均具有显著性差异。

表 8.20　生态因子探测结果

因子	X_1	X_2	X_3	X_4	X_5	X_6	X_7	X_8	X_9	X_{10}	X_{11}
X_1											
X_2	Y										
X_3	Y	Y									
X_4	Y	Y	Y								

续表

因子	X_1	X_2	X_3	X_4	X_5	X_6	X_7	X_8	X_9	X_{10}	X_{11}
X_5	Y	Y	Y	Y							
X_6	Y	Y	Y	Y	Y						
X_7	Y	Y	Y	Y	Y	Y					
X_8	N	N	Y	Y	Y	N	Y				
X_9	N	N	Y	Y	Y	N	Y	Y			
X_{10}	Y	Y	Y	Y	Y	Y	N	Y	Y		
X_{11}	Y	Y	Y	Y	Y	Y	N	Y	Y	Y	

8.6.2　预测模型构建与精度验证

1. PLUS 模型构建

本章采用 PLUS 模型对研究区生态承载力空间分布进行模拟预测。PLUS 模型将模拟、知识发现和决策过程相结合，预测结果可以为决策者提供重要的建议与信息。PLUS 模型的并行技术来自中国地质大学（武汉）高性能空间计算智能实验室（https://github.com/HPSCIL）。模型中的随机森林技术来自 ALGLIB 3.9.2（http://www.alglib.net/）。软件的用户界面使用著名的开源库 Qt 5.13（https://www.qt.io/download/）构建。该 UI 提供了模拟过程中土地利用动态变化的实时显示。此外，使用开源库 GDAL2.0.2（http://www.gdal.org/），允许我们的模型直接读写光栅数据。

2. PLUS 模型模拟精度验证

模拟结果以 2020 年真实的研究区生态承载力作为对比，得到图 8.8 所示的结果，利用 Kappa 系数和 FOM 系数验证精度。在 PLUS 程序中有专门计算 Kappa 系数和 FOM 系数的模块。

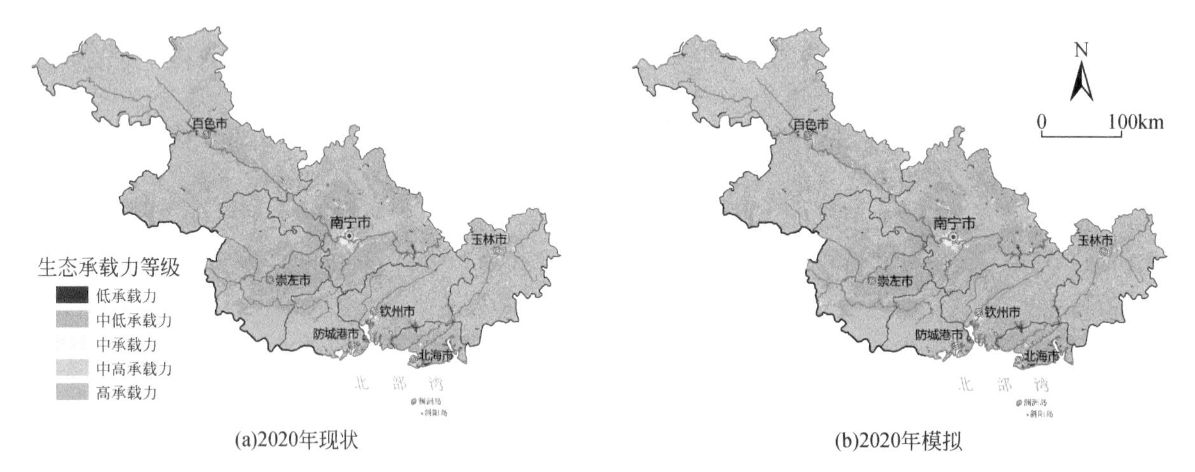

(a)2020年现状　　(b)2020年模拟

林地面积、草地面积、水域面积、耕地面积、建设用地面积、年均气温、人口、GDP数据来源于2020年《广西统计年鉴》；年均降水量数据来源于2020年《广西壮族自治区水资源公报》；2020年水系、公路、铁路、居民点数据来源于全国地理信息资源目录服务系统；图上专题内容为作者根据2020年林地面积、草地面积、水域面积、耕地面积、建设用地面积数据、年均降水量、年均气温、水系、公路、铁路、居民点、人口、GDP数据推算出的结果，不代表官方数据。

图 8.8　研究区 2020 年生态承载力现状模拟对比图

计算 Kappa 系数过程为，选择 2010 年生态承载力空间分布数据作为输入数据，将模拟的 2020 年数据作为输入数据，结果得到 Kappa 系数值为 0.736。当 Kappa≥0.75 时，表示精度检验结果一致性较高；当 0.4≤Kappa＜0.75 时，表示精度检验结果一致性较一般；当 Kappa＜0.4 时，表示精度检验结果一致性较差。所以，模拟精度检验结果一致性较一般，结果可信。

计算 FOM 系数过程与计算 Kappa 系数过程基本相同，结果为 0.325，由于分辨率设置为 30m×30m，研究区范围较大，模拟精度无法达到很高，整体上准确率较高，误差值较小，说明模拟的精度达到了理想的效果。

8.6.3 生态承载力时空格局预测分析

生态承载力分析对生态系统的可持续发展具有重要的意义，同时，生态承载力时空格局的预测对于决策者的生态修复与国土综合整治具有不可忽视的作用。因此，本节分析 2030 年和 2040 年的生态承载力的时空分布情况，探究各土地类型生态承载力变化趋势。

1. 生态承载力空间预测分析

以 1990～2020 年生态承载力空间分布图为基础，应用 PLUS 模型成功模拟预测得到如图 8.9 所示的 2030 年和 2040 年生态承载力空间分布图，依据 8.5.1 小节中的生态承载力等级分级标准，将生态承载力分为低承载力（0～1.462）、中低承载力（1.463～2.776）、中承载力（2.777～4.392）、中高承载力（4.393～6.454）、高承载力（6.455～8.176）5 个等级。

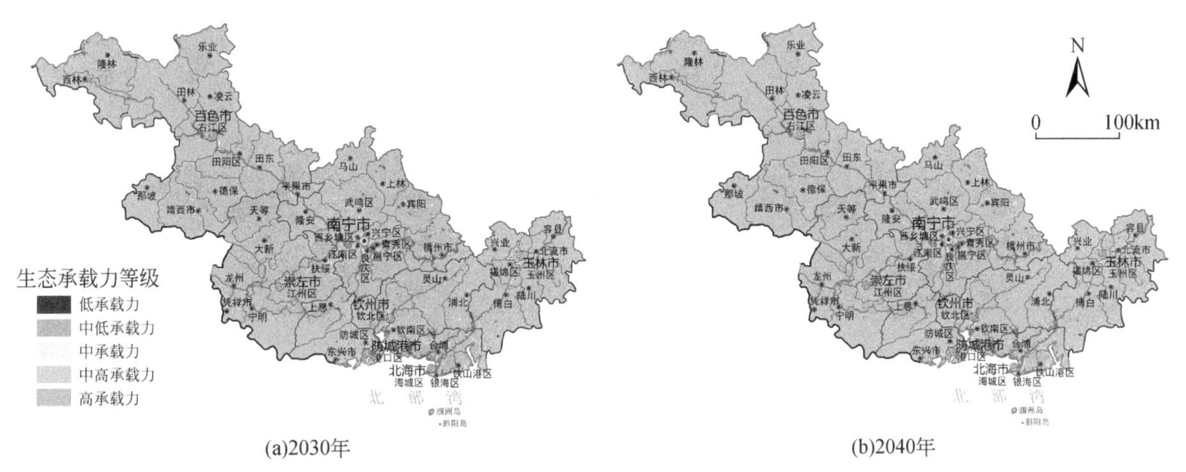

林地面积、草地面积、水域面积、耕地面积、建设用地面积、年均气温、人口、GDP数据来源于2010年、2020年《广西统计年鉴》；年均降水量数据来源于2010年、2020年《广西壮族自治区水资源公报》；2010年、2020年水系、公路、铁路、居民点数据来源于全国地理信息资源目录服务系统；图上专题内容为作者根据2010年、2020年林地面积、草地面积、水域面积、耕地面积、建设用地面积、年均降水量、年均气温、水系、公路、铁路、居民点、人口、GDP数据推算出的结果，不代表官方数据。

图 8.9 2030 年和 2040 年生态承载力等级预测空间分布图

总体来看，2030 年和 2040 年研究区单位面积生态承载力在 1.299～8.832，平均值为 5.06，整体属于中高承载力等级。2030 年研究区单位面积生态承载力为 4.772，属于中高承载力等级，低承载力区域主要分布在水域及其周围，如百色市水库、南宁市河流和湖泊、北海市沿海等地，分布面积较小；中低承载力区域分布较广，主要分布在百色市南部、崇左市北部和南宁市北部，在玉林市和北海市零散分布，土地利用类型以耕地和草地为主；中承载力区域分布集中且面积较小，多以建设用地为中心分布，如百色市市辖区、南宁市市辖区和玉林市市辖区等，在海岸带也有不同程度极小范围的分布；中高承载力等级分布最广的区域，被中低承载力等级分开，主要分布在百色市北部、南宁市南部和北部湾沿海三市，在玉林市分布在中低承载力和中承载力区域外围；高承载力区域分布较少且分散，在各市都有不同程度的分布。2040 年研究区单位面积生态承载力为 5.309，属于中高承载力等级，在空间格局上与 2020 年略有相似，低承载力等级分布面积有所下降，其仍然分布在北部湾海岸带和其他水域；中低承载力区域分布面积缩小，主要分布在百色南部、崇左北部和南宁市北部，玉林市市区外围和北海市都有不同程度小范围的分布，这些地区的生态系统不稳定，生态环境破坏程度加大，变化可能性较大，重点在于如何防范和治理；中承载力区域多为城镇建设区域，南宁市市辖区和玉林市市辖区最明显，钦州市和北海市有小面积分布；中高承载力区域分布面积缩小，集中分布在研究区的北部和南部，如百色市、南宁市南部、防城港市、钦州市和玉林市；高承载力区域面积明显增大，增大部分主要由中低承载力区域和中高承载力区域转换而成，主要分布在百色市、南宁市、玉林市和钦州市，说明该区域正在向更好的生态环境状况发展。对比分析，研究区两年生态承载力的趋势是上升的，水域的生态承载力仍然较低，耕地和林地的生态承载力等级升高且分布区域较广。

2. 生态承载力时间序列预测分析

总体来看，研究区生态承载力呈越来越好的趋势，低承载力区域面积在慢慢缩小，而且在整个研究区只占 4%，该等级区域主要分布在水域，说明未来 20 年水域及海岸带会得到一定的治理；中低承载力区域面积同样也在下降，2020～2040 年共下降了 1558km^2，而且部分中低承载力区域转换为高承载力区域；中承载力区域在研究区中的占比较少，基本保持平稳，变化不明显；中高承载力区域面积变化较大，该等级也是研究区分布最广的等级，其区域面积在 2020～2040 年呈上升趋势，共增加了 3415km^2，生态承载力等级的提高主要是因为此等级区域面积的快速增加；高承载力区域面积呈现先下降后上升的趋势，变化幅度较小，虽有小幅度升高，但分布较为零散，有等级退化的风险，应该对该等级区域加大治理力度，强化治理手段，完善治理制度（图 8.10）。

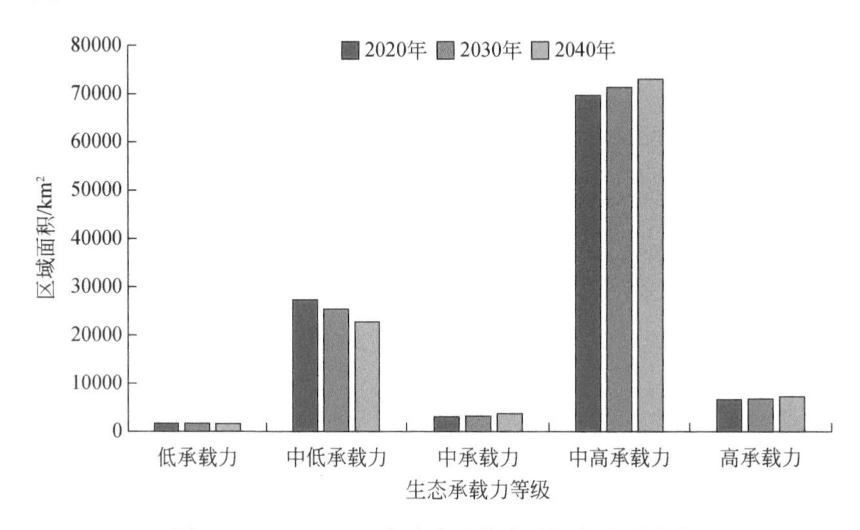

图 8.10　2020～2040 年生态承载力时间序列预测图

3. 各地类生态承载力预测变化趋势

根据生态承载力计算结果和土地利用数据，得到各土地利用类型生态承载力预测变化趋势，经计算得到图 8.11 的 2020～2040 年各土地利用类型生态承载力预测变化趋势图。耕地的生态承载力逐年下降，2020～2040 年下降幅度较大，下降了 1527782hm^2，耕地面积逐年下降导致生态承载力呈下降趋势，要注意防止水源和土壤污染。林地的生态承载力呈持续上升的趋势，2020～2040 年上升了 1967681hm^2，根据土地利用类型变化可知，林地生态系统较为稳定，国家实行推进碳达峰碳中和政策，势必会对森林的保护力度加大。草地的生态承载力处于下降趋势，2020～2040 年下降了 457786hm^2，草地生态承载力的下降对水域和林地都有一定的影响，草地对水陆过渡、生物多样性保护都有重要的作用。水域生态承载力较低，但变化平稳，2020～2040 年下降了 192502hm^2，水域多为河流、湖泊等，自身生态环境脆弱，生态系统具有一定的过渡性，要注意防止水体污染、陆源污染等，海岸带自然灾害频发，加剧了生态承载力的降低。建设用地的生态承载力呈上升趋势，2020～2040 年上升了 839320hm^2，开发建设用地既要保证社会经济的发展又要考虑生态承载力和城市承载力等多重因素，发展整治难度较大，所以要协调好诸多关系，使各方面协调发展。

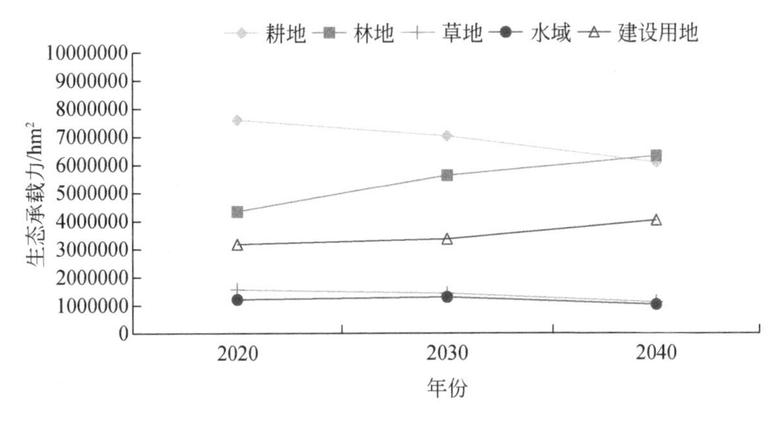

图 8.11　2020～2040 年各地类生态承载力预测变化趋势

8.7　山江海地域系统空间生态安全格局构建

在遵循区域性、多尺度性、动态适应性及生态本位性原则的基础上，以区域适应、区域协调及人地和谐为发展目标，构建区域生态安全格局及其优化规划。识别生态源地作为发展区域的关键要素，建立生态源地扩展阻力指标体系，得到最小累积阻力面。一方面，结合“三生”用地类型构建区域生态安全格局用地类型；另一方面，识别一级生态廊道、二级生态廊道、喀斯特生态廊道、河流廊道及道路廊道，建立“点—线—面”生态安全网络，对生态安全格局优化规划提出建议（图 8.12）。

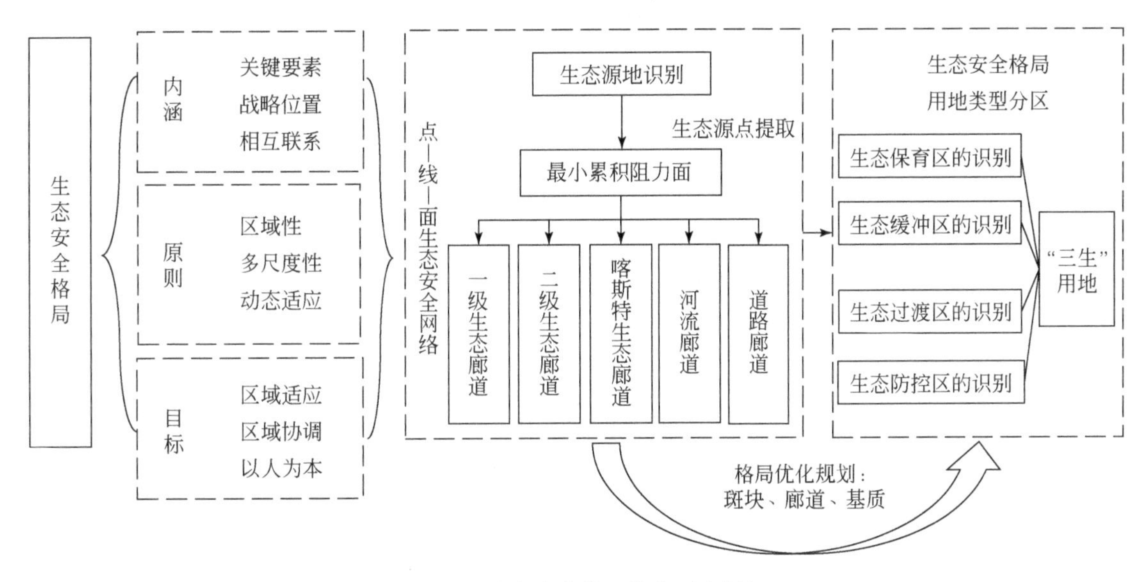

图 8.12　生态安全格局优化研究框架

8.7.1　生态源地识别

通过对研究区 1990～2040 年生态承载力进行评估，将 6 个年份的生态承载力计算结果标准化处理后，选取高承载力区域作为优先保护区。将所有的优先保护区与流域内主要的湖泊、河流及林地斑块取并集得到最终的生态源地（图 8.13），其面积约占全区面积的 52.61%。整体上看，生态源地面积占整体面积的比重一般，分布较为集中。生态源地集中分布于该区域的西北部、西南部和东南部，以林地分布最为集中，地势复杂、河网密集、沿岸绿洲较多，生态质量较高，而中部平坦地区、东部盆地及海岸带地区受气候和地形的影响，生态源地分布较少。

8.7.2　生态阻力面建立

生态源地扩展“源”（简称生态源）是生态源地扩展的基础，阻力因子的选择是生态源地扩展的条件。一般情况下，地形越复杂、植被覆盖越密集、土壤有机质含量越丰富、距离水系距离越近、生态服务价值水平越高就越利于生态用地扩展。在考虑区域生态环境的基础上，最终选取与生态用地扩展相关程度较高的 8 项阻力因子构建生态源地扩展阻力指标体系。按自然属性或自然断裂法对各阻力因子分为五级进行赋值，从大到小依次为 5、4、3、2、1，各阻力因子赋值见表 8.21。

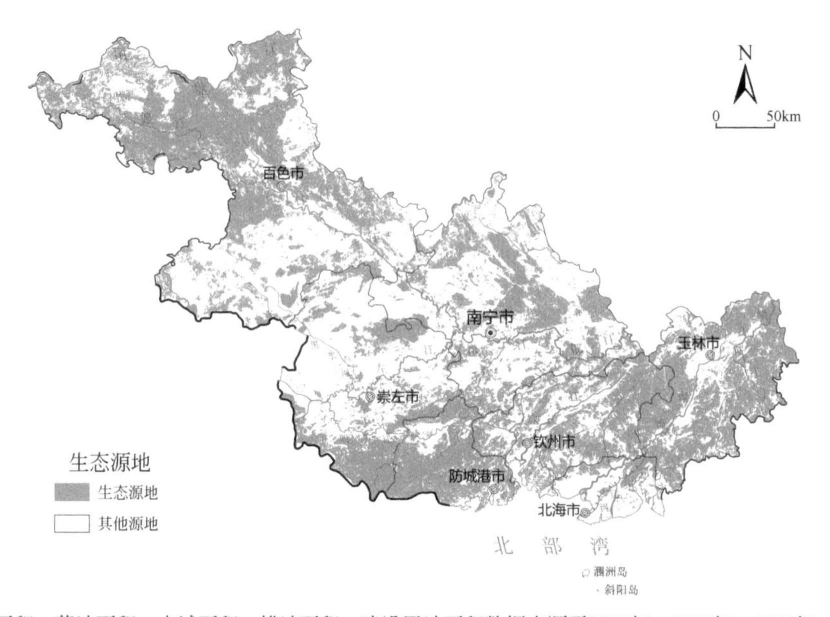

林地面积、草地面积、水域面积、耕地面积、建设用地面积数据来源于1990年、2000年、2010年、2020年《广西统计年鉴》；图上专题内容为作者根据1990年、2000年、2010年、2020年林地面积、草地面积、水域面积、耕地面积、建设用地面积数据推算出的结果，不代表官方数据。

图 8.13　生态源地识别结果图

表 8.21　各阻力因子赋值表

阻力因子	生态源地扩展阻力值					赋权
	1	2	3	4	5	
高程/m	1099～2096	749～1098	451～748	207～450	0～206	0.11
坡度/（°）	36～83	26～35	16～25	8～15	0～7	0.09
生态系统服务价值/（元/hm^2）	306656～1571472	104061～306655	25629～104060	5279～25628	0～5278	0.21
土地利用类型	水体	林地	草地	耕地	建设用地	0.19
土壤类型	铁铝土	人为土	半水成土	初育土	盐碱土、岩石	0.06
土壤侵蚀强度	微度	轻度	中度	重度	剧烈	0.08
NDVI	0.85～0.89	0.78～0.84	0.67～0.77	0.44～0.66	0.11～0.43	0.14
水系距离/m	<1964	1965～5323	5324～9026	9027～13994	>13994	0.12

结合生态源地扩展阻力数据集，采用主客观赋权法对各个阻力因子赋权，采用栅格计算器计算最小累积阻力，获得最小累积阻力面，如图 8.14 所示，总体来看，最小阻力呈现从西南向东南递增的态势，阻力较大地区主要分布在该区域的中部和南部，在南宁市、崇左市和北海市分布最广，百色山区森林阻力较小。结合阻力因子来看，该区域的总体最小累积阻力面结果与生态系统服务价值和 NDVI 的阻力面结果非常相似，这不仅与权重赋值有关，而且与生态修复工程和治理政策也有一定的关系。

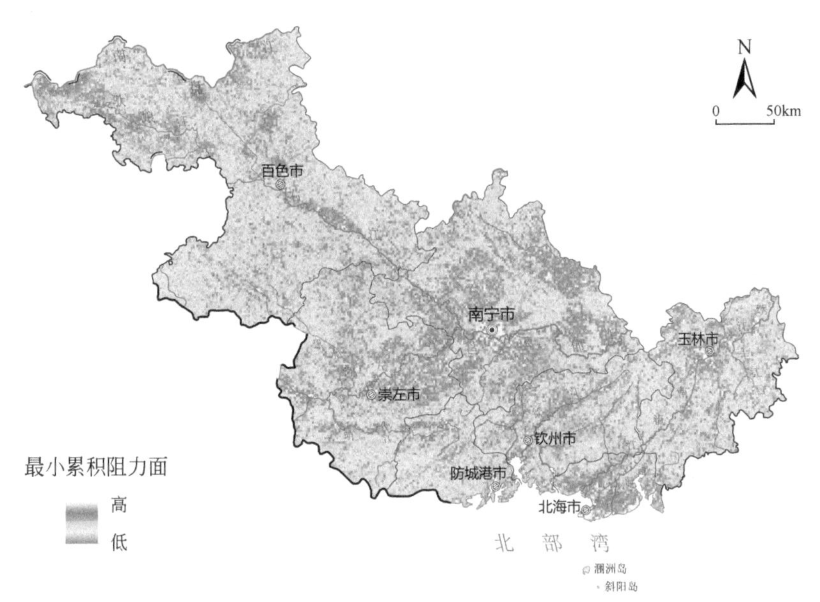

1990年、2000年、2010年、2015年、2017年、2020年高程、坡度数据来源于地理空间数据云平台；1990年、2000年、2010年、2015年、2017年、2020年生态系统服务价值、土壤类型、土壤侵蚀强度、NDVI数据来源于中国科学院资源环境科学与数据中心；1990年、2000年、2010年、2015年、2017年、2020年水系距离数据来源于全国地理信息资源目录服务系统；图上专题内容为作者根据1990年、2000年、2010年、2015年、2017年、2020年高程、坡度、生态系统服务价值、土壤类型、土壤侵蚀强度、NDVI、水系距离数据推算出的结果，不代表官方数据。

图 8.14　最小累积阻力面

8.7.3　生态安全格局用地类型分区

以最小累积阻力为基础，利用自然断点法对该区域进行生态安全格局用地类型划分，即生态保育区、生态缓冲区、生态过渡区、生态防护区（图 8.15）。

根据统计结果，研究区分布面积最广的是生态保育区，占比为 50.11%，主要分布在西部喀斯特森林地区、十万大山以及玉林市周边，应对其加强生态管控，遵循宜林则林、宜草则草的原则。生态缓冲区、生态过渡区占比分别为 31.77%、10.04%，主要分布在生态保育区的周边地区，基本是山区和城市的中间过渡地带，对该区应坚持草畜平衡管理办法，谨防山区石漠化。生态防护区占比为 8.08%，主要分布在崇左喀斯特地区、城市中心和北部湾地区，应划定禁建限建区，加强生态防护林体系建设，控制海岸带不合理开发利用，限制建设开发规模，维护生态斑块的整体性与连续性。

为使生态安全格局分区更加科学合理，本节利用土地利用遥感数据提取“三生”用地数据，将其与最小累积阻力面叠加，得到最终的生态安全格局分区（图 8.16）。其中生产用地是指进行生产与供给的经营性场所，以水田、旱地、工业用地为主；生活用地是指保障人居功能的区域，以城镇用地、农村居民点用地为主；生态用地是指调节和维护生态功能及提供生态服务的区域，以湿地、林地、水域为主。生态保育区生态用地为该区域的核心生态斑块，占研究区面积的 16.33%。其主要分布于桂西南的喀斯特山区、防城港十万大山以及南宁马山县和玉林北部，生态服务价值巨大，应因地制宜地建立保护区对其进行永久性保护，以永续利用该区。生态保育区生产用地和生态保育区生活用地主要分布于生态保育区生态用地附近，对于生态保育区生态用地周围环境的影响巨大，因此应在该区域建立喀斯特生态廊道，划定合理的生产、

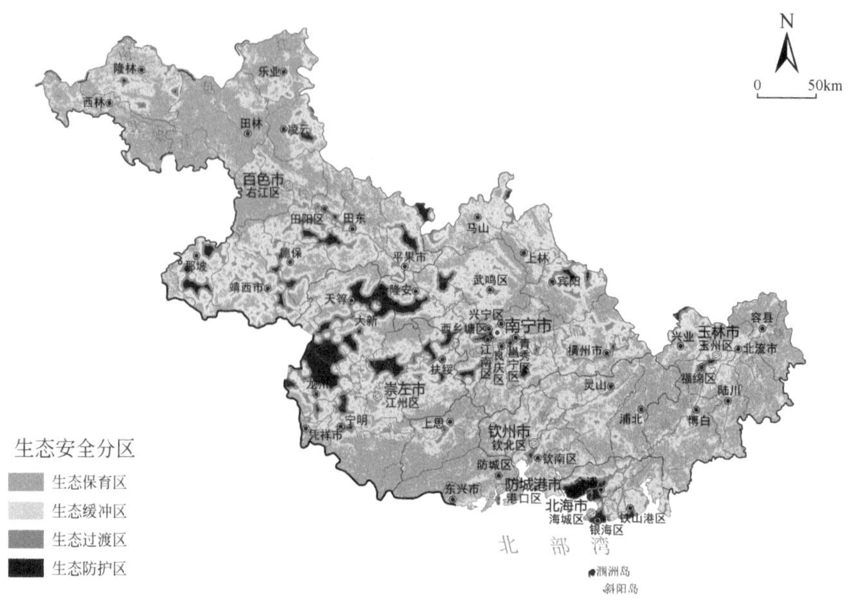

1990年、2000年、2010年、2015年、2017年、2020年高程、坡度数据来源于地理空间数据云平台；1990年、2000年、2010年、2015年、2017年、2020年生态系统服务价值、土壤类型、土壤侵蚀强度、NDVI数据来源于中国科学院资源环境科学与数据中心；1990年、2000年、2010年、2015年、2017年、2020年水系距离数据来源于全国地理信息资源目录服务系统；图上专题内容为作者根据1990年、2000年、2010年、2015年、2017年、2020年高程、坡度、生态系统服务价值、土壤类型、土壤侵蚀强度、NDVI、水系距离数据推算出的结果，不代表官方数据。

图 8.15 生态安全分区

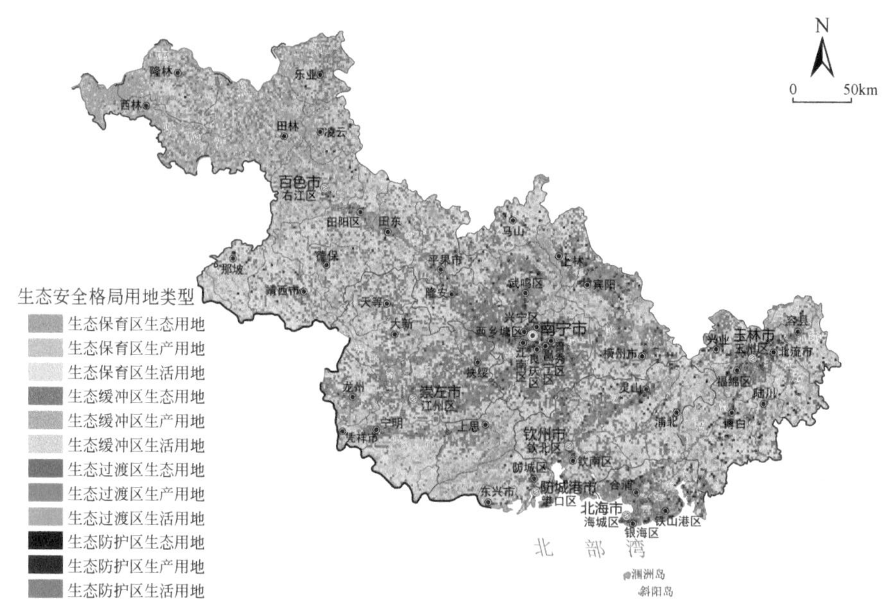

林地面积、草地面积、水域面积、耕地面积、建设用地面积数据来源于1990年、2000年、2010年、2015年、2017年、2020年《广西统计年鉴》；1990年、2000年、2010年、2015年、2017年、2020年高程、坡度数据来源于地理空间数据云平台；1990年、2000年、2010年、2015年、2017年、2020年生态系统服务价值、土壤类型、土壤侵蚀强度、NDVI数据来源于中国科学院资源环境科学与数据中心；1990年、2000年、2010年、2015年、2017年、2020年水系距离数据来源于全国地理信息资源目录服务系统；图上专题内容为作者根据1990年、2000年、2010年、2015年、2017年、2020年高程、坡度、生态系统服务价值、土壤类型、土壤侵蚀强度、NDVI、水系距离、林地面积、草地面积、水域面积、耕地面积、建设用地面积数据推算出的结果，不代表官方数据。

图 8.16 生态安全格局用地类型

生活边界，防止盲目扩张土地而引发生态危机。生态缓冲区的“三生”用地靠近河流，且沿岸分布着大片耕地，应在河流与耕地交界处种植树木以防止水土流失，合理利用流域水资源进行灌溉，逐步推广利用有机肥从而减轻河流的污染和富营养化，应该建立河流生态廊道，增强景观的连通性。生态过渡区“三生”

用地分布在城区周围，占研究区面积的 35.24%，部分生态过渡区生活用地与生态保育区生态用地连接，这对研究区的生态安全构成了极大的威胁，如南宁市东北部、百色市中部等，应该设置隔离带，守住生态安全边界。生态防控区“三生”用地主要分布于城区和海岸带，地表植被较少，生境质量较差，应在该区域种植防护林，增加城区绿化，逐渐恢复地表植被。

8.7.4　生态安全网络构建及优化规划

生态安全网络是以各生态源地为核心，以生态战略点为线索，以各类廊道为骨架构建的一体化发展网络。对研究区 17 个生态斑块共提取出 44 条生态廊道，总长度为 5136.26km。识别出一级生态廊道共 16 条，长度为 1112.33 km；二级生态廊道共 17 条，长度为 845.66km；喀斯特生态廊道共 11 条，长度为 737.51km。受各生态源地空间分布及资源禀赋的影响，生态廊道分布曲折蜿蜒，绕过很多生产和生活用地，主要分布在中部和东部地区。鉴于生态承载力水平较低，为避免过多人类干扰活动，从一级生态廊道中剥离出喀斯特保护区与其他源地的连接通道作为喀斯特生态廊道。同时为提高各生态源地间的连通度引入其他重要廊道，主要包括道路廊道及河流廊道，构建出点—线—面一体化的生态安全网络 （图 8.17）。

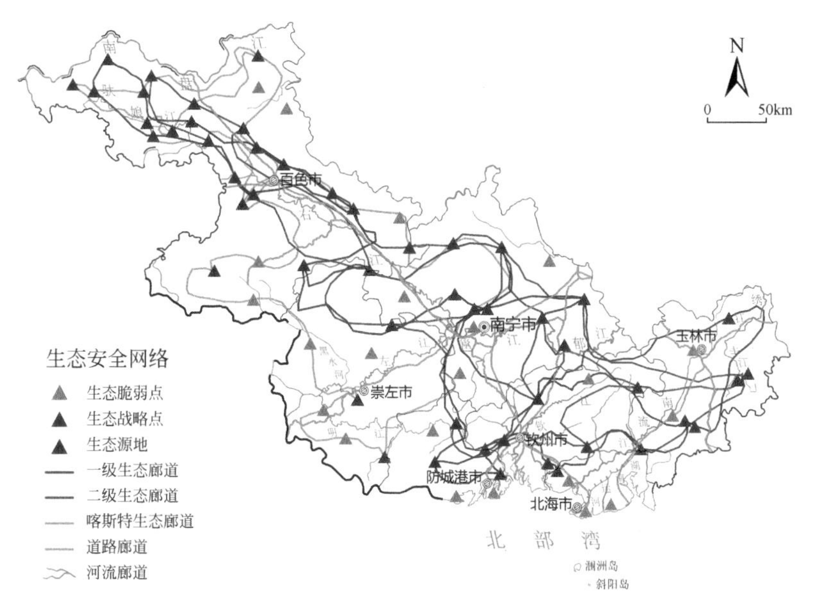

林地面积、草地面积、水域面积、耕地面积、建设用地面积数据来源于1990年、2000年、2010年、2015年、2017年、2020年《广西统计年鉴》；1990年、2000年、2010年、2015年、2017年、2020年高程、坡度数据来源于地理空间数据云平台；1990年、2000年、2010年、2015年、2017年、2020年生态系统服务价值、土壤类型、土壤侵蚀强度、NDVI数据来源于中国科学院资源环境科学与数据中心；1990年、2000年、2010年、2015年、2017年、2020年水系距离数据来源于全国地理信息资源目录服务系统；图上专题内容为作者根据1990年、2000年、2010年、2015年、2017年、2020年高程、坡度、生态系统服务价值、土壤类型、土壤侵蚀强度、NDVI、水系距离、林地面积、草地面积、水域面积、耕地面积、建设用地面积数据推算出的结果，不代表官方数据。

图 8.17　生态安全网络建立示意图

生态廊道越长，被外界打断的可能性就越大；生态源地面积越小、分布越分散，生态源地的扩散效应就越弱，生态廊道稳定性就越弱。通过提取脊线与一级生态廊道的交点，共识别出 20 个生态战略点，其主要分布在距离较长的生态廊道中央及生态源地附近，生态源地和生态战略点共同组成生态绿心，在其分布密集的地区，可以通过修建生态驿站等措施改善局地生态环境，以增加生态源地和廊道的生态效益。

最终提取生态保育区及生态防护区（共 6 类）作为生态空间规划基质，叠加生态廊道与生态源地，提出“两带三屏四区多中心”的优化规划建议（图 8.18）。其中，“两带”指将桂西南喀斯特和十万大山串联起来的喀斯特生态防护带，以及以北部湾入海河流为主体的北部湾流域—海湾生态景观带，其中，喀斯特生态防护带为连接该区域喀斯特生态源地的关键纽带，北部湾流域—海湾生态景观带为连接流域与海岸带生态防护的重要线索，两带利好于全区生态文明建设；“三屏”指桂西南喀斯特森林生态屏障、十万大山生态屏障和西江流域高质量发展生态屏障，“两带”“三屏”共筑南疆绿色长城；“四区”指红树林生态修复保护区、西江水源涵养生态区、石漠化防治保育生态区及入海河流生态保护区。红树林生态修复保护区主要包括英罗港、铁山港、廉州湾、大风江、茅尾海、东西湾、珍珠湾等。要调节好西江水源涵养生态区的水源涵养功能，做好水土保持综合管理；在石漠化防治保育区实施区域植被恢复治理措施，控制人为活动；入海河流生态保护区以多条入海河流为主体，要防治陆源污染物入海、保护生物多样性；“多中心”指生态源地和生态战略点共同组成的多个生态绿心。

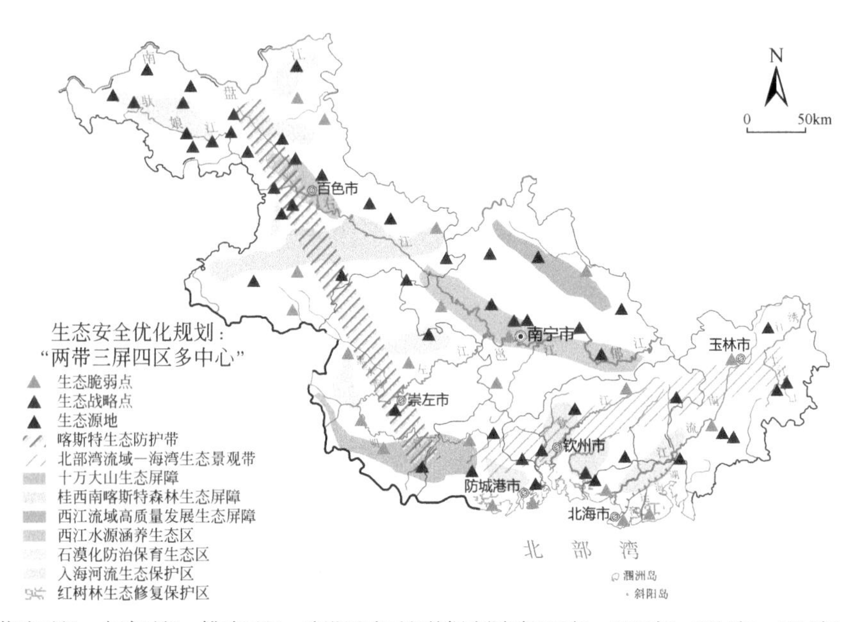

林地面积、草地面积、水域面积、耕地面积、建设用地面积数据来源于1990年、2000年、2010年、2015年、2017年、2020年《广西统计年鉴》；1990年、2000年、2010年、2015年、2017年、2020年高程、坡度数据来源于地理空间数据云平台；1990年、2000年、2010年、2015年、2017年、2020年生态系统服务价值、土壤类型、土壤侵蚀强度、NDVI数据来源于中国科学院资源环境科学与数据中心；1990年、2000年、2010年、2015年、2017年、2020年水系距离数据来源于全国地理信息资源目录服务系统；图上专题内容为作者根据1990年、2000年、2010年、2015年、2017年、2020年高程、坡度、生态系统服务价值、土壤类型、土壤侵蚀强度、NDVI、水系距离、林地面积、草地面积、水域面积、耕地面积、建设用地面积数据推算出的结果，不代表官方数据。

图 8.18 生态安全优化规划图

8.8 结　　语

本章揭示了基于土地利用变化的山江海地域系统生态承载力过去 30 年和未来 20 年的演变情况，耦合多源数据并运用多种机器学习算法对土地利用进行分类，对分类结果进行对比分析，确保了分类的精准性。本章分析了 1990～2020 年土地利用时空演变，探究了 1990～2020 年生态承载力的时空演变趋势，探测其驱动机制，验证 PLUS 模型模拟精度，并通过 Kappa 系数和 FOM 系数进行检验，构建并预测该区域 2030 年和 2040 年生态承载力格局，以此为基础，提取生态源地，构建最小累积阻力面，进行生态安全分区，构建生态安全网络，最后提出生态安全优化规划建议，为该区域的生态高质量发展提供理论参考和技术支持。基于上述情况，本章得出以下结论。

（1）随机森林算法在总体精度对比和不同土地利用类型的精度对比中优势明显，精度最高，并能够结合多源数据很好地提升分类精度。耦合多源数据和最优算法最终可以提高土地利用类型的分类精度。1990～2020 年耕地面积逐渐增多，动态度为正值且呈上升趋势，耕地集中分布在南宁市和崇左市，主要由林地转入；林地和草地面积逐渐减少，动态度为负值且呈下降趋势，转出地形主要是距离水源较近的丘陵平坦地带；水域面积变化较小，动态度先升高后降低；建设用地面积逐渐增加，动态度为正值，主要侵占耕地和林地。

（2）1990～2020 年四期研究区单位面积生态承载力平均值为 4.53，整体属于中高承载力等级，呈现出以 2000 年为拐点，先上升后下降的趋势。耕地和建设用地生态承载力呈上升趋势，多由林地转入，林地生态承载力呈下降趋势，转入量和转出量基本由草地提供，草地生态承载力先上升后下降，水域生态承载力基本平稳并有小幅下降，1990～2020 年 3 个时间段均是以生态承载力不变类型为主，生态承载力面积整体增加小于减小，呈下降趋势。南宁市、钦州市和崇左市受损最严重。

（3）结合三种探测器分析，驱动因子对生态承载力空间分布的影响不是相互独立的，任何因子的改变都可能影响生态承载力空间分布的变化，坡度和气温为最主要的驱动因子。2030 年和 2040 年单位面积生态承载力在 1.299～8.832，两年均是中高承载力等级。2020～2040 年低承载力和中低承载力面积减少，中承载力、中高承载力和高承载力面积增加。各地类生态承载力预测变化趋势结果为，耕地、建设用地和水域的生态承载力呈上升趋势，林地和草地呈下降趋势。

（4）对研究区共识别出 17 个生态源地斑块，占研究区总面积的 52.61%，生态源地面积占整体面积一半，分布较为集中。对研究区共识别出一级生态廊道共 16 条，二级生态廊道共 17 条，喀斯特生态廊道共 11 条，补充其他重要廊道，提取生态战略点，生成点—线—面一体化生态安全网络。以生态保育区及生态防控区作为生态空间规划基质，叠加重要廊道与生态绿心，提出“两带三屏四区多中心”的生态优化规划建议。

参考文献

邓伟，张少尧，张昊，等，2020. 人文自然耦合视角下过渡性地理空间概念、内涵与属性和研究框架. 地理研究，39（4）：761-771.

杜元伟，周雯，秦曼，等，2018. 基于网络分析法的海洋生态承载力评价及贡献因素研究. 海洋环境科学，37（6）：899-906.

李博，史钊源，田闯，等，2019. 中国人海经济系统环境适应性演化及预警. 地理科学，39（4）：533-540.

莫崇勋，赵梳坍，阮俞理，等，2020. 基于生态足迹的广西壮族自治区水资源生态特征时空变化规律及其驱动因素分析. 水土保持通报，40（6）：297-302，311.

宋乃平，卞莹莹，王磊，等，2020. 农牧交错带农牧复合系统的可持续机制. 生态学报，40（21）：7931-7940.

吴毅，2019. 基于改进旅游生态足迹模型研究生态旅游可持续发展能值评价. 重庆理工大学学报（自然科学），33（10）：212-218.

徐静，王泽宇，2019. 中国陆海统筹绩效时空分异及影响因素——基于脆弱性视角的分析. 地域研究与开发，38（2）：25-30.

杨皓然，吴群，2021. 不同政策方案下的南京市土地利用碳排放动态模拟. 地域研究与开发，40（3）：121-126.

杨露，颉耀文，宗乐丽，等，2020. 基于多目标遗传算法和 FLUS 模型的西北农牧交错带土地利用优化配置. 地球信息科学学报，22（3）：568-579.

张翠娟，2020. 基于生态足迹模型的河南省农业生态承载力动态评价. 中国农业资源与区划，41（2）：246-251.

张文彬，胡健，马艺鸣，2020. 支撑力和压力脱钩视角下中国生态承载力评价. 经济地理，40（2）：181-188.

张泽，胡宝清，丘海红，等，2021. 基于山江海视角与 SRP 模型的桂西南-北部湾生态环境脆弱性评价. 地球与环境，49（3）：297-306.

赵松乔，1953. 察北、察盟及锡盟——一个农牧过渡地区的经济地理调查. 地理学报，（1）：43-60.

Zhang Z，Hu B Q，Jiang W G，et al.，2021. Identification and scenario prediction of degree of wetland damage in Guangxi based on the CA-Markov model. Ecological Indicators，127：107764.

第 9 章　山江海地域系统资源环境承载力和国土优化研究

9.1　引　　言

9.1.1　国内外研究综述

资源环境承载力是一个研究资源环境最大负荷的基本科学命题，其最早出现在 1906 年美国的农业统计年鉴中。此后，联合国粮食及农业组织先后提出了一系列关于资源环境承载力的研究和量化方法（Hardin，1986；Arrow et al.，1995），20 世纪末，资源紧缺和环境恶化等问题的出现，使得该研究受到了关注，资源环境承载力研究在全球环境变化、生态系统服务、综合区划及可持续发展等领域受到了越来越多的重视（Imhoff　et al.，2004）。目前资源环境承载力研究集中在几个方面，在资源环境承载力的概念上，先后提出了基于可持续发展视角、地理学综合视角（Liu and Zhu，2017）的研究方法，丰富了资源环境承载力的内涵；在资源环境承载力理论框架构建上，主要是从资源要素和环境要素两个方面去构建资源环境承载力评价指标体系（Chen et al.，2019），从资源环境结构和功能出发建立适宜性评价体系（Yang and Yang，2017）；在资源环境承载力研究内容及方法上，集中选择不同尺度行政单元、山区平原和沿海地区作为研究区（Duan et al.，2018），以应用计量模型分析探究其时空变化规律为主（Yu and Sun，2015），在国土资源规划、生态海洋环境等领域探究资源紧缺、环境退化等问题（Gou et al.，2018；Feng et al.，2014）。总体而言，学者们对资源环境承载力已经做了非常丰富的研究，可为本章研究提供参考，但仍然没有解决“资源开发利用”和“环境保护”这两种功能的冲突和矛盾，资源承载力、环境承载力各有一套自己的理论基础，其相互独立导致资源环境承载力研究缺乏统一的科学基础，资源环境承载力综合评价研究亟待加强。

基于压力-状态-响应等衍生出的相关理论，对指标选取后计算各指标权重并对其加权得到综合指数，这是近几年来应用最广泛的典型方法，但这种评价结果会忽略单要素的本身意义，同时针对性的政策指导意义不强（Niu et al.，2019）。也有学者利用生态足迹法进行研究，其方法主要根据土地利用情况计算热能产量，忽略了不同国家和地区的环境差异性和自然资源储量的差异，而且象征性的指标比较多，可持续发展指导意义不足。还有一些学者采用神经网络模型、系统动力模型进行模拟评价，这些都未能解决资源环境承载力平衡状态不清的问题（Wang et al.，2014）。因此，需要从物理意义出发，创建资源环境承载力指数测算模型，资源环境承载力的定量分析评价是资源环境承载力研究从分类到综合研究的关键技术环节。

科学合理地充分发挥各地区的特色优势，建立喀斯特新国土开发区、流域新联动示范区、北部湾新海洋经济区，打通三者之间的传统边界，改变发展不均衡的现状，缩小发展差距，形成山江协作、江海联动、山江海综合发展的模式，实现山江海地域系统社会-生态系统资源环境高质量可持续发展。对资源环境承载力进行系统研究对资源环境保护以及对其进行科学合理的规划利用具有重要的意义。

9.1.2　研究目的与内容

基于此，以桂西南喀斯特—北部湾地区为典型研究区，以县为研究单元，以资源环境单要素为评价基础，结合人居环境适宜性和社会经济发展性，提出“人居环境适宜性分区—资源环境限制性分网—社会经济发展性分等”的理论框架，创建资源环境承载力三维平衡模型，对该区域进行资源环境承载力的综合评价分析，揭示山江海地域系统不同区域的警示性分级，为资源环境承载力监测预警提供技术支持，为该区域的生态文明建设和可持续发展提供科学的依据。本章主要对桂西南喀斯特—北部湾地区进行资源环境承载力综合评价与预测，具体流程如图 9.1 所示。

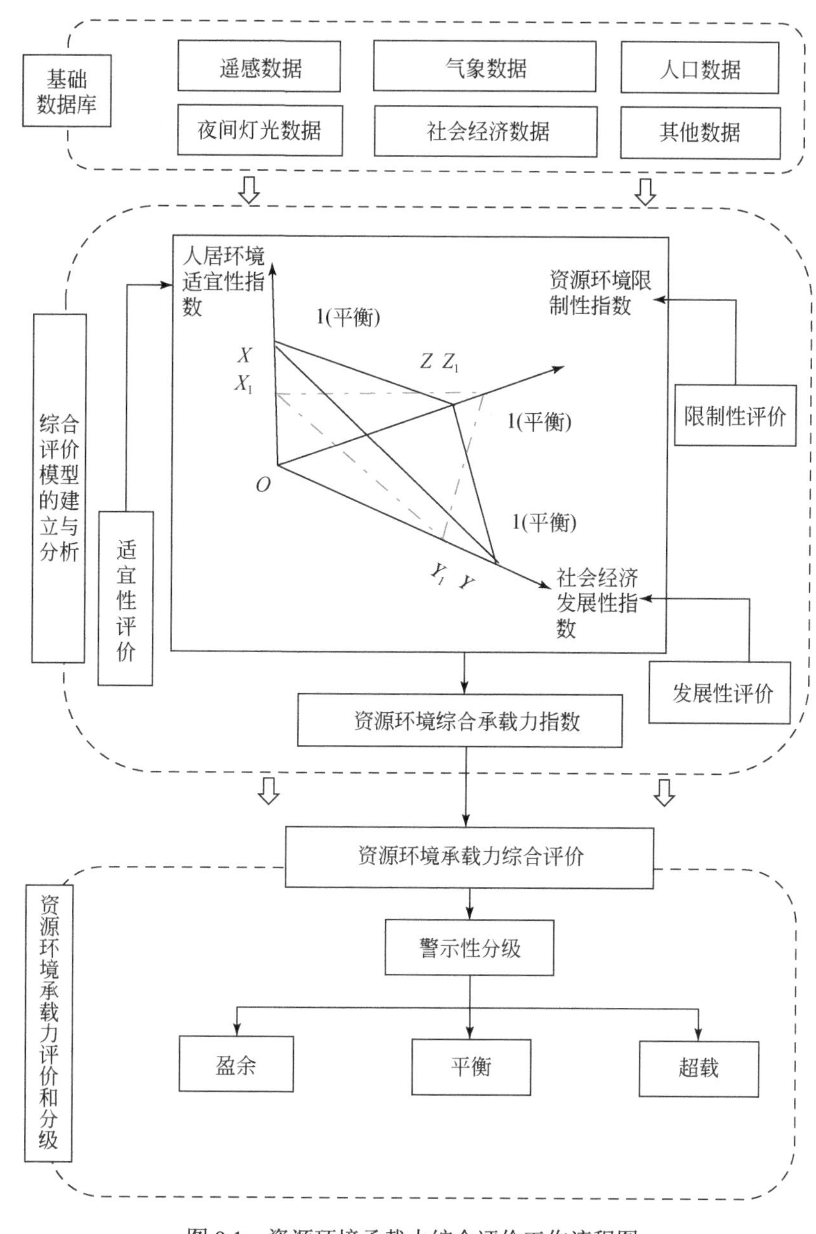

图 9.1　资源环境承载力综合评价工作流程图

9.2　材料与方法

9.2.1　理论框架构建

资源环境承载力是评判人地发展关系的重要依据，是人与自然和谐相处的重要议题，人是人地系统的主体和核心，资源、环境是人地系统的物质基础（吴传钧，1991）。研究资源环境承载力的目的是平衡人类生存、社会经济发展、资源环境保护三者的关系。

本章基本思路是以人居环境适宜性为前提，以资源环境保护为基础，以社会经济发展为抓手，并以资源环境承载力警示性分级为依据进行调控，最终实现资源环境承载力系统集成和综合评价发展。具体思路如图 9.2 所示。

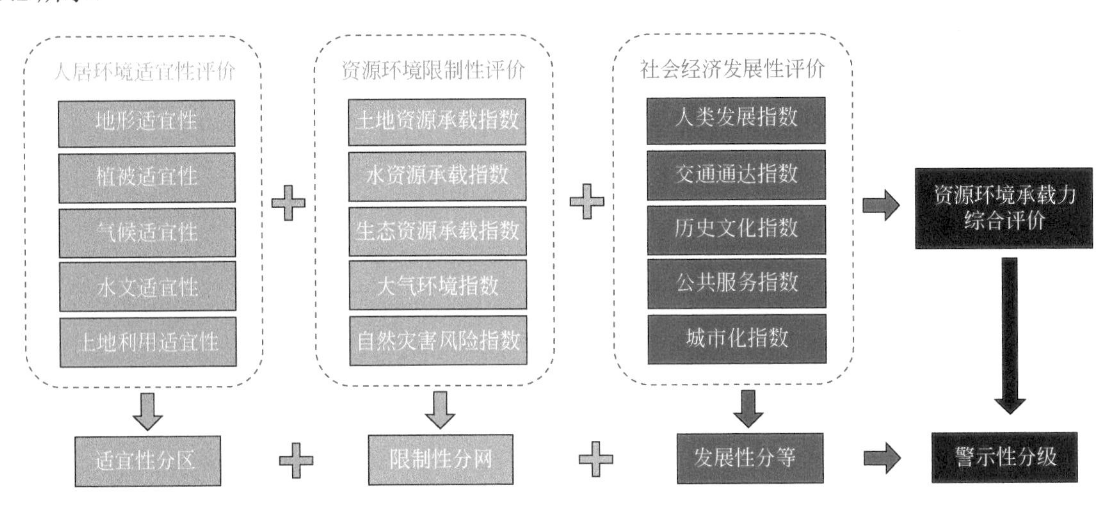

图 9.2　资源环境承载力研究思路示意图

9.2.2　数据源及预处理

本章的植被覆盖度等遥感数据来源于 USGS 官网（https://www.usgs.gov/），气象数据（气温、降水等）来源于中国气象数据网、自然灾害数据主要是洪涝、干旱和台风数据，自然灾害危险性数据从广西壮族自治区气象局获取，大气环境数据来源于广西壮族自治区环境监测中心站。社会统计数据来源于《广西统计年鉴》《中国县域统计年鉴》《中国农村统计年鉴》以及各县的统计年鉴和国民经济社会发展统计公报等，POI 数据来源于资源环境科学与数据中心（https://www.resdc.cn/），夜间灯光数据来源于美国国家海洋和大气管理网站（http://www.noaa.gov/web.html），各数据为 2000 年、2010 年和 2019 年的数据，利用 ENVI 遥感图像处理软件对数据进行预处理，利用 ArcGIS 对数据进行插值、空间分析并统一数据的坐标和空间分辨率。

9.2.3　研究方法

1. 原始数据均值归一化处理——无量纲化模型

由于各个指标的性质不同，单位和量纲也不一致，无法直接使用和对比，所以必须进行指标标准化处理。应用该方法可以快速、高效地对数据进行标准化处理，原理简单，可操作性强。公式如下：

（正向指标）
$$X_i' = \frac{X_{\max} - X_{\min}}{X_{\max} - X_{\min}} \tag{9.1}$$

（负向指标）
$$X_i' = \frac{X_{\max} - X_i}{X_{\max} - X_{\min}} \tag{9.2}$$

式中，X_i' 为指标 i 的标准化值；X_i 为指标 i 的初始值；$X_{\min}$ 为指标 i 的最小值；$X_{\max}$ 为指标 i 的最大值。

2. 人居环境适宜性指数

人居环境适宜性指数（HEI）模型能够较好地反映人类居住环境质量与区域局限性特征。本节考虑研究区脆弱的自然条件，在单因子自然适宜程度评价的基础上，建立了山江海地域系统人居环境适宜性评价模型。该模型由地形起伏度指数、植被指数、水文指数、温湿指数以及土地利用适宜性指数构成。HEI 计算公式如下：

$$HEI=a\mathrm{RDLS}+b\mathrm{NDVI}+c\mathrm{HI}+d\mathrm{HTI}+e\mathrm{LUSI} \tag{9.3}$$

式中，RDLS 为地形起伏度指数；NDVI 为归一化植被指数；HI 为水文指数；HTI 为温湿指数；LUST 为土地利用适宜性指数；a、b、c、d、e 为相对应的权重。具体指数计算方法如图 9.3 所示。

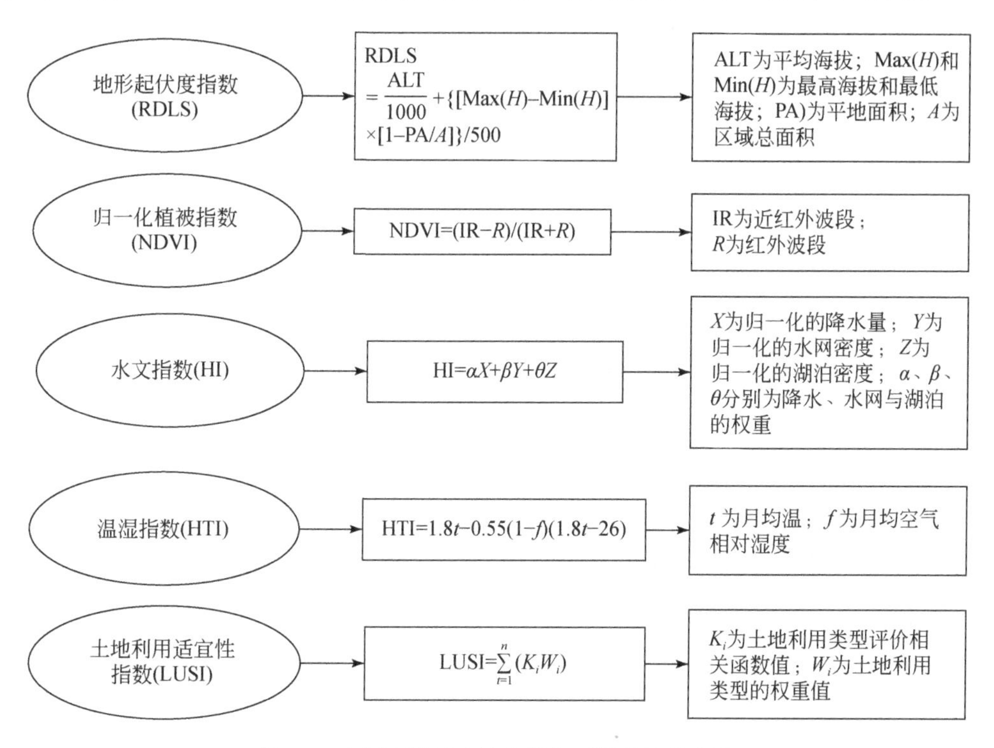

图 9.3　人居环境适宜性指数各项指数计算方法

在计算权重时，客观赋值法客观性较强，研究区地形复杂，利用客观赋权法可能出现不合理性。应用主观赋值法可以依据研究区的实际情况进行权重赋值，可以全面地、准确地、有层次地分析问题。所以采用 AHP 来计算各个指标的权重，分析要素层各指标关系，对各指标两两进行比较，并且建立判断矩阵，在每个指标层中确定要素内部指标间的相对权重，最后对判断矩阵一致性比例（CR）进行检验，经检验，判断矩阵一致性比例 CR，若 CR＜0.1，则说明判断矩阵具有满意的一致性，表明指标权重合理。

3. 资源环境限制性指数

资源环境限制性通过资源环境限制性指数（REI）表征，指数越高，限制性越大。基于前人的研究和研究区的实际情况，建立山江海地域系统的资源环境承载力限制性指数模型，该模型由土地资源承载指数、水资源承载指数、生态资源承载指数、大气环境指数、自然灾害风险指数构成。REI 计算公式如下：

$$REI=f\mathrm{LCI}+g\mathrm{WCI}+h\mathrm{ECI}+i\mathrm{AEI}+j\mathrm{NDRI} \tag{9.4}$$

式中，LCI 为土地资源承载指数；WCI 为水资源承载指数；ECI 为生态资源承载指数；AEI 为大气环境指数；NDRI 为自然灾害风险指数；f、g、h、i、j 为相对应的权重。具体指数计算方法如图 9.4 所示。

4. 社会经济发展性指数

区域社会经济的发展影响着人类的生存，也会限制对资源环境的保护，社会经济发展指数（SDI）模型由人类发展指数、交通通达指数、历史文化指数、公共服务指数、城市化指数构成。SDI 计算公式如下：

$$SDI=k\mathrm{HDI}+l\mathrm{TAI}+m\mathrm{HCI}+n\mathrm{PSI}+o\mathrm{UI} \tag{9.5}$$

式中，HDI 为人类发展指数；TAI 为交通通达指数；HCI 为历史文化指数；PSI 为公共服务指数；UI 为城市化指数；k、l、m、n、o 为相对应的权重。具体指数计算方法如图 9.5 所示。

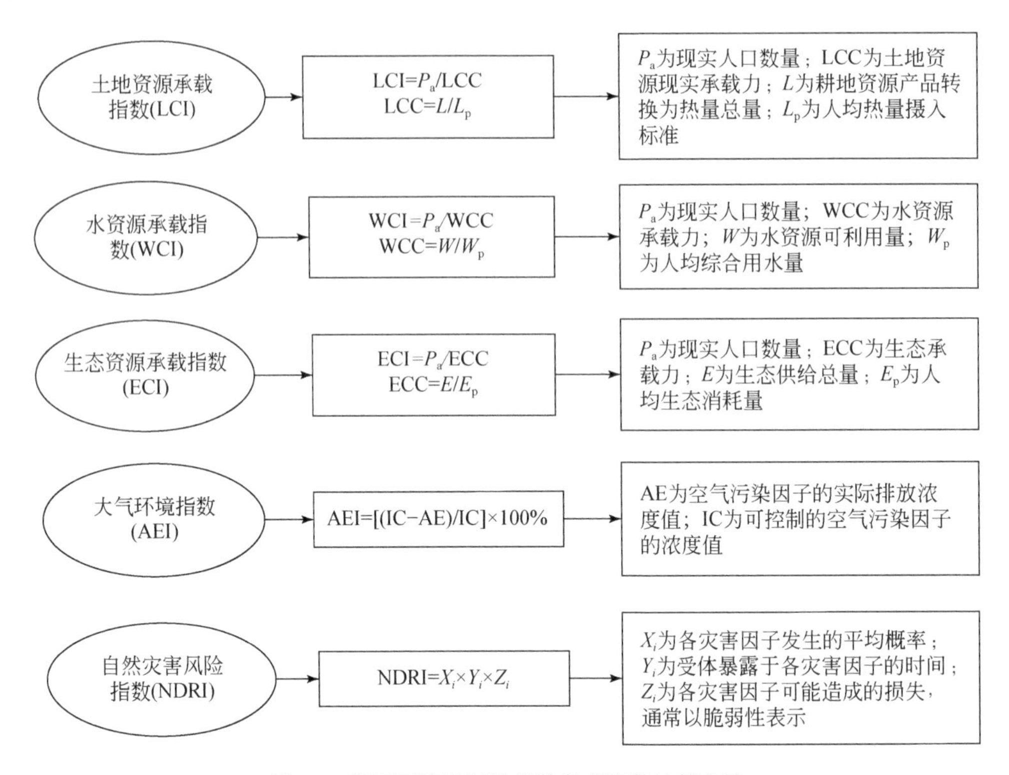

图 9.4　资源环境限制性指数各项指数计算方法

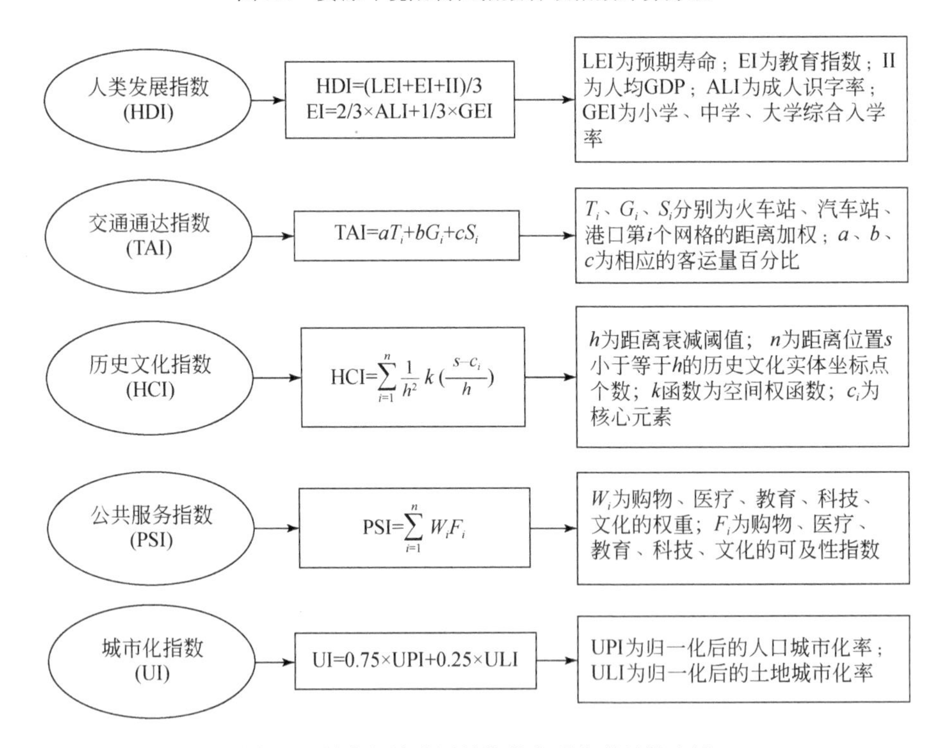

图 9.5　社会经济发展性指数各项指数计算方法

5. 资源环境综合承载力指数

遵循适宜性分区—限制性分网—发展性分等的理论框架和研究思路，建立三维平衡模型来计算资源环境综合承载力指数（CRECI），以定量评估资源环境承载力状态，三维平衡模型遵循理论框架，从 3 个维度考虑资源环境承载力发展平衡问题。如图 9.6 所示，具体公式如下：

$$\text{CRECI}=V_1/V_0 \tag{9.6}$$

$$V_1=\frac{1}{6}(OX_1\times OY_1\times OZ_1) \tag{9.7}$$

$$V_0=\frac{1}{6}(OX\times OY\times OZ) \tag{9.8}$$

式中，CRECI 为资源环境综合承载力指数；V_1 为四面体 $OX_1Z_1Y_1$ 的体积；V_0 为四面体 $OXZY$ 的体积；OX_1、OY_1 和 OZ_1 分别为 HEI、SDI 和 REI 的实际值；OX、OY 和 OZ 则分别为 HEI、SDI 和 REI 的标准平衡值，均为 1。当 CRECI=1 时，代表区域资源环境承载力的理论平衡状态。

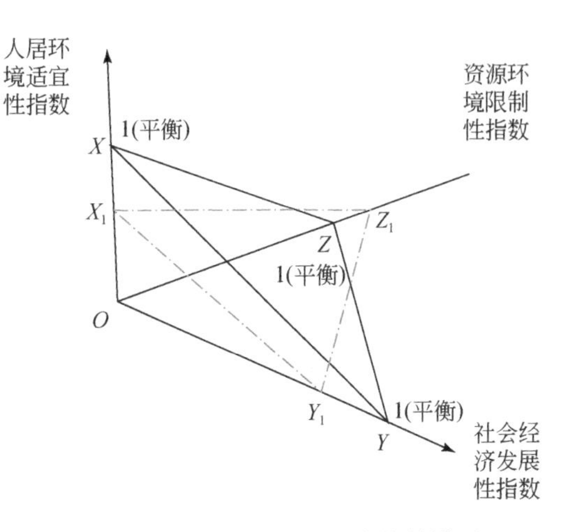

图 9.6　资源环境综合承载力指数模型

6. 资源环境承载力各项指标取值范围

为了更为直观地展现山江海地域系统的资源环境承载力的空间分异情况，本节结合研究区的实际情况，借鉴前人的分级标准，参考几何间隔法，确定资源环境承载力各项指标的取值范围，共分为 3 个等级，具体如表 9.1 和表 9.2 所示。

表 9.1　资源环境承载力各项指标取值范围

适应性分区	不适宜	临界适宜	适宜
取值范围	<0.38	0.39～0.65	0.66～1
限制性分网	低	中	高
取值范围	<0.47	0.48～0.71	0.72～1
发展性分等	低	中	高
取值范围	<0.43	0.44～0.69	0.70～1

表 9.2　资源环境承载力警示性分级标准

人居环境适宜警示性等级	盈余	平衡	超载
取值范围	<0.38	0.39～0.67	0.68～1
资源环境限制警示性等级	盈余	平衡	超载
取值范围	0.74～1	0.45～0.73	<0.44
社会经济发展警示性等级	盈余	平衡	超载
取值范围	<0.41	0.42～0.69	0.70～1
资源环境综合承载力警示性等级	盈余	平衡	超载
取值范围	0.66～1	0.39～0.65	<0.39

9.3　人居环境适宜性评价

9.3.1　人居环境适宜性时空分异特征

应用 ArcGIS 制作如图 9.7 所示的人居环境适宜性指数时空分布图，2000 年、2010 年和 2019 年的人居环境适宜性指数的平均值分别为 0.43、0.46 和 0.41，整体处于临界适宜状态。人居环境适宜性指数喀斯特地区较低，北部湾核心城市群较高，呈现出由西北地区向东南地区逐渐增大的趋势。喀斯特山区的那坡县、凌云县、靖西市、天等县等地区的人类生活受地形起伏度的影响。这主要是因为喀斯特山区地形起伏度较大，人类生产生活受到了极大的限制，如那坡县、凌云县。2010 年以前中国还没有实行精准扶贫政策，很多地区处于缺水的状态，温度较高，湿度较小，2010 年以后部分市（县）有很大的改善，如靖西市、天等县。中部和东南地区地势平坦，地貌以平原和丘陵为主，地形起伏度小，水资源丰富，温湿指数适宜，尤其是中部地区，如南宁市辖区。东南部的北部湾沿海地区土地利用适宜性较强，自然条件优越。

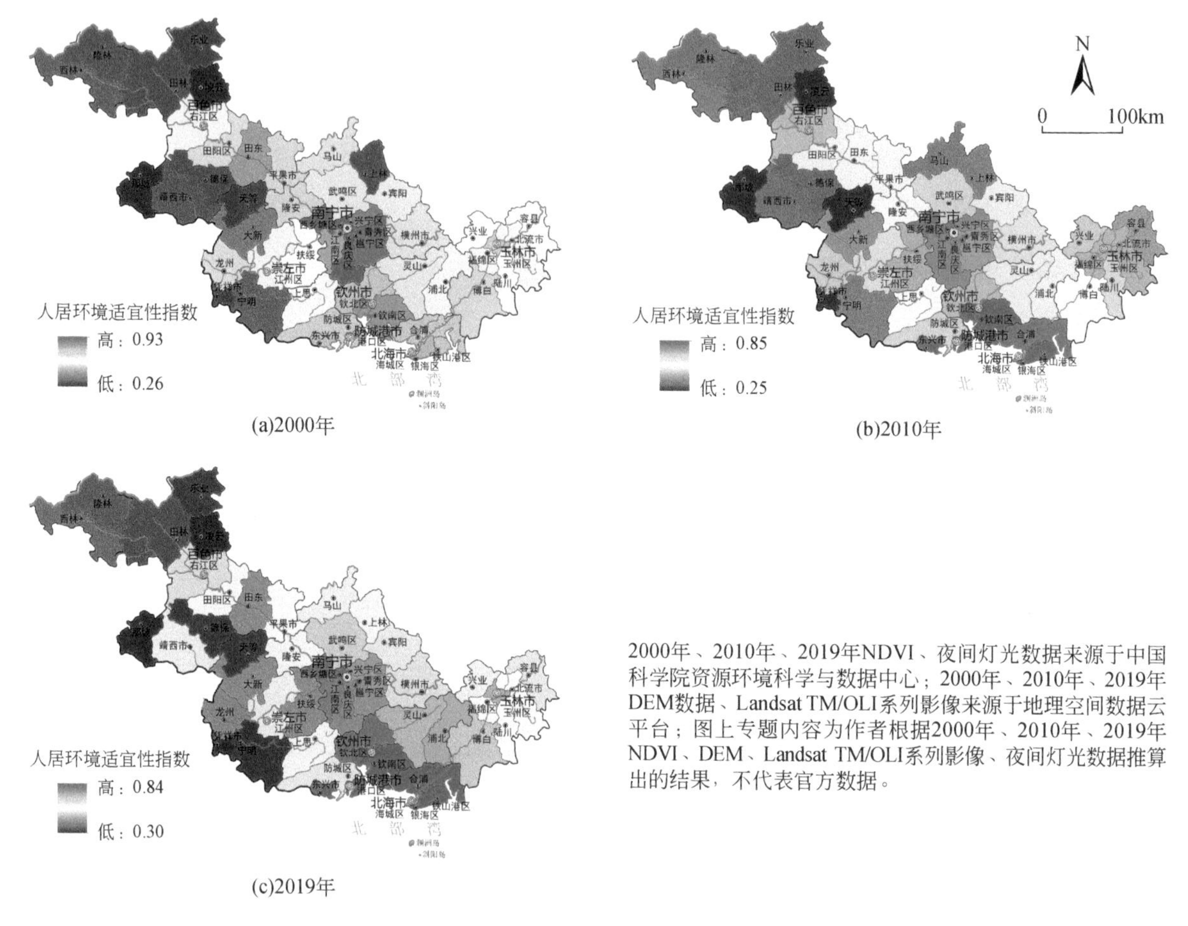

图 9.7　人居环境适宜性指数时空分布图

9.3.2　人居环境适宜性分析

为了进一步探究不同人居环境适宜性分区和单因子之间的关系，结合三年的各项指标因子，以人居环境适宜性指数为横坐标，以单因子指数为纵坐标，绘制曲线分布图，如图 9.8 所示。结果表明，RDLS 和 NDVI 只是小幅下降，变化不明显，NDVI 最小值和最大值相差 0.23，其他因子随人居环境适宜性指数的增大而增大，HI、HTI 和 LUSI 增长明显，最小值和最大值分别相差 0.72、0.56 和 0.53，同时在人居环境适宜性指数约为 0.65 时，有 4 个因子指数出现交集，这也正是临界适宜和适宜的交点。可以说明，在地形起伏度较小、水资源丰富、温湿指数适宜、土地利用适宜性较好的地区人居环境适宜性较高。

9.3.3　人居环境适宜警示性分级

基于人居环境适宜性指数和警示性分级标准，得到如图 9.9 所示的人居环境适宜警示性等级分布图，处于平衡状态的县域最多，主要分布在中部和东南部。处于超载状态的县域个数在减少，从 2000 年的 13 个县下降到 2019 年的 10 个县，这与广西的部分生态工程取得的成效有一定的关系，超载地区主要分布在喀斯特地区，该区域山地居多，自然条件较差，水资源、粮食资源缺乏，与其他县城联通能力较差。这些现状对实现 SDG（联合国可持续发展目标）2.4、SDG6.4 和 SDG11 都是阻碍，在水资源管理、粮食安全和城市交通系统方面要有进一步的提升。处于盈余状态的县域个数同样较少，2000 年共有 16 个县处于盈余状态，2019 年有 13 个县处于盈余状态，这些县是该区域的核心区，地势平坦，自然条件较好，而且人口集中分布于此，但玉林市、防城港市和钦州市的人居环境适宜性都有不同程度的下降。

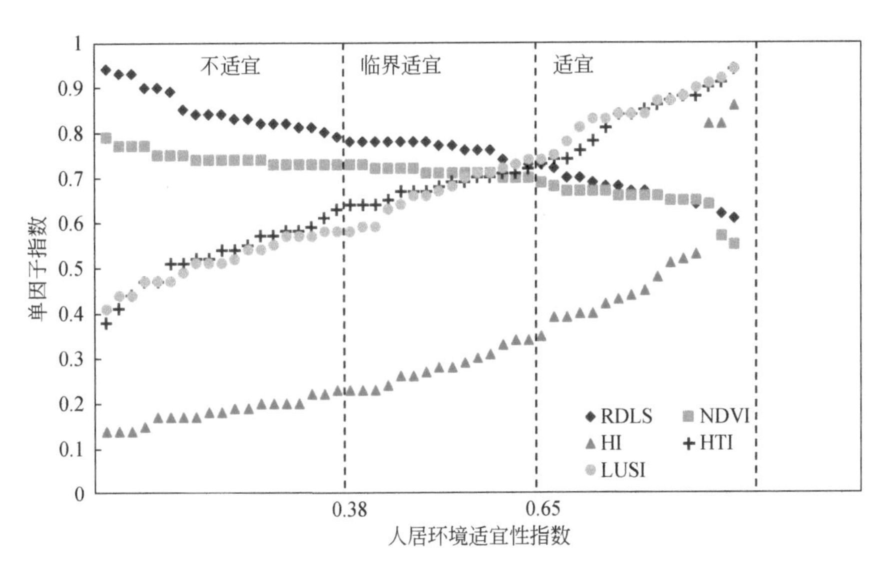

图 9.8　人居环境适宜性指数与单因子指数的关系

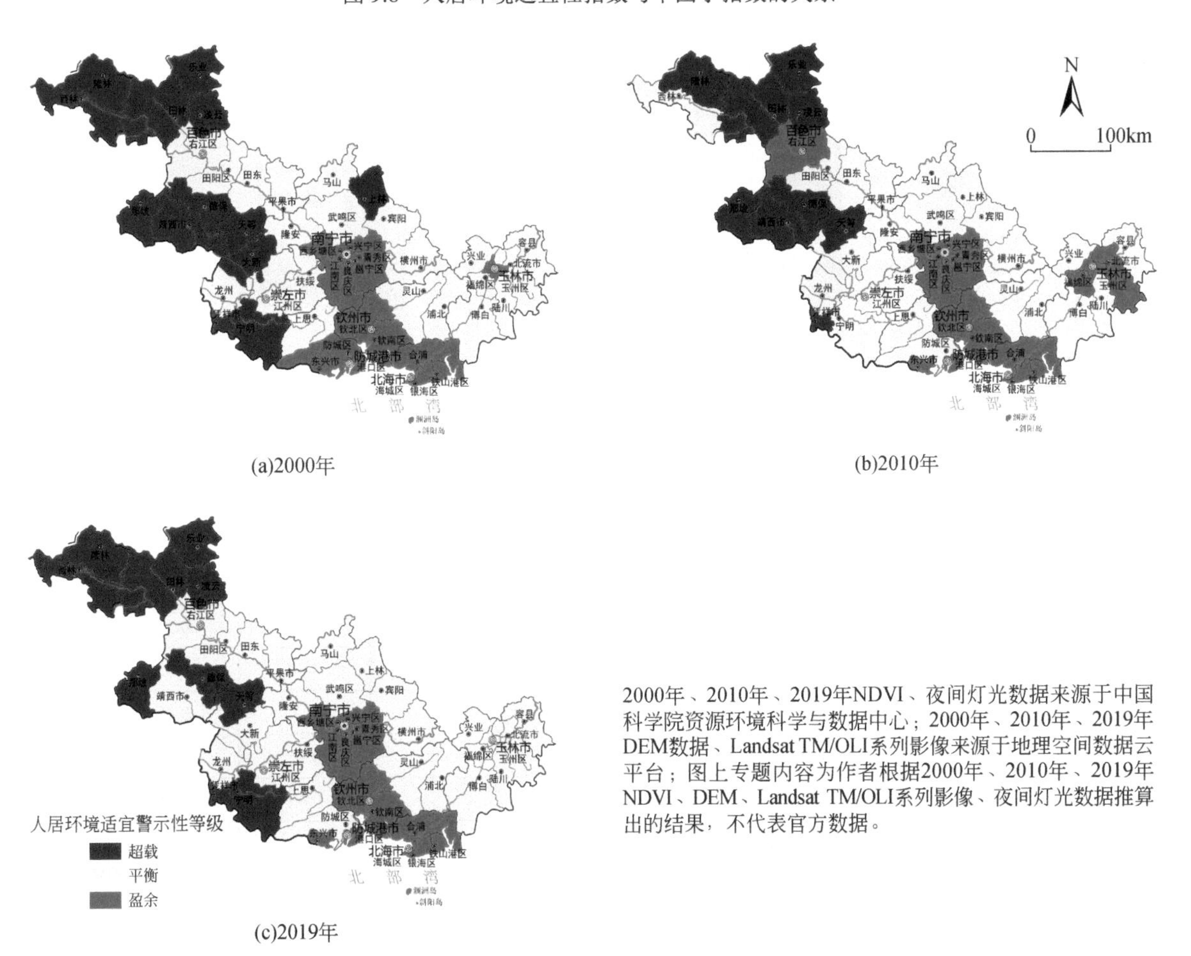

图 9.9　人居环境适宜警示性等级

9.4　资源环境限制性评价

9.4.1　资源环境限制性时空分异特征

应用 ArcGIS 制作资源环境限制性指数的时空分布图，导出数据并整理得到 2000 年、2010 年和 2019 年的资源环境限制性指数统计图（图 9.10）和统计表（表 9.3），由于有些县域面积过小，空间分布不明显，故进一步整理数据表格，以市域作为单个研究单元分析资源环境限制性的时空分布情况。根据图 9.10 可知，2000 年、2010 年和 2019 年的资源环境限制性指数的平均值分别为 0.50、0.56、0.62，整体处于中等级别。资源环境限制性指数喀斯特地区较高，北部湾核心城市群较低，在空间上呈现出由西北地区向东南地区逐渐减小的趋势。根据表 9.3，三年来资源环境限制性指数逐渐增大，如武鸣区 2000 年资源环境限制性指数为 0.44，2010 年为 0.5，但是到了 2019 年升至 0.61；隆安县 2000 年和 2010 年资源环境限制性指数分别为 0.43 和 0.49，数值相差不大，但到 2019 年为 0.6，数值上升明显。究其原因为，喀斯特山区自然资源丰富，受外界限制较小。东南沿海区域人口密集，经济发达，各类资源紧张，自然灾害较多，受外界干扰较大，不利于资源环境保护。环境自然灾害危害性大，洪灾、台风时有发生，不定时地给人类的生产生活造成影响，在一定程度上限制了资源环境承载力。

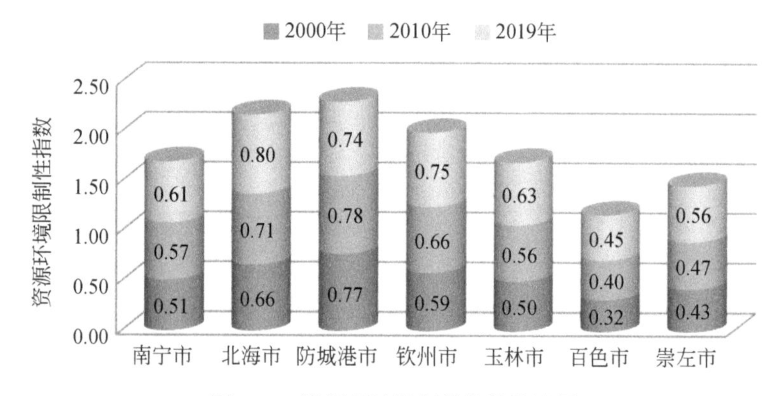

图 9.10　资源环境限制性指数统计图

表 9.3　县域资源环境限制性指数统计表

地区	资源环境限制性指数			地区	资源环境限制性指数		
	2000 年	2010 年	2019 年		2000 年	2010 年	2019 年
兴宁区	0.72	0.78	0.79	容县	0.42	0.48	0.59
青秀区	0.47	0.53	0.74	陆川县	0.45	0.51	0.62
江南区	0.46	0.74	0.85	博白县	0.59	0.65	0.66
西乡塘区	0.71	0.77	0.88	兴业县	0.4	0.46	0.57
良庆区	0.77	0.83	0.84	北流市	0.43	0.49	0.6
邕宁区	0.68	0.74	0.85	右江区	0.49	0.55	0.66
武鸣区	0.44	0.5	0.61	田阳区	0.28	0.44	0.55
隆安县	0.43	0.49	0.6	田东县	0.25	0.31	0.42
马山县	0.31	0.37	0.38	德保县	0.44	0.5	0.61
上林县	0.41	0.47	0.38	那坡县	0.24	0.4	0.51
宾阳县	0.43	0.49	0.6	凌云县	0.27	0.33	0.33
横县	0.65	0.61	0.52	乐业县	0.26	0.32	0.32

续表

地区	资源环境限制性指数			地区	资源环境限制性指数		
	2000年	2010年	2019年		2000年	2010年	2019年
海城区	0.69	0.75	0.86	田林县	0.26	0.32	0.32
银海区	0.85	0.81	0.82	西林县	0.25	0.31	0.31
铁山港区	0.77	0.83	0.84	隆林各族自治县	0.25	0.31	0.31
合浦县	0.61	0.67	0.78	靖西市	0.5	0.56	0.67
港口区	0.8	0.86	0.87	平果市	0.26	0.42	0.53
防城区	0.85	0.81	0.82	江州区	0.48	0.54	0.65
上思县	0.75	0.79	0.68	扶绥县	0.32	0.41	0.52
东兴市	0.51	0.57	0.68	宁明县	0.48	0.54	0.65
钦南区	0.61	0.72	0.83	龙州县	0.44	0.38	0.38
钦北区	0.8	0.86	0.87	大新县	0.42	0.48	0.59
灵山县	0.5	0.56	0.67	天等县	0.41	0.47	0.58
浦北县	0.5	0.56	0.67	凭祥市	0.38	0.35	0.35
玉州区	0.64	0.7	0.71				
福绵区	0.73	0.79	0.8				

9.4.2　资源环境限制性分析

资源环境限制性指数越高，限制性越大，越不利于资源环境的保护和发展。为了进一步探究不同资源环境限制性等级和单因子之间的关系，结合三年的各项指标因子，以资源环境限制性指数为横坐标，以单因子指数为纵坐标，绘制曲线分布图，如图9.11所示。结果表明，LCI、WCI和ECI随着资源环境限制性指数的增大而减小，LCI、WCI下降得非常明显，资源环境限制性对土地资源和水资源的承载力影响较大；AEI和NDRI随着资源环境限制性指数的增大而增大，斜率基本相同，NDRI的最高值达到了0.87，说明自然灾害对资源环境承载力的影响巨大，在LCI、WCI和ECI较高时资源环境限制性指数较小，在AEI和NDRI较高时资源环境限制性指数较大。

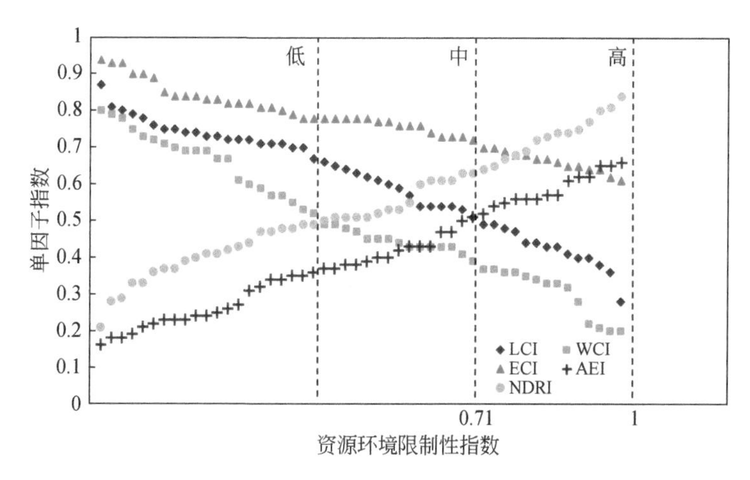

图9.11　资源环境限制性指数与单因子指数的关系

9.4.3　资源环境限制警示性分级

基于资源环境限制性指数和警示性分级标准，得到如图9.12所示的资源环境限制警示性等级分布图，处于平衡状态的县域个数最多，主要分布在西南部和东南部，因为这些区域自然灾害危险性一般，大气环境指数良好，资源利用不过度；处于盈余状态的县域主要分布在喀斯特地区，这些区域生态资源丰富，资源利用适宜，自然灾害危险性较低，但该等级县域个数逐年减少；处于超载状态的县域主要分布在中部和北部湾沿海地区，这些区域人口密度大，集中发展社会经济，大气环境污染指数高，土地资源和生态资源需求大，海岸县域资源开发不合理，沿海区域自然灾害危险性极高，超载的县域个数在逐年增加，对南宁市主城区、北部湾沿海地区应该重点关注，持续对其监测。用这样的发展模式虽然达到了人类高质量发展的目的，但与 SDG2.4、SDG11.6、SDG12.2 是不相符的，洪涝、台风等自然灾害应对能力要提升，空间质量对于人类健康非常重要，并且优越的自然资源要可持续高效利用。

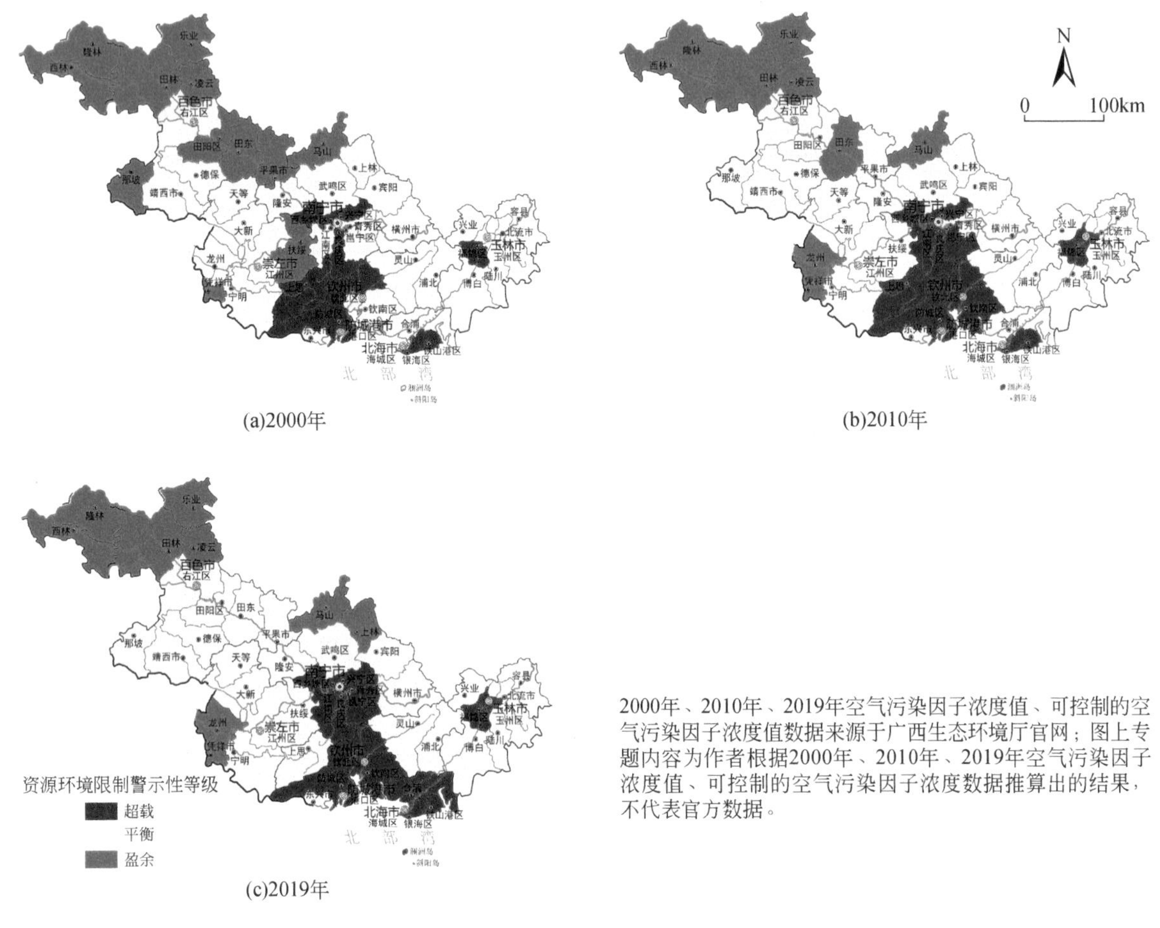

图 9.12 资源环境限制警示性等级

9.5 社会经济发展性评价

9.5.1 社会经济发展性时空分异特征

应用 ArcGIS 制作如图 9.13 所示的社会经济发展性指数的时空分布图，2000 年、2010 年和 2019 年的社会经济发展性指数的平均值分别为 0.45、0.51 和 0.62，整体处于中等级别，有逐渐变好的趋势。社会经济发展性指数喀斯特地区较低，北部湾核心城市群较高，呈现出指数由西北地区向东南沿海地区逐渐增大的趋势，其原因与自然条件和社会经济发展均有一定的关系，西北喀斯特山区由于地形地势的原因，交通通达性较低，公共服务设施不健全，又为“老边少”贫困地区，教育指数、人均 GDP 和成人识字率低导致人类发展指数低，从而使得这些区域的社会经济发展性指数较低，如凌云县、乐业县、那坡县、宁明县等。东南北部湾经济区自然条件优越，社会经济发展水平高，既有省会优势又有北部湾经济圈辅助，交通通达性强，人类发展指数高，公共服务设施健全，海岸带大力发展旅游业，从“老边少”地区入城上学和打工的人口多，同时，玉林市和南宁市正在积极全面融入粤港澳大湾区，可见南宁市、玉林市、钦州市、北海市社会经济发展力正在逐渐提高。

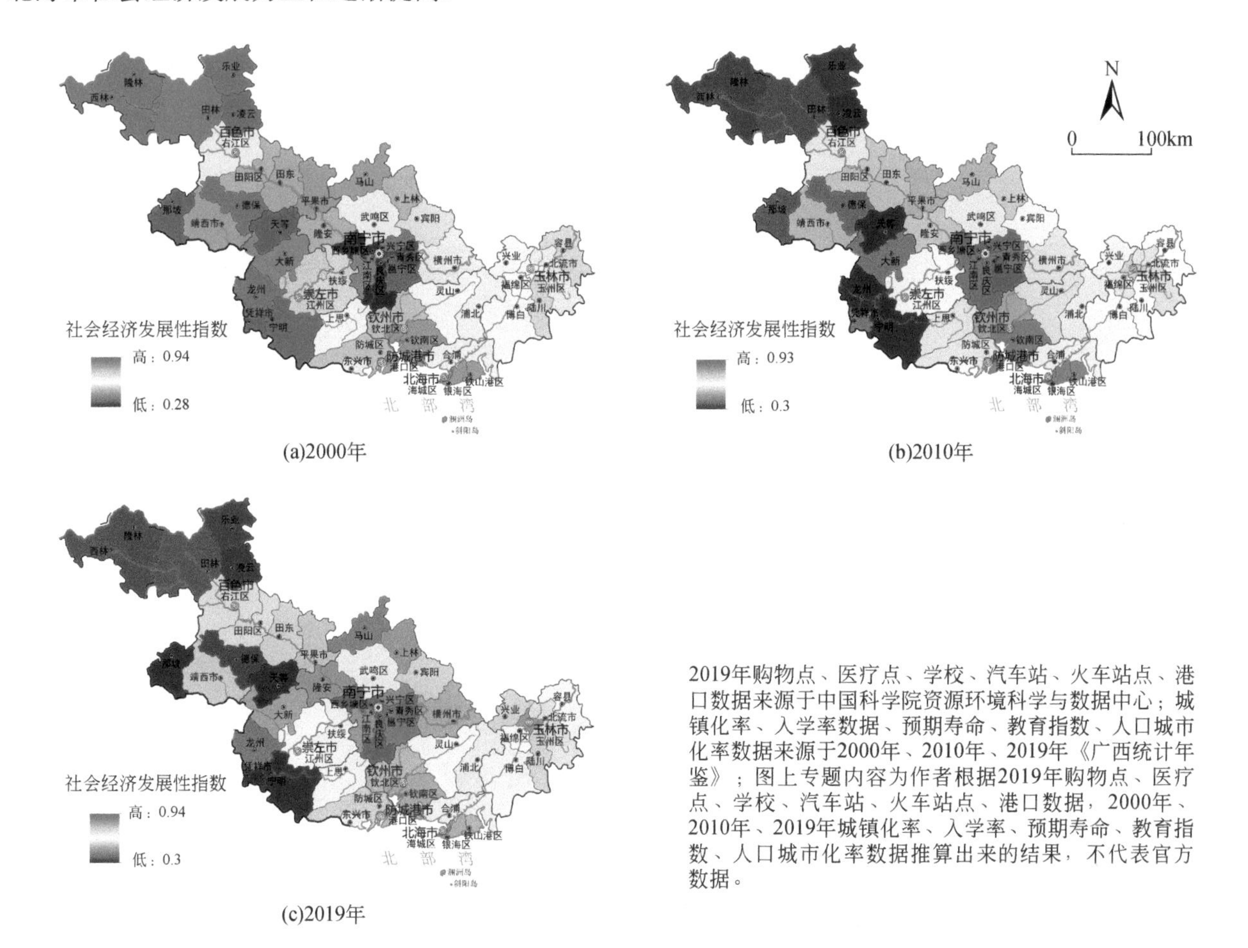

图 9.13　社会经济发展性指数的时空分布图

9.5.2　社会经济发展性分析

为了进一步探究不同社会经济发展性等级和单因子之间的关系，结合三年的各项指标因子，以社会经济限制性指数为横坐标，以单因子指数为纵坐标，绘制曲线分布图，如图 9.14 所示。结果表明，所有因子均随社会经济发展性指数的增大而增大，HCI 变化趋于平缓，最大值和最小值的差值只有 0.18，TAI 增长趋势较大，最大值和最小值的差值是 0.66，HDI、PSI 和 UI 变化趋势相似，斜率基本相同。因此，TAI、HDI、PSI 和 UI 对社会经济发展性指数影响较大，良好的社会经济发展需要各因子的协调发展，当经济、交通、公共服务高度发达后，人类精神文明建设，以及历史文化的传承与保护成了进一步提高社会经济发展所需要解决的现实问题。

9.5.3　社会经济发展警示性分级

基于社会经济发展性指数和警示性分级标准，得到如图 9.15 所示的社会经济发展警示性等级分布图，处于平衡状态的县域个数最多，主要分布在北部和东南部地区。处于盈余状态的县域主要分布在中部和东南沿海地区，县域个数逐渐增加，从 2000 年的 11 个增加到 2019 年的 16 个，这些地区交通通达性较好，公共服务设施完善，南宁市和北海市人均 GDP、入学率相对于山区较高，虽然历史文化底蕴相对于山区较浅，但这并不影响社会经济发展性指数，玉林市距离粤港澳大湾区较近，交通发达，经济联动发展，对于教育比较重视，有多所省重点初高中在玉林市，防城区虽有十万大山，但凭借北部湾经济区的优势，社会经济发展迎头而上，在这些年有明显的发展。处于超载状态的县域分布在喀斯特地区，数量在逐渐变少，从 2000 年的 12 个减少到 2019 年的 10 个，大新县和龙州县社会经济有了明显的发展，因为 HDI 和 TAI 有了明显的提高。在生态资源、空气质量比较好的区域，社会经济发展较为落后，实施 SDG4.1、SDG4.2、SDG4.3 受到了严重的阻碍，这也是 HDI 较低的原因。

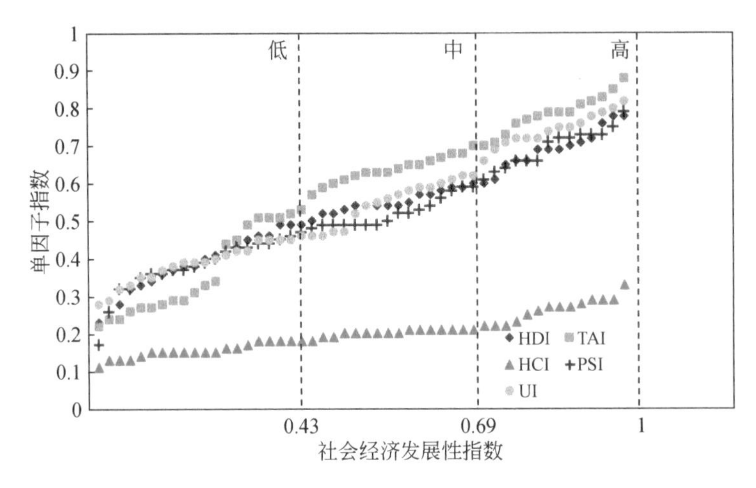

图 9.14　社会经济发展性指数与单因子指数的关系

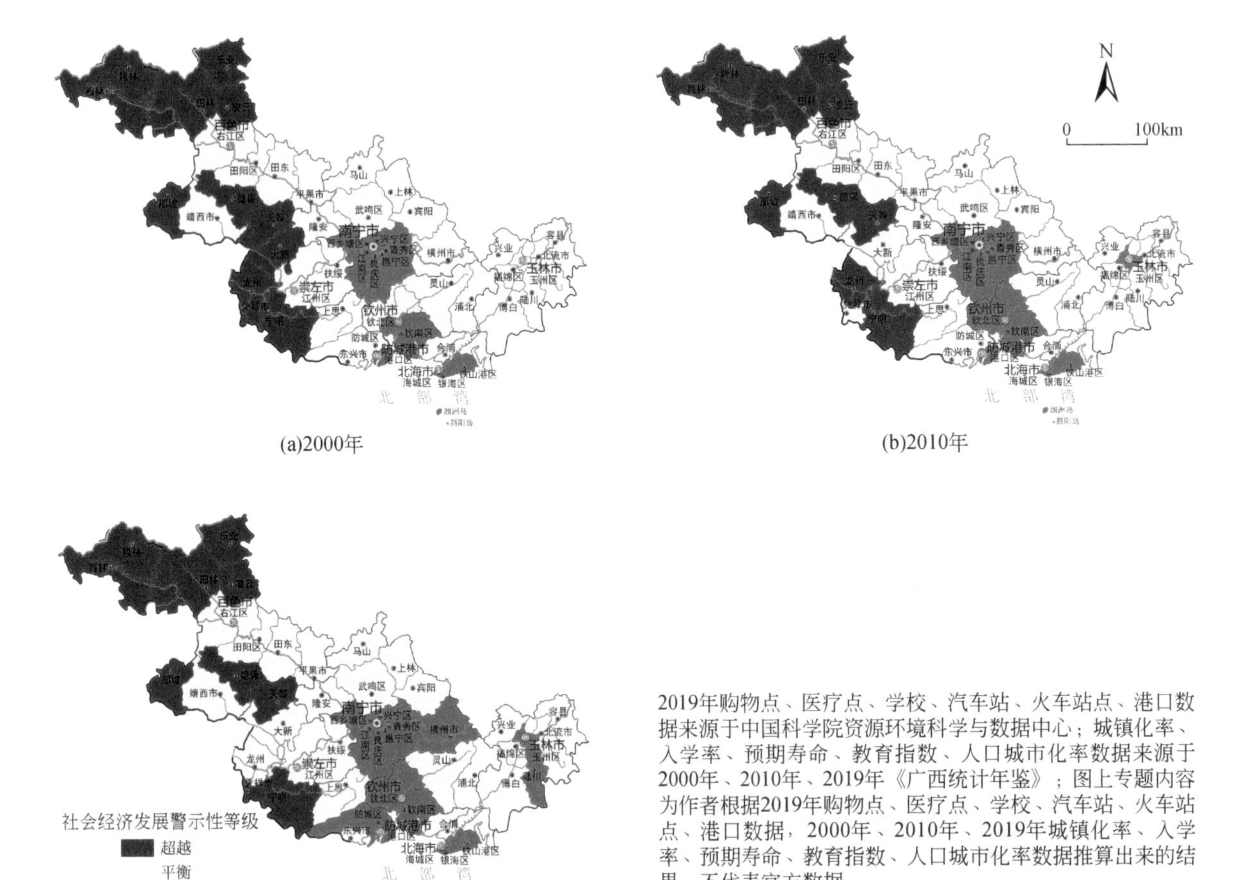

图 9.15　社会经济发展警示性等级

9.6　资源环境承载力综合评价

9.6.1　资源环境承载力时空分异特征

应用 ArcGIS 制作如图 9.16 所示的资源环境综合承载力指数的时空分布图，2000 年、2010 年和 2019 年的资源环境综合承载力指数的平均值分别为 0.64、0.57 和 0.51，整体处于中等级别，有逐渐下降趋势。资源环境综合承载力指数较低的区域分布在喀斯特地区，如天等县、宁明县，2019 年达到最低值，分别为 0.21 和 0.23，喀斯特山区有部分县域资源环境综合承载力逐渐变好，如凌云县、右江区，资源环境综合承载力逐渐变差的县域较多，如西林县、平果市、靖西市等。中部和北部湾城市群资源环境综合承载力指数较高，西乡塘区和良庆区在 2000 年达到最高值 0.84，但在随后的两个时期开始下降，有相似趋势的县域还有武鸣区、铁山港区、防城区等，这些地区基本都是老城区和人口密集区，社会经济的发展对自然资源的需求量过大，生态环境破坏严重，大气环境质量逐渐下降。同时也有部分县域资源环境综合承载力逐渐变好，如陆川县、上林县、横县等，这些县域的人居环境适宜性指数和社会经济发展性指数较高，资源环境限制性指数不高。

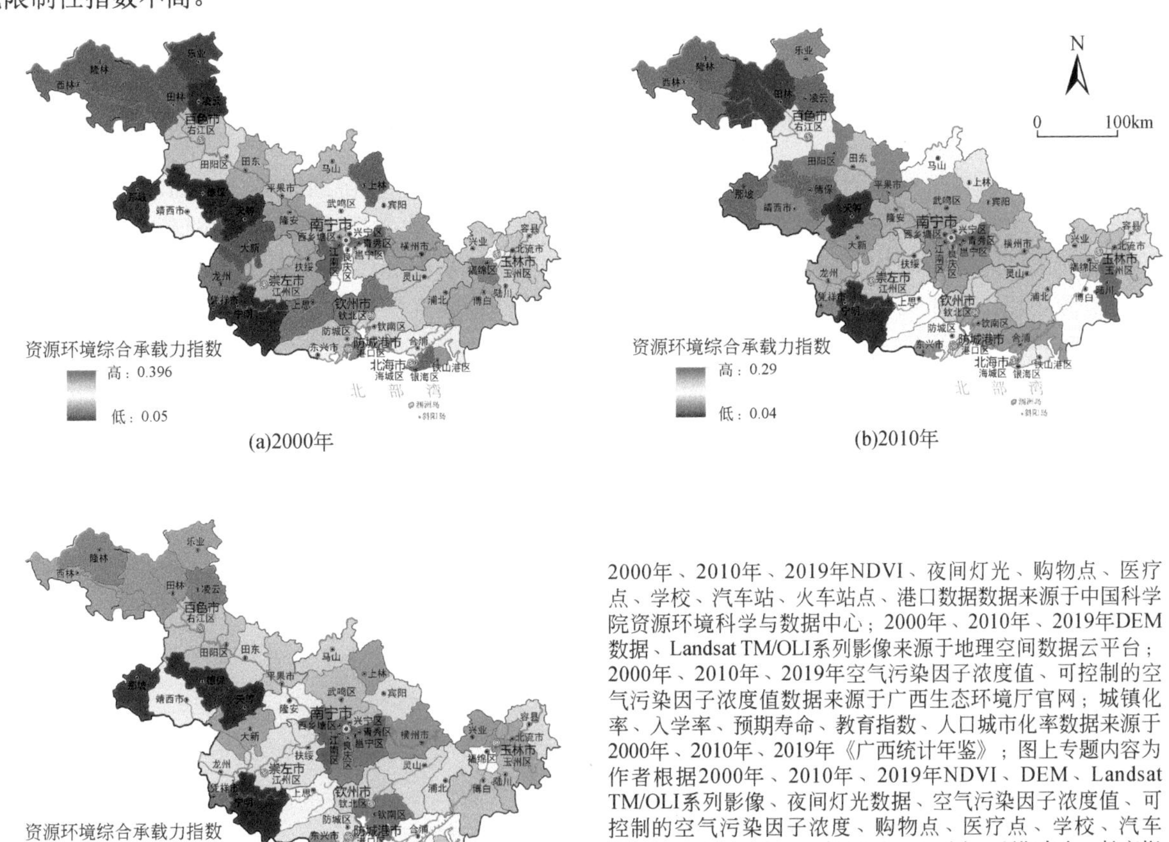

图 9.16　资源环境综合承载力指数的时空分布图

9.6.2　资源环境综合承载力分析

为了积极探究该区域的资源环境综合承载力情况，对各项指数进行统计分析，得到图 9.17，结果表明，

2010 年人居环境适宜性指数最高，2019 年人居环境适宜性指数最低，这是由水文指数下降、土地利用适宜性指数下降导致的。资源环境限制性指数逐渐升高，升高了 0.17，城市扩建、生态资源被破坏导致人口增多、土地资源和水资源紧张，大气环境质量也随之下降，大大限制了资源环境综合承载力的提升和发展。社会经济发展性指数呈上升趋势，这是因为人类发展指数升高，交通通达性越来越好，公共服务设施越来越完善。资源环境综合承载力指数虽然略有下降，但整体仍然保持良好，未来的国土空间规划要注意合理开发和利用资源，明确生态保护区的职能，控制人类对生态空间的利用，实现社会-生态-资源可持续发展。

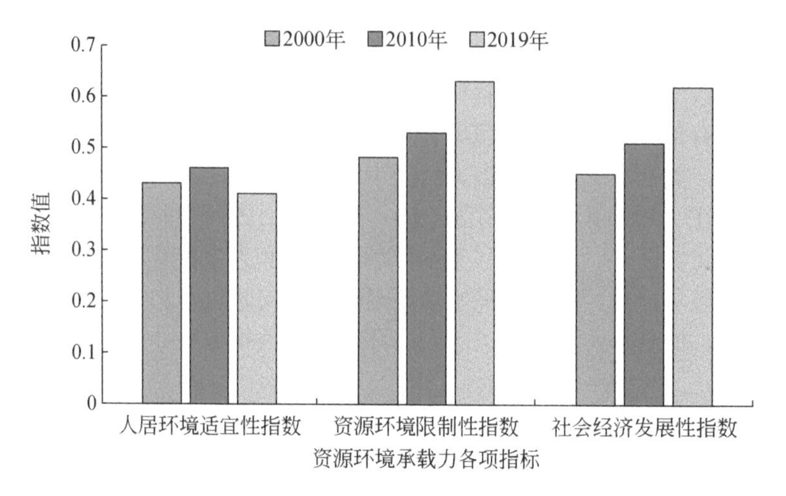

图 9.17　资源环境综合承载力各项指标对比

为了更好地剖析各地级市的资源环境综合承载力情况，通过指数计算得到如图 9.18 所示的 3 年各地级市资源环境综合承载力指数变化图。2000 年南宁市资源环境综合承载力指数最高，但随着社会经济发展，城市扩建侵占土地，人口增加，资源紧张，城市发展动力不足，从而导致资源环境综合承载力指数下降。崇左市的资源环境综合承载力指数也有不同程度的下降。喀斯特地区虽然生态资源丰富、大气环境质量较好、土地资源和水资源也通过开设自然保护区和实施生态工程的形式得到了保护，但其社会经济发展水平落后，交通不发达，公共服务设施不健全，需得到国家重点关注。防城港市的资源环境综合承载力指数在持续下降，因为防城港市大力发展港口经济，对自然资源过度索取，削山建城现象严重，生态平衡有被破坏的风险，钦州市、玉林市、百色市在 2019 年资源环境综合承载力指数都有一定程度的增大，虽然自然灾害危险性较大，但它们水资源丰富，社会经济发展水平高，北部湾城市群正在积极融入长江经济带、粤港澳大湾区，共建“一带一路”。

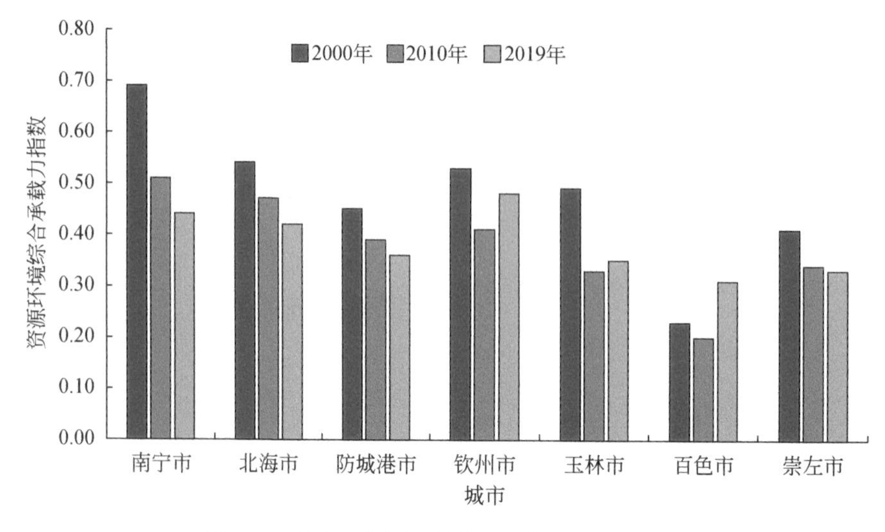

图 9.18　地级市资源环境综合承载力指数变化图

9.6.3　资源环境综合承载力警示性分级

如图 9.19 所示，处于平衡状态的县域个数逐渐增多，主要分布在崇左市和玉林市。处于超载状态的县域个数也增多，2000～2019 年增加了 3 个县，虽然封山育林政策一直在有力地实施着，生态资源、大气环境、NDVI、气候变化都有了一定的改善，但地形地貌和土地利用适宜性对人居环境、社会经济发展及资源环境承载力有很大的影响，保持三者的平衡才能可持续发展。处于盈余状态的县域个数有明显的减少，2000～2019 年减少了 16 个，靖西市资源环境综合承载力指数下降比较严重，多年来集中分布在中部地区和北部湾城市群。要想实现人居环境、资源环境、社会经济三者的平衡发展，就要尽可能改善气候水文条件和提高土地利用适宜性，保证土地资源、水资源、生态资源的合理利用，降低大气环境污染，合理提高人类发展水平和交通通达程度，并进行合理的公共服务设施建设。

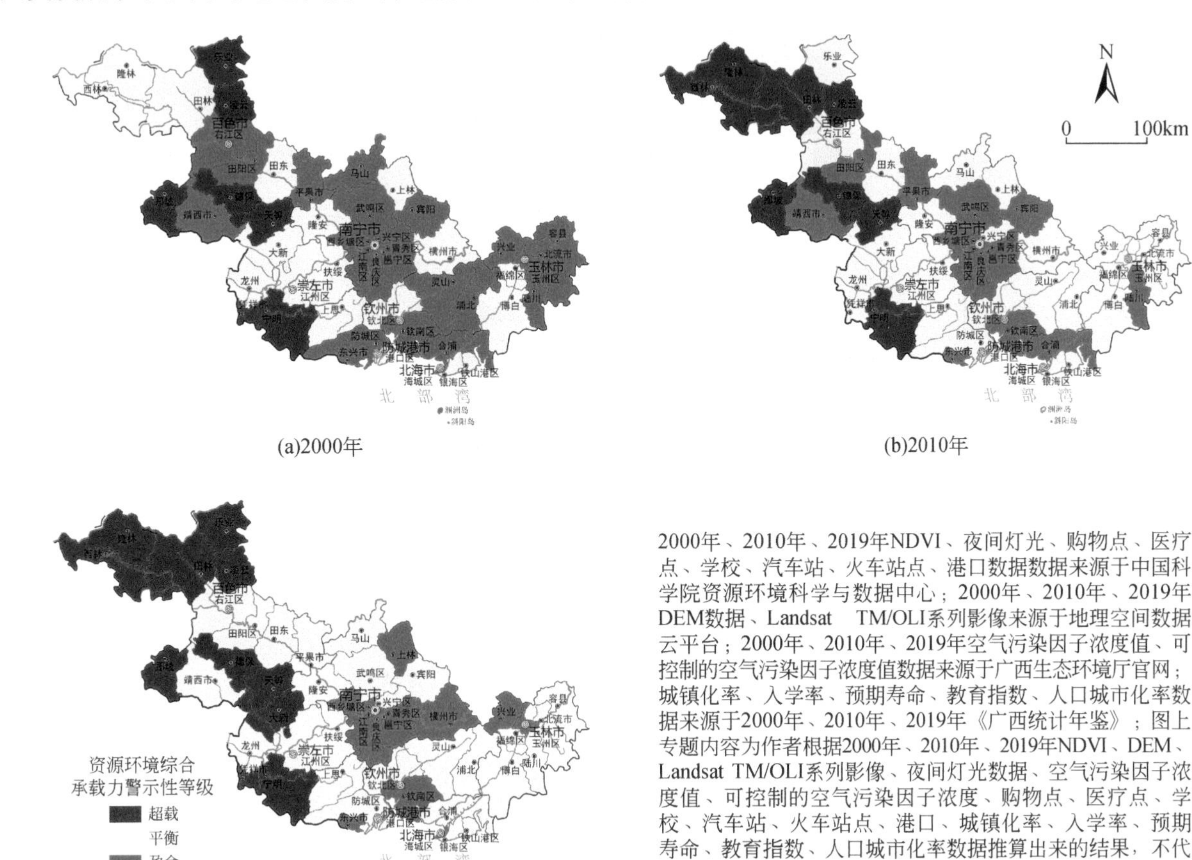

图 9.19　资源环境综合承载力警示性等级

9.7　山江海地域系统国土空间格局优化研究

9.7.1　山江海地域系统国土空间格局优化理论框架

1. 国土空间、人地关系和资源环境内在联系

国土空间格局是基于人的发展目标的地域系统的结构与布局，是人地关系在地域系统中作用的结果。

人地关系是社会、经济与生态系统相互依存、相互制约所形成的动态关系。生态系统以资源基础和空间承载支撑社会和经济系统；社会系统以观念、伦理为表征认知、利用和保护生态系统，并通过制度调整经济系统；经济系统以资源消耗、物质流动和产业活动支撑社会系统的运行，并对生态系统造成压力。由于不同区域自然条件、资源基础、开发历史、人口密度等因素的差别，人地关系的表现方式、强度其互馈关系具有较大的地域差异，这决定了不同地域系统结构的形成，形成了不同区域差别化的生态空间、农业空间和城镇空间的配置格局，并影响国土空间格局的演化过程。因此，人地关系从根本上决定了区域经济-社会-生态复合系统的运行状态和演化格局，并进而决定了特定国土空间的资源环境状况。具体理论框架如图 9.20 所示。

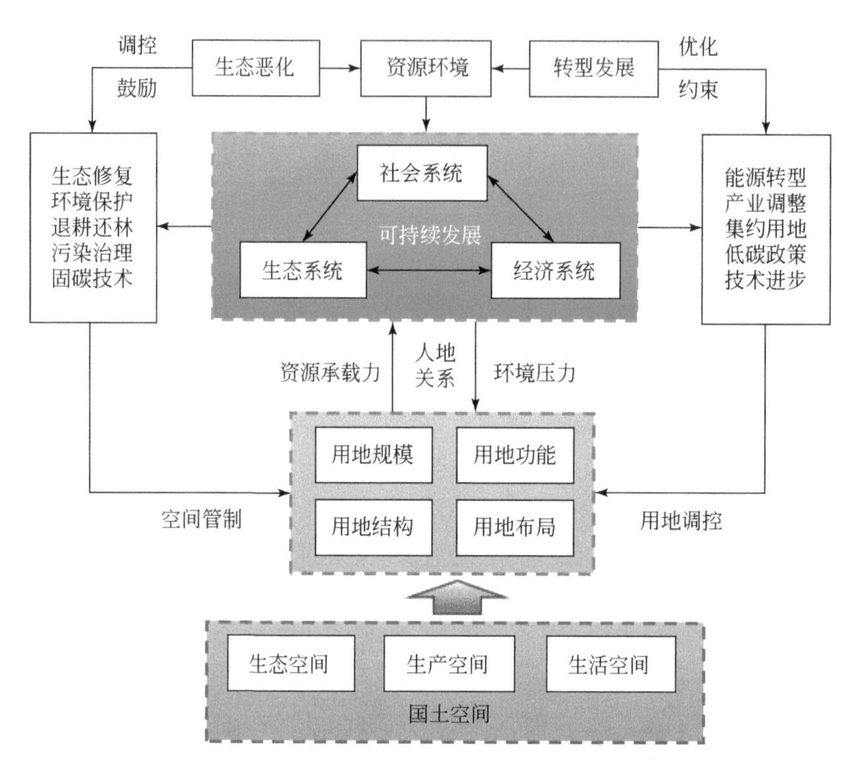

图 9.20 山江海地域系统国土空间格局优化理论框架

2. 山江海地域系统国土空间格局优化调控机理

国土空间不仅指用地空间或土地利用本身，而且指涵盖自然过程和人类各项活动的具有特定结构和功能的地域单元。国土空间以用地为基本单元，以不同人类活动方式和强度组合形成不同空间尺度的嵌套结构。山江海地域系统国土空间格局优化主要通过调控用地功能、规模、结构、布局来实现。

山江海地域系统国土空间格局优化调控关键是要以调控人地关系为手段，以调控用地功能、规模、结构、布局为核心，以国土空间结构和功能优化为重点，以区域经济-社会-生态复合系统可持续发展为目标，探索差异化的国土空间布局模式和开发格局，以实现区域低碳、协调、可持续发展。需要说明的是，区域经济-社会-生态系统是一个整体，既要重构国土空间格局，又要从远程耦合的角度，探索有助于降低碳排放异地影响转移、推动区域协调发展的区域产业布局和用地管控模式。

9.7.2 山江海地域系统国土空间格局优化路径

1. 坚持山水林田湖草生命共同体理念，制定差别化的资源环境承载力提升方案

结合中国不同区域的自然条件和生态资源特点，制定差别化的资源环境承载力提升方案，对森林、草

地、湿地、农田、河流、湖泊等不同生态系统类型的资源禀赋进行科学评估，摸清资源环境底数，揭示植树造林、生态修复和环境治理等人为活动对资源环境的影响机制和叠加效应，提出针对不同生态类型的科学合理的资源环境承载力提升方案。同时，应结合生态脆弱区和生态退化区的实际情况，以山水林田湖草生命共同体理念推动国土空间生态修复，基于生态优先和资源节约集约利用的原则建立生态修复试点，并建立生态修复评估与监控机制，跟踪并及时反馈生态修复效应动态变化特征。

2. 构建符合中国国情的精细化的资源环境监测体系，并开展资源环境风险区划

构建资源环境监测体系是科学开展面向碳中和目标的国土空间格局优化调控的基础。应结合不同区域不同国土空间的资源核算、监测结果，建立自下而上的符合中国国情的资源环境监测体系。开展以用地空间为基本单元的国土空间资源环境监测评估，从区域乃至全国尺度上揭示中国国土空间资源环境平衡状况，打造国土空间资源环境监测信息平台，动态识别国土空间资源环境风险地区，结合预警等级开展资源环境风险区划，并将资源环境风险变化作为国土空间动态调整的依据。

3. 构建国土空间规划管控方案，合理划定“三区三线”

从不同用地功能、规模、结构、布局入手，探索提出国土空间布局结构、优化模式和管控方案。构建一套科学、合理、可行的国土空间规划模式。针对国土空间及其用地功能差异选取相应评估指标，测算建设用地、耕地和生态用地的规模阈值。明晰不同国土空间的规模、范围和结构布局，为科学划定生态保护红线、永久基本农田保护线和城镇开发边界提供依据，在此基础上合理划定生态空间、农业空间和城镇用地。

4. 构建基于区域主体功能理念的多层次国土空间资源补偿体系

国土空间资源补偿是推动实现区域协同减排和公平发展的重要策略。不同区域的自然条件、资源禀赋、发展水平、产业结构等差异明显，未来应立足区域主体功能定位，探索构建基于不同类型自然资源和国土空间的多层次补偿体系。例如，基于国土空间评价的区域之间的横向资源补偿，基于不同资源开发模式的利用主体之间的补偿，基于土地利用强度的用地空间单元之间的资源补偿等。通过国土空间资源补偿，建立以资源为纽带的区域联合机制和协同发展模式，使国土空间格局优化成为推动区域协同优化发展的重要支撑。

9.8 结 语

9.8.1 讨论

1. 研究内容方面

本章将 RS、GIS 技术和三维平衡模型应用于资源环境综合承载力的评价中是可行的，但在深度和广度上还有不足，所能辐射的生态问题有限。全球资源环境问题和气候变化愈演愈烈，地方的资源环境评估有必要参考国际形势，结合联合国可持续发展目标对地方资源环境情况进行评估分析是很有必要的。研究发现，该区域对联合国可持续发展目标的实现情况一般，尤其是人类密集区通过适当的技术获取自然资源（SDG1.4），山区可持续粮食生产体系、维护生态系统，应对自然灾害与极端天气（SDG2.4，SDG15），山区人类发展方向与意识（SDG4.1～ SDG4.3），山区缺水以及清洁的水资源系统管理方面、流域废水处理影响海水问题（SDG6.4、SDG6.5、SDG6.a），城市中心空气质量（SDG11.6），山区与城市的经济、社会、环境直接的联系（SDG11.a）以及各地自然资源可持续高效利用问题（SDG12.2）。这些方面在不同区域有不同程度的发展缺陷，是实现联合国可持续发展目标和资源环境可持续发展的阻碍。

人居环境适宜性主要是与地形起伏度和土地利用适宜性有关，在 2010 年前中国还没有实行精准扶贫政策，很多地区处于缺水的状态，温度较高，湿度较小，2010 年后部分县有很大的改善。警示性超载区域可供人类生存的自然条件较差，水资源、粮食资源缺乏，与其他县城联通能力较差。西北喀斯特山区人类经济建设和资源开发程度较小，生态资源和土地资源比较丰富，该区域大气环境较好，多余的 CO_2、SO_2 等气体含量非常低，偶尔发生干旱和泥石流等自然灾害，近 20 年没有重大损失。东南北部湾核心城市群社会经济发展较好，人口集中且数量多，土地资源和生态资源紧张，大气污染物含量较高，海岸带国土资源利用开发不合理，防城区削山建城，破坏自然资源和生态环境，自然灾害危害性大，洪灾、台风时有发生，给人类的生产生活造成影响，在一定程度上限制了资源环境承载力。沿海区域人均 GDP、入学率相对于山区较高，虽然历史文化底蕴相对于山区较浅，但这并不影响社会经济发展性指数的提高，玉林市距离粤港澳大湾区较近，交通发达，经济联动，对于教育比较重视，有多所省重点初高中在玉林市，防城区虽有十万大山，但凭借北部湾经济区的优势，社会经济发展迎头而上，这些年有明显的发展。要想实现人居环境、资源环境、社会经济三者的平衡发展，就要尽可能改善气候水文条件和提高土地利用适宜性，保证土地资源、水资源、生态资源的合理利用，降低大气环境污染，合理提高人类发展水平和交通通达程度，并进行合理的公共服务设施建设。

2. 研究方法方面

关于资源环境综合承载力的研究，统一的理论基础、方法体系尚未完全成形，评价技术不完善。本章与当前自然资源部开展的“双评价”实践工作和部分学者的研究有不同之处，应用概念模型建立评价指标体系具有一定的主观性，并且可复制性不强。本章基于人居环境、资源环境基础和社会经济发展水平的互动关系，提出了一套适用于资源环境承载力综合评价的三维平衡模型和方法，依据资源环境承载力的起源及科学含义来量化资源环境承载力，实现从分类研究到综合研究。本章并未解决承载阈值界定技术问题，在模型应用过程中，由于数据融合的需要，尺度转换会使结果产生误差。下一阶段的研究将结合自上而下的演绎方法和自下而上的归纳方法，构建严谨、尺度统一的转换模型，完成合理的尺度转换。如何使小尺度的资源环境承载力评价结果对各级政府的生态整治与修复提供有效支撑是待解决的问题。

3. 局限性和未来发展方面

本章只是在计算模型和综合分析上有所突破，并没有对驱动机制进行探究，也没有对多情景模拟预测进行讨论，未来的研究发展具有很大的不确定性，但不管对多少个情景进行讨论也不能精确地预测未来，而是尝试用合适的方式去探索未来可能发展方向，为决策者提供应对方案。这将是下一阶段研究的重点，根据研究结果发展一套标准化、模式化、计算机化的评价方法与技术体系，以期为科学认识区域资源环境承载力，以及促进区域人口、资源环境、社会经济协调发展提供决策支持。

9.8.2 结论

（1）基于联合国可持续发展目标视角，提出 HEI-REI-SDI 理论框架，构建了资源环境综合承载力评价三维平衡模型，并应用该模型完成了复杂生态系统资源环境承载力综合评价，实现了从分类到综合的评价，整体来看模型计算结果较好，可以在相似区域使用。

（2）人居环境的自然因子对资源环境承载力影响较大，要保证 NDVI 稳步上升，提高土地利用适宜性。水土资源短缺和自然灾害危害性增大已经对资源环境构成了威胁，要注意 SDG6 和 SDG2.4 的实施情况。较低的社会经济发展水平也会阻碍资源环境承载力的提升，因此要重点提升人类发展指数和城市化指数。南宁市和北部湾城市要注意资源环境的可持续利用。

（3）通过综合分析，桂西南喀斯特—北部湾地区有 50%以上的地区处于平衡状态，这几年资源环境综合承载力虽有下降，但整体状态良好。应重点关注百色市和崇左市的喀斯特山区的清洁水资源利用与社会经济可持续发展，对北部湾沿海地区要持续关注土地资源可持续高效利用和自然灾害的防范，使用合适的技术获取自然资源，结合当地情况，按照 SDG1.4、SDG2.4、SDG12.2、SDG15.2 实施计划。

参考文献

吴传钧，1991. 论地理学的研究核心——人地关系地域系统. 经济地理，11（3）：1-6.

Arrow K，Bolin B，Costanza R，et al.，1995. Economic growth，carrying capacity and the environment. Science，268（1）：89-90.

Chen X Y J，Wu Y H，Xia J X，2019. Dynamic monitoring and early warning of resources and environment carrying capacity in Gansu，China. Journal of Natural Resources，34（11）：2378-2388.

Duan P L，Liu S G，Yin P，et al.，2018. Spatial-temporal coupling coordination relationship between development strength and resource environmental bearing capacity of coastal cities in China. Economic Geography，38（5）：60-67.

Feng Z M，Yang Y Z，You Z，2014. Research on land resources restriction on population distribution in China，2000-2010. Geographical Research，33（8）：1395-1405.

Gou L F，Wang Y T，Jin W B，2018. Empirical study about the carrying capacity evaluation of marine resources and environment based on the entropy-weight TOPSIS model. Marine Environmental Science，37（4）：586-594.

Hardin G，1986. Cultural carrying capacity：a biological approach to human problems. BioScience，36（9）：599-604.

Imhoff M L，Bounoua L，Ricketts T，et al.，2004. Global patterns in human consumption of net primary production. Nature，429（24）：870-873.

Liu W Z，Zhu J，2017. Research progress of resources and environmental carrying capacity：from the perspective of the comprehensive study of geography. China Population，Resources and Environment，27（6）：75-86.

Niu F Q，Feng Z M，Liu H，2019. Evaluation of resources environmental carrying capacity and its application in industrial restructuring in Tibet，China. Acta Geographica Sinica，74（8）：1563-1575.

Wang S，Xu L，Yang F L，et al.，2014. Assessment of water ecological carrying capacity under the two policies in Tieling City on the basis of the integrated system dynamics model. Science of the Total Environment，472：1070-1081.

Yang L J，Yang Y C，2017. The spatiotemporal variation in resource environmental carrying capacity in the Gansu Province of China. Acta Ecologica Sinica，37（20）：7000-7017.

Yu G H，Sun C Z，2015. Land carrying capacity spatiotemporal differentiation in the Bohai Sea Coastal Areas. Acta Ecologica Sinica，35（14）：4860-4870.

第10章　山江海地域系统土地利用变化及其生态系统服务权衡研究

10.1　引　　言

10.1.1　研究背景

土地利用与土地覆盖变化与生态系统服务具有密切关系，土地利用方式与强度会影响各项生态过程与生态系统服务的提供，深入探讨土地利用变化、生态系统服务的动态变化规律以及各服务系统间的权衡与协同关系，是国内外可持续发展科学、生态学和地理学研究的新方向，也是当前生态环境建设与可持续发展的需求。生态系统生成的各项服务能够满足人们生产生活所需要的物质条件，并维持物质能量循环与平衡稳定（欧阳志云和王如松，1999；王晓峰等，2012）。随着社会进步及人们自身需求的提升，人们过度开发与利用自然资源，肆意破坏自然环境，导致生态环境逐渐恶化、生态系统服务功能不断退化甚至丧失，这将严重危害人类健康与全球生态安全。因此，生态环境问题仍是未来几十年区域社会经济发展和生态文明建设所面临的问题与挑战，加强和维护生态系统服务成为当今生态学和可持续发展科学研究的热点课题。

生态系统服务具有复杂多样性和空间异质性，生态系统服务的各项供给能力会相互影响，某项生态系统服务的供给能力发生变化时会引起另一项生态系统服务供给能力的变化，此时表现为生态系统服务权衡或协同关系。因为人们的需求存在偏好，人们通常会增加对自身有益的某种生态系统服务，如粮食生产、木材生产等，但此时土壤保持、碳储量等其他生态系统服务可能下降。因此，研究生态系统服务权衡与协同关系，掌握区域生态系统服务的实际情况，可对生态系统服务的调控提供有效支持，有利于区域生态环境的精准化管理。

改革开放以来，我国在经济建设上取得了辉煌成就，但以经济建设为首要目标的粗放型经济发展模式积累了一系列环境问题，严重制约了我国社会进一步发展。新时代背景下，习近平总书记立足于我国国情和国家战略全局，在党的十八届五中全会提出“绿色发展理念”。党的十八大将生态文明建设纳入我国“五位一体”总体布局，大力推进我国生态文明建设。党的十九大提出建设美丽中国，把生态文明建设和生态环境保护提升到前所未有的战略高度。2017年4月，习近平总书记对广西提出了“广西生态优势金不换”的要求。广西站在党和国家事业发展全局的战略高度，把生态文明建设摆在更加重要的位置，坚持生态优先、绿色发展理念，走出一条具有广西特色的产业优、百姓富、生态美、人民幸福感强的绿色发展之路。本章的研究区是广西喀斯特山区、流域、北部湾海岸带三种区域共同形成的一个典型的过渡性空间，这一特殊空间集聚了众多国家与区域重要发展战略，是广西自由贸易试验区、广西北部湾经济区、泛珠三角经济区及西部陆海新通道的接合部，是中国—东盟自由贸易区与“一带一路”倡议的重要走廊。因此，在兼具独特自然属性与重要社会属性的区域内，实现区域经济发展与生态环境保护和谐统一，符合国家及地区战略发展理念。

10.1.2　研究目的与意义

1. 研究目的

评估桂西南喀斯特—北部湾地区这一特殊区域的土地利用与土地覆盖变化及生态系统服务供给能力，分析两者的时空变化特征，进一步探讨土地利用变化与生态系统服务之间的关系，基于 InVEST 模型、ArcGIS 的空间分析算法和情景模拟法，判定各项生态系统服务之间的空间权衡或协同关系，对不同土地利用情景下研究区生态系统服务进行模拟，为该区域土地利用及其生态系统服务的综合管理工作提供依据。

2. 研究意义

当前关于生态系统服务的研究多以行政区域（如省、市、县等）为研究尺度对某一类生态系统（如森林、湿地、农田、草地生态系统等）进行定量评估，而以流域、喀斯特地区或沿海地区为研究对象的生态系统服务研究较少，对生态系统服务空间异质性的分析也较少，且生态系统服务研究多侧重于对生态系统服务总量或总价值量大小的评估与分析。同时，对生态系统服务的形成原因与机制不明确，数据欠缺、难以获取的问题制约着中大区域尺度上的生态系统服务研究，各生态系统服务评价指标的选取与评估方法也存在不足，需要不断优化。因此，应用 GIS 技术与方法模型来定量评估生态系统服务，探讨生态系统服务时空变化及其空间布局，具有重要的研究意义。

本章研究区处于云贵高原向东南沿海丘陵过渡地带，具有典型的喀斯特、河谷盆地与滨海平原地貌。研究区内独特脆弱的生态环境，凸显对该区域生态服务功能提升和维持的迫切性和重要性。如何权衡研究区内生态系统服务间的关系，协调生态保护与社会经济可持续发展的矛盾，是专家学者和政府需要深入研究和解决的重要问题。因此，研究该区域的土地利用变化、生态系统服务评估及生态系统服务权衡与协同关系具有重要的现实意义。

10.1.3　国内外研究进展

1. 生态系统服务概念探讨

1864 年美国学者 George Marsh 首次论述生态系统服务功能的有关内容，并对人类的乱砍滥伐、无节制开发利用自然资源等行为进行了批判，指出人类活动导致的生态环境破坏最终将会危及人类自身的生存与发展。由于当时人类对生态系统服务认识的局限性，George Marsh 的提议未能引起人们对生态系统保护的重视。随着人类活动导致自然环境持续恶化，人类对环境保护的意识逐渐提高，生态系统服务研究才开始步入快速发展阶段。William Vog 1948 年在《增长的极限》中提出“自然资本”的概念，并指明人类超过限度的生产活动将会对生态系统服务功能造成威胁。许多生态学家、自然保护学家等都对生态系统服务功能及其现状的领域进行了相关研究。1970 年，SCEP 首次对生态系统服务的概念进行定义，并指出自然环境为人类提供了净化空气、涵养水源、气候调节等一系列生态系统服务。1977 年，Westman 提出生态系统的经济价值评估包括自然服务这一方面内容。1981 年，Ehrlich 基于前人的研究成果，整理和重新定义了生态系统服务，生态系统服务的含义得到大量专家学者的广泛认可。1997 年，Daily 指出生态系统服务是生态系统维持人们生存发展的物质基础，同年，Costanza 等提出生态系统服务功能是人类从生态系统中获取的福利，包含供给、调节、文化、支持等功能。

国内对生态系统服务的研究相对较晚，1982 年，张嘉宾（1982）最先在国内开展关于生态系统服务功能的研究，其评估了西双版纳森林生态系统的水源涵养功能；欧阳志云和王如松（1999）在 Daily 的理论基础上丰富了生态系统服务的内涵。谢高地等（2001）参考 Costanza 对生态系统服务的定义，提出生态系统服务是从生态系统的结构、过程和功能中获取支持生命生存的资料和服务。与此同时，我国众多专家学者基于森林、湿地、草地等不同的生态系统，对其生态系统服务功能进行了大量的研究，并得到了许多有益成果（王兵和魏文俊，2007；周彬，2011；赵同谦等，2004；张文娟等，2009；余新晓等，2005）。虽然国内外专家学者对生态系统服务的定义持有不同观点，但其核心内容是一致的，主要包含两个方面：第一，生态系统服务与人类生存发展密切相关；第二，生态系统服务是生态系统各组分相互作用的体现。

2. 生态系统服务分类研究

生态系统具有结构复杂且多变、功能种类多的特性，通过构建较为科学合理的分类体系将复杂的生态系统服务功能简单化，以更精准地评估生态系统服务的相关功能，增强人们对生态系统服务功能的认识。目前，国内外对生态系统服务功能的定义有差异，因而分类体系较多。

1997 年，Daily 将生态系统服务功能分为提供物质基础与文化娱乐、维持生命。Costanza 等将其划分为水源涵养、营养物质循环、废物消化分解、食物生产等 17 种不同类别，并阐述了各生态系统服务功能之间的相互关系。2002 年 De Groot 等将生态系统服务功能划分为四大类别，即物质条件支持、自然环境调节、食物与生态产品生产以及信息传递。2005 年，联合国千年生态系统评估（MA）则将其划分为供给（如食物生产、水源涵养、能源供给、基因资源等）、调节（如气候与水分调节、净化水质等）、支持（如土壤生成、营养物质循环等）和文化（宗教服务、教育、娱乐及文化价值等）四大类，是目前认可度较高与广泛使用的分类方案之一。

我国的生态系统服务功能分类研究与国外相比起步较晚，但也取得了一定的成果，其中欧阳志云和谢高地的研究最具有代表性。李丽锋等将生态系统服务功能分为三大类：供给、调节、文化；而徐婷等（2015）则将生态系统服务功能分为结构、支持、调节、供给四大功能模块；欧阳志云和王如松（1999）借鉴 Costanza 的分类方案，并结合自己的实际研究，将生态系统服务功能分为生物多样性保护、有机物与生态系统服务产品生产、自然环境净化等八类；谢高地等（2001）结合我国实际情况将其分为气候气体调节、生物多样性保护、废物消化分解、粮食生产等九项。

3. 生态系统服务权衡与协同关系研究

生态系统服务之间的关系包括权衡（负相关）、协同（正相关）和兼容（无显著相关）。其中，权衡是指两个或两个以上生态系统服务变化趋势彼此相反的情形，协同是指不同生态系统服务之间具有相同变化趋势的情况。当前生态系统服务权衡主要分为空间权衡、时间权衡和可逆权衡三种形式。生态系统服务的权衡与协同可以理解为对生态系统服务之间作用的综合控制（彭建等，2017）。

生态系统服务权衡与协同作用是由人类活动与生态系统相互作用引起的，因此在权衡与协同关系的研究方法上，当前多以土地利用与土地覆盖变化数据为基础定性或定量地分析生态系统服务，使用最多的方法有地图对比分析法、情景分析法和生态-经济综合模型方法。①地图对比分析法：基于 ArcGIS 平台的叠加分析得到各项生态系统服务的空间重合信息，再根据这些空间重合信息辨识出权衡与协同的类型与区域。②情景分析法：以土地利用与土地覆盖变化为基础，设计不同管理方案的土地利用与土地覆盖变化情景，进而分析各项生态系统服务之间的空间分布及变化情况。地图对比分析法和情景分析法可以结合运用，可统称为土地利用情景模拟法，地图对比分析法注重于空间上的变化，而情景分析法则是在时间角度上进行分析，这两种方法都是较为有益的方法，可以较好地适用于生态系统服务的权衡与协同关系研究。近年来，越来越多的专家学者进行生态系统服务相关研究时，倾向于把地图对比分析法、情景分析法与生态系统服务相关模型相结合。③生态-经济综合模型方法是综合生态系统服务与社会经济评价的模型方法。

4. 研究述评

综上所述，国外对土地利用与土地覆盖变化及生态系统服务权衡与协同关系的研究相对较早，经过长时间的发展，其理论和方法、模型应用不断完善，为国内生态系统服务权衡的研究提供了很好的参考依据。研究至今，土地利用与土地覆盖变化及生态系统服务权衡研究已取得了很大进展，研究时间层次从静态分析向动态分析发展，研究技术手段（GIS、RS）日趋成熟，研究方向不断拓展，研究区域涵盖丘陵、高原等地形地貌，研究系统包含森林、城市等多个方面，研究内容主要集中在生态系统服务评估方法的研究与改良、生态系统服务权衡与协同研究等多个方面，研究的针对性、实践性和研究成果的应用化趋向不断增强。但目前国内相关研究多以行政区域（省、市、县）、流域或某一特定区域等为研究单元，对喀斯特地区、沿海地区等代表性区域的综合研究仍较缺乏。因此，本章以桂西南喀斯特—北部湾地区为研究对象，选取南宁、百色、防城港、崇左、钦州、玉林、北海 7 个市为代表，系统分析其土地利用与土地覆盖变化情况，基于生态系统服务和权衡的综合评估（InVEST）模型分析生态系统服务的时空变化格局，研究各项生态系统服务之间的权衡与协同关系，为实现该区域的生态环境保护、管理与规划，促进该区域的可持续发展提供参考依据。

10.1.4　研究内容与方法

1. 研究内容

1）土地利用与土地覆盖变化

本章以桂西南喀斯特—北部湾地区为研究对象，选取南宁、百色、防城港、崇左、钦州、玉林、北海 7 个市为代表，基于 2005 年、2010 年、2015 年、2018 年四期土地利用现状数据，采用变化率、动态度和转移矩阵等方法，探讨研究区土地利用与土地覆盖动态变化特征。

2）生态系统服务评估及制图

基于土地利用类型、DEM、流域边界、降水量、土壤可蚀性因子等基础数据，利用 InVEST 3.8.0 软件对研究区产水量、碳储量、土壤保持和生境质量四项生态系统服务进行评估，进而分析四项生态系统服务时空变化特征，绘制不同时期研究区生态系统服务空间分布图。

3）生态系统服务权衡与协同关系

基于四项生态系统服务评估结果，应用 ArcGIS 的空间分析算法对各项生态系统服务进行空间相关分析，判定各项生态系统服务之间的空间权衡或协同关系，运用空间叠置方法对四项生态系统服务进行重点区域识别，掌握不同空间地域上四项生态系统服务供给能力的强弱；再通过对不同土地利用情景下四项生态系统服务功能的模拟，探讨研究区四项生态系统服务的时间权衡或协同关系，为研究区土地资源、生态环境和区域可持续发展提供强有力的支撑。

2. 研究方法

本章研究区是喀斯特山区、流域、北部湾海岸带三种区域共轭形成的一个典型的过渡性空间，是一个具有综合性、区域性和过渡性的复杂系统，对该区域的土地利用与土地覆盖变化、生态系统服务权衡或协同关系进行研究时，需要从中观层面出发，依据系统工程、可持续发展及人地关系等理论，将研究区视为一个整体来研究。

（1）实证分析法。以桂西南喀斯特—北部湾地区为研究对象进行实证分析，揭示这一特殊区域内土地利用与土地覆盖变化和各项生态系统服务时空变化特征，分析土地利用与土地覆盖变化与生态系统服务之间的关系以及研究区各项生态系统服务的时空权衡或协同关系。

（2）空间分析法。基于 ArcGIS 的空间分析算法对各项生态系统服务进行空间相关分析，从而判定各项生态系统服务之间的空间权衡或协同关系；运用 ArcGIS 的空间叠置方法对四项生态系统服务进行重点区域识别划分，得到研究区综合生态系统服务重要区与一般区的空间分布格局。

（3）模型估算法。采用 InVEST 模型对研究区 2005～2018 年四期的生态系统服务进行评估，实现对研究区生态系统服务的动态评估和空间化表达；再基于 InVEST 模型模拟不同土地利用情景下研究区各项生态系统服务空间分布，探讨各项生态系统服务之间的时间权衡或协同关系。

10.1.5　研究的技术路线

本章研究的技术路线如图 10.1 所示。

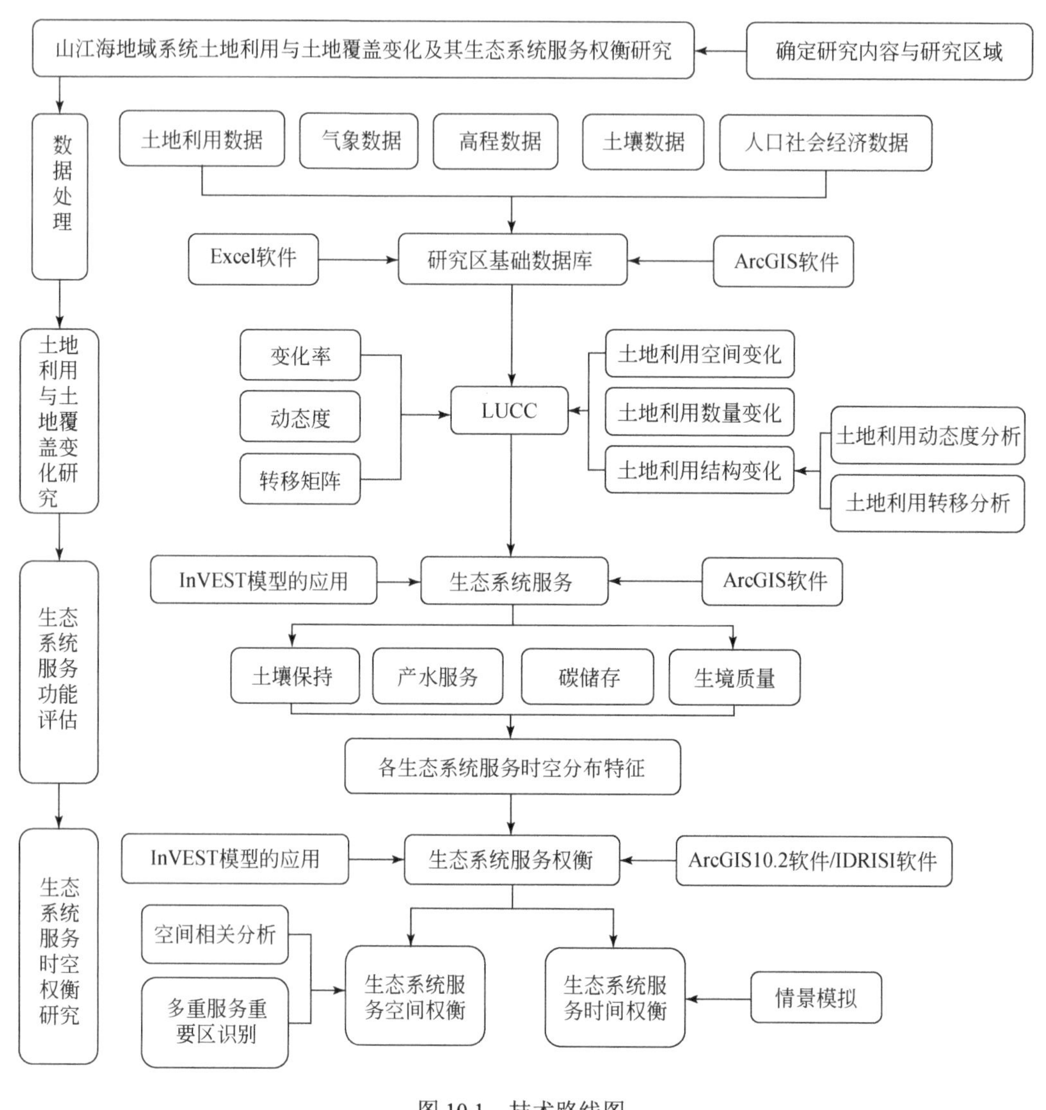

图 10.1　技术路线图

10.2　核心概念与理论基础

10.2.1　生态系统服务权衡与协同

生态系统服务权衡与协同是不同生态系统服务之间的两种关系。生态系统服务权衡与人们的需求偏好存在密切关系，当人们倾向于消费某一种或几种生态系统服务时，其他生态系统服务随之产生影响，即对一种或几种生态系统服务的使用造成其他生态系统服务减少的情形，即两种或两种以上生态系统服务出现相反的变化趋势。生态系统服务协同是指两种或两种以上生态系统服务同时增强或减弱的情形，即不同生态系统服务之间具有相同的变化趋势。

10.2.2 InVEST 模型

当前生态系统服务权衡与协同关系研究采用定性分析方法的居多，主要是运用空间信息可视化表达与统计分析方法，对生态系统服务的权衡或协同关系进行判定。目前，已研发出许多分析生态系统服务间相互关系的模型，如 InVEST 模型生态系统服务人工智能（artificial intelligence for ecosystem services，ARIES）、生态系统服务价值（ecosystem service value，ESV）、经济计量学（econometrics）、生态系统服务社会价值（social values for ecosystem services，SolvES）评估等模型。本章选用 InVEST 模型来分析研究区各项生态系统服务间的权衡或协同关系。

InVEST 模型是在自然资源计划项目支持下，由斯坦福大学、大自然保护协会和世界自然基金会合作研发的一项模型，可用于评估气候调节、碳储量、生境质量、水质净化等多项生态系统服务，也可以模拟不同土地利用情景下生态系统服务的变化情况。该模型所需要的矢量数据和栅格数据是基于 ArcGIS 平台实现的，通过空间制图的方式呈现量化的生态系统服务功能，实现生态系统服务功能的空间表达，使地方政府或决策者能够更好地掌握其实际情况，实施更为有效的管理并做出下一步规划，当前，InVEST 模型已经得到国内外专家学者及地方政府的认可及广泛应用。

InVEST 模型根据不同的需要对每种生态系统服务评估模型分为 4 个层次，第一层模型多用于生态系统服务关键区域的识别，不能进行价值评估，第二层多用于物质量评估，第三层则用于价值量评估，第四层为多项复杂模型的使用，其估算的精准度更好。模型的层次之间，关系由简单到复杂，级别由低到高，因此分析能力和精准度也相应提高。目前，InVEST 模型仍在不断完善，1 层和 2 层模型较成熟，3 层和 4 层模型仍在研发测试阶段。从功能上看，InVEST 模型包括陆地生态系统、淡水生态系统和海洋生态系统三大评估模块，将每个大模块划分成不同需求方向的子模块。具体见图 10.2。

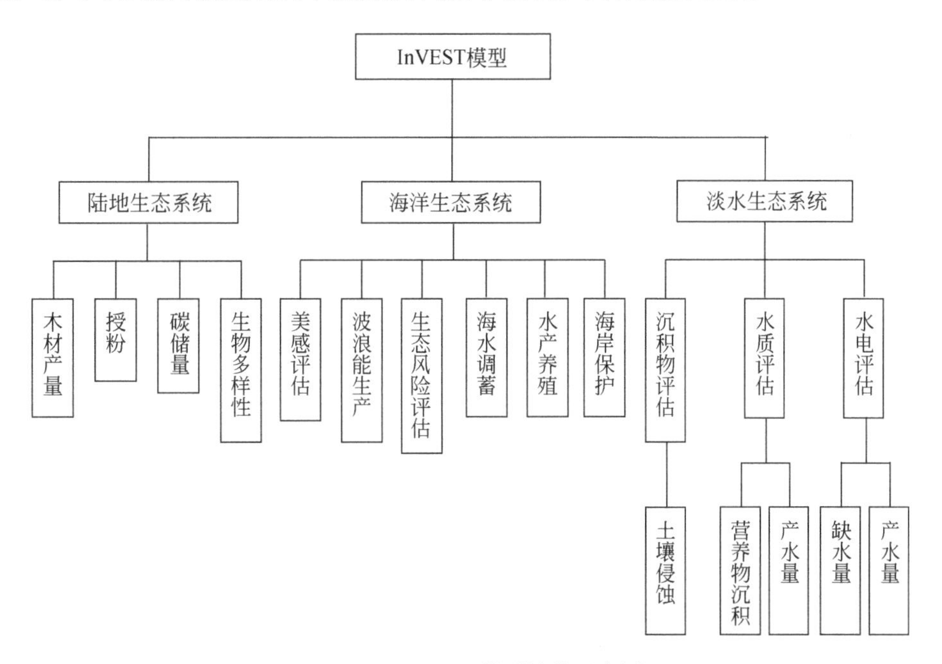

图 10.2　InVEST 模型结构示意图

可以从网络平台（https://naturalcapitalproject.stanford.edu/software/invest）免费获取 InVEST 软件安装程序和软件使用说明。该模型自 2007 年发布以来，已经更新了很多版本，本章使用的版本为 InVEST3.8.0，选用的 InVEST 模型中的 4 个模块分别是产水量（水源涵养）、土壤保持、生境质量和碳储量模块。

10.3　数 据 处 理

本章使用的DEM数据是从地理空间数据云网站（http://www.gscloud.cn/）获取的，分辨率为30m。运用ArcGIS软件对数据进行投影、裁剪等处理，在研究中将该数据用于提取流域、坡度、坡向等因子，主要在ArcGIS软件中进行。土地利用类型数据来源于资源环境科学与数据中心（http://www.resdc.cn/），分辨率为30m×30m。运用ArcGIS软件对土地利用类型数据进行重分类，划分为耕地、林地、草地、水域、建设用地和未利用地六大土地利用类型，其经过裁剪后得到2005年、2010年、2015年和2018年四期土地利用类型图。本章选取研究区内13个国家气象站点数据，分别是2001～2018年的逐日平均气温（℃）、逐日降水量（mm）、日平均日照时数（h）及太阳总辐射（W/m^2）等气象要素数据。数据主要来自中国气象数据网。基于各气象站点数据，应用ArcGIS插值分析工具对气温、降水、太阳总辐射等数据进行空间插值，以获取研究区不同时期的空间数据，数据分辨率设置为30m；气象数据用于分析研究区降水侵蚀力、潜在蒸散量等。土壤数据来源于世界土壤数据库（HWSD）的中国土壤数据集，分辨率为1km×1km，HWSD的属性数据包括土壤类型、土壤参考深度（REF_DEPTH）、土壤砂粒含量（T_SAND）、土壤粉粒含量（T_SILT）、土壤黏粒含量（T_SILT）、土壤容重（T_REF_BULK）、土壤有机质含量（T_OC）等。借助ArcGIS软件对数据集进行点转栅格、栅格裁剪等操作，得到研究区的土壤属性数据，数据分辨率设置为30m。其他基础地理数据均下载于91卫图助手，主要有研究区行政区划（包括市、县、乡镇三种行政区划单元）、道路、水系、地形图等。

10.4　土地利用变化分析

10.4.1　土地利用空间变化

根据2005年、2010年、2015年和2018年四期土地利用现状图统计各地级市土地利用面积数据，见表10.1。由表10.1可知，耕地主要分布在南宁市、百色市和崇左市的流域地带以及玉林市盆地区域。林地广泛分布在研究区的各个区域，在自然保护区、森林公园及林业管护区内分布最为密集，如岑王老山国家级自然保护区、金钟山自然保护区、十万大山国家级自然保护区、大明山国家级自然保护区、山口红树林生态国家级自然保护区、北仑河口国家级海洋自然保护区、六万大山森林公园等。草地零星分布在各个地级市内，多为山地草地或丘陵草甸，以百色市分布面积最多。建设用地的分布规律与耕地具有一定的相似性，主要集中在左江—右江—邕江—南流江等两岸河谷地带、北部湾沿海区域，南宁市建设用地呈团状分布且面积最大。

2005～2018年分布在左江—右江—邕江—南流江等两岸河谷地带、北部湾沿海区域的耕地面积持续减少且减少幅度较为剧烈，这些区域的耕地大部分转化为建设用地，使得建设用地面积持续增加，建设用地在空间分布上呈现逐渐向四周扩展的趋势；自然保护区、森林公园及林业管护区内的林地用地类型分布最为密集，且空间分布变化不大。草地、水域、未利用地在空间布局上均没有太大变化。

研究区是喀斯特山区、流域、北部湾海岸带三种区域共轭形成的一个典型的过渡性空间，其地形地貌、气候、植被、经济社会发展水平、土地利用方式与强度等均呈现显著的过渡性特征。研究区西北部的用地类型以林地为主，耕地、建设用地和水域主要集中在左江—右江—邕江—南流江等两岸河谷地带及北部湾沿海地带，草地、未利用地分散分布在研究区各个区域。从整体上看，研究区的土地利用类型从以西北部高密度覆盖的林地为主向以中部、北部湾沿海地区连片平坦的耕地为主过渡；从西北部喀斯特地区的弱土地利用强度向北部湾地区的较强土地利用强度过渡。

表 10.1　2005～2018 年各地级市土地利用类型面积　（单位：km^2）

市	年份	耕地	林地	草地	水域	建设用地	未利用地
南宁市	2005	7558.71	11666.50	1338.77	648.06	870.97	1.87
	2010	7519.34	11677.73	1322.15	645.82	917.96	1.87
	2015	7436.16	11646.70	1311.32	644.00	1043.21	3.63
	2018	7386.50	11622.09	1299.83	614.86	1158.11	3.63
北海市	2005	1705.26	1076.98	25.32	176.54	371.93	9.58
	2010	1697.58	1077.15	24.68	180.97	375.81	9.41
	2015	1671.29	1065.78	29.21	178.55	411.95	8.99
	2018	1650.97	1046.92	27.47	193.86	437.51	9.04
防城港市	2005	867.02	4376.72	385.22	187.89	107.92	2.85
	2010	863.64	4392.29	369.82	188.50	110.71	2.66
	2015	858.37	4375.61	368.35	184.64	137.60	3.17
	2018	848.76	4349.00	362.34	178.28	186.55	2.82
钦州市	2005	3498.29	6080.57	494.34	272.30	288.10	1.31
	2010	3487.07	6091.40	489.92	271.86	293.36	1.31
	2015	3465.35	6056.73	497.37	266.27	347.60	1.79
	2018	3445.37	6040.01	495.51	265.29	387.12	1.81
玉林市	2005	3238.62	8556.40	463.97	183.13	338.90	2.94
	2010	3231.50	8564.10	457.83	183.68	343.91	2.93
	2015	3196.25	8490.99	502.22	182.70	408.98	2.97
	2018	3149.49	8522.49	449.46	184.15	475.63	2.90
百色市	2005	5633.87	26965.74	3160.79	197.44	150.65	6.36
	2010	5623.36	26966.35	3151.75	208.06	158.95	6.36
	2015	5572.28	26906.20	3158.24	236.44	235.20	6.52
	2018	5511.02	26874.21	3145.81	277.08	300.25	6.51
崇左市	2005	4393.51	11140.42	1159.74	168.71	449.76	5.32
	2010	4381.26	11150.36	1149.40	170.63	460.48	5.32
	2015	4354.62	11122.32	1159.58	171.50	501.83	7.56
	2018	4353.66	11105.93	1169.06	174.98	508.47	5.31

10.4.2　土地利用数量变化

对 2005 年、2010 年、2015 年和 2018 年四期土地利用现状图的各土地利用类型面积数据进行统计汇总后得到表 10.2，在研究期间，耕地和建设用地面积变化幅度最大，两者朝不同方向变化，表现为建设用地面积持续增加和耕地面积持续减少，建设用地面积增加 884km^2，耕地面积减少 547.9246km^2，说明这 14 年间研究区的社会经济发展与城乡扩张占用了大量的耕地，而耕地数量没有得到补充。草地、林地面积呈减少态势且减少幅度较小，但均出现小幅度增长后减少的情况。林地为研究区主要用地类型，面积比重最大，水域和未利用地面积占研究区总面积的比重最少且面积增长幅度微弱。

1. 土地利用动态度分析

1）土地利用类型单一动态度

土地利用类型单一动态度可以体现某一地区土地利用变化程度，其计算公式为

$$K = \frac{U_{\mathrm{b}} - U_{\mathrm{a}}}{U_{\mathrm{a}}} \times \frac{1}{T} \times 100\% \tag{10.1}$$

式中，K 为某种土地利用类型单一动态度；U_a 和 U_b 分别为研究期初和期末某一土地利用类型的面积；T 为研究时段。

表 10.2　2005～2018 年土地利用类型面积

年份	统计类型	耕地	林地	草地	水域	建设用地	未利用地	总计
2005	面积/km²	26907	69950	7032	1851	2579	30	108350
	比重/%	24.83	64.56	6.49	1.71	2.38	0.03	100.00
2010	面积/km²	26816	70006	6969	1867	2662	30	108350
	比重/%	24.75	64.61	6.43	1.72	2.46	0.03	100.00
2015	面积/km²	26571	69753	7029	1880	3081	35	108350
	比重/%	24.52	64.38	6.49	1.74	2.84	0.03	100.00
2018	面积/km²	26359	69634	6956	1905	3463	32	108350
	比重/%	24.33	64.27	6.42	1.76	3.20	0.03	100.00

由表 10.3 和图 10.3 可知，2005～2018 年建设用地单一动态度值持续增大且一直保持在最高位，说明建设用地变化幅度最大，面积持续增加且增量最多；而耕地的变化趋势与建设用地相反，其单一动态度一直为负值并持续减小，2010～2015 年、2015～2018 年，耕地单一动态度的绝对值最大，表明耕地面积持续减少且减少面积最大；林地单一动态度值持续减小且减小程度微弱，2010～2015 年、2015～2018 年，林地的绝对值最小，表明林地面积持续减少但减少面积最少；水域单一动态度先略微减少后增加，且均为正值，水域面积不断增加，在 2010～2015 年期间面积增加幅度最小；草地与未利用地的单一动态度都出现急剧增长后急剧减少的情况，说明在研究期间内草地与未利用地变化不稳定，面积有增有减。

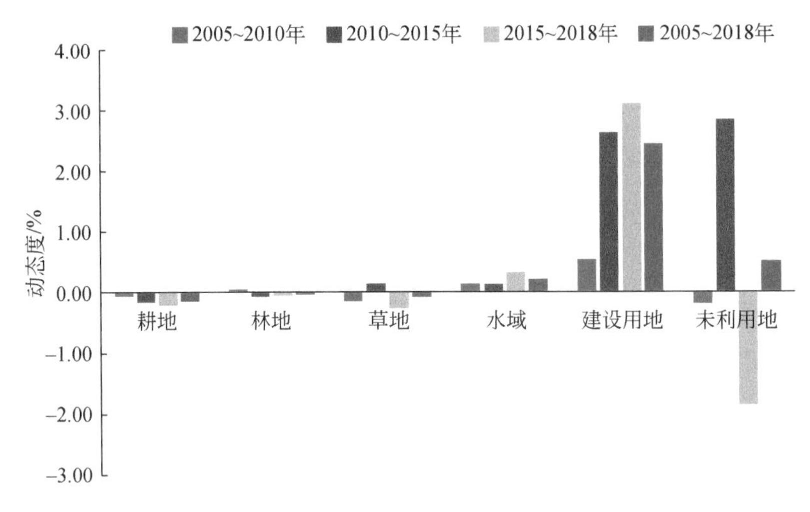

图 10.3　不同土地利用类型动态度

表 10.3　2005～2018 年土地利用类型单一动态度　（单位：%）

土地利用类型	2005～2010 年	2010～2015 年	2015～2018 年	2005～2018 年
耕地	−0.06	−0.15	−0.20	−0.15
林地	0.01	−0.06	−0.04	−0.03
草地	−0.15	0.14	−0.26	−0.08
水域	0.14	0.12	0.33	0.21
建设用地	0.54	2.63	3.09	2.45
未利用地	−0.20	2.85	−1.86	0.50

2）土地利用类型综合动态度

土地利用类型综合动态度能够用来计算不同期间土地利用变化的发展趋势，其计算公式如下：

$$LC=\left|\frac{\sum_{i=1}^{n}\Delta LU_{i-j}}{2\sum_{i=1}^{n}LU_i}\right|\times\frac{1}{T}\times100\% \tag{10.2}$$

式中，LC 为土地利用类型综合动态度；LU_i 为研究期初第 i 种地类土地面积；ΔLU_{i-j} 为研究期内第 i 种地类土地面积转换为其他地类面积的绝对值；T 为研究时段。

表 10.4 2005～2018 年土地利用类型综合动态度 （单位：%）

年份	土地利用类型综合动态度
2005～2010	0.0927
2010～2015	0.0454
2015～2018	0.2106
2005～2018	0.1109

由表 10.4 可知，2005～2018 年，研究区土地利用类型综合动态度先缓慢减小后迅速增大，2005～2015 年研究区土地利用类型综合动态度变化较缓慢，在 2015～2018 年综合动态度达到最大值，表明随着未来社会经济的进一步提升，如不对土地利用进行管控，土地利用综合变化速度将会加快。

2. 土地利用转移分析

应用 ArcGIS 软件将四期的土地利用类型数据进行空间叠加分析，最终得到研究区 2005～2018 年土地利用转移矩阵。由表 10.5 可知，2005～2010 年，各土地利用类型转化为林地的面积最大（91.792km^2），建设用地次之（85.4885km^2）。林地和耕地是建设用地面积增大的两大贡献者，耕地面积减小幅度最大。建设用地转入面积大而转出面积极少，使得 2005～2010 年建设用地增加明显。水域与未利用地转移面积变化不大。

表 10.5 2005～2010 年研究区土地利用类型转移矩阵表 （单位：km^2）

2005 年	2010 年						
	草地	耕地	建设用地	林地	水域	未利用地	总计
草地	6968.0992	0.1471	7.6055	55.0366	1.0854	0.0000	7031.9738
耕地	0.4105	26813.7346	50.0483	33.1895	9.8487	0.0008	26907.2324
建设用地	0.0174	0.5805	2576.5468	1.2103	0.6252	0.0001	2578.9803
林地	0.7671	1.0234	25.5461	69914.2883	8.5583	0.0031	69950.1863
水域	0.0233	0.1633	2.2878	2.3491	1846.2686	0.0000	1851.0921
未利用地	0.0000	0.0004	0.0008	0.0065	0.3564	29.9616	30.3257
总计	6969.3175	26815.6493	2662.0353	70006.0803	1866.7426	29.9656	108349.7906

由表 10.6 可以看出，2010～2015 年建设用地面积增长迅速且增量最大，林地和耕地仍然是建设用地面积增加的最大贡献者，两者转化为建设用地的面积共 371.9847km^2，耕地贡献度最大。林地转为草地的面积较大，仅次于转为建设用地的面积，同时，林地也是草地面积增加的最大贡献者。在这一期间，耕地总体上处于输出状态，耕地面积大幅度减少而由其他地类转化为耕地的面积极少。其余土地利用类型之间的转换不明显。

如表 10.7 所示，2015～2018 年，在所有土地利用类型中，林地转换为耕地的面积最大，面积为

580.9379km^2，耕地转向林地的面积次之，面积为 563.7612km^2。耕地面积变化幅度最明显，转出面积为 1073.4313km^2，转入面积为 861.9010km^2，耕地面积减少了 211.5303km^2，减少面积最大。建设用地净增加面积达 381.1829km^2，耕地转入面积达 861.9010km^2。

表 10.6 2010～2015 年研究区土地利用类型转移矩阵表 （单位：km^2）

2010 年	2015 年						
	草地	耕地	建设用地	林地	水域	未利用地	总计
草地	6923.2069	0.5286	35.7661	2.8187	6.9643	0.0292	6969.3138
耕地	2.3723	26558.3156	239.3136	5.4325	10.0159	0.1828	26815.6327
建设用地	0.2483	1.8226	2658.9637	0.5712	0.4244	0.0008	2662.0310
林地	101.1192	9.5174	132.6711	69743.4979	15.7597	3.4544	70006.0197
水域	2.1847	0.6387	13.6928	0.5821	1846.8653	2.6924	1866.6560
未利用地	0.0000	0.0147	0.9451	0.0011	0.2917	28.7130	29.9656
总计	7029.1314	26570.8376	3081.3524	69752.9035	1880.3213	35.0726	108349.6188

表 10.7 2015～2018 年研究区土地利用类型转移矩阵表 （单位：km^2）

2015 年	2018 年						
	草地	耕地	建设用地	林地	水域	未利用地	总计
草地	6693.0697	65.8162	45.3944	206.3568	18.3346	0.1690	7029.1407
耕地	65.5634	25497.4138	377.0479	563.7612	66.6903	0.3685	26570.8451
建设用地	14.3530	147.1962	2871.5617	31.1332	17.1393	0.0476	3081.4310
林地	168.5247	580.9379	147.6610	68785.4634	69.7418	0.6182	69752.9470
水域	11.4588	67.6274	20.8758	47.0062	1733.2743	0.1742	1880.4167
未利用地	2.7186	0.3233	0.0733	0.6237	0.2508	31.0918	35.0815
总计	6955.6882	26359.3148	3462.6141	69634.3445	1905.4311	32.4693	108349.8620

根据表 10.8 得出，2005～2018 年，由于大面积耕地和林地转为建设用地面积较大而建设用地转为其他土地利用类型的面积较少，建设用地面积增长幅度最大且净增加面积最大。耕地与林地之间的转化接近平衡，耕地转化为建设用地的面积大于转化为林地的面积。

表 10.8 2005～2018 年研究区土地利用类型转移矩阵表 （单位：km^2）

2005 年	2018 年						
	草地	耕地	建设用地	林地	水域	未利用地	总计
草地	6641.7983	65.8638	86.7266	212.2751	25.1262	0.1794	7031.9694
耕地	71.8413	25496.3010	658.9591	594.9524	84.6280	0.5308	26907.2126
建设用地	9.9516	142.9295	2382.9014	26.5273	16.6236	0.0392	2578.9726
林地	220.6475	586.2755	296.9241	68752.2661	92.1901	1.8018	69950.1051
水域	10.9622	67.6093	36.0230	47.7057	1685.8643	2.7959	1850.9604
未利用地	0.4773	0.3246	0.9940	0.5571	0.8593	27.1135	30.3258
总计	6955.6782	26359.3037	3462.5282	69634.2837	1905.2915	32.4606	108349.5459

10.5 生态系统服务时空变化分析

10.5.1 土壤保持

1. 模型原理及方法

首先，计算土壤潜在侵蚀量，其具体公式如下：

$$\mathrm{RKLS}=R\times K\times \mathrm{LS} \tag{10.3}$$

其次，计算实际土壤侵蚀量，具体公式如下：

$$\mathrm{USLE}=R\times K\times \mathrm{LS}\times P\times C \tag{10.4}$$

最后，由式（10.3）和式（10.4）得到土壤保持量，计算方法如下：

$$\mathrm{SD}=\mathrm{RKLS}-\mathrm{USLE} \tag{10.5}$$

式中，SD 为土壤保持量 [t/（hm^2·a）]；RKLS 为土壤潜在侵蚀量 [t/（hm^2·a）]；USLE 为实际土壤侵蚀量 [t/（hm^2·a）]；R 为降水侵蚀力因子 [MJ·mm/（hm^2·h·a）]；K 为土壤可蚀性因子 [t·hm^2·h/（hm^2·MJ·mm）]；LS 为坡度及坡长因子；C 为植被覆盖和管理因子；P 为水土保持措施因子。

土壤保持模块数据获取方式见表 10.9。

表 10.9 InVEST 土壤保持模块所需数据来源

数据源	直接数据	处理后所得数据
地理空间数据云	Landsat-8 遥感影像	土地利用类型数据（30m 分辨率）
	30m 分辨率 DEM 数据	DEM 数据（30m 分辨率） 流域边界
中国气象数据网	日降水量	降水侵蚀力因子
中国寒区旱区数据资源中心	世界土壤数据库（HWSD）中国土壤数据集	土壤可蚀性因子

A. 降水侵蚀力因子（R）

降水侵蚀力为 USLE 模型中的一个主要影响因子。本章参考前人的研究成果等所提出的方法来计算降水侵蚀力因子 R，本章采用 1996～2000 年、2001～2005 年、2006～2010 年、2011～2015 年、2016～2018 年 5 个时段的多年平均降水量数据，来分别计算 2000 年、2005 年、2010 年、2015 年和 2018 年降水侵蚀力因子 R，计算公式如下：

$$R=\sum_{i=1}^{12}\left[1.735\times 10^{\left(1.5\lg\frac{P_i^2}{P}-0.8188\right)}\right] \tag{10.6}$$

式中，P 为年均降水量（mm）；P_i 为月均降水量（mm）。R 乘以系数 17.02 得到最终值（Wischmeier and Smith，1958）。首先计算出研究区范围内各站点的月均降水量，应用 ArcGIS 软件中的反距离权重法进行月均降水量插值（图 10.4）。

B. 土壤可蚀性因子（K）

土壤可蚀性因子能够体现出不同性质土壤的侵蚀敏感程度，土壤质地、有机质含量等属性将会影响某区域土壤可蚀性的值。在参考前人研究成果的基础上，本节采用 EPIC 模型中的公式进行计算，再根据相关研究成果进行校正，最终得到土壤可蚀性栅格数据（表 10.10）。

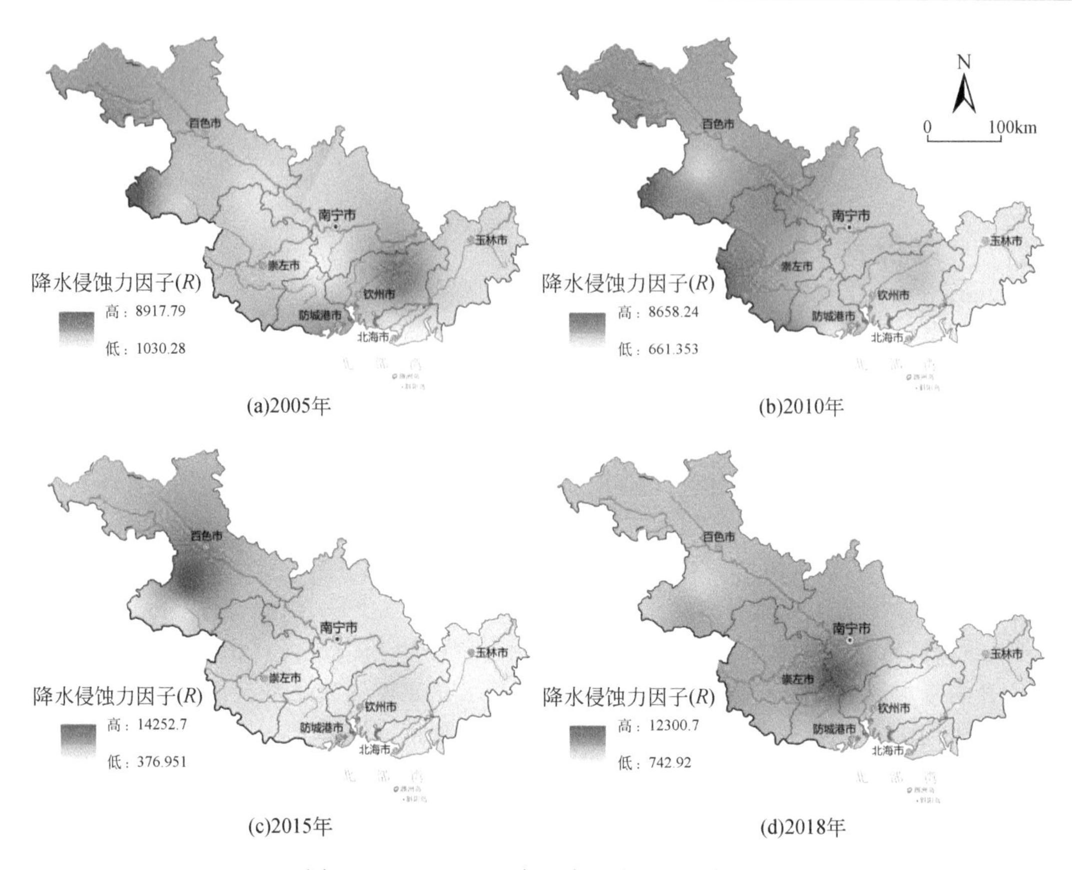

图 10.4　2005～2018 年研究区降水侵蚀力因子

降水侵蚀力因子的单位为 MJ•mm/（hm²•h•a）

$$K_{\mathrm{EPIC}}=\{0.2+0.3\exp[-0.0256m_{\mathrm{s}}(1-m_{\mathrm{silt}}/100)]\}\times[m_{\mathrm{silt}}/(m_{\mathrm{c}}+m_{\mathrm{silt}})]^{0.3}$$
$$\times[1-0.25C_{\mathrm{org}}+\exp(3.72-2.95C_{\mathrm{org}})]\times(1-0.7(1-m_{\mathrm{s}}/100)\tag{10.7}$$
$$/\{(1-m_{\mathrm{s}}/100)+\exp[-5.51+22.9(1-m_{\mathrm{s}}/100)]\})$$

$$K=(-0.01383+0.51575K_{\mathrm{EPIC}})\times0.1317\tag{10.8}$$

式中，m_{s}、m_{silt}、m_{c} 和 C_{org} 分别为砂粒（0.05～2.0mm）、粉粒（0.002～0.05mm）、黏粒（<0.002mm）的比重（%）和 0～30cm 土层有机碳百分含量（%）。

表 10.10　2005～2018 年研究区土壤可蚀性因子

行政单元	兴宁区	青秀区	江南区	西乡塘区	良庆区	邕宁区	武鸣区	隆安县	马山县	上林县
K	0.0126	0.0126	0.0159	0.0149	0.0168	0.0136	0.0143	0.0154	0.0147	0.0144
行政单元	宾阳县	横县	海城区	银海区	铁山港区	合浦县	港口区	防城区	上思县	东兴市
K	0.0139	0.0140	0.0142	0.0146	0.0150	0.0168	0.0146	0.0153	0.0139	0.0140
行政单元	钦南区	钦北区	灵山县	浦北县	玉州区	福绵区	容县	陆川县	博白县	兴业县
K	0.0155	0.0165	0.0155	0.0134	0.0159	0.0146	0.0137	0.0137	0.0139	0.0132
行政单元	北流市	右江区	田阳区	田东县	平果市	德保县	那坡县	凌云县	乐业县	田林县
K	0.0144	0.0127	0.0141	0.0149	0.0142	0.0140	0.0140	0.0136	0.0123	0.0144
行政单元	西林县	隆林各族自治县	靖西市	江州区	扶绥县	宁明县	龙州县	大新县	天等县	凭祥市
K	0.0150	0.0146	0.0141	0.0145	0.0150	0.0142	0.0147	0.0145	0.0153	0.0166

C. 坡度及坡长因子（LS）

坡度及坡长因子能够体现出地形地貌对土壤侵蚀的影响程度。DEM 数据经过填洼处理后，应用 InVEST

模型对填洼处理后的 DEM 数据和汇水累积量阈值自动提取坡度及坡长因子。

D. 植被覆盖和管理因子（*C*）

C 的范围介于 0～1。本章基于相关文献资料及与研究区相似地区的研究成果，对不同土地利用类型赋予其相应的 *C* 值（表 10.11）。

E. 水土保持措施因子（*P*）

在前人研究的基础上，根据研究区土地利用实际情况，确定相应的土地利用类型的 *P* 值（表 10.11）。*P* 值范围在 0～1，*P* 值越大，水土保持措施因子值越低。

表 10.11　不同土地利用类型 *C* 值和 *P* 值

土地利用类型代码	土地利用类型	*C* 值	*P* 值
1	耕地	0.3	0.2
2	林地	0.05	1
3	草地	0.3	1
4	水域	0	0
5	建设用地	0	1
6	未利用地	1	1

2. 土壤保持空间分布格局分析

由图 10.5 可知，2005～2018 年研究区土壤保持空间分布格局略有变化，空间上总体呈现西北部高、中部和东南部低的分布趋势。2005～2018 年土壤保持量整体上呈增长趋势，在研究区产水量高值区域略有增长，增长区域逐渐由西北部、西部、南部向中部发展，其高值区域主要分布在西北部的百色地区、南部

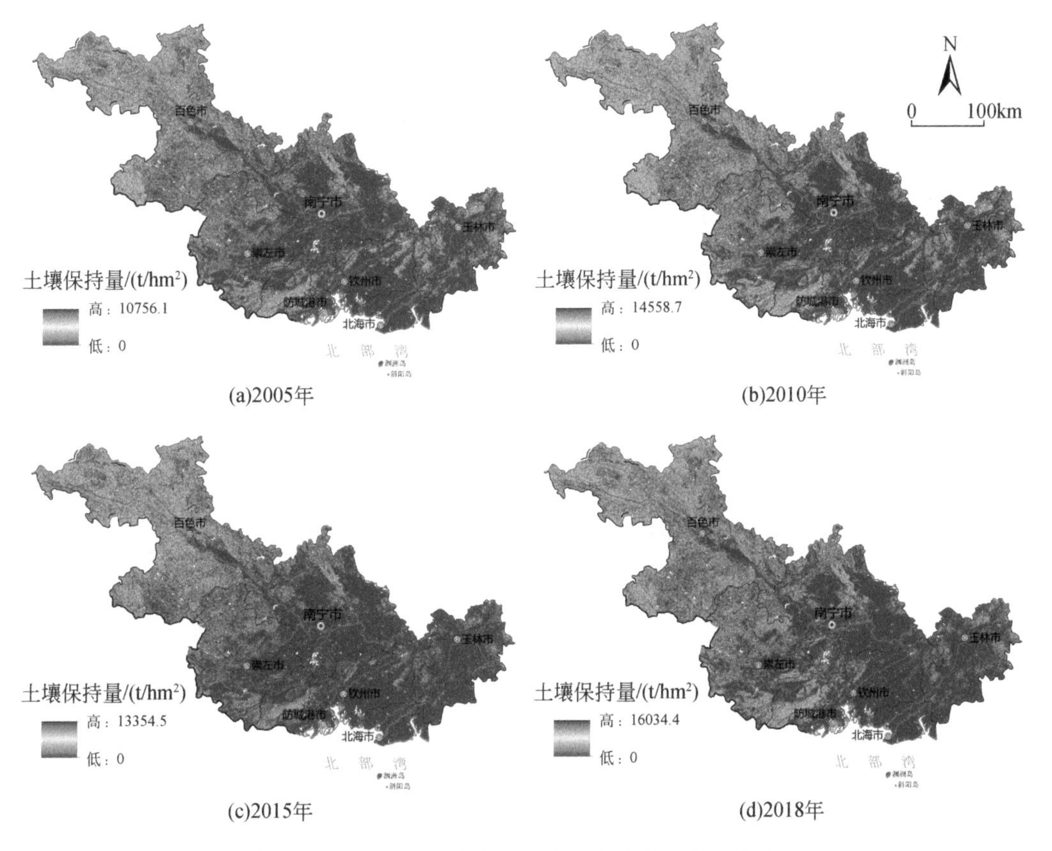

图 10.5　2005～2018 年间研究区土壤保持空间分布格局

的防城港地区与北部南宁地区，中部与东部地区零星出现一些高值区域。土壤保持低值区域逐渐缩小，仍集中分布在中部、东部与东南部地区，呈现在左江—右江—邕江—南流江等河谷沿岸与北部湾沿海地带集中分布的态势。

研究区内土壤保持服务具有明显的空间分异性，土壤保持高值区域主要集中在西北部的百色地区、南部的防城港地区与中部南宁地区，该区域地表覆盖以林地为主，自然植被覆盖率高，是各自然保护区、森林公园及林业管护区的集聚地。土壤保持低值区域则集中分布在人类活动相对频繁、工农业相对发达的河谷沿岸地带与北部湾沿海地带，该地区以建设用地、耕地为主，地势较为平坦，自然植被面积较小，人为活动频繁，土壤保持量低。研究发现，研究区内植被高覆盖区域为土壤保持高值区，地势较为平坦、耕地连片、经济社会较为发达的河谷盆地与北部湾沿海区域则为土壤保持低值区。研究区的土壤保持值的大小与该地区气候、地形地貌、经济发展水平与人类活动有关。

10.5.2 产水量

1. 模型原理及方法

产水量即每个栅格单元的降水量减去蒸散量的差值，产水服务模型的计算过程如下：

$$Y_{xj}=\left(1-\frac{\mathrm{AET}_{xj}}{P_x}\right)\times P_x \tag{10.9}$$

$$\frac{\mathrm{AET}_{xj}}{P_x}=\frac{1+\omega_x R_{xj}}{1+\omega_x R_{xj}+1/R_{xj}} \tag{10.10}$$

$$\omega_x=Z\frac{\mathrm{AWC}_x}{P_x} \tag{10.11}$$

$$R_{xj}=\frac{K_{xj}\times \mathrm{ET}_0}{P_x} \tag{10.12}$$

$$\mathrm{AWC}_x=M_{in}\left(\mathrm{MSD}_x,\mathrm{RD}_x\right)\times \mathrm{PAWC}_x \tag{10.13}$$

式中，Y_{xj}为土地利用类型j栅格单元x的年产水量（m^3）；AET_{xj}为土地利用类型j栅格单元x的年均蒸散发量（mm）；P_x为栅格单元x的年均降水量（mm）；AET_{xj}/P_x为Zhang系数，为Budyko曲线的近似算法；ω_x为表征自然气候-土壤性质的非物理参数；R_{xj}为土地利用类型j栅格单元x的干燥指数；ET_0为潜在蒸散量；K_{xj}为土地利用类型j栅格单元x的植被蒸散系数；Z系数为季节性因子；AWC_x为可利用水量（m^3）；MSD_x为最大土壤深度（mm）；RD_x为根系深度（mm）；$PAWC_x$为植物可用水量（m^3）。

2. 数据来源与处理

水源供给模块数据获取途径和方式见表10.12。

表 10.12 InVEST 模型产水服务模块所需数据来源

数据源	直接数据	处理后所得数据
地理空间数据云	Landsat-8 遥感影像	土地利用类型数据（30m 分辨率）
	30m 分辨率 DEM 数据	流域边界
中国气象数据网	日均降水量、日均气温、日均蒸发量、日均太阳辐射	年均降水量 潜在蒸散量
中国寒区旱区数据资源中心	世界土壤数据库（HWSD）中国土壤数据集	土壤深度 植被可利用水含量

1）年均降水量（P）

年均降水量由研究区内 13 个气象站点 2001～2018 年的降水量数据计算所得，基于 ArcGIS 软件，利用反距离权重法对数据进行空间差值，得到研究区年均降水量栅格数据（图 10.6）。

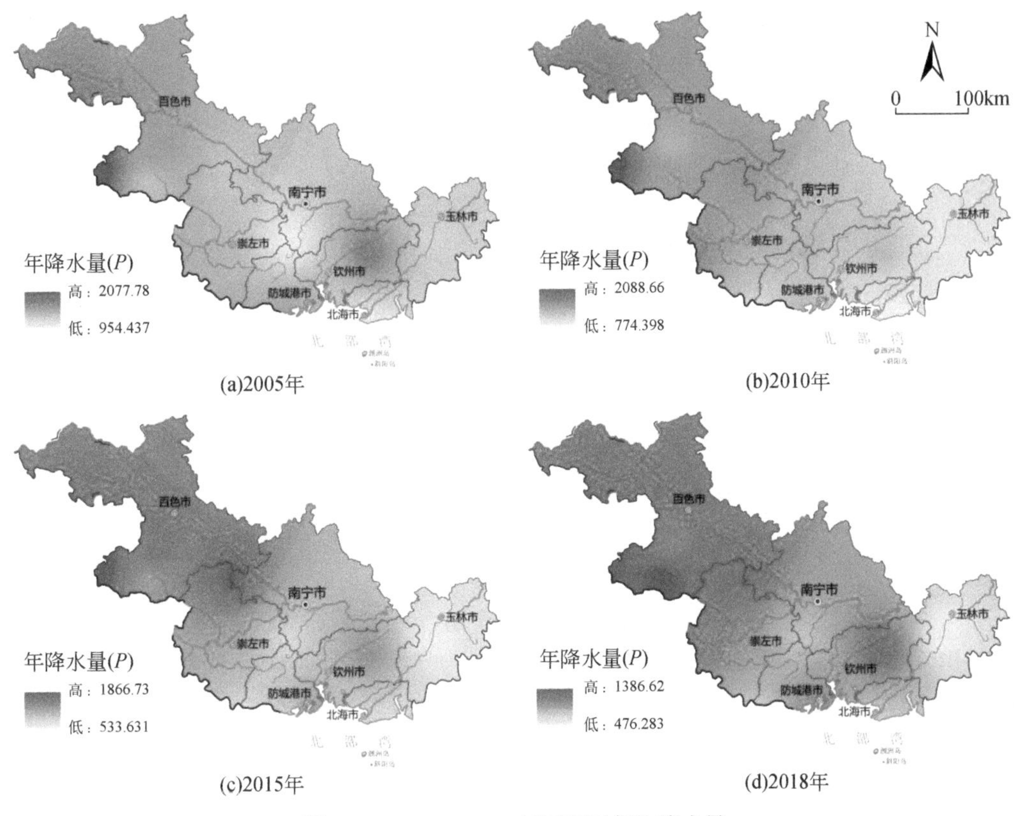

图 10.6　2005～2018 年研究区年均降水量

2）潜在蒸散量

潜在蒸散量指矮秆绿色植物全部遮挡地表时，地表土壤能保持充沛水分状态的蒸散量。估算潜在蒸散量的方法主要有修正的哈格里夫斯法（Modified-Hargreaves）、桑斯维特法（Thornthwaite）、哈格里夫斯法（Hargreaves）、Penman-Monteith 法（P-M 法）等。P-M 法需要大量数据的支持，一些数据获取难度大，存在一定的限制。通过计算对比，本章选用 Modified-Hargreaves 法来计算研究区域潜在蒸散量 ET_0（图 10.7）。

$$ET_0=0.0013\times0.408\times RA\times\left(T_{avg}+17\right)\times\left(TD-0.0123P\right)^{0.76} \tag{10.14}$$

式中，ET_0 为潜在蒸散量（mm/d）；RA 为太阳大气顶层辐射［MJ/（m^2•d）］，运用气象站太阳总辐射数据计算可得；T_{avg} 为日最高气温平均值与日最低气温平均值的均值（℃）；TD 为日最高气温平均值与日最低气温平均值之差（℃）；P 为月平均降水量。

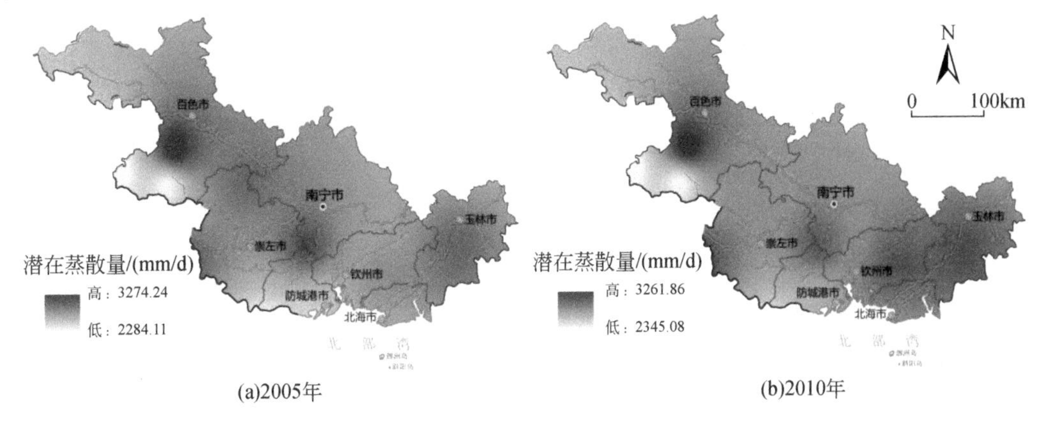

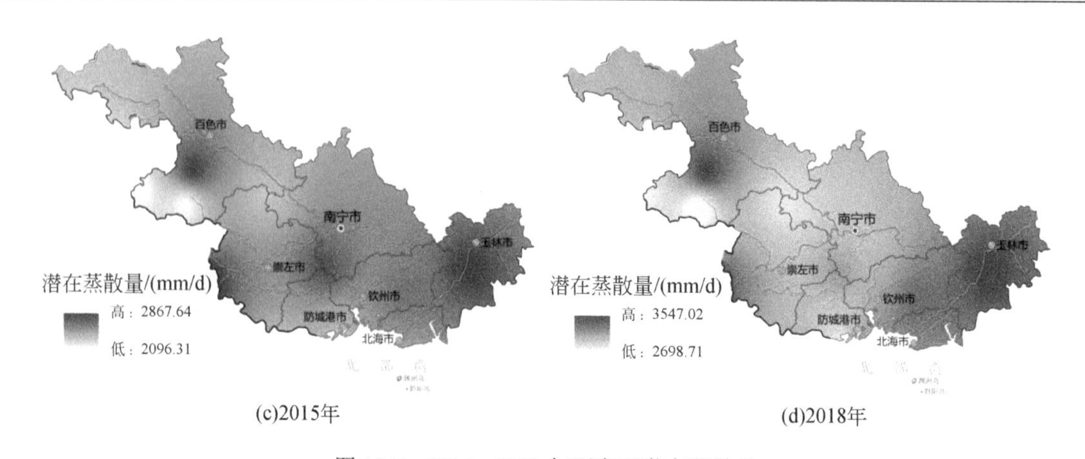

(c)2015年　　(d)2018年

图 10.7　2005～2018 年研究区潜在蒸散量

3）植被可利用水含量（AWC）

植被可利用水含量为田间持水量（FMC）和永久萎蔫系数（WC）的差值，计算公式如下：

$$\begin{aligned}\mathrm{FMC} &= 0.003075\times\mathrm{Sand}+0.005886\times\mathrm{Silt}+0.008039\times\mathrm{Clay}\\ &\quad +0.002208\times\mathrm{OM}-0.1434\times\mathrm{BD}\end{aligned} \tag{10.15}$$

$$\begin{aligned}\mathrm{WC} &= -0.000059\times\mathrm{Sand}+0.001142\times\mathrm{Silt}+0.005766\times\mathrm{Clay}\\ &\quad +0.002208\times\mathrm{OM}+0.02671\times\mathrm{BD}\end{aligned} \tag{10.16}$$

$$\mathrm{AWC}=\mathrm{FMC}-\mathrm{WC} \tag{10.17}$$

式中，Sand、Silt、Clay、OM 和 BD 分别为砂粒含量（%）、粉粒含量（%）、黏粒含量（%）、有机质含量（%）和土壤容重（g/cm^3）。

4）土壤深度

土壤深度数据来源于中国寒区旱区数据资源中心的世界土壤数据库（HWSD）中国土壤数据集，可应用 ArcGIS 软件导出土壤深度等属性数据。

5）其他参数

根系深度和蒸散系数根据前人研究成果确定（表 10.13）。季节常数即 Zhang 系数，取值范围在 1～10。在模型所需数据一致的基础上，输入不同的系数试验运算，对生成的产水量结果进行校验。经过多次验证，发现 Zhang 系数为 5 时，模型计算出的产水结果与实际情况较为贴近。

表 10.13　生物物理参数表

土地利用类型代码	土地利用类型	root_depth	Ke	LULC_veg
1	耕地	2000	0.65	1
2	林地	1700	0.65	1
3	草地	7000	1	1
4	水域	500	0	1
5	建设用地	500	0.3	0
6	未利用地	300	0	1

注：root_depth 为根系深度；Ke 为蒸散系数；LULC_veg 为植被代码。

3. 产水量空间分布格局分析

由图 10.8 可知，2005～2018 年研究区西北部产水量较高，东南沿海较低，产水量总体上表现出从西北向东南逐渐减少的态势，研究区多年平均产水量在 422.5408～826.9377mm，产水量最大值呈现先增大后减小的趋势，而最小值不断减小。

从空间分布上看，研究区产水量高值区主要分布在降水充沛、森林繁茂且分布广泛的西北部自然保护区，如岑王老山国家级自然保护区、金钟山自然保护区；而产水量较低的区域则主要集中在人类活动频繁且耕地、建设用地集中连片的左江—右江—邕江—南流江等河谷地带以及北部湾沿海地带，这些地区降水量大、年蒸发量小，人类活动干扰较弱且土地利用程度低，产水服务功能较低。这种分布格局与研究区内土壤保持分布格局大体一致，可能与研究区降水量、森林分布格局、土地利用类型有关，也间接反映出森林生态系统在区域产水功能中的重要性。

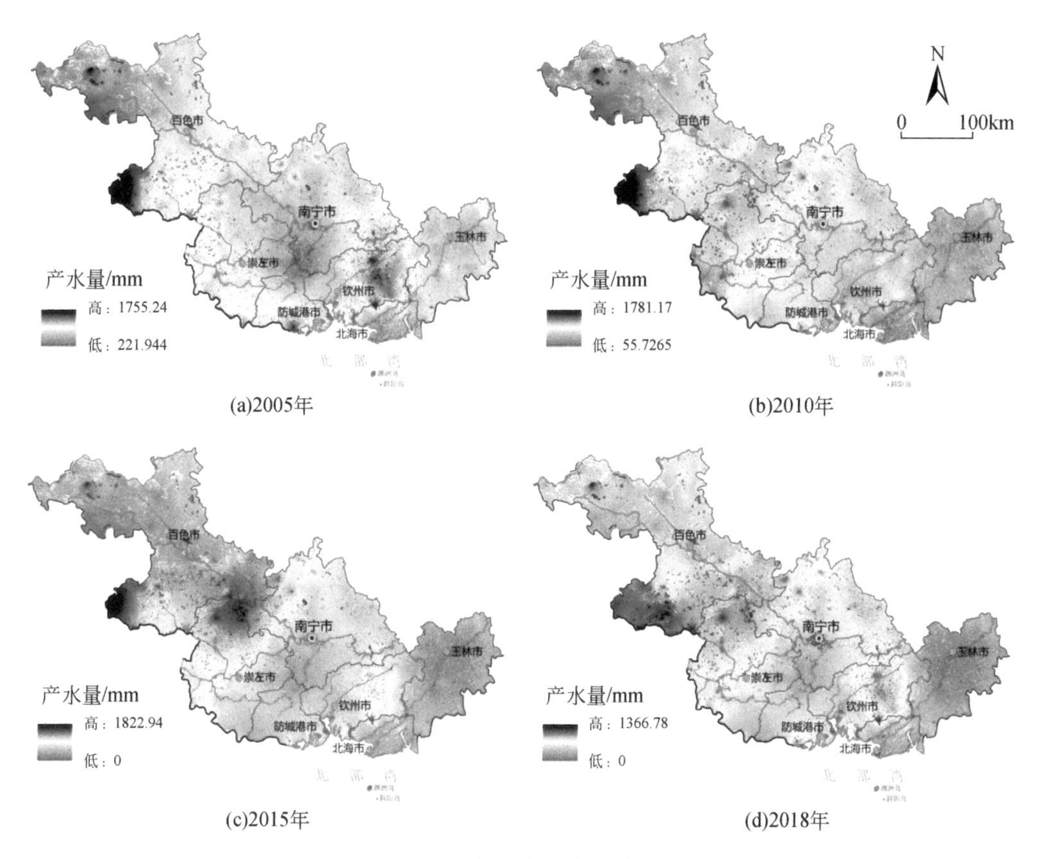

图 10.8　2005～2018 年研究区产水量空间分布格局

10.5.3　碳储量

1. 模型原理及方法

InVEST 模型中的碳储量模块主要包括地上部分碳储量（C_{above}）、地下部分碳储量（C_{below}）、土壤碳储量（C_{soil}）与死亡有机碳储量（C_{dead}）四类基本碳库。模型的计算公式如下：

$$C_{tot} = C_{above} + C_{below} + C_{soil} + C_{dead} \tag{10.18}$$

式中，C_{tot} 为总碳储量；C_{above} 为地上部分碳储量；C_{below} 为地下部分碳储量；C_{soil} 为土壤碳储量；C_{dead} 为死亡有机碳储量。

2. 碳储量空间分布格局分析

由图 10.9 可知，2005～2018 年研究区生态系统具有较高的碳储存能力，碳储量呈现先增多后减少的趋势，碳储量增多与减少的幅度较小。

2005 年、2010 年、2015 年、2018 年研究区总碳储量依次约为 313.83×10^6t、313.77×10^6t、312.66×10^6t、311.88×10^6t，平均碳密度依次约为 28.9135t/hm^2、28.9079t/hm^2、28.8059t/hm^2、28.7336t/hm^2。研究期内，碳储量减少了 1.95×10^6t，减幅达 0.62%，表明研究区碳储存生态服务功能略微减弱，但变化幅度

较小。2005～2018 年，研究区碳储量的空间分布格局较为稳定，变化不大。碳储量高值区域广泛分布在研究区内森林覆盖率比较高的市（县、区），如凭祥市、右江区、凌云县、乐业县等；碳储量低值区域主要分布在左江—右江—邕江—南流江等河谷沿岸地带与北部湾东南部沿海地带的县（区）。

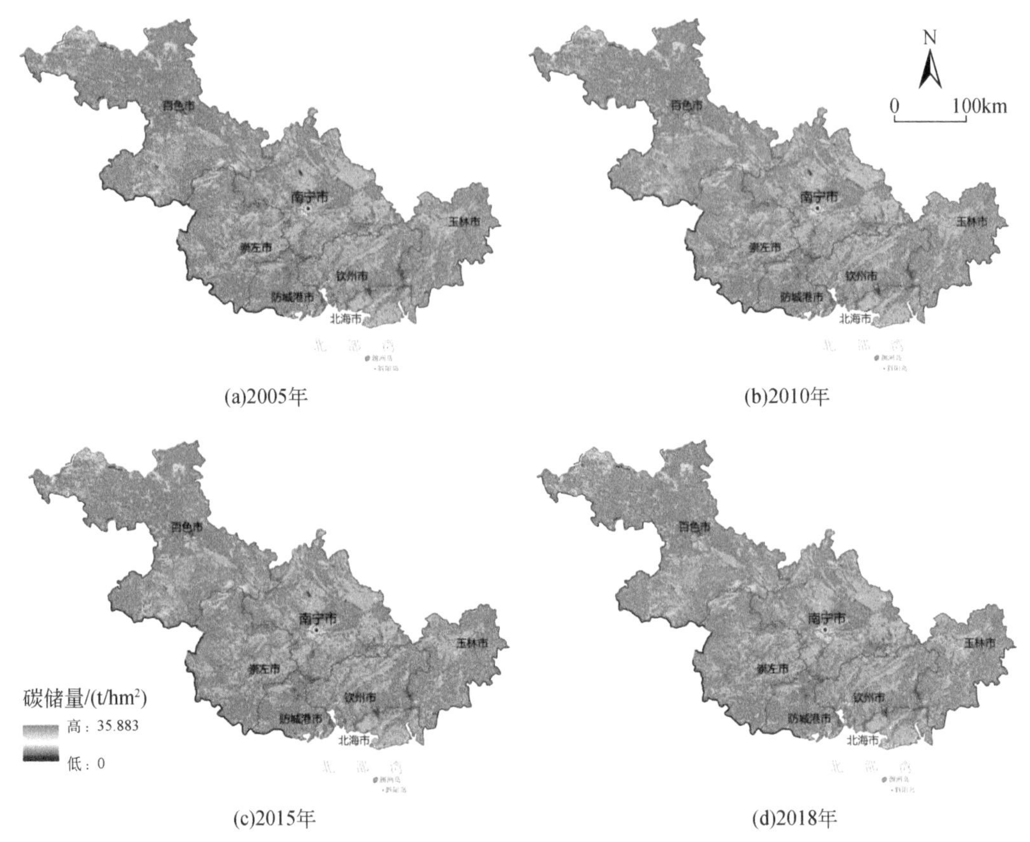

(a)2005年　(b)2010年

(c)2015年　(d)2018年

2005年、2010年、2015年、2018年Landsat8遥感影像、DEM数据来源于地理空间数据云；2005年、2010年、2015年、2018年土壤数据来源于寒区旱区科学数据中心；图上专题内容为作者根据2005年、2010年、2015年、2018年Landsat8遥感影像、DEM、土壤数据推算出来的结果，不代表官方数据。

图 10.9　2005～2018 年研究区碳储量空间分布格局

2005～2018 年研究区碳储量格局变化不大，总体呈现先增多后减少的趋势。碳储存功能较高的区域在研究区内分布广泛，主要集中在林木覆盖区域。植被的类型、覆盖度、根系深度等在很大程度上影响生态系统碳储存能力的大小，研究区内分布着大面积林地的区域则为碳储量高值区域，如自然保护区、森林公园及林业管护区，因而林地是碳储存能力最强的一种土地利用类型；碳储量低值区域多是城镇区与农业区，这些区域人类开发建设活动频繁，地表破坏强度大，植被覆盖度低，导致碳储存能力较低。由此可见，林地生态系统对碳储存能力具有重要影响。

10.5.4　生境质量

1. 模型原理及方法

生境质量（habitat quality，HQ）可体现出一个区域生物多样性水平的高低。InVEST 模型的生境质量模块是通过设置各种用地类型对威胁因子的敏感性、外界因子的威胁度、威胁因子的影响距离和影响权重等来计算每个栅格的生境情况，其计算公式如下：

$$Q_{xj} = H_j \left[1 - \left(\frac{D_{xj}^z}{D_{xj}^z + k^z} \right) \right] \tag{10.19}$$

式中，Q_{xj} 为土地利用类型 j 栅格单元 x 的生境质量；H_j 为土地利用类型 j 的生境适宜度；D_{xj} 为土地利用类型 j 栅格单元 x 的生境退化程度；k 为半饱和系数；z 为模型默认的归一化常数。

2. 数据处理

InVEST 模型生境质量模块所需数据见表 10.14。

表 10.14 生境质量模块运行所需数据表

数据源	直接数据	处理后所得数据	数据格式
地理空间数据云	Landsat-8 遥感影像	土地利用类型数据（30m 分辨率）	栅格
土地利用类型数据 道路数据	—	威胁源数据（30m 分辨率）	栅格
模型指南	—	生境敏感性数据	.csv
模型指南	—	威胁因子数据	.csv
模型指南	—	半饱和参数	常数 0.5

1）威胁因子

根据研究区的土地利用实际情况，本节选取城镇建设用地、农村居民点、耕地、国道省道、县乡道路五类威胁因子。依据前人研究成果，并参考 InVEST 模型用户手册中的案例与数据，对研究区威胁因子进行参数设置，见表 10.15。

表 10.15 威胁因子属性表

威胁因子	MAX_DIST	权重	DECAY	说明
prds	2	0.6	linear	国道省道
srds	0.5	0.5	linear	县乡道路
city	6	0.8	exponential	城镇建设用地
resid	3	0.7	exponential	农村居民点
crop	1	0.5	exponential	耕地

注：MAX_DIST 为各威胁因子对生境质量的最大威胁距离（单位：km）；权重为各威胁因子对生境质量的影响相比于其他威胁因子的重要性程度；DECAY 为衰退线性相关性，linear 表示线性型衰减，exponential 表示指数型衰减。

2）土地利用类型对威胁因子的敏感性参数

生态系统中不同的土地利用类型对威胁因子有不同的敏感性，根据各土地利用类型的生态重要性，设定其敏感度取值范围为［0，1］，0 代表该土地利用类型对威胁因子无敏感性，1 代表该土地利用类型对威胁因子敏感性极大。结合前人研究成果与 InVEST 模型的实例，根据研究区实际情况，对威胁因子敏感度赋值，见表 10.16。

表 10.16 各土地利用类型对威胁因子的敏感度

代码	地类名称	生境适宜度	L_prds	L_srds	L_city	L_resid	L_crop
11	有林地	0.4	0.5	0.6	0.6	0.5	0
21	灌木林地	0.9	0.9	0.7	0.9	0.7	0.6
22	疏林地	0.8	0.8	0.6	0.8	0.6	0.5
23	其他林地	0.7	0.7	0.5	0.7	0.5	0.4
24	草地	0.7	0.7	0.5	0.7	0.5	0.4
31	耕地	0.6	0.7	0.5	0.4	0.3	0.5
41	河渠	0.9	0.7	0.6	0.8	0.7	0.5
42	湖泊	0.8	0.6	0.5	0.7	0.6	0.4

续表

代码	地类名称	生境适宜度	L_prds	L_srds	L_city	L_resid	L_crop
43	水库坑塘	0.8	0.6	0.5	0.7	0.6	0.4
45	滩涂	0.5	0.2	0.1	0.2	0.1	0.3
46	滩地	0.5	0.2	0.1	0.2	0.1	0.3
51	建设用地	0	0	0	0	0	0
61	未利用地	0	0	0	0	0	0

注：L_prds 为土地利用类型对国道省道威胁因子的敏感度；L_srds 为土地利用类型对县乡道路威胁因子的敏感度；L_city 为土地利用类型对城镇建设用地威胁因子的敏感度；L_resid 为土地利用类型对农村居民点威胁因子的敏感度；L_crop 为土地利用类型耕地威胁因子的敏感度。

3. 生境质量空间分布格局分析

由图 10.10 可得，2005～2018 年研究区生境质量整体呈现西北高、东南低、高低相间的分布特征，研究区西北部、西南部与东部为生境质量较高的区域，生境质量指数在 0.8 左右，且西北部地区的生境质量逐渐增强，西南部与东部的生境质量较稳定；生境质量较低的区域主要集中在左江—右江—邕江—南流江等河谷沿岸地带、北部湾东南部沿海地带以及中部南宁盆地内，生境质量低值区的面积与空间分布格局变化不大。

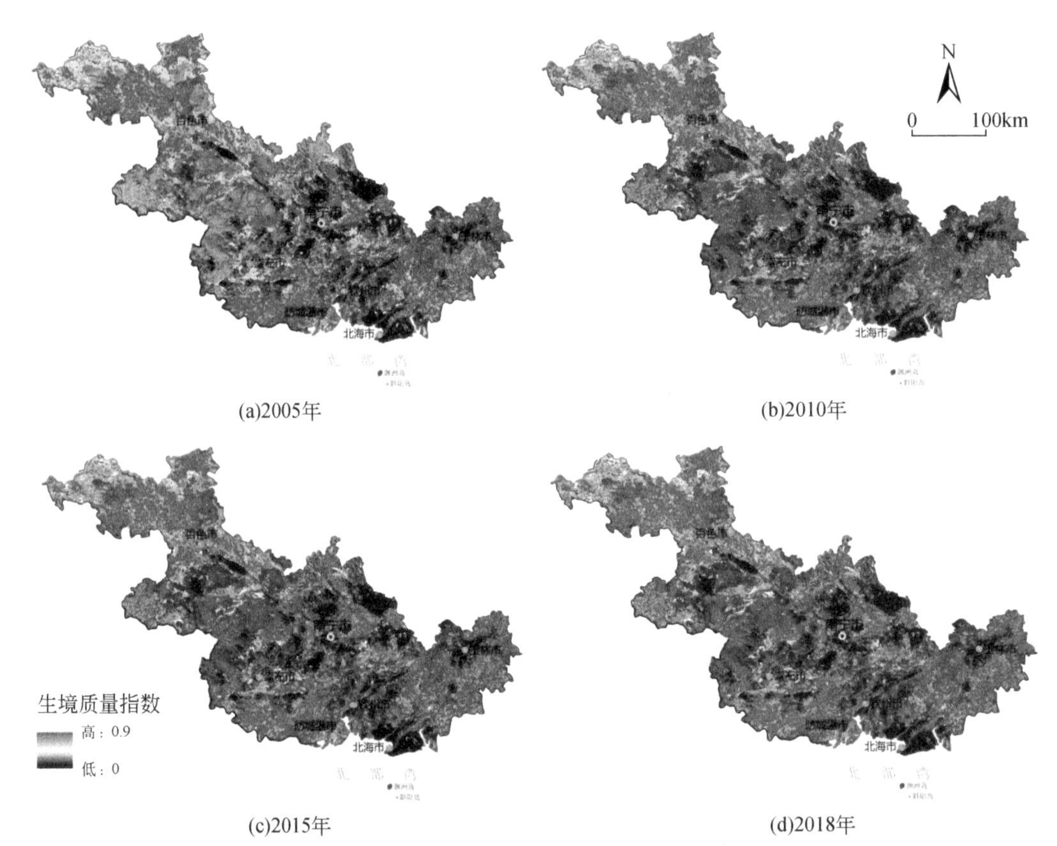

林地、草地、水域、耕地、建设用地面积数据来源于2005年、2010年、2015年、2018年《广西统计年鉴》；2005年、2010年、2015年、2018年高速公路里程、公路密度数据来源于广西壮族自治区交通运输厅官网；2005年、2010年、2015年、2018年Landsat8遥感影像、DEM数据来源于地理空间数据云；图上专题内容为作者根据2005年、2010年、2015年、2018年林地面积、草地面积、水域面积、耕地面积、建设用地面积、高速公路里程、公路密度、Landsat8遥感影像、DEM数据推算出的结果，不代表官方数据。

图 10.10　2005～2018 年研究区生境质量指数空间分布格局

研究区生境质量具有一定的空间分布规律，生境质量高值区主要为林地分布区域，而高覆盖度的林地主要落在自然保护区、森林公园及林业管护区中，这些区域植被覆盖度高，物种丰富，人为活动干扰小，生态系统良好、稳定；生境质量低值区的土地利用类型主要为城镇建设用地、裸地、耕地和沿海滩涂，且多集中在人类活动相对频繁、工农业相对比较发达的河谷地带和沿海地带，因此，耕地、建设用地等地类对自然生境的破坏强度大，生境质量下降较明显，自然植被对维持研究区生境质量有非常重要的作用，应增加自然植被覆盖度，降低人类活动强度，促进研究区生境质量总体提升。

10.6　生态系统服务时空权衡研究

10.6.1　生态系统服务空间权衡

生态系统服务区域集成方法是研究生态系统服务时空权衡与协同关系的核心手段，主要包括：①依据研究区的实际情况，有效选择科学合理的评价指标与模型方法；②基于生态系统服务评估结果进行评价与空间制图，量化研究区生态系统服务的时空变化特征；③模拟不同土地利用情景下研究区各项生态系统服务的供给能力及空间分布格局，为地方政府部门或其他利益相关者做出有效决策提供参考依据。生态系统服务权衡与协同存在时间和空间两大尺度，一般可通过定性和定量分析来判定生态系统服务的空间权衡或协同，生态系统服务权衡与协同研究多使用定性分析方法，定量分析方法的使用相对较少，而生态系统服务的时间权衡或协同研究是运用情景模拟方法。定性分析的主要思路是基于模型获得生态系统服务评估结果，应用 ArcGIS 的空间分析算法进行空间相关分析，进而对生态系统服务的空间权衡或协同进行判别；空间叠置分析与重点区域识别是应用 ArcGIS 空间制图功能量化描述不同空间地域各项生态系统服务的供给能力，能够为优化不同生态系统服务之间的关系提供有效依据。

本章基于 InVEST 模型的四项生态系统服务评估结果，应用 ArcGIS 的空间分析算法对土壤保持、生境质量、碳储存、产水量四项生态系统服务进行空间相关分析，可判定四项生态系统服务之间的空间权衡或协同关系，运用空间叠置方法对四项生态系统服务进行重点区域识别，掌握不同空间地域四项生态系统服务供给能力的强弱；再通过对不同土地利用情景下四项生态系统服务功能进行模拟，探讨研究区四项生态系统服务的时间权衡或协同关系，为地方政府部门或其他利益相关者选择符合其意愿或目标的土地利用类型和管理方式、寻求经济社会发展与生态保护的效益最大化提供参考。

1. 生态系统服务空间相关分析

研究区生态系统服务空间相关分析是基于 ArcGIS 软件运用 Spatial Analyst Tool 计算 2005 年、2010 年、2015 年、2018 年 4 个时期各项生态系统服务之间的相关性系数矩阵（图 10.11），同时在 SPSS 软件中进行回归系数检验，进而分析各项服务之间的空间相关程度。

由表 10.17～表 10.20 可知，2005～2018 年 4 个时期，研究区四项生态系统服务之间均呈现正相关性，表示各项生态系统服务为协同关系。土壤保持-生境质量、碳储量-土壤保持之间的相关系数表现出先减小后增大的趋势，而土壤保持-产水量之间的相关系数的变化趋势与前者相反，表现出先增大后减小趋势，生境质量-碳储量、产水量-碳储量之间的相关系数呈现增强的趋势，而生境质量-产水量之间的相关系数呈现减小趋势；生境质量与碳储量、生境质量与产水量均表现出强正相关性，产水量与碳储量的相关性最弱。

2005 年、2010 年的生境质量与产水量的相关性最高（相关系数依次为 0.69762、0.62705），其次是生境质量与碳储量的相关性；2015 年和 2018 年的生境质量与碳储量的相关性最高（相关系数依次为 0.59825、0.61950），其次是生境质量与产水量的相关性。2005～2018 年，产水量和碳储量的相关性均是最低的。

2. 生态系统多重服务重要区识别

根据研究区实际特征和生态系统服务空间分布规律，对研究区综合生态系统服务进行评估，识别和划分生态系统服务重点保护区域（生态系统多重服务核心区），了解研究区内不同空间地域各项生态系统服务供给能力的强弱与大小。

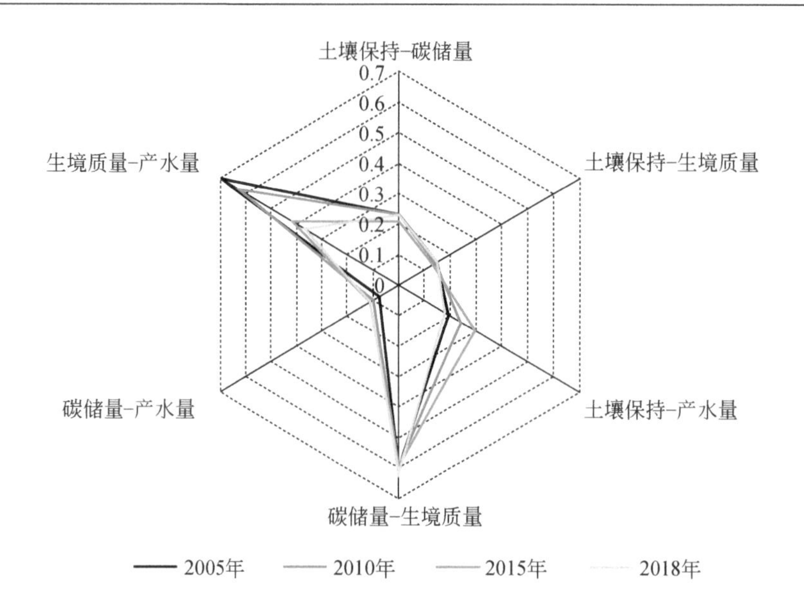

图 10.11　2005～2018 年 4 个时期各项生态系统服务间的相关性系数矩阵

表 10.17　2005 年研究区不同生态系统服务之间的相关系数

2010 年	土壤保持	碳储量	生境质量	产水量
土壤保持	1.00	0.23282	0.14853	0.19766
碳储量		1.00	0.59725	0.07499
生境质量			1.00	0.69762
产水量				1.00

表 10.18　2010 年研究区不同生态系统服务之间的相关系数

2010 年	土壤保持	碳储量	生境质量	产水量
土壤保持	1.00	0.23112	0.14594	0.24302
碳储量		1.00	0.59688	0.09593
生境质量			1.00	0.62705
产水量				1.00

表 10.19　2015 年研究区不同生态系统服务之间的相关系数

2015 年	土壤保持	碳储量	生境质量	产水量
土壤保持	1.00	0.21240	0.13456	0.29754
碳储量		1.00	0.59825	0.11019
生境质量			1.00	0.41857
产水量				1.00

表 10.20　2018 年研究区不同生态系统服务之间的相关系数

2018 年	土壤保持	碳储量	生境质量	产水量
土壤保持	1.00	0.23134	0.15206	0.18106
碳储量		1.00	0.61950	0.11003
生境质量			1.00	0.36881
产水量				1.00

本节将研究区土壤保持、碳储量、产水量和生境质量四项服务能力超过各自平均值的地区视为该项服务的核心区，再利用 ArcGIS 软件对各项生态系统服务的栅格数据进行空间叠加，统计每个栅格单元各项生态系统服务能力，根据各生态系统服务重要核心区出现的频次，将研究区综合生态系统服务重要性划分为极度重要区、高度重要区、中度重要区、一般重要区、一般区 5 个等级区（表 10.21），进而得到综合生态系统服务重要区空间分布图（图 10.12）。

表 10.21　研究区综合生态系统服务重要性划分原则

级别	分级原则
极度重要区	能够提供 4 类超过某类生态系统服务平均值的区域
高度重要区	能够提供 3 类超过某类生态系统服务平均值的区域
中度重要区	能够提供 2 类超过某类生态系统服务平均值的区域
一般重要区	能够提供 1 类超过某类生态系统服务平均值的区域
一般区	各类生态系统服务均低于该类平均值的区域

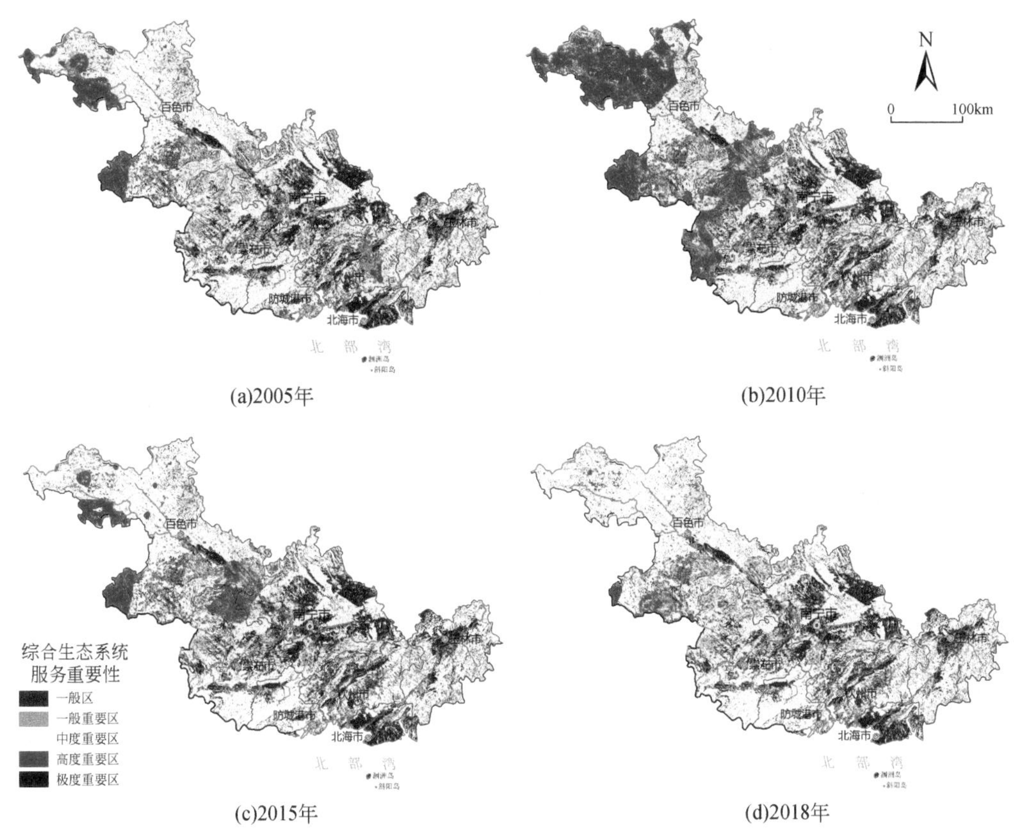

(a)2005年　(b)2010年

(c)2015年　(d)2018年

2005年、2010年、2015年、2018年Landsat8遥感影像、DEM数据来源于地理空间数据云；图上专题内容为作者根据2005年、2010年、2015年、2018年Landsat8遥感影像、DEM数据推算出来的结果，不代表官方数据。

图 10.12　2005～2018 年研究区综合生态系统服务重要性分布情况

由图 10.12 可知，2005 年研究区综合生态系统服务极度重要区面积最小，比重约为 0.01%，零星分布在百色市西林县、凌云县西北部的自然保护区与那坡县西部的规弄山林区内，以土壤保持、碳储量、产水量和生境质量等为主要服务功能，但其面积极小。高度重要区面积约占研究区总面积的 5.82%，呈团状集中分布在西林县、隆林县、那坡县、灵山县、浦北县一带，其中西林县、那坡县的综合生态系统服务高度重要区面积最大，连片度最高，以碳储量、产水量和生境质量等为主要服务功能。高度重要区的土地利用类型主要为林地，其次是耕地。中度重要区面积最大，约占研究区总面积的 65.94%，在研究区的大部分区域均有分布，其中，以产水量为主、兼顾其他一项生态系统服务功能（如碳储量、生境质量、土壤保持）

的区域主要分布在西林县、隆林县、那坡县、灵山县、浦北县一带以及左江—右江—邕江—南流江等河谷沿岸地带，在北部湾沿海地带也有零星分布；以土壤保持为主，兼顾其他一项服务功能（如碳储量、生境质量、产水量）的区域零星分布在西北部百色地区、北部湾沿海地带，面积极小。一般重要区面积约占 1.37%，组团分布在钦州市中部及百色市西北部与西南部，崇左市西北部也有零星分布。一般区面积约占 26.86%，主要集中在南宁丘陵—盆地一带、右江下游—南流江河谷沿岸地带以及北海市中部以北沿海地带。

与 2005 年的空间分布格局相比，2010 年研究区综合生态系统服务重要性分布格局发生微小变化，2005～2010 年高度重要区和一般重要区面积呈现增长的趋势，中度重要区面积呈现减少的态势，极度重要区与一般区面积变化不大。在空间上，2010 年高度重要区面积增长区域由东北向西南呈带状分布在百色、崇左一带，在百色市西北部地区也有大面积分布，一般重要区由东南部地区转移到西部、西北部地区，中度重要区面积呈现减小的趋势，表明研究区内综合生态系统服务重要性总体提升。

2010～2015 年高度重要区面积大幅度减少，百色西北部的高度重要区面积减幅最大，位于百色、崇左一带的高度重要区由带状缩减至团状，而位于那坡县的高度重要区得到了较好的维持，中部重要区面积表现出增长趋势，增长区域主要位于百色市西北部地区，表明中部重要区面积的增长主要来源于高度重要区的转化，极度重要区、一般重要区和一般区的面积与空间分布格局变化不大。

2015～2018 年高度重要区面积比重约为 2.06%，面积持续减少，小范围集中在百色市西南部地区，主要生态服务功能仍以碳储量、产水量和生境质量为主；中度重要区面积比重约为 70.56%，面积有所增加，主要集中在百色市中部以北所有区域、防城港市大部分区域以及南宁市中北部地区，这些地区主要是自然保护区集聚地；极度重要区、一般重要区和一般区的面积均减少，其中极度重要区面积减少至 0。

综上，2005～2018 年研究区综合生态系统服务供给重要区域的生态系统服务类型越来越少，也越来越明显；生态系统服务中度重要级别以上区域的面积约占研究区总面积的 74%，表明研究区生态系统服务以多重服务为主，即大部分区域至少含有 2 类生态系统服务。将研究区综合生态系统服务重要性分布图与土地利用现状图进行叠加并分析，发现综合生态系统服务较高的区域的土地利用类型多为林地，明显集中在自然保护区、森林公园以及林业管护区中；一般区内各项生态系统服务都比较弱或逐渐偏向于某一单一类型的生态系统服务，多为建设用地、耕地等用地类型。

10.6.2 生态系统服务时间权衡

1. 模拟情景设置

本节以 2015 年土地利用与土地覆盖变化为基期数据，在自然发展优先、城乡扩张优先、生态保护优先 3 个情景下进行模拟预测，具体情景介绍如下。

1）自然发展优先情景

首先，以 2005～2015 年的研究区实际土地利用类型变化数量为基础，假设 2015～2025 年各个土地利用类型的数量和空间位置变化受环境、经济、政策的影响相对较小，仍然按照 2005～2015 年速率发展变化，推测 2025 年研究区各土地利用类型的需求情况。在此基础上，假设其他条件（包括气象要素、地形、土壤、社会经济等因素）不变，仅土地利用类型发生变化，以此估算研究区内生态系统服务情况。研究依据 2005～2015 年土地利用转换概率，基于时空马尔可夫链（CA-Markov）模型，使用 IDRISI 17.0 软件模拟自然发展优先情景下研究区 2025 年的土地利用类型。

2）城乡扩张优先情景

随着广西北部湾经济区与中国（广西）自由贸易试验区相继设立、广西境内“市市通高铁”“县县通高速”战略的推进，尤其是 2020 年“十四五”期间，广西大力实施强首府战略，共建北部湾城市群，建优建强北部湾经济区，研究区范围内的社会经济持续发展。2015 年中共中央、国务院提出的“十三五”规划期间落实全面两孩政策会促进研究区人口的增长。在参考北部湾城市群发展规划、广西“十四五”规划纲要（草案）以及 7 个市 2006～2020 年土地利用总体规划等资料基础上，假设未来研究区社会稳定、经济不断发展，人口会持续增长、建设用地会进一步扩张与集中。在空间上，将主要表现在城乡用地面积的增长与扩张方面。

因此，在 2015 年城乡建设用地（城镇、农村居民点）的基础上，假设各建设用地类型向周边地区（缓冲区）不断扩张。其中，城市城区的缓冲区设置为 500m，中心乡镇等级的城镇缓冲区设置为 200m，一般乡镇及农村居民点的缓冲区为 30m，即缓冲区内的其他土地利用类型全部转化为城乡建设用地。本节以 2015 年土地利用数据为基础，运用 ArcGIS 平台进行缓冲区分析与处理，最终模拟出城乡扩张优先情景下研究区 2025 年的土地利用类型。

3）生态保护优先情景

假设研究区将实施退耕还林还草等生态修复措施，可能会出现一个生态保护情景，即地表植被得到一定程度的恢复，区内生态环境明显改善。考虑可操作性原则，本节主要从退耕的角度出发，制定一个退耕生态保护情景，即将研究区所有坡度在 25° 以上的农田全部退耕，半阴坡和阴坡的耕地全部还林，半阳坡和阳坡的耕地则还草。研究以 2015 年土地利用数据为基础，在 ArcGIS 软件中进行坡度坡向分析，进行提取、裁剪及合并等一系列操作处理，最终得出生态保护优先情景下研究区 2025 年的土地利用数据。

2. 不同情景下生态系统服务模拟

根据上述不同情景的设置，对研究区各生态系统服务进行模拟估算，结果如图 10.13 所示。

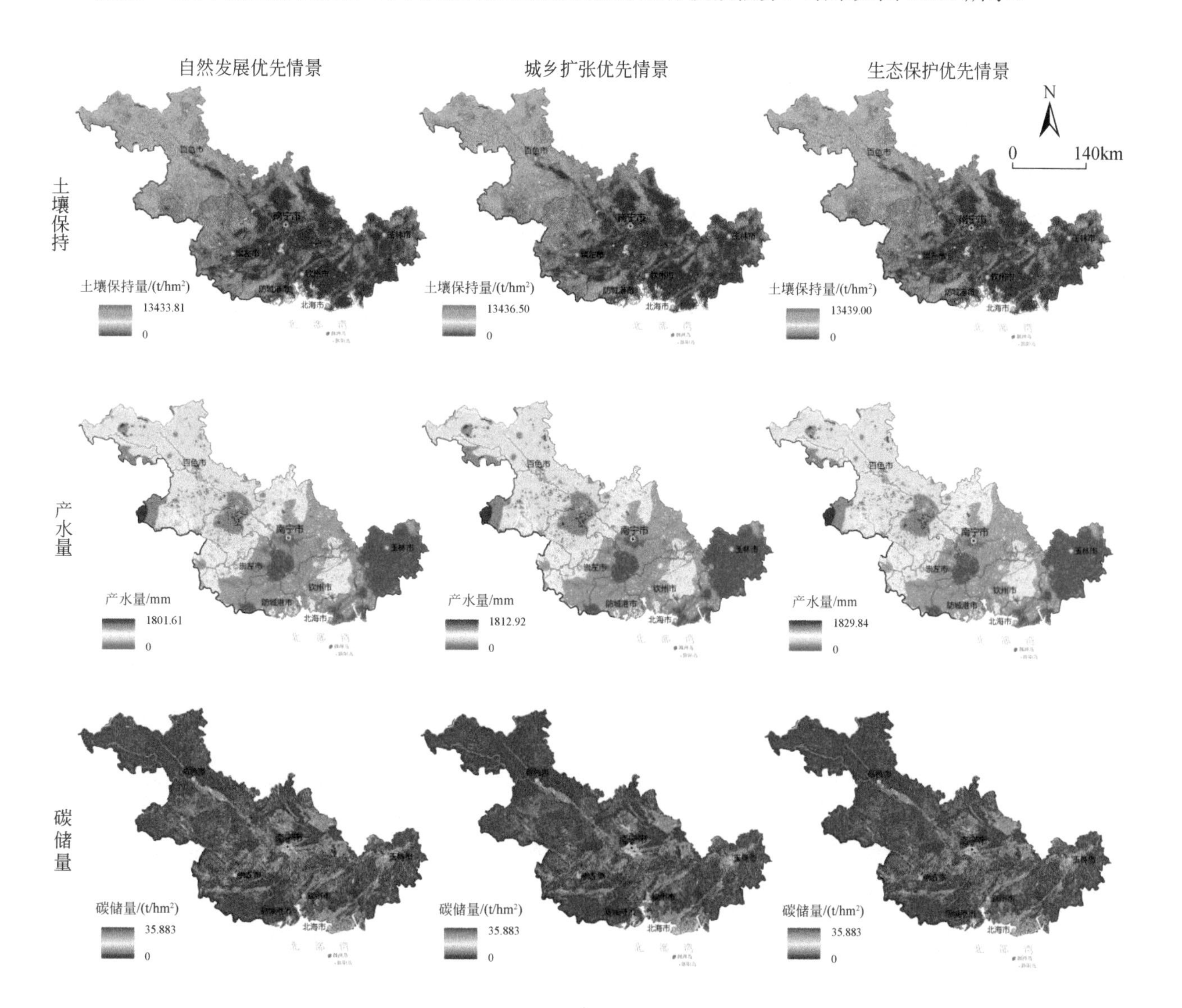

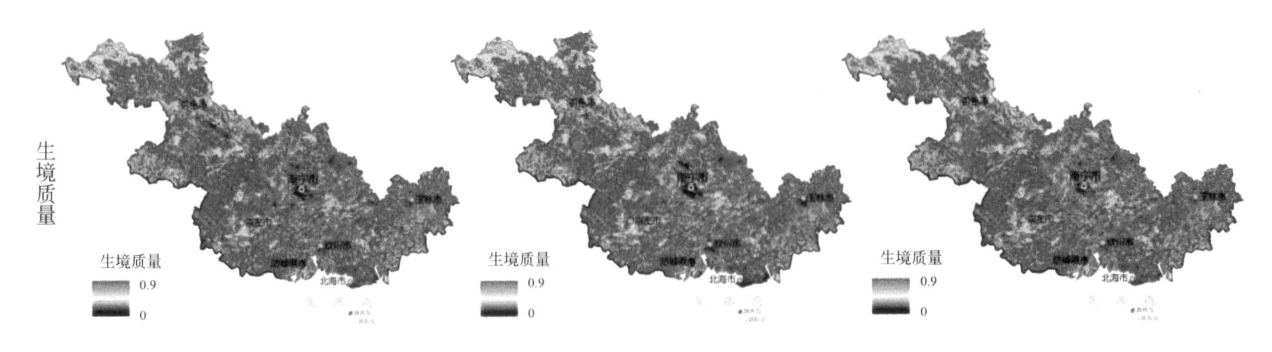

图 10.13　2025 年不同情景下研究区各项生态系统服务空间分布格局

在自然发展优先情景下，研究区内各项生态系统服务变化不大。在空间上，生态系统服务高值区仍集中分布在地表扰动较少的自然保护区、森林公园以及林业管护区中，低值区集中分布在人类活动频繁且耕地、建设用地集中连片的左江—右江—邕江—南流江等河谷地带以及北部湾沿海地带。土壤保持、碳储量、产水量、生境质量四项生态系统服务的供给能力均有所降低。与 2015 年相比，2025 年研究区产水量平均值和最大值分别从 681.4788mm 和 1822.9424mm 降至 521.0890mm 和 1801.61mm；碳储量为 304.96×10^6t，比 2015 年减少了 7.70t。这些现象表明，在自然发展优先情景下，土壤保持、碳储量、产水量和生境质量之间表现为协同关系，四项生态系统服务的供给能力均减弱。

在城乡扩张优先情景下，研究区土壤保持、碳储量、产水量、生境质量服务均减弱。其中，与 2015 年相比，2025 年研究区产水量平均值和最大值分别从 681.4788mm 和 1822.9424mm 降至 535.9039mm 和 1812.92mm。碳储量为 311.0600×10^6t，表现出减少的趋势。该情景和自然发展优先情景下的生态系统服务高值区、低值区空间分布格局大体一致。由此可见，在城乡扩张优先情景下，土壤保持、碳储量、产水量、生境质量之间表现为协同关系，四项服务的供给能力均减弱。

在生态保护优先情景下，研究区土壤保持、碳储量、产水量、生境质量四项服务略微增长，且生态系统服务高值区、低值区空间分布格局与自然发展优先情景下的分布格局大致相同。其中，碳储量和生境质量增长相对明显，碳储量的总值为 314.1097×10^6t，与 2015 年相比，其总值增加了 1.4497×10^6t。因此，在生态保护优先情景下，土壤保持、碳储量、产水量和生境质量彼此之间则表现出协同关系，四项服务的供给能力均得到提高。

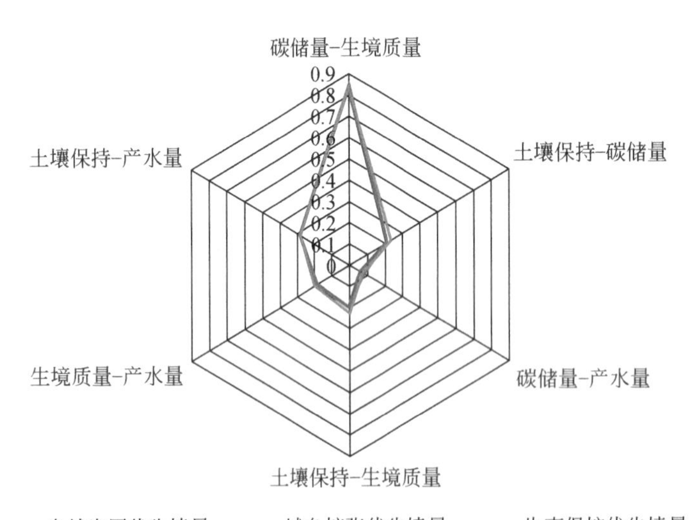

图 10.14　不同情景下研究区各项生态系统服务相关性系数

本节运用 ArcGIS 软件对各类生态系统服务模拟结果进行波段集统计，得出各项生态系统服务相关性系数并用雷达图的形式展现出来，以更直观地表达出不同情景下生态系统服务的权衡与协同关系（图 10.14）。由图 10.14 可见，在三种情景下各类生态系统服务均呈现正相关性，表现为协同关系。自然发展优先情景和城乡扩张优先情景下，各项生态系统服务明显减少。在生态保护优先情景下，各项生态系统服务增长明显。综合考虑当前国家战略发展方向与研究区土地利用现状，以高质量、持续地提供生态系统服务、实现区域可持续发展为目的，生态保护优先情景将更符合研究区当前的实际需求。

10.7　结论与展望

10.7.1　关于土地利用变化

2005～2018 年研究区土地利用格局发生了较大变化，建设用地、耕地和林地变化幅度最明显。随着经济社会快速发展与城乡急剧扩张，新增建设用地不断占用耕地，而耕地数量没有得到补充，使得研究区耕地面积持续减少且建设用地面积持续增加，其中分布在流域内河谷盆地与北部湾沿海区域的耕地转化为建设用地情况最为剧烈。建设用地增加的主要来源是耕地与林地，林地是耕地面积增加的最大来源。在 14 年间，虽然林地面积减少，但林地面积仍最大，其面积比重均占 60%以上，在空间上广泛分布在研究区的各个区域，以自然保护区、森林公园和林业管护区分布最为集中。从整体上看，其土地利用方式与强度呈现出显著的过渡性特征。

10.7.2　关于生态系统服务时空分异

2005～2018 年研究区土壤保持、碳储量、产水量和生境质量的变化特征具有相似的规律性，且各项服务的空间分布格局变化不大，生态系统服务高值区主要集中在自然保护区、森林公园以及林业管护区，林地的土壤保持、碳储量、产水量和生境质量的供给能力均最大；低值区则多集中分布在人类活动频繁且耕地、建设用地集中连片的左江—右江—邕江—南流江等河谷地带以及北部湾沿海地带。从整体上看，土壤保持、产水量、碳储量及生境质量的供给能力均表现出显著的过渡性特征，且和土地利用方式与强度表现出的过渡性特征是一致的。

10.7.3　生态系统服务权衡

2005～2018 年研究区各项生态系统服务表现出空间正相关性，存在协同关系，即各生态系统服务具有相同的变化趋势。研究区生态系统服务方式以多种服务为主，即大部分区域包含两类或两类以上生态系统服务。综合生态系统服务较高的区域的土地利用类型多为林地，主要分布在自然保护区、森林公园以及林业管护区中，一般区则偏向于包含某一类生态系统服务，用地类型多为建设用地、耕地等。

在自然发展优先情景、城乡扩张优先情景和生态保护优先情景 3 种情景下，各项生态系统服务存在差异，但各项服务之间均呈现正相关性，表现出彼此增长或减少的协同关系。在自然发展优先情景和城乡扩张优先情景下，土壤保持、碳储量、产水量和生境质量的供给能力均有所降低；在生态保护优先情景下，土壤保持、碳储量、产水量和生境质量的供给能力均得到提高。因此，如果以社会经济和环境可持续和谐发展为主要目标，生态保护优先情景更适合研究区发展需求。在不同土地利用情景下，研究区各项生态系统服务供给能力在空间上仍存在显著的过渡性特征，即从研究区西北部的高生态系统服务供给能力向北部湾地区的低生态系统服务供给能力过渡。

参考文献

欧阳志云，王如松，1999. 生态系统服务功能及其生态经济价值评价. 应用生态学报，10（5）：635-640.

彭建，胡晓旭，赵明月，等，2017. 生态系统服务权衡研究进展：从认知到决策. 地理学报，72（6）：960-973.

王兵，魏文俊，2007. 江西省森林碳储量与碳密度研究. 江西科学，7（6）：681-687.

王晓峰，吕一河，傅伯杰，2012. 生态系统服务与生态安全. 自然杂志，34（5）：273-276.

谢高地，鲁春霞，成升魁，2001. 全球生态系统服务价值评估研究进展. 资源科学，（6）：5-9.

徐婷，徐跃，江波，等，2015. 贵州草海湿地生态系统服务价值评估. 生态学报，35（13）：4295-4303.

余新晓，鲁绍伟，靳芳，等，2005. 中国森林生态系统服务功能价值评估. 生态学报，（8）：2096-2102.

张嘉宾，1982. 关于西双版纳傣族自治州森林涵养水源功能的计量和评价. 林业资源管理，（1）：29-33.

张文娟，白钰，曾辉，2009. 湿地生态系统服务功能评价模式的不足与改进. 中国人口·资源与环境，19（6）：23-29.

赵同谦，欧阳志云，贾良清，等，2004. 中国草地生态系统服务功能间接价值评价. 生态学报，（6）：1101-1110.

周彬，2011. 基于生态服务功能的北京山区森林景观优化研究. 北京：北京林业大学.

Wischmeier W H，Smith D D，1958. Rainfall energy and its relationship to soil loss. Transactions American Geophysical Union，39（2）：285-291.

第11章 山江海地域系统土地利用碳排放及“两山”价值转化研究

11.1 引言

11.1.1 研究背景与意义

1. 研究背景

工业革命后，人类为促进经济社会的快速发展向大气中排放的二氧化碳等温室气体逐年增加，导致温室效应也随之增强，现如今已引起全球气候变暖等一系列严重的环境问题，气候变化也因此成为人类面临的最为复杂的环境问题之一。温室效应所引起的气候变暖对世界的经济、社会生态环境都有重大的影响，已然成为全球性的难题。为了应对这一系列难题，降低温室效应，全球各国开始谋求新的合作主题。1988年成立了政府间气候变化专门委员会（IPCC），1992年于巴西里约热内卢通过了《联合国气候变化框架公约》，1997于日本东京通过了《〈联合国气候变化框架公约〉东京议定书》，2007年确定了“巴厘路线图”，2010年则于墨西哥举行了联合国气候变化大会。在生态环境日益恶劣、各国不断努力降低温室效应的背景之下，碳排放逐渐成为研究热点，土地利用碳排放也越来越被学者重视。现如今，土地利用成了仅次于化石燃料燃烧使全球大气二氧化碳含量增加的重要原因。已有研究表明，土地利用与土地覆盖变化在1850～1990年所造成的碳排放占据人类活动总影响的1/3。

“两山”理念是 “绿水青山就是金山银山” 习近平生态文明思想的简称，是推动经济增长与生态环境保护协调发展的新路径。根据党的二十大报告，“尊重自然、顺应自然、保护自然，是全面建设社会主义现代化国家的内在要求。必须牢固树立和践行绿水青山就是金山银山的理念，站在人与自然和谐共生的高度谋划发展”，“两山”理念已从区域治理纲领上升至国家战略。生态系统是重要的资产，保持优良的生态系统质量和确保生态资产安全不仅是经济社会发展的内在要求，也是促进经济社会可持续发展的基本保障。经济发展势必顺应生态环境可承载力，高质量生态系统具有供给潜力，这种供给满足了人类不断增长的对美好生态环境的需求。伴随经济社会的快速发展，过度开发自然资源和土地利用类型变化等人类行为损害了生态系统服务功能，生态系统提供的价值因之而减损。然而，绿水青山与金山银山价值转化的显著表现是生态和经济资本的有机统一，也是生态和经济高质量的双向协同。虽然“两山”理念被赋予了区域、国家甚至全球含义，但是在“两山”价值转化实践中，客观地表达区域不同生态资源禀赋和不同经济发展水平之间的联系，定量描绘“两山”价值的转化效率不仅是近年来学者关注的热点，也是学界面对的重大课题。

目前我国的经济发展方式依然以碳密集型为主，能源消耗依然依赖传统煤炭资源。城市化和工业化进程很大程度上需要大量的化石能源来支撑，我国近年来工业化、城市化发展迅速，人口快速增长，导致我国碳排放居高不下，经济可持续发展面临巨大的困难与压力。在保持经济快速发展的同时合理减少碳排放，对我国的各项产业结构调整有重大意义。土地利用结构除了影响城市化发展之外，也是碳排放量的重要影响因素，这使得土地利用碳排放成为碳排放研究的重要课题之一。目前，“两山”创新基地实践在全国各乡镇、村、林场、县区等地方兴未艾，各地域“两山”价值转化主体模式主要通过生态农业、生态康养、生态旅游、生态银行与绿色债券等实现自然资源价值。随着“两山”理念的提出和实践，量化“绿水青山”价值和评估“两山”价值转化成效对社会经济发展具有十分重要的现实意义。

2. 研究意义

桂西南喀斯特—北部湾地区是特殊、复杂的山江海地域系统，也是沿江、沿海、沿边的国家战略性地区。作为广西地区发展较快的区域，在城市化进程中其土地利用类型结构产生了巨大的变化，这对区域内生态环境、社会经济和人口都有着重要影响。在土地利用碳排放方面，区域内不同的土地利用类型有着不同的碳排放模式，其碳排放影响因子也有差异，研究其影响因素，有利于及时调整土地利用类型结构，土地利用碳排放的空间差异分析则能够准确地显示历年来该区域的土地利用类型的变化，协调经济发展和土地利用。因此，研究广西山江海地域系统土地利用碳排放时空演变及其影响因素有利于构建低碳型土地利用类型结构，为碳中和导向下的低碳型土地利用政策提供决策支持；为合理优化区域的土地利用方式提供一定的科学依据，有利于优化研究区土地利用类型结构调控方向。近年来对土地利用碳排放的研究多数集中于对东部的发达地区或西部大开发地区的研究，其中，以省级地区和城市群为单位较为常见，对较小尺度区域的土地利用碳排放研究很少，而广西山江海过渡性区域研究以斑块为研究单元，对小尺度区域的土地利用碳排放研究有重要的借鉴意义。自 2015 年以来，“两山”理念在全国范围内落地，但因各区域自然资源禀赋存在差异，“两山”价值转化应用实践各具特色、差异显著，其转化效果的评价及纵向比较具有挑战性。因此，科学分析“两山”价值转化成效，有利于丰富“两山”要义及“两山” 价值转化的相关理论探究，为完善土地要素配置、优化资源利用等提供新路径，进一步拓展了土地资源管理的研究范畴，丰富了学科的研究内容。一方面，本章构建了“两山”价值转化评价指标体系，深入分析“两山”价值转化率，丰富和发展了“两山”价值转化成效的评价内容，为“两山”价值转化成效指标研究提供了多维度视角。另一方面，明晰“两山”价值转化的自然环境和社会经济双维度内在驱动机制，有助于推动区域“两山”价值实现高效的、可持续的转化。

11.1.2 相关研究进展

1. 土地利用碳排放核算

碳源为有机碳释放量超出吸收量的系统或区域，而碳汇是指有机碳吸收量超出释放量的系统或区域。土地利用碳排放概念是土地利用与土地覆盖变化释放出的二氧化碳，具体来说土地利用的碳源来自建设用地和耕地，土地利用碳汇来自林地、草地、水地和未利用土地。用通俗的话来说，土地利用碳排放量=土地利用碳源释放的碳-土地利用碳汇吸收的碳。人类活动的复杂性及自然界很多因素的不确定性，导致土地利用中的很多因素很难定量描述，这导致自然界碳排放量极难计算，至今为止对碳排放量进行计算还没有统一的方法。虽然没有形成统一的方法，但国内外的核算方法不少。美国学者 Schimel（2014）利用 ORNL 提出的二氧化碳排放量计算方法，计算出了 20 世纪 80 年代前后全球化石燃料和水泥消耗产生的二氧化碳的量。Houghton（1995）通过建立土地与大气之间的物质交流关系模型并借助仪器、进行实地取样获取了土地碳密度及其分布，应用样地清查法核算了 1980 年前后不同区域森林累计碳排放量，应用模型估计法计算得到碳收支和碳量变化的实测资料。Houghton（1991）等利用检测排放法计算陆地生态系统中的碳元素，检测排放法又分为涡度相关法和箱式观测法。《2006 年 IPCC 国家温室气体清单指南》中提出了三种计算碳排放量的方法，这三种方法分别是分部门计算的一般方法、分部门计算的优良方法、基于能源表现消费量的参考方法。国外学者开展了大量的碳排放核算研究，可总结为两点：①基于陆地生态系统的碳排放量核算，主要采用样地清查法、遥感和地图估算法；②基于能源消费的碳排放量核算，主要采用模型估算法、涡度相关法和箱式观测法，研究主要集中在碳排放量测算模型的构建上，比较常用的有 ERM-AIM、Logistic、MARKAL 和锅炉排碳模型等，从宏观和微观的角度对能源类碳排碳量进行了定量分析。国内土地利用碳排放研究起步较晚，南京大学对碳排放量的核算研究较早。胡初枝和黄贤金（2007）首次依据经验数据估算了江苏省的产业结构变动碳排放量。张德英等学者提到了五种估算由人类活动所引起的碳排放量的方法，分别是实测法、物料衡算法、排放系数法、模型法、生命周期法和决策树法，其中主要的三种方法是实测法、物料衡算法、排放系数法（张乐勤等，2013）。之后，肖红艳等（2012）采用碳排放系数方法估算了重庆市 1997～2008 年土地利用碳排放量，并且将碳源分为自然排放碳源和人为排放碳源。曲福田等（2011）认为土地利用已经成为温室气体的第二大排放源，将土地利用碳排放计算分为两大类，分别为直接碳排放计算和间接碳排放计算。其中直接碳排放计算的具体方法细分为土地利用类型转换碳排放计算和土地利用类型保持碳排放计算。

2. 土地利用碳排放时空变化

一方面土地利用不当会增加碳源，向大气中排放更多的二氧化碳，另一方面合理利用土地会增加碳汇，减少二氧化碳排放。近年来，温室气体的过多排放导致了全球气候变暖、冰川融化，人类的生存面临着严峻的挑战。地球上三大温室气体排放源分别是化石能源消耗、水泥的生产和土地利用变化，其中土地利用变化已经是全球第二大温室气体排放源，并且事实证明土地利用变化导致大量的二氧化碳被排放到空气中。如何合理利用土地是 21 世纪全人类急需解决的重大课题。本章对近年我国土地利用碳排放时空变化研究成果进行分类汇总，以期为后续研究提供理论支持。国内学者对土地利用碳排放时空变化的研究以全国、省级尺度较多，县级尺度较少。国外学者 Houghton 和 Hackler（2010）为了估算历史土地利用变化对陆地碳循环的影响，采用土地利用与土地覆盖变化数据及植被和土壤碳密度资料，利用簿记模型（Bookkeeping Model），对我国东北、华北、西北、东部平原、西南、东南六大区进行研究，得到过去 300 年我国由土地利用与土地覆盖变化引起的陆地生态系统碳排放量在 17.1～33.4Pg C。国内学者的研究包括：李波等（2018）在测算各省农业用地碳排放量的基础上，采用 Kernel 密度估计法分析了中国农业用地的碳效应特征和趋势，研究发现中国农业用地净碳排放量的地区差距有所缩小但缩小幅度较小，净碳排放量全国均有增长趋势，尤其是中部，中、西部地区生态退耕碳汇效应呈现先升后降的趋势，而东部地区出现下降趋势；中、西部建设用地碳排放效应逐渐赶超东部地区。周嘉等（2019）以中国 30 个省级行政区为研究单元，基于土地利用和能源消耗等数据，采用碳排放系数法对 2003～2016 年中国土地利用碳源/碳汇进行分析，探究中国省域土地利用碳排放和碳吸收时空演变，并以碳盈亏时空分析为基础，应用生态补偿系数和经济贡献系数分析碳排放的差异性，以净碳排放量作为基准值进行碳补偿价值的研究，得出碳排放总量和净碳排放量呈不断增加趋势，碳吸收总量呈现稳中有升的趋势。可以将净碳排放量不同的区域划分为高碳排放区、一般碳排放区、低碳排放区、碳汇区 4 种类型。

3. 生态系统生产总值

生态系统价值核算是量化"两山"价值和评估生态环境保护成效的重要手段（Wei et al.，2017；白玛卓嘎等，2020；宋昌素和欧阳志云，2020）。生态系统生产总值（GEP）是指区域生态系统为人类提供的最终产品和服务价值的总和（欧阳志云等，1999），可统筹核算区域生态系统为社会经济发展提供的产品和服务的总价值（白玛卓嘎等，2020；王莉雁等，2017；杨华，2017）。国内外学者也陆续开展了 GEP 核算方法研究，包括 InVEST 修正模型（耿静和任丙南，2020）、CASA 模型（肖洋等，2016）、价值量评估法（包括市场价值法、影子价格法、工程替代法、成本替代法、机会成本法、条件价值法等），如欧阳志云等（1999）从生态系统的服务功能着手，首先研究中国陆地生态系统在有机物质的生产、二氧化碳的固定、氧气的释放、重要污染物质降解、涵养水源、保护土壤中的生态功能作用，然后再运用影子价格替代工程或损益分析等方法探讨了中国生态系统的间接经济价值。杨渺等（2019）在生态服务功能评价的基础上，采用机会成本法、替代市场法、价格替代法、市场替代法等生态经济学、环境经济学和资源经济学方法，通过调节服务资产核算对四川省 GEP 进行了估算。GEP 核算体系包括喻锋、Costanza、欧阳志云和马国霞等学者提出的生态供给价值、生态产品价值、生态文化价值、生态承载价值和生态调节价值等。研究尺度涉及国家、省（市）、区（县）、流域和国家公园等，如王金南等（2018）为践行"绿水青山就是金山银山"的理念，在绿色 GDP 和 GEP 核算的基础上，构建经济-生态生产总值（GEEP）综合核算指标体系，对我国 31 个省、自治区、直辖市 2015 年的 GEEP 进行核算。欧阳志云等（1999）面向生态效益评估的 GEP 核算框架建立核算指标体系和技术方法，以青海省为例基于遥感数据和统计数据开展面向生态效益评估的

GEP 核算研究，并对相关利益者进行分析。研究结果表明 2015 年青海省 GEP 为 464.16 亿元，80%以上生态效益的受益者是青海省以外区域。但总的来说，现有的价值核算体系与技术方法主要针对大区域尺度，而“两山”价值转化研究聚焦于乡镇、村、林场、区（县）等基本单元，基础数据较为薄弱，其 GEP 核算体系与方法需要适合面积小、基础资料薄弱地区的研究。

4. “两山”价值转化

目前，“两山”价值转化本质、机制及效率是众多国内学者的聚焦方向。“两山”价值转化本质在于明确“两山”价值核心要义和价值转化本质，即将绿水青山资源优势转变为生态产品质量优势，实现并提升绿水青山资源的经济价值，为人类社会带来审美体验与健康福祉等生态与社会功效。“两山” 价值转化机制研究关注基于区域实践进行产业融合、全域转化和市场带动等路径探索，着重对生态补偿机制的协同、生态产权制度体系和生态产品评估机制进行研究。“两山”价值转化效率测算由定性分析转化的政策工具和主体模式，演变至建立“两山”指数评估地区的“两山”实践成效。近年来学者对“两山”价值转化研究的关注度日益递增，研究方法和模型层出不穷，整体形成了四种“两山”关系及价值转化的评估体系，分别为耦合协调型体系、互动关系型体系、指数合成型体系和绿色核算型体系。

在耦合协调型体系中，纪荣婷等（2020）构建生态环境与经济协调发展指标体系，评价国家“两山”基地宁海县两者的协调发展水平和时空演化趋势，结果表明该水平经历了濒临失调衰退至勉强协调发展到最终的优良协调发展的阶段。孙崇洋等（2020）评估浙江省各地市“两山”指数、“绿水青山”指数、“金山银山”指数的变化规律，结果发现浙江省已进入“两山”建设相对同步时期，但各市“两山”指数时空分布不均衡，较多城市的“绿水青山”指数与“金山银山”指数表现为不同的发展趋向。李丽媛等（2022）发现民族地区“两山”耦合协调度随着时间的推移表现为“U”形变化趋势，整体水平较低，各地市空间异质性差异较大，提出民族地区要坚守“两山”理念的红色底线。

互动关系型体系中，姚亚玲等（2019）在“两山”理念基础上选用经济开发强度与经济开发速度、生态弹性力和生态承载力等指标建立动态演化模型，刻画经济系统与生态系统要素间的相互作用，发现以牺牲大量要素为代价的经济增长对生态环境具有较强的抑制作用，导致生态系统的敏感性和脆弱性加剧。杨瑛娟等（2021）利用生态学中的 L-V 共生模型评价了经济增长和生态禀赋的互动关系及相互依赖性，并运用“两山”的竞争抑制系数，即“经济山”和“生态山”的容量差异来分析经济发展模式的绿色程度，结果表明灰度绿色发展模式和浅度绿色发展模式为各市的主要发展方式。方一平和朱冉（2021）构思了“两山”价值转换模型，通过能值法展示“两山”间的能量流动关系，科学评估了“绿水青山”对“金山银山”的贡献与支撑，张礼黎等（2023）在此基础上运用指数平滑法预测“两山”价值转化率的未来发展态势。

在指数合成型体系中，潘张蕤（2019）基于德尔菲法和层次分析法调查自然资源禀赋具有差异的区（县）的“两山”理念实践情况，确定了生态环境、特色经济、民生发展和保障体系等能够用来评价“两山”理念发展成效，结果发现全国各区（县）“两山”理念发展指数平均值为较低水平，最优“两山”理念发展指数为内蒙古阿拉善左旗。翟帅和周建华（2017）基于两山制度、绿水青山、金山银山、绿水社会和文化五项一级指标构建“两山”理念实践成效体系，通过熵权法测度浙江省各地市践行“两山”理念的发展指数，发现浙江省发展指数呈现先小幅下降后稳定提升的趋势，其中“两山”理念发展指数最优的为杭州。沈辉等（2022）将县域“两山”理念发展指标体系和系统动力学模型相结合，系统模拟宁海县“两山”理念发展，探究关键要素的驱动作用，研究结果发现宁海县 2025 年“两山”理念发展水平将高于以往，现阶段最重要的是降低低保人口比例与提高水质监控力度以提高“两山”理念发展的强度。

绿色核算型体系中，孔凡斌等（2023）运用 Super-SBM 模型和 Malmquist 指数构建涵盖固碳释氧、气候调节、水源涵养和土壤保持等生态产品价值转化效率的投入-产出评估指标体系，分析生态产品价值转化效率和机制，研究发现浙江省及各地市生态产品价值转化效率发展趋势总体为较高水平，提高人均可支配收入能较好地提升生态产品价值转化效率。高涵等（2020）基于 Malmquist-DEA 模型的绿色全要素生产率（GTFP）指数测算方法评估不同地区“两山”价值转化效率，将“绿水青山资源”作为生产要素投入构建“两山”价值转化效率测度评估指标体系，发现具有较高供给水平的浙江省能有效推动经济发展，

GTFP 指数累计提升的城市可以产生相较于资本水平和传统劳动力更高的资源配置效率。陈梅等（2021）基于生态系统价值核算理论和方法建立基于生态产品价值、调节价值与文化价值的“两山”基地 GEP 核算体系，根据生态产品价值与文化价值之和探究“两山”价值转化效果，发现宁海县 GEP 逐年提高，其中旅游价值转化的贡献度最高。

11.1.3　技术路线

本章的技术路线如图 11.1 和图 11.2 所示。

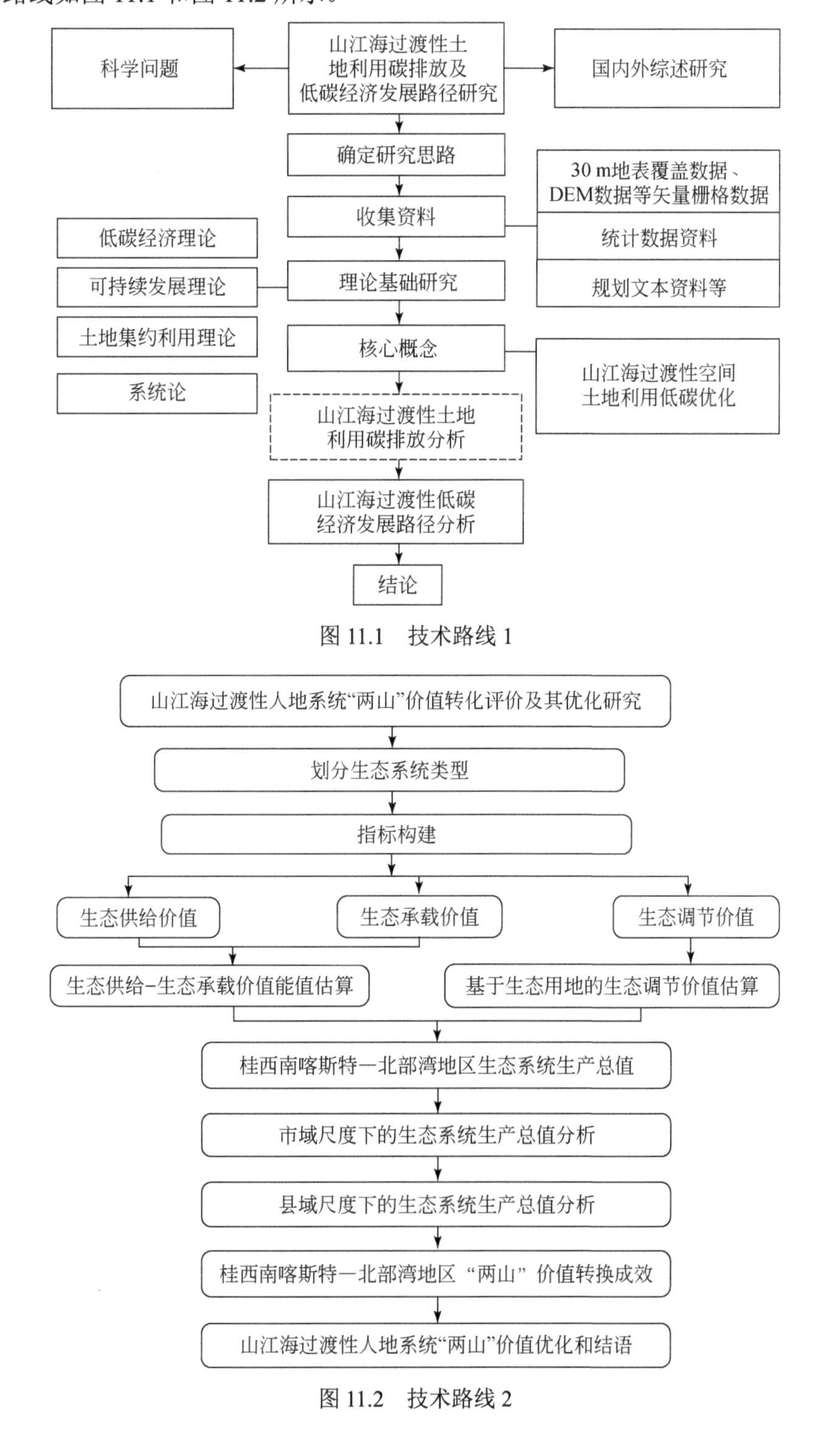

图 11.1　技术路线 1

图 11.2　技术路线 2

11.2　理论与方法

11.2.1　理论基础

1. 低碳经济理论

2003 年英国政府发布的《我们能源的未来：创建低碳经济》中最早出现了低碳经济（low carbon economy）这一概念。英国不仅经历多次工业革命，作为工业革命的发源地，现有的高碳经济模式也是由其开创的。随着当地经济发展，化石能源的快速消耗除了带来经济水平的提高以外，还带来了能源安全、环境变化等负面影响。由于疆域有限，当地能源储备逐渐无法满足经济发展，从自给自足走向依赖进口。因此，提出低碳经济的发展方式是为了解决英国未来发展的问题。

低碳经济是指在可持续发展理念指导下，通过创新制度、产业转型、开发新能源等多种手段尽可能地减少煤炭、石油等传统高碳能源消耗，改变能源消耗结构，减少碳排放量，达到经济社会发展与生态环境保护协调进行的目的。低碳技术创新是通过提高低碳技术、应用低碳设备来降低碳排放及其他环境污染物质和气体，能够从根本上改变经济及能源结构，减少碳排放，如能源藻产业、清洁煤技术等；低碳产业转型是指缩短高碳产业引申链条，调整高碳产业结构，具体包括新能源汽车发展和普及、建筑节能减排等；新能源开发则是指发展清洁能源，如太阳能、风能等清洁能源代替化石能源，减少化石能源消耗，从而减少二氧碳排放。将低碳经济的概念运用于土地利用研究中，对合理改变土地利用类型结构具有指导性意义。

2. 可持续发展理论

可持续发展最早出现在 1980 年联合国环境规划署（UNEP）、野生动物基金会及世界自然保护联盟（IUCN）共同发表的《世界自然保护大纲》之中，它提出，必须研究自然的、社会的、生态的、经济的以及利用自然资源过程中的基本关系，以确保全球的可持续发展。随后，首次提出可持续发展概念是在 1987 年世界环境与发展委员会（WECD）发布的《我们共同的未来》的报告，其中提到："既满足当代人的需要，又不对后代人满足其需要的能力构成危害的发展。"联合国环境与发展大会于 1992 年 6 月在里约热内卢召开，会议通过了《21 世纪议程》《里约环境与发展宣言》等文件，提倡坚持公平性、可持续性、共同性等原则，要求各国注重经济、社会、资源、环境、人口等的共同发展。随后，为了响应可持续发展，我国将可持续发展战略列入经济社会发展规划中，1994 年政府编制了《中国 21 世纪议程——中国人口、环境与发展白皮书》。1997 年党的十五大确认可持续发展战略为我国现代化建设必须实施的重大战略，使可持续发展走上实践的道路。可持续发展理念是发展低碳经济，有助于制定研究区低碳经济发展规划，优化三产结构，其主要措施中的退耕还林、休耕轮作等对土地利用变化、土地利用碳排放和碳排放影响因子都有一定的影响。

3. 土地集约利用理论

土地集约利用的概念最早由大卫·里卡多等古典政治经济学家对农业利用进行研究后，在地租理论中首次提出，是为获得高额产量和收入，在较小面积土地上使用先进的技术和管理方法，并集中地投入较多的生产资料和生活劳动的一种农业经营方式。时至今日，土地集约利用不仅限于农业经营方式，也同样适用于其他土地类型。为了减缓城市化扩张对土地的需求，土地集约利用能够将土地利用效率提高，既能满足经济发展，又能贯彻可持续发展理念。土地集约利用能够通过调节土地利用结构，使未利用的土地资源被合理、有效地使用，尽可能减少碳源土地的面积，提升土地的碳汇能力，降低土地利用过程中产生碳排放的可能性，以期达到一种高效率、低排放、低污染的土地利用模式，最终达到土地资源最优化、低碳化和集约化的目的。土地集约利用会导致土地利用类型中的碳源和碳汇的面积发生一定的变化，对土地利用类型的空间变化产生一定的影响，因此土地利用碳排放也会逐年改变。

4. 两山理论

随着习近平同志对“两山”理念的独特阐释以及中国社会经济实践与相关学者学术研究的发展，“两山”理念内涵持续深化，形成了更加完整的理论体系，有助于推动生态文明建设进入新阶段。关于“两山”理念的基础，主要来源于马克思辩证唯物主义原理、儒家和道家文化根基中的生存智慧以及中国共产党领导下的中国人民生态文明实践。首先，“两山”理念生长在中国优秀传统文化的沃土中，建立在马克思主义生态文明的科学原理和中西文化互补的本质内涵之上。“两山”理念摒弃了目前西方的生态文明建设观，反映了辩证唯物主义的思维方式，深刻超越了西方的生态文明观和生态学马克思主义。在党和各级领导带领群众建设生态文明的实践中产生的生态文明思想为“两山”理念形成的源泉。同时，“两山”理念不仅为哲学和文化的传承，也是此前党的生态文明思想的继承和创新。在此基础上，“两山”理念产生于国际环保运动实践中，是中国顺应时代、积极参与环境管理的大趋势。

关于“两山”理念，狭义的“绿水青山”是良好的生态环境，“金山银山”是经济发展形成的物质财富。“两山”理念的科学内涵为自然价值的体现，可以以资本的途径提供增值，科学技术使生态化具有生产力。“两山”的关系本质上是环境保护和经济发展的互动关系，而现代“两山”理论是均衡两者发展的指导方针。广义的“两山”视角，“绿水青山”被认为是人类发展的各种自然生态环境的聚集，包含各类无形的生态产品与服务，以及人类为解决现实或潜在的生态问题而进行的行动与产生的结果的总称，可以被解释为环境保护行动或规章制度，而“金山银山”是对社会经济可持续发展的抽象表述。“金山银山”更广泛的概念应该包含货币化和非货币化价值，应反映经济收益和人民福祉两层内涵。

关于“两山”理念的演进逻辑，从 2003 年“两山”理念的首篇文章《环境保护要靠自觉自为》开始，“两山”理念陆续被纳入各项政策报告，成为新时期中国共产党的重要执政理念与经济社会发展的指导思想。“两山”理念重新审视和阐释了人类社会与自然环境的辩证关系，为中国乃至全世界经济社会长期可持续发展寻求了新的路径。“绿水青山”代表生态环境，“金山银山”代表社会经济。两者的关联是生态环境与社会经济的关系，更深入地表达为环境资源与社会经济资源、环境资本与社会经济资本以及环境生产力与社会经济生产力的逻辑演化关系。同时，这一递进关系可以由“用绿水青山去换金山银山”“既要金山银山，但也要保住绿水青山”“绿水青山可以源源不断地带来金山银山，绿水青山本身就是金山银山”三段式的演进规律体现。和谐的人地关系作为人类发展的终极目标，“两山”理念的提出不仅彰显了中国传统文化深厚的生态智慧，而且加速了经济增长方式的转变、发展观的进步和人地关系不断调整与协调共存的生态理性过程转向。

5. GEP

GEP 是区域内生态系统为人类福祉和经济社会可持续发展提供的最终产品与服务功能价值的总和，包括产品提供价值、调节服务功能价值、文化服务功能价值等。区域可以是全球、国家、省、市、县甚至是自然保护区、公园等。生态系统类型包括森林、灌丛、草地、湿地、农田、荒漠、海洋、城市绿地等。产品提供是指生态系统为人类提供日常所需的食物、木材、纤维、药材、产品原料等。调节服务功能是指形成并维持人类生存和发展的条件等，包括气候调节、水源涵养、土壤保持、洪水调蓄、大气净化、固碳、释氧、病虫害控制等生态调节功能，文化服务功能是生态系统组分和生态过程中的文学艺术灵感、知识、教育及景观美学等。GEP 核算的目的是评估当前生态系统状况与效益，分析评价生态环境保护成效等；还可评估区域生态文明建设进展与成效，以为生态补偿政策提供科学依据和方法。

11.2.2 研究方法

1. 土地利用分析法

通过测算山江海过渡性空间的土地利用数量、动态度、差异程度等，了解广西山江海地域系统土地利用的变化状况。

2. 土地利用动态度

受自然因素和人文因素的影响，不同区域和不同时期的土地利用类型数量变化的幅度和速度有不同的表现，因此，为了便于定量化分析山江海地域系统土地利用变化情况，运用土地利用动态度模型来度量土地利用变化幅度和速度的差异性。计算公式如下：

$$K = \frac{U_b - U_a}{U_a} \times \frac{1}{T} \times 10 \tag{11.1}$$

式中，K 为研究时段内某一土地利用类型动态度；U_a 为研究初期某土地利用类型的面积；U_b 为研究末期该土地利用类型的面积；T 为研究时间长。

3. 碳排放测算分析

土地利用碳排放可分为直接碳排放和间接碳排放。前者是指人类在直接利用土地的过程中所引起的碳排放，可以分为两种类型：①土地经营管理方式转变的碳排放，包括养分投入、农田耕作、草场退化、种植制度改变等；②不同土地利用类型的转换导致生态系统更替从而造成的碳排放，包括围湖造田、采伐森林、建设用地扩张等。后者是指土地承载的人为碳源排放，主要指人类在生产活动中消耗能源所产生的碳排放。其中研究探讨的碳源为耕地和建设用地；而碳汇为园地、林地、草地，由于水域和未利用地碳吸收能力相对微弱，因此未考虑水域和未利用土地碳吸收。

土地利用直接碳排放研究主要研究耕地、园地、林地和草地的碳排放量，运用碳排放量测算方法进行计算，计算公式如下：

$$E_t = \sum e_i = \sum S_i \cdot f_i \tag{11.2}$$

式中，E_t 为土地利用直接碳排放量（t）；e_i 为第 i 种土地利用方式所产生的碳排放量（t）；S_i 为第 i 种土地利用方式的面积（hm^2）；f_i 为第 i 种土地利用方式的碳排放（吸收）系数（t/hm^2）。参考以往研究结果，确定碳排放（吸收）系数，如表 11.1 所示。

表 11.1　各类土地利用碳排放系数

地类名称	参考值	单位
耕地	0.0422	kg/（m^2 • a）
园地	−0.073	kg/（m^2 • a）
林地	−0.0578	kg/（m^2 • a）
草地	−0.0021	kg/（m^2 • a）
水域	−0.0252	kg/（m^2 • a）

依据陈建东等用粒子群优化-反向传播（PSO-BP）算法，统一了 DMSP/OLS 和 NPP/VIIRS 卫星图像的规模，对中国各县域进行了 CO_2 估算，得到 2000～2017 年中国各县域碳排放量和植被的固碳量。

建设用地碳排放为间接碳排放。计算公式如下：

$$\text{建设用地碳排放量}=\text{总碳排放量}-\text{固碳量}-\text{耕地碳排放量} \tag{11.3}$$

4. 生态系统生产总值核算

生态系统生产总值的主要组成包括生态系统供给价值、生态系统调节价值与生态系统承载价值三大类，通过计算森林、草地、湿地等自然生态系统及农田等人工生态系统的生产总值来衡量和展示生态系统状况。具体计算公式在前人研究的基础上可进一步表示如下：

$$\text{GEP=EPV+ELV+ERV} \tag{11.4}$$

式中，EPV 为生态系统供给价值；ELV 为生态系统承载价值；ERV 为生态系统调节价值。由于各分项价值结果均采用统一的货币量纲表示，在计算生态系统生产总值时，可采用分项价值直接相加的办法得到最终的总价值，核算体系见表 11.2。

表 11.2　桂西南喀斯特—北部湾地区生态系统供给-文化-承载价值评价体系

价值类型	指标层	指标性质
生态系统供给价值	粮食总产量	+
	油料总产量	+
	糖料总产量	+
	园林水果	+
	肉类总产量	+
	禽蛋总产量	+
	奶类总产量	+
	蔬菜总产量	+
	水产品	+
	电力	+
	工业总产值	+
生态系统承载价值	总人口	+
	雨水化学能	+
	地球旋转能	+
	土壤流失能	-
	净表土损失能	-
生态系统调节价值	湿地	+
	森林	+
	草地	+

5. 生态供给-承载价值能值估算

1）能值计算

能值分析的基本原理就是将各种形式的能量换算成同一量纲的太阳能值，能量和能值相互转化的桥梁是太阳能值转换率。计算公式如下：

$$\mathrm{EM}=\mathrm{SC}\times E \tag{11.5}$$

式中，EM 为能量所具有的能值（sej）；SC 为太阳能值转换率（sej/J）；E 为物质或产品所含能量（包括太阳光能量、雨水化学能量等）(J)。考虑自然生态经济复合系统所损耗的土壤流失能和净表土损失能相对于产品或能量而言是一种“负产品”或“负能量”，因此在计算生态系统供给价值和生态系统承载价值时，将上述废物流或能量流的价值减去。其中，特殊物质的能量计算公式如下：

土壤流失能＝（土壤流失速率-土壤生产速率）×土地面积＝土地面积$\times 2.29\times 10^4$

净表土损失能＝耕地面积×土壤侵蚀率×有机质含量×有机质能量＝耕地面积$\times 3.18\times 10^6$

雨水化学能＝土地面积×年降水量×水分蒸发率×水密度×吉布斯自由能

＝土地面积×年降水量$\times 2.82\times 10^6$

地球旋转能＝土地面积×单位面积×热通量＝土地面积$\times 1.5\times 10^6$

2）能值-货币价值计算

在获取太阳能值的基础上，能值-货币价值可由能值/货币比率（EDR）具体衡量。能值/货币比率是评价一个国家或地区经济发达程度的指标，可以衡量一个国家或地区的财富，表示单位货币能购买的财富数量。能值/货币比率等于生态经济复合系统的年能值总利用量与当年国内生产总值（GDP）的比值。其中，能值总利用量为外部输入的可更新自然资源流、本地可更新资源和产品、农业系统生产散失的资源和商品、经济系统集约使用的富集资源和产品、未经本地使用的直接出口不可更新资源和产品（以出口额代替）的能值流之和。最后计算能值-货币价值，其计算公式为

$$VE=EM/EDR \tag{11.6}$$

式中，VE 为每项能值-货币价值；EM 为每项太阳能值；EDR 为能值/货币比率。由于能值核算已经将各种不同的产品统一转换为太阳能焦耳的量纲，因此，本节采用的 2008 年中国能值/货币比率为 5.15×10^{16}Sej/万美元。

6. 基于生态用地的生态调节价值估算

生态调节是生态系统服务功能的重要组成部分，对生态调节功能的认识与评价是区域生态环境保护与资源开发的基础，并已成为当前区域生态评价与生态规划的前沿课题。生态调节功能包括气候调节、固碳、营养物储存、水源涵养、环境净化、生物多样性、防洪减灾、土壤保持等，不同生态用地类型的生态调节功能类型和价值量不一样。本节在构建生态用地统一分类体系（表 11.2）基础上，将其与《全国土地分类（过渡期间适用）》进行对照转换得到表 11.3 和表 11.4，并基于 2005 年、2010 年、2013 年、2015 年、2018 年和 2020 年 6 期土地利用变更调查数据，得出桂西南喀斯特—北部湾地区各县（区）生态用地规模，再根据湿地、草地和森林单位面积生态调节服务价值（表 11.5），计算各区生态调节服务价值总值。

表 11.3　生态用地统一分类体系

一级类		二级类		含义
编码	名称	编码	名称	
01	湿地	—		指天然或人工，常年或季节性，蓄有静止或流动的淡水、半咸水或咸水的沼泽地、泥炭地或水域
		011	沼泽湿地	地表过湿或有薄层常年或季节性积水，土壤水分几乎饱和，生长有喜湿性和喜水性沼生植物的地段，主要包括藓类沼泽、草本沼泽、灌丛沼泽、森林沼泽、绿洲湿地等
		012	湖泊湿地	陆地表面洼地积水形成的比较宽广的水域，包括永久性淡（咸）水湖、季节性淡（咸）水湖
		013	河流湿地	一定区域内由地表水和地下水补给，经常或间歇地沿着狭长凹地流动的水流，包括永久性河流、季节性或间歇性河流、洪泛平原湿地
		014	滨海湿地	海平面以下 6m 至大潮高潮位之上与外流江河流域相连的微咸水和淡浅水湖泊、沼泽以及相应河段间的区域，主要包括滩涂湿地、河口水域、三角洲湿地等
		015	人工湿地	人工建造和控制运行的与天然湿地类似的地面，主要包括水产池塘、水塘、蓄水区、灌溉地、运河与排水渠等
02	森林（地）	—		指建群种为乔木、竹类、灌木的连片林，乔木或竹类郁闭度不低于 20%，灌木覆盖度不低于 40%，主要生产木材和木材制品，物种多样性相对较高，生态系统较为复杂
		021	落叶林（地）	落叶林占 2/3 以上，其他林不超过 1/3，树木郁闭度≥20%、高度不低于 5m 的天然林地
		022	常绿林（地）	落叶林占 2/3 以上，其他林不超过 1/3，树木郁闭度≥20%、高度不低于 5m 的天然林地
		023	混交林（地）	常绿林和落叶林均在 1/3～2/3，无明显优势群，树木郁闭度≥20%、高度不低于 5m 的天然林地
		024	灌木林（地）	灌木覆盖度≥40%、高度一般在 5m 以下的天然林地
		025	人工生态林（地）	人工栽培的，用于生态保护、绿化、休闲等目的的林地

续表

一级类		二级类		含义
编码	名称	编码	名称	
03	草地	—		指由草本群落组成，以旱生、多年生丛生禾草、杂类草为主，覆盖度在 5%以上的土地
		031	高盖度草地	覆盖度＞50%的自然-半自然草地
		032	中盖度草地	覆盖度在 20%～50%的自然-半自然草地
		033	低盖度草地	覆盖度在 5%～20%的自然-半自然草地
		034	人工生态草地	人工栽培的，用于生态保护、绿化、休闲等目的的草地
04	其他生态土地	—		指除湿地、森林（地）、草地以外的其他生态用地
		041	盐碱地	表层盐碱聚集，只生长天然耐盐植物的土地
		042	沙地	表层为沙覆盖，基本无植被的土地，包括沙漠，不包括水系中的沙滩
		043	裸岩及裸土地	表层为土质，基本无植被覆盖的土地，以及表层为岩石或石砾、覆盖面积≥70%的土地
		044	高寒荒漠及苔原	大陆性高山和高原上的荒漠及冻土地区
		045	冰川及永久积雪	表层被冰雪常年覆盖的土地

表 11.4　生态用地统一分类与《全国土地分类（过渡期间适用）》

地类	一级类		二级类	
	编码	名称	编码	名称
湿地	11	耕地	111	灌溉水田
	15	其他农用地	154	坑塘水面
			155	养殖水面
			156	农田水利用地
	20	居民点及独立工矿用地	205	盐田
	27	水利设施用地	271	水库水面
	31	未利用地	313	沼泽地
	32	其他土地	321	河流水面
			322	湖泊水面
			323	苇地
			324	滩涂
森林（地）	13	林地	131	有林地
			132	灌木林地
			136	苗圃
草地	14	草地	141	天然草地
			143	人工草地
其他类型土地	31	未利用地	311	荒草地
			312	盐碱地
			314	沙地
			315	裸土地
			316	裸岩石砾地
			317	其他未利用地
	32	其他土地	325	冰川及永久积雪

表 11.5　湿地、森林和草地单位面积生态调节服务价值　　[单位：美元/（hm^2·a）]

湿地				
项目	盘锦湿地	太湖湿地	黄河三角洲湿地	平均值
气候调节	764	1152.2	417.6	889.6
水源涵养		109.6		40.0
环境净化	41.4	150.1	969.3	456.1
生物多样性保护	84.2	25.9		42.9
防洪减灾	1083.7	1657.7	35.5	1049.2
土壤保持			163.4	194.7
合计				2672.5
森林			草地	
项目	亚热带		项目	西南亚热带湿润区
涵养水源	1675.4		气体管理	14.5
固碳	1211.1		干扰管理	28.3
营养物储存	119.2		水管理	5.9
净化空气	569.6		水供应	23.7
保护土壤	304.7		侵蚀控制	56.5
生物多样性保护	8.3		土壤形成	1.9
合计	3888.3		废物处理	195.5
			授粉	48.7
			生物控制	44.8
			栖息地	1.9
			合计	421.7

11.2.3　数据来源

土地利用碳排放研究涉及的数据主要包括土地利用数据及能源消耗数据，土地利用数据主要来源于《中国统计年鉴》和《中国国土资源统计年鉴》（2009—2019 年），石油、煤炭、天然气等能源消费数据主要来源于《中国能源统计年鉴》（2009—2019 年），部分数据来源于《广西统计年鉴》（2009—2019 年）。其中碳排放系数采用《2006 年 IPCC 国家温室气体清单指南》公布的系数。“两山”价值转化评价研究数据主要包括两大类：一是 2005 年、2010 年、2013 年、2015 年、2018 年和 2020 年六期土地利用数据，来自资源环境科学与数据中心（https://www.resdc.cn）；二是各县（区）的经济社会统计数据，来源于《广西统计年鉴》（2005—2020 年）和广西地情网各县域统计年鉴，其中缺失值使用指数平滑法进行插值。

11.3　结果分析

11.3.1　山江海过渡性空间土地利用碳排放

1. 山江海过渡性空间土地利用变化

选取 2000～2020 年每间隔五年的各地类土地面积制作面积变化折线图（图 11.3），结果显示，2000～

2020 年桂西南喀斯特—北部湾地区的耕地和建设用地均呈现增长趋势，其中耕地增加了 54.54 万 hm^2，居于首位，其次是建设用地，增加了 11.20 万 hm^2，水域缓慢增加了 0.69 万 hm^2；而林地和草地呈现减少的趋势，林地减少了 64.68 万 hm^2，草地面积减少量相对较小，为 2.01hm^2。

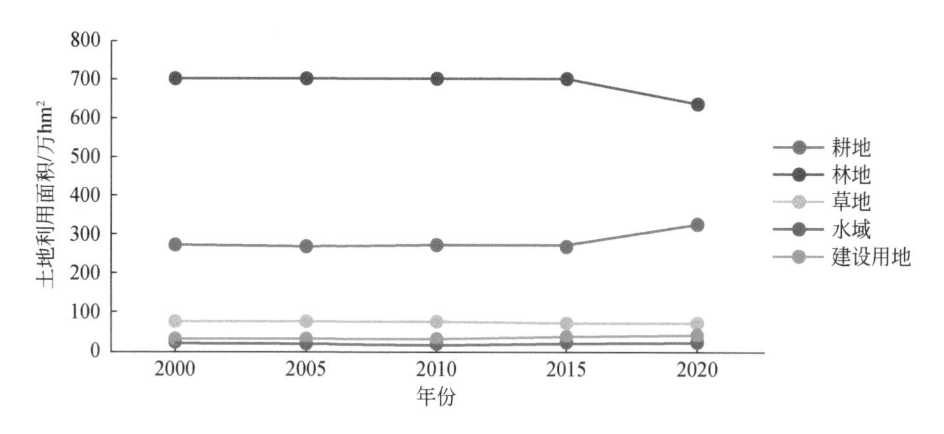

图 11.3　2000～2020 年山江海过渡性空间土地利用变化图

根据式（11.1）计算出桂西南喀斯特—北部湾地区各种用地类型的土地利用动态度（表 11.6），结果显示，研究期间桂西南喀斯特—北部湾地区的建设用地、耕地及水域的土地利用动态度是正值，呈现增长趋势。其中建设用地的增长速度最快，动态度达到 21.30%，增加了 11.20 万 hm^2，这表明桂西南喀斯特—北部湾地区自 2000 年以来，城镇化发展进入高速阶段。而建设用地增长速度如此之快的主要原因如下：21 年期间，广西在国家政策支持和国家发展战略指导下，成功建设并积极推动“两区”“一带”的发展，且其全部上升为国家战略。“两区”指广西北部湾经济区（包含南宁、北海、钦州、防城港、崇左、玉林）和桂西资源富集区（百色、河池等），“一带”指西江黄金水道（柳州、来宾、贵港、南宁、梧州、百色、崇左等）。在交通方面，发挥地理位置优势，成功建设多条公路和高速铁路，高铁通达研究区内 12 个市和周边所有省份。在城镇化建设发展方面，城镇化建设快速推进，截至 2020 年，我国城镇化率为 63.89%，桂西南喀斯特—北部湾地区城镇化率达到 56.2%，已稳步接近全国城镇化水平。由此可见，桂西南喀斯特—北部湾地区的发展日益壮大，在国家重大战略部署下，能够积极和优先保障重大项目的用地需求。耕地的土地利用动态度是 9.60%，其面积增量是所有的土地利用类型里最高的，达到 54.54 万 hm^2，主要原因是桂西南喀斯特—北部湾地区能够积极响应“守住十八亿亩耕地红线”的国家政策，不仅保证耕地面积不减，并且通过落实“占一补一”“占补平衡”的政策以及应用土地复垦等方法有效增加了耕地面积。水域的土地利用动态度是 1.80%，面积增量为 0.69 万 hm^2。在研究期间桂西南喀斯特—北部湾地区的林地和草地的土地利用动态度是负值，面积呈现下降趋势。其中林地的减少速度最快，动态度达到-4.40%，减少了 64.68 万 hm^2。由图 11.3 可以看到 2000～2015 年，林地的变化十分平稳，通过具体的林地面积变化数值可知，2000～2010 年林地的面积甚至还小幅度地增加，增加面积分别为 0.78 万 hm^2和 0.55 万 hm^2，而 2010～2015 年林地的面积有小幅度的减少，减少了 2.52 万 hm^2，2015～2020 年林地面积大幅度减少，减少了 62.16 万 hm^2。草地的面积变化幅度较小，动态度为-1.30%，面积减少了 2.01 万 hm^2。

2. 山江海地域系统土地利用碳排放变化

2000～2020 年桂西南喀斯特—北部湾地区土地利用动态度见表 11.6。

依据 Chen 等（2020）的研究可以得到 2000～2017 年桂西南喀斯特—北部湾地区总固碳量及总碳排放量、建设用地碳排放量及耕地碳排放量，并对其进行标准化处理，算出其相对净碳排放量，结果如表 11.7 所示。

根据桂西南喀斯特—北部湾地区 2007～2017 年主要土地利用类型的碳排放量制作其变化幅度图（图 11.4）。

在碳源方面，2000 年建设用地和耕地的总碳排放量达到 3208.36 万 t，其中，建设用地的碳排放量是

3196.99 万 t，耕地的碳排放量仅为 11.37 万 t，可见，城镇化、工业化发展所需的建设用地依然是碳排放的首要原因，此外各种生产生活中各类能源的消耗量也持续上涨，从而导致碳排放量持续增加。至 2017 年，建设用地和耕地的总碳排放量达到 12580.62 万 t，约是 2000 年的 2.26 倍，其中建设用地碳排放量高达 7217.64 万 t，年增长率是 8.37%。尽管在 18 年期间，由于人们在生产活动中通过使用农业机械和施用农业化肥带来耕地碳排放，但是耕地碳排放增加量仅是 2.30 万 t，年变化率仅为 1.09%，远小于建设用地的碳排放量，对碳排放的影响相对较小，建设用地依然是碳排放的主要因素。

表 11.6　2000～2020 年桂西南喀斯特—北部湾地区土地利用动态度

变化情况	耕地	林地	草地	建设用地	水域
21 年面积变化量/万 hm^2	54.54	−64.68	−2.01	11.20	0.69
21 年土地利用动态度/%	9.60	−4.40	−1.30	21.30	1.80

表 11.7　2000～2017 年桂西南喀斯特—北部湾地区固碳量及各类碳排放量

年份	建设用地碳排放量/万 t	耕地碳排放量/万 t	总碳排放量/万 t	固碳量/万 t	净碳排放量/万 t
2000	3196.99	11.37	3208.36	304.23	2904.13
2005	5133.68	11.34	5145.02	275.81	4869.21
2010	8438.58	11.3	8449.88	313.95	8135.93
2015	11094.82	11.2	11106.02	319.59	10786.43
2017	12566.95	13.67	12580.62	322.69	12257.93

在碳汇方面，林地是主要的碳汇，碳吸收能力居于首位，由于广西有效实施了退耕还林、禁止乱砍滥伐等政策，林地面积得以缓慢增加，固碳量也小幅度增加，从 2007 年的 67.05 万 t 增长到 2017 年的 76.82 万 t，增加了 9.77 万 t，年增长率是 1.37%。园地的碳吸收能力仅次于林地，但相对于林地，园地的碳吸收量较小，由于广西优越的土壤气候和地理位置，果园、茶园等种植业发展良好，因此园地面积也在缓慢增加，其碳吸收量也从 2007 年的 7.88 万 t 增加到 2017 年的 8.06 万 t，年增长率是 0.2%。草地在所研究的五大地类中是面积最小的类型，因此其吸收能力微乎其微。2000～2017 年研究区固碳量如图 11.5 所示。

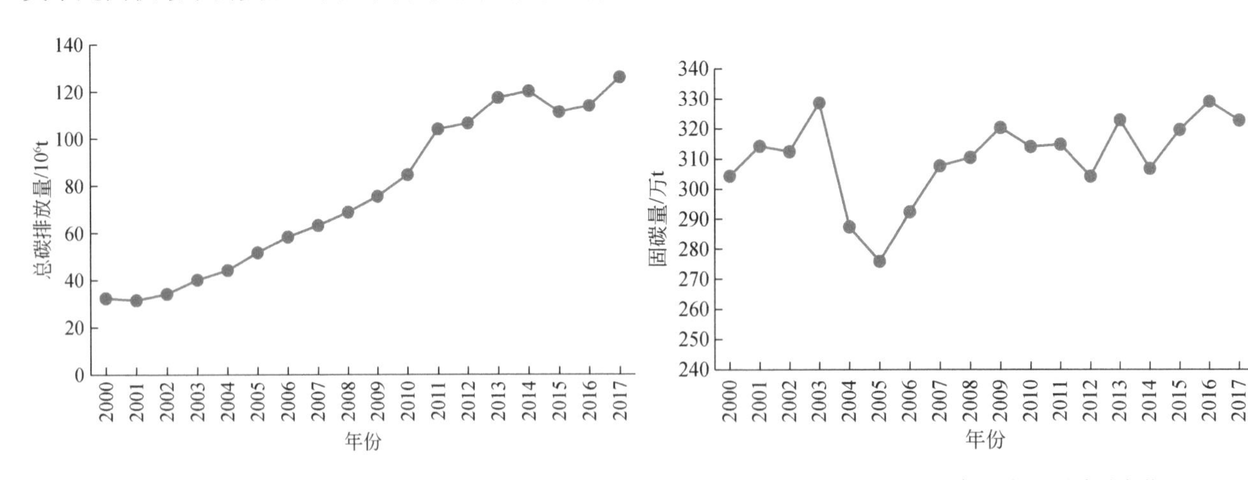

图 11.4　2000～2017 年研究区年均碳排放总量变化　　图 11.5　2000～2017 年研究区固碳量变化

选取 2000～2017 年桂西南喀斯特—北部湾地区土地利用净碳排放量，制作其变化趋势图（图 11.6），结果显示，18 年间净碳排放量的变化趋势分为 3 个阶段，即先上涨后下降最后再上涨。

第一个阶段，2000～2011 年，净碳排放量持续上涨，2000～2003 年增速较为缓慢，2003～2011 年增速不断加快，2010～2011 年增速最高，净碳排放量在 2014 年达到小高峰。变化如此之快的主要原因是这个时期处于“十一五”规划阶段，国家提出把广西北部湾经济区建设成为重要的国际区域经济合作区，并批准实施《广西北部湾经济区发展规划》。因此该地区在这个阶段完成了数量最多、规模最大、投资最多的重大项目的建设，包括水利设施、防洪设施等重大项目。在交通方面，开建了多条公路和高速公路。工业对经济增长的贡献率超过 50%。此外城镇化快速发展，2005 年的城镇化率为 33.6%，到 2010 年上升到 40.6%。

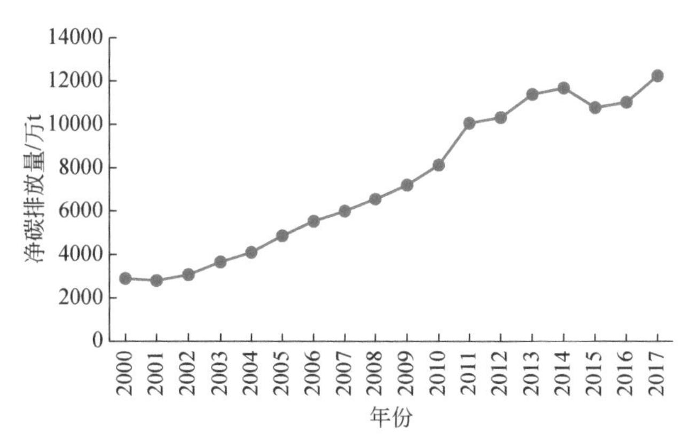

图 11.6　2000～2017 年山江海年均净碳排放量变化

第二个阶段，2011～2012 年，碳排放量增长速度减缓，2012～2014 年净碳排放量继续缓慢增长，达到第二个小高峰，但在 2014～2015 年，净碳排放量出现大幅度持续下降的趋势，且在 2015 年达到一个低值，主要原因是城镇化建设发展从高速阶段进入中低速阶段，2012 年城镇化率为 43.53%，2015 年缓慢增加到 47.06%，仅增加了 3.53 个百分点。这时段正处于国家“十二五”规划阶段，国家大力提倡绿色发展理念，广西切实贯彻国家发展理念和推动供给侧结构性改革，开展了一系列有效的低碳行动，并且研发了一批低能耗的产品，低能耗技术在国际国内处于领先地位。

第三个阶段，2015～2017 年，净碳排放量又开始缓慢上升，城镇化建设发展进入低速发展阶段，2017 年城镇化率为 49.2%，仅比 2015 年增加了 2.14 个百分点，这个阶段净碳排放量增加的主要原因是国家于 2015 年发布了《推动共建丝绸之路经济带和 21 世纪海上丝绸之路的愿景与行动》，其中途经的城市包括桂西南喀斯特—北部湾地区。由于自身优越的地理位置，桂西南喀斯特—北部湾地区的城市成为衔接陆地和海上丝绸之路的重要城市，因此该地区实施了一批重点突破工程，这些建设间接引起了碳排放量的上升。

11.3.2　山江海地域系统低碳经济发展路径

根据图 11.7 研究区县域碳排放量，最高碳排放区主要集中在桂西南喀斯特—北部湾地区中部南宁市的西乡塘区、江南区、青秀区等，东部的玉林市的福绵区、玉州区，西部沿海钦州市的钦南区、北海市的合浦县和银海区等。碳排放量高的土地利用类型建设用地居多，如中部的南宁市是广西的首府，人口密集，经济发展快，西乡塘区是南宁市的旧城区，各类建设开发趋于饱和，是人群集聚中心；青秀区是南宁市的新经济发展中心，商住用地快速增长；江南区拥有较多的工业用地。玉林市的福绵区是轻工业区域，其中

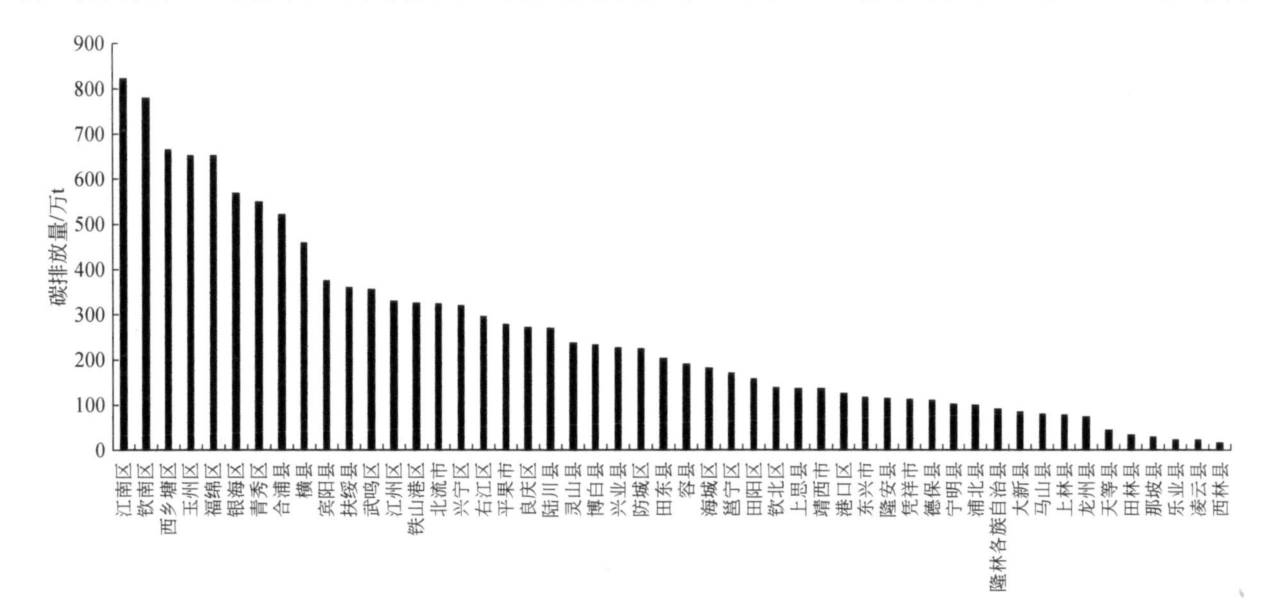

图 11.7　研究区县域碳排放量

以服装产业的裤子加工厂闻名，裤子加工厂经济是福绵的主要经济来源；玉州区是玉林市的直辖市区，其主要财政税收来源于玉柴制造厂及玉林制药厂，另有啤酒厂和加工厂等工业。碳排放量低的地区主要集聚在桂西南喀斯特—北部湾地区西北和西南方向，主要为百色市的县域，如西林县、凌云县、乐业县、那坡县、田林县等。百色市的县域因地势等原因，其加工业并不发达，山林地众多，多以工矿用地和果树种植用地为主要用地类型。

其中，净碳排放量在 19 万～90 万 t 的为一级，90 万～130 万 t 的为二级，130 万～206 万 t 的为三级，206 万～326 万 t 的为四级，326 万～824 万 t 的为五级，分级见表 11.8。

表 11.8 县域净碳排放量分级

净碳排放量/万 t	分级	县域名称
19～90	一级	西林县、凌云县、乐业县、那坡县、田林县、天等县、龙州县、上林县、马山县、大新县
90～130	二级	隆林各族自治县、浦北县、宁明县、德保县、凭祥市、隆安县、东兴市、港口区
130～206	三级	靖西市、上思县、钦北区、田阳区、邕宁区、海城区、容县、田东县
206～326	四级	防城区、兴业县、博白县、灵山县、陆川县、良庆区、平果市、右江区、兴宁区、北流市
326～824	五级	铁山港区、江州区、武鸣区、扶绥县、宾阳县、横县、合浦县、青秀区、银海区、福绵区、玉州区、西乡塘区、钦南区、江南区

注：若无特殊说明，本书中数据分组均按“下限不在内”原则处理。

11.4 桂西南喀斯特—北部湾地区生态系统生产总值

根据表 11.9，2005～2020 年生态系统供给价值呈加速增长趋势，从 2005 年的 5.08×10^{12} 美元上升到 2020 年的 15.00×10^{12} 美元，增幅为 195.28%，在 2015 年小幅下降后，又波动上升。表明桂西南喀斯特—北部湾地区农产品与工业产品供应稳步增加。生态系统承载价值在 2010 年达到谷值（3.59×10^{16} 美元），在 2020 年达到峰值（4.10×10^{16} 美元），2010～2018 年相较于 2005 年有下降态势，但总体上呈不断上升趋势，2005～2020 年年平均增长率为 0.2%。2005～2020 年，生态系统调节价值呈现波动变化趋势，2010～2018 年生态系统调节价值不断下降，2020 年反弹式增加，达到最大值，为 3.89×10^{10} 美元，最小值为 2018 年的 2.94×10^{10} 美元。桂西南喀斯特—北部湾地区城镇化飞速发展占用各类生态用地，导致 2010～2018 年生态系统调节价值不断下降，2018～2020 年桂西南喀斯特—北部湾地区在保证城市发展的基础上合理规划各类生态用地的面积，提高生态系统调节价值。2005～2020 年桂西南喀斯特—北部湾地区生态系统生产总值总体上呈现增加趋势，年均增加 0.28%，2020 年生态系统生产总值达到峰值，为 4.10×10^{16} 美元，较 2010 年增幅为 14.21%，人均生态系统生产总值变化幅度较平稳。

表 11.9 2005～2020 年桂西南喀斯特—北部湾地区各项目统计

项目	2005 年	2010 年	2013 年	2015 年	2018 年	2020 年
生态系统供给价值/10^{12} 美元	5.08	8.63	10.53	9.85	14.69	15.00
生态系统承载价值/10^{16} 美元	3.93	3.59	3.66	3.71	3.83	4.10
生态系统调节价值/10^{10} 美元	3.55	3.01	2.97	2.96	2.94	3.89
GEP/10^{16} 美元	3.93	3.59	3.66	3.71	3.83	4.10
人均 GEP/10^{10} 美元	1.13	1.11	1.10	1.10	1.11	1.11

11.4.1 市域尺度下的生态系统生产总值分析

由图 11.8（a）可知，2005～2020 年，桂西南喀斯特—北部湾地区生态系统生产总值和人均生态系统生产总值呈 V 字形发展，生态系统生产总值在 2010 年到达谷值，2010～2020 年反弹式增长；由于城镇化快速发展，人口高速增加，其人均生态系统生产总值在 2005～2015 年呈持续下降走向。桂西南喀斯特—北部湾地区各市生态系统生产总值和人均生态系统生产总值变化情况如下：①2005～2020 年南宁的生态系统生产总值表现为先减少后波动增加，生态系统生产总值范围在 1.03×10^{16}～1.36×10^{16} 美元，年平均增加率为 1.87%，南宁人均生态系统生产总值总体上表现为下降趋势，最大值为 2005 年的 1.58×10^{9} 美元，2020 年为 1.55×10^{9} 美元，年平均减少率为 0.13% [图 11.8（b）]。②北海生态系统生产总值于 2005～2020 年呈现向东北方向发展态势，其人均生态系统生产总值表现为 Z 字形发展趋势，这是因为刚开始北海生态系统生产总值较大，总人口数较少，因此人均值较大。随后北海总人口数不断增加，而生态系统生产总值增加的幅度较小，因此人均值不断下降；2013～2020 年随着生态系统生产总值持续上升，其人均值在 2013 年达到最小值后又波动上升 [图 11.8（c）]。③2005～2018 年，防城港生态系统生产总值总体上不断上升，2018～2020 年上升的幅度较小，人均生态系统生产总值在 2005～2015 年变化较稳定，在 2015～2018 年波动增加，2018 年达到峰值，为 1.82×10^{9} 美元，其他年份均在 1.66×10^{9} 美元附近波动 [图 11.8（d）]。④2005～2020 年钦州生态系统生产总值呈现 V 形变化趋势，2005 年为峰值（5.58×10^{15} 美元），2010 年到达谷值（5.01×10^{15} 美元），降幅为 10.22%，2020 年又增长到 5.38×10^{15} 美元；人均生态系统生产总值总体上表现为波动变化的 W 形减少趋势，年平均减少率为 0.16% [图 11.8（e）]。⑤2005～2020 年，玉林生态系统生产总值的变化趋势与钦州较一致，人均生态系统生产总值表现为上升态势，人均生态系统生产总值范围在 1.77×10^{9}～1.91×10^{9} 美元，2020 年较 2005 年增幅为 7.91% [图 11.8（f）]。⑥百色和崇左的生态系统生产总值和人均值变化趋势较一致，表现为 2005～2010 年大幅下降，2010～2020 年小幅度增加

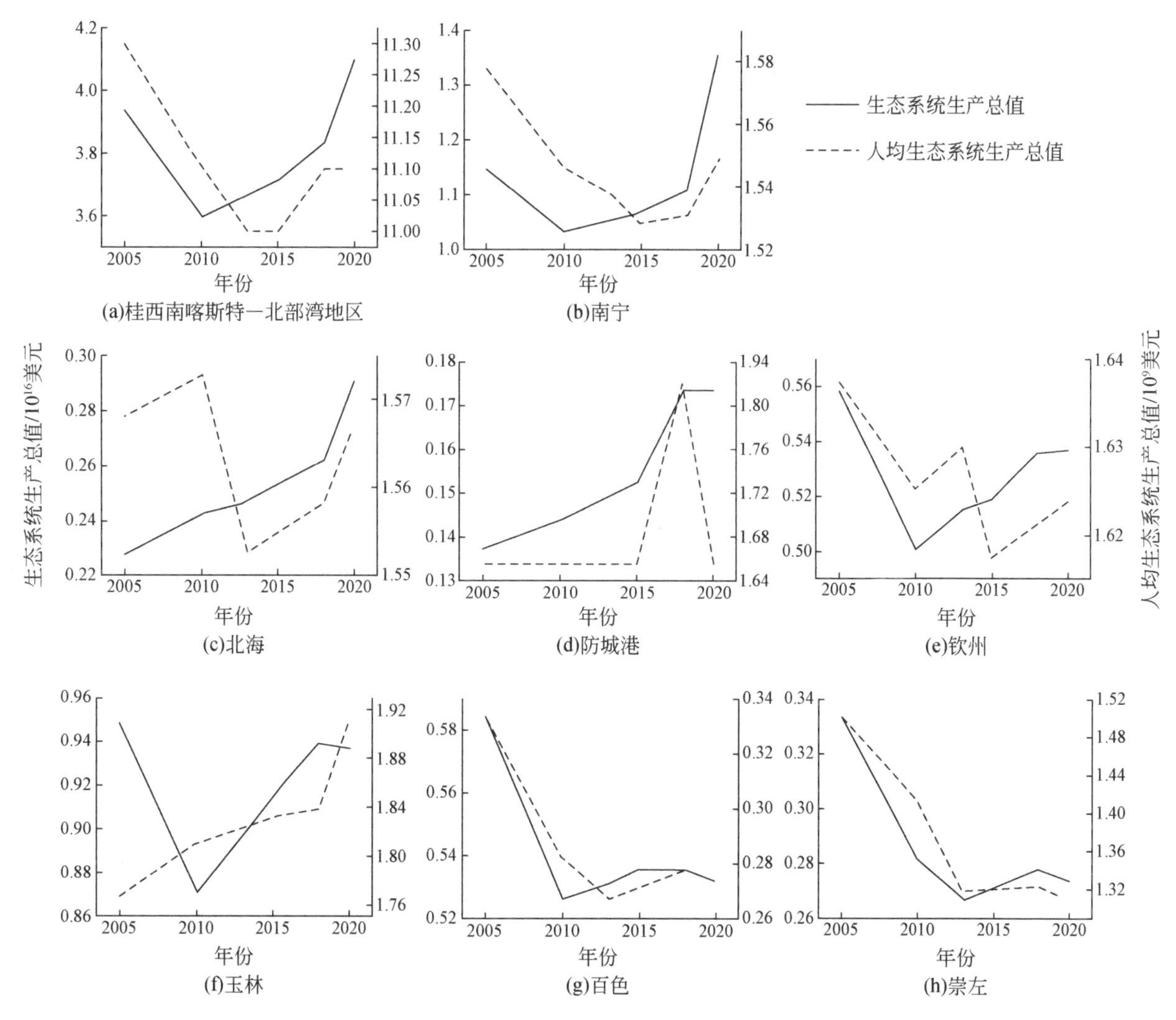

图 11.8　2005～2020 年各市生态系统生产总值及人均值变化趋势

［图 11.8（g）和图 11.8（h）］。总的来说，桂西南喀斯特—北部湾地区 7 个市生态系统生产总值大小变化为南宁市＞玉林市＞百色市＞钦州市＞崇左市＞北海市＞防城港市；其人均生态系统生产总值大小变化为玉林市＞防城港市＞钦州市＞崇左市＞北海市＞南宁市＞百色市。

11.4.2 县域尺度下的生态系统生产总值分析

2005 年北部湾经济区玉林、防城港和北海三市生态系统生产总值较高，特别是玉林的博白县、北流市以及钦州的灵山县，生态系统生产总值分别为 2.37×10^{15} 美元、1.95×10^{15} 美元和 2.24×10^{15} 美元；生态系统生产总值较低的区域为桂西南喀斯特—北部湾地区南部，除了兴宁区，南宁其他各县（区）生态系统生产总值较低，范围在 9.42×10^{10}～1.23×10^{12} 美元波动［图 11.9（a）］。与 2005 年相比，除了百色的右江区和隆林各族自治县以及崇左的江州区生态系统生产总值有所上升以外，桂西南地区各县（区）生态系统生产总值在 2010 年下降趋势明显，较 2005 年平均降幅为 14.02%；而南宁各县（区）生态系统生产总值均有不同程度增加，且增加趋势明显［图 11.9（b）］。2013 年，除宾阳县、钦南区、德保县、乐业县、龙州县和凭祥市有小幅减少趋势，总体上桂西南喀斯特—北部湾地区各县（区）生态系统生产总值呈上升态势，其中青秀区和江南区的增加幅度最大，较 2010 年增幅分别为 4.9%和 5.3%［图 11.9（c）］。2015 年北部湾经济区玉林、防城港和北海三市各县（区）生态系统生产总值均有不同幅度增加，其他各市个别县（区）生态系统生产总值有所减少，但整体上桂西南喀斯特—北部湾地区各县（区）生态系统生产总值呈增加趋势，平均增幅为 1.62%［图 11.9（d）］。2018 年，南宁和北海各县（区）生态系统生产总值持续上升，其他各市个别县（区）均有所下降，其中桂西南地区的百色和崇左市下降趋势明显［图 11.9（e）］。2020 年相较于 2018 年，各市部分县（区）生态系统生产总值均有小幅下降，其中马山县、合浦县和铁山港区下降幅度最大，分别为 8.29%、8.88%和 6.76%。总的来说，2005～2020 年桂西南喀斯特—北部湾地区除南宁外，其他各市大部分县（区）生态系统生产总值有小幅下降走势，但南宁各县（区）生态系统生产总值呈现大幅度增加态势，因此，2020 年桂西南喀斯特—北部湾地区总生态系统生产总值与 2005 年相比呈上升趋势。

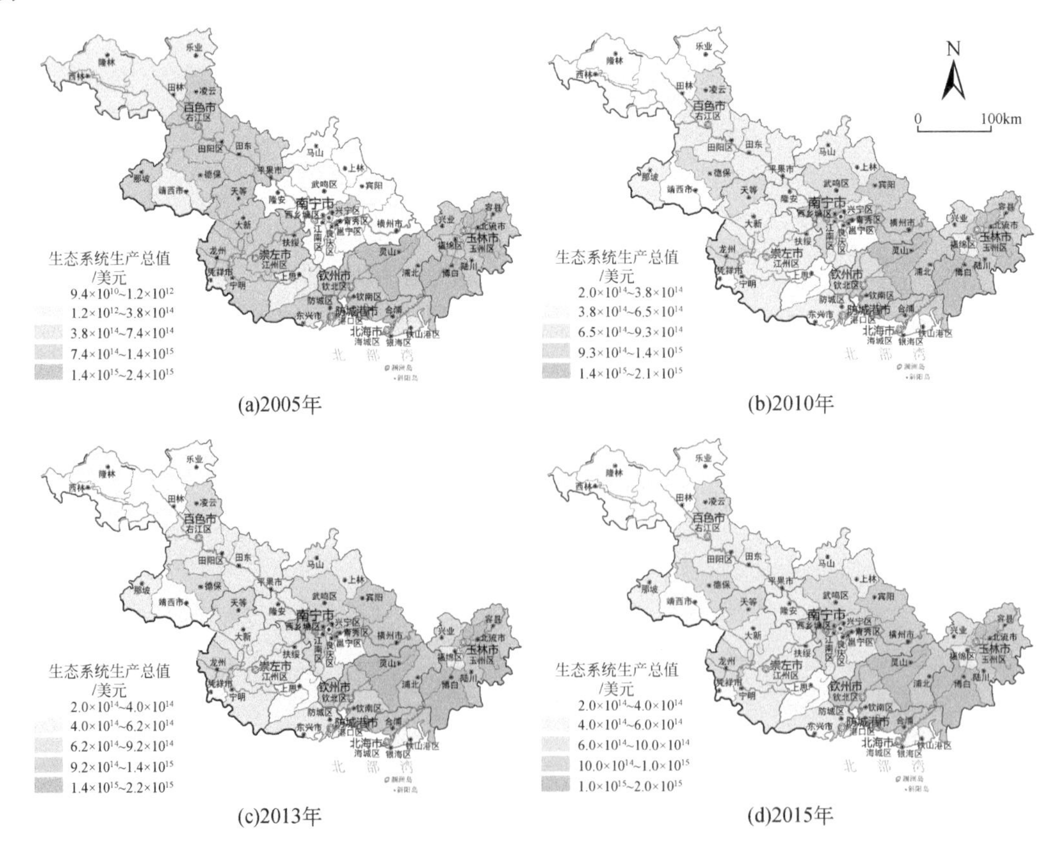

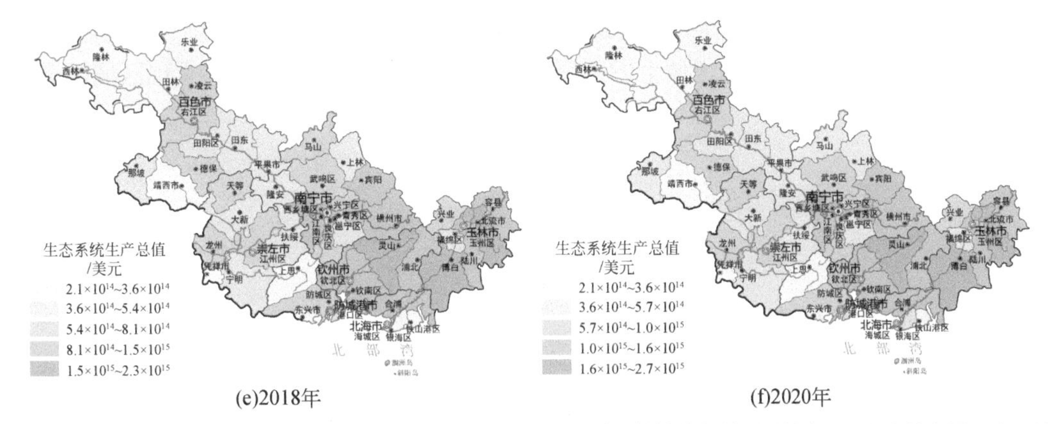

林地、草地、水域、耕地、建设用地面积、粮食总产量、油料总产量、糖料总产量、园林水果、肉类总产量、禽蛋总产量、奶类总产量、蔬菜总产量、水产品、电力、工业总产值、总人口、行政区域面积数据来源于2005年、2010年、2013年、2015年、2018年、2020年《广西统计年鉴》；降水量数据来源于2005年、2010年、2013年、2015年、2018年、2020年《广西壮族自治区水资源公报》；图上专题内容为作者根据2005年、2010年、2013年、2015年、2018年、2020年林地、草地、水域、耕地、建设用地面积、粮食总产量、油料总产量、糖料总产量、园林水果、肉类总产量、禽蛋总产量、奶类总产量、蔬菜总产量、水产品、电力、工业总产值、总人口、行政区域面积、降水量数据推算出的结果，不代表官方数据。

图 11.9　2005～2020 年研究区各县（区）生态系统生产总值变化趋势

11.4.3　桂西南喀斯特—北部湾地区“两山”价值转换成效

从 GEP 和 GDP 两者之间的关系来看，以 GEP/GDP 衡量桂西南喀斯特—北部湾地区“两山”价值转换成效。GEP/GDP 的比值越小，说明区域经济产出的规模效益越显著。2005～2020 年桂西南喀斯特—北部湾地区 GEP/GDP 表征为降低趋势，表明在研究期间 GEP 在增加，GDP 也在持续增加，但是 GDP 增加幅度不断增大，因此整体上呈现出下降趋势。2005 年桂西南喀斯特—北部湾地区 GEP/GDP 为 1.14×10^{6}，2020 年为 2.49×10^{5}，降幅为 358.82%。表明桂西南喀斯特—北部湾地区“两山”价值转化成效明显，经济产出的规模效益持续提高，生态效益的内生潜力巨大（图 11.10）。根据图 11.11，可以看到桂西南喀斯特—北部湾地区 7 个市 GEP/GDP 变化呈现较为一致的持续降低趋向。各市 GEP/GDP 变化趋势明显程度由大到小排序为钦州市＞玉林市＞百色市＞崇左市＞南宁市＞北海市＞防城港市。“两山”价值转化成效最显著的是钦州市，从 2000 年的 28.1 万美元到 2020 年的 4.73 万美元，2020 年较 2000 年降低了 83.17%，经济产出的规模效益显著。其次，GEP/GDP 变化幅度较明显的是玉林市，2020 年达到顶峰，为 26.7 万美元，2020 年降低到 5.32 万美元。GEP/GDP 变化幅度最小的防城港市，从 2000 年的 3.39 万美元到 2020 年的

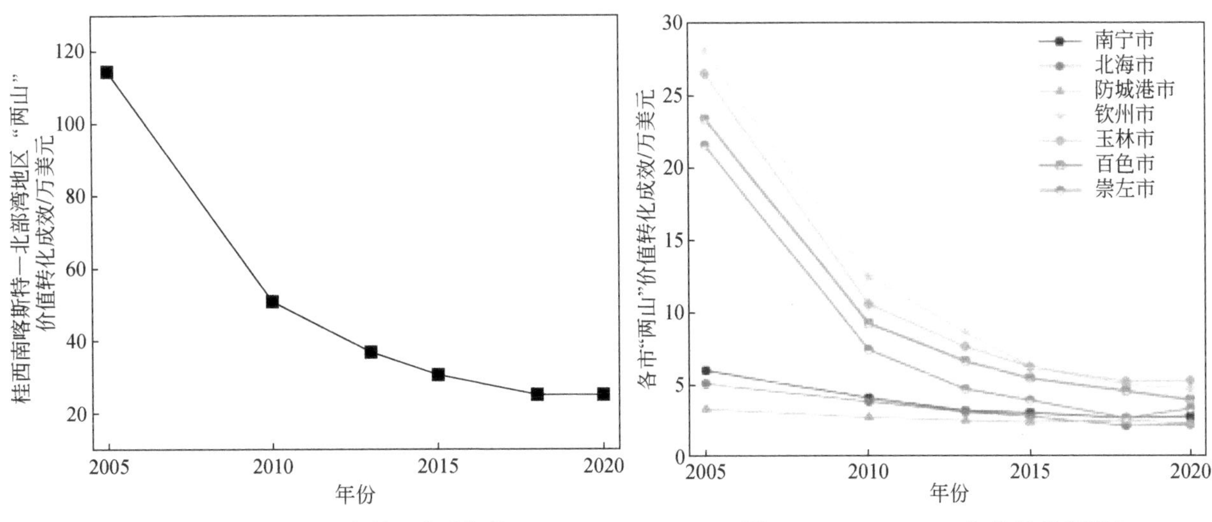

图 11.10　2005～2020 年桂西南喀斯特—北部湾地区 GEP/GDP 变化趋势

图 11.11　2005～2020 年桂西南喀斯特—北部湾地区各市 GEP/GDP 变化趋势

2.37 万美元，降幅为 30.09%。因此，在开展区域综合生态系统管理实践时，应兼顾区域发展在生产、生活、生态三方面的平衡性和协调性，统筹区域生态系统功能的差异性和互补性，最终实现区域经济效益、社会效益、生态三大效益的最大化。

11.5 结　　语

11.5.1 土地利用碳排放研究结论

本章基于桂西南喀斯特—北部湾地区土地利用数据和能源统计数据，分析了 2000～2020 年土地利用变化情况，并计算了土地利用结构变化下的碳排放量并进行分析，研究结果如下：2000～2020 年土地利用动态度显示只有耕地、林地和建设用地面积有增长，其中建设用地面积增长最多，而园地和草地均出现面积减少的现象；21 年间桂西南喀斯特—北部湾地区碳排放主要来源是建设用地，碳汇主要是林地，草地的面积相对较小，因此吸收能力最弱；总碳排放量呈现先增后减再增的趋势，净碳排放量的变化趋势与总碳排放量的趋势相同，其中碳排放主要来源是建设用地，均呈现先升后降再升的趋势，这个变化趋势与国家政策和工业经济发展密切相关，今后应采取有效的措施对建设用地进行控制。桂西南喀斯特—北部湾地区作为“一带一路”建设发展途经区域，建设用地逐渐增多，而碳排放主要来源是建设用地，其碳排放强度远超于其他地类，在碳吸收方面，研究区拥有丰富的林地资源，林地面积占研究区总面积的 68%，因此林地是主要的碳汇。城市还在发展，碳排放量依然在增长，政府应提高建设用地的集约利用率，避免城市的盲目扩张。而建设用地排放的碳是以人类在生产生活活动过程中消耗化石能源的形式来排放，今后应升级优化工业设备，加强在再生能源和低碳能源方面的开发力度，积极研发低碳技术，推动低碳经济发展。

11.5.2 “两山”价值转化研究结论

本章“两山”价值转化的结论如下：①2005～2020 年，桂西南喀斯特—北部湾地区生态系统生产总值和人均生态系统生产总值呈 V 字形发展趋势，生态系统生产总值在 2010 年达到谷值，2010～2020 年反弹式增长。②桂西南喀斯特—北部湾地区 7 个市生态系统生产总值由大到小排序为南宁市＞玉林市＞百色市＞钦州市＞崇左市＞北海市＞防城港市；其人均生态系统生产总值由大到小排序为玉林市＞防城港市＞钦州市＞崇左市＞北海市＞南宁市＞百色市。③2005～2020 年，桂西南喀斯特—北部湾地区大部分县（区）生态系统生产总值呈现下降趋势，北海、防城港、钦州和玉林均有部分县域 GEP 减少，但南宁各县（区）生态系统生产总值呈现大幅度增加态势。因此，2020 年桂西南喀斯特—北部湾地区生态系统生产总值与 2005 年相比呈上升趋势。④从 GEP 和 GDP 两者之间的关系来看，2005～2020 年桂西南喀斯特—北部湾地区 GEP/GDP 逐年下降，表明桂西南喀斯特—北部湾地区经济产出的规模效益显著。GEP/GDP 变化趋势较明显的为钦州市、玉林市、百色市和崇左市，变化幅度较小的为南宁市、北海市和防城港市。因此，要兼顾区域发展在生产、生活、生态三方面的平衡性和协调性，实现区域经济效益、社会效益、生态效益三大效益的最大化。⑤本章针对桂西南喀斯特—北部湾地区各县（区）尺度小、基础资料薄弱等特点，构建生态系统生产总值核算体系，将生态系统生产总值分为生态系统供给价值、生态系统承载价值与生态系统调节价值三大类。针对供给和承载价值，采用能值分析方法进行计算；针对调节价值，基于生态用地分类、规模及各单一类型生态用地不同调节价值，采用乘算模型进行综合计算；最终对三者加和得到桂西南喀斯特—北部湾地区生态系统生产总值，并将其与桂西南喀斯特—北部湾地区生产总值进行比较，评估绿水青山向金山银山的转化成效。但是由于缺乏废水、废气和废固等污染物排放以及煤油、石油和天然气等化石燃料等数据，污染物和化石燃料的能值未能进入计算范畴，因此在生态系统生产总值指标选取的全面性方面仍需进一步完善。

参考文献

白玛卓嘎，肖燚，欧阳志云，等，2020. 基于生态系统生产总值核算的习水县生态保护成效评估. 生态学报，40（2）：499-509.

陈梅，纪荣婷，刘溪，等，2021. “两山”基地生态系统生产总值核算与“两山”转化分析——以浙江省宁海县为例. 生态学报，41（14）：5899-5907.

方一平，朱冉，2021. “两山”价值转化的经济地理思维：从逻辑框架到西南实证. 经济地理，41（10）：192-199.

高涵，叶维丽，彭硕佳，等，2020. 基于绿色全要素生产率的“两山”转化效率测度方法. 环境科学研究，33（11）：2639-2646.

耿静，任丙南，2020. 生态系统生产总值核算理论在生态文明评价中的应用——以三亚市文门村为例. 生态学报，40（10）：3236-3246.

胡初枝，黄贤金，2007. 区域碳排放及影响因素差异比较研究——以江苏省为例//中国生态经济学会工业生态经济与技术专业委员会理事会，中国生态经济学会循环经济专业委员会理事会. 第二届全国循环经济与生态工业学术研讨会暨中国生态经济学会工业生态经济与技术专业委员会 2007 年年会论文集：39-44.

纪荣婷，陈梅，程虎，等，2020. 国家“两山”基地经济与生态环境协调发展评价——以浙江省宁海县为例. 环境工程技术学报，10（5）：798-805.

孔凡斌，程文杰，徐彩瑶，等，2023. 国家试点区森林生态资本经济转换效率及其影响因素. 林业科学，59（1）：1-11.

蓝盛芳，钦佩，陆宏芳，2002. 生态经济系统能值分析. 北京：化学工业出版社.

李波，刘雪琪，王昆，2018. 中国农地利用结构变化的碳效应及时空演进趋势研究. 中国土地科学，32（3）：43-51.

李丽媛，胡玉杰，李明昕，2022. 民族地区“两山”耦合协调度评价与时空分异研究. 生态经济，38（12）：207-215.

马国霞，於方，王金南，等，2017. 中国 2015 年陆地生态系统生产总值核算研究. 中国环境科学，37（4）：1474-1482.

欧阳志云，王效科，苗鸿，1999. 中国陆地生态系统服务功能及其生态经济价值的初步研究. 生态学报，19（5）：607-613.

潘张蕤，2019. 县域“两山”发展指标体系构建与应用研究. 杭州：浙江大学.

曲福田，卢娜，冯淑怡，2011. 土地利用变化对碳排放的影响. 中国人口·资源与环境，21（10）：76-83.

沈辉，董梦婷，高才慧，等，2022. 基于 SD 模型的县域“绿水青山就是金山银山”发展路径研究. 生态经济，38（4）：210-216.

宋昌素，欧阳志云，2020. 面向生态效益评估的生态系统生产总值 GEP 核算研究——以青海省为例. 生态学报，40（10）：3207-3217.

孙崇洋，程翠云，段显明，等，2020. “两山”实践成效评价指标体系构建与测算. 环境科学研究，33（9）：2202-2209.

王金南，马国霞，於方，等，2018. 2015 年中国经济-生态生产总值核算研究. 中国人口·资源与环境，28（2）：1-7.

王莉雁，肖燚，欧阳志云，等，2017. 国家级重点生态功能区县生态系统生产总值核算研究——以阿尔山市为例. 中国人口·资源与环境，27（3）：146-154.

肖红艳，袁兴中，李波，等，2012. 土地利用变化碳排放效应研究——以重庆市为例. 重庆师范大学学报（自然科学版），29（1）：38-42.

肖洋，欧阳志云，王莉雁，等，2016. 内蒙古生态系统质量空间特征及其驱动力. 生态学报，36（19）：6019-6030.

杨华，2017. 环境经济核算体系介绍及我国实施环境经济核算的思考. 调研世界，（11）：3-11.

杨渺，肖燚，欧阳志云，等，2019. 四川省生态系统生产总值（GEP）的调节服务价值核算. 西南民族大学学报（自然科学版），45（3）：222-232.

杨瑛娟，周晓婷，郭峰娟，2021. 基于“两山”理论的陕西省绿色共生模式研究. 湖北农业科学，60（4）：148-151.

姚亚玲，李青，陈红梅，2019. 基于“两山”理论的南疆脆弱区生态与经济系统互动效应分析. 资源开发与市场，35（4）：485-491.

喻锋，李晓波，张丽君，等，2015. 中国生态用地研究：内涵、分类与时空格局. 生态学报，35（14）：1-15.

喻锋，李晓波，王宏，等，2016. 基于能值分析和生态用地分类的中国生态系统生产总值核算研究. 生态学报，36（6）：1663-1675.

翟帅，周建华，2017. “绿水青山就是金山银山”的实践成效评价研究. 湖州师范学院学报，39（9）：6-13.

张乐勤，陈素平，王文琴，等，2013. 安徽省近 15 年建设用地变化对碳排放效应测度及趋势预测——基于 STIRPAT 模型. 环境科学学报，33（3）：950-958.

张礼黎，胡宝清，张泽，等，2023. 桂西南喀斯特—北部湾“两山”价值转化研究. 地域研究与开发，42（4）：130-135.

周嘉，王钰萱，刘学荣，等，2019. 基于土地利用变化的中国省域碳排放时空差异及碳补偿研究. 地理科学，39(12)：1955-1961.

Chen J，Gao M，Cheng S，et al.，2020. County-level CO_2 emissions and sequestration in China during 1997-2017［J］. Scientific Data，7（1）：391.

Houghton R A，1991. Tropical deforestation and atmospheric carbon dioxide. Climatic Change，19：99-118.

Houghton R A，1995. Land use change and the carbon cycle. Global Change Biology，1：275-287.

Houghton R A，Hackler J L，2010. Emissions of carbon from forestry and land-use change in tropical Asia. Global Change Biology，5（4）：481-492.

IPCC，OECD，2006. IPCC guidelines for national greenhouse gas inventories//Eggleston H S，Buendia L，Miwa K，et al. Prepared by the National Greenhouse Gas Inventories Programmer. Japan：IGES.

Kaya Y，1995. The role of CO_2 removal and disposal. Energy Conversion & Management，36（6-9）：375-380.

King A W，Post W M，Wullschleger S D，1997. The potential response of terrestrial carbon storage to changes in climate and atmospheric CO_2. Climatic Change，35（2）：199-227.

Kubiszewski I，Costanza R，Anderson S，et al.，2017. The future value of ecosystem services：global scenarios and national implications. Ecosystem Services，26：289-301.

Lai L，Huang X J，Yang H，et al.，2016. Carbon emissions from land-use change and management in China between 1990 and 2010. Science Advances，2（11）：e1601063.

Levy P E，Friend A D，White A，et al.，2004. The influence of land use change on global-scale fluxes of carbon from terrestrial ecosystems. Climatic Change，67（2-3）：185-209.

Li G D，Fang C L，2014. Global mapping and estimation of ecosystem services values and gross domestic product：a spatially explicit integration of national “green GDP” accounting. Ecological Indicators，46：293-314.

Li Y，Chen Y，2021. Development of an SBM-ML model for the measurement of green total factor productivity：the case of pearl river delta urban agglomeration. Renewable and Sustainable Energy Reviews，145：111131.

Liu J，Hoshino B，2000. Study on spatial-temporal feature of modern land use change in China：using remote sensing techniques. Quaternary Sciences，20（3）：229-239.

Liu L C，Fan Y，Wu G，et al.，2007. Using LMDI method to analyze the change of China's industrial CO_2 emissions from final fuel use：an empirical analysis. Energy Policy，35：5891-5900.

Liu S H，He S J，2002. A spatial analysis model for measuring the rate of land use change. Journal of Natural Resources，17（5）：533-540.

Lowrance R R，Leonard R A，Sheridan J M，1985. Managing riparian ecosystems to control nonpoint pollution. Journal of Soil & Water Conservation，40（1）：87-91.

Maes J，Liquete C，Teller A，et al.，2016. An indicator framework for assessing ecosystem services in support of the EU Biodiversity Strategy to 2020. Ecosystem Services，17：14-23.

Moraes J L，Cerri C C，Melillo J M，et al.，1995. Soil carbon stocks of the Brazilian Amazon Basin. Soil Science Society of America Journal，59（1）：244-247.

Ni J，2001. Carbon storage in terrestrial ecosystems of China：estimates at different spatial resolutions and their responses to climate change. Climate Change，49（3）：339-358.

Niu Z G，Zhang H Y，Wang X W，et al.，2012. Mapping Wetland Changes in China between 1978 and 2008. Beijing：Science Press.

Odum H T，1983. Systems Ecology：an Introduction. New York：Wiley.

Odum H T，1988. Self-organization，transformity，and information. Science，（242）：1132-1139.

Odum H T，1996. Environmental Accounting：Emergy and Environmental Decision Making. New York：John Wiley &Sons.

Ohrstedt H O，Arnebrant K，Baath E，et al.，1989. Changes in carbon content，respiration rate，ATP content，and microbial biomass in nitrogen-fertilized pine forest soils in Sweden. Canadian Journal of Forest Research，19（3）：323-328.

ORNL，1990. Estimate of CO_2 Emission from Fossil Fuel Burning and Cement Manufacturing. Oak Ridge：Oak Ridge National

Laboratory.

Pearce D，1998. Cost benefit analysis and environmental policy. Oxford Review of Economic Policy，14（4）：84-100.

Piao S L，Fang J Y，Ciais P，et al.，2009. The carbon balance of terrestrial ecosystems in China. Nature，（458）：1099-1014.

Randall A，2002. Benefit-cost considerations should be decisive when there is nothing more important at stake//Bromley D W，Paavola J. Economics，Ethics，and Environmental Policy：Contested Choices. Oxford：Blackwell Publishing.

Rapport D J，Gaudet C，Karr J R，et al.，1998. Evaluating landscape health：integrating societal goals and biophysical process. Journal of Environmental Management，53（1）：1-15.

Riebsame W E，Meyer W B，Li B L T，1994. Modeling land use and cover as part of global environmental change. Climatic Change，28（1-2）：45-64.

Schimel D S，2014. Spatiotemporal characteristics，patterns，and causes of land-use changes in China since the late 1980s. Journal of Geographical Sciences，24（2）：195-210.

Schimel D S，House J I，Hibbard K A，et al.，2001. Recent patterns and mechanisms of carbon recent patterns and mechanisms of carbon exchange by terrestrial ecosystems. Nature，414（6860）：169-172.

Seto K C，Güneralp B，Hutyra L R，2012. Global forecasts of urban expansion to 2030 and direct impacts on biodiversity and carbon pools. Proceedings of the National Academy of Sciences of the United States of America，109（40）：16083-16088.

Smith D L，Johnson L C，2003. Expansion of *Juniperus virginiana* L. in the Great Plains：changes in soil organic carbon dynamics. Global Biogeochemical Cycles，17（2）：31-1-31-12.

Song W，Deng X Z，2017. Land-use/land-cover change and ecosystem service provision in China. Science of the Total Environment，576：705-719.

Spash C L，Carter C，2000. The Concerted Action on Environmental Valuation in Europe （EVE）：an introduction. https://www.clivespash. org/eve/PRB1-edu. pdf［2024-2-16］.

Townshend J R G，Justice C O，Kalb V，1987. Characterization and classification of South American land cover types using satellite data. International Journal of Remote Sensing，8（8）：1189-1207.

Turner K G，Anderson S，Gonzales-Chang M，et al.，2016. A review of methods，data，and models to assess changes in the value of ecosystem services from land degradation and restoration. Ecological Modelling，319：190-207.

Wang C，Chen J，Zou J，2005. Decomposition of energy-related CO_2 emission in China：1957-2000. Energy，30：73-83.

Wei H J，Fan W G，Wang X C，et al.，2017. Integrating supply and social demand in ecosystem services assessment：a review. Ecosystem Services，25：15-27.

Xia F，Xu J，2020. Green total factor productivity：a re-examination of quality of growth for provinces in China. China Economic Review，62：101454.

第 12 章 山江海耦合关键带森林生态系统碳储量估测

12.1 研究目的意义

全球气候变化是人类面临的重大挑战，其带来的危害包括海平面上升、极端天气频繁发生等，进而会带来一系列政治、经济、军事冲突。IPCC 发布的评估报告表明气候变化是当前全球最为关注的焦点，也是人类发展面临的最不确定的挑战，应对气候变化，减少碳排放成为世界各国的共识。进入 21 世纪后，中国、美国、俄罗斯、日本、印度及欧盟等成为二氧化碳排放的主要经济体，但我国人均累计碳排放量远远低于全球平均，中国是最大的发展中国家，按照“共同但有区别的责任原则”，中国对国际社会做出中长期的减排承诺，承担了国际气候环境保护责任。制定了《中国应对气候变化国家方案》《强化应对气候变化行动——中国国家自主贡献》，采取了一系列减缓温室气体排放的政策措施，并积极参与国际社会应对气候变化的进程，认真履行《联合国气候变化框架公约》《京都议定书》《巴黎协定》等规定的国际义务，在国际合作中发挥积极的建设性作用。2019 年胡锦涛在联合国气候变化峰会上承诺“大力增加森林碳汇，争取到 2020 年森林面积比 2005 年增加 4000 万公顷，森林蓄积量增加 13 亿立方米”，体现了负责任的大国风范。2015 年 11 月 30 日，习近平在气候变化巴黎大会开幕式上的讲话：“中国在‘国家自主贡献’中提出将于 2030 年左右使二氧化碳排放达到峰值并争取尽早实现，2030 年单位国内生产总值二氧化碳排放比 2005 年下降 60%～65%，非化石能源占一次能源消费比重达到 20%左右，森林蓄积量比 2005 年增加 45 亿立方米左右。”2020 年 9 月 22 日，习近平在第七十五届联合国大会一般性辩论上的讲话：“应对气候变化《巴黎协定》代表了全球绿色低碳转型的大方向，是保护地球家园需要采取的最低限度行动，各国必须迈出决定性步伐。中国将提高国家自主贡献力度，采取更加有力的政策和措施，二氧化碳排放力争于 2030 年前达到峰值，努力争取 2060 年前实现碳中和。”2021 年 3 月 15 日，习近平主持召开中央财经委员会第九次会议时强调，“要把碳达峰、碳中和纳入生态文明建设整体布局”。2021 年 9 月 22 日的《中共中央 国务院关于完整准确全面贯彻新发展理念做好碳达峰碳中和工作的意见》及 2021 年 10 月 24 日的《2030 年前碳达峰行动方案》相继发布，我国碳达峰碳中和工作有了时间表、路线图和施工图。2022 年 3 月 30 日，习近平在参加首都义务植树活动时指出，“森林是水库、钱库、粮库，现在应该再加上一个‘碳库’”,“森林和草原对国家生态安全具有基础性、战略性作用，林草兴则生态兴”。森林是陆地生态系统的主体，对维护区域生态平衡具有不可替代的作用。森林储存了全球陆地生态系统 80％以上的碳，吸收二氧化碳、释放氧气，延缓温室效应、遏制全球变暖等作用得到了世界的公认。山江海耦合关键带生物多样性丰富，属于北热带季节性雨林区，分布有山地常绿阔叶林、石灰山季雨林及滨海湿地红树林等，森林资源丰富，加之分布有大面积的岩溶地貌，生态环境极其脆弱。开展森林碳储量时空格局及其变化机制研究，对于评价不同森林类型的碳汇功能，发展固碳林业，优化林业生态布局，探索森林生态补偿新途径，开展森林碳管理，争取拓展区域经济发展的碳排放空间有重要支撑作用，能够凸显森林生态系统的作用与地位，从而促进经济社会可持续发展。

12.2 相关研究进展

森林碳储量是指某个时间点森林生态系统各碳库中碳元素的储备量（或质量），是森林生态系统多年累积的结果，属于存量。森林生态系统碳库主要由土壤碳库、死亡有机碳库、地下部分植被碳库和地上部分植被碳库 4 部分组成。其中土壤碳库包括土壤有机碳和矿质土壤有机碳；死亡有机碳库包括储存在凋落物、枯立木和倒木中的碳；地下部分植被碳库包括植物活的根系系统；地上部分植被碳库包括地表以上所有活的植被的碳储量（宋洁，2021）。本章研究不含死亡有机碳。随着全球碳减排行动的进行，森林碳储量的研究受到诸多学者的关注（张颖等，2022）。目前估算森林植被碳储量的基本方法有 3 种：模型模拟估算法、遥感估算法和样地调查法。模型模拟估算法是通过建立与环境因子（如降水、温度、光照等）相关联的生产力数学模型来估算森林生物量碳储量，主要有经验回归模型和过程模型两种。遥感估算法是利用遥感图像光谱信息参数与森林生物量之间的相关关系，建立森林生物量估算的数学模型及其解析式，估算不同时期大尺度不同森林类型的生物量及其碳储量动态。样地调查法是通过建立典型样地来测算碳储量，是目前最直接、应用最广泛的方法之一，近年来，很多学者利用森林资源清查数据估算国家或省（区）域尺度森林碳储量，取得了一系列重要的研究成果。尽管森林碳储量估算方法多种多样，但普遍认为国家森林资源连续清查数据涵盖面广，调查时间连续，监测数据具有可比性，调查工作组织严密，质量管理体系健全，是研究森林生态系统最为权威的森林调查数据，利用国家森林资源连续清查数据进行碳密度、碳储量估算被认为是最好的途径（赵敏，2004）。

12.2.1　清查的区域植被碳储量估测研究进展

我国大尺度的森林生物量、碳储量估算方法的探索始于 20 世纪 90 年代中期，2000 年刘国华等（2000）利用中国第一次至第四次全国森林资源清查资料建立不同森林类型生物量和蓄积量之间的回归关系，对中国近 20 年来森林的碳储量进行了推算。方精云等（2002）利用野外实测资料，并结合使用我国 50 年来的森林资源清查数据及相关的统计资料，基于生物量换算因子的连续变化、区域森林生物量的计算方法以及由样地实测到区域推算的尺度转换方法，研究了我国森林植被碳库及其时空变化。唐守正等（2000）相继建立了相容性生物量模型，通过建立生物量非线性联立方程组，并采用加权最小二乘法进行参数估计，消除异方差，提高生物量模型的精度。李海奎等（2011）以回归模型估计法作为乔木林生物量的主要计算方法，以树种含碳率作为生物量转换为碳储量的系数，从单木归并到样地，从样地加权平均至省级区域，估算乔木林碳储量。张煜星和王雪军（2021）利用 1949～2018 年 11 个时间段的森林资源清查和统计数据，系统测算出了近 70 年全国及各个区域森林碳储量和碳源碳汇能力。张颖等（2022）利用 1973～2018 年 9 次森林资源清查数据，采用森林蓄积量法核算我国森林资源总碳储量及其变化情况，按照不同林种分类核算不同森林资源的碳储量和价值量，并采用预测模型预测我国森林资源碳汇发展潜力，可知按照目前的发展趋势，可以达到 2030 年前实现碳达峰、2060 年前实现碳中和的目的。同时，在省（区）尺度，不同学者也进行了区域森林碳储量的估算及动态变化规律的分析等相关研究工作。

12.2.2　土壤碳储量估算研究进展

土壤有机碳（SOC）库是陆地生物圈中最大的碳库，约占陆地总碳储量的 2/3，而森林土壤碳储量占全球土壤碳储量的 73%，森林 SOC 储量及其变化直接影响全球的碳平衡（黄志霖等，2012）；近十几年来，国内学者对森林土壤碳储量的研究主要集中于全球、全国及区域尺度不同森林类型的土壤碳储量特征、土壤碳储量的时空变化、土壤呼吸、土壤碳的稳定性以及气候因子、土地利用类型等因素对土壤碳过程的影响等方面，估算方法包括土壤类型法、植被类型法、生命地带分类法、模型法、GIS 估算法等。宋娅丽和王克勤（2018）以第二次全国土壤普查数据、中国土壤图为主要依据，用土壤类型法对不同区域统一的 1m 深度以内的土壤碳储量做了估算；王绍强等（2000）在 1999～2000 年，根据第一次和第二次全国土壤普查数据，发现中国陆地生态系统土壤有机碳总量为 1001.8×10^8t 和 924.18×10^8t，平均碳密度分别为 $10.83kg/m^2$ 和 $10.53kg/m^2$，两个年度相比分别减少 7.75%和 2.77%；林培松和高全洲（2009）以粤东北山区的梅江区四种主要人工森林类型为研究对象，计算土壤碳密度，得到四种林型土壤碳密度总平均值为 14.14kg/m^2；渠开跃等（2009）用植被类型法，分析了辽东山区不同林型 SOC 剖面分布特征，结果表明同一林型有机碳含量及碳储量均随土层加深而逐渐递减；吴敏等（2015）探讨了传统空间插值方法和基于岩石出露率、土深校正的空间插值方法在典型喀斯特高基岩出露地区表层 SOC 储量估算中的适用性，结果表明基于岩石出露率、土深校正的空间插值方法大大降低了估算喀斯特高基岩出露坡地表层 SOC 储量和碳密度的误差，该方法具有一定的适用性。应用模型估算法能够根据大量的实测数据和气候变化模拟数据，预测和反推土壤碳蓄积量的大小及变化。国内学者多采用 Century 模型来估测土壤碳储量及进行动态预测相关研究。黄忠良（2000）运用 Century 模型模拟马尾松林在不同管理措施下各演替阶段的土壤有机质、氮含量及生产力；蒋延玲和周广胜（2001）利用该模型测算了兴安岭落叶松林 SOC 含量。总体来看，区域尺度土壤碳库的估算均存在着采样点密度相对不足和各植被类型剖面数量相对较少的缺陷，这给土壤碳库的估算带来了较大的不确定性，为准确评估区域森林生态系统土壤碳储量，必须研究对其估测的相关参数。

12.3 区域森林资源概况及研究思路

12.3.1 区域森林资源概况

根据 2020 年森林资源“一张图”数据统计，区域林地总面积为 702.14 万 hm^2，占区域面积的 64.1%，区域森林覆盖率为 57.1%。有林地类型中乔木林面积为 514.46 万 hm^2，占总林地面积的 73.3%，比重较大；竹林面积为 13.02 万 hm^2，占 1.9%，比重较小；国家特殊灌木林地面积为 98.88 万 hm^2，占 14.1%，其他林地面积共计占 10.0%。详见表 12.1。

表 12.1　区域林地面积统计表　（单位：万 hm^2）

区域	土地合计和权属	土地面积	林地面积	森林面积	有林地				灌木林地			其他林地
					小计	乔木林	竹林	红树林	小计	国家特殊灌木林地	其他灌木林地	
研究区	合计	1096.17	702.14	626.36	528.41	514.46	13.02	0.93	103.19	98.88	4.31	70.54
	国有	107.09	77.30	70.10	67.81	66.35	0.61	0.85	3.45	3.14	0.31	6.03
	集体	989.08	624.84	556.26	460.60	448.11	12.41	0.08	99.74	95.74	4.00	64.51

各森林类型中，公益林面积为 179.75 万 hm^2，占 28.70%，商品林面积为 446.61 万 hm^2，占 71.30%，各类型面积详见表 12.2。

表 12.2　区域森林类别面积统计表　（单位：万 hm^2）

区域	合计	公益林			商品林			
		小计	防护林	特用林	小计	用材林	经济林	能源林
研究区	626.36	179.75	131.36	48.39	446.61	393.88	32.95	19.78

12.3.2 研究技术路线

本章以森林经理学、森林生态学、抽样理论为指导，以第九次全国森林资源清查数据为基础数据，以对广西已建立的主要树种生物量模型、根茎比函数、土壤有机碳参数等其他研究成果为主要依据，开展区域森林生态系统碳储量估测研究；并以广西第五次森林资源规划设计调查数据（2019 年）为参照，运用随机森林算法，估测区域森林植被碳储量，分析了区域森林植被碳储量时空格局演变规律，为及时掌握森林碳储量变化动态、指导森林可持续经营以及评价区域社会经济发展环境容量提供技术支撑。森林碳储量研究技术路线详见图 12.1。

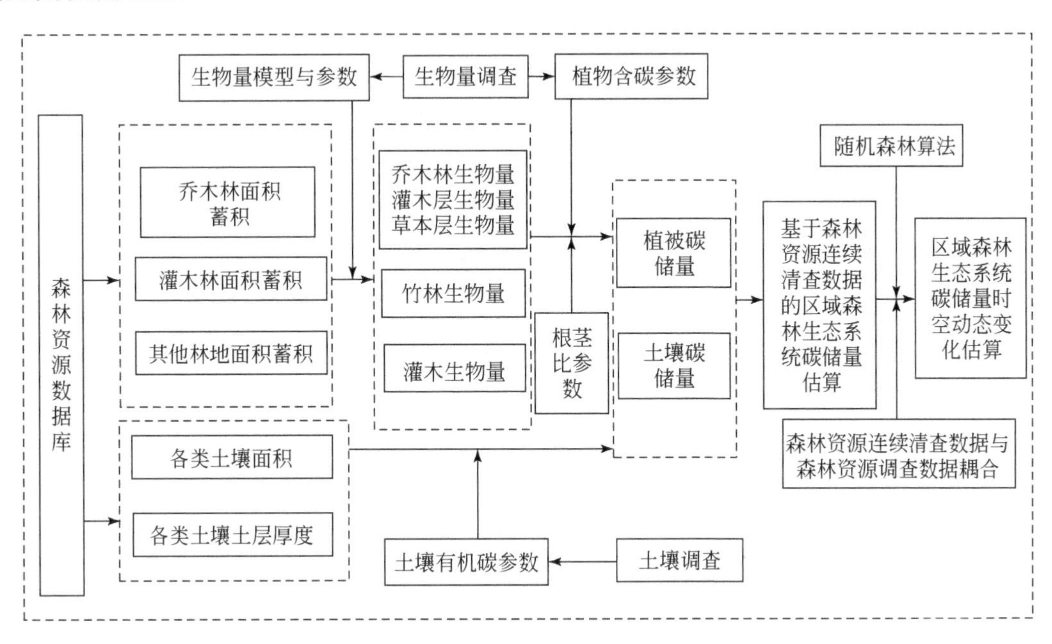

图 12.1　森林碳储量研究技术路线图

12.4　研究数据来源及方法体系

12.4.1　研究数据来源

1. 生物量模型建立数据来源

根据气候区、林分类型，选取建模样木 333 株，其中杉木 79 株、马尾松 50 株、桉树 55 株、硬阔类 69 株、软阔类 80 株，有根部测定样本共 70 株，进行相关生物量模型研建。

2. 树种含碳率测定数据来源

根据树种的分布范围，各主要森林类型选取生长正常、树干形状正常、无病虫害的样木，共 10 个树种 62 株，其中杉木 6 株，马尾松 6 株，尾叶桉 8 株，马占相思 6 株，栓皮栎 8 株，青冈栎 6 株，火力楠 5 株，荷木 6 株，枫香 5 株，毛竹 6 株，分别对叶、枝、皮、树干部位取样，进行综合含碳率研究测定。

3. 土壤调查数据来源

区域土壤类型多样，分为 14 个土类、25 个亚类，森林土壤类型以红壤、赤红壤、砖红壤、黄壤、石灰土为主。各土壤调查样地数量分布见表 12.3。根据已有的研究成果，根据不同的土壤类型、森林类型、海拔，实地调查 146 个土壤剖面，记载剖面 GPS 坐标、土地利用类型、土壤种类、海拔，测定不同土层的土壤容重、有机碳含量。并根据《广西第三次全国土壤普查简报》等相关资料整理 4 个剖面，共 150 个样本，其中森林 124 个，占 82.7%，灌木林 17 个，占 11.3%，其他林地 9 个，占 6.0%。

表 12.3 土壤调查样地数量分布表

合计	砖红壤	赤红壤	红壤	黄壤	石灰土	其他土壤
150	3	25	67	30	19	6

注：其他土壤主要有紫色土、黄棕壤、滨海盐土等。

12.4.2 基于森林资源连续清查的森林植被碳储量研究方法

1. 森林植被生物量测算

1）乔木林生物量测算

根据前期研究成果，分地下和地上部分结合生物量转换因子法估算乔木林生物量。生物量转换因子法是利用某一树种野外生物量的实测数据，建立生物量与胸径、树高等统计回归关系模型，本节根据样地尺度的生物量推出区域尺度的生物量，其基本原理为

$$W_{样}=V_{样}\times F \tag{12.1}$$

式中，$W_{样}$为某一树种组（森林类型）的生物量（t/hm^2）；$V_{样}$为某一树种组（森林类型）的蓄积量（t/hm^2）；F为某一树种组（森林类型）的生物量转换因子。

A. 主要树种蓄积量模型

本次测算蓄积量模型采用广西一元立木材积表相关模型，模型表达式为

$$V=c_0\times D^{c_1}\times\{c_2\times[1-\mathrm{EXP}(-c_3\times D)]^{c_4}\}^{c_5} \tag{12.2}$$

式中，c_0、c_1、c_2、c_3、c_4、c_5为模型参数；D为胸径（cm）；V为立木材积（m^3）。

其中杉木、马尾松分为两个类型，类型适用范围请参考文献。

B. 主要树种生物量转换因子模型

根据生物量调查样本，分别建立地上部分一元生物量方程$M=b_0D^{b1}$和一元立木材积方程$V=a_0D^{a_1}$，经变换得到某一树种组的生物量转换因子函数$F=\left(b_0/a_0\right)D^{(b_1-a_1)}$。

C. 主要树种地下生物量模型

根据蔡会德（2016）的研究分不同树种建立地下和地上生物量关系模型，马尾松树种参照文献（罗云建，2009）获得平均根茎比参数。

2）灌草层生物量

本次测算的灌草层包括乔木林林下灌草层、竹林林下灌草层、灌木林。

A. 乔木林及竹林林下灌草层生物量测算

根据已有研究基础，获取乔木林及竹林林下灌草层单位面积生物量参数。

B. 灌木林生物量测算

采用单位面积生物量法计算灌木林生物量。

$$M_{灌}=B_i\times A \tag{12.3}$$

式中，$M_{灌}$为灌木林的总生物量（t）；B_i为灌木林单位面积生物量（t/hm^2）；A为灌木林总面积（hm^2）。

3）竹林生物量估算

采用二元生物量模型估算单株竹子的生物量，使其乘以所有样地竹林株数，得到竹林地上部分的生物量，再根据竹林根茎比参数，得到地下生物量。林下灌草层计算同乔木林。

单株竹子生物量计算公式为

$$M_{地上}=a\times D^bH^c \tag{12.4}$$

$$M_{地下}=d\times M_{地上} \tag{12.5}$$

式中，$M_{地上}$、$M_{地下}$分别为单株竹子地上、地下生物量（t）；D、H分别为胸径和树高；a、b、c、d为相关参数。

竹子总生物量计算公式为

$$M_{竹总}=(M_{地上}+M_{地下})\times N \tag{12.6}$$

式中，$M_{竹总}$为竹子总生物量（t）；N为总竹数。

2. 森林植被碳储量测算

1）森林植被含碳率测定方法

植被碳储量采用生物量乘以含碳率求得，国际上常采用的转化系数为 0.45 或 0.5。一些研究指出采用固定的含碳率计算碳储量会存在较大的误差。为了更加准确地估算区域森林植被碳储量，结合生物量调查，分别对器官采样，采用 $K_2Cr_2O_7$-H_2SO_4 容量法测定碳含量，根据树种生物量器官比例，计算广西主要树种综合碳含量。

2）样地尺度碳储量测算

乔木层碳储量计算由单株样木的生物量乘以相应树种的综合含碳率，然后累加样地内所有样木的碳储量，就得到样地乔木层的碳储量。

$$Y_{乔}=\sum_{i=1}^{n}W_i\cdot P_c \tag{12.7}$$

式中，$Y_{乔}$为样地尺度上乔木林的碳储量（Tg）；W_i为样地内第 i 株样木的生物量（t）；P_c为树种的综合含碳率；n为某一样地内样木的总株数。

样地植被碳储量由乔木层及其林下灌草层碳储量构成，灌草层碳储量由相应生物量乘以 0.45 得到。

3）区域植被碳储量估计

采用系统抽样的方法估计区域植被碳储量。

$$\hat{Y}=\frac{A}{a}\cdot\frac{1}{n}\sum_{i=1}^{n}y_i \tag{12.8}$$

$$S=\sqrt{\frac{1}{n-1}\sum_{i=1}^{n}(y_i-\bar{y})^2} \tag{12.9}$$

$$\Delta_{\bar{y}}=t_a\bullet\frac{S}{\sqrt{n}} \tag{12.10}$$

式中，$\hat{Y}$为植被总碳储量的估计值；A为总体面积；a为样地面积；n为样地个数；y_i为第 i 个样地碳储量；S为总体标准差 σ 的估计值；$\bar{y}$为区域样地碳储量平均值；$\Delta_{\bar{y}}$为绝对误差限；t_a为可靠性指标，当 a=0.05 时，t=1.96。

12.4.3　基于随机森林的森林资源规划设计调查的植被碳储量测算方法

随机森林是根据集成学习的思想将多棵决策树集成的一种算法，它的基本单元是决策树，具有很好的抗噪能力，且无须考虑过拟合现象，在类型变量的区分和连续变量的预测方面都具有较高性能。随机森林还能够有效地运行在海量数据集上，能处理具有高维特征的输入样本，且无须降维处理。在随机森林模型的生成过程中，能够估计特征在分类或者回归中的重要性，获取内部生成误差，并在迭代学习中收敛到一个更低的泛化误差，形成无偏估计，具体计算过程如下。

（1）从原始训集中进行有放回的抽样，构建 N 个训练集，每次未被抽到的样本就组成袋外（out of bag，OOB）数据，用于模型内部精度检验。

（2）假设训练样本具有 M 个特征，从中随机抽取 m 个特征构建特征子集，逐特征计算其蕴含的信息量，选择一个最具有信息量的特征进行节点分裂，每棵树最大限度地生长，对其不做任何“剪枝”处理，从而构建成 n 棵决策树。

（3）根据多棵决策树组成的“决策森林”对 OOB 数据进行分类或预测，得到多个结果。

（4）若因变量为类型变量，算法目的为类型区分，则利用绝大多数、相对多数等投票法确定最终类型；

若因变量为连续变量，算法目的为数值预测，则利用算术平均、加权平均等平均法确定最终预测值。

利用区域森林资源调查样地 2280 个，将经度、纬度、海拔、树种类型、平均树高、平均胸径、公顷蓄积 7 个因子作为自变量，将单位面积乔木林生物量和碳储量分别作为因变量，依次构建随机森林回归树。利用森林资源规划设计调查小班属性数据，将其作为预测样本集，将数据代入回归树，逐小班计算单位面积生物量和碳储量，从而实现小班生物量和碳储量计算。将广西第五次森林资源规划设计调查属性因子规范化处理后形成预测样本，将预测样本代入训练完成的随机森林模型后即可获得预测结果。随机森林计算过程见图 12.2。

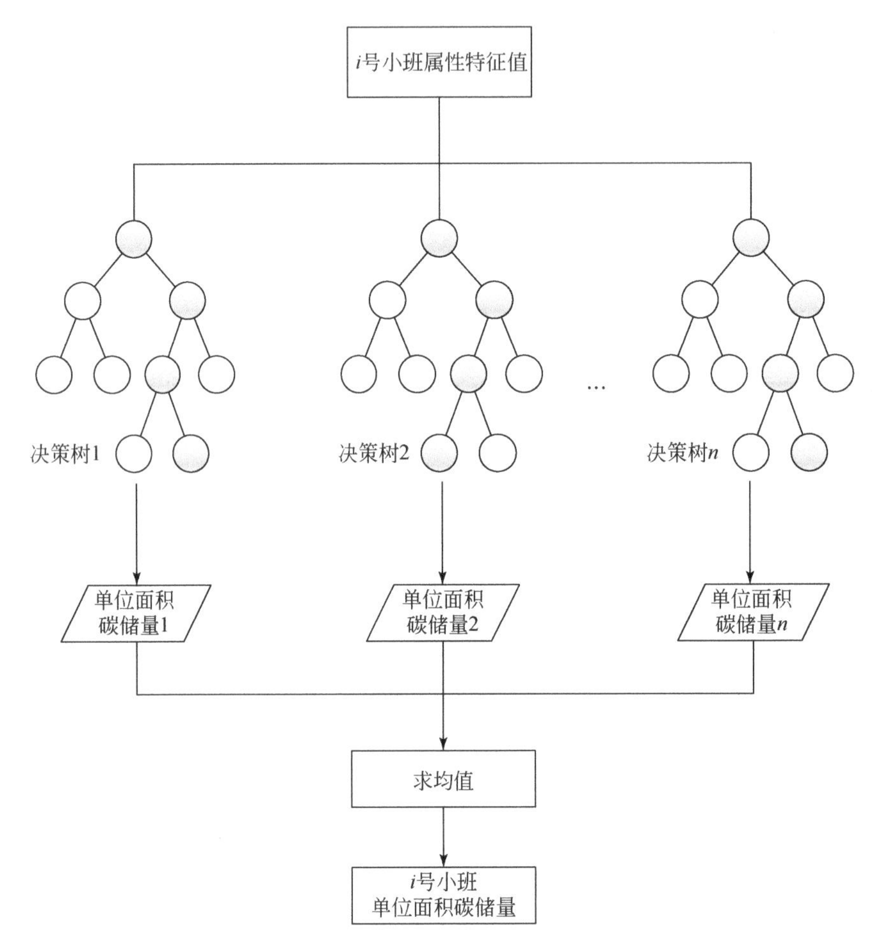

图 12.2 随机森林计算过程示意图

将第 i 号小班属性特征值代入对应随机森林模型，每棵决策树得出一个单位面积生物量或碳储量，对所有决策树的结果取均值，即得到 i 号样地单位面积生物量或碳储量，以此类推，各小班单位面积生物量或碳储量乘以各小班所属面积，按统计单位汇总求和，即可获得相应的生物量或碳储量总量。

12.4.4 森林土壤碳储量测算方法

1. 土壤容重测定与计算

土壤容重是土壤松紧状况的反映，土壤在自然状态下，单位体积内所具有的干土重量（包括土壤空隙在内）称为土壤容重，单位常以 g/cm^3 表示。采用环刀法测定不同土层土壤容重。土壤的平均容重计算公式为

$$D_i = \frac{\sum_{j=1}^{k} D_{ij} \times H_{ij}}{\sum_{j=1}^{k} H_{ij}} \qquad \overline{D} = \frac{\sum_{i=1}^{n} D_i}{n} \tag{12.11}$$

式中，$\overline{D}$ 为某种土类平均容重（g/cm^3）；D_i 为某种土类第 i 个样本土壤加权平均容重（g/cm^3）；D_{ij} 为第 i 个样本第 j 层剖面土壤容重（g/cm^3）；H_{ij} 为第 i 个样本第 j 层剖面土壤厚度（cm）；k 为剖面上的土壤层数。

2. 土壤剖面有机碳测定与计算

在加热的条件下，用过量的重铬酸钾-硫酸（$K_2Cr_2O_7$-H_2SO_4）溶液来氧化土壤有机质中的碳，Cr^{6+}等被还原成 Cr^{3+}，剩余的重铬酸钾（$K_2Cr_2O_7$）用硫酸亚铁（$FeSO_4$）标准溶液滴定，根据消耗的重铬酸钾量计算出有机碳量，再乘以常数 1.724，即为土壤有机质量。

土壤的平均有机碳含量计算公式为

$$C_i = \frac{\sum_{j=1}^{k} C_{ij} \times H_{ij}}{\sum_{j=1}^{k} H_{ij}} \qquad \overline{C} = \frac{\sum_{i=1}^{n} C_i}{n} \tag{12.12}$$

式中，$\overline{C}$ 为某种土类的平均有机碳含量（g/kg）；C_i 为某种土类第 i 个样本加权平均有机碳含量（g/kg）；C_{ij} 为第 i 个样本第 j 层剖面土壤有机碳含量（g/kg）。

3. 森林土壤有机碳储量估算

按照下式计算广西森林土壤有机碳总量。

$$\mathrm{SOC}_t = \sum_{i=1}^{n} \hat{A}_i \cdot \overline{H}_i \cdot \overline{D}_i \cdot \overline{C}_i \tag{12.13}$$

式中，SOC_t 为土壤有机碳总量（g/kg）；$\hat{A}_i$ 为第 i 种土类面积的估计值（hm^2）；$\overline{H}_i$ 为第 i 种土类土壤厚度的平均值（cm）；$\overline{D}_i$ 为第 i 种土类平均容重（g/cm^3）；$\overline{C}_i$ 为第 i 种土类有机碳平均含量（g/kg）。

其中，根据相关样地资料，采用分层抽样的方法计算各类森林土壤面积估计特征值。

$$P_i = \frac{m_i}{n} \tag{12.14}$$

$$\hat{A}_i = A \cdot P_i \tag{12.15}$$

$$S_{P_i} = \sqrt{\frac{P_i(1-P_i)}{n-1}} \tag{12.16}$$

$$P_{\hat{A}i} = \left(1 - \frac{t_a \cdot S_{P_i}}{P_i}\right) \cdot 100\% \tag{12.17}$$

式中，n 为样地总数；m_i 为第 i 种土类的样地数量；P_i 为第 i 种土类面积层数的估计值；$\hat{A}_i$ 为第 i 种土类面积的估计值（hm^2）；A 为总体面积（hm^2）；S_{P_i} 为第 i 种土类面积层数估计值的标准差；$P_{\hat{A}i}$ 为第 i 种土类面积层数估计值的抽样精度。在估算森林土壤有机碳总量时，采用连续实测土层厚度（cm）计算平均值。

12.4.5　相关参数及模型

1. 主要乔木树种一元材积表模型

广西主要树种一元材积表模型见表 12.4。

表 12.4 一元立木材积模型参数

树种	模型参数					
	c_0	c_1	c_2	c_3	c_4	c_5
杉木Ⅰ型	0.000058777	1.96998	24.472	0.060127	1.5326	0.89646
杉木Ⅱ型	0.000058777	1.96998	22.469	0.042770	1.053	0.89646
马尾松Ⅰ型	0.000062342	1.8551	31.559	0.031859	1.2056	0.95682
马尾松Ⅱ型	0.000062342	1.8551	26.125	0.0225998	0.81355	0.95682
桂西栎类	0.000052764	1.8822	32.249	0.0089056	0.54853	1.0093
桉树	0.000079542	1.9431	22.56	0.086556	1.2549	0.73965
其他阔叶树	0.000052764	1.8822	34.023	0.012422	0.65546	1.0093

2. 主要乔木树种生物量转换因子模型及根茎比参数

广西主要树种的生物量转换因子模型如下：

杉木：F=424.25 $D^{0.003218}$

马尾松：F=542.85 $D^{0.024965}$

桉树：F=615.93 $D^{0.005499}$

栎类：F=614.61 $D^{0.122265}$

其他阔叶树：F=643.01 $D^{0.029051}$

广西主要树种的根茎比模型如下：

杉木：$W_{地下}=0.2155\times W_{地上}$

桉树：$W_{地下}=0.2099\times W_{地上}$

硬阔类：$W_{地下}=0.1602\times W_{地上}$

软阔类：$W_{地下}=0.3051\times W_{地上}$

马尾松：$W_{地下}=0.1740\times W_{地上}$

3. 灌草层生物量参数

本节研究包括灌木层生物量及林下灌草层生物量。根据已有的研究成果，广西石山灌木林单位面积生物量为 0.9735kg/m^2，土山灌木林单位面积生物量为 0.7703kg/m^2（不包括灌木林下的草本层生物量）。广西主要树种林下灌草层参数见表 12.5。

表 12.5 林下灌草层单位面积生物量参数 （单位：kg/m^2）

森林类型	灌木层平均生物量	草本层平均生物量
杉木林	0.1374	0.184
马尾松林	0.1359	0.2402
桉树林	0.1767	0.4583
硬阔叶林	0.1064	0.0875
软阔叶林	0.0971	0.0909
竹林	0.0738	0.2947

4. 竹林生物量模型及根茎比参数

单株竹子生物量计算公式为

$$M_{地上}=0.06266D^{2.365451}H^{0.20654}$$

$$M_{地下}=0.806\times M_{地上}$$

5. 森林植被含碳率参数

广西主要植被含碳率参数见表 12.6。

表 12.6　广西主要树种综合含碳率参数　（单位：g/kg）

树种	杉木	马尾松	尾叶桉	相思	栓皮栎	青冈栎	火力楠	荷木	枫香	毛竹
含碳率	495.2	501.7	477.8	480.2	481.7	486.4	489.4	486.9	471.2	475.6

注：本节灌木层和草本层的含碳率采用 IPCC 通用转化系数 0.45。

6. 随机森林模型参数

根据“留一交叉”对模型精度进行检验，并采用以下 3 个参数作为评价指标：决定系数（R^2）、精度（EA）和相对偏差（R_{Bias}）。各模型精度评价指标见表 12.7。

表 12.7　各模型精度评价指标表

树种类型	生物量			碳储量		
	R^2	EA	R_{bias} /%	R^2	EA	R_{bias} /%
松木林	0.97	0.89	−0.41	0.97	0.89	−0.35
杉木林	0.93	0.72	−0.19	0.93	0.73	0.00
阔叶林	0.99	0.89	−0.31	0.99	0.89	−0.38
桉树林	0.96	0.80	−0.69	0.96	0.80	−0.64

7. 土壤剖面数据参数

广西不同的土壤类型对应的平均容重和平均有机碳含量见表 12.8。

表 12.8　不同土壤类型容重和有机碳含量

土壤名称	样本数/个	平均容重/（g/cm^3）	平均有机碳含量/（g/kg）
砖红壤	3	1.54	7.25
赤红壤	25	1.36	9.23
红壤	67	1.24	13.88
黄壤	30	1.06	20.22
石灰土	19	1.18	26.55
其他土壤	6	1.53	12.99

12.5 研 究 结 果

12.5.1 基于森林资源连续清查的森林植被碳储量估算结果

根据第九次全国森林资源清查数据测算所得，区域森林的总蓄积量达到 2.9 亿 m^3，区域总乔木林生物量达到 25234.12 万 t，乔木林碳储量达到 12224.45 万 t，估计精度为 93.4%，森林植被总碳储量达到 13430.45 万 t，乔木林碳储量占森林植被总碳储量的 91%，其乔木林层的碳储量估计精度达到 90%以上，乔木林碳密度为

23.76t/hm², 森林植被碳密度为 19.13t/hm²，详见表 12.9。

表 12.9　区域森林植被碳储量估计值及精度

样地数/个	总蓄积量/（亿/m³）	乔木林生物量/万 t	乔木林碳储量/万 t	森林植被总碳储量/万 t
2280	2.9	25234.1	12224.45	13430.45

12.5.2　基于随机森林的区域碳储量估测结果

区域乔木林的总蓄积量为 3.94 亿 m³，不同树种类型的总生物量为 32530.24 万 t，总碳储量为 15788.51 万 t，各优势树种碳储量占比中，桉树林最大，占 32.6%，阔叶林次之，为 27.6%，排在第三位的是松类，为 21.1%，杉木类和灌草类占比相当，为 8%左右，竹林的占比最小，只有 1.7%，详见表 12.10。

表 12.10　乔木林碳储量分布情况表

树种类型	面积/hm²	总蓄积量/亿 m³	总生物量/万 t	总碳储量/万 t	碳储量占比/%
松类	946141.76	0.94	6689.06	3335.56	21.1
杉木类	411089.57	0.37	2609.05	1299.49	8.2
桉树林	1655291.94	1.21	10737.54	5144.18	32.6
阔叶林	2197942.05	1.42	8869.18	4363.36	27.6
竹林	107998.18	—	565.92	269.15	1.7
灌草类	1175550.19	—	3059.48	1376.77	8.8
合计	6494013.69	3.94	32530.23	15788.51	100.0

总体估测结果显示，区域乔木林总碳储量为 14142.59 万 t，总森林植被碳储量为 15788.51 万 t，乔木林碳储量占总森林植被碳储量的 89.6%，占比最大，林下灌草层碳储量占 5.7%，灌木林碳储量占 3.0%，竹林碳储量占 1.7%；乔木林的平均碳密度为 27.14t/hm²，整个森林植被平均碳密度为 24.31t/hm²。详见表 12.11。

表 12.11　森林植被碳储量分布情况表

类型	面积/hm²	总碳储量/万 t	碳储量占比/%	平均碳密度/（t/hm²）
乔木林	5210465.32	14142.59	89.6	27.14
竹林	107998.18	269.15	1.7	24.92
灌木林	1175550.19	477.41	3.0	4.06
林下灌草层	5318463.50	899.36	5.7	1.69
森林植被	6494013.69	15788.51	100.0	24.31

两期数据测算结果显示，2019 年区域乔木林蓄积量较 2015 年增加了 1.02 亿 m³，年变化量为 0.20 亿 m³，变化率为 34.8%；2019 年区域乔木林生物量较 2015 年增加了 3670.72 万 t，年变化量为 917.68 万 t，变化率为 14.55%；2019 年区域乔木林碳储量较 2015 年增加了 1918.14 万 t，年变化量为 383.63 万 t，变化率为 15.69%；2019 年区域森林植被碳储量较 2015 年增加了 2358.06 万 t，年变化量为 589.515 万 t，变化率为 17.56%；2019 年区域乔木林碳密度较 2015 年增加了 3.38t/hm²，年变化量为 0.845t/hm²，变化率为 14.23%；2019 年区域森林植被碳密度较 2015 年增加了 5.18t/hm²，年变化量为 1.295t/hm²，变化率为 27.1%。详见表 12.12。

表 12.12　区域碳储量动态变化表

类型	2015 年	2019 年	差值	均差	变化率/%
蓄积量/亿 m^3	2.92	3.94	1.02	0.255	34.93
乔木生物量/万 t	25234.12	28904.84	3670.72	917.68	14.55
乔木层碳储量/万 t	12224.45	14142.59	1918.14	479.535	15.69
森林植被碳储量/万 t	13430.45	15788.51	2358.06	589.515	17.56
乔木林碳密度/（t/hm^2）	23.76	27.14	3.38	0.845	14.23
森林植被碳密度/（t/hm^2）	19.13	24.31	5.18	1.295	27.08

12.5.3　森林土壤碳储量估算结果

区域土壤有机碳总储量为 746.2Tg；不同土壤类型中，砖红壤有机碳储量为 12.2Tg，占 1.6%；赤红壤有机碳储量为 447.8Tg，占 60.0%；红壤有机碳储量为 180.3Tg，占 24.2%；黄壤有机碳储量为 48.5Tg，占 6.5%；石灰土有机碳储量为 49.5Tg，占 6.6%；其他森林土有机碳储量为 7.9Tg，占 1.1%，详见图 12.3。

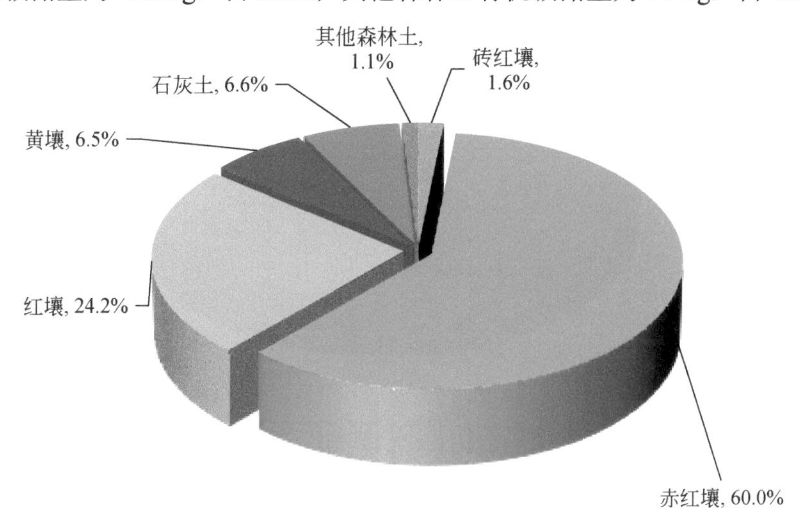

图 12.3　森林土壤碳储量组成结构图

区域森林土壤平均碳密度为 11.51kg/m^2，其中砖红壤碳密度为 10.59kg/m^2，赤红壤碳密度为 12.79 kg/m^2，红壤碳密度为 16.18kg/m^2，黄壤碳密度为 19.80kg/m^2，石灰土碳密度为 3.41kg/m^2，其他森林土碳密度为 13.75kg/m^2。各类型土壤碳密度由高到低依次为黄壤、红壤、其他森林土、赤红壤、砖红壤、石灰土，与广西全区的森林土壤平均碳密度（12.13kg/m^2）（蔡会德，2014）相比，区域森林土壤碳密度稍低于全区平均水平。详见图 12.4。

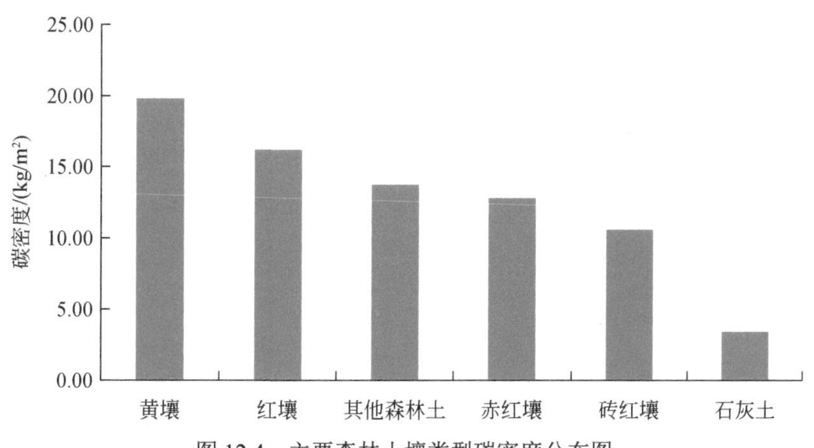

图 12.4　主要森林土壤类型碳密度分布图

12.6 结果分析

12.6.1 山江海耦合关键带森林生态系统碳储量结果分析

对森林生态系统碳储量进行研究是研究森林生态系统与大气间碳交换的基础，本次基于第九次全国森林资源清查数据测算结果，区域森林植被碳储量为13430.45万t，森林土壤碳储量为746.3Tg，区域森林生态系统总碳储量为88055.6万t，森林土壤碳储量是森林植被碳储量的5.6倍，表明土壤是森林生态系统碳的主要储存库，保护好现有的森林植被是维持森林土壤碳库的重要途径。乔木林碳储量达到12224.45万t，占森林植被总碳储量的91%，区域乔木林碳密度为23.76t/hm^2，森林植被碳密度为19.13t/hm^2，乔木林碳密度高于森林植被碳密度，表明乔木林作为区域森林的主体，在森林生态系统碳储量中占有极其重要的地位，区域森林生态系统各类型碳储量占比详见图12.5。

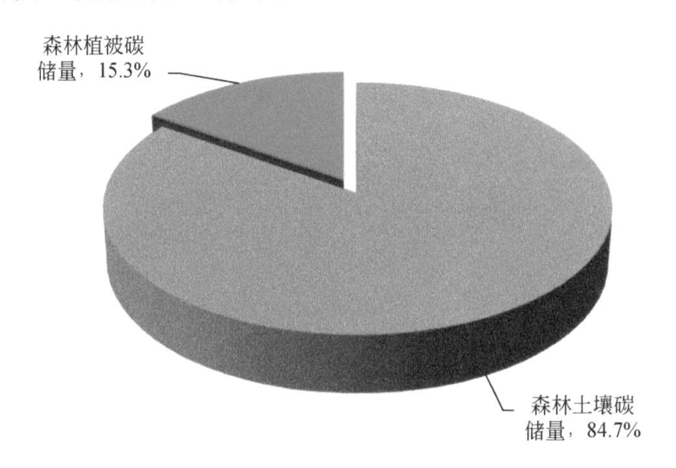

图12.5 区域森林生态系统碳储量分布格局图

12.6.2 山江海耦合关键带森林植被碳储量动态变化分析

两期数据测算结果显示，2019年区域森林植被碳储量较2015年增加了2358.06万t，年变化量为589.515万t，变化率为17.56%；其中乔木林碳储量增加了1918.14万t，占增加总数的52%，为主要类型，这主要是因为这5年来区域森林蓄积量持续增加，2019年区域乔木林蓄积量较2015年增加了1.02亿m^3，年变化量为0.255亿m^3，变化率为34.8%；这与近几年持续的林业政策息息相关，近年来，区域不断开展营造林项目，区域岩溶区开展石漠化综合治理工程等，造林面积持续增加，森林质量提升项目如火如荼进行，森林蓄积量持续增加，2019年区域乔木林碳密度较2015年增加了3.38t/hm^2，年变化量为0.845t/hm^2，变化率为14.23%。2019年数据测算结果说明，不同森林类型的碳密度相差很大，乔木林的碳密度最大，达到27.14t/hm^2，而灌木林的碳密度只有4.06t/hm^2，乔木林中不同树种的碳密度差别较大，这主要与树种本身的特性、区域生态环境及经营措施相关，所以人类经济活动直接或间接影响着区域森林生态系统及其各组成部分的碳储量，通过植树造林、封山育林等措施，扩大乔木林面积，增加阔叶林面积，调整森林面积构成比例，是增强区域森林生态系统碳汇功能的重要途径。

12.6.3 结果讨论

森林生态系统的固碳能力受到森林类型、气候、林龄、土地利用历史氮沉降等多种因素的影响，另外，立地条件、经营措施也对森林生态系统碳储量的影响较大。即使在同一地区的森林中，同一因素对森林生态系统碳密度的影响也并不相同，深入认识森林生态系统碳储量的主导控制因子及控制过程，对解开碳失汇之谜、预测气候变化都具有重要意义；下一步应综合考虑区域特征，深入研究区域森林生态系统碳储量的主导影响因子。不同的时空尺度和多变的森林生态系统是碳汇功能研究存在不确定性的主要影响因素，消除这种不确定性的基本途径是提高调查数据的可靠性，在后续的研究中，应充分考虑各种可能的影响因素，如区位、树种、林龄等，增加典型样地设置的数量，积累充足的地面调查数据，不断提高该区域森林生态系统碳储量估算的可靠性，必要时应加强对区域主要森林类型碳汇功能的长期定位研究。

参 考 文 献

蔡会德，2016. 广西森林碳储量时空格局演变研究. 南宁：广西壮族自治区林业勘测设计院.

蔡会德，张伟，江锦烽，等，2014. 广西森林土壤有机碳储量估算及空间格局特征. 南京林业大学学报（自然科学版），38（6）：1-5.

方精云，陈安平，赵淑清，等，2002. 中国森林生物量的估算：对 Fang 等 *Science* 一文（*Science*，2001，291：2320～2322）的若干说明. 植物生态学报，26（2）：243-249.

黄志霖，田耀武，曾立雄，等，2012. 森林土壤有机碳模型评述与应用. 西北林学院学报，27（5）：50-56.

黄忠良，2000. 运用 Century 模型模拟管理对鼎湖山森林生产力的影响. 植物生态学报，（2）：175-179.

蒋延玲，周广胜，2001. 兴安落叶松林碳平衡和全球变化影响研究. 应用生态学报，（4）：481-484.

李海奎，雷渊才，曾伟生，2011. 基于森林清查资料的中国森林植被碳储量. 林业科学，47（7）：7-12.

林培松，高全洲，2009. 粤东北山区几种森林土壤有机碳储量及其垂直分配特征. 水土保持学报，23（5）：243-247.

刘国华，傅伯杰，方精云，2000. 中国森林碳动态及其对全球碳平衡的贡献. 生态学报，20（5）：733-740.

罗云建，张小全，王效科，等，2009，华北落叶松人工林生物量及其分配模式. 北京林业大学学报，31（1）：13-18.

渠开跃，冯慧敏，代力民，等，2009. 辽东山区不同林型土壤有机碳剖面分布特征及碳储量研究. 土壤通报，40（6）：1316-1320.

宋洁，2021. 祁连山森林碳储量与森林景观格局时空变化研究. 兰州：甘肃农业大学.

宋娅丽，王克勤，2018. 国内外森林生态系统土壤碳储量计量方法研究进展. 绿色科技，（18）：1-6.

唐守正，张会儒，胥辉，2000. 相容性生物量模型的建立及其估计方法研究. 林业科学，36（1）：19-27.

王绍强，周成虎，李克让，等，2000. 中国土壤有机碳库及空间分布特征分析. 地理学报，55（5）：533-544.

吴敏，刘淑娟，张伟，等，2015. 典型喀斯特高基岩出露坡地表层土壤有机碳空间异质性及其储量估算方法. 中国生态农业学报，23（6）：676-685.

张颖，李晓格，温亚利，2022. 碳达峰碳中和背景下中国森林碳汇潜力分析研究. 北京林业大学学报，44（1）：38-47.

张煜星，王雪军，2021. 全国森林蓄积生物量模型建立和碳变化研究. 中国科学：生命科学，51（2）：199-214.

赵敏，2004. 中国主要森林生态系统碳储量和碳收支评估. 北京：中国科学院植物研究所.

第三篇　山江海人地系统耦合与可持续发展研究

人地系统耦合强调自然过程与人文过程的有机结合，注重知识-科学-决策的有效连接，通过不同尺度监测调查、模型模拟、情景分析和优化调控，开展多要素、多尺度、多学科、多模型和多源数据集成，探讨系统的景观过程、耦合机制及时空变化等。人地系统的组织、空间和时间耦合具有高度复杂性，理解人类与自然互动的复杂性是人类福祉和全球可持续性研究的核心科学问题。

本篇为山江海人地系统耦合与可持续发展研究篇，分为山江海地域系统景观过程与生态系统服务价值研究、山江海地域系统“三生”功能评价与优化调控研究、山江海地域系统全域国土整治分区及其生态修复模式研究、面向 SDGs 的山江海地域系统县域可持续发展水平评价、山江海地域系统县域乡村地域多功能时空分异及影响因素研究、山江海地域系统新型城镇化耦合协调时空分异与高质量发展研究、桂西南喀斯特国土空间功能质量评价及优化分区管控研究等部分。

在山江海人地系统景观过程与生态系统服务价值研究中，探究景观过程对生态系统服务价值变化的影响，提升区域生态系统服务价值及可持续发展水平，提出相关景观格局优化对策。在山江海过渡性国土空间“三生”功能评价与优化调控研究方面，构建“三生”功能评价指标体系，分析“三生”功能的空间异质性和自相关性，确定国土空间“三生”功能格局，提出国土格局发展规划与建议。在全域国土整治分区及其生态修复模式研究中，构建桂西南喀斯特—北部湾地区国土空间综合整治分区指标体系，运用定量和定性相结合的方法对国土空间综合整治分区进行研究。根据对县域可持续发展水平评价及其情景模拟、县域乡村地域多功能时空分异及影响因素、新型城镇化耦合协调时空分异及其高质量、农业可持续发展评价与粮食安全、国土空间功能质量评价及优化分区管控等方面的研究，对县域可持续发展水平进行评价，提出了国土整治和生态修复模式，探究乡村地域功能、粮食安全和新型城镇化时空分异及影响因素，为高质量发展提供理论依据和措施。

第13章 山江海地域系统景观过程与生态系统服务价值研究

13.1 引　　言

13.1.1 研究背景

随着全球城市化水平的提升，人类社会面临人口剧增、生境恶化及景观生态功能退化等威胁，生态功能的平衡及其所贡献的生态系统服务价值面临着巨大挑战。该变化与影响机制已受到学界的广泛关注。生态系统研究成果日渐丰富，已成为景观生态学研究的重点及热点。党的十八大以来，生态文明建设被纳入中国特色社会主义事业“五位一体”总体布局中，各项法律法规的修订施行等开启了我国生态文明建设的新篇章；党的十九大作出加快生态文明体制改革、建设美丽中国的战略部署，但目前来看，在实施上述政策、规划的过程中，仍困难重重。广西山江海地域是广西社会经济活动最为活跃的地带，是国家实施西部大开发和“一带一路”建设的重点先行区域。近几十年，该区石漠化治理取得了较好成效，探索出一些石漠化综合治理模式，包括特色林果模式、生态畜牧模式、林药结合模式、生态旅游模式等，石漠化程度降低，生态脆弱性由城市中心向四周逐渐降低。但在剧烈的人类活动下，北部湾经济区植被覆盖度仍然较低，生态脆弱性等级依然处于重度等级（张泽等，2021），生态恢复缓慢，发展不均匀，极大地阻碍了该区的可持续发展。

在陆海统筹背景下，西部陆海新通道建设在为广西山江海地域可持续发展带来新机遇的同时，也为其协调生态系统保护与社会经济发展关系带来挑战，急需通过研究以探索景观格局优化与生态系统维护的科学对策。广西山江海地域位于陆海新通道的主通道上，是广西乃至全国陆海统筹发展的先行区，随着西部新通道建设的推进，频繁的人类活动是否在一定程度上加速了研究区内景观格局及生态系统服务价值的改变，亟须进行准确、科学探究。对这种典型的区域进行景观格局及生态系统服务价值分析，了解其景观格局与生态服务价值的时空差异，并探究两者之间的关联性是本章研究开展的出发点和根本点，同时为西部陆海新通道建设提供参考。

13.1.2 国内外研究进展

1. 景观生态学研究

1）国外研究

国外景观生态学研究始于20世纪30年代的欧洲，1939年德国学者Troll C. 首次提出景观生态学概念（邬建国，2007），主要研究区域景观变化及其影响机理。1972年在荷兰成立了可能是世界上首个景观生态学协会——荷兰景观生态学会，并于1981年召开了首届国际景观生态学大会。1982年，国际景观生态学会（IALE）于捷克正式成立，20世纪90年代中期以来的10余年间，景观生态学理论、方法和应用不断丰富，认知度不断提升（傅伯杰等，2008）。2019年第十届国际景观生态学大会指出景观生态学研究重点转移到基于多元数据的气候变化与景观生态学、可持续发展与景观生态学、政策制定与经济生态学等方面（翟睿洁等，2020）。

2）国内研究

景观生态学是新生长点或边缘分支学科，常用的研究方法有系统分析法和动态分析法。我国景观生态学研究起步晚，发展较快，随着景观建设理论、景观空间理论及景观规划相关理论的不断成熟，研究方法不断丰富，景观生态学与学科间的联系越来越密切（黄清麟，1997；邱扬和傅伯杰，2000）。目前我国景观生态学研究在景观生态风险、景观生态安全格局、国土空间治理中的景观生态学应用、景观与大气污染物的关系、荒漠化及石漠化监测、景观规划、生物多样性保护、景观生态分类、景观格局、生态系统修复与治理等领域取得了较为丰硕的成果，极大地促进了我国生态文明建设进程。景观生态学的发展，景观分析、综合格局和过程分析等方向对土地生态学研究具有深刻启发（傅伯杰，2008）。

2. 景观格局的研究

1）国外研究

国外景观格局研究始于20世纪50年代的欧洲，如德国、捷克、荷兰等国家，20世纪70年代Forman和Iverson（1995）首先提出了“斑块-廊道-基质”的景观构成模式。进入20世纪80年代，景观格局开始进入定量研究时代，景观指数法得到了广泛运用。20世纪90年代后，3S技术、景观格局指数计算软件技术及复杂空间计量模型在景观格局时空演化及其影响因素的分析中得到初步运用。Forman和Iverson（1995）提出了从信息论和分形几何学中衍生出来的3个景观指标；Jones等（2019）研究了2011～2017年俄勒冈州喀斯喀特山脉西部山地草甸的12个土壤湿度在不同区域上的分布特征；Partington和Ccrdille（2013）研究了加拿大魁北克省景观格局演化状况。然而，这些研究仅局限于尝试层面，在利用研究结果解决实际性问题上仍然欠缺。21世纪以来，景观格局指数法、景观集聚分析和空间自相关分析等方法的运用推动了景观格局研究领域的发展。Keller和Vance（2013）研究发现德国土地开发和分区措施可减少汽车分布对景观格局的依赖；Prevedello等（2016）介绍了可根据景观结构计算物种丰富度和密度模式的模型；Traviglia和Torsello（2017）扩展了自动检测方法的开发，并使其在罗马考古项目框架内得到使用；Deng等（2019）提出了一个基于云的框架，促进了景观时空格局分析和可视化。

2）国内研究

我国景观格局研究起步晚、发展快，相关概念、研究范式及方法在不断延伸与细化；在景观格局动态监测、景观格局驱动机制分析、景观格局梯度分析和景观格局优化等方面取得了丰硕的成果。

在景观格局动态监测方面，王根绪等（2000）对冰缘区景观生态格局和结构进行了研究，认为其在空间上形成4种基本景观结构类型。贾宝全等（2001）对新疆石河子150团场绿洲的景观格局进行了分析。张永民和赵士洞（2003）运用GIS技术、数理统计方法和景观生态学方法研究了科尔沁沙地奈曼旗土地利用及其景观格局变化，发现景观破碎度和多样性指数皆明显上升。对景观格局演化的分析经历了定性描述到定量计算，在这一演进过程中，RS、GIS技术的运用及Fragstats等景观指数计算软件的开发和运用，极大地推动了对景观格局动态演变的研究。

在景观格局驱动机制分析方面，研究初期，学者以定性分析为主，有学者认为不合理的人类活动是20世纪50～90年代毛乌素沙地荒漠化扩展及景观格局发生显著变化的主要驱动因素；还有的学者认为人文因素是导致济南市南部山区小流域景观格局空间差异的主导因素。此外，有较多学者认为人文因素极大地导致了研究区景观格局的时空分异。也有学者认为研究区景观格局受自然、人为双重因素的影响。景观格局驱动机制分析较为具体地刻画了导致景观格局时空分异的原因，为景观格局优化提供了较好的参考。

在景观格局梯度的研究方面，我国景观梯度分析逐渐盛行是在进入21世纪后，主流方法主要有移动窗口法（moving window）、样带梯度法和缓冲区法三种。张利权等（2004）在GIS技术支持下，运用移动窗口法定量分析了上海市景观格局及其变化，发现上海地区东西和南北发展轴线上城市化的前沿和城市景观梯度分异的特征契合；胡荣明等（2021）用移动窗口法、样带法、灰色关联法分析了广河县景观破碎化演化及驱动力机制。

3. 生态系统服务价值的研究

1）国外研究

生态系统研究最早可追溯到 20 世纪 30 年代，Tansly 在 1935 年提出了生态系统（ecosystem）的概念，认为生态系统为人类提供了生存活动所需要的自然资源与环境条件。到了 19 世纪 70 年代，生态系统服务的概念和理论开始涌现，Holdren 和 Ehrlich（1974）第一次提出了生态系统服务这一概念。1991 年国际科学联合会环境委员会召开了一场关于"如何定量分析生态系统服务价值"的会议，生态系统服务价值（ecosystem service value，ESV）开始受到学者的关注，并在生物多样性和生态系统服务价值评估方法方面展开探索。Costanza 等（1997）首次提出了适用于全球每年生态系统服务价值与自然资本价值测算的方法，该方法在生态系统服务价值评估中具有较好的适用性，被学术界所公认并沿用至今。Keller 和 Vance（2013）基于 Costanza 的生态系统服务价值核算方法分析了得克萨斯州圣安东尼奥地区 1976～1985 年的生态系统服务价值的变化。Dale Polasky（2007）提出了一个可以解释及选择指标标准的框架，用于量化评估与农业相关的生态系统服务价值。

2）国内研究

欧阳志云等（1999）系统地分析了生态系统服务功能的研究进展以及趋势和功能价值评估方法，并探讨生态系统服务功能及其与可持续发展研究的关系。肖寒等（2000）以尖峰岭地区为研究区域，使用市场价值、影子工程、机会成本和替代花费等方法评价了海南岛尖峰岭地区热带森林生态系统服务功能的生态经济价值。谢高地等（2001）参照 Costanza 等提出的方法，在修正草地生态系统服务价格的基础上，测算出我国各类草地生态系统服务价值为 1497.9×10^8 美元，并于 2008 年制定了中国生态系统服务价值当量因子表及修正系数表，其研究成果被国内学者广泛借鉴和应用。此后，我国生态系统服务价值研究步入了新阶段，在几年时间里，学者基于当量因子表，结合研究区状况进行了当量因子修正并对生态系统服务价值进行了评价。此期间不乏有学者研究生态服务价值变化的影响因素和典型地域生态系统服务价值，并根据价值的时空演化分析区域可持续发展（马利邦等，2010），RS 技术和 GIS 技术的运用极大地推动了该领域的发展（王飞等，2013；苗海南和刘百桥，2014）。谢高地等（2015）应用改进的当量因子法实现了生态系统服务价值的动态综合评估，为我国自然资产评估、生态补偿等方面提供了更为全面的科学依据与决策支持。

4. 国内外研究评述

国外景观生态学起源较早，研究方法较为成熟，研究尺度一般较大，在国际生态学研究领域中处于领先地位；我国景观生态学研究起步晚、发展快，极大地推动了生态文明建设进程。景观格局研究为生态治理与修复、提升区域可持续发展水平等提供了强有力的理论支撑。生态系统服务价值评估是景观生态学研究中的重要内容，Costanza 等的测算方法具有较为广泛的实用性，谢高地等学者提出的测算方法对我国生态系统服务价值研究具有较大的推动作用。景观格局与生态系统服务价值研究体系和范式不断完善，成果积累日渐丰硕，极大地促进了景观生态学的发展。但当前研究仍存在以下不足之处。

（1）国外研究多将土地与景观作为一个对象，与国内对土地和景观从多学科角度进行区分相悖。

（2）生态系统服务价值测算方法难以统一。目前生态系统服务价值研究中，形成了沿用 Costanza 提出的估算方法、谢高地等提出的旧当量和新当量等状况，从而导致研究过程与结果存在一定程度的偏差。

（3）关于景观过程对生态系统服务价值变化的影响的研究较少，对区域过渡性地理空间特殊区域景观过程与生态系统服务价值的研究鲜见。当前多单独对景观过程与生态系统服务价值进行分析，而两者的关联性研究较为缺乏，如何对区域过渡性地理空间景观过程与生态系统服务价值变化进行深入研究是一个值得探讨的课题。

基于上述研究的薄弱方面，本章综合运用空间分析技术、Fragstats 4.2 景观格局指数法、当量因子法、GeoDa 空间自相关分析及灰色关联模型等手段与方法，深入研究广西山江海地区景观与生态系统服务价值的时空格局，并分析其景观过程对生态系统服务价值时空变化的影响，以期为广西陆海统筹发展、西部陆海新通道建设、广西山江海地区景观格局优化和区域可持续发展提供参考。

13.1.3　研究目的与意义

1. 研究目的

本章旨在从中观尺度区域角度深入分析自 1990 年以来广西山江海地区景观格局的时空演变过程；测算并分析 30 年间生态系统服务价值的时空变化特征，进而定量探究景观格局对生态系统服务价值变化的影响，并提出提升生态系统服务价值和区域可持续发展水平的可行性建议，以期为优化研究区景观格局，妥善处理生态系统服务价值与区域可持续发展之间的关系提供理论支撑和决策参考。

2. 研究意义

1）理论意义

一是基于景观生态学相关理论，从时空分异视角出发，深入研究具有区域过渡性地理空间的广西山江海地区的景观过程及其生态系统服务价值，可为地域性地理空间研究提供理论与案例借鉴。

二是为广西山江海地区相关部门因地制宜地制定景观规划、利用与保护等政策提供理论参考。

2）现实意义

广西山江海地区是我国少有的沿边、沿江、沿海特殊区域，是西部大开发和面向东盟开放合作的重要门户、西部陆海新通道和“一带一路”建设重点区域。近年来由于社会经济转向高质量发展和城镇化进程的深入推进，该区的景观格局和生态系统服务功能发生改变，需开展研究、发现问题并予以解决。研究结果可为西部陆海新通道建设，资源合理开发、利用与保护，中国—东盟合作项目引进、区域可持续发展、全域国土空间综合整治与生态修复等服务。

13.1.4　研究内容、方法与技术路线

1. 研究内容

本章以广西山江海地域为对象，基于 1990 年、2000 年、2010 年和 2020 年 4 期土地利用数据，在 Excel2021、ArcGIS10.8、Fragstats4.2 和 GeoDa 等软件支撑下，运用景观格局指数法、空间统计分析方法和生态系统服务价值测算模型对研究区 30 年间的景观格局和生态系统服务价值变化展开分析，并运用灰色关联模型探究景观格局变化对生态系统服务价值的影响，提出提升研究区生态系统服务价值和区域可持续发展水平的相应对策。研究的内容如下。

1）广西山江海地域景观变化

分别统计研究区 1990 年、2000 年、2010 年和 2020 年 4 期景观类型面积，并分析研究区各地类的数量变化、动态度变化及空间变化特征。

2）广西山江海地域景观过程

从斑块类型水平和景观水平两方面分析研究区景观格局变化状况。一方面用传统方法并应用 Fragstats4.2 软件对所选取的景观格局指数进行计算，分析其时序变化；另一方面运用网格法分析研究区景观格局的空间演变特征。

3）广西山江海地域生态系统服务价值时空格局

运用当量因子法测算并分析研究区生态系统服务总价值及单项生态系统服务价值的变化状况，并应用空间自相关方法分析其空间集聚特征。首先，对“中国生态系统单位面积价值当量表”进行修正，得到研究区生态系统服务价值当量表；其次，运用生态系统服务价值测算模型，测算研究区的生态系统服务总价值和单项生态系统服务的价值；最后，运用空间自相关方法分析其空间集聚特征。

4）广西山江海地域景观过程对生态系统服务价值变化的影响

基于研究区景观格局指数及生态系统服务价值，运用灰色关联模型定量探讨广西山江海地域景观过程对

生态系统服务价值变化的影响，并提出提升研究区生态系统服务价值和区域可持续发展水平的可行性建议。

2. 研究方法

利用 EndNote X9 软件对文献进行分类汇总与筛选。归纳研究热点和国内外研究进展，并对研究现状进行评述。在 GIS 软件技术支持下，对土地利用数据进行景观类型划分，并构建景观类型数据库；对景观类型及其景观格局、ESV 进行空间统计与分析。运用 GeoDa 软件对研究区生态系统服务价值进行探索性空间分析，从全局空间自相关和局部自相关两个角度探究生态系统服务价值的空间集聚特征及相邻网格单元的空间相关程度。运用定性描述与定量分析相结合的研究方法，对研究区域概况、发展现状、景观格局演变成因、生态系统服务价值变化原因等进行定性描述；结合景观类型动态度、景观格局指数法、生态系统服务价值测算模型及灰色关联法等定量研究方法，深入分析研究区景观格局演变规律、生态系统服务价值变化特征及景观格局演变对生态系统服务价值变化的影响。

3. 研究技术路线

本章分为三个阶段进行，第一阶段为前期的数据准备阶段；第二阶段为定量分析阶段；最后一个阶段为总结建议阶段。研究的技术路线见图 13.1。

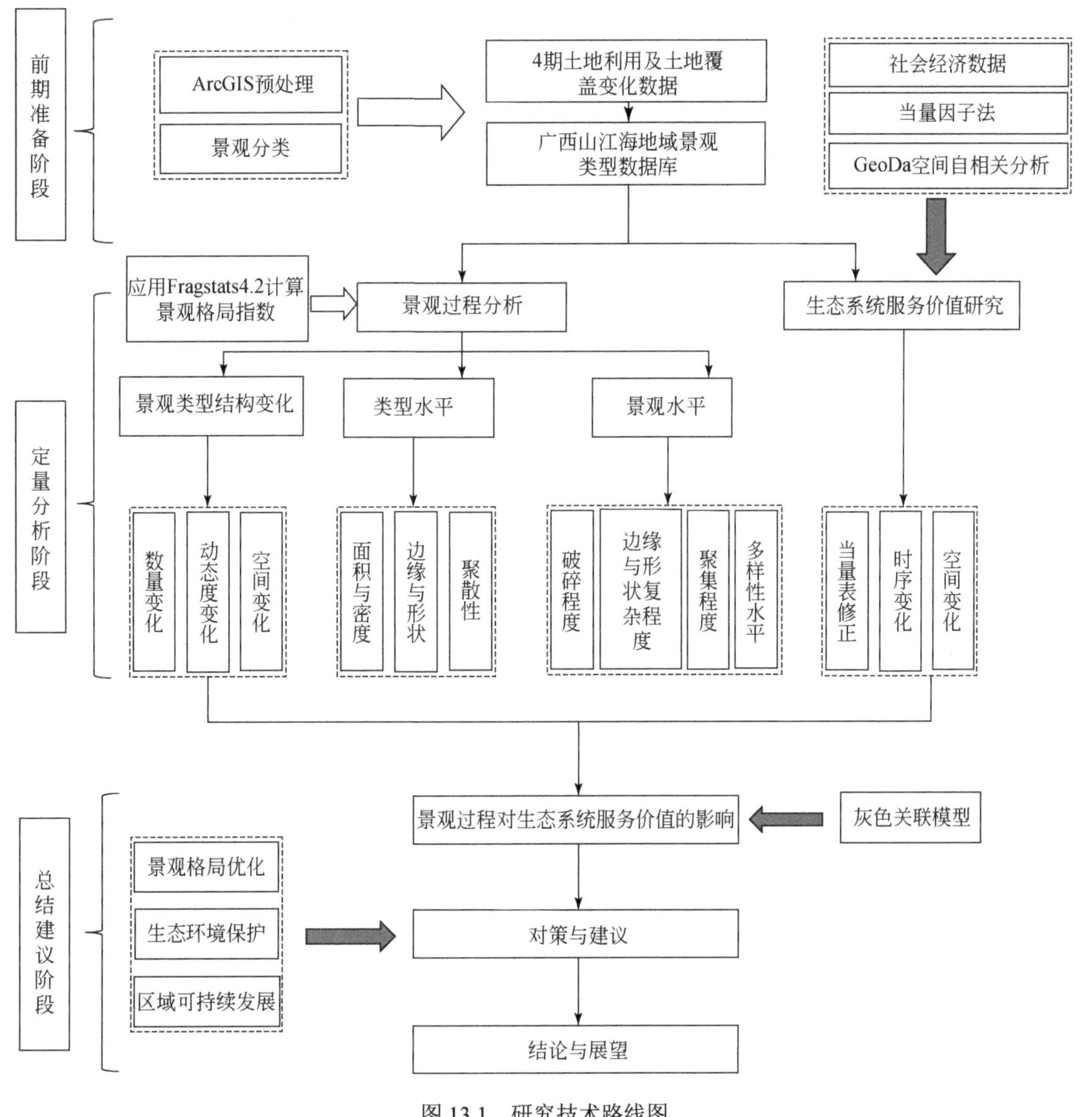

图 13.1 研究技术路线图

13.1.5　数据来源与处理

数据资料是研究的核心与基础，本章在数据搜集与处理过程中严格遵循数据的可获得性、准确性与科学合理性原则，根据研究区实际状况与研究目标，获取了研究区 1990～2020 年土地利用数据、社会经济统计数据及自然要素数据等基础资料。

13.2　相关概念与理论基础

13.2.1　相关概念辨析

1. 人地系统

人地系统是由人类活动系统和地理环境系统交互作用而形成的具有一定内部结构和功能机制的复杂开放巨系统，其发展和变化机制表现为两者的物质循环和能量转化（吴传钧，1991）。人地系统在最初主要由地理环境主导，人类活动受到自然环境的抑制，经过长期发展，人类逐渐在这一巨系统中占据主导地位，对自然资源的不断索取和对地理环境的破坏及塑造影响了人地系统的平衡，自然灾害频发及生态环境质量下降等现状及问题使得人类开始反思自身行为对生态系统的影响，转变为加大对自然地理环境的投入，以在防范自然灾害、开发资源的同时，实现人地耦合效益的最大化，提升土地资源的产出效益。现代人地系统经过时代内涵、类型结构和地域功能等的演进可分为城市地域系统、城乡融合系统、乡村地域系统（刘彦随，2020）。广西山江海过渡性人地系统是由山区人地系统、流域人地系统、海岸带人地系统组成的地域性复合型人地系统。

2. 景观格局与景观过程

景观是一个处于生态系统之上、大地理区域之下的中间尺度上，由不同土地单元镶嵌组成的具有空间异质性、明显视觉形态特征且兼具生态、经济与文化等多重价值的地理实体。在人类活动和自然环境的协同作用下，景观不断发生演变，进而形成一定的格局。景观格局（landscape pattern）是指景观各单元在类型、数量及空间分布与配置上随机或规则、分散或集聚的分布特征（邬建国，2007）。而景观格局在时空尺度上的连续或非连续性变化过程称为景观过程（landscape process）。

3. 生态系统服务价值

生态系统服务是指生态系统本身及其在演变过程中所形成的，能够维持人类生存与发展的水、气及土壤等自然环境条件与效用，是人类生存与现代文明的基础，可分为供给服务、调节服务、支持服务和文化服务等类型（肖玉等，2003）。生态系统服务是一种稀缺资源，且对人类生存和发展产生极为重要的效用，这种效用可以通过一定的价值标准来衡量，这就是生态系统服务价值（ecosystem service value，ESV）（谢高地等，2008）。

13.2.2　理论基础

1. 陆海统筹理论

陆海统筹（land-sea coordination，LSC）的概念及相关理论由我国学者首创，最早由中国海洋经济学家张海峰于 2004 年在北京大学召开的“郑和下西洋 600 周年”报告会上首次提出（张海峰，2005）。

习近平总书记在党的十九大报告中指出："坚持陆海统筹，加快建设海洋强国。"以陆海统筹推进海洋强国建设，要深入把握海洋强国建设的内涵和要求，进一步明确陆海统筹的主要任务，充分发挥陆海统筹对海洋强国建设的战略引领作用，坚持走依海富国、以海强国、人海和谐、合作共赢的发展道路。广西山江海地域位于广西陆海统筹核心区域，是中国大西南出海最便捷的通道，具有重要的战略地位，本章分析研究区土地利用景观格局及生态系统服务价值时空变化规律后，以陆海统筹理论为指导，针对提升研究区生态系统服务价值及加快实现区域可持续发展目标而提出可行性建议。

2. 区域可持续发展空间结构理论

区域可持续发展是可持续发展在人类社会经济活动中最具体、最现实的基础部分，是在对人类有意义的时间跨度内，不破坏本区域或其他区域现实的或将来的满足公众需求的能力的发展过程，基本原则包括公平性、持续性、共同性、时序性、空间性、可控性等（吕鸣伦和刘卫国，1998），区域可持续发展必然发生在可持续的空间结构基础之上，因此，区域可持续发展空间结构理论是由可持续发展理论和空间结构理论耦合演化而来，主要研究可持续空间结构的特征、类型、基本内容、演变机理及其演变过程与演变模式的理论、方法与思维（张平宇，1997）。区域可持续发展空间结构理论对广西山江海地域系统在协调与优化人口空间、人居空间、资源空间、生态环境空间、经济发展空间及技术空间以提升区域生态系统服务价值与区域可持续发展水平方面具有重要的指导意义。

13.3　山江海地域系统景观过程研究

13.3.1　景观类型变化分析

本节主要通过统计广西山江海地域各景观类型面积、单一景观类型动态度及综合景观动态度（王秀兰和包玉海，1999）来分析景观类型面积的时空演化特征，公式如下：

$$D=\frac{S_{\mathrm{b}}-S_{\mathrm{a}}}{S_{\mathrm{a}}}\times\frac{1}{T}\times 100\% \tag{13.1}$$

$$\mathrm{LU}=\left(\frac{\sum_{i=1}^{n}\Delta\mathrm{LU}_{i-j}}{2\sum_{i=1}^{n}\mathrm{LU}_{i}}\right)\times\frac{1}{T}\times 100\% \tag{13.2}$$

式中，D 为单一景观类型动态度；S_{a} 和 S_{b} 分别为某一地类研究初期和研究末期面积（hm^2）；LU 为综合景观动态度；$\Delta\mathrm{LU}_i$ 为第 i 类景观类型在研究初期的面积；$\Delta\mathrm{LU}_{i-j}$ 为研究期内第 i 类景观类型转为其他景观类型的面积的绝对值；T 为研究期。

广西山江海地域系统1990年、2000年、2010年、2020年4期景观类型及其面积与变化见表13.1，由表13.1可知，1990～2020年研究区建设用地增长了107443.80hm^2，年均增加3581.46hm^2，增幅最大，说明研究区开发建设类产业发展迅速，导致城乡建设用地规模逐年扩张；林地和水域波动增长，总体分别增加了13629.78hm^2和14623.29hm^2，表明林地和水域总体较为稳定，但水域在2010年后出现减少现象，说明除降水季节变化的影响外，还有水资源利用过度和一定程度的浪费现象；耕地、草地和其他用地3类景观面积占比总体呈下降趋势，研究期间分别减少了108273.15hm^2、27348.12hm^2和75.60hm^2，其中，耕地和草地的面积连年下降，萎缩严重，年均分别缩减3609.105hm^2、911.604hm^2，表明研究区社会经济发展与城市扩张多以侵蚀周边农田和草地为代价，同时，林地、耕地、草地和建设用地4类用地相互转化不平衡，从而导致耕地和草地逐年萎缩。而其他用地减少则说明研究区对裸地等未利用地的整治和开发取得了较好的成效。

研究区景观类型动态度处于快速变化阶段。1990～2020 年，综合景观动态度为 1.25%，研究区景观变化速度有向急剧变化型演变。在面积增加的景观类型中，建设用地的动态度最高（8.65%），说明建设用地在研究期间扩张速度最快；水域的动态度为 0.44%，增速仅次于建设用地，而森林的动态度最小，仅为 0.01%，虽然城市化侵蚀了部分林地，但随着耕地林化及商品林、经济林等森林产业的迅速发展，林地的更新速度加快，从而保持较为稳定的状态。草地减少速度最快，动态度为-2.50%，减速最慢的是农田，动态度为-0.12%，但农田面积减少幅度最大，长期来看，耕地保护及开发的形势不容乐观。草地作为研究区生态资源资产的重要生产源，对维持生态系统平衡具有极其重要的作用，而随着时间的推移，研究区草地面积持续下降，占比也逐渐减小，这使得该区生态环境质量的提升及生态系统平衡的维护面临挑战。

表 13.1 广西山江海地域系统各年份景观类型面积和动态度

项目	耕地/hm²	林地/hm²	草地/hm²	水域/hm²	建设用地/hm²	其他用地/hm²	综合动态度/%
1990 年	3112677.54	7537573.17	36430.29	111877.56	41392.26	254.70	—
2000 年	3095867.70	7529816.52	16572.69	124831.89	72896.31	220.41	—
2010 年	3059224.92	7519996.53	12366.45	146486.43	102025.80	105.39	—
2020 年	3004404.39	7551202.95	9082.17	126500.85	148836.06	179.10	—
1990～2000 年	-16809.84	-7756.65	-19857.60	12954.33	31504.05	-34.29	0.41
2000～2010 年	-36642.78	-9819.99	-4206.24	21654.54	29129.49	-115.02	0.47
2010～2020 年	-54820.53	31206.42	-3284.28	-19985.58	46810.26	73.71	0.72
1990～2020 年	-108273.15	13629.78	-27348.12	14623.29	107443.80	-75.60	1.25
年均变化量	-3609.105	454.326	-911.604	487.443	3581.46	-2.52	—
单一动态度/%	-0.12	0.01	-2.50	0.44	8.65	-0.99	—

从空间分布上看（图 13.2），研究区主要景观类型为农田、林地和水域三类，其中森林占比较高，分布范围也最为广泛，主要分布在研究区西北部、西南部和东部地区，百色市、崇左市、防城港市和玉林市是研究区林地密集区；耕地主要分布在中部和东南部地区，研究期间各地区耕地均出现不同程度的缩减，其中中部缩减较为明显；水域分布较为均匀；草地则主要分布在研究区西北部，研究期间西北部草地萎缩较为严重；而空间变化较为明显的是建设用地，分布范围不断扩大，尤其是主城区规模不断扩张。

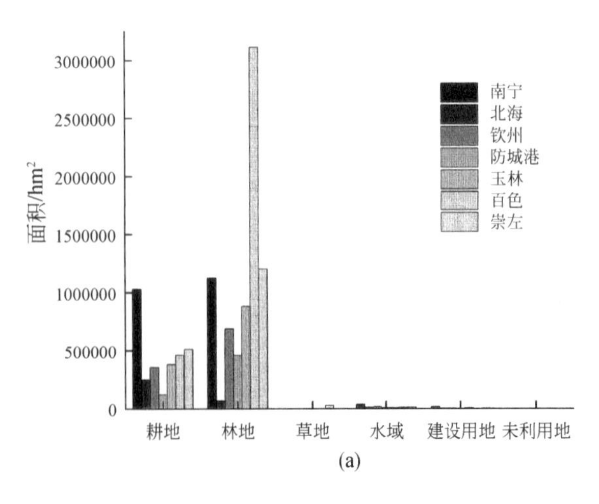

(a)

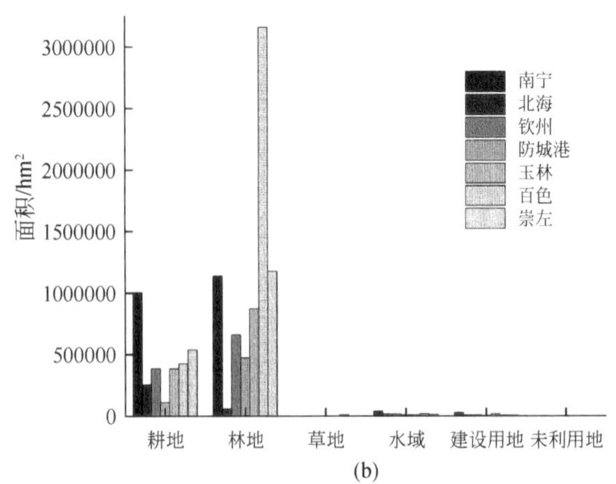

(b)

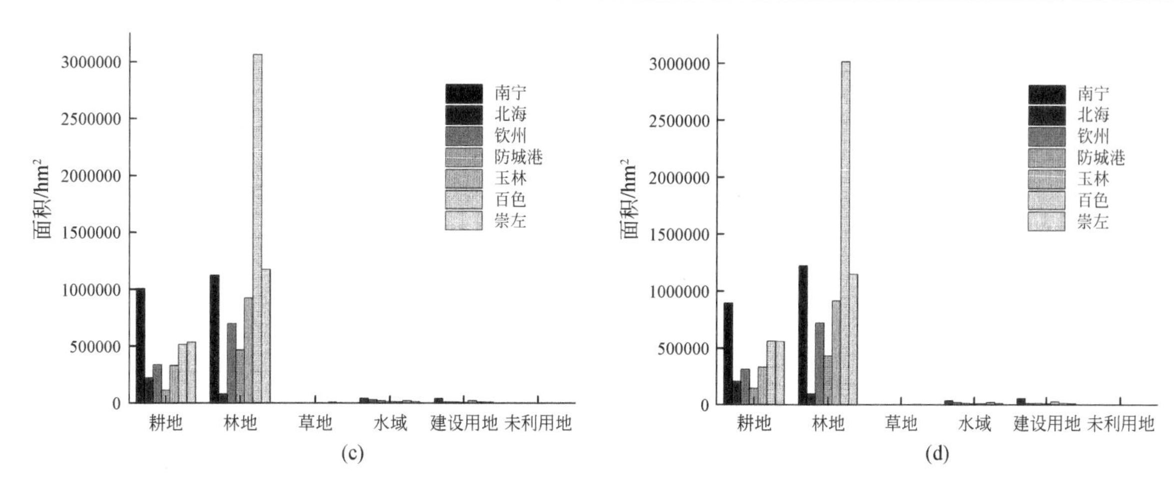

图 13.2　研究区各年份景观类型

13.3.2　景观格局指数选取

本节使用景观格局指数法，在 Fragstats4.2 软件支撑下，从类型水平层面选取最大斑块指数（LPI）、平均斑块大小（AREA_MN）、斑块数量（NP）、斑块密度（PD）、总边缘长度（TE）、边缘密度（ED）、景观形状指数（LSI）、平均斑块分维数（FRAC_MN）、散布与并列指数（IJI）、聚集度指数（AI）10 个景观格局指数，以分析广西山江海地域系统景观格局斑块类型水平的变化特征；选取景观水平上的最大斑块指数（LPI）、平均斑块大小（AREA_MN）、斑块数量（NP）、斑块密度（PD）、总边缘长度（TE）、景观形状指数（LSI）、蔓延度指数（CONTAG）、散布与并列指数（IJI）、聚集度指数（AI）、分离度指数（SPLIT）、香农多样性指数（SHDI）和香农均匀度指数（SHEI）12 个指数，从整体上分析研究区景观格局变化状况。

13.3.3　斑块类型水平变化分析

本节主要从类型水平层面分析研究区各景观类型的面积指数、密度指数、边缘指数、形状指数和聚散性指数的变化特征，各年份斑块类型水平各指数计算结果见表 13.2。

表 13.2　各年份广西山江海地域系统水平景观格局指数

景观类型	年份	景观格局指数									
		LPI	AREA_MN	NP	PD	TE	ED	LSI	FRAC_MN	IJI	AI
耕地	1990	5.8913	5.5163	564273	5.2054	515996490	47.6002	732.8430	1.0404	26.5557	87.5534
	2000	7.7102	8.2319	376081	3.4693	444701040	41.0233	633.2878	1.0446	28.4673	89.2166
	2010	7.2046	8.1082	377299	3.4806	453753150	41.8584	649.7151	1.0464	29.2487	88.8708
	2020	5.6337	9.3383	321728	2.9679	455084610	41.9812	657.9558	1.0484	31.6601	88.6271
林地	1990	35.8155	29.2373	257807	2.3782	490066560	45.2082	449.1979	1.0434	14.6528	95.1017
	2000	36.2067	39.7915	189232	1.7456	411230790	37.9357	377.6541	1.0487	12.7597	95.8816
	2010	38.9368	43.1499	174276	1.6077	415181850	38.3002	381.5488	1.0496	11.9190	95.8363
	2020	37.9302	46.9074	160981	1.4850	406431060	37.4929	372.7181	1.0442	10.9522	95.9413
草地	1990	0.0012	0.2887	126208	1.1643	29819550	2.7508	391.0110	1.0262	49.1002	38.5759
	2000	0.0010	0.3061	54149	0.4995	13108140	1.2092	254.8359	1.0267	57.4306	40.6556
	2010	0.0010	0.3746	33013	0.3045	8984490	0.8288	202.2197	1.0302	63.2237	45.5226
	2020	0.0005	0.3701	24542	0.2264	6539190	0.6032	171.6682	1.0298	66.9803	46.0485

续表

景观类型	年份	景观格局指数									
		LPI	AREA_MN	NP	PD	TE	ED	LSI	FRAC_MN	IJI	AI
水域	1990	0.2277	3.0075	37199	0.3432	29661330	2.7362	229.8247	1.0495	45.9389	79.4569
	2000	0.1164	3.5279	35384	0.3264	30904740	2.8509	226.3727	1.0499	52.7887	80.8428
	2010	0.1180	4.3970	33315	0.3073	32593470	3.0067	221.1078	1.0512	54.3508	82.7308
	2020	0.1038	3.4983	36161	0.3336	30202230	2.7861	219.1387	1.0487	52.1565	81.5782
建设用地	1990	0.0210	0.5750	71986	0.6641	22302750	2.0574	275.5969	1.0321	30.8667	59.4295
	2000	0.0411	1.0393	70138	0.6470	28639410	2.6420	267.5283	1.0357	28.9369	70.3513
	2010	0.0981	1.4079	72469	0.6685	34037130	3.1399	268.4019	1.0375	27.9146	74.8548
	2020	0.1833	1.8528	80331	0.7410	44236380	4.0808	288.8954	1.0394	25.1279	77.5948
其他用地	1990	0.0002	0.5573	457	0.0042	138240	0.0128	22.2336	1.0326	47.6289	59.0852
	2000	0.0002	0.5941	371	0.0034	127920	0.0118	22.2828	1.0383	79.2572	56.0950
	2010	0.0001	0.3011	350	0.0032	83130	0.0077	20.8406	1.0326	88.8483	39.7712
	2020	0.0001	0.3298	543	0.0050	136830	0.0126	25.7778	1.0320	85.3377	42.6735

1. 面积指数

研究区各年份斑块面积指数变化如图 13.3 所示。1990～2020 年，耕地和水域的景观最大斑块指数(LPI)呈波动下降态势，30 年间 LPI 值分别降低了 0.2576 和 0.1239。1990～2000 年，耕地的 LPI 值增长了 1.8189，表明该时段研究区对农田景观的保护与整治取得了较好成效，使得耕地的优势度不断提升，最大斑块发展较好，受干扰较小，规模不断扩张；而水域的 LPI 在此时段下降了 0.1113，表明其在人类活动干扰下小斑块增多，大斑块减少；2000～2010 年水域的 LPI 值微弱增加了 0.0016，而后开始持续下降，10 年间减少了 0.0142；2000～2020 年，耕地受干扰程度不断加剧，整体优势度下降，最大斑块面积萎缩和破坏加剧，LPI 持续下降，20 年间减少 2.0765，年均下降 0.1038。相关部门应加强对耕地和水域景观的规划、管控和保护的力度，使其最大斑块得到较好的恢复。而森林景观的 LPI 则波动增长，总体增加了 2.1147。1990～2010 年，林地的 LPI 增长了 3.1213，增幅大，增速快，表明该时段研究区森林景观最大斑块发展较好，小斑块减少；2010～2020 年，随着研究区人类活动的加剧，道路交通、居民点等对林地的分割和侵蚀加深，LPI 值下降了 1.0066。建设用地的 LPI 呈持续增长态势，30 年间增加了 0.1623，年均增加 0.0054，表明建设用地处于正向发展状态，最大斑块面积不断扩张，主城区在社会经济发展和城市化推进的过程中连年扩张是较好的印证。草地和其他用地的 LPI 较小，总体较为平稳，变化不大。

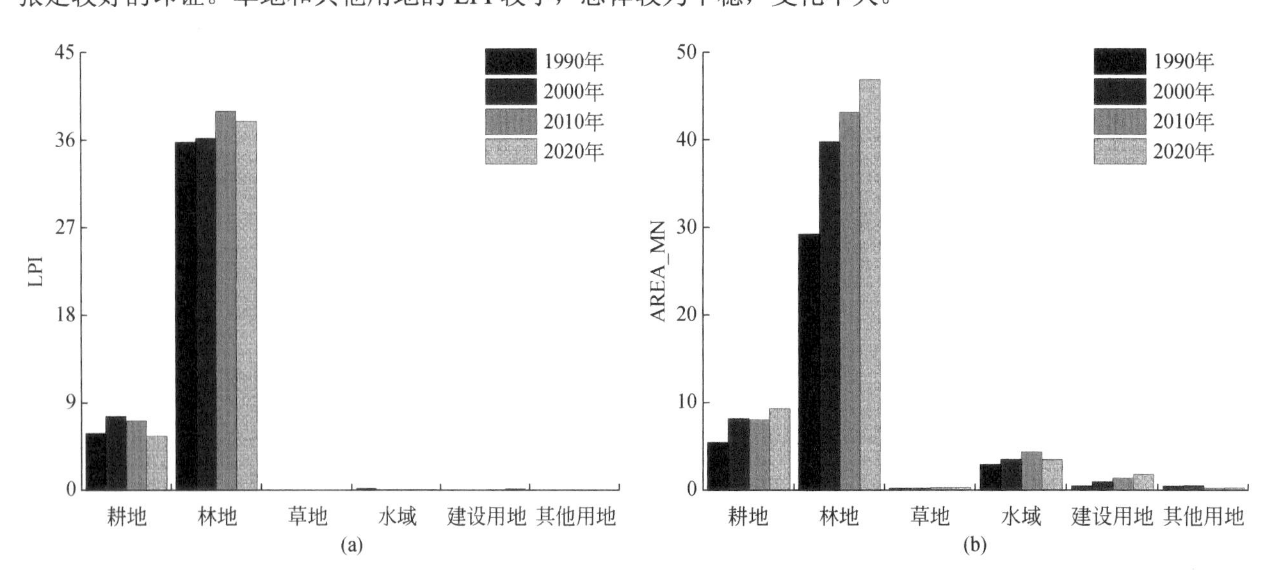

图 13.3　各年份广西山江海地域系统面积指数变化

1990～2020 年，耕地、草地和水域的平均斑块大小（AREA_MN）呈波动增长的态势，分别增加了 3.8220、0.0814 和 0.4908，年均分别增加 0.1274、0.0027 和 0.0164。1990～2010 年，草地和水域的 AREA_MN 分别由最小值 0.2887 和 3.0075 持续增长至最高值 0.3746 和 4.3970，增长了 0.0859 和 1.3895，自 2010 年后两者的 AREA_MN 值开始下降，降低了 0.0859、0.8987；1990～2000 年，农田的 AREA_MN 增长了 2.7156，而后至 2010 年减少了 0.1237，2010 年后又开始上升，10 年间上升了 1.2301。表明耕地、草地和水域斑块的面积差距在研究期间总体减少，大斑块数量总体增加。2010 年后草地和水域斑块受干扰和破坏较大，小斑块数量开始增加，而大斑块的面积有所萎缩，表明该时期草地缩减和水资源过度利用、浪费现象加重，与草地和水域面积占比下降的变化趋势吻合。耕地斑块保持较好，斑块间的面积差距较小。林地和建设用地的 AREA_MN 呈持续上升态势，30 年间增长了 17.6701 和 1.2778，年均增加 0.5890、0.0426。表明该时段林地和建设用地的小斑块数量不断减少，而大斑块数量不断增加，斑块间的面积差距不断缩小。其他用地的 AREA_MN 则波动下降，减少了 0.2275。表明其他用地面积减少，斑块数量和密度均总体增长。

2. 密度指数

研究区各年份密度指数变化见图 13.4。1990～2020 年，广西山江海地域系统耕地景观的斑块数量（NP）及斑块密度（PD）呈波动减小的态势，研究期间总体降低了 242545（2.2375），年均下降 8085（0.0746）；林地和草地的 NP 及 PD 均呈持续下降的变化趋势，30 年间分别减少 96826（0.8932）、101666（0.9379）；水域、建设用地和其他用地的 NP 和 PD 先降后增，其中建设用地与其他用地的 NP 和 PD 在研究期间总体增加了 8345（0.0769）和 86（0.0008），而水域景观的 NP 和 PD 值总体减少了 1038（0.0096）。耕地、林地和草地的 NP 和 PD 变化表明研究区实施了较为积极的农林产业发展政策，使得此三类用地在近些年的管理和经营取得了较好的成效，破碎化程度下降。研究期间国家、自治区及相关市（县）自然资源主管部门实施了较为严格的耕地保护政策、打击破坏耕地及随意占用农田进行生产建设的活动，农田破碎化程度得到了较好的抑制，“三权分置”政策和承包经营权的落实进一步促使耕地集约节约化经营逐渐普及；在山、水、林、田综合治理和统筹规划下，林业发展愈趋规范化，破碎草地被不断整合。建设用地的 NP 和 PD 变化表明研究区人类活动较为活跃，各项基础设施建设、产业发展、居民点扩张使得建设用地斑块不断被割裂和破碎化。水域的 NP 和 PD 值变化表明其在研究期间总体破碎程度有所减缓，但 2010 年后破碎程度呈上升趋势，应对其加以整治，整合细碎斑块。

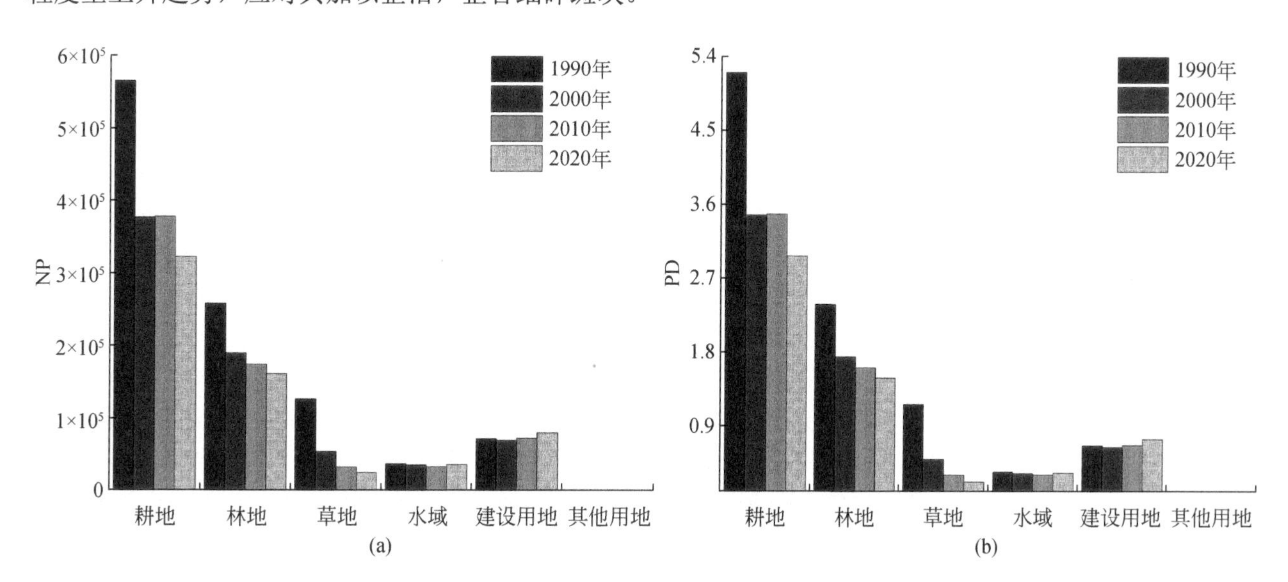

图 13.4 各年份广西山江海地域系统密度指数变化

3. 边缘指数

研究区各年份边缘指数变化见图 13.5。1990～2020 年，耕地、林地和其他用地的总边缘长度（TE）

和边缘密度（ED）的变化趋势一致，均呈波动下降的态势。耕地和林地的 TE 和 ED 值于 1990～2000 年快速减少了 71295450(6.5769)和 78835770(7.2725)，2000～2020 年耕地的 TE 和 ED 值稳定上升了 10383570（0.9579），林地的 TE 和 ED 值则减少了 10383570（0.9579）；其他用地的 TE 和 ED 值则于 1990～2010 年减少 55110、0.0051，2010～2020 年增加 53700、4.9372，总体上，上述三类用地的 TE 和 ED 值分别降低了 60911880（5.6190）、83635500（7.7153）和 1410（0.0002）。表明研究区耕地、林地和其他用地斑块边缘复杂程度总体下降，斑块边缘总体趋于简单和规则，斑块的边缘效应显著，但 2000 年后的耕地及 2010 年后的其他用地斑块受人为干扰较大，斑块边缘趋于复杂化，异质性加深。草地斑块 TE 和 ED 值持续下降，30 年间减少了 23280360 和 2.1476，均减少约 78%，下降幅度较大，表明草地边缘愈趋简单而规则，同时草地斑块数量及面积持续减少。建设用地的 TE 和 ED 值变化态势与草地恰好相反，研究期间持续快速增长了一倍，增长值高达 21933630 和 2.0234，表明建设用地在 30 年间边缘不断复杂化，斑块异质性程度加深，同时表明建设用地面积和斑块数量占比不断上升。水域的 TE 和 ED 值呈波动增长的态势，总体增加了 540900 和 0.0499，但 2010 年后 TE 和 ED 值大幅度下降。表明在研究期间水域边缘总体趋于复杂，而 2010 年来其边缘复杂程度有降低的趋势。

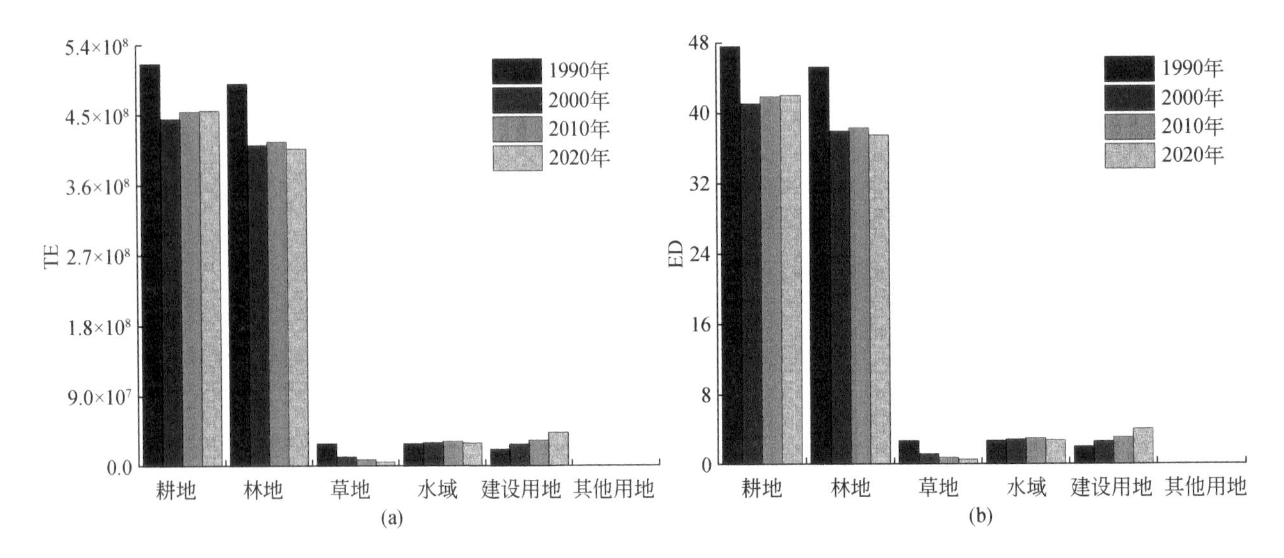

图 13.5　各年份广西山江海地域系统边缘指数变化

4. 形状指数

研究区各年份形状指数变化见图 13.6。1990～2020 年，耕地和林地的景观形状指数（LSI）呈波动下降的波动变化趋势；草地和水域的 LSI 持续下降；建设用地和其他用地的 LSI 值波动增长。研究期间，耕地、林地、草地和水域的 LSI 值总体分别下降了 74.8872、76.4798、219.3428 和 10.6860。具体来看，1990～2000 年，耕地和林地的 LSI 剧烈下降，减少值分别为 99.5552 和 71.5438，表明该时段耕地和林地形状由复杂到简单，由不规则向规则演变，人类活动对林地的干扰较小，使其处于正向发展状态，此外，人们对耕地和林地的依赖较大，投入经营力度不断加大，故耕地斑块形状趋于规则，扁平化程度降低，2000 年后，两者的 LSI 值开始缓慢上升，表明在社会经济快速发展和城市化深入推进中，耕地和林地受破坏较为严重，受干扰较大，促使 LSI 上升而斑块边缘趋于复杂和扁平化，但因近些年研究区实施了较为严格的耕地管控和林地抚育政策，使得其复杂和扁平化过程变得缓慢。草地和水域的 LSI 值在 30 年间分别降低了 219.3428、10.6860，年均下降 7.3114、0.3562，说明草地和水域的斑块的复杂和扁平化过程处于持续降低状态。建设用地和其他用地斑块形状总体处于复杂化状态，斑块扁平化水平上升。LSI 的演变趋势和 TE 与 ED 的演变趋势基本一致，表明景观形状和边缘的演化有相同的历程，同时表明斑块边缘的变化对斑块形状的变化产生了重要影响。

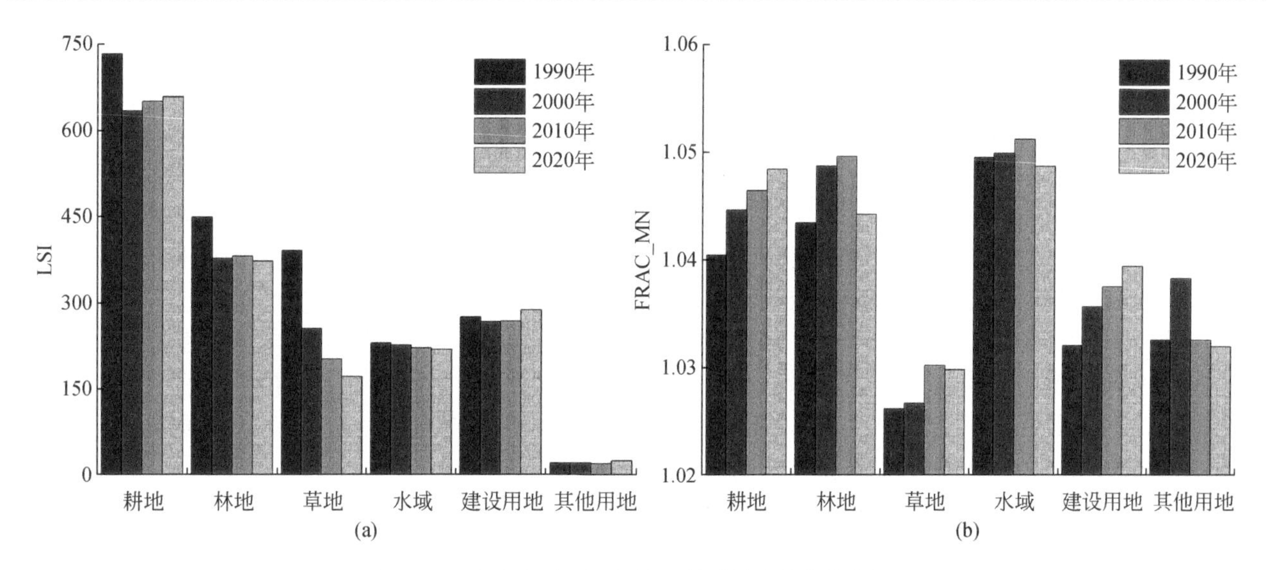

图 13.6　各年份广西山江海地域系统形状指数变化

1990～2020 年，各地类景观平均斑块分维数（FRAC_MN）由大到小依次为：水域（1.0495～1.0487）＞林地（1.0434～1.0442）＞耕地（1.0404～1.0484）＞建设用地（1.0321～1.0394）＞其他用地（1.0326～1.0320）＞草地（1.0262～1.0298）。各景观类型的 FRAC_MN 值总体较接近 1，表明各景观类型总体受人为干扰较大，斑块矩形化程度高，总体复杂程度不高，且较为规则。其中水域受人为干扰程度最轻，其他用地和草地受干扰最大，研究期间耕地、林地、草地和建设用地的 FRAC_MN 均呈增长态势，表明这 4 种地类受人类活动的影响减小，而水域和其他用地的 FRAC_MN 则波动下降，表明其受人类活动影响加大。

5. 聚散性指数

研究区各年份聚散性指数变化见图 13.7。1990～2020 年，研究区耕地、草地、水域和其他用地的散布与并列指数（IJI）总体呈上升态势；林地和建设用地的 IJI 值呈持续下降的态势。具体来看，耕地和草地的 IJI 值持续上升，30 年间分别增长了 5.1044 和 17.8801，年均增长 0.1701 和 0.5960；水域和其他用地的 IJI 值波动增长，1990～2010 年增加了 8.4119 和 41.2194，2010 年后开始下降，减少值为 2.1943 和 3.5106。表明耕地、草地、水域和其他用地 4 种景观的斑块在研究期间与其他景观类型相邻的概率增加，斑块周边其他景观类型增多。林地和建设用地的 IJI 值在 30 年间降低了 3.7006 和 5.7388，表明两种景观类型的斑块与其他景观类型比邻的概率持续降低，斑块周边出现其他景观的概率降低，同时这两种景观总体的优势度在提升。

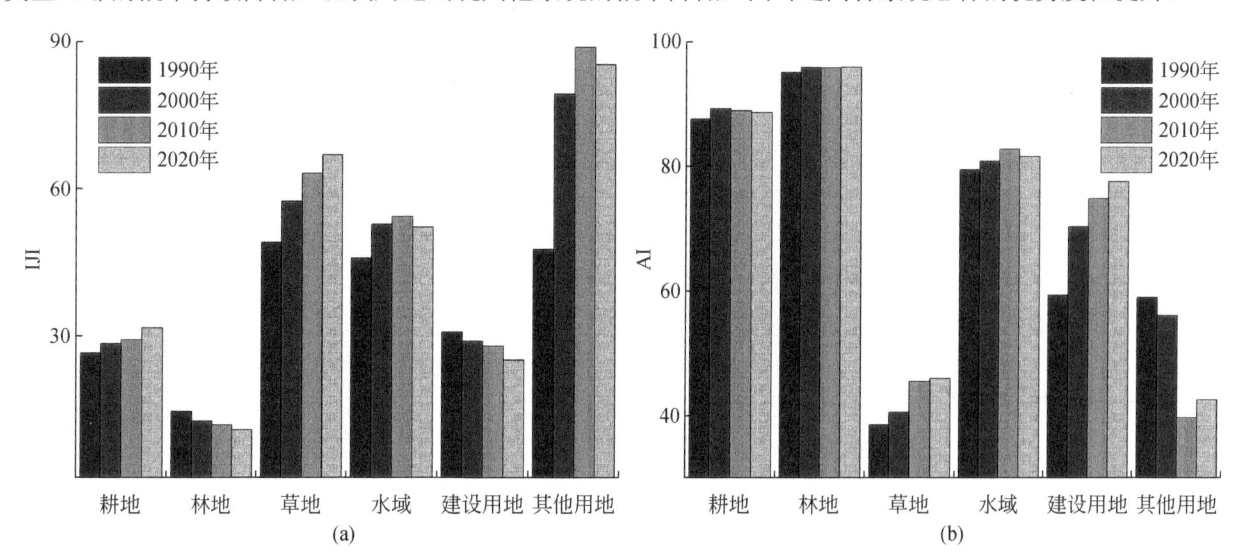

图 13.7　各年份广西山江海地域系统聚散性指数变化

1990～2020 年，耕地、林地和水域的聚集度指数（AI）总体呈波动增长态势；草地和建设用地的 AI 值持续上升；其他用地的 AI 值则波动下降。具体来看，耕地、林地和水域的 AI 值总体分别增长 1.0737、0.8396 和 2.1213，其中耕地和森林的 AI 值于 1990～2000 年分别上升了 1.6632 和 0.7799，耕地的 AI 值在 2000 年后开始下降，下降值为 0.5895，林地的 AI 值则在 2000～2010 年小幅下降 0.0453 后开始增长，至 2020 年增长了 0.1050；1990～2010 年水域的 AI 值增长了 3.2739，2010 年后减少了 1.1526。耕地、林地和水域的 AI 值变化表明 3 种景观类型斑块的聚集程度总体上升，但耕地在 2000 年后斑块聚集程度下降明显，水域则在 2010 年后离散严重，聚团效应不佳，林地景观的斑块聚集程度在 2010 年后逐渐上升。草地和建设用地的 AI 值在研究期间分别增长了 7.4726 和 18.1653，表明两种景观类型的斑块聚集程度持续上升，斑块聚团效应不断增强。其他用地斑块愈趋分散，聚集程度总体下降，AI 值在研究期间降低了 16.4117，下降幅度较大，速度较快，而 2010 年后 AI 有上升的趋势。林地的 AI 值最高，草地的 AI 值最低，表明林地的聚集程度最高，而草地最为分散。

13.3.4 景观水平变化分析

本节针对所选取的 12 个景观水平层面指数，分别从景观破碎程度、边缘与形状复杂程度、聚集程度和多样性水平几个方面分析广西山江海地域系统景观格局整体变化状况。各指数计算结果见表 13.3。

表 13.3 广西山江海地域系统景观水平指数

景观指数	1990 年	2000 年	2010 年	2020 年
LPI	35.8155	36.2067	38.9368	37.9302
AREA_MN	10.2466	14.9447	15.694	17.3642
NP	1057930	725355	690722	624286
PD	9.7593	6.6913	6.3719	5.759
TE	543992460	464356020	472316610	471315150
LSI	417.3989	356.9308	362.9753	362.2149
CONTAG	72.6706	73.2992	72.7928	72.7006
IJI	24.3175	24.6762	24.6671	25.3414
AI	92.4458	93.5481	93.4381	93.452
SPLIT	6.3246	6.5302	5.7275	6.1672
SHDI	0.6988	0.7062	0.7206	0.7244
SHEI	0.3900	0.3941	0.4022	0.4043

1. 景观破碎程度分析

本节选取最大斑块指数（LPI）、平均斑块大小（AREA_MN）、斑块数量（NP）、斑块密度（PD）4 个指标分析广西山江海地域系统景观破碎程度（图 13.8）。据表 13.3 和图 13.8 可知，1990～2020 年，研究区整体景观的 LPI 值呈波动上升的态势；AREA_MN 则呈持续上升的态势；NP 和 PD 的变化态势则与 AREA_MN 相反，呈持续下降的变化趋势。具体来看，LPI 于 1990～2010 年增加了 3.1213，而 2010 年后开始下降，减少值为 1.0066；AREA_MN 在 30 年间增长了 7.1176，年均增长 0.2373；NP 和 PD 值在研究期间分别下降了 433644 和 4.0003，年均减少约 14455、0.1333。上述几个指数的变化表明，研究期间广西山江海地域系统整体景观复杂性和异质性降低，景观破碎程度水平总体下降，从侧面反映出此段时间人们在景观变化过程中实施的是积极而有效的整治措施，使得景观的片状效应不断增强，小斑块和破碎斑块不断被整合，大斑块得到较好的维护与发展，面积占比不断增大，平均斑块面积有所增加，斑块间的面积差距缩小，而相对地，斑块数量和斑块密度不断减小。原因在于在社会经济发展过程中，景观类型和利用方式受人为干扰较大，在长期的干扰下，景观类型抵抗人类活动影响的能力也随之增强，从而由自然演替逐渐转变为人为干扰下的演替，斑块面积差距减小，分布与排列愈趋均匀和规则。

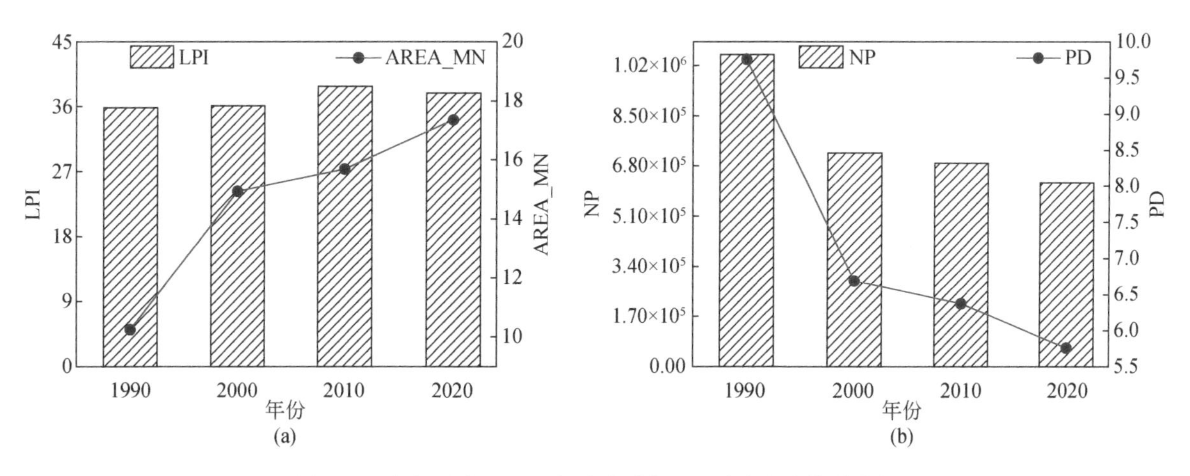

图 13.8　各年份广西山江海地域系统景观破碎程度指数变化

2. 景观边缘及形状复杂程度分析

1990～2020 年，广西山江海地域系统整体景观边缘和形状变化明显，TE 和 LSI 均呈波动下降态势（图 13.9），最大值分别为 1990 年的 543992460 和 417.3989，最小值出现在 2000 年（464356020、356.9308）。1990～2000 年两个指标值持续减小，分别减小了 79636440 和 60.4681，表明这一时期广西山江海地域系统整体景观边缘和形状受干扰程度减小，景观边缘与形状趋于简单和规则，景观排列有序度提升。2000～2010 年，两个指标值分别增长了 7960590 和 6.0445。表明该时期研究区整体景观受人类活动影响逐渐加深，景观边缘与形状处于持续复杂化状态，景观边缘愈趋锐化，形状愈趋复杂和不规则。2010 年后，TE 和 LSI 出现小幅下降，减少了 1001460 和 0.7604。该时段研究区社会经济处于持续健康发展阶段，社会经济活动愈趋频繁，开发强度不断提升，导致该区景观边缘和形状不断被塑造和改变，斑块扁平化程度减小，而矩形化水平提升，从而使得这种复杂程度得以降低，但在剧烈的人类活动和复杂的自然环境双重干扰下，这种复杂程度减小速度缓慢，长远来看，应在社会经济由快速发展转向高质量发展的同时，稳步推进生态文明建设与乡村振兴战略，通过全域综合整治及生态修复手段整合边缘锐化的斑块，重塑形状复杂的斑块，从而减缓整体景观边缘和形状向复杂、不规则的趋势发展。

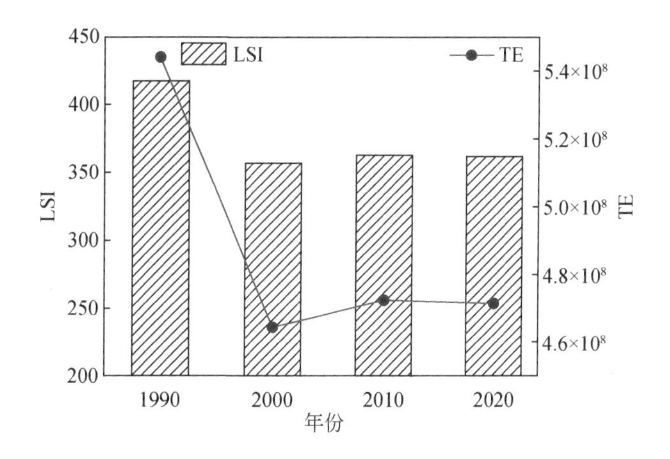

图 13.9　各年份广西山江海地域系统景观边缘及形状指数变化

3. 景观聚集程度分析

研究区整体景观聚集程度主要由蔓延度指数（CONTAG）、散布与并列指数（IJI）、聚集度指数（AI）及分离度指数（SPLIT）4 个指数的演变状况来体现（图 13.10）。据图 13.10 可知，1990～2020 年，表征景观聚集程度的 4 个指数的变化波动较大，SPLIT 呈波动减小态势，研究期间减小了 0.1574；CONTAG、AI 和 IJI 则波动上升，总体分别增长了 0.0300、1.0062 和 1.0239。具体来看，1990～2000 年，CONTAG、AI、IJI 和 SPLIT 均处于上升趋势，分别增加了 0.6286、1.1023、0.3587 和 0.2056；CONTAG 在 2000 年后开始持续下降，减少值为 0.5986；IJI、AI 和 SPLIT 值在 2000～2010 年分别减少了 0.0091、0.1100 和 0.8027 后又开始上升，至 2020 年增加值分别为 0.6743、0.0139 和 0.4397。

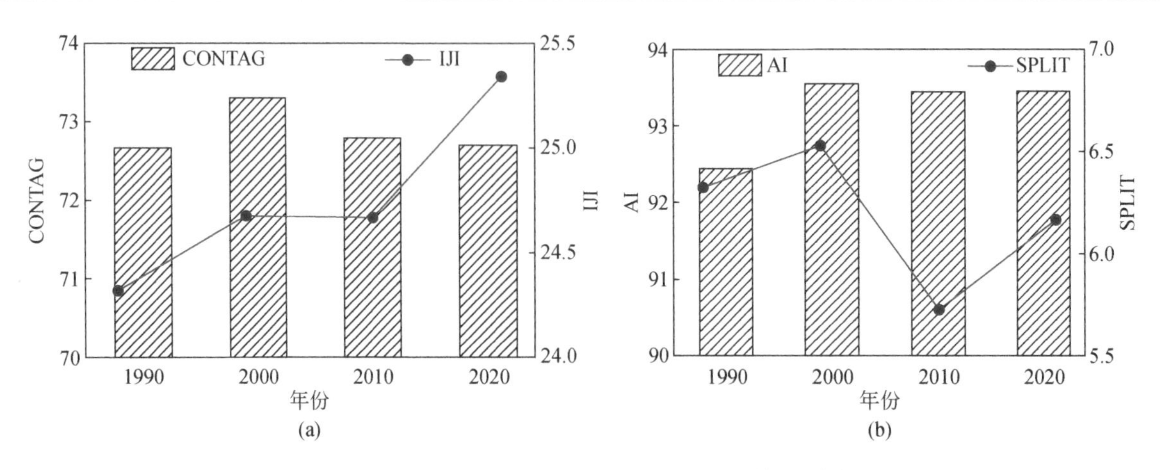

图 13.10 各年份广西山江海地域系统景观聚散性指数变化

上述指数的变化表明，研究末期广西山江海地域系统整体景观被分割程度与研究初期相比虽有所降低，但近些年处于持续增大的状态；景观类型间的距离正在加大，原因是研究期间林地、耕地和建设用地等优势景观的平均斑块面积差距逐渐缩小，加之斑块数量有所减少，细碎斑块被整合，从而使得不同类型的斑块间隔距离加大；整体景观类型间的连通性水平与初期相比下降明显，但近些年研究区生态文明政策和景观生态整治政策的落实，使得景观有序程度得以提升，斑块间的连通性水平下降较为缓慢；某种景观类型周边出现其他地类的概率增加，景观分散化程度加深，离散化的趋势难以逆转；整体景观的片状效应增强，聚集度水平有所提升，一方面，因为近些年城市化水平不断提升，景观规划及其用地划分较为科学合理，所以相同类型的景观在某一区域的集聚水平上升；另一方面，城市中心辐射带动作用及多核心发展趋势增强，建设用地作为优势景观之一，其扩张范围不断增大，形成了大小不一的组团，从而增强了这种集聚效应。

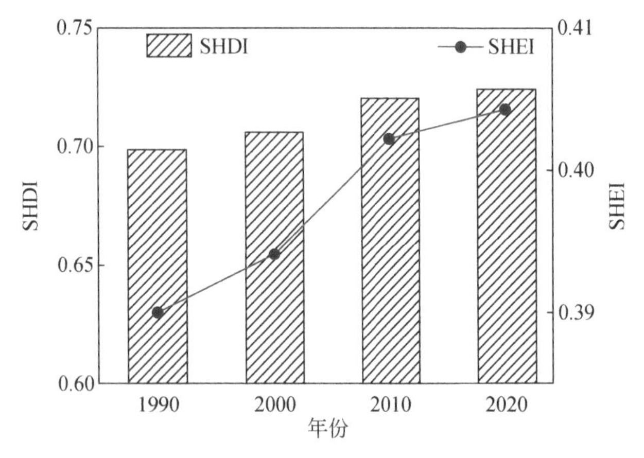

图 13.11 各年份广西山江海地域系统景观多样性指数变化

4. 景观多样性分析

选取香农多样性指数（SHDI）和香农均匀度指数（SHEI）来分析研究区整体景观的多样性水平及变化状况。据表 13.3、图 13.11 可知，1990～2020 年，SHDI 和 SHEI 的变化特征一致，均呈持续上升态势，研究期间分别增长了 0.0256 和 0.0143。这一变化说明整体景观类型分布愈趋均匀，优势地类的优势度在下降，整体景观斑块类型和数量分布均匀，多样化和均匀化水平提升，最大的原因可能是研究区城市化进程加深，水平不断提升，城乡道路及铁路等基础设施建设不断对景观进行分割和塑造，此外，随着各类规划实施，人们加强了对景观的管理和营造，从而在一定程度上提升了研究区整体景观多样化和均匀化水平。

13.3.5 景观格局空间变化分析

从类型水平和景观水平分析广西山江海地域系统景观格局指数变化不足以全面探究其景观格局演变过程，因此需进一步研究其空间分布及演化状况。本节采用网格法分析桂西南喀斯特—北部湾地区景观空间格局。首先，利用 ArcMap 创建渔网工具，将研究区划分为 3km、6km、9km、12km、15km、18km 和 30km 7 个尺度的网格；其次，应用 ArcMap 模型构建器将研究区 1990 年、2000 年、2010 年和 2020 年 4

期景观类型数据按上述网格大小进行裁剪，而后将裁剪出来的景观类型栅格数据批量导入 Fragstats4.2 软件中进行计算，最后应用 ArcMap 自然断点法将指数计算结果分为低、较低、中、较高、高 5 个等级（薛嵩嵩等，2021），并进行空间可视化表达。

在指数选取上，选择最大斑块指数（LPI）、平均斑块大小（AREA_MN）、斑块数量（NP）和斑块密度（PD）4 个指数分析研究区景观破碎程度空间演化状况；选择总边缘长度（TE）和景观形状指数（LSI）两个指数分析景观边缘与形状复杂程度的空间演化特征；而蔓延度指数（CONTAG）、分离度指数（SPLIT）及聚集度指数（AI）在空间上的变化则能够较好地反映研究区景观聚集程度的空间特征；在景观多样性水平空间演化方面则选取香农多样性指数（SHDI）和香农均匀度指数（SHEI）进行分析。本节在比对 3km、6km、9km、12km、15km、18km 和 30km 7 个尺度的空间效应后，最终选择 6km 尺度网格进行分析。

1. 景观破碎程度空间特征

广西山江海地域系统景观破碎程度空间分布见图 13.12～图 13.15。据图 13.12 可知，1990～2020 年，LPI 在空间上以高值和较高值居多，主要分布在研究区的西北部，即百色；中值区则分布较为分散，更多分布在研究区的东部和西部地势平坦区域；低值和较低值主要分布在研究区中部、东南部海岸带附近，即南宁、钦州等区域。研究期间 LPI 高值、低值减小程度以西北部最为明显；较高值、较低值明显增大；中值变化不明显；高值主要向较高值转变；低值向较低值转变。

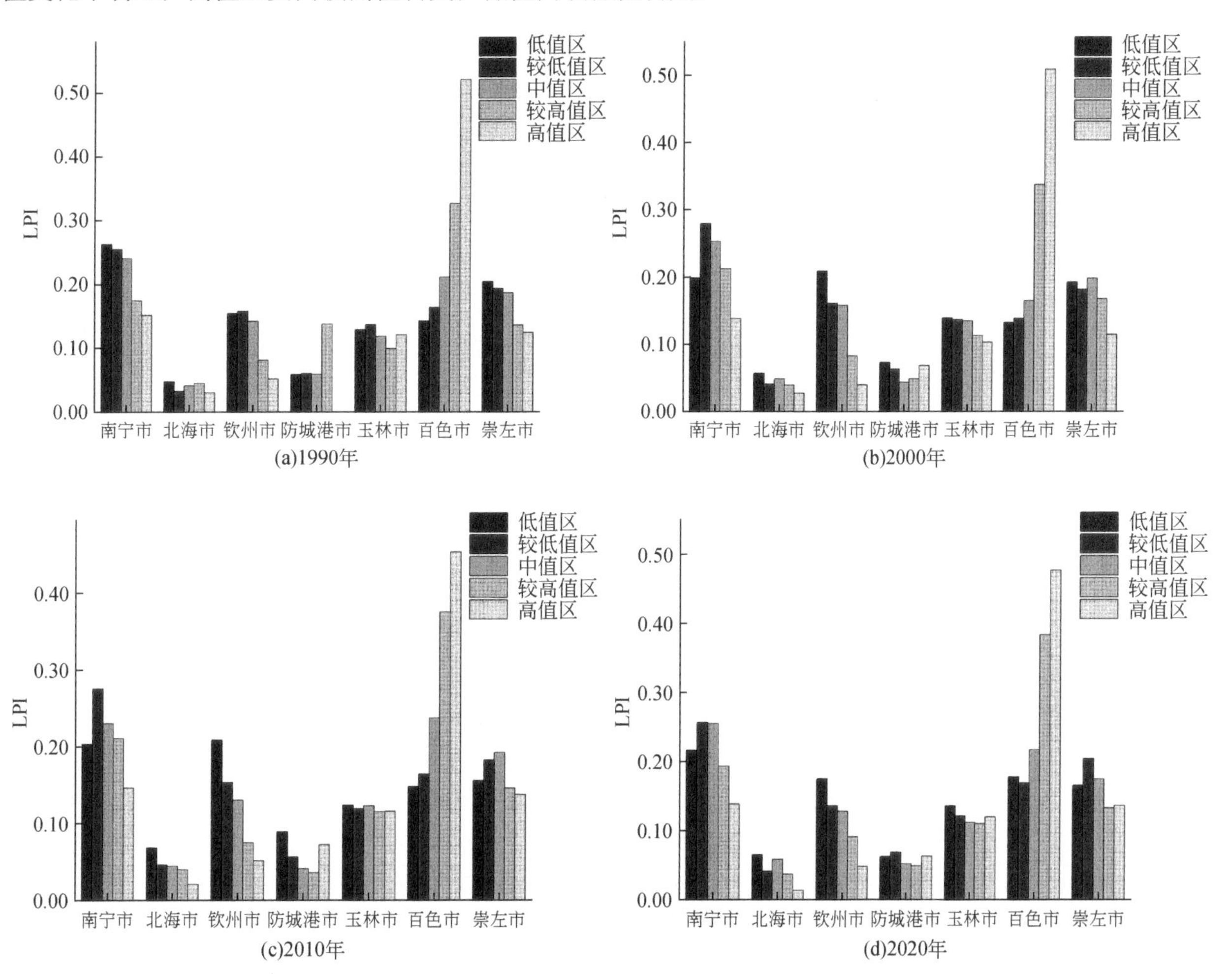

图 13.12　各年份研究区最大斑块指数空间分布

1990～2020 年，AREA_MN 以低值和较低值居多，中值、较高值和高值较少，整体平均斑块面积较小（图 13.13）。低值区主要集中在研究区中部和东南部；较低值区主要集中在研究区中部和西北部地区；中值区主要分布在西南部。较低值先增后减，而低值总体减小，西北部较低值先增大后减小，西南部中值和较低值先增后减，其他区域变化不明显；低值与较低值相互转化；中值主要转化为较低值。表明研究区东南部小斑块较多，西北部和西南部大斑块较为集中，研究期间西北部斑块平均面积先升后降，东部地区大斑块总体增多，中部和东南部地区 AREA_MN 变化不大，细碎斑块较多，平均斑块面积不大。

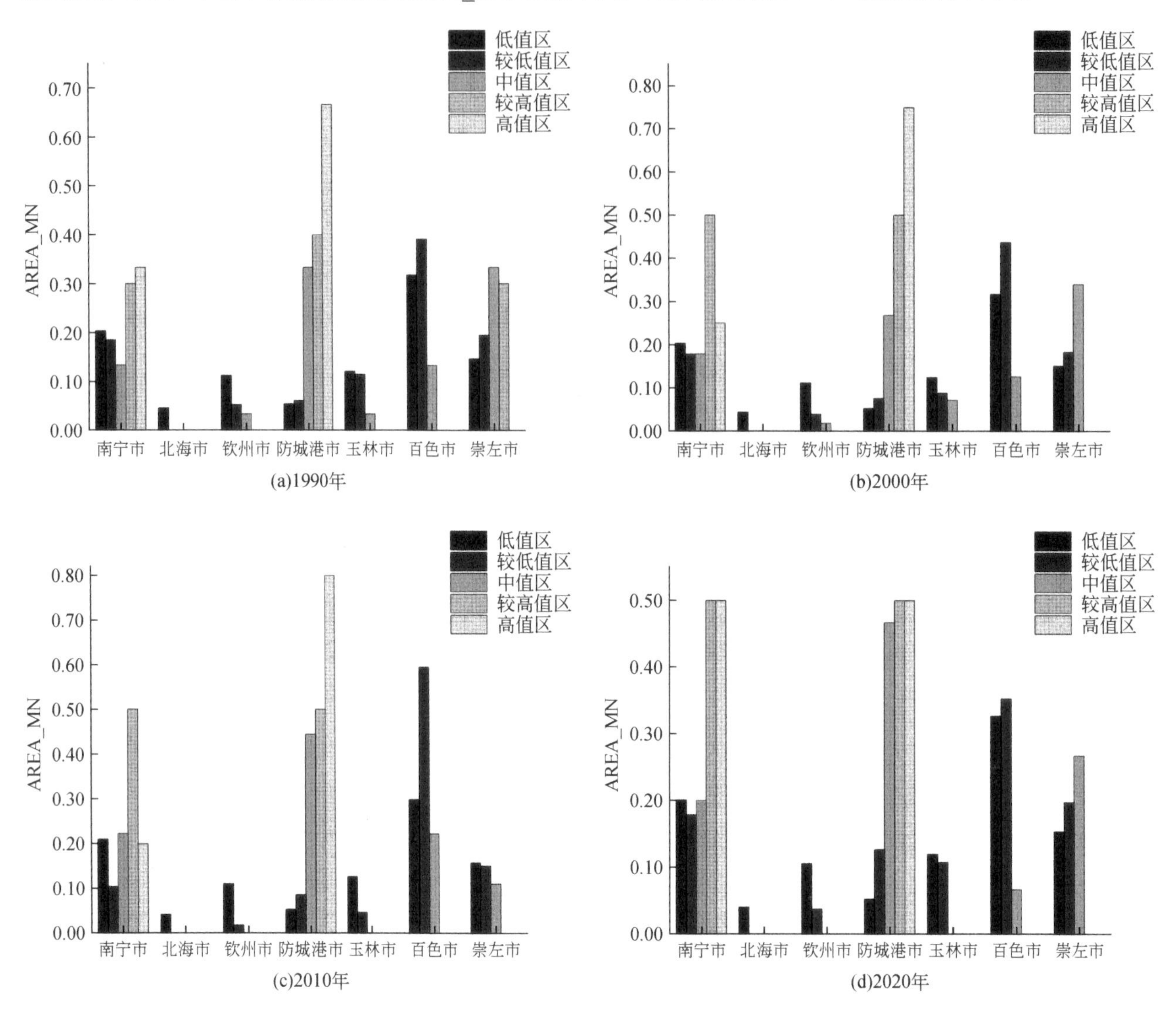

图 13.13　各年份研究区平均斑块大小空间分布

1990～2020 年，NP 和 PD 各值域的空间分布特征基本一致，大致上由西北向东南递增（图 13.14、图 13.15）。对于 NP，研究区西北部以低值区和较低值区为主，较高值区和高值区的占比较小；中部则是中值区和较低值区的主要分布区；东南部则以较高值区和高值区居多。研究期间低值区面积占比不断下降，向较低值区转化，较低值区面积占比逐渐上升；较高值区面积占比不断下降，向中值区转化，故中值区面积占比上升；高值区面积占比有所降低，主要向较高值区转变。而对于 PD，研究区以低值区和较低值区居多。研究期间，西北部中值区主要向较低值区转变，较低值区不断向低值区转化，因此西北部低值区面积占比上升，中值和较低值区面积占比下降；西部地区较低值区不断转变为低值区；而东南部和中部地区中值区不断向较低值区转化，中值区则不断向海岸带地区萎缩。因此总体上对于 PD，研究区的低值区和较低值区的面积占比较为稳定，而中值区和较高值区的面积占比大幅下降。

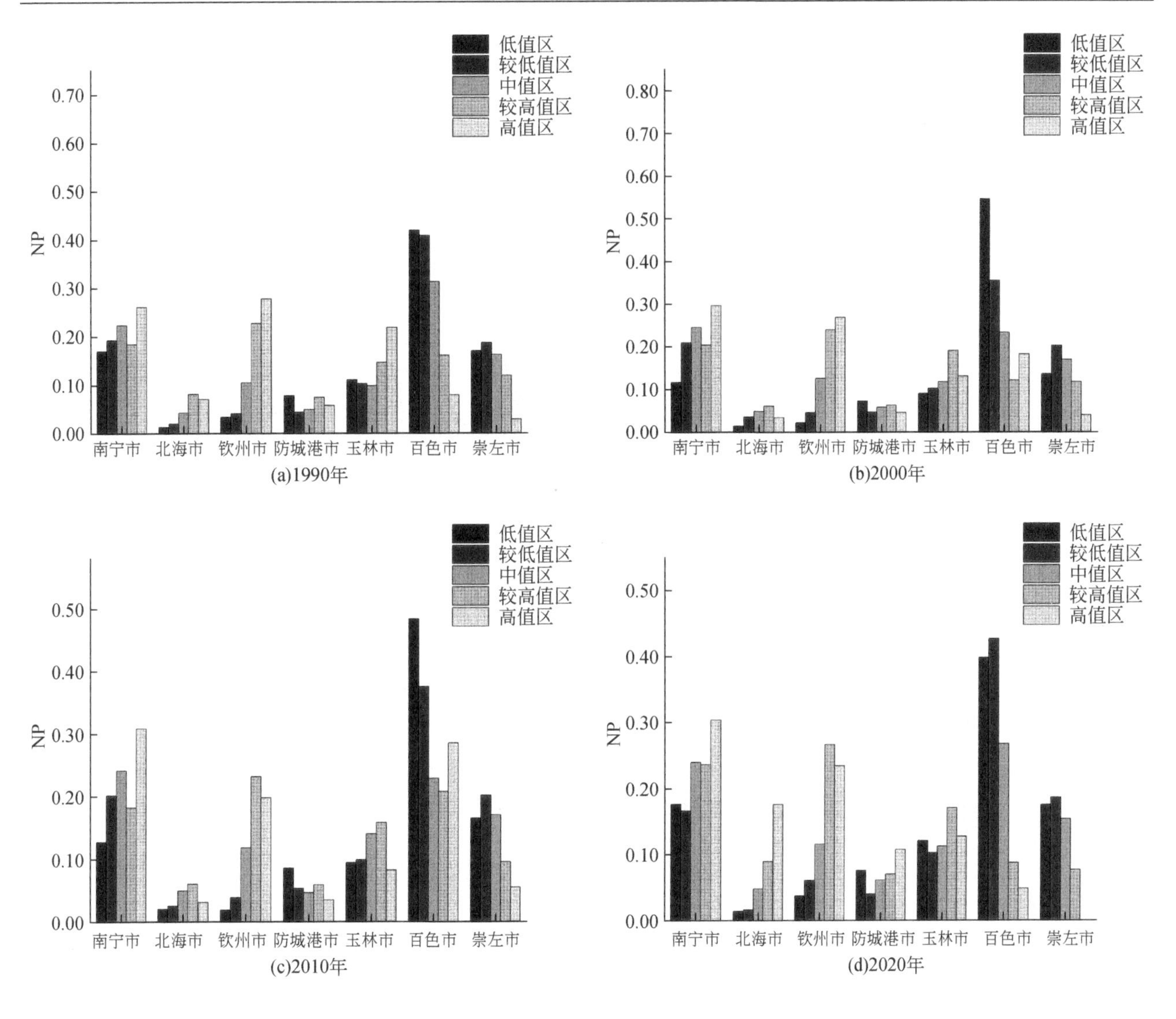

图 13.14　各年份研究区斑块数量空间分布

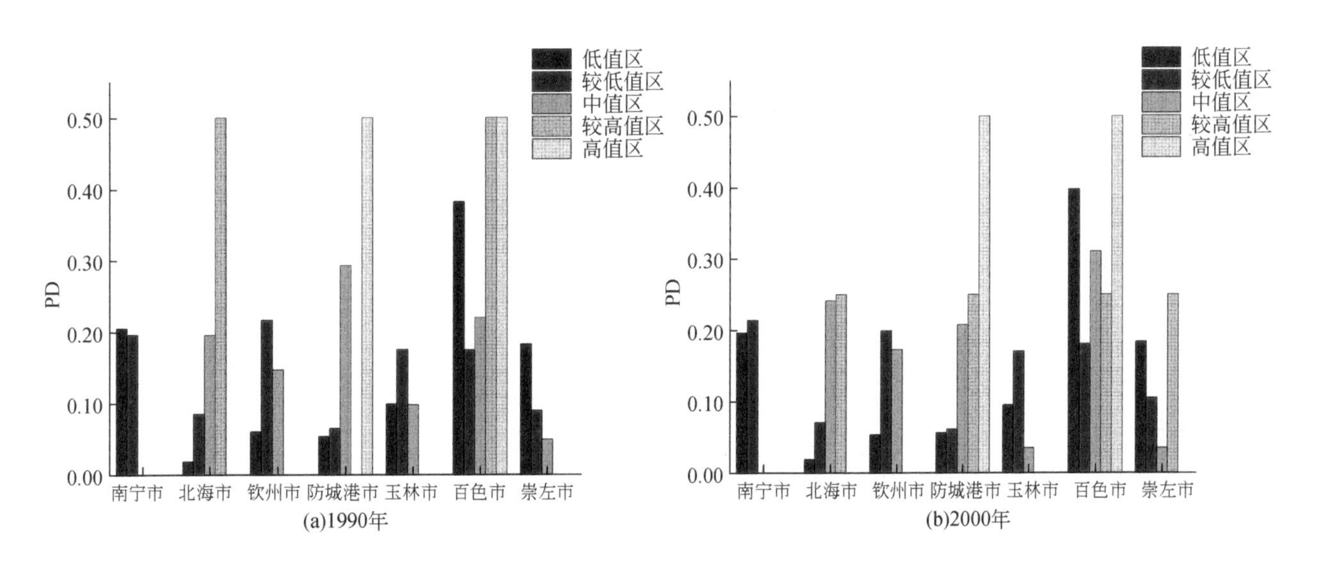

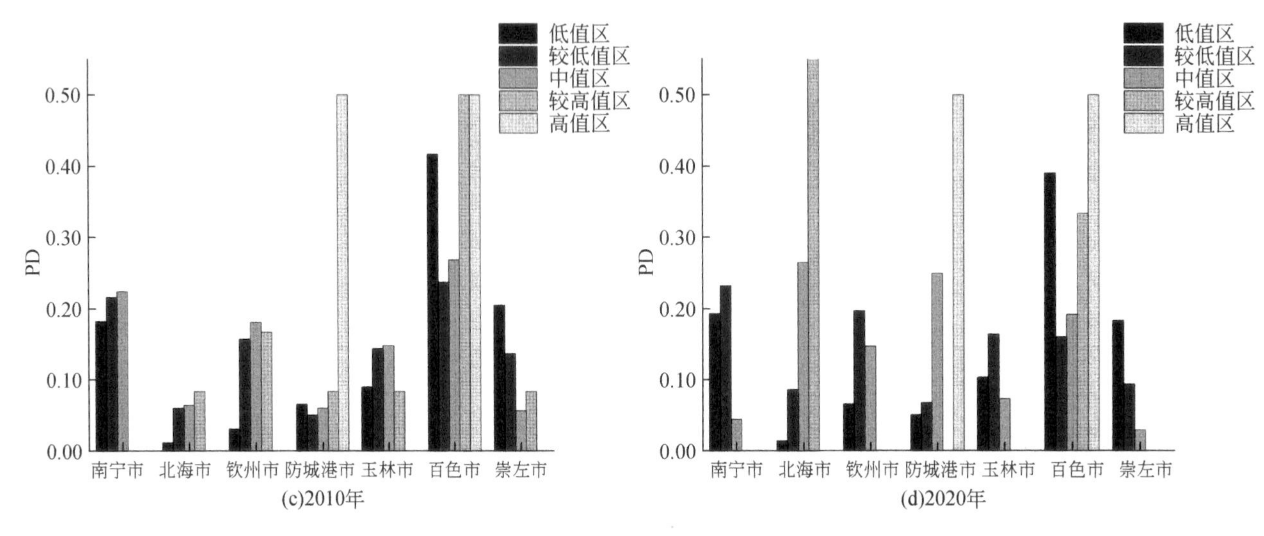

图 13.15　各年份研究区斑块密度空间分布

上述研究区景观破碎程度指数的空间分布与变化表明，研究区西北部大斑块较多，中部和东南部整体斑块较为破碎和密集。随着时间的推移，西北部景观破碎程度有所增大，而中部和东南部景观破碎程度有所减小。西北部属于加速发展区域，但因景观类型以林地为主，发展多以侵占林地为代价，导致林地破碎度有所增大；中部和东南部以耕地和建设用地居多，城市化水平较高，各项发展较为稳定，区域内斑块较为规则，严格的耕地管控政策和建设用地扩张并行，从而使得斑块被不断整合，整体破碎程度有所减小。

2. 景观边缘和形状复杂程度空间特征

研究区景观边缘与形状复杂程度的空间分布状况见图 13.16、图 13.17。据图 13.16 可知，对于 TE，以较低值区与中值区居多。低值区主要分布在研究区西北部和西南部；较低值区主要分布在西北部和中部部分地区；中部是中值区主要分布区；东南部是较高值区和高值区的主要分布区。总体上，研究区景观斑块边缘复杂程度呈东南高、西北低的分布格局。1990～2020 年，对于 TE，研究区表现为低值区锐减，较低值区剧增，尤其在研究区西北部变化较为明显；中值区的变化不显著；东南部高值区减少，较高值区增加且更为集聚，但分布范围在缩小；中部和东南部中值区增加，较高值区和高值区显著减少，表明研究区西北部斑块边缘复杂程度在这一时期明显提升，斑块边缘愈趋复杂；中部地区边缘复杂程度变化不明显；东南部地区斑块边缘复杂程度有所减缓，斑块边缘愈趋简单和规则，但沿海地区斑块依旧为高复杂程度。

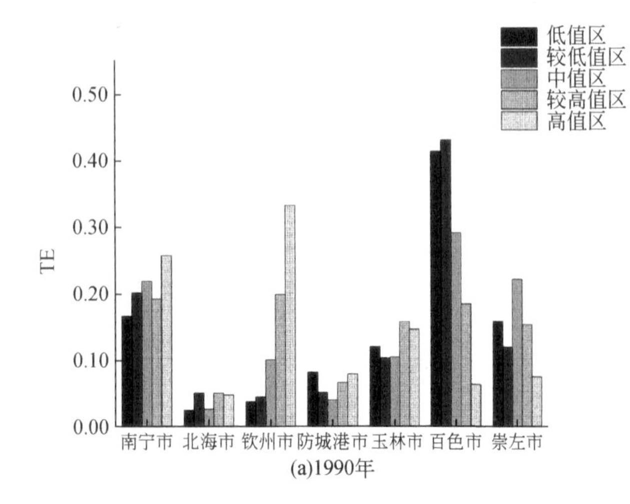

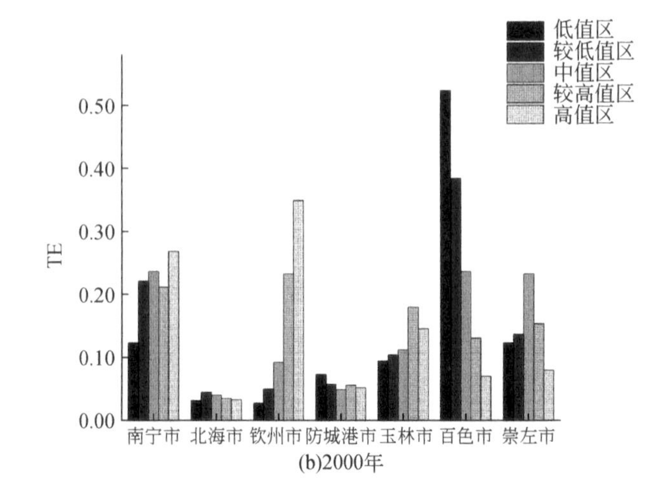

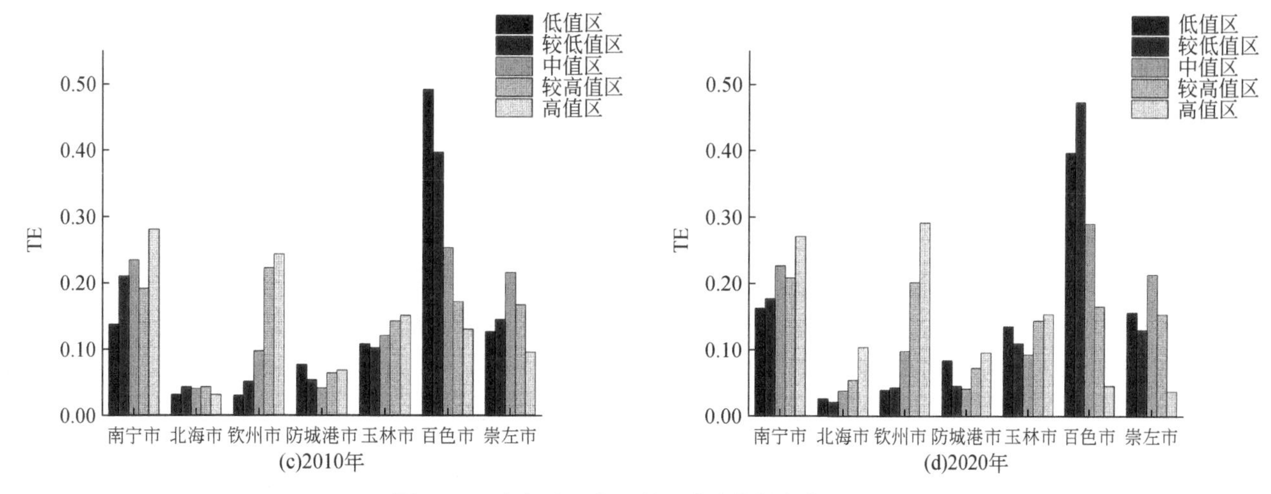

图 13.16　各年份研究区景观总边缘长度空间分布

景观形状指数空间分布与变化见图 13.17。据图可知，低值区主要分布在研究区西北部和西南部，较低值区和中值区交叉分布在研究区中部和西北部，东南部和西南部则是较高值区和高值区的主要分布区。1990～2020 年，LSI 低值区面积在研究区西北部锐减，较低值区和中值区面积占比显著增加，中部中值区面积占比下降而较低值区面积占比上升，较高值区面积和高值区面积在研究区西南和东南部的变化不甚明显，但高值区有向东南部沿海地区集中的趋势。表明该时期研究区西北部地区景观形状复杂程度明显上升，

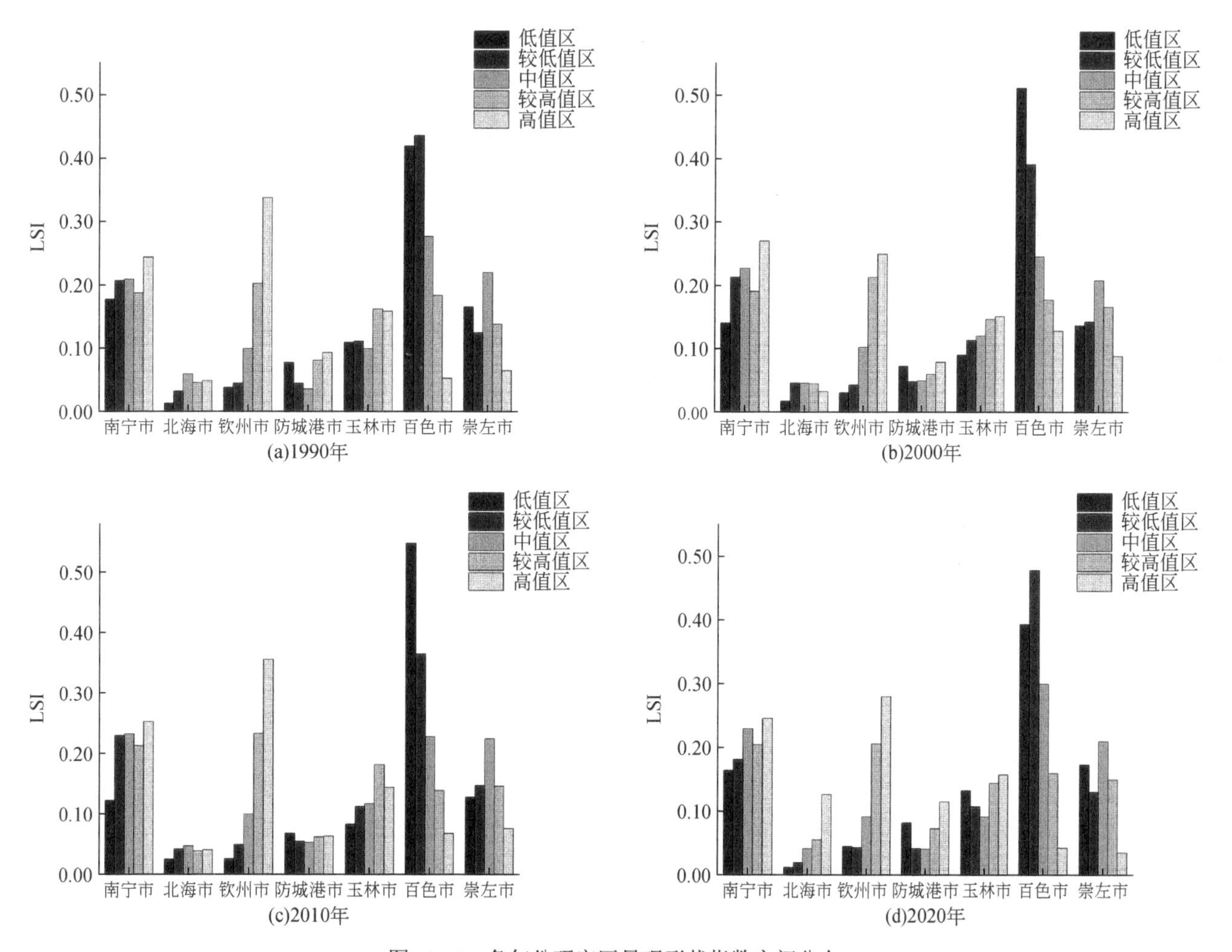

图 13.17　各年份研究区景观形状指数空间分布

中部地区景观形状复杂程度有所下降且景观扁平化趋势减弱，西南部地区景观形状复杂程度较低，研究期间变化不明显，东南部地区仍旧处于景观形状高复杂状态，但高复杂状态区域有向沿海集中的趋势。

3. 景观聚集程度空间特征

广西山江海地域系统景观聚集程度在空间上的变化见图 13.18、图 13.19。据图 13.18 可知，研究区连通性水平区域差异总体表现为西北高，东南低。1990～2020 年，对于 CONTAG，研究区以高值区、较高值区和中值区为主，而低值区与较低值区的面积占比较小。高值区主要分布在研究区的西北部和西南部；较低值区则大部分分布在中部和东南部；较高值区多集中在研究区西北部和中部；中值区则主要分布于中部地区。1990～2020 年，高值区和中值区的面积占比明显下降，较高值区和较低值区的面积占比显著上升。从区域差异性上看，研究期间，西北部高值区向较高值区转化，较低值区向中值区转化；中部中值区向较高值区转化；东南部中值区向较低值区转化；西南部高值区居多，研究期间变化不明显。研究表明研究区内整体景观连通性水平在研究期内呈下降态势；西北部和东南部景观连通性水平下降较为明显；中部景观连通性水平有所提升；西南部连通性水平总体较高，且较为稳定。

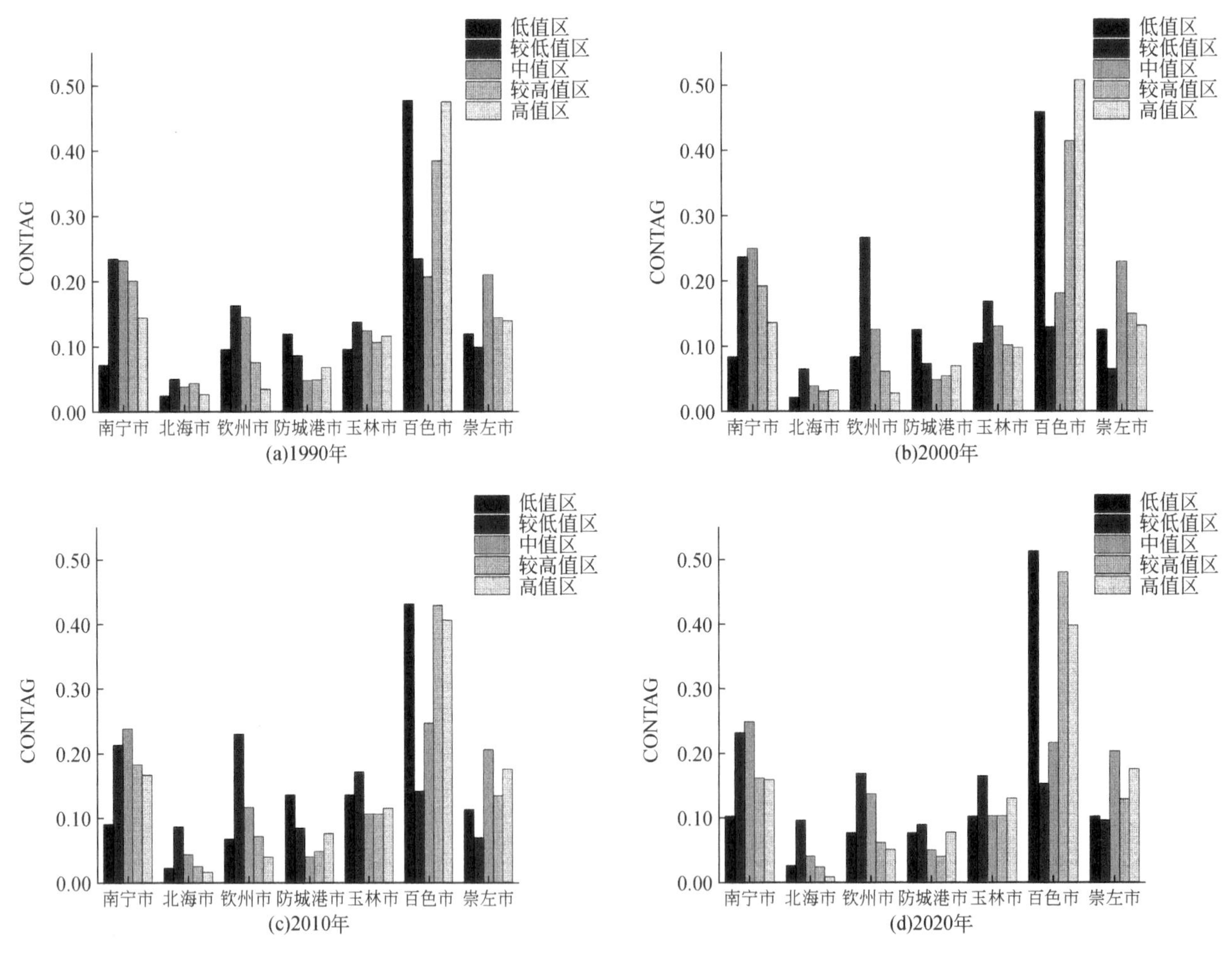

图 13.18 各年份研究区景观蔓延度指数空间分布

据图 13.19 可知，SPLIT 值的空间分布特征总体表现为由西北向东南递增。1990～2020 年，低值区、较低值区和中值区的面积占比较高，高值区和较高值区的面积占比较小。西北部小部分低值区向较低值区转化；中部中值区面积增大，主要由较低值区转化而来；西南部以低值区为主，研究期间较为稳定，总体变化不明显；而东南部变化最为明显，较高值区面积占比上升，高值区面积占比下降，沿海区域甚至存在高值区急速转化为较低值区的现象。研究表明研究区景观分离程度自西北向东南加深，研究期间西北部、中部的景观分离程度均有不同程度的上升，东南部沿海地区景观分离程度明显下降，其余区域的景观分离程度变化不显著。

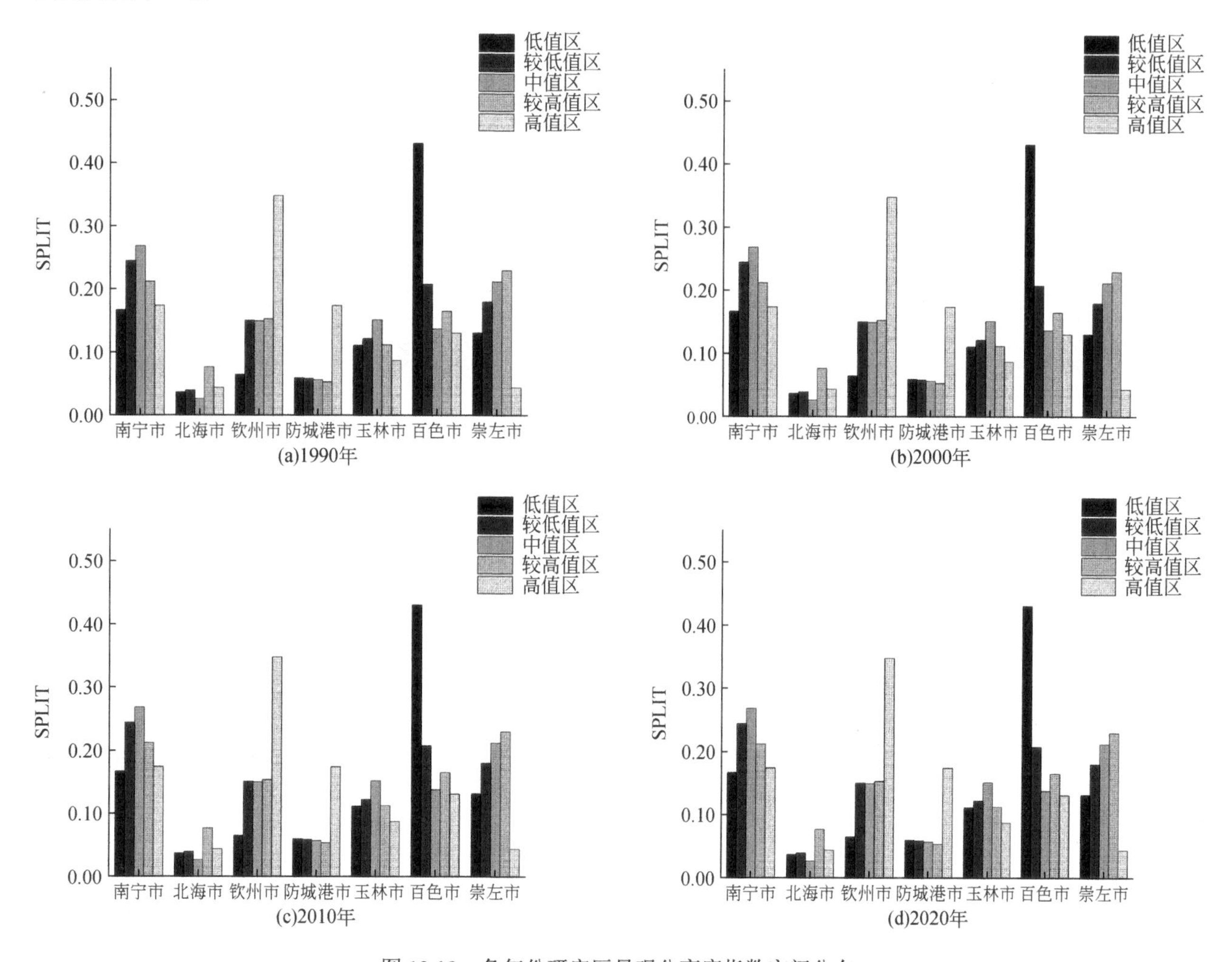

图 13.19　各年份研究区景观分离度指数空间分布

据图 13.20 可知，AI 值在空间上大体呈自西北向东南递减的格局。1990～2020 年，研究区 AI 高值区、较高值区和中值区的占比较高，而较低值区和低值区的占比较小。高值区主要分布在研究区的西北部和西南部；中部是中值区和较高值区的集中区；东南则以低值区和较低值区为主。1990～2000 年，研究区 AI 的中值区、高值区占比上升且愈趋集聚，较高值区、低值区和较低值区的占比均有不同程度下降。具体表

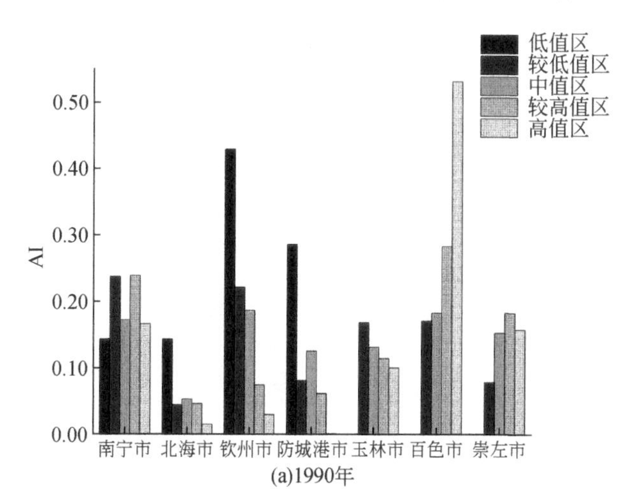

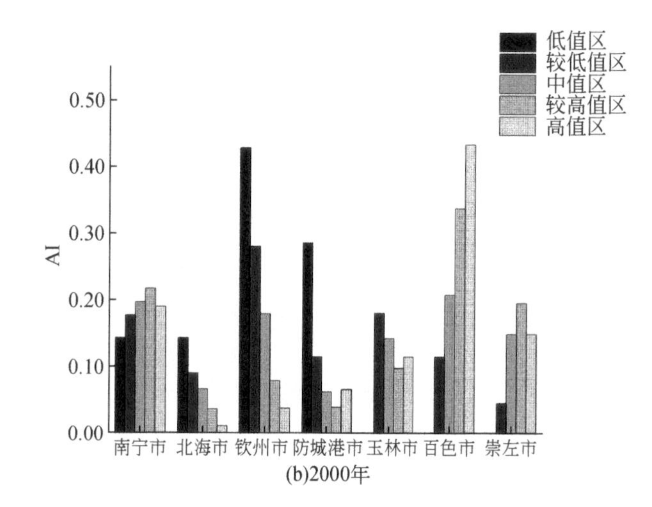

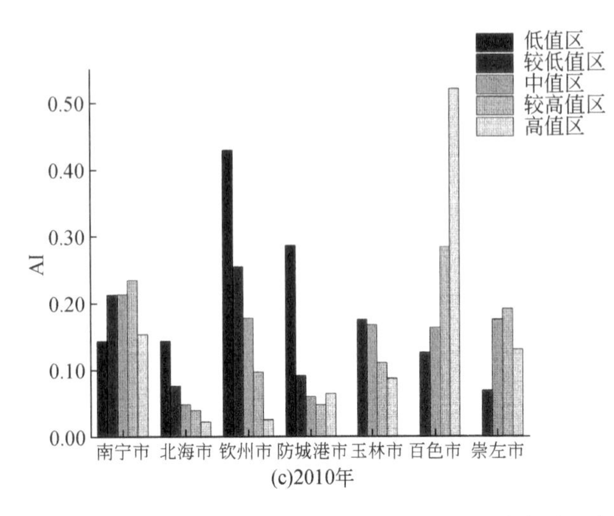

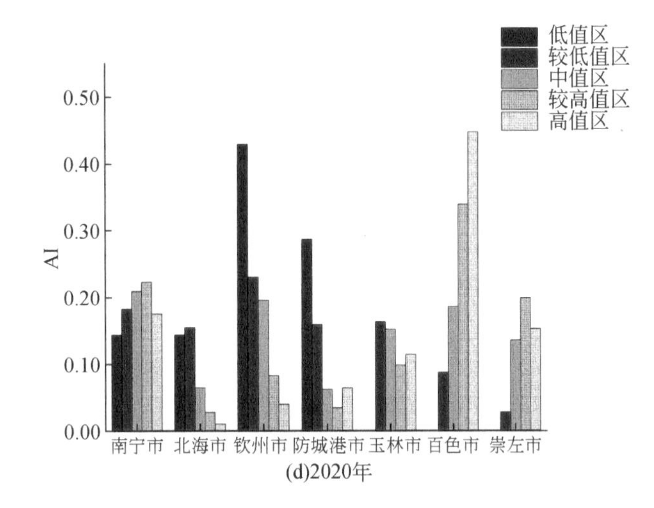

图 13.20　各年份研究区景观聚集度指数空间分布

现为，西北部地区中值区不断向较高值区转变，较高值区不断向高值区转化，且分布愈加集中；中部地区较低值区向中部区转化；东南部地区低值区向较低值区转化，较高值区向高值区转化。表明在这一时期研究区各区域的景观斑块聚集程度不断上升。其中，西北部地区景观高聚集程度的面积占比增加，且愈加集中连片。2000～2020 年，AI 高值区的面积占比显著下降，较高值区和中值区的面积占比显著上升。西北部高值区主要向较高值区转化，并随时间变化而逐渐向中部蔓延；中部较高值区主要转化为中值区，中值区部分转化为较低值区；东南部高值区转变为较高值区，较高值区主要转变为中值区，较低值区转变为低值区；西南部变化不明显。表明这一时段整体景观的斑块聚集程度处于下降趋势。西北部和东南部景观聚集程度下降较为明显；中部和西南部聚集程度较为稳定，变化不大。

4. 景观多样性水平空间特征

通过香农多样性指数（SHDI）和香农均匀度指数（SHEI）在空间上的分布与演化规律来体现研究区景观多样性水平的空间演变特征，SHDI 和 SHEI 两个指数的空间分布特征见图 13.21、图 13.22。

据图 13.21 可知，SHDI 各值域在空间上的分布特征为西北低、东南高。低值区和较低值区主要分布在研究区的西北部和西南部；中值区主要分布在研究区的中部和西部地区；较高值区和高值区主要分布在研究区的中部和东南部。1990～2020 年，SHDI 低值区和较高值区面积占比持续降低，较低值区和中值区的面积占比不断增加，而高值区的变化不明显。具体来看，研究区西北部地区低值区不断向较低值区转化，

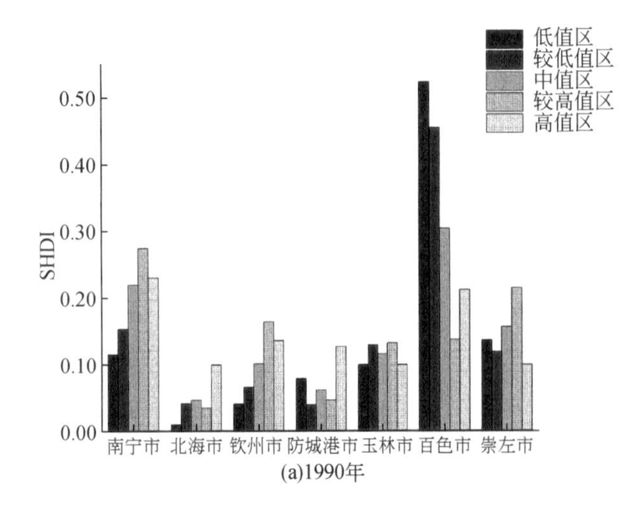

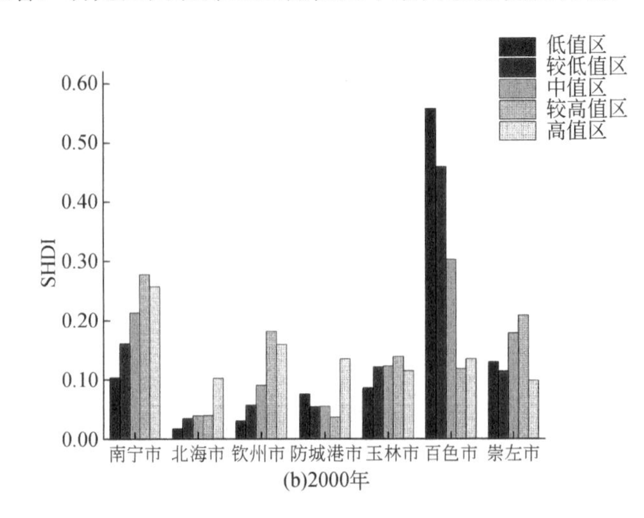

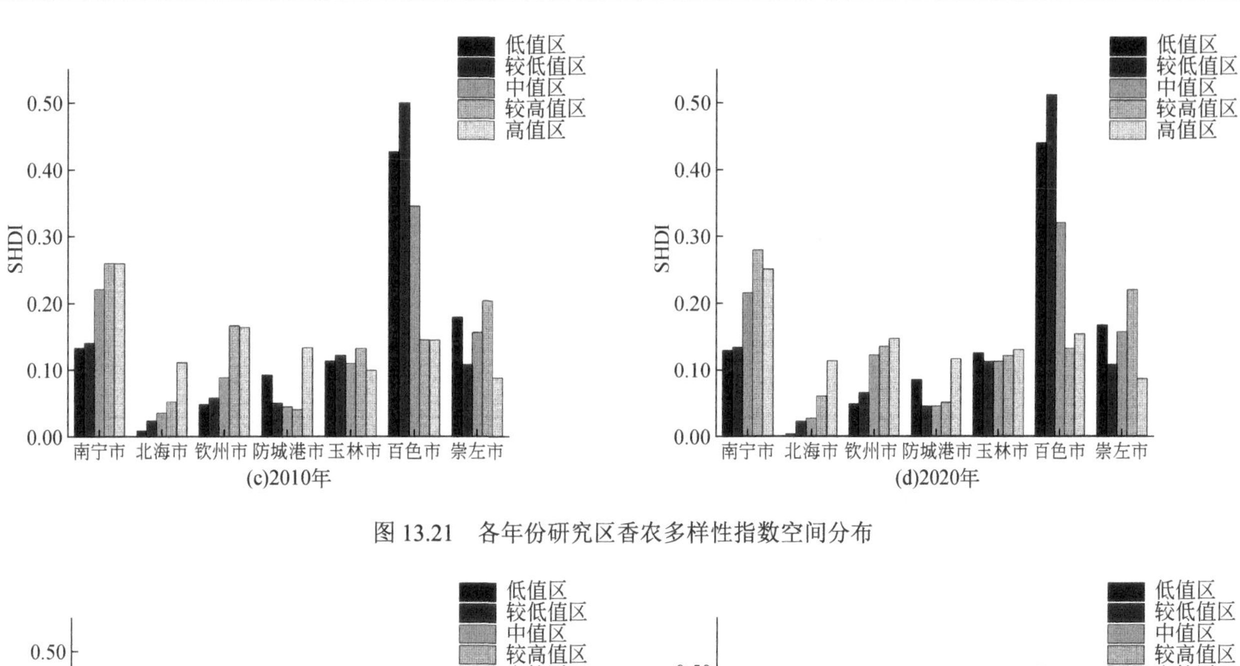

图 13.21　各年份研究区香农多样性指数空间分布

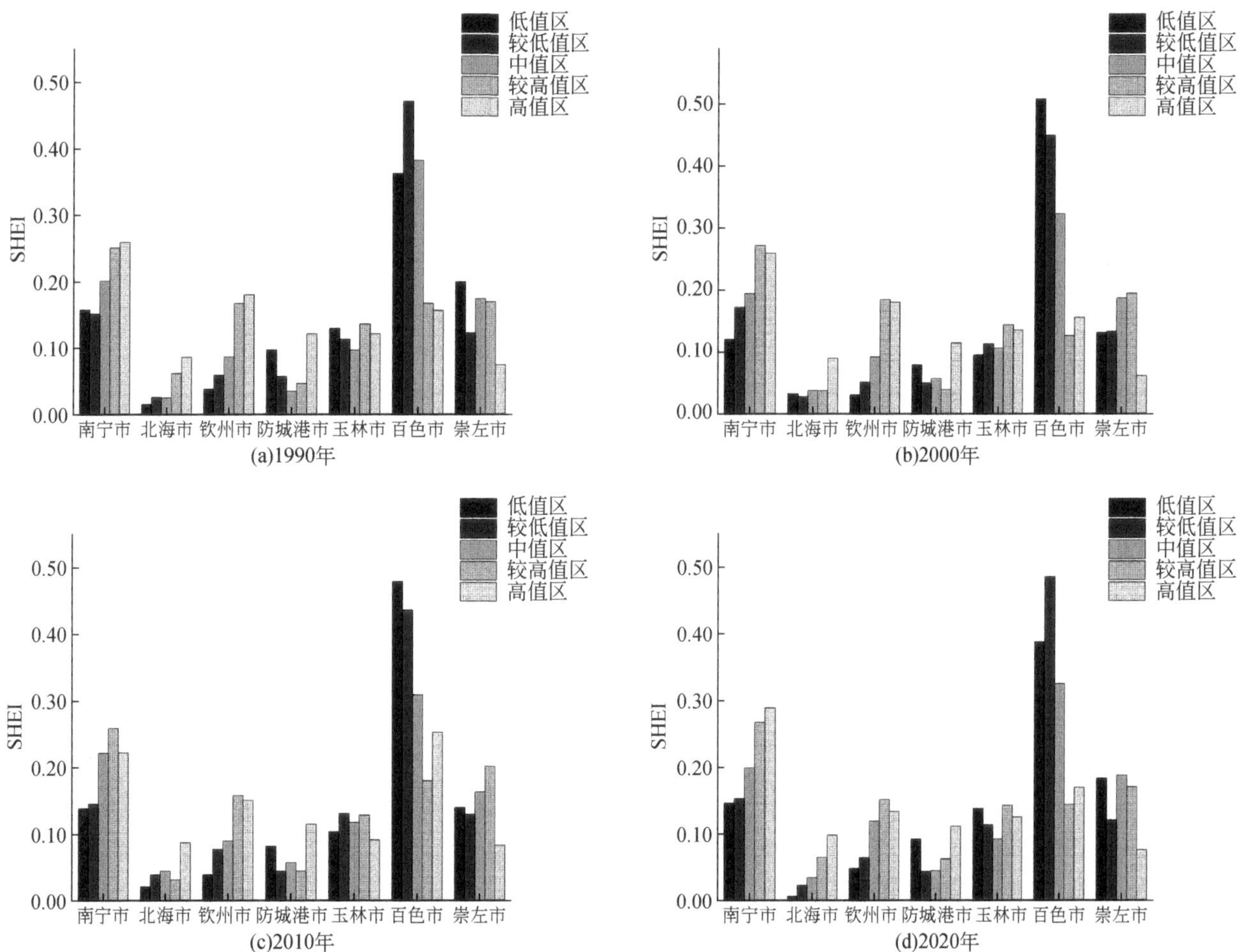

图 13.22　各年份研究区香农均匀度指数空间分布

片状效应增强；中部较高值区向高值区转变，中值区向较低值区转变；东南部和西南部变化不明显。研究表明研究区西北部和中部地区景观多样性水平不断上升，而东南部景观多样性水平变化不显著，仍然处于高多样性水平状态，西南部景观多样性水平不高，变化不大。

据图 13.22 可知，SHEI 的空间分布情况与 SHDI 基本相同。研究区西北部和西南部以较低值区和低值区为主，中部则以中值区和较高值区为主，东南部是较高值区和高值区的集中区。1990～2020 年，低值区和较高值区不断萎缩，较低值区和中值区逐渐扩张。西北部地区低值区面积占比下降，主要转化为较低值区，而较低值区则多转化为中值区；中部地区较高值区主要向中值区转化；西南部部分低值区向较低值区转变，较高值区则向高值区转变；而东南部部分地区较高值区转化为中值区。上述变化说明研究区西北部景观均匀度水平在研究期间不断提升，中部和东南部景观均匀度水平有所下降，但东南沿海地区仍然处于高均匀度水平；西南部地区景观均匀度水平有所提升，但仍然处于低均匀度水平。

13.4　山江海地域系统生态系统服务价值研究

运用谢高地等（2015）改进的当量因子法对研究区的 ESV 进行测算，测算前先对当量表和生态系统服务价值系数进行修正，而后根据修正后的因子当量及生态系统服务价值系数测算桂西南喀斯特—北部湾地区的 ESV，并开展 ESV 时空变化分析。ESV 核算公式为

$$\mathrm{ESV}=\sum(A_k\times \mathrm{VC}_k) \tag{13.3}$$

$$\mathrm{ESV}_f=\sum A_k\times \mathrm{VC}_{fk} \tag{13.4}$$

式中，ESV 为桂西南喀斯特—北部湾地区总的生态系统服务价值量（元）；A_k 为第 k 类生态系统类型面积（hm^2）；VC_k 为第 k 类生态系统类型对应的 ESV 系数（元/hm^2）；ESV_f 为单项生态系统服务价值量（元）；VC_{fk} 为单项生态系统服务的价值系数（元/hm^2）。

13.4.1　生态系统服务价值分类体系构建

景观格局变化对各类生态系统及其空间布局产生重要影响，导致生态系统中物质循环、能量流动等生态过程发生改变，最终影响生态服务功能的发挥，使生态系统提供供给、调节、支持与文化服务等功能的市场价值发生变化。因此，本节基于 1990 年、2000 年、2010 年和 2020 年耕地、林地、草地、水域、建设用地和其他用地 6 个景观类型数据，借鉴文献（谢高地等，2015），构建以供给服务、调节服务、支持服务和文化服务为一级服务功能类型，以食物生产、原料生产、水资源供给、气体调节、气候调节、净化环境、水文调节、土壤保持、维持养分循环、生物多样性、美学景观为二级服务功能类型的 ESV 分类体系，并深入探讨该区 ESV 的时空格局。

13.4.2　生态系统服务价值系数修订

谢高地等学者对国外学者 Costanza 等的全球生态系统服务价值核算体系和模型进行了多次“中国化”探索与改进，制作了基于全国尺度的当量因子表（谢高地等，2015）（表 13.4）。但其研究将生态系统类型细分至二级类，与本节中观尺度区域及其耕地、林地、草地、水域、建设用地和其他用地 6 个景观生态系统一级类在细分类上存在差异，因此需根据研究区实际状况对单位面积生态系统服务价值当量进行适当修正。在生态系统类型上，由于广西山江海地域系统水田和旱地的面积大小相差不大，本节使用水田和旱地的生态系统服务价值当量平均值为耕地的单位面积生态系统服务价值当量；研究区阔叶林面积占比较大，因此选取阔叶林的生态系统服务价值当量为林地的单位面积生态系统服务价值当量；选取灌草丛生态系统服务价值当量为草地的单位面积生态系统服务价值当量；对于水域则使用水系的单位面积生态系统服务价值当量；因研究区无荒漠，故使用裸地生态系统服务价值当量为其他用地的单位面积生态系统服务价值当量；建设用地生态系统服务价值当量为 0。桂西南喀斯特—北部湾地区的单位面积生态系统服务价值当量见表 13.5。

表 13.4　中国陆地单位面积生态系统服务价值当量

生态系统		供给服务			调节服务				支持服务			文化服务
一级分类	二级分类	食物生产	原料生产	水资源供给	气体调节	气候调节	净化环境	水文调节	土壤保持	维持养分循环	生物多样性	美学景观
农田	旱地	0.85	0.40	0.02	0.67	0.36	0.10	0.27	1.03	0.12	0.13	0.06
	水田	1.36	0.09	−2.63	1.11	0.57	0.17	2.72	0.01	0.19	0.21	0.09
森林	针叶	0.22	0.52	0.27	1.70	5.07	1.49	3.34	2.06	0.16	1.18	0.82
	针阔混交	0.31	0.71	0.37	2.35	7.03	1.99	3.51	2.86	0.22	2.60	1.14
	阔叶	0.29	0.66	0.34	2.17	6.50	1.93	4.74	2.65	0.20	2.41	1.06
	灌木	0.19	0.43	0.22	1.41	4.23	1.28	3.35	1.72	0.13	1.57	0.69
草地	草原	0.10	0.14	0.08	0.51	1.34	0.44	0.98	0.62	0.05	0.56	0.25
	灌草丛	0.38	0.56	0.31	1.97	5.21	1.72	3.82	2.40	0.18	2.18	0.96
	草甸	0.22	0.33	0.18	1.14	3.02	1.00	2.21	1.39	0.11	1.27	0.56
湿地	湿地	0.51	0.50	2.59	1.90	3.60	3.60	24.23	2.31	0.18	7.87	4.73
荒漠	荒漠	0.01	0.03	0.02	0.11	0.10	0.31	0.21	0.13	0.01	0.12	0.05
	裸地	0.00	0.00	0.00	0.02	0.00	0.10	0.03	0.02	0.00	0.02	0.01
水域	水系	0.80	0.23	8.29	0.77	2.29	5.55	102.24	0.93	0.07	2.55	1.89
	冰川积雪	0.00	0.00	2.16	0.18	0.54	0.16	7.13	0.00	0.00	0.01	0.09

表 13.5　桂西南喀斯特—北部湾地区单位面积生态系统服务价值当量

景观类型	供给服务			调节服务				支持服务			文化服务
	食物生产	原料生产	水资源供给	气体调节	气候调节	净化环境	水文调节	土壤保持	维持养分循环	生物多样性	美学景观
耕地	1.11	0.25	−1.31	0.89	0.47	0.14	1.5	0.52	0.16	0.17	0.08
林地	0.29	0.66	0.34	2.17	6.5	1.93	4.74	2.65	0.2	2.41	1.06
草地	0.38	0.56	0.31	1.97	5.21	1.72	3.82	2.4	0.18	2.18	0.96
水域	0.8	0.23	8.29	0.77	2.29	5.55	102.24	0.93	0.07	2.55	1.89
建设用地	0.00	0.00	0.00	0.00	0.00	0.00	0.00	0.00	0.00	0.00	0.00
其他用地	0.00	0.00	0.00	0.02	0.00	0.1	0.03	0.02	0.00	0.02	0.01

13.4.3　生态系统服务价值时序变化分析

本节借鉴和运用改进的生态系统服务价值当量表，经修正和计算，得到桂西南喀斯特—北部湾地区的 ESV 及单项 ESV，计算结果见表 13.6、表 13.7。

表 13.6　广西山江海地域系统 ESV 及变化　　（单位：亿元）

景观类型	ESV				ESV 变化量			
	1990 年	2000 年	2010 年	2020 年	1990～2000 年	2000～2010 年	2010～2020 年	1990～2020 年
耕地	164.441	163.5528	161.6169	158.7208	−0.8882	−1.9359	−2.8961	−5.7202
林地	2296.1853	2293.8221	2290.8308	2300.3371	−2.3632	−2.9913	9.5063	4.1518
草地	9.5214	4.3316	3.232	2.3737	−5.1898	−1.0996	−0.8583	−7.1477

续表

景观类型	ESV				ESV 变化量			
	1990 年	2000 年	2010 年	2020 年	1990～2000 年	2000～2010 年	2010～2020 年	1990～2020 年
水域	186.5348	208.1338	244.2385	210.9163	21.599	36.1047	-33.3222	24.3815
其他用地	0.0007	0.0007	0.0001	0.0003	0	-0.0006	0.0002	-0.0004
合计	2656.6832	2669.841	2699.9183	2672.3482	13.1578	30.0773	-27.5701	15.6650

表 13.7 广西山江海地域系统单项 ESV 及变化 （单位：亿元）

生态系统服务类型		ESV				ESV 变化量			
		1990 年	2000 年	2010 年	2020 年	1990～2000 年	2000～2010 年	2010～2020 年	1990～2020 年
供给服务	食物生产	76.2485	76.0083	75.6393	74.7229	-0.2402	-0.3690	-0.9164	-1.5256
	原料生产	76.9757	76.7438	76.5710	76.5771	-0.2319	-0.1728	0.0061	-0.3986
	水资源供给	-7.6466	-6.0455	-3.0873	-4.2058	1.6011	2.9582	-1.1185	3.4408
小计		145.5776	146.7066	149.1230	147.0942	1.1290	2.4164	-2.0288	1.5166
调节服务	气体调节	255.9803	255.1714	254.5669	254.5279	-0.8089	-0.6045	-0.0390	-1.4524
	气候调节	675.6747	673.9210	673.2125	674.7283	-1.7537	-0.7085	1.5158	-0.9464
	净化环境	207.9580	208.2291	209.4083	208.5587	0.2711	1.1792	-0.8496	0.6007
	水文调节	689.8969	705.6476	733.4743	707.0573	15.7507	27.8267	-26.4170	17.1604
小计		1829.5099	1842.9691	1870.6620	1844.8722	13.4592	27.6929	-25.7898	15.3623
支持服务	土壤保持	289.1633	288.3018	287.8367	288.2046	-0.8615	-0.4651	0.3679	-0.9587
	维持养分循环	26.8120	26.7203	26.6265	26.5664	-0.0917	-0.0938	-0.0601	-0.2456
	生物多样性	252.9895	252.5672	252.7815	252.8846	-0.4223	0.2143	0.1031	-0.1049
小计		568.9648	567.5893	567.2447	567.6556	-1.3755	-0.3446	0.4109	-1.3092
文化服务	美学景观	112.6309	112.5760	112.8886	112.7262	-0.0549	0.3126	-0.1624	0.0953
小计		112.6309	112.5760	112.8886	112.7262	-0.0549	0.3126	-0.1624	0.0953
合计		2656.6832	2669.8410	2699.9183	2672.3482	13.1578	30.0773	-27.5701	15.6650

1. 单项生态系统服务价值变化

广西山江海地域系统各年份 4 项一级生态系统服务类型和 11 项二级生态系统服务类型的 ESV 及其变化见表 13.7、图 13.23、图 13.24。从一级服务功能来看，1990～2020 年，研究区生态系统为人类提供的调节服务价值占比最大，文化服务对生态系统服务总价值的贡献最小。其中，供给服务和调节服务两种服务的 ESV 呈先增加后减少的态势，最高值为 2010 年的 149.1230 亿元和 1870.6620 亿元，最小值为 1990 年的 145.5776 亿元和 1829.5099 亿元，研究期间分别增长了 1.5166 亿元、15.3623 亿元；支持服务 ESV 呈先下降后上升的趋势，研究期间 ESV 降低了 1.3092 亿元，最高值为 1990 年的 568.9648 亿元，最低值出现在 2010 年（567.2447 亿元）；文化服务的 ESV 波动上涨，研究期间 ESV 的增加值为 0.0953 亿元。具体看，供给服务和调节服务的 ESV 在 1990～2010 年持续上升，20 年间增加了 3.5454 亿元和 41.1521 亿元，调节服务的 ESV 增速最快，增幅最大。而在 2010～2020 年两类服务的 ESV 又不断下降，10 年间减少了 2.0288 亿元和 25.7898 亿元。表明研究区的生态系统在 1990～2010 年提供的供给服务和调节服务不断提升，两类服务的生态资产储存量增多，而 2010～2020 年两类生态系统服务价值功能及生态资产储存量皆处于下跌状态。支持服务所创造的 ESV 在 1990～2010 年处于下降趋势，减少了 1.7201 亿元，年均减少约 0.0860 亿元；2010～2020 年，支持服务所创造的 ESV 开始上升，10 年间其 ESV 上升了 0.4109 亿元。文化服务的 ESV 在 1990～2000 年减少了 0.0549 亿元，但在 2000～2010 年开始上升，价值量增加了 0.3126 亿元，而 2010～2020 年又开始逐年下降，价值量减少值为 0.1624 亿元。

从二级生态系统服务类型的 ESV 及其变化来看，11 种单项生态系统服务类型 ESV 由大到小依次为：

水文调节＞气候调节＞土壤保持＞气体调节＞生物多样性＞净化环境＞美学景观＞原料生产＞食物生产＞维持养分循环＞水资源供给。除水资源供给的 ESV 是负值外，其余生态系统服务类型的 ESV 均为正值。食物生产、气体调节和维持养分循环的 ESV 呈持续减小的趋势，1990～2020 年其 ESV 分别减少 1.5256 亿元、1.4524 亿元和 0.2456 亿元。原料生产、气候调节、土壤保持和生物多样性的 ESV 变化趋势基本一致，均呈先下降后上升的态势。其中，原料生产、气候调节和水土保持的 ESV 于 1990～2010 年分别从最高值减小至最低值，减小的 ESV 分别为 0.4047 亿元、2.4622 亿元和 1.3266 亿元，2010～2020 年则增加了 0.0061 亿元、1.5158 亿元和 0.3679 亿元，生物多样性的 ESV 则于 1990～2000 年减少了 0.2080 亿元，2000 年后持续增长，至 2020 年增加值为 0.3174 亿元；水资源供给、净化环境和水文调节的 ESV 则呈先增加后减少的态势，1990～2010 年逐年上升，ESV 分别增加了 4.5593 亿元、1.4503 亿元和 43.5774 亿元，2010～2020 年减少了 1.1185 亿元、0.8496 亿元和 26.4170 亿元。美学景观的 ESV 呈波动增长的态势，研究期间总体增加了 0.0953 亿元。

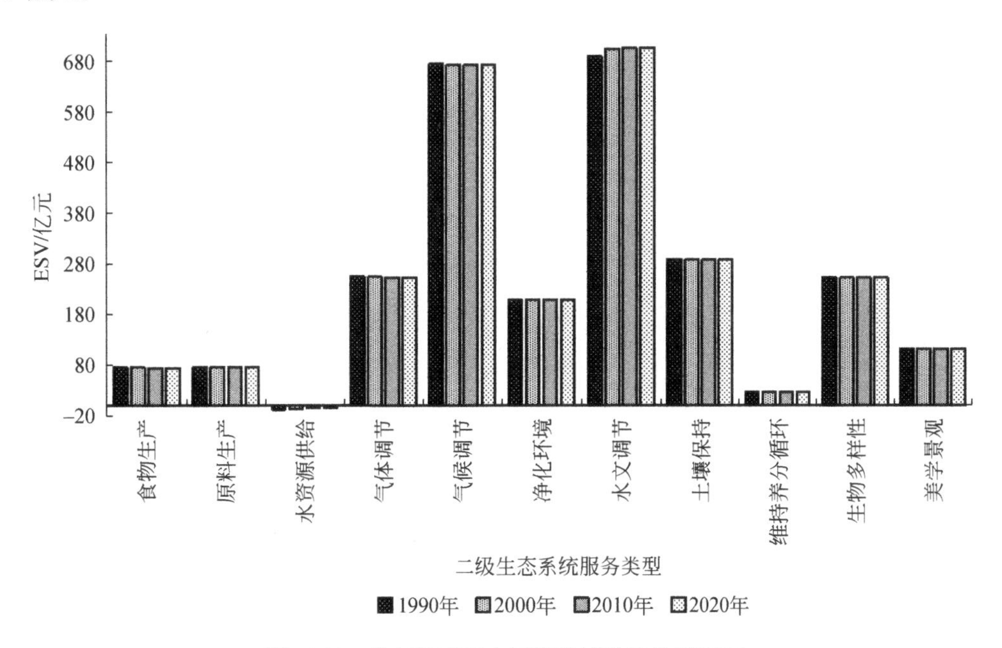

图 13.23　各年份广西山江海地域系统单项 ESV

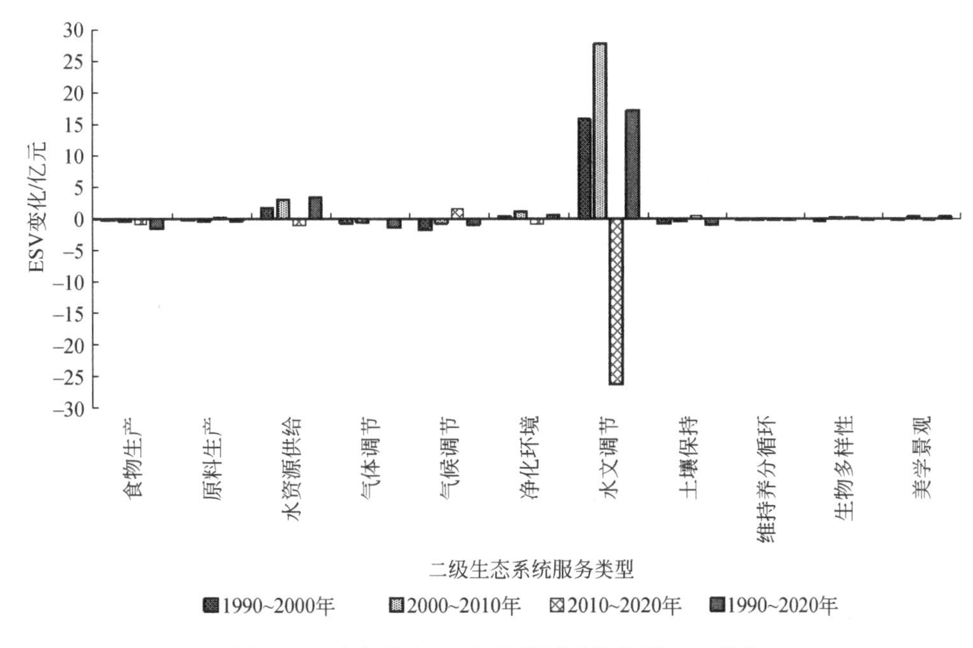

图 13.24　各年份广西山江海地域系统单项 ESV 变化

景观类型面积增减直接影响着研究区单项ESV的变化，尤其是森林、农田、水域与建设用地等优势景观的变化，与整体ESV的变化关系密切。1990～2010年，研究区社会经济处于粗放发展时期，人们习惯了从自然环境中索取资源来谋求生存与发展，森林砍伐与交易，毁林开荒不断，从而导致具有重大生态系统服务价值潜力的森林和草地不断萎缩，农田面积下降，所以该时期食物生产、原料生产、气体调节、气候调节、土壤保持、维持养分循环和生物多样性的ESV处于下降状态；水域的面积比重在此阶段处于增长态势，增长幅度较大，从而使得水资源供给、净化环境、水文调节和美学景观的ESV在此阶段呈增长趋势。2010～2020年是研究区快速、高质量发展时期，北部湾经济区和中国—东盟自由贸易区建成与发展、《广西北部湾经济区城镇群规划纲要》批复实施、广西北部湾经济区城镇群及其空间格局的构建、城乡统筹和新农村建设的推进、《广西口岸发展“十二五”规划》实施等加速了建设用地的扩张；广西壮族自治区林业局挂牌、广西生态网络格局的构建、退耕还林政策的推行及商品林业的发展等，使得森林得到了较好的保护与恢复，面积占比上升，促使原料生产、气候调节、土壤保持和生物多样性的ESV稳定增加；耕地在这一时期则出现了较大程度的萎缩，从而使得研究区生态系统食物生产的ESV逐年下降；水文调节和净化环境的ESV受水域和草地面积下降的影响而减小；水域与耕地面积在此时期皆有不同程度的下降，但耕地面积减少的幅度较水域的下降幅度大，因而水资源供给的ESV处于下降的状态；维持养分循环的ESV持续下降更多地受到了耕地和草地大面积减少的影响；美学景观的ESV受水域、林地和草地变化的影响较大，但水域、林地和草地在面积增减上能够持平，这使得美学景观的ESV在研究期间较为稳定，变化幅度较小。

2. 总生态系统服务价值变化

总ESV方面，1990～2020年，广西山江海地域系统ESV呈先上升后下降的变化趋势（表13.6、图13.25、图13.26），研究期间ESV总体增加了15.6650亿元，年均增加0.5222亿元。表明研究期间研究区生态维护得当，生态文明政策实施到位，总体上取得了良好的生态效益。具体来看，1990～2010年，ESV增加了43.2351亿元，年均增加2.1618亿元。在2008年北部湾经济区成立前，其社会经济发展滞后，生态环境较好，森林覆盖率高，生态维护措施和生态管制粗放，人为干扰较小，因而整体ESV较高。2010～2020年ESV减少了27.5701亿元，年均减少2.7570亿元，表明该时期研究区的生态系统功能有所减弱，生态效益出现一定程度的下降。此时段为研究区社会经济快速发展时期，人口不断增长，建设用地规模不断扩大，侵占了不少的耕地和林地，北部湾地区的发展不同程度地占用了沿海滩涂及水体，导致研究区具有较高ESV潜力的生态系统类型面积萎缩，故而ESV不断减少。

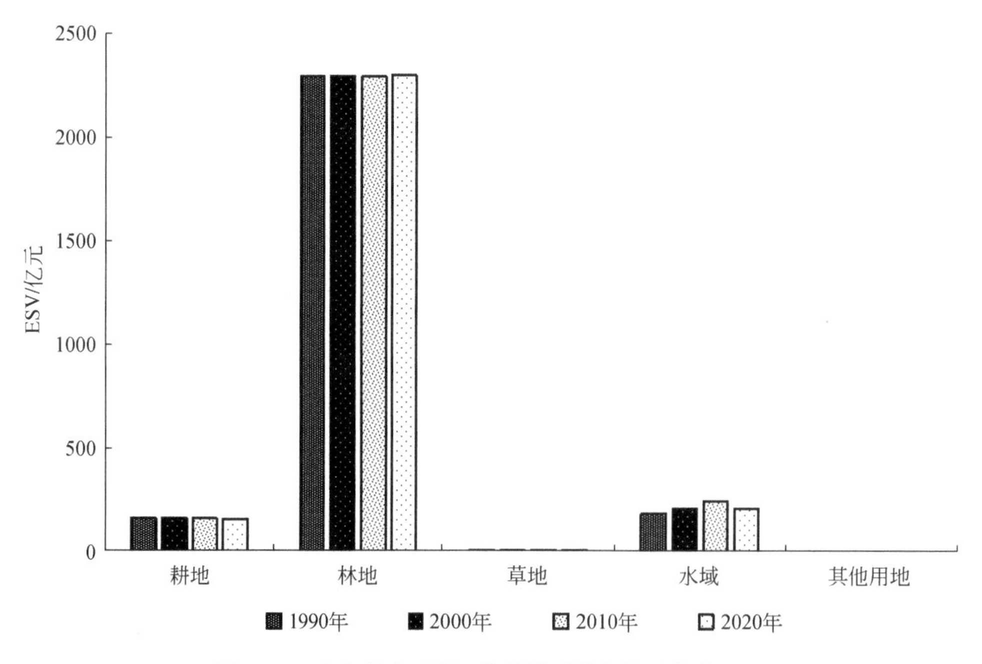

图13.25 各年份广西山江海地域系统各景观类型ESV

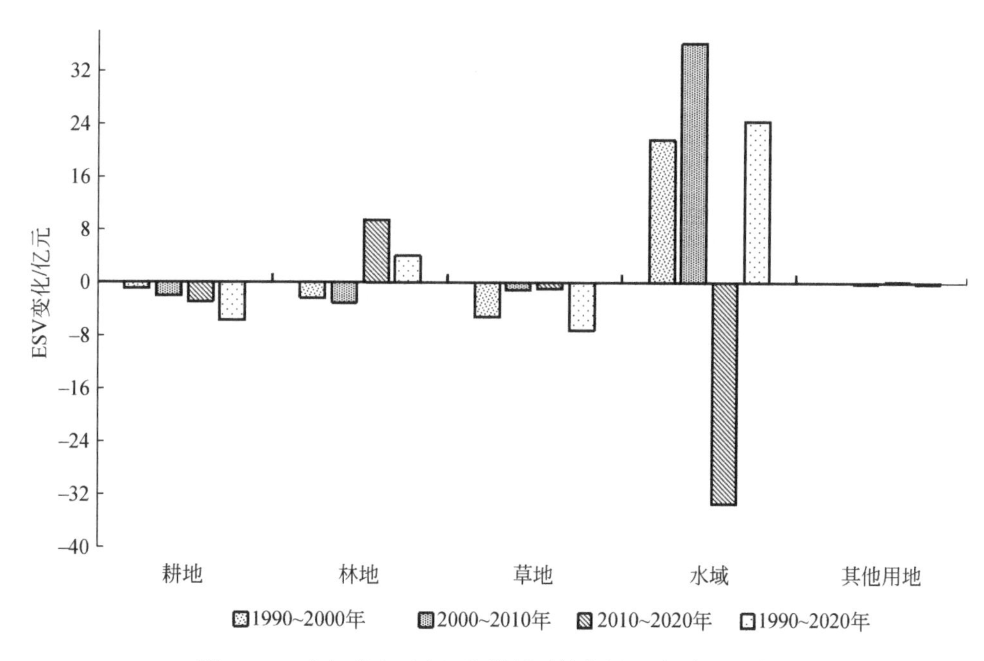

图 13.26 各年份广西山江海地域系统各景观类型 ESV 变化

从各景观类型的 ESV 来看，林地、水域和耕地三类景观对研究区 ESV 的贡献最大，是该区 ESV 的主要供应源。1990～2020 年，耕地、草地和其他用地的 ESV 呈减少态势。其中，耕地和草地的 ESV 持续下降，研究期间分别减少了 5.7202 亿元和 7.1477 亿元，年均分别减少 0.1907 亿元和 0.2383 亿元，草地的 ESV 降幅最大；其他用地的 ESV 在研究期间仅减少 0.0004 亿元。表明研究区耕地和草地两类景观的保护面临挑战，面积占比在研究期间持续下降，其生态系统服务功能减弱，对 ESV 的贡献度下降，其他用地在所有景观类型中面积占比最小，在研究期间的变化最小，可见其对 ESV 的贡献最小。林地和水域两类景观的 ESV 总体呈波动增加态势。林地的 ESV 在研究期间总体增加了 4.1518 亿元，年均增加 0.1384 亿元；水域的 ESV 在研究期间增加了 24.3815 亿元，年均增加 0.8127 亿元，增幅最大。表明研究区林地和水域在研究期间处于正向发展趋势。景观类型间的相互转化及建设用地的不断扩张造成了研究区各景观类型的 ESV 出现不同程度的变化。近年来，研究区耕地面积不断减少，主要向林地及建设用地转化，耕地林化及建设占地严重，而草地则多向林地转化，因而导致研究区耕地和草地的 ESV 减少；水域所产生的单位面积 ESV 为所有景观类型中最高的，尽管研究期间水域的 ESV 大体上是增长的，但随着其不断向建设用地转化，加之人口不断增加，城市化水平不断提升，生活用水及工业用水增多，水域面积在近些年有大幅度缩减趋势，其对研究区总的 ESV 贡献形势不容乐观，因此，研究区在未来发展中应注意水资源的保护。

3. 生态系统服务价值系数修正

本节按照“单位面积的生态系统服务价值为 1hm^2 全国平均产量的农田每年自然粮食产量的经济价值，1 个生态系统服务价值当量因子的经济价值量是当年全国平均粮食单产市场价值的 1/7”的核算方法（谢高地等，2003），并依据研究区实际情况对生态系统服务价值系数进行修订，从而得到研究区确切的单位面积生态系统服务价值系数。核算公式为（肖玉等，2003）

$$E_a = R \times \sum_{i=1}^{n} \frac{m_i p_i q_i}{M} \times \frac{1}{7} \tag{13.5}$$

式中，E_a 为单位面积耕地生态系统提供食物生产服务功能的经济价值（元/hm^2）；i 为作物种类；p_i 为第 i 种粮食作物的全国平均价格（元/kg）；q_i 为第 i 种粮食作物的单位面积产量（t/hm^2）；m_i 为第 i 种粮食作物面积（hm^2）；M 为粮食作物的总面积（hm^2）；R 为修正系数。

本节采用 2010 年价格指数进行研究区单位面积生态系统服务价值量的计算，2010 年研究区单位面积粮食产量为 4684.01kg/hm^2，而同期全国单位面积粮食产量为 5005.71kg/hm^2，因此修正系数 R 值为研究区单产与全国单产的比值 0.9357；依据《全国农产品成本收益资料汇编 2011》可知，2010 年全国粮食单价为 2.12 元/kg；依照式（13.1）计算得出广西山江海地域系统的单位面积生态系统服务价值系数为 1327.37 元/hm^2。广西山江海地域系统各景观类型单位面积生态系统服务价值系数见表 13.8。

表 13.8　广西山江海地域系统各景观类型单位面积生态系统服务价值系数　（单位：元/hm^2）

一级功能类	二级功能类	耕地	林地	草地	水域	其他用地
供给服务	食物生产	1473.38	384.94	504.40	1061.90	0.00
	原料生产	331.84	876.07	743.33	305.30	0.00
	水资源供给	-1738.86	451.31	411.49	11003.91	0.00
调节服务	气体调节	1181.36	2880.40	2614.92	1022.08	26.55
	气候调节	623.86	8627.92	6915.61	3039.68	0.00
	净化环境	185.83	2561.83	2283.08	7366.91	132.74
	水文调节	1991.06	6291.74	5070.56	135710.52	39.82
支持服务	土壤保持	690.23	3517.54	3185.69	1234.46	26.55
	维持养分循环	212.38	265.47	238.93	92.92	0.00
	生物多样性	225.65	3198.97	2893.67	3384.80	26.55
文化服务	美学景观	106.19	1407.01	1274.28	2508.73	13.27
合计		5282.92	30463.20	26135.96	166731.21	265.48

据表 13.8 可知，研究区各景观类型对 ESV 的贡献差异较大，所有景观类型总的单位面积生态系统服务价值系数由大到小分别为：水域（166731.21 元/hm^2）＞林地（30463.20 元/hm^2）＞草地（26135.96 元/hm^2）＞耕地（5282.92 元/hm^2）＞其他用地（265.48 元/hm^2），建设用地无生态服务价值。其中，食物生产 ESV 的主要贡献者是耕地，原料生产、气体调节、气候调节、土壤保持、维持养分循环的 ESV 主要贡献者是林地和草地，水资源供给、净化环境、水文调节、生物多样性和美学景观的 ESV 主要贡献者是水域，水资源供给 ESV 的主要消耗者是耕地，其他用地对各项功能 ESV 的贡献值均较小。

4. 生态系统服务价值空间自相关分析

在土地研究中常通过全局 Moran’s I 指数和局部 Moran’s I 指数来探究要素间在全局和局部上的空间自相关情况。本节基于研究区 1990 年、2000 年、2010 年和 2020 年 4 期景观类型数据，借助 GeoDa 空间自相关软件计算研究区 2950 个 6km×6km 网格的 Moran’s I 指数和局部 Moran’s I 指数，并生成 Moran’s I 散点图与 LISA 集聚图，以探究广西山江海地域系统各网格 ESV 总量在空间上与相邻网格之间的相关性。

1）全局空间自相关分析

通过计算单变量 Moran’s I 指数来揭示整个研究区 ESV 空间相关性。Moran’s I 指数的取值范围在-1～1，指数大于 0 则表明要素在空间上呈正相关关系，即各单元格的 ESV 的空间集聚特征总体表现为高-高或低-低集聚两种集聚类型，值越大，正相关性越显著，空间集聚性越强；指数等于 0 表示空间不相关，空间单元处于随机分布状态；指数小于 0 表示要素间在空间上呈负相关关系，即各单元格的 ESV 为高-低或低-高集聚，值越小，负相关性越显著，空间差异性越大。计算公式为

$$\text{Moran's } I=\frac{n\sum_{i=1}^{n}\sum_{j\neq 1}^{n}w_{ij}(x_i-\bar{x})(x_j-\bar{x})}{\sum_{i=1}^{n}\sum_{j=1}^{n}w_{ij}\sum_{i=1}^{n}(x_i-\bar{x})^2} \tag{13.6}$$

式中，n 为研究单元的数量；x_i、x_j 分别为第 i、第 j 个空间单元的 ESV；$\bar{x}$ 为 ESV 的平均值；w_{ij} 为空间权重矩阵。

研究区各年份 Moran's *I* 指数统计情况见表 13.9。其中，1990 年、2000 年、2010 年和 2020 年 Moran's *I* 指数均大于 0，表明研究区 ESV 具有空间自相关性，自相关关系为正相关。4 个年份的 *Z*-value 均大于 2.58，且 *P*-value 均小于 0.01，表明研究区的 ESV 在空间上具有集聚分布特征。1990～2020 年，Moran's *I* 指数的值从 1990 年的 0.5283 减少到 2010 年的 0.4580，2010 年后开始上升，到 2020 年值为 0.4812，呈先减少后增加的态势，总体减少了 0.0471，降幅较小，表明研究区各格点的 ESV 的 Moran's *I* 指数总体相对平稳，1990 年 Moran's *I* 指数最大，说明研究区 ESV 的空间集聚及空间自相关性较强。

表 13.9 Moran's *I* 指数统计

指数名称	指数值			
	1990 年	2000 年	2010 年	2020 年
Moran's *I*	0.5283	0.5129	0.4580	0.4812
Z-value	57.0360	56.0030	50.0030	52.4600
P-value	0.001	0.001	0.001	0.001

2）局部空间自相关分析

本节通过计算研究区的 ESV 在 1990 年、2000 年、2010 年、2020 年 4 个时期各格点的局部 Moran's *I* 指数，并生成 Moran's *I* 散点图（图 13.27），而后运用 ArcMap 软件制作各期 LISA 集聚图（图 13.28），从而进一步分析研究区 ESV 空间相关性的局部特征。局部空间自相关分析的计算公式为

$$\text{Moran's } I_i = \frac{(x_i - \overline{x})}{m_0} \sum_j w_{ij}(x_j - \overline{x}) \tag{13.7}$$

$$m_0 = \frac{1}{n} \sum_i (x_i - \overline{x})^2 \tag{13.8}$$

式中，x_i、x_j、$\overline{x}$、w_{ij} 的含义与式（13.4）一致。

Moran's *I* 散点图描述的是格网单元与周边相邻单元之间的相关关系，以横轴为 ESV 变量，以纵轴为空间滞后。散点图中的虚线把图分成 4 个部分，即 4 个象限：第一象限为高-高相关，是高值聚集区域；第二象限为低-高相关，是低值与高值聚集区域；第三象限为低-低相关，是低值聚集的区域；第四象限为高-低相关，是高值与低值聚集分布的区域。据各年份广西山江海地域系统 ESV 的 Moran's *I* 散点图（图 13.27）可知，研究区 ESV 的散点主要分布在第一、第三象限，第二、第四象限分布较少。说明研究区的

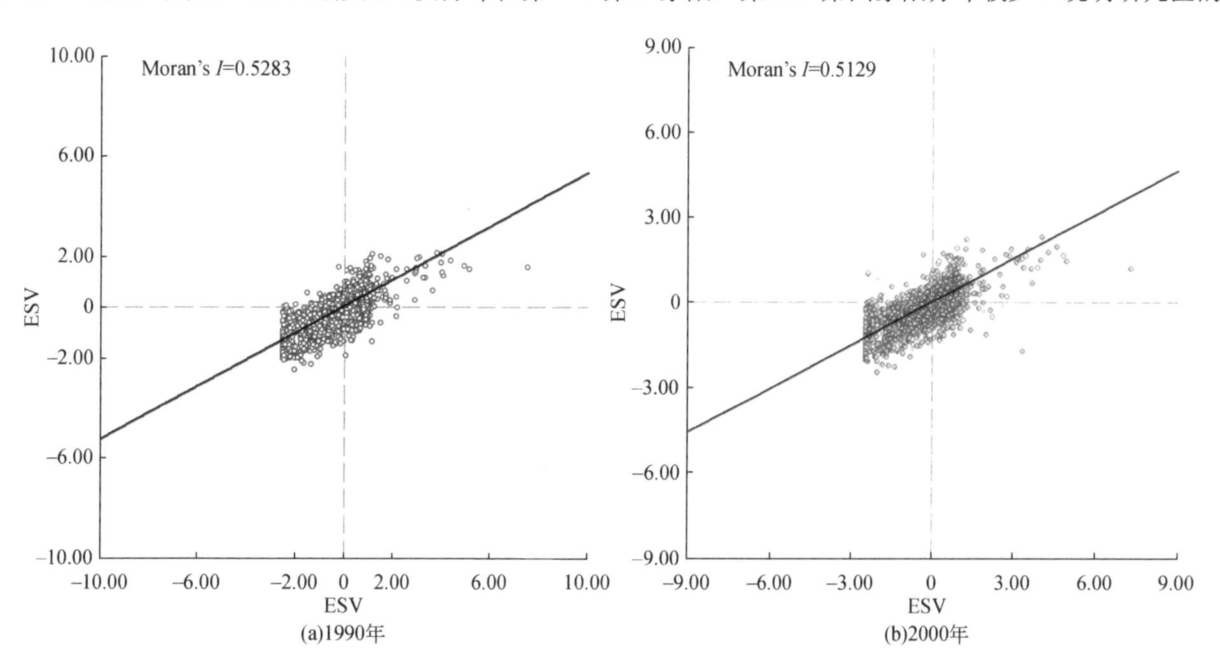

(a)1990年 (b)2000年

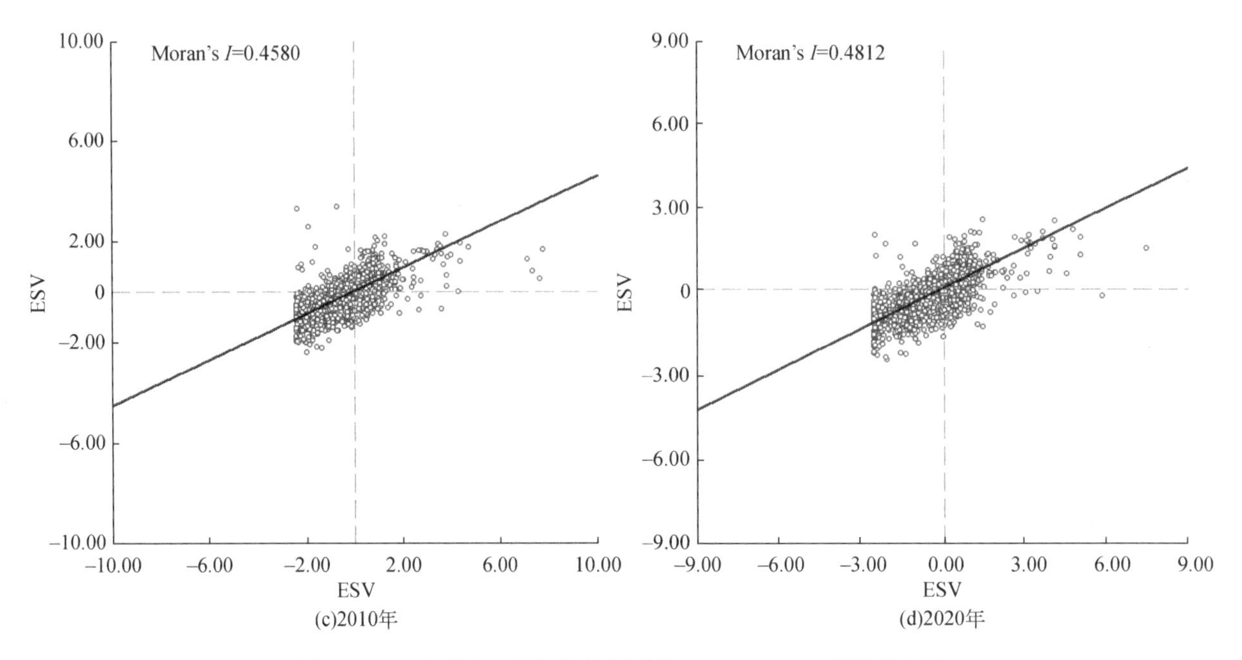

(c)2010年　　(d)2020年

图 13.27　各年份广西山江海地域系统 ESV Moran's I 指数散点图

ESV 具有较显著的局部空间正相关，相近网格的 ESV 值呈现空间集聚分布特征。第一象限的点最为离散，说明研究区 ESV 高值区各网格间的差别较大；第三象限的点集中程度最高，表明研究区 ESV 高值区各网格间的差距较小。研究期间各象限点的分布总体趋于离散，说明在研究期间，频繁的人类社会经济活动导致景观类型产生不同程度的时空变化，从而促使其 ESV 的空间异质性逐渐加深，景观格局亟待优化以提升研究区 ESV 的局部空间均质性。

依据研究区景观类型空间分布图（图 13.2）和 ESV LISA 集聚图（图 13.28）可知，广西山江海地域系统 ESV 的空间集聚特征以高-高集聚和低-低集聚为主，各类集聚特征空间差异较大。低-低集聚区主要分布于中部、东南部和北部地区，这些地区城镇化水平较高，城镇、工业和交通等建设用地较为集中，但同时这些区域地势低平，是具有较高 ESV 贡献源的水域集聚区，从而一定程度上减缓了由建设用地扩张所导致的 ESV 丧失，降低了空间集聚特征不显著的风险；高-高集聚区主要分布于研究区的西北部、西南部和东部部分地区，这些区域景观类型单一，林地、草地等具备较大 ESV 潜力的景观密布，因此总体 ESV 较高；低-高和高-低集聚区面积占比较小，分散于中部、东南部。1990～2020 年，随着城镇化进程的深入推进，研究区建设用地不断增长，草地和耕地大面积萎缩，从而导致高值区占比下降，尤其是西北部地区下降较为明显；而中部和东部地区大力开展饮用水源地保护、水库专项治理工程、生态修复和城市修补、国

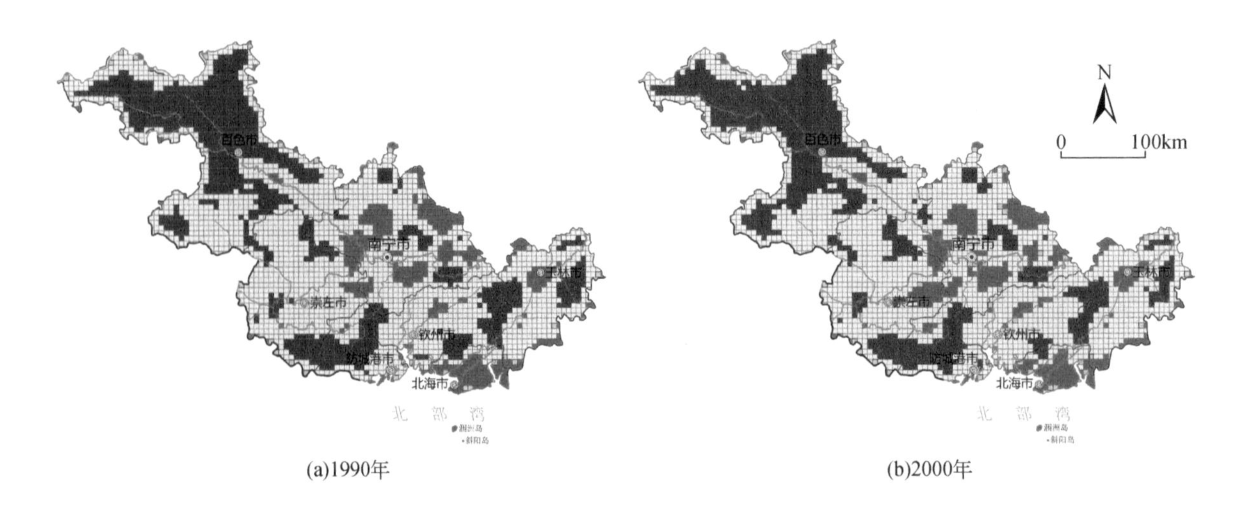

(a)1990年　　(b)2000年

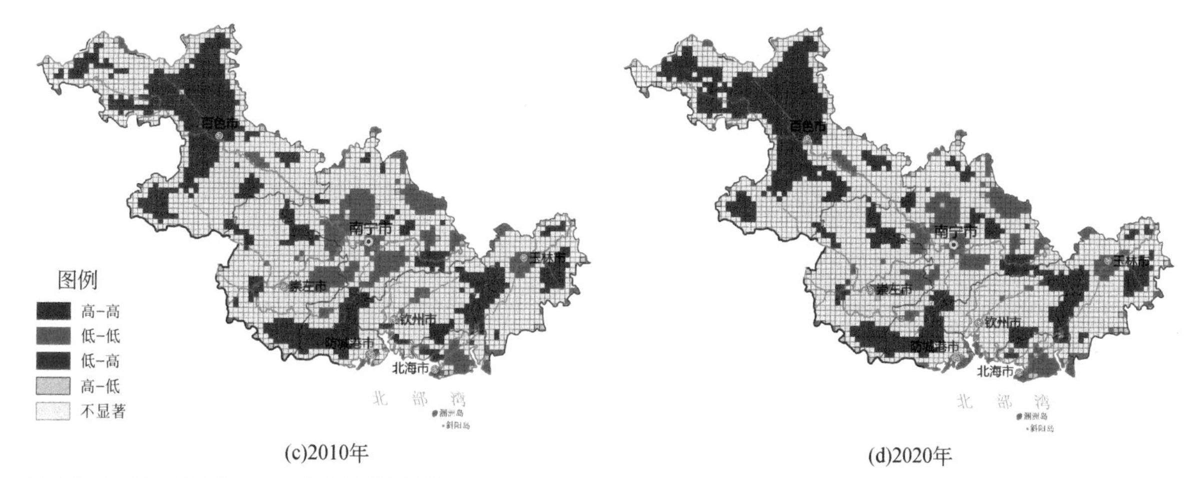

(c)2010年　　(d)2020年

1990年、2000年、2010年、2020年食物所含热量、可食部分比重数据来源于食物营养成分查询平台；1990年、2000年、2010年、2020年森林覆盖度来源于中国科学院资源环境科学与数据中心；1990年、2000年、2010年、2020年蒸散量数据来源于国家地球系统科学数据中心；降水量数据来源于1990年、2000年、2010年、2020年《广西壮族自治区水资源公报》；食物产量、林地、草地、水域、耕地、建设用地面积数据来源于1990年、2000年、2010年、2020年《广西统计年鉴》；图上专题内容为作者根据1990年、2000年、2010年、2020年食物所含热量、可食部分比重森林覆盖度、蒸散量、降水量、食物产量、林地、草地、水域、耕地、建设用地面积数据推算出的结果，不代表官方数据。

图 13.28　各年份研究区 I ESV LISA 集聚图

家森林公园和生态旅游风景区的申报与建设、山水林田湖草生态保护修复工程试点建设、国家湿地公园建设及其栖息地恢复工程等，林地和水域得到保护与恢复，使得整体 ESV 不断提升，从而高-高集聚区面积占比扩大，低-低集聚区面积缩小；东南部沿海地区低-低集聚区萎缩，低-高集聚区面积增大。

13.5　景观格局变化对生态系统服务价值的影响

13.5.1　景观格局指数与生态系统服务价值关联性分析

借助灰色关联法探究研究区景观格局指数与 ESV 的关系。计算景观格局指数与 ESV 的关联度（r_i），并将其划分为弱（$0<r_i\leqslant0.35$）、中（$0.35<r_i\leqslant0.70$）和强（$0.70<r_i\leqslant1$）3 个关联度等级，从而判别景观格局变化对 ESV 的影响。操作步骤如下。

（1）确定序列：参考序列 Y_h=（Y_1，Y_2，Y_3，…，Y_n），比较序列 $x_i(j)$ =（$\{x_i(1), x_i(2), x_i(3), \cdots, x_i(n)\}$，$i$=1，2，3，…，$n$）。本节以研究区各年份的 ESV 为参考序列，以各年份的景观格局指数为比较序列。

（2）对序列数据进行均值化无量纲化处理：

$$X_i' = \frac{X_i}{\overline{X}} \tag{13-9}$$

式中，X_i' 为无量纲值；X_i 为影响因子原始数据；$\overline{X}$ 为各影响因子平均值。无量纲化处理结果见表 13.10。

（3）计算序列关联系数和关联度：

$$\xi_{hj} = \frac{\min\limits_{h}\min\limits_{j}|Y_h - x_i(j)| + \rho\times\max\limits_{h}\max\limits_{j}|Y_h - x_i(j)|}{|Y_h - x_i(j)| + \rho\times\max\limits_{h}\max\limits_{j}|Y_h - x_i(j)|} \tag{13-10}$$

$$r_i = \frac{1}{m}\sum_{j=1}^{n}\xi_{hj} \tag{13-11}$$

式中，ξ_{hj} 为关联系数；$Y_h - x_i(j)$ 为参考序列指标 Y_h 与相对应的比较序列指标 $x_i(j)$ 差值的绝对值；ρ 为分辨系数，通常取值在 0.1～0.5，本节 ρ 取 0.5；r_i 为关联度，$0 < r_i \leqslant 1$，r_i 值越大，表明两者关系越密切，影响力也越强。研究区景观格局指数与生态系统服务价值变化的关联系数与关联度见表 13.11。

表 13.10　广西山江海地域系统景观格局指数与 ESV 的无量纲化

指标	无量纲化值			
	1990 年	2000 年	2010 年	2020 年
ESV	0.9933	0.9982	1.0094	0.9991
LPI	0.9364	1.0476	1.0169	0.9991
AREA_MN	0.7322	1.0396	1.0803	1.1479
NP	1.3245	0.9329	0.8978	0.8448
PD	1.3245	0.9329	0.8978	0.8448
TE	1.0900	0.9420	0.9692	0.9988
LSI	1.0900	0.9418	0.9697	0.9985
CONTAG	0.9991	1.0066	0.9979	0.9964
IJI	0.9938	1.0030	0.9952	1.0080
AI	0.9938	1.0040	1.0021	1.0001
SPLIT	1.1204	0.8963	0.9619	1.0215
SHDI	0.9813	0.9885	1.0154	1.0148
SHEI	0.9814	0.9884	1.0154	1.0149

表 13.11　广西山江海地域系统景观格局指数与 ESV 的关联度、关联等级及排序

准则层	指标层	关联系数				与 ESV 的关联度	关联等级	排序
		1990 年	2000 年	2010 年	2020 年			
景观破碎程度 0.7149	LPI	0.3335	0.3654	0.7925	1.0000	0.6228	中	7
	AREA_MN	0.4391	1.0000	0.8540	0.6156	0.7272	强	3
	NP	0.4648	1.0000	0.8329	0.7219	0.7549	强	2
	PD	0.4648	1.0000	0.8329	0.7219	0.7549	强	1
景观边缘与形状复杂程度 0.5890	TE	0.3358	0.4663	0.5498	1.0000	0.5880	中	10
	LSI	0.3375	0.4675	0.5556	1.0000	0.5901	中	9
景观聚集程度 0.6744	CONTAG	0.7328	0.6012	0.4931	1.0000	0.7068	强	4
	IJI	1.0000	0.6430	0.3602	0.4828	0.6215	中	8
	AI	1.0000	0.4446	0.3830	0.9066	0.6835	中	6
	SPLIT	0.4506	0.5192	0.7734	1.0000	0.6858	中	5
景观多样性水平 0.1278	SHDI	0.0539	0.2346	0.1903	0.0982	0.1442	弱	11
	SHEI	0.0394	0.2182	0.1102	0.0777	0.1114	弱	12

根据表 13.10 可知，所选取的 12 个景观格局指数与研究区 ESV 的关联度由大到小排序依次为 PD（0.7549）≥NP（0.7549）＞AREA_MN（0.7272）＞CONTAG（0.7068）＞SPLIT（0.6858）＞AI（0.6835）＞LPI（0.6228）＞IJI（0.6215）＞LSI（0.5901）＞TE（0.5880）＞SHDI（0.1442）＞SHEI（0.1114）。研究区景观格局指数与 ESV 的关联度等级总体处于中等以上水平，说明两者的总体关联性较强，而准则层中景观破碎程度与 ESV 的综合关联度最高，值为 0.7149，景观聚集程度次之（0.6744），两者与 ESV 的综

合关联度级别为强关联和中关联，景观边缘与形状复杂程度和 ESV 的综合关联度等级为中关联，综合关联度为 0.5890，而景观多样性水平与 ESV 的综合关联度最小，关联度等级为弱关联，综合关联度仅为 0.1278；从指标层来看，NP 和 PD 与研究区的 ESV 关联度最大，关联度级别为强关联，关联度达 0.7549，而 SHDI 和 SHEI 与研究区 ESV 的关联度相对较小，分别为 0.1442 和 0.1114，均属于弱关联等级。

13.5.2　景观格局变化对生态系统服务价值的影响分析

研究区景观破碎程度、景观边缘与形状复杂程度、景观聚集程度及景观多样性水平 4 个准则层及其 12 个指标与研究区的 ESV 存在较密切的关联性。说明在人类活动的干扰下，景观破碎程度、复杂程度和异质性的增加、斑块之间连通性的提升都不同程度影响着 ESV 的变化，这种影响可分为以下两个阶段。

1990～2010 年，研究区社会经济粗放发展，人类生产和生活水平不高，城市化进程缓慢，因此对生态破坏和自然资源的索取程度较轻。尤其是研究区西北部地区，是整个研究区林地分布最广而密集的区域，当地社会经济发展受区位条件限制较大，交通通达度不高，因此开发利用程度较轻；加之 2008 年北部湾经济区成立之初，恰好碰上全球经济危机和广西大雪灾，发展严重受限，因此该时期人类对生态环境的破坏尚处于低水平，整体景观格局处于自然发展状态，受人为干扰较轻，保持较好，景观破碎程度不升反降，景观聚集程度较高，景观边缘和形状趋于简单和规则，因此研究区的 ESV 较为稳定，甚至略微上升。

2010～2020 年，随着研究区城镇化进程的加快，以研究区内市级行政区为中心、以县（市、区）为依托、以建制镇为基础的城镇体系逐渐成形，多核心发展、北部湾同城化和城乡协调并举，以及西部陆海新通道、铁路线、高速公路和二级公路等大型工程的修建，使得工业与人口不断向城镇和交通干线集中，从而导致大批生态用地向建设用地转化，进而造成 ESV 下跌。与此同时，可持续发展战略的执行、生态文明建设理念逐步实践、高质量发展决策的实施，退田还库、退耕还林、生态基地建设、国土空间生态修复规划、库区移民搬迁以及国家地质公园、国家森林公园和国家湿地公园建设等，使得库区、林区和石山区的水域、森林得到保护、恢复和发展，从而提升了这些区域水域和森林的集聚程度，因此这些区域的 ESV 增加并愈趋集聚，一定程度上减缓了研究区 ESV 的下降速度。

13.5.3　提升生态系统服务价值与区域可持续发展水平的景观格局优化对策

景观类型是 ESV 的直接生产者，提升 ESV 的最根本、最直接有效的路径是优化景观类型及其结构，同时推进社会经济高质量发展和生态文明全方位、高效率建设，进而实现经济效益、社会效益、生态效益的综合最大化，推动全区经济社会持续发展和构建良好的生态安全格局，降低生态安全风险。本节在分析广西山江海地域系统景观过程对于 ESV 影响的基础上，结合研究区社会经济发展、景观格局和生态系统服务价值现状，从如何进行景观格局优化以提升该区 ESV 和区域可持续发展水平角度进行了一系列思考，并提出相应的对策。主要包括以下几个方面内容。

1. 以规划和管理引导土地利用结构配置

景观类型结构源于土地利用类型结构，因此，合理的景观类型结构配置离不开对土地利用结构的优化配置。国土空间规划是当前实现“多规合一”和全域综合整治的有效途径，从提出到开展已有多年，但至今仍未取得全面胜利，全国、全区国土空间规划牵头部门仍在为规划的完善和实施而奋斗，随着当前“三区三线”划定接近尾声，国土空间规划的形势将越来越明朗。研究区耕地和草地的面积萎缩严重，而与之相反的是建设用地大面积扩张，集聚效应不断增强，对其周边地类的发展造成了威胁，水域面积在近些年也出现不同程度的萎缩，不利于研究区 ESV 和区域可持续发展水平的提升，林地虽然较为稳定，但较多的是以发展商品经济林、农田林化等为代价，生态公益林的保护存在挑战。因此，应在贯彻落实“十分珍惜、合理利用土地和切实保护耕地”基本国策，遵循合理开发利用的原则，注重落实山水林田湖草系统治理的思路和理念的前提下，通过国土空间规划，合理划定“三区三线”，严格管控生产、生活、生态三大空间，科学引导生活、生产和生态保护活动，在国土空间生态修复中要着重考虑景观生态格局结构、数量及分布的协调性和合理性，从而有望通过规划的实施来整合破碎图斑，强化具备重大生态系统服务功能价值潜力的林地、草地及水域等景观生态系统的集聚效应。对于水域面积的下降，应加强“退田还库”，打击非法占用沿海、沿江湿地发展养殖业，继续加强湿地保护、生态保护区和水源地保护等工程建设，切实保护水域。同时应加强城镇人居环境治理，通过建设城市公园、绿化带及打造有限的绿地空间，以减缓集镇区域的 ESV 降低趋势。

2. 坚持高质量与可持续双向发展

在土地开发与利用方面应注重“开源节流”，从源头上控制土地资源，对实在无法避免削弱土地生态系统服务功能的生产活动用地，应严格审批，从节约集约利用、足额保质平衡和有利于生态恢复等角度考虑，切实做好土地利用的适宜性评价，做到在规划和相关法律法规允许的条件下，依据项目的投入及占地确定其土地利用规模，提高土地利用效率。诚然，随着社会经济的发展和人类生活水平的提升，健康文明的生活方式越来越受到人们的喜爱，因此，在土地开发利用过程中，除了遵循宜林则林、宜居则居、合理开发与利用的原则外，应着重考虑如何实现效益最大化，从而有效解决生态环境保护与社会经济发展并举的问题。研究区属于大石山区与经济活动频繁区交接融合的特殊区域，气候宜人，自然风光优美，少数民族聚居，山水构造独特，应加强特色生态保护风景区的开发，加强特色乡村建设，利用独特的区位优势和优质的森林、草地、农田和水域搭配，在政府与企业的合作下发展特色生态旅游产业及林下经济产业，吸引高城镇化地区人口到乡村体验休闲生活并消费，在实现特色保护与有效利用的同时，带动当地经济发展，从而一定程度上提升 ESV 与区域可持续发展水平。

3. 立足和盘活存量建设用地

人口的增长、工业产业的发展及城镇建设等对于土地资源的需求日益提升，尤其是对建设用地的需求不断加大。因此必须对建设用地严加管控，以减缓农村居民点和城镇用地规模的无序扩张，提高现有建设用地的利用效率，实现建设用地由粗放向集约利用转变。

首先，应对建设用地规模进行科学合理预测，充分发挥市场在土地资源配置中的作用，合理进行房地产开发与工业用地开发，从而减缓城市发展对城市周边耕地的侵占，同时继续挖掘建设用地存量和盘活闲置土地，及时补充可能的用于城乡发展的建设用地指标。对于新增建设项目要严格控制用地规模，优先安排存量土地，同时建设过程必须符合国土空间总体规划的要求。其次，对于农村宅基地进行管理，应在进行村庄规划时充分评估本村现有宅基地规模并进行相应的预测，合理划定村庄发展边界，同时积极推动增减挂钩项目落地和“三清三拆”政策的落实，拆除破旧老宅和无人居住的旧宅并进行平整，以便在原地进行耕作，从而有效盘活建设用地，补充适量耕地指标。此外，应适当进行城市用地整理和结构优化，通过对城市周边不规则、破碎和低效建设用地进行整理，使其恢复为其他土地利用类型，从而增加其生态效益，提升 ESV。坚持走集约利用土地资源的新型工业化和城镇化道路，强化区域可持续发展理念，同时也要完善区域发展规划，加大现有土地资源整合力度，促使工业向产业园区集中，使产业集聚达到最优。

4. 构建以西部陆海新通道为轴线的景观生态廊道

随着西部陆海新通道建设的深入推进，研究区迎来了前所未有的开放开发机遇和更多的国家政策支持。届时城市化建设、社会经济的发展将会进入新阶段，同时人口也会不断增多和聚集，这大大增加了研究区生态环境和自然资源的负担，从而导致 ESV 的减少。因此应尽快构建以西部陆海新通道为轴心线路的景观生态廊道，具体可分为铁路沿线生态廊道和水路沿岸生态廊道两个部分。铁路沿线生态廊道主要由南昆铁路南百段—南钦铁路—南港铁路沿线重要生态节点串联而成，贯穿研究区中部；水路沿岸生态廊道主要由邕江—西津水库—沙坪河—平陆运河—旧州江—钦江沿岸生态节点连接而成。在构建生态廊道时，应将通道周边的山、水、林、田、湖、草、库等生态资源要素纳入廊道构建中，植树造林，营造防护林带，建立相应的自然生态保护区，构建生态缓冲区，保护具有重要生态系统服务功能的斑块，整合破碎的、生态服务功能不高的小斑块，壮大生态节点，从而提高各斑块间的连通度，增强景观的稳定性，提高景观生态功能。

13.6　结　论

本章基于广西山江海地域系统 1990 年、2000 年、2010 年和 2020 年 4 期景观类型数据及社会经济数据，通过构建研究区景观类型结构体系和生态系统服务分类体系，运用景观格局指数法和 ESV 测算模型对景观格局 ESV 的时空演变格局展开深入分析，并应用灰色关联法测度景观格局指数与 ESV 之间的关联性，从而分析景观格局变化对 ESV 变化的影响，最后就提升研究区 ESV 以及区域可持续发展水平提出相关景观格局优化对策。主要结论如下。

（1）研究期间，广西山江海地域系统景观类型处于快速变化中。优势景观类型主要为林地、耕地和水域三类；建设用地持续快速增长，年均增加 3581.46hm^2，单一动态度高达 8.65%；而耕地和草地连年萎缩，年均分别缩减 3609.105hm^2、911.604hm^2；林地较为稳定；水域面积总体增长，但在 2010 年后有不断减少的趋势。

（2）研究期间，广西山江海地域系统景观格局时空变化显著，景观破碎程度、景观边缘与形状复杂程度、景观聚集程度和景观多样性水平因地类、区域的差异而呈现不同的演变特征。①景观破碎程度总体呈下降态势，斑块间面积差异缩小。②景观边缘与形状复杂程度总体呈下降趋势。③聚集度动态上升，在空间上呈现西北高、东南低，西北部降低，东南部和中部上升的变化趋势；连通性总体降低，在空间上呈现西北高、东南低，西北部减弱，东南部和中部增强的态势；分离度下降，在空间上呈现西北低、东南高，西北部变化不明显，东南部和中部均有不同程度上升的态势。④景观多样性水平波动增长，在空间上呈现西北低、东南高，西北部不断上升，中部动态下降，东南部和西南部变化不大的态势。

（3）研究期间，广西山江海地域系统的 ESV 总体呈上升的态势，增加了 15.6650 亿元，年均增加 0.5222 亿元，各景观类型单项服务功能的 ESV 时空变化差异较大。ESV 低-低集聚区集中在研究区中部、东南部和北部城镇化水平高、建设用地聚集且景观类型多样的地区；高-高聚集区主要分布于西北部和西南部森林、草地和水域等优势景观密布区；研究期间西北部高值区面积占比下降，东南部和北部 ESV 低值区面积占比减小；低-高和高-低集聚区占比小，变动不大。

（4）研究区景观格局指数与 ESV 的关联度等级总体处于中等以上水平，总体关联性较强。人类活动的干扰，景观破碎程度、景观边缘与形状复杂程度和异质性的增大以及斑块之间连通性的提升不同程度影响着 ESV 的变化及区域可持续发展。因此，应当规划引导景观类型结构配置，高质量与可持续双向发展，立足和盘活存量建设用地，同时应着力构建以西部陆海新通道为轴心线路的景观生态廊道，打造更多生态空间，以优化研究区景观格局，提升总体 ESV。

参 考 文 献

傅伯杰，2008. 景观生态学的发展对土地生态学发展的启示//中国科学技术协会学会学术部. 新观点新学说学术沙龙文集 18：土地生态学——生态文明的机遇与挑战. 北京：中国科学技术出版社：5.

傅伯杰，吕一河，陈利顶，等，2008. 国际景观生态学研究新进展. 生态学报，（2）：798-804.

胡荣明，杜嵩，李朋飞，等，2021. 基于移动窗口法的半干旱生态脆弱区景观破碎化及驱动力分析. 农业资源与环境学报，38（3）：502-511.

黄清麟，1997. 景观生态学与森林经理学. 林业资源管理，（4）：23-28.

贾宝全，慈龙骏，杨晓晖，等，2001. 石河子莫索湾垦区绿洲景观格局变化分析. 生态学报，（1）：34-40.

刘彦随，2020. 现代人地关系与人地系统科学. 地理科学，40（8）：1221-1234.

吕鸣伦，刘卫国，1998. 区域可持续发展的理论探讨. 地理研究，(2)：20-26.
马利邦，牛叔文，杨丽娜，等，2010. 敦煌市生态系统服务价值评估及区域可持续发展研究. 生态与农村环境学报，26 (4)：294-300.
苗海南，刘百桥，2014. 基于 RS 的渤海湾沿岸近 20 年生态系统服务价值变化分析. 海洋通报，33 (2)：121-125.
欧阳志云，王如松，赵景柱，1999. 生态系统服务功能及其生态经济价值评价. 应用生态学报，(5)：635-640.
邱扬，傅伯杰，2000. 土地持续利用评价的景观生态学基础. 资源科学，(6)：1-8.
王飞，高建恩，邵辉，等，2013. 基于 GIS 的黄土高原生态系统服务价值对土地利用变化的响应及生态补偿. 中国水土保持科学，11 (1)：25-31.
王根绪，程国栋，刘光秀，等，2000. 论冰缘寒区景观生态与景观演变过程的基本特征. 冰川冻土，(1)：29-35.
王秀兰，包玉海，1999. 土地利用动态变化研究方法探讨. 地理科学进展，(1)：83-89.
邬建国，2007. 景观生态学：格局，过程，尺度与等级. 北京：高等教育出版社.
吴传钧，1991. 论地理学的研究核心——人地关系地域系统. 经济地理，(3)：1-6.
肖寒，欧阳志云，赵景柱，等，2000. 森林生态系统服务功能及其生态经济价值评估初探——以海南岛尖峰岭热带森林为例. 应用生态学报，(4)：481-484.
肖玉，谢高地，安凯，2003. 莽措湖流域生态系统服务功能经济价值变化研究. 应用生态学报，(5)：676-680.
谢高地，张钇锂，鲁春霞，等，2001. 中国自然草地生态系统服务价值. 自然资源学报，(1)：47-53.
谢高地，鲁春霞，冷允法，等，2003. 青藏高原生态资产的价值评估. 自然资源学报，(2)：189-196.
谢高地，甄霖，鲁春霞，等，2008. 一个基于专家知识的生态系统服务价值化方法. 自然资源学报，(5)：911-919.
谢高地，张彩霞，张雷明，等，2015. 基于单位面积价值当量因子的生态系统服务价值化方法改进. 自然资源学报，30 (8)：1243-1254.
薛嵩嵩，高凡，何兵，等，2021. 1989—2017 年乌伦古河流域景观格局及驱动力分析. 生态科学，40 (3)：33-41.
翟睿洁，赵文武，华廷，2020. 面向人类世的自然与社会：景观生态学的挑战与展望——第十届国际景观生态学大会述评. 生态学报，40 (5)：1834-1837.
张海峰，2005. 抓住机遇加快我国海陆产业结构大调整——三论海陆统筹兴海强国. 太平洋学报，(10)：25-27.
张利权，吴健平，甄彧，等，2004. 基于 GIS 的上海市景观格局梯度分析. 植物生态学报，(1)：78-85.
张平宇，1997. 可持续空间结构与区域持续发展. 经济地理，(2)：16-21.
张永民，赵士洞，2003. 生态保护背景下奈曼旗土地利用与景观格局变化. 资源科学，(6)：43-51.
张泽，胡宝清，丘海红，等，2021. 基于山江海视角与 SRP 模型的桂西南-北部湾生态环境脆弱性评价. 地球与环境，49 (3)：297-306.
Costanza R，d'Arge R，de Groot R，et al.，1997. The value of the world's ecosystem services and natural capital. Nature：International Weekly Journal of Science，387 (6630)：253-260.
Dale V H，Polasky S，2007. Measures of the effects of agricultural practices on ecosystem services. Ecological Economics，64 (2)：286-296.
Deng J，Desjardins M R，Delmlle E M，2019. An interactive platform for the analysis of landscape patterns：a cloud-based parallel approach. Annals of GIS，25 (2)：99-111.
Forman T，Iverson L，1995. Land Mosaics：the Ecology of Landscapes and Regions. London：Cambridge University Press.
Holdren J P，Ehrlich P R，1974. Human population and the global environment. American Scientist，62 (3)：282-292.
Jones J A，Hutchinson R，Moldenke A，et al.，2019. Landscape patterns and diversity of meadow plants and flower-visitors in a mountain landscape. Landscape Ecology，34 (5)：997-1014.
Keller R，Vance C，2013. Landscape pattern and car use：linking household data with satellite imagery. Journal of Transport Geography，(33)：250-257.
Kreuter U P，Harris H G，Matlock M D，et al.，2001. Change in ecosystem service values in the San Antonio area，Texas. Ecological Economics，39 (3)：333-346.
Partington K，Cardille J，2013. Uncovering dominant land-cover patterns of quebec：representative landscapes，spatial clusters，and fences. Land，2 (4)：756-773.
Prevedello J A，Gotelli N J，Metzger J P，2016. A stochastic model for landscape patterns of biodiversity. Ecological Monographs，

86（4）：462-479.

Tansley A G，1935. The use and abuse of vegetational concepts and terms. Ecology，16（3）：284-307.

Traviglia A，Torsello A，2017. Landscape pattern detection in archaeological remote sensing. Multidisciplinary Digital Publishing Institute，7（4）：128.

第 14 章　山江海地域系统“三生”功能评价与优化调控研究

14.1　引　　言

14.1.1　选题背景和意义

1. 选题背景

改革开放以来，我国经历了快速城镇化过程，国土空间格局发生了巨大变化，在取得巨大经济成就的同时，滋生了一系列区域问题，在一定程度上制约了区域空间的均衡和可持续发展。2008 年 10 月国务院印发的《全国土地利用总体规划纲要（2006—2020 年）》明确规定生态用地与生活、生产用地并行。党的十八大报告中提出要优化国土空间开发格局，控制开发强度，调整空间结构，促进生产空间集约高效、生活空间宜居适度、生态空间山清水秀。在此背景下，国家提出以划定“三生”空间、优化空间开发格局来解决规划定位不清、功能重叠等问题，如何实现区域生产-生活-生态功能协调发展，成为国土空间开发的热点话题。国土“三生”空间分区基于以人为本、可持续发展的思想，希望通过合理的分区来解决目前经济社会快速发展带来的问题，保留国土空间原本的多样性特征，真正做到国土空间的差别化管理。

在兼顾“三生”协调的同时，陆海统筹也是国土空间布局优化的重点，中国是一个陆海兼备的国家，陆海统筹战略在党的十八大之后进入了密集规划期。从国土开发的角度看，在陆海统筹战略实施过程中应结合陆地国土开发的基础支撑与海洋国土的重点开发来合理配置各要素资源，促进陆域与海洋国土整体战略布局的优化。在国家的政策扶持下，西部地区经济、社会发展取得了重大历史性成就，但是西部地区发展不平衡不充分问题仍然存在。2019 年以来国家印发的《西部陆海新通道总体规划》6 个新设自由贸易试验区总体方案《中共中央 国务院关于新时代推进西部大开发形成新格局的指导意见》等文件，为推进西部大开发、深化陆海双向开放做了重要部署，积极推动建设国际陆海贸易新通道建设与探索沿边地区开发开放模式，党中央国务院的相关指导意见明确了广西沿海地区和沿边地区的重要战略地位。广西具有落后的喀斯特山区与经济较为发达的沿海地区，其国土空间格局具有较大差异性，对此提出山江海地域系统的概念，以期实现江海联动、山海协调发展。

基于以上研究背景，桂西南喀斯特—北部湾地区具有沿边、沿海和沿江的特征，是复杂的区域过渡性国土空间，为实现“三生”协调、山江海联动，本章以桂西南喀斯特—北部湾地区为研究对象，分析其“三生”功能国土空间特征并对其进行优化，以实现山江海联动发展。

2. 研究意义

1）理论意义

尝试从山江海地域系统的视角对桂西南喀斯特—北部湾地区的国土空间“三生功能”进行评价并对其进行优化，综合运用地域分异理论、空间结构理论、系统论、区域均衡发展理论等相关理论，梳理现有陆海统筹和国土空间优化的相关研究，试图构建国土空间功能优化与格局重构的理论框架，为山江海统筹视角下的国土空间协调发展提供新的理论支撑，这也是对区域协调发展理论的深入和完善，能验证并进一步丰富区域国土空间优化的理论研究。

2）现实意义

第一，整合桂西南喀斯特—北部湾地区发展所需的各类资源要素，为山江海区域实现国土空间功能识别与优化配置提供依据，探求山江海地域系统协调发展的新路径。

第二，尝试解决桂西南喀斯特—北部湾地区国土空间开发中的矛盾，判别和定位区域各单元国土空间的优势功能，提出国土空间分区优化与空间规划发展建议，为广西北部湾城市群、喀斯特岩溶地区和西江流域一体化发展的空间可持续利用提供参考。

第三，准确定位喀斯特山区和沿海地区的国土空间优势功能，助力广西陆海新通道、广西新晋自贸区发展战略实施和落实广西三大定位新使命，有助于向海经济发展的实现和生态环境保护。

14.1.2　国内外研究进展

1. 国外研究进展

山江海地域系统包含陆域和海洋两大系统，目前对山江海的定义及研究较少，因此，从陆海统筹视角进行总结分析。陆海统筹这一概念由我国学者率先提出，具有鲜明的中国特色，外国学者关于陆海统筹的相关研究主要为海洋与海岸带的综合管理，海岸带区域的陆海复合性蕴藏着陆海统筹的思维。在国土空间功能分区和优化的研究领域，国外学者主要从土地多功能性、土地利用与多功能关联、土地多功能与可持续发展相互关系等方面开展相关研究工作。到了 21 世纪，国外学者开始运用智能模型对土地进行分配，在多情景和多目标下模拟土地利用优化方向。Van Den Bergh 等（2001）根据规划、水文和生态过程以及经济活动对荷兰湿地进行空间匹配，进行空间集成的建模和评估以对荷兰湿地土地利用情景进行分析和评估。Sinha 和 Hartmann（1973）将优化技术应用于土地利用规划设计中，使用随机搜索程序将离散的土地使用元素分配给离散的土地区域，获得了一个满足给定设计约束的最佳计划。Koomen 等（2007）在《模拟土地利用变化》一书中提到，空间优化是一种探索特定区域潜力以提高土地利用功能的空间连贯性的有力方法，他运用遗传算法对土地利用分配进行空间优化。Meyer 等（2009）应用比较生态经济学和景观规划的相反观点的空间优化方法，提出了一个基于优化技术的最佳土地利用模式定义框架来解决土地利用分配问题。

Verburg 等（2010）基于 2000～2030 年欧洲的土地利用变化情景，在人口、经济和政策变化等情景条件下转换土地利用方式。Klein 等（2013）认为土地管理的变化是适应未来气候条件的一种方式，包括土地用途的变化和当地农业实践的调整，利用多目标优化的优势可以确定针对气候变化的最佳土地管理适应措施。Sakieh 等（2017）通过构建依赖非通路的元胞自动机-马尔可夫模型以执行三种（应用环境风险、城市化潜力和综合地表）多中心城市增长分配方案，该建模方法将 CA-MC 模型的传统功能从预测算法改进为创新的土地分配工具。Pérez-Soba 等（2018）通过激发利益相关者对未来所需土地利用的看法，利用土地属性将多层面的部门构想分解为土地使用变化，然后迭代得出 2040 年欧洲在可持续土地利用方面的跨部门愿景。Verkerk 等（2018）提出了一种将欧洲联盟对未来土地利用的探索性预测与期望的土地利用的未来规范性愿景联系起来的方法，使用 7 个链接的仿真模型获得 24 个情景预测结果。Masoumi 等（2020）对伊朗首都德黑兰的城市土地利用进行优化，运用遗传算法定义和优化了 4 个相互冲突的目标函数，然后使用聚类分析为决策者提供解决方案。Ramezanian 和 Hajipour（2020）认为土地利用优化可以定义为向一个区域分配不同土地利用类型的过程，其研究了多目标可持续土地利用规划问题，运用系统动力学、多目标整数规划模型，将住宅单元、商业、工业和农业 4 种土地利用类型分配给相应区域。

2. 国内研究进展

陆海统筹这一理念于 2004 年由我国学者张海峰第一次提出，随后其地位上升到国家战略水平（张海峰，2005）。目前对陆海统筹的定义处于学术探讨阶段，对于陆海统筹的研究区域范围也未形成统一的观点。当前主要有两种观点：以东部沿海地区或海岸带作为陆海统筹发展研究范围。陆海统筹战略是国家陆地战略与海洋战略的整合与衔接，战略重点在海洋国土部分及沿海地区。王倩和李彬（2011）认为陆海统筹的核心区域是海岸带，但外延范围可以扩展到整个国土，可以用来指导沿海区域或者整个国家发展。近年来以行政区、经济区、城市群等为陆海统筹研究范围成为热点，包括江苏、西藏和西部边疆、海南国际旅游岛、辽宁省、闽三角城市群、中国大“S”形海域经济带、中国边疆、山东半岛蓝色经济区、福建海峡蓝色经济试验区等地区。2014 年，福建、浙江等将“山海协同”理念应用于区域经济合作，以海为代表的经济发达地区带动以山为主的经济欠发达地区的经济发展（应永来，2007）。以“山海协同”的发展模式提升区域旅游整体竞争力，把同质竞争转为异质协作。

随着陆海统筹概念的提出，学者对协调发展陆域与海洋空间提出了构想，对沿海省市和海岸带等陆海复合区域进行国土空间格局研究。蔡安宁等（2012）基于不同尺度规模空间视角，提出构建海域管辖战略格局、城市化战略格局、农业战略格局和生态安全战略格局四大战略格局。朱坚真和刘汉斌（2012）认为中国海岸带的划分范围以中国沿海省份为陆域上界，以中国管理海域为向海界线。曹忠祥（2014）提出了构建陆海开放型国土开发综合格局，调整沿海地带发展并优化陆海统筹国土开发空间布局。虞阳等（2014）分析滨海城市在城镇化进程中对海岸带生态影响的空间效益，并揭示海洋生态恶化的城镇动因。龚蔚霞等（2015）提出将滨海地区划分为滨海山地、滨海平原、滨海滩涂等不同用地类型。胡恒等（2017）基于陆海统筹综合利用视角提取了河北省唐山市海岸带“三生”空间的分布范围。文超祥等（2018）提出对于国内海岸带空间规划，应构建陆海统筹的空间规划体系。纪学朋等（2019）从自然环境、经济社会和海洋功能 3 个维度构建适宜性评价指标体系对辽宁省国土空间开发建设适宜性进行评价。

对于国土空间优化方面的研究，学者更注重从中观的视角对国土空间格局进行划分，在 20 世纪 40 年代，以黄秉维为代表的地理学家开始进行区划研究，开展了地貌、气候、土壤和植被等自然区划工作（任乃强，1936；黄秉维，1958）。80 年代起，区划目标转向可持续发展，为国土空间潜力提升提供了科学依据（B.П.李多夫等，1955）。根据国土管理需要，研究视角在不断发展创新，从土地适宜性、土地承载力等方面对国土资源进行评价，现在已经形成了主体功能区划分（宏观经济研究院国土地区所课题组，2006）、土地利用分区、海洋功能区划及“三生”空间等国土区划形式，在分区框架、建立指标体系和技术方法应用等方面进行了大量的探索。2017 年发布的《全国国土规划纲要（2016—2030 年）》具体安排了不同发展目标下各地区和功能区的国土空间开发格局，对提升区域土地利用效率、促进区域可持续发展和实现国土资源优化配置具有重要意义。朱媛媛等（2015）采用 NPP 生态空间评估模型构建五峰县“三生”空间区划指标。李广东和方创琳（2016）从土地功能、生态系统服务和景观功能的视角构建城市“三生”功能分类体系。吴艳娟等（2016）从“三生”功能视角，以宁波市国土空间为研究对象进行开发建设适宜性评价。刘继来等（2017）对 1990～2020 年中国“三生”空间格局及其变化进行研究。崔家兴等（2018）运用网格分析、空间自相关分析和三角图分析等方法对湖北省“三生”空间分布格局和演化特征进行了研究。魏小芳等（2019）从“三生”功能的视角评价长江上游城市群国土空间特征，并利用空间功能比较优势指数、系统聚类等方法，提出国土空间优化方案。李欣等（2019）以江苏省 55 个县域为研究对象，探析江苏省县域“三生”功能的空间格局特征，结合地理探测器和双变量空间自相关方法揭示“三生”功能关联性，并根据主导功能差异提出优化对策。

3. 研究评述

国外学者对陆海统筹的研究主要体现在对海岸带和海岸线的研究，认为沿海地区是陆域与海洋相互作用最为活跃的界面，并从空间规划的角度提出协调管理陆海区域，国外研究对陆海统筹的研究处于初级阶段，对于陆海统筹的概念和范围缺乏相关的定义，较少综合经济、社会和生态等方面进行研究。国内学者从行政区、经济区、城市群等方面界定陆海区域的范围，对陆海统筹的研究从定性研究逐渐转向定量研究，但还缺乏成熟完善的研究体系和评价方法，仍有许多理论和实践问题亟待探索。

国内外对于国土空间优化方法模型的研究尚未完善，与国土空间优化相关的土地利用优化的研究较多，对于土地优化的研究主要是对土地利用的数量、空间布局进行优化，土地利用优化模型较为成熟，由简单的线性规划模型发展到了智能算法，实现了土地利用在数量和空间布局上的优化。目前国内针对国土空间优化的研究主要从中观和宏观角度对研究区进行空间格局划分，主要根据国土空间适宜性、承载力及“三生”空间等方面进行划分。当前在城乡规划、国土规划、海洋功能区划等空间规划理论和实践中，学者分别从陆地生态系统和海洋生态系统角度进行了不少的研究，然而，对海洋陆地进行统筹考虑的空间优化研究较少。

本章基于陆海统筹的视角对山江海地域系统进行研究，研究思维是陆海统筹思维的扩展延伸。研究区域不仅包含了沿海关键带，而且在陆域方面扩展到了喀斯特山区。研究区域具有环境梯度大、空间异质性强的特点，也是国土空间多功能协调发展的关键区域，而地域性国土空间恰是国土“三生”空间功能的完整体现，因此文章从陆海统筹的视角，对山江海区域的“三生”空间格局进行识别并优化。

14.1.3　研究目的

一是了解桂西南喀斯特—北部湾地区国土空间分布特征及 1980～2018 年国土空间变化情况。二是构建“三生”功能评价指标体系，对桂西南喀斯特—北部湾地区“三生”功能进行评价，得出各功能的等级分布，并分析各功能异质性和相关性。三是通过优势功能指数识别各单元的优势功能，运用空间聚类、叠加分析、陆海统筹检验等方法对研究区进行调整优化，明确各单元的功能发展方向，实现“三生”协调、陆海统筹发展。四是构建桂西南喀斯特—北部湾地区的国土空间格局，为复杂的国土空间发展规划提出对策和建议。

14.2　理论架构与技术方法

14.2.1　核心概念

1.“三生”功能

“三生”功能，即生产、生活和生态功能，指在人类需求驱使下不同土地利用方式提供的产品与服务(段亚明等，2021)。国土空间是具有多重功能的空间，生产、生活和生态功能是国土空间三大主导功能，是国土空间内涵的具体表现。“三生”功能在国土空间中有功能强弱之分，伴随着多种功能组合存在的情形，“三生”功能更能体现国土空间利用的复杂性和系统性。其中，生产功能是指产出各种产品和服务的功能，包括从土地上直接获取资源或者以土地为载体进行的生产活动；生活功能保障人们的基本物质生活，在土地利用过程中产生居住、出行、娱乐和消费等空间承载、物质和精神保障功能；生态功能指保障人们生产、生活运行的环境条件所发挥的作用，能实现生态平衡、健康和安全。

2.“三生”功能空间优化

“三生”功能空间优化是基于国土空间结构演变规律和功能格局特征，在“三生”功能识别的基础上，依据优势功能对区域进行分工，寻求较长时间段、更大空间尺度的综合效益优化方案，是自然与人文相互作用、社会与环境综合优化的调整方案。“三生”功能空间优化的关键在于生产、生活和生态空间的识别配置，识别结果能够客观反映区域内“三生”空间的分布格局和存在的问题，有利于进一步识别和界定区域主导功能，分区和优化调控结果可以为区域未来国土空间布局优化提供参考，以实现生产、生活和生态协调有序发展。目前对于“三生”功能的国土空间格局优化还处于探索阶段，学者基于土地利用功能测度识别，考虑“三生”功能在不同空间单元的强弱及主次，针对研究区特色进行优化调控（冀正欣等，2020）。

14.2.2　理论基础

1. 地域分异理论

地域分异也称空间地理规律，反映了地球表层各组成要素和整个自然资源分异的客观规律。地域分异说明在地表确定的方向上，自然环境的各个要素和自然综合体进行有规律的分化从而引起了差异，地域分异规律包括地带性规律和非地带性规律。桂西南喀斯特—北部湾地区组合的区域过渡性国土空间表现出了由陆地向海洋、由山地向平地变化的非地带性规律。在国土空间中，空间内部的组成要素存在较大的差异性，在要素选择过程中既要考虑区域之间的共性，又要突出个性。结合地域分异理论进行国土空间功能分区优化时，要根据国土空间的多功能性并结合地区特点，尽量准确地区分不同的利用方向，以进行合理规划。

2. 空间结构理论

空间结构理论是在区位论的基础上，基于区域均衡发展和空间布局结构调整要求发展起来的，该理论从不同的要素功能与其区位空间的关系出发，对区域空间结构进行研究，具有综合性、整体性和动态度等特征。地理学对空间结构的理解侧重于空间利用结构和空间利用格局，空间结构理论对区域国土空间开发的功能布局优化和时空动态分析具有重要的指导意义。国土空间结构是按照一定的分布规律连接国土空间利用形态和国土空间子系统内部的行为方式，将各子系统连接为一个国土系统，“三生”空间划定的关键是了解和掌握国土空间中不同功能用地的相互关系和作用，空间结构理论的不同空间发展模式为国土空间规划中空间格局开发和重构提供了重要参考依据，为明确区域功能定位和发展方向奠定了理论基础。

3. 区域均衡发展理论

在国土空间开发利用中，各区域处于不同的开发水平，应根据区域的资源禀赋差异和资本投入等条件制定具有针对性的开发利用策略和模式，合理配置空间资源要素，实现区域公平、协调和可持续发展。由于现有的功能区稳定存在且无法改变其他功能区的空间用途，需要不断改变方针战略和规划理念，差别化的政策干预使得各种生产要素在不同功能区之间自由流动和优化配置，力图无限接近区域平衡态发展，从而实现区域内国土空间利用效益的最大化。本章的空间均衡立足于状态均衡，与空间功能相结合，即生产、生活和生态功能在空间上实现最优效益。依据区域均衡发展理论，以区域空间异质性为前提并结合区域国土空间特征，区别对待和调控不同区域国土空间的开发利用方式，推动不同的空间功能协调均衡发展。

14.2.3　研究方法

1. 文献资料研究法

通过收集、阅读和总结归纳国内外相关文献以了解陆海统筹和国土空间优化的相关概念和研究方法，并尝试探索山江海地域系统的划定方法，提出复杂国土空间的优化方案，大量的资料与文献为本章提供了坚实的理论基础和思路。

2. 熵值法

1）数据标准化

依据指标对评价结果作用的不同，将指标分为正向指标和负向指标，标准化方式为

$$正向指标：Z_{ij} = \frac{x_{ij} - \min(x_j)}{\max(x_j) - \min(x_j)} \tag{14.1}$$

$$负向指标：Z_{ij} = \frac{\max(x_j) - x_{ij}}{\max(x_j) - \min(x_j)} \tag{14.2}$$

式中，Z_{ij} 为标准化后的指标值；x_{ij} 为第 i 个县（区）单元第 j 个指标的原始值；$\max(x_j)$为第 j 个指标的最大值；$\min(x_j)$为第 j 个指标的最小值。

2）计算权重

科学确定指标权重直接影响“三生”功能测度结果的合理性与可靠性。为减少人为主观因素在赋权中的影响，文章采用熵值法对“三生”功能的各个指标赋权重。熵值法能够很好地克服多指标变量间信息的重叠和人为确定权重的主观性，能客观地反映指标要素之间的内部变化（杨浩等，2017）。熵值可以用来描述事件的随机性和系统的无序程度，也可以用来判断某个指标的离散程度，指标的熵值越小，说明其离散程度越大，指标对综合评价产生的影响越大。

（1）计算指标标准化数值 Y_{ij}：

$$Y_{ij} = \frac{Z_{ij}}{\sum_{i=1}^{m} Z_{ij}} \tag{14.3}$$

（2）计算第 j 项指标信息熵 E_j：

$$E_j = -\frac{1}{\ln m}\sum_{i=1}^{m} Y_{ij} \ln Y_{ij} \tag{14.4}$$

（3）计算指标 j 权重 W_j：

$$W_j = \frac{1 - E_i}{\sum_{j=1}^{n}(1 + E_j)} \tag{14.5}$$

式中，m 为桂西南喀斯特—北部湾地区县（区）个数，m=43。

3）“三生”功能测算

运用加权求和公式计算得到各层次功能值 F，计算公式为

$$F=\sum_{i=1}^{m} w_j \times x_{ij} \tag{14.6}$$

3. 空间自相关分析法

当某一位置上的数据与其他位置上的数据存在相互依赖性，且距离越近，依赖程度越高时，其自相关性越强。空间相关性由空间自相关系数度量，检验在不同空间位置上的属性是否存在 HH（高-高）、LL（低-低）相邻分布或者 HL（高-低）、LH（低-高）间错分布。空间自相关分为全局空间自相关和局部空间自相关，全局空间自相关指数表示研究区域的某项功能指标在整体空间上集聚状态，全局空间自相关主要采用 Moran's I 指数度量区域整体平均关联程度，Moran's I 取值范围在[−1，1]，当 Moran's I 为 0 时，表明邻域间不存在空间相关性，空间分布呈随机分布态势；当 Moran's I>0 时，表明存在空间正相关，空间分布呈现聚集态势；当 Moran's I<0 时，表明存在空间负相关，空间分布呈离散分布态势。局部空间自相关主要通过空间联系的局部指标（LISA）分析区域单元周围的显著相似值在区域单元之间的空间集聚程度，反映研究区内集聚状态的具体位置及其空间格局特征，空间属性值分为 HH（高-高）、LL（低-低）正相关类型以及 HL（高-低）、LH（低-高）负相关类型。综合运用 GeoDa1.12 软件对“三生”功能在空间上的相关性进行分析，揭示研究区国土空间“三生”功能的空间分布特征。

4. 空间聚类分析法

聚类分析又称为群组分析，是研究分组分类问题的重要方法之一，运用空间-属性双重聚类分析方法对桂西南喀斯特—北部湾地区的国土空间“三生”功能进行聚类分析，综合考虑空间单元属性之间的相似度和空间相关关系，形成连续、成片的聚类群组，使“三生”功能聚类结构具有连续性和异质性。在进行聚类分析时，选定评估最佳组数对聚类结果有重要影响，研究中根据伪 F 统计量确定最佳组数，伪 F 统计量最高时的组数则为最佳组数。在研究区内无单独不连续单元，在空间约束条件中定义为只有共享一条边的面才属于同一个组。

5. 优势度指数

运用标准显示性比较优势度指数（normalized revealed comparative advantage index，NRCA）可度量各评价单元内占据主导地位的功能。当 NRCA>0 时，该功能具有比较优势，当 NRCA 指数≤0 时，该功能不具有比较优势，具体计算公式如下：

$$\Delta X_j^i = X_j^i - (X^i X_j) / X \tag{14.7}$$

$$\mathrm{NRCA}_j^i = \Delta X_j^i / X = X_j^i X - X_j X^i / XX \tag{14.8}$$

式中，ΔX_j^i 为 i 单元 j 功能的变化属性值；X_j^i 为 i 单元 j 功能的属性值；X_j 为所有评价单元的 j 功能的属性值之和；X^i 为 i 单元所有功能的属性值总和；X 为所有评价单元所有功能的属性值总和。在本研究中，$\Delta X_j^i/X$ 为 i 单元的 j 功能占所有评价单元该功能总和的比例；X_jX^i/XX 为比较优势中性水平下 i 单元的 j 功能的期望概率；X_j^i/X 衡量的是实际概率。

运用 NRCA 模型评价桂西南喀斯特—北部湾地区“三生”功能的比较优势度能有效反映各地区的优势功能，研究区具有多个县（区）评价单元，研究者能够依据 NRCA 的大小对不同区域进行比较，运用指数值判别国土空间功能在各单元之间比较优势的相对高低水平，并且 NRCA 具有不受样本大小控制的优点。引入比较优势度理论判别桂西南喀斯特—北部湾地区国土空间比较优势功能，以期发挥各单元自身比较优势功能，实现国土空间均衡和协调发展。

6. 地理信息系统空间分析法

ArcGIS 软件是本章处理、分析数据和制图的工具，首先运用 ArcGIS 软件对属性数据和空间数据进行处理和分析，主要包括数据裁剪、格式转换、区域统计分析，“三生”功能评价过程采用 GIS 软件进行空间可视化、量化与等级划分、叠加分析，形成评价结果和优化布局结果。

7. 研究内容

以桂西南喀斯特—北部湾地区作为研究对象，结合研究区的自然地理特征、社会经济发展现状，在总结和评述相关研究的基础上，开展复杂的山江海地域系统优化研究。本章的研究内容主要有四大部分，具体内容如下。

第一部分，梳理陆海统筹和国土空间优化的相关研究进展，剖析协调发展理论、系统论和区域统筹发展等相关概念，明晰研究区国土空间格局分布和变化特征。

第二部分，构建国土空间“三生”功能评价指标体系，评价桂西南喀斯特—北部湾地区国土空间各单元“三生”功能水平，运用 ArcGIS 软件空间表达、自然间断点分级等，对“三生”功能空间分布进行可视化表达，运用空间自相关分析法研究各功能的空间相关性。

第三部分，确定桂西南喀斯特—北部湾地区的国土空间优化分区方案，应用比较优势度指数测算研究区各县（区）国土空间的优势功能，并以此为基础，运用空间聚类、叠加分析、对比分析等方法，结合研究区自然基底和经济社会发展概况、空间结构特征，综合考虑广西海洋功能区划分布，确立研究区国土空间“三生”功能格局。

第四部分，提出山江海地域系统发展规划与建议，以研究区域山江海联动发展为目标，综合考虑国家发展战略和各市的自然经济特征，通过重构国土空间开发格局，提出各类功能空间利用的布局模式，实现山江海地区统筹协调发展，并针对优化方案给出切实可行的对策和建议。

14.2.4　研究思路与技术路线

以桂西南喀斯特—北部湾地区国土空间现状和相关理论为基础，构建“三生”功能评价指标体系，对研究区各县域的生产、生活和生态功能指数进行测算，分析“三生”功能在空间上的异质性和自相关性。利用 NRCA 测算各单元的优势功能，结合聚类分析、叠加分析和研究区概况对优势功能进行优化调整，确定国土空间“三生”功能分布格局，最后提出国土空间格局发展规划与建议。具体路线图如图 14.1 所示。

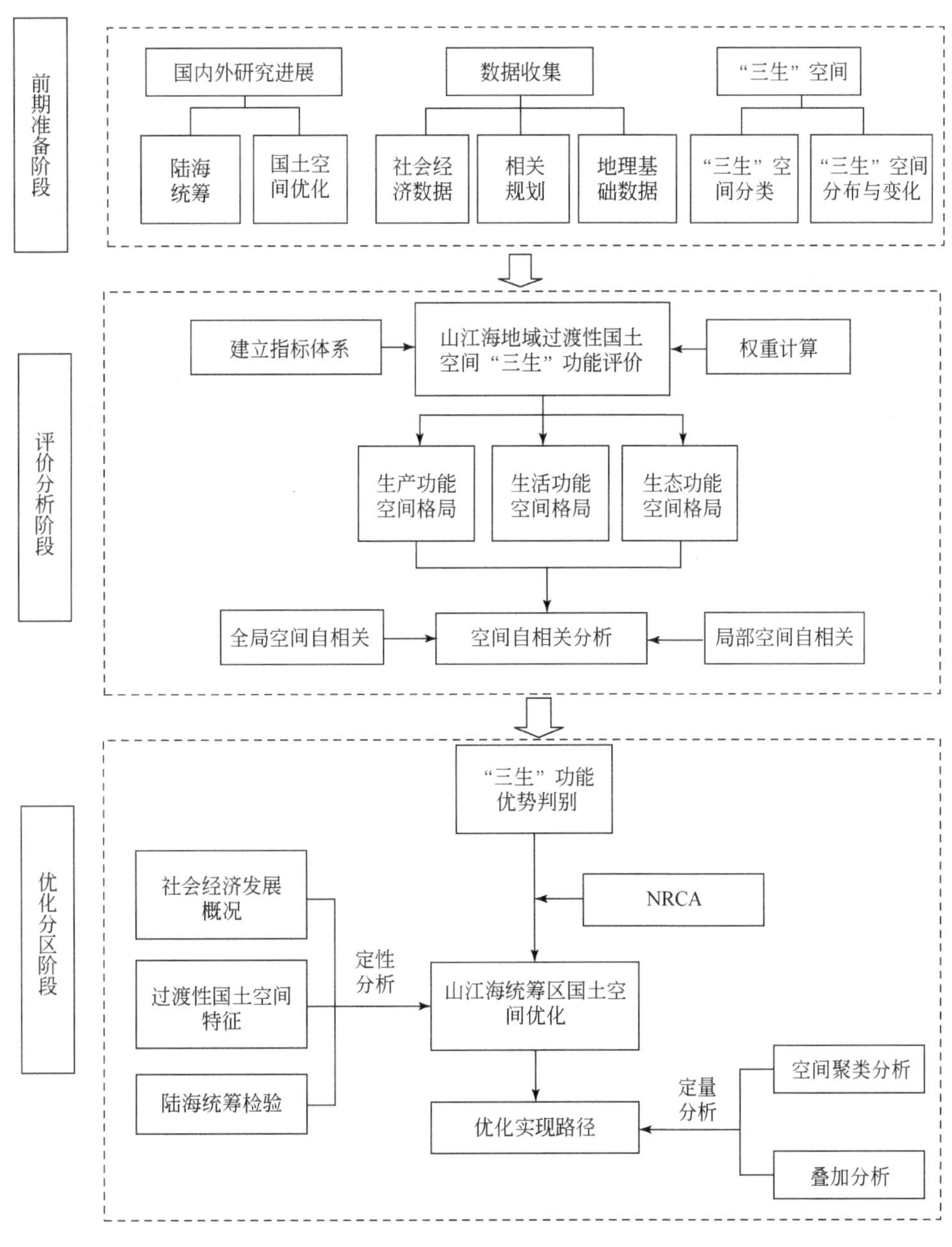

图 14.1　技术路线图

14.3 “三生”空间格局结构演变分析

14.3.1 数据来源及处理

本章的社会经济数据主要来源于 2019 年《广西统计年鉴》、2018 年《广西水土保持公报》。文章所用的 1980 年和 2018 年土地利用数据分辨率为 30m，来源于资源环境科学与数据中心；道路数据来源于 OSM 公开地图网站；DMSP/OLS 夜间灯光数据由 NOAA 数据平台提供；石漠化数据和海洋相关数据来源于课题组已有研究成果。

本章研究数据包括社会经济数据和矢量数据，由于所选指标的性质不同，通常具有不同的量纲和数量级，为避免数据类型和指标量纲差异对国土空间功能评价结果造成影响，需要对不同评价指标的原始数据进行标准化处理，本章采用极值标准化方法对原始数据进行标准化处理。

14.3.2 “三生”空间分类

“三生”空间是一种根据国土利用类型划分的功能空间，包括生产、生活和生态空间（曹艳雪等，2020）。生产空间指的是提供物质资料和服务等行为的区域，生活空间指保障人类居住、消费和休闲等日常生活行为的区域，生态空间是指具有生态防护作用，对于维护区域生态安全和可持续发展具有重要意义，能够提供生态服务和产品的地域空间，是人类生产和生活的保障，也是必须严格管控和维护的区域。土地不仅是一个集生产、生活和生态功能于一体的综合系统，也是一个相互关联、相互统一的复杂综合体，桂西南喀斯特—北部湾地区土地利用变化是其利用类型在生产、生活和生态三大空间功能中的转变。

本章以资源环境科学与数据中心提供的 30m 分辨率土地利用数据为基础，结合国土空间规划和综合分区的要求，从“三生”的角度建立国土空间分类体系，按照国土空间体现的功能进行划分和归纳，体现可持续和均衡发展的理念。本章参考前人的分类理念和研究成果（李明薇等，2018；孔冬艳等，2021），遵循科学性、实用性和继承性的原则，以土地的生产、生活和生态功能为主导，同时兼顾多功能性，将土地划分为生产空间、生活空间和生产空间三大类，将这三大类细分为 7 类，包括农业生产空间、工业生产空间、城镇生活空间、农村生活空间、绿色生态空间、水域生态空间和其他生态空间，见表 14.1。

表 14.1 桂西南喀斯特—北部湾地区国土“三生”空间分类

一级分类	二级分类	三级分类
生产空间	农业生产空间	水田、旱地
	工业生产空间	工矿建设用地
生活空间	城镇生活空间	城镇用地
	农村生活空间	农村居民点用地
生态空间	绿色生态空间	有林地、灌木林、疏林地、其他林地、高覆盖度草地、中覆盖度草地、低覆盖度草地
	水域生态空间	河渠、湖泊、水库坑塘、滩涂、滩地、海洋
	其他生态空间	沙地、盐碱地、沼泽地、裸土地、裸岩石砾地

14.3.3 “三生”空间分布

桂西南喀斯特—北部湾地区 2018 年国土空间面积分布情况如图 14.2 所示，各县国土空间类型分布数量详见表 14.2。从整体空间分布面积看，绿色生态空间和农业生产空间分布面积最广，占据了大部分国土空间面积，绿色生态空间主要分布在百色市、防城港市等森林覆盖率高的山区。农业生产空间分布在北海市、南宁市、钦州市等海拔较低、地势平坦、土壤肥沃的流域、沿海地带。城镇生活空间集聚效应以南宁市最明显，集中在西乡塘区、兴宁区、青秀区、邕宁区、良庆区和江南区等城区的交界处，其余城市的集聚规模较小。工业生产空间分布面积较小，主要分布在城市周边和沿海地带，少量零星分布于偏远地区。农村生活空间的分布相对分散，没有成片发展，以村落为单元零散分布在城市周围和广大偏远地区。水域生态空间主要分布有河流、水库等大面积水域，并伴随着生活、生产空间发展。其他生态空间面积极少，分布规律不明显。

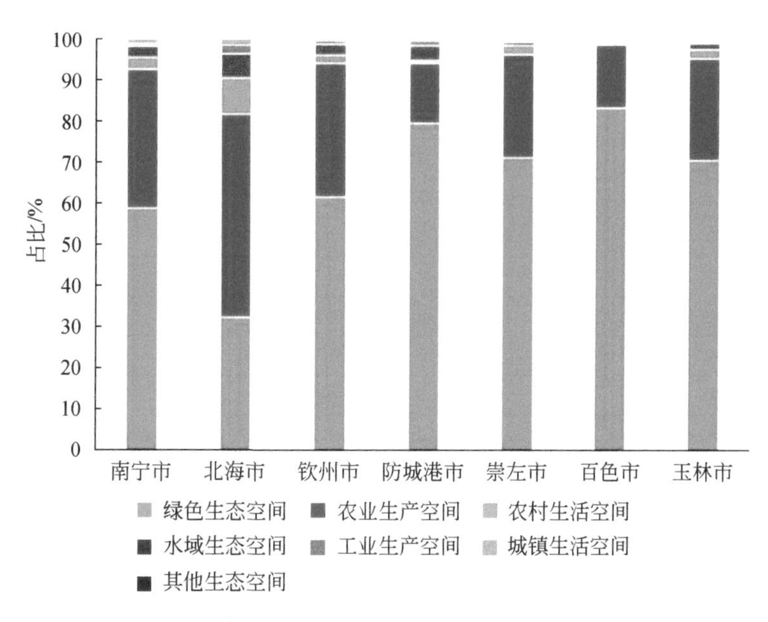

图 14.2　研究区国土空间分布面积

表 14.2　各县（市、区）“三生”空间分布现状（2018 年）

县（市、区）		农业生产空间		工业生产空间		城镇生活空间		农村生活空间		绿色生态空间		水域生态空间		其他生态空间	
		面积/km²	占比/%	面积/km²	占比/%	面积/km²	占比/%	面积/km²	占比/%	面积/km²	占比/%	面积/km²	占比/%	面积/km²	占比/%
南宁市	兴宁区	211	30.90	8	1.17	20	2.93	12	1.75	422	61.79	10	1.46	0	0.00
	青秀区	239	25.87	16	1.73	61	6.60	17	1.84	557	60.28	34	3.68	0	0.00
	江南区	540	44.08	24	1.96	48	3.92	35	2.86	534	43.59	43	3.51	1	0.08
	西乡塘区	385	34.07	12	1.06	68	6.02	48	4.25	571	50.53	46	4.07	0	0.00
	良庆区	373	28.37	23	1.75	22	1.67	16	1.22	819	62.28	62	4.71	0	0.00
	邕宁区	560	45.20	13	1.05	4	0.32	16	1.29	632	51.01	14	1.13	0	0.00
	武鸣区	1242	36.70	23	0.68	14	0.42	105	3.10	1916	56.62	84	2.48	0	0.00
	隆安县	585	25.99	8	0.36	3	0.13	67	2.98	1565	69.52	22	0.98	1	0.04
	马山县	418	17.86	5	0.21	3	0.13	29	1.24	1872	79.96	14	0.60	0	0.00
	上林县	573	30.69	2	0.11	3	0.16	49	2.63	1203	64.43	37	1.98	0	0.00
	宾阳县	1080	46.81	4	0.17	26	1.13	97	4.20	1033	44.78	65	2.82	2	0.09
	横州市	1241	36.06	9	0.26	7	0.20	129	3.75	1838	53.40	218	6.33	0	0.00
	合计	7447	33.69	147	0.66	279	1.26	620	2.80	12962	58.63	649	2.94	4	0.02
北海市	海城区	65	59.09	4	3.64	26	23.64	9	8.18	5	4.54	1	0.91	0	0.00
	银海区	291	61.26	27	5.69	7	1.47	61	12.84	67	14.11	21	4.42	1	0.21
	铁山港区	221	55.66	25	6.30	3	0.76	67	16.88	60	15.11	19	4.79	2	0.50
	合浦县	1101	45.38	15	0.62	11	0.45	161	6.64	964	39.74	167	6.88	7	0.29
	合计	1678	49.24	71	2.08	47	1.38	298	8.74	1096	32.16	208	6.10	10	0.30

续表

县（市、区）		农业生产空间		工业生产空间		城镇生活空间		农村生活空间		绿色生态空间		水域生态空间		其他生态空间	
		面积/km^2	占比/%	面积/km^2	占比/%	面积/km^2	占比/%	面积/km^2	占比/%	面积/km^2	占比/%	面积/km^2	占比/%	面积/km^2	占比/%
钦州市	钦南区	867	36.02	74	3.08	19	0.79	34	1.41	1236	51.35	175	7.27	2	0.08
	钦北区	854	38.84	13	0.59	0	0.00	57	2.59	1244	56.57	31	1.41	0	0.00
	灵山县	1330	37.33	8	0.22	9	0.25	104	2.92	2055	57.68	57	1.60	0	0.00
	浦北县	418	16.59	8	0.32	4	0.16	24	0.95	2030	80.59	35	1.39	0	0.00
	合计	3469	32.46	103	0.96	32	0.30	219	2.05	6565	61.42	298	2.79	2	0.02
防城港市	港口区	26	8.75	43	14.48	4	1.35	2	0.67	158	53.20	64	21.55	0	0.00
	防城区	332	14.02	8	0.34	13	0.55	8	0.34	1947	82.22	59	2.49	1	0.04
	上思县	429	15.25	4	0.14	4	0.14	24	0.85	2289	81.34	63	2.24	1	0.04
	东兴市	72	14.40	21	4.20	5	1.00	7	1.40	358	71.60	35	7.00	2	0.40
	合计	859	14.37	76	1.27	26	0.43	41	0.69	4752	79.48	221	3.70	4	0.06
崇左市	江州区	896	30.78	17	0.58	18	0.62	65	2.23	1869	64.21	44	1.51	2	0.07
	扶绥县	977	34.49	26	0.92	9	0.32	86	3.03	1692	59.72	43	1.52	0	0.00
	宁明县	661	17.84	17	0.46	9	0.24	56	1.51	2926	78.95	36	0.97	1	0.03
	龙州县	614	26.56	2	0.09	10	0.43	48	2.08	1612	69.72	26	1.12	0	0.00
	大新县	681	24.77	2	0.07	6	0.22	69	2.51	1976	71.88	14	0.51	1	0.04
	天等县	470	21.66	3	0.14	3	0.14	36	1.66	1651	76.08	6	0.28	1	0.04
	凭祥市	50	7.78	5	0.78	7	1.09	9	1.40	569	88.49	2	0.31	1	0.15
	合计	4349	25.10	72	0.42	62	0.36	369	2.13	12295	70.97	171	0.99	6	0.03
百色市	右江区	333	8.96	17	0.46	20	0.54	6	0.16	3263	87.78	74	1.99	4	0.11
	田阳区	694	29.20	15	0.63	17	0.72	19	0.79	1613	67.86	19	0.80	0	0.00
	田东县	583	20.75	10	0.36	8	0.28	23	0.82	2169	77.19	16	0.57	1	0.03
	平果市	647	26.24	13	0.53	8	0.32	24	0.97	1751	71.01	23	0.93	0	0.00
	德保县	732	28.59	7	0.27	2	0.08	5	0.20	1811	70.74	3	0.12	0	0.00
	那坡县	322	14.51	2	0.09	2	0.09	0	0.00	1892	85.26	1	0.05	0	0.00
	凌云县	318	15.56	0	0.00	1	0.05	1	0.05	1724	84.34	0	0.00	0	0.00
	乐业县	218	8.31	5	0.19	0	0.00	0	0.00	2385	90.93	15	0.57	0	0.00
	田林县	224	4.06	2	0.03	1	0.02	2	0.04	5280	95.63	12	0.22	0	0.00
	西林县	208	7.06	2	0.07	1	0.03	1	0.03	2716	92.20	18	0.61	0	0.00
	隆林各族自治县	381	10.75	3	0.08	2	0.06	0	0.00	3117	87.95	41	1.16	0	0.00
	靖西市	920	27.66	10	0.30	3	0.09	4	0.12	2373	71.35	14	0.42	2	0.06
	合计	5580	15.43	86	0.24	65	0.18	85	0.24	30094	83.24	236	0.65	7	0.02
玉林市	玉州区	232	53.09	14	3.20	47	10.76	32	7.32	105	24.03	7	1.60	0	0.00
	福绵区	292	35.18	1	0.12	4	0.48	23	2.77	497	59.88	13	1.57	0	0.00
	容县	437	19.41	3	0.13	10	0.44	24	1.07	1757	78.02	21	0.93	0	0.00
	陆川县	364	23.51	11	0.71	6	0.39	21	1.36	1122	72.48	24	1.55	0	0.00
	博白县	745	19.50	12	0.31	7	0.18	49	1.28	2915	76.27	91	2.38	3	0.08
	兴业县	555	37.83	6	0.41	0	0.00	48	3.27	845	57.60	13	0.89	0	0.00
	北流市	574	23.49	10	0.41	20	0.82	61	2.49	1764	72.18	15	0.61	0	0.00
	合计	3199	25.00	58	0.45	94	0.74	259	2.02	9004	70.34	183	1.43	3	0.02

从各国土空间的数量分布和占比情况看：①农业生产空间面积最多的是南宁市，拥有 7447km^2，占比

最大的是北海市，达到 49.24%，防城港市的农业生产空间面积和占比均为最小。从各县域看，武鸣区、宾阳县、横州市、合浦县、灵山县等农业生产空间面积较大，均超过 1000 km^2，海城区、银海区、铁山港区和玉州区的农业生产空间占比较大，均超过 50%。②工业生产空间面积最多的是南宁市，拥有 147km^2，占比最大的是北海市，约有 2.08%。从各县域看，钦南区拥有工业生产空间面积最多，有 74km^2，港口区面积占比最高，约有 14.48%。③城镇生活空间面积最多的是南宁市，拥有 279km^2，占比最大的是北海市，为 1.38%。从各县域分布看，西乡塘区拥有的城镇生活空间最大，有 68km^2，海城区占比最大，为 23.64%。④农村生活空间面积最多的是南宁市，约有 620km^2，占比最大的是北海市，约为 8.74%。从各县看，农村生活空间面积最大的是合浦县，为 161km^2，占比最大的是铁山港区，约为 16.88%。⑤绿色生态空间在百色市分布最多，占比也最大，空间面积约有 30094km^2，占比高达 83.24%。从各县域单元看，田林县、乐业县和西林县绿色生态空间面积占比达到了 90%以上，海城区、银海区和铁山港区绿色生态空间面积和占比均较少，其中海城区仅有 5km^2，占比仅为 4.54%。⑥水域生态空间在南宁市分布面积最广，共有 649km^2，在北海市面积占比最大，约有 6.10%。从各县域分布看，横州市的水域生态面积最广，有 218km^2，港口区占比最大，有 21.55%。⑦其他生态空间面积较小，在各县域的占比差异不明显。总体看来，农业生产空间、工业生产空间、城镇生活空间、农村生活空间、水域生态空间等空间类型在南宁市具有面积总量优势，而在北海市面积占比最大，绿色生态空间的面积和占比在百色市均为最大，防城港市、钦州市、崇左市和玉林市的国土空间面积及占比在研究区中不占主要地位。

14.3.4 “三生”空间变化

国土空间变化包括转入和转出两方面，转入是指其他国土空间转为该国土空间从而导致该用地类型面积增加，转出是指该国土空间转为其他国土空间使得该国土空间面积萎缩，利用图谱构造中叠加分析生产的各类国土空间转入和转出数据，经过可视化表达得出 1980～2018 年时序单元的国土空间面积变化情况（图 14.3 和表 14.3）。从图 14.3 中可以看出 1980～2018 年国土空间类型在各个市域上的变化情况，其中萎缩国土空间类型最明显的是绿色生态空间和农业生产空间，新增最明显的是城镇生活空间、工业生产空间和农业生产空间，其余国土空间类型变化零散分布。表 14.3 中萎缩的农业生产空间主要位于南宁市和玉林市的县域，大部分转化为城镇生活空间和工业生产空间。萎缩的绿色生态空间主要位于南宁市城区、钦州市的钦南区、北海市的合浦县。

从各市的国土空间转化特征看，城区中心的国土空间类型变化较大。百色市右江河谷沿岸地带的农业生产空间和绿色生态空间转化为城镇生活空间和工业生产空间。崇左市江州区和扶绥县的农业生产空间和绿色生态空间转化为城镇生活空间和工业生产空间。防城港市的东兴市、港口区和防城区的农业生产空间

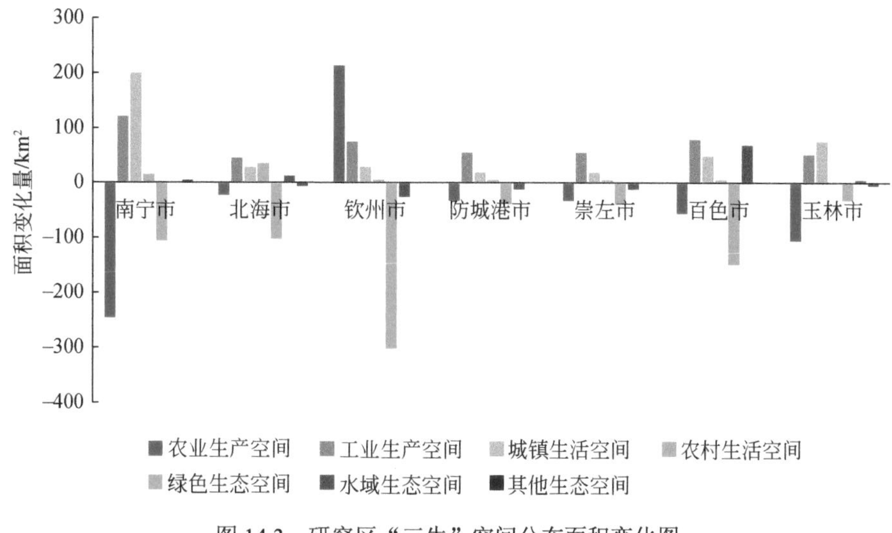

图 14.3　研究区“三生”空间分布面积变化图

表 14.3 各县（市、区）“三生”空间面积变化情况（1980～2018 年） （单位：km²）

县（市、区）		农业生产空间	工业生产空间	城镇生活空间	农村生活空间	绿色生态空间	水域生态空间	其他生态空间
南宁市	兴宁区	−16.01	7.11	15.48	0.73	−7.08	−0.23	0.00
	青秀区	−26.84	14.16	47.58	1.23	−34.85	−1.28	0.00
	江南区	−41.44	19.54	36.48	−0.88	−13.12	−1.10	0.53
	西乡塘区	−56.89	11.28	53.35	−1.29	−5.18	−1.27	0.00
	良庆区	−15.87	15.54	10.73	0.16	−9.67	−0.89	0.00
	邕宁区	−14.69	13.37	1.76	0.38	0.33	−1.16	0.00
	武鸣区	−31.71	20.06	12.58	0.95	−2.00	0.12	0.01
	隆安县	−7.42	7.79	2.66	2.81	−7.12	1.65	−0.38
	马山县	−1.84	4.63	1.94	1.61	−8.30	1.96	0.00
	上林县	−8.18	1.51	1.80	1.93	1.59	1.34	0.00
	宾阳县	−14.51	3.25	14.20	2.42	−10.60	4.11	1.12
	横州市	−7.89	5.34	3.54	5.56	−7.25	0.69	0.00
北海市	海城区	−15.66	3.39	12.70	1.53	−1.88	−0.07	0.00
	银海区	−18.35	5.48	7.16	14.38	−9.27	0.26	0.34
	铁山港区	−31.61	25.02	2.65	3.83	5.11	−4.19	−0.82
	合浦县	44.61	11.93	6.68	14.31	−93.79	15.93	0.33
钦州市	钦南区	200.00	53.48	16.77	0.55	−244.80	−26.38	0.38
	钦北区	−1.50	6.08	0.30	1.27	−5.22	−0.93	0.00
	灵山县	21.80	8.21	8.12	2.23	−39.95	−0.41	0.00
	浦北县	−4.57	7.70	3.37	2.62	−11.20	2.09	0.00
防城港市	港口区	−17.70	32.46	4.10	−0.20	−10.82	−7.84	0.00
	防城区	−12.29	7.09	8.32	−0.60	−2.51	−0.63	0.61
	上思县	11.69	2.28	3.98	0.86	−18.59	−0.43	0.22
	东兴市	−11.19	12.52	4.08	0.96	−4.64	−1.29	−0.44
崇左市	江州区	−20.33	13.14	13.87	2.10	−11.16	0.16	2.22
	扶绥县	−22.55	14.67	5.93	5.78	−6.71	2.88	0.00
	宁明县	−6.12	2.96	1.57	2.90	−1.84	0.52	0.00
	龙州县	−13.18	0.65	7.63	1.43	3.08	0.39	0.00
	大新县	−3.48	1.19	3.29	1.90	−3.01	0.09	0.01
	天等县	0.76	2.70	2.15	0.26	−1.75	−4.13	0.00
	凭祥市	−1.12	4.93	0.84	0.27	−4.46	0.00	−0.46
百色市	右江区	−12.20	14.75	13.48	1.55	−36.90	19.27	0.05
	田阳区	−29.90	15.04	15.33	0.20	−0.46	−0.21	0.00
	田东县	−15.14	9.49	6.51	2.07	−2.59	−0.34	0.00
	平果市	−11.16	11.97	5.79	−0.17	−7.40	0.96	0.00
	德保县	−6.72	6.71	1.41	0.37	−1.94	0.17	0.00
	那坡县	−3.26	1.53	0.42	0.00	0.33	0.98	0.00
	凌云县	3.90	0.00	0.00	0.41	−4.23	−0.08	0.00
	乐业县	3.29	4.79	0.00	−0.17	−17.24	9.34	0.00

续表

县（市、区）		农业生产空间	工业生产空间	城镇生活空间	农村生活空间	绿色生态空间	水域生态空间	其他生态空间
百色市	田林县	9.71	1.53	0.79	0.51	−15.48	2.94	0.00
	西林县	10.99	2.08	0.52	0.10	−19.69	5.83	0.16
	隆林各族自治县	1.31	2.89	1.18	0.19	−36.41	30.83	0.01
	靖西市	−5.78	9.84	2.00	−0.01	−5.69	−0.37	0.00
玉林市	玉州区	−39.81	8.93	37.78	−3.39	−3.34	−0.18	0.00
	福绵区	−1.43	1.29	4.14	−2.00	−2.28	0.28	0.00
	容县	−11.57	2.96	7.51	−1.06	1.27	0.86	0.03
	陆川县	−7.11	10.81	4.31	2.65	−9.35	0.32	−1.63
	博白县	−11.01	12.04	4.69	1.18	−9.73	2.95	−0.12
	兴业县	−5.39	5.63	0.00	3.21	−3.78	0.33	0.00
	北流市	−28.20	9.95	18.05	2.82	−2.82	0.21	0.00

和绿色生态空间主要转化为城镇生活空间和工业生产空间，上思县的绿色生态空间主要转化为农业生产空间。南宁市西乡塘区、兴宁区、青秀区、邕宁区、良庆区、江南区等城区的交界处绿色生态空间、农业生产空间转化为城镇生活空间和工业生产空间。钦州市钦南区的农业生产空间转化为城镇生活空间，绿色生态空间转化为农业生产空间。北海市海城区、银海区和铁山港区的农业生产空间主要转化为城镇生活空间和工业生产空间，合浦县的绿色生态空间则转化为农业生产空间，北海市内的农村生活空间增加得比较密集，主要来源于农业生产空间。玉林市玉州区和北流市的农业生产空间主要转化为城镇生活空间。

总体看来，位于城市中心的农业生产空间和绿色生态空间转化为城镇生活空间和工业生产空间，而地理位置相对偏远的县域的绿色生态空间转化为农业生产空间，农村生活空间增加不明显，分布比较零碎，主要由农业生产空间转化而来。南宁市、钦州市和北海市的国土空间类型发生了较大变化，在近 40 年间工业生产空间、城镇生活空间快速扩张，且在政策扶持下开发力度大，挤占了城市周围的农业生产空间和绿色生态空间，国土空间类型发生了较大的转变。

14.4　桂西南喀斯特—北部湾地区“三生”功能评价与分析

14.4.1　“三生”功能评价体系

1. 评价单元的确定

在国土空间规划方面，评价单元的划分形式较多，学者以栅格、地块、行政区等为划分对象，根据选取的评价单元不同，评价的优缺点也不同。为便于政府实施国土空间规划的差别化管理，最终选定以县级行政区作为评价单元。研究区共涉及 50 个县（区、市），因此设置 50 个评价单元。

2. 评价指标体系的构建

对国土空间“三生”功能的评价是国土空间划分的依据，建立客观、科学和具有可操作性的指标体系对“三生”功能分区起到了决定性作用。因此，指标体系的选取要充分体现国土空间“三生”功能，并综合考虑区域的共性和特性。本节选取熵值法确定“三生”功能评价指标的权重，具有客观性的优势。评价指标体系详见表 14.4。

表 14.4 桂西南喀斯特—北部湾地区“三生”功能评价指标体系

目标层	准则层	指标层	指标类型	信息熵	冗余度	准则层权重	目标层权重
生产功能	农业生产	土地垦殖率（%）	正	0.95	0.05	0.16	0.02
		粮食单产（t/hm^2）	正	0.97	0.03	0.08	0.01
		农作物播种面积覆盖率（%）	正	0.94	0.06	0.21	0.03
		地均第一产业增加值（万元/km^2）	正	0.83	0.17	0.55	0.07
	工业生产	工矿生产空间面积占比（%）	正	0.77	0.23	0.20	0.10
		规模以上工业企业个数（个）	正	0.88	0.12	0.11	0.05
		地均规模以上工业总产值（万元/km^2）	正	0.53	0.47	0.41	0.20
		地均第二产业增加值（万元/km^2）	正	0.67	0.33	0.28	0.14
	经济发展	地均地区生产总值（万元/km^2）	正	0.71	0.29	0.35	0.13
		地均固定资产投资强度（万元/km^2）	正	0.76	0.24	0.29	0.11
		地均财政收入（万元/km^2）	正	0.73	0.27	0.32	0.12
		非农产业占比（%）	正	0.96	0.04	0.04	0.02
生活功能	社会保障	千人中小学生在校数（人）	正	0.95	0.05	0.14	0.04
		千人卫生机构床位数（张）	正	0.93	0.07	0.20	0.06
		道路密度（km/km^2）	正	0.85	0.15	0.43	0.12
		人均生活空间面积（m^2）	正	0.92	0.08	0.23	0.07
	生活承载	人均 GDP（元）	正	0.86	0.14	0.17	0.12
		人均社会消费品零售总额（元）	正	0.86	0.14	0.17	0.12
		居民人均可支配收入（元）	正	0.93	0.07	0.08	0.06
		夜间灯光亮度	正	0.67	0.33	0.39	0.28
		人口密度（人/km^2）	正	0.84	0.16	0.19	0.13
生态功能	生态承载	海岸线开发强度	负	0.97	0.03	0.18	0.04
		单位面积生态系统服务价值（万元/km^2）	正	0.99	0.01	0.07	0.02
		生物丰富度指数	正	0.98	0.02	0.10	0.02
		人均生态空间面积（m^2）	正	0.90	0.10	0.65	0.15
	生态维持	森林覆盖率（%）	正	0.97	0.03	0.05	0.04
		水域面积比例（%）	正	0.89	0.11	0.21	0.16
		湿地面积比例（%）	正	0.65	0.35	0.65	0.50
		石漠化程度	负	0.97	0.03	0.06	0.04
		水土流失程度	负	0.98	0.02	0.03	0.03

14.4.2 “三生”功能评价结果

1. 生产功能评价

生产功能是国土空间利用的根本动力，包括农业生产、工业生产和经济发展，为人们日常消费所需提供生活资料，在“三生”空间利用中处于基础性功能地位。本节运用自然断点法将各一级功能和二级功能的评价结果划分为低、较低、较高、高 4 个等级，以便直观全面地分析各功能的空间分布特征，剖析生产功能在不同评价单元的空间异质性特征，如图 14.4 所示。

从桂西南喀斯特—北部湾地区的农业生产功能、工业生产功能、经济发展功能和生产功能看，农业生产功能优于其他功能，研究区拥有较多数量的农业生产功能高值区和较高值区，相同功能等级分布连片集中，功能较强区域位于地势平坦的中部和东南部，功能较低区域位于西部和西北部，农业功能水平容易受地形地势影响，功能分布特征与海拔具有相关性，海拔高的地区农业生产功能低，反之亦然。工业生产功能和经济发展功能相对较弱，较低值区和低值区占据了大部分空间。除了受地形地势的限制外，区位条件和政策导向对功能的影响也较大，功能高值区和较高值区主要位于城区中心和沿海重点发展区域，喀斯特地区的城市中心及县级市的功能相对于周围县（区）较高。综合农业生产、工业生产和经济发展得到生产功能情况，总体表现为中部和东南部地区的功能高于西部和西北部，百色市和崇左市的喀斯特山区的生产功能较弱。

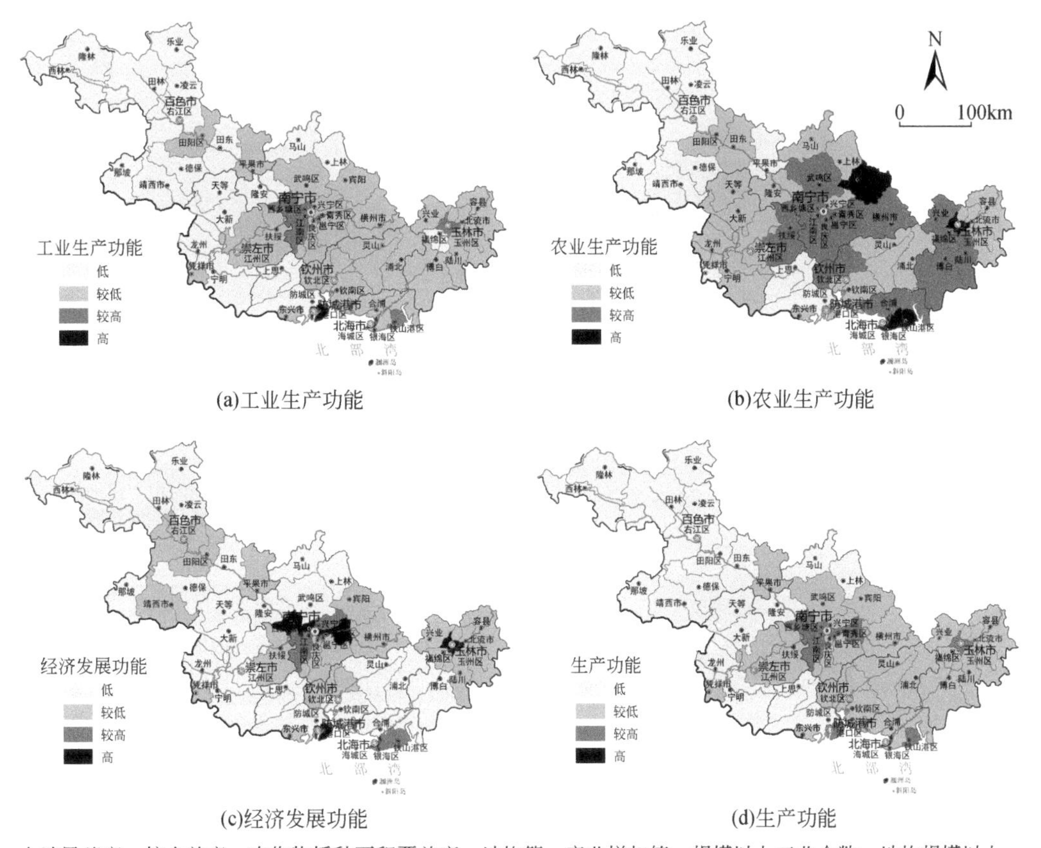

土地垦殖率、粮食单产、农作物播种面积覆盖率、地均第一产业增加值、规模以上工业个数、地均规模以上工业总产值、地均第二产业增加值、地均地区生产总值、地均固定资产投资强度、地均财政收入、非农产业占比数据来源于2018年、2019年《广西统计年鉴》；图上专题内容为作者根据2018年、2019年土地垦殖率、粮食单产、农作物播种面积覆盖率、地均第一产业增加值、规模以上工业个数、地均规模以上工业总产值、地均第二产业增加值、地均地区生产总值、地均固定资产投资强度、地均财政收入、非农产业占比数据来推算出的结果，不代表官方数据。

图 14.4 研究区生产功能空间格局

从各市的功能特征看，北海市的农业生产功能、工业生产功能、经济发展功能和生产功能在整个研究区中具有优势性，处于较高水平，其中海城区各生产功能在整个研究区中均为高值，合浦县则相对较低；南宁市和玉林市各生产功能水平也较高，南宁市中心城区和玉林市玉州区表现较为突出；钦州市各生产功能水平差距较小，以较低值区和低值区为主；防城港市的港口区和东兴市各生产功能水平较高，而上思县和防城区较低；崇左市的工业生产功能、经济发展功能均较弱，为较低值区和低值区，农业生产功能相对较强，受本身地理条件及南宁辐射作用的影响，扶绥县各生产功能在市内均处于较高水平，凭祥市作为边境口岸，其生产功能水平也较高；百色市的农业生产功能、工业生产功能、经济发展功能和生产功能在整个研究区中均表现最弱，各生产功能值均为较低值和低值，且低值区占据了大部分空间。

各生产功能在地理空间分布上呈现出了差异性，地势平坦的中部和东南部地区其生产功能高于西北部的喀斯特山区，农业生产功能表现尤为明显。北部湾经济区受到了更多的政策扶持与经济发展，以南宁市中心城区和北海市中心城区为代表的地区生产功能表现最强，起到了中心辐射和沿海带动的作用，受自然资源条件约束及其战略地位不突出，位于喀斯特岩溶地区的百色市生产功能最弱。

2. 生活功能评价

生活功能包含社会保障功能和生活承载功能，社会保障功能能保障人们的生活水平、提供公共服务，包括教育、医疗、出行、生活空间等方面，生活承载功能是指满足一定人口数量的生活要求的功能，反映区域社会发展状况和人们的生活质量，如图 14.5 所示。

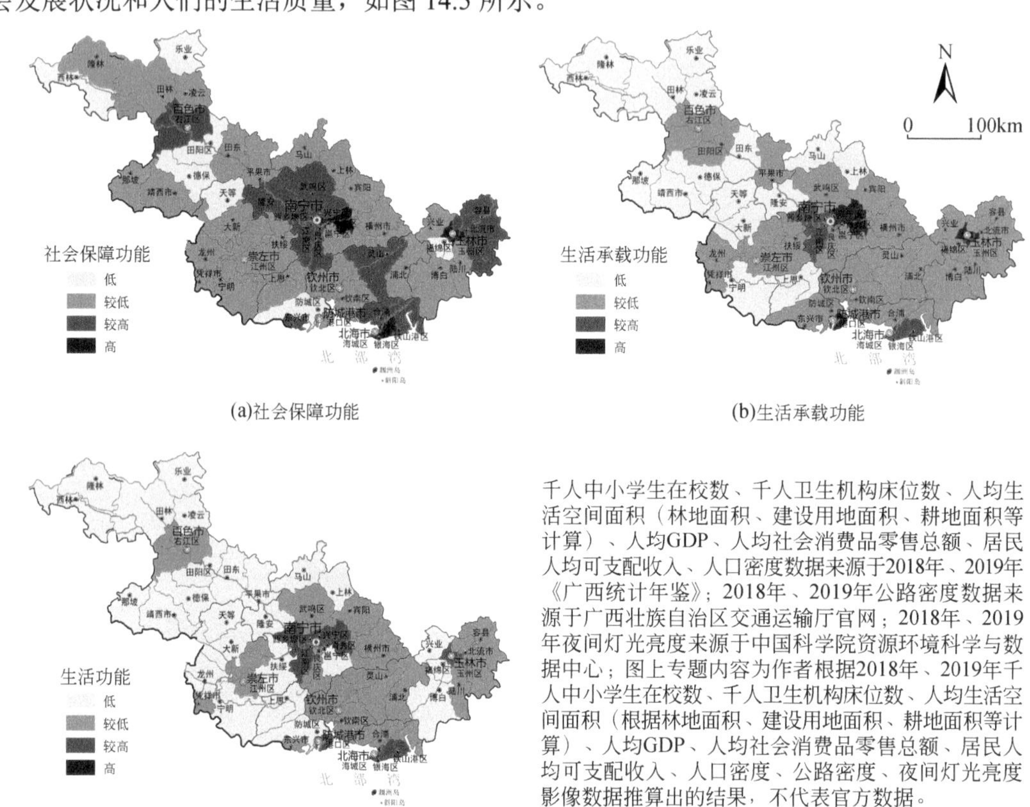

(a)社会保障功能　(b)生活承载功能　(c)生活功能

图 14.5　研究区生活功能空间格局

在桂西南喀斯特—北部湾地区中，社会保障功能高于生活承载功能和生活功能，拥有较多数量的高值区和较高值区，其等级分布规律与区域位置和经济发展的关系不明显，如田阳区、防城区和福绵区作为城市的主城区，其社会保障功能较低。生活承载功能等级分布具有一定的规律性，各城市生活承载功能较高地区均位于城市中心城区或县级市，中部和东南部地区的功能水平高于西部和西北部地区。生活功能等级分布与生活承载功能相似，以低值区为主，邕宁区、田阳区、防城区和福绵区等中心城区为低值区，其生活功能较弱。总体看来，以百色市和崇左市为主的喀斯特山区生活功能较弱，而首府南宁市和滨海城市北海市的生活功能更为突出。生活承载功能等级分布与经济发展和人口分布有较大关系，在人口聚集和人类开发建设活动强的区域其功能较高，社会保障功能和生活功能较强区域虽然在一定程度上集聚于城市发达地区，但是部分区域与之相反，可以看出社会保障功能与生活功能更注重反映人均生活的舒适度和保障程度。

从各市的功能特征看，北海市的社会保障功能、生活承载功能和生活功能均优于其他地区，海城区作为北海市政治、经济、文化中心和政府驻地，具有优质的资源保障，其各生产功能在北海市乃至整个研究区均为最高。南宁市和玉林市各生活功能水平次之，中心城区具有较高生活功能水平；钦州市各生活功能水平差异较小，除了灵山县的社会保障功能为较高值外，其余县（区）的各生活功能均为较低值区；防城港市东兴市和港口区各生活功能水平较高，上思县和防城区较低；崇左市和百色市各生活功能以较低值或低值为主，仅右江区的社会保障功能为较高值。

综合社会保障功能、生活承载功能和综合生活功能的分布特征，功能较高的单元主要位于中部和东南部地区，以南宁市、防城港市、北海市和玉林市的中心城区为主。其中南宁市作为广西的首府，是政治、经济、文化中心，也是重要的交通枢纽，吸引了大量人员聚集，具有优质的医疗资源和教育资源，道路交通基础设施完善。北海市和防城港市是广西滨海城市，具有丰富的旅游资源和较为完善的沿海港口建设，公共基础设施较为完善和道路交通较为发达。玉林市具有技术力量雄厚的工业格局，玉州区是玉林市政府驻地，也是生产生活中心，整体生活功能突出。钦州市各个生活功能发展相对均一，区域内各项功能等级差异不大。百色市、崇左市地区的社会保障功能、生活承载功能和综合生活功能均处于弱势地位，是整个研究区生活功能的短板，其中百色市政府驻地右江区、崇左市政府驻地江州区、开放口岸凭祥市和紧邻南宁的扶绥县在各自城市的生活功能中较为突出。总体看来，各个城市的生活功能水平较高的地区主要位于政府驻地、港口、开放口岸等地。

3. 生态功能评价

生态功能是保障生产功能和生活功能发挥的重要基础，包括生态承载力和生态维持功能，其中生态承载功能是在一定时期内，资源、环境系统对社会经济活动的承载和支撑功能，生态维持功能体现生态空间在系统中起到的净化和保障作用，如图 14.6 所示。

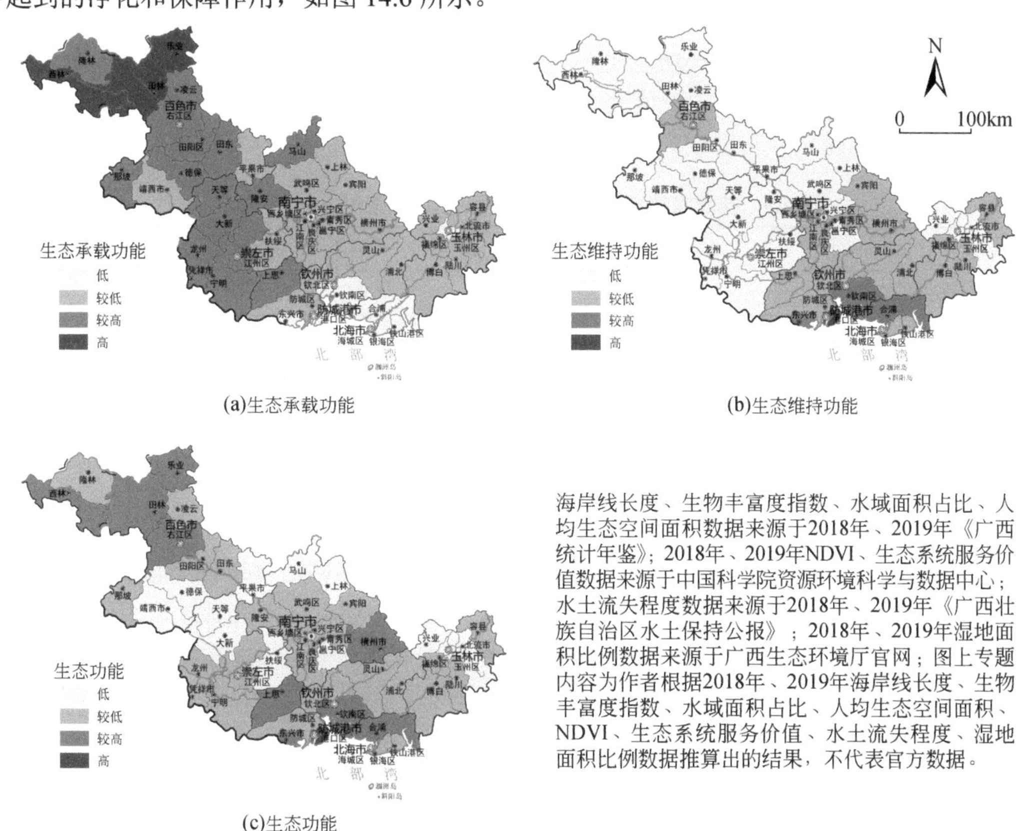

(a)生态承载功能　(b)生态维持功能　(c)生态功能

图 14.6　研究区生态功能空间格局

综合桂西南喀斯特—北部湾地区的生态承载功能、生态维持功能和综合生态功能可以看出，生态承载功能和生态维持功能等级分布特性具有较大差异，生态承载功能和生态维持功能的高、低值区分布相反。生态承载功能等级由西北向南有降低趋势，呈现出西北高、南部低的特点，较高值区和较低值区占比较大，主要位于喀斯特山区，喀斯特山区以山地为主，大部分区域为生态空间，受人类开发建设活动影响较少，具有较高的生态承载功能。生态维持功能等级由西北向南有升高趋势，除沿海地区有少量高值区和较高值区分布以外，其余地区为较低值区和低值区，整体功能水平较弱，功能较高地区位于北部湾沿海地区，沿海地区拥有较多的湿地面积，水土保持功能高，具有较高的生态维持功能。得出的综合生态功能具有两者的分布特征，水平较高区分布在研究区两端，中部功能较低，表现出了两头高、中间低的生态功能空间格局。

对各市的功能特征进行分析，百色市和崇左市是喀斯特岩溶地区，由于存在石漠化现象，其生态维持功能较弱，但由于绿色国土空间占比大，人类开发建设活动少，其具有较强的生态承载功能，综合生态功能水平处于中等；南宁市和玉林市属于非喀斯特地区和非沿海地区，同时社会经济活动和生产活动力度较大，其生态承载、生态维持和综合生态功能不突出；防城港市、钦州市和北海市均属于沿海城市，拥有生态岸线和海洋保护区，水土保持能力强，生态维持功能较高，但沿海地区的工业生产水平较高，人口聚集，绿色国土空间相对有限，因此生态承载功能较低，综合生态功能在研究区处于较高水平。

14.4.3　“三生”功能空间自相关分析

1. 生产功能空间自相关

1）生产功能全局空间自相关

基于 GeoDa 软件，应用全局 Moran’ *I* 指数分析桂西南喀斯特—北部湾地区生产功能的空间趋势和集聚特征。由表 14.5 可以看出农业生产功能、经济发展功能和生产功能分别通过了 99%、90%和 95%的置信度检验，具有显著的统计学差异，Morans’ *I* 的值均大于 0，呈显著正相关，说明桂西南喀斯特—北部湾地区的农业生产功能、经济发展功能和生产功能在空间分布上不是随机离散分布的，而是具有集聚的态势。工业生产功能的 *P* 值检验结果为 0.1880，*Z* 值为 0.5563，均未通过显著性水平检验，表明工业生产功能不存在全局空间相关性，空间随机分布性较大，研究区各生产功能 Moran’s *I* 指数详见表 14.5。

表 14.5　桂西南喀斯特—北部湾地区生产功能 Moran’s *I* 指数

类型	Moran’s *I*	*P* 值	*Z* 值
农业生产功能	0.7053	0.001	7.1736
工业生产功能	0.0286	0.1880	0.5563
经济发展功能	0.1242	0.084	1.4929
生产功能	0.1426	0.045	1.8809

2）生产功能局部空间自相关

为了进一步考察各单元各项功能的空间关联，尤其是“高高”和“低低”区域的空间溢出效应，本节对局部 Moran’s *I* 指数统计量的显著性进行检验，由图 14.7 可知，桂西南喀斯特—北部湾地区农业生产、工业生产、经济发展和生产功能的低低集聚类型区（L-L）均位于研究区西北部，集中于山地多、海拔高的百色市，难以得到高高集聚类型区（H-H）的辐射，不利于开展农业、工业活动。工业生产功能和生产功能的 H-H 均分布在北海市的银海区，农业生产功能 H-H 分布在南宁市、北海市和玉林市，高高集聚效

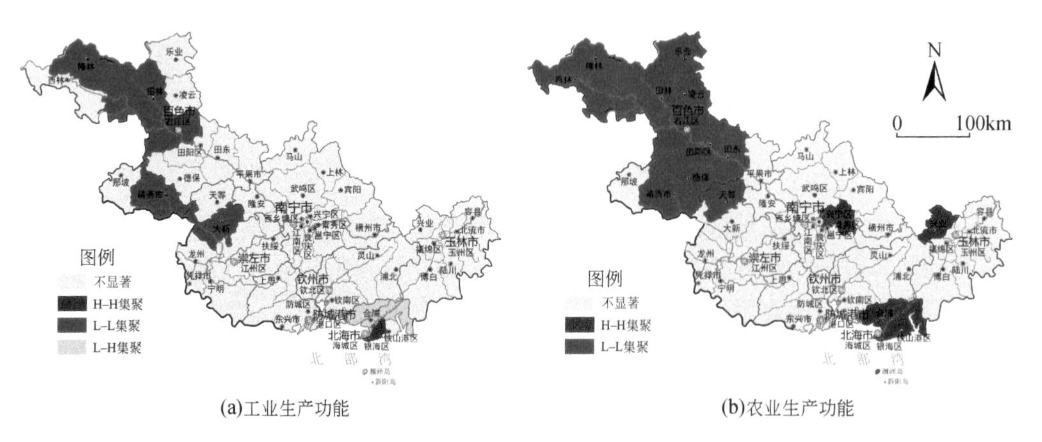

(a)工业生产功能　　(b)农业生产功能

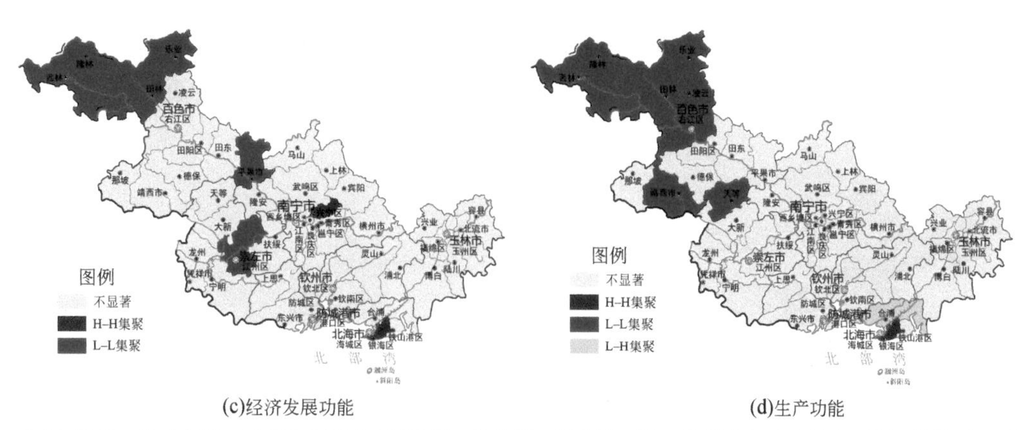

(c)经济发展功能　　　　(d)生产功能

土地垦殖率、粮食单产、农作物播种面积覆盖率、地均第一产业增加值、规模以上工业个数、地均规模以上工业总产值、地均第二产业增加值、地均地区生产总值、地均固定资产投资强度、地均财政收入、非农产业占比数据来源于2018年、2019年《广西统计年鉴》；图上专题内容为作者根据2018年、2019年土地垦殖率、粮食单产、农作物播种面积覆盖率、地均第一产业增加值、规模以上工业个数、地均规模以上工业总产值、地均第二产业增加值、地均地区生产总值、地均固定资产投资强度、地均财政收入、非农产业占比数据推算出的结果，不代表官方数据。

图 14.7　研究区生产功能 LISA 图

应较明显，经济发展功能 H-H 分布在南宁市兴宁区和北海市银海区。工业生产功能和生产功能的低高集聚类型区（L-H）均分布在合浦县，说明合浦县自身的工业生产功能和生产功能较低，但周边地区的生产功能较高。总体看来，以百色市为中心形成了各生产功能的低低集聚类型区，以北海市为中心形成了各生产功能的高高集聚类型区，以南宁为中心形成了农业生产和经济发展的高高集聚类型区，生产功能集聚效应在空间分布上具有较大的差异，喀斯特山区和沿海地区形成了明显的反差。

2. 生活功能空间自相关

1）生活功能全局空间自相关

应用全局 Moran's I 指数分析得出桂西南喀斯特—北部湾地区生活功能的空间趋势和集聚特征。由表 14.6 可以看到社会保障功能 P 值检验结果小于 0.01，通过 99%置信度检验，生活承载功能和生活功能 P 值检验结果小于 0.05，通过 95%置信度检验，具有显著的统计学差异，Moran's I 值均大于 0，呈现显著正相关。由此看来社会保障功能、生活承载功能和生活功能的空间分布具有明显的集聚效应，研究区各生活功能 Moran's I 指数详见表 14.6。

表 14.6　桂西南喀斯特—北部湾地区生活功能 Moran's *I* 指数

类型	Moran's I	P 值	Z 值
社会保障功能	0.3241	0.002	3.6228
生活承载功能	0.2031	0.019	2.3910
生活功能	0.2332	0.014	2.7352

2）生活功能局部空间自相关

由图 14.8 可知，桂西南喀斯特—北部湾地区生活承载功能的 L-L 均位于高海拔喀斯特山区，分布于百色市的西北部及百色市与崇左市交界处；L-H 分布在合浦县，表明合浦县的生活承载功能相对于周边发达地区较低；H-H 分布在北海市银海区。社会保障功能的 H-H 均位于北海市，整个北海市呈现出较高的功能集聚效应；高低集聚类型区（H-L）分布在右江区和东兴市，百色市的社会保障功能除了右江区之外其余地区都较低，因此，右江区的社会保障功能在周围地区中具有一定的优势，由此形成了 H-L，东兴市作为边境口岸城市，吸引了大量国内外贸易，形成了较为活跃的生活圈；L-L 分布在田东县。生活功能的 L-L 均位于喀斯特山区；H-L 分布在右江区，被 L-L 包围；H-H 位于银海区；L-H 位于合浦县。

从整体来看，各项生活功能的 H-H 均位于北海市，其具有优质的基础设施和生活环境，显示了以滨海城市为代表的舒适生活圈。而 L-L 均位于喀斯特山区，不适宜大规模居住，其远离城区中心，区域经济发展相对落后，城镇化水平和生活水平都比较低。H-L 与 L-L 在空间位置上相邻，L-H 和 H-H 在空间位置上相邻。

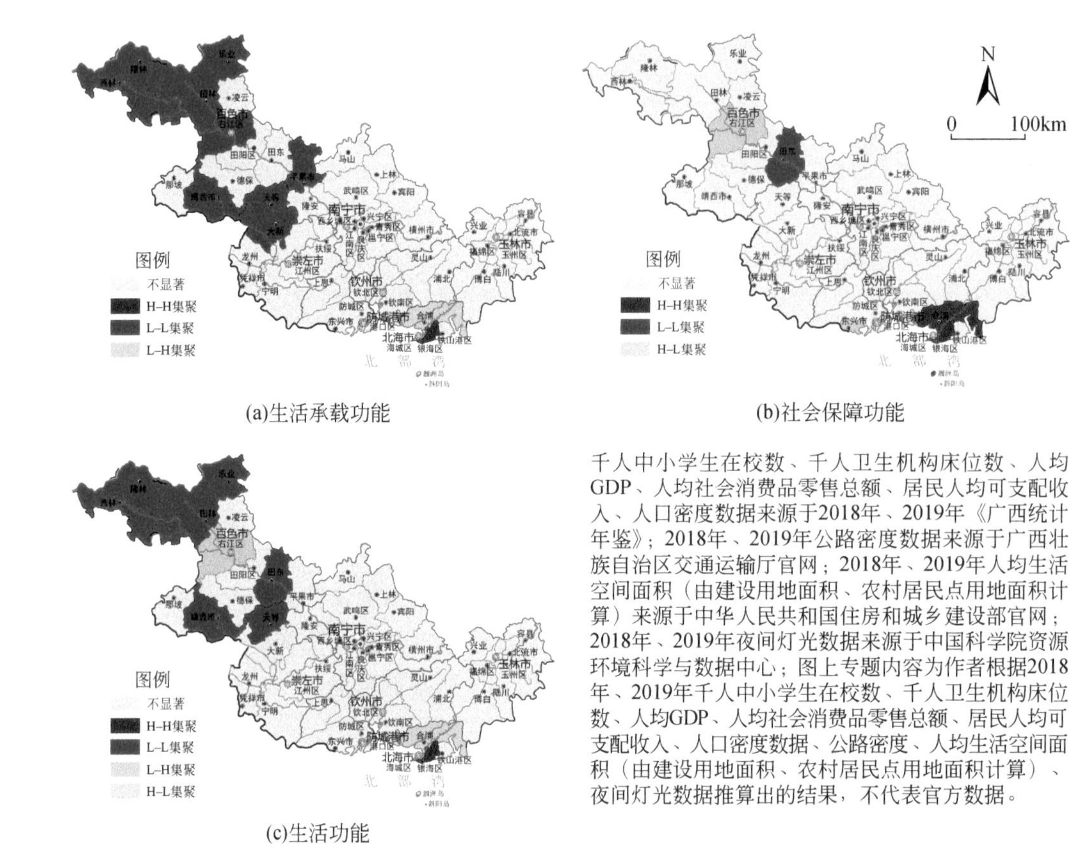

(a)生活承载功能　(b)社会保障功能　(c)生活功能

图 14.8　研究区生活功能 LISA 图

3. 生态功能空间自相关

1）生态功能全局空间自相关

应用全局空间自相关指数（Moran's I 指数）分析桂西南喀斯特—北部湾地区生态功能空间趋势和集聚特征，从表 14.7 中可以看出生态承载功能通过了 99%的置信度检验，生态维持功能通过了 95%的置信度检验，生态功能通过了 90%的置信度检验，均具有统计学差异，且 Moran's I 值均大于 0，呈显著正相关，说明桂西南喀斯特—北部湾地区的生态承载功能、生态维持功能和生态功能在空间分布上呈现集聚态势，研究区各生态功能 Moran's I 指数详见表 14.7。

表 14.7　桂西南喀斯特—北部湾地区生态功能 Moran's *I* 指数

类型	Moran's I	P 值	Z 值
生态承载功能	0.7193	0.001	7.5146
生态维持功能	0.1346	0.029	2.2383
生态功能	0.0691	0.096	1.3176

2）生态功能局部空间自相关

由图 14.9 可知，生态承载功能、生态维持功能和生态功能局部空间自相关仅有 H-H、L-L 两种类型，在地理空间上两者分布差异较大。其中生态承载功能的 H-H 集中分布于研究区西北部，包括西林县、隆林各族自治县、田林县、乐业县、凌云县和右江区，它们均属于喀斯特山区，拥有较大的绿色生态空间，人类开发建设强度低，具有较高的生态承载功能；L-L 均位于研究区东南部，包括灵山县、合浦县、海城区、银海区和铁山港区，以北海市为主的地区具有较强的沿海工业、渔业和旅游业发展功能，开发者沿海岸线进行了一定程度的开发建设，因此形成了以北海为主的 L-L。生态维持功能和生态功能的空间集聚分布特征相似，L-L 位于百色市、崇左市和南宁市交界处，以喀斯特石漠化地区为主，H-H 位于沿海地带，包括防城区和铁山港区。

整体来看，生态承载功能和生态维持功能的集聚类型分布具有较大差异，在生态承载功能中，H-H 集聚类型位于研究区西北部，L-L 集聚类型位于研究区沿海地区。而生态维持功能中 H-H 集聚类型区位于南部的沿海地区，L-L 集聚类型区位于西北部山区，整体分布特征与生态承载功能相反，从生态功能的局部空间自相关看，其分布特征与生态承载功能较为相似。

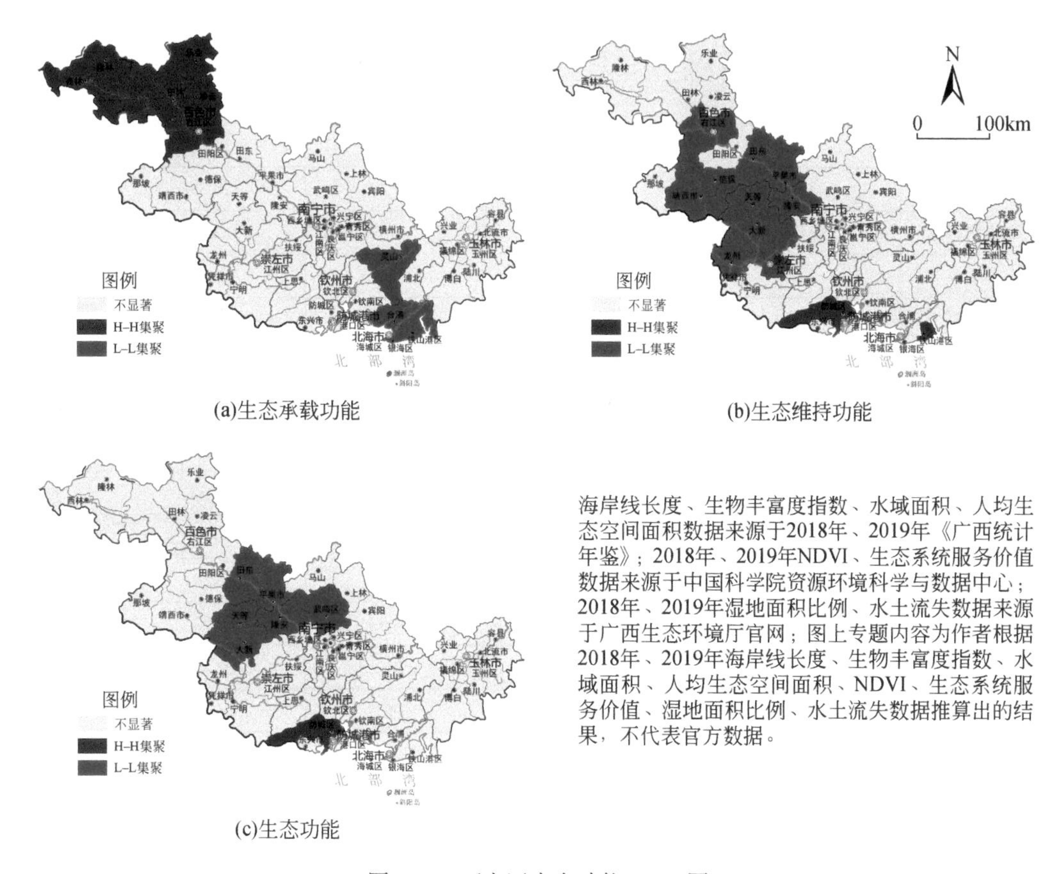

(a)生态承载功能　(b)生态维持功能　(c)生态功能

图 14.9　研究区生态功能 LISA 图

14.5　桂西南喀斯特—北部湾地区国土空间优化

14.5.1　国土空间优势功能测度

1. 比较优势功能测度

将比较优势理论运用到桂西南喀斯特—北部湾地区国土空间优势功能的判别中，利用 NRCA 测度城市群各单元“三生”功能的比较优势，分析城市群国土空间优势功能的格局特征，为城市群单元的优势功能类型的定位和功能区优化提供定量分析的基础和依据，实现区域均衡发展。

考虑在国土空间的生产功能中，农业生产功能和工业生产功能的本质属性具有较大差异，计算各功能 NRCA 时有必要将其从综合生产功能中分离出来，以便更全面、细致地分析桂西南喀斯特—北部湾地区各县域的优势功能。计算结果详见表 14.8，某功能的 NRCA>0，则认为该功能具有优势度，因此以 NRCA 是否大于 0 判断是否是优势功能。当某一单元 3 种及以上功能的 NRCA>0 时，称为多功能比较优势度类型，当有 2 种功能的 NRCA>0 时，称为双功能比较优势度类型，当只有 1 种功能的 NRCA>0 时，则为单功能比较优势度类型。

表 14.8 桂西南喀斯特—北部湾地区国土空间不同功能的 NRCA

单元		农业生产功能 NRCA	工业生产功能 NRCA	生活功能 NRCA	生态功能 NRCA	优势类型
南宁市	兴宁区	−12.42	−14.89	50.24	−22.93	生活
	青秀区	−14.51	−15.27	55.43	−25.65	生活
	江南区	4.85	23.26	5.97	−34.08	农业-工业-生活
	西乡塘区	−11.06	32.69	13.51	−35.14	工业-生活
	良庆区	9.24	−9.25	−0.20	0.22	农业-生态
	邕宁区	40.98	−11.54	−14.08	−15.36	农业
	武鸣区	29.53	2.01	−11.17	−20.37	农业-工业
	隆安县	11.90	−10.86	−2.70	1.66	农业-生态
	马山县	12.04	−12.14	−7.05	7.15	农业-生态
	上林县	19.36	−14.51	−8.03	3.18	农业-生态
	宾阳县	43.97	−15.48	−14.18	−14.32	农业
	横州市	18.05	−10.03	−16.58	8.55	农业-生态
北海市	海城区	−70.25	145.15	66.14	−141.05	工业-生活
	银海区	35.71	−11.64	7.50	−31.57	农业-生活
	铁山港区	1.37	51.50	1.81	−54.68	农业-工业-生活
	合浦县	18.31	−15.34	−15.25	12.28	农业-生态
防城港市	港口区	−139.71	97.67	−24.86	66.90	工业-生态
	防城区	−12.47	−6.59	−1.22	20.28	生态
	上思县	−7.87	−12.33	−7.81	28.01	生态
	东兴市	−35.82	−1.04	7.35	29.51	生活-生态
钦州市	钦南区	−15.56	−3.65	−7.19	26.40	生态
	钦北区	17.68	−6.67	−6.36	−4.65	农业
	灵山县	13.03	−7.78	−1.58	−3.67	农业
	浦北县	6.27	−3.66	−4.04	1.43	农业-生态
崇左市	江州区	12.42	−7.35	−4.32	−0.75	农业
	扶绥县	33.04	−6.64	−12.93	−13.47	农业
	宁明县	−0.34	−10.65	−6.21	17.20	生态
	龙州县	7.50	−12.85	−3.04	8.39	农业-生态
	大新县	11.20	−10.93	−5.15	4.88	农业-生态
	天等县	11.37	−10.87	−6.63	6.13	农业-生态
	凭祥市	−12.36	−4.38	11.66	5.08	生活-生态
百色市	右江区	−30.28	−7.78	17.00	21.06	生活-生态
	田阳区	4.70	−4.67	−6.50	6.46	农业-生态
	田东县	5.59	−8.21	−4.55	7.17	农业-生态
	平果市	−8.98	0.79	1.28	6.91	工业-生活-生态

续表

单元		农业生产功能 NRCA	工业生产功能 NRCA	生活功能 NRCA	生态功能 NRCA	优势类型
百色市	德保县	-5.24	-4.57	-3.56	13.37	生态
	那坡县	-15.96	-10.37	-1.97	28.29	生态
	凌云县	-16.16	-7.16	0.07	23.24	生活-生态
	乐业县	-19.64	-11.05	-7.30	38.00	生态
	田林县	-29.01	-8.69	-9.96	47.66	生态
	西林县	-25.94	-11.55	-3.82	41.32	生态
	隆林各族自治县	-15.66	-9.30	-2.01	26.98	生态
	靖西市	2.36	-4.47	-5.29	7.40	农业-生态
玉林市	玉州区	3.87	18.64	41.50	-64.01	农业-工业-生活
	福绵区	43.42	-14.82	-17.89	-10.70	农业
	容县	3.93	-4.17	-2.72	2.96	农业-生态
	陆川县	17.24	-1.91	-8.04	-7.28	农业
	博白县	16.75	-8.05	-13.30	4.60	农业-生态
	兴业县	34.18	-10.50	-12.77	-10.90	农业
	北流市	9.37	1.89	0.79	-12.05	农业-工业-生活

注：由于 NRCA 指数计算值较小，为方便表达，将计算结果扩大 10000 倍。

2. 比较优势功能空间分布

桂西南喀斯特—北部湾地区的国土空间比较优势功能的优劣分布情况见表 14.9，由表可知，国土空间“三生”功能之间的比较优势格局分布有着较大的差异，生态功能处于优势状态的单元占比最多，共计 31 个单元，主要分布在百色市、崇左市和防城港市等森林覆盖率比较高的县域；农业生产功能处于优势状态的单元也较多，共计 30 个单元，主要分布在南宁市、钦州市、玉林市等海拔低、地形平坦、水资源丰富的县域，以百色市为主的西北县域和以防城港市为主的南部县域的农业生产功能处于较弱水平；生活功能处于优势状态的单元主要分布在城市的中心城区，共计 12 个单元，南宁市的生活功能优势单元最多，钦州市没有体现出优势的生活功能；工业生产功能优势单元仅有 9 个，包括平果市、武鸣区、西乡塘区、江南区、港口区、海城区、铁山港区、玉州区和北流市。

表 14.9　桂西南喀斯特—北部湾地区国土空间功能区类型分布

功能区类型	行政单元
农业生产功能	江南区、良庆区、邕宁区、武鸣区、隆安县、马山县、上林县、宾阳县、横州市、银海区、铁山港区、合浦县、钦北区、灵山县、浦北县、江州区、扶绥县、龙州县、大新县、天等县、田阳区、田东县、靖西市、玉州区、福绵区、容县、陆川县、博白县、兴业县、北流市
工业生产功能	江南区、西乡塘区、武鸣区、海城区、铁山港区、港口区、平果市、玉州区、北流市
生活功能	兴宁区、青秀区、江南区、西乡塘区、海城区、银海区、铁山港区、东兴市、平果市、凌云县、玉州区、北流市
生态功能	良庆区、隆安县、马山县、上林县、横州市、合浦县、港口区、防城区、上思县、东兴市、钦南区、浦北县、龙州县、大新县、天等县、凭祥市、右江区、田阳区、田东县、平果市、德保县、那坡县、凌云县、乐业县、田林县、西林县、隆林各族自治县、靖西市、容县、博白县

各地区所具有的优势功能区分布如表 14.10 所示，包括单功能区、双功能区和多功能区，共计 11 种优势功能类型，其中有农业、生活、生态 3 种单功能优势区，农业-工业、农业-生态、农业-生活、工业-生态、工业-生活、生活-生态 6 种双功能优势区、农业-工业-生活、工业-生活-生态 2 种多功能优势区。单功能优势区中，以生态功能为优势功能的地区最多，共计 10 个县域，主要分布在南宁市、钦州市、崇左

市、玉林市；其次是农业生产功能优势区，共计 9 个县域；生活功能优势区较少，仅有兴宁区和青秀区。双功能优势区中，农业-生态双功能优势区占比最大，共计有 15 个县域。其余双功能优势区数量较少，农业-工业功能优势区为武鸣区，农业-生活功能优势区为银海区，工业-生态功能优势区为港口区，工业-生活优势区为西乡塘区和海城区，生活-生态优势区为右江区、凌云县、凭祥市和东兴市。多功能优势区中，农业-工业-生活多功能优势区包括江南区、铁山港区、玉州区和北流市；工业-生活-生态多功能优势区为平果市。总体看，以农业-生态的双功能优势区和生态单功能优势区占据了大部分国土空间，说明生态功能和农业功能在研究区中发挥着重要的作用。

从各市的优势类型看（表 14.8），南宁市的优势类型最多，共计 6 种，包括农业、农业-工业、农业-工业-生活、农业-生态、工业-生活、生活；北海市的 4 个县域单元优势类型均不同，合浦县、海城区、银海区和铁山港区的优势类型分别为农业-生态、工业-生活、农业-生活、农业-工业-生活；玉林市的优势类型包括农业、农业-生态、农业-工业-生活，农业功能发挥着重要作用；防城港市优势类型为生态、生活-生态、工业-生态；钦州市优势类型包括农业-生态、农业、生态，单功能优势类型较多；百色市的优势类型包括生态、农业-生态、生活-生态、工业-生活-生态，生态功能发挥了较大的优势作用；崇左市的优势类型为农业-生态、农业、生活-生态、生态，生态功能具有重要作用。

表 14.10 桂西南喀斯特—北部湾地区国土空间优势区类型分布

功能区类型	优势功能区	行政单元
单功能优势区	农业	邕宁区、宾阳县、钦北区、灵山县、江州区、扶绥县、福绵区、陆川县、兴业县
	生活	兴宁区、青秀区
	生态	防城区、上思县、钦南区、宁明县、德保县、那坡县、乐业县、田林县、西林县、隆林各族自治县
双功能优势区	农业-工业	武鸣区
	农业-生态	良庆区、隆安县、马山县、上林县、横州市、合浦县、浦北县、龙州县、大新县、天等县、田阳区、田东县、靖西市、容县、博白县
	农业-生活	银海区
	工业-生态	港口区
	工业-生活	西乡塘区、海城区
	生活-生态	东兴市、凭祥市、右江区、凌云县
多功能优势区	农业-工业-生活	江南区、铁山港区、玉州区、北流市
	工业-生活-生态	平果市

14.5.2 国土空间优化

1. “三生”功能空间聚类格局

运用 ArcGIS 软件对桂西南喀斯特—北部湾地区的“三生”功能进行聚类分析，得到了具有连续性和异质性的聚类结果，如图 14.10 所示。从“三生”功能属性-空间聚类格局可以看出，桂西南喀斯特—北部湾地区的国土空间功能在功能属性层次上有明显的差异分布，基于对地理空间相邻关系的考虑，功能聚类分布比较连片，形成了功能属性相似、空间位置相邻的分布格局，聚类结果可作为国土空间优化过程中确定相关功能区边界、归并和调整单元的重要的参考依据。根据最大伪 F 统计量确定了各功能的最佳组数，工业生产功能、生活功能和生态功能的最佳组数分别是 15、15 和 13，农业生产功能的最佳组数是 2，由此看来，农业生产功能属性在空间分布上较为聚集。

2. 功能区单元调整

将前文分析得到的国土空间优势功能类型区分布图作为国土空间优化的基本数据，根据前文评价得出“三生”功能评价结果和空间聚类分析，将其用作国土空间功能区单元调整、归并的依据，同时结合广西海洋功能区划及研究区的社会经济、自然地理等情况对功能区单元进行验证、调整。在优化分区过程中以生态保护为首要原则，保持整体一致性、区域协调和均衡发展，尽量避免单一功能或者单一行政区独立发展。

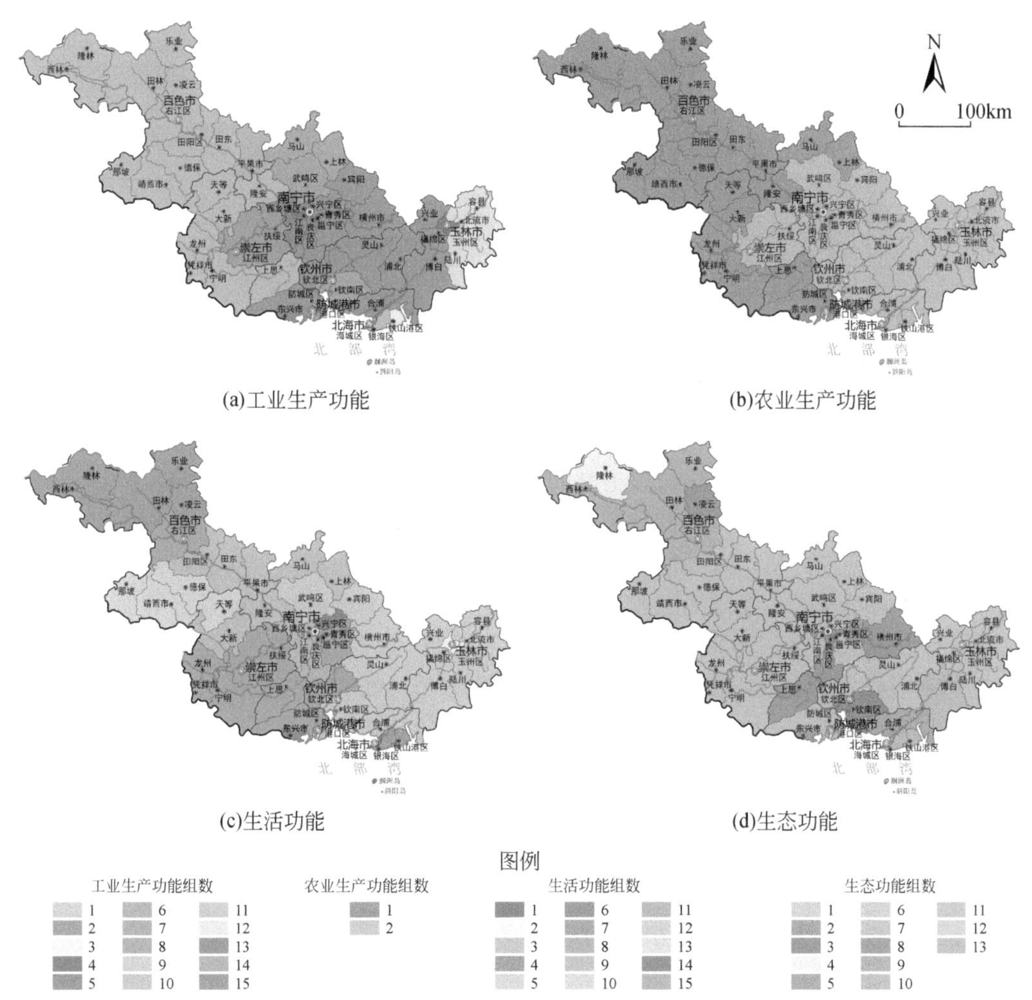

(a)工业生产功能　(b)农业生产功能

(c)生活功能　(d)生态功能

地均第一产业增加值、地均第二产业增加值、人均GDP数据来源于2018年、2019年《广西统计年鉴》；2018年、2019年公路密度数据来源于广西壮族自治区交通运输厅官网；2018年、2019年高程、坡度数据来源于地理空间数据云平台；2018年、2019年土壤类型、夜间灯光、NDVI来源于中国科学院资源环境科学与数据中心；图上专题内容为作者根据2018年、2019年地均第一产业增加值、地均第二产业增加值、人均GDP、公路密度、高程、坡度、NDVI、土壤类型、夜间灯光亮度数据推算出的结果，不代表官方数据。

图 14.10　研究区“三生”功能空间聚类分布图

“三生”功能单元调整结果见表 14.11，一共对 6 个单元进行了调整：①西乡塘区的农业生产功能处于较高水平，与周围单元农业生产功能等级一致，增加农业生产优势功能，与江南区组成农业-工业-生活优势功能区。②海城区的农业生产功能高，与周围单元一致，具有较强的农业生产功能，增加农业生产功能优势，与铁山港区形成农业-工业-生活优势功能区。③凌云县的生活功能低，生活功能不突出，优势功能评价结果几乎为零，结合实际情况删除其生活优势功能。④宾阳县是独立的农业生产优势功能区，周围单元主要为农业-生态双功能优势区，结合生态功能评价与空间聚类分析，宾阳县具有一定的生态功能水平，且与周围单元聚类能增加生态优势功能。

表 14.11　桂西南喀斯特—北部湾地区国土空间调整后的优势功能区分布

功能区类型	优势功能区	行政单元
单功能优势区	农业	邕宁区、钦北区、灵山县、福绵区、陆川县、兴业县、江州区、扶绥县
	生活	兴宁区、青秀区

续表

功能区类型	优势功能区	行政单元
单功能优势区	生态	防城区、上思县、钦南区、德保县、那坡县、凌云县、乐业县、田林县、西林县、隆林各族自治县、宁明县
双功能优势区	农业-工业	武鸣区
	农业-生态	良庆区、隆安县、马山县、上林县、宾阳县、横州市、合浦县、浦北县、容县、博白县、田阳区、田东县、靖西市、龙州县、大新县、天等县
	农业-生活	银海区
	工业-生态	港口区
	生活-生态	东兴市、右江区、凭祥市
多功能优势区	农业-工业-生活	江南区、西乡塘区、海城区、铁山港区、玉州区、北流市
	工业-生活-生态	平果市

对沿海区域进行国土空间格局优化分区时，应考虑海域开发利用潜力，结合毗邻海域适宜的功能类型、发展方向和管控要求，保护优先，将陆域国土空间划分和海域建设用海空间相衔接，修正和调整陆域海岸带区域“三生”功能空间范围，避免功能冲突。结合《广西壮族自治区海洋功能区划（2011—2020 年）》，对海岸基本功能区进行叠加分析。海城区、铁山港区和银海区的近海海域分布着营盘彬塘工业与城镇用海区、北海银滩旅游休闲娱乐区、廉州湾工业与城镇用海区、廉州湾旅游休闲娱乐区等海洋工业生产生活区域，海岸附近没有划定保护区，与海城区、银海区、铁山港区划定的农业-工业-生活、农业-生活功能相协调。合浦县、钦南区、港口区、东兴市、防城区的近岸海域分布有山口红树林海洋保护区、合浦儒艮海洋保护区、大风江口保留区、三娘湾海洋保护区、茅尾海红树林海洋保护区、北仑河口红树林海洋保护区等生态保护区，合浦县、钦南区、港口区、东兴市和防城区的国土空间功能均具有生态功能，与海洋功能区划相适应。

经过调整后的单元共有 10 种国土空间功能类型，包括农业生产功能、生态功能和生活功能 3 个单功能优势类型，农业-工业、农业-生态、农业-生活、工业-生态、生活-生态 5 种双功能优势类型，以及农业-工业-生活、工业-生活-生态 2 种多功能优势类型。

3. 功能区划方案

根据空间结构理论，按照一定的分布规律连接国土空间子系统，明确区域功能定位和发展方向。进行叠加分析调整后得到桂西南喀斯特—北部湾地区国土空间功能区分布格局，将相同功能的单元进行合并，将在地理空间上相邻且功能相同的单元合并为同一个区域，对功能相同但地理空间不相邻的单元按照从北向南的顺序进行编号标注，有 10 种优势功能类型，共计 23 个分区，区域所包含的县域单元详见表 14.12。

（1）农业生产单功能优势区分为 3 部分，主要位于桂西南喀斯特—北部湾地区中部和东部，其中，III区由玉林市兴业县、福绵区和陆川县组成，II区由崇左市的江州区和扶绥县组成，III区由南宁市邕宁区和钦州市钦北区、灵山县组成。

（2）生态单功能优势区有 4 部分，其中 I 、II 和III区均位于百色市，分别在百色市的西北部和西南部，属于海拔高、地理位置偏远地区，生态功能发挥主要作用。IV区位于研究区南部，具有沿边和沿海的特征，拥有丰富的湿地资源和十万大山等生态资源，生态功能显著。

（3）生活功能单功能优势区仅有 1 个部分，位于兴宁区和青秀区，其中兴宁区是南宁市老城区，具有浓厚的生活气息，青秀区是南宁市新城区，生活基础设施完善。

（4）农业-工业双功能优势区仅有 1 个部分，位于武鸣区，武鸣区大力发展柑橘农业，城区农林牧渔产值居南宁市首位，同时大力引进企业发展产业园经济。

（5）农业-生态双功能优势区有 4 个部分，单元数量占比最大，II区位于百色市、南宁市和崇左市的交界处，是高海拔山地向低海拔平原的过渡性地带；II区主要位于南宁市周边县城及钦州、北海和玉林交界的县城，共计 7 个单元，属于城市边缘地区，生态环境良好，是低坡度、低海拔的地貌类型，适宜发展农业生产。Ⅲ和Ⅳ区涉及单元少，分别为玉林市容县和南宁市良庆区。

（6）农业-生活双功能优势区有 1 个单元，位于北海市银海区，该地区地势平坦，拥有优越的农业生产地理环境，同时具有得天独厚的旅游资源。

（7）工业-生态双功能优势区为防城港市港口区，港口区是防城港市的城区中心，陆域面积不大，海域大，拥有 300 多千米的原生态海岸线，发展了一批临海工业。

（8）生活-生态双功能优势区有 3 部分，Ⅰ区位于百色市政府所在地右江区，Ⅱ区位于崇左市边境口岸凭祥市，Ⅲ区位于防城港市边境口岸东兴市。其中右江区是喀斯特地区百色市的城区中心，是滇、黔、桂三省区的接合部、交通枢纽及边境物资集散地，生态、生活功能并重；凭祥市和东兴市拥有国家级陆地边境口岸，口岸的发展吸引了众多的边境贸易人员和游客，生活功能随之增强。

（9）农业-工业-生活多功能优势区有 4 部分，Ⅰ区位于南宁市城区的西乡塘区和江南区，两个城区均是南宁市发展较早的城区，城镇化发展程度较高，农业生产功能与工业生产功能齐头并进。Ⅱ区位于玉林市的玉州区和北流市，工业经济实力雄厚，辖区有全国最大的内燃机生产基地。Ⅲ、Ⅳ区位于北海市的铁山港区和海城区，北海的港口建设和旅游发展使得该地区的工业生产功能和生活功能较高，同时平缓优质的土地具有较强的农业生产功能。

（10）工业-生活-生态多功能优势区位于平果市，平果市拥有丰富的铝资源，形成以铝产业为主导的工业发展格局。

表 14.12 桂西南喀斯特—北部湾地区国土空间功能区划分

国土空间功能	国土空间功能分区	行政单元	个数/个
农业	农业Ⅰ	兴业县、福绵区、陆川县	3
	农业Ⅱ	江州区、扶绥县	2
	农业Ⅲ	邕宁区、钦北区、灵山县	3
生态	生态Ⅰ	西林县、隆林各族自治县、田林县、乐业县、凌云县	5
	生态Ⅱ	德保县	1
	生态Ⅲ	那坡县	1
	生态Ⅳ	宁明县、上思县、防城区、钦南区	4
生活	生活Ⅰ	兴宁区、青秀区	2
农业-工业	农业-工业Ⅰ	武鸣区	1
农业-生态	农业-生态Ⅰ	田阳区、田东县、靖西市、天等县、大新县、龙州县、隆安县	7
	农业-生态Ⅱ	马山县、上林县、宾阳县、横州市、浦北县、博白县、合浦县	7
	农业-生态Ⅲ	容县	1
	农业-生态Ⅳ	良庆区	1
农业-生活	农业-生活Ⅰ	银海区	1
工业-生态	工业-生态Ⅰ	港口区	1
生活-生态	生活-生态Ⅰ	右江区	1
	生活-生态Ⅱ	凭祥市	1
	生活-生态Ⅲ	东兴市	1
农业-工业-生活	农业-工业-生活Ⅰ	西乡塘区、江南区	2
	农业-工业-生活Ⅱ	玉州区、北流市	2
	农业-工业-生活Ⅲ	铁山港区	1
	农业-工业-生活Ⅳ	海城区	1
工业-生活-生态	工业-生活-生态Ⅰ	平果市	1

14.5.3　国土空间格局发展规划与建议

以桂西南喀斯特—北部湾地区的功能区划方案作为发展的重点，从系统论和地域分异理论的角度出发分析研究区的整体性和差异性，结合其地理优势、自然资源禀赋、交通区位、社会经济规划、西部陆海新通道战略布局等情况，提出山江海特色发展、差异化发展、协调发展的规划和建议，形成山江海联动发展带以及绿色国土生态保障与多功能发展、多中心经济生产、生活发展格局。

1. 山江海联动发展带

依托左右江流域、西部陆海新通道战略、铁路交通等有利条件，基于各地区发展优势功能，构建山江海联动的发展带。

（1）右江流域—山海联动通道。成都—泸州—百色市—北部湾出海口是西部陆海新通道的西线主通道，百色市是关键节点且具有沿边区位优势，作为广西西南地区的喀斯特石漠化地区，其大部分地区经济作物规模化、生产化程度低，边境地区产业经营规模较小，带动沿边现代产业发展力量不足，陆海新通道的构建打开了山区向海发展的道路，依托右江黄金水道建设和铁路建设形成了从桂西南喀斯特地区到北部湾海岸带的山、江、海联动地区。以右江河谷为农业生产优势区发展现代特色农业，提升“南菜北运”基地建设，大力发展平果市铝业产业，合理利用铝土矿资源，形成喀斯特地区生态环保铝产业链，构建生态工业、生态农业发展格局。

（2）左江流域—边海联动通道。由南宁市向边境口岸凭祥市，衔接陆海联运主通道，借助铁路运输及左江流域，连接凭祥市，形成边海联动的发展格局。以凭祥市为代表的沿边口岸，承担了对外贸易、交易的功能，结合自由贸易区落户凭祥的机遇，大力发展沿边产业发展的新高地。

（3）国际海铁联运陆海通道。重庆—贵阳—南宁—北部湾出海口是西部陆海新通道的主要通道，均经过省会中心，南宁是重要的铁路、公路交通枢纽，是出海通道的重要中转站。南宁市中心城区具有突出的工业生产和生活功能，北部湾沿海地区同样具有较强的工业生产和生活功能，南宁和沿海城市形成了以生产、生活为主要发展方向的中心极，从首府中心向北部湾方向形成陆海联运的生产、生活发展空间，其发挥着重要的辐射和带动作用。未来需进一步加快建设南宁城市能级和核心竞争力，强化其国际合作、物流交通、生活宜居、产业集聚等核心功能。

（4）南流江流域—粤港澳通道。玉林市作为对接珠三角、粤港澳大湾区的桥头堡，是粤港澳大湾区和广西北部湾经济区联通的关键节点，拥有高铁、机场和码头，是广西东部地区的物流产业带。以玉州区和北流市为主的工业生产功能优势区大力发展机械制造产业和中医药健康产业园建设，形成产业发展经济圈。同时依托南流江流域综合治理，推进生态文明建设，加大沿岸生态环境治理和入海口污染治理。

2. 绿色国土生态保障与多功能发展

研究区西北部喀斯特山区和南部沿边沿海地区形成了生态单功能区，其他功能表现不明显，生态功能发挥了主要作用，是桂西南喀斯特—北部湾地区的重要绿色生态屏障。其他生态功能优势区主要伴以农业生产功能发展，占据了大部分国土空间，其他位于城市中心城区、边境口岸和沿海地区的单元则伴以工业生产和生活功能。整体国土空间格局以绿色生态为主，形成桂西南喀斯特—北部湾地区绿色生态屏障，积极发挥喀斯特地区和沿海地区的生态功能，带动生产、生活功能可持续发展，注重多功能协调，加大对岩溶地区石漠化的综合治理，保护北部湾滨海湿地。研究区中部地区、北海市和玉林市大部分地区生态优势功能不明显，其中北海市城区的国土空间面积相对于其他单元较小，有限的土地用于生产和生活，生态空间面积占比较低，在海岸线不断被开发，港口、临海工业、滨海旅游业逐渐发展壮大的背景下，要注意加强对滨海湿地和红树林的保护，对南流江、大风江等江河入海口排污进行监管；南宁市和玉林市的生态空间面积占比相对于北海市较高，但其生态功能优势性不明显，农业生产、工业生产和生活功能更突出，由于城市化进程不断加快，人口增长和工业生产发展挤占了城市中心的生态空间，对此要加强城市森林公园、自然保护区、风景区的生态保护，治理邕江沿岸和南流江流域，提升自然生态系统稳定性和生态服务功能。

3. 多中心经济生产、生活发展格局

在桂西南喀斯特—北部湾地区中，形成了以城市、边境口岸、沿海地区为中心的经济增长极，包括百色市右江区，崇左市的凭祥市，防城港市的东兴市和港口区，北海市的海城区、银海区、铁山港区，南宁市的西乡塘区、江南区、兴宁区、青秀区、武鸣区，以及玉林市的玉州区、北流市，其主要以工业生产、生活功能为优势功能，具有较大的经济发展潜力。以南宁市为中心的工业生产、生活空间，是整个地区的经济政治中心、交通枢纽，人口活动密度大，应向绿色生态生活、生产方向转变，实现人与自然和谐共处。同时，其对周围单元具有辐射带动作用，应发挥好承陆通海、通边的地域中转作用，带动边缘地区的农业、工业高效发展；以百色市右江区为主的城市中心是重要的生活、生产中心，也是北部湾海口通往昆明的物流枢纽，辐射右江河谷地区的生态铝业、现代农业发展，带动红色旅游；凭祥市、东兴市作为重要的门户口岸，频繁的边贸和边关旅游活动吸引了众多国内外游客和商人，因此成了生活聚集空间，应作为沿边地区重要的经济生活发展中心，带动边境地带旅游，构建中越边关风情旅游发展带。北海市海城区、银海区、铁山港区具有较强的生产、生活功能，其生态功能优势不明显，构建生态宜居滨海城市、海上丝绸之路旅游文化名城，实现生态健康是其未来重要发展方向。玉林市的玉州区和北流市工业生产发展水平高、现代农业基础雄厚，具有明显的交通区位，是北部湾经济区和珠江—西江经济带的接合部，其生态优势功能不明显，未来要以绿色产业发展为重点，对接粤港澳大湾区、北部湾经济区和西部陆海新通道。

14.6　本章小结

构建“三生”空间分类体系，分析桂西南喀斯特—北部湾地区的“三生”空间分布特征以及 1980～2018 年“三生”空间的数量变化、空间变化分布，得出以下结论：

（1）桂西南喀斯特—北部湾地区的绿色生态空间和农业生产空间分布面积最广，城镇生活空间主要分布于各城市中心，具有集聚效应。工业生产和农业生活空间零星分布。水域以河流、水库为主，其他生态空间极少，分布规律不明显。

（2）1980～2018 年工业生产、城镇生活、农村生活、水域生态和其他生态空间均出现了扩张，农业生产、绿色生态空间减少。从空间变化分布看，城市中心的国土空间面积变化较大且集中，各市的国土空间变化主要表现为农业生产、绿色生态空间转为城镇生活、工业生产空间，钦州市钦南区则是较大部分的绿色生态空间转为农业生产空间。

构建桂西南喀斯特—北部湾地区“三生”功能评价指标体系以评价国土空间“三生”功能，对国土空间“三生”功能的异质性、相关性进行探讨，得出以下结论：

（1）桂西南喀斯特—北部湾地区生产功能评价中，喀斯特地区和沿海地区具有较高的生态功能，非喀斯特地区具有较高的生产、生活功能，其中沿海地带和首府南宁市表现最突出。农业生产功能高的地区主要位于地势平坦的中部和东南部，工业生产和经济发展功能高的地区位于城市中心和沿海重点发展区域；生活功能发展较好的地区主要位于城市中心、港口和开放口岸。生态承载功能等级由西北向南有降低趋势，生态维持功能反之，整体生态功能两头高、中间低。

（2）全局空间自相关分析中，农业生产、经济发展、生产、社会保障、生活承载、生活、生态承载、生态维持、生态功能均呈现集聚态势，具有显著性的正相关性，工业生产功能在空间上不存在空间相关性。局部空间自相关分析中，工业生产、农业生产、经济发展、生产、生活承载、社会保障、生活、生态维持、生态功能的 H-H 均在北部湾经济区，L-L 主要分布在桂西南喀斯特山区，生态承载功能与之相反。

引用 NRCA 和聚类分析对“三生”功能进行分析，通过叠加分析进行国土空间优化调整，结合海洋功

能区划对陆海统筹进行校验，得出桂西南喀斯特—北部湾地区的国土空间格局如下。

（1）研究区国土空间优势功能评价中，生态优势功能区最多，占据了研究区大部分空间，生活功能优势区与工业生产功能优势区均分布于各城市的城区或者县级市，农业生产优势功能集中于研究区的中部和东南部地区。结合各优势功能分布特征，得出研究区优势功能区类型，包括单功能优势区、双功能优势区和多功能优势区，共计 11 种优势功能类型。

（2）经过调整后的优势功能区共有 10 种优势功能类型，将其与海岸基本功能区叠加后进行分析，发现沿海地区调整后的优势功能区与海洋功能区划相符。对调整后的优势功能区进行合并和划分，自上而下统一编号，共划分了 23 个功能区，形成了桂西南喀斯特—北部湾地区的基本空间格局。

（3）基于优势功能区，结合研究区社会经济、政策导向、地理区位等条件，提出了山江海国土空间格局规划与建议。第一，构建山江海联动发展带，以右江流域—山海联动绿色生产通道、左江流域—边海联动生态经济贸易通道、国际海铁联运陆海通道、南流江流域—粤港澳通道为主要发展路径，有效促进山区、边境地区沿海发展。第二，形成绿色国土生态保障与多功能发展格局，以生态功能为主导进行多功能发展。第三，形成多中心经济生产、生活发展格局，以城市中心和沿边、沿海地区为生产、生活发展集聚点，使其发挥辐射带动作用。

参考文献

В.П.李多夫，韩慕康，李寿深，1955. 论自然地理区划的原则. 地理科学进展，（2）：72-80.

蔡安宁，李婧，鲍捷，等，2012. 基于空间视角的陆海统筹战略思考. 世界地理研究，21（1）：26-34.

曹艳雪，杨翠霞，曹福存，2020. 基于“三生”空间的大连老港区土地利用变化研究. 湖南师范大学自然科学学报，43（5）：23-29.

曹忠祥，2014. 对我国陆海统筹发展的战略思考. 宏观经济管理，（12）：30-33.

崔家兴，顾江，孙建伟，等，2018. 湖北省三生空间格局演化特征分析. 中国土地科学，32（8）：67-73.

段亚明，许月卿，黄安，等，2021. “生产-生活-生态”功能评价研究进展与展望. 中国农业大学学报，26（2）：113-124.

龚蔚霞，张虹鸥，钟肖健，2015. 海陆交互作用生态系统下的滨海开发模式研究. 城市发展研究，22（1）：79-85.

宏观经济研究院国土地区所课题组，2006. 高国区划分理论与实践的初步思考. 宏观经济管理，（10）：43-46.

胡恒，徐伟，岳奇，等，2017. 基于三生空间的海岸带分区模式探索——以河北省唐山市为例. 地域研究与开发，36（6）：29-33.

黄秉维，1958. 中国综合自然区划的初步草案. 地理学报，（4）：348-365.

纪学朋，黄贤金，陈逸，等，2019. 基于陆海统筹视角的国土空间开发建设适宜性评价——以辽宁省为例. 自然资源学报，34（3）：451-463.

冀正欣，刘超，许月卿，等，2020. 基于土地利用功能测度的“三生”空间识别与优化调控. 农业工程学报，36（18）：222-231，315.

孔冬艳，陈会广，吴孔森，2021. 中国“三生空间”演变特征、生态环境效应及其影响因素. 自然资源学报，36（5）：1116-1135.

李广东，方创琳，2016. 城市生态—生产—生活空间功能定量识别与分析. 地理学报，71（1）：49-65.

李明薇，郧雨早，陈伟强，等，2018. 河南省“三生空间”分类与时空格局分析. 中国农业资源与区划，39（9）：13-20.

李欣，殷如梦，方斌，等，2019. 基于“三生”功能的江苏省国土空间特征及分区调控. 长江流域资源与环境，28（8）：1833-1846.

刘继来，刘彦随，李裕瑞，2017. 中国“三生空间”分类评价与时空格局分析. 地理学报，72（7）：1290-1304.

任乃强，1936. 四川省之自然区划与天产配布. 地理学报，（4）：727-741.

王倩，李彬，2011. 关于“海陆统筹”的理论初探. 中国渔业经济，29（3）：29-35.

魏小芳，赵宇鸾，李秀彬，等，2019. 基于“三生功能”的长江上游城市群国土空间特征及其优化. 长江流域资源与环境，28（5）：1070-1079.

文超祥，刘圆梦，刘希，2018. 国外海岸带空间规划经验与借鉴. 规划师，34（7）：143-148.

吴艳娟，杨艳昭，杨玲，等，2016. 基于“三生空间”的城市国土空间开发建设适宜性评价——以宁波市为例. 资源科学，38（11）：2072-2081.

杨浩，方超平，林蕙灵，等，2017. 基于县域单元的福建省国土空间开发利用效率评价. 中国人口 • 资源与环境，27（S1）：109-113.

应永来，2007. 响应“山海协作”号召促进区域协调发展. 今日中国论坛，(Z1)：113.

虞阳，申立，古蕾蕾，2014. 中国滨海城镇化：空间模式、生态效应与管治策略. 资源开发与市场，30（9）：1106-1110.

张海峰，2005. 抓住机遇加快我国海陆产业结构大调整——三论海陆统筹兴海强国. 太平洋学报，(10)：25-27.

朱坚真，刘汉斌，2012. 中国海岸带划分范围及其空间发展战略. 经济研究参考，(45)：48-54.

朱媛媛，余斌，曾菊新，等，2015. 国家限制开发区“生产—生活—生态”空间的优化——以湖北省五峰县为例. 经济地理，35（4）：26-32.

Klein T，Holzkämper A，Calanca P，et al., 2013. Adapting agricultural land management to climate change：a regional multi-objective optimization approach. Landscape Ecology，28（10）：2029-2047.

Koomen E，Stillwell J，Bakema A，et al., 2007. Modelling Land-Use Change：Progress and Applications. Dordrecht：Springer：147-165.

Masoumi Z，Coello C A C，Mansourian A，2020. Dynamic urban land-use change management using multi-objective evolutionary algorithms. Soft Computing，24（6）：4165-4190.

Meyer B C，Lescot J M，Laplana R，2009. Comparison of two spatial optimization techniques：a framework to solve multiobjective land use distribution problems. Environmental Management，43（2）：264-281.

Pérez-Soba M，Paterson J，Metzger M J，et al., 2018. Sketching sustainable land use in Europe by 2040：a multi-stakeholder participatory approach to elicit cross-sectoral visions. Regional Environmental Change，18（3）：775-787.

Ramezanian R，Hajipour M，2020. Integrated framework of system dynamics and meta-heuristic for multi-objective land use planning problem. Landscape and Ecological Engineering：1-21.

Sakieh Y，Salmanmahiny A，Mirkarimi S H，2017. Tailoring a non-path-dependent model for environmental risk management and polycentric urban land-use planning. Environmental Monitoring and Assessment，189（2）：91.

Sinha K C，Hartmann A J，1973. Application of Optimization Approach to the Problem of Land Use Plan Design. Heidelberg：IFIP Technical Conference on Optimization Techniques.

Van Den Bergh J C J M，Barendregt A，Gilbert A，et al., 2001. Spatial economic-hydroecological modelling and evaluation of land use impacts in the Vecht Wetlands Area. Environmental Modeling and Assessment，6（2）：87-100.

Verburg P H，Van Berkel D B，Van Doorn A M，et al., 2010. Trajectories of land use change in Europe：a model-based exploration of rural futures. Landscape Ecology，25（2）：217-232.

Verkerk P J，Lindner M，Pérez-Soba M，et al., 2018. Identifying pathways to visions of future land use in Europe. Regional Environmental Change，18（3）：817-830.

第15章　山江海地域系统全域国土整治分区及其生态修复模式研究

15.1　引　　言

15.1.1　研究背景

我国社会主要矛盾已发生转变，经济已由高速增长阶段转向高质量发展阶段，经济发展正处在转变的攻关期。此前，为了经济的高速增长，把增加土地投入作为重要途径之一，导致土地利用粗放和生态破坏等问题凸显，土地利用矛盾尖锐。在同一空间内，土地破碎化、空间布局无序化、土地资源利用低效化、生态环境质量退化等多维度问题并存，仅靠单一要素、单一手段的土地整治模式已难以完全解决土地利用综合问题。因此，各地区需要在国土空间规划的引领作用下，进行全域规划和整体设计，用综合性手段对全域国土空间进行国土综合整治，全域国土综合整治已上升为国家战略。

2013年11月，《中共中央关于全面深化改革若干重大问题的决定》首次提出“山水林田湖草是一个生命共同体”，由一个部门负责对领土范围内所有国土空间进行用途管制，对山水林田湖进行统一保护与修复。国土空间综合整治以新时代生态文明为背景，是在传统土地整治的基础上转变而来的，是土地整治的高级阶段，也是必然发展趋势。国土空间综合整治的基本对象是国土空间，涵盖国土空间全要素，包括“山水林田湖草海”生命共同体之下的土地、河流、森林、海域等各自然资源要素，以整合自然资源为导向，按照区域统筹、城乡统筹等的要求，同时兼顾地上、地下空间，在以人为本的基础之上实现国土空间品质的提升，因地制宜地调整国土空间布局，优化国土空间各要素配置，实施具有地域差异性、系统性和综合性的整治、保护与修复活动，需要在国土空间规划的指引下开展国土空间结构调整优化活动。2017年1月《全国国土规划纲要（2016—2030年）》提出“分区域加快推进国土综合整治”，实施国土综合整治重大工程、修复国土功能和“四区一带”国土综合整治格局，各地积极按照此要求开展前期研究，划分国土综合整治区，因地制宜地有序实施整治工程。2017年7月，在全面深化改革领导小组会议中，把“山水林田湖”的提法转变为“山水林田湖草”，坚持山水林田湖草是一个生命共同体。2018年1月，李克强对国土资源工作做出重要批示，强调积极全面开展国土综合整治，实施国土综合整治重大工程，发挥国土综合整治在推进山水林田湖草系统治理中的重要平台作用，促进自然生态保护修复。2020年中央一号文件提出开展乡村全域土地综合整治试点，优化农村生产、生活、生态空间布局。《关于开展全域土地综合整治助推乡村振兴的意见》明确开展全域土地综合整治是乡村振兴战略规划实施的重要平台。《广西壮族自治区自然资源厅办公室关于做好我区国土综合整治与生态修复项目储备及申报工作的通知》中指出，紧紧围绕“山水林田湖草是一个生命共同体”的理念开展相关工作，申报一批山水林田湖草生态修复项目、农村全域土地综合整治项目、历史遗留废弃矿山地质环境恢复治理项目等国土空间综合整治与生态修复项目。广西根据《自然资源部关于开展全域土地综合整治试点工作的通知》对2020年全域土地综合整治试点区域按不同的整治类型申报。山江海地域系统是复杂的自然系统，在土地利用上更具特色和脆弱性，对山江海地域进行国土综合整治分区研究是促进全域国土综合整治项目申报和实施的关键，也是实现人与自然和谐共处的必经之路。

15.1.2　研究目的及意义

1. 研究目的

传统不合理的人类生产、生活活动给生态系统带来了不利影响，我国的生态压力依然突出，生态空间和生态系统同时面临着乡村振兴、城乡融合发展、新型城镇化等诉求与挑战。传统的增加耕地数量和质量的土地整治已不能满足国土空间综合利用的需求，必须由单一土地整治转向国土综合整治。因此，本章遵循区域统筹、综合治理和系统修复的原则，旨在深入研究山江海地域系统国土空间综合整治分区的理论基础，结合研究区各要素特征及存在的问题，构建山江海地域系统国土空间综合整治分区指标体系，形成一套山江海地域系统国土空间综合整治分区理论框架；同时运用系统聚类法和星座图法对桂西南喀斯特—北部湾地区进行国土空间综合整治分区，对比分析两种分区结果并进行调整优化，从中观尺度上探讨最适合各整治区域的整治重点和方向，提出“一区一策”国土空间综合整治模式。得出的结果可为该区域国土空间综合整治相关工作的实施提供科学依据，以达到优化国土空间格局的目的。同时，对验证或论证已有的国土整治规划等工作的科学性和实用性等提供一定的理论依据。

2. 研究意义

1）理论意义

从山江海地域系统国土空间的视角出发，通过相关理论和方法等研究，形成一套山江海地域系统国土空间综合整治分区理论框架。由于已有国土空间综合整治分区的研究多从流域、市、县的角度出发，极少以县级山江海地域系统国土空间特征的区域为研究对象，本章以桂西南喀斯特—北部湾地区这个典型国土空间为研究区进行实证研究，采用定量的系统聚类法及定量与定性相结合的星座图法验证山江海地域系统国土空间综合整治分区理论框架，为有关山江海地域系统国土空间综合整治分区研究提供一套分区方法和理论体系，在一定程度上弥补了山江海地域系统国土空间综合整治理论基础和分区方法的不足，使国土空间综合整治分区的理论和方法更加丰富和完善，同时，丰富土地整治相关学科的内容，对促进土地资源管理的发展具有一定的理论意义。

2）现实意义

结合桂西南喀斯特—北部湾地区的实际情况，从自然基础条件、社会经济状况、土地利用现状、景观格局和生态环境方面构建指标体系，运用系统聚类法和星座图法分别对研究区进行国土空间综合整治分区，经调整优化后得出最终的整治区，增强国土空间综合整治分区的科学性，使其与实际更为相符，并分析各整治区，因地制宜地提出“一区一策”整治模式与建议，为桂西南喀斯特—北部湾地区国土空间综合整治相关工作的开展与实施提供参考，指导各整治区的整治重点和方向，促进自然资源的可持续利用，加快构建人与自然和谐发展社会。

15.1.3　文献综述

1. 国外研究进展

国外对土地整治的研究最先起源于欧洲，较早开展土地整治的是德国，其开展土地整治具有悠久的历史（朱鹏飞和华璀，2017）。不同国家和地区对土地整治的称谓不尽相同，如德国叫土地整理，澳大利亚叫土地联营，加拿大叫土地重置（曲福田，2007）。欧洲土地整治发展可分为 3 个阶段，即简单土地整治、特定内容的土地整治和综合性土地整治，欧洲一些国家在土地整治方面积累了丰富的经验（丁恩俊等，2006）。国外对土地整治的研究以土地整治模式、土地整治相关技术、土地整治效益、土地整治景观生态、土地整治公众参与、土地整治评价等为主（员学锋等，2015）。

可把国外的土地整治模式分为基于产业带动的整治模式、基于土地产权再分配的整治模式和基于国土空间重构的整治模式。按照不同的组织和管理形式可将国外土地整治分为政府主导型模式、土地所有者主导型模式和规划主导型模式（张军连等，2003）。

发达国家的土地整治技术较为成熟。其中，在此领域内处于领先地位的是德国，早在20世纪80年代其已应用计算机数据处理技术将土地整治的各种数据、图件和权属状况等资料储存于土地整治信息系统（LE-GIS）中，整治前后都科学、有效地运用GIS技术对地块价值进行评估，整治后运用模糊专家系统重新分配土地，其研究具有很大的优越性（Cay and Iscan，2011）。

衡量土地整治的标准是土地整治效益，国外衡量土地整治效益时主要注重综合效益。土地整治最终目的是造福和方便群众、保持区域风貌、改善城市和农村的面貌、创造良好的环境、实现资源可持续利用和完善基础设施。

国外对土地整治的生态意义和效果非常重视。进行土地整治时，在改善生产条件和提高农业产量的同时还注重改善区域景观格局（Pašakarnis et al.，2009）。通过景观格局规划，加强了对河流廊道生态的修复，同时从区域层面和景观层面对牧草地进行整治修复，使自然保护、生态修复和区域经济社会规划相协调。

公众参与土地整治能调动各方利益主体的积极性和主动性，公众的支持与配合对土地整治的实施具有重要作用。一些国家特别重视公众参与土地整治研究，如德国、荷兰和日本。德国在土地整治规划编制和实施时，引入公众参与机制，把有限的政府权力和有效的公众责任相结合；荷兰坚持协调个人利益和社会利益，在实施土地整治项目时，必须要得到当地大多数人的同意；日本非常重视法律制度的健全程度，不断地修改和完善法律制度以提高公众参与程度（贾文涛和张中帆，2005；袁中友等，2012）。

国外也很重视对土地整治评价进行研究，主要从经济、社会和生态等多个方面构建指标体系，借助GIS平台，评价土地整治对土地景观结构的影响，探索不同时空尺度下土地整治和土地景观的相关性，利用层次分析法等方法构建土地优化配置模型。

随着工业化进程的推进，国外发达国家也相继出现生态环境问题，同样是走先污染后治理的路子。国外在生态修复方面进行了多方面的研究，形成了成熟的理论和技术，如19世纪中期，河流的生态修复最先兴起于欧洲，随后美国、日本也对此领域进行了大量研究（聂天一等，2019），构建和执行生态环境修复制度较好的国家有美国、日本、澳大利亚、加拿大等。

国外对土地整治的称呼不同，但整治的内容基本相同。国外对土地整治的研究主要集中在土地整治模式、整治技术、效益与评价、景观生态等方面，不仅拥有丰富的理论基础和方法经验，还具有先进的技术。

2. 国内研究进展

传统的土地整治是对土地开发、土地整理、土地复垦、土地修复的统称，是指在一定区域范围内，为了满足人民生活、生产和生态功能需要，按照土地整治规划和相关规划确定的目标，通过采取生物、工程等措施和系列手段，对低效用地、未利用地、退化和损毁土地及不合理利用土地进行综合整治的活动（贾文涛，2018）。我国土地整治具有悠久的历史（张金龙，2015），如今，国土综合整治已上升为国家层面的战略部署（罗铁军，2019）。从20世纪80年代起开展国土整治相关研究经过了4个阶段，依次是起始、发展、演变和延拓阶段，每个阶段的研究侧重点都有所不同。

1981～1985年：起始阶段。在早期以吴传钧、陆大道等一批学者为主，对国土整治进行探讨。吴传钧（1982）认为国土整治是对国土的合理开发、利用、协调、治理和保护，还包括相关方面的调查研究和规划工作，此阶段注重规划。陆大道（1984）认为在全国范围内正确划分国土整治区域类型不仅对有计划进行国土整治及其规划有利，还对制定相应的法律法规有利。老一辈学者明确了国土整治内涵，提出了一些基本理论和方针政策，指导国土整治工作。

1986～1996年：发展阶段。国家土地管理局的成立和1986年审议通过的《中华人民共和国土地管理法》使国土综合整治内涵在原来的合理开发、保护等基础上，融合了经济和环境的协调发展，许多学者逐渐开始重视人地关系。吴传钧（1994）认为国土开发整治的目标是以地域为单元来协调地理环境和人类社会之间的关系，建立一个人地关系地域系统。虽然这 10 年来国土研究取得了重要进展，但也存在不少问题，国土规划理论方法的研究相对落后，对相关政策、法规的研究也比较薄弱，不同类型的区域综合开发研究刚处于起步阶段（汪一鸣，1990）。

1997～2009 年：演变阶段。1988 年修改后的《中华人民共和国土地管理法》提出了国家实行耕地占补平衡制度。此阶段通过土地开发、整理、复垦工程来增加耕地。学者从各方面对国土综合整治相关内容展开研究。王万茂（1997）对土地整理的产生、内容和效益方面进行了深入研究。

封志明等（2006）利用计算机技术和 GIS 空间分析手段初步确立了我国国土综合整治区划框架，确定不同区域的重点工程。罗明和张惠远（2002）认为土地整理需要借助生物、工程等一系列措施对田、水、路、林、村实行综合整治，可通过建立指标体系评价土地整理对环境的影响。此时的国土整治和国土综合整治在内涵上高度相似，已运用先进的 GIS 等技术，为今后国土综合整治进一步发展奠定了基础。

2010 年至今是国土整治的延拓阶段。受新时代国家顶层设计的影响，由田水路林村城综合治理转为山水林田湖草海系统治理，统筹兼顾国土空间全要素（贾文涛，2020）。许多学者统筹考虑时代背景，以全国、省域、县域、项目区等尺度为研究对象，根据不同需求和从不同角度探索构建国土综合整治长效机制、国土综合整治环境影响评价、国土整治类型模式、政策体系和分类体系等（臧玉珠等，2019；严金明等，2017；刘新卫，2015）。国土空间综合整治其中的重要目标之一是修复和改善生态环境，治理已失调或退化的国土空间功能。国土空间综合整治具有综合性、系统性、战略性，注重全域、全要素和全周期整治，是统筹推进生态文明建设、乡村振兴和城乡融合发展等的综合平台和重要抓手。

随着土地整治工作的不断推进，我国土地整治的内涵发生了转变，由单一增加耕地面积为主转向增加耕地面积、提高耕地质量和改善生态环境相结合。土地整治向国土空间综合整治转型发展，《土地整治术语（TD/T 1054—2018）》中明确了国土空间综合整治的内涵是针对国土空间开发利用过程中产生的问题，综合运用工程、技术和生物等多种措施，修复国土空间功能，整体改善国土空间全要素，系统防止国土退化，提升国土空间质量，促进国土空间有序开发。相较于单一的和专项的传统土地整治，国土空间综合整治是基于立体空间的综合整治，是以整个区域空间为整治对象，更加强调国土空间综合整治的理论基础、目标、手段、主客体、措施、效果等的系统性和综合性，是国土整治的高级阶段，也是必然趋势，国土空间综合整治也叫国土综合整治（贾文涛，2019）。新时代国土空间综合整治的本质是着力解决国土空间开发利用保护中存在的短板、限制和潜在退化危机，结合乡村振兴、城乡融合发展、新型城镇化等国家发展战略，优化国土空间结构，促进人地协调发展，提升资源环境承载力，保障社会经济可持续发展。国内外学者对国土空间综合整治已开展了大量研究，取得了丰硕的成果且积累了丰富的经验。国土空间综合整治分区研究是土地资源管理的热点领域，已有的研究多以省、县、项目区为研究对象，从不同角度探讨国土空间综合整治分区，但从山江海地域系统国土空间的视角出发来探讨国土空间综合整治分区的研究还较少，此研究具有一定的理论意义和现实意义。

15.1.4　研究内容与研究方法

1. 研究内容

（1）理论基础和核心概念研究。通过查阅大量文献，在已有的研究成果基础上，归纳总结出山江海地域系统国土空间综合整治分区理论基础和核心概念。

（2）山江海地域系统国土空间综合整治分区方法和分区指标的研究。对研究区国土空间综合整治分区的依据、原则和方法等进行相应研究。根据山江海地域系统国土空间综合整治分区的影响因素，并结合研究区发展战略及相关政策，确定山江海地域系统国土空间综合整治分区指标体系。

（3）山江海地域系统国土空间综合整治分区实证研究。以桂西南喀斯特—北部湾地区这个具有山江海地域系统特征的国土空间作为研究对象，以县（市、区）为分区单元，确定国土空间综合整治分区总体格局，因地制宜地提出“一区一策”国土空间综合整治模式。

2. 研究方法

（1）文献分析归纳法：在充分收集有关国土空间综合整治和国土空间综合整治分区文献资料的基础上进行分析、归纳和总结，确定已有研究的不足，对前人已有的研究方法、研究成果等进行适当参考与借鉴。

（2）实地调研法：通过相关资料的收集，得到研究区土地利用现状和土地整治的相关信息，选取一定量的样点进行实地考察与调研，核实相关资料的真实性与可靠性，为本章研究提供真实有效的佐证材料。

（3）空间分析法：利用 ArcGIS10.2 和 Fragstats4.2 等空间分析软件对原始数据进行预处理等操作，得到最终所需的数据样式，并将山江海地域系统国土空间综合整治分区结果进行可视化。

（4）定性和定量分析相结合的方法：定性与定量相结合分析各要素特征及存在问题，通过定量方法及定性和定量分析相结合的方法分别计算得出山江海地域系统国土空间综合整治分区结果，定性探索桂西南喀斯特—北部湾地区发展模式。

（5）理论与实证研究相结合。对山江海地域系统国土空间综合整治相关理论方法进行研究，并辅以实例进行实证研究，用实例来论证理论的正确性与应用的可行性。

15.1.5 技术路线

本章在确定研究对象之后，归纳总结国内外已有的相关国土空间综合整治的研究成果与实践经验，探讨山江海地域系统国土空间综合整治分区方法和分区指标体系，选取定量的系统聚类方法及定性和定量相结合的星座图法对桂西南喀斯特—北部湾地区进行国土空间综合整治分区实证研究，对两种方法得出的有差异的部分进行调整优化，最终确定各国土空间综合整治分区并对其进行描述，提出相应的国土空间综合整治模式与建议。具体技术路线如图 15.1 所示。

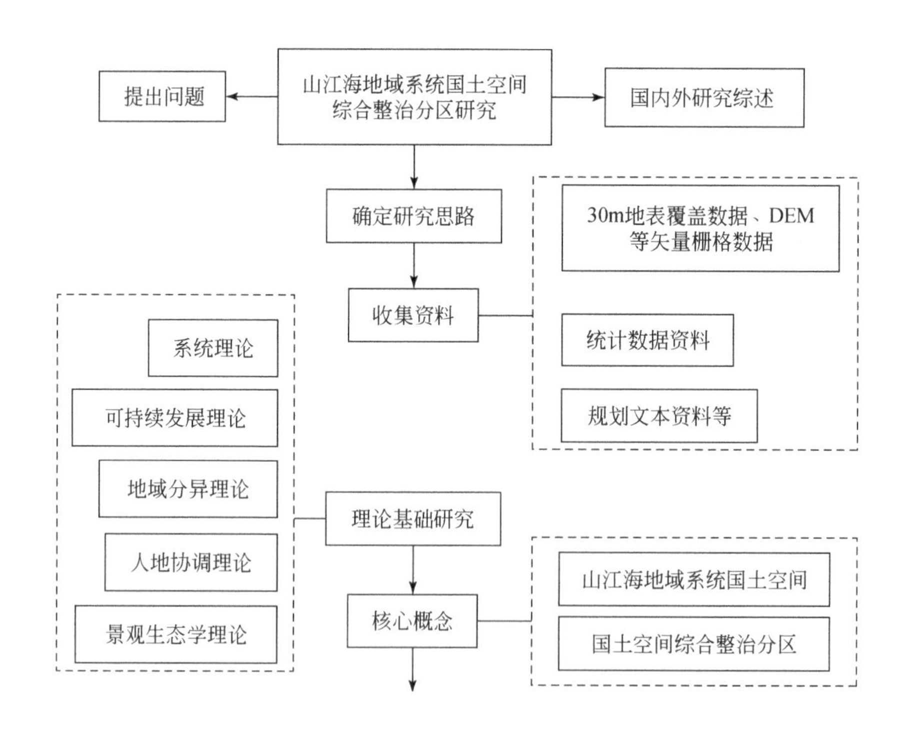

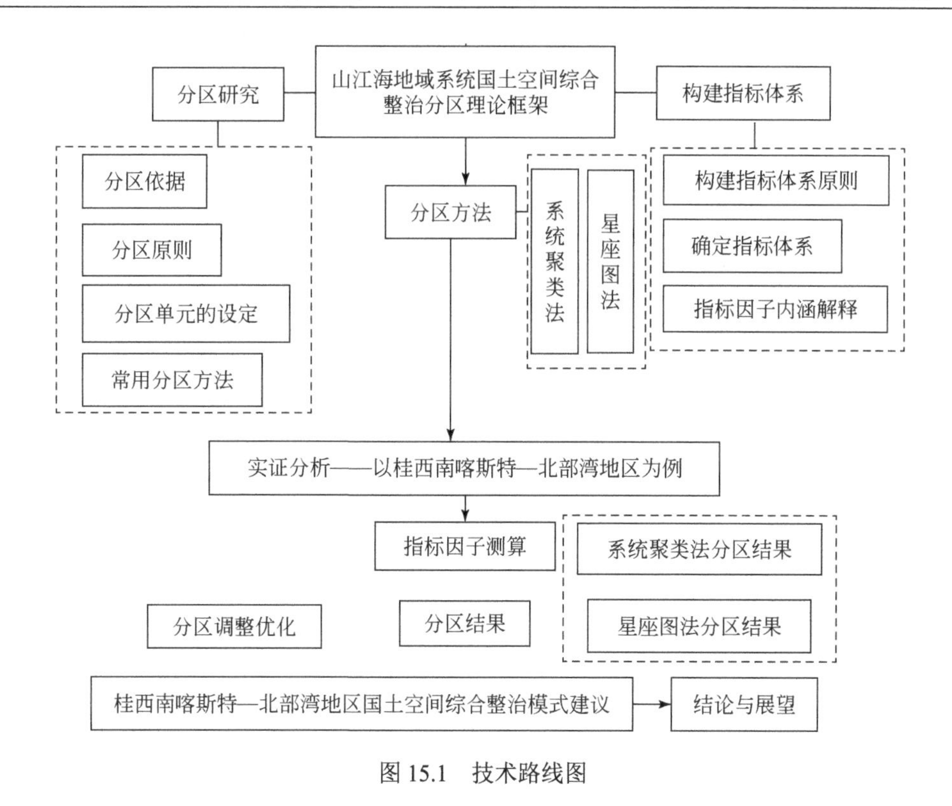

图 15.1　技术路线图

15.2　山江海地域系统全域国土整治分区理论基础与方法

15.2.1　相关理论

1. 系统理论

系统思想源远流长，通常是指由多个要素以一定结构形式构成具有某种功能的有机整体，但它不是各要素机械组合或简单相加，而是既各自独立，又彼此矛盾（李彦平等，2020）。所有系统都具有整体性、关联性、动态平衡性、结构性和时序性等基本特性。系统论的思想通常是把研究和处理的对象当作一个系统，分析它的结构和功能，探讨要素与要素、要素与系统、系统与环境之间的关系与变化规律。国土空间综合整治是一项典型的系统工程，涉及区域内各类自然资源全要素及其相互联系，各要素与系统之间的相互联系不可分割。山江海地域系统国土空间是一个特殊的系统，具有综合性、整体性、系统性和关联性等。因此，在山江海地域系统国土空间综合整治过程中，必须坚持系统论的思想，结合系统论的方法，只有把整个研究区域当作一个系统，才能顺利完成山江海地域系统全域国土整治各项工作，考虑系统各要素的方方面面，以免顾此失彼，使整治后的国土空间各要素得以稳定发展。

2. 可持续发展理论

1987 年《我们共同的未来》正式提出可持续发展的概念和模式。普遍认为可持续发展理论是指不但要满足当代人的需要，还不对后代人满足其需要构成危害的发展，遵循公平性、共同性和持续性三大基本原则。现存的自然资源多为不可再生资源或稀缺资源，尤其像国土资源这种人类赖以生存和发展的稀缺资源，在利用时应把可持续发展理论贯穿于整个国土资源的利用过程当中。山江海地域系统全域国土整治着力解决山江海地域系统国土空间开发、利用和保护中存在的短板、限制与潜在退化危机。国土空间综合整治是使国土资源可持续利用的重要手段之一，因此在进行山江海地域系统国土空间综合整治时更应该关注被整治区域的可持续性发展，实现各类资源的可持续利用。

3. 地域分异理论

地域分异是指地球表层自然环境及其组成要素在空间分布上的变化规律，这已不再是地理学界的词，还涉及土地利用、生物多样性等领域（刘志强等，2017）。国土空间的地域分异规律更显著，自然资源禀赋条件对各种自然资源的利用具有非常大的影响，开展国土空间综合整治活动在一定程度上也受区域自然条件和土地利用等因素的影响，因此山江海地域系统全域国土综合整治要以地域分异理论为基础，遵循因地制宜的原则，依据研究区地域差异科学合理划分国土空间综合整治区，实现资源的可持续利用。

4. 人地协调理论

人地协调理论是人文地理学的基本理论，是人类社会活动与地理环境之间的协调关系，人类应顺应自然、保护自然（卓玛措，2005；李旭旦，1982）。随着我国城镇化进程加速，人口持续增长，建设用地需求不断增加，导致国土资源的供需矛盾突出，最终导致社会经济发展与自然资源供需的不协调，这实际上就是人地关系的问题（信桂新等，2015）。国土空间综合整治就是解决人地关系的重要手段之一，通过对山江海地域系统国土空间进行综合整治以达到对该区域资源有序利用的目的，在整个过程中，坚持人与自然和谐共生、人地关系协调发展，构建国土空间综合整治模式及提出相应的对策建议，调整国土资源利用结构，缓解用地压力。

5. 景观生态学理论

景观生态学理论是以生态学理论为基础。景观生态学主要研究景观结构、功能和演化以及景观尺度和区域尺度的资源与环境的经营管理问题，具有综合性、宏观性、尺度性等特点（肖笃宁和李秀珍，1997）。如今的国土空间综合整治面临更复杂的社会、经济与生态约束，面临着多元、多层次的诉求，尤其在生态文明理念提出后人类对生态的诉求更为强烈（吴健生等，2020）。保护和修复生态环境、打造美丽国土空间是国土空间综合整治的目标之一，因此将景观生态学理论贯穿于山江海地域系统全域国土整治活动中以实现目标。

15.2.2　核心概念

1. 山江海地域系统

国土空间是国家主权及主权权利管辖下的地域空间，包括陆地、陆上水域、领海、领空等，是国民生存的场所和环境。山江海地域系统因地形地貌起伏、土地利用与土地覆被变化等不同而呈现出不同结构、功能和特征，且其呈现出特有的时空差异性和具有演变规律的过渡性地域特征（邓伟等，2020）。过渡性国土空间是从山地、流域、海岸带区域共轭的视角出发，由高山、低山丘陵、滨海平原、海岸带、江河贯穿整个国土空间，地势由高向低倾斜，在气温、降水和社会经济发展水平等方面也呈现出同一方向上递增或递减的过渡性特征，同时，在土地利用与土地覆被变化等方面呈现出不同的利用结构和功能，其是具有过渡性的特殊国土空间，山江海地域系统国土空间具有过渡性、综合性、系统性和关联性等。

2. 国土空间综合整治分区

国土空间综合整治分区是依据研究区的自然基础条件、社会经济状况等多方面的差异，同时在结合国家和区域发展战略定位、相关规划与政策的基础上，通过科学的分区方法把整个研究区划分为不同主导类型的整治区域，每个国土空间综合整治区域内的主导整治类型和整治重点基本一致，在此基础上确定相应的整治模式。国土空间综合整治分区结果可为该区域相关规划的编制等相关国土空间综合整治的前期工作提供依据。

15.2.3　山江海地域系统全域国土整治分区理论框架

1. 山江海地域系统全域国土整治分区研究

1）分区依据

山江海地域系统全域国土整治分区研究主要依据研究区的自然基础条件、社会经济条件、土地利用条件、景观格局和生态环境条件，同时还依据已有的土地整治规划、主体功能区规划等相关规划以及区域发展目标等，综合分析各分区单元的主导因素等。自然基础条件对国土空间综合整治有一定的制约作用，是实施整治工程的基础，社会经济条件能体现支持国土空间综合整治的能力，景观格局和生态状况是判断研究区环境好坏以及是否需要优化格局的依据。因此，在分区时需要从各个维度适当选取相应的指标。

2）分区原则

山江海地域系统全域国土整治分区的原则是指导整个分区研究的重要思想，是国土空间综合整治分区过程中必须遵循的基本原则，也是确定山江海地域系统全域国土整治分区方法和指标体系的先行条件，所遵循的分区原则不同，得到的分区结果必然会有差异。山江海地域系统全域国土整治是编制山江海地域系统全域国土空间综合整治规划的基础和依据，在确定分区过程中应遵循如下几个原则。

A. 行政界线完整性原则

在进行山江海地域系统全域国土整治分区研究时应保持县（市、区）界线的完整性，这利于相关数据的获取，有利于后续工作的开展与实施，提高国土空间综合整治相关工作的效率。

B. 相似相异性原则

山江海地域系统全域国土整治分区应考虑将自然基础条件、社会经济条件、景观格局和生态环境条件相似的评价单元划分为同一类国土空间综合整治分区，充分体现不同分区单元的相似性，突显不同类型分区单元的差异性，确定各分区主导整治重点以及整治模式。

C. 综合分析与主导因素相结合原则

研究所涉及的范围跨度大，在分区时既要综合分析山江海地域系统特征，又要考虑分区单元的主导因素，形成重点突出的分区结果，体现国土空间综合整治的本质。

D. 定量与定性相结合原则

为了使山江海地域系统全域国土整治分区结果更便于应用到实际中，在定量研究的基础上加以定性分析，对初步分区结果进行调整。

E. 自下而上和自上而下相结合原则

自上而下的定性分析可宏观地把握全局和理清框架，有利于国土空间综合整治分区完整体系的形成，但界线不易明确。山江海地域系统全域国土整治分区应遵循自下而上和自上而下相结合原则，互为补充。

3）分区单元的设定

设定分区单元是山江海地域系统全域国土整治的基础工作，分区单元是划定山江海地域系统全域国土整治分区的最小、最基本的空间单元，是自然基础条件、社会经济条件、土地利用条件、景观格局和生态环境条件相对均质区域，保持某级行政界线的完整性非常适用于山江海地域系统国土空间综合整治分区研究。本章实证研究的研究范围包含 7 个地级市下辖的 50 个县（市、区），属于中观的研究尺度，考虑获取数据资料的难易程度以及分区结果的实用性和可操作性，以县（市、区）作为山江海地域系统全域国土整治分区的基本分区单元最为合适。

4）常用分区方法

A. 聚类分析法

聚类分析法是一种常用的多元统计方法，它通常把所研究的相似程度较高的样本或变量聚为一类，把剩下的相似度较大的样本或变量聚为另一类，直到把所有的研究样本或变量分为不同的类。聚类分析的目标是将所有样本或变量中相似性高的聚为一类，遵循同一类事物之间的相似性最大，不同类事物之间的差异性最大的原则。山江海地域系统全域国土整治分区涉及的影响因素较多，较多学者运用这种方法把研究区内指标相似的分区单元分为同一整治区。

B. 德尔菲法

德尔菲法是通过书面形式广泛收集专家意见进行预测的方法，具有匿名性和轮间反馈性等优点，结果具有一定的主观片面性（杨凤英，2012）。在山江海地域系统全域国土整治分区过程中，需要收集自然、经济、土地利用等方面的资料，相关专家凭借其在该领域的经验积累，对各分区单元的资料和实际情况进行分析比较，从而提出山江海地域系统全域国土整治分区的意见。相关研究人员将每位专家的意见整理、统计和汇总后，再发给每一位专家，多次反复操作得出最终的结果。该方法的主观性较强，具有一定的局限性。

C. 星座图法

星座图法是一种定量与定性相结合的图解多元统计分析方法，同时具有直观清晰、包含定量分析的优势以及便于结合实际情况进行定性调整的特点。星座图法是通过计算指标权重和对原始数据进行极差转换得到标准化值，再计算各样本的直角坐标，把每个样本的坐标绘制在一个坐标系中，一个样本用一个星点表示，根据异类相分离、同类相聚集的原理，同类的样点聚集成一个星座，区分不同星座的分界并绘制出一个星座类型图。

D. 综合分析法

综合分析法又称经验法，是一种定性分区方法。综合分析法需要通过查阅分析国内外相关文献，结合研究区实际情况以及国土空间综合整治发展的要求、土地利用现状、相关规划与文件资料等，总结研究经验，划定国土空间综合整治分区。

E. 空间叠置法

空间叠置法通常是利用 ArcGIS 等空间分析软件的空间叠加功能，把同一坐标、同一投影和同一比例尺的各类相关图件进行叠加，叠加分析出重叠部分和不重叠部分，使每个分区单元具有所有叠加图层的属性，然后根据分区单元的属性差异和相关分区原则划定不同的山江海地域系统全域国土整治分区。

2. 山江海地域系统全域国土整治分区指标体系构建

1）构建指标体系的原则

A. 区域性原则

开展山江海地域系统全域国土整治活动都是在不同的区域内，而不同区域内有不同的自然基础、土地利用条件、社会经济条件和生态环境条件等。因此，在构建指标体系时，需要充分分析不同区域内各影响因素的差异，构建全面、科学和合理的指标体系。本章在实证研究中以桂西南喀斯特—北部湾地区为研究对象，在构建整个国土空间综合整治指标体系时立足于研究区本身，从实际情况出发，充分考虑该区域的特征。

B. 综合性原则

国土空间综合整治分区是一项集综合性于整个过程的研究，受自然基础条件、社会经济条件、土地利用条件、景观格局以及生态环境条件等多种因素的共同影响。因此，在构建山江海地域系统全域国土整治分区指标体系时要充分考虑各方面的需求，综合考虑指标的可行性以及指标之间的关系，力求使得出的分区结果更具科学性和客观性，满足相关规划编制的要求，为其提供科学依据。

C. 数据可获得性原则

在构建山江海地域系统全域国土整治分区指标体系时需充分考虑指标数据获取的难易程度及其可操作性，以确保该指标体系的可行性和分区结果的科学性，以及能反映各分区结果之间的差异性。

2）确定指标体系

山江海地域系统全域国土整治是一项既复杂又综合的系统工程，在国土空间综合整治分区过程中受各因素共同影响。在结合上述山江海地域系统全域国土整治相关理论的基础上，遵循上述构建指标体系的原则，参考有关土地整治分区研究，并根据山江海地域系统全域国土空间的特征，从自然基础条件、社会经济条件、土地利用条件、景观格局和生态环境条件 5 个维度选取指标并构建指标体系，如表 15.1 所示。

表 15.1 山江海地域系统全域国土整治分区指标体系

目标层	因素层	指标层	指标方向
山江海地域系统全域国土整治分区	自然基础	平均 DEM C1	−
		年均降水量 C2	+
		年均气温 C3	+
	社会经济	国土经济密度 C4	+
		人均 GDP C5	+
		人口密度 C6	+
		一般公共财政预算收入 C7	+
		路网密度 C8	+
		海域开发强度 C9	+
	土地利用	有效灌溉率 C10	+
		新增耕地潜力面积 C11	+
		土地垦殖率 C12	+
		人均耕地面积 C13	+
		粮食单产 C14	+
		水域面积占行政区面积比例 C15	+
	景观格局	斑块密度 C16	−
		平均斑块面积 C17	+
		面积加权平均形状指数 C18	−
		蔓延度指数 C19	+
		香农多样性指数 C20	+
		平均邻近指数 C21	+
	生态环境	森林覆盖率 C22	+
		生态系统脆弱性等级 C23	−
		自然灾害危险性等级 C24	−
		生物多样性维护功能 C25	+
		水土保持功能重要性 C26	+
		自然保护区面积占行政区面积的比例 C27	+
		石漠化等级 C28	−
		海岸线开发强度 C29	−

A. 生态系统脆弱性等级

生态系统脆弱性等级是生态系统在特定时空尺度下对于自然干扰或人类干扰等外界干扰所具有的敏感反应和自我修复能力相加的结果，属于自然属性（陈桃等，2019）。它是衡量生态系统自我调节能力的重要指标之一，亦是判断某区域是否需要进行国土空间综合整治与生态修复的重要指标之一。根据《广西壮族自治区主体功能区规划》确定研究区各县（市、区）的生态系统脆弱性等级，分为不脆弱、略脆弱、一般脆弱、较脆弱和脆弱 5 个等级。

B. 自然灾害危险性等级

自然灾害危险性等级是指自然灾害易发生的程度（莫建飞等，2019）。每年因泥石流、崩塌、滑坡等自然灾害损毁的土地不少，自然灾害危险性等级越高，发生自然灾害的可能性越高，土地被损毁的可能性也就越高。使自然灾害危险性等级高的地区加强土地生态环境防灾减灾能力是国土空间综合整治规划的内容之一。根据《广西壮族自治区主体功能区规划》确定研究区各县（市、区）自然灾害危险性的不同等级，分为危险性小、危险性较小、危险性略大和危险性较大 4 个等级。

C. 生物多样性维护功能

生物多样性维护功能是生态系统所能提供的最重要的功能之一，在维持生态系统、基因和物种多样性方面发挥着重要作用。生物多样性维护功能等级越高，该地区越需要被保护。生物多样性维护功能受植被、降水、气温和海拔等多种因素的影响，其计算公式为

$$S = \mathrm{NPP} \times P \times T(1 - E) \tag{15.1}$$

式中，S 为生物多样性维护功能；NPP 为年均植被净初级生产力；P 为年均降水量；T 为年均气温；E 为海拔。

D. 水土保持功能重要性

水土保持功能是指水土保持设施和地貌植被等所蕴藏或发挥的有利于保护水土资源、改善生态环境、防灾减灾和促进社会进步等方面的作用。水土保持功能重要性是判断生态系统中水土保持功能重要程度的指标。本章采用地形坡度数据、植被指数数据和生态系统类型数据分级叠加的方法，将研究区分为一般重要、重要和极重要 3 个等级。

E. 自然保护区面积占行政区面积的比例

能综合反映区域在维护生物多样性、水土保持、涵养水源和保持生态平衡等方面的能力，需严格限制该区域的各类建设开发活动，对已破坏的区域实施恢复工程。对自然保护区的保护有利于防止石漠化、水土流失、海岸侵蚀等的发生。自然保护区面积占行政区面积的比例计算公式为

自然保护区面积占行政区面积的比例=自然保护区面积/行政区面积　　（15.2）

F. 石漠化等级

石漠化是人类活动的干扰破坏使喀斯特地区的地表植被覆盖遭到破坏，出现基岩裸露、土壤侵蚀和生产力下降等土地退化的过程（徐文秀等，2019；戴全厚和严友进，2018；杨董琳等，2020）。本章参考已有研究，得出研究区石漠化等级划分标准为：①潜在区。植被覆盖度>70%且岩石裸露率<30%的区域。②轻度区。植被覆盖度为 35%～70%且岩石裸露率为 30%～65%的区域。③中度区。植被覆盖度为 20%～35%且岩石裸露率为 65%～80%的区域。④重度区。植被覆盖度<20%且岩石裸露率>80%的区域（陈燕丽等，2018）。

G. 海岸线开发强度

随着沿海城市社会经济的发展，人工海岸线无序增长，自然海岸线锐减，导致滨海重要生态系统严重受损，自然灾害频发（骆永明，2016）。海岸线开发强度是单位海岸线开发利用的海域使用面积，即不同时段内自然海岸线转为人工海岸线或人工海岸线向海推进的人为开发海域面积与占用的大陆海岸线长度的比值（张云等，2019），是反映滨海生态系统健康状况的重要指标。其简化的计算公式为

海岸线开发强度=人工海岸线长度/海岸线总长度　　（15.3）

15.2.4 山江海地域系统国土空间综合整治分区方法

1. 系统聚类法

聚类分析是研究多个要素事物分类问题的方法，按样本间的亲疏关系程度进行聚类。最常见的聚类分析法有模糊聚类法、动态聚类法、系统聚类法等，本章采用系统聚类法。

1）极差标准化

山江海地域系统全域国土整治分区指标体系涉及的因素较多，将数据标准化是为了消除各项指标数据的数量级和量纲，不同指标对研究区国土空间综合整治分区的影响有正向和负向之分，使不同的指标数据之间具有可比性。数据标准化的方法也有很多种，如标准差标准化和极差标准化等。为了使研究区的国土空间综合整治分区结果更具科学性和客观性，本章在应用系统聚类法时，用极差标准化消除量纲，计算公

式为

正向指标：

$$A_{ij}=\frac{C_{ij}-C_{ij\min}}{C_{ij\max}-C_{ij\min}} \tag{15.4}$$

负向指标：

$$A_{ij}=\frac{C_{ij\max}-C_{ij}}{C_{ij\max}-C_{ij\min}} \tag{15.5}$$

式中，A_{ij}为分区单元 i 第 j 项指标的标准化值；C_{ij}为分区单元 i 第 j 项指标的实际值；$C_{j\min}$和 $C_{j\max}$分别为第 j 项指标的最小值和最大值。

2）计算距离

距离是对不同事物间差异性的测度，相似性越小，则差异性越大。因此，距离是系统聚类分析的基础和依据，分析时依据距离矩阵的结构进行分类。常见的距离有欧氏距离、绝对值距离等。采用不同的距离计算会得出不同的聚类结果，需选择一种较为合适的距离进行聚类。本章选择平方欧氏距离进行聚类，假设有 n 个分区单元，每个分区单元有 p 个指标，计算公式为

$$d_{ij}=\sum_{k=1}^{p}(x_{ik}-x_{jk})^2 \tag{15.6}$$

式中，d_{ij}为分区单元 i 和分区单元 j 之间的距离；x_{ik}为分区单元 i 第 k 项指标标准化后的值；x_{jk}为分区单元 j 第 k 项指标标准化后的值。

3）离差平方和法（Ward 法）

聚类方法有多种，主要有组间连接、质心聚类法、离差平方和法（Ward 法）等。本章采用离差平方和法进行山江海地域系统国土空间综合整治分区研究。聚类时使类内各分区单元的离差平方和最小，类与类之间的离差平方和尽可能最大。具体步骤是先把 n 个分区单元各自看成一类，每次合并两个不同的类，每减少一类，离差平方和就会增大一些。假设把 n 个分区单元分为 k 类，分别为 L_1，L_2，…，L_k，用 X_{it}代表 L_t中的分区单元 i 的变量指标值向量，n_t代表 L_t中的分区单元个数，X_t代表 L_t的重心，那么 L_t中分区单元离差平方和（S_t）的公式为

$$S_t=\sum_{i=1}^{n_t}(X_{it}-\overline{X}_t)^{\mathrm{T}}(X_{it}-\overline{X}_t) \tag{15.7}$$

所有的类内离差平方和公式为

$$S=\sum_{i=1}^{k}S_t \tag{15.8}$$

2. 星座图法

1）角度转换

在利用星座图法时，需把各个分区单元数据转变到 0°～180°，而常规的极值标准化无法满足这一要求，需要在常规极值标准化的基础上乘以 180°，使其落于 0°～180°，计算公式为

正向指标　$B_{ij}=A_{ij}\times 180°$　（15.9）

负向指标　$B_{ij}=A_{ij}\times 180°$　（15.10）

式中，B_{ij}为分区单元 i 第 j 项指标角度转换后的值；A_{ij}为分区单元 i 第 j 项指标的标准化值。

2）确定权重

目前确定权重的方法有两大类：主观赋权法和客观赋权法。为了使研究区国土空间综合整治分区结果更具科学性和客观性，本章采用客观的熵值法来确定权重，计算公式为

$$N_{ij}=\frac{A_{ij}}{\sum_{i=1}^{m}A_{ij}} \tag{15.11}$$

$$E_{j}=-\frac{1}{\ln m}\sum_{i=1}^{m}(N_{ij}\times\ln N_{ij}) \tag{15.12}$$

$$D_{j}=1-E_{j} \tag{15.13}$$

$$W_{j}=\frac{D_{j}}{\sum_{i=1}^{n}D_{j}} \tag{15.14}$$

式中，A_{ij} 为分区单元 i 第 j 项分区指标的标准化值；N_{ij} 为分区单元 i 第 j 项分区指标标准化后的比例；E_j 为分区单元 i 第 j 项指标的信息熵；m 为分区单元数；D_j 为差异系数；W_j 为第 j 项分区指标的权重；n 为指标的个数。

3）计算分区单元的直角坐标值

根据所算出的各指标的权重，计算每一个分区单元的指标坐标值，计算公式为

$$X_{i}=\sum_{j=1}^{n}(W_{j}\times\cos B_{ij}) \tag{15.15}$$

$$Y_{i}=\sum_{j=1}^{n}(W_{j}\times\sin B_{ij}) \tag{15.16}$$

式中，X_i 和 Y_i 分别为第 i 个分区单元的横坐标和纵坐标的值；W_j 为第 j 项分区指标的权重；B_{ij} 为分区单元 i 第 j 项指标角度转换后的值。

15.3 研究区概况与数据来源

15.3.1 研究区国土空间发展面临的形势与整治的主要方向

2020 年广西壮族自治区自然资源厅安排用于支持土地整治、地质勘查和地质环境保护的专项资金总计达 7.23 亿元，其中用于支持土地整治的专项资金就有 4.14 亿元，占比约 57.26%。虽然自治区、各市、各县在促进国土空间发展上在各方面的投入巨大，也取得了丰硕的成果，许多不同类型的整治项目完成并通过了项目验收，但仍面临一些问题。研究区国土空间发展面临的形势和挑战主要有：乡村振兴战略赋予国土空间发展新的使命，需要助推农业农村的发展，加强村庄建设和美化农田景观；在进一步推进小康社会建设方面要求保障粮食安全和加大建设用地以促进社会经济的发展；在统筹城乡发展上需要整治粗放用地、优化用地空间布局；在生态文明建设上要求保护生态环境等。依据研究区所面临的问题，整治的主要方向包括农用地整治、建设用地优化布局、石漠化治理、绿色矿山建设、地质灾害防治和海岸线修复等。

15.3.2 数据来源

本章所采用的土地利用数据来源于国家基础地理信息中心（http：//www.ngcc.cn/ngcc/）的 30m 全球地表覆盖数据 GlobeLand30 2020 版；DEM 数据来源于地理空间数据云（http：//www.gscloud.cn/）。2018 年的降水、气温数据来源于国家气象科学数据中心（http://data.cma.cn/）。2018 年的 NPP 数据和 NDVI 数据来源于地理国情监测云平台（http://www.dsac.cn/）。2018 年的石漠化数据和海洋相关数据来源于课题组已有研究成果。社会经济等统计数据直接或间接来源于《广西统计年鉴（2019）》，景观格局数据由 GlobeLand30 2020 版数据经 Fragstats 软件计算而得，其他相关数据来源于《广西壮族自治区土地整治规划（2016—2020

年)》《广西壮族自治区主体功能区规划》等。

15.4　桂西南喀斯特—北部湾地区国土空间综合整治分区

15.4.1　指标测算结果

根据指标体系构建原则和桂西南喀斯特—北部湾地区的特征，对自然基础、社会经济、土地利用、景观格局和生态环境 5 个维度中无法直接获取的指标数据进行相应的测算，并利用 ArcGIS 软件中的自然断点法和 Excel 中的数字筛选功能对其结果进行分类分级并实现可视化。

1. 自然基础因素指标的测算结果

1）平均 DEM

桂西南喀斯特—北部湾地区平均 DEM 最高的是隆林各族自治县，约为 1119.60m，平均 DEM 最低的是港口区，约为 7.27m。根据图 15.2，百色市大部分县的平均 DEM 较高，平均 DEM 较低的县（市、区）集中分布在北海市、防城港市部分地区和钦州市下辖的县（市、区）；平均 DEM 处于中等水平的分布在研究区的中部和东部。研究区的平均 DEM 呈现自西北向东南逐渐递减的趋势，呈现过渡性特征。

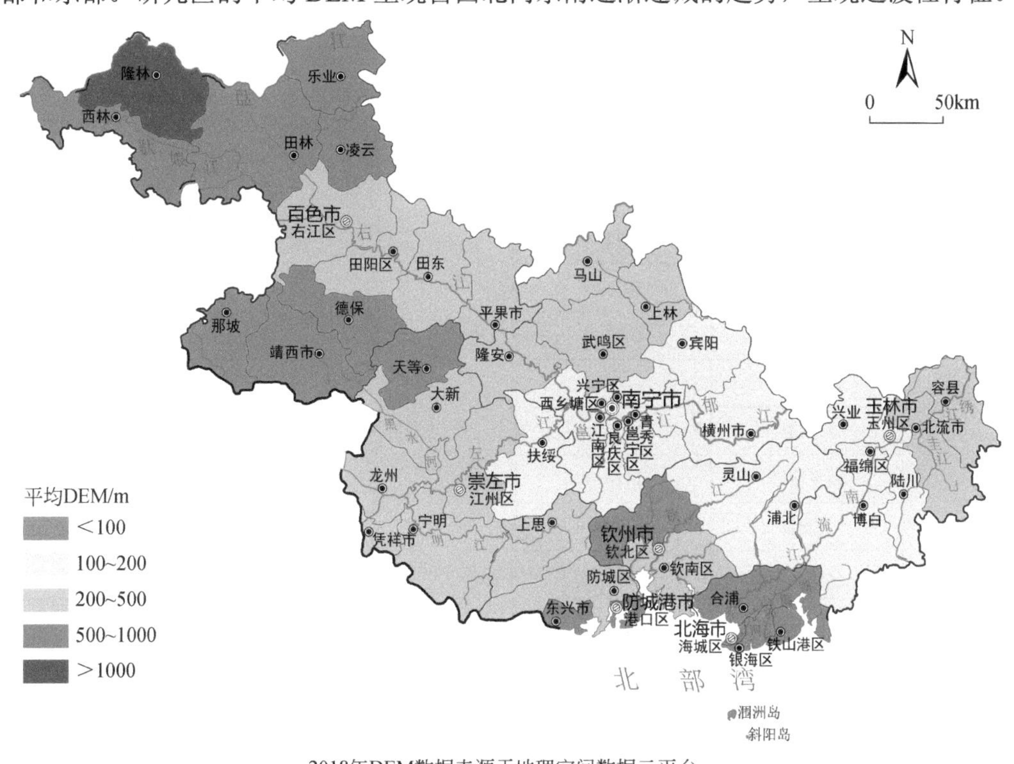

图 15.2　研究区平均 DEM 分级图

2）年均降水量

在 ArcGIS 软件中对研究区的降水量数据按县（市、区）行政级别进行分区统计，得到年均降水量，结果如表 15.2 所示。年均降水量最高的是东兴市，约为 1644.75mm，年均降水量最低的是上林县，约为 1005.84mm。从表 15.2 可看出，研究区年均降水量<1100mm 的县（市、区）集中分布在百色市、崇左市部分地区和南宁市部分地区；年均降水量>1450mm 的县（市、区）有钦北区、钦南区、防城区、东兴市、港口区、玉州区、福绵区、陆川县和北流市，年均降水量呈现出东南高、西北低的趋势，呈现由西北部向东南部递增的趋势。

表 15.2 研究区年均降水量分级表

年均降水量范围/mm	地区	年均降水量	年均降水量范围/mm	地区	年均降水量
<1100	上林县	1005.84	1150～1250	江南区	1175.03
	马山县	1014.01		横州市	1176.99
	田林县	1019.51		宁明县	1184.70
	田阳区	1021.78		邕宁区	1187.82
	宾阳县	1026.02		银海区	1191.22
	隆林各族自治县	1026.19		扶绥县	1207.67
	乐业县	1034.83		铁山港区	1218.16
	右江区	1042.01	1250～1450	良庆区	1254.07
	凌云县	1050.03		灵山县	1317.77
	武鸣区	1052.93		合浦县	1329.51
	大新县	1053.86		上思县	1340.72
	兴宁区	1061.20		浦北县	1352.17
	德保县	1062.98		容县	1383.28
	田东县	1065.40		兴业县	1385.90
	西林县	1067.11		海城区	1401.44
	那坡县	1072.63		博白县	1426.13
	天等县	1074.98	>1450	北流市	1453.05
	平果市	1075.67		玉州区	1497.27
	靖西市	1093.16		陆川县	1513.50
1100～1150	青秀区	1104.09		钦北区	1514.25
	隆安县	1109.34		防城区	1528.01
	西乡塘区	1120.56		港口区	1537.35
	龙州县	1121.30		福绵区	1553.12
	江州区	1124.08		钦南区	1599.14
	凭祥市	1148.20		东兴市	1644.75

3）年均气温

在 ArcGIS 软件中，对研究区的气温数据按县（市、区）行政级别进行分区统计，得到年均气温，结果如表 15.3 所示。年均气温最高的是上思县，为 27.01℃，年均气温最低的是西林县，为 25.34℃。整个研究区的年均气温大多都在 26℃左右，各县（市、区）之间的年均气温差距较小，差距最大的为 1.67℃。由于气温受多种因素的影响，研究区的年均气温呈现由西北部向中部递增后向东南部递减的特征。

表 15.3 研究区平均气温分级表

年均气温范围/℃	地区	年均气温	年均气温范围/℃	地区	年均气温
25.34～25.65	西林县	25.34	25.34～25.65	乐业县	25.45
	隆林各族自治县	25.34		田林县	25.45

续表

年均气温范围/℃	地区	年均气温	年均气温范围/℃	地区	年均气温
25.65～26.17	那坡县	25.76	26.48～26.76	钦南区	26.55
	右江区	25.80		龙州县	26.59
	田阳区	25.98		大新县	26.61
	德保县	26.02		凭祥市	26.62
	陆川县	26.04		上林县	26.64
	靖西市	26.07		马山县	26.66
	北流市	26.08		青秀区	26.66
	福绵区	26.08		钦北区	26.69
	玉州区	26.10		武鸣区	26.71
	博白县	26.11		邕宁区	26.71
	容县	26.13		隆安县	26.74
	兴业县	26.17		兴宁区	26.75
26.17～26.48	浦北县	26.22		港口区	26.76
	铁山港区	26.25	26.76～27.01	江州区	26.80
	合浦县	26.30		东兴市	26.84
	银海区	26.30		良庆区	26.84
	田东县	26.31		西乡塘区	26.86
	海城区	26.35		宁明县	26.88
	灵山县	26.36		防城区	26.89
	横州市	26.41		江南区	26.98
26.48～26.76	宾阳县	26.50		扶绥县	26.99
	平果市	26.54		上思县	27.01

2. 社会经济因素指标的测算结果

1）国土经济密度

通过计算得出研究区各县（市、区）的国土经济密度，如图 15.3 所示。桂西南喀斯特—北部湾地区各县（市、区）国土经济密度悬殊，国土经济密度最高的是海城区，约为 23907.00 万元/km^2，最低的是西林县，大约只有 94.75 万元/km^2。由图 15.3 可知，国土经济密度较高的县（市、区）主要分布在沿海地区、广西首府南宁市部分地区以及玉林市玉州区，而国土经济密度较低的县（市、区）大多分布在研究区西北部的县（市、区）等相对偏远地区。

2）人均 GDP

桂西南喀斯特—北部湾地区各县（市、区）人均 GDP 差距非常大，人均 GDP 最高的是铁山港区，约为 235541.90 元，而最低的是马山县，大约只有 13400.60 元。铁山港区是大型重工业集中区域，其第二产业发展水平非常高。人均 GDP 相对较高的县（市、区）主要分布于沿海地区和地级市的中心区，如港口区、右江区等，呈现出由地级市市区向周边县（市、区）递减的特征，如图 15.4 所示。

3）人口密度

根据计算得出研究区各县（市、区）的人口密度。桂西南喀斯特—北部湾地区各县（市、区）人口密度差距较大，人口密度最高的是海城区，约为 2082 人/km^2，最低的是田林县，约 43 人/km^2。研究区的人口密度分布情况大致呈现出由西北部向东南部递减的特征，如图 15.5 所示。

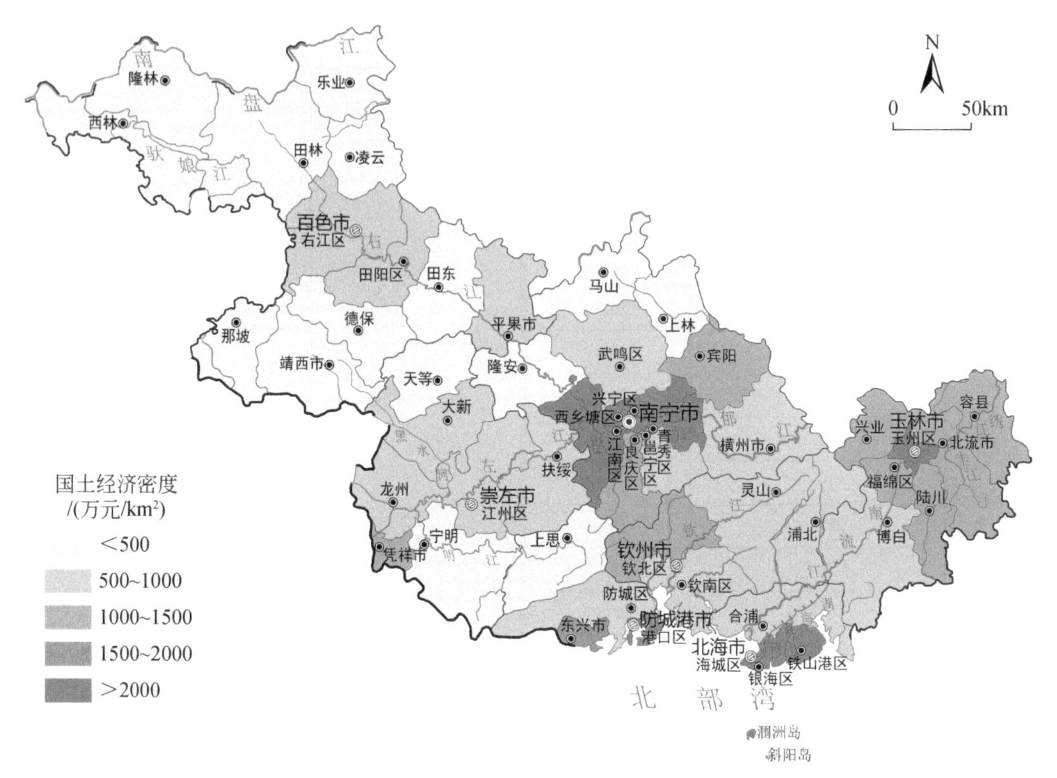

县级GDP数据来源于2018年《广西统计年鉴》；图上专题内容为作者根据2018年县级GDP数据推算出的结果，不代表官方数据。

图 15.3　研究区国土经济密度分级图

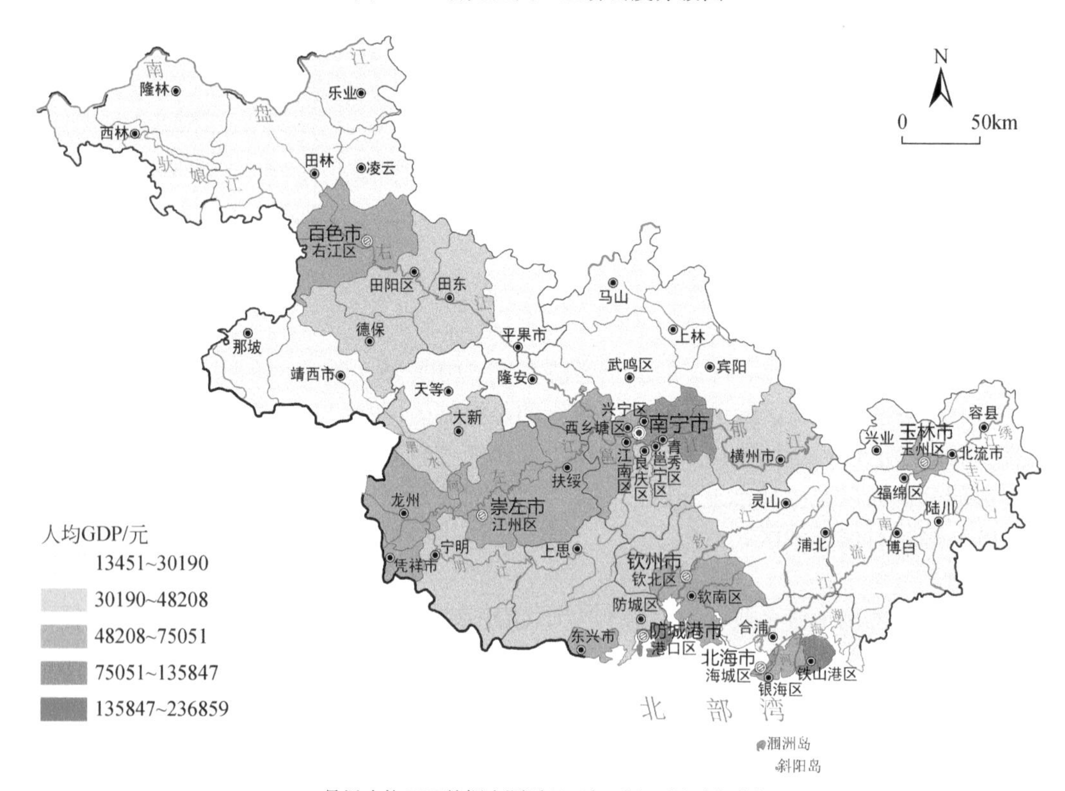

县级人均GDP数据来源于2018年《广西统计年鉴》。

图 15.4　研究区人均 GDP 分级图

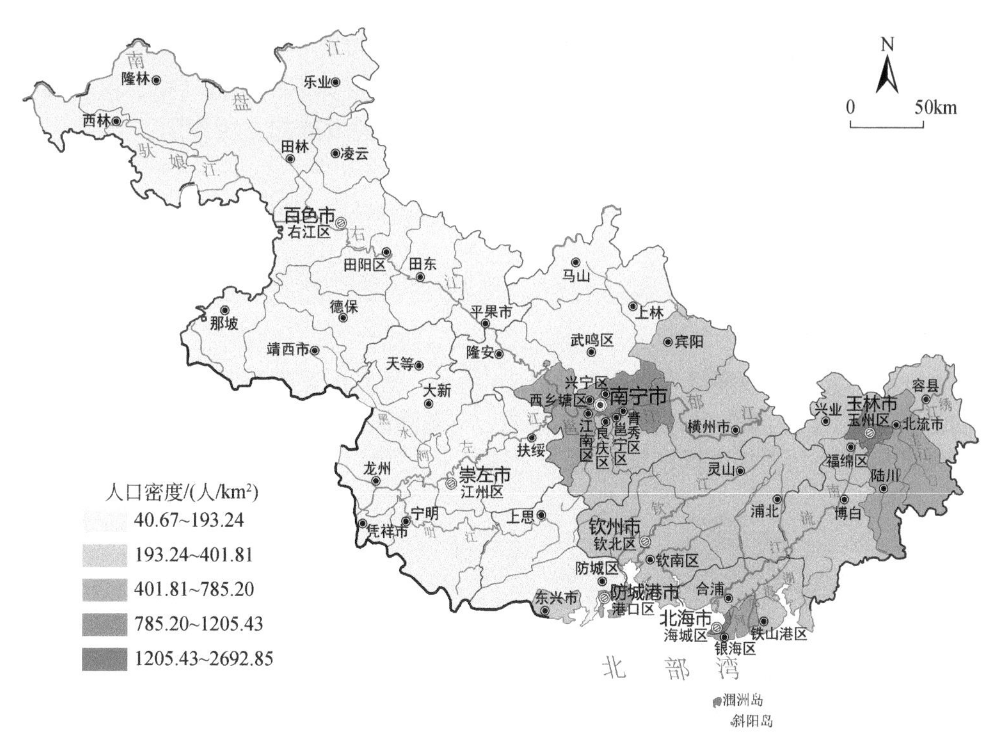

县级人口密度数据来源于2018年《广西统计年鉴》；图上专题内容为作者根据2018年县级人口密度数据推算出的结果，不代表官方数据。

图 15.5　研究区人口密度分级图

4）路网密度

研究区各县（市、区）的路网密度如表 15.4 所示。研究区路网密度最高的是银海区，约为 1.29km/km²，

表 15.4　研究区路网密度分级表

路网密度范围/（km/km²）	地区	路网密度	路网密度范围/（km/km²）	地区	路网密度
0.13～0.40	西林县	0.28	0.40～0.59	扶绥县	0.43
	田林县	0.31		天等县	0.45
	大新县	0.37		江州区	0.48
	上思县	0.37		平果市	0.59
	隆安县	0.38	0.59～0.90	灵山县	0.63
	上林县	0.39		凌云县	0.63
	宁明县	0.39		凭祥市	0.67
	武鸣区	0.40		横州市	0.67
	龙州县	0.40		容县	0.68
0.40～0.59	钦南区	0.44		北流市	0.69
	右江区	0.45		博白县	0.72
	防城区	0.45		良庆区	0.72
	马山县	0.48		福绵区	0.73
	靖西市	0.49		青秀区	0.74
	海城区	0.50		合浦县	0.74
	宾阳县	0.52		兴业县	0.75
	田阳区	0.53		邕宁区	0.75
	隆林各族自治县	0.53		兴宁区	0.76
	田东县	0.53		港口区	0.77
	钦北区	0.53		浦北县	0.77
	江南区	0.54		玉州区	0.79
	乐业县	0.54		铁山港区	0.90
	西乡塘区	0.54	0.90～1.29	陆川县	1.08
	德保县	0.55		东兴市	1.20
	那坡县	0.55		银海区	1.29

最低的是西林县，只有约 0.28km/km^2。从表 15.4 中可看出，路网密度高值区分布于研究区南部沿海地区，较高值区域分布在研究区的东部和南部，即南宁市、玉林市、北海市等下辖的县（市、区），路网密度大的县（市、区）主要是出入海、出入广西的交通要道，对经济社会的发展起支撑作用。

5）海域开发强度

研究区内海域开发强度最大的是港口区，约为 1.38，其次是海城区，约为 1.34。

3. 土地利用因素指标的测算结果

1）有效灌溉率

各县（市、区）行政单元的有效灌溉率结果如图 15.6 所示。研究区有效灌溉率最高的是玉州区，约为 83.86%，而最低的是江州区，约为 8.94%。从图 15.6 中看，有效灌溉率等级最高的地区集中分布在玉林市，有效灌溉率等级较低的地区分布在研究区的西部和西北部。

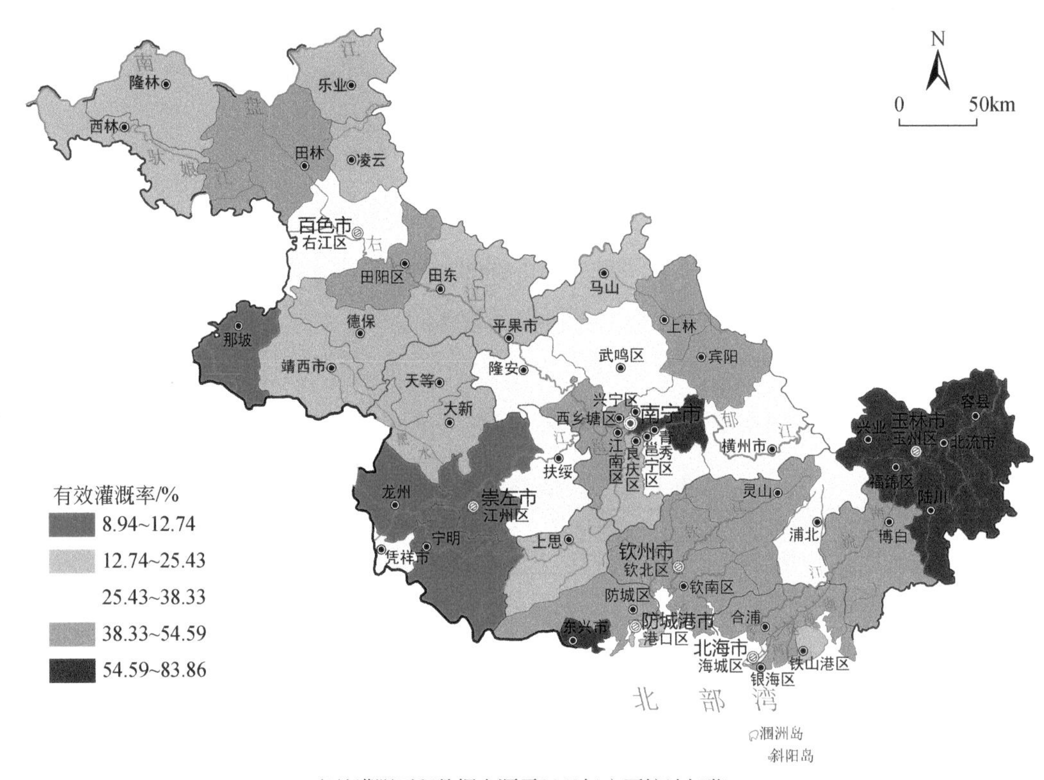

图 15.6　研究区有效灌溉率分级图

2）新增耕地潜力面积

桂西南喀斯特—北部湾地区新增耕地潜力面积最大的县（市、区）是扶绥县，约为 94.66km^2，最小的是海城区，约为 2.17km^2。从图 15.7 上看，研究区的西北部、中部的南宁市所辖的大部分地区、沿海地区的县（市、区）以及玉林市新增耕地潜力面积相对较少。

3）土地垦殖率

研究区土地垦殖率最高的是扶绥县，约为 45.82%，最小的则为田林县，约为 3.79%。从图 15.8 上看，研究区的土地垦殖率呈现出自西北部向中部递增后再由中部向南部和东南部递减的特征。

4）人均耕地面积

研究区人均耕地面积最高的是江州区，约为 4.52 亩（1 亩≈666.67m^2），最小的则为海城区，约为 0.12 亩。从图 15.9 上看，研究区西北部人均耕地面积处于中等水平；研究区西部的大部分县（市、区）人均耕地面积较大，处于中高水平；研究区的东部和东南部的大部分县（市、区）人均耕地面积较少，处于低水平。

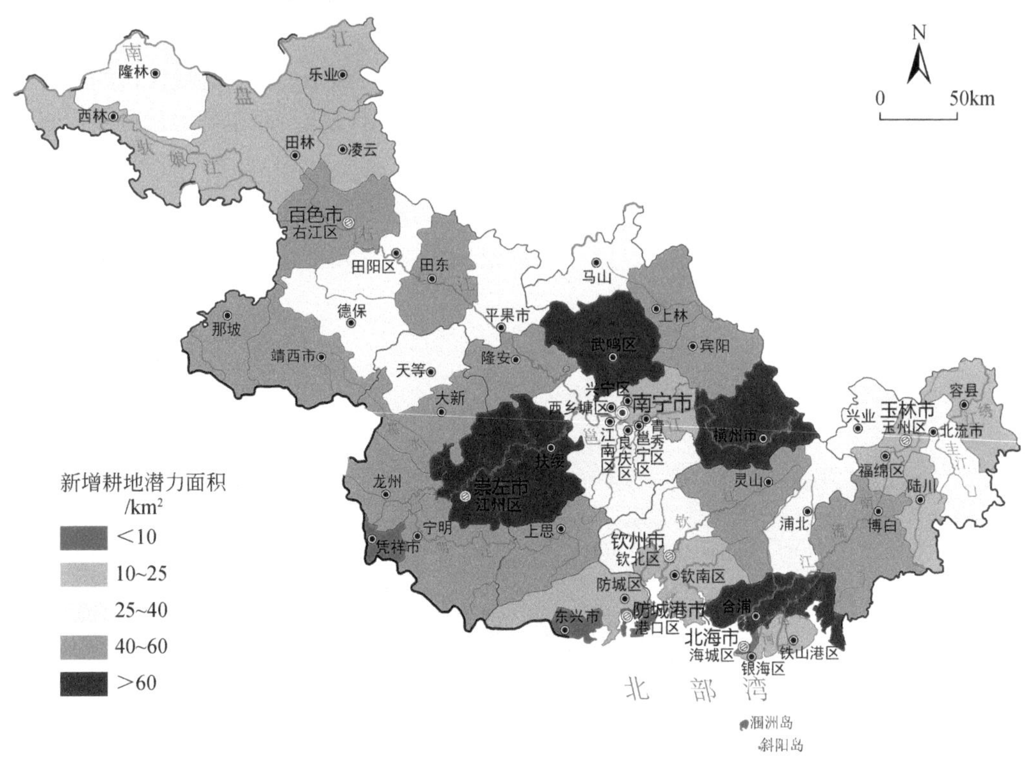

耕地面积数据来源于2018年《广西统计年鉴》；图上专题内容为作者根据2018年耕地面积数据推算出的结果，不代表官方数据。

图 15.7　研究区新增耕地潜力面积分级图

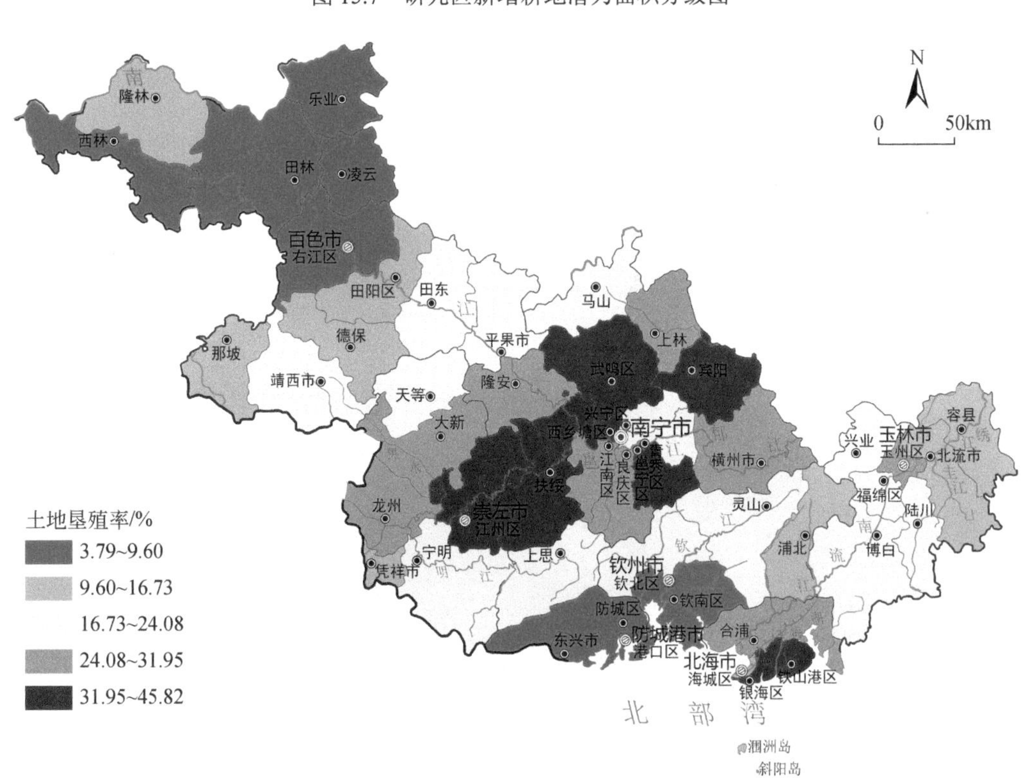

土地垦殖面积数据来源于2018年《广西统计年鉴》；图上专题内容为作者根据2018年土地垦殖面积数据推算出的结果，不代表官方数据。

图 15.8　研究区土地垦殖率分级图

5）粮食单产

研究区 2018 年粮食单产最高的是兴业县，约为 793.21 斤[①]/亩，最小的则为海城区，约为 421.05 斤/亩。从图 15.10 可知，研究区西部大部分县（市、区）的粮食单产相对较低，而东部大部分县（市、区）的粮食单产相对较高。

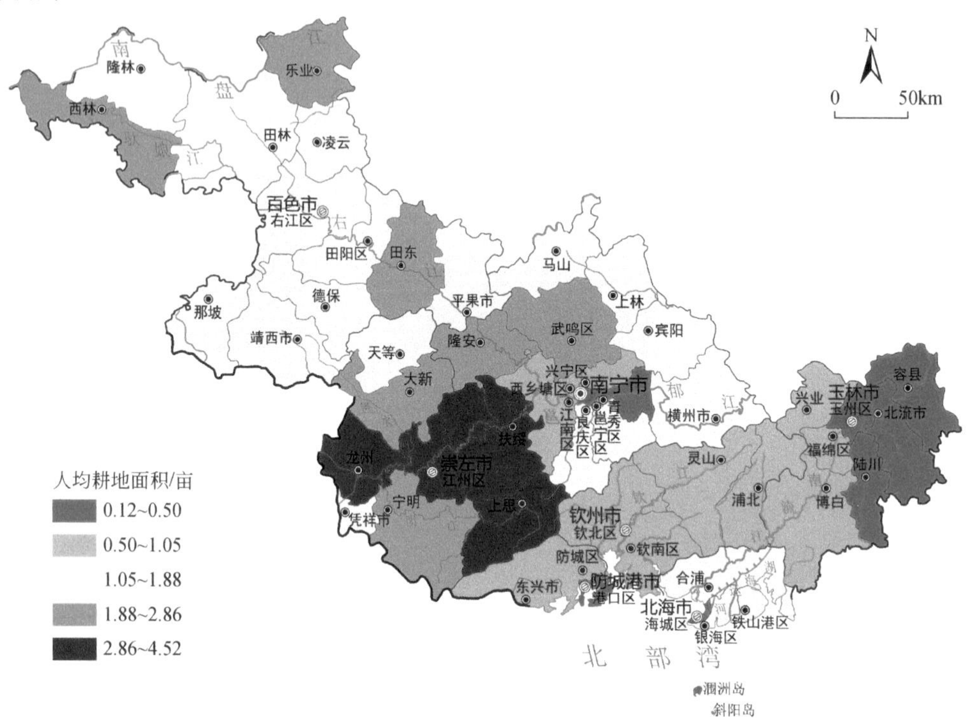

人口数量、耕地面积数据来源于2018年《广西统计年鉴》；图上专题内容为作者根据2018年人口数量、耕地面积数据推算出的结果，不代表官方数据。

图 15.9 研究区人均耕地面积分级图

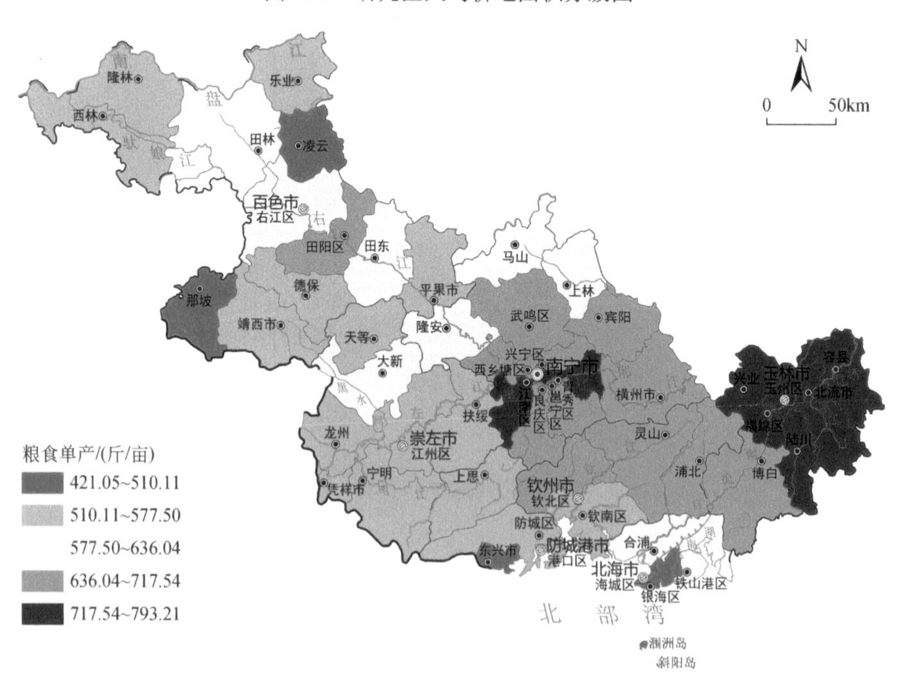

2018年粮食价格数据来源于广西壮族自治区发展和改革委员会官网；粮食产量、粮食种植面积数据来源于2018年《广西统计年鉴》；图上专题内容为作者根据2018年粮食价格、粮食产量、粮食种植面积数据推算出的结果，不代表官方数据。

图 15.10 研究区粮食单产分级图

① 1 斤=500g。

6）水域面积占行政区面积比例

研究区水域面积占行政区面积的比例最高的是港口区，约为 11.78%，最低的是德保县，约为 0.07%。由图 15.11 可知，研究区西北部的县（市、区）水域面积占行政区面积的比例相对较小，而南部地区的县（市、区）相对较大。

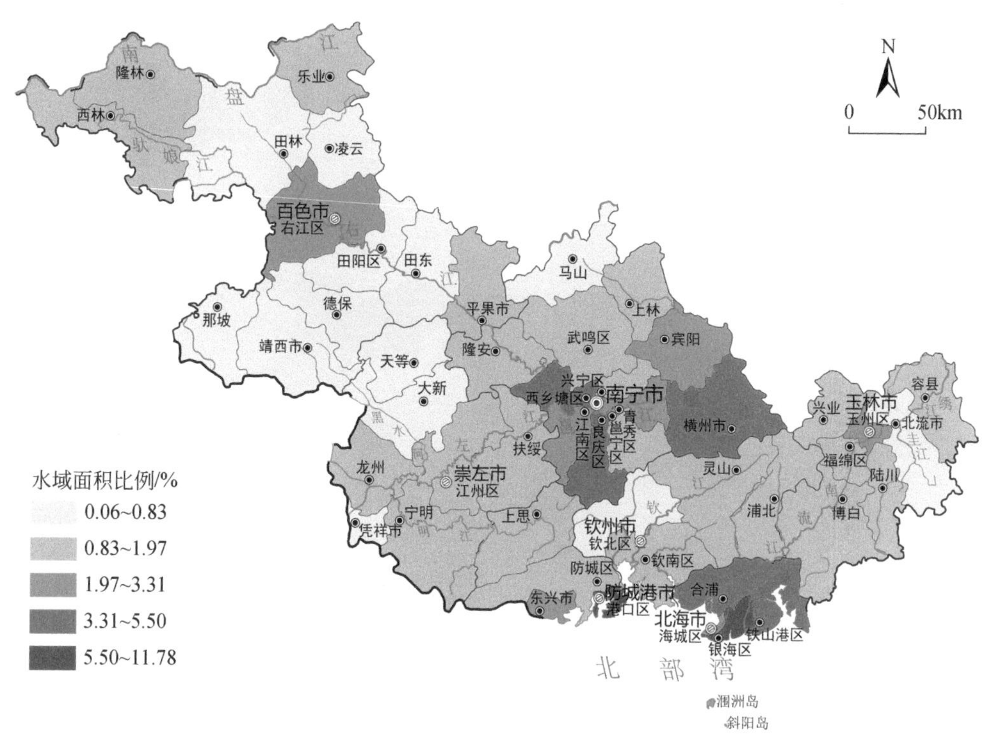

水域面积数据来源于2018年《广西壮族自治区水土保持公报》；图上专题内容为作者根据2018年水域面积数据推算出的结果，不代表官方数据。

图 15.11　研究区水域面积占行政区面积比例分级图

4. 景观格局因素指标的测算结果

利用 Fragstats 软件计算研究区各县（市、区）的 PD、AREA_MN 等 6 个景观格局指数。研究区斑块密度（PD）最大的是平果市，最小的是上林县；平均斑块面积（AREA_MN）最大的是上林县，最小的是平果市；面积加权平均形状指数（SHAPE_AM）最大的是田林县，最小的是海城区；蔓延度指数（CONTAG）最大的是防城区，最小的是青秀区；香农多样性指数（SHDI）最大的是港口区，最小的是防城区；平均邻近指数（PROX_MN）最大的是田林县，最小的是海城区。从图 15.12 上看，研究区的 PD 呈现出自西北向

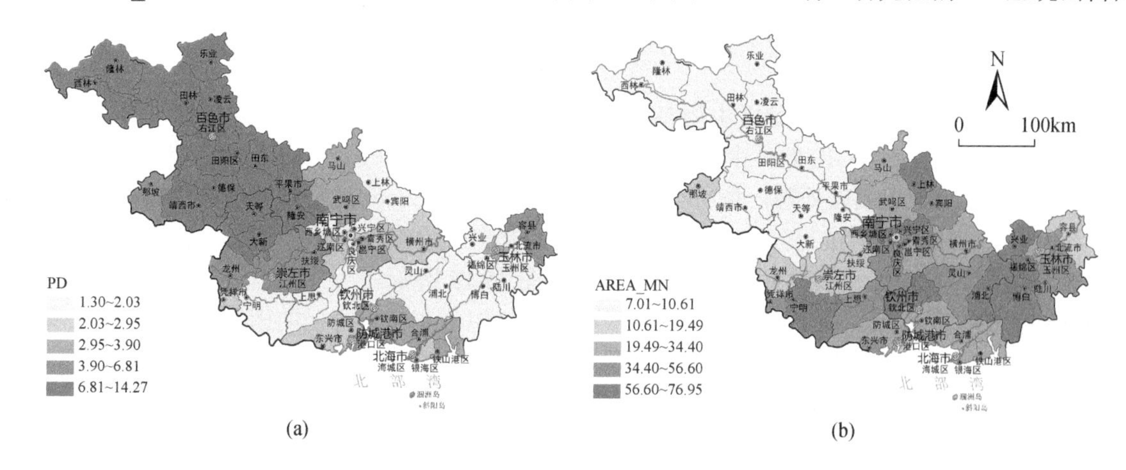

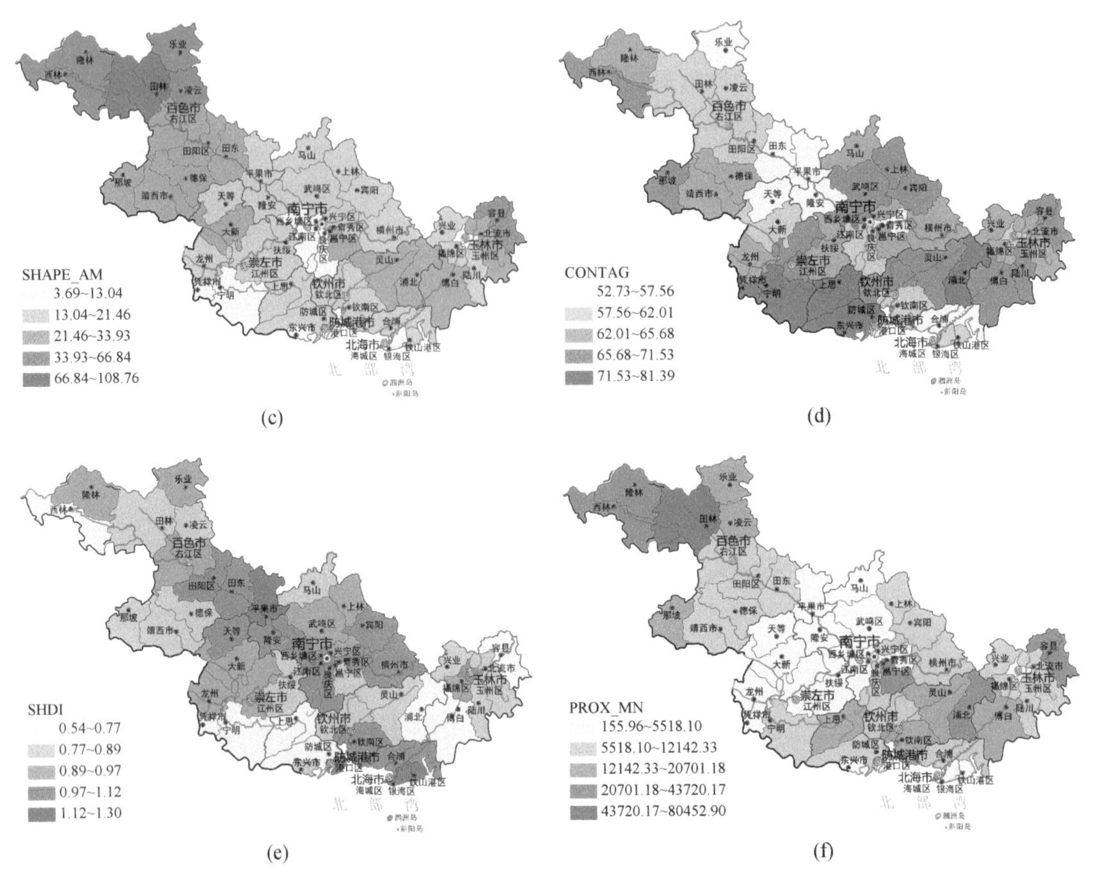

林地、草地、水域、耕地、建设用地面积数据来源于2018年《广西统计年鉴》；图上专题内容为作者根据2018年林地、草地、水域、耕地、建设用地面积数据推算出的结果，不代表官方数据。

图 15.12 研究区景观格局指数情况图

东南递减的特征；而 AREA_MN 呈现出自西北向东南递增的特征；SHAPE_AM 也大致呈现出自西北向东南递减的特征；CONTAG 呈现出西南部和东部高、西北部和东南部低的特征；SHDI 的分布特征不明显；PROX_MN 大致呈现出中部低，并向西北部和东南部递增的特征。

5. 生态环境因素指标的测算结果

1）森林覆盖率

逐个计算桂西南喀斯特—北部湾地区各县（市、区）的森林覆盖率。研究区森林覆盖率最高的是防城区，约为 84.04%；最小的是海城区，约为 9.02%。从图 15.13 中看，研究区的森林覆盖率大致呈现出自西北部向中部递减再向东南部递增的特点，但南部沿海的县（市、区）森林覆盖率较低。

2）生物多样性维护功能

在评价桂西南喀斯特—北部湾地区生物多样性维护功能时，因各指标单位不同，在计算之前需要对各栅格数据进行标准化，在 ArcGIS 软件中分别对研究区 2018 年年均 NPP、年均降水量（P）、年均气温（T）、海拔（E）数据进行模糊隶属度处理，使所有的值都在 0～1，用 Excel 对得到的值进行可视化处理，如图 15.14 所示。按县（市、区）进行分区，统计出各分区生物多样性维护功能的均值，采用自然断点法将研究区分为极重要区、重要区和一般重要区 3 个等级，如图 15.15 所示。

从图 15.15 中可看出，生物多样性维护功能极重要区集中分布在研究区的南部和东南部；一般重要区主要分布在研究区的西北部；重要区主要分布在极重要区和一般重要区之间，即部分崇左市、部分南宁市和部分玉林市的县（市、区）。

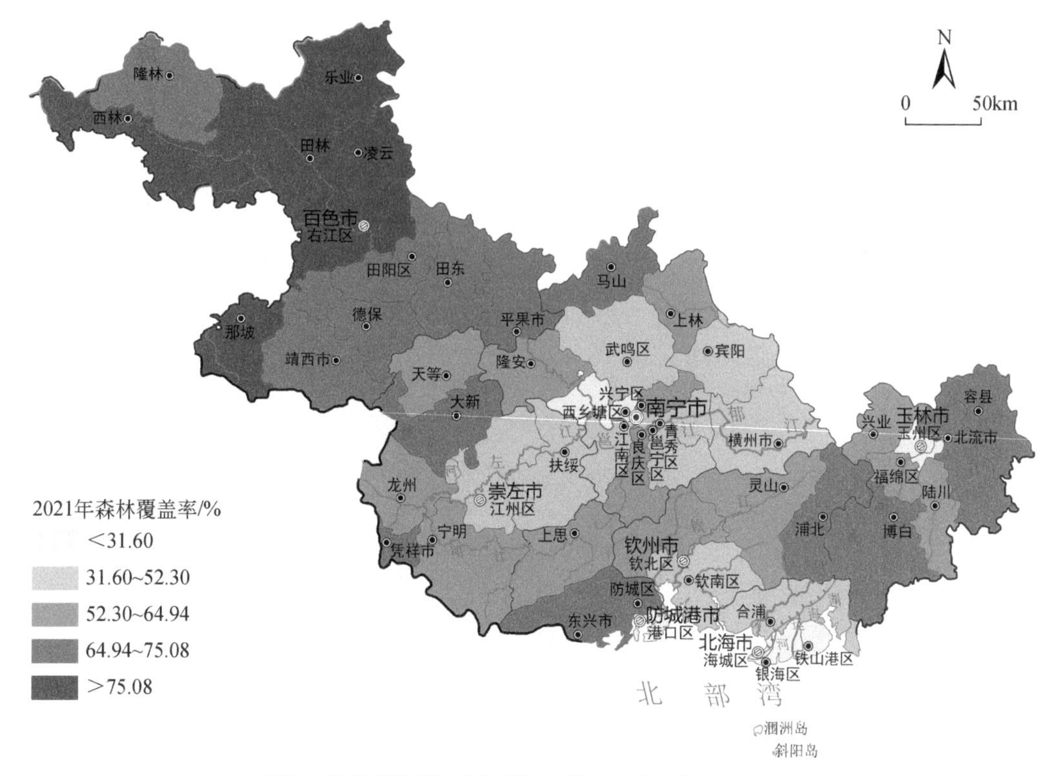

2021年森林覆盖度数据来源于广西壮族自治区林业局官网。

图 15.13 研究区森林覆盖率分级图

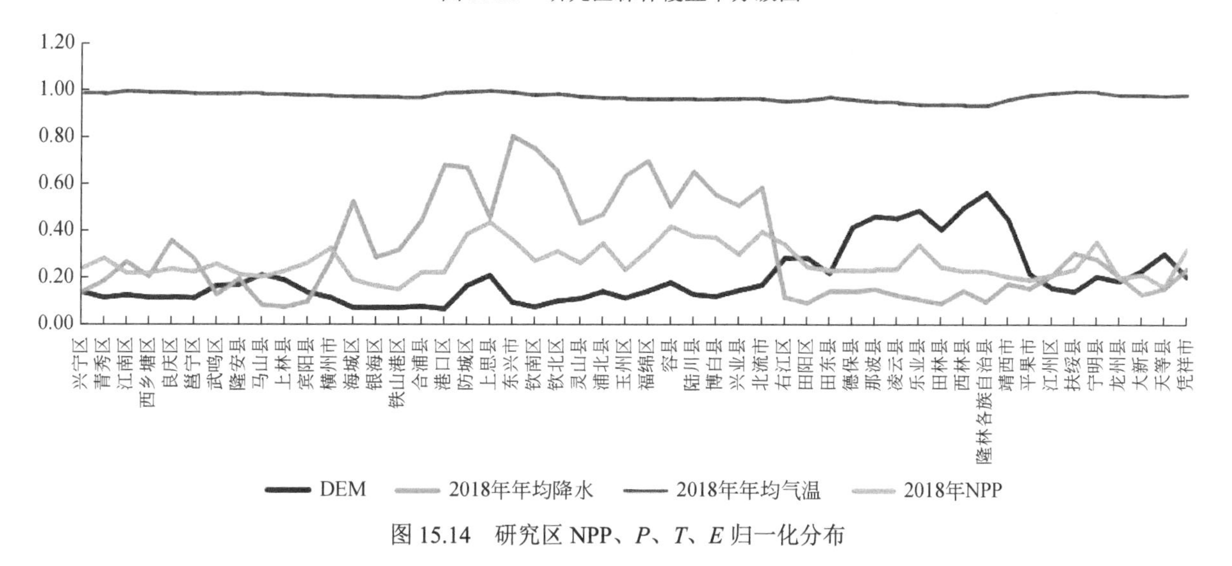

图 15.14 研究区 NPP、P、T、E 归一化分布

3）水土保持功能重要性

利用地形坡度数据、植被指数数据和生态系统类型数据对桂西南喀斯特—北部湾地区的水土保持功能的相对重要性进行分析评定。地形坡度越大、植被指数越高，林地、草地生态系统的水土保持功能重要性越大。利用 ArcGIS 软件对研究区的 DEM 数据进行坡度提取，并且按照<15°（缓坡）、15°～25°（斜坡）和>25°（陡坡）将坡度分为三类，分别赋值为 1、2、3；对研究区的 NDVI 数据按照<60%、60%～80%和>80%划分为三类，并分别赋值为 1、2 和 3；对研究区的 GlobeLand30 2020 版数据进行重分类，分为林地、灌木地和草地，将其他土地利用类型重分类为其他用地，并分别赋值为 1、2。坡度、植被覆盖度和生态系统类型分类如图 15.16 所示。利用栅格计算器对赋值坡度、植被覆盖度和生态系统类型进行加法计算，把结果为 3 和 4 的地区确定为一般重要区、把结果为 5 和 6 的地区确定为重要区、把结果为 7 和 8 的地区确定为极重要区，按照主导因素原则，各县（市、区）按照重要性类型面积比例最多的确定为相应的重要

性，结果如图 15.17 所示。

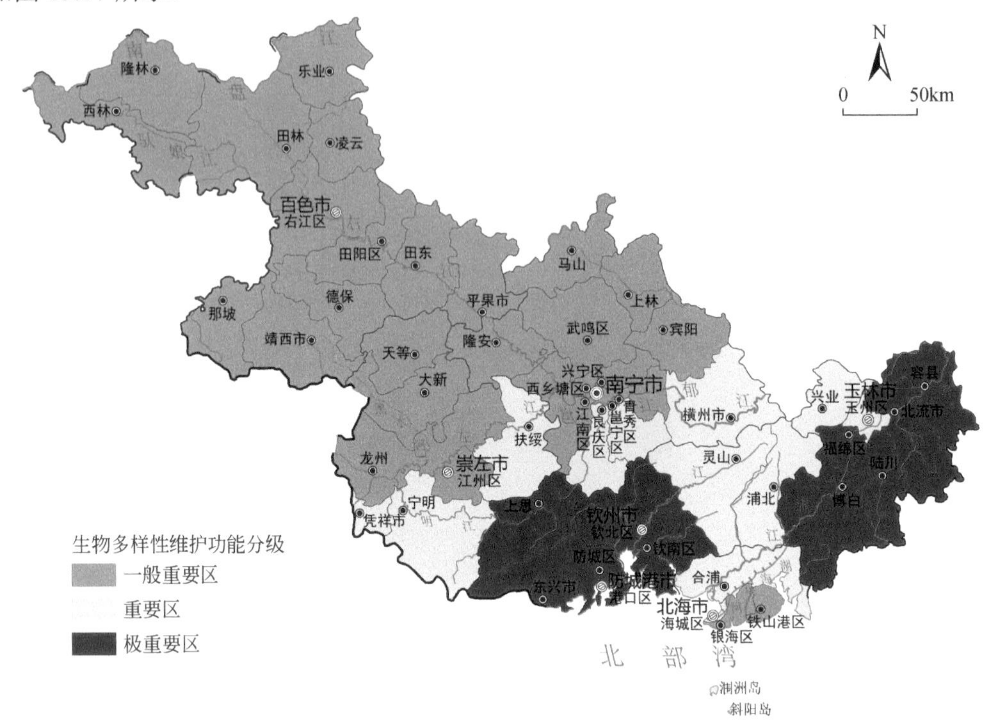

年均降水量数据来源于2018年《广西壮族自治区水资源公报》；年平均气温数据来源于2018年《广西统计年鉴》；2018年NPP数据来源于中国科学院资源环境科学与数据中心；2018年DEM数据来源于地理空间数据云平台；图上专题内容为作者根据2018年年均降水量、年平均气温、NPP、DEM数据推算出的结果，不代表官方数据。

图 15.15　研究区生物多样性维护功能重要性分级图

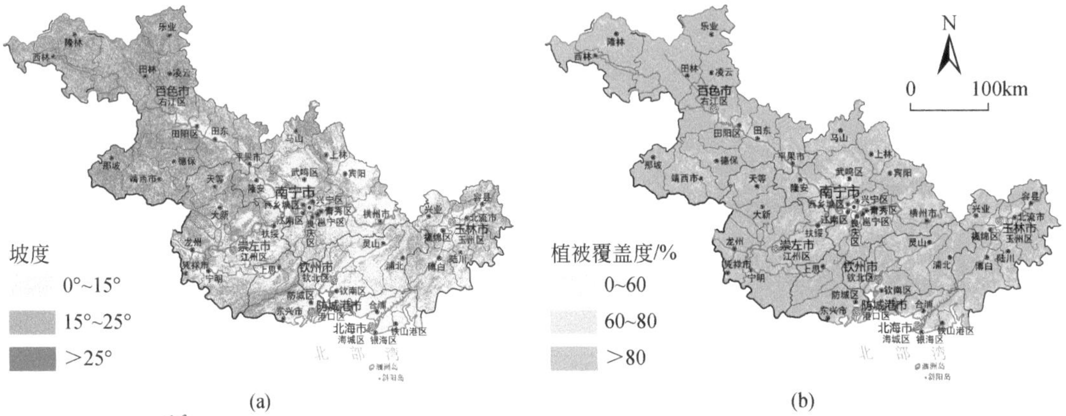

坡度
0°~15°
15°~25°
>25°

(a)

植被覆盖度/%
0~60
60~80
>80

(b)

生态系统类型
其他用地
林地、灌木地、草地

(c)

林地、草地、水域、耕地、建设用地面积数据来源于2018年《广西统计年鉴》；2018年NDVI、NPP数据来源于中国科学院资源环境科学与数据中心；2018年坡度数据来源于地理空间数据云平台；图上专题内容为作者根据2018年林地、草地、水域、耕地、建设用地面积、NDVI、坡度、NPP数据推算出的结果，不代表官方数据。

图 15.16　研究区坡度、植被覆盖度、生态系统类型分类图

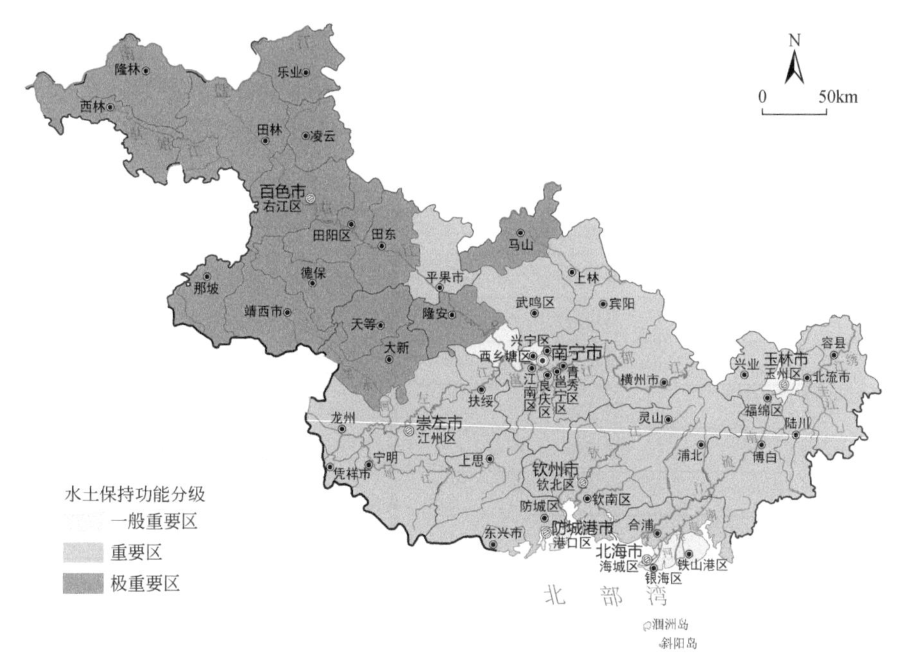

图 15.17 研究区水土保持功能重要性分级图

从图 15.17 中可看出，水土保持功能极重要区集中分布在研究区的西北部；西乡塘区、港口区、海城区、银海区、铁山港区和玉州区是水土保持功能一般重要区；其余的县（市、区）都是重要区，主要集中分布于研究区的南部和东南部。

4）自然保护区面积占行政区面积的比例

研究区自然保护区面积占行政区面积的比例最高的是大新县，约为 24.08%，共有 19 个县（市、区）没有划定自然保护区。由图 15.18 可知，研究区自然保护区主要分布在研究区的西北部和西南部，自然保护区面积占行政区面积的比例较高的县（市、区）主要分布在研究区的西北部。

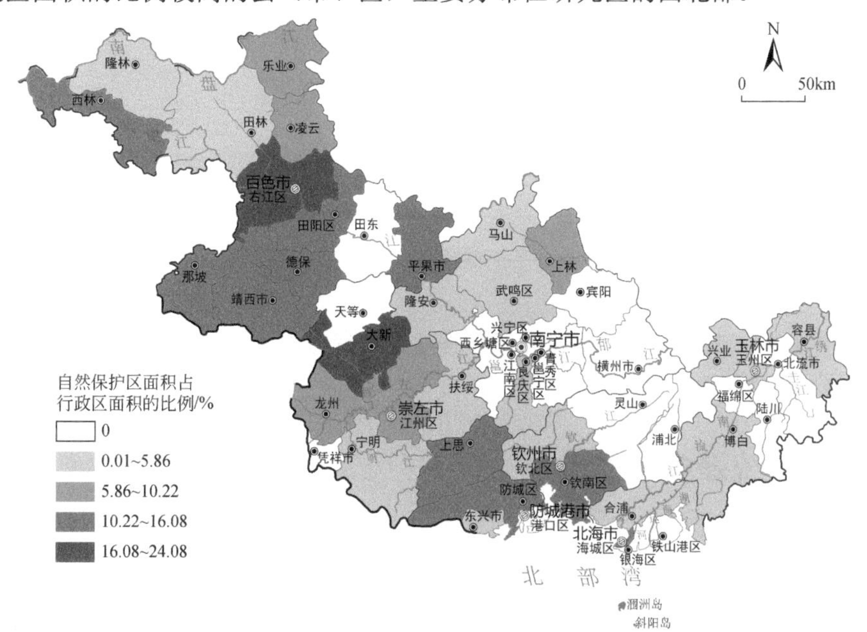

图 15.18 研究区自然保护区面积占行政区面积的比例分级图

5）石漠化等级

利用石漠化数据，按照石漠化等级内涵解释中的划分标准对研究区进行分析，得到研究区石漠化等级划分结果，如表 15.5 所示。石漠化等级最为严重的是桂西南地区并呈现向四周减弱的趋势。

表 15.5　研究区石漠化等级分布表

石漠化程度	县（市、区）	石漠化程度	县（市、区）
重度	隆安县	无	青秀区
	马山县		江南区
	上林县		良庆区
	德保县		邕宁区
	靖西市		海城区
	平果市		银海区
	大新县		铁山港区
	天等县		港口区
中度	武鸣区		防城区
	田阳区		上思县
	田东县		东兴市
	那坡县		钦南区
	凌云县		钦北区
	乐业县		灵山县
	隆林各族自治县		浦北县
	江州区		玉州区
	扶绥县		福绵区
	龙州县		容县
轻度	田林县		陆川县
	宁明县		博白县
	凭祥市		兴业县
潜在	西乡塘区		北流市
	宾阳县		右江区
	西林县		横州市
无	兴宁区		合浦县

6）海岸线开发强度

根据公式计算沿海县（市、区）的海岸线开发强度。研究区内海岸线开发强度最大的是东兴市，约为 0.75，其次是钦南区，约为 0.74。

15.4.2　基于系统聚类法的分区

1. 系统聚类法分区过程

本节运用 SPSS20.0 软件对研究区内 50 个分区单元的基础数据进行系统聚类分析，划定不同的桂西南喀斯特—北部湾地区国土空间综合整治区，主要步骤如下。

（1）利用指标标准化公式对指标体系中的 29 个指标数据进行标准化处理。

（2）打开 SPSS20.0 软件，导入标准化处理后的数据，生成变量矩阵。

（3）选择距离或相似系数的计算方法。本节是对具体的样本进行分类，属于 Q 型聚类，因此选择平方欧氏距离作为聚类统计量。

（4）选择聚类方法。将两个距离最近的样本合成一类，重复这个步骤，直到所有样本归为一类。

（5）输出最终的聚类结果和相关的图表，即把分区单元间相似性距离较小的划分为一类，并结合桂西南喀斯特—北部湾地区的实际情况和分区原则等确定分类数和分区结果。

2. 系统聚类法分区结果

系统聚类分析凝聚表是反映得出聚类结果的整个过程的表格，表 15.6 反映了桂西南喀斯特—北部湾地区系统聚类分析结果的整个过程，表中第一列代表桂西南喀斯特—北部湾地区系统聚类分析的第几步，第二列和第三列代表本步聚类过程中聚成一类的分区单元，第四列代表本步分区单元之间的距离，第五列和第六列代表参与本步聚类的成员，其中 0 代表参与聚类的样本，非 0 代表由第几步生成的小类参与这一步聚类的聚类，最后一列代表本步聚成的小类将在第几步中被用到。经过 49 个步骤的聚类后，最终把 50 个分区单元聚为一类。结合实际需要，考虑分的类别过多或过少都无法达到较好的分类效果，因此，把研究区分为 5 个类别，初步分区结果如表 15.7 所示。

表 15.6 桂西南喀斯特—北部湾地区系统聚类分析凝聚表

阶	群集组合		系数	首次出现阶群集		下一阶
	群集 1	群集 2		群集 1	群集 2	
1	33	40	0.23737	0	0	15
2	42	43	0.490485	0	0	21
3	21	22	0.753808	0	0	4
4	21	27	1.030538	3	0	11
5	24	26	1.309777	0	0	8
6	3	5	1.592991	0	0	13
7	35	39	1.893618	0	0	9
8	24	28	2.21942	5	0	12
9	35	36	2.554952	7	0	35
10	8	32	2.912648	0	0	36
11	20	21	3.27853	0	4	32
12	24	29	3.66306	8	0	24
13	3	6	4.054351	6	0	17
14	11	49	4.446254	0	0	28
15	33	34	4.876088	1	0	35
16	17	44	5.328765	0	0	27
17	1	3	5.789084	0	13	31
18	41	47	6.252053	0	0	29
19	19	50	6.716337	0	0	39
20	31	46	7.191543	0	0	29
21	7	42	7.693266	0	2	23
22	30	38	8.197301	0	0	34
23	7	45	8.709474	21	0	44
24	24	25	9.236565	12	0	32

续表

阶	群集组合		系数	首次出现阶群集		下一阶
	群集 1	群集 2		群集 1	群集 2	
25	13	14	9.771414	0	0	39
26	9	10	10.31826	0	0	38
27	17	48	10.909	16	0	43
28	4	11	11.52559	0	14	31
29	31	41	12.14724	20	18	36
30	16	18	12.79147	0	0	43
31	1	4	13.43734	17	28	40
32	20	24	14.12934	11	24	45
33	2	23	14.83449	0	0	40
34	30	37	15.5934	22	0	42
35	33	35	16.37208	15	9	42
36	8	31	17.15637	10	29	38
37	12	15	18.0403	0	0	41
38	8	9	19.01841	36	26	44
39	13	19	20.01313	25	19	41
40	1	2	21.10977	31	33	46
41	12	13	22.26051	37	39	48
42	30	33	23.44936	34	35	47
43	16	17	24.65207	30	27	45
44	7	8	26.34342	23	38	47
45	16	20	28.11939	43	32	46
46	1	16	30.52104	40	45	48
47	7	30	33.11051	44	42	49
48	1	12	36.31296	46	41	49
49	1	7	45.15995	48	47	0

表 15.7 系统聚类法的桂西南喀斯特—北部湾地区国土空间综合整治分区表

整治区	包含的县（市、区）
1	德保县、靖西市、那坡县、凌云县、隆林各族自治县、乐业县、右江区、西林县、田林县
2	江州区、扶绥县、武鸣区、龙州县、马山县、上林县、隆安县、田东县、平果市、天等县、田阳区、大新县
3	海城区、港口区、钦南区、合浦县、银海区、铁山港区
4	江南区、良庆区、邕宁区、兴宁区、宾阳县、横州市、西乡塘区、青秀区、玉州区
5	灵山县、浦北县、博白县、钦北区、福绵区、陆川县、兴业县、北流市、容县、上思县、宁明县、凭祥市、防城区、东兴市

15.4.3 基于星座图法的分区

1. 星座图法分区过程

1）数据标准化处理

对桂西南喀斯特—北部湾地区内 50 个分区单元的 29 个指标数据进行标准化处理，使 50 个分区单元的各指标都落于 0°～180°。

2）确定分区指标的权重

确定权重的方法主要有主观和客观两种方法，本节利用熵值法确定权重。桂西南喀斯特—北部湾地区国土空间综合整治分区各指标的权重如表 15.8 所示。

表 15.8　桂西南喀斯特—北部湾地区国土空间综合整治分区指标权重

目标层	因素层	指标层	权重
山江海地域系统国土空间综合整治分区	自然基础 0.0578	平均 DEM C1	0.0083
		年均降水量 C2	0.0376
		年均气温 C3	0.0119
	社会经济 0.4488	国土经济密度 C4	0.0996
		人均 GDP C5	0.0507
		人口密度 C6	0.0541
		一般公共财政预算收入 C7	0.0389
		路网密度 C8	0.0195
		海域开发强度 C9	0.1860
	土地利用 0.1414	有效灌溉率 C10	0.0213
		新增耕地潜力面积 C11	0.0218
		土地垦殖率 C12	0.0162
		人均耕地面积 C13	0.0252
		粮食单产 C14	0.0106
		水域面积占行政区面积比例 C15	0.0463
	景观格局 0.1258	斑块密度 C16	0.0127
		平均斑块面积 C17	0.0376
		面积加权平均形状指数 C18	0.0032
		蔓延度指数 C19	0.0159
		香农多样性指数 C20	0.0087
		平均邻近指数 C21	0.0478
	生态环境 0.2262	森林覆盖率 C22	0.0088
		生态系统脆弱性等级 C23	0.0161
		自然灾害危险性等级 C24	0.0225
		生物多样性维护功能 C25	0.0472
		水土保持功能重要性 C26	0.0181
		自然保护区面积占行政区面积的比例 C27	0.0791
		石漠化等级 C28	0.0270
		海岸线开发强度 C29	0.0073

3）分区单元直角坐标值

桂西南喀斯特—北部湾地区各县（市、区）的直角坐标值如表 15.9 所示。

4）绘制星座图

以原点为圆心，取数值 1 为半径，画一个半圆，横轴代表 X_i，纵轴代表 Y_i（朱俊林等，2011），把桂西南喀斯特—北部湾地区的 50 个县（市、区）的相应坐标值描绘在该直角坐标系中，一个县（市、区）就用一个“星点”来表示，便可以得到一个初步的星座图，如图 15.19 所示。

表 15.9 桂西南喀斯特—北部湾地区各县（市、区）的直角坐标值表

县（市、区）	X_i	Y_i	县（市、区）	X_i	Y_i	县（市、区）	X_i	Y_i
兴宁区	0.5521	0.4081	东兴市	0.2615	0.4414	凌云县	0.8030	0.2759
青秀区	0.3830	0.4647	钦南区	0.3381	0.5690	乐业县	0.7580	0.2881
江南区	0.5850	0.4297	钦北区	0.4631	0.3904	田林县	0.7006	0.1970
西乡塘区	0.4826	0.4505	灵山县	0.5323	0.4372	西林县	0.6267	0.2865
良庆区	0.5670	0.4334	浦北县	0.5186	0.4296	隆林各族自治县	0.7675	0.2951
邕宁区	0.6309	0.3870	玉州区	0.3675	0.5177	靖西市	0.6758	0.3239
武鸣区	0.5945	0.3646	福绵区	0.4571	0.3682	平果市	0.6936	0.3380
隆安县	0.7178	0.2577	容县	0.5450	0.4519	江州区	0.6024	0.3489
马山县	0.7621	0.2670	陆川县	0.4367	0.3935	扶绥县	0.6123	0.3619
上林县	0.6048	0.3067	博白县	0.4449	0.4350	宁明县	0.5642	0.3457
宾阳县	0.5647	0.3561	兴业县	0.4888	0.4280	龙州县	0.6492	0.3316
海城区	-0.0929	0.4128	北流市	0.4590	0.4192	大新县	0.6104	0.2496
银海区	0.4794	0.5002	右江区	0.5667	0.3310	天等县	0.8092	0.1861
铁山港区	0.3402	0.5658	田阳区	0.6545	0.3464	凭祥市	0.6375	0.3505
港口区	0.0016	0.3866	田东县	0.7356	0.2985	横州市	0.5442	0.4586
防城区	0.2382	0.5244	德保县	0.7285	0.3049	合浦县	0.4631	0.6337
上思县	0.3749	0.4322	那坡县	0.6935	0.3280			

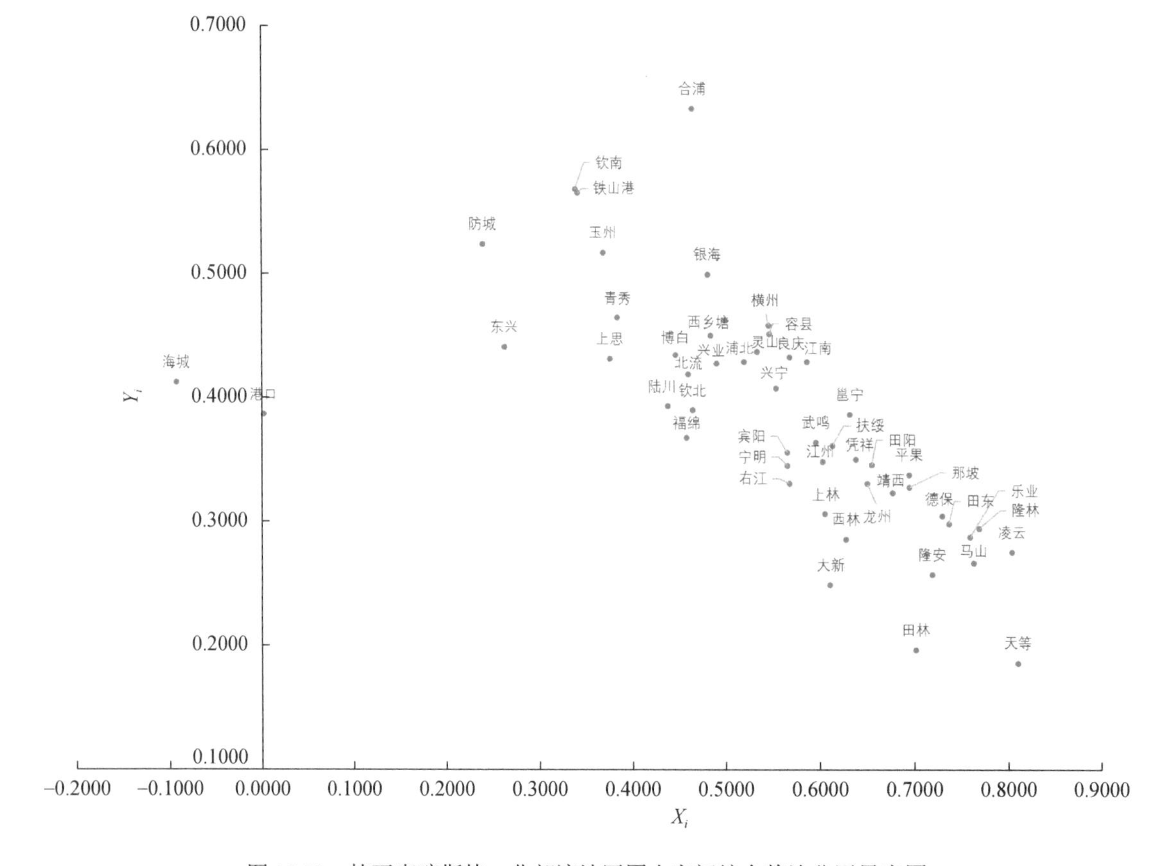

图 15.19 桂西南喀斯特—北部湾地区国土空间综合整治分区星座图

2. 星座图法分区结果

为了与系统聚类法分区结果进行比较以及调整各县（市、区）“星点”位置，基于星座图法的桂西南喀斯特—北部湾地区国土空间综合整治分区也分为 5 个类别。根据观察各个县（市、区）“星点”在星座图中的位置，从全局出发将整个星座图分为 5 个星座，即将相近的“星点”圈在一起作为一个星座，最后得到基于星座图法的桂西南喀斯特—北部湾地区国土空间综合整治分区图，如图 15.20 所示。

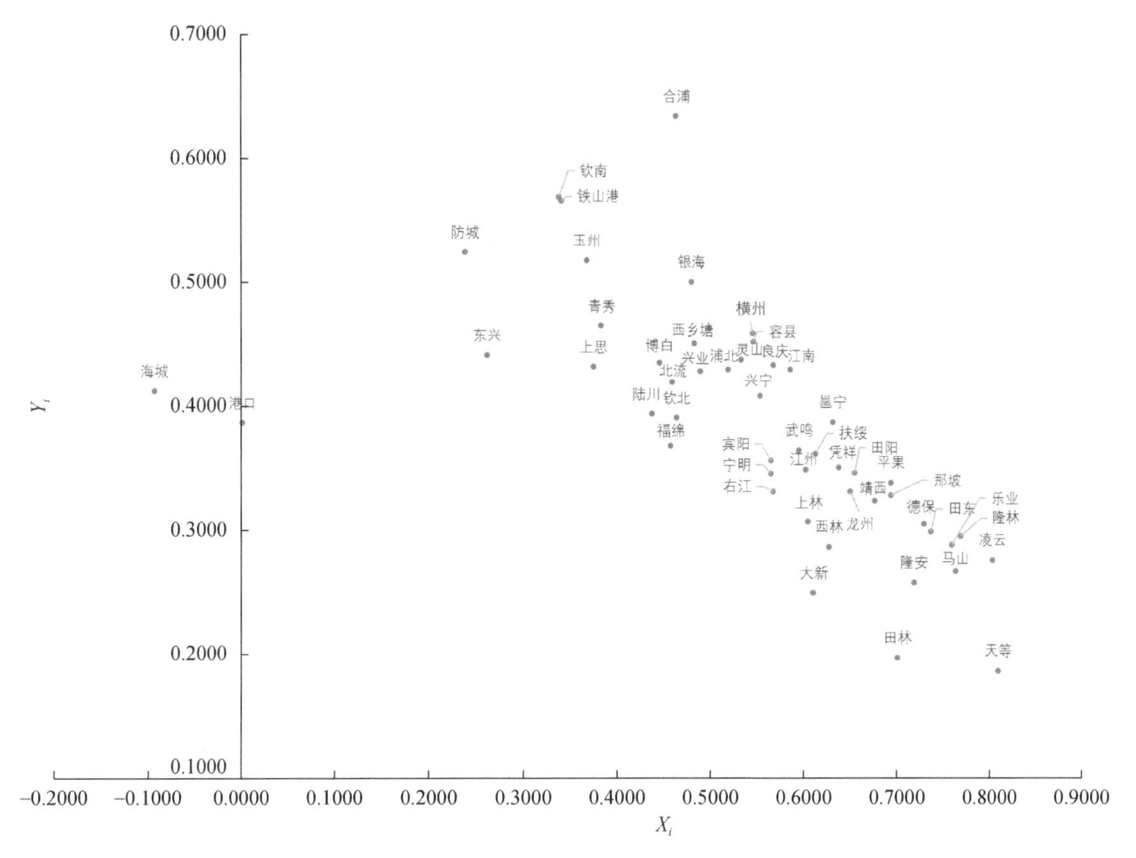

图 15.20　基于星座图法的桂西南喀斯特—北部湾地区国土空间综合整治分区图

根据图 15.20 中的 5 个星座，以表格的形式呈现如表 15.10 所示。港口区、海城区和东兴市距离整治区 3 较近，因此把它们放在整治区 3 中。

表 15.10　星座图法的桂西南喀斯特—北部湾地区国土空间综合整治分区表

整治区	包含的县（市、区）
1	靖西市、平果市、那坡县、德保县、田东县、乐业县、隆林各族自治县、马山县、凌云县、隆安县、西林县、大新县、田林县、天等县
2	宾阳县、宁明县、右江区、武鸣区、江州区、上林县、邕宁区、扶绥县、凭祥市、田阳区、龙州县
3	合浦县、钦南区、铁山港区、防城区、玉州区、港口区、海城区、东兴市
4	银海区、西乡塘区、浦北县、灵山县、兴宁区、良庆区、江南区、容县、横州市
5	青秀区、上思县、博白县、北流市、兴业县、陆川县、钦北区、福绵区

15.4.4　桂西南喀斯特—北部湾地区国土空间综合整治分区调整

1. 两种分区结果的对比分析

为了使桂西南喀斯特—北部湾地区国土空间综合整治分区结果更加合理和科学，以及为了突出不同国土空间综合整治分区的整治主导方向和重点，因此，需要结合相关规划和实际情况对这两种分区方法所得的结果进行对比分析，以得出优化后的国土空间综合整治分区结果。

从表 15.11 可知，应用系统聚类法和星座图法分区所得到的共同县（市、区）为德保县、靖西市、那坡县、凌云县、隆林各族自治县、乐业县、西林县、田林县，但系统聚类法结果还包括右江区，星座图法结果还包括平果市、田东县、马山县、隆安县、大新县、天等县。整治区 1 共同县（市、区）内的地形地貌非常相似，平均 DEM 都在 500m 以上，年均降水量和年均气温都处于研究区内相对较低的水平；国土经济密度、人均 GDP 和人口密度分级等都处于低或较低的水平，社会经济相对落后；大多县（市、区）的有效灌溉率较低，新增耕地潜力面积相对较少，土地垦殖率较低，人均耕地面积处于中下水平；景观斑块最为破碎、斑块形状最不规则；森林覆盖率较高，均在 57%以上，生物多样性维护功能均属于一般重要等级，水土保持功能重要性属于极重要等级，自然保护区面积占行政区面积的比例总体上为研究区最高的，同时存在不同程度的石漠化。右江区、平果市、田东县、马山县、隆安县、大新县、天等县的自然基础条件、社会经济条件、土地利用条件和生态环境条件等大部分情况与共同县（市、区）有一定差距，主要表现在大多数正向指标比共同县（市、区）略高一个等级、负向指标略低一个等级。因此，不把右江区、平果市、田东县、马山县、隆安县、大新县和天等县划定在整治区 1 中。

表 15.11　整治区 1 对比表

共同县（市、区）	差异县（市、区）	
	系统聚类法	星座图法
德保县、靖西市、那坡县、凌云县、隆林各族自治县、乐业县、西林县、田林县	右江区	平果市、田东县、马山县、隆安县、大新县、天等县

由表 15.12 可知，应用系统聚类法和星座图法分区所得到的共同县（市、区）为江州区、扶绥县、武鸣区、龙州县、上林县、田阳区，但系统聚类法结果还包括马山县、隆安县、田东县、平果市、天等县、大新县，星座图法结果还包括宾阳县、宁明县、右江区、邕宁区、凭祥市。系统聚类法结果的马山县、隆安县、田东县、平果市、天等县、大新县和星座图法结果的宁明县、右江区和凭祥市与共同县（市、区）的平均 DEM 大多在 200～500m，除隆安县、龙州县、江州区、扶绥县、宁明县和凭祥市年均降水量稍高，处于 1100～1250mm，其他县（市、区）年均降水量均≤1100mm；从国土经济密度、人均 GDP 和人口密度等社会经济因素来看大多数县（市、区）处于研究区的中下水平，整体较落后；有关土地利用方面总体处于中下或者中上水平；景观斑块破碎化程度相较于整治区 1 的县（市、区）更破碎，但斑块形状较整治区 1 规则；在生态环境方面，大多数县（市、区）石漠化程度属于中度或重度，生物多样性维护功能属于一般重要或重要等级，水土保持功能重要性属于重要或极重要等级，自然保护区面积占行政区面积的比例处于中上水平，生态环境条件与整治区 1 的县（市、区）存在较大差异。宾阳县和邕宁区的自然基础条件、社会经济条件、土地利用条件等因素和共同县（市、区）均有一定差距。因此，把马山县、隆安县、田东县、平果市、天等县、大新县、宁明县、右江区和凭祥市划定在整治区 2 中。

表 15.12　整治区 2 对比表

共同县（市、区）	差异县（市、区）	
	系统聚类法	星座图法
江州区、扶绥县、武鸣区、龙州县、上林县、田阳区	马山县、隆安县、田东县、平果市、天等县、大新县	宾阳县、宁明县、右江区、邕宁区、凭祥市

由表 15.13 可知，应用系统聚类法和星座图法分区所得的共同县（市、区）为海城区、港口区、钦南区、合浦县、铁山港区，但系统聚类法结果还包括银海区，星座图法结果还包含防城区、玉州区、东兴市。共同县（市、区）属于沿海地区，在整个研究区中地势最为平坦，自然基础条件非常相似；国土经济密度、人均 GDP、人口密度和路网密度等社会经济因素大致处于中或中高水平；人均耕地面积和粮食单产等土地利用因素大致也处于中或中下水平；平均斑块面积相对较大，破碎化程度相对较低；生态环境条件较好。经过对比分析，银海区、防城区和东兴市都属于沿海地区，并且与共同县（市、区）连片，它们的自然基

础条件、社会经济条件、土地利用条件、景观格局和生态环境条件大多数与共同县（市、区）的差距较小。星座图法结果的玉州区与共同县（市、区）在空间上距离较远，与共同县（市、区）的自然基础条件、社会经济条件和土地利用条件等有较大的差距。因此，将银海区、防城区、东兴市与海城区、港口区、钦南区、合浦县、铁山港区合并为一个分区，暂不将玉州区与共同县（市、区）合并为同一个整治区。

表 15.13　整治区 3 对比表

共同县（市、区）	差异县（市、区）	
	系统聚类法	星座图法
海城区、港口区、钦南区、合浦县、铁山港区	银海区	防城区、玉州区、东兴市

由表 15.14 可知，应用系统聚类法和星座图法分区所得的共同县（市、区）为江南区、良庆区、兴宁区、横州市、西乡塘区，但系统聚类法结果还包含邕宁区、宾阳县、青秀区、玉州区，星座图法结果还包括银海区、浦北县、灵山县、容县。经对比分析，江南区、良庆区、兴宁区、横州市、西乡塘区、邕宁区、宾阳县和青秀区都属于南宁市，地势相对平缓，平均 DEM 均在 100～200m，自然基础条件非常相似；它们的社会经济发展水平大致处于中上水平；人均耕地面积和新增耕地潜力面积都处于中下水平，但粮食单产处于中上水平；平均斑块面积相对较大；生态环境状况也比较接近，如森林覆盖率偏低、生物多样性维护功能和水土保持功能重要性属于一般重要或重要等级。因此，把邕宁区、宾阳县、青秀区与共同县（市、区）合并为同一个整治区。玉州区在土地利用条件等方面与共同县（市、区）有一定的差距，并且在空间位置上不连片，暂不将其合并到整治区 4 中。银海区已被合并到整治区 3 中，不再对其分析，浦北县、灵山县、容县在自然基础条件、社会经济条件和土地利用条件等方面与共同县（市、区）有一定的差距，暂不把这 3 个县合并到整治区 4 中。

表 15.14　整治区 4 对比表

共同县（市、区）	差异县（市、区）	
	系统聚类法	星座图法
江南区、良庆区、兴宁区、横州市、西乡塘区	邕宁区、宾阳县、青秀区、玉州区	银海区、浦北县、灵山县、容县

由表 15.15 可知，应用这两种聚类方法分区所得到的共同县（市、区）为博白县、钦北区和福绵区等 7 个县（市、区），但系统聚类法结果还包括灵山县、浦北县、容县、宁明县、凭祥市、防城区和东兴市，星座图法结果还包含青秀区。宁明县和凭祥市已被合并到整治区 2 中，防城区、东兴市已被合并到整治区 3 中，青秀区已被合并到整治区 4 中，在此不再对它们进行对比分析。经对比分析，灵山县、浦北县、容县与共同县（市、区）非常相似，表现在它们的地形地貌都相对较为平坦，年均降水量在 1250mm 以上；社会经济发展水平总体处于一般水平；新增耕地潜力面积、人均耕地面积和土地垦殖率处于研究区的中下水平，但粮食单产属于整个研究区最高的；斑块密度属于整个研究区内最低的，景观破碎化程度低，斑块形状较规则，斑块间连通性好；森林覆盖率总体上相对较高，水土保持功能重要性属于重要等级，自然保护区面积占行政区面积的比例偏低，无石漠化现象，生态环境条件总体上一般。虽然根据系统聚类法结果把玉州区分到整治区 4 中，星座图法把它分到整治区 3 中，但实际上玉州区的自然基础条件、社会经济条件和土地利用条件等与整治区 5 更为接近，同时，其与整治区 5 的县（市、区）在空间位置上连片，与整治区 3 和整治区 4 都不相连。因此，把灵山县、浦北县、容县和玉州区划分在整治区 5 中。

表 15.15　整治区 5 对比表

共同县（市、区）	差异县（市、区）	
	系统聚类法	星座图法
博白县、钦北区、福绵区、陆川县、兴业县、北流市、上思县	灵山县、浦北县、容县、宁明县、凭祥市、防城区、东兴市	青秀区

2. 桂西南喀斯特—北部湾地区国土空间综合整治分区结果

对应用系统聚类法和星座图法得出的结果进行对比分析和调整后，得到最终调整优化后的桂西南喀斯特—北部湾地区国土空间综合整治分区结果，把整个研究区划分为 5 个国土空间综合整治区，具体分区结果如表 15.16 所示。

表 15.16 桂西南喀斯特—北部湾地区国土空间综合整治分区表

整治区	包含的县（市、区）
1	德保县、靖西市、那坡县、凌云县、隆林各族自治县、乐业县、西林县、田林县
2	江州区、扶绥县、武鸣区、龙州县、上林县、田阳区、马山县、隆安县、田东县、平果市、天等县、大新县、宁明县、右江区、凭祥市
3	海城区、港口区、钦南区、合浦县、铁山港区、银海区、防城区、东兴市
4	江南区、良庆区、兴宁区、横州市、西乡塘区、邕宁区、宾阳县、青秀区
5	博白县、钦北区、福绵区、陆川县、兴业县、北流市、上思县、灵山县、浦北县、容县、玉州区

3. 桂西南喀斯特—北部湾地区国土空间综合整治分区命名

在上述桂西南喀斯特—北部湾地区国土空间综合整治分区结果的基础上，结合《西部陆海新通道总体规划》《广西壮族自治区土地整治规划（2016—2020 年）》《广西壮族自治区主体功能区规划》等，参考韩博等（2019）提出的新时期国土空间综合整治分类体系，以突出整治主导方向和重点的形式对 5 个国土空间综合整治区进行命名，命名规则为“区域特征＋整治重点＋综合整治区”，区域特征能体现出在山江海地域系统国土空间中不同整治分区的整治特点。各国土空间综合整治区的命名分别为：整治区 1——山区农业农村综合整治区、整治区 2——左、右江流域石漠化综合整治区、整治区 3——沿海沿边发展综合整治区、整治区 4——郁江河谷城镇优化综合整治区、整治区 5——桂东南特色产业综合整治区。根据以上命名对各整治区进行分类，桂西南喀斯特—北部湾地区国土空间综合整治区具体分布区如表 15.17 所示。

表 15.17 研究区国土空间综合整治区具体分布区

国土空间综合整治区	县（市、区）	整治区
山区农业农村综合整治区	德保县	1
	那坡县	
	凌云县	
	乐业县	
	田林县	
	西林县	
	隆林各族自治县	
	靖西市	
左、右江流域石漠化综合整治区	武鸣区	2
	隆安县	
	马山县	
	上林县	
	右江区	
	田阳区	
	田东县	
	平果市	
	江州区	
	扶绥县	
	宁明县	
	龙州县	
	大新县	
	天等县	
	凭祥市	
沿海沿边发展综合整治区	海城区	3
	银海区	
沿海沿边发展综合整治区	铁山港区	3
	合浦县	
	港口区	
	防城区	
	东兴市	
	钦南区	
郁江河谷城镇优化综合整治区	兴宁区	4
	青秀区	
	江南区	
	西乡塘区	
	良庆区	
	邕宁区	
	宾阳县	
	横州市	
桂东南特色产业综合整治区	上思县	5
	钦北区	
	灵山县	
	浦北县	
	玉州区	
	福绵区	
	容县	
	陆川县	
	博白县	
	兴业县	
	北流市	

山区农业农村综合整治区主要分布于研究区的西北部，左、右江流域石漠化综合整治区主要分布于研究区的西部，沿海沿边发展综合整治区主要分布于研究区的南部，郁江河谷城镇优化综合整治区主要分布于研究区的东部，桂东南特色产业综合整治区主要分布于研究区的西南部。

15.5　桂西南喀斯特—北部湾地区国土空间综合整治模式建议

15.5.1　山区农业农村综合整治区

1. 基本概况

山区农业农村综合整治区包含德保县、靖西市等 8 个县（市、区），主要位于研究区的西北部，大多数县（市、区）的平均 DEM 大于 500m，是整个研究区平均 DEM 最高的区域，土地面积约为 24871.32km^2，约占整个研究区总面积的 22.91%。该整治区社会经济发展水平属于整个研究区最低的，国土经济密度最低，基础设施差，人均收入低，贫困人口比例高，少数民族聚居，人口密度不高，劳动力外流现象明显，属于典型的“老少边”地区。农用地的有效灌溉率和土地垦殖率低，人均耕地面积 1.5 亩左右，粮食生产能力偏低，农用地整治潜力较大，农业发展潜力大。区内矿产资源丰富，特别是靖西市，是广西重要的铝、锰矿区，矿区是主要的财政收入来源，但采矿导致地表破坏严重，此地生态环境问题凸显。村庄布局散乱，村内环境差，村庄整治潜力大。该区景观格局差，斑块破碎化程度高，斑块形状最不规则，斑块间连通性差，景观格局有待进一步优化。该区森林覆盖率高，水环境和空气环境总体上较好，生物多样性功能和水土保持功能重要性为一般重要等级，自然保护区面积占行政区面积的比例相对较高，但石漠化程度总体上较严重，历史遗留矿山待复垦面积和采矿损毁的土地面积较大，生态系统较脆弱，生态压力大，生态修复任务较重。

2. 限制因素与整治模式建议

可利用的土地资源较为匮乏，农田灌溉条件差，耕地较破碎，耕地质量不高，农用地基础条件差。农村生活条件相对落后，村内基础设施较少。石漠化较为严重，有历史遗留矿山问题，生态系统脆弱，生态压力大。

山区农业农村综合整治区开展国土空间综合整治的重点工作有：加强农田基础设施建设，特别是排灌设施的建设，保证旱季缺水时能灌溉，有效提高耕地灌溉保证率。对破碎、形状不规则的耕地实行“小块并大块”措施，改变传统的用地布局和农耕方式，优化农田景观。大力推进高标准农田建设，改造中低产田以达到提高粮食生产能力、降低生产成本、提高农民生产积极性的目的。做到“两手抓”，既要抓耕地保护，也要抓耕地质量的提升。配合好村庄规划的实施，完善村内基础设施建设以及便于村与外界联系的交通设施、通信网络设施建设等，整治腾退废弃宅基地，利用土地增减挂钩政策所得资金建设农村。对生活条件恶劣的村庄实行易地搬迁安置政策，对旧村庄、旧宅基地、闲置地和废弃地进行复垦以增加耕地，有效缓解人均耕地少的问题。对农村居民点做好规划设计，引导改善村容村貌，充分利用村内优势资源，发挥乡村文化“软实力”，注重少数民族文化的挖掘和外来文化的引入，发展乡村旅游、农家乐等，拓宽经济来源，解决就业压力，减少劳动力外流，探索乡村的可持续发展。该区域的石漠化治理以自然恢复为主，在治理中充分发挥植被恢复的主体作用，采取封山育林的方式，使不适宜种植的区域退耕还林还草，采取森林抚育等措施来恢复石漠化地区的植被，防止水土流失，维护生物多样性功能和水土保持功能。对石漠化生态修复地区实行动态监测和综合治理效果评价机制，防止地质灾害的发生，对历史遗留矿山加快复垦利用，加强矿业开采各环节的监督管理力度，严厉打击非法采矿，修复好该区域的生态屏障，提升自然景观功能。

15.5.2　左、右江流域石漠化综合整治区

1. 基本概况

左、右江流域石漠化综合整治区包含江州区、扶绥县等 15 个县（市、区），主要位于研究区的西部，处于左江流域和右江流域，除天等县平均 DEM 约为 534.55m，扶绥县平均 DEM 约为 174.25m 以外，该区的其他县（市、区）的平均 DEM 都在 200～500m，土地面积约为 38598.06km^2，约占整个研究区的 35.55%。该整治区经济发展总体上处于整个研究区的中下水平，除凭祥市的国土经济密度为 1396.90 万元/km^{2}之外，其他县（市、区）的国土经济密度均小于 1000 万元/km^2，基础设施相对完善，人口密度较低，大多数县（市、区）人口密度在 100～200 人/km^2，围绕左江和右江河谷城镇带发展，城镇化发展水平较山区农业农村综合整治区稍高。该整治区是重要的农业特色产业基地，耕地面积相对较大，但有效灌溉率、土地垦殖率偏低，人均耕地面积处于整个研究区的中上水平，粮食单产偏低，耕地质量提升空间大。景观斑块相对较破碎，斑块形状较不规则，斑块之间的连通性也较差。森林覆盖率处于中等水平，生物多样性功能属于一般重要或重要等级，水土保持功能重要性属于重要或极重要等级，自然保护区面积占行政区面积的比例在整个研究区中是最高的，但石漠化程度是整个研究区最严重的，矿产资源丰富，露天开采矿产资源多，地表破坏严重，生态系统脆弱。

2. 限制因素与整治模式建议

石漠化严重，露天开采矿产资源多，地表破坏严重，土地复垦任务重，生态系统脆弱。耕地质量不高，农用地整治潜力较大。

左、右江流域石漠化综合整治区开展国土空间综合整治的重点工作有：针对该区域石漠化严重的问题，可采用加强林草植被保护、封山育林、森林抚育、生态退耕还林还草的方式。加强坡改梯、雨水集蓄和排灌以及坡面水系等工程的建设。全面摸清排查矿山开采情况，按照限期改正、停产整顿、取缔关闭等分类、分步整治的原则，制定综合整治方案，加强矿山生态修复，大力保护矿山生态环境，严格按照绿色矿山的生产标准作业，建立长效矿山开采、生态修复和环境保护等机制，接受部门和群众的监督。复垦废弃、低效建设用地，对存量建设用地实行内部挖潜措施，有效增加耕地，合理配置节余指标，提高土地资源节约集约利用水平，保障各方利益主体。加快推进耕地提质改造工程建设，建设高标准农田，发挥特色农业优势，建设特色农业生产基地并大力发展农产品加工业，推进农业生产和加工现代化、规模化，实现第一产业、第二产业、第三产业融合发展，促进城镇发展，推进新型城镇化建设。

15.5.3　沿海沿边发展综合整治区

1. 基本概况

沿海沿边发展综合整治区包含海城区、港口区等 8 个县（市、区），位于研究区的南部，北部湾畔，除防城区的平均 DEM 为 227.75m 以外，其他县（市、区）的平均 DEM 都小于 100m。该区地势相对平坦，土地面积约为 8947.20km^2，约占整个研究区的 8.24%。该区降水充沛，年均气温高。社会经济发展水平相对较高，城镇化水平较高，拥有狭长的海岸线和国界线，具有边、海、山的地缘优势，具有明显的港口资源优势，拥有中国西部地区的深水良港，海洋、水、矿产和旅游等资源丰富。水陆交通便捷，与东南亚等地区互联互通，是西部陆海新通道的主通道之一，同时享受着中国西部地区、沿海、延边的发展政策，具有明显的发展优势。该区经济发展水平较高，是临港大工业主阵地，国土经济密度、人均 GDP 和人口密度均属于研究区的较高水平，银海区的路网密度为 1.29km/km^2，属于整个研究区的最高水平，是我国出海出国最便捷的海陆通道，其他县（市、区）略低；海城区和港口区的海域开发强度高，其余 6 个县（市、

区）偏低。在土地利用方面，有效灌溉率总体较高，新增耕地潜力面积总体较小；北海市的 4 个县（区）的土地垦殖率较高，其余 4 个县（市、区）的土地垦殖率较低；人均耕地面积较小，粮食单产较低，水资源丰富，是水稻主产区、海产品主产区，盛产大生蚝、青蟹、南珠等。平均斑块面积较大，破碎化程度相对较低，斑块形状较复杂、较不规则，斑块间连通度总体上一般。该区大部分处于滨海平原，森林覆盖率偏低，大多数县（市、区）的生物多样性维护功能属于重要或极重要等级，水土保持功能重要性属于重要或一般重要等级，自然保护区面积占行政区面积的比例较高，海岸线开发强度较高，湿地面积较多，部分红树林湿地遭到破坏，水质优良，但生态环境总体上属于良好状态，是沿海地区的重要生态屏障。

2. 限制因素与整治模式建议

该区域土地垦殖率偏低，人均耕地面积较小，粮食单产不高，农业产业化、机械化发展滞后。城镇、村庄建设用地布局散乱，产业发展水平不高，低效和废弃建设用地面积偏多，新增建设用地需求大，海域开发强度逐年增大，不合理采矿、采砂、海域养殖时有发生，存在围填海历史遗留问题。

沿海沿边发展综合整治区开展国土空间综合整治的重点工作有：探索“小块并大块”耕地整治以奖代补新模式，集中连片整治与提高地力并重。采取工程、生物和农艺措施等相结合的方式，开展中低产田和沿海滩涂荒地的综合治理，实施沃土工程技术，培肥改良土壤，有效提高耕地地力，提高粮食单产，对已建成的高标准农田进行后期管护，防止耕地质量降低、土地退化，促进农业产业化和机械化发展，实现产业兴旺，以稳定粮食生产和确保粮食安全。同时，鼓励村民通过开展国土空间综合整治有效增加耕地，使有效增加耕地指标有偿交易，把部分资金用于农田基础设施建设、后期管护修缮等，以提高耕地质量。对城镇危旧房、低效用地、城中村内部分布散乱地、废弃港口码头、低效工业用地和工矿废弃地等，通过政府主导，投入资金综合整治改造，配套相应基础设施，盘活城镇内部建设用地，优化城镇内部用地结构与布局，建设紧凑型城镇，提高国土经济密度，节约集约用地，保障该区域各行业发展所需用地，提升该区域的综合竞争力与吸引力，实现其高质量发展。严格管控村民建房占用耕地，引导村民在原宅基地建房或集中建房，减少占用耕地甚至不占耕地。加大增减挂钩政策的宣传力度，按照以城带乡和以工促农的要求，鼓励有偿退出宅基地，把农村建设用地整治节余指标调剂到城市使用，解决乡村振兴建设“缺资金”的问题，有效促进村容村貌的提升，改善农村人居环境和加强基础设施建设。加强港口间的联系，形成联合发展。不断优化营商环境，引进高层次人才，组团发展高新技术产业。坚定不移保护好沿海生态屏障。通过自然修复为主、人工修复为辅的方式修复岸线生态环境，加强红树林湿地生态系统的保护与管理，坚守生态红线，严禁非法采矿、采砂及非法养殖等。实施岸线综合整治修复工程，加快解决围填海历史遗留问题，不断加强对海域使用的管理，消除内港黑臭水体，水产品养殖不断优化，着力做好沿海地区生态预警监测工作，做到早发现、早防治。打造“天蓝、水清、滩净、岸绿”的沿海生态屏障，同时，这也能促进旅游业的发展。

15.5.4　郁江河谷城镇优化综合整治区

1. 基本概况

郁江河谷城镇优化综合整治区包含江南区、良庆区等 8 个县（市、区），主要位于研究区的东部，平均 DEM 在 100～200m，土地面积约为 12195.92km^2，约占整个研究区的 11.23%。社会经济发展水平较其他区域高，是研究区经济、政治和文化中心，各项功能齐全。除个别县（市、区）外，国土经济密度、人均 GDP、人口密度和路网密度都处于整个研究区的最高水平，综合来看，社会经济条件属于研究区最好的。该区建设用地最多，公共基础设施最为完善，城市在不断扩大，城镇空间不断向外围扩展，建设用地需求不断增大。有效灌溉率和土地垦殖率总体上处于整个研究区内的中上水平，新增耕地潜力面积处于中等水平，人均耕地面积偏少，粮食单产处于较高水平。平均斑块面积较大，破碎化程度低，景观斑块较不规则，斑块间连通度一般。生态环境状况总体上一般，森林覆盖率较低，为 40%左右，生物多样性维护功能和水土保持功能重要性总体上属于重要等级，自然保护区的面积属于整个研究区最少的，自然灾害危险性较大，生态系统略脆弱。

2. 限制因素与整治模式建议

该区人均耕地面积少，土地垦殖率不高，城镇空间不断向外围扩展，建设用地需求不断增大，低效用地和城中村建设用地布局散乱，带来了城市病和灾害等。

郁江河谷城镇优化综合整治区开展国土空间综合整治的重点工作有：针对农村建新房不拆旧房，一户多宅闲置宅基地的情况，一是可通过整治把有条件的部分开发为耕地，缓解人均耕地面积少的压力；二是把不能开发为耕地的通过翻修修建的形式建成乡村图书馆、村民活动室等，大力发展乡村文化事业；三是依托城镇的发展和区位优势，把闲置宅基地翻新建成各式各样的“农家乐”，同时加强基础设施建设，推进高标准农田建设，开展旱改水等整治工程，发展农田艺术和绿色农产品产业，吸引周边城镇的游客前来参观，打造成集休闲农业与旅游观光为一体的新农村，进一步促进新农村的发展，增加就业机会，使农民的生活更加富裕。通过产权调整和工程措施等手段，对城镇中零散细碎、产权混乱、配套老旧、土地利用率低的建设用地进行改造，优化城镇布局。坚持把局部改造、集中连片改造与沿街改建相结合，加强城镇内黑臭水沟的治理，改善人居环境。依据法律法规对闲置用地进行处置，鼓励盘活城镇低效用地，推进工业用地改造升级，引导产业功能布局，淘汰低端产业，吸引高端产业入驻，提升工业用地集约利用程度。有序推进棚户区、城中村和老旧城区的改造，改善居民生活条件以及生产条件，有效增加建设用地，保障建设用地指标，从而完善城镇综合功能，防止城镇无序外延。加强市政防灾减灾基础设施的建设，防止内涝、崩塌、滑坡等灾害，以增强抵御灾害风险的能力；加强农业基础设施建设，实现旱能灌、涝能排，旱涝保收，以增强农业抵御自然灾害的能力，确保农业增产稳产和持续发展。不断完善灾害治理与防治措施，增强人们的防灾意识。通过国土空间综合整治，提高该区防灾减灾的能力，促进该区朝着更安全、更绿色、更集约的方向发展。

15.5.5　桂东南特色产业综合整治区

1. 基本概况

桂东南特色产业综合整治区包含博白县、钦北区等 11 个县（市、区），主要位于研究区的东南部，东邻粤港澳大湾区，是整个研究区中最靠近粤港澳大湾区的区域，是承东启西、对接沟通粤港澳大湾区的重要通道和关键节点。该整治区大多数县（市、区）平均 DEM 为 100～200m，地貌以丘陵台地为主，土地面积约为 23962.88km^2，约占整个研究区总面积的 22.07%。该整治区雨量充足，但年均气温偏低。该整治区的社会经济发展水平总体上一般，但工业较发达，是广西重要的工业基地，国土经济密度处于整个研究区的中上水平，人口密度偏高，人均 GDP 偏低，路网密度高，是连接东西的重要通道，是西部陆海新通道重要物流节点区域。在土地利用方面，该区土地利用条件相对好，有效灌溉率在整个研究区中是最高的，粮食单产也是整个研究区最高的，但新增耕地潜力面积较小，土地垦殖率也偏低，人均耕地面积也是整个研究区最小的。该区农业发达，是全国著名的“荔枝之乡”“桂圆之乡”“沙田柚之乡”等，特色农产品众多。在景观格局方面，该区平均斑块面积较大，斑块破碎化程度较低，斑块形状较规则，斑块间连通程度较好。该区森林覆盖率整体较高，生物多样性维护功能极重要的县（市、区）在 5 个整治区中数量最多，水土保持功能重要性为重要或一般重要等级，自然保护区面积较小，无石漠化现象。

2. 限制因素与整治模式建议

该区人均耕地少，土地垦殖率偏低，耕地质量不高，新增耕地潜力面积小，开垦耕地的难度大，耕地占补平衡形势严峻，农业现代化程度偏低，特色产业发展相对滞后。

桂东南特色产业综合整治区开展国土空间综合整治的重点工作有：通过各类规划，统筹安排生产、生活和生态用地。通过建设产业园提高产业用地的用地率，促进特色产业的形成，形成产业集聚效益。该区应多元筹措资金、加大资金支持与政策优惠力度，鼓励因地制宜、分批次、分阶段开展“旱改水”和高标准农田建设，不断改善农田基础设施，有效增加农田面积，提高农田质量，增强其抗灾能力，提高粮食单产，有效提高土地的产出效益，提高资源利用率，提升农业特色产业。建设连片高标准农田，有利于实现机械化，提高农业现代化程度。通过规划论证因地制宜地对废弃低效的园地和林地进行综合整治，适当地将其开垦为耕地，增加耕地面积，缓解耕地占补平衡的压力。按照城乡统筹规划要求，对城镇内部及城镇周边的零星分散用地、废弃地和闲置地进行综合整治，使其被重新利用，加强老旧小区的改造力度，缓解建设用地压力，提高土地利用率，不断完善中心城镇功能，提升城镇基础设施建设水平，改善城镇人居环境，不断完善其文化教育功能。在农村，依据村庄规划并结合乡村产业与乡村振兴战略，盘活村内建设用地，激活农村闲置土地资产，保障村民建房所需的建设用地，满足农村发展的需求，通过增减挂钩政策将节余建设用地指标用于城镇建设，积极施行宅基地有偿退出和整治入市政策，鼓励有条件的村民到城镇发展，在城镇落户。

15.6　结　论

本章对已有的研究进行梳理，结合系统理论、可持续发展理论、地域分异理论等理论，确定山江海地域系统国土空间综合整治分区的依据、原则、分区单元和常用分区方法。结合桂西南喀斯特—北部湾地区的实际情况，综合考虑国土空间综合整治分区的自然基础条件、社会经济条件、土地利用条件、景观格局和生态环境条件等，构建桂西南喀斯特—北部湾地区国土空间综合整治分区指标体系，运用定量和定性相结合的方法对国土空间综合整治分区进行研究。主要研究结论如下：

（1）通过对山江海地域系统国土空间综合整治分区的相关理论和方法进行研究，形成了山江海地域系统国土空间综合整治分区理论框架，使国土空间综合整治分区的理论和方法更加丰富和完善。该理论框架在一定程度上能丰富土地整治相关学科的内容。

（2）应用不同的分区方法会得出不同的国土空间综合整治分区结果，需要结合研究区实际情况进行调整优化，调整优化后的结果比仅用某一种定量或定性方法所得的结果更科学、更符合实际情况。

（3）通过对系统聚类法和星座图法得出的结果进行调整优化，最终将桂西南喀斯特—北部湾地区分为 5 个国土空间综合整治区，分别为山区农业农村综合整治区，左、右江流域石漠化综合整治区，沿海沿边发展综合整治区，郁江河谷城镇优化综合整治区和桂东南特色产业综合整治区，对各个整治区提出相应的国土空间综合整治模式建议，可为相应整治区相关部门未来布局国土综合整治项目提供参考，为国土空间综合整治规划的编制提供科学的参考依据。

参 考 文 献

陈桃，包安明，郭浩，等，2019. 中亚跨境流域生态脆弱性评价及其时空特征分析——以阿姆河流域为例. 自然资源学报，34（12）：2643-2657.

陈燕丽，莫建飞，莫伟华，等，2018. 近 30 年广西喀斯特地区石漠化时空演变. 广西科学，25（5）：625-631.

戴全厚，严友进，2018. 西南喀斯特石漠化与水土流失研究进展. 水土保持学报，32（2）：1-10.

邓伟，张少尧，张昊，等，2020. 人文自然耦合视角下过渡性地理空间概念、内涵与属性和研究框架. 地理研究，39（4）：761-771.

丁恩俊，周维禄，谢德体，2006. 国外土地整理实践对我国土地整理的启示. 西南农业大学学报（社会科学版），（2）：11-15.

封志明，潘明麒，张晶，2006. 中国国土综合整治区划研究. 自然资源学报，（1）：45-54.

韩博，金晓斌，孙瑞，等，2019. 新时期国土综合整治分类体系初探. 中国土地科学，33（8）：79-88.

贾文涛，2018. 从土地整治向国土综合整治的转型发展. 中国土地，（5）：16-18.

贾文涛，2019. 生态修复是国土整治应有之义. 中国自然资源报，15（003）.

贾文涛，2020. 全域土地综合整治着力释放综合效益. 中国自然资源报，5（003）.
贾文涛，张中帆，2005. 德国土地整理借鉴. 资源·产业，（2）：77-79.
李旭旦，1982. 大力开展人地关系与人文地理的研究. 地理学报，（4）：421-423.
李彦平，刘大海，罗添，2020. 陆海统筹在国土空间规划中的实现路径探究——基于系统论视角. 环境保护，48（9）：50-54.
刘新卫，2015. 构建国土综合整治政策体系的思考. 中国土地，（11）：43-45.
刘志强，王明全，金剑，2017. 国内外地域分异理论研究现状及展望. 土壤与作物，6（1）：45-48.
陆大道，1984. 关于国土（整治）规划的类型及基本职能. 经济地理，（1）：3-9.
罗明，张惠远，2002. 土地整理及其生态环境影响综述. 资源科学，（2）：60-63.
罗铁军，2019. 浅议新时期土地综合整治与生态修复. 农业开发与装备，（9）：146-147.
骆永明，2016. 中国海岸带可持续发展中的生态环境问题与海岸科学发展. 中国科学院院刊，31（10）：1133-1142.
吕雪娇，肖武，李素萃，等，2018. 基于 GIS 与灰色星座聚类的巢湖流域土地整治分区. 农业工程学报，34（6）：253-262，308.
莫建飞，莫伟华，陈燕丽，2019. 基于净初级生产力的广西喀斯特区生物多样性维护功能评价. 科学技术与工程，19（29）：371-377.
聂天一，陈东田，邢治英，2019. 国外城市河流生态修复案例研究. 水利规划与设计，（9）：13-15，108.
曲福田，2007. 典型国家和地区土地整理的经验及启示. 资源与人居环境，（20）：12-17.
汪一鸣，1990. 我国国土综合开发整治研究的回顾与展望. 云南地理环境研究，（2）：29-35.
王万茂，1997. 土地整理的产生、内容和效益. 中国土地，（9）：20-22.
吴传钧，1982. 国土整治与国土规划. 瞭望，（9）：27.
吴传钧，1994. 国土整治和区域开发. 地理学与国土研究，（3）：1-12.
吴健生，王仰麟，张小飞，等，2020. 景观生态学在国土空间治理中的应用. 自然资源学报，35（1）：14-25.
肖笃宁，李秀珍，1997. 当代景观生态学的进展和展望. 地理科学，（4）：69-77.
信桂新，杨朝现，魏朝富，等，2015. 人地协调的土地整治模式与实践. 农业工程学报，31（19）：262-275.
徐文秀，王海燕，鲍玉海，等，2019. 湖南省永顺县水土保持功能服务价值评价. 水土保持研究，26（5）：243-248.
薛思学，张克新，黄辉玲，等，2012. 土地整治项目绩效评价研究——以黑龙江省为例. 国土与自然资源研究，（1）：28-30.
严金明，陈昊，夏方舟，2017. “多规合一”与空间规划：认知、导向与路径. 中国土地科学，31（1）：21-27，87.
严金明，张雨榴，马春光，2017. 新时期国土综合整治的内涵辨析与功能定位. 土地经济研究，（1）：14-24.
杨董琳，王忠诚，胡文敏，等，2020. 石漠化地区遥感影像信息提取方法综述. 安全与环境工程，27（3）：133-141.
杨凤英，2012. 特尔菲法的特点与优缺点. 内蒙古民族大学学报，18（2）：195-196.
员学锋，王康，吴哲，2015. 国内外土地整治研究现状及展望. 改革与战略，31（10）：191-195.
袁中友，杜继丰，王枫，2012. 日本土地整治经验及其对中国的启示. 国土资源情报，（3）：15-19.
臧玉珠，刘彦随，杨园园，等，2019. 中国精准扶贫土地整治的典型模式. 地理研究，38（4）：856-868.
张金龙，2015. 北魏均田制研究史. 文史哲，（5）：108-127，167-168.
张军连，李宪文，刘庆，等，2003. 国外市地整理模式研究. 中国土地科学，（1）：46-51.
张云，宋德瑞，张建丽，等，2019. 近 25 年来我国海岸线开发强度变化研究. 海洋环境科学，38（2）：251-255，277.
张泽，胡宝清，丘海红，等，2021. 桂西南喀斯特-北部湾海岸带生态环境脆弱性时空分异与驱动机制研究. 地球信息科学学报，23（3）：456-466.
张泽，胡宝清，丘海红，等，2021. 基于山江海视角与 SRP 模型的桂西南-北部湾生态环境脆弱性评价. 地球与环境，4（7）：1-10.
朱俊林，蔡崇法，杨波，等，2011. 基于星座图法的湖北省农业功能分区. 长江流域资源与环境，20（6）：666-671.
朱鹏飞，华璀，2017. 国外土地整理经验对我国的启示——以德国、荷兰为例. 安徽农业科学，45（7）：176-178，204.
卓玛措，2005. 人地关系协调理论与区域开发. 青海师范大学学报（哲学社会科学版），（6）：26-29.
Cay T，Iscan F，2011. Fuzzy expert system for land reallocation in land consolidation. Expert Systems with Applications，38（9）：11055-11071.
Pašakarnis G，Maliene V，2009. Towards sustainable rural development in Central and Eastern Europe：applying land consolidation. Land Use Policy，27（2）：545-549.

第16章 面向SDGs的山江海地域系统县域可持续发展水平评价

18 世纪掀起的工业革命不仅给人类带来了巨大的物质财富，也带来了威胁人类生存和发展的各种问题，人们终于意识到人与自然和谐共生的重要性，迫切希望寻找到能实现人地协调发展的道路。可持续发展战略提出之后，其迅速地征服了整个世界，为世人所广泛接受并为之付诸行动。20 世纪 90 年代以来，联合国曾多次召开全球层面的可持续发展目标体系设计与改进的峰会，提出千年发展目标（millennium development goals，MDGs）和 SDGs 等目标体系（傅伯杰等，2019）。可持续发展战略在我国的实践中不断深化和创新，坚定实施可持续发展战略是符合我国国情的最正确选择。

广西位于我国南部，地处泛珠三角区、大西南经济区，毗邻粤港澳大湾区，是衔接我国大西南地区和东南沿海区域的天然通道，也是我国与东南亚国家来往的一个关键窗口。位于西部陆海新通道发展轴（广西段）上的桂西南喀斯特地区至北部湾经济区的广西山江海地域系统，区位独特，兼得沿江、沿海和沿边之利，自然条件复杂，资源丰富多样，但该区域的大部分县域经济社会发展水平相对落后，城镇化水平一般，生态环境敏感脆弱，交通、物流不够便捷，产业集聚程度低，不利于 SDGs 目标的实现。因此，聚焦人类活动与大自然的相互影响，对广西山江海地域系统的可持续发展进行阶段性综合测评，避免只追求表面的经济发展而忽略生态环境遭到严重破坏，才能促进人类与生态环境的长远协调发展，为广西山江海地域系统的可持续发展谋出路。

16.1 国内外研究进展

16.1.1 关于区域地域空间的研究

在国外，学者多集中于对生态交错带、城乡交错带和水陆交错带等进行研究，为区域过渡性地理空间的概念、内涵研究奠定了基础。Leopold 等（1988）认为生态交错带是具有边缘过渡效应的生态景观过渡区，而在生态景观学中生态交错带是指不同群落之间或者相邻群落之间的过渡空间的地理交错带（Holland，1988）。20 世纪三四十年代，Louis、安德鲁等提出了城乡过渡带、乡村-城市边缘带等相关概念（张海娥，2014；Andrews，1942），即乡村、城镇、城市之间所有具有过渡性边缘的城乡交错带。Lowrance 等（1985）认为水域与陆地之间的线性生态空间结构是具有复杂性、边界模糊性的过渡地理空间，Palone 等（1998）认为水陆生态交错带是一个物质、能量、水分之间能够不断进行交换的生态系统。

国内有学者以各种交错带为研究内容来研究过渡性地理空间，也有少数学者对过渡性地理空间的概念、内涵、理论、实践应用等进行研究。陈佑启（1995）归纳总结了关于城市与乡村过渡带的国内外相关研究成果，提出城乡交错带是社会发展、经济发展、文化建设等多种地理要素彼此作用的一个动态性综合地域实体。有少数学者对地域过渡性地理空间的具体概念进行了相关的研究，如邓伟等（2020）基于人文自然耦合视角总结出过渡性地理空间是介于自然景观和人文景观之间的过渡性复合地带的结论；明庆忠和刘安东（2020）提出山-原-海战略的科学发展思路。在实践应用方面，张琴等（2021）结合平原-山地过渡地区乐山市下辖的各县（市、区），分析 2000～2016 年土地利用各效益之间的耦合协调性及演变规律；

朱海等（2021）分析研究了闽江上游、太湖西部和洪泽湖西部三处不同水陆过渡带氮磷的分布特征及其环境意义；王颖和季小梅（2011）利用中国海陆过渡带研究海岸海洋环境变化特征，提出要加强重视海陆交互过渡带的生态环境，确保海岸海洋的可持续性开发利用等建议。

16.1.2 关于区域可持续发展水平的研究

1. 可持续发展指标体系构建

在 20 世纪 90 年代初，《21 世纪议程》为全世界的可持续发展目标提供了一个最基本的结构框架后，可持续发展研究开始向更深、更广方向推进。1996 年加拿大学者 Wackernagel 和 Rees（1996）建立了著名的生态足迹指标体系。1997 年美国形成十大目标，并将其细分为 52 个可持续发展指标（曹凤中，1997）。2015 年联合国通过的《2030 年可持续发展议程》中提出了 169 个比较具体的指标，并在 2018 年时更新增至 232 个指标（United Nations，2015），又掀起了一波关于可持续发展研究的热潮。由此可知，在国外，可持续发展指标体系在不断地变化与改进，而近几年，各国学者结合 SDGs 研究不同领域构建的评价指标体系，促进了可持续发展评价指标体系的研究。

国内较早研究可持续发展评价指标体系的代表人物有牛文元、张世秋等。张世秋（1996）基于影响维提出了由经济、社会、资源与环境、制度问题四大类指标组成的可持续发展评价指标体系，对后来的研究具有重要意义。近些年，学术界在各个领域建立相关的可持续发展评价指标体系并对其进行相关分析评价，评价指标体系指标层大致可分为经济水平、社会发展、资源利用和生态环境 4 个方面。王鹏龙等（2018）利用遥感数据、网络大数据等多源数据，构建了开放城市的可持续发展评价指标体系框架，为促进城市可持续转型发展提供参考；徐晶和张正峰（2020）以 SDGs 框架为标准，从生产集约、生活和谐、生态平衡 3 个维度构建我国土地可持续利用的评价指标体系，为将来可持续发展评价指标体系的构建及数据监测更新提出了相关建议；韩朝阳（2020）根据区域能源、经济环境等建立区域能源可持续发展指标体系，分析和讨论 4 个典型区域能源可持续发展能力，对中国区域能源的可持续发展研究具有举足轻重的作用。

2. 可持续发展水平评价

国外学者关于可持续发展水平评价方面的研究多样化，研究范围和研究尺度也各不相同。Alexei 等（2020）以几个国家为样本，探讨了人口能源消费的质量和数量对人类发展指数的影响并得出能源消费总量是决定一国可持续发展水平的重要因素；Thi 等（2018）通过描述性统计和探索性因素分析，从当地居民和游客的角度来分析越南南都群岛旅游业可持续发展水平，对地方政府、旅行社、地方企业及居民的管理有一定的参考价值；Abraham 和 José（2019）用层次分析法对哥伦比亚安蒂奥基亚省 9 个分区的可持续发展水平进行了比较评价，为当地公共投资的优先次序提供借鉴。

国内关于可持续发展水平方面的研究有了很大的进步，研究内容涉及各个领域，为我国可持续发展战略作出了巨大的贡献。近几年来国内对县域可持续发展的研究主要以经济能力、社会发展、资源利用和生态环境为指标。县域可持续发展研究涉及森林资源、农田生态、传统村落、生态旅游、农业发展及整个县域的综合可持续发展评价等内容。例如，Yang 和 Li（2018）以经济增长、社会协调、资源利用和生态支持为核心指标对江西省 92 个县域进行可持续发展评价研究，认为江西省县域综合可持续性具有区域差异性和轴向性，在空间上呈“橄榄形”分布，其中交通可达性、社会文化、产业结构、环境污染和历史因素是主要影响因素，提出要关注生态保护和重视新产业的发展；鲁洋等（2019）结合休宁县 2006～2016 年的生态足迹和生态承载力的相关数据，分析休宁县的可持续发展水平，得出区域内不同土地利用类型的生态足迹和生态承载力差异较大的结论，提出要提高耕地产出效率、发展生态农业、延长产业链条的对策与建议。

3. SDGs 的可持续发展水平评价

自 SDGs 提出后，学者从不同角度并基于 SDGs 进行不同层次的可持续发展水平评价。部分学者研究

SDGs 内部之间的关系，张军泽等（2019）结合文献分析论述了联结途径、相互作用程度、网络分析、可持续发展目标模型以及执行手段 5 个方面的研究成果，并分析当前研究对我国未来 SDGs 落实的启示。一些学者结合 SDGs 对区域发展进行研究，如 Luis 等（2021）通过梳理文献总结当前学术研究成果对推进可持续发展的贡献量，并得出 CE、DG、GG 和新兴的 SDGR 4 个知识领域从不同层面对 17 个联合国可持续发展目标的研究作出了重要贡献的结论；张含朔等（2021）通过利用投影寻踪模型、变异系数、基尼系数、Pearson 相关等方法，结合 SDGs 构建国际化可持续发展评价指标体系并分析经济合作与发展组织（OECD）成员方可持续发展水平在时间和空间上的变化特征；Chen 等（2022）从生态系统的视角，以长江经济带为研究对象，得出 2000～2015 年，在长江经济带的 11 个省份中，除了浙江和上海以外，其余 9 个省份的可持续发展目标指数得分逐渐上升的结论，提出对生态系统价值进行评估和监测有希望成为未来的研究领域；陈佑淋等（2020）根据 SDGs 构建杞麓湖流域村镇的可持续发展评价指标体系并分析评价其可持续发展质量。也有学者对单个 SDGs 进行评价，Qiu 等（2021）以广西为研究对象，对土地利用变化引起的生态系统价值变化进行评价，并结合土地利用变化对 SDG15.9 的直接影响进行评价。

16.1.3　研究评述

学界在区域过渡性地理空间的内涵、研究框架和不同过渡性地理空间的应用研究等方面已经取得了重要的成果，在区域可持续发展评价指标体系构建、评价方法的探索等领域也取得了较丰富的研究成果，面向 SDGs 的可持续发展评价研究正逐步引起学界的关注。但目前的相关研究仍存在以下不足。

（1）区域过渡性地理空间可持续发展水平研究有待进一步拓展。已有的研究主要以经济发达地区作为研究区且研究成果较少，缺乏对复杂又独特的地理区域和欠发达地区的可持续发展水平进行研究。评价并提高沿江、沿海及沿边的区域过渡性地理空间的可持续发展水平是一项重要任务。

（2）SDGs 框架下的评价指标体系在不同地域的应用有待进一步优化。现有的研究主要以市级及以上尺度构建关于 SDGs 的评价指标体系，缺乏县级 SDGs 评价指标体系的构建。同时，指标的选取难以反映研究区可持续发展水平。因此，如何因地制宜地构建区域过渡性地理空间县域 SDGs 评价指标体系并评价其可持续发展水平是今后实现 SDGs 的一个重要研究内容。

综上，“一带一路”倡议加快了全球实现 SDGs 的步伐，广西山江海地域系统的可持续发展在面临着巨大挑战的同时也迎来了新的发展机遇。本章将对 SDGs 进行解析，结合广西山江海地域系统县域的特点构建本评价，对广西山江海地域系统县域的可持续发展水平进行评价，分析其耦合协调水平，结合数据解译及区域特点划分不同发展类型，并有针对性地提出对策与建议，为广西山江海地域空间县域的发展提供一定参考。

16.1.4　相关概念与理论基础

1. 相关概念解析

1）山江海地域系统

本节所指的广西山江海地域系统是指由桂西南喀斯特山区、北部湾海岸带及两者之间的江河组成的相互影响的一个连续地域过渡性地理单元，具有沿江、沿海又沿边的独特性。从山地、江河与海岸带区域协同发展的角度出发，基于区位条件、自然条件、资源环境与社会经济发展情况 4 个方面对广西山江海地域系统进行分析。结合区位条件分析，广西山江海地域系统属于广西红色革命区、北部湾经济区、珠江流域经济区、大西南经济区和西部陆海新通道（广西段）的交界处，是中国—东盟自由贸易区和“一带一路”有机衔接的重要门户。通过对区域自然条件、资源环境、社会文化、人口密度、自然条件和历史发展影响进行分析，发现桂西南喀斯特—北部湾地区整体上呈现出了山地-江河-海岸带的山水综合格局，从地理发展过程看具有广西山-江-海海陆统筹协同发展的客观条件。

2）可持续发展目标（SDGs）

2015年联合国发展峰会审议通过了《2030年可持续发展议程》并发布了SDGs，涉及经济、社会和生态环境3个大维度的可持续发展内容，这些目标的提出对推进全面可持续发展具有重大意义。其目的主要是以2030年为期限、以人为本、以发展为核心，通过专注于全球人类和谐发展来改善人类的生活环境，达到经济发达、社会稳定、生态环境友好、地球和谐与协同发展的人类社会可持续发展的目的。

SDGs是MDGs的强化版，继承了MDGs又创新了更多的目标方向，在内涵和意义上远超越MDGs，联合国SDGs更具有广泛性、普遍性、全面性、明确性并具有改革的思想理念（叶江，2016），其目标体系更庞大，内容也比较完善，衔接了各个领域的重点，能够引导各个国家根据内部的发展情况来协调经济、社会和环境之间的关系，解决人与自然可持续发展所面对的问题，为构建人类命运共同体提供强有力的参考。

2. 理论基础

1）系统论

奥地利生物学家贝塔朗菲提出的系统论被学术界广泛应用，其原理是各种彼此相互关联、相互作用的要素都可以组成一个有机整体。系统内部的各要素之间、各要素与整体系统之间会不断地相互影响、相互依存和相互制约，并且能进行自我调节，系统处于相对平稳的动态平衡状态（常绍舜，2011）。在大自然系统中，人类在整个系统中占据最主要的位置，与其他自然生态环境之间是相生相克、相辅相成的关系，如果人类在生产和发展过程中扰乱了生态系统的平衡，最后受到威胁的是人类自身。在整个大系统中，县域是人类活动最为频繁的区域，其生态环境复杂又脆弱，人们在生存发展过程中需要不断对其进行阶段性研究测评，为日后生态系统的恢复和人类社会高质量发展提供依据。

2）循环经济理论

循环经济最早是由美国经济学家K.波尔丁在20世纪60年代提出的，是对生态经济理论进行深入研究的结果，是可持续发展的基础理论（郭晓岩和王玉辉，2012）。其研究主要侧重于人类社会经济发展和自然资源多次循环利用的关系。循环经济是对社会物质生产、物流运输和销售过程的高效利用。循环经济相比于传统的“三高”经济更能提高经济效益与生态效益，其遵循的原则有减量化原则、再利用原则、再循环原则（王明彦，2009），即在发展经济的同时，能降低投入、减少浪费、降低排放，将废弃品转变成新成品，实现资源循环利用。在可持续发展之路上，应该大力提倡循环经济，在发展经济时要注重自然资源的高效循环利用，加速发展新兴科技，致力构建资源节约型、环境友好型社会，为人与自然环境协调发展提供社会基础。

16.1.5 研究目的和意义

1. 研究目的

基于SDGs，本章以广西山江海地域系统为研究对象，结合历年（2006～2020年）相关社会经济和资源环境等数据研究广西山江海地域系统县域可持续发展水平，其目的是构建广西山江海地域系统县域本土化SDGs评价指标体系，揭示广西山江海地域系统县域可持续发展水平的时空规律，分析其耦合协调水平及空间集聚程度，将各个县域划分为不同的发展类型，并有针对性地提出相关的建议与对策，为广西山江海地域系统的可持续发展提供一定的参考依据。

2. 研究意义

理论意义：本章面向SDGs构建广西山江海地域系统县域可持续发展综合评价指标体系，评价各县域的可持续发展水平，分析其耦合协调水平及空间集聚程度，将各个县域划分为不同的发展类型并有针对性地提出相关的建议与对策，可以丰富复杂区域综合过渡性地理空间可持续发展研究的内容。

实践意义：本章的研究区是背靠云贵高原的桂西南喀斯特地区至面向东盟国家的北部湾地区的过渡性区域，具有独特的区位优势和自然条件。但长期以来受各种因素影响，该区域面临着经济发展水平不高、城乡发展不协调、资源环境问题突出等问题，要想解决这些问题，必须走可持续发展之路。因此，本章结合 SDGs，分析广西山江海地域系统县域可持续发展时空变化、耦合协调水平及空间集聚程度，将各个县域划分为不同的发展类型并有针对性地提出相关的建议与对策，对协调区域社会经济发展与生态环境之间的关系，促进区域可持续发展具有重要意义。

16.1.6　研究内容与方法

1. 研究内容

1）构建广西山江海地域系统县域本土化的 SDGs 评价指标体系

通过研读相关资料文献，深入解析 SDGs 指标体系和研究广西山江海地域系统县域的特征，遵循科学性、系统性和数据可获取性等原则，以可持续发展理论为核心，参考当前学者的研究成果，结合研究区的特点，构建以经济发展、社会民生、资源环境为准则层的广西山江海地域系统县域的 SDGs 评价指标体系。

2）分析评价广西山江海地域系统县域的时空演变特征、区域耦合协调水平及空间自相关性

通过熵值法确定指标权重，根据综合得分指数分别对总体可持续发展水平与各个子系统时间演变、空间特征，再结合协调度模型分析其耦合协调水平，最后利用空间自相关方法分析广西山江海地域系统县域的空间集聚特征。

3）根据评价结果划分出不同发展类型的县域并提出相应的对策与建议

根据以上分析结果，采用系统聚类法将广西山江海地域系统县域划分为不同的发展类型，通过总结归纳对研究区综合可持续发展提出相关意见，再对不同类型县域的发展提出有针对性的对策与建议。

2. 研究方法

本章选用文献分析法进行研究得到的结论为本章研究提供了基础理论依据，选择定量与定性相结合的方法准确地表达研究内容的性质及其发展变化程度。本章结合相关数据定量分析研究区可持续发展水平时空变化特征、耦合协调水平及空间集聚程度，再通过定性分析将研究区划分为不同的发展类型。利用探索性空间数据分析法中的全局空间自相关分析和局部空间自相关分析，反映地理事物之间在空间上相互依赖、相互作用的特征，前者用于分析研究区整体的空间聚集特征，后者用于分析研究区内各个县域之间的空间关联特征。

16.1.7　研究技术路线

本章以 2005 年、2010 年、2015 年和 2019 年为时间点，以广西山江海地域系统的 50 个县域（县、县级市、市辖区）为研究对象，经过对国内外相关文献资料的研读，确定研究目的、意义、内容与方法，进而深入理解相关概念及理论基础。结合 SDGs 和广西山江海地域系统现状，科学构建符合广西山江海地域系统县域的指标评价体系。利用相关的社会经济数据、城市建设数据和遥感影像数据，应用熵值法确定指标权重，探究广西山江海地域系统县域可持续发展水平的时空规律；应用耦合协调模型分析广西山江海地域系统的耦合协调水平；结合空间自相关分析法分析区域可持续发展水平的聚集特征。最后，应用系统聚类法将各个县域划分为不同的发展类型，总结归纳后对研究区综合可持续发展提出相关意见，再针对不同类型县域的发展提出有针对性的对策与建议。技术路线如图 16.1 所示。

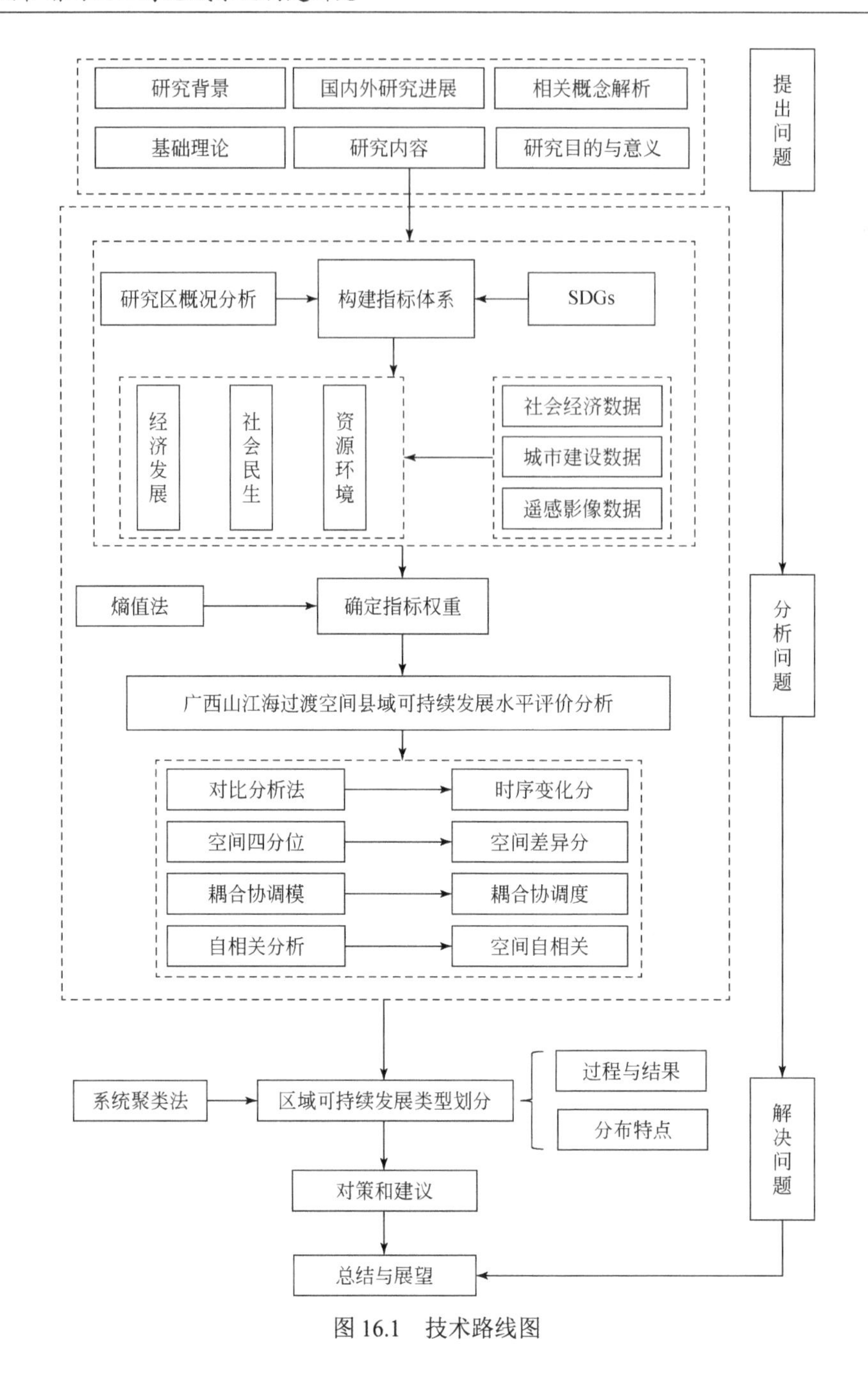

图 16.1　技术路线图

16.2　研究区域概况与构建评价指标体系

16.2.1　研究区概况

1. 自然条件与自然资源

研究区是自云贵高原的南缘桂西南喀斯特山区向北部湾海岸带逐渐降低的斜坡带，呈西北高东南低的地质特征。区域内喀斯特岩溶地貌发育良好，整体地势较高，石漠化较严重，储水能力差；区域气候适宜，适合农作物生长，内部河流水系分布广泛；研究区自然资源丰富，气候水文资源开发潜力大，土地资源种类多，耕地面积少，后备耕地资源有限。矿产资源、生物资源、旅游资源丰富且分布广泛，类型多样，等级较高，区域特色突出。近年来，在国家政策的号召下，研究区的生态环境逐渐转好，生态治理效果显著，石漠化面积有所减少，森林覆盖率不断提高，流域和海洋的治理使水质得到改善，随着人口素质的不断提升与绿色发展理念的践行，城市环境状况也在逐年变好，但总体来看，区域的生态环境还是比较脆弱，生态功能和森林防护功能较弱，水土流失较为严重，部分生态环境还存在不同程度的轻度或者中度污染，同时，该区域自然灾害频发，经常造成较为严重的经济损失。

2. 社会经济发展

1）人口状况

研究区的人口数量大，分布不均衡。如图 16.2、图 16.3 所示，整体呈现由西部向南部及东南部增大的态势。区域内有多个民族聚居区，分别是汉族、壮族、瑶族、苗族和京族聚居区等，其中壮族人口最多，不同民族的文化相互渗透，形成多元化民族杂居现象。

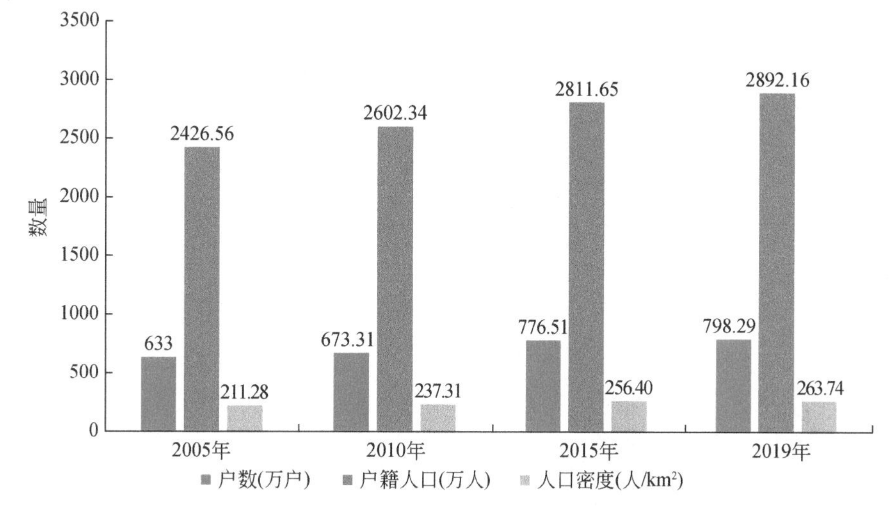

图 16.2　2005～2019 年研究区人口状况图

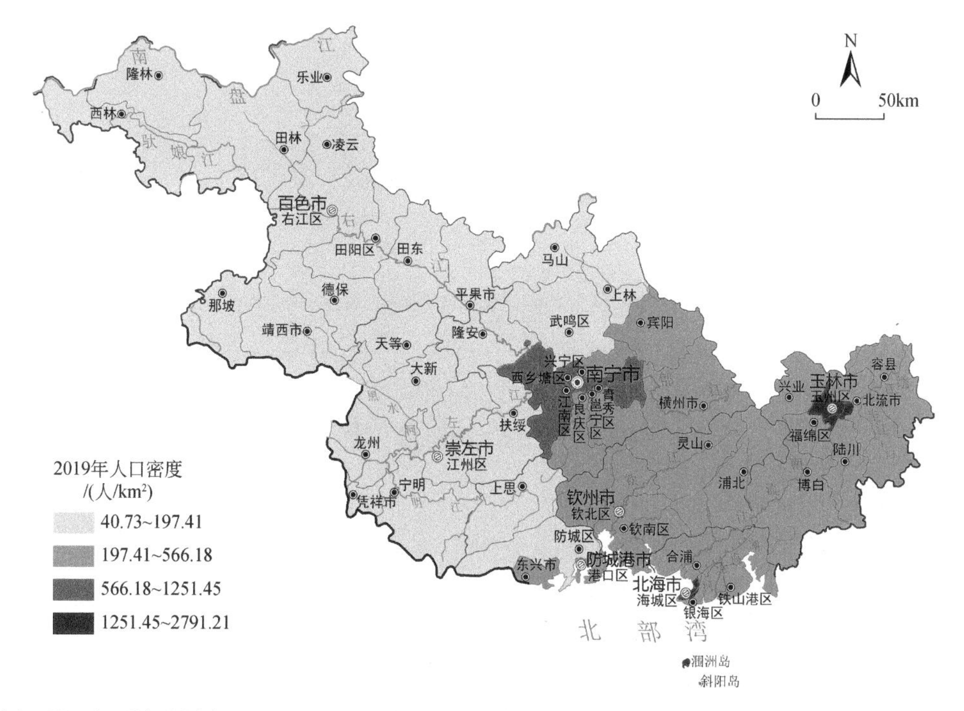

图 16.3　2019 年研究区人口密度分布图

2）经济发展

研究区在 2005～2019 年，经济增长较快，区域内部经济差异较大。从图 16.4 中可以看出，地区生产总值稳步上升，人均地区生产总值也呈稳步上升趋势。从产业结构来看，区域的经济水平差异大，整体呈现由西部向南部和东南部增高的态势，如图 16.5 所示。

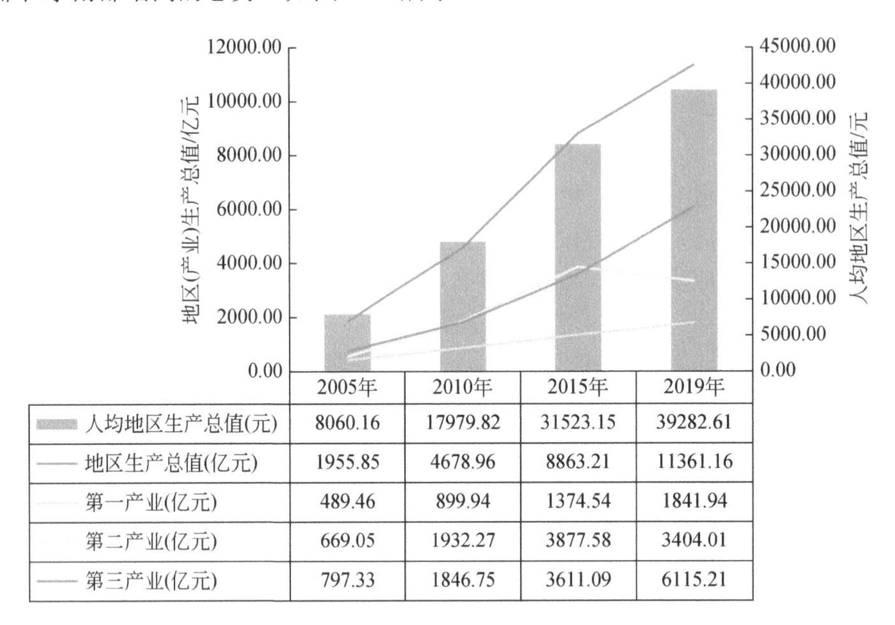

	2005年	2010年	2015年	2019年
人均地区生产总值(元)	8060.16	17979.82	31523.15	39282.61
地区生产总值(亿元)	1955.85	4678.96	8863.21	11361.16
第一产业(亿元)	489.46	899.94	1374.54	1841.94
第二产业(亿元)	669.05	1932.27	3877.58	3404.01
第三产业(亿元)	797.33	1846.75	3611.09	6115.21

图 16.4　2005～2019 年研究区经济发展状况图

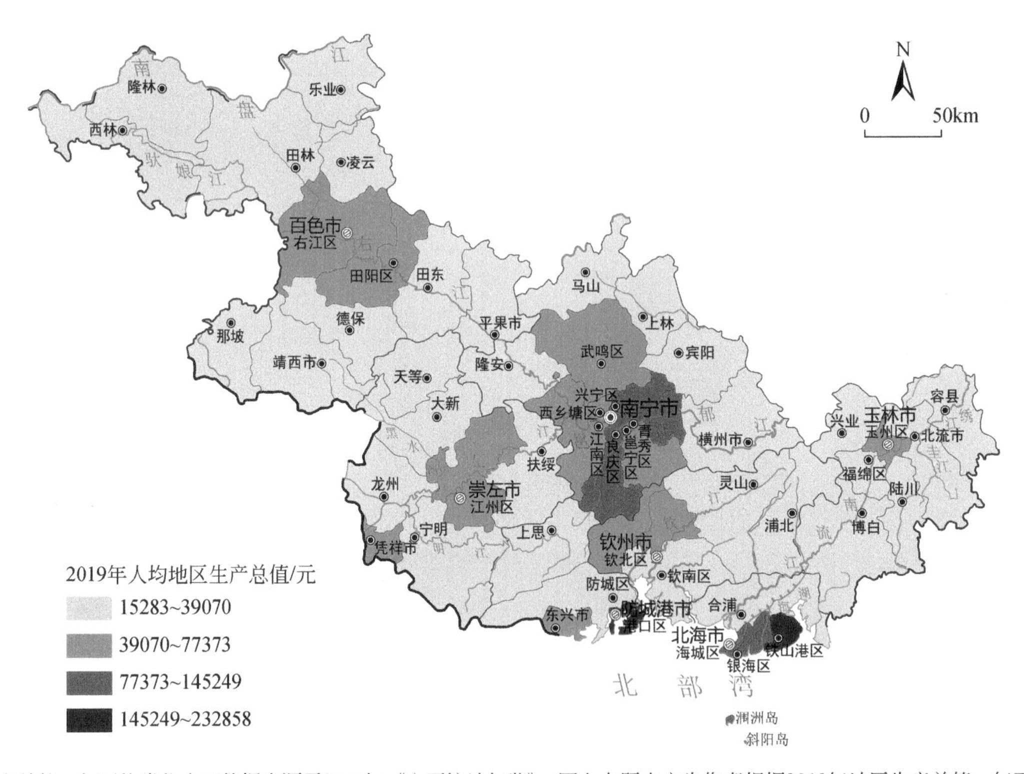

图 16.5　2019 年研究区人均地区生产总值分布图

3）居民生活

随着经济的快速发展，研究区的生产生活水平不断提高。农村居民人均纯收入、城镇居民人均可支配收入及人均消费性支出在持续增加，居民收入和消费水平都在逐步提升，总体生活质量明显提高。从空间上看，2019 年农村居民人均纯收入、城镇居民人均可支配收入在空间上都呈现了由西部向东南部增大的趋势，如图 16.6、图 16.7 所示。随着城乡融合发展工作的推进，农村居民人均纯收入增长幅度高于城镇居民人均可支配收入，农村与城市之间的差距正在缩小，但城镇居民人均可支配收入一直高于农村居民人均可支配收入，城乡差距依然存在。

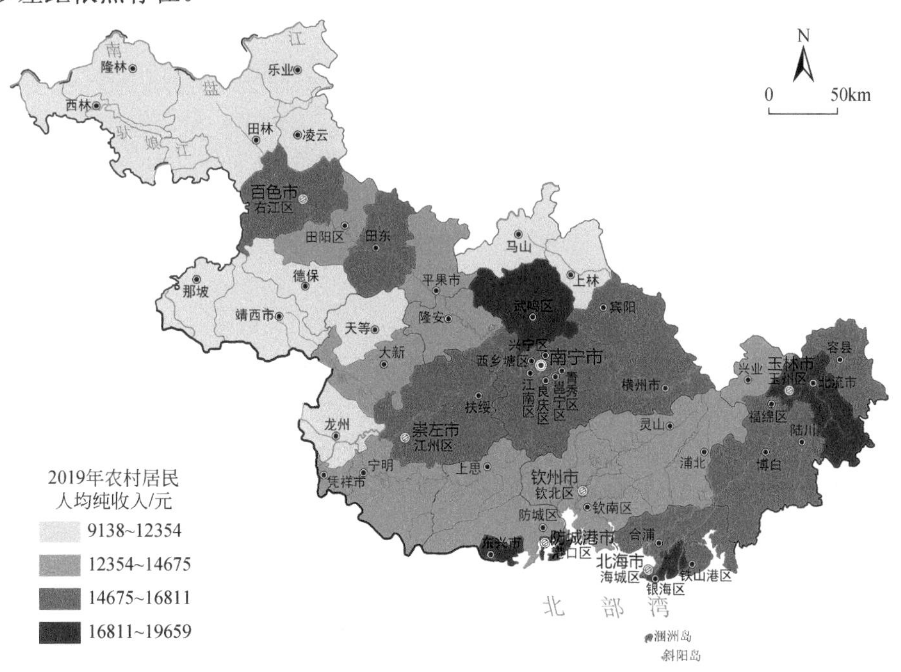

农村人口、农村人均纯收入数据来源于2019年《广西统计年鉴》；图上专题内容为作者根据2019年农村人口、农村人均纯收入数据推算出的结果，不代表官方数据。

图 16.6　2019 年研究区农村居民人均纯收入分布图

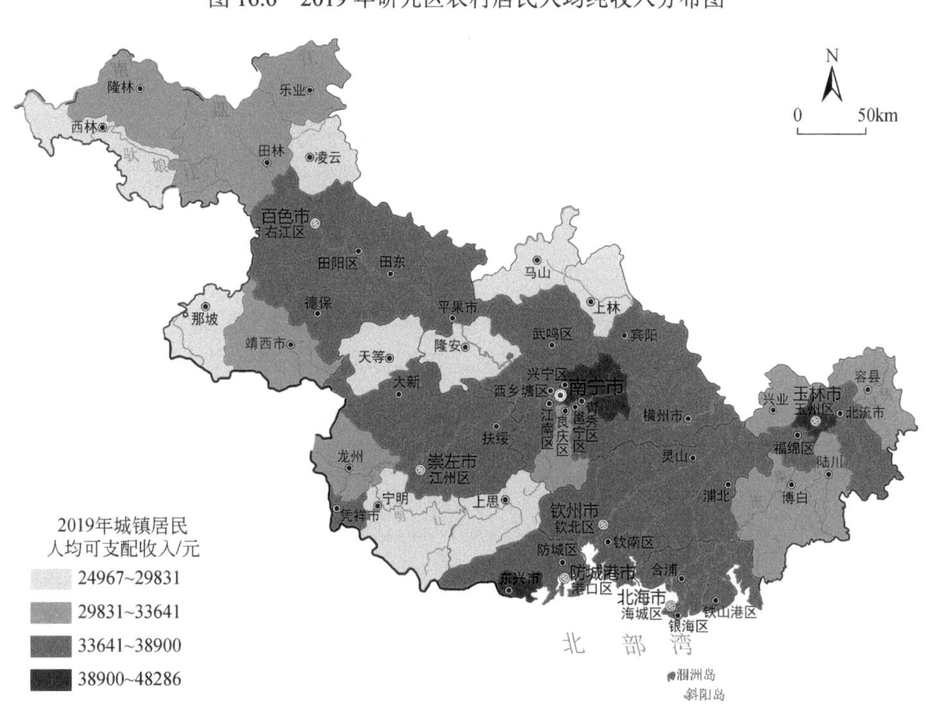

城镇人口总收入数据来源于2019年《广西统计年鉴》；图上专题内容为作者根据2019年城镇人口总收入数据推算出的结果，不代表官方数据。

图 16.7　2019 年研究区城镇居民人均可支配收入分布图

3. 研究单元选择与数据来源

1）研究单元选择

本章以2005年、2010年、2015年和2019年为时间点，研究范围为广西山江海过渡空间，即百色市、崇左市、南宁市、防城港市、钦州市、北海市和玉林市（7个市）的50个县域（县、县级市、市辖区）作为研究单元。

2）数据来源

本章所需要的数据有多源遥感影像数据、气象数据、土地利用数据、自然资源调查监测数据、社会经济统计数据，以及课题项目数据。在所有数据中，部分缺失的数据用临近年份的数据代替或者对相邻区域数据进行加和求平均计算所得。

16.2.2　构建评价指标体系

SDGs中的17个目标综合了经济、社会、资源环境等各个方面的庞大的指标体系，各国仍在不断改进与完善中，不同区域或不同领域的可持续发展指标体系不同，如何量化指标和统计数据是当今可持续发展研究的一个重点内容。通过研读大量相关资料和文献，并结合研究区的区域特征、评价指标的选取原则和可靠的数据来源，最后确定广西山江海地域系统县域评价指标，指标体系筛选流程如图16.8所示。

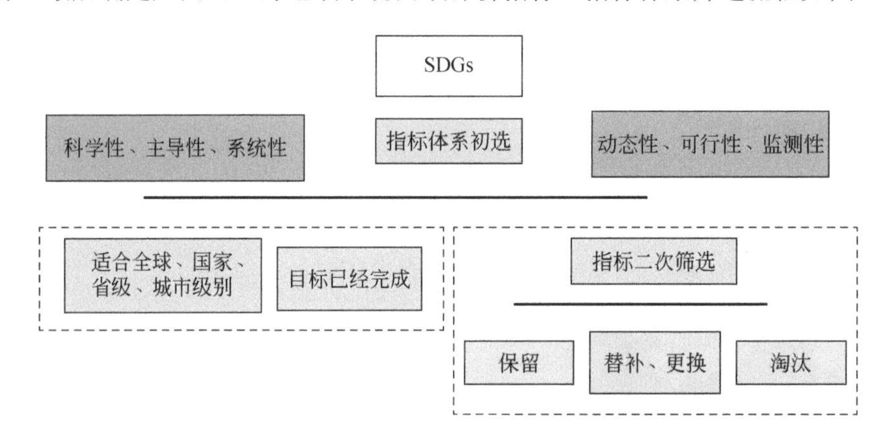

图16.8　指标体系筛选流程图

SDGs的宗旨是保护环境和节约资源，促进社会物质文化水平的提高，推动社会和谐发展与经济高质量发展。故本章将可持续发展水平的指标准则层分为经济发展水平、社会民生水平及资源环境水平子系统，以联合国SDGs为准绳，通过实地调研，根据研究区县域特点，结合比较完善且具有可获取性的科学数据信息（2006～2020年），构建广西山江海地域系统县域本土化指标体系，共33个指标层，具体划分情况见表16.1。

表16.1　面向SDGs的广西山江海地域系统县域可持续发展水平评价指标及权重

目标层	准则层	指标层	指标单位	指标方向	对应的SDGs	权重
可持续发展水平A（1）	经济发展水平B（0.4603）	B1 GDP增长率	%	+	SDGs8	0.0489
		B2 人均地区生产总值	万元	+	SDGs8	0.0819
		B3 经济密度	万元/km^2	+	SDGs8	0.1784
		B4 第二、三产业产值占GDP比率	%	+	SDGs8	0.0185
		B5 财政收入占GDP比率	%	+	SDGs8	0.0311
		B6 社会消费品零售总额占GDP比率	%	+	SDGs8	0.0526
		B7 人均固定资产投资	亿元	+	SDGs8	0.0489

续表

目标层	准则层	指标层	指标单位	指标方向	对应的 SDGs	权重
可持续发展水平 A（1）	社会民生水平 C（0.3916）	C1 城市居民最低生活保障人数占城镇人口比例	%	−	SDGs1	0.0869
		C2 人均粮食总量	t	+	SDGs2	0.0033
		C3 粮食单产	t/hm^2	+	SDGs2	0.0153
		C4 万人拥有卫生技术人员数	人	+	SDGs3	0.0038
		C5 每万人医疗机构床位数	张	+	SDGs3	0.0520
		C6 学龄儿童入学率	%	+	SDGs4	0.0416
		C7 普通中学师生比	-		SDGs4	0.0009
		C8 小学师生比	-		SDGs4	0.0015
		C9 城镇调查失业率	%	−	SDGs8	0.0010
		C10 农村居民人均纯收入	元	+	SDGs10	0.0156
		C11 城镇居民人均可支配收入	元	+	SDGs10	0.0443
		C12 人均消费性支出	元	+	SDGs10	0.0379
		C13 城乡收入差距指数	-	−	SDGs10	0.0156
		C14 公路密度	m^2/km^2	+	SDGs11	0.0241
		C15 人口密度	人/km^2	−	SDGs11	0.0040
		C16 城镇化率	%	+	SDGs11	0.0438
	资源环境水平 D（0.1698）	D1 人均耕地面积	hm^2	+	SDGs2	0.0414
		D2 有效灌溉面积占比	%	+	SDGs2	0.0257
		D3 自来水普及率	%	+	SDGs6	0.0065
		D4 污水处理率	%	+	SDGs6	0.0268
		D5 燃气普及率	%	+	SDGs7	0.0110
		D6 建成区绿化覆盖率	%	+	SDGs11	0.0158
		D7 人均公共绿地面积	m^2	+	SDGs11	0.0226
		D8 森林覆盖率	%	+	SDGs15	0.0092
		D9 生物丰富度	%	+	SDGs15	0.0066
		D10 重度石漠化地区面积占比	%	−	SDGs15	0.0042

16.2.3　数据的处理过程

1. 数据标准化

假定各个县域指标最原始数据为$\{x(ij)\,|\,i=1,2,\cdots,n;\ j=1,2,\cdots,m\}$，构建相关矩阵，$j$ 为区域可持续发展水平的三级指标数，则 $x(ij)$为第 i 个县域的第 j 个指标值。县域指标较多且含义、单位不同，大小各异，为了有效地对数据进行计算和比较，需要对原始指标数据进行无量纲化处理，正向指标采取正向化，负向指标采取负向化，适中指标采取适度化，具体公式如下：

数据矩阵：

$$x_{ij}=\begin{bmatrix}x_1\\x_2\\\vdots\\x_n\end{bmatrix}\times\begin{bmatrix}x_{11}x_{12}\cdots x_{1m}\\x_{21}x_{22}\cdots x_{2m}\\\vdots\\x_{n1}x_{n2}\cdots x_{nm}\end{bmatrix}\tag{16.1}$$

正向指标：

$$X_{ij}=\frac{x_{ij}-x_{\min}}{x_{\max}-x_{\min}} \tag{16.2}$$

负向指标：

$$X_{ij}=\frac{x_{\max}-x_{ij}}{x_{\max}-x_{\min}} \tag{16.3}$$

适中指标：

$$X_{ij}=\begin{cases}1-\dfrac{q-x}{\max(q-\min(x),\max(x)-q)},x<q\\1-\dfrac{x-q}{\max(q-\min(x),\max(x)-q)},x>q\\1,x=q\end{cases} \tag{16.4}$$

式中，X_{ij} 为标准化后的值；$x_{\max}$ 为县域指标的最大值；$x_{\min}$ 为县域指标的最小值；q 为参照值。

2. 确定指标权重

广西山江海地域系统是一个典型的区域综合过渡性人地系统，如何确定其县域可持续发展水平指标的权重还需要多方面思考，以确保指标权重的合理性，评价结果的科学性及准确性。对当前已有的确定指标权重的方法进行整理并对其做优劣势比较。本章采用熵值法确定研究区可持续发展水平的权重并对其进行综合评价。计算出的指标权重结果见表 16.1。

熵值法具体算法步骤如下。

指标比重 P_{ij}：

$$P_{ij}=\frac{X_{ij}}{\sum_{i=1}^{n}X_{ij}} \tag{16.5}$$

熵值 e_j：

$$K=-\frac{1}{\ln n} \tag{16.6}$$

$$e_j=K\sum_{i=1}^{n}P_{ij}\ln P_{ij} \tag{16.7}$$

差异系数 g_j：

$$E_e=\sum_{j=1}^{m}e_j \tag{16.8}$$

$$g_j=\frac{1-e_j}{m-E_e}\ (0\leqslant g_j\leqslant 1) \tag{16.9}$$

权重 W_j：

$$W_j=\frac{g_j}{\sum_{j=1}^{m}g_j}\ (1\leqslant j\leqslant m) \tag{16.10}$$

综合得分 S_i：

$$S_i=P_{ij}\times W_j \tag{16.11}$$

式中，K 为系数。

16.3　评价结果分析

16.3.1　区域时序变化分析

通过时间变化上的分析发现，2005～2019 年研究区综合可持续发展水平指数呈逐年增长的趋势，其增长速率为先增后减；2005～2019 年各个子系统的可持续发展水平呈上升趋势且增长速率先增后减，其中经济发展子系统和社会民生子系统的可持续发展水平较高，资源环境子系统的可持续发展水平较低，各个子系统可持续发展水平指数不均衡。

1. 综合可持续发展水平分析

1）研究区综合可持续发展水平指数呈逐年增长的趋势

结合研究区各个年份的综合可持续发展水平指数均值，如图 16.9 所示，得出 2005～2019 年研究区综合可持续发展水平指数均值呈逐渐上升趋势，从 2005 年的 0.2647 上升到 2019 年的 0.7493，年均涨幅为 12.27%，这说明研究区的综合可持续发展水平不断提高。研究区的标准差值逐渐增大，由此可见，研究区的综合可持续发展水平差距逐渐变大。改革开放以来，可持续发展在我国得到高度的重视并指导着我国社会经济建设的发展，从而推进资源的节约利用与生态环境保护，使研究区的可持续发展水平持续上升。但是由于区域间外部因素、内生环境各不同，又因我国供给侧结构性改革政策，研究区内部分地区首先实现最优发展，然后带动其他地区共同发展，区域之间发展差异大。

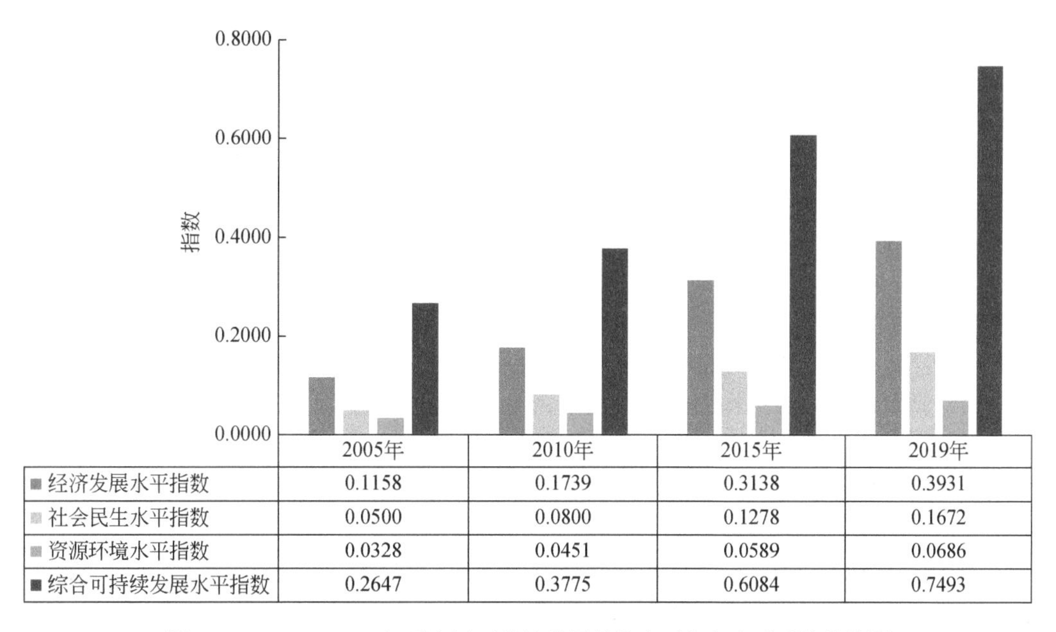

	2005年	2010年	2015年	2019年
经济发展水平指数	0.1158	0.1739	0.3138	0.3931
社会民生水平指数	0.0500	0.0800	0.1278	0.1672
资源环境水平指数	0.0328	0.0451	0.0589	0.0686
综合可持续发展水平指数	0.2647	0.3775	0.6084	0.7493

图 16.9　2005～2019 年研究区可持续发展总体水平与各个子系统均值图

2）研究区综合可持续发展水平指数增速为先增后减

如图 16.10 所示，研究区综合可持续发展水平指数从 2005～2010 年的涨幅 42.64%到 2010～2015 年的涨幅 61.16%，增加了 18.52 个百分点，这说明 2005～2015 年研究区综合可持续发展水平指数增长速率一直保持迅速增长的势头。2015～2019 年涨幅 23.16%，对比 2005～2010 年和 2010～2015 年的涨幅分别减少 19.48 和 38 个百分点，由此看出这段时间研究区的综合可持续发展水平指数增速逐渐放缓。2005～2015 年我国经济高速稳步发展，科技不断提高，资源利用效率得到了极大的改善，促使研究区的综合可持续发展水平不断上升。但是受 2008 年全球金融危机及重大自然灾害的影响，我国不断地调整经济结构，社会经济发展水平受到一定的制约。2015 年后，伴随人口的迁移流动，经济一体化程度与区域经济联系逐渐加强，国内消费水平持续上升，但区域经济基础不稳定，企业投资水平下降，地方思想理念跟不上时代发展导致社会事业发展滞后，加之我国全面进入深化经济体制改革发展新阶段，经济发展水平由高速增长转变为中高速增长，使研究区综合可持续发展水平指数出现增速放缓的现象。

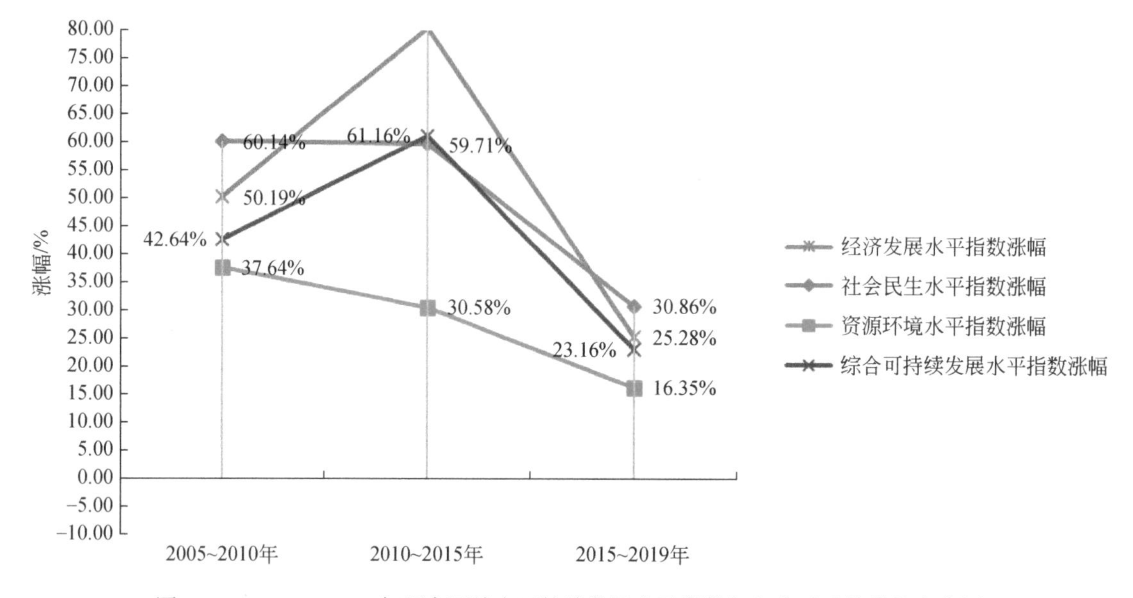

图 16.10　2005～2019 年研究区综合可持续发展水平指数与各个子系统增长变化图

2. 各个子系统可持续发展水平指数分析

如图 16.9、图 16.10 所示，2005～2019 年各个子系统的可持续发展水平指数呈上升趋势，增长速率先增后减，其中资源环境子系统增速较慢。2005～2010 年，经济发展、社会民生和资源环境各个子系统的涨幅分别为 50.19%、60.14%、37.64%；2010～2015 年，涨幅分别为 80.48%、59.71%、30.58%；2015～2019 年，涨幅分别为 25.28%、30.86%、16.35%。由此看出，2005～2019 年经济发展子系统和社会民生子系统的可持续发展水平较高，资源环境子系统可持续发展水平较低，各个子系统可持续发展水平指数不均衡的原因具体分析如下。

经济发展水平指数均值在 0.1158～0.3931，属于波动上升，说明研究区各个县域经济发展连年攀升。经济密度逐渐增大；新农村发展建设推动了农村旅游资源的开发，社会固定资产投资力度逐年加大，各县域的旅游业开始蓬勃发展，经济结构由传统的农业占主导转变为第二、三产业占 GDP 比重越来越大，产业集聚逐渐形成。

社会民生水平指数均值在 0.0500～0.1672，也呈波动上升趋势。随着经济的发展，研究区社会事业发展建设逐渐完善。居民就业机会逐渐增加，各项社会保障逐渐增多，人们的温饱、安全、看病、教育等问题得到了解决。公路交通网络连通性得到极大改善，居民出行更加方便，区域间经济合作发展关系更密切。最后，其他各项社会基础设施和公共服务设施得到进一步完善，大大提升了居民的幸福感。但人均粮食总量和粮食单产的下降，粮食安全问题有待解决；人口的持续增长，社会环境的承载力可能会超出负荷。

资源环境水平指数均值在 0.0328～0.0608，发展较为缓慢。从资源存量来看，人均耕地面积、有效灌溉面积占比均处于下降趋势。人均耕地面积受到人类活动的影响呈现先增后减的特点，有效灌溉面积占比一直处于下降的状态，一定程度上制约区域可持续发展水平。从资源能源利用来看，自来水和燃气普及率均值都在不断提高，在一定程度上解决部分居民用水问题，为可持续发展作出了一定的贡献。从生态环境方面来看，在国家相关政策的引导下，区域统筹发展社会经济，促进人与自然协调发展，生态环境得到了显著改善。

16.3.2　区域空间差异分析

通过分析发现，2005～2019 年综合可持续发展水平呈现出显著的中部至东南高、西部低的空间特征；经济发展子系统与综合可持续发展水平相似，呈中部、南部与东南部高、西部低的特征；社会民生子系统呈现出由西部向东南部增高的态势；资源环境子系统呈西部高、东南部高、南部低的特点。2005～2019 年研究区综合可持续发展水平指数之间的差值变化较大，各个县域的涨幅程度也不同，呈现西部涨幅较低、中部涨幅较高的趋势。在各个子系统中，经济发展子系统在空间上逐渐呈现东南涨幅较高西北较低的特点，社会民生子系统在空间上逐渐呈现西北部和东南部涨幅较高的特点，资源环境子系统在空间上逐渐呈西部和中南部涨幅较高的特点。从整体上看研究区县域的可持续发展水平波动不大。具体分析如下。

1. 区域空间分布特征

为了更好地体现研究区的各个县域可持续发展水平在空间上的分布情况，借鉴张云华（2009）的研究，采用四分位法对各个县域及各个子系统的可持续发展水平指数进行等级划分，分为低水平区、中低水平区、中高水平区、高水平区，见表 16.2。结合以上等级划分，对各个县域和各个子系统的可持续发展水平指数进行整理并分析。

表 16.2　研究区可持续发展水平等级划分结果

可持续发展水平指数	低水平区	中低水平区	中高水平区	高水平区
综合可持续发展水平指数	＜0.2930	0.2930～0.4200	0.4200～0.5541	＞0.5541
经济发展水平指数	＜0.1070	0.1070～0.1599	0.1599～0.2558	＞0.2558
社会民生水平指数	＜0.0603	0.0603～0.1018	0.1018～0.1421	＞0.1421
资源环境水平指数	＜0.0358	0.0358～0.0538	0.0538～0.0642	＞0.0642

2005 年，研究区的综合可持续发展水平总体偏低，除了一些市辖区，各个县域可持续发展水平较为均衡。低水平县域较多，占比 80%，普遍存在各个市内；中低水平县域共 5 个，占比 10%，主要分布在沿海地区；中高水平区和高水平区的县域共 5 个，占比 10%，主要集中于市辖区，其中只有兴宁区属于高水平区。2010 年，研究区综合可持续发展水平有所提升，但仍处于较低水平。2015 年，研究区综合可持续发展水平稳步上升。各县域的可持续发展水平差距逐渐拉大，逐渐形成中部、南部和东南较高、西北较低的发展趋势。2019 年，研究区综合可持续发展水平持续上升。整体呈现出显著的中部至东南部高、西部低的空间特征，如图 16.11 所示。

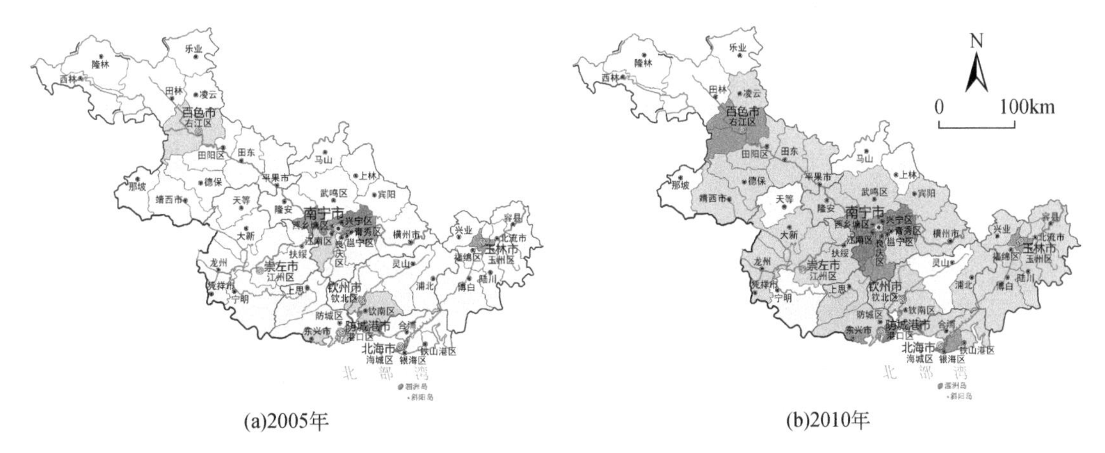

(a)2005年　　(b)2010年

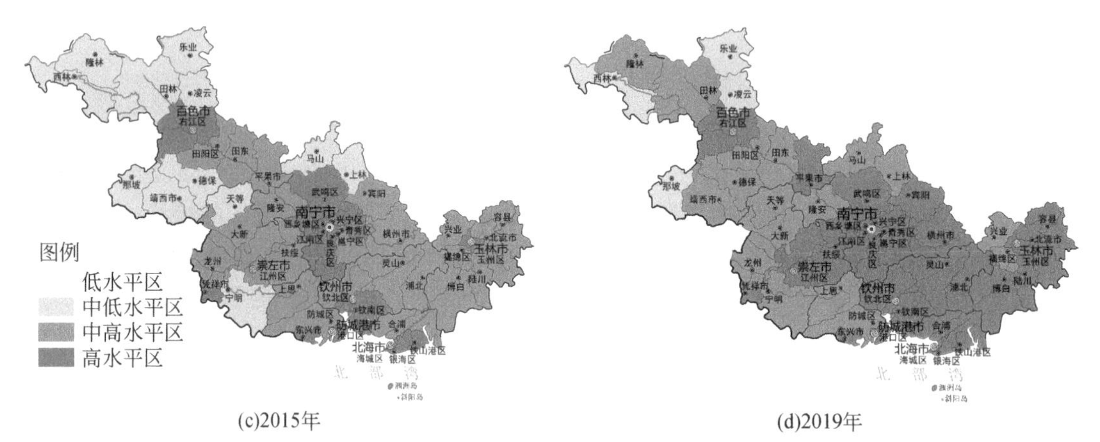

(c)2015年　　　　(d)2019年

GDP增长率、人均地区生产总值、经济密度、二三产业数据、财政收入、社会消费品零售总额、人均固定资产投资、城镇人口、城市居民最低生活保障、人均粮食总量、粮食单产、万人医疗机构床位数、万人拥有卫生技术人员数、小学学龄儿童入学率、普通中学师生比、小学师生比、城镇登记失业率、农村人均纯收入、城镇居民人均可支配收入、人均消费性支出、城乡收入差距、人口密度、城镇化率、人均耕地面积、有效灌溉面积、用水普及率、污水处理率、用气普及率、建成区绿化覆盖度、人均公共绿地面积、森林覆盖度、生物丰度指数（耕地面积、林地面积、草地面积、水域面积、未利用地面积）数据来源于2005年、2010年、2015年、2019年《广西统计年鉴》；2005年、2010年、2015年、2019年公路密度数据来源于广西壮族自治区交通运输厅官网；图上专题内容为作者根据2005年、2010年、2015年、2019年GDP增长率、人均地区生产总值、经济密度、二三产业数据、财政收入、社会消费品零售总额、人均固定资产投资、城镇人口、城市居民最低生活保障、人均粮食总量、粮食单产、万人医疗机构床位数、万人拥有卫生技术人员数、小学学龄儿童入学率、普通中学师生比、小学师生比、城镇登记失业率、农村人均纯收入、城镇居民人均可支配收入、人均消费性支出、城乡收入差距、人口密度、城镇化率、人均耕地面积、有效灌溉面积、用水普及率、污水处理率、用气普及率、建成区绿化覆盖度、人均公共绿地面积、森林覆盖度、生物丰度指数（耕地面积、林地面积、草地面积、水域面积、未利用地面积）、公路密度数据推算出的结果，不代表官方数据。

图 16.11　2005～2019 年研究区综合可持续发展水平分布图

2005 年经济发展子系统的可持续发展水平普遍较低。属于中高水平区和高水平区的县域共 6 个，占比为 12%，主要集中于南宁市市辖区，与综合可持续发展水平相似。2010 年经济发展子系统的可持续发展水平逐步上升，但经济基础比较薄弱。2015 年经济发展子系统的可持续发展水平稳步上涨，低水平区仍存在。相比 2010 年，2015 年以中高水平区和高水平区为主，占比 72%，其中高水平区集中分布于中部与南部的市辖区、东南部的部分县域及市辖区。区域经济差异更为明显，空间上呈现较显著的中部至东南高、西部低的特征。2019 年经济发展子系统的可持续发展水平依然保持上升趋势，各县域的经济发展水平差距进一步拉大。经济发展子系统的可持续发展水平在空间上整体呈中部、南部与东南部高、西部低的特征，如图 16.12 所示。

2005 年社会民生子系统可持续发展水平较低。2010 年，属于低水平区的县域降至 11 个；中低水平区变化最大，2010 年比例增至 64%，主要集中于中部、西南部、南部和东南部；中高水平区和高水平区比例增至 14%，集中分布于中部的市辖区和沿海地区，其中高水平区为青秀区。2015 年社会民生子系统可持续发展水平显著提高。属于低水平区的县域降至 0 个，中低水平区比例降至 20%，分布于西北部；中高水平区和高水平区比例增至 80%，其中中高水平区由西部向东南部增多，高水平区多分布于各个市辖区。2019 年，社会民生子系统可持续发展水平明显提高，属于低水平区和中低水平区的县域降至 0 个；中高水平区

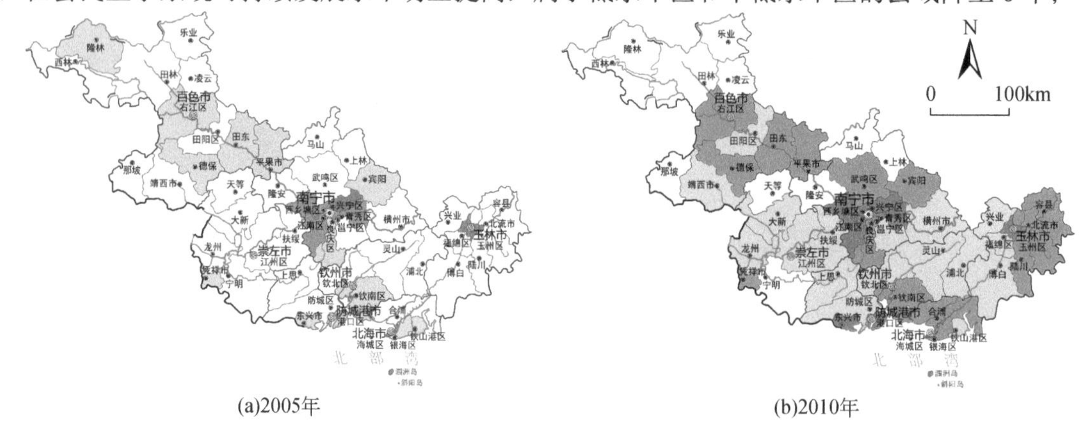

(a)2005年　　　　(b)2010年

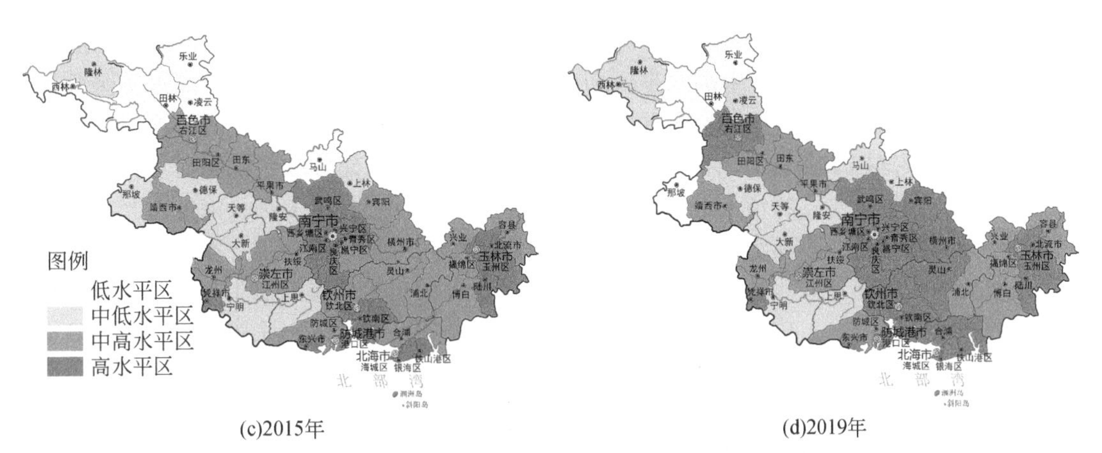

GDP增长率、人均地区生产总值、经济密度、二三产业数据、财政收入、社会消费品零售总额、人均固定资产投资数据来源于2005年、2010年、2015年、2019年《广西统计年鉴》；图上专题内容为作者根据2005年、2010年、2015年、2019年GDP增长率、人均地区生产总值、经济密度、二三产业数据、财政收入、社会消费品零售总额、人均固定资产投资数据推算出的结果，不代表官方数据。

图 16.12 2005～2019 年研究区经济发展子系统的可持续发展水平分布图

比例增至 28%，主要分布于西部；高水平区比例增至 72%，集中分布在中部至东南部。社会民生子系统可持续发展水平在空间上整体呈由西部向东南部增高的趋势，如图 16.13 所示。

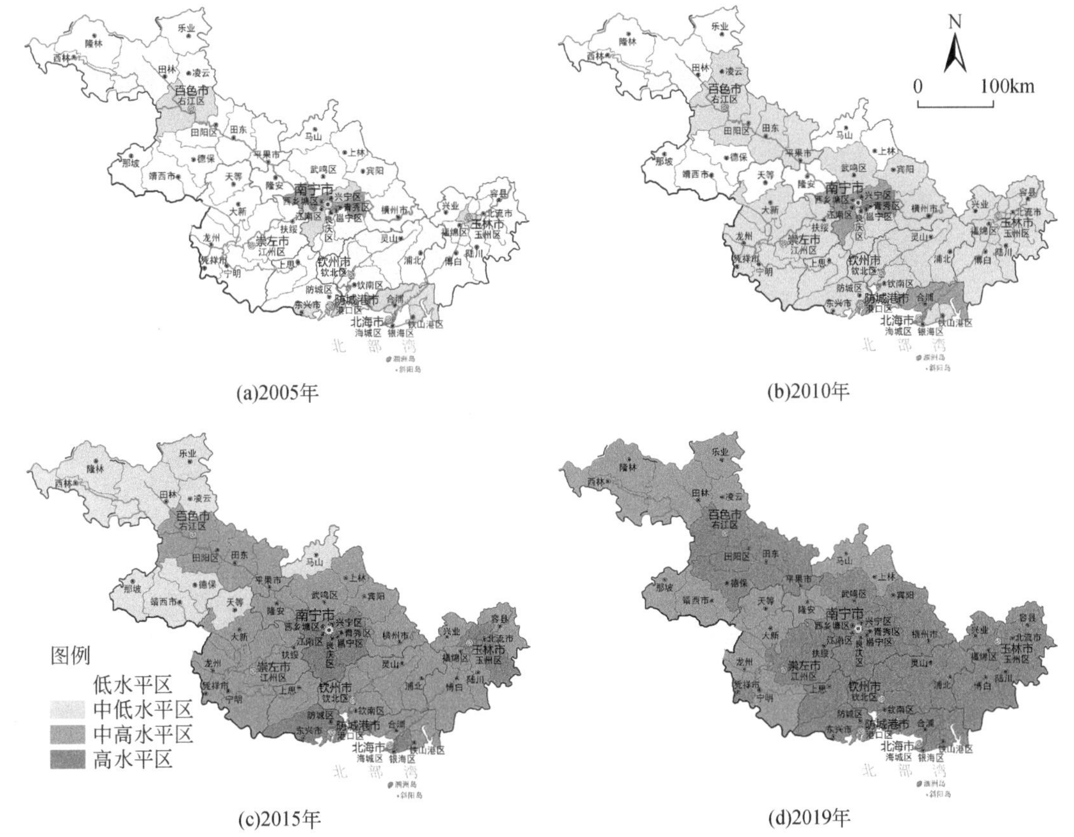

城镇人口、城市居民最低生活保障、人均粮食总量、粮食单产、万人医疗机构床位数、万人拥有卫生技术人员数、小学学龄儿童入学率、普通中学师生比、小学师生比、城镇登记失业率、农村人均纯收入、城镇居民人均可支配收入、人均消费性支出、城乡收入差距数据来源于2005年、2010年、2015年、2019年《广西统计年鉴》；图上专题内容为作者根据2005年、2010年、2015年、2019年城镇人口、城市居民最低生活保障、人均粮食总量、粮食单产、万人医疗机构床位数、万人拥有卫生技术人员数、小学学龄儿童入学率、普通中学师生比、小学师生比、城镇登记失业率、农村人均纯收入、城镇居民人均可支配收入、人均消费性支出、城乡收入差距数据推算出的结果，不代表官方数据。

图 16.13 2005～2019 年研究区社会民生子系统可持续发展水平分布图

2005 年资源环境子系统可持续发展水平较低，低水平区占比 74%；中低水平区占比 26%；中高水平区和高水平区尚未出现。2010 年，资源环境子系统可持续发展水平明显上升，低水平区占比由 66%降低至 26%；中低水平区占比上升至 58%；中高水平区和高水平区占比增至 16%，其中中高水平区分布于南宁市区周边县域和崇左市的东北部；凌云县为高水平区，凌云县秉持“保护为主，适度开发”的生态发展理念，在保护生态的同时深入挖掘旅游资源，积极发展生态旅游业，不断兴建各项旅游配套设施，提高凌云县资源环境子系统可持续发展水平。2015 年，资源环境区域分异更加明显。仅上林县为低水平区；中低水平区占比降至 16%，分布较分散；中高水平区和高水平区占比增至 82%，普遍分布于各市，区域间的资源环境子系统可持续发展水平的差异逐步缩小。2019 年资源环境子系统可持续发展水平持续上升。属于低水平区和中低水平区的县域降至 0 个；中高水平区转变为高水平区，中高水平区占比由 2015 年的 62%降至 2019 年的 22%，分布较散；高水平区占比由 2015 年的 20%增至 78%，普遍分布在各个市。资源环境子系统可持续发展水平在空间上整体呈西部高、东南部高，南部低的特征，如图 16.14 所示。

综上，形成这种空间分布特征的原因主要有以下几点。

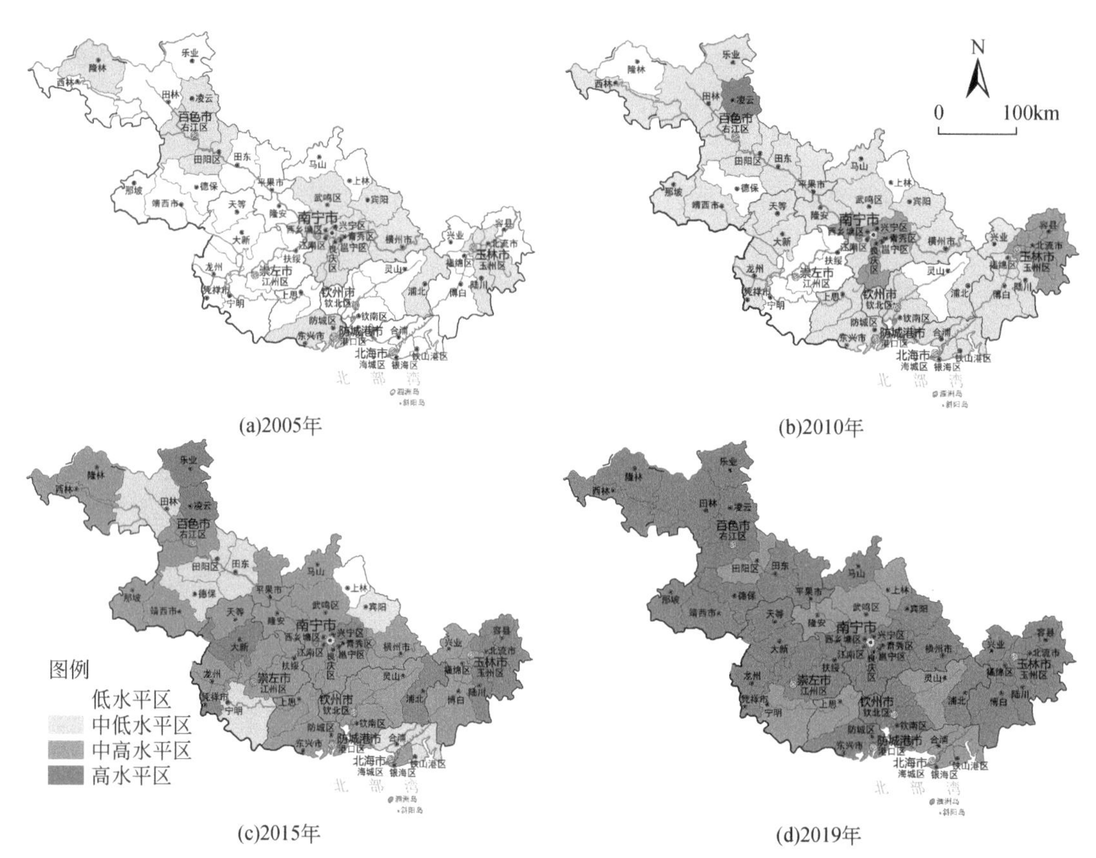

人均耕地面积、有效灌溉面积、自来水普及率、污水处理率、用气普及率、建成区绿化覆盖度、人均公共绿地面积、生物丰度指数（耕地面积、林地面积、草地面积、水域面积、未利用地面积）数据来源于2005年、2010年、2015年、2019年《广西统计年鉴》；2005年、2010年、2015年、2019年NDVI数据来源于中国科学院资源环境科学与数据中心；图上专题内容为作者根据2005年、2010年、2015年、2019年人均耕地面积、有效灌溉面积、自来水普及率、污水处理率、用气普及率、建成区绿化覆盖度、人均公共绿地面积、生物丰度指数（耕地面积、林地面积、草地面积、水域面积、未利用地面积）、NDVI数据推算出的结果，不代表官方数据。

图 16.14 2005～2019 年研究区资源环境子系统可持续发展水平分布图

首先，从地形地貌上看，研究区内有四种地貌，分别为山地、丘陵、平原和台地。其中西北部、西南部以喀斯特岩溶山区为主，森林覆盖率比较高，气候水文条件良好。受喀斯特地貌区地表崎岖不平，山多地少，地表水源少，生态脆弱，易发泥石流、滑坡等地质灾害的影响，城市扩建、道路修建、产业组合发展、经济发展受到阻碍，进而制约了区域可持续发展。中部、南部、东南部的县域则以丘陵盆地及沿海平原为主，地势相对平坦的地区土地资源可利用率较高，对城市发展的影响也较小，城市发展方向也明晰透彻，产业体系更加全面，产业组合优势更加显著，促进了区域可持续发展。

其次，研究区临江、临海又临边，各个县域发展内生环境、得到的政策支持各不相同。中部的县域作为广西壮族自治区重点发展区域、中国—东盟“博览会、商务与投资峰会”永久举办地，政策支撑、资源倾斜等方面的优势较大。东南部的县域旅游资源丰富，风景名胜繁多，这也使得第三产业比重远高于第二产业，产业结构优势明显，经济综合实力一直稳步上升。南部的县域具有港口优势。对优化地区产业结构、提高第三产业占 GDP 比重均有重要意义，这也是内陆城市相比于港口城市缺少的一个关键竞争力。西南部县域是我国南部口岸最多的区域，靠近广西首府南宁市，口岸贸易往来频繁，其经济实力不断增强，但其地处喀斯特区，各县域交通建设、产业发展等存在一定的滞后性，导致其总体可持续发展比较缓慢。西北部的县域作为既临边又临山的城市，是少数民族红色革命老区，历史因素与地缘环境叠加，导致其内生环境极其复杂，是制约各县域经济发展的一个重要因素。随着西部大开发和加快建设百色重点开发开放试验区，西北部的县域与周边区域经济的联系加强，各县域经济实力也能进一步增强，为可持续发展提供强有力的支撑。

最后，市辖区作为各市的政治、经济、文化和创新中心，资源、人才和资本等要素逐渐聚集，最后产生虹吸效应。当一个城市发展成为优势区域时，其政治建设、经济发展、文化和创新已经达到一个相对高的水平，这会使劣势区域的资源、人才和资本向优势区域涌入，而这些是一个地区发展至关重要的驱动力。中部、南部和东南部的市辖区的发展上限越来越高，特别是中部的市辖区，被南宁市的市辖区吸收资源、人才和资本的周边地区，如崇左市、百色市的县域等的发展潜力越来越低。城市虹吸效应让“强者越强，弱者越弱”，而当市辖区作为虹吸中心发展成大城市时，其产生的扩散效应也能很好地带动周边地区经济发展，即“大树底下好乘凉”。“先富带动后富”成为良性循环，各个县域不断提高自身经济水平，为可持续发展打下坚实基础。

2. 区域空间演变特征

通过对 2005～2019 年各年份研究区可持续发展水平指数的差值运算，根据数值的变化特点及涨幅情况，将广西山江海地域空间县域可持续发展水平指数的涨幅变化分为 4 个等级，分别为负增长区、涨幅较低区、涨幅中等区和涨幅较高区，并进行归类整理，见表 16.3。

表 16.3　研究区可持续发展水平指数涨幅变化等级划分结果

可持续发展水平指数	负增长区	涨幅较低区	涨幅中等区	涨幅较高区
综合可持续发展水平指数	＜0	0～0.0912	0.0912～0.1487	＞0.1487
经济发展水平指数	＜0	0～0.0344	0.0344～0.0749	＞0.0749
社会民生水平指数	＜0	0～0.0309	0.0309～0.0424	＞0.0424
资源环境水平指数	＜0	0～0.0075	0.0075～0.0154	＞0.0154

2005～2019 年研究区各个县域指数差值涨幅情况差异较大，总体上呈现西部涨幅较低、中部涨幅较高的空间格局，见表 16.4。2005～2010 年负增长区共 2 个，为玉州区和隆林各族自治县，较低增长区占比为 40%，多分布于西部；中等增长区占比为 38%，中等增长区多集中于西部和东南部；较高增长区占比为 18%，主要为市辖区。从数据分析来看，2005～2010 年玉州区生产总值增长率、经济密度与城镇化率都出现了不同程度的下降，城镇失业率高达 4.5%，因此推测出现负增长的主要原因为人口迁出与政府政策影响；隆林各族自治县在这个时间段工业化水平较低，环境保护与经济发展矛盾突出，由于县域发展缺乏政府财政支持，社会人才吸引力不足、社会建设发展滞后等一系列因素致使隆林各族自治县指数呈现负增长态势。表 16.5 中，2010～2015 年，属于负增长区的县域为 0 个；较低增长区占比降至 12%，多分布于西北部；中等增长区占比为 32%，分布较分散；较高增长区占比增至 56%，集中分布于西南部、中部、南部及东南部。表 16.6 中，2015～2019 年，属于负增长区的县域为 0 个；较低增长区占比增至 44%，多分布于西部；中等增长区降至 30%，分布较为散乱；较高增长区增至 26%，主要分布于中部和南部。2005～2010 年研究

区涨幅均值为 0.1129，其中涨幅最大的县域是青秀区，综合发展水平指数为 0.45，年均涨幅为 19.03%，负增长的玉州区和隆林各族自治县，综合可持续发展水平指数分别为-0.02 和-0.05，年均分别降低 0.81%和 0.41%。2010～2015 年研究区涨幅均值为 0.2309，比 2005～2010 年增长 104.5%，其中涨幅最大的县域为海城区，综合可持续发展水平指数为 1.57，年均涨幅为 41.19%，凌云县涨幅最小，综合可持续发展水平指数为 0.02，年均涨幅为 1.37%。2015～2019 年研究区涨幅均值为 0.1409，比 2005～2010 年下降了 38.98%，其中涨幅最大的县域依然为海城区，指数是 0.40，年均涨幅为 3.46%，龙州县涨幅最小，年均涨幅为 0.5%。

表 16.4　2005～2010 年研究区综合可持续发展水平指数统计表

负增长区（4%）		较低增长区（40%）				中等增长区（38%）				较高增长区（18%）	
地区	指数	地区	指数	地区	指数	地区	指数	地区	指数	地区	指数
玉州区	-0.02	兴宁区	0.08	那坡县	0.05	西乡塘区	0.11	博白县	0.11	青秀区	0.45
隆林各族自治县	-0.05	邕宁区	0.08	乐业县	0.08	武鸣区	0.13	兴业县	0.13	江南区	0.24
		隆安县	0.08	田林县	0.07	宾阳县	0.12	北流市	0.12	良庆区	0.18
		马山县	0.07	西林县	0.05	横州市	0.09	右江区	0.11	海城区	0.28
		上林县	0.09	平果市	0.07	合浦县	0.10	德保县	0.11	银海区	0.18
		铁山港区	0.06	宁明县	0.05	防城区	0.11	凌云县	0.11	港口区	0.25
		钦北区	0.09	龙州县	0.08	上思县	0.10	靖西市	0.13	东兴市	0.18
		灵山县	0.06	大新县	0.08	钦南区	0.13	江州区	0.10	陆川县	0.15
		浦北县	0.06	天等县	0.09	福绵区	0.12	扶绥县	0.10	田东县	0.17
		田阳区	0.08	凭祥市	0.08	容县	0.15				

注：指数保留两位小数。

表 16.5　2010～2015 年研究区综合可持续发展水平指数统计表

较低增长区（12%）		中等增长区（32%）		较高增长区（56%）			
地区	指数	地区	指数	地区	指数	地区	指数
上林县	0.08	隆安县	0.13	兴宁区	0.47	陆川县	0.15
福绵区	0.07	马山县	0.10	青秀区	0.79	博白县	0.17
德保县	0.08	宾阳县	0.14	江南区	0.29	北流市	0.17
凌云县	0.02	合浦县	0.11	西乡塘区	0.65	右江区	0.15
乐业县	0.08	防城区	0.12	良庆区	0.19	田阳区	0.16
田林县	0.09	上思县	0.11	邕宁区	0.22	平果县	0.15
		钦南区	0.14	武鸣区	0.26	江州区	0.18
		灵山县	0.13	横州市	0.17	扶绥市	0.15
		容县	0.13	海城区	1.57	宁明县	0.16
		兴业县	0.14	银海区	0.18	龙州县	0.22
		田东县	0.10	铁山港区	0.48	大新县	0.17
		那坡县	0.14	港口区	0.80	凭祥市	0.20
		西林县	0.09	东兴市	0.17	浦北县	0.16
		隆林各族自治县	0.14	钦北区	0.17	玉州区	0.57
		靖西市	0.10				
		天等县	0.12				

注：指数保留两位小数。

表 16.6 2015～2019 年研究区综合可持续发展水平指数统计表

较低增长区（44%）				中等增长区（30%）		较高增长区（26%）	
地区	指数	地区	指数	地区	指数	地区	指数
隆安县	0.01	德保县	0.05	兴宁区	0.14	青秀区	0.62
马山县	0.08	那坡县	0.04	武鸣区	0.10	江南区	0.22
防城区	0.08	凌云县	0.07	上林县	0.10	西乡塘区	0.22
上思县	0.06	乐业县	0.05	宾阳县	0.15	良庆区	0.37
东兴市	0.03	西林县	0.06	横州市	0.14	邕宁区	0.17
钦南区	0.04	平果市	0.06	合浦县	0.14	海城区	0.40
容县	0.09	宁明县	0.04	钦北区	0.15	银海区	0.26
博白县	0.08	龙州县	0.01	浦北县	0.12	铁山港区	0.46
兴业县	0.06	大新县	0.02	福绵区	0.10	港口区	0.25
田阳区	0.06	天等县	0.04	北流市	0.09	灵山县	0.15
田东县	0.03	凭祥市	0.05	田林县	0.10	玉州区	0.54
				隆林各族自治县	0.11	陆川县	0.33
				靖西市	0.09	右江区	0.16
				江州区	0.14		
				扶绥县	0.10		

注：指数保留两位小数。

2005～2019 年研究区经济发展子系统可持续发展水平指数之间的差值变化较大，在空间上逐渐呈现东南涨幅较高西北较低的特点，如图 16.15 所示。2005～2010 年属于负增长区的县域共 3 个，分别为那坡县、玉州区、隆林各族自治县；涨幅较低区占比为 34%，多分布于西部；涨幅中等区占比为 60%，多集中于中部至东南部；无涨幅较高区。2010～2015 年，负增长区占比降至 4%，分别为德保县、凌云县，涨幅较低区占比降至 22%，多集中于西部；涨幅中等区占比增至 70%，多集中于西南部、南部及东南部；涨幅较高区占比增至 2%，分别是海城区与港口区。2015～2019 年负增长区占比增至 22%，多集中于西部；涨幅较低区占比增至 32%，分布较分散；涨幅中等区占比降至 46%，多分布于中部至东南部；无涨幅较高区。2005～2010 年研究区涨幅均值为 0.0155，其中涨幅最大的县域为海城区，涨幅为 15.4%，最小的为隆林各族自治县，年均下降 8.6%。2010～2015 年研究区涨幅均值为 0.0613，比 2005～2010 年增长 295%，其中涨幅最大的县域依然为海城区，年均涨幅为 48.97%，最小的为凌云县，年均下降 1.98%。2015～2019 年研究区涨幅均值为 0.0015，比 2005～2010 年下降 90%，其中涨幅最大的县域是青秀区，年均涨幅为 16.4%，东兴市涨幅最小，年均下降 1%。

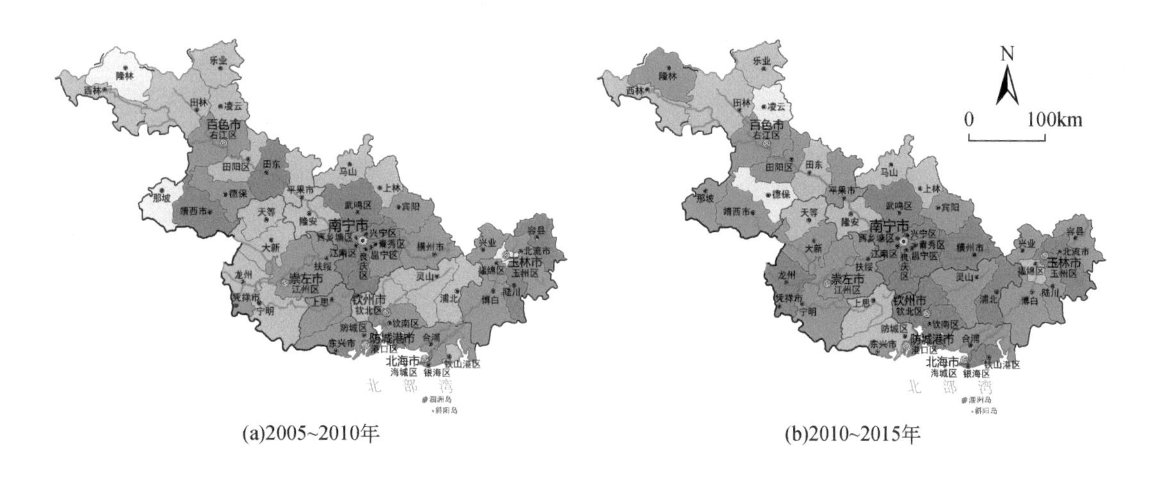

(a)2005~2010年 (b)2010~2015年

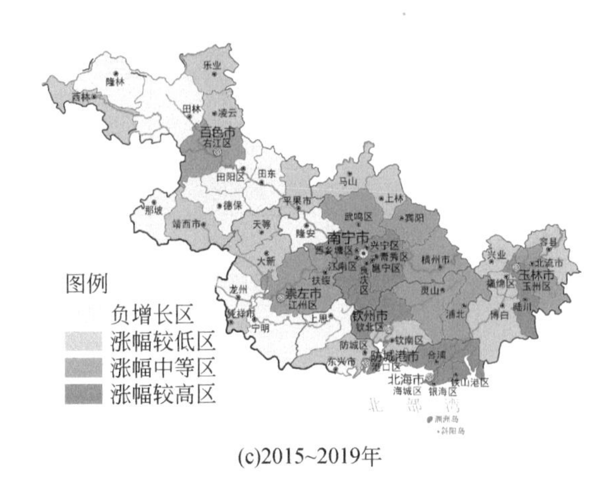

(c)2015~2019年

GDP增长率、人均地区生产总值、经济密度、二三产业数据、财政收入、社会消费品零售总额、人均固定资产投资、城镇人口、城市居民最低生活保障、人均粮食总量、粮食单产、万人医疗机构床位数、万人拥有卫生技术人员数、小学学龄儿童入学率、普通中学师生比、小学师生比、城镇登记失业率、城镇居民人均可支配收入、人均消费性支出、城乡收入差距、人口密度、城镇化率、人均耕地面积、有效灌溉面积、用水普及率、污水处理率、用气普及率、建成区绿化覆盖度、人均公共绿地面积、生物丰度指数（耕地面积、林地面积、草地面积、水域面积、未利用地面积）数据来源于2005年、2010年、2015年、2019年《广西统计年鉴》；2005年、2010年、2015年、2019年公路密度数据来源于广西壮族自治区交通运输厅官网；2005年、2010年、2015年、2019年NDVI数据来源于中国科学院资源环境科学与数据中心；图上专题内容为作者根据2005年、2010年、2015年、2019年GDP增长率、人均地区生产总值、经济密度、二三产业数据、财政收入、社会消费品零售总额、人均固定资产投资、城镇人口、城市居民最低生活保障、人均粮食总量、粮食单产、万人医疗机构床位数、万人拥有卫生技术人员数、小学学龄儿童入学率、普通中学师生比、小学师生比、城镇登记失业率、城镇居民人均可支配收入、人均消费性支出、城乡收入差距、人口密度、城镇化率、人均耕地面积、有效灌溉面积、用水普及率、污水处理率、用气普及率、建成区绿化覆盖度、人均公共绿地面积、生物丰度指数（耕地面积、林地面积、草地面积、水域面积、未利用地面积）、公路密度、NDVI数据推算出的结果，不代表官方数据。

图 16.15　2005～2019 年研究区经济发展子系统可持续发展水平指数涨幅分布图

2005～2019 年研究区社会民生子系统可持续发展水平指数之间的差值变化幅度较小，空间上逐渐呈现西北部和东南部涨幅较高，中部涨幅较低的特点，如图 16.16 所示。2005～2010 年属于负增长区的县域只有 1 个，为玉州区；涨幅较低区占比为 54%，多集中于西北部、西南部和中部偏东南地区；涨幅中等区占比为 34%，分布较为散乱；属于涨幅较高区的县域共 5 个，分别为钦北区、福绵区、陆川县、田东县、凌云县。2010～2015 年涨幅较低区占比降至 14%，集中分布于南部；涨幅中等区占比降至 30%，多集中于西部；涨幅较高区占比增至 54%，集中分布于中部和东南部。2015～2019 年涨幅较低区占比降至 26%，主要集中于西南部；涨幅中等区占比增至 38%，普遍分布于研究区各个区域；涨幅较高区占比增至 36%，分布较为散乱。

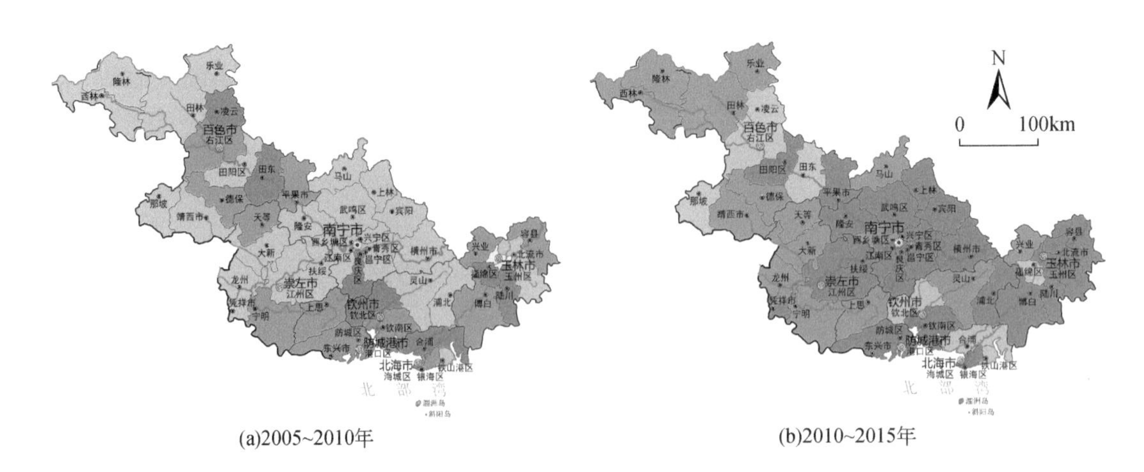

(a)2005~2010年　　(b)2010~2015年

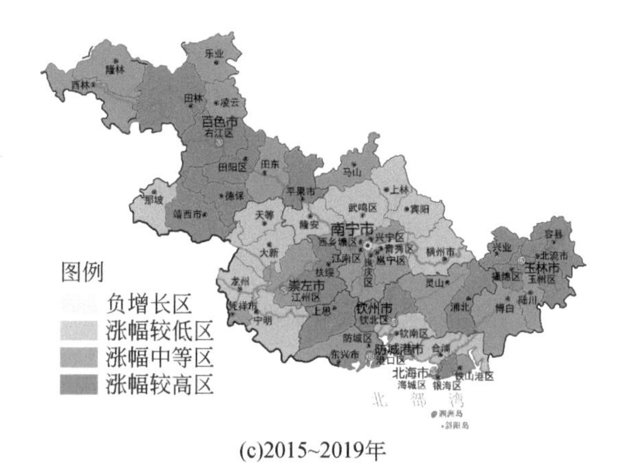

(c)2015~2019年

城镇人口、城市居民最低生活保障、人均粮食总量、粮食单产、万人医疗机构床位数、万人拥有卫生技术人员数、小学学龄儿童入学率、普通中学师生比、小学师生比、城镇登记失业率、农村人均纯收入、城镇居民人均可支配收入、人均消费性支出、城乡收入差距数据来源于2005年、2010年、2015年、2019年《广西统计年鉴》；图上专题内容为作者根据2005年、2010年、2015年、2019年城镇人口、城市居民最低生活保障、人均粮食总量、粮食单产、万人医疗机构床位数、万人拥有卫生技术人员数、小学学龄儿童入学率、普通中学师生比、小学师生比、城镇登记失业率、农村人均纯收入、城镇居民人均可支配收入、人均消费性支出、城乡收入差距数据推算出的结果，不代表官方数据。

图 16.16　2005～2019 年研究区社会民生子系统可持续发展水平指数涨幅分布图

2005～2019 年资源环境子系统可持续发展水平指数之间的差值变化幅度最大，空间上呈西部和中南部涨幅较高的特点，如图 16.17 所示。2005～2010 年负增长区占比为 8%，分别是武鸣区、灵山县、隆林各

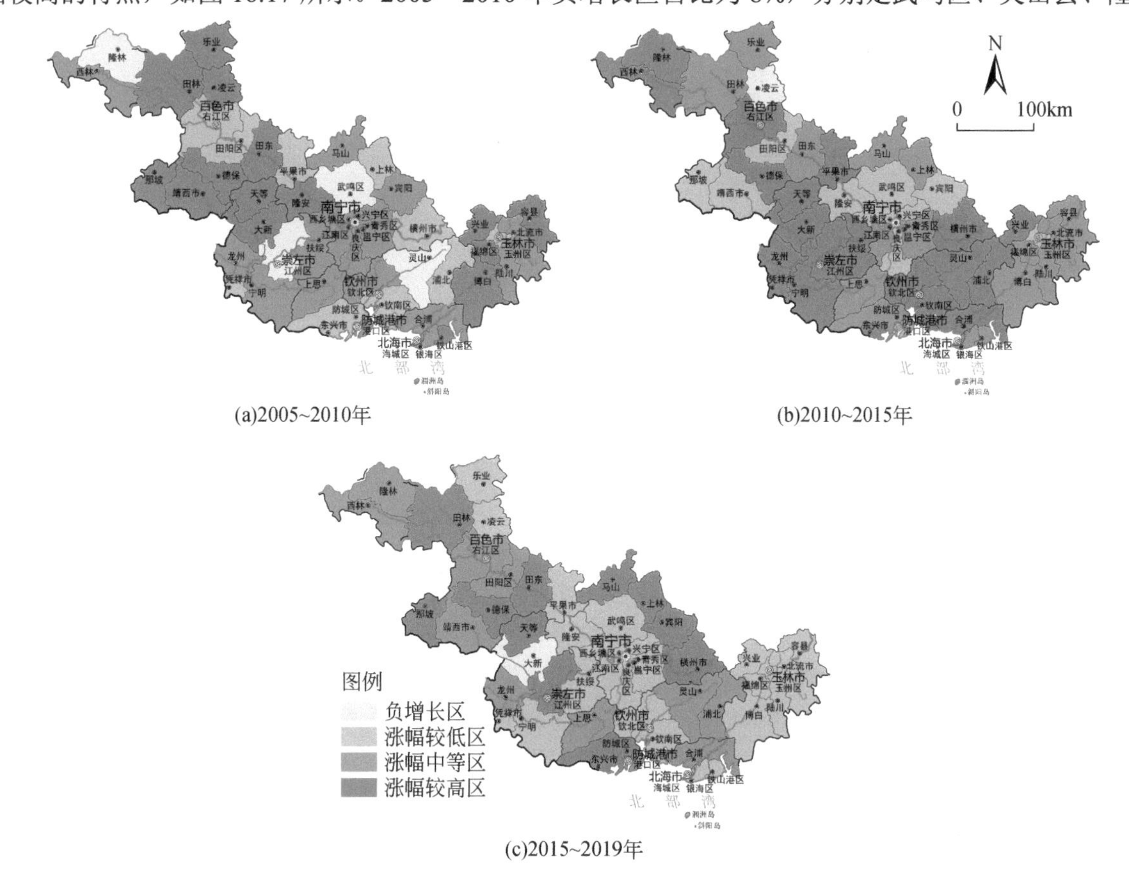

(a)2005~2010年

(b)2010~2015年

(c)2015~2019年

人均耕地面积、有效灌溉面积、用水普及率、污水处理率、用气普及率、建成区绿化覆盖度、人均公共绿地面积、生物丰度指数（耕地面积、林地面积、草地面积、水域面积、未利用地面积）数据来源于2005年、2010年、2015年、2019年《广西统计年鉴》；2005年、2010年、2015年、2019年植被覆盖度数据来源于中国科学院资源环境科学与数据中心；图上专题内容为作者根据人均耕地面积、有效灌溉面积、用水普及率、污水处理率、用气普及率、建成区绿化覆盖度、人均公共绿地面积、生物丰度指数（耕地面积、林地面积、草地面积、水域面积、未利用地面积）、植被覆盖度数据推算出的结果，不代表官方数据。

图 16.17　2005～2019 年研究区资源环境子系统可持续发展水平指数涨幅分布图

族自治县、江州区；涨幅较低区占比为 22%，分布较为散乱；涨幅中等区占比为 40%，主要分布于中部至南部；涨幅较高区占比为 30%，大部分集中分布于西部。2010～2015 年负增长区只有凌云县，凌云县本是喀斯特山区地貌，石漠化较为严重，虽然实施了封山育林等措施，但总体生态恢复速度较慢；涨幅较低区占比降至 22%，分布较为散乱；涨幅中等区占比增至 36%，主要分布于中部至东南部；涨幅较高区占比增至 40%，主要分布于西部和南部。2015～2019 年负增长区只有大新县，大新县作为旅游县域，森林覆盖率较高，但城市建设方面还处于较低水平，城市生态环境有待提高；涨幅较低区占比增至 52%，主要分布于中部至东南部；涨幅中等区占比降至 22%，主要分布于西北部和南部。

3. 区域排名变化特征

为了更进一步了解各个县域的变化情况，通过对 2005～2019 年各个年份研究区的综合可持续发展水平指数进行排序，对比分析 2005～2019 年各个县域的得分变化情况，得出各县域的综合可持续发展水平指数变化各不相同，排名有上升，也有下降，总体处于波动不大的趋势，如图 16.18 所示。

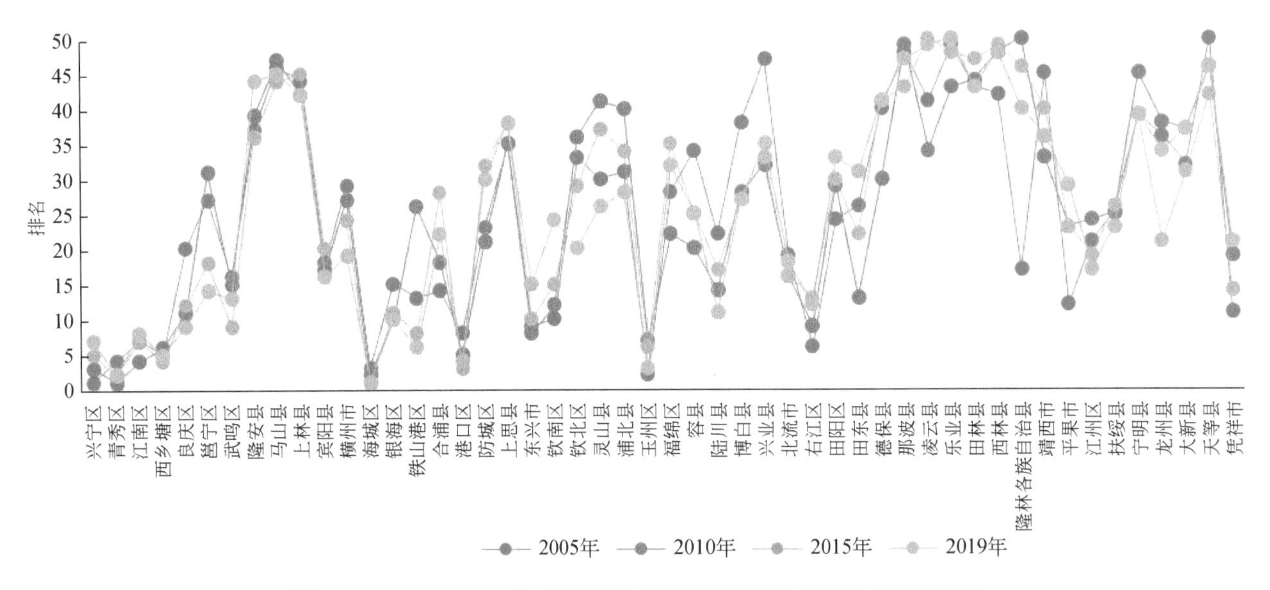

图 16.18　2005～2019 年研究区综合可持续发展水平指数排序变化图

从图 16.18 中可以明显看出，2005～2019 年排序中排名为 10 名且变化不大的县域共 8 个，分别是兴宁区、青秀区、江南区、西乡塘区、海城区、港口区、玉州区、右江区。这些县域基本上都是各个市有代表性的市辖区，地处流域河谷平原、盆地和海岸带，相比于周边其他县域，政策支持力度大，产业发展质量较高，经济底子较好，社会经济发展要素充足，城镇化水平不断提高；近些年，各县域城乡建设迅速发展，促使各项市政基础设施得到完善，城市绿化效果明显提高，城市容貌不断得到提升，生态环境得到持续改善，从而加快推动乡村建设发展，促进研究区综合可持续发展水平的提高。排名比较靠后的县域共 9 个，分别是隆安县、马山县、上林县、那坡县、凌云县、乐业县、田林县、西林县和天等县。这些县域都为喀斯特山区，大部分处于边远的西部地区，生态脆弱，不宜大力开发资源，政策辐射带动效率低，劳动力流失较为严重，社会经济发展难度大，这些县域在大尺度的国土空间规划上限制开发区面积占比大，以保护生态为主，所以，其综合可持续发展水平发展较为缓慢。排名变化较大的县域共 7 个，分别为邕宁区、铁山港区、兴业县、田东县、隆林各族自治县、平果市和龙州县。这些县域在不同年份的变化的原因可能是行政区划改变、人口流动变迁和城市规划影响等。2005～2019 年，从整体上看研究区县域的综合可持续发展水平波动不大。

16.3.3　耦合协调度分析

通过分析发现 2005～2019 年研究区的总体协调度呈上升趋势，从濒临失调水平调整至初级协调水平，但协调等级和耦合协调水平较低。

耦合度 C：

$$C=2\times\left\{\frac{U_1U_2U_3U_n}{\prod\limits_{i<j}(U_i+U_j)^{\frac{2}{n-1}}}\right\}^{\frac{1}{n}} \tag{16.12}$$

综合评价指数 T：

$$T=\partial_1U_1+\partial_2U_2+\partial_3U_3 \tag{16.13}$$

耦合协调度：

$$D=\sqrt{C\times T} \tag{16.14}$$

区域可持续发展水平评价不单单是评价区域的总体发展情况，也需要评价各个子系统的协调发展情况。耦合协调度模型是对多个系统之间的协调发展进行度量评价分析。本节主要研究 2005～2019 年广西山江海地域系统县域可持续发展水平的经济发展、社会民生、资源环境 3 个子系统的协调发展情况，通过参考相关文献（孙钰等，2019），建立广西山江海地域系统的耦合协调模型。

以上各式中，U 代表各个子系统的综合指数，C 代表耦合度，T 代表研究区耦合协调发展水平综合评价指数，D 代表耦合协调度，∂ 代表各个子系统的权重，根据相关文献与区域特点，本节选取 $\partial=0.33$，其中 C、T、D 在 0～1。耦合协调等级及划分标准见表 16.7。

表 16.7　耦合协调等级及划分标准

D 区间	等级	耦合协调水平	D 区间	等级	耦合协调水平
（0.0～0.1）	1	极度失调水平	[0.5～0.6）	6	勉强协调水平
[0.1～0.2）	2	严重失调水平	[0.6～0.7）	7	初级协调水平
[0.2～0.3）	3	中度失调水平	[0.7～0.8）	8	中级协调水平
[0.3～0.4）	4	轻度失调水平	[0.8～0.9）	9	良好协调水平
[0.4～0.5）	5	濒临失调水平	[0.9～1）	10	优质协调水平

结合耦合协调模型、等级及划分标准，采用耦合协调模型对研究区的经济发展、社会民生、资源环境子系统的综合指数进行运算，得出的结果见表 16.8。

表 16.8　2005～2019 年研究区经济发展、社会民生、资源环境子系统协调发展水平

年份	D 值	等级	耦合协调水平
2005	0.4359	5	濒临失调水平
2010	0.4988	5	濒临失调水平
2015	0.5868	6	勉强协调水平
2019	0.6320	7	初级协调水平

结合表 16.8 和图 16.19 来看，研究区的总体耦合协调度呈上升趋势，但耦合协调等级和耦合协调水平较低，政府等各部门及社会人士仍需注重经济发展、社会民生、资源环境之间的协调发展。

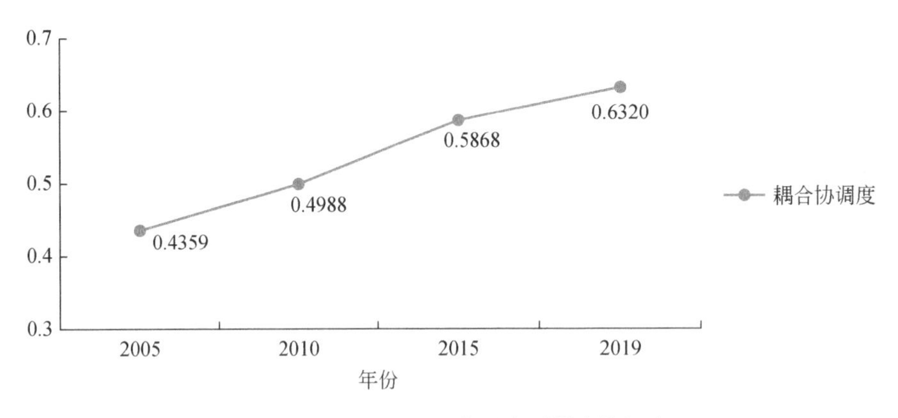

图 16.19 2005～2019 年研究区耦合协调度

2005～2010 年研究区的耦合协调度上升幅度较大，但仍处于濒临失调水平。在这段时间，研究区的可持续发展得到高度重视，各部门在提高经济和提升社会生活质量的同时开始注重资源的适度开发与利用及生态环境的治理与保护，各个系统发展比较平衡，促进可持续发展协调性不断提升。由于研究区人口基数大，人口数量不断上升，社会经济发展与资源利用及生态保护之间的矛盾依然严峻，在 2008 年全球金融危机背景与我国经济体制改革背景下，研究区经济发展状态波动较大，资源利用率较低，生态环境保护力度不够，使得可持续发展的协调性水平仍处于不稳定的上升趋势。2010～2015 年从濒临失调水平调整至勉强协调水平，D 值在不断地增长，说明可持续发展建设取得了一定的成就，国民经济稳步增长，各项社会事业得到改善，整体聚焦于打造一个资源节约、环境友好型的绿色低碳发展模式，推动研究区协调发展。2015～2019 年研究区的耦合协调度呈缓慢上升，升幅减缓，从勉强协调水平调整至初级协调水平。随着生态文明建设战略的推进，以及各项环保政策的发布、宣传与实施，人口素质不断提高，人们的环保意识也显著增强，科技的突飞猛进也进一步促进了资源高效利用和新能源的开发利用，促进各个子系统协调水平提高。2015 年之后人口流动现象越来越明显，外出务工的人员较多，农村劳动力出现短缺现象，这使土地利用率降低，耕地撂荒越发严重，粮食生产和农业发展增速放缓，而且各项生态保护和治理处于修复阶段，治理修复需要漫长的时间，这让可持续发展协调度呈现缓慢上升的趋势。

16.3.4 区域空间集聚特征

通过分析得出 2005～2019 年研究区集聚显著性有先增后降再增的特征且后续增长得较为缓慢；从各个县域来看，高-高聚集区都位于广西北部湾地区县域，低-低聚集区基本位于喀斯特山区县域，2010 年低-高聚集区为宾阳县，2005 年与 2015 年高-低聚集区为右江区，高-高聚集区由中部向南部分散，低-低聚集区逐渐向外围扩张。

为了更好地体现研究区的集聚特征与各个县域内部的空间特征，本节将 2005～2019 年各个县域的可持续发展水平指数作为基础数据，基于 GeoDa 软件对研究区的各个县域可持续发展水平的空间自相关特征进行分析。空间自相关分析是指分析处于不同地理空间的某一事物的某一种属性值之间的关联性，也是局部空间各单元属性值离散程度的一种测度方法，空间自相关法分为全局空间自相关和局部空间自相关。具体算法如下。

全局空间自相关用来分析县域可持续发展水平在研究区的总体集聚特征，一般采用全局 Moran's I 指数表示。公式如下：

$$I=\frac{n\sum_{i=1}^{n}\sum_{j=1}^{n}w_{ij}(x_i-\overline{x})(x_j-\overline{x})}{\left(\sum_{i=1}^{n}\sum_{j=1}^{n}w_{ij}\right)\sum_{i=1}^{n}(x_i-\overline{x})^2} \tag{16.15}$$

式中，I 为全局 Moran's I 指数，取值为［-1，1］；n 为县域样本量；i、j 为不同的县域样本单元。当 $I>0$ 时，表示研究区呈空间正相关，值越大，集聚特征越显著；当 $I<0$ 时，表示研究区呈空间负相关，值越小，集聚特征越不显著；当 $I=0$ 时，表示研究区空间分布呈现随机性。一般采用标准化统计量 $Z(I)$（$|I|>1.96$）值检验空间自相关的显著性，其中 $\mathrm{Var}(I)$为方差，$E(I)$为期望值。公式如下：

$$Z(I)=\frac{I-E(I)}{\sqrt{\mathrm{Var}(I)}} \tag{16.16}$$

局部空间自相关是研究区内部某两个或者两个以上的相邻县域之间的可持续发展水平在空间上的相关性，体现出研究区内县域之间的发展关系是否存在相互作用与影响。公式如下：

$$I_i=\frac{x_i-\overline{x}}{S^2}\sum_{j=1,j\neq 1}^{n} w_{ij}(x_j-\overline{x}) \tag{16.17}$$

$$S^2=\frac{1}{n}\sum_{i=1}^{n}(x_i-\overline{x})^2,\overline{x}=\frac{1}{n}\sum_{i=1}^{n}x_i \tag{16.18}$$

1. 全局空间自相关分析

结合式（16.15）与式（16.16），计算得出 2005～2019 年研究区可持续发展水平的 Moran's I 指数值，如表 16.9 所示。从表中可以看出 2005～2019 年 Moran's I 指数都为正数，$Z>1.96$，且都通过了 $P>0.05$ 的显著性水平检验，这说明广西山江海地域系统县域有着较显著的正相关关系，区域空间集聚程度比较明显。2005～2019 年 Moran's I 指数分别为 0.2609、0.3452、0.2433、0.2907，2005～2010 年增长 32.31%，2005～2010 年，研究区内各政府等相关部门的合作关系比较密切，共同带动了社会经济等方面的发展，使区域可持续发展水平空间集聚程度增大。2010～2015 年 Moran's I 指数下降了 29.52%，2010～2015 年受国家供给侧结构性改革政策的影响，各地区发展差异大，加之人口向经济发展较好的地区流动等，区域可持续发展水平空间集聚性下降。2015～2019 年 Moran's I 指数增长了 19.48%，2015～2019 年随着国家生态文明建设与精准扶贫等一系列推动可持续发展的政策的实施，出现各地互帮互助、共同发展的繁荣景象，进一步提高了区域可持续发展水平空间集聚性。由此可以看出，研究区的集聚显著性有先增后降再增的特征且后续增长得较为缓慢，这说明区域可持续发展水平一直存在差异性。

表 16.9　2005～2019 年研究区全局空间自相关显著性检验

年份	Moran's I 指数	Z 得分	P 值
2005	0.2609	3.316185	0.000913
2010	0.3452	4.446687	0.000009
2015	0.2433	3.189702	0.001424
2019	0.2907	3.761582	0.000169

2. 局部空间自相关分析

全局空间自相关分析只能表明研究区整体的集聚程度，而局部空间自相关分析则更能说明研究区内部县域之间的空间集聚特征。本节选取 2005～2019 年研究区可持续发展水平指数数据，应用 GeoDa 软件根据原始数据生成 LISA 集聚图，如图 16.20 所示，对这 4 年的局部空间自相关的结果展开具体分析。

为了更好地分析各个县域的空间分布情况，结合 GeoDa 软件的 LISA 集聚图来展示不同的集聚模式，共有 5 种集聚模式，反映在研究区中分别是高-高聚集区、低-低聚集区、低-高聚集区、高-低聚集区和不显著区，2005～2019 年广西山江海地域系统县域的局部空间集聚模式见表 16.10。

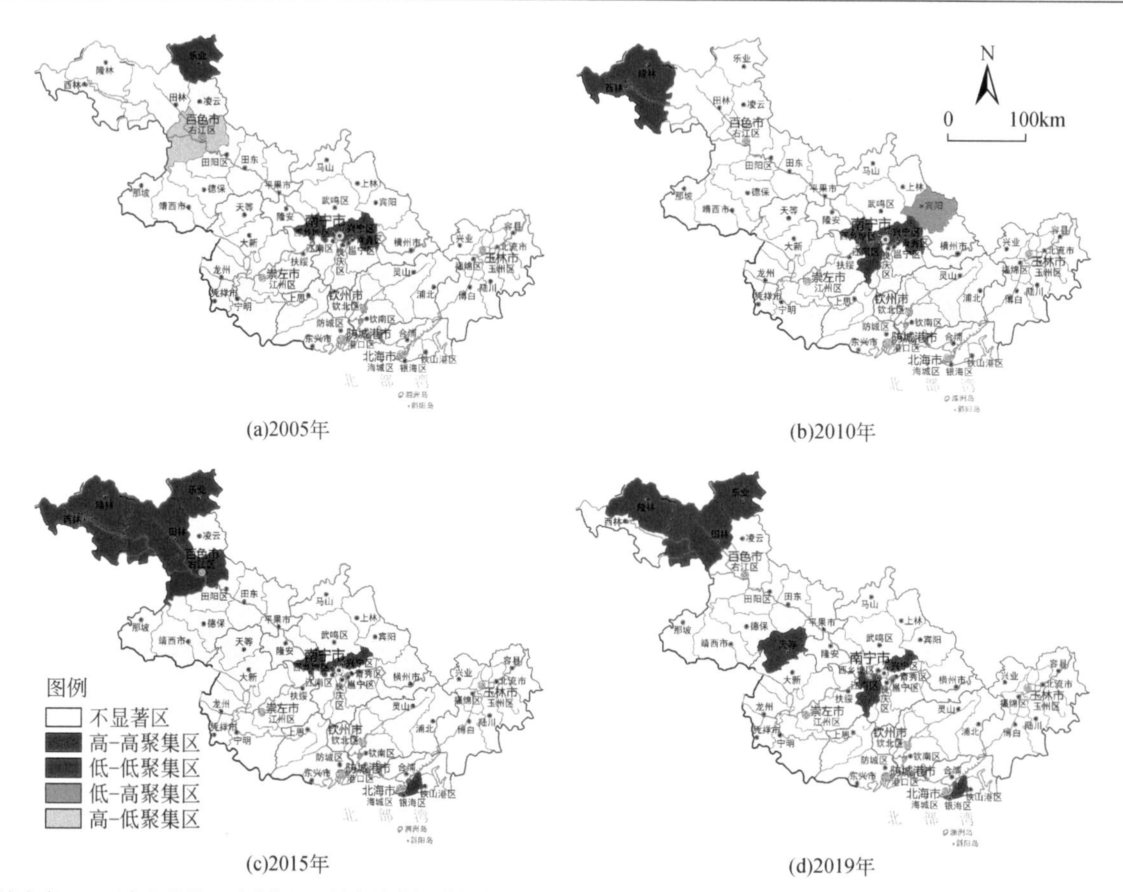

经济密度、二三产业数据、财政收入、社会消费品零售总额、人均固定资产投资、城镇人口、城市居民最低生活保障、人均粮食总量、粮食单产、万人医疗机构床位数、万人拥有卫生技术人员数、小学学龄儿童入学率、普通中学师生比、小学师生比、城镇登记失业率、农村人均纯收入、城镇居民人均可支配收入、人均消费性支出、城乡收入差距、人口密度、城镇化率、人均耕地面积、有效灌溉面积、用水普及率、污水处理率、用气普及率、建成区绿化覆盖度、人均公共绿地面积、森林覆盖度、生物丰富度指数（耕地面积、林地面积、草地面积、水域面积、未利用地面积）数据来源于2005年、2010年、2015年、2019年《广西统计年鉴》；2005年、2010年、2015年、2019年公路密度数据来源于广西壮族自治区交通运输厅官网；2005年、2010年、2015年、2019年植被覆盖度数据来源于中国科学院资源环境科学与数据中心；图上专题内容为作者根据经济密度、二三产业数据、财政收入、社会消费品零售总额、人均固定资产投资、城镇人口、城市居民最低生活保障、人均粮食总量、粮食单产、万人医疗机构床位数、万人拥有卫生技术人员数、小学学龄儿童入学率、普通中学师生比、小学师生比、城镇登记失业率、农村人均纯收入、城镇居民人均可支配收入、人均消费性支出、城乡收入差距、人口密度、城镇化率、人均耕地面积、有效灌溉面积、用水普及率、污水处理率、用气普及率、建成区绿化覆盖度、人均公共绿地面积、森林覆盖度、生物丰富度指数（耕地面积、林地面积、草地面积、水域面积、未利用地面积）、公路密度、植被覆盖度数据推算出的结果，不代表官方数据。

图 16.20　2005～2019 年研究区可持续发展水平指数的 LISA 集聚分布图

表 16.10　2005～2019 年研究区局部空间集聚情况　　（单位：个）

分类区域	2005 年	2010 年	2015 年	2019 年
高-高聚集区	3	4	3	3
低-低聚集区	1	2	5	4
低-高聚集区	0	1	0	0
高-低聚集区	1	0	0	1
不显著区	45	43	42	42

从时间上看，2005 年有高-高聚集区、低-低聚集区、高-低聚集区和不显著区 4 种模式，占比分别为 6%、2%、2%和 90%；2010 年有高-高聚集区、低-低聚集区、低-高聚集区和不显著区 4 种模式，占比分别为 8%、4%、2%和 86%；2015 年只有高-高聚集区、低-低聚集区和不显著区 3 种模式，占比分别为 6%、10%和 84%；2019 年有高-高聚集区、低-低聚集区、高-低聚集区和不显著区 4 种模式，占比分别为 6%、8%、2%和 84%。2005～2019 年都有高-高聚集区、低-低聚集区和不显著区 3 种模式，结合各个模式区域

的占比来看，部分县域之间呈现空间集聚现象，大部分县域之间还是呈现离散的空间格局，说明各县域之间的可持续发展仍存在不均衡的现象。

根据以上空间集聚现象进行分析，在研究区西北部百色市内属于可持续发展水平低值聚集区的县域较多，在研究区中部南宁市内属于高值聚集区的县域较多，2015 年后研究区南部北海市内的县域也出现了高值聚集区。西北部的县域以岩溶地貌为主，地势较高，交通不便，生态环境脆弱，经济与社会事业等各方面的发展相对缓慢。处于盆地的中部县域和沿海区域的县域地势平缓，又因南宁市拥有广西首府优势，北海市有沿海优势，它们能够高质量发展经济，并推动县域其他方面的发展。右江区虽然是百色市行政区，各项政策的倾斜使得其可持续发展水平会比其他县域稍高，但其自然环境恶劣，可持续发展水平不稳定。2010 年宾阳县旅游业迅速发展，可持续发展水平不断提高，其与上林县等周围的县域的差距变大，出现低-高聚集区。天等县相比于其他县域来说，社会、经济和资源环境等基本处于低水平的可持续发展状态，又受周边县域影响，2019 年天等县及周边的靖西市、德保县、大新县及隆安县形成了低-低聚集区。2005～2019 年玉林市各县域都是空间集聚特征不显著区，说明玉林市各个县域的可持续发展水平是随机的，各个县域社会经济发展等各方面的差距较大。其原因可能是研究区内的玉林市人口密度大，人口迁移流动频繁、产业发展各异等。

16.4　县域可持续发展类型划分与对策建议

基于数据分析结果，结合经济发展、社会民生与资源环境子系统的得分情况进行定量和定性分析，进一步深入探索研究区内各个县域的可持续发展情况，找出它们之间的共同点及差异性，从而为区域可持续发展问题寻求最优的解决方案，促进区域全面、协调、可持续发展。

16.4.1　县域可持续发展类型划分方法及结果

将研究区各个县域的经济发展、社会民生与资源环境子系统的得分作为基础数据，对其进行聚类。首先，分别对 3 个子系统进行标准差标准化处理，应用 SPSS19 软件分别对 2005 年、2010 年、2015 年、2019 年的 3 个子系统进行系统聚类；然后，参照徐红宇和李志勇（2008）的可持续发展类型划分方法，根据各个县域的各个子系统的可持续水平强度差异程度将各个县域初步划分为 7 个类型；最后对划分结果进行叠加耦合最终形成 6 种类型。各个子系统的可持续水平强度计算具体如下：

强度指数：

$$R_a = (X_{ia} - \overline{X}_a) / S_{\mathrm{d}} \tag{16.19}$$

式中，R_a 为第 a 项可持续发展水平子系统的强度指数；X_{ia} 为第 i 研究单元的第 a 项可持续发展水平子系统的得分；$\overline{X}_a$ 为 4 个年份的所有研究单元的第 a 项可持续发展水平子系统的均值；S_{d} 为对应年份的标准差。

由式（16.19）可以看出，在保证标准差不变的情况下，可持续发展水平子系统的得分超过平均值越多，说明在某一研究单元中该子系统的可持续发展水平的优势度越大，相反，在某一研究单元中该子系统的可持续发展水平的优势度越小。根据式（16.19），将 4 个年份子系统的等级划分为发展水平高、发展水平一般和发展水平低，根据聚类结果将研究区可持续发展水平初步划分为 7 种类型，具体见表 16.11。

表 16.11　研究区可持续发展水平初步划分结果

类型	划分依据
一	经济发展水平高、社会民生水平高、资源环境水平高
二	经济发展水平高或一般、社会民生水平高或一般、资源环境水平低
三	经济发展水平高或一般、资源环境水平一般、社会民生水平低

续表

类型	划分依据
四	社会民生水平高或一般、资源环境水平一般、经济发展水平低
五	资源水平高或一般、经济发展水平低、社会民生水平低
六	经济发展水平高或一般、社会民生水平一般、资源环境水平一般
七	经济发展水平低、社会民生水平低、资源环境水平低

根据 2005 年、2010 年、2015 年、2019 年的 4 个年份子系统的初步划分结果进行叠加耦合，最终将研究区内各个县域的可持续发展水平划分为 6 种类型，分别是经济-社会-资源环境协调平衡类型，经济-社会协调平衡、资源环境失调类型，经济-资源环境协调平衡、社会滞后类型，资源环境-社会协调平衡、经济滞后类型，资源环境平衡、经济-社会滞后类型，以及经济-社会-资源环境同时处于不平衡状态的类型，具体见表 16.12 和图 16.21。

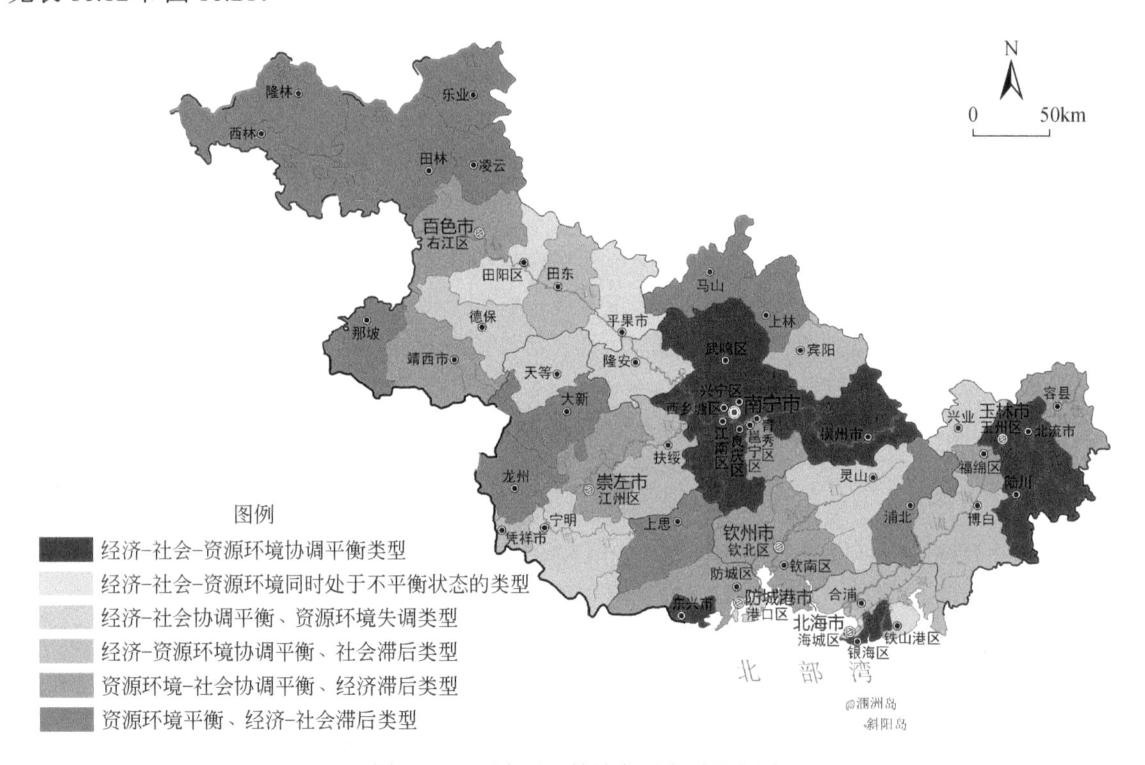

图 16.21　研究区可持续发展类型分布图

表 16.12　研究区可持续发展类型划分

类型	县域
经济-社会-资源环境协调平衡类型	兴宁区、青秀区、江南区、西乡塘区、良庆区、武鸣区、横州市、东兴市、玉州区、陆川县、北流市、银海区（12 个）
经济-社会协调平衡、资源环境失调类型	海城区、港口区、田阳区、平果市、铁山港区（5 个）
经济-资源环境协调平衡、社会滞后类型	凭祥市、宾阳县、田东县、扶绥县、合浦县、博白县（6 个）
资源环境-社会协调平衡、经济滞后类型	江州区、钦北区、靖西市、防城区、福绵区、容县、右江区、邕宁区、钦南区（9 个）
资源环境平衡、经济-社会滞后类型	马山县、上林县、上思县、浦北县、那坡县、凌云县、乐业县、田林县、西林县、隆林各族自治县、大新县、龙州县（12 个）
经济-社会-资源环境同时处于不平衡状态的类型	隆安县、灵山县、兴业县、德保县、宁明县、天等县（6 个）

16.4.2　县域可持续发展类型分布及特点

1. 经济-社会-资源环境协调平衡类型

这一类型的社会经济基础良好，人均资源相对较平衡，生态环境保持良好，可持续协调水平相对平衡，符合这一类的县域有 12 个，分别是兴宁区、青秀区、江南区、西乡塘区、良庆区、武鸣区、横州市、东兴市、玉州区、陆川县、北流市、银海区，大部分为市辖区且分布于研究区中部至东南部。这一类型县域自然资源和人文资源丰富，区位优势条件显著，毗邻大湾区，面向东南亚，海陆空交通联运便利，经济比较发达，社会投资环境较好，内外投资比例高，综合可持续发展水平较高。因此，在该类型地区形成了密集的产业群体和规模以上企业，对于产业整合转型、提升发展有良好的带动效果。在追求经济迅速发展的同时，不可避免会造成资源能源的浪费、环境污染和生态破坏等问题。但伴随着可持续发展理念深入人心，这类地区对资源合理利用和生态环境保护意识较强，在社会经济得到发展后，用自身的优势去修缮当初在社会经济发展中所造成或诱发的一系列资源环境破坏的外部性问题，通过对环境修复，高效化利用资源，生态环境得到了较好的保护，其整体得以良性发展，所以其在今后的发展中资源环境优势占比较大。相比于一线城市的发展，该类型区域的工业化、城市化发展及服务业发展仍较落后。

2. 经济-社会协调平衡、资源环境失调类型

这一类地区社会经济发展程度大、经济类别丰富，人均资源一般，资源环境可持续协调水平不平衡，符合这一类的县域有 5 个，分别是海城区、港口区、田阳区、平果市、铁山港区，其中市辖区分布于研究区南部沿海，其余的分布于研究区西部的喀斯特山区。这一类型社会经济基础多样，因自然区位较好或者是有特色资源及历史环境因素，吸引了外来投资者的投资，工业建设发展兴盛，城市建设发展速度快，各项社会事业也随之稳步发展，最终形成了工业化、市场化程度较高，产业集群且规模较大的区域发展景象。但过度的开发建设导致资源消耗过度，个别资源利用率又相对较低，生态环境被过度污染及破坏。其主要原因是城市扩张造成土地资源减少、城市绿化面积少及工业发展带来大量污染，又因后期没有及时对其进行修复整治，长期于此就会给资源环境带来巨大的压力，资源利用陷入紧张的状态，生态环境的平衡性遭到破坏。虽然这类地区依靠强大的经济实力，尽力地解决发展初期所造成的社会发展效率低、环境污染等问题，但资源环境的治理与修复需要一个过渡期，所以环境污染问题相对较突出。

3. 经济-资源环境协调平衡、社会滞后类型

这一类地区经济发展条件占优势，生态环境基础好，人均资源不均或社会资源建设不平衡，社会民生可持续水平不平衡，符合这一类型的县域有 6 个，分别是凭祥市、宾阳县、田东县、扶绥县、合浦县和博白县，多分布于研究区西南部。属于这一类型的地区，政府政策支持力度较大，部分地区农业现代化程度高，集体经济发展较快，民间资本丰富，经济较发达，或者地处战略要地，边贸经济交易频繁，总体可持续发展水平合格。但社会事业跟不上经济发展速度导致社会发展压力较大，社会与经济资源分配不平衡，受大城市虹吸效应的影响，社会劳动力外流严重而制约社会事业发展。该类型县域的城乡社会事业发展不平衡，农村地区社会事业比较滞后，社会保障覆盖面不全，社会管理与服务能力低，社会资源分配不均衡。该类型地区内生环境良好，政府在发展经济的同时也加大了对环境的保护，使得生态环境没有因为经济的高速增长而被严重破坏，在经济和生态之间取得了一个相对平衡的支点。

4. 资源环境-社会协调平衡、经济滞后类型

这一类型地区资源环境较好，社会发展也属于中上水平，生态与社会发展可持续协调，但经济发展水平失衡，符合这一类型的县域有 8 个，分别是江州区、钦北区、靖西市、防城区、福绵区、容县、右江区、邕宁区、钦南区，零星分布于各个市。该类型地区自然人文资源相对丰富，许多资源有待开发，生态环境

质量较高，生态发展潜力较大；人口相对较少或过多，人均资源相对不平衡，公共基础设施较为完善，社会包容力较强及社会发展较好，经济基础一般，市场投资吸引力低，外商投资不足；从长远来看，该类型地区经济发展有一定的潜力，随着交通的不断完善，加之进一步发挥资源环境的优势，其不断调整产业结构，该地区的经济发展将会提升一个档次。

5. 资源环境平衡、经济-社会滞后类型

这一类地区缺乏社会经济自我发展能力，社会经济与资源环境可持续协调水平较低，符合这一类型的县域有 12 个，分别是马山县、上林县、上思县、浦北县、那坡县、凌云县、乐业县、田林县、西林县、隆林各族自治县、大新县、龙州县，多分布于研究区西部，零星分布于各个市。这一类型地区生态环境指数较高且生态系统较为敏感，生态资源不利于开发。该地区规划政策力度不定，社会经济发展不平衡，劳动资源匮乏或过剩，基础设施相对落后，投资环境方向较窄，部分可利用资源分散，投资方向贫乏，经济外向度低，不利于当地经济建设的拓展。

6. 经济-社会-资源环境同时处于不平衡状态的类型

这一类地区经济、社会、资源环境三者之间可持续协调水平均不平衡，符合这一类的县域有 6 个，分别是隆安县、灵山县、兴业县、德保县、宁明县、天等县，主要分布于喀斯特山区，零散分布于南部与东南部。该类型经济建设发展方向较少，市场竞争意识较弱且投资环境不佳，第一产业缺乏规模性集聚发展，第二、第三产业发展相对滞后，经济发展呈粗放型增长；人才引进政策不健全，人才流失严重，人均消费水平与社会发展水平不匹配，各项社会经济事业发展相对落后；特色资源不够突出，生态环境发展挑剔，资源利用率低，生态环境也受到一定破坏。因此，该地区可持续发展面临一定的困难，需要不断引导其发展。

16.4.3 对策与建议

1. 区域综合可持续发展对策与建议

研究区是中国南部对外开放、走向东盟和走向世界的重要窗口，是大西南出海最便捷的通道，多年来受国家和地区各项政策的支持，迎来重大的发展机遇，西部大开发政策的实施和北部湾经济圈的形成，有力地推动了区域综合可持续发展水平的提高。2020 年研究区多个县域荣获中国百强县市、全国休闲农业与乡村旅游示范县、农村改革试验区等各项荣誉；研究区的耦合协调度从濒临失调状态进入初级协调水平，各方面不断协调发展。这些都说明研究区在可持续发展道路上迈出了一大步。但是从以上分析来看，研究区综合可持续发展依旧处于较低水平，各个县域可持续发展水平差异明显，各个子系统之间的发展水平基础不稳定。同时，研究区各县域可持续发展集聚程度不够明显，区域带动能力较弱，距离实现 SDGs 还有一定的差距。2020 年广西提出了“南向、北联、东融、西合”全方位开放发展新格局，为研究区经济发展指明了方向。

整个研究区要精准定位、协调发展。首先，要加快进入全新的发展建设中，构建广西山江海地域与大西南、长江经济带、珠江经济带和东盟国家的独特战略关系，紧扣碳达峰碳中和目标，充分利用碳金融发展经济，开发新能源，促进绿色发展。然后，主动融入大湾区的创新发展中，推进“两湾”（北部湾经济区和粤港澳大湾区）的互补发展；积极推进国家重点开发开放试验区、医学开放试验区、自由贸易试验区等重点项目的升级发展，加快与东盟国家建立更密切的合作关系。最后，仍需结合大数据网络平台加强信息数据的收集和统计力度并不断对研究区进行定期监测和评估，加强顶层规划，突出本土特色，增加效益的同时提高效率，不断协调各个子系统之间的发展关系，促使经济、社会民生、资源环境各方面全面可持续发展。

2. 不同类型县域可持续发展对策与建议

研究区各县域的社会经济与资源环境变化差异甚大，不同类型的县域要因地制宜地采取不同的措施，具体如下。

1）经济-社会-资源环境协调平衡类型

突出优势产业，持续深化发展。要不断推进现代农业化、工业化、城市化发展。以高新技术产业为主的县域，要不断提高科技创新驱动力，大力发展新兴产业，跻身国际合作行列，为“一带一路”倡议发展服务；以特色农业为主的县域，继续深入推动发展现代特色农业创新示范区，使农产品加工业做强做优，起到良好的示范作用，进而带动周边的县域发展绿色农业和生态农业；以工业为主的县域，稳住农业根基，加快传统工业的转型发展，推进各轻工业产业园建设，主动承接大湾区的产业转移，积极推进工业化；以旅游业为主的县域，要抓住沿边、沿海的优势，深入挖掘滨海旅游项目和发展边境贸易服务业，结合周边旅游资源打造黄金旅游线路，进一步推进民族特色文化的传承与发扬；以海洋产业为主的县域，要提高海产品的层次，结合港口优势及沿海景观拓展开发冷链物流业与特色旅游业。同时，在发展经济中注重集约化、生态化发展，促进资源环境的良性循环，为可持续发展带来更大的发展空间。

2）经济-社会协调平衡、资源环境失调类型

倡导绿色转型，注重生态优先。该类型地区在追求经济转型升级时，要坚持以绿色发展为核心，不断优化资源的开发与利用，提高资源利用率，加强生态环境修复与治理，形成绿色生产、低碳生活的发展方式。另外，要强化环境信息化建设，推行自动化、智能化的监测技术，提升大数据监测水平，加强环境风险防范，保护资源环境可持续发展。该类型沿海县域要严加管控建设用地扩张，提高土地集约利用，防止出现建筑空心化，避免土地资源的浪费与污染，提高城市环境绿化质量，加速推动海绵城市的建设；积极开展海陆统筹治理，持续扩大海岸带红树林的种植面积并对其加强保护、监测与修复治理；借助海岸带优势集中攻克关键核心技术，持续推行“蓝碳技术”，促进绿色建设发展。该类型的喀斯特山区的县域要重点抓生态资源保护，杜绝滥开发，坚持实行退耕还林、植树造林等措施，加强土地整治与耕地保护，提高城乡垃圾处理处置能力，完善城市绿化工程，持续优化人居环境；加速铝工业等与其他轻工业的绿色转型升级，推动创新工业区的建设；要实施资源能源消耗控制措施，有序调整其结构，形成高效利用、低能耗、低排放、可持续的低碳型发展方式。

3）经济-资源环境协调平衡、社会滞后类型

强化社会事业，增进民生福祉。该类型地区要巩固政府部门的主导作用，加大财政投入使其向社会民生领域流动，并重点向农村地区倾斜，做到切实改善民生，努力抹平城乡社会事业的不平衡状况，谋求良好的民生福祉。在交通方面，完善现代化交通设施建设，不断推进城乡交通路网设施一体化发展、全面升级。在医疗保障方面，拓宽筹资渠道，加大医保投入，深入改善部分医疗保险制度，提升养老服务、医疗保障水平。在教育改革方面，积极提高受教育意识，提高幼儿园等教育机构的普及率，壮大教师队伍，改善城乡教育资源不均衡状况。在社会文化方面，补齐文化娱乐设施等城乡基础服务设施的短板，提升总体社会事业发展水平，提高居民生活质量，满足民生多元化、个性化的精神文化需求。在人力资源方面，制定相关培育政策，积极培养新型居民；通过引进项目投资，增加居民就业机会，吸引劳动力返乡创业，加快农村人口城市化的转变；要高度重视人才培养，提高人才的竞争力。

4）资源环境-社会协调平衡、经济滞后类型

提升创新驱动力，调整产业转型升级。该类型地区要明晰国家发展政策，寻找适合自身发展的方向，充分利用城市群、城市圈的辐射带动能力，向经济发达的县域看齐，转变陈旧的经济发展思维，发挥自身资源优势，大胆创新，科学规划，破除经济发展机制障碍。首先，稳步推进多样化、专业化的种植业与养殖业发展，提升农业发展层次；大力建设乡镇工业园区，推动农副产品深加工，提高产品的附加值，做到精品化、专业化、规模化；要助推传统轻工业、重工业的高新化、科技化改造；县域要根据自身特点深入挖掘农村旅游资源，形成集观光游、康养游、文化游或边关游于一体的“农旅结合＋电商扶贫”的发展模式，加快转变经济的增长方式，提升第二、第三产业的竞争力，优先达到产业规模性融合发展的要求。其次，要积极动员农村人力资源参与社会经济建设，加大扶持农村中小企业与专业合作社，加强实施村民培训计划，提高村民的综合素质和劳动生产技能，助力村民就业增收，促进农村经济自我发展。不断完善社会各项事业发展，提高自身的国际化水平，增强招商引资的针对性和有效性，坚持内外循环经济联动开放发展。社会经济发展离不开对资源环境的依赖，在提高经济时也避免不了对资源环境造成不同程度的影响，所以该类型地区在今后的建设发展中仍需兼顾对资源环境的重视，及时对其进行修复与治理，遵循节约利用资源、保护生态的原则，把项目建设的重点放在高效率、低消耗、国家大力支持的项目上，促进社会经济与资源环境长远协调发展。

5）资源环境平衡、经济-社会滞后类型

增强区域综合实力，激活市场内生动力。该类型地区的资源环境较好，又是西部陆海新通道中的重要一环，社会经济将迎来新一轮发展。各县域要调整好区域管理体制和运行机制，通过不断创新建立有竞争力的规范化的市场体系。其一，要加快县域高速公路、高铁、农村公路等交通设施的建设，连接省内外交通网络，促进贸易交通双向循环发展；健全宽带网络建设和提高 5G 网络的覆盖率，构建完整的通信网络体系，为区域交流发展提供帮助；完善水利、电力、污水和垃圾环卫等其他配套设施建设。其二，产业发展是提高经济的主要方式之一，要维稳第一产业的生产，提高粮食生产量，保障粮食安全；开展重点工业强链补链行动，形成大型的支柱企业，以点带面，层次开发，做大产业集群；联合省外及周边著名景点发展生态旅游产业，带动相关产业发展，形成一条龙产业发展模式，再结合“互联网＋”进行线上线下宣传推广，促进经济全面发展，同时可通过生态补偿机制或者开发碳排放交易市场来发展经济。其三，逐步改善社会投资环境，扩大开放力度，拓展融资途径，吸引更多高质量项目落地和高层次人才落户；出台相关的惠民政策，提高社会保障水平，推动新型城市化建设。其四，持续巩固精准扶贫成果，主动对接乡村振兴战略，继续查缺补漏、明确贫困对象，做好易地搬迁后续扶持工作，拓宽乡村经济增长方式，增强乡村内部生产能力，积极培育致富带头人或“领头羊”，从培训到自主创业、就业的衔接，再到区域生产经营与区域交流合作，切实增加人民收入，提高人民生活水平。其五，要加强石漠化、水土流失、水土污染和生物多样性的综合性、系统性的源头治理，优化调控生态空间，构筑良好的生态屏障；在现有的资源环境基础上不断提高清洁能源和新能源的使用率，同时利用山区、江河优势开发风电、水电和生物工程发电等新能源。

6）经济-社会-资源环境同时处于不平衡状态的类型

合理规划引导，重构“三生”空间。该类型地区要不断自我革新，协调生产、生活、生态的发展方式，打破不平衡状态，逐渐提高自身可持续发展水平。在产业生产上，要积极进行二次开发，改变第一产业落后的生产经营方式，积极参与申报“三品一标”，提升特色农产品的品种、品质和品牌，促进转型升级；大力推动工业振兴，提高规模以上工业企业数量，积极发展特色、绿色工业，延伸产业链，激发工业内生力，壮大工业产业集聚；重新整合旅游资源，促进第一、第二、第三产业融合发展，打造聚集化和高效化的产业新态势；多角度、多方位深入挖掘特色资源发展特色产业，发展“以城聚产、产城联动”的特色小城镇，结合周围县域建立区域合作发展关系。此外，政府要不断引导企业深化改革，调整企业结构和布局，培育打造创新型骨干企业，推行现代化企业管理模式，拓宽企业市场发展方式；优化社会经济投资环境，出台相关优惠政策，积极争取国家和当地的投资机会，大力吸引外来投资建设，不断做大外向型经济总量；优化人才引进政策，引领青年人才走向村镇，强化农村基层建设，鼓励民营集体投资和个人投资，壮大农村集体经济。在社会生活上，着力推进农村交通建设，持续新一轮农村网络改造，提高信息化程度；加快推进医院、养老院、儿童福利院等项目建设，扩大社会保险的覆盖率，完善农村污水、环卫等基础设施建设，缩小城乡差距，提高城镇化率水平；深化乡村文明建设，营造良好的社会氛围，共建共享文明新风范。在资源利用上，挖掘土地潜力、提高土地生产率，持续推进增减挂钩项目落地实施，盘活运用空闲土地，加快农村集体土地使用权的流转，提升土地资源的高效利用，促进农业规模化、机械化，提高农作物产量，保证粮食安全；加大科技投入，提高燃气等清洁能源和新能源的高效利用和适度开发。在生态环境方面加强宣传教育，提高环境保护意识，认真贯彻“山水林田湖草”综合修复和治理的绿色发展理念；精准划定“三线三区”，加强重点生态区域的保护力度，严格守住生态红线、耕地红线，注重绿色开发与保护，恢复绿色生态。

16.5　结　论

本章主要结论如下：

（1）2005～2019 年广西山江海地域空间可持续发展水平不断提高，各县域的可持续发展水平指数不断上升，综合可持续发展能力逐渐增强；可持续发展水平指数的标准差逐步增大，可持续发展水平差距逐渐拉大；整体可持续发展水平增长速率先增后减。县域综合可持续发展不均衡，整体呈现出西部低、东南部高的空间格局；各县域的可持续发展水平指数涨幅程度各不相同，逐渐呈现西部涨幅较低、中部涨幅较高的趋势。从整体上看，研究区县域的可持续发展水平波动不大。

（2）2005～2019 年广西山江海地域系统各个子系统的可持续发展水平呈上升趋势且增长速率先增后减，其中经济发展子系统和社会民生子系统的可持续发展水平较高，资源环境子系统的可持续发展水平较低，各个子系统整体可持续发展水平指数不均衡。县域各个子系统之间空间格局差异较大，经济发展子系统可持续发展水平与综合可持续发展水平相似，呈中部、南部与东南部高、西部低的特征；社会民生子系统可持续发展水平呈由西部向东南部增高的趋势；资源环境子系统呈西部、东南部高、南部低的特点。各个子系统的涨幅情况各不相同，经济发展子系统在空间上逐渐呈现东南涨幅较高、西北较低的特点，社会民生子系统在空间上呈现西北部和东南部涨幅较高的特点，资源环境子系统在空间上呈西部和中南部涨幅较高的特点。

（3）2005～2019 年广西山江海地域空间各子系统之间的发展耦合协调水平不断提高，协调等级不断增加，但仍处于等级较低的初级协调水平。综合可持续发展水平的集聚程度呈现先增后减再增的趋势。高-高聚集区都位于广西北部湾经济区县域，低-低聚集区基本位于喀斯特山区县域，2010 年低-高聚集区为宾阳县，2005 年、2019 年高-低聚集区为右江区，高-高集聚区由中部向南部分散，低-低集聚区逐渐向外围扩散。

（4）广西山江海地域系统在未来的发展中要精准定位，协调发展。不同发展类型要采取不同措施，其中，经济-社会-资源环境协调平衡类型：突出优势产业，持续深化发展。经济-社会协调平衡、资源环境失调类型：倡导绿色转型，注重生态优先。经济-资源环境协调平衡、社会滞后类型：强化社会事业，增进民生福祉。资源环境-社会协调平衡、经济滞后类型：提升创新驱动力，调整产业转型升级。资源环境平衡、经济-社会滞后类型：增强区域综合实力，激活市场内生动力。经济-社会-资源环境同时处于不平衡状态的类型：合理规划引导，重构“三生”空间。

（5）联合国可持续发展目标评价指标体系是一个为了解决社会、经济与资源环境的发展问题所形成的巨大、庞杂的评价系统，各个指标之间相互影响又相互独立，县域作为最基础的行政单元，其统计指标难以完全量化，加之统计方式、统计数据和某些县域行政面积的不断变化，本章受数据限制，剔除了难以获取的原始数据，导致评价指标体系不够全面，一定程度上影响了区域可持续发展水平的评价，在今后的研究中还需不断地提高数据统计能力和加大共享力度，根据不同区域和研究领域对 SDGs 评价指标体系的指标进行标准化、本土化。

（6）本章仅利用较客观的熵值法确定指标权重，具有一定的限制性。随着各个学科的深入研究，关于区域可持续发展的研究方法已经比较成熟且不断地被更新，在今后的研究中可尝试对不同的研究方法进行比较，综合考虑主观和客观的评价方法，找出它们的异同点和各自所适用的范畴，从而更详细且系统地评价区域综合可持续发展水平。

参考文献

曹凤中，1997. 美国的可持续发展指标. 环境科学动态，（2）：5-8.

常绍舜，2011. 从经典系统论到现代系统论. 系统科学学报，19（3）：1-4.

陈佑淋，余珮珩，白少云，等，2020. 面向SDGs的村镇可持续发展质量评估——以杞麓湖流域为例. 中国农业资源与区划，41（6）：152-162.
陈佑启，1995. 城乡交错带名辩.地理学与国土研究，（1）：47-52.
邓伟，张少尧，张昊，等，2020. 人文自然耦合视角下过渡性地理空间概念、内涵与属性和研究框架. 地理研究，39（4）：761-771.
傅伯杰，王帅，张军泽，2019. “分类-统筹-协作”全球加快实现SDGs的路径. 可持续发展经济导刊，（Z2）：21-22.
郭晓岩，王玉辉，2012. 循环经济：可持续发展的必然选择. 吉林师范大学学报（人文社会科学版），（2）：87-90.
韩朝阳，2020. 区域能源可持续发展指标体系构建及综合评估探讨. 大众标准化，（21）：72-73.
鲁洋，沈宜菁，黄素珍，等，2019. 基于生态足迹理论的休宁县可持续发展评价研究. 复旦学报（自然科学版），58（6）：756-764.
明庆忠，刘安乐，2020. 山-原-海战略：国家区域发展战略的衔接与拓展. 山地学报，38（3）：348.
孙钰，崔寅，冯延超，2019. 城市公共交通基础设施的经济、社会与环境效益协调发展评价. 经济与管理评论，35（6）：122-135.
王明彦，2009. 基于科学发展观的生态消费及其实现. 消费经济，25（3）：54-57.
王鹏龙，高峰，黄春林，等，2018. 面向SDGs的城市可持续发展评价指标体系进展研究. 遥感技术与应用，33（5）：784-792.
王颖，季小梅，2011. 中国海陆过渡带-海岸海洋环境特征与变化研究. 地理科学，31（2）：129-135.
徐红宇，李志勇，2008. 港澳与珠三角城市可持续发展能力结构类型的差异分析. 现代经济信息，（6）：23-24.
徐晶，张正峰，2020. 面向SDGs的中国土地可持续评价指标研究. 地理与地理信息科学，36（4）：77-84.
叶江，2016. 联合国“千年发展目标”与“可持续发展目标”比较刍议. 上海行政学院学报，17（6）：37-45.
张海娥，2014. 城乡交错带的旅游系统优化对策研究. 昆明：云南财经大学.
张含朔，程钰，孙艺璇，2021. 面向SDGs的OECD成员国可持续发展水平测度及时空演变研究：1995-2017年. 世界地理研究，30（1）：37-47.
张军泽，王帅，赵文武，等，2019. 可持续发展目标关系研究进展. 生态学报，39（22）：8327-8337.
张琴，李加安，潘洪义，2021. 平原-山地过渡带土地利用综合效益耦合协调度及时空变化研究——以四川省乐山市为例. 四川师范大学学报（自然科学版），44（2）：262-269.
张世秋，1996. 可持续发展环境指标体系的初步探讨. 世界环境，（3）：8-9.
张云华，2009. 统计学中四分位数的计算. 中国高新技术企业，（20）：173-174.
张泽，胡宝清，丘海红，等，2021. 桂西南喀斯特-北部湾海岸带生态环境脆弱性时空分异与驱动机制研究. 地球信息科学学报，23（3）：456-466.
朱海，袁旭音，叶宏萌，等，2021. 不同流域水陆过渡带氮磷有效态的特征对比及环境意义. 环境科学，42（6）：2787-2795.
Abraham L P，José G C，2019. Evaluation of sustainable development in the sub-regions of Antioquia（Colombia）using multi-criteria composite indices：a tool for prioritizing public investment at the subnational level. Environmental Development：22.
Alexei Y，Beata Ś，Sergey K，et al.，2020. Global indicators of sustainable development：evaluation of the influence of the human development index on consumption and quality of energy. Energies，13（11）：1-13.
Andrews R B，1942. Elements in the urban-fringe pattern. Journal of Land and Public Utility Economics，18（2）：169-183.
Belmonte-Ureña L J，Plaza-Úbeda J A，Vazquez-Brust D，et al.，2021. Circular economy，degrowth and green growth as pathways for research on sustainable development goals：a global analysis and future agenda. Ecological Economics，185：107050.
Bertalanffy L V，1969. General System Theory：Foundations，Development，Applacations. New York：George Braziller.
Chen D，Zhao Q，Jiang P，et al.，2022. Incorporating ecosystem services to assess progress towards sustainable development goals：a case study of the Yangtze River Economic Belt，China. Science of the Total Environment，806（3）：151277.
Holland M M，1988. SCOPE/MAB technical conclusions on landscape boundaries. Biology International（Special Issue），17：47-106.
Lowrance R R，Leonard R A，Sheridan J M，1985. Managing riparian ecosystems to control nonpoint pollution. Journal of Soil & Water Conservation，40（1）：87-91.
Niu W Y，Lu J J，Khan A A，1993. Spatial systems approach to sustainable development：a conceptual framework. Environmental Management，17（2）：179-186.
Palone R，Todd A，Palone R，et al. 1998. Chesapeake Bay Riparian Handbook：a Guide for Establishing and Maintaining Riparian

Forest Buffers. Radnor，PA：USDA Forest Service.

Potts G R，Leopold A，1988. Game management. Journal of Applied Ecology，25（2）：751.

Qiu H H，Hu B Q，Zhang Z，2021. Impacts of land use change on ecosystem service value based on SDGs report—Taking Guangxi as an example. Ecological Indicators，133：108366.

Ronchi E，Federico A，Musmeci F，2002. A system oriented integrated indicator for sustainable development in Italy. Ecological Indicators，2（1）：197-210.

United Nations. 2015. Transforming our world：the 2030 agenda for sustainable development. Working Papers.

Wackernagel M，Rees W，1996. Our Ecological Footprint：Reducing Human Impact on the Earth. Gabriola Island：New Society Publishers.

Yang J L，Li Z，2018. Evaluation and spatial differentiation of sustainable development in Jiangxi Province based on county-level units. Journal of Landscape Research，10（3）：39-42.

第17章　山江海地域系统县域乡村地域多功能时空分异及影响因素研究

17.1　引　　言

17.1.1　研究背景、目的及意义

1. 研究背景

（1）国家相关战略和政策的实施为乡村发展带来了新机遇。近年来，“三农”（农业、农村、农民）问题受到了党和国家的高度关注，在过去的16年中，每年的中央一号文件都与农村发展密切相关。党的十九大中提出了乡村振兴战略，2018年9月，中共中央、国务院印发了《乡村振兴战略规划（2018—2022年）》，使全面振兴成为乡村未来发展的主旋律。“三农”问题是关系国计民生的根本性问题，乡村振兴战略提出了“坚持农业农村优先发展，按照产业兴旺、生态宜居、乡风文明、治理有效、生活富裕”的总要求（张瑞娟和惠超，2018）。此外，打赢脱贫攻坚战后也对乡村多功能拓展提出了新的要求，乡村不仅需要生活保障功能得到提升，其他的如文化功能、旅游功能也需要得到创新拓展。

2019年《西部陆海新通道总体规划》的提出对推进西部大开发新格局的形成具有重要意义。而桂西南喀斯特—北部湾地区在新通道的覆盖范围之内，广大的乡村地域会受到影响和得到带动，对区域内乡村多功能进行研究将助力新通道的建设和发展（龚迎春，2014）。

（2）国土空间规划的实践为村庄规划带来了新理念。新一轮村庄规划要求在编制规划时，要以环境保护和生态修复为先，整治提升村容村貌；要围绕绿色发展观，优化国土资源开发利用布局、强化土地节约集约利用、进一步盘活存量土地；要运用系统思维，统筹山水林田湖草的治理；要以转变农业发展方式为突破口，发展乡村新形式的第三产业，促进乡村结构升级。因此在村庄规划实践过程中，形成了资源生态环境优先、节约集约利用、绿色发展、生命共同体综合整治、新产业新业态等理念。桂西南喀斯特—北部湾地区恶劣的自然环境对村庄规划提出了新的要求与挑战，新理念的运用和发展更加重要。乡村多功能与村庄规划的各个方面息息相关，对乡村多功能进行探索和研究，将有利于新理念的不断完善和拓展，并最终作用于村庄规划中。

（3）需要对乡村的转型发展赋予新特色并注入新活力。以城市为中心的发展策略在政策引导下加剧了城乡二元结构的固化。为了扭转乡村衰退的趋势，乡村转型发展是必由之路（李玉恒等，2018）。然而，目前乡村转型还存在经济基础薄弱、主体缺位、农民意识缺乏等问题，桂西南喀斯特—北部湾地区的乡村农业生产方式仍以小农经济为主。一些思想较为先进的乡村，通过发展乡村旅游产业进行转型，但由于利益驱使、缺少专业分析，乡村发展多呈现出过度商业化、普遍雷同等现象。基于这些现实情况，需要加强对乡村多功能影响因素的识别和演化机制的探究，挖掘乡村发展的内生动力，发现乡村自身优势与特色，为乡村发展带来新的动力。

2. 研究目的

基于桂西南喀斯特—北部湾地区自然环境的过渡性与经济社会环境的交融性特征，建立适用于研究区的乡村多功能评价指标体系，评价乡村多功能的时序演变特征和空间集聚特征；运用地理探测器模型寻找

影响乡村多功能时空格局演变的因素并探究其影响机制；根据乡村多功能时空格局演变情况和目前乡村多功能发展存在的相关问题提出相应的乡村振兴实现路径。

3. 研究意义

1）理论意义

本章研究桂西南喀斯特—北部湾地区的乡村多功能时空格局演变及影响因素，通过构建乡村多功能评价指标体系，形成对桂西南喀斯特—北部湾地区乡村多功能演变现象及表现形式的认知，揭示乡村多功能时空格局的演变特征及问题，探究影响其发展的因素与机制，进而在理论上深化对乡村多功能演变的分析。

2）实践意义

从研究内容上看，新一轮国土空间规划也正在开展，村庄规划被定义为实用性村庄规划。对乡村多功能时空格局演变特征及其影响因素进行研究，充分考虑乡村多功能的区域差异，积极探索切合区域实际的乡村振兴路径。

从发展战略看，国家持续对桂西南喀斯特—北部湾地区提供政策支持。2004 年，南宁成为中国—东盟博览会、中国—东盟商务与投资峰会的永久举办地；2008 年，北部湾经济区开放发展上升为国家战略；2012 年，《桂西资源富集区发展规划》为指导百色市和崇左市等地区资源的开发建设提供了政策指导；2014 年，促进珠江—西江经济带发展上升为国家战略；2015 年，习近平总书记指出，要发挥广西独特的区位优势，使其形成“一带一路”有机衔接的重要门户；2017 年，习近平亲临广西考察，并提出进一步扩大广西的开发、开放；2019 年，《中国—东盟信息港总体规划》《西部陆海新通道总体规划》印发并实施；同年，国务院批复同意设立中国（广西）自由贸易试验区；2020 年，国务院同意设立广西百色重点开发开放试验区。桂西南喀斯特—北部湾地区乡村人口数量、乡村数量和乡村规模较大，要想实现广西“三大定位”目标，必须以乡村地域为依托。因此，研究国家政策倾斜、政策环境良好区域的乡村多功能时空格局演变对乡村多功能发展研究具有典型的代表性。

该地区的发展差异较大，乡村特色发展也存在差异。该地区地形梯度大，地貌复杂，喀斯特石漠化限制了该区的乡村多功能发展。对其乡村多功能进行研究，有利于挖掘乡村特色，加强乡村功能定位并最终实现乡村可持续发展。

综上，研究面临现实挑战和国家重点关注的自然过渡带和文化并蓄区，有利于针对不同地区乡村多功能的强弱差异来制定具有针对性的乡村发展目标。

17.1.2 国内外研究进展

1. 国外研究进展

国外对农业功能的研究启发了学者对乡村多功能的研究。其中，1992 年的里约地球峰会提出了农业多功能的概念，引发了学术界对乡村多功能的思考。会议指出，农业除农业生产这项功能外，还具有塑造乡村景观、维持乡村可持续发展和保护乡村生态多样性等作用和功能。随后，1999 年法国的农业开发战略以发挥农业的多功能为主导思想，制定了“理性农业”的新模式，被认为是具有生命力的可持续发展的农业开发战略。Marsden（1999）认为，乡村地域空间具有多方面的含义，主要包括政治、经济和社会三大含义，乡村的生产功能和消费功能重构赋予了乡村地域性的特征，传统的乡村农业生产模式和管理方式将会被改变，从而带来乡村的转型与发展。

通过对农业多功能的探讨以及“后生产主义转型”理论的完善，学术界出现了乡村地域多功能内涵的界定。Holmes（2006）通过探究乡村的生产方式、消费方式和生态保护情况，提出了乡村多功能的概念以及其演变的规律和方式，并在此基础上定性分析不同条件乡村的差别化发展模式。乡村多功能是指农业存在于整个乡村系统之中，在乡村系统中，人们既可以享受来自自然的生态景观服务，也可以感受来自人文社会的文化气息和乡风民俗。乡村多功能的概念在学术界被研究得火热的同时，也逐渐延伸到国家政策层面。例如，Rmniceanua（2007）在研究欧盟的农业政策时，发现有 8 个中欧和东欧国家管理体系所做的农村发展政策落实了乡村多功能的概念。

随着城市化进程的不断加快，乡村发展逐渐没落，为了使乡村转型发展，国外提出了“乡村复兴”“反城市化”等观点。许多学者从乡村系统角度入手，对乡村的子功能进行了细致的研究。国外学者主要研究农业生产系统（农业生产功能），认为农业可持续增长是农村制度变迁的关键，并通过考察孟加拉国 1975～2000 年农村制度指标的时间变化，发现虽然劳动力和技术生产力指标值处于下降趋势，但通过农业发展强度、种植方式等的改善，农业生产功能发展水平呈提升态势；在空间上，人口密度大、环境限制少、资本贷款好的地方，农业收入会增加且农村发展较好。部分国外学者主要研究乡村旅游文化系统，发现乡村信息系统在缓解城乡差距方面的作用越来越被重视，乡村旅游功能的发展离不开乡村信息系统的建设。一些乡村从单一的功能演变为多功能，乡村多功能的分类也随之被拓展。还有一部分观点认为乡村各要素的不同组合使得乡村农业生产、生态保护和生活保障等水平形成差异，进而形成了不同类型的乡村多功能。Willemen 等（2010）在研究荷兰某乡村不同景观之间的相互作用之后，将该乡村功能分为农业生产功能、居民居住功能、文化传承功能等，并最终发现乡村多功能在空间上存在异质性的特征。乡村多功能研究既受到了国家的关注，也深入到了乡村居民中。例如，Surová 和 Pinto-Correia（2009）为了支持葡萄牙南部蒙大拿州新的农村功能，如休闲功能和娱乐功能，与当地土地使用者和所有者进行了交谈，讨论了村民对新农村功能的态度。

乡村多功能的分类研究促进了乡村功能分区的研究。Wiggering 等（2006）在评估乡村多功能土地利用时，通过划定乡村的功能分区和功能定位，有效地促进了乡村社会效用和生态效用的实现。Šimon 和 Bernard（2016）发现捷克乡村地区正在向多功能化转变，乡村多功能分区研究将有助于探究捷克乡村人口发展、劳动力市场转型等课题。

2. 国内研究进展

国内关于乡村多功能的研究虽然起步较晚，但自党的十七大以来，新农村建设战略、新型城镇化战略、乡村振兴战略等一系列乡村建设发展战略，使得原本关注度较低的乡村研究领域出现了热潮，乡村功能及其价值普遍受到了学者的关注。研究内容主要集中在乡村多功能的内涵、功能评价与时空分布格局、类型划分等方面，并最终根据乡村类型制定不同的乡村发展路径。研究方法首先是构建评价指标体系，以主观的专家打分法和客观的熵权法为主确定指标权重；其次是乡村多功能空间分异研究主要采用半变异系数法、基尼系数法、空间自相关分析法、灰色关联度法等。

1）研究内容

A. 乡村多功能的内涵

关于乡村多功能的内涵，得到学术界普遍认可的是刘彦随等（2011）提出的：一方面乡村通过发挥自身的属性以及乡村与其他系统共同作用所产生的对乡村自然景观、生态环境和人类社会经济发展的综合特性，乡村的属性具有空间异质性和时间变异性。徐凯和房艳刚（2019）认为乡村地域功能是社会经济发展到某一阶段的特定产物，是乡村通过发挥自身属性并与城市产生互动之后，所获得的在城乡关系中的功能，经过长时间的变化和发展，乡村多功能稳定存在。

B. 乡村多功能的评价与时空分布格局

学术界对乡村多功能的评价往往与时空分布格局相结合，主要围绕乡村生产、生活、生态功能展开。通过构建乡村多功能评价指标，以评价乡村多功能发展水平。

从研究区域和研究尺度上看，首先，杨忍等（2019）采用加权平均法构建乡村多功能评价指标体系，以乡村地域多功能指数的大小来评价全国范围内各县的乡村功能强弱，并通过 ArcGIS 空间可视化处理，最终发现中国乡村地域多功能发展水平较高的地方聚集在我国的东部沿海地区和部分平原地区，发展水平较弱的地方聚集在我国高原、山地等地区，全国各县域乡村地域多功能整体呈现逐渐强化的态势。其次，以江苏省为研究范围，李平星等（2015）应用价值评价方法对江苏省的各乡村地域功能进行了核算，再采用基尼系数法确定乡村地域功能在空间分布上的不均匀程度，得出江苏乡村地域功能价值呈现快速增长的态势。谷晓坤等（2019）以上海市的镇域乡村为例，通过构建上海都市圈周围的郊野乡村多功能评价指标体系，对上海市镇域尺度的乡村多功能进行评价，提出适用于都市郊野乡村的乡村振兴主要通过分类引导和分步实施两种模式进行。中心城区周围的乡村地域是城乡功能的“过渡域”与城乡要素交流的“接口态”，其产业结构的调整、人口社会的变迁与土地利用类型的变化等处于快速发展变化状态的同时，在空间布局上也具有明显的异质性特征。马晓东等（2019）选择了一个典型城市边缘区——徐州中心城区周围的铜山区作为研究对象，基于乡村多功能评价，对“三生”空间进行划分，其中生产空间又划分为农业生产空间和非农业生产空间，得出铜山区的西北部与西部是农业生产空间的集中分布区，且集中分布程度与距城市距离正相关。

既有的乡村多功能评价与时空分布格局研究大多停留在某一时间点上，而针对面板数据的乡村多功能研究较少。目前大多数研究采用熵值法来确定指标权重。其中，有些研究者将所有年份的面板数据当作一个整体，运用熵值法得出每项指标的总体权重值，同一指标只有一个权重；有些研究者则认为，随着乡村振兴的推进，乡村在自然和社会经济等方面都会有一定的变化，每项指标在不同的年份所代表的重要程度不一致，故对各年份的数据单独进行计算，同一指标在不同年份被赋予的权重也不一样。

C. 乡村多功能分区

乡村地域功能的类型识别与划分是制定乡村地域差异化发展策略的前提。张姝瑞（2020）通过建立乡村系统多功能评价指标，总结出宁波市乡村系统多功能的空间分布特征，并根据计算离差结果对宁波市乡村系统功能区类型进行划分。刘玉等（2019）在构建乡村综合发展评价指标体系后，借助自组织特征映射（SOMF）神经网络模型和地理探测器工具探测发现密云区的乡村综合发展水平主要与经济、交通和生态等因素具有紧密的联系，故根据探测结果，将乡村划分为七大类发展区，并通过梳理这些类型区的乡村多功能特征，为密云区的村庄发展提出对策与建议。张衍毓等（2020）则是对乡村直接进行聚类分析产生不同分区，之后根据不同分区的较大贡献功能和村域间的差异，将京津冀的乡村地区划分为 11 个功能区，并确定不同功能区的发展定位。

2）研究方法

在权重确定和评价方法的选择上，范曙光（2019）采用均方差决策法分层确定指标权重；谷晓坤等（2019）为了揭示不同功能之间的具体差异特征，通过分别计算功能指标值，而不是简单地对各级指标加权相加来进行权重分配；唐林楠等（2016）将主、客观赋权法相结合，运用客观的层次分析法确定指标层的权重，运用主观的专家打分法确定准则层的权重。曲衍波等（2020）通过极值法和德尔菲法分别确定山东省乡村地域多功能的指标层和主功能层的权重。

在乡村多功能时空分布特征的研究中，谭雪兰等（2018）运用局部空间自相关的方法，分析了不同乡村功能在空间上的分异特征，发现长株潭地区乡村子功能的空间聚集程度比较低、布局较为分散。洪惠坤等（2016）运用基尼系数法解决了由地区不同而导致的数据差距问题，以此为基础研究乡村空间功能，发现重庆市各乡村空间的功能值呈现非均衡分布的状态，并随着时间的推移逐渐明显。

3）研究评述

国内外学者的已有研究成果对乡村多功能研究具有引导性。首先，在研究内容方面，对乡村地域功能内涵的界定、评价方法和功能类型的划分等理论研究较为丰富，乡村地域多功能的时空格局在实证研究领域也有所发展。随着新农村建设、乡村振兴等政策的提出，乡村多功能研究也在土地利用、乡村转型、乡村重构等方面不断丰富。其次，在研究方法方面，在评价方法的应用上，乡村地域多功能评价体系的建立也逐渐得到完善。乡村多功能时空分异规律的研究方面，各种空间分布格局研究方法被运用于研究中，基本能够真实地反映出乡村多功能的空间分异规律及问题。定性和定量方法相结合，为今后开展更深入的研究夯实了基础。由于国家政策支持力度的持续加强、社会需求的多样化以及研究角度的不断更新，在已有成果的基础上，以下内容还有待深入探讨。

（1）完善乡村多功能评价体系的理论框架。现有研究的研究范围多以行政区划为界线，且多以经济发达地区周边的乡村多功能研究为主要实证案例，缺少对特殊地理环境区域和经济发展相对落后的区域进行乡村多功能研究。指标的选取较难真实反映研究区乡村多功能发展情况。因此如何根据研究区选择多功能评价指标、研究结果可信性和应用性的高低等都是有待深入研究的课题。

（2）科学测度乡村多功能的空间格局及演变规律。现有研究多集中于乡村多功能的强弱和空间格局等方面，缺乏对时序演变的动态且全面的研究，不利于乡村的功能定位，难以实现乡村资源的优化配置。因此，揭示乡村多功能在时间上的格局变化规律，是今后研究的重要方向。

（3）正确识别乡村多功能空间分异的影响因素。现有研究对乡村多功能进行评价后，多是进行功能区的划分，与主导功能区划分县域主导功能有一定的类似。而对形成这样的空间分异的影响因素进行识别的研究较少，且选取影响因子时对研究区现状考虑得较少，故深入研究乡村多功能的演化机制和动力识别等是挖掘乡村发展内生动力的重要手段。

（4）系统研究基于乡村多功能评价的乡村振兴规划实践。目前，在新一轮国土空间规划的引导下，村庄规划被赋予了更新的要求——实用型的规划，关于如何落实实用型村庄规划的研究比较薄弱，乡村空间管控和用地布局的研究滞后。3S 技术和无人机航拍技术的发展和完善为区域空间的演化过程提供了技术支持，推动了村庄格局优化的技术发展。在乡村多功能理论基础和各项技术的支持下进行村庄规划，实现村庄的可持续发展。

17.1.3　研究内容与创新点

1. 研究内容

1）乡村多功能的时空分布格局演变

本章将桂西南喀斯特—北部湾地区设为研究区，以乡村为研究对象，以 2010 年、2015 年、2018 年为研究时间断面，通过分析统计数据和空间数据，应用乡村多功能指数的大小来评价乡村多功能的强弱。空间上，以研究区内的县（市、区）乡村为研究对象，运用四分位分级法对乡村多功能指数进行分级，分析得出乡村多功能的时空分布特征和时序演变过程。采用空间自相关分析法，探索研究区内乡村多功能的空间集聚特征。

2）乡村多功能格局的影响因素

以乡村多功能评价为基础，利用地理探测器模型对可能影响乡村多功能时空分异的因子进行探测，寻找桂西南喀斯特—北部湾地区乡村多功能的影响因子并分析因子之间的互相作用关系。

3）乡村振兴的实现路径

依据乡村多功能评价结果和影响因素分析，从乡村多功能的角度出发，运用定性分析的研究方法，提出关于乡村振兴的实现路径。

2. 研究创新点

（1）现有的研究范围多以全省或经济发达地区周边的乡村为主。本章则以桂西南喀斯特—北部湾地区乡村为研究重点，拓展具有复杂地形地貌、不同经济发展水平的乡村多功能研究视角，且本章将研究区内 7 个市辖区的乡村纳入研究范围，更准确地定义了乡村的概念，得出的评价结果也更能代表研究区乡村的现状。

（2）本章根据研究区实际情况，选择了非粮农产品产量、年游客量、重度石漠化面积比例等特殊的指标，更准确地评价研究区乡村多功能发展水平。

17.1.4　研究方法与技术路线

1. 研究方法

1）探索性空间数据分析法

探索性空间数据分析法指通过对研究对象空间分布格局的可视化，探究其在空间上是否存在集聚现象。探索性空间数据分析法主要包括全局空间自相关分析和局部空间自相关分析。Tobler 提出的地理学第一定律为，地理事物之间或多或少都存在着一定的相关性，其中相距较近的事物比相距较远的事物关系更密切。空间自相关分析作为一种空间统计方法，其全局与局部空间自相关都能够较好地描述地理事物之间的关系，衡量地理事物空间要素属性间的聚合或离散程度。

2）地理探测器法

地理探测器是探测地理事物空间分异性并揭示其驱动因子的一种统计工具，其功能分为 4 类：风险检测、因子检测、生态检测和交互检测。地理探测器的开发者王劲峰结合 ArcGIS 软件中的空间分析和相关理论，通过“因子力”来定量识别因子作用的强弱（王劲峰和徐成东，2017）。地理探测器法无须深入探究自变量与因变量之间严格的计量统计关系，在指标测度结果作为因变量的情景下也能适用。本章选用因子探测和交互探测来识别乡村多功能时空分布的影响因素。其中因子探测用于识别影响因子，比较乡村多功能强弱的变化在空间上是否具有显著的一致性；交互探测是通过计算和比较两个影响因子，判断两者是否存在交互作用以及度量交互作用的强弱。

2. 技术路线

本章以桂西南喀斯特—北部湾地区 40 个县（市、区）乡镇组团为研究对象，以 2010 年、2015 年和 2018 年为研究时间断面。以乡村多功能指数为主线，分析了桂西南喀斯特—北部湾地区乡村多功能的时空格局演变情况，揭示桂西南喀斯特—北部湾地区乡村多功能空间分异的影响因素。首先，通过了解相关现状，明确本章的背景、目的及意义。在运用文献研究法梳理国内外研究进展的基础上，确定本章的研究内容、方法和研究框架。其次，收集数据并构建乡村多功能评价指标体系，以乡村多功能指数的大小来衡量其强弱，应用 GIS 空间分析法、探索性空间数据分析法，分析乡村多功能时空格局演变情况。再次，根据地理探测器中的因子探测和交互探测，识别出乡村多功能空间分异的影响因素并总结其影响机制。最后，基于乡村多功能的时空格局提出相对应的乡村振兴实现路径，以促进研究区的乡村振兴和乡村多功能发展水平的提高。本章的技术路线如图 17.1 所示。

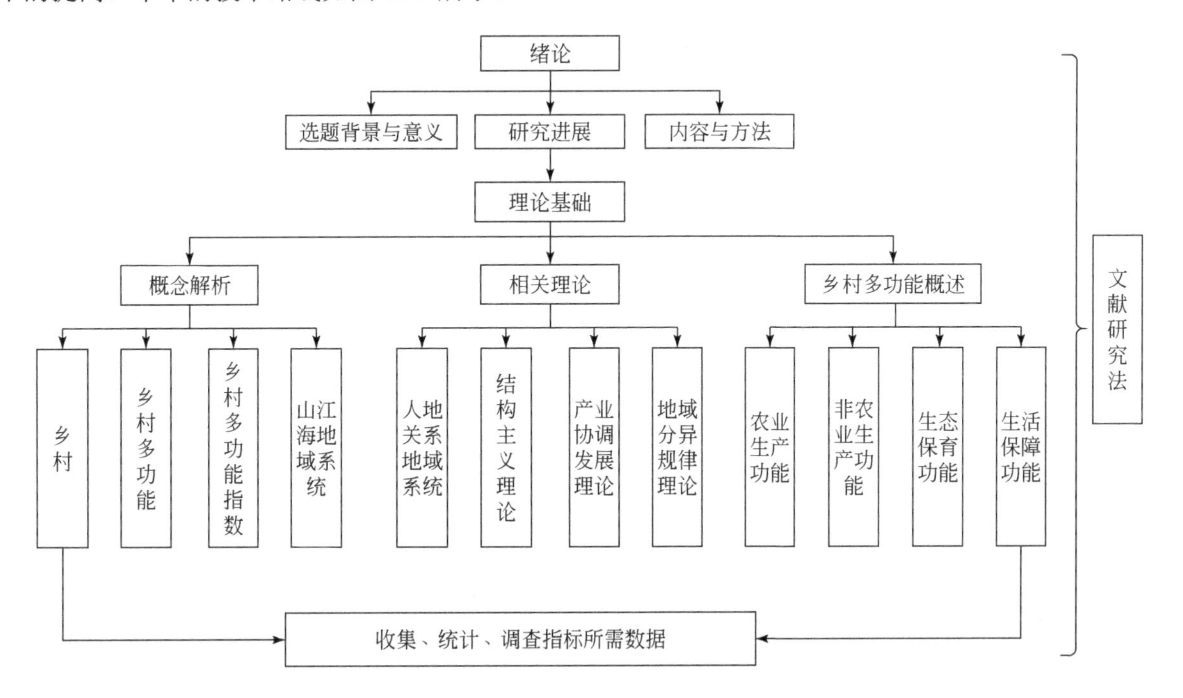

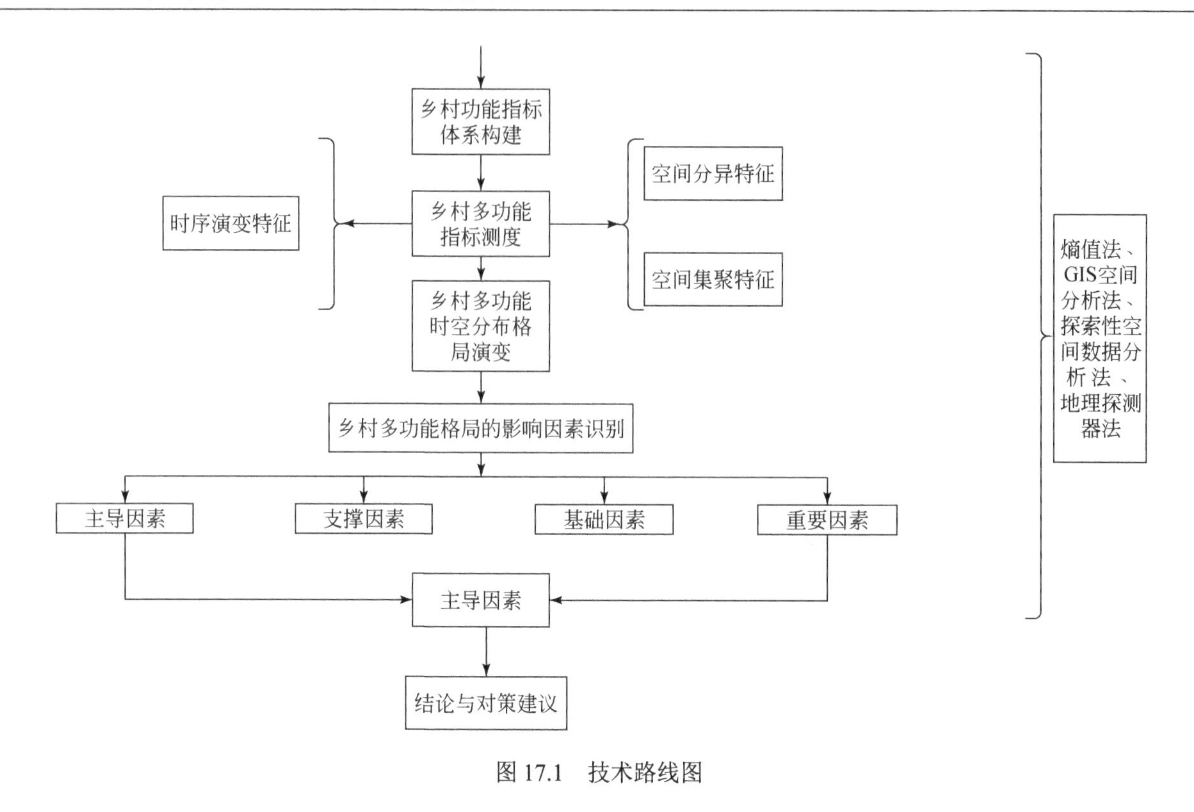

图 17.1　技术路线图

17.2　理论基础与指标体系

17.2.1　相关概念解析

1. 乡村

乡村为具有大面积农业或林业土地使用或有大量的各种未开垦土地的地区。美国人口普查局将人口规模不足 2500 人的地区称为乡村。而在地理环境复杂的中国，根据人口数量难以确定乡村范围。乡村是一个存在多系统的综合体。龚迎春认为，乡村受人类的影响和改造的范围和程度较小，是相对于城市而言，较为原生态的空间形式，是“三生”空间的统一体。在地理空间上，将乡村定位为建制镇以及其下辖的行政村和自然村。继新农村建设、新型城镇化和全域旅游等政策出台后，乡村的标签除了农业生产外，理想的居住地、推动经济发展的新动力、旅游的好去处等也逐渐成为乡村所追求的目标。根据研究区的实际情况及本章实际需要，本章将乡村定义为县级行政区划下辖县的全部空间范围和市辖区乡镇的全部空间范围。

2. 乡村多功能

乡村功能是地域功能的一部分，乡村功能指的是在不同的时间和空间内，乡村通过自身的特点，调动内部的各个要素发挥作用，从而产生的有益作用，如粮食生产功能、居住功能、旅游功能等。乡村功能和乡村系统并不是独立存在的，乡村系统与其他外部系统的相关性、联系性决定了乡村功能的多样性。国内学者普遍认同的乡村多功能内涵是由刘玉、刘彦随提出的：乡村多功能是农业多功能的进一步深化，农业多功能理论的发展促使乡村多功能内涵的提出，是指乡村通过发挥自身属性及其与其他系统共同作用所产生的对自然界或人类发展有益的作用的综合特性，具有明显的空间异质性和实践变异性。研究区内地质环境复杂，与其他农业地区的乡村相比，桂西南喀斯特—北部湾地区的乡村多功能更强调生态保育功能和生活保障功能。

3. 乡村多功能时空格局

“时空格局”一词最早出现于生态学当中，指的是群落在水平或垂直空间上的位置以及随时间改变的动态。本章认为“时空格局”在地理空间中是指一类时空关系，此关系是由各地理事物的空间分布情况及其相互作用产生的，加上时间轴，就形成了时空格局。乡村多功能时空格局指的是受自然、社会等因素的影响，乡村的各项子功能在时间和空间上的关系变化。对乡村多功能时空格局进行研究是乡村性质与功能研究、乡村演变研究必不可少的内容之一。

17.2.2 理论基础

1. 人地关系地域系统理论

人地关系地域系统是综合研究地理格局形成与演变规律的理论基石，这一系统是由吴传钧提出的（樊杰，2018）。在人类认识世界和改造世界的过程中，与地理环境产生的一种两者相互影响、相互作用的结构，称为人地关系地域系统。在这个庞大的系统中，包含自然要素和人类活动，具体有资源承载力、环境自净能力、经济发展、文化进步等因素。研究人地关系是为了优化协调两者的关系，为区域规划发展、资源的合理配置和有效利用提供理论依据（欧力文，2018）。乡村人地关系不仅是乡村多功能形成的基础，还影响着乡村多功能的时空分布格局与演化趋势。研究乡村多功能的时空格局及其影响因素的识别，并基于此提出乡村振兴的实现路径，从本质上看也属于人地关系的重要研究范畴。

2. 结构功能主义理论

结构功能主义理论认为，行动系统是由社会系统、行为有机体、人格系统和文化系统构成的。适应、目标达成、整合和潜在模式维持是必须满足的基本要求。在社会系统中，经济系统扮演着适应功能角色，为社会系统提供能量；政治系统具有目标达成功能，调动社会系统的力量，实现社会系统的目标；社会共同体系统具有整合功能，使社会系统协调发展；文化模式托管系统具有潜在模式维持功能，使社会系统得到维持（王文彬，2015）。乡村发展是一个庞大且复杂的社会系统，乡村发展过程本质上就是乡村社会系统的重塑过程。因此，结合结构功能主义理论对乡村多功能进行分析，构建适应乡村发展需求的社会系统结构，才能掌握乡村多功能的形成机制和发展趋势，把握各子功能对整体结构的影响程度。

3. 产业协同发展理论

协同发展是指各系统之间及系统内部各要素之间通过相互适应、协调而达到和谐发展的良性循环过程。它反映的是在此过程中系统和要素是否存在相互协作关系并最终是否达到有序演变的状态（陈婷和郑宝华，2017）。在乡村振兴背景下，不同类型的乡村都受到了不同程度的影响，乡村产业逐渐多元化。除基本的第一产业之外，乡村还出现了城市工业、物流运输业和旅游业等，呈现出产业多样性。乡村多功能演化既是产业结构变化的动因，又是产业结构变化的结果。因此，研究乡村多功能，需要以乡村产业系统为基础，以产业协同发展理论为指导，分析产业系统内部及各产业之间的协同与联合，从而分析乡村多功能的演化特征。

4. 地域分异规律理论

地域分异规律指地理环境整体及其组成要素在某个方向上保持特征的相对一致性，而在另一个方向表现出差异性，因而发生更替的规律。地域分异规律出现在自然地理研究中，最典型的表现就是，从赤道到两极的地域分异、从沿海到内陆的地域分异、从山顶到山麓的变化规律。而人文地理的地域分异规律受社会、文化的影响较大。例如，我国南方山区出现的“十里不同音”现象和北方语言基本统一的地域分异。受人的影响，人文地理地域分异规律更为复杂也更难被发现，需要深入挖掘和剖析才能探索其内在规律和影响机制。

乡村多功能的时空分布是自然环境和社会人文环境综合作用的结果，具备一定的地域分异规律，表现为功能强弱的地域分异，加上时间轴，就形成了乡村多功能的时空格局演变。在挖掘其空间格局演变的影响因素时，关注乡村多功能强弱的地域分异规律、时间演化特征是有效的切入点。

17.2.3　研究区的乡村多功能概述及指标体系构建

1. 研究区的乡村多功能及指标选取

不同地域具有不同的乡村功能。随着城乡间各要素的流动，乡村和城市一样，也形成了自身独特的功能。结合研究区自然环境的过渡性和社会人文环境的交融性特点，根据乡村振兴战略中“坚持农业农村优先发展，按照产业兴旺、生态宜居、乡风文明、治理有效、生活富裕”的总要求，综合前人的研究，本节将乡村多功能划分为农业生产功能、非农业生产功能、生态保育功能、生活保障功能 4 类，并选取以下 13 项数据作为评价指标，建立乡村多功能评价指标体系，用乡村多功能指数的大小来评价乡村多功能的强弱。

1）农业生产功能

农业生产是乡村经济活动中最主要的形式，是判断乡村是否存在的基本要素。农业生产功能是指农业生产活动的产出能力，是乡村的基本功能。

农业生产对自然条件的依赖性非常大，研究区内的自然环境差异较大，使得当地农业发展形成了以种植业、林业和渔业为主的多样化农业生产形式。其中，研究区东南部依托海洋发展水产养殖、出海捕捞等水产品生产产业；中部依靠水热条件发展果类、蔗糖类等经济作物种植业。但由于耕地资源禀赋差、产业联动不强、农业开发程度低等的限制，当地的农业经济发展仍较为落后。因此，本章选取第一产业增加值、非粮农产品产量、人均农作物播种面积、人均粮食产量作为指标来评价农业生产功能的强弱。主要侧重于反映乡村第一产业总体发展水平、农林牧渔业生产的规模和成果、人口对耕地的压力、粮食生产水平，以更好地确定农业结构，实现农业可持续发展。

2）非农业生产功能

非农业生产功能是指乡村地域除农业生产功能之外的生产功能。乡村发展是否有活力，非农业生产发展是关键。非农业生产可推动乡村的转型，提高乡村居民收入水平。考虑研究区内的乡村工业发展起步较晚、规模较小、总体较落后，非农产业发展以旅游业为主，第三产业发展动力不足等情况，非农业生产功能成为该地区发展较弱的功能。因此，将第二、第三产业产值占 GDP 比重、规模以上工业企业个数、年游客量 3 个指标作为非农业生产功能的评价指标。鉴于前文将乡村定义为县级行政区划下辖县的全部空间范围和市辖区乡镇的全部空间范围、研究区内的县城建成区面积较小、县城建成区对乡村居民的影响较大、数据的可获取性等，所以视县（市、区）研究单元的第二、第三产业及规模以上工业企业都在乡村地域实现，侧重于反映区域的产业结构、乡村工业发展情况和乡村旅游业发展情况，以精准地找出适宜该地区乡村非农业生产的发展方式。

3）生态保育功能

生态保育功能是指乡村生态环境提供生态资源、生态服务及调节环境的能力。桂西南喀斯特—北部湾地区拥有独特的喀斯特地貌，石漠化和水土流失现象较为严重。此外，广西主体功能区规划中，将研究区内的 10 个县列为限制开发区域，占比 25%，说明其生态重要性十分突出。故本章除了选取基本的森林覆盖率指标外，还新增了重度石漠化面积比例、生态脆弱性这两个特殊的指标作为衡量该地区生态保育功能强弱的重要指标，侧重于反映乡村生态景观情况和生态保育能力。

4）生活保障功能

乡村不仅为居民提供了生活的空间，还承载了居民的精神归属。随着乡村振兴战略号角的吹响，在政策带动下，乡村人口的流量得到了提升，乡村现代化成了乡村发展的新方向。研究区外出务工人数多，生活中必需的保障不够完善，说明乡村的生活保障功能及实现人口再生产的功能依然非常重要。本章针对农村居民的医疗保障、教育保障、出行便捷度等方面，选取 3 项指标进行评价，分别是医疗卫生机构床位数、普通中小学数量、公路交通密度，侧重于反映乡村居民生活是否得到基本保障。

2. 指标体系构建

综合前人的研究并结合研究区乡村发展情况，本节将乡村多功能划分为农业生产功能、非农业生产功能、生态保育功能、生活保障功能。根据研究区具有交融性等特点，遵循科学性、可行性、全面性、典型性原则，依据指标相对稳定性、评级方法可行性和可操作性，通过咨询乡村发展研究等领域的专家，选择与研究区乡村空间较密切的 13 项指标（表 17.1）构建评价指标体系，对乡村多功能进行评测，用乡村多功能指数的大小来评价其功能强弱。

运用加权平均法计算各研究单元的乡村多功能指数，以此来反映乡村多功能发展水平，具体计算公式如下：

$$S_i = \sum_{j=1}^{m} w_j x_{ij} \tag{17.1}$$

式中，S_i 为 i 研究单元乡村多功能指数；w_j 为第 j 项指标的权重；x_{ij} 为第 i 个研究单元的第 j 项指标值。

表 17.1　乡村多功能评价体系表

目标层	准则层	指标层	指标解释/计算方法	权重	效应
乡村多功能指数	农业生产功能	第一产业增加值	来自《广西统计年鉴》	0.1152	+
		非粮农产品产量	油料、糖料、园林水果、肉类、禽蛋、奶类、蔬菜、水产品产量	0.1439	+
		人均农作物播种面积	农作物总播种面积/户籍人口	0.0836	+
		人均粮食产量	粮食总产量/户籍人口	0.0479	+
	非农生产功能	第二、第三产业产值占 GDP 比重	第二、第三产业产值/GDP	0.0413	+
		规模以上工业企业个数	来自《广西统计年鉴》	0.1077	+
		年游客量	来自政府工作报告	0.1180	+
	生态保育功能	森林覆盖率	森林面积/总面积	0.0261	+
		生态脆弱性	地形坡度	0.0559	−
		重度石漠化面积比例	来自遥感提取	0.0096	−
	生活保障功能	医疗卫生机构床位数	来自《广西统计年鉴》	0.1140	+
		普通中小学数量	来自《广西统计年鉴》	0.0897	+
		公路交通密度	公路里程/总面积	0.0471	+

17.3　研究区域与数据来源

17.3.1　研究单元的界定

为了便于数据获取和处理，本章统一以 2015 年的行政区划数据为基础（例如，将武鸣县的数据作为武鸣区的数据），以 40 个县（市、区）乡村作为研究对象，但由于本章探讨的是乡村多功能，且市辖区内仍有乡村地域和乡村居民，因此剔除市辖区受城市影响较大的街道部分，将 7 个市辖区的乡镇组团作为 7 个研究单元，最后共计 40 个研究单元。根据地理位置、平均海拔等条件，将研究区划分为 3 个阶梯：第一阶梯为西北部喀斯特石漠化山区、第二阶梯为中部山地丘陵区、第三阶梯为东南部沿海低山丘陵区。其中，第一阶梯包括那坡县、乐业县、田林县、德保县、西林县、凌云县、天等县、田阳区、靖西市、隆林各族自治县、平果市、田东县和百色市辖区乡镇，共计 13 个研究单元；第二阶梯包括南宁市辖区乡镇、马山县、凭祥市、扶绥县、武鸣区、崇左市辖区乡镇、龙州县、上林县、大新县、隆安县、上思县和宁明县，共计 12 个研究单元；第三阶梯包括浦北县、横州市、灵山县、合浦县、防城港市辖区乡镇、钦州市辖区乡镇、宾阳县、北海市辖区乡镇、东兴市、容县、陆川县、博白县、兴业县、北流市、玉林市辖区乡镇，共计 15 个研究单元。

17.3.2　研究区域选择的缘由

山江海地域系统空间是山地、江域、海岸带三种地理单元协调发展的区域。受不同地理单元的影响，山江海地域系统空间的自然环境和社会经济环境呈现出区域性、综合性和过渡性的非均质特征，形成了一个独特的人地系统，即综合过渡性人地系统。研究区在喀斯特山区、西江流域、北部湾海岸带等区域共同作用下，形成了一个典型的山江海地域系统地理空间，山地、江河、海岸带之间不停地进行着物质的循环、能量的转化和信息的交流，使得区域内的乡村发展各具特点，形成了不同的乡村功能。本章选择以桂西南喀斯特—北部湾地区的乡村为研究对象，主要基于以下两个因素进行研究。

首先，对于桂西南喀斯特—北部湾地区的乡村而言，它南拥北部湾海域，北靠云贵高原等山脉，由山、水、林、田、湖、草、海等自然要素共同组成。区位特点给该区域乡村发展带来了优势和机遇的同时，也带来了劣势和威胁。在农业生产功能上，形成了西北林—中部种—东南渔的过渡性特征。地势平坦地区主要依靠平坦土地和海洋等发展水稻、玉米等农作物种植和海产品养殖，山地丘陵等地区主要依靠山地发展林业种植。在工业生产功能上，该区域依靠自身较丰富的矿产资源发展矿产开采业，其中锰矿和铝土矿的开采量位居全国前列。在第三产业发展功能上，形成了喀斯特景观—海洋景观—边境景观相融合的特点。另外，研究区内喀斯特地貌广布，耕地后备资源有限，开发难度大。随着城镇化理念向乡村推进，研究区内非农建设用地增长迅速、矿产资源开采不合理，人地矛盾日益凸显，资源的利用和环境的保护之间的矛盾也日趋凸显，乡村产业生产功能和生态保育功能共同发展的任务艰巨。所以，研究一个产业具有良好发展潜力，但又面临地质环境复杂和乡村劳动人口缺乏等现实挑战地区的乡村多功能时空格局，具有较强的现实意义。

其次，对于整个广西而言，桂西南喀斯特—北部湾地区的乡村人口和乡村地域面积在广西中占比较大。脱贫攻坚战全面胜利之后，随之而来的乡村振兴战略成为乡村发展的主旋律。同时，《西部路海新通道总体规划》给该地区赋予了高层次的定位，桂西南喀斯特—北部湾地区的建设和发展对推动西部大开发具有重要战略意义。若想实现乡村振兴及促进新格局形成，必须要以其广大的乡村空间作为依托。2019 年，广西计划将 4200 多万元用于支持两百余个示范村村庄规划的编制，村庄规划工作得到了当地政府的支持，走在了全国前列。桂西南喀斯特—北部湾地区也正在坚定履行“三大定位”新使命，而桂西南喀斯特—北部湾地区乡村正处于“三大定位”的关键区域，乡村的建设和发展对实现“三大定位”目标具有重要的作用。所以，研究桂西南喀斯特—北部湾地区的乡村多功能的时空格局具有非常深远的意义。

17.3.3　数据来源

以研究区内的 40 个县（市）及市辖区乡镇组团为单元，选择 2010 年、2015 年和 2018 年为时间断面探究其乡村多功能时空格局演变特征。

自然环境数据中的平均高程和平均坡度来源于 91 卫图提取分析；重度石漠化面积比例来源于地理空间数据云的 Landsat-8 系列数据分析；森林覆盖率主要来源于《广西统计年鉴》和广西各县（市）政府工作报告；年均温度和年均降水由气象部门提供。

公路交通密度、人口密度等是从《广西统计年鉴》《广西市县概况（1996—2005）》《广西市县概况（2006—

2015)》等资料中获取的，是通过求和、求比例等计算所得的间接数据；年游客量来源于广西各县（市）政府工作报告、主体功能定位来源于《广西壮族自治区主体功能区规划》。

17.4　桂西南喀斯特—北部湾地区乡村多功能时空分布格局演变分析

17.4.1　桂西南喀斯特—北部湾地区乡村多功能的时序演变特征

1. 乡村多功能指数的时序演变分析

1）乡村多功能发展呈上升趋势

根据加权平均法构建评价模型，计算得出 2010 年、2015 年、2018 年桂西南喀斯特—北部湾地区乡村多功能指数，再通过平均值运算，得出 2010 年、2015 年、2018 年乡村多功能指数的平均值，结果如图 17.2 所示，反映了 2010～2018 年桂西南喀斯特—北部湾地区乡村多功能指数的时序变化。2010～2018 年桂西南喀斯特—北部湾地区乡村多功能指数均值呈现上升的演变趋势，乡村多功能指数均值由 2010 年的 0.2343 升至 2018 年的 0.3081，增幅为 31.50%，说明桂西南喀斯特—北部湾地区乡村多功能发展趋势由弱变强。

此外，分别对不同阶梯的乡村多功能指数进行平均值计算，结果如图 17.2 所示，反映了 2010～2018 年不同阶梯的乡村多功能指数的时序变化，三个阶梯的乡村多功能指数均值均呈现上升的演变趋势。第一阶梯乡村多功能指数均值由 2010 年的 0.1521 升至 2018 年的 0.1898，增幅为 24.79%。第二阶梯乡村多功能指数均值由 2010 年的 0.2415 升至 2018 年的 0.3188，增幅为 32.01%。第三阶梯乡村多功能指数均值由 2010 年的 0.2997 升至 2018 年的 0.4021，增幅为 34.17%。可以看出，随着时间的推移，3 个阶梯的乡村多功能发展水平都有一定的提高，其中第三阶梯乡村多功能发展水平较高，第二阶梯次之，第一阶梯较弱。

2010～2018 年，我国农村建设步伐加快，特别是新农村建设、乡村振兴战略等政策的提出，进一步加强了对乡村各方面的保护，桂西南喀斯特—北部湾地区乡村多功能总体发展水平得到提升。第二、三阶梯乡村凭借其地理位置优越、资源禀赋优良、政策惠及时间较早等优势优先发展起来，其乡村多功能发展水平得到持续提升。第二、三阶梯的乡村多功能发展水平也随着国家政策的关注和特色资源的挖掘而逐渐向好。

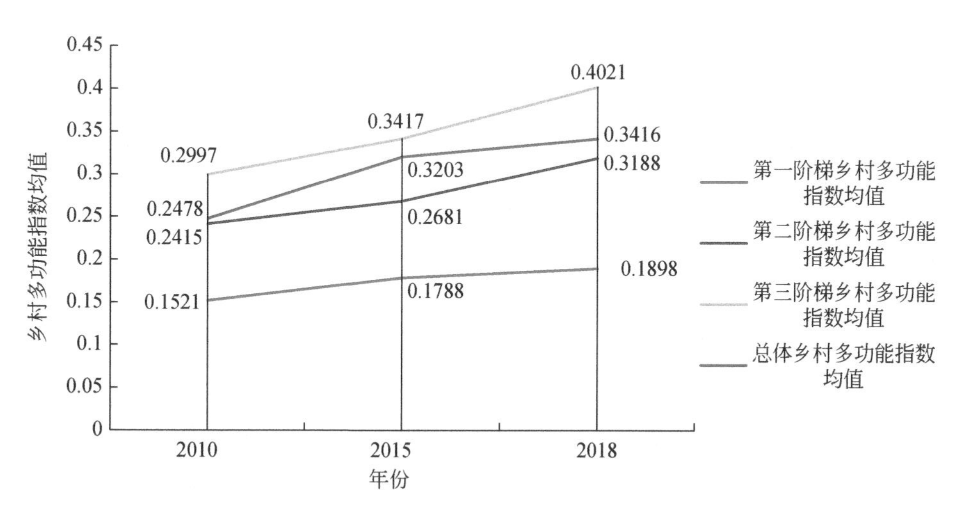

图 17.2　桂西南喀斯特—北部湾地区乡村多功能指数均值变化

2）研究单元间差距逐渐明显

通过标准差运算得出乡村多功能指数的标准差，如图 17.3 所示，反映了 2010～2018 年桂西南喀斯特

—北部湾地区各研究单元间乡村多功能指数的差距。2010～2018 年桂西南喀斯特—北部湾地区乡村多功能指数标准差呈现先减小再增大的演变趋势，乡村多功能指数标准差由 2010 年的 0.1029 略微减少到 2015 年的 0.1014 再大幅增加至 2018 年的 0.1189，说明桂西南喀斯特—北部湾地区各研究单元间的乡村多功能发展差距先缩小后增大。

2010～2015 年，桂西南喀斯特—北部湾地区乡村缺少发展的动力，各单元的乡村多功能都难以得到发展。2015 年之后，随着"美丽广西"乡村建设工作的不断推进，乡村多功能有了明显的增强。但因为各县（市）、市辖区乡镇组团自然环境、社会经济条件不同，且政策落实的速度存在差异，所以现状较好的单元乡村多功能先发展起来，差距逐渐显现并拉开。

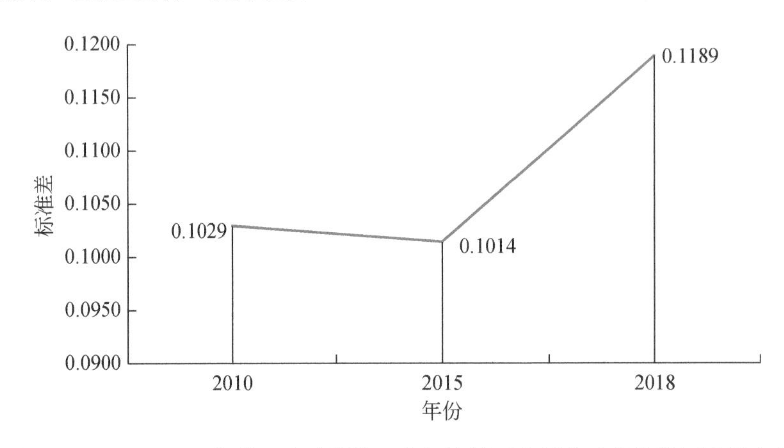

图 17.3　2010～2018 年桂西南喀斯特—北部湾地区乡村多功能指数标准差变化

3）乡村多功能发展速度由慢转快

对桂西南喀斯特—北部湾地区乡村多功能指数进行整体代数运算，得出 2010～2015 年、2015～2018 年桂西南喀斯特—北部湾地区乡村多功能指数的变化率，如图 17.4 所示，反映了乡村多功能发展的速度。2010～2018 年桂西南喀斯特—北部湾地区乡村多功能指数的变化率呈现略微上升的趋势，变幅由 2010～2015 年的 13.82%上升至 2015～2018 年的 15.56%，说明虽然近年来乡村多功能指数变化率有一定提升，但桂西南喀斯特—北部湾地区乡村多功能的整体发展速度还比较慢。

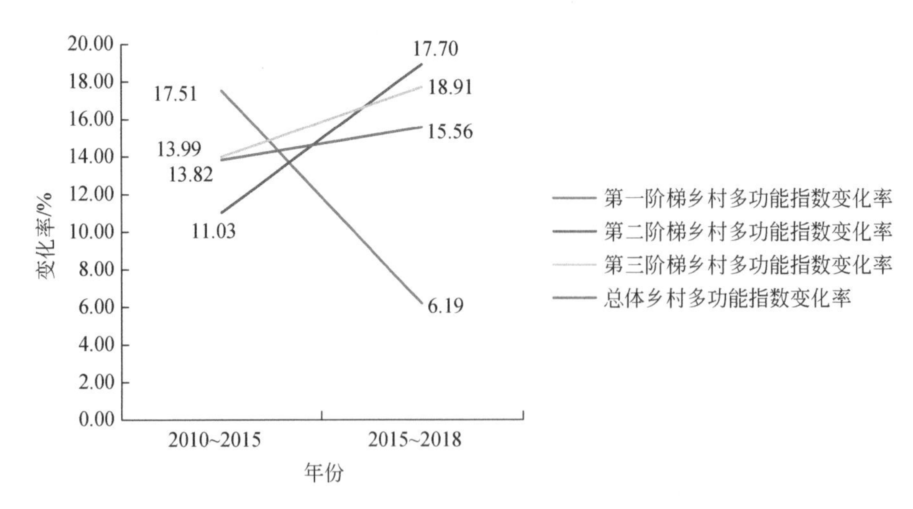

图 17.4　2010～2018 年桂西南喀斯特—北部湾地区乡村多功能指数变化率

此外，分别对不同阶梯的乡村多功能指数进行代数运算，得出 2010～2018 年研究区 3 个阶梯的乡村多功能指数变化率，如图 17.4 所示，反映了不同阶梯的乡村多功能发展速度。2010～2018 年研究区内第一阶梯的乡村多功能变化率呈现下降的趋势，变幅由 2010～2015 年的 17.51%降至 2015～2018 年的 6.19%，下降了 11.32 个百分点。第二阶梯的乡村多功能变化率呈现上升的趋势，变幅由 2010～2015 年的 11.03%

升至 2010～2015 年的 17.70%。第三阶梯的乡村多功能变化率也呈现上升的趋势，变幅由 2010～2015 年的 13.99%升至 2010～2015 年的 18.91%。

2010～2018 年国家虽然有资金投入到乡村建设中，但由于研究区内乡村规模庞大，数量众多，资金的下放及作用发挥存在延时和滞后的现象，导致乡村农业生产功能和非农生产功能未得到及时改善，乡村多功能发展缓慢。这种现象在第一阶梯的山区农村更为突出，乡村的青壮年劳动力大多外出务工，小农思想落后，乡村多功能发展缺乏内生动力等，导致第一阶梯的乡村多功能发展速度一直处于下降状态。

2. 乡村子功能贡献率的对比分析

先后对各研究单元的乡村多功能指标标准化后的值和各乡村子功能进行求和、求平均值等运算，从而得出各乡村子功能在不同年份的占比，以表征同一乡村子功能贡献率在不同年份的演变规律以及不同年份各子功能贡献率间的差距变化（图 17.5），具体公式如下：

$$a_j = \frac{\sum_{i=1}^{n} y_{ij}}{n} \tag{17.2}$$

$$b_q = \frac{\sum a_j}{m} \tag{17.3}$$

$$c = \frac{b_a}{\sum_{i=1}^{k} b_a} \tag{17.4}$$

式中，a_j 为第 j 项指标标准化值之和；y_{ij} 为第 i 个研究单元的第 j 项指标标准化后的值；n 为研究单元的个数；b_q 为第 q 项乡村子功能均值；m 为反映各乡村子功能的指标数量；c 为各乡村子功能占乡村多功能的比例；k 为各子功能的数量。

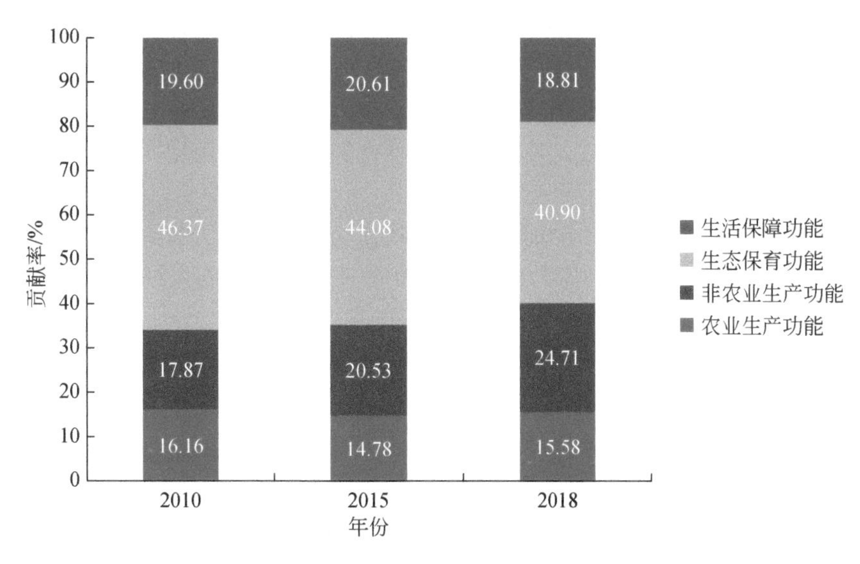

图 17.5　2010～2018 年各乡村子功能类型贡献率比例图

1）乡村子功能贡献率的纵向对比

2010～2018 年，从变化趋势上看，非农业生产功能处于上升趋势，而生态保育功能处于下降趋势，生活保障功能和农业生产功能上下波动不大，处于平稳发展的态势。从变化幅度上看，非农业生产功能的变动幅度最大，变幅达到了 6.84 个百分点；农业生产功能的变动幅度最小，变幅仅为 0.58 个百分点。生态保育功能一直处于主导地位，但有逐渐弱化的趋势。作为乡村地区，桂西南喀斯特—北部湾地区的农业生产功能还未达到平均水平（25%）。

A. 农业生产功能贡献率评价

2010～2018 年，农业生产功能的贡献率较低，一直处于 14.50%～16.50%，变幅较小。农业生产功能受到生产方式、耕地面积、就业结构等影响。桂西南喀斯特—北部湾地区以山地、丘陵为主，难以形成大规模的农业生产。20 世纪 70 年代末以来，大量农村劳动力向城市流入，加上各种因素的限制，从事农业生产的收入远不及打工所得收入，从事农业生产的农民变少，土地大多撂荒，导致该区域农业生产功能贡献率始终无法上升。

B. 非农业生产功能贡献率评价

2010～2018 年，非农业生产功能的贡献率逐渐上升，由 2010 年的 17.87%上升到 2018 年的 24.71%，上升了 6.84 个百分点，其贡献率逐渐接近平均水平（25%）。2010～2018 年，乡镇企业的迅速发展和乡村旅游的不断推广，使得第二、第三产业产值占 GDP 的比重呈上升趋势，规模以上工业企业个数和年游客量等都有一定的增加，非农业生产功能贡献率得到显著提升。

C. 生态保育功能贡献率评价

2010～2018 年，生态保育功能虽然一直处于主导地位，但其贡献率逐渐下降，从 2010 年的 46.37%下降到 2018 年的 40.90%，下降了 5.47 个百分点。广西是我国南疆的绿色屏障，良好的生态环境是广西的金字招牌。桂西南喀斯特—北部湾地区的大部分地区处在生态功能区划的生态调节功能区内，森林覆盖率高，生物多样性保护较好，且环境污染大的工业分布较少，故生态保育功能一直处于主导地位。但研究区环境保护基础建设薄弱，村民环保意识不强，一些不合理的人类活动使得生态环境形势日渐严峻，石漠化敏感性、生物多样性及环境敏感性高，导致生态保育功能贡献率下降。例如，将具有环境保护能力的林地、草地开发为宅基地，以满足住房需求；农民通过规模化养殖的手段增加了收入，但乡村处理禽畜粪便的方法和设备较为落后，导致规模化养殖产生的污染物超出了乡村环境自净能力；生活垃圾和秸秆焚烧日渐增多，造成大气污染。

D. 生活保障功能贡献率评价

2010～2018 年，生活保障功能贡献率的变动幅度保持在 2%之内，相对于其他子功能，生活保障功能贡献率的变动幅度不大。2010～2018 年，由于我国改革的重心由城市向乡村转变，特别是 2013 年精准扶贫理念的提出，使得桂西南喀斯特—北部湾地区原本处于贫困线以下的大部分乡村都得到了发展，贫困地区的“两不愁三保障”等问题得到了解决，乡村生活保障功能贡献率得到稳固提升。

2）乡村子功能贡献率的横向对比

不同年份各子功能的贡献率不同，子功能的贡献率处在动态变化中，由各年份子功能间的标准差变化可看出其差距变化情况（图 17.6）。从整体上看，2010 年各乡村子功能的贡献率差距最大，经过不断变化调整，各子功能间的贡献率差距缩小。

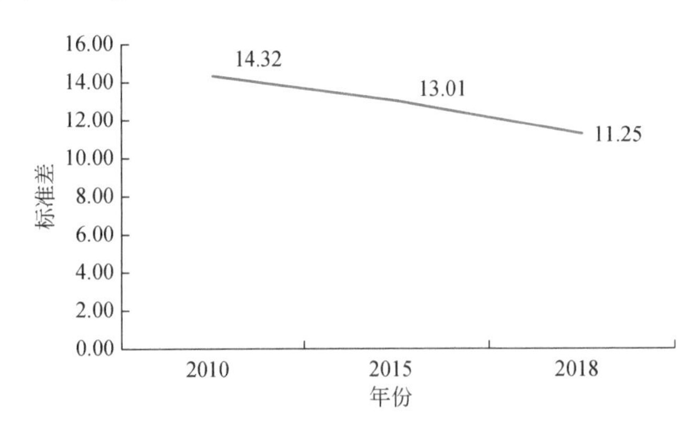

图 17.6　2010～2018 年乡村子功能贡献率标准差

由乡村子功能贡献率的横纵对比可以看出，2010 年各乡村子功能贡献率从大到小依次为生态保育功能、生活保障功能、非农业生产功能、农业生产功能。各乡村子功能贡献率之间的差距较大（标准差：

14.32%)，生态保育功能占据了一半的贡献率，发展不均衡。2015 年各乡村子功能贡献率的排序没有变化，但乡村非农业生产功能的贡献率（20.53%）逐渐接近生活保障功能的贡献率（20.61%）。2018 年乡村非农业生产功能的贡献率（24.71%）超过生活保障功能的贡献率（18.81%），贡献率提升至第二位。经过十几年的调整，各乡村子功能贡献率之间的差距进一步缩小，各子功能贡献率标准差由 2010 年的 14.32%下降到了 2018 年的 11.25%，但距离平衡发展状态还有一定的差距。

17.4.2　桂西南喀斯特—北部湾地区乡村多功能的空间分异特征

1. 区域差异特征

乡村多功能具有综合性，各年的乡村多功能指数可以反映其综合发展水平。为了更直观地体现研究区乡村多功能指数的空间分布特征，基于 2010 年、2015 年和 2018 年 3 个时间截面的乡村多功能指数，应用 ArcGIS10.2 对其进行空间可视化，借鉴李婷婷和龙花楼（2014）采用的四分位法，将四类乡村多功能指数划分为低值区（0～0.1818）、中低值区（0.1818～0.2467）、中高值区（0.2467～0.3415）、高值区（＞0.3415）4 个级别，得到 2010～2018 年桂西南喀斯特—北部湾地区各研究单元的乡村多功能指数分区图（图 17.7～图 17.9），并将每一时间断面下各等级分布的县（市）和市辖区乡镇组团整理成表 17.2。从空间布局上看，乡村多功能指数呈现从第一阶梯到第三阶梯逐渐增大的格局变化，即从山地向海洋逐渐增大的格局变化，且区域分异也随着时间的推移逐渐明显。

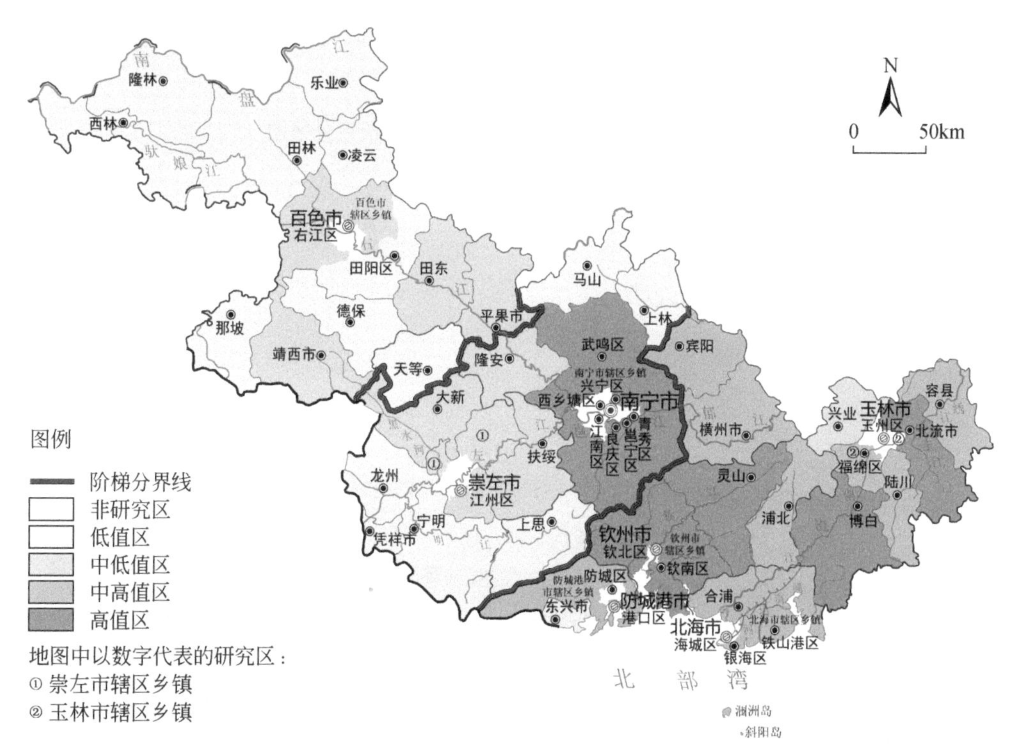

第一产业增加值、非粮农产品产量、人均农作物播种面积、人均粮食产量、第二三产业增加值占GDP比例、规模以上工业企业个数、年游客量、医疗卫生机构床位数、普通中小学数量数据来源于2010年《广西统计年鉴》；2010年公路密度数据来源于广西壮族自治区交通运输厅官网；2010年NDVI数据来源于中国科学院环境科学与数据中心；2010年生态脆弱性（指地形坡度）数据从DEM数据提取，DEM数据来源于地理空间数据云；图上专题内容为作者根据2010年第一产业增加值、非粮农产品产量、人均农作物播种面积、人均粮食产量、第二三产业增加值占GDP比例、规模以上工业企业个数、年游客量、NDVI、医疗卫生机构床位数、普通中小学数量、公路密度、DEM数据推算出的结果，不代表官方数据。

图 17.7　2010 年研究单元乡村多功能指数分区图

2010 年，桂西南喀斯特—北部湾地区乡村多功能指数均值仅为 0.2343，乡村多功能整体较弱，处于中低值水平；乡村多功能空间分布较为均匀，各研究单元间的差距较小（标准差 0.1029）。乡村多功能指数

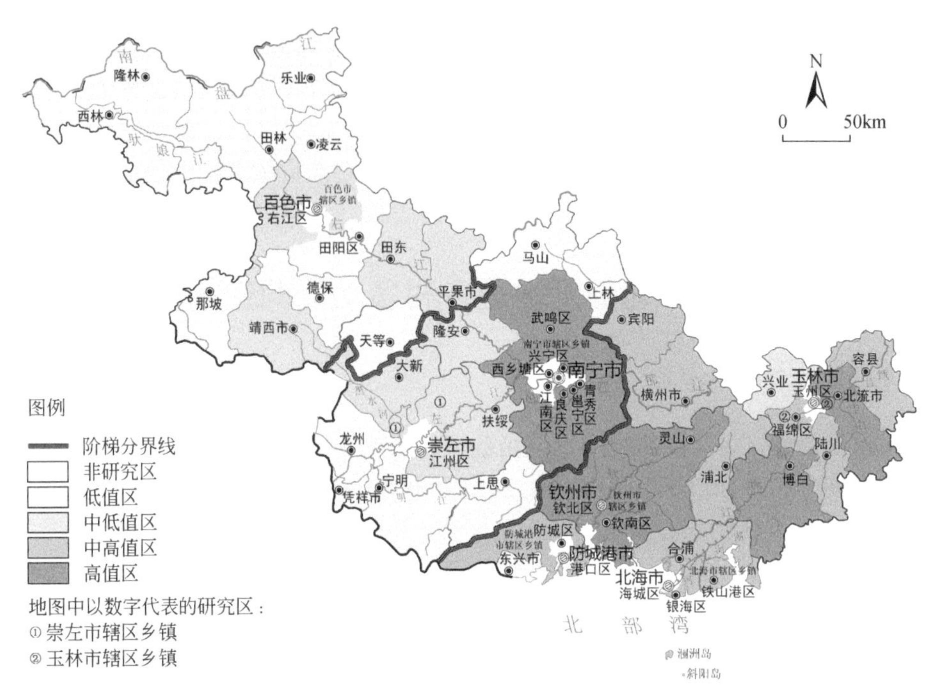

第一产业增加值、非粮农产品产量、人均农作物播种面积、人均粮食产量、第二三产业增加值占GDP比例、规模以上工业企业个数、年游客量、医疗卫生机构床位数、普通中小学数量数据来源于2015年《广西统计年鉴》；2015年公路密度数据来源于广西壮族自治区交通运输厅官网；2015年NDVI数据来源于中国科学院环境科学与数据中心；2015年生态脆弱性（指地形坡度）数据从DEM数据提取，DEM数据来源于地理空间数据云；图上专题内容为作者根据2015年第一产业增加值、非粮农产品产量、人均农作物播种面积、人均粮食产量、第二三产业增加值占GDP比例、规模以上工业企业个数、年游客量、NDVI、医疗卫生机构床位数、普通中小学数量、公路密度、DEM数据推算出的结果，不代表官方数据。

图 17.8　2015 年研究单元乡村多功能指数分区图

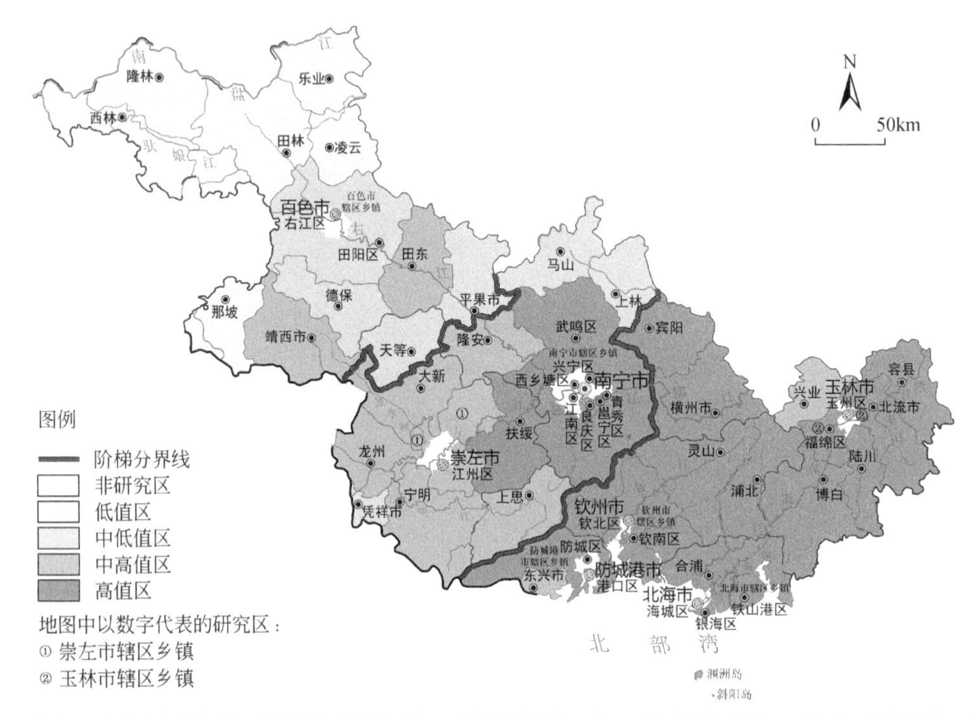

第一产业增加值、非粮农产品产量、人均农作物播种面积、人均粮食产量、第二三产业增加值占GDP比例、规模以上工业企业个数、年游客量、医疗卫生机构床位数、普通中小学数量数据来源于2018年《广西统计年鉴》；2018年公路密度数据来源于广西壮族自治区交通运输厅官网；2018年NDVI数据来源于中国科学院环境科学与数据中心；2018年生态脆弱性（指地形坡度）数据从DEM数据提取，DEM数据来源于地理空间数据云；图上专题内容为作者根据2018年第一产业增加值、非粮农产品产量、人均农作物播种面积、人均粮食产量、第二三产业增加值占GDP比例、规模以上工业企业个数、年游客量、NDVI、医疗卫生机构床位数、普通中小学数量、公路密度、DEM数据推算出的结果，不代表官方数据。

图 17.9　2018 年研究单元乡村多功能指数分区图

高值区和中高值区的单元共 15 个，占比 37.5%。其中高值区单元仅有位于第二阶梯和第三阶梯的钦州市辖区乡镇、灵山县、北流市、博白县、武鸣区、南宁市辖区乡镇，其他 9 个中高值区单元都依附于高值区单元分布在第三阶梯。乡村多功能指数中低值区、低值区的单元有 25 个，占比 62.5%。其中，中低值区单元主要分布于第一阶梯和第二阶梯分界线两侧，低值区则主要分布于第三阶梯西北部喀斯特石漠化山区以及第二阶梯的南部和北部。

2015 年，桂西南喀斯特—北部湾地区乡村多功能有一定的增强，乡村多功能指数均值增至 0.2667，处于中高值水平，各单元之间的差距逐渐扩大（标准差 0.1014）。多功能指数高值区和中高值区的单元已达到 20 个，占比达到 50%。其中，高值区单元的数量增加了 3 个，分别是位于东南部第三阶梯的陆川县、横州市、合浦县；中高值区单元的数量增加了 2 个，中低值区主要是玉林市辖区乡镇、崇左市辖区乡镇及其周围的研究单元；低值区和中低值区的单元下降至 20 个，占比 50%。主要分布于第三阶梯的西北部以及第二阶梯的北部，多为喀斯特石漠化山区。

表 17.2 各年份研究单元乡村多功能指数分区表

区域类型	2010 年	2015 年	2018 年
低值区	16 个（40.00%）：西林县、那坡县、乐业县、田林县、凌云县、德保县、隆林各族自治县、天等县、马山县、凭祥市、东兴市、上林县、田阳区、上思县、龙州县、宁明县	8 个（20.00%）：西林县、乐业县、那坡县、凌云县、田林县、德保县、隆林各族自治县、马山县	6 个（15.00%）：西林县、那坡县、隆林各族自治州、乐业县、凌云县、田林县
中低值区	9 个（22.50%）：平果市、大新县、隆安县、田东县、百色市辖区乡镇、靖西市、崇左市辖区乡镇、兴业县、扶绥县	12 个（30.00%）：天等县、凭祥市、上思县、田阳区、上林县、宁明县、龙州县、东兴市、隆安县、百色市辖区乡镇、田东县、平果市	9 个（22.50%）：德保县、天等县、凭祥市、马山县、田阳区、上林县、平果市、百色市辖区乡镇、田东县
中高值区	9 个（22.50%）：玉林市辖区乡镇、北海市辖区乡镇、浦北县、防城港市辖区乡镇、容县、陆川县、横州市、宾阳县、合浦县	11 个（27.50%）：崇左市辖区乡镇、靖西市、兴业县、大新县、扶绥县、玉林市辖区乡镇、防城港市辖区乡镇、北海市辖区乡镇、浦北县、宾阳县、容县	10 个（25.00%）：隆安县、上思县、靖西市、龙州县、崇左市辖区乡镇、大新县、东兴市、兴业县、宁明县、防城港市辖区乡镇
高值区	6 个（15.00%）：钦州市辖区乡镇、灵山县、北流市、博白县、武鸣区、南宁市辖区乡镇	9 个（22.50%）：陆川县、横州市、合浦县、钦州市辖区乡镇、北流市、灵山县、博白县、武鸣区、南宁市辖区乡镇	15 个（37.50%）：宾阳县、扶绥县、陆川县、玉林市辖区乡镇、浦北县、容县、北海市辖区乡镇、横州市、北流市、博白县、合浦县、灵山县、钦州市辖区乡镇、武鸣区、南宁市辖区乡镇

2018 年，桂西南喀斯特—北部湾地区乡村多功能持续上升，乡村多功能指数均值达到 0.3081，各单元间的差距进一步扩大（标准差 0.1189）。高值区、中高值区的数量增加到了 25 个，占比 62.5%，主要位于第二、第三级阶梯。15 个处于低值区和中低值区的单元仍然分布于西北部的第三阶梯。其中，西林县、那坡县、隆林各族自治县、乐业县、田林县一直处于低值区。

形成这种空间分异特征的原因主要包括以下三个方面。

首先，研究区西北部的第一阶梯，地形地貌以喀斯特石漠化山地为主，森林覆盖率较高，是我国的重点生态功能保护区。虽然具有丰富的水资源和良好的气候资源，但地形地貌复杂、生存环境恶劣等，造成资源组合状况较差，加上西北部经济发展缓慢、交通闭塞和人才外流等，其乡村多功能难以得到发展，大部分研究单元一直为低值区或中低值区。

其次，研究区中部的第二阶梯地形以丘陵山地为主，拥有良好的水热光照条件，崇左市还具有“中国糖都”的称号；同时，第二阶梯地理区位沿边、近南宁首府，面临着国家“一带一路”建设和自治区强首府战略等重大机遇。故该地区的乡村多功能发展变化是 3 个阶梯中最大的。

最后，研究区东南部的第三阶梯地形以低山丘陵为主，拥有 1595km 的海岸线，耕地面积较广、水热条件充足等，适合各种形式的农业生产。同时，研究区东南部旅游资源丰富、拥有多个出海港口、内部交通便利等，促使东南部农业生产功能和非农业生产功能不断提升，并带动经济效益转化为生活效益，乡村生活保障功能也稳步提升，以此拉动乡村多功能均衡且快速发展。

2. 区域差异演变特征

从数值上看，通过对 2010 年、2015 年和 2018 年乡村多功能指数的运算，将涨幅情况分为四大类：负增长（＜0.0000）、增幅较小（0.0000～0.0266）、增幅居中（0.0266～0.0448）、增幅较大（＞0.0448），得到 2010～2018 年桂西南喀斯特—北部湾地区乡村多功能指数变化的时空分布特征，如图 17.10、图 17.11 所示，数量变化如表 17.3 所示。整体上看，桂西南喀斯特—北部湾地区乡村多功能差值变化整体上呈现东南高、西北低的情况。

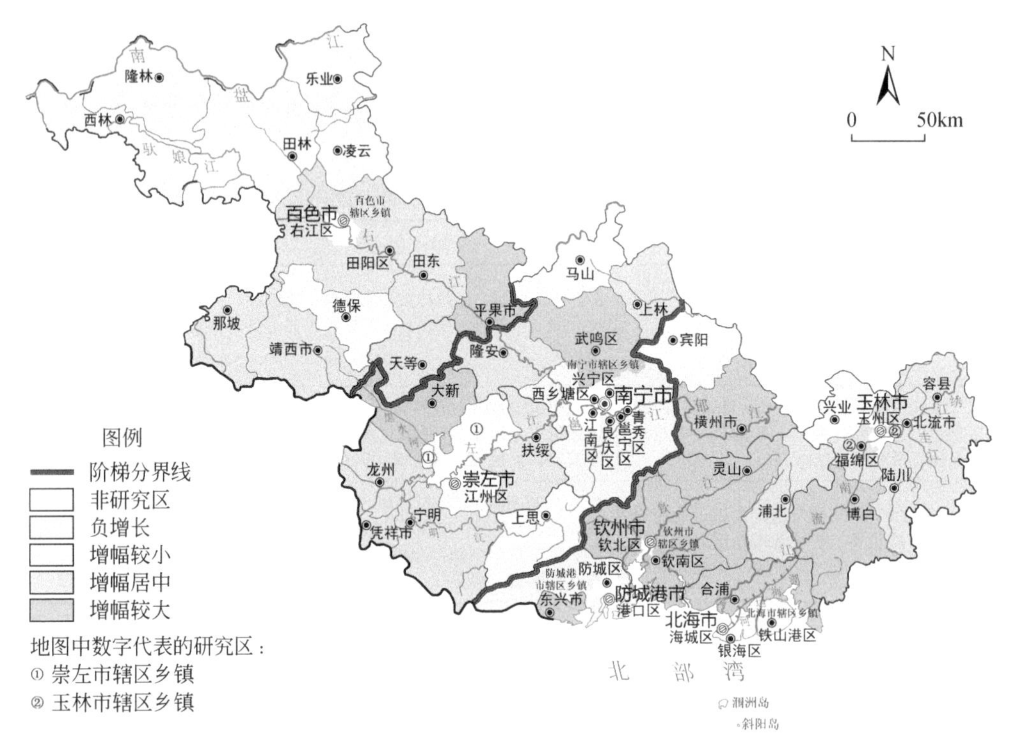

第一产业增加值、非粮农产品产量、人均农作物播种面积、人均粮食产量、第二三产业增加值占GDP比例、规模以上工业企业个数、年游客量、医疗卫生机构床位数、普通中小学数量数据来源于2010年、2015年《广西统计年鉴》；2010年、2015年公路密度数据来源于广西壮族自治区交通运输厅官网；2010年、2015年NDVI数据来源于中国科学院环境科学与数据中心；2010年、2015年生态脆弱性（指地形坡度）数据从DEM数据提取，DEM数据来源于地理空间数据云；图上专题内容为作者根据2010年、2015年第一产业增加值、非粮农产品产量、人均农作物播种面积、人均粮食产量、第二三产业增加值占GDP比例、规模以上工业企业个数、年游客量、NDVI、医疗卫生机构床位数、普通中小学数量、公路密度、DEM数据推算出的结果，不代表官方数据。

图 17.10　2010～2015 年研究区乡村多功能指数差值分布图

从空间分布上看，第三阶梯的各研究单元乡村多功能指数差值大多处于增幅居中或增幅较大的状态（除防城港市辖区乡镇于 2010～2015 年处于负增长状态）；第二阶梯的各研究单元多功能指数差值增幅情况较为多样，除武鸣区一直处于增幅较大的状态外，其他的研究单元增幅情况不定，特别的是，南宁市辖区乡镇于 2010～2015 年出现了负增长的情况；而第一阶梯的各研究单元乡村多功能指数差值大多处于增幅较小或增幅居中的状态，隆林各族自治县和平果市在 2015～2018 年出现了负增长的情况，但平果市乡村多功能指数增幅在 2010～2015 年还是处于较大的情况。

从数量变化上看，2010～2015 年，负增长、增幅较小、增幅居中和增幅较大的研究单元所占比例为 5.00%、25.00%、45.00%、25.00%。其中第一、二、三阶梯乡村多功能指数差值的均值分别为 0.0266、0.0266、0.0419。2015～2018 年，负增长、增幅较小、增幅居中和增幅较大的研究单元所占比例为 5.00%、30.00%、22.50%、42.50%。其中第一、二、三阶梯乡村多功能指数差值的均值分别为 0.0111、0.0507、0.0605。2005～2018 年，乡村多功能指数差值增幅居中的研究单元较多。从研究单元自身变化情况看，只有钦州市辖区乡镇、灵山县、武鸣区、东兴市 4 个研究单元的乡村多功能指数一直保持着增幅较大的状态；而隆林各族自治县、凌云县、田林县、宾阳县 4 个研究单元的乡村多功能指数一直处于变幅较小的状态，甚至有负增长的情况。

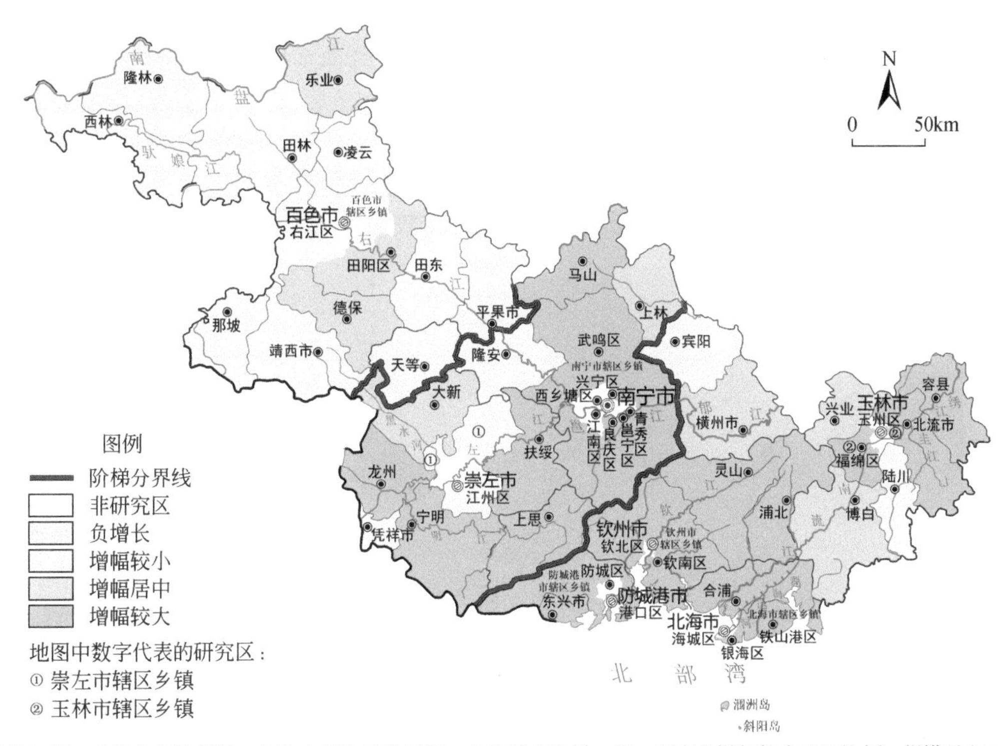

第一产业增加值、非粮农产品产量、人均农作物播种面积、人均粮食产量、第二三产业增加值占GDP比例、规模以上工业企业个数、年游客量、医疗卫生机构床位数、普通中小学数量数据来源于2015年、2018年《广西统计年鉴》；2015年、2018年公路密度数据来源于广西壮族自治区交通运输厅官网；2015年、2018年NDVI数据来源于中国科学院环境科学与数据中心；2015年、2018年生态脆弱性（指地形坡度）数据从DEM数据提取，DEM数据来源于地理空间数据云；图上专题内容为作者根据2015年、2018年第一产业增加值、非粮农产品产量、人均农作物播种面积、人均粮食产量、第二三产业增加值占GDP比例、规模以上工业企业个数、年游客量、NDVI、医疗卫生机构床位数、普通中小学数量、公路密度、DEM数据推算出的结果，不代表官方数据。

图 17.11　2015～2018 年研究区乡村多功能指数差值分布图

表 17.3　各年份乡村多功能指数差值变化情况表

项目	2010～2015 年	2015～2018 年
负增长	2 个（5%）：南宁市辖区乡镇、防城港市辖区乡镇	2 个（5%）：隆林各族自治县、平果市
增幅较小	10 个（25%）：乐业县、西林县、德保县、凌云县、隆林各族自治县、田林县、上思县、马山县、兴业县、宾阳县	12 个（30%）：靖西市、那坡县、西林县、百色市辖区乡镇、田东县、天等县、凌云县、田林县、隆安县、崇左市辖区乡镇、宾阳县、陆川县
增幅居中	18 个（45%）：百色市辖区乡镇、那坡县、天等县、田阳区、田东县、靖西市、隆安县、凭祥市、龙州县、扶绥县、崇左市辖区乡镇、宁明县、上林县、北海市辖区乡镇、北流市、容县、陆川县、玉林市辖区乡镇	9 个（22.5%）：乐业县、德保县、田阳区、凭祥市、大新县、上林县、博白县、横州市、兴业县
增幅较大	10 个（25%）：平果市、武鸣区、大新县、浦北县、钦州市辖区乡镇、灵山县、博白县、合浦县、东兴市、横州市	17 个（42.5%）：马山县、武鸣区、龙州县、南宁市辖区乡镇、上思县、扶绥县、宁明县、防城港市辖区乡镇、浦北县、北流市、容县、东兴市、灵山县、钦州市辖区乡镇、合浦县、玉林市辖区乡镇、北海市辖区乡镇

2010～2015 年，桂西南喀斯特—北部湾地区乡村多功能指数平均上升幅度为 3.24%。除南宁市辖区乡镇（-0.0971）和防城港市辖区乡镇（-0.0041）外，其他研究单元的乡村多功能指数都处于正向变化之中。上升幅度最大的是大新县，达到了 7.57%，增长幅度较大的研究单元有 9 个，主要成片分布于第三阶梯（6 个）、零星分布于第一阶梯和第二阶梯（3 个）。

2015～2018 年，桂西南喀斯特—北部湾地区乡村多功能指数仍为上升的趋势，平均上升幅度由上一阶段的 3.24%上升到 4.15%。除隆林各族自治县（-0.0110）和平果市（-0.0022）外，其他研究单元的乡村多功能指数都处于正向变化之中，其中北海市辖区乡镇的变化值最大，达到了 0.1066。第一阶梯大多数研究单元的乡村多功能指数差值仍处于变幅较小的状态（隆林各族自治县、平果市出现负增长）。乡村多功能指数差值增幅较大的单元主要分布于第二、第三阶梯，其中第三阶梯乡村多功能指数差值增幅较大的单元趋向海洋，第二阶梯指数差值增幅较大的单元趋向于南宁城市。

为了使各研究单元乡村多功能指数的变化更直观，对不同单元各年份的乡村多功能指数进行排名，再用 3 年中的最高排位和最低排位的差来表示变动情况，如图 17.12 所示。乡村多功能指数排名显示，2010～2018 年，各单元乡村多功能指数排位有高有低，但总体处于较稳定状态。

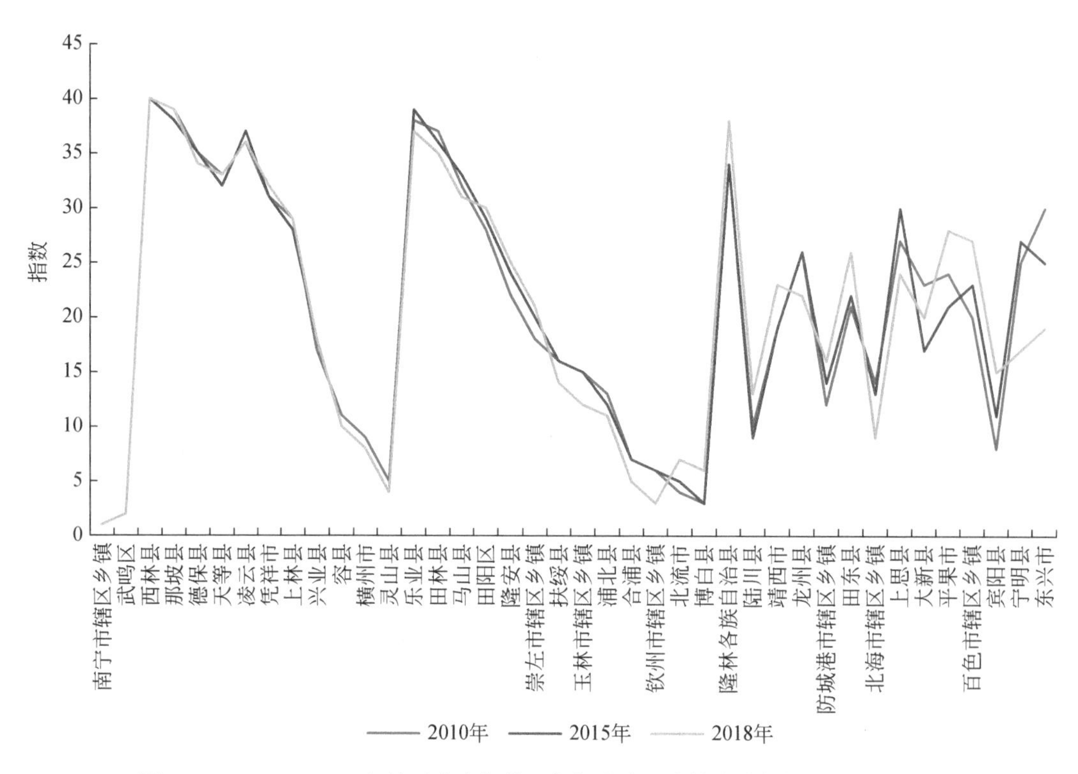

图 17.12　2010～2018 年桂西南喀斯特—北部湾地区乡村多功能指数排序变化图

排序变化中，小于等于 5 的单元有 31 个，占总数的 77.5%。2010～2018 年，第三阶梯的研究单元的乡村多功能指数排序变化在 1～11。其中东兴市的乡村多功能指数排序有 11 位的顺序变化，是所有研究单元中顺序变化最大的单元，东兴市乡村多功能指数由 2010 年的第 30 位跃升至 2018 年的 19 位。究其原因，东兴市在 2010～2018 年，旅游业发展迅速，非农业生产功能的提高带动了其他乡村功能的发展，从而使得乡村多功能指数排序有较大幅度的上升。第二阶梯的研究单元，其乡村多功能指数排序变化在 0～10 之间。其中排序变化在 5 位之内的有 10 个，其他的上思县、大新县、宁明县的排序变化分别为 6 位、6 位和 10 位。第一阶梯的研究单元，其乡村多功能指数排序变化在 0～7，其中排序变化在 5 位之内的有 11 个，其他的平果市、百色市辖区乡镇的排序变化都为 7 位。虽然一些单元的乡村多功能指数排序是下降的，但其乡村多功能指数都属于上升趋势，说明只是其上升趋势相比其他研究单元较慢。

17.4.3　桂西南喀斯特—北部湾地区乡村多功能的空间集聚特征

1. 全局空间自相关分析

通过计算得出 2010 年、2015 年和 2018 年共 3 年的桂西南喀斯特—北部湾地区乡村多功能指数的 Moran's I 指数值，如表 17.4 所示。2010 年、2015 年和 2018 年全局 Moran's I 指数全部为正，分别为 0.3822、

0.4506、0.5195，均值达 0.4508，且 Z 得分的绝对值都大于 1.96，通过了 0.05 的显著性水平检验，表明乡村多功能在空间分布上存在显著的正相关性，全局空间集聚性明显。乡村多功能指数较高（较低）的单元在空间上呈集聚分布，即乡村多功能指数较高的单元，其周围单元的乡村多功能指数也高；乡村多功能指数较低的单元，其周围单元的乡村多功能指数也低。

表 17.4　各年份桂西南喀斯特—北部湾地区乡村多功能指数全局 Moran's *I* 指数

年份	Moran's I 指数	Z 得分	P 值
2010	0.3822	3.6081	0.0003
2015	0.4506	4.0319	0.0000
2018	0.5195	4.6003	0.0000

2010～2018 年，桂西南喀斯特—北部湾地区乡村多功能指数的 Moran's I 指数整体呈现上升的趋势，由 0.3822 上升到 0.5195，上升幅度为 35.92%。表明在 2010～2018 年，桂西南喀斯特—北部湾地区乡村多功能空间集聚现象呈逐渐明显的趋势。因此，当乡村多功能强的单元集聚在一起，更易加快区域间要素的流动，同时吸引其他周围区域的要素，在空间上形成经济的增长极，推动区域经济的发展和带动周边乡村的发展。

2. 局部空间自相关分析

全局 Moran's I 指数从区域整体上判断了集聚态势。应用 GeoDa 空间分析软件计算出 2010 年、2015 年和 2018 年 3 个时间点，桂西南喀斯特—北部湾地区乡村多功能指数的局部 Moran's I 指数。桂西南喀斯特—北部湾地区乡村多功能指数空间相关性显著的研究单元有 3 种类型，分别是：高-高型、低-低型和低-高型，乡村多功能指数的空间格局趋同性明显，呈现两极分化现象。

从时间跨度上看，3 个时间节点的乡村多功能集聚情况相似，其中 2010 年和 2018 年的乡村多功能集聚情况完全一致。两个时间截面空间相关性显著的单元都是 17 个，其中高-高型的单元数量为 8 个，低-低型的单元数量为 8 个，低-高型的单元数量为 1 个。2015 年与其他年份唯一不同的一点是低-低型的单元数量为 7 个，是因为田东县变成不显著的分布。各年份局部空间自相关关系类型数量情况如表 17.5 所示。

表 17.5　2010～2018 年局部空间聚集情况表　（单位：个）

类型	2010 年	2015 年	2018 年
高-高型	8	8	8
低-低型	8	7	8
低-高型	1	1	1

从类型上看，高-高类型区较稳定，研究时间截面上，该类型从数量和空间分布上都未发生变化。主要分布于区域中部地势平缓的地区，分别是宾阳县、横州市、灵山县、合浦县、钦州市辖区乡镇、南宁市辖区乡镇、浦北县。这些区域自然环境较优越，经济发展水平较高，乡村经济增长方式多样，乡村多功能发展水平较高，故形成了高值集聚区。虽然高-高类型区已形成，但数量上没有变化，没有很好地带动周围的乡村多功能的发展。其可能的原因是：高-高类型区位于南宁市、钦州市和北海市的城市附近，受到城市辐射作用较大，故乡村多功能发展较好。但由于这些研究单元乡村自身的发展带动作用不强，所以无法辐射影响到周围乡村多功能的发展。低-低类型区有细微的变化，2015 年，该类型研究单元数量为 7 个，比其他研究时间节点少 1 个。这些研究单元自然环境复杂，喀斯特石漠化地区广布，经济发展水平较落后，多功能发展水平落后，故形成了低值集聚区。低-低类型区在单元数量上和空间上基本保持不变，说明了该类型单元之间缺少互利互惠效应，同时由于距离高水平单元较远，极化涓滴效应的发挥受到了距离的限制。低-高类型区在 3 个时间节点上都出现在上思县，属于低值区被高值区围绕的情况。上思县为低-高型有内外部两个原因：首先上思县位于十万大山北麓，东南北三面环山，境内森林资源丰富，使得其生态保

育功能较高。但也因为其地势复杂，长期封闭，交通不便，其他乡村子功能难以发展。其次上思县东侧的钦州市辖区乡镇、防城港市辖区乡镇、南宁市辖区乡镇由于接近辖区城市，受到城市发展的带动，各乡村子功能都得到了良好的发展，且钦州市辖区乡镇和防城港市辖区乡镇具有临海的优势，可利用海洋资源发展乡村非农业生产功能；上思县西侧的宁明县依靠临边、旅游资源丰富等优势发展其乡村功能；上思县北侧的扶绥县温度适宜、光照充足等区位因素推动了制糖业的发展。矿产资源丰富，交通便利等区位因素推动了水泥建材业的发展。在强首府战略发展的红利下，第三产业发展具有政策支持，从而带动了扶绥县整体的乡村多功能发展。

17.5 桂西南喀斯特—北部湾地区乡村多功能时空格局的影响因素识别与分析

上述研究分析了 2010～2018 年研究区内乡村多功能的时空格局演变，对形成上述时空格局演变特征的原因进行探索，可为乡村振兴规划提供依据。

17.5.1 模型说明

地理探测器法是探测研究对象空间分异特征和揭示其驱动因素的常用方法，被广泛运用于土地利用、区域经济发展、生态环境等空间分布规律方面的研究（牛丽楠等，2019；汪德根等，2020）。

本节主要运用地理探测器中的因子探测和交互探测两项功能进行分析。因子探测主要探究自变量影响因子对因变量的影响程度的变化，用因子贡献力（q 值）度量，某一自变量的 q 值越大，说明该自变量对因变量的影响程度越大。其公式如下：

$$q_{DV}=1-\frac{1}{n\sigma^2}\sum_{i=1}^{m}n_{D,i}\sigma_{U_{D,i}}^2 \tag{17.5}$$

式中，q_{DV} 为自变量对乡村多功能的因子贡献力探测指标；n 为研究单元数量；$n_{D,i}$ 为类型 i 下因素 D 的样本数量；m 为因素 D 的分类数量；$\sigma_{U_{D,i}}^2$ 为类型 i 下因素 D 的乡村多功能方差。假设 $\sigma_{U_{D,i}}^2\neq 0$ 成立，那么 q_{DV} 的取值则在 0～1；q_{DV}=0 时，表明乡村多功能的空间分异不受因变量影响；q_{DV} 值越大，表明乡村多功能的空间分异受因变量的影响越大。交互探测主要探究在两个或两个以上自变量的共同作用下，对因变量的影响程度是否会增加或减弱，或者是无影响。交互作用关系见表 17.6。

表 17.6 因变量交互作用的关系表

判断依据	交互作用结果
$q(X_1\cap X_2)<\min(q(X_1),q(X_2))$	非线性，减弱
$\min(q(X_1),q(X_2))<\max(q(X_1),q(X_2))$	单因子非线性，减弱
$q(X_1\cap X_2)>\max(q(X_1),q(X_2))$	双因子，增强
$q(X_1\cap X_2)=q(X_1)+q(X_2)$	独立
$q(X_1\cap X_2)>q(X_1)+q(X_2)$	非线性，增强

17.5.2 影响因素指标选取

自然环境和社会经济环境影响着乡村多功能的时空格局演变，结合桂西南喀斯特—北部湾地区乡村的具体情况，本节选取能够反映地形、气候、植被等自然环境要素的平均高程、平均坡度、年均温度、年均降水量、植被覆盖率 5 个影响因子进行分析，选取了经济要素中的地区生产总值、产业结构（第一产业产值占 GDP 的比重），社会要素中的人口密度、公路交通密度，政策要素中的主体功能定位 5 个影响因子进行分析。

17.5.3 影响因素分析

1. 主要影响因子

根据地理探测器中的因子探测模型，运用自然间断点分级法，将平均高程、平均坡度、年均温度、年均降水、植被覆盖率、地区生产总值、产业结构（第一产业产值占 GDP 的比重）、人口密度、公路交通密度、主体功能定位 10 项数值量的因子处理为类型量，再分别与乡村多功能指数进行因子探测，根据公式计算出不同时间断面的影响因子对乡村多功能指数的因子贡献力（q 值），如表 17.7 所示。

表 17.7　各年份乡村多功能因子探测结果表

2010 年		2015 年		2018 年	
因子排序	因子贡献力（q 值）	因子排序	因子贡献力（q 值）	因子排序	因子贡献力（q 值）
地区生产总值	0.9195	地区生产总值	0.8181	地区生产总值	0.8636
平均坡度	0.6441	平均坡度	0.7240	平均坡度	0.7746
平均高程	0.5739	平均高程	0.6841	平均高程	0.7218
主体功能定位	0.4853	主体功能定位	0.5091	植被覆盖率	0.5594
植被覆盖率	0.4151	植被覆盖率	0.4860	主体功能定位	0.5482
年均温度	0.3346	年均降水量	0.4741	年均温度	0.5382
人口密度	0.3130	人口密度	0.4459	人口密度	0.3502
年均降水量	0.2500	公路交通密度	0.3309	公路交通密度	0.3257
公路交通密度	0.1988	年均温度	0.2288	年均降水量	0.1698
产业结构	0.1933	产业结构	0.2237	产业结构	0.1472

各年份因子的 P 值检验均小于 0.05，通过了显著性水平检验，且各因子贡献力（q 值）在 95%的置信度水平上均有意义，影响因子探测结果如表 17.7 所示。

2010 年，对乡村多功能空间分布格局影响较大（$q>0.6$）的因子有 2 个，分别是地区生产总值、平均坡度；2015 年，对乡村多功能空间分布格局影响较大（$q>0.6$）的因子增至 3 个，分别是地区生产总值、平均坡度和平均高程；2018 年，对乡村多功能空间分布格局影响较大（$q>0.6$）的因子仍有 3 个，分别是地区生产总值、平均坡度和平均高程。可以看出，影响乡村多功能空间分布的因子较稳定，影响程度较大的因子数量在 2～3 个。反映区域经济发展水平的地区生产总值的因子贡献力一直位居首位，说明地区生产总值是诸多因子中的首要影响因子。地形因素中的平均坡度和平均高程的因子贡献力也位居前列，说明两者是诸多因子中的重要影响因子。

2. 影响因子的交互作用

根据地理探测器中的交互探测模型，以最新的 2018 年为研究时间点，分析影响因子之间的关系。结果如表 17.8 所示，表示了影响因子间相互作用的强弱，其中对角线的值表示单因子的因子贡献力（q 值），其余值表示各因子交互作用下的因子贡献力（q 值）。交互探测结果显示，各影响因子间存在交互作用，且双因子交互作用下的 q 值大于单因子单独作用的 q 值。其中，产业结构与平均坡度、年均温度、年均降水量、植被覆盖率、人口密度、公路交通密度、主体功能定位交互作用；年均降水量与人口密度、植被覆盖率、年均温度、公路交通密度交互作用；人口密度与公路交通密度交互作用为非线性加强，其他因子交互作用为双因子加强。

通过计算自然因子交互作用、经济因子交互作用和自然经济因子交互作用的 q 值的平均数，得出其值分别为 0.7404、0.7093 和 0.8080，说明乡村多功能时空格局演变并非自然因素或经济因素单独作用的结果。在自然和经济因素共同作用下，乡村多功能时空格局演变更为突出。

各影响因子与其他因子相互作用下的 q 值总和如表 17.8 所示。其中，地区生产总值和平均坡度与各影响因子交互作用的 q 值相对较高，总和分别为 9.2104 和 8.7514，且地区生产总值与各因子相互作用的每项 q 值都大于 0.8。地区生产总值和产业结构相互作用最强（q 值为 0.9660），地区生产总值和森林覆盖率相互作用次之（q 值为 0.9525），地区生产总值和公路交通密度相互作用紧随其后（q 值为 0.9472），这更进一步地证明地区生产总值是乡村多功能时空格局演变的主导影响因子。

表 17.8　2018 年影响因子交互探测结果表

影响因子	平均高程	平均坡度	年均温度	年均降水量	植被覆盖率	地区生产总值	产业结构	人口密度	公路交通密度	主体功能定位
平均高程	0.7218									
平均坡度	0.8181	0.7746								
年均温度	0.7969	0.8305	0.5382							
年均降水量	0.8150	0.8941	0.7709	0.1698						
植被覆盖率	0.8449	0.8987	0.8566	0.8172	0.5594					
地区生产总值	0.9168	0.9153	0.9146	0.9335	0.9525	0.8636				
产业结构	0.8244	0.9404	0.7940	0.5137	0.7507	0.9660	0.1472			
人口密度	0.9039	0.9051	0.6681	0.6362	0.7934	0.9063	0.7118	0.3502		
公路交通密度	0.8193	0.9454	0.8402	0.5505	0.7244	0.9472	0.8216	0.8117	0.3257	
主体功能定位	0.8009	0.8291	0.7416	0.7062	0.8793	0.8946	0.7970	0.8275	0.7209	0.5482
总和	8.2619	8.7514	7.7517	6.8072	8.0771	9.2104	7.2669	7.5142	7.5071	7.7454

17.5.4　影响机制

根据乡村多功能时空分异因子探测，构建桂西南喀斯特—北部湾地区乡村多功能分异的影响机制框架。总结出乡村多功能时空分异主要受地形要素、气候植被土壤要素、区域经济发展要素、社会要素和政策要素综合作用的影响，每个要素通过下属的影响因子体现出来。将这些因子归纳为 4 类影响因素：主导因素、支撑因素、驱动因素和重要因素。

区域经济发展是影响乡村多功能分异的主导因素，对乡村农业生产功能和非农业生产功能的影响较为重要。区域经济发展水平越高，越易产生产业集聚和吸引金融投资，越易吸引优秀人才返乡就业，越易提高农业产业化经营程度，从收入、人才和产业类型等多个方面提高乡村多功能发展水平。在经济发展水平较落后的桂西南喀斯特—北部湾地区，提高区域经济发展水平缺乏内生动力，使得该区域的大部分乡村仍然处于经济发展落后的水平。在国家精准扶贫的帮助下，贫困地区得到了更多的资金投入，用于技术的发展。精准扶贫增加农民收入渠道，对劳动力的返乡回流吸引力更大，让乡村有剩余资源和资金进行更多的发展投入。另外，区域经济发展水平的提高在物质上缩小了贫富差距，提高了村民的生活水平；在精神上提升了村民的生活幸福感，促进了社会公平。虽然经济落后区域得到了国家的政策支持，但也仅停留在物质帮助阶段，发放树苗的技术栽培还未跟上步伐，使得村民种下树苗后难以成果、成不了好果。此外，研究区内经济发展水平较高的区域，非农业建设和发展所占比例较大，带来不合理的资源消耗和严重的环境破坏，不利于乡村多功能的发展。例如，侵占大量的林地和草地等对环境保护具有重要作用的用地类型，对乡村生态保育功能的发展带来不利影响；大型货车自身重量加上载重量超过乡村公路的极限承载量，压占损毁乡村道路，阻碍乡村生活保障功能的发展。

坡度和高程是影响乡村多功能分异的支撑因素，其通过影响人口分布、聚落形成、农业生产、交通运输等，间接地影响乡村多功能的发展。尤其是在技术和市场等经济社会环境较弱的桂西南喀斯特—北部湾地区，自然环境要素对乡村的塑造在短时期内仍占重要位置，其坡度和高程的支撑作用更为显著。例如，在桂西南喀斯特—北部湾地区，高程较低、坡度较缓的地形条件，一方面为当地发展农业、开设小型工厂作坊提供了基本的地形条件；另一方面交通通达性高，村民能以较快的速度、更低的成本把粮食作物运输到市场，经销商也能找到距离更远但成本较低的产品，卖出更好的价格，有利于吸引投资和劳动力（张娟，2014）。高程较高、坡度较陡、地形地势复杂的地区，除了导致土层较薄，土地蓄水能力和保肥能力较差，造成粮食产量不高之外，还会使农民只能通过单一的种植业或畜牧业来发展农业，农业生产类型的可选择性较少。可以看出，乡村的各方面发展都与坡度和高程有关，成了影响乡村多功能的支撑因素。

社会要素和政策要素（人口密度、交通运输条件、主体功能定位和政策优惠等）是影响乡村多功能分异的驱动因素。村民是乡村生产生活的主体，也是乡村振兴的主体。人类通过主观能动性提高区域经济的发展，改变自身所处的生活环境，影响着乡村各子功能的变化发展。要致富，先修路，在乡村经济发展落后的桂西南喀斯特—北部湾地区，公路对贫困的抑制作用需要长时间才能见效。交通运输条件的提高，能够缩短地域间的空间距离，使人流、物流、资金流和信息流感受不到阻断，加快城乡间的交流和融合，促进乡村地区经济增长。若想实现社会经济的发展目标，政策的制定是不可缺少的，农村经济发展受到政策的推动作用。例如，主体功能区规划为区域根据自身发展情况，制定差别化发展政策提供了依据。贺艳华等（2018）在研究与主体功能定位相协调的湖南省乡村转型路径中总结出：不同侧重点的乡村转型，其发展的动力也不同。注重开发的乡村，其转型动力主要是周围城镇的带动；注重农产品生产的乡村，其转型动力主要是现代农业技术和手段的革新；注重生态环境的乡村，其转型主要依靠政府的推动。湖南省的不同乡村的乡村多功能发展找到了主要驱动力。《西部陆海新通道总体规划》提出，到 2025 年西部陆海新通道将基本建成，该通道连接了桂西南喀斯特—北部湾地区全域，其将会给桂西南喀斯特—北部湾地区带来诸多红利。首先，肉眼可见的发展是，路边的衣食住行等商业会发展起来，会给新通道公路沿线 200km 内的重要城市产生直接带动作用，发展枢纽经济；其次，各项货物集中在研究区内的沿海沿边口岸，意味着相关产业需求增加，将直接拉动冷链、仓储等产业发展。政府的管理有利于乡村多功能发展水平的提高，如《广西数字农业发展三年行动计划（2018—2020）》提出的提升农情评估、灾害预警等智能化管理水平，推进农村电商发展新模式的形成等，不仅为农民种植作物提供了科技支撑，也为农民销售农产品拓宽了渠道。

气候和植被、土壤等自然资源环境是影响乡村多功能分异的重要因素，具有差异的自然资源环境可影响乡村的发展。例如，桂西南喀斯特—北部湾地区的年均温度差异较大，北部有年均温度仅为 17.69℃的乐业县，南部有年均温度达到 23.60℃的合浦县，气候的差异影响着不同区域种植作物的选择以及作物的熟制，气温较低的乡村地域多种植茶叶、柑橘等，为三年两熟制，气温较高的乡村地域多种植香蕉、甘蔗等热带经济作物，为一年两熟制。不同的自然资源环境对乡村农业生产功能影响较大，这些自然环境条件对乡村方方面面的影响导致不同乡村多功能产生差异，如图 17.13 所示。

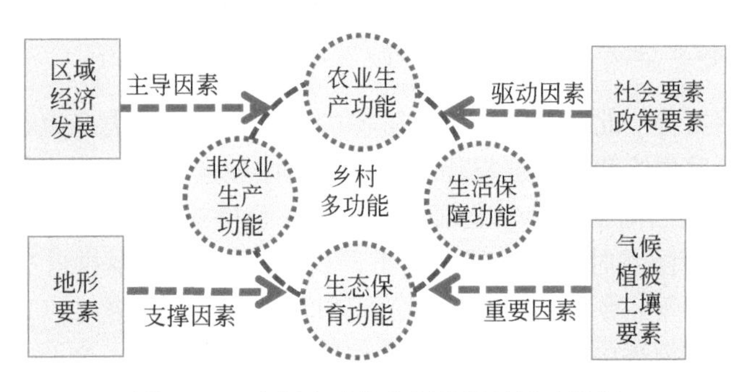

图 17.13　乡村多功能空间分异的影响机制

17.6　基于乡村多功能时空格局的乡村振兴实现路径

乡村振兴战略的实施需要乡村多功能优化的支持。从字面上看，乡村振兴战略的总要求对应的乡村多功能情况为：产业兴旺对应农业生产功能和非农业生产功能；生态宜居对应生态保育功能；乡风文明、治理有效、生活富裕对应生活保障功能。实际上，乡村振兴战略的 5 个总要求和乡村多功能的 4 个子功能是相互渗透的。生态宜居不仅要求乡村人居环境改善，还要求具备污水处理设施、垃圾回收点等基础设施和公共服务设施。因此生态宜居需要乡村生态保育功能的提高，也需要生活保障功能的完善；生活富裕要求提高农民就业质量，扩宽村民增收渠道，缩小城乡居民生活水平差距，这就需要乡村农业生产功能和非农业生产功能的共同支撑。此外乡风文明、治理有效要求提高村民的精神风貌、政府的有效管理等，此时就需要乡村文化功能、旅游功能等拓展功能的支持。

桂西南喀斯特—北部湾地区是国家政策大力支持、自然环境具有山—江—海过渡性、社会文化环境具有交融性的地区，根据以上研究发现乡村多功能发展存在的相关问题，本节以乡村振兴战略的 5 个总要求为指导，基于乡村多功能格局及其影响因素，针对 3 个不同阶梯，提出了以下几条乡村振兴的实现路径，如图 17.14 所示。同时，不同阶梯的乡村振兴战略的实施是融会贯通、相辅相成的。

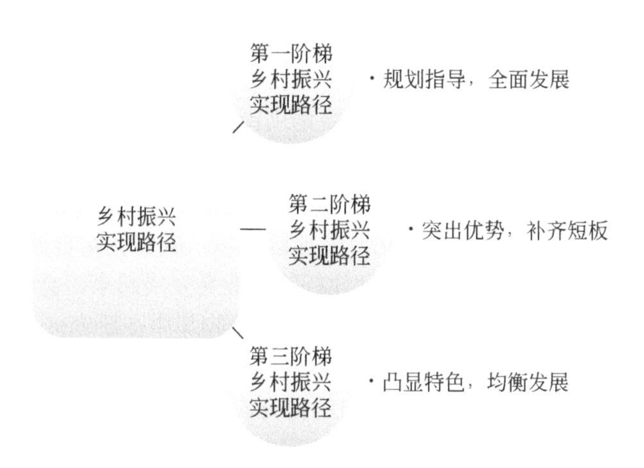

图 17.14　乡村振兴实现路径

17.6.1　第一阶梯乡村振兴实现路径——规划指导，全面发展

桂西南喀斯特—北部湾地区第一阶梯的乡村多功能指数整体不高，处于中低水平的状态，针对其各项子功能都不强，缺乏特色和优势的情况，应采取“规划指导，全面发展”的乡村振兴实现路径。

1. 以农业生产和非农业生产结合发展推进产业兴旺

多年来，惠及桂西南喀斯特—北部湾地区第一阶梯的各项政策优势大多流于表面，其乡村发展并没有得到明显增强，仅仅通过制度供给和政府放权让利难以实现区域竞争优势的聚集，根据前文对乡村多功能空间集聚特征的研究，发现桂西南喀斯特—北部湾地区第一阶梯的大部分研究单元的乡村多功能呈现低-低型集聚，并且该类型区没有随着时间的推移而缩小，说明低-低型的乡村自身缺乏发展动力，导致其乡村多功能指数常年处于低值水平。乡村的农业生产功能和非农业生产功能对应着乡村振兴战略目标中的产业兴旺目标。产业兴旺在乡村振兴中的地位和所起的作用是不可替代的。产业若想兴旺、乡村若想振兴，仅仅在农业上下功夫是难以实现的，需要将非农产业生产和农业生产结合发展。乡村振兴是工业化和城镇化引领的县域经济社会发展过程，故在坚持农业农村优先发展的同时，在非农产业上创新才能实现乡村三产融合发展。

第一阶梯内农业生产功能弱化的原因是农业生产无法带给乡村居民更高的收入，村民放弃以农业生产为增收的主要方式，而选择背井离乡去往城市就业。乡村缺少人气、缺少资金，其乡村农业生产功能自然得不到发展。第一阶梯内的旅游资源具有丰富性和多样性，可选择乡村生态旅游来保护农业生产功能不被弱化，在一定程度上增加了村民的收入，保护了乡村的生态环境，对乡村劳动力回流有一定的推动作用，但目前的乡村旅游发展存在产业融合效果和抑制贫困效果不显著等问题。乡村通过旅游导向，首先需要对乡村潜在的旅游价值高的资源进行探索和挖掘，并与村庄的内部文化和景观节点共同形成一个旅游系统，以延长产业链，防止经费浪费在旅游价值低和效益不高的景点建设上；其次，乡村旅游业的劳动力大多来自乡村，要巧妙运用乡村劳动力，将特色产业发展与村民收入提高有机结合；最后，加强交通建设，缩短旅游价值高的乡村景点与游客之间的时间距离，增强游客对乡村的出游意愿。除此之外，对于第一阶梯中旅游发展条件一般的乡村，在严守生态红线的基础上，根据自身优势功能，积极挖掘乡村特色，发展“一村一品”。例如，广西环江毛南族自治县，原本山麓地带多种植玉米，只能形成自给自足的经济发展模式。进行耕地适应性研究之后发现，喀斯特地貌广布的乡村，可以改变种植作物，发展优质牧草，圈养肉牛，形成农牧复合生态系统。复合系统的发展模式既减轻了垦殖活动对坡耕地的破坏，有效保持了水土，又能够带动村民脱贫致富。

2. 以严格保护指导生态宜居

桂西南喀斯特—北部湾地区第一阶梯多处于大石山区，喀斯特地貌广布，生态环境脆弱，加上多年来人类活动的干扰，使得第一阶梯的乡村生态保育功能一直较弱。由于第一阶梯位于珠江上游，生态保护意义十分重要，因此第一阶梯的生态保育功能更应该集中关注生态的调节和支持功能，不适宜高强度的耕作。第一阶梯乡村的特征决定了其经济发展要以生态保护为前提。在国家提出退耕还林、保护喀斯特地区生态环境可持续发展等政策之后，桂西南喀斯特—北部湾地区第一阶梯乡村的生态环境问题得到了一定程度的解决。因此，第一阶梯中资源匮乏、环境脆弱的乡村仍然要实行退耕还林、封山育林的政策，保证多年所得成果不倒退、喀斯特石漠化率不反弹。

减少人类活动干扰是实现第一阶梯乡村生态宜居的重要途径。目前，第一阶梯乡村的环境问题还存在于乡村的农业生产和生活方面。未来乡村的农业生产应该以村屯为单位，集中养殖禽畜，杜绝散养、放养，防止影响人居环境；提倡秸秆回收再利用，禁止桔梗焚烧污染空气、导致全球变暖等现象发生；集中养殖禽畜，集中收集、加工粪便进行二次利用，用于果蔬、花卉栽培的基肥也可用于养殖蚯蚓、鱼类等；集中收集秸秆进行粉碎，其可以当作肥料直接肥沃土壤。

3. 以精神文明建设改善乡风文明

乡风文明是乡村振兴的重要保障，乡风文明指的是要大力弘扬社会主义核心价值观，抓好农村移风易俗建设，坚决反对铺张浪费、大操大办等陈规陋习，并通过这些措施来提高村民的思想素质和道德水平。实现乡风文明，关键在人，人的素质提高了，乡风文明自然向好。

桂西南喀斯特—北部湾地区第一阶梯因劳动力外流，乡风文明建设缺乏人力；公共文化设施投入不足，乡风文明建设缺少阵地；公共文化重建设轻管理，出现文化设施限制、他用现象等问题。桂西南喀斯特—北部湾地区第一阶梯属于少数民族聚居区，应积极开展民族村寨、古村落的开发和保护工作，以吸引年轻劳动力返乡就业创业。同时，推动公共文化设施重心下移、资源下沉，适当地建设文化室、篮球场等场所，使得村民不同的精神文化需求得到有效的满足。最后着重群众性精神文明建设。在逢年过节等村民在村人数较多的时候，组织开展文艺演出、友谊比赛等集体活动，进一步提升村民思想道德素质和树立优良传统作风，让文化设施发挥最大的价值。

4. 以“三治融合”理念推动治理有效

实现乡村治理有效的振兴目标必须依靠德治、法治、自治 3 个机制。治理有效的振兴目标与其他 4 个目标息息相关，产业兴旺发展道路离不开有效治理；在治理过程中需要以乡风文明为基础。“三治”理念就是要遵守法律，以道德约束村民行为，确保村民自治主体不缺位。例如，浙江桐乡市越丰村为村民的法律纠纷、道德伦理等问题专门成立了解决平台，同时发展了“村民议事、乡贤带头”两个载体，改进乡村治理体系。村民可以通过平台推进植树护林等工作，引导村民广泛参与，使提高文化素质成为村民自觉自发的行为。

5. 以县城发展带动生活富裕

改革开放以来，大量的乡村劳动力集聚到城市群、都市圈等经济发达的地区进行非农业生产就业。但由于城市房价高、与家人距离远等，乡村劳动力在短时间内很难成为城市的永久居民。乡村劳动力大量外流的现象在桂西南喀斯特—北部湾地区西北部的石漠化地区尤为常见。在人类活动减少的乡村地区，乡村多功能发展水平弱化，甚至会失去某种功能。此时，县城的作用就体现了出来。县城作为乡村和发达地区城市的中间过渡地区，为外出务工人员提供了距离较近的城市文明生活场所，使这些劳动力不会产生从大城市回到小乡村的巨大落差感。同时，国家政策覆盖乡村地区的速度较慢，而是在市辖区和县城形成发展中心，再通过涓滴效应，辐射带动乡村的经济发展。所以，县城也是政策执行和运行并体现效果的主要地区。外出务工的青壮年劳动力把收入和技术等生产要素带回家乡，在县城就近买房置业。他们在乡村从事农业生产活动的同时，也能在非农忙时节到县城务工。以县城发展为目标，吸引乡村劳动力返乡就业。同时，县城拥有比乡村好的工业基础设施和比辖区城市更低的地价，成了工业企业聚集发展的首选场所，为村民提供了就业岗位。故以县城发展带动村民就业质量提高，拓宽村民增收渠道，有利于吸引劳动力返乡创业就业，从而实现乡村生活富裕的目标。

6. 以交通建设促进区域间交流

根据前文研究发现，地形地貌成为桂西南喀斯特—北部湾地区乡村多功能分异的支撑因素。对比其他地区的相关研究，地形地貌对该地区乡村多功能的影响较为深刻。而公路交通密度这一影响因子，也是乡村多功能空间分异的重要影响因子，并且其影响因子贡献力也在不断提高。说明若想解决地形地貌给乡村多功能发展带来的阻碍，必须以交通建设为重点。虽然研究区在脱贫攻坚期间建造了很多条公路，交通出行方面有了很大的改善，但是与贵州省县县通高速相比，桂西南喀斯特—北部湾地区第一阶梯的各县通高速并没有实现。目前，崇左市也没有实现通高铁，这既阻碍了崇左市对外贸易的快速发展，崇左市乡村的生活保障功能也无法得到较大的提高。因此加强区域间道路、乡村道路、生产道路等交通设施建设，缩短农产品输出的距离，能够实现农产品快速流入市场，也能使城市资本流入乡村，带动乡村经济发展。只有交通形成了公路成网、铁路密布、高铁飞驰的景象，才能实现天堑变通途的交通发展奇迹，最终实现乡村产业兴旺和生活富裕。

17.6.2　第二阶梯乡村振兴实现路径——突出优势，补齐短板

桂西南喀斯特—北部湾地区第二阶梯的乡村多功能指数整体处于中等水平，针对其存在某一项优势功能，也存在某一项弱势功能；存在某几个研究单元乡村多功能强，某几个研究单元乡村多功能弱的情况，应采取“突出优势，补齐短板”的乡村振兴实现路径。

1. 突出优势功能，补齐弱势功能

桂西南喀斯特—北部湾地区第二阶梯中，隆安县、马山县、上林县、上思县的生态环境优良，森林覆盖率较高，生态保育功能成为其优势功能。但其农业生产能力和非农业生产能力较弱，区域经济发展水平较低，所以乡村生产功能是其弱势功能。若想实现这些县域的乡村振兴，一方面应积极争取生态补偿等政策的支持。目前第二阶梯大部分乡村地区的生态补偿仍停留在退耕还草、退耕还林上，缺少更多的补偿方

式。该地区乡村的水源涵养、土壤固碳能力较强，碳汇与水土保持功能等带来的收入有希望成为当地生态补偿的主要收入。另一方面，应在保护生态的基础上积极探索和发展旅游业。第二阶梯的各研究单元距离南宁市区较近，且旅游资源丰富、旅游价值高，如大新县的德天瀑布、宁明县的花山岩画和马山县的弄拉自然生态景观等，应在保护生态的基础上，以周末短途旅游、研学旅游为主导，发展旅游业以补齐弱势功能。通过突出生态保育的优势功能，补齐其他的弱势功能，最终实现乡村的产业兴旺和生态宜居。

2. 突出优势区域，补齐弱势区域

桂西南喀斯特—北部湾地区第二阶梯乡村多功能较强的是南宁市辖区乡镇、武鸣区、扶绥县，成为第二阶梯的优势区域。但是根据前文对乡村多功能空间集聚特征的研究，发现乡村多功能较强的南宁市辖区乡镇和武鸣区并没有辐射带动周边的隆安县、马山县和上林县的乡村多功能发展。对于区域间乡村多功能发展不平衡的问题，可采用群体化发展路径，加强优势区域对其周围弱势区域的带动，实现区域间的互相补给和联通带动，以缩小区域间乡村多功能的强弱差异。一方面，可以使可见的交通建设带动优势区域的人流、物流、技术流和信息流等向弱势区域流动，推动弱势区域乡村的产业兴旺；另一方面，也可以通过不可见的文化交流扩散，将优势区域的乡村文化、民风民俗扩散到弱势区域，有利于弱势区域乡风文明和治理有效的目标实现。

17.6.3 第三阶梯乡村振兴实现路径——凸显特色，均衡发展

桂西南喀斯特—北部湾地区第三阶梯的乡村多功能整体处于中高水平，针对其非农业生产功能具有发展潜力，其他子功能发展较协调的特征，应采取“凸显特色，均衡发展”的乡村振兴实现路径。

1. 抓牢自身优势，优化凸显特色

依靠临海的区位优势，桂西南喀斯特—北部湾地区第三阶梯沿海地区（东兴市、防城港市辖区乡镇、钦州市辖区乡镇、合浦县、北海市辖区乡镇）的旅游业、物流运输产业等发展较好，使得其非农业生产功能具有充足的发展空间。而第三阶梯其他非临海的地区（宾阳县、横州市、玉林市辖区乡镇），依靠比较优势综合发展，使得其乡村的生产功能水平较高。根据前文的分析，发现区域经济发展水平是影响乡村多功能时空分布的主导因素，故若想优化凸显第三阶梯的乡村特色，实现产业兴旺的目标，就要以经济建设发展为中心，抓牢临海的优势。桂西南喀斯特—北部湾地区第三阶梯经济发展主要问题在于大部分的分支河流都没有向南经过北部湾之后流入海洋，而是向东经过广东汇入珠江后进入海洋。区域内交通物流成本过高，导致很多企业望而却步，乡村经济更是无法得到发展。尽管之前钦州港解决了铁路与港口不通、公路与铁路不连的难题，节约了部分运输成本，但是江海联运的规划仍未实现，物流成本的节约还有巨大的上升空间。西部陆海新通道政策的提出为第三阶梯的交通建设注入了一剂强心剂，公路、铁路和水路交通的建设不仅可以为枢纽地区带来直接的经济效益，也能辐射其周围广阔的乡村地域，交通沿线的村庄也可因此而受益。更为重要的是，西部陆海新通道的提出也为广西“十三五”规划指引了方向，提出在横州市的平塘河和钦州市的钦江之间建设一条全长 20km 的平陆运河，从钦州沙井出海。若此条运河能开通运作，则南宁经平陆运河由钦州港出海仅 291km，比经广东出海缩短 560 多千米。这解决了广西船只出海成本高的问题，促进西南地区与东盟地区的经济交流，有利于招商引资。

2. 整合各项资源，协调均衡发展

在乡村产业兴旺目标找到实现路径、乡村生产功能得到提升的同时，乡村振兴战略中的生态宜居、生活富裕等要求，则需要乡村整合各项资源，确保其他乡村子功能得到均衡发展。乡村社会整体发展目标是改善居民生活条件、提高居民生活质量，最终实现协调均衡发展。要达成以上目标，首先，需要加强乡村基础设施建设，根据乡村不同主体的不同需求，完善乡村的各项保障机制。例如，在生活保障功能方面，

对于留守儿童而言，教育保障在生活保障功能中是最重要的一部分，要使教育教学现代化、提高乡村教师的地位和待遇、集中运用好教师教学资源，从而实现乡村的教育保障；对于乡村老龄人口而言，医疗保障在生活保障功能中是最重要的一部分，要让村民小病在镇上治好，大病在县城治好，以降低就医成本，实现乡村的医疗保障。其次，需要政府根据不同地区的经济发展水平，制定不同的保障制度框架，并统筹城乡的社会保障体系，引导村民就业创业，缩小城乡收入差距，确保乡村居民也能享有城镇居民享有的公共服务。在生态保育功能方面，桂西南喀斯特—北部湾地区第三阶梯乡村主要平衡旅游业的发展和生态环境的关系。首先，旅游资源的开发要因地制宜，避免出现同一地区雷同景点的现象，以免让游客产生视觉疲劳和体验疲劳。例如，北部湾沿海地区的海洋资源特别丰富，旅游资源开发仅停留在海洋观光、海边游玩的初级层次阶段，这既会让近海的海洋资源和陆地资源被消耗殆尽，也无法留住游客，令其在此长期停留。只有开发一些深海探险、出海捕捞、邮轮体验等高层次阶段的旅游项目和初级层次旅游项目，使其搭配，才能发展旅游业、壮大旅游业。其次，要通过合理的规划设计约束游客破坏生态环境的行为。例如，根据客流量和垃圾产生数量的预测，合理规划乡村旅游区内垃圾箱数量和摆放间隔等，避免游客因找不到垃圾箱而随意乱扔垃圾。

17.7 结　论

首先，本章从地理事物的时空格局演变角度出发，以桂西南喀斯特—北部湾地区的 40 个县（市）和市辖区乡镇的乡村为研究对象，在综述乡村多功能相关理论、概念的基础上，筛选乡村多功能发展水平的评价指标，应用熵权法计算指标权重，应用加权平均法构建乡村多功能评价指标体系。其次，以 2010 年、2015 年和 2018 年为研究时间断面，测算各研究单元在各时间节点下的乡村多功能指数，以反映乡村多功能在时间上的演变特征和在空间上的分布规律，并通过空间自相关的 Moran's *I* 指数，来测度乡村多功能在空间上的集聚特征。再次，在掌握研究区乡村多功能时空格局演变的基础上，利用地理探测器识别影响乡村多功能空间分异的因素，分析乡村多功能时空格局演变的驱动机制。最后，根据定性方法，归纳总结出基于乡村多功能的乡村振兴实现路径。主要结论如下：

（1）2010～2018 年，桂西南喀斯特—北部湾地区受到国家和学术界的不断关注，其乡村得到了快速的发展，乡村多功能指数不断增大，乡村多功能处于由弱变强的阶段；乡村多功能指数的标准差不断增大，各研究单元间的乡村多功能强弱差距逐渐拉大；乡村多功能指数变化率由小变大，整体发展速度由慢转快。

（2）2010～2018 年，桂西南喀斯特—北部湾地区乡村农业生产功能贡献率在 14.50%～16.50%，一直处于偏低的水平；非农业生产功能贡献率由最初的 17.87%升至 2018 年的 24.71%，处于不断增加的状态；生态保育功能虽一直处于主导地位，但贡献率由最初的 46.37%下降至 2018 年的 40.90%，已处于逐渐下降的状态；生活保障功能贡献率保持在 15%上下，保持稳定的态势。

（3）2010～2018 年，桂西南喀斯特—北部湾地区各研究单元间乡村多功能强弱差距逐渐拉大，各单元乡村多功能发展不均衡，呈现东南高、西北低的格局。位于东南部的第三阶梯乡村多功能指数较大，并且增长幅度也较大，而位于西北部的第一阶梯乡村多功能指数较小，并且增长幅度较小。

（4）2010～2018 年，桂西南喀斯特—北部湾地区乡村多功能集聚现象逐渐明显，高-高型集聚区出现在中部地势平缓的地区、低-低型集聚区出现在西北部喀斯特石漠化地区、低-高型集聚区（异常值）于 2010～2018 年出现在上思县，并且高值集聚区和低值集聚区的范围没有发生较大的变化。

（5）区域经济发展是影响桂西南喀斯特—北部湾地区乡村多功能空间分异的主导因素；坡度和高程在短时间内无法改变，深刻影响着乡村多功能的空间分异，成为支撑因素；社会要素和政策要素不断发挥其作用，成为影响乡村多功能空间分异的驱动因素；气候要素、植被和土壤等自然资源环境构成了乡村的区域环境，是影响乡村多功能空间分异的重要因素。

（6）从乡村多功能角度出发，根据乡村振兴的五大总要求，研究区乡村振兴应采取差异化的路径：第一阶梯以“规划指导，全面发展”为主，第二阶梯以“突出优势，补齐短板”为主，第三阶梯以“凸显特色，均衡发展”为主。

总体来看，本章揭示了桂西南喀斯特—北部湾地区乡村多功能的时空格局演变特征及问题，并识别其影响因素、总结出其影响机制；构建了桂西南喀斯特—北部湾地区乡村多功能评价指标体系；从空间分布情况、时序变化情况，不同功能的贡献力情况等多个角度，描述了乡村多功能的发展情况；探测了影响乡村多功能空间分异的影响因子与影响机制，在一定程度上充实了山江海地域系统空间乡村多功能和乡村振兴的相关内容，丰富了乡村多功能评价指标的选择方向。

参考文献

陈婷，郑宝华，2017. 产业协同研究综述. 商业经济，(3)：49-53.

樊杰，2018.“人地关系地域系统”是综合研究地理格局形成与演变规律的理论基石. 地理学报，73（4）：597-607.

范曙光，2019. 湖南省乡村多功能演变特征及驱动机制分析. 长沙：湖南师范大学.

龚迎春，2014. 县域乡村地域功能演化与发展模式研究. 武汉：华中师范大学.

谷晓坤，陶思远，卢方方，等，2019. 大都市郊野乡村多功能评价及其空间布局——以上海 89 个郊野镇为例. 自然资源学报，34（11）：2281-2290.

贺艳华，范曙光，周国华，等，2018. 基于主体功能区划的湖南省乡村转型发展评价. 地理科学进展，37（5）：667-676.

洪惠坤，廖和平，李涛，等，2016. 基于熵值法和 Dagum 基尼系数分解的乡村空间功能时空演变分析. 农业工程学报，32（10）：240-248.

李平星，陈诚，陈江龙，2015. 乡村地域多功能时空格局演变及影响因素研究——以江苏省为例. 地理科学，35（7）：845-851.

李婷婷，龙花楼，2014. 基于转型与协调视角的乡村发展分析——以山东省为例. 地理科学进展，33（4）：531-541.

李玉恒，阎佳玉，武文豪，等，2018. 世界乡村转型历程与可持续发展展望. 地理科学进展，37（5）：627-635.

刘玉，刘彦随，郭丽英，2011. 乡村地域多功能的内涵及其政策启示. 人文地理，26（6）：103-106，132.

刘玉，唐林楠，潘瑜春，2019. 村域尺度的不同乡村发展类型多功能特征与振兴方略. 农业工程学报，35（22）：9-17.

马晓东，2018. 徐州市铜山区农村小学余暇体育现状调查与分析. 苏州：苏州大学.

马晓冬，李鑫，胡睿，等，2019. 基于乡村多功能评价的城市边缘区“三生”空间划分研究. 地理科学进展，38（9）：1382-1392.

牛丽楠，邵全琴，刘国波，等，2019. 六盘水市土壤侵蚀时空特征及影响因素分析. 地球信息科学学报，21（11）：1755-1767.

欧力文，2018. 重庆市人地系统耦合协调度评价与障碍度分析. 重庆：重庆师范大学.

曲衍波，王世磊，赵丽鋆，等，2020. 山东省乡村地域多功能空间格局与分区调控. 农业工程学报，36（13）：222-232.

谭雪兰，安悦，蒋凌霄，2018. 长株潭地区乡村多功能类型分异特征及形成机制. 经济地理，38（10）：80-88.

唐林楠，潘瑜春，刘玉，等，2016. 北京市乡村地域多功能时空分异研究. 北京大学学报（自然科学版），52（2）：303-312.

汪德根，沙梦雨，赵美风，2020. 国家级贫困县脱贫力空间格局及分异机制. 地理科学，40（7）：1072-1081.

王劲峰，徐成东，2017. 地理探测器：原理与展望. 地理学报，72（1）：116-134.

王文彬，2015. 新型城镇化过程中的政府职能优化——基于结构功能主义分析. 郑州轻工业学院学报（社会科学版），16（4）：34-38.

吴玉鸣，李建霞，徐建华，2002. 中国粮食多因子灰色关联神经网络预测研究. 华中师范大学学报（自然科学版），(4)：419-423.

徐凯，房艳刚，2019. 乡村地域多功能空间分异特征及类型识别——以辽宁省 78 个区县为例. 地理研究，38（3）：482-495.

杨忍，罗秀丽，陈燕纯，2019. 中国县域乡村地域多功能格局及影响因素识别. 地理科学进展，38（9）：1316-1328.

张娟，2014. 吉林省乡村地域功能演变特征与机制研究（1990—2010 年）. 长春：东北师范大学.

张瑞娟，惠超，2018. 全面解读《乡村振兴战略规划（2018—2022 年）》. 农村金融研究，(10)：9-11.

张姝瑞，2020. 乡村系统功能评价与优化研究. 舟山：浙江海洋大学.

张衍毓，唐林楠，刘玉，2020. 京津冀地区乡村功能分区及振兴途径. 经济地理，40（3）：160-167.

Holmes J，2006. Impulses towards a multifunctional transition in rural Australia：gaps in the research agenda. Journal of Rural Studies，22（2）：142-160.

Marsden T，1999. Rural futures：the consumption countryside and its regulation. Sociologia Ruralis，39（4）：501-526.

Pyror R J，1968. Defining the rural urban fringe. Social Forces，47：202-215.

Rmniceanua I，2007. EU rural development policy in the new member states：promoting multi functionality?. Journal of Rural Studies，23（4）：416-429.

Šimon M，Bernard J，2016. Rural idyll without rural sociology? changing features，functions and research of the Czech Countryside. Eastern European Countryside，22（1）：53-68.

Surová D，Pinto-Correia T，2009. Use and assessment of the 'new' rural functions by land users and landowners of the Montado in Southern Portugal. Outlook on Agriculture，38（2）：44-46.

Wiggering H，Dalchow C，Glemnitz M，et al.，2006. Indicators for multifunctional land use-linking socio-economic requirements with landscape potentials. Ecological Indicators，6（1）：238-249.

Willemen L，Hein L，Martinus E F，et al.，2010. Space for people，plants，and livestock? Quantifying interactions among multiple landscape functions in a Dutch rural region. Ecological Indicators Landscape Assessment for Sustainable Planning，10（1）：62-73.

第18章　山江海地域系统新型城镇化耦合协调时空分异与高质量发展研究

18.1　引　　言

18.1.1　研究背景与意义

1. 研究背景

城镇化是一个国家或地区实现工业化或现代化的必经之路，党的十八大以来，党中央提出走有中国特色的新型城镇化道路，所谓新型城镇化是以人为本，重视人与自然的和谐发展，坚持经济社会稳步提升的同时使生态环境能够得到保护，生态资源能够得到可持续利用，从生态视角出发建设美丽中国（胡石海，2021）。党的十九大报告中，习近平总书记指出要坚持人与自然的和谐共生，必须树立和践行绿水青山就是金山银山的理念。生态化、农业现代化、新型工业化与信息化是新型城镇化建设的动力，生态文明建设也需要新型工业化、城镇化、信息化、农业现代化和绿色化协调发展（胡祥福等，2020）。广西“十四五”时期经济社会发展的主要目标——生态文明建设达到新高度，国土空间开发保护格局得到优化，生产生活方式绿色转型成效显著，城乡居民收入差距进一步缩小，乡村振兴战略全面推进。“十四五”规划时期，广西经济总量偏小，产业结构不优，工业化、城镇化、信息化进程滞后，城乡居民收入水平较低，民生保障和社会治理短板不少，发展不平衡不充分仍是最突出的矛盾。《中共中央 关于制定国民经济和社会发展第十四个五年规划和二〇三五年远景目标的建议》指出，优先发展农业农村，全面推进乡村振兴。自《广西壮族自治区新型城镇化规划（2014—2020年）》实施以来，广西城镇化发展取得了明显成效，城镇化水平和质量稳步提升，城镇布局不断优化。北部湾城市群建设上升为国家战略，强首府战略和北钦防一体化稳步推进，沿海、沿江、沿边、沿交通干线城镇发展轴加速形成，集约高效的生产空间、宜居适度的生活空间、山清水秀的生态空间结构逐步形成。《广西新型城镇化规划（2021—2035年）》指出，国家大力推进区域协调发展和新型城镇化，新时代推进西部大开发形成新格局，乡村振兴正在全面推进，乡村资源资产价值日益显现，城乡生产要素双向自由流动和跨界配置更为频繁，城市居民入乡消费现象趋于普遍。《国家新型城镇化规划（2014—2020年）》提出，顺应现代城市发展新理念新趋势，强调要通过建立绿色生产、生活方式和消费模式，把生态理念全方位融入城镇化建设，推动城市绿色发展。因此研究新型城镇化-乡村振兴-生态环境的耦合协调性时空差异及其高质量发展是很有必要的。

2. 研究意义

（1）为广西做出加快推进新型城镇化和城乡融合发展决策提供科学依据。经济社会发展全面绿色低碳转型进程加快的同时也为广西更好地发挥生态优势、实现城镇绿色发展带来了重大机遇，本章则可以为更好地把握机遇提供参考依据。

（2）桂西南喀斯特—北部湾地区有山地-江河-海岸带过渡的特性，其经济社会、生态环境发展有着明显的区域差异性，以桂西南喀斯特—北部湾地区为研究对象，运用耦合协调度模型依托ArcGIS软件做协调度和空间集聚的可视化分析，对今后广西“十四五”规划时期经济社会的发展、生态文明的建设、乡村振兴等相关政策的制定与实施具有一定的参考意义。

18.1.2　国内外研究进展

1. 新型城镇化内涵研究

传统的城镇化是人口向城镇流动的过程，城镇发展方式影响农村的发展过程。随着传统城镇化暴露出来的问题，城镇化内涵不断有学者提出新的含义。陈明星等（2019）对城镇化“人本性、协同性、包容性、可持续性”的理论内涵做了深刻解读，并且讨论了从人口城镇化到人的城镇化转变过程中关键的议题。刘千亦（2019）认为新型城镇化是建立在居民生活质量提高与可持续发展基础之上的。新型城镇化不仅包括传统城镇化中农村人口向城镇聚集，城镇产业向农村扩张的过程，其“新”的内涵主要体现在注重将经济高效、社会和谐、资源节约、环境优美4个方面有机地统一起来。陈景帅和张东玲（2022）认为新型城镇化摒弃了以数量、规模为主的发展模式，寻求各维度全面发展，立足于生态集约、城乡融合，培养可持续发展动力，因而从人口、经济、社会、生态4个维度构建新型城镇化系统评价指标体系。钱力和王花（2021）认为城镇化进程和城镇化率自改革开放以后都得到了大幅度提升，居民的幸福感也有所增加，但是城乡居民之间的差距未缩小，农村进城人口未受到公平的待遇，因此其认为新型城镇化应该是在人口城镇化的同时，重视基础设施建设、保障城乡居民福利待遇。蒋正云和胡艳（2021a）认为新型城镇化建设应该注重人与自然的耦合，从人口、经济、社会与空间4个层面构建了新型城镇化指标体系，发现新型城镇化水平上升主要依靠资源、劳动力等要素投入。许忠裕等（2022）认为新型城镇化与乡村的发展息息相关，尤其是民族地区的乡村发展，因此从人口城镇化、产业城镇化、多元城镇化、生态城镇化、生活城镇化、布局城镇化6个方面构建新型城镇化指标体系，以此来探究城镇与农村的关系。

国外对于新型城镇化系统的研究主要是对城乡关系的研究。其中就有学者通过考察某一地区的城市化进程和移民模式，从理论层面对城乡之间的互动关系进行探讨。Liu和Li（2017）从乡村振兴的视角出发，认为城市与乡村是一个有机体，二者应相互支撑，均实现可持续发展。针对城镇化与乡村振兴协调发展的相关研究，西班牙学者A. Serda在其1867年出版的《城镇化基本理论》一书中最早提及“城镇化”概念。美国地理学家Northam运用单一指标法提出了“S”阶段理论，通过“城镇化率=地区城镇总人口/地区总人口”这种方法对城镇化率进行测度（Northam，1979）。

2. 新型城镇化系统耦合机制研究

1）新型城镇化与生态环境系统相关研究

国内学者对于新型城镇化、乡村振兴、生态环境系统的研究大多是对其中两个系统的相互耦合研究，较少关注3个系统之间存在耦合的必要性。朱艳娜等（2021）以皖江示范区2016年新型城镇化与生态环境相关数据为依据，运用熵权法（TOPSIS）、耦合协调度模型及探索性空间数据分析方法，解析皖江示范区新型城镇化同生态环境的耦合协调度与空间集聚特征。祝志川和徐铭璐（2021）利用客观赋权法（CRITIC）修正主观层次分析法（AHP）对指标进行混合交叉赋权，建立了区域新型城镇化与生态环境协调发展测度模型，并以吉林省2009～2018年数据为例进行了实证分析，表明研究期限内吉林省新型城镇化与生态环境的关系从濒临失调转变为良好协调，其滞后类型也随着时间交互变化。冯珍珍（2021）以山西省为研究区域，运用综合评价模型和耦合协调模型对2008～2017年新型城镇化与生态环境状况及相对发展水平进行测算，结果表明，山西省新型城镇化与生态环境发展水平在总体上均呈波动上升趋势，相对发展水平经历了同步发展—生态环境滞后—新型城镇化滞后的过程。姜亚俊等（2021）通过构建新型城镇化与生态环境评价指标体系，借助综合评价模型、耦合协调度模型和面板数据模型等方法，探讨山东省新型城镇化与生态环境耦合协调的时空演变规律及影响机理。张发明等（2021）结合大地伦理观并从现代经济增长理论的角度理解新型城镇化，以中部地区为研究对象，在测度新型城镇化质量和生态环境承载力指数基础上，运用耦合分析工具，从中部地区整体和域内各省份两个空间尺度以及2010～2016年7个时间节点对中部地区两者的耦合协调状况进行了研究，得到了新型城镇化质量与生态环境承载力耦合协调度水平基本符合

"北高南低"的空间分布规律，整体处于中耦合协调阶段的结果。

国外对于新型城镇化系统与生态系统的研究多从系统演进、影响因子、趋势预测等角度展开。Grossman 和 Kruegera（1995）通过实证研究，揭示出环境质量与人均收入之间的关系，并首次提出环境库兹涅茨曲线（EKC）假设。Pearce（1990）通过研究城市建设进程不同阶段所采取的环境政策，提出了城市发展阶段环境对策模型，通过研究城市生态环境变化对城镇化建设的影响，模拟出二者未来的发展趋势。

2）新型城镇化与乡村振兴系统相关研究

徐雪和王永瑜（2021）基于新型城镇化、乡村振兴和经济增长质量的丰富内涵，构建了新型城镇化-乡村振兴-经济增长质量耦合协调评价指标体系，运用熵值法、耦合协调度模型对 2011～2018 年中国 31 个省（自治区、直辖市）新型城镇化-乡村振兴-经济增长质量三系统综合发展水平及耦合协调度进行量化，并结合样本选择模型（Tobit）对耦合协调度的影响因素进行研究。庄婷婷（2021）利用面板向量自回归模型（PVAR）分析在统一整体框架下乡村旅游-新型城镇化-农村生态环境之间的两两静态交互关系和动态作用机制。研究结果表明，新型城镇化对乡村旅游发展存在一定的负面影响，但乡村旅游的发展可以显著推进新型城镇化水平；新型城镇化不利于生态环境保护，但在资源配置有效的前提下生态环境的改善存在对新型城镇化发展的正向贡献；生态环境的改善能够促进乡村旅游的发展，但乡村旅游却对生态环境存在破坏性；乡村旅游、新型城镇化、乡村生态环境质量均存在着自我加强机制。赵梦芳（2022）在城乡融合背景下提出了山西省新型城镇化与乡村振兴的耦合协调度，提出了加强城乡资源流动、建设小城镇等相应策略。蔡绍洪等（2020）运用地理探测器测评了影响新型城镇化系统与乡村系统耦合协调发展的单因子和交互因子驱动力，以期为西部城乡协调发展提供实证借鉴及相应的决策参考，对城乡均衡发展的规律及其影响因素进行了探寻。

3. 新型城镇化空间集聚研究

对于系统耦合协调度在空间分布上的集聚状况，许多学者也展开了研究。吴新静和孙雨薇（2021）首先构建生态文明和新型城镇化指标体系，选取 2008～2018 年河南省 18 个地级市单元的统计数据，采取熵值法赋权、耦合协调度模型，对河南省生态文明与新型城镇化空间集聚及耦合协调发展情况进行测度，以期为河南省生态文明与新型城镇化建设提供参考性建议。杨阳和唐晓岚（2022）以长江流域 105 个地级市为研究对象，基于熵值法构建人口、土地、经济、社会、生态环境城镇化的五维耦合协调度指标体系。依托 ArcGIS 平台，运用耦合协调度模型、核密度估计及探索性空间数据分析方法探究长江流域城镇化耦合协调度的时空分异特征、空间聚类格局及影响因素。周敏等（2018）基于中国 2005～2016 年 30 个省份的面板数据，建立了新型城镇化评价体系并进行水平测度，在此基础上运用空间分析法对中国省域新型城镇化的空间集聚效应进行检验，并对中国新型城镇化的驱动机制进行了探讨。研究发现中国新型城镇化水平总体处于提升态势，但新型城镇化水平存在明显的空间差异，呈现东高西低的空间格局；中国新型城镇化保持稳定的区域分化的分布现象，空间集聚效应显著。

4. 新型城镇化高质量发展相关研究

郭倩倩等（2021）基于湖南省 14 个市、州 2013～2019 年的面板数据，探讨了湖南省新型城镇化高质量发展水平时空格局特征与空间关联性。周慧等（2022）分析新型城镇化对经济高质量发展的作用和影响机制，并且基于 2005～2019 年中国 283 个城市面板数据，在空间异质性检验的前提下通过构建静态与动态空间面板模型，实证检验新型城镇化经济高质量发展的影响效应。蒋正云和胡艳（2021b）对 2006～2018 年我国 31 个省（自治区、直辖市）新型城镇化高质量发展的时空格局及其空间关联的动态演化特征进行了系统研究，得出了我国新型城镇化质量总体偏低，高质量城镇化区域大体以沿海和沿江为主轴的"T"形轨迹持续拓展，省域间发展的异质性先扩散后收敛。

新型城镇化系统作为生活空间，其经济、社会、土地及生态应该达到协调状态，以此来满足人们对宜居的生活空间的美好愿望。乡村振兴系统近几年是国内学者研究的热点，他们从研究视角、评价体系、研究理论等多方面进行了研究。作为生产空间的一部分，农村农业产业受到了政府及有关机构的大力支持，国家加大对农村产业的扶持，此外，对于乡村生态环境、生活水平，以及治理水平，各县级政府加大专项基金的投入，主要是为了乡村发展，为了构建一个美好的乡村环境。生态环境系统作为生态空间的一部分，是新型城镇化发展与乡村振兴必不可少的部分，无论是生活还是生产，都必须以不破坏生态环境为前提，生态环境是生产和生活之间的纽带。

5. 研究评述

（1）综合已有的研究资料，国内外对于新型城镇化的研究是比较成熟的，各研究以人为本，以绿色发展为目的，从多视角、多维度阐述了新型城镇化的内涵。在新型城镇化水平测定方面，更是采用了多种研究方法进行测度，定量与定性研究相结合，使得研究更具有科学性。在新型城镇化与外部系统的耦合协调研究方面，将生态学、地理学、城乡规划等多学科相关系统与新型城镇化进行了二者或三者的耦合协调，这对本章研究奠定了扎实的理论基础。

（2）尽管前人对于新型城镇化的研究已经很成熟了，但是一方面现有的研究资料大多是对于某些县域、市域，或者是某个城市群进行的新型城镇化水平研究，而这些城市的自然特性、地貌特征没有明显的区域性差异。缺乏对于过渡性国土空间区域的研究，对于过渡性国土空间，其自然特性有着明显的区域差异，同时也有着自己的独特资源，而这些独有的自然地理属性和社会属性在新型城镇化建设当中起着重要的作用。另外，对于新型城镇化的耦合协调研究，大多学者运用耦合协调模型将新型城镇化系统与另外一个或者两个系统进行耦合，其中与两个系统耦合的居多，较少学者能在此基础上进行更多系统的耦合研究，也缺乏探讨系统的内外部耦合情况。

（3）本章以山江海地域系统新型城镇化耦合协调性及其高质量发展为研究内容，以山地-江河-海洋交错的桂西南喀斯特—北部湾地区的 7 个市域为研究对象，可以丰富具有不同自然特征、社会属性的区域发展研究，掌握人类活动对于自然资源的利用规律，以此更好地利用和保护自然资源，因地制宜提出城镇化的优化机制。另外本章会构建新型城镇化-乡村振兴-生态环境耦合系统，旨在通过研究新型城镇化内部与外部系统的耦合协调性，为研究区新型城镇化的高质量发展提供可靠的技术支持和理论依据。

18.1.3 研究内容与目标

1. 研究内容

本章基于可持续发展理论、协同理论等理论基础，以内涵-耦合机理-综合测度-时空变化-高质量发展为研究思路，以桂西南喀斯特—北部湾地区 7 个市域的县域为研究单位，对其新型城镇化-乡村振兴-生态环境系统耦合协调状况及其时空变化演变特征进行分析，并在此基础上进行系统区域空间集聚分析，最后对于区域协调水平差异变化进行高质量发展研究。

（1）新型城镇化-乡村振兴-生态环境系统耦合机理分析及指标体系构建。第一部分主要是运用相关理论阐述新型城镇化-乡村振兴-生态环境系统之间的耦合关联性，在此基础上建立新型城镇化-乡村振兴-生态环境系统耦合模式，参考相关研究文献，建立指标体系。

（2）新型城镇化-乡村振兴-生态环境系统综合发展水平及时空变化分析。基于研究需要，采用熵值法对系统指标评价体系相关数据进行统计分析，确定指标权重，运用综合发展水平评价模型，对新型城镇化-乡村振兴-生态环境系统综合发展水平进行时序分析，并且利用 ArcGIS 软件对评价水平进行可视化分析。

（3）新型城镇化-乡村振兴-生态环境系统耦合协调度时空演变分析。首先，基于耦合协调度模型，分别对新型城镇化、乡村振兴、生态环境系统的子系统进行内部协调水平测算，再对新型城镇化-乡村振兴-生态环境系统耦合协调度进行测算，进而分析研究区内系统协调发展水平；其次，运用障碍度模型对影响系统协调水平的障碍因子进行筛选；最后运用探索性空间分析模型中的莫兰指数对系统进行空间集聚分析。

（4）新型城镇化-乡村振兴-生态环境系统高质量发展研究分析。对于系统发展不协调的区域，需要借鉴发展协调区域的发展经验，分析协调失衡原因，并进行相应的对策性研究，进而为区域的高质量发展研究提供参考。

2. 研究目标

（1）构建桂西南喀斯特—北部湾地区新型城镇化-乡村振兴-生态环境系统指标体系，得出研究区 2010 年、2015 年、2019 年新型城镇化-乡村振兴-生态环境系统综合发展水平。

（2）了解研究区新型城镇化-乡村振兴-生态环境系统耦合协调度的空间分布格局，并在此基础上分析其空间集聚性，借此为缩小研究区城镇化协调水平提供参考依据。

（3）通过分析桂西南喀斯特—北部湾地区城镇化协调水平的障碍因子，对复杂的山江海地域系统国土空间新型城镇化进行高质量发展研究，通过对不协调区域采取行政、技术、经济手段帮助其走上高质量发展之路。

18.1.4　研究思路与技术路线

1. 技术路线

本章研究技术路线图如图 18.1 所示。

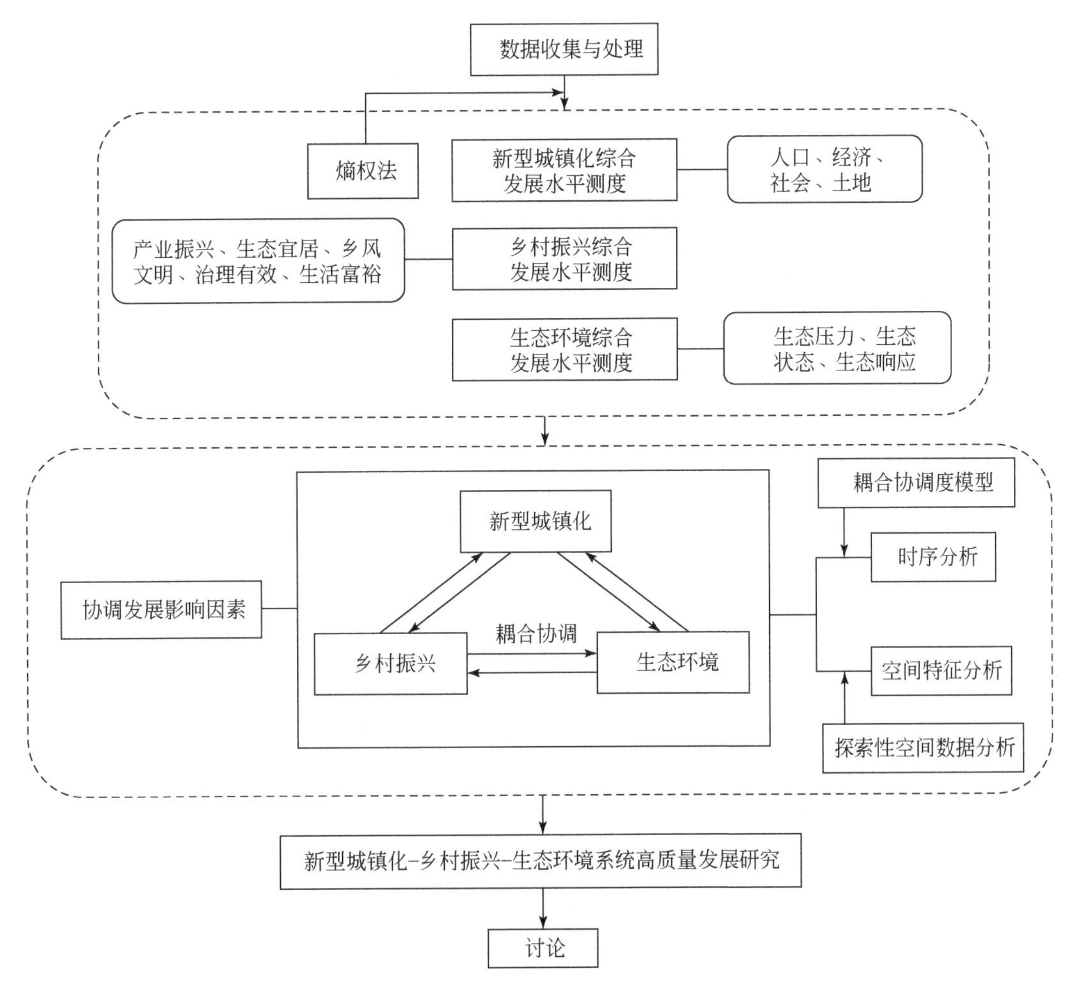

图 18.1　新型城镇化-乡村振兴-生态环境系统耦合协调及高质量发展研究技术路线图

2. 研究思路

本章主要是以耦合协调度测算—耦合协调度空间集聚—城镇化高质量发展研究为主线。首先依托熵值法和耦合协调度模型进行新型城镇化内外部系统的耦合协调性测算，其次利用探索性空间数据分析方法，使用莫兰指数对区域的协调度展开空间集聚研究，最后使用障碍度模型分析影响区域城镇化协调发展的因素，并进行高质量发展研究，以此为研究区的高质量发展提供可靠的理论基础。

18.2　理论与方法

18.2.1　理论基础

1. 可持续发展理论

可持续发展是既满足当代人的需要，又不对后代人满足其需要的能力构成危害的发展，以公平性、持续性、共同性为三大基本原则。可持续发展理论涉及社会、经济、生态等多个方面，其终极目标是通过人为调控在经济发展和资源环境中找到动态协同发展点，在不损害生态环境的先决条件下，最大限度地充分发展经济，谋求长远利益。新型城镇化建设与生态文明建设都是基于可持续发展理论提出的发展战略，可持续发展是推动新型城镇化建设与生态文明建设的本质目标。因此基于可持续发展理论进行新型城镇化与生态环境系统的耦合协调分析，有利于协助区域协同发展研究。

2. 人地关系地域系统理论

人地关系地域系统理论是构建人地关系研究范式体系的重要基础，因为它使人地关系问题研究趋向理性，将研究的规范性和实证性结合起来。人地关系地域系统强调发展，表明地理环境按照自然界的发展规律而发展，人地系统也必然发展变化，通过彼此之间的相互作用、相互联系，使得人地系统在动态演化中完成一次次由不平衡达到平衡的优化过程。人地关系地域系统理论强调系统观念，因此可以在人地关系地域系统研究中引入系统研究的方法，通过系统分析，揭示地理系统的复杂性，对自然要素和人文要素进行综合分析以构建多种模型体系，进一步预测未来不同发展模式下，人地关系的发展趋势和制度政策的调控路径等。

3. 协同理论

协同理论主要研究远离平衡态的开放系统在与外界有物质或能量交换的情况下，如何通过自己内部协同作用，自发地出现时间、空间和功能上的有序结构；协同理论是研究不同事物共同特征及其协同机理的新兴学科。本章主要依托协同理论中的协同效应，协同效应是指在协同作用下产生的结果，是指复杂开放系统中大量子系统相互作用而产生的整体效应或集体效应。千差万别的自然系统或社会系统均存在着协同作用。协同作用是系统有序结构形成的内驱力。任何复杂系统，在外来能量的作用下或当物质的聚集态达到某种临界值时，子系统之间就会产生协同作用。以协同效应作为新型城镇化-乡村振兴-生态环境系统的耦合协调研究的理论基础，为三者之间的耦合关系的阐明提供了可靠的支撑。

18.2.2　核心概念

1. 新型城镇化

本章所指的城镇化不单是人口城镇化，还包括社会、经济、土地的城镇化，是以城乡统筹、城乡一体、产业互动、节约集约、生态宜居、和谐发展为基本特征的城镇化，是大中小城市、小城镇、新型农村社区协调发展、互促共进的城镇化。党的十八大报告指出，要“坚持走新型工业化、信息化、城镇化、农业现代化道路”。根据《广西新型城镇化规划（2021—2035）》，广西新型城镇化的发展要走出一条以人为本、四化同步、优化布局、生态文明、文化传承的新型城镇化道路。

2. 生态环境

生态环境一般来说是指生态和环境，即“由生态关系组成的环境”的简称，是指与人类密切相关的，影响人类生活和生产活动的各种自然（包括在人工干预下形成的第二自然）力量（物质和能量）或作用的总和。在研究中更多是指影响人类生存与发展的水资源、土地资源、生物资源及气候资源数量与质量的总称，是关系到社会和经济可持续发展的复合生态系统。生态环境问题是指人类为其自身生存和发展，在利用和改造自然的过程中，对自然环境破坏和污染后所产生的危害人类生存的各种负反馈效应。

3. 乡村振兴

实施乡村振兴战略是党的十九大作出的重大决策部署，是决胜全面建成小康社会、全面建设社会主义现代化国家的重大历史任务，是新时代做好“三农”工作的总抓手。坚持农业农村优先发展，目标是按照产业兴旺、生态宜居、乡风文明、治理有效、生活富裕的总要求，建立健全城乡融合发展体制机制和政策体系，加快推进农业农村现代化。

18.2.3 新型城镇化-乡村振兴-生态环境系统指标体系

新型城镇化-乡村振兴-生态环境系统指标体系见表 18.1。

表 18.1 新型城镇化-乡村振兴-生态环境系统指标体系

系统	准则层	目标层	属性	权重
新型城镇化系统	人口城镇化	X1 城镇化率（%）	+	0.0984
		X2 第二、第三产业比重	+	0.0369
		X3 人口密度（人/km^2）	+	0.1500
	土地城镇化	X4 人均城市道路面积（km^2）	+	0.0310
		X5 建成区面积（km^2）	+	0.0735
		X6 建成区路网密度	+	0.0472
	经济城镇化	X7 人均 GDP（元）	+	0.1483
		X8 城镇人均可支配收入（元）	+	0.0316
		X9 一般财政预算支出（亿元）	+	0.0466
	社会城镇化	X10 万人卫生机构床位数（张）	+	0.0830
		X11 城镇登记失业率（%）	−	0.0436
		X12 社会消费品零售总额（亿元）	+	0.2098
乡村振兴系统	产业振兴	X13 粮食总产量（t）	+	0.0809
		X14 农业机械总动力（万 kW）	+	0.1000
		X15 农林牧渔总产值（万元）	+	0.1086
	生态宜居	X16 居民用电量（万 kW）	+	0.2039
		X17 燃气普及率（%）	+	0.0209

续表

系统	准则层	目标层	属性	权重
乡村振兴系统	乡风文明	X18 义务教育普及率（%）	+	0.2145
		X19 农村有线电视覆盖率（%）	+	0.0880
		X20 农村广播覆盖率（%）	+	0.0399
	治理有效	X21 村委会个数（个）	+	0.0241
		X22 农村居民最低生活保障人数（人）	+	0.0236
	生活富裕	X23 农村居民人均消费支出（元）	+	0.0581
		X24 农村居民人均可支配收入（元）	+	0.0433
生态环境系统	生态压力	X25 污水排放量（t）	+	0.0743
		X26 人均水资源占有量（L）	+	0.0307
	生态状态	X27 建成区绿化覆盖率（%）	+	0.1028
		X28 人均公园绿地面积（m^2）	+	0.2073
		X29 森林覆盖率（%）	+	0.1836
	生态响应	X30 污水处理率（%）	+	0.0414
		X31 造林面积（km^2）	+	0.3600

18.2.4 研究方法

1. 熵权法

基于传统熵权法，本书提出了一种结合熵权法的较为常用的赋值表权重评价模型。其基本原理是检测评价对象与最优解、最劣解的距离后进行排序，若评价对象最靠近最优解同时又最远离最劣解，则为最好；否则不为最好。其中最优解的各指标值都达到各评价指标的最优值，最劣解的各指标值都达到各评价指标的最差值。运用该方法来测算研究系统的权重及综合指数。具体公式如下。

到正理想解之间的距离：

$$D_j^+ = \sqrt{\sum_{i=1}^{m}(Z_i^+ - Z_{ij})^2} \tag{18.1}$$

到负理想解之间的距离：

$$D_j^- = \sqrt{\sum_{i=1}^{m}(Z_i^- - Z_{ij})^2} \tag{18.2}$$

综合评价指数为

$$f = \frac{D_j^-}{D_j^- + D_j^+} \tag{18.3}$$

式中，D_j^+ 为评价指标在 j 县域的最大值，为正理想解；D_j^- 为评价指标在 j 县域的最小值，为负理想解；f 为评价系统的综合分数。

2. 耦合协调度模型

耦合协调度模型指二者之间相互作用、相互影响，实现协调发展的动态关联关系，可以反映系统之间的相互依赖、相互制约程度。协调度指耦合相互作用关系中良性耦合程度的大小，它可体现出协调状况的好坏。具体公式计算如下：

$$C = 3 \times \left[\frac{U_1 U_2 U_3}{(U_1 + U_2 + U_3)^3} \right]^{\frac{1}{3}} \tag{18.4}$$

$$T = 1/3(U_1 + U_2 + U_3) \tag{18.5}$$

$$D = \sqrt{C \times T} \tag{18.6}$$

式中，C 为新型城镇化、乡村振兴与生态环境系统的耦合度；D 为三系统的耦合协调度；T 为协调指标；本章认为新型城镇化与乡村振兴、生态环境系统在研究过程中发挥着同等重要的作用，因此 $\beta_1=\beta_2=\beta_3=1/3$。

3. 探索性空间数据分析方法

探索性空间数据分析包括全局空间自相关分析和局部空间自相关分析。全局空间自相关可用来判断空间单元的整体性，本章采用莫兰指数来研究新型城镇化耦合协调度在研究区的总体分布情况。进行局部空间自相关分析，是在局部空间计算分析区域内各个空间对象与其邻域对象间的空间相关程度，计算分析空间对象分布中所存在的局部特征差异，反映局部区域内的空间异质性与不稳定性。其中全局自相关的莫兰指数公式为

$$I = \frac{n \sum_{i=1}^{n} \sum_{j=1}^{n} w_{ij} (x_i - x^-)(x_j - x^-)}{\left(\sum_{i=1}^{n} \sum_{j=1}^{n} w_{ij} \right) \sum_{i=1}^{n} (x_i - x^-)^2} \tag{18.7}$$

式中，x_i 为 i 地区的属性值；x_j 为 j 地区的属性值；w_{ij} 为地区单元 i 和 j 之间的权重，当 i 和 j 相邻时，$w_{ij}=1$，当 i 和 j 不相邻时，$w_{ij}=0$。莫兰指数的取值范围近似为-1～1，莫兰指数越接近-1，表明地区单元与地区周围单元具有明显的差异性，当莫兰指数越接近 1 时，表明各地区单元之间关系密切，具有相似的性质。

局部空间自相关莫兰指数公式如下：

$$I_j = \frac{(x_i - x^-)}{S^2} \sum_j w_{ij} (x_j - x^-) \tag{18.8}$$

4. 障碍度模型

采用障碍度模型对阻碍新型城镇化协调水平的因素进行分析。

$$F_{ij} = W_{ij} - W_i \tag{18.9}$$

$$H_{ij} = 1 - S_{ij} \tag{18.10}$$

$$p_{ij} = \frac{F_{ij} H_{ij}}{\sum_{1=1}^{i=m} F_{ij} H_{ij}} \tag{18.11}$$

$$P_{ij} = \sum p_{ij} \tag{18.12}$$

式中，F_{ij}（因子贡献度）为单项指标对准则层的权重；H_{ij}（指标偏离度）为单项指标与理想目标的差距；P_{ij} 和 p_{ij} 分别为准则层和指标层的障碍度；W_{ij} 为第 i 个准则层第 j 个指标的权重；W_i 为第 i 个准则层的权重；S_{ij} 为单项指标的标准化值。

18.2.5　研究区域与数据

1. 研究区域

1）新型城镇化概况

截至 2020 年，我国城镇化率为 63.89%，桂西南喀斯特—北部湾地区城镇化率达 56.2%，接近全国城镇化水平。《广西壮族自治区人民政府关于印发北部湾城市群发展规划广西实施方案的通知（桂政发〔2018〕

2 号）》指出要紧紧围绕面向东盟、服务“三南”（西南、中南、华南）、宜居宜业的战略导向，以改革创新为动力，以人的城镇化为核心，发展向海经济，强化区域联动，加强统筹协调，推动高质量发展，全力打造国际一流品质的蓝色宜居海湾城市群。

2）乡村振兴发展状况

民族要复兴，乡村必振兴。2021 年 4 月习近平总书记在广西视察时指出，全面推进乡村振兴的深度、广度、难度都不亚于脱贫攻坚，决不能有任何喘口气、歇歇脚的想法，要在新起点上接续奋斗，推动全体人民共同富裕取得更为明显的实质性进展。乡村振兴，产业是基础支撑，更是重要引擎。由于地理区位、基础设施、交通条件等诸多因素制约，民族地区产业发展相对滞后，经济发展水平相对较低，与高质量发展的要求还存在较大差距，城乡和农村居民人均可支配收入均低于全国平均水平。

3）生态环境状况

北部湾地区地处热带亚热带，坐拥我国南部最大海湾，资源要素禀赋优越，生态环境质量为全国一流。港口、岸线、油气、农林、旅游资源丰富且地势平坦，国土开发利用潜力较为充足，环境容量较大，人口经济承载力较强。但是随着城镇化进程的发展，北部湾地区环境约束日益趋紧。北部湾为半封闭海湾，海流较弱，不利于污染物扩散与降解，近岸海域污染呈上升趋势，海洋环境污染风险加大，生态系统服务功能退化趋势尚未得到根本遏制，开发与保护的矛盾日益突出。

2. 数据来源

本章研究区域为桂西南喀斯特—北部湾地区的 7 个市域。桂西南喀斯特区即百色市和崇左市，北部湾地区即南宁市、北海市、钦州市、防城港市、玉林市。研究时间为 2010 年、2015 年、2019 年 3 个期段。数据主要来源于 2011～2020 年的《中国城市统计年鉴》、《广西统计年鉴》、《广西建设年鉴》以及研究区各市的《国民经济和社会发展统计公报》。

18.3 新型城镇化-乡村振兴-生态环境系统水平的测算

18.3.1 指标体系的构建

不同于传统工业主导的城镇化，新型城镇化的建设理念是以生态文明、产业发展为前提，因此本节参照前人研究（何俞鸿，2022），从人口、土地、经济、社会 4 个准则层共选取了 12 个指标构建新型城镇化的指标体系；根据我国生态文明建设的理念要求，依据“压力-状态-响应”（PSR）模型（夏艺璇，2022），从生态压力、生态状态、生态响应出发，根据社会经济发展对生态环境的压力、生态环境水平，以及生态环境治理方面共 7 项具体指标构建生态环境系统的评价体系；从产业振兴、生态宜居、乡风文明、治理有效、生活富裕 5 个方面构建乡村振兴指标体系（余其安，2021）。

18.3.2 指标权重的确定

本节采取极值标准化方式对原始数据进行标准化处理，为避免可能出现的 0 值在接下来的计算中无意义，分别对处理后的数据进行 0.001 的坐标平移，从而得到标准化值。

正向指标：

$$Y_{ij}=\frac{X_{ij}-\min(X_{ij})}{\max(X_{ij})-\min(X_{ij})}+0.001 \tag{18.13}$$

负向指标：

$$Y_{ij} = \frac{\max(X_{ij}) - X_{ij}}{\max(X_{ij}) - \min(X_{ij})} + 0.001 \tag{18.14}$$

式中，Y_{ij}为处理后的标准化指标；X_{ij}为第 i 个地区第 j 类指标的原始数据；$\max(X_{ij})$为指标最大值；$\min(X_{ij})$为指标最小值。

运用熵值法对指标进行权重测定，测定公式为

（1）第 j 项指标的比重：
$$P_{ij} = X_{ij} / \sum_{i=1}^{m} X_{ij} \tag{18.15}$$

（2）第 j 项指标的熵值：
$$e_i = -1 / \ln m \sum_{i=1}^{m} P_{ij} \ln P_{ij} \tag{18.16}$$

（3）第 j 项指标的差异系数：
$$g_i = 1 - e_i \tag{18.17}$$

（4）第 j 项指标占所有指标的权重：
$$W_j = g_j / \sum_{j=1}^{n} g_j \tag{18.18}$$

18.3.3　新型城镇化-乡村振兴-生态环境系统综合评价

如图 18.2 所示，桂西南喀斯特—北部湾地区新型城镇化指数总体上在研究期内呈上升趋势，在 2015 年，发展指数达到 0.3272，主要体现在政策方面，广西壮族自治区在 2014 年发布了《广西壮族自治区新型城镇化规划（2014—2020 年）》，该文件发布以后，广西各市县（区）积极采取措施贯彻落实文件内容，使得新型城镇化发展水平快速提高。2015 年，研究区乡村振兴指数有了较大的提高，各地区加大支农投入力度，设立支农扶持基金，提高农业机械化水平。无论是农业生产、农村发展还是农民的生活水平都有了很大的提升，给“十二五”规划交上了一份满意的答卷。生态环境指数一直保持着稳步提高的状态，在 2019 年，生态环境指数达到了 0.4636。早在 2005 年，习近平总书记在浙江考察时就提出“绿水青山就是金山银山”理念，并在结束调研后进一步阐述道，我们追求人与自然的和谐，经济与社会的和谐，通俗地讲，就是既要绿水青山，又要金山银山；生态兴则文明兴，生态文明建设是关系中华民族永续发展的根本大计。在党的十八大中，以习近平同志为核心的党中央把生态文明建设纳入中国特色社会主义事业总体布局，使生态文明建设成为“五位一体”总体布局中不可或缺的重要内容，“美丽中国”成为社会主义现代化强国的奋斗目标。

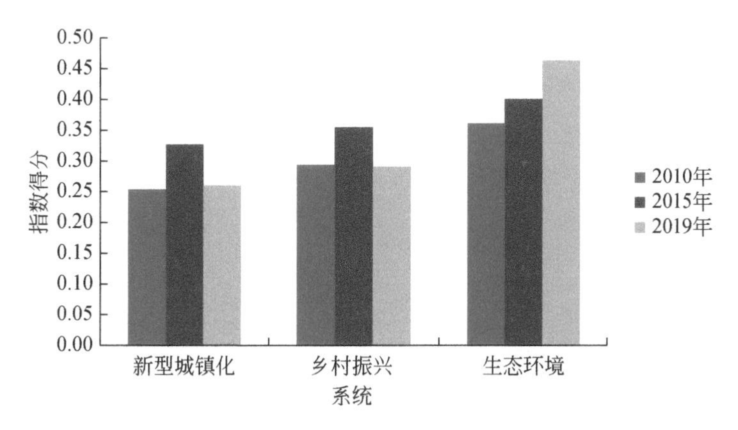

图 18.2　新型城镇化、乡村振兴、生态环境系统综合指数

18.4　耦合协调时空分异与空间集聚研究

18.4.1　新型城镇化-乡村振兴-生态环境系统耦合协调度分析

1. 新型城镇化子系统协调度分析

运用熵值法与综合发展指数评价法测算新型城镇化子系统人口-土地-经济-社会城镇化发展指数，在此基础上利用耦合协调度模型测算城镇化子系统耦合协调度，图 18.3 为新型城镇化子系统 2010～2019 年城镇化耦合协调度空间分布图。从图 18.3 中可以看到桂西南喀斯特地区，即百色市、崇左市协调度较差，大部分区域处于中度失调和轻度失调范围。其中右江区协调度在 2010 年和 2019 年均处于勉强协调状态，协调水平相对于其他喀斯特地区较高，这跟右江区的地理位置有着较大的关系。右江区为西江水系的上游交通枢纽和边境物资集散地，直面东盟市场，是大西南出海的重要通道，同时也是百色市委、市政府所在地，是政治、经济、文化中心，因此其社会经济发展水平较高。但是从图 18.3 中可以发现 2015 年右江区协调度是下降的，且下降到中度失调等级，主要原因在于右江区经济城镇化指数和社会城镇化指数都有较大幅度的下降。根据障碍度模型测算，2015 年失业率指标在障碍因子中排名第一，右江区的失业率较高，对经济的发展起到了一定的制约作用。由邕江穿城而过的南宁市协调度较好，协调等级基本在勉强协调等

城镇化率、二三产业比重、人口密度、人均城市道路面积、建成区面积、建成区路网密度、人均GDP、城镇人均可支配收入、一般财政预算支出、万人卫生机构床位数、城镇登记失业率数据来源于2010年、2015年、2019年《广西统计年鉴》；图上内容为作者根据2010年、2015年、2019年城镇化率、二三产业比重、人口密度、人均城市道路面积、建成区面积、建成区路网密度、人均GDP、城镇人均可支配收入、一般财政预算支出、万人卫生机构床位数、城镇登记失业率数据推算出的结果，不代表官方数据。

图 18.3　2010～2019 年研究区新型城镇化子系统协调度空间分布图

级之上，作为广西首府，其经济、政治发展有着较高的影响力，同时作为中国—东盟博览会永久举办地，南宁市成为内外交易的重要商贸平台。作为沿江沿海区域的北钦防城市协调水平仅次于南宁市，符合本章以山地-江河-海岸为研究视角的区域发展特征。图 18.4 为城镇化子系统 2010～2019 年协调指数变化的空间分布图，从图中可以看到经过 9 年的发展，桂西南喀斯特—北部湾地区的城镇化子系统协调指数有所上升，并且在往协调方向发展。

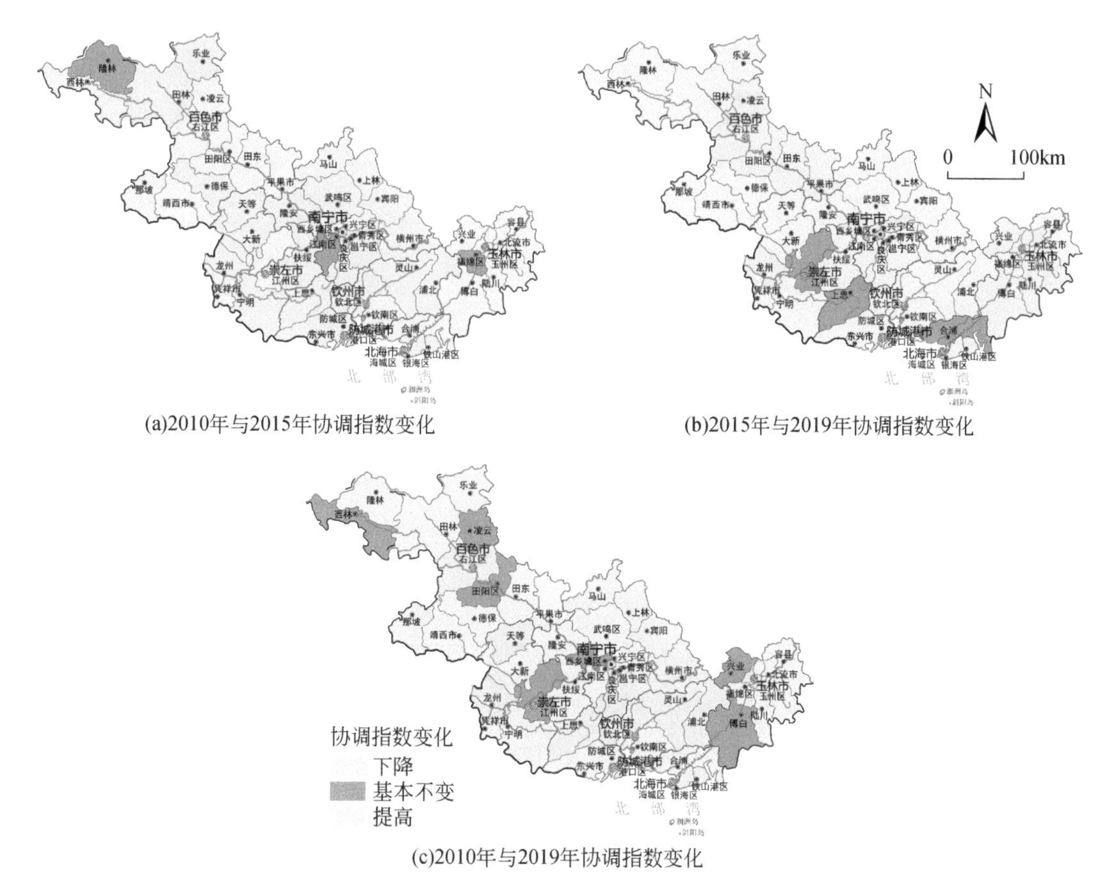

(a)2010年与2015年协调指数变化　(b)2015年与2019年协调指数变化

(c)2010年与2019年协调指数变化

城镇化率、二三产业比重、人口密度、人均城市道路面积、建成区面积、建成区路网密度、人均GDP、城镇人均可支配收入、一般财政预算支出、万人卫生机构床位数、城镇登记失业率数据来源于2010年、2015年、2019年《广西统计年鉴》；图上内容为作者根据2010年、2015年、2019年城镇化率、二三产业比重、人口密度、人均城市道路面积、建成区面积、建成区路网密度、人均GDP、城镇人均可支配收入、一般财政预算支出、万人卫生机构床位数、城镇登记失业率数据推算出的结果，不代表官方数据。

图 18.4　2010～2019 年研究区新型城镇化子系统协调指数变化空间分布图

2. 乡村振兴子系统协调度分析

图 18.5 是产业振兴、乡风文明、生态宜居、治理有效、生活富裕子系统 2010～2019 年耦合协调度空间分布格局。从图 18.5 中可以看到乡村振兴子系统之间不仅有着较强的相关性，各子系统之间协调水平也是较高的，除了喀斯特地区部分县域仍然处于轻度失调状态，其余县域基本处于勉强协调和初级协调状态，2015 年沿江沿海城市达到了中级协调水平。

从图 18.6 中也可以看到，乡村振兴子系统协调指数总体上是上升的。2015 年与 2010 年相比，除了百色市西林县，崇左市凭祥市、天等县，南宁市隆安县、马山县、上林县以及防城港市东兴市协调指数有所下降外，其他地区协调指数均有提高，2019 年协调指数与 2015 年相比有所变化，2019 年协调指数相对于 2015 年来说，除了马山县和天等县协调指数提高以外，其余城市协调指数都是下降的，主要原因是 2015 年各城市经济发展水平总体上升，在“三农”工作中采取各种措施使得农村产业快速发展，农民生活水平提高。

(a)2010年　　(b)2015年

(c)2019年

社会消费品零售总额、粮食总产量、农业机械总动力、农林牧渔总产值、居民用电量、用气普及率、电视人口覆盖率、广播人口覆盖率、村委会个数、农村居民最低生活保障人数、农村居民人均消费支出、农村居民人均可支配收入数据来源于2010年、2015年、2019年《广西统计年鉴》；九年义务教育巩固率数据来源于2010年、2015年、2019年《广西壮族自治区国民经济和社会发展统计公报》；图上内容为作者根据2010年、2015年、2019年社会消费品零售总额、粮食总产量、农业机械总动力、农林牧渔总产值、居民用电量、用气普及率、九年义务教育巩固率、电视人口覆盖率、广播人口覆盖率、村委会个数、农村居民最低生活保障人数、农村居民人均消费支出、农村居民人均可支配收入数据推算出的结果，不代表官方数据。

图 18.5　2010～2019 年研究区乡村振兴子系统协调度空间分布图

3. 生态环境子系统协调度分析

生态环境系统是否协调，主要通过对生态压力、生态状态和生态响应子系统之间进行耦合协调测算。图 18.7 所示为生态环境系统在研究期内的耦合协调度空间分布。

从图 18.7 中可以发现，生态环境系统协调度分布与新型城镇化系统、乡村振兴系统耦合协调度分布有一定的差别。新型城镇化和乡村振兴系统协调水平较高的区域大多分布在沿江沿海区域，而生态环境系统则相反，生态环境系统协调水平较高的区域为喀斯特地区，主要原因是喀斯特地区虽然经济较差，基础设施建设欠缺，但是原有生态资源较好，且没有经济快速发展带来的较大环境压力，这使得喀斯特地区生态环

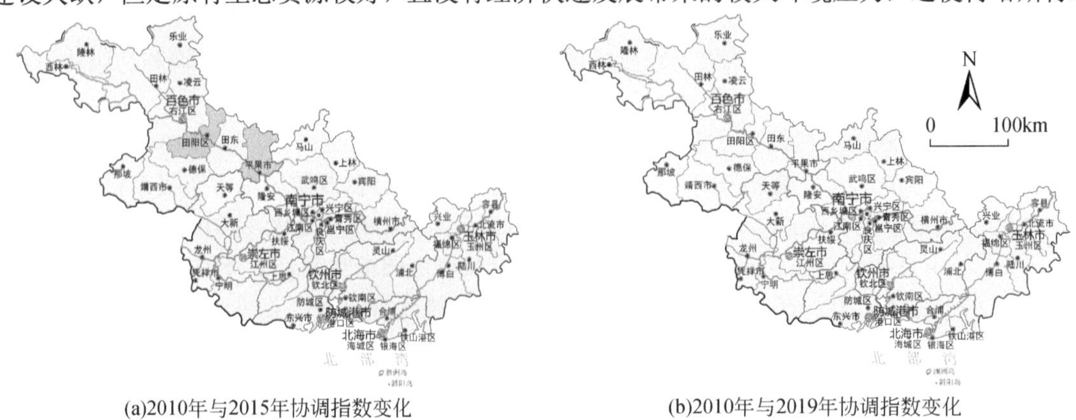

(a)2010年与2015年协调指数变化　　(b)2010年与2019年协调指数变化

(c)2010年与2019年协调指数变化

社会消费品零售总额、粮食总产量、农业机械总动力、农林牧渔总产值、居民用电量、用气普及率、电视人口覆盖率、广播人口覆盖率、村委会个数、农村居民最低生活保障人数、农村居民人均消费支出、农村居民人均可支配收入数据来源于2010年、2015年、2019年《广西统计年鉴》；九年义务教育巩固率数据来源于2010年、2015年、2019年《广西壮族自治区国民经济和社会发展统计公报》；图上内容为作者根据2010年、2015年、2019年社会消费品零售总额、粮食总产量、农业机械总动力、农林牧渔总产值、居民用电量、用气普及率、九年义务教育巩固率、电视人口覆盖率、广播人口覆盖率、村委会个数、农村居民最低生活保障人数、农村居民人均消费支出、农村居民人均可支配收入数据推算出的结果，不代表官方数据。

图 18.6　2010～2019 年研究区乡村振兴子系统协调指数变化空间分布图

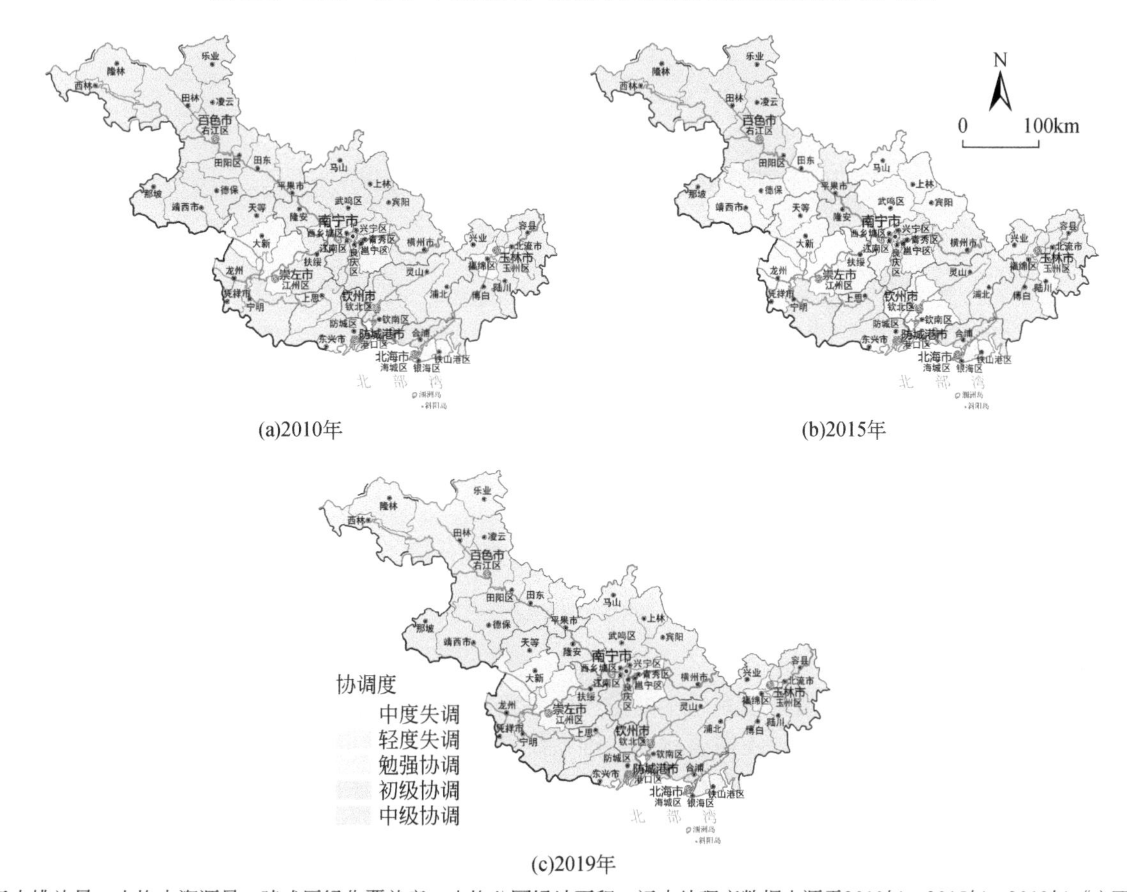

(a)2010年　(b)2015年

(c)2019年

污水排放量、人均水资源量、建成区绿化覆盖率、人均公园绿地面积、污水处理率数据来源于2010年、2015年、2019年《广西统计年鉴》；造林面积来源于2010年、2015年、2019年《广西壮族自治区国民经济和社会发展统计公报》；2010年、2015年、2019年NDVI数据来源于中国科学院资源环境科学与数据中心；图上专题内容为作者根据2010年、2015年、2019年污水排放量、人均水资源量、建成区绿化覆盖率、人均公园绿地面积、NDVI、污水处理率、造林面积数据推算出的结果，不代表官方数据。

图 18.7　2010～2019 年研究区生态环境子系统协调度空间分布图

境系统协调指数相对较高。从图 18.8 中可以明显看到生态环境系统协调指数在 2010～2019 年的变化情况。在研究期内，研究区各城市的生态环境系统协调指数大多是提高的，经过 9 年的变化，协调指数在提高的同时，协调等级也在进一步提高。可见各城市对于资源环境的利用与保护反映了其较强的可持续发展意识。

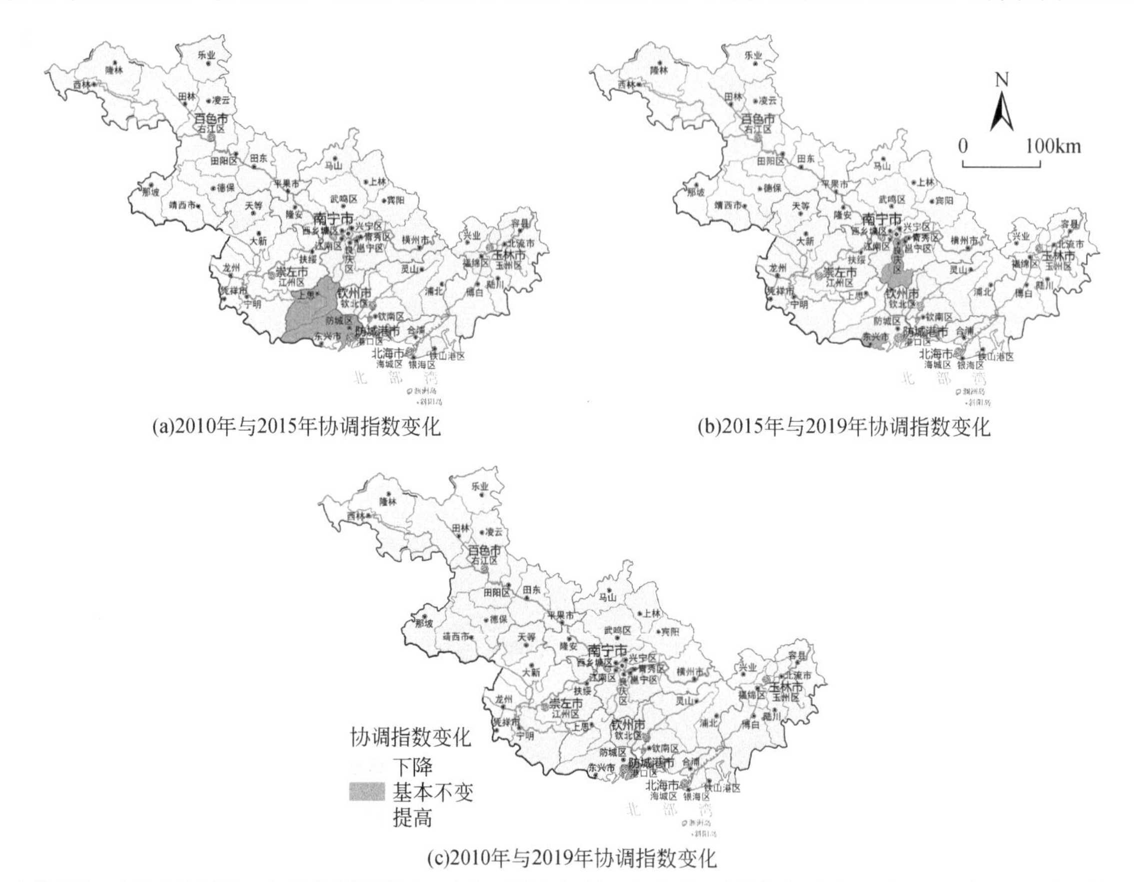

(a)2010年与2015年协调指数变化

(b)2015年与2019年协调指数变化

(c)2010年与2019年协调指数变化

污水排放量、人均水资源量、建成区绿化覆盖率、人均公园绿地面积、污水处理率数据来源于2010年、2015年、2019年《广西统计年鉴》；造林面积来源于2010年、2015年、2019年《广西壮族自治区国民经济和社会发展统计公报》；2010年、2015年、2019年NDVI数据来源于中国科学院资源环境科学与数据中心；图上专题内容为作者根据2010年、2015年、2019年NDVI、污水排放量、人均水资源量、建成区绿化覆盖率、人均公园绿地面积、污水处理率、造林面积推算出的结果，不代表官方数据。

图 18.8　2010～2019 年研究区生态环境子系统协调指数变化空间分布图

18.4.2　新型城镇化-乡村振兴-生态环境系统耦合协调度分析

1. 二维系统耦合协调度分析

在新型城镇化-乡村振兴-生态环境系统中，每一个系统之间都是相互联系、相互制约的，因此除了分析每一个系统本身是否耦合协调外，还需要研究二维系统即两个系统之间的耦合协调度。根据两个系统之间的耦合协调度来判断在三维系统耦合过程中，每个系统起的是制约作用还是促进作用。从图 18.9 中可以看到新型城镇化-乡村振兴系统耦合协调度在 2010～2019 年是最差的，而新型城镇化-乡村振兴-生态环境系统在同期中表现为协调指数比其略高一些，而新型城镇化-生态环境系统协调指数又比新型城镇化-乡村振兴-生态环境系统高，说明在 3 个系统的耦合协调过程中，生态环境系统对新型城镇化系统与乡村振兴系统的耦合协调起到了一定的促进作用，而乡村振兴系统、新型城镇化系统则在三个系统的耦合过程中起着制约作用，最主要的是新型城镇化和乡村振兴系统的相互牵制使得新型城镇化、乡村振兴、生态环境系统之间的协调水平没有得到进一步改善。

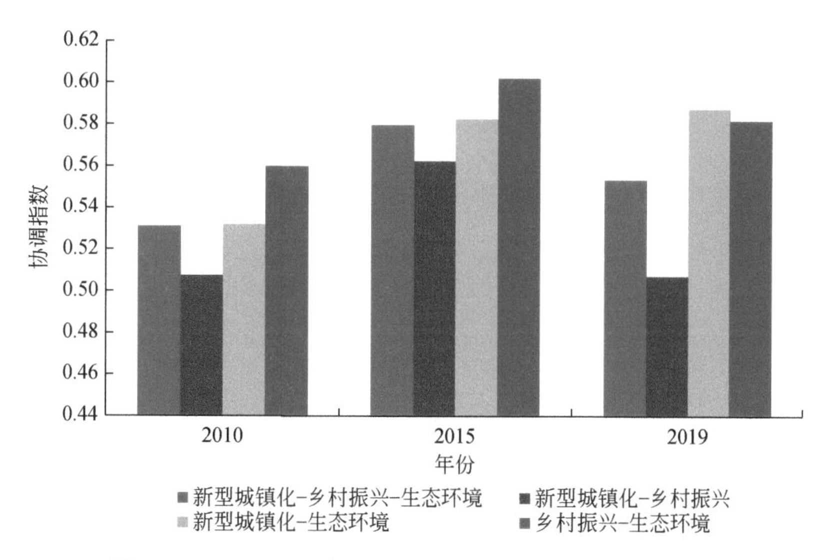

图 18.9　2010～2019 年二维、三维系统耦合协调指数统计图

2. 三维系统耦合协调度分析

在三维系统耦合协调度分析中，主要在 ArcGIS 平台将研究区的三维系统耦合协调度用可视化方式呈现，以便更好地进行空间分析。图 18.10 为 2010～2019 年新型城镇化-乡村振兴-生态环境系统耦合协调度空间分布图。

从图 18.10 中可以看到桂西南喀斯特—北部湾地区新型城镇化-乡村振兴-生态环境系统耦合协调度在 2010～2019 年经历了下降—上升的趋势，总体仍然是上升的。协调状态从轻度失调转为勉强协调，勉强协调区域向初级协调和中级协调方向发展。其中喀斯特地区百色市和崇左市协调水平较低，主要原因是该地区地形地貌以喀斯特地貌为主，给当地带来了机械化生产程度低、交通不便等问题，区域地理环境的劣势使得当地经济增长受阻。沿江沿海区域的城市协调水平相对于喀斯特地区是较高的，因为沿江沿海区域的水资源丰沛，土地资源平坦，是众多开发商竞争的核心地块，其交通条件便利，因此沿江沿海城市的经济发展会相对集中，经济发展水平较高，沿江沿海城市主要依靠海岸带资源发展，海岸带作为第一海洋经济区，是社会经济发展的“黄金地带”。对于海洋资源的开发与保护愈显重要，海岸带地区的国家战略地位日益突出。北部湾海岸带资源丰富，有着较好的旅游资源，因此防城港市、钦州市、北海市协调水平也是较高的。从县域角度来看，百色市右江区、隆林各族自治县、田阳区、田东县协调水平较高，这几个地区同时也是右江流经的地区，说明江流在一定程度上带动了沿江城市的经济发展。南宁市协调水平较低的是马山县、上林县以及隆安县，从其地形地貌来看，马山县地貌以山区、丘陵为主；上林县属于桂中南区，西部多山、东南部多丘陵和平地；隆安县地处桂西南岩溶山地，两面高山环绕，中部沿右江河谷较低，丘陵地占 48.29%，喀斯特占 31.5%，平原台阶占 12.44%，属于典型的山区，因此其协调水平较低。2015 年与 2010 年相比协调变化较大，具体如图 18.11 所示。

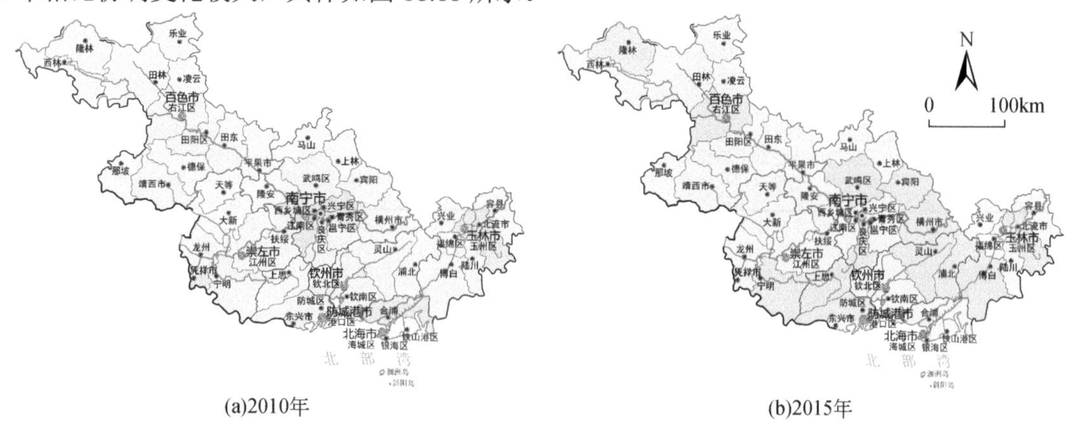

(a)2010年　　(b)2015年

(c)2019年

城镇化率、二三产业比重、人口密度、人均城市道路面积、建成区面积、建成区路网密度、人均GDP、城镇人均可支配收入、一般财政预算支出、万人卫生机构床位数、城镇登记失业率、社会消费品零售总额、粮食总产量、农业机械总动力、农林牧渔总产值、居民用电量、用气普及率、电视人口覆盖率、广播人口覆盖率、村委会个数、农村居民最低生活保障人数、农村居民人均消费支出、农村居民人均可支配收入、污水排放量、人均水资源量、建成区绿化覆盖率、人均公园绿地面积、污水处理率数据来源于2010年、2015年、2019年《广西统计年鉴》；九年义务教育巩固率、造林面积数据来源于2010年、2015年、2019年《广西壮族自治区国民经济和社会发展统计公报》；2010年、2015年、2019年NDVI数据来源于中国科学院资源环境科学与数据中心；图上专题内容为作者根据2010年、2015年、2019年城镇化率、二三产业比重、人口密度、人均城市道路面积、建成区面积、建成区路网密度、人均GDP、城镇人均可支配收入、一般财政预算支出、万人卫生机构床位数、城镇登记失业率、社会消费品零售总额、粮食总产量、农业机械总动力、农林牧渔总产值、居民用电量、用气普及率、九年义务教育巩固率、电视人口覆盖率、广播人口覆盖率、村委会个数、农村居民最低生活保障人数、农村居民人均消费支出、农村居民人均可支配收入、污水排放量、人均水资源量、建成区绿化覆盖率、人均公园绿地面积、污水处理率、造林面积、NDVI数据推算出的结果，不代表官方数据。

图 18.10　2010～2019 年研究区新型城镇化-乡村振兴-生态环境系统耦合协调度空间分布图

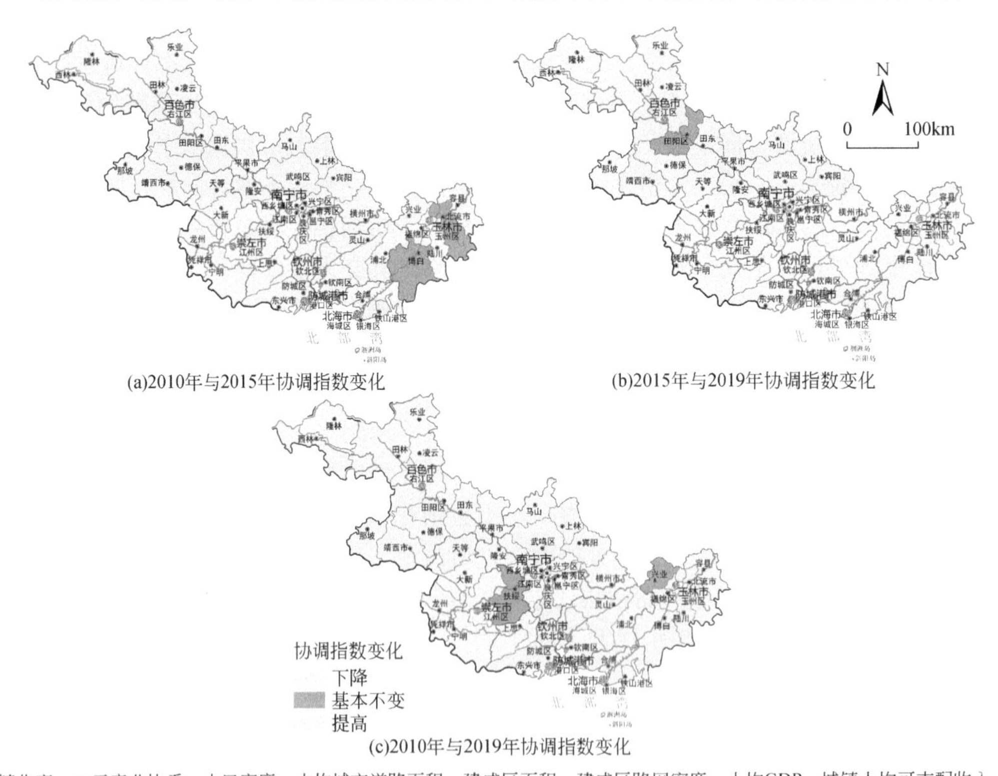

(a)2010年与2015年协调指数变化

(b)2015年与2019年协调指数变化

(c)2010年与2019年协调指数变化

城镇化率、二三产业比重、人口密度、人均城市道路面积、建成区面积、建成区路网密度、人均GDP、城镇人均可支配收入、一般财政预算支出、万人卫生机构床位数、城镇登记失业率、社会消费品零售总额、粮食总产量、农业机械总动力、农林牧渔总产值、居民用电量、用气普及率、电视人口覆盖率、广播人口覆盖率、村委会个数、农村居民最低生活保障人数、农村居民人均消费支出、农村居民人均可支配收入、污水排放量、人均水资源量、建成区绿化覆盖率、人均公园绿地面积、污水处理率数据来源于2010年、2015年、2019年《广西统计年鉴》；九年义务教育巩固率、造林面积数据来源于2010年、2015年、2019年《广西壮族自治区国民经济和社会发展统计公报》；2010年、2015年、2019年NDVI数据来源于中国科学院资源环境科学与数据中心；图上专题内容为作者根据2010年、2015年、2019年城镇化率、二三产业比重、人口密度、人均城市道路面积、建成区面积、建成区路网密度、人均GDP、城镇人均可支配收入、一般财政预算支出、万人卫生机构床位数、城镇登记失业率、社会消费品零售总额、粮食总产量、农业机械总动力、农林牧渔总产值、居民用电量、用气普及率、九年义务教育巩固率、电视人口覆盖率、广播人口覆盖率、村委会个数、农村居民最低生活保障人数、农村居民人均消费支出、农村居民人均可支配收入、污水排放量、人均水资源量、建成区绿化覆盖率、人均公园绿地面积、污水处理率、造林面积、NDVI数据推算出的结果，不代表官方数据。

图 18.11　2010～2019 年研究区新型城镇化-乡村振兴-生态环境系统协调指数变化空间分布图

从图 18.11 中可以看到 2015 年研究区整体协调水平比 2010 年、2019 年高，一方面是因为 2015 年是“十二五”规划收官之年，各城市都在为“十二五”规划做最后的冲刺；另一方面是广西壮族自治区在 2014 年发布了《广西壮族自治区新型城镇化规划（2014—2020 年）》，这对于研究区城市新型城镇化发展有一定的促进作用。此外，2015 年各城市在乡村振兴方面也通过采取提高农业机械化水平、加大农业投资金额和农村扶贫基金投入等不同措施协助各地乡村发展。

18.4.3 新型城镇化-乡村振兴-生态环境系统空间集聚分析

1. 新型城镇化-乡村振兴-生态环境系统耦合协调度全局自相关分析

采用全局 Moran's I 指数的最邻接距离空间权重对新型城镇化-乡村振兴-生态环境系统耦合协调度进行空间分布模式的评估。Moran's I 及相关指数结果见表 18.2，以正态分布 95%置信区间双侧检验阈值 1.96 为界限，检验结果显示 Moran's I 均大于 0，Z 得分均大于 1.96，P 值均小于 0.05，均通过显著性水平检验，表明新型城镇化-乡村振兴-生态环境系统耦合协调度在 95%的显著水平下存在空间自相关关系，且为正相关关系，见表 18.2。

表 18.2 2010～2019 年 Moran's I 及相关参数、统计量

项目	2010 年	2015 年	2019 年
Moran's I	0.2266	0.1700	0.2108
预期指数	−0.0204	−0.0204	−0.0204
方差	0.0084	0.0080	0.0084
Z 得分	2.6961	2.1274	2.5218
P 值	0.0070	0.0334	0.0117

2. 新型城镇化-乡村振兴-生态环境系统耦合协调度局部自相关分析

根据全局 Moran's I 指数只能够判断研究系统是否存在空间自相关性，而具体是高值集聚还是低值集聚则难以判断。因此引入局部空间自相关高/低聚类（Getis-Ord General G）指数的 Z 值，进行冷点（低值）和热点（高值）的聚类分析，结合各县域位置，将局部空间集聚结果划分为冷点区、次冷点区、不显著区、次热点区和热点区 5 种类型，并在 ArcGIS 平台上进行可视化分析，具体如图 18.12 所示。

从图 18.12 中可以看到热点区呈现出相邻县域之间耦合协调度为高分值集聚现象，2010 年热点区主要分布在南宁市西乡塘区、青秀区、兴宁区以及玉林市陆川县，表现为高-高集聚。江南区属于次热点区，集聚效果次之。冷点区和次冷点区主要分布在那坡县、靖西市、天等县、田林县和乐业县，这些地区的耦合协调度较低，表现出低-低集聚分布特征。2015 年，集聚地区有所转移且分布范围更广。热点区除了南宁市的横州市、邕宁区外还有防城港市的上思县、东兴市，钦州市的钦南区、钦北区。次热点区范围也有所扩大，从原来的一个江南区扩展到良庆区、宾阳县、青秀区以及防城区。冷点区由原来的桂西南喀斯特地区转移到北部湾地区的玉林市，为陆川县、玉州区、福绵区；次热点区分布在兴业县。冷点区增加，说明低值集聚程度越大，说明集聚效果越来越显著，集聚范围也越来越大，相邻的城市之间经过 5 年的发展慢慢形成了一种以中心城市带动周围城市发展的模式。2019 年是全面实现小康社会的冲刺，集聚效果相比于 2010 年较为明显，热点区主要分布在南宁市兴宁区、青秀区、宾阳县；次热点区主要分布在邕宁区、横县、浦北县。冷点区主要分布在崇左市的大新县、龙州县、江州区、宁明县，该部分地区主要表现出低值集聚，且集聚程度大。次冷点区主要分布在百色市西林县、隆林各族自治县和乐业县，该部分地区同样表现出低值集聚，集聚程度较大。对研究区桂西南喀斯特—北部湾地区而言，研究期内，桂西南喀斯特部分地区表现出低值集聚特征，沿江沿海区表现为高值集聚特征，具有一定的过渡性特点，符合山江海过渡性空间特征。

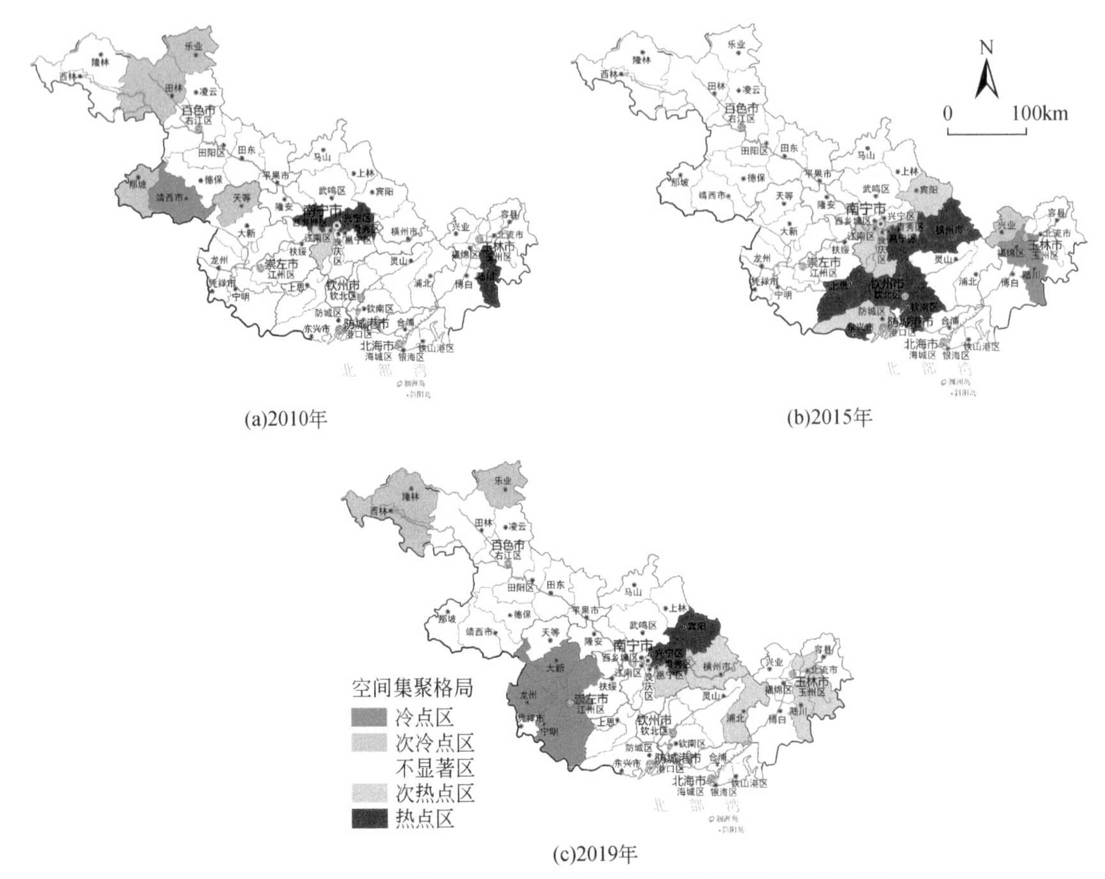

(a)2010年　(b)2015年　(c)2019年

城镇化率、二三产业比重、人口密度、人均城市道路面积、建成区面积、建成区路网密度、人均GDP、城镇人均可支配收入、一般财政预算支出、万人卫生机构床位数、城镇登记失业率、社会消费品零售总额、粮食总产量、农业机械总动力、农林牧渔总产值、居民用电量、用气普及率、电视人口覆盖率、广播人口覆盖率、村委会个数、农村居民最低生活保障人数、农村居民人均消费支出、农村居民人均可支配收入、污水排放量、人均水资源量、建成区绿化覆盖率、人均公园绿地面积、污水处理率数据来源于2010年、2015年、2019年《广西统计年鉴》；九年义务教育巩固率、造林面积数据来源于2010年、2015年、2019年《广西国民经济和社会发展统计公报》；2010年、2015年、2019年NDVI数据来源于中国科学院资源环境科学与数据中心；图上专题内容为作者根据2010年、2015年、2019年城镇化率、二三产业比重、人口密度、人均城市道路面积、建成区面积、建成区路网密度、人均GDP、城镇人均可支配收入、一般财政预算支出、万人卫生机构床位数、城镇登记失业率、社会消费品零售总额、粮食总产量、农业机械总动力、农林牧渔总产值、居民用电量、用气普及率、九年义务教育巩固率、电视人口覆盖率、广播人口覆盖率、村委会个数、农村居民最低生活保障人数、农村居民人均消费支出、农村居民人均可支配收入、污水排放量、人均水资源量、建成区绿化覆盖率、人均公园绿地面积、污水处理率、造林面积、NDVI数据推算出的结果，不代表官方数据。

图 18.12　2010～2019 年研究区新型城镇化-乡村振兴-生态环境系统协调度空间集聚格局图

18.4.4　新型城镇化-乡村振兴-生态环境系统障碍因子分析

由于区域的差异性，不同区域新型城镇化-乡村振兴-生态环境系统的耦合协调发展受到不同因素的影响。利用障碍度模型测算影响 3 个系统耦合协调度的因素，筛选出影响系统协调水平的前 10 个指标及相应的因子障碍度，具体见表 18.3。

表 18.3　新型城镇化-乡村振兴-生态环境系统耦合协调度障碍因子及障碍度

年份	障碍因子及障碍度									
2010	X31	X22	X12	X28	X16	X10	X15	X1	X12	X5
	0.1494	0.0957	0.0944	0.0756	0.0680	0.0670	0.0532	0.0421	0.0397	0.0381
2015	X11	X31	X28	X22	X16	X13	X15	X26	X21	X14
	0.2794	0.1634	0.0655	0.0642	0.0634	0.0498	0.0492	0.0452	0.0373	0.0252
2019	X31	X22	X12	X16	X28	X3	X7	X29	X13	X15
	0.1100	0.0961	0.0882	0.0799	0.0758	0.0651	0.0634	0.0462	0.0373	0.0361

从表 18.3 中可以看到 2010～2019 年障碍度排名较前且频繁的是造林面积、农村居民最低生活保障人数、人均公园绿地面积、粮食总产量、居民用电量、农林牧渔总产值。根据障碍度排名前十的指标，主要集中在乡村振兴系统和新型城镇化系统，这表明在桂西南喀斯特—北部湾地区的新型城镇化-乡村振兴-生态环境系统中，最大的障碍是人口城镇化、经济城镇化、社会城镇化、产业振兴、治理有效子系统，说明在城镇化进程中，城乡融合发展阻碍了新型城镇化高质量发展，需要采取措施以城镇经济带动农村经济，以城镇化带动乡村振兴，以乡村振兴效果反馈助力城镇化发展。城镇社会经济发展和农村产业发展将是影响新型城镇化-乡村振兴-生态环境系统耦合协调度进一步提高的因素。

18.5　新型城镇化-乡村振兴-生态环境系统高质量发展研究

在城镇化进程当中，中国已经走出了具有中国特色的城镇化道路，形成了以城市群为主体的城镇结构，大中小城市协调发展，发展也从快速低质量向低速高质量转变。因此进行高质量城镇发展路径研究是很有必要的。高质量的城镇化发展成为“十四五”规划的重要内容。高质量的城镇化发展可以有效地促进经济结构协调发展，实现资源的最优化分配；可以扩大内需，刺激消费活力，为经济发展提供广阔的国内市场。高质量的城镇化发展是经济社会协调发展的必然产物，也是社会经济转型的必然条件。根据前文分析可以发现桂西南喀斯特—北部湾地区的新型城镇化-乡村振兴-生态环境系统最好的协调状态只有中级协调，大部分界域处于轻度失调和勉强协调以及初级协调状态，说明要实现研究系统的高质量发展仍然有较大的挑战，由于研究区的特殊地理区位，不同地区应该采取不同措施。

（1）推动新型城镇化相关政策的完善，促进人口城镇化。一是从经济社会发展看，产业和人口向经济社会发展优势地区集中是客观规律，新型城镇化分类施策是破解我国城镇化发展不平衡不充分问题的必然要求。经济发达地区（超大特大城市）新型城镇化应更侧重于提升农业转移人口市民化质量、提升城市治理水平，破解农民工融入城市社会的难题；经济欠发达地区（中小城市）新型城镇化应更侧重于提升城市发展质量、强化产业就业支撑，解决人口聚集能力不足的问题。二是从文化和地域差异看，新型城镇化应突出形态的多样性，防止千城一面。加强城市历史文化的保护传承和现代文化的创新培育，形成各具特色的新型城镇化模式，建设有历史记忆、文化脉络、地域风貌、民族特点的美丽新城市。三是从以人民为中心的发展思想看，推进农业转移人口市民化要坚持自愿、分类、有序的原则。解决好人的问题是推进新型城镇化的关键，推进以人为核心的新型城镇化，要充分尊重农民意愿和保障其需求，针对进城创业就业的农业转移人口、城郊农村人口、就地城镇化人口等应建立个性化的新型城镇化机制，在依法确保农民权益的基础上，全面提升农业转移人口市民化质量，逐步妥善解决他们的“半市民化”“两栖”状态。四是从城镇化空间格局看，要建立健全大中小城市和小城镇协调发展机制。城市群是新型城镇化的主要空间载体，都市圈是城市群的核心板块，要分类引导不同地区都市圈的发展，发挥都市圈对城市群发展的引领作用。完善以轨道交通为骨干的都市圈交通网络，优化城市群内部空间结构，形成中心城市与周边城市（镇）同城化发展机制。科学确定城市定位和发展方向，以县城为主的中小城市重在补短板强弱项，小城镇重在产业和公共服务功能扩展。

目前，地形地貌以山地、丘陵为主的百色市和崇左市，新型城镇化系统协调指数较低，主要表现在人口城镇化指数低、社会经济发展水平低下，因此需要加大基础设施投资金额，完善教育资源、医疗服务条件，推动公共服务均等化，促进区域协调共进。对于经济发展水平较低的山区，其条件落后，资源搁置，需要促进乡村振兴战略的实施。

（2）高质量的城镇化发展还需要创造宜居生活环境。当前，城市居民对优美环境、健康生活、文体休闲等多元化的需求日益提高，这必然要求加快转变城市发展方式，建立高质量城市更新机制。在生态修复方面，完善城市生态绿地和廊道系统，推动形成绿色低碳的城市建设运营模式；在空间结构方面，统筹安排城市建设、产业发展、生态涵养、基础设施和公共服务，坚持“多规合一”“一张蓝图干到底”；在历史文化保护方面，强化文化传承创新，在文脉延续中彰显城市品质，建设人文城市；在老旧小区等存量片区改造方面，重点提升城市功能，使其更加贴近人民生活需要。此外，还要加快补齐城市社区各类设施短板，提高公共设施应对自然灾害的能力，完善公共设施和建筑应急避难功能。在提升城市硬件发展质量的同时，还应提高城市治理现代化水平。“人民城市人民建，人民城市为人民”，习近平总书记强调，“提高城市治理现代化水平，开创人民城市建设新局面”。完善住房市场体系和住房保障体系，坚持“房住不炒”，健全房地产市场调控长效机制，加快建立多主体供给、多渠道保障、租购并举的住房制度，促进房地产市场平稳健康发展；坚持党建引领、重心下移、科技赋能，建立健全城市社会治理新体系，提升城市治理科学化精细化智能化水平；完善城市信息基础设施建设，搭建智慧城市运行管理平台，运用数字技术推动城市管理创新，及时、精准、高效反映和协调人民群众各方面各层次利益诉求；健全基层党组织领导的基层群众自治机制，创新社会治安综合治理机制，提升流动人口服务管理水平；加强城市风险防控，完善城市应急管理体系，健全防灾减灾救灾体制。

（3）加快城乡融合发展步伐。城乡融合发展既是提升新型城镇化质量的重要手段，又是新型城镇化高质量发展的必然结果。习近平总书记强调：“城镇化是城乡协调发展的过程。没有农村发展，城镇化就会缺乏根基”，“要走城乡融合发展之路，向改革要动力，加快建立健全城乡融合发展体制机制和政策体系”。高质量城乡融合发展机制必将促进城乡要素自由流动、平等交换和公共资源合理配置，形成工农互促、城乡互补、全面融合、共同繁荣的新型工农城乡关系，为提升新型城镇化质量提供强大动力。一是建立健全城乡统一的要素市场。对于土地要素，要建设城乡统一的建设用地市场，建立同权同价、流转顺畅、收益共享的农村集体经营性建设用地入市制度。完善城乡建设用地增减挂钩政策，增强土地管理的灵活性，为新型城镇化高质量发展提供土地要素保障。二是全面推进劳动力和人才社会性流动机制改革，以深化户籍制度改革和推进基本公共服务均等化牵引城乡流动，保障城乡劳动者享有平等的就业权利，着力提升农业转移人口就业创业能力。三是完善城乡统一的公共服务体制，推进城乡基本公共服务标准统一、制度并轨。推进“以县城为重要载体”的就近就地城镇化，以县域为基本单元推进城镇公共服务向乡村覆盖。四是健全城乡文化融合发展机制，实现城市多元文化的相互交流与有机融合，加速农民工融入企业、子女融入学校、家庭融入社区、群体融入社会。五是坚持城乡生态环境共同体的理念，建立城乡生态环境协同共治机制。构建城乡一体的绿色生态网络，在城乡融合发展中实现城市生态环境质量大幅提升。建立政府主导、企业和社会各界参与、市场化运作、可持续的城乡生态产品价值实现机制，形成更多运用经济杠杆进行生态保护和环境治理的市场体系。

18.6 结　论

本章对桂西南喀斯特—北部湾地区的 50 个县（市、区）新型城镇化-乡村振兴-生态环境系统耦合协调度、时空格局演变、空间聚类模式、障碍因子及其高质量发展研究进行了分析，得出了以下结论。

（1）2010～2019 年，研究区新型城镇化、乡村振兴、生态环境子系统耦合协调度均有所提高，新型城镇化-乡村振兴-生态环境系统耦合协调度指数波动上升；在空间上表现为各县（市、区）协调指数呈现出明显的地域分异。协调状态基本处在轻度失调、勉强协调和初级协调水平，通过采取措施提高其耦合协调水平，促进其高质量发展。

（2）新型城镇化-乡村振兴-生态环境系统协调度空间分布格局趋于集聚状态，集聚程度增大。在全局空间自相关分析中，Moran'I 指数均大于 0，存在较强的空间相关性。2010 年显著集聚区主要分布在百色市和南宁市，其中百色市以低值集聚区为主，南宁市以高值集聚区为主；2015 年，显著集聚区有所增加，且向沿海岸带区域方向转移；高值集聚区扩展至玉林市、防城港市、钦州市相应的县（市、区）。2019 年，山地地区、江河和沿海岸带区域均分布有显著集聚区。集聚类型从次冷点型向冷点型转变，次热点型向热点型转变，说明集聚程度从较显著向显著转变。

（3）新型城镇化和乡村振兴是影响系统协调水平的主要原因。应用障碍度模型分析影响新型城镇化-乡村振兴-生态环境系统的前 10 个障碍因子，发现障碍度较大的指标都属于新型城镇化系统和乡村振兴系统；同时新型城镇化系统和乡村振兴系统之间的耦合协调度较大，两者处于一种对抗状态，使得三维系统耦合协调水平较低。

（4）新型城镇化-乡村振兴-生态环境系统高质量发展有待进一步提高。根据三维系统协调度，可以看出目前新型城镇化-乡村振兴-生态环境系统与高质量发展仍然有一定的距离，高质量发展的推进一方面需要提高区域发展的协同性，另一方面需要推进产城融合深度发展，加快实现基本公共服务均等化，因地制宜地提升城市发展品质与质量。

参 考 文 献

蔡绍洪，谷城，张再杰，2020. 西部新型城镇化与乡村振兴协调的时空特征及影响机制. 中国农业资源与区划，25（2）：1-12.

陈景帅，张东玲，2022. 城乡融合中的耦合协调：新型城镇化与乡村振兴. 中国农业资源与区划，13（8）：1-13.

陈明星，周园，郭莎莎，等，2019. 新型城镇化研究的意义、目标与任务. 地球科学进展，34（9）：974-983.

冯珍珍，2021. 山西省新型城镇化与生态环境耦合协调时空差异分析. 国土与自然资源研究，（5）：10-13.

郭倩倩，焦胜，喻贤主，等，2021. 新型城镇化高质量发展评估及时空格局分析——以湖南省为例//中国城市规划学会. 面向高质量发展的空间治理——2021 中国城市规划年会论文集（14 区域规划与城市经济）. 北京：中国建筑工业出版社：687-699.

何俞鸿，2022. 乡村振兴背景下农村生态环境研究. 山西农经，（4）：112-114.

胡石海，2021. 新型城镇化背景下中小城市边缘区转型发展研究——以当涂县为例//中国城市规划学会. 面向高质量发展的空间治理——2021 中国城市规划年会论文集（20 总体规划）. 北京：中国建筑工业出版社：10.

胡祥福，余陈燚，蒋正云，等，2020. 江西省新型城镇化与生态环境耦合协调度及空间分异研究. 生态经济，36（4）：75-81.

姜亚俊，慈福义，史佳璐，等，2021. 山东省新型城镇化与生态环境耦合协调发展研究. 生态经济，37（5）：106-112.

蒋正云，胡艳，2021a. 中部地区新型城镇化与农业现代化耦合协调机制及优化路径. 自然资源学报，36（3）：702-721.

蒋正云，胡艳，2021b. 中国新型城镇化高质量发展时空格局及异质性演化分析. 城市问题，（3）：4-16.

刘千亦，2019. 经济新常态下新型城镇化内涵及影响因素述评. 现代营销（信息版），（9）：106-107.

钱力，王花，2021. 乡村振兴与新型城镇化耦合协调度测算及时空变迁. 长春理工大学学报（社会科学版），34（5）：126-133.

吴新静，孙雨薇，2021. 河南省生态文明与新型城镇化空间集聚及耦合协调发展研究. 农村经济与科技，32（12）：217-219.

夏艺璇，2022. 乡村振兴战略下农村生态环境多元主体协同治理研究. 湖北农业科学，61（2）：195-198.

徐雪，王永瑜，2021. 中国省域新型城镇化、乡村振兴与经济增长质量耦合协调发展及影响因素分析. 经济问题探索，（10）：13-26.

许忠裕，林树恒，邓国仙，等，2022. 民族地区新型城镇化与乡村振兴有效衔接对策. 江苏农业科学，50（1）：233-244.

杨阳，唐晓岚，2022. 长江流域新型城镇化耦合协调度时空分异与空间集聚. 长江流域资源与环境，31（3）：503-514.

余其安，2021. 乡村振兴背景下农村生态环境治理的路径. 乡村振兴，（10）：84-85.

张发明，叶金平，完颜晓盼，2021. 新型城镇化质量与生态环境承载力耦合协调分析——以中部地区为例. 生态经济，37（4）：63-69.

赵梦芳，2022. 城乡融合背景下新型城镇化与乡村振兴的耦合协调研究——以山西省为例. 建筑与文化，（1）：101-102.

周慧，方城钧，周加来，2022. 新型城镇化对经济高质量发展的影响机理及实证检验. 内蒙古农业大学学报（社会科学版），（3）：16-26.

周敏，刘志华，孙叶飞，等，2018. 中国新型城镇化的空间集聚效应与驱动机制——基于省级面板数据空间计量分析. 工业技术经济，37（9）：59-67.

朱艳娜，何刚，张贵生，等，2021. 皖江示范区新型城镇化与生态环境耦合协调及空间分异研究. 安全与环境学报，21（6）：1-10.

祝志川，徐铭璐，2021. 基于改进 CRITIC 修正 AHP 的区域新型城镇化与生态环境耦合协调分析. 吉林师范大学学报（自然科学版），42（4）：36-47.

庄婷婷，2021. 乡村旅游、新型城镇化与生态环境——基于乡村振兴战略的 PVAR 分析. 安徽农业大学学报（社会科学版），30（5）：1-11.

Deosthali V，1999. Assessment of impact of urbanization on climate：an application of bio-climatic index. Atmospheric Environment，33（24/25）：4125-4133.

Grossman C，Kruegera B，1995. Economic growth and the environment. Quarterly Journal of Economics，110（2）：353-377.

Liu Y S，Li Y H，2017. Revitalize the world's countryside. Nature，548（7667）：275-277.

第19章　桂西南喀斯特国土空间功能质量评价及优化分区管控研究

19.1　引　　言

19.1.1　研究背景和意义

1. 研究背景

进入21世纪以来，城镇化进程与社会经济的快速发展使人类对自然资源的开发与需求达到了前所未有的高度。然而随着中国城镇化的持续推进，资源瓶颈、生态退化和环境容量刚性约束等问题，严重制约着国土空间开发利用的系统性和空间功能的协调性（刘继来等，2017）。2019年，国家提出将土地利用总体规划、主体功能区及城乡规划等国土空间规划进行融合，形成统一的国土空间规划。因此，开展国土空间功能质量评价及优化分区管控研究，有助于准确识别区域发展现状并分析各功能的协调水平，这也成为化解区域国土空间功能冲突的关键。随着相关研究的深入，很多模型与3S技术得到广泛应用，为动态评价、情景预测提供了新思路。虽然当前针对喀斯特地区国土空间功能质量状况的研究成果颇丰，为喀斯特地区国土空间可持续发展提供了参考，但当前研究侧重于对“过去—现在”国土空间规划的研究，对新时代喀斯特地区国土空间地域功能方面的研究较为缺乏。

2020年绝对贫困问题得到了解决，但相对贫困是一个长期存在的问题，其在欠发达地区尤为凸显。喀斯特地区因受到独特的自然地理条件影响，其地域结构和功能与其他地区不同，同时也形成了特殊的喀斯特人地关系地域类型。喀斯特石漠化地区具有生态环境脆弱以及承载能力低、自然恢复速度慢、生态系统服务功能下降等特点，区域人地关系复杂，人地系统矛盾严峻，面临着人口众多与经济落后的双重压力，并出现了贫困与生态环境恶化等问题（吕妍等，2018）。桂西南喀斯特石漠化地区为喀斯特地貌分布最集中的地区，具有代表性和典型性。其为山江海地域性国土空间格局不可缺少的重要组成部分和重要的生态屏障（赖国华，2021），通过构建国土空间功能质量评价模型，定性和定量化评估国土空间单一功能和综合功能的质量状况和空间分异特征，应用元胞自动机-马尔可夫（CA-Markov）模型预测未来5年国土空间格局，提出桂西南喀斯特国土空间优化分区管控建议，为区域实现2035年美丽中国目标与实现空间规划体系改革服务。

2. 研究意义

1）理论意义

本章结合国内外现有国土空间研究成果，基于地域功能理论、区域空间理论及可持续发展理论，从城镇生产生活空间、农业空间、生态空间三类空间揭示2000～2020年国土空间格局演变特征，并试图利用CA-Markov模型预测开展国土空间结构和布局优化研究，有助于丰富喀斯特地区区域协调发展理论与区域国土空间优化的相关理论，实现了在兼顾区域综合效益最优的目标下模拟优化国土空间格局，为喀斯特地区国土空间结构和布局优化研究提供一定的方法和参考。

2）实践意义

本章应用定性和定量两种方法，对桂西南喀斯特地区的国土空间功能质量进行评价。从结构和布局两个角度出发，对研究区进行国土空间优化研究，研究结果对研究区空间布局、促进桂西南喀斯特地区经济发展具有重要意义。应用模型模拟预测未来 10 年国土空间发展格局并将其与现状国土空间格局进行集成，对其分析后形成桂西南喀斯特地区分区管控建议。这有利于明确研究区发展格局，合理配置资源要素，促进喀斯特地区经济持续健康发展。同时推进广西陆海新通道、广西新晋自由贸易区发展战略的顺利实施和落实，有助于向海经济发展的实现、生态安全保护体系建设，对推动区域空间协调、可持续发展具有重要意义。

19.1.2　文献综述

1. 国土空间功能质量评价方法

作为空间规划的基础，空间分区理论与方法的研究得到不断的发展与深化，在我国，分区技术方法主要有分区单元、指标体系与分区技术方法。分区单元有网格、行政区界线、独立地块等，即归并分类法，但使用该方法难体现统一土地利用类型的空间分异。根据国土空间功能属性建立指标体系，测算国土空间功能值，但较难表达出各评价单元的多功能特征。分区评价方法有单一主导法和多方法组合法。国外的分区技术和方法大体与国内相似，国土空间功能质量评价方法总体上可分为价值量法、指标评价法两大类型。

2. 国土空间功能质量分区研究

中国现在实行的国土功能分区方案主要源于多部门的不同规划要求，这导致国土空间治理存在矛盾。国内专家针对这个问题，从不同的角度提出了不同的功能分区方案：有学者基于“多规合一”的国土空间分区思想，将国土空间划分为“三线五区”的空间管制体系；有学者根据国土利用特征与适宜性评价分析，将国土空间划分为三类一级功能区和六类二级功能区等。但现有分区实践难以从理论上保证区域间连通性和区域内完整性，影响了分区结果的实用性。有学者认为功能区划不仅要因地制宜，还要遵循空间结构有序法则，并提出了区域发展空间均衡模型（邓焱，2016）。

德国是较早进行国土空间区域规划的国家，其区域主要划分为乡镇、地区、州、联邦 4 个等级；荷兰第五次空间规划主要划分为，以经济社会活动运作的基础自然生态环境为基础层；以基础设施系统和交通运输为网络层；以人们生活、工作和休息的区域为应用层，总体采用规划控制线体系；英国伦敦的大伦敦规划方案是将国土空间由内向外划分同心圆（傅建春，2021）。

3. 国土空间优化研究

国内对于国土空间优化的研究开始于 1990 年末。首先有学者通过广泛而大量的思考，认为把握国土空间演化规律是解决国土空间宏观层次规划和政策涉及的关键。顾朝林等学者建立了国土发展体系指标，结合相关指数，对全国城市布局进行了规划探讨，就此拉开了我国国土空间格局研究的序幕（傅建春，2021）。有学者分别从不同角度出发，考虑区域发展质量、夜间灯光、我国国土空间格局发展的主要动力机制等，利用层次聚类、景观指数等方法进行研究，不断拓展国土空间格局的研究内容；另有学者运用空间经济学理论、综合经济学原理，从国土空间开发的区位特征、功能特征影响等多维度，对国土空间的具体优化路径进行了重构与探索；也有学者从宏观、中观及微观不同的层面来研究不同尺度的空间组成结构及国土空间优化相关理论，创新空间规划的新路径（傅建春，2021）。

国外学者对区域土地空间优化的研究较早，1898 年英国学者霍华德提出了城乡统筹发展的观点，这是传统意义上的城市规划、国土空间规划的起源，为之后的研究起到了启蒙的作用（Albrechts et al.，2003）。有学者在中心理论的基础上，从层次的角度出发，在空间上形成基于城市的多层次、多理论格局的理论，为城市发展的优化布局提供重要依据；部分研究学者发现，影响土地利用方式改变的因素主要是人类活动与自然环境的发展，挖掘土地利用方式与空间利用政策之间的联系，观察土地利用方式的变化可用于引导相关的规划（马恩朴等，2020）。另有学者在国土空间对空间规划的相关概念、自然资源、文化资源等条件进行归纳之后，认为未来规划的思路和方案将是规划师面临的挑战。

4. 研究评述

通过以上分析可知，国内外有关于国土空间功能理论、区域多功能识别、时空变化机制和国土空间格局优化等的研究都取得了一定的成果，但是也存在以下几个特征。

1）国土空间功能理论体系已初步形成，但有待进一步完善

虽然我国在国土空间功能领域已经开展了大量的研究，但是并未形成系统性的理论体系与适用于不同类型区域的国土空间功能评价指标体系（樊杰等，2009）。目前，已经有大量的有关人员从不同的角度对国土空间功能进行研究，内容多为生态服务功能的研究，研究尺度多以县级以上行政单元为主，对生态脆弱的喀斯特地区国土空间功能识别的研究相对较少（司智升，2021）。关于根据资源环境承载力和土地功能适宜性优化国土空间地域功能区的研究不断出现，其研究方法可为开展喀斯特国土空间功能分类、识别及时空变化机制研究提供借鉴（李思楠等，2020）。

2）喀斯特地区国土空间功能格局优化研究较少

当前国土空间规划逐渐从关注单一功能向考虑多功能转变。有学者从“双评价”的角度开展国土空间功能区评价等国土空间相关研究，但当前对于国土空间“双评价”的实现没有统一的路径和清晰的方法，对其研究多为框架式的理论分析，实践性的探索较少，且只是针对国土空间的某一功能进行地域功能的优化分区，对多种功能内部协调的关注较少，缺乏城镇、农业和生态功能协调的国土空间地域功能优化分区研究。此外，对空间冲突严重和资源匮乏的喀斯特地区国土空间地域功能优化分区的研究有限。

3）对喀斯特地区国土空间功能分类识别方法缺乏深入探讨

目前，国土空间功能分类识别研究多在建立评价指标体系的前提下，以熵权法作为确定指标权重的方法，并应用综合指数法开展地域多功能识别研究。此外，采用聚类分析方法及模型分析法开展地域功能分类识别的研究也日益增加，但对于地域多功能分类及识别方法的研究尚缺乏，探讨进行地域多功能分类及识别的方法，不仅是国土空间功能研究的重要内容，而且能提高区域国土空间功能分类及识别的精度。

19.1.3 研究内容与目标

1. 研究内容

1）开展国土空间功能质量评价研究，诊断区域功能分区问题

开展国土空间功能质量评价研究是国土功能分区划定的重要依据。基于社会经济、自然资源的统计数据与遥感数据，针对城镇、农村、生态三类空间进行指标构建，分析研究区国土空间功能质量评价结果，诊断研究区国土空间结构功能协调发展存在的问题。

2）揭示桂西南喀斯特石漠化地区国土空间格局演变特征

对国土空间的识别是开展国土空间结构演变分析及格局优化的基础，对桂西南喀斯特地区三类空间的识别以土地利用现状数据为基础，遵循自下而上、功能分级的原则，借助 ArcGIS 软件，根据 2000 年、2010 年、2020 年三期土地利用现状数据将研究区划分为城镇功能空间、农业功能空间、生态功能空间 3 种功能空间类型。提取各类国土空间的用地面积后，计算出三期各类空间面积所占比例和变化趋势，分析桂西南喀斯特地区国土空间格局及其结构与重心的转移情况，探究研究区空间格局时空演变特征规律及重心转移趋势。

2. 研究方法

为探究以上研究内容，本章主要采用以下研究方法。选择文献研究法开展以下研究：拟定研究的科学问题和研究框架，为科学构建广西桂西南喀斯特石漠化国土空间优化格局提供理论基础和方法指引，并基于 ArcGIS 平台以及 CA-Markov 模型对国土空间格局进行预测，并分析桂西南喀斯特现状及模拟国土空间类型转移空间分布，得出国土空间优化及分区管控的建议。运用情景分析法对未来各种不同情况进行分析和描述，在现有条件下对未来可能产生的情况的推测，通过情景分析预测的区域发展趋势是多样的。

3. 研究目标

基于桂西南喀斯特石漠化地区土地利用现状数据，综合考虑生态效益、经济效益及社会效益，对桂西南喀斯特地区国土空间功能质量进行评价；利用 CA-Markov 模型预测桂西南喀斯特地区 2030 年国土空间格局，根据桂西南喀斯特现状及模拟的国土空间类型转移空间分布，探究国土空间分区重构，对研究区国土空间优化提出针对性意见并探究国土空间功能提升路径。

19.1.4　技术路线

本章在对相关理论进行研究及资料收集的基础上，对 2020 年研究区国土空间功能质量进行评价，明确当前研究区国土空间功能质量特征及存在的问题。基于遥感数据分析桂西南喀斯特地区国土空间时空演变特征；运用 CA-Markov 模型预测研究区 2030 年国土空间格局，通过对国土空间格局优化进行研究，得出桂西南喀斯特地区国土空间布局优化与分区管控建议，如图 19.1 所示。

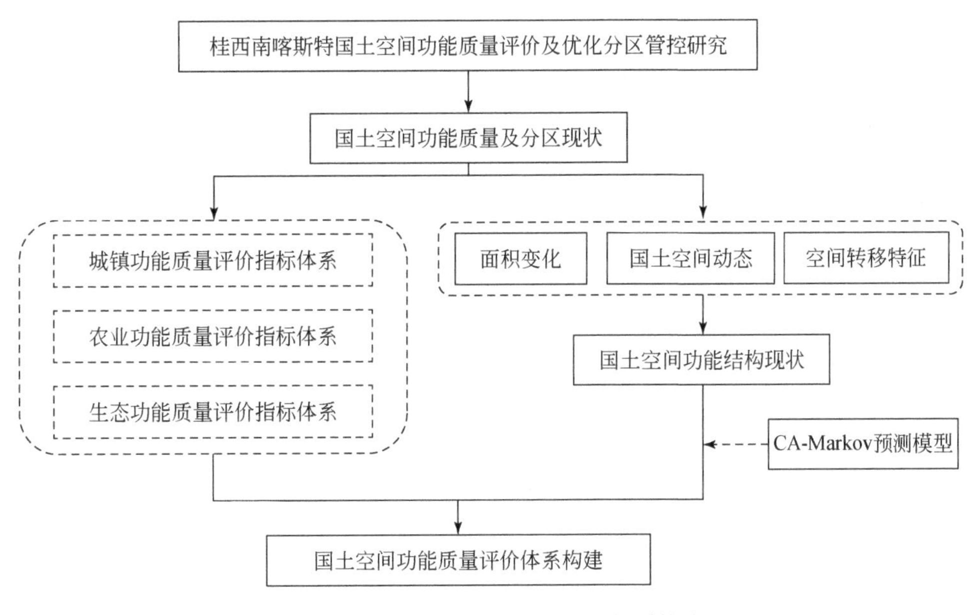

图 19.1　国土空间功能质量评价体系构建

19.2　理论与方法

19.2.1　理论基础

1. 地域功能理论

地域功能识别是地域功能理论的重要应用领域之一，最具有代表性的就是主体功能区规划的提出，其通过识别地域功能并划分不同功能区空间范围，构筑我国国土空间分区管控的有序格局（樊杰等，2009）。因此，本章认为地域功能理论是开展喀斯特国土空间功能分区和地域功能识别的理论基础和指导原则，应用定性、定量及模型预测方法，识别各国土空间功能区，以落实国土空间用途管制、分区管控，推动国土空间有序、健康和高质量发展。

2. 空间结构理论

空间结构理论是研究国土空间格局的重要支撑理论，是了解和掌握区域之间功能的相互关系从而进行空间优化的关键。空间结构理论通过对区域国土空间开发的功能布局优化和国土空间子系统内部的行为方式调整，将各子系统连接成为一个国土系统。该理论的不同空间发展模式为国土空间功能格局开发和重构提供了参考依据，为明确区域功能定位和发展方向奠定理论基础。

19.2.2　核心概念

1. 国土空间格局

当前，诸多学者从国土空间的功能指向性出发探讨某一具体国土空间的格局内涵，国土空间格局承载着自然资源、生态环境和人类活动等多重因素的协同过程，因此既要考虑自然生态格局，如山水林田湖草生命共同体，又要包含人类生产生活活动所形成的城镇空间和农业空间格局，故本章将国土空间格局界定为城镇生产生活空间、农业生产空间、生态空间 3 个具体功能指向的各类国土空间及其相应的空间、规模和结构布局。当前国内最为权威的国土空间主体功能区类型为城市化区域、粮食安全区域、生态安全区域、文化和自然遗产区域四类，在此基础上将县域单元分为优化开发区、重点开发区、限制开发区和禁止开发区四类主体功能区（樊杰，2015）。但在现阶段，在尺度效应的影响下，国土空间功能分区很难形成统一的模式。

2. 国土空间结构和布局优化

国土空间结构和布局优化是对未来时期空间格局的调整，通过分析空间资源现状，结合相关政策、规划，调整各类空间的用地比例，以数量结果为约束，优化未来国土空间布局，使区域综合效益最优，从而实现区域的稳定、可持续发展。空间结构和布局包括时间、空间、作用、数量及效益 5 个要素。时间要素指一定时间范围内空间结构和布局的变化，具有动态的属性；空间要素指国土空间受区域等因素的影响，在空间上呈现出不同布局；作用要素指人类利用资源的目的性；数量要素则表明空间各因素的定量性；效益要素是指区域内社会效益、经济效益、生态效益相互作用、相互影响，使区域综合效益最大化。因此在进行国土空间结构和布局优化研究时，必须全面衡量区域综合效益，综合考虑各方面的因素，最终实现空间资源优化配置（刘彦随等，2011）。

19.2.3　研究方法

1. 指标体系的构建

熵值法应用于诸多领域，指标的离散程度越大，其熵值越大。该指标对指标系统的影响越大，其权重也越大；反之权重就越小。本章运用极差标准化法处理原始数据。

第一，构建桂西南喀斯特地区国土空间功能质量评价指标的初始矩阵，$\boldsymbol{A}=(X_{ij})_{m\times n}$，每一个功能区代表 1 个矩阵，$X_{ij}$ 表示第 i 个对象的第 j 个指标的数值。

第二，对数据进行标准化处理，消除量纲对数据的影响。

正向指标：

$$X_{ij}=\frac{X_{ij}-\min X_j}{\max X_j-\min X_j} \tag{19.1}$$

负向指标：

$$X_{ij} = \frac{\max X_j - X_{ij}}{\max X_j - \min X_j} \tag{19.2}$$

第三，计算第 j 项指标下第 i 个方案占该指标的比重 P_{ij}：

$$P_{ij} = \frac{X_{ij}}{\sum_{i=1}^{m} X_{ij} (j=1,2,\cdots,m)} \tag{19.3}$$

第四，确定评价指标 j 的熵权 e_j：

$$e_j = -k \sum_{i=1}^{m} P_{ij} \ln P_{ij} \tag{19.4}$$

式中，$k>0$；$e_j \geqslant 0$。式中常数 k 与样本数 m 有关，一般令 $k=1/\ln m$，则 $0 \leqslant e \leqslant 1$。

第五，计算第 j 个指标的差异系数 g_j。对于第 j 个指标，指标值 X_{ij} 的差异越大，其变异程度越大，信息熵越少，权值越大；反之亦然。具体为

$$g_j = 1 - e_j \tag{19.5}$$

第六，求 X_{ij} 的权重 W_{ij}：

$$W_{ij} = \frac{g_j}{\sum_{j=1}^{m} C_j (j=1,2,\cdots,m)} \tag{19.6}$$

通过阅读相关文献并根据桂西南喀斯特地区国土空间功能类型特征的实际情况，分别构建城镇生产生活功能、农业功能和生态功能质量评价指标体系，具体见表 19.1～表 19.3。

表 19.1　城镇生产生活功能质量评价指标体系

目标	准则	指标层	获取方式	权重
城镇生产生活功能质量	经济效益产出	经济密度	GDP/土地总面积	0.1180
		人均 GDP	GDP/人口总数	0.0590
	社会发展	城镇化率	资料收集	0.1050
		人口密度	人口总数/土地总面积	0.0734
	生活保障	城镇居民人均可支配收入	资料收集	0.0211
		农村居民总收入	资料收集	0.0265
		人均粮食占有量	粮食总产量/人口总数	0.0315

表 19.2　农业功能质量评价指标体系

目标	准则	指标	获取方式	权重
农业功能	气候条件	年平均气温	资料收集	0.0211
		年平均相对湿度	资料收集	0.0509
		年总降水量	资料收集	0.0300
	资源与效益产出	土地垦殖率	耕地面积/土地总面积	0.0287
		粮食单产	粮食总产量/耕地面积	0.0271
		人均耕地面积	资料收集	0.1189
		第一产业产值占比	第一产业产值/GDP	0.0339
	耕作与土壤条件	土壤 pH	资料收集	0.0096
		耕地面积	资料收集	0.0866

表 19.3　生态功能质量评价指标体系

目标	准则	指标	获取方式	权重
生态功能	生态敏感性	生态用地斑块密度	Fragtats 提取	0.0504
		景观分离度	Fragtats 提取	0.0229
	生态重要性	水网密度	Fragtats 提取	0.0183
		生物多样性指数	指标计算	0.0209
		植被净初级生产力	NPP	0.0130
		植被覆盖度	NDVI	0.0231
		景观结构指数	Fragtats 提取	0.0102

为消除各评价指标之间量纲、数量级和正负趋向等差异，对原始指标进行标准化处理并采用熵权法对评价指标进行权重计算。

2. 国土空间单一功能质量评价

当前，主成分分析法、综合评价法、层次分析法等常用于国土空间功能质量状况评价中，应用综合评价法可以综合观察某指标或多个指标对国土空间功能质量的影响程度。因此采用综合评价法对研究区国土空间功能质量进行计算，其公式如下：

$$D_i = \sum_{i=1}^{n} W_i Y_{ij} \tag{19.7}$$

式中，D_i 为国土空间功能 i 的质量，数值越大，说明功能越强；W_i 为国土空间功能 i 的质量评价指标权重；Y_{ij} 为经过处理后的指标值；j 为维数。

3. 国土空间综合功能质量评价

在城镇生产生活功能、农业功能、生态功能质量评价指标体系构建的基础上，对国土空间系统中的各评价因子的相对权重重新计算，并在此基础上通过 ArcGIS 的加权叠加得到国土空间功能质量。计算公式如下：

$$Z_{\mathrm{b}} = D_{\mathrm{c}} W_{\mathrm{c}} + D_{\mathrm{n}} W_{\mathrm{n}} + D_{\mathrm{s}} W_{\mathrm{s}} \tag{19.8}$$

式中，Z_{b} 为国土空间综合功能质量；D_{c}、D_{n} 和 D_{s} 分别为城镇生产生活功能、农业功能和生态功能的质量；W_{c}、W_{n} 和 W_{s} 分别为城镇生产生活功能、农业功能和生态功能的权重。

4. 国土空间综合功能质量空间分析

1）全局空间自相关

探索性空间数据分析法是通过对某一些地理事物分布格局的描述和可视化处理，发现其空间分布模式、聚集特点和异常，揭示研究对象之间的空间模式和空间相互作用。本节运用 ArcGIS 软件和 GeoDa 软件探讨全局自相关整体空间关系和局部自相关研究空间的变异状况。全局空间自相关采用 Moran's I 指数进行分析（贾仰文等，2019），计算公式如下：

$$I = \frac{\sum_{i=1}^{n}\sum_{j=1}^{n} w_{ij}(x_i - \bar{x})(x_j - \bar{x})}{\sum_{i=1}^{n}\sum_{j=1}^{n} w_{ij}(x_i - \bar{x})^2} \tag{19.9}$$

式中，n 为研究对象的样本数量（个）；$(x_i - \bar{x})$ 和 $(x_j - \bar{x})$ 分别为第 i 个和第 j 个空间单元上属性值和平均值的偏差；w_{ij} 为空间权重矩阵，当 i 和 j 相邻时，w_{ij}=1，反之为 0。

2）局部空间自相关

局部空间自相关采用局部 Moran's I 指数（吕倩和刘海滨，2019）表示，并以 LISA 图识别国土空间功能质量高值、低值的空间关联情况，计算公式如下：

$$I_i = x_i \sum_{i=1}^{n} w_{ij} x_j \tag{19.10}$$

5. 国土空间功能耦合协调度评估

1）耦合协调度模型构建

参考已有研究及上述构建的国土空间功能质量评价模型，得到国土空间功能耦合协调度模型：

$$C=(U_1,U_2,\cdots;U_n) \tag{19.11}$$

$$C = n \times \left[\frac{U_1 U_2 \cdots U_n}{(U_1 + U_2 \cdots + U_n)^n} \right]^{\frac{1}{n}} \tag{19.12}$$

$$T = \beta_1 U_1 + \beta_2 U_2 + \beta_3 U_3 + \cdots + \beta_n U_n \tag{19.13}$$

$$D = \sqrt{C \times T} \tag{19.14}$$

式中，C 为耦合度；D 为耦合协调度。耦合度越大，国土空间功能之间的影响程度越大，国土空间功能发展的一致性水平越高。

2）耦合协调度等级划分

为了更好地分析研究区空间分布情况，探讨国土空间发展水平的一致性水平，应进一步划分耦合协调度等级。在参考相关研究基础上，建立国土空间功能耦合协调度等级的划分标准，见表 19.4。

表 19.4　国土空间功能耦合协调度等级划分标准

耦合协调度 D 值区间	区间类型	协调等级	耦合协调度类型
（0～0.1）	失调	1	极度失调
[0.1～0.2）		2	严重失调
[0.2～0.3）		3	中度失调
[0.3～0.4）		4	轻度失调
[0.4～0.5）		5	濒临失调
[0.5～0.6）	协调	6	勉强协调
[0.6～0.7）		7	轻度协调
[0.7～0.8）		8	中度协调
[0.8～0.9）		9	良好协调
[0.9～1.0]		10	优质协调

19.2.4　研究区与数据

1. 研究区

广西喀斯特地貌分布广，占广西总面积的 37.8%。桂西南喀斯特地区地处广西西南部，北临河池市、贵州省，西邻云南省和越南，南接钦州市，东至来宾市、贵港市、玉林市，是广西喀斯特地貌较为集中的区域，其发育类型之多为世界罕见，研究区由百色市、崇左市、南宁市 3 个城市组成，覆盖 28 个市（区、县），总面积约 7.56 万 km^2。研究区行政区划位置如图 19.2 所示。

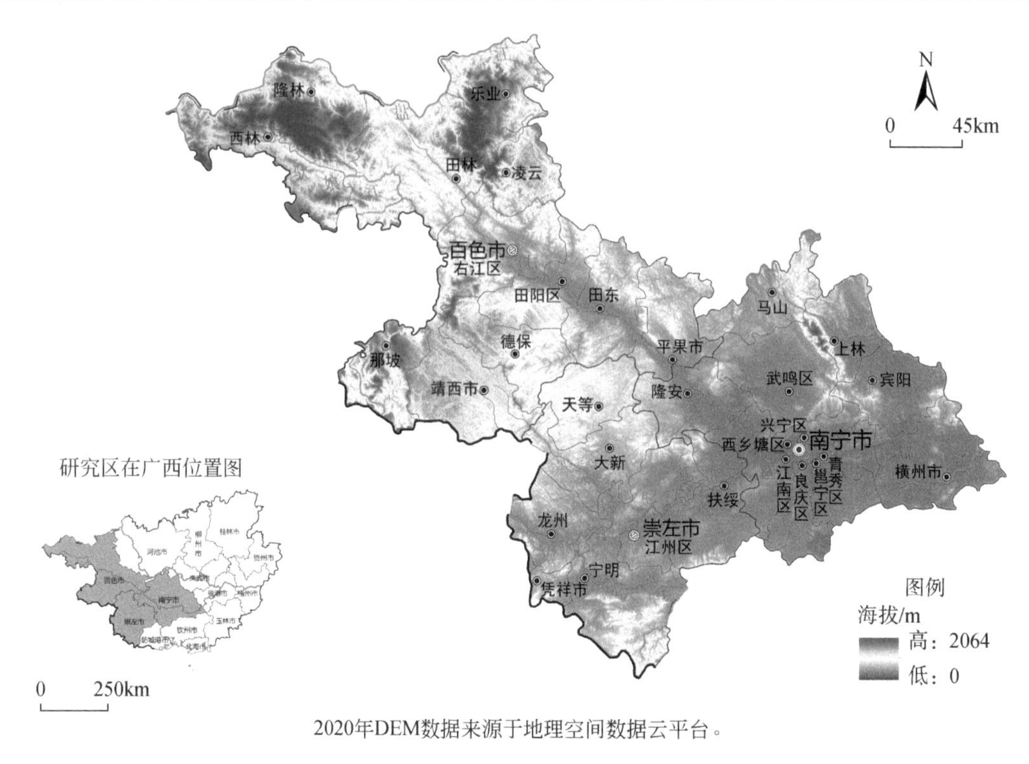

2020年DEM数据来源于地理空间数据云平台。

图 19.2　研究区行政区划

2. 数据来源

本节在数据搜集与处理过程中严格遵循数据的可获得性、准确性与科学合理性原则，根据研究区实际状况与研究目标，获取了研究区 2000～2020 年土地利用数据、社会经济统计数据以及自然要素数据等基础资料。

19.3　桂西南喀斯特国土空间功能质量评价研究

19.3.1　桂西南喀斯特国土空间功能质量评价结果

1. 桂西南喀斯特国土空间功能质量特征

不同国土空间功能质量在数量和空间分布上存在显著差异。城镇生产生活功能质量介于 0.018～0.151，均值为 0.048，整体以低值区和较低值区为主。农业生产功能质量介于 0.024～0.0958，均值为 0.051，整体以低值区为主，占 41.93%；高值区占比最小，仅为 6.45%。生态功能质量介于 0.0073～0.0194，均值为 0.0121，整体分布较为平均，但仍体现出高值区和低值区，分别占 29.03%和 9.68%。综合功能质量介于 0.0612～0.2523，均值为 0.11。其中较低值区、低值区和较高值区占比较大，分别为 22.58%、12.9%和 25.8%；一般值区和高值区占比同为 12.9%，具体如表 19.5 和图 19.3 所示。

表 19.5　国土空间功能质量等级结构　　（单位：%）

功能类型	质量等级				
	低	较低	一般	较高	高
城镇生产生活功能	38.7	22.58	9.68	16.13	12.9
农业生产生活功能	41.93	22.58	16.13	12.9	6.45

续表

功能类型	质量等级				
	低	较低	一般	较高	高
生态功能	9.68	19.35	16.3	25.8	29.03
综合功能	12.9	22.58	12.9	25.8	25.8

(a)城镇生产生活功能

(b)农业生产功能

(c)生态功能

(d)综合功能

经济密度、人均GDP、城镇化率、人口密度、城镇居民人均可支配收入、农村居民可支配收入、人均粮食占有量数据来源于2000年、2010年、2020年《广西统计年鉴》；2000年、2010年、2020年水网密度数据来源于广西水利厅官网；2000年、2010年、2020年NDVI、NPP、年平均气温、年总降雨量数据来源于中国科学院资源环境科学与数据中心；图上专题内容为作者根据2000年、2010年、2020年经济密度、人均GDP、城镇化率、人口密度、城镇居民人均可支配收入、农村居民可支配收入、人均粮食占有量、水网密度、NDVI、NPP、年平均气温、年总降水量数据推算出的结果，不代表官方数据。

图 19.3　研究区国土空间功能质量空间分布图

2. 桂西南喀斯特国土空间功能质量分析

基于 GeoDa 软件的全局自相关（Moran's *I*）指数，分析桂西南喀斯特地区的空间趋势和集聚特征。由表 19.6 可知，城镇生产生活功能、农业功能、生态功能和综合功能质量的 Moran's *I* 指数分别为 0.515、0.465、0.389 和 0.558，均通过了 P=0.01 的显著性水平检验。各生产功能的 Moran's *I* 指数详见表 19.6。

表 19.6　桂西南喀斯特地区国土空间质量 Moran's *I* 指数

类型	Moran's *I*	*P* 值	*Z* 值
城镇生产生活功能	0.515	0.001	4.994
农业生产功能	0.465	0.006	3.992
生态功能	0.389	0.0068	3.396
综合功能	0.558	0.001	4.938

从结果看，Moran's *I* 指数均大于 0，表明桂西南喀斯特地区的城镇生产生活、农业生产功能和生态功能在空间上不是随机离散分布的，并在相邻单元具有显著的正相关性，在全局空间上呈现较强的依赖性和集聚效应。

应用 GeoDa 软件构建不同国土空间功能质量的集聚特征分布图（图 19.4）。

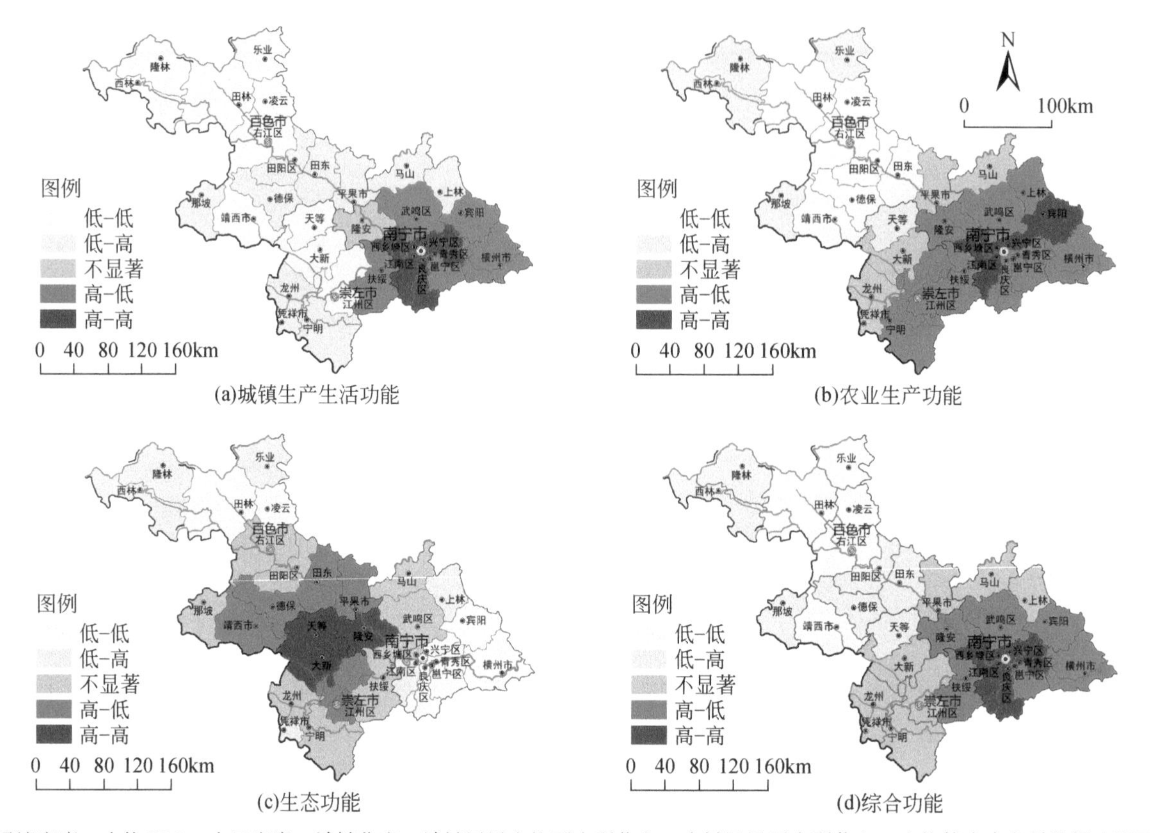

经济密度、人均GDP、人口密度、城镇化率、城镇居民人均可支配收入、农村居民可支配收入、人均粮食占有量数据来源于2000年、2010年、2020年《广西统计年鉴》；2000年、2010年、2020年水网密度数据来源于广西水利厅官网；2000年、2010年、2020年NDVI、NPP、年平均气温、年总降水量数据来源于中国科学院资源环境科学与数据中心；图上专题内容为作者根据2000年、2010年、2020年经济密度、人均GDP、人口密度、城镇化率、城镇居民人均可支配收入、农村居民可支配收入、人均粮食占有量、水网密度、NDVI、NPP、年平均气温、年总降水量数据推算出的结果，不代表官方数据。

图 19.4　研究区国土空间功能质量集聚特征空间分布图

各国土空间功能质量的集聚均以“高-高”集聚和“低-低”集聚为主，“高-高”集聚表明国土空间功能质量与周边地区呈正相关关系，且它们都是功能质量水平较高的地区；“低-低”集聚虽然也表明国土空间功能质量与周边地区呈正相关关系，但它们属于功能质量水平较低的地区，低于“高-高”集聚。在城镇生产生活功能、农业功能和生态功能上出现了“高-低”集聚和“低-高”集聚，在这两种集聚类型下，国土空间功能质量和周边地区呈负相关关系。其中“高-低”集聚表示在该区域内，国土空间功能质量高于周边相邻地区，而“低-高”集聚则相反。

由图 19.4 可知，桂西南喀斯特地区的城镇生产生活功能、农业功能和综合功能的“高-高”和“高-低”聚集类型地区均位于研究区的东南部，包括南宁市的 12 个县域和崇左部分县域［图 19.4（a）、图 19.4（b）、图 19.4（d）］，主要因为这些区域地势相对平坦，经济基础较好，且土壤肥沃，耕作条件较好，这些为该地区的社会经济发展奠定了坚实的基础。

3. 桂西南喀斯特国土空间功能区相关性分析

1）国土空间功能耦合协调度分析

国土空间功能耦合协调度在 0.601～0.990，基于相关研究划分耦合等级，桂西南喀斯特地区国土空间功能耦合协调度整体处于协调阶段和磨合阶段，这说明全域内城镇生产生活功能、农业功能和生态功能的关系密不可分，相辅相成，若其中某种功能的发展产生负面效应，就会抑制其他两种功能的提升，如表 19.7 所示。

表 19.7 研究区国土空间功能耦合等级

耦合等级	县域
磨合阶段	兴宁区、青秀区、西乡塘区
协调阶段	江南区、良庆区、邕宁区、武鸣区、隆安县、马山县、上林县、宾阳县、横州市、右江区、田阳区、田东县、德保县、那坡县、凌云县、乐业县、田林县、西林县、隆林各族自治县、靖西市、平果市、江州区、扶绥县、宁明县、龙州县、大新县、天等县、凭祥市

2）国土空间功能耦合协调度分析

国土空间功能耦合协调度在 0.138～0.227，均值为 0.169，表明国土空间功能整体处于失调阶段，它们的发展存在不协调的状态。根据耦合协调度的分级标准，桂西南喀斯特地区国土空间功能耦合协调度表现为严重失调和中度失调两种类型，如表 19.8 所示。

表 19.8 研究区国土空间功能耦合协调度

耦合协调度指数	等级	县域
0.1～0.2	严重失调	江南区、良庆区、邕宁区、武鸣区、隆安县、马山县、上林县、宾阳县、横州市、右江区、田阳区、田东县、德保县、那坡县、凌云县、乐业县、田林县、西林县、隆林各族自治县、靖西市、平果市、江州区、扶绥县、宁明县、龙州县、大新县、天等县、凭祥市
0.2～0.3	中度失调	兴宁区、青秀区、西乡塘区

3）桂西南喀斯特国土空间功能质量空间问题诊断

桂西南喀斯特地区全域国土空间功能协调耦合区中，区域整体发展处于协调状态，但是耦合协调度却不高，它们的未来仍有充足的发展空间。由国土空间功能质量和耦合协调度分析可以发现，协调区主要集中在一种或者两种功能较为突出的地区，但这也表明其他国土空间功能的“牺牲”。

严重失调区分布在研究区的大部分地区，国土空间功能发展的协调性较低，这些地区除了受到地形地势的限制以外，区位条件和政策导向对其功能影响也较大，且对城镇化高速发展的支撑力较小，植被覆盖度较高，资源较为丰富，气候条件良好，然而区域存在着不同程度的石漠化分布，生态环境较为脆弱，不利于城镇生产生活及农业开发，造成生态功能与城镇生产生活功能、农业功能不匹配，成为区域发展的薄弱环节。

中度失调区为南宁市的兴宁区、西乡塘区和青秀区。这 3 个地区的国土空间发展协调性较好，各类功能之间发展的一致性水平最高，属于“高-高”集聚地区，该区域是山江海关键带的主要辐射区，社会经济发展条件和地理位置优势明显，且该区域主要为非喀斯特区，地质环境较好、国土空间各类功能的发展有较好的社会、经济和环境等方面的基础条件。

19.3.2 桂西南喀斯特国土空间结构演变特征

1. 国土空间识别

国土空间识别是开展国土空间结构演变分析及格局优化的基础，本节根据桂西南喀斯特地区的实际情况，识别桂西南喀斯特地区地类主导功能，判别空间类型。

基于表 19.9，借助 ArcGIS 软件，首先将 2000 年、2010 年、2020 年三期土地利用现状划分为城镇生产生活空间、农业空间及生态空间 3 种空间类型，利用 ArcGIS 软件对研究区进行重采样，形成分辨率为 100mm×100mm 的栅格图，然后进行重分类，采用表格显示分区统计，得出桂西南喀斯特地区 2000～2020 年国土空间结构情况表，并用柱状图表示，如图 19.5 所示。

表 19.9　桂西南喀斯特地区国土空间功能分类

一级类	二级类	空间分类	空间识别
耕地	水田	农业生产空间	农业空间
	旱地	农业生产空间	农业空间
林地	有林地	生态陆地空间	生态空间
	灌木林地	生态陆地空间	生态空间
	疏林地	生态陆地空间	生态空间
	其他林地	生态陆地空间	生态空间
草地	其他草地	生态陆地空间	生态空间
城镇村用地	城镇用地	城镇发展空间	城镇生产生活空间
	农村居民点	农村生活空间	农业空间
交通运输用地	公路用地	城镇发展空间	城镇生产生活空间
	铁路用地	城镇发展空间	城镇生产生活空间
水域及水利设施用地	河渠	生态水域空间	生态空间
	水库坑塘	生态水域空间	生态空间
	滩池	生态水域空间	生态空间
	水工建筑用地	城镇发展空间	城镇生产生活空间
其他土地	沼泽地	农业生产空间	农业空间
	裸土地	生态陆地空间	生态空间
	沙地	生态陆地空间	生态空间
	裸地石质地	生态陆地空间	生态空间

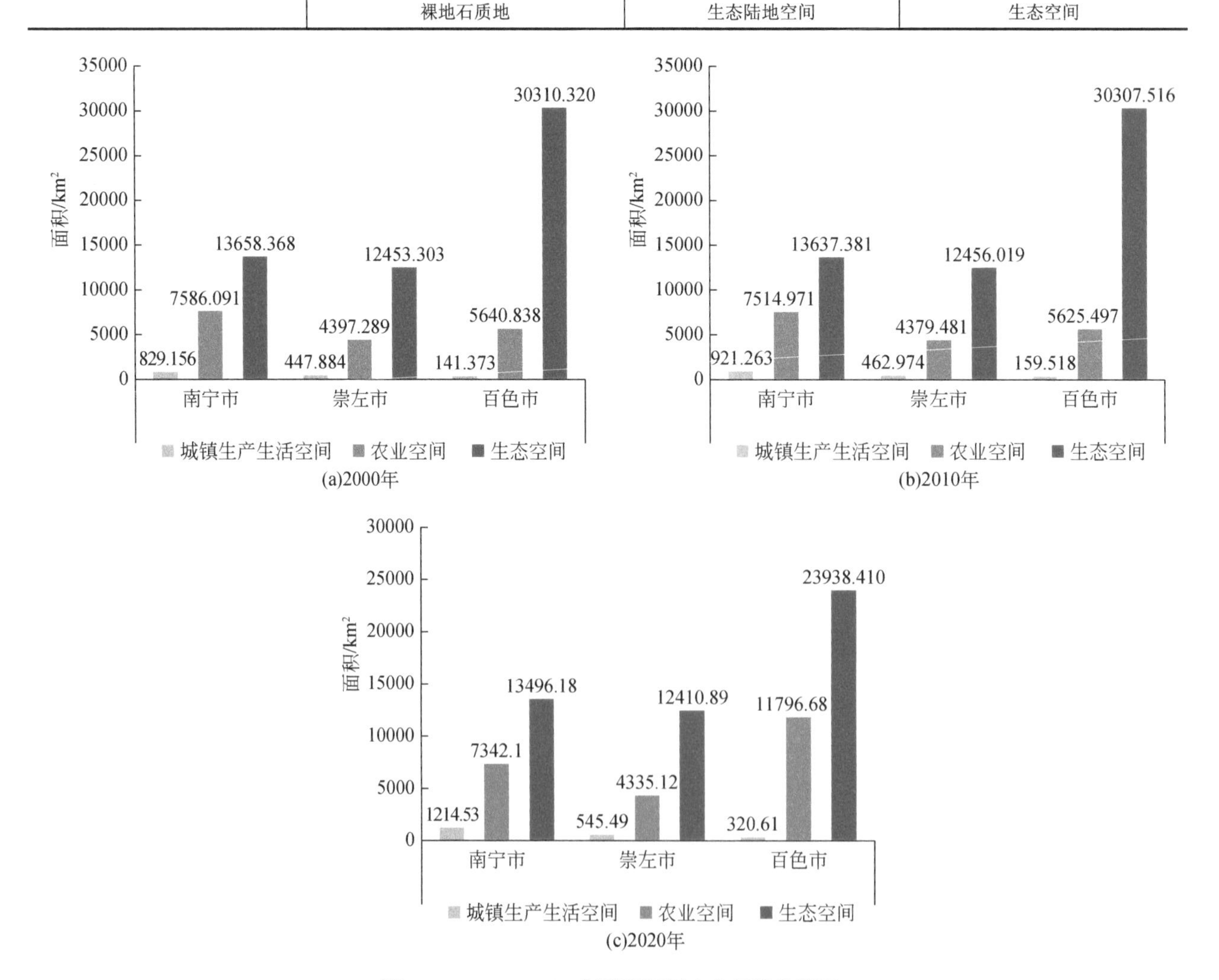

图 19.5　2000～2020 年研究区国土空间结构情况

2. 国土空间结构演变分析

1）面积变化分析

通过提取各类国土空间的用地面积，计算得出 2000 年、2010 年、2020 年各类空间面积所占比例，结果见表 19.10。

从空间面积及比例上看，研究期间，桂西南喀斯特地区生态空间面积占比最大，所占面积超过总面积的 90%，是研究区国土空间的重要功能类型；其次是农业空间，面积比例维持在 2.5%～4.5%，说明研究区农业基础较好，具有较强的农业生产能力；农村生活空间、生态水域空间占比较小，分别占研究区总面积的 2%～4%、1.4%～1.44%，城镇生产生活空间占比呈上升趋势，由 2.51%上升至 3.82%。

表 19.10　2000～2020 年桂西南喀斯特地区国土空间面积及比例变化

国土空间类型	2000 年		2010 年		2020 年	
	面积/hm^2	比例/%	面积/hm^2	比例/%	面积/hm^2	比例/%
农业空间	19590.66	2.95	19474.81	2.93	26117.13	4.32
城镇生产生活空间	15761.58	2.38	17154.29	2.58	23113.15	3.82
生态空间	627890.68	94.67	627656.4	94.49	555470.21	91.86

由表 19.10 可知，桂西南喀斯特地区国土空间面积呈现出“二升一降”的趋势。2010 年，城镇生产生活空间面积为 17154.29hm²，2010～2020 年增长 5958.86hm²。研究期内，前 10 年增长幅度较小，后 10 年增长较为明显。相比之下，农业空间增长相对较快，2000～2010 年，农业空间面积减少 115.85hm²，2010～2020 年增长 6642.32hm²，共计增长 6526.47hm²，远大于城镇生产生活空间增长幅度；研究期间农业空间呈现先降后升的变化情况；研究期间的两个时间段内，生态空间均呈下降趋势，其中生态空间共减少 72420.47hm²。

2）面积变化分析

空间动态度对分析区域土地利用变化差异及预测土地变化趋势具有重要作用，能反映土地利用类型转化的程度。国土空间利用的动态变化常用的表达方法为单一动态度和综合动态度。单一动态度指数表示国土空间相互转化的活跃程度，表达式为

$$K = \frac{S_i - S_{ii}}{S_{ii}} \times \frac{1}{T} \times 100\% \tag{19.15}$$

式中，K 为一定时间内某一国土空间单一动态度指数；S_i 为某类型国土空间发生转移后的面积；S_{ii} 为该类国土空间未发生转移时的面积；T 为研究时长，本节为年数。

根据式（19.15）、式（19.16）计算出桂西南喀斯特地区国土空间单一动态度，计算结果见表 19.11。

表 19.11　2000～2020 年桂西南喀斯特地区国土空间单一动态度

国土空间类型	2000～2010 年		2010～2020 年		2000～2020 年	
	面积变化幅度/hm^2	单一动态度	面积变化幅度/hm^2	单一动态度	面积变化幅度/hm^2	单一动态度
农业空间	−115.85	−0.00059	6642.32	0.03411	6526.47	0.03331
城镇生产生活空间	1392.71	0.00884	5958.86	0.03474	7351.57	0.04664
生态空间	−234.28	−0.00004	−72186.19	−0.0115	−72420.47	−0.01153

对单一动态度进行分析，由表 19.11 可以看出，2000～2010 年，单一动态度较大的为城镇生产生活空间，为−0.0912%；其次为生态空间，单一动态度为−0.1%；农业空间的单一动态度为−0.1006%，排在最后。2010～2020 年，研究区单一动态度较大的为农业空间和城镇生产生活空间，分别为−0.0659%和−0.0653%，最大的仍为城镇生产生活空间，说明在这 10 年土地利用类型发生了变化且变化速率明显加快；生态空间单一动态度较小，为−0.1115%。总体来看，2000～2020 年，单一动态度最大的为城镇生产生活空间，其单

一动态度为-0.053%；其次为农业空间，单一动态度为-0.067%；生态空间的单一动态度较小，为-0.112%。

19.3.3 桂西南喀斯特国土空间格局模拟

1. 元胞自动机模型

元胞自动机模型是一种研究复杂系统的科学方法，该系统在时间和空间上都呈离散状态，所有元胞遵循相同的演化规则，系统会根据规则对元胞的状态进行更新，最后的表现形式为系统的动态演化过程，满足这些规则的模型都可以认为是 CA 模型（张桂花，2014）。其形式言语可表达为

$$\mathrm{CA}=(L_d, S, N, f) \tag{19.16}$$

式中，L 为一个规则的网格空间，每个网格是一个元胞；d 为网格空间的维数，理论上 d 值可以取任意正整数，即元胞自动机模型理论上可以模拟任意正整数的规则空间，在实际应用中常用于模拟一维或者二维动态系统；S 为元胞在动态系统中所有状态的集合；N 为元胞邻近像元的集合；f 为演化的规则。

2. 马尔可夫模型

本节基于不同时间序列和不同国土空间利用类型在空间序列上相互交换的情况，应用马尔可夫模型，预测未来年份的国土空间分布状况（何瑞珍等，2006）。该模型的计算公式如下：

$$P_{ij}=\left\{\begin{matrix} P_{11} & P_{12} & \cdots & P_{1n} \\ P_{21} & P_{22} & \cdots & P_{2n} \\ \cdots & \cdots & \cdots & \cdots \\ P_{n1} & P_{n2} & \cdots & P_{nn} \end{matrix}\right. \tag{19.17}$$

式中，P_{ij} 为国土空间类型 i 向类型 j 转换的概率，矩阵中每行为国土空间类型 i 向其他类型转换的概率，矩阵中每列为国土空间类型 i 由其他类型转入的概率。

$$A_n=(A_{n-1}\times P_{ij}) \tag{19.18}$$

式中，A_n 为国土空间状态；P_{ij} 为转移概率。

3. 制作适宜性图集

1）约束条件

约束性条件体现“是”与“否”的逻辑，只有允许建设和禁止建设两种决策（郭琳琳，2020）。由于许多土地利用变化研究考虑的因素为普遍的影响因素，且由于一些研究区特殊因素的获取较为困难，本节未将这些因素添加至实验研究中，在研究精度上存在些许欠缺。综合考虑，最终将基本农田保护红线及短期内无法转为其他用地类型的建设用地作为约束各类国土间格局的条件，将水域、基本农田保护区作为桂西南喀斯特地区国土空间发展过程中的保护性区域。

2）影响因素

国土空间分布方式与地形息息相关，其中高程与坡度直接影响国土空间土地利用类型，坡度平缓、高程较小的土地适合农业空间、城镇生产生活空间的发展；坡度与高程大于一定的范围会抑制农业与城镇的发展，这种土地适合生态空间发展。水资源是我们赖以生存的生产生活资料，水系的分布对农业用水、城市用水以及植被、生态用水至关重要。交通通达度是衡量城镇发展水平的一个重要指标，其对国土空间布局具有较强的影响作用，人口密度是重要的社会经济因素，人口数量产生变化，则对土地的需求也会随着变化，对国土空间也会提出新要求。因此本节综合现有研究与已获取到的桂西南喀斯特地区数据，选取以下 7 个影响因素，见表 19.12。

表 19.12　土地利用变化驱动因子及描述

属性	名称	描述
自然因子	DEM	每一栅格的高程
	坡度	每一栅格的坡度
社会经济因子	人口密度	每一栅格的人口密度
	GDP	每一栅格的 GDP
通达度因子	距水系距离	每一栅格中心到最近水系的距离
	距道路距离	每一栅格中心到最近道路的距离
	距铁路距离	每一栅格中心到最近铁路的距离

3）具体操作

首先将所得桂西南喀斯特地区 2020 年土地利用类型数据导入 ArcGIS10.3 软件中，生成土地利用类型数据图，从图上分别提取出城镇生产生活空间、农业空间、生态空间 3 种国土空间结构，每个图层都以桂西南喀斯特研究区为矢量范围界限，对图中每一类国土空间功能类型的属性赋值为 1，其他功能类型的属性赋值为 0，最后形成分辨率为 100mm×100mm 的栅格文件，形成各国土空间功能的栅格，采用表格显示分析统计结果并以柱状图表示，如图 19.6 所示。

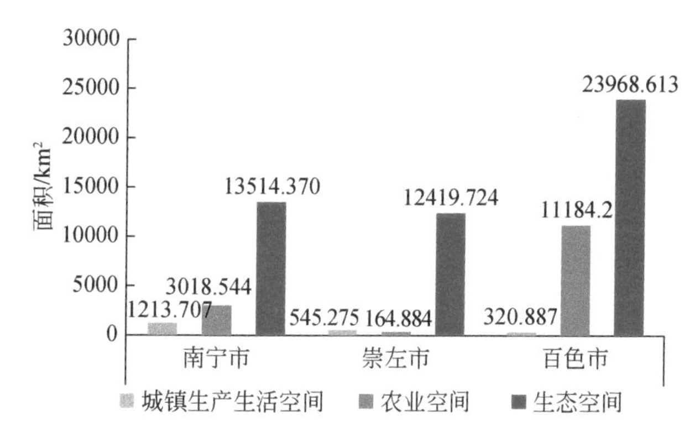

图 19.6　研究区国土空间功能类型柱状图

将 DEM 高程数据、坡度数据、人口数据、GDP、距水系距离、距道路距离、距铁路距离导入 ArcGIS10.3 软件中，形成驱动因子栅格图。

4. 桂西南喀斯特国土空间格局模拟

1）桂西南喀斯特地区 2030 年国土空间格局模拟

应用 IDRISI 软件的 CA-Markov 模块，以 2010 年国土空间格局分布图为基础图像，输入 2000～2010 年的国土空间转移矩阵，以桂西南喀斯特地区国土空间适宜性图像集为依据，模拟研究区 2020 年国土空间格局，模拟结果如图 19.7 所示。

2）模拟精度检验

本节利用 Kappa 系数检验桂西南喀斯特地区 2020 年模拟结果与 2020 年现状数据的一致性，定量评价模型的模拟精度。当 Kappa≥0.75 时，表示两个图像模拟结果可信度高；当 0.4<Kappa<0.75，表示两个图像模拟效果一般；当 Kappa≤0.4 时，表示两个图像一致性效果较差。具体计算公式：

$$\text{Kappa} = \frac{P_0 - P_c}{P_p - P_c} \tag{19.19}$$

式中，P_0 为模拟正确栅格数量与总数量的比值；P_p 为在理想状态下，模拟正确栅格数量与总数量的比值；P_c 为随机状态下，模拟正确栅格数量与总数量的比值。

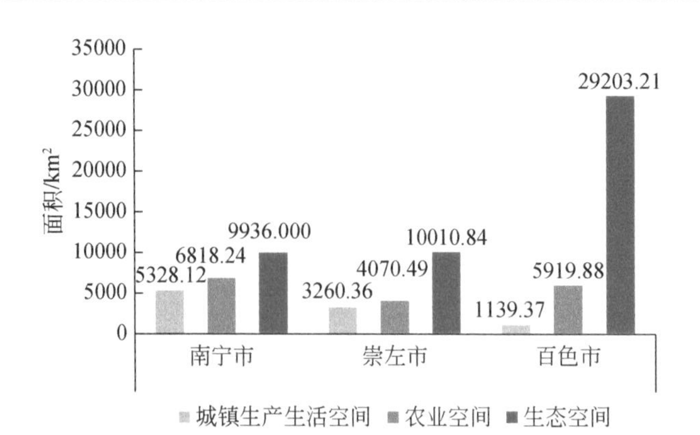

图 19.7　桂西南喀斯特地区 2020 年国土空间格局模拟柱状图

利用 IDRISI 软件中的 CROSSTAB 模块进行分析，将研究区 2020 年现状图和 2020 年模拟图做空间叠加分析，得到 Kappa 系数为 85.67%，表明桂西南喀斯特地区 2020 年国土空间模拟图与现状图的一致性较高，模拟效果较好，用 CA-Markov 模型模拟桂西南喀斯特地区国土空间具有较高的可行性。

3）桂西南喀斯特地区 2030 年国土空间格局模拟

以研究区 2020 年国土空间格局分布图为基础，输入 2010～2020 年的国土空间转移矩阵，以桂西南喀斯特地区国土空间适宜性图集作为依据，循环次数设置为 10，对研究区 2030 年国土空间格局进行预测，预测结果见图 19.8。

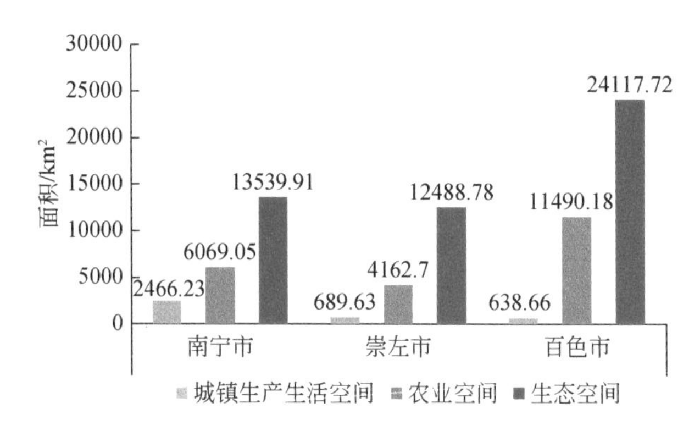

图 19.8　桂西南喀斯特地区 2030 年国土空间格局模拟

4）模拟结果与现状对比

对比桂西南喀斯特地区 2030 年国土空间格局模拟结果及 2020 年现状数据（表 19.13、表 19.14）可知，在 2030 年的模拟结果中，农业空间和生态空间面积有减少的趋势，其中农业空间面积大幅减少，减少面积为 1518.17hm²，减少面积占比为 0.0174%，主要转为城镇生产生活空间；生态空间减少 902.58hm²，减少面积占比为 0.006%，主要转为城镇生产生活空间；2030 年城镇生产生活空间较 2020 年增加了 1732.04hm²，增加面积占比为 0.023%，从转移矩阵来看，主要转入部分来源于农业空间和生态空间。

由于桂西南喀斯特地区社会经济的发展，城镇生产生活空间用地需求量增大，城镇生产生活空间用地面积持续增多，农业空间和生态空间用地面积减少。这种城镇生产生活空间向外无限扩张的情况，极易破坏研究区原本就很脆弱的生态系统，导致生态空间用地面积大量减少，破坏国土空间发展的稳定性、协调性；阻碍区域农业结构战略性调整，难以满足区域现代化农业发展需求。总体而言，从图 19.8 中可以看出部分建设用地的扩张、农用地的整治是通过兼并生态用地的未利用地和少量林地实现的。特别说明的是，由于本节所用数据库分为 3 大类，未能细分到具体的用地类型及变化情况，在今后的深入研究和数据资料补充后完善模拟过程，将二级分类数量变化体现在空间位置上。

表 19.13　2030 年模拟和 2020 年现状各国土空间面积变化

国土空间类型	2020 年现状		2030 年模拟		差值	
	面积/hm^2	比例/%	面积/hm^2	比例/%	面积变化/hm^2	比例变化/个百分点
农业空间	23497.91	31.12	20979.74	27.78	−2518.17	−3.34
城镇生产生活空间	2080.99	2.76	3113.03	4.12	1032.04	1.36
生态空间	49937.13	66.13	51434.55	68.1	1497.42	1.97

表 19.14　2020～2030 年国土空间类型转移矩阵　（单位：hm^2）

国土空间类型	农业空间	城镇生产生活空间	生态空间
农业空间	1313.46	2.99	230.49
城镇生产生活空间	1844.62	14831.80	890.58
生态空间	6572.03	1982.69	48131.15

19.4　桂西南喀斯特国土空间优化分区管控研究

桂西南喀斯特地区作为山江海联动发展带的关键地区，是桂西南喀斯特—北部湾地区重要的绿色生态屏障。在经济、社会发展过程中，应确保区域的生态效益，促使桂西南喀斯特地区的社会、经济、生态协调发展，积极响应“绿水青山就是金山银山”的号召。当前桂西南喀斯特地区的发展面临双重压力，既要保证经济社会的稳步上升，又要保护生态环境。因此桂西南喀斯特国土空间优化分区管控必须具备科学性、可操作性和可行性。一般而言，在进行桂西南喀斯特国土空间优化分区管控时所要实现的目标主要包括经济效益、社会效益和生态效益。

19.4.1　数量结构优化设置

1. 决策变量的设置

本节采用灰色预测模型对国土空间数量结构进行优化研究。建立灰色线性规划模型是决策变量设置的关键，选取的决策变量不仅能体现出土地利用总体规划中的土地利用类型划分，还能体现出研究区域的土地利用类型。本节主要针对桂西南喀斯特地区国土空间结构进行预测与优化，通过对预测和优化结果进行对比分析，制定研究区国土空间结构优化调整的具体措施。在对国土空间结构进行预测时，将国土空间利用类型划分为 3 类，故设置 3 个决策变量：农业空间（x_1）、城镇生产生活空间（x_2）、生态空间（x_3），见表 19.15。

表 19.15　桂西南喀斯特地区国土空间结构优化变量设置　（单位：hm^2）

变量	国土空间类型	2020 年现状面积
x_1	农业空间	26117.13
x_2	城镇生产生活空间	23113.15
x_3	生态空间	555470.21

2. 目标函数的构建

本节以实现研究区的经济效益最大化为目标建立目标函数，其目标函数表达式为

$$f(x)=\sum_{i=1}^{3}k_i \times x_i \tag{19.20}$$

式中，k_i为各地类单位面积土地经济效益（万元/hm^2），为灰数，可以根据研究区 2010～2020 年隔年份的单位面积土地经济效益进行预测；x_i为各类用地的面积。

由于收集到的研究区经济统计资料有限，不能完全确定三种国土空间类型的土地经济效益，因此本节以农林牧渔业经济效益作为农业空间经济效益，以第二、三产业产值作为城镇生产生活空间的经济效益。此外，其他地类基本不产生经济效益，因此对研究区的经济效益的贡献是有限的。但考虑到模型计算需要，将其效益系数设置为 0.0001。参考已有研究，以 2010～2019 年研究区各国土空间类型的经济产出作为依据，确定 2030 年研究区各类国土空间的相对权益系数 w_i，结果如表 19.16 所示。

$$w_i=（0.208，0.792，0.0001）$$

因此确定目标函数为

$$f(x)=0.208x_1+0.791x_2+0.0001x_3 \tag{19.21}$$

表 19.16　桂西南喀斯特地区 2010～2019 年各国土空间类型土地单位面积经济效益　（单位：万元/hm^2）

年份	农业空间	城镇生产生活空间
2010	753.41	2147.32
2011	942.56	2791.18
2012	984.57	3185.89
2013	1055.41	3543.62
2014	1107.7	4055.31
2015	1168.17	4377.78
2016	770.37	4838
2017	1272.24	5613.55
2018	1351.5	5414.37
2019	1511.22	5602.15

3. 约束条件的构建

国土空间优化是对现有资源进行合理分配的一个过程，一方面要考虑研究区国土空间自身的发展规律；另一方面要结合国家政策，确保在国家制订的土地利用规划目标实现的前提下进行国土空间结构的调整。本节从与国土空间结构相关的社会需求和自身的限制出发，选取约束性条件为区域土地总面积约束、人口数量、城镇发展空间约束、经济发展约束、农业生产空间约束、生态空间约束以及决策变量的非负约束。

1）区域土地总面积约束

$$\sum_{i=1}^{3}x_i=S \tag{19.22}$$

即

$$x_1+x_2+x_3=583898.65 \tag{19.23}$$

式中，x_i为各类型用地面积；S为桂西南喀斯特地区土地总面积。

2）城镇生产生活空间约束

城镇生产生活空间用地的动态变化与研究区社会经济发展有直接关系，建设用地面积增加会促进经济发展，但建设用地面积不能无限增加。根据相关文件对城乡建设做出的要求，结合桂西南喀斯特地区 2020～2030 年城镇生产生活空间用地面积变化趋势，将目标年开发强度最高定为 1%（彭耀辉，2019），同时，为满足研究区经济社会发展，城镇生产生活空间用地面积不得大于 2030 年现状，x_1的值由 GM（1，1）模拟预测得到，即

$$1001.33 \leqslant x_1 \leqslant 3813.03 \tag{19.24}$$

3）经济发展约束

根据研究区经济社会发展需要，为了保证研究区社会经济的可持续发展，确定到目标年，建设用地面积不小于 2020 年现状值，即

$$x_1 + x_2 \geqslant 2311.31 \tag{19.25}$$

4）农业生产空间约束

桂西南喀斯特地区面积广阔，但是石漠化地区分布广泛，适宜农业生产的空间有限，因此，在制定土地利用总体规划时总体的方向是严格耕地数量不减少，即使其保持动态平衡状态。因此在进行约束条件设置时，农业生产用地保有量不得少于研究区 2030 年的农业生产用地预测值 x_2，x_2 的值也是由 GM（1，1）模拟预测得到，即

$$x_2 \geqslant 21979.74 \tag{19.26}$$

5）生态空间约束

到 2030 年，研究区生态空间面积不得少于 2020 年现状面积，故有

$$x_3 \geqslant 555470.21 \tag{19.27}$$

6）灰色线性规划模型

灰色线性规划模型要求各决策变量为非负数，即

$$x_1, x_2, x_3 \geqslant 0 \tag{19.28}$$

4. GM（1,1）模型预测相关参数

在上述所创建的约束条件中，存在多个灰色参数。因此需要对这些数据进行白化，根据能表征这些灰色参数特点的已有数据序列建立 GM（1,1）模型并对其特征值进行预测。需要白化的数据主要包括桂西南喀斯特地区总人口、城镇生产生活空间、农业空间、生态空间。

1）人口总数

根据桂西南喀斯特地区 2000～2020 年的人口数据建立 GM（1,1）模型，预测 2030 年的人口总量，如表 19.17 所示。

表 19.17　桂西南喀斯特地区 2000～2020 年人口时间序列　（单位：万人）

项目	2000 年	2005 年	2010 年	2015 年	2020 年
人口总数	1003.58	1154.37	1359.52	1417.95	1471.96

2）城镇生产生活空间

根据桂西南喀斯特地区 2000～2020 年的城镇生产生活空间面积数据序列建立 GM（1,1）模型，预测 2030 年的城镇生产生活空间面积，如表 19.18 所示。

表 19.18　桂西南喀斯特地区 2000～2020 年城镇生产生活空间面积　（单位：hm^2）

项目	2000 年	2005 年	2010 年	2015 年	2020 年
城镇生产生活空间	1576.15	1642.04	1715.42	1980.95	2311.31

3）农业空间

根据桂西南喀斯特地区 2000～2020 年的农业空间面积数据序列建立 GM（1,1）模型，预测 2030 年的农业空间面积，如表 19.19 所示。

表 19.19　桂西南喀斯特地区 2000～2020 年农业空间类型面积　（单位：hm^2）

项目	2000 年	2005 年	2010 年	2015 年	2020 年
农业空间	19590.7	19543.8	19474.8	19298.9	26117.1

4）生态空间

根据桂西南喀斯特地区 2000～2020 年的生态空间面积数据序列建立 GM（1,1）模型，预测 2030 年的生态空间面积，如表 19.20 所示。

表 19.20　桂西南喀斯特地区 2000～2020 年生态空间类型面积　（单位：hm^2）

项目	2000 年	2005 年	2010 年	2015 年	2020 年
生态空间	627890	627700	627656	626760	555470

5. 模型求解

本节最终建立了桂西南喀斯特国土空间结构约束条件：

$$\begin{cases} x_1+x_2+x_3=583898.65 \\ 1001.33 \leqslant x_1 \leqslant 3813.03 \\ x_1+x_2 \geqslant 2311.31 \\ x_2 \geqslant 21979.74 \\ x_3 \geqslant 555470.21 \\ x_1, x_2, x_3 \geqslant 0 \end{cases} \tag{19.29}$$

应用软件对以上模型进行处理，最终得到以下最优解，结果如表 19.21 所示。

表 19.21　桂西南喀斯特地区 2030 年国土空间结构优化表　（单位：hm^2）

变量	国土空间类型	优化后面积
x_1	农业空间	21979.74
x_2	城镇生产生活空间	3813.03
x_3	生态空间	510345.5

19.4.2　桂西南喀斯特国土空间格局优化分析

通过对比桂西南喀斯特地区 2030 年国土空间优化结果与 2030 年模拟结果，见表 19.20，可以发现，优化后，城镇生产生活空间增加了 700.43hm^2，占比增加 0.84%；农业空间增加 1000.3hm^2，占比增加 0.83%；生态空间减少 400.78hm^2，占比减少 3.84%。经过优化，生态空间占比由 68.1%下降至 66.43%，明显下降，城镇生产生活空间和农业空间占比有所上升。

与 2030 年模拟结果相比，桂西南喀斯特地区 2030 年优化结果的城镇生产生活空间和农业空间仍在扩张，研究区社会经济基础较弱，其作为广西重要的生态涵养区，在保护其环境的同时仍要走向全世界的发展定位，2030 年仍需要坚持“绿水青山就是金山银山”的理念。从表 19.22 中可以看出，三种土地类型的优化结果与预测结果插值比例基本控制在 10%之内。

表 19.22　2030 年各国土空间模拟面积和优化面积及其差值

国土空间类型	模拟		优化		差值	
	面积/hm^2	比例/%	面积/hm^2	比例/%	面积变化	比例变化
农业空间	20979.74	27.77	21979.74	28.61	1000.3	0.83
城镇生产生活空间	3113.03	4.12	3813.03	4.96	700.43	0.84
生态空间	51434.55	68.1	51034.55	66.43	−400.78	−3.84

19.4.3　桂西南喀斯特国土空间分区管控

1. 城镇生产生活功能区提升优化

研究区具有显著的地理特色、生态涵养区以及铁路、高速路和海路通道的有利条件。应形成以南宁市为中心，以交通枢纽为轴，以左江流域、右江流域和国际海陆新通道为带，以北、中、东南三大功能区为基地，通过点—线—轴渐进式扩散，对周围进行辐射带动。同时应加快生活空间智慧化治理，利用大数据及现有技术提升城镇综合服务软实力，科学规划城乡空间，促进城镇生产生活空间的高效集聚和有机融合，全速推进创新型城市建设。加强城镇空闲、闲置土地的整理力度，构建适合研究区的沿边特色小镇，提升人口、经济等要素的集聚能力，做大旅游产业，建设生态旅游目的地，统筹规划现有的山水生态空间，加快文化创意产业与旅游产业等生产空间向生活空间的转化。

2. 农业功能区提升优化

根据国土空间功能质量评价、预测及优化结果，可将研究区划分为北、中、东南 3 个县域、次区域空间。首先，按照耕地和永久基本农田、生态保护红线和城镇开发边界的顺序，统筹落实三条红线，坚决将耕地保有量和永久基本农田保护目标作为刚性指标实施严格考核；落实和完善耕地占补平衡政策，实现“占一补一，占补平衡”；全面完成高标准基本农田建设，大力推进农业关键核心技术研发，因地制宜发展设施农业，开发可利用的空闲地和废弃地以发展特色农业。其次，持续推进农村第一、第二、第三产业融合发展，加大发展县域富民产业，支持大中城市疏解产业向县域延伸，加快完善县域产业服务功能，将龙头企业做大做强，形成“一县一业”的发展格局。

3. 生态功能区提升优化

坚持人与自然和谐共生，统筹山水林田湖海系统治理，加强生态环境保护，治理与修复并行，不断提升桂西南喀斯特地区的生态系统质量及其稳定性，不断打好广西生态优势的牌。百色市和崇左市的生态功能发挥了主要作用，是桂西南喀斯特地区的重要绿色屏障，也是国土空间协调发展的重要保障。生态空间的保护与适度开发是加强研究区国土空间绿色发展的重要途径。首先要严格控制生态保护红线，使山水林田湖海休养生息，健全耕地休耕轮作制度、建立生态保护红线区外的缓冲带，减小人类活动的影响。建立健全绿色低碳循环发展体系，推动产业生态化和生态产业化，依托区域丰富的生态旅游资源，推进中越边关风情旅游带建设，打造“两江”流域旅游风景道，依托百色市的红色革命根据地，做大做强集边境风情旅游带、红色革命根据地、绿色生态于一体的旅游产业集群，培育康养产业。全面推动区域生态环境保护数字化转型，提升生态环境承载力以及国土空间开发适宜性和资源利用科学性，积极探索桂西南喀斯特地区国土空间绿色、健康发展新路径，更好地支撑美丽中国建设。

4. 国土空间分区管控建议

基于以上分析，本章构建以国土空间分区管控和石漠化生态环保协同区管控为核心的喀斯特山区国土空间管控途径，建立城镇生产生活-农业-生态一体化智能感知体系，打造城镇生产生活-农业-生态综合管理信息化平台。在国土空间分区管控中，以城镇生产生活功能质量保障和社会经济发展为目标提出了城镇开发边界区和城镇预留区的管控办法，科学把握功能定位，分类分区引导县域发展方向，不断促进新型城镇化建设，构建新型工农城乡关系；以提升农业功能质量为目标提出了永久基本农田区和农田防护林建设的管控方式，在提升农业功能质量和规避农业活动对石漠化严重地区影响的基础上，提高农村生活水平，增加粮食产量；以生态功能质量提升为目标提出了生态保护红线和一般生态区管控模式，在保障生态水平较高地区的生态质量不降低且平稳增长的基础上，针对石漠化等级较高的地区，制定生态恢复和石漠化治理的方案和措施，缓解桂西南喀斯特地区巨大的生态环境压力。

19.5 结　论

开展桂西南喀斯特国土空间功能质量评价和研究区城镇生产生活空间、农业空间和生态空间格局优化调控研究，是研究区国土空间优化，推动“多规合一”，进行资源保护、产业和现代化建设的前提，也是区域人口、社会经济与生态协同发展的基础和前提。本章以桂西南喀斯特地区为例，基于研究区自然资源和社会经济的遥感数据，对桂西南喀斯特国土空间功能质量进行评价，根据经济、社会、自然指标构建评价指标体系，结合国土空间功能质量评价方法和GIS空间分析方法，评价桂西南喀斯特国土空间功能质量状况。应用CA-Markov模型，以2000～2020年土地利用现状数据为基础，对研究区2020年土地利用变化进行模拟预测，并对结果进行图像精度检验，在模拟精度达到要求之后，对桂西南喀斯特地区2030年的土地利用变化情况进行了模拟。最终在集成国土空间功能质量状况与模拟预测结果的基础上，分析影响研究区国土空间功能质量和格局优化的相关约束性条件，得出国土空间优化及调控结论如下。

19.5.1 桂西南喀斯特地区国土空间功能质量

1. 城镇发展功能质量分析

高值区主要分布在研究区东南部，包括南宁市的青秀区、兴宁区、西乡塘区和江南区。

较高值区分布在部分西部和东南部地区，主要包括百色市的右江区，南宁市的良庆区、邕宁区、武鸣区、横州市、宾阳县以及崇左市的江州区和凭祥市，这些地区经济密度、人口密度和城镇化率较高，为城镇生产生活功能提供了优越的社会经济条件。

低值区主要集中在研究区西北部，西北部石漠化程度较严重，经济条件、生态环境质量及生活保障水平较差，而中部地区经济水平、城镇化水平和人口活力相对低，上述因素阻碍了这些地区的城镇生产生活功能发展，影响区域城镇生产生活功能质量的等级。

2. 农业生产功能质量分析

高值区和较高值区主要分布在研究区的南部，包括南宁市的青秀区、扶绥县、西乡塘区、兴宁区、江南区、武鸣区、横州市以及崇左市的江州区、凭祥市和隆安县。这些地区气候、耕作和土壤条件较好，与其他地区相比，这些地区的资源与效益产出较高，为农业功能的发展提供了良好的基础环境。

低值区主要分布在研究区北部和西北部，主要分布在百色市和崇左市。这些区域是研究区喀斯特地貌广泛分布的区域，石漠化程度严重，耕作条件较差，种植环境恶劣，且随着农民种植意愿的降低，粮食单产较低，耕地抛荒率较高，这些成为影响区域农业功能质量的因素。

3. 生态功能质量分析

高值区和较高值区主要分布在研究区的中部和西南部，包括百色市和崇左市。百色市和崇左市两市具有相近的自然环境条件，全域生态环境质量较高，这使得区域生态功能较好，但它们都属于喀斯特岩溶地区，生态敏感性较高，生态用地斑块分散，水源涵养能力较差，造成区域生态功能质量整体偏低。

低值区主要分布在南宁市，由于受到区域条件和政策导向的影响，该区域城镇生产生活功能和农业功能较好，但生态功能较差。

19.5.2　国土空间功能集聚特征空间分布

1. 城镇生产生活功能

桂西南喀斯特石漠化地区的城镇生产生活功能、农业功能和综合功能的“高-高”和“高-低”集聚类型区均位于研究区的东南部，包括南宁市的 12 个县域和崇左市部分县域，主要是因为这些区域地势相对平坦，经济基础较好，且土壤肥沃，耕作条件较好，这些为该地区的社会经济发展奠定了坚实的基础。

2. 农业功能

“低-低”和“低-高”集聚类型区均位于研究区的西南部和西北部，集中于百色市和崇左市，主要是由于这两个地区位于山江海关键带的西北部，山地多，海拔高，坡度较大，难以得到“高-高”地区的辐射，不利于城市大规模扩张、农业及工业发展。

3. 生态功能

生态功能的“高-高”集聚类型区主要分布在研究区中部，“低-低”集聚类型区主要分布在东南部，包括南宁市的兴宁区、青秀区、良庆区、邕宁区、宾阳县和横州市，主要原因是这些区域的城镇生产生活功能以及农业功能对这些地区的发展产生了限制性作用。

19.5.3　面积变化与国土空间单一动态度

（1）2000～2020 年，桂西南喀斯特地区的生态用地持续减少，由 2000 年的 627890.68hm^2 下降到 2020 年的 555470.21hm^2，占土地总面积的比例由 94.67%下降到 91.86%，23 年间下降了 2.81 个百分点，减少了 72420.47hm^2。城镇生产生活用地增加面积最多，上升了 1.31 个百分点，面积增加了 7351.57hm^2。农业空间用地增加面积为 6526.47hm^2，上升了 1.37 个百分点；农业用地增加的部分主要分布在百色市的隆林各族自治县、西林县、田林县和凌云县。桂西南喀斯特地区 2000～2020 年生态用地的转出面积远大于转入面积，林地、未利用地和滩地转出为建设用地和农业用地的面积较大。

（2）2000～2010 年，单一动态度较大的为城镇生产生活空间，为-0.0912%；其次为生态空间，为-0.1%；农业空间的单一动态度为-0.1006%，排在最后。2010～2020 年，研究区单一动态度较大的为农业空间和城镇生产生活空间，分别为-0.0659%和-0.0653%，最大的仍为城镇生产生活空间，说明在这 10 年土地利用类型发生了变化且变化速率明显加快；生态空间单一动态度较小，为-0.1115%。总体来看，2000～2020 年，单一动态度最大的为城镇生产生活空间，其单一动态度为-0.053%；其次为农业空间，单一动态度为-0.067%；生态空间的单一动态度较小，为-0.112%。

19.5.4　桂西南喀斯特地区国土空间优化及分区管控

以 CA-Markov 模型为基础，利用桂西南喀斯特地区 2000 年、2010 年的土地利用现状图模拟 2020 年的土地利用格局，将模拟图与现状图进行对比，验算了该模型的数量和空间精度，模拟结果可信度较高，能够满足研究与预测需要。预测研究区 2030 年土地利用状况，结果表明，与 2020 年现状相比，城镇生产生活空间和农业空间面积大幅增加，其中城镇发展空间增加 1732.04hm^2，农业空间增加 1075.35hm^2，生态空间大幅度减少，减少面积为 2807.39hm^2。2030 年与 2020 年生态空间格局仍存在一定的微小差异，且各用地类型的变化与研究区未来经济社会的发展趋势基本相符，对其利用与保护任重而道远。基于此本章提出构建区域性交通枢纽带，形成“一心、一轴、三带”发展格局，以及山水林田湖海一体化生态保护的国土空间格局。

参考文献

邓焱，2016. 山地丘陵地区国土空间开发适宜性评价及功能分区研究——以吉安市为例. 南昌：江西师范大学.

樊杰，2015. 中国主体功能区划方案. 地理学报，70(2)：186-201.

樊杰，孙威，陈东，2009. “十一五”期间地域空间规划的科技创新及对“十二五”规划的政策建议. 中国科学院院刊，24(6)：601-609.

傅建春，2021. 河南省国土空间格局演变及布局优化研究. 徐州：中国矿业大学.

郭琳琳，2020. 基于 GMDP 和 CA-Markov 模型的青龙县国土空间结构与布局优化研究. 保定：河北农业大学.

何瑞珍，闫东峰，张敬东，等，2006. 基于马尔可夫模型的郑州市土地利用动态变化预测. 中国农学通报，(9)：435-437.

贾仰文，郝春沣，牛存稳，等，2019. 典型山地降水径流时空演变及“水—热—人—地”匹配性分析. 地理学报，74(11)：2288-2302.

赖国华，2021. 山江海过渡性国土空间三生功能评价与优化调控研究. 南宁：南宁师范大学.

李思楠，赵筱青，普军伟，等，2020. 西南喀斯特典型区国土空间地域功能优化分区. 农业工程学报，36(17)：242-253,314.

刘继来，刘彦随，李裕瑞，2017. 中国“三生空间”分类评价与时空格局分析. 地理学报，72(7)：1290-1304.

刘彦随，刘玉，陈玉福，2011. 中国地域多功能性评价及其决策机制. 地理学报，66(10)：1379-1389.

吕倩，刘海滨，2019. 京津冀县域尺度碳排放时空演变特征——基于 DMSP/OLS 夜间灯光数据. 北京理工大学学报(社会科学版)，21(6)：41-50.

吕妍，张黎，闫慧敏，等，2018. 中国西南喀斯特地区植被变化时空特征及其成因. 生态学报，38(24)：8774-8786.

马恩朴，蔡建明，韩燕，等，2020. 人地系统远程耦合的研究进展与展望. 地理科学进展，39(2)：310-326.

司智升，2021. 县域国土空间功能协调性测度及其优化调控研究. 南昌：江西财经大学.

张桂花，2014. 基于灰色线性规划和 CA-Markov 模型的土地利用结构和空间布局优化研究. 武汉：湖北大学.

Albrechts L, Healey P, Kunzmann K R, 2003. Strategic spatial planning and regional governance in Europe. Journal of the American Planning Association,69(2):113-129.

第四篇　山江海地域系统山水林田湖草海系统统筹共治案例研究

山水林田湖草海生命共同体是一个集山、水、林、田、湖、草、海等不同资源环境要素于一体的复杂系统，是人口、资源及环境等相互作用关系及人地协调关系的高度凝练。生命共同体中各组成要素相互联系、相互制约，某一要素的变化都将引起其他要素的连锁反应，并使整个生命共同体的结构和功能发生变化。因此，从生命共同体的整体性特征来看，将山、水、林、田、湖、草、人作为一个整体的生态系统统筹共治是非常有必要的，明确不同尺度下生命共同体的景观特征、变化规律与主控因素，是科学进行人地系统生态保护和修复的重要前提。

本篇为山江海地域系统山水林田湖草海系统统筹共治案例研究篇，在山水林田湖草海时空变化及其健康评价、耦合关键带社会生态特征及其生态治理、人-山水林田湖草海系统和谐及高质量发展、桂西南喀斯特人地系统及其统筹共治研究中，建立了山水林田湖草海沙生命共同体的社会、经济、自然生态系统的“架构”体系，构建山水林田湖草海沙生态保护修复的技术体系，耦合人-山水林田湖草海系统及高质量发展，提出喀斯特石漠化防治及其衍生生态产业培育模式。在南流江流域人地系统变化及其统筹共治研究、防城金花茶国家级自然保护区土壤生态系统变化及其健康评价研究、北海红树林区生态系统变化及其生态修复研究中，通过对不同尺度研究单元进行调查观测、遥感监测，并分析山江海人地系统生态环境现状，采用定性定量相结合的方法，深入剖析资源共享、产业发展、环境整治、生态修复和功能布局等人地系统的关键内容，提出了以平陆运河、茅尾海流域、南流江流域、防城港山江海人地系统及防城金花茶国家级自然保护区、北海红树林区为代表的北部湾流域-海湾统筹发展优化模式、山水林田湖草海沙统筹共治模式，为西部陆海新通道和陆海社会-生态系统可持续发展提供科学依据。

第 20 章　山江海地域系统山水林田湖草海时空变化与健康评价研究

20.1　引　　言

20.1.1　研究背景和意义

1. 研究背景

近年来，我国高速的经济发展及物质积累带来了国土空间高强度的开发、资源被粗放利用以及人地资源错配，导致生态环境遭受严重的污染，社会经济发展受阻，区域生态系统服务功能退化，人地矛盾突出。随着人们生态环境保护意识不断加强以及人们对绿水青山的需求，国家大力实施生态文明建设，践行“绿水青山就是金山银山”理念，统筹推进山水林田湖草综合治理，打造“美丽中国”新局面。2020 年，自然资源部办公厅、财政部办公厅、生态环境部办公厅联合印发《山水林田湖草生态保护修复工程指南（试行）》，全面指导和规范各地山水林田湖草生态保护修复工程（简称山水工程）的实施，推动山水林田湖草一体化保护和修复。2017 年，习近平总书记在广西考察时，提出了在发展广西经济的同时也要重视生态环境保护工作，广西生态优势金不换，大力践行“绿水青山就是金山银山”理念。桂西南喀斯特—北部湾地区有 50 个县（市、区），但区域内喀斯特地貌区和北部湾沿海经济区的经济发展水平差异大，各县（市、区）都有不同的生态环境问题。广西左江流域在 2017 年 10 月被选入我国山水林田湖草生态保护修复工程试点项目，国家及政府极其重视左江流域山水林田湖草生态保护及工程建设。因此，从国家战略需求和山水林田湖草发展现实背景可以看出，山水林田湖草生命共同体发展问题一直是国家政府关注的焦点。如何实现区域社会经济与山水林田湖草海生命共同体协调健康发展，促进人与自然和谐，已经成为山水林田湖草海生命共同体修复工程战略亟待解决的理论和实践问题。

山区-流域-海岸是由山、水、林、田、湖、草、海等自然要素相互作用、共同构成的一个复杂系统，是国土空间发展多要素耦合与协同作用的重要区域，也是国土空间多功能权衡与调控的关键区域。桂西南喀斯特—北部湾地区位于祖国西南边境，是在新时代背景下推进西部大开发形成新格局的区域，是全国 21 个新晋自由贸易区中唯一一个既沿海又沿边的区域，也是我国“一带一路”重要区域。其既有喀斯特地貌区，又有沿海黄金区，其山、水、林、田、湖、草、海等自然生态要素齐备，生态功能较为完善。同时，桂西南喀斯特地区具有“民族地区、边境地区、革命老区”的特征，长期以来该区域遭受铝矿开采、水土流失等严重威胁，生态环境极度脆弱，限制区域经济发展进而反过来影响区域生态环境质量，形成恶性循环。因此，开展桂西南喀斯特—北部湾地区山水林田湖草海生命共同体健康评价研究，为合理开发利用自然资源和实现该区域生态修复治理提供一定的科学依据，促进人与自然和谐。

2. 研究意义

（1）理论意义：从山江海视角构建山水林田湖草海生命共同体健康评价框架与评价模型，探究山江海地域系统山水林田湖草海生命共同体健康状况，丰富了山江海地域系统空间及山水林田湖草海生命共同体健康方面的理论研究，同时也为山江海研究提供了新的思路与方法。

（2）现实意义：开展桂西南喀斯特—北部湾地区县域尺度山水林田湖草海生命共同体各子系统空间格

局时空变化特征分析研究，剖析桂西南喀斯特—北部湾地区山水林田湖草海生命共同体健康状况，为区域山水林田湖草海生态修复与治理提供一定的科学依据，促进人地关系和谐。

20.1.2 文献综述

1. 山江海相关研究进展

山江海是对山地、江域和海域综合发展的简称，目的是科学合理地利用有利优势，形成山江海联动综合发展的形式，实现可持续发展，改变现在发展的不均衡性，缩小发展差距（张泽等，2021a）。国内对山江海地理空间多集中在对概念、内涵及属性和应用等的研究，如明庆忠和刘安乐（2020）对山-原-海概念、战略价值解读及科学发展思路进行研究，他们认为山-原-海是山地、平原和海洋等相互关联有机发展的系统，是对山地、平原和海洋统筹发展的战略。

关于广西山江海的相关研究主要是对喀斯特山区、流域地区、海岸带地区进行研究，如史莎娜等（2018）以典型喀斯特丘陵盆地——全州县为研究对象，对区域 2005～2015 年喀斯特区和非喀斯特区的农业景观格局和生态系统服务价值变化进行分析研究；王增军等（2019）以广西北海银滩海滩公园为研究对象，采用实测地形数据，对 1985～2018 年的海岸带地形地貌变化和沙槽-沙坝地貌变化趋势进行分析研究。

由此发现，研究系统相对比较单一，具有一定的局限性，对构建区域一体化的综合发展体现不充分，在生态-社会经济上容易出现两极分化，发展差距大，多重发展、不平衡问题以及人地关系问题突出。大多数专家学者对山江海进行了有益的相关研究和探讨，为本章研究提供了一些参考，但仍有一些需弥补之处，学者们在研究方法和研究对象上有一定的创新，但对特定的、复杂的、综合的新型多重生态系统的评价较少，如针对桂西南喀斯特—北部湾地区的综合研究成果还很少，该区域是典型的地理空间，地理位置、区域覆盖范围、政治环境极其特殊，研究起来难度较大，需要认清其山水林田湖草海的健康水平，查找问题，以便高质量可持续发展。在新时期“一带一路”倡议引领下，要沿山、沿江、沿海、沿边全方位发展，必须对山江海地域系统山水林田湖草海生命共同体进行合理的、科学的、系统的健康评价。

2. 山水林田湖草海生命共同体健康评价相关研究进展

众多学者从各种不同的研究视角对山水林田湖草海生命共同体开展了相关的研究与分析。目前国外关于山水林田湖草海生命共同体健康评价的研究较少，但是对其相似的生态系统健康评价做出了一定的研究。“自然健康”概念最早于 1788 年被苏格兰生态学家 James Hutton 提出；随后在 1935 年，“生态系统”一词被英国生态学家 Tansley 首次提出，并说明了生态系统是一个生物与环境复合所组成的自然系统；在 1982 年，“生态系统健康”（ecosystem health）一词被加拿大多伦多大学研究学者 Lee 提出，从此之后，生态系统健康开始进入学科研究方向；Karr（1987）首次在河流生态系统健康评价中建立且使用“生态完整性指标”，并认为生态系统健康为生态完整性；Cairns 等（1993）学者开始在时间尺度上研究生态系统健康评价，并将预警、适宜度及诊断三部分作为生态系统健康评价指标组成成分；随后生态系统健康研究从只在生态学领域发展到生态-社会-经济-人类健康综合性领域。随后很多国家对生态系统健康评价越来越重视，多次开展国际性会议，还成立多个专门的学会组织，以及以生态系统健康为名的杂志期刊。学者采用多种评价方法对水生态系统和陆地生态系统进行了健康评价。

在国内，随着我国生态文明建设的实施，践行“绿水青山就是金山银山”理念不断深化。在中国知网（CNKI）数据库的高级检索中设置主题为“山水林田湖草”，发表时间为 2013 年 1 月 1 日至 2020 年 12 月 31 日进行检索，总共检索到文献 1097 篇，如图 20.1 所示。由图 20.1 可见，随着时间的推移，国内学者对山水林田湖草的关注度越来越高。学者主要对山水林田湖草生命共同体的内涵特征、体制机制、示范与应用等方面进行了研究。在山水林田湖草生命共同体内涵特征方面：成金华和尤喆（2019）研究了山水林田湖草是生命共同体的科学内涵，并认为生命共同体各要素之间是相互联系、相互作用的。在山水林田湖草生命共同体体制机制方面，张泽等（2021b）等以桂西南喀斯特—北部湾地区海陆交互关键带为例，基于中国陆地基本地貌类型划分标准，运用混合像元分解模型，进行研究区的山水林田湖草空间格局和生态变化分析。在山水林田湖草生态修复工程试点示范区方面，杨庆媛和毕国华（2019）以重庆市山水林田湖草生态保护修复工程试点示范区为例，探索平行岭谷生态区生态保护修复的科学思路、模式与措施。在山水林田湖草生命共同体评价方面，熊小菊（2020）以广西西江流域为例，开展了山水林田湖草生命共同体时空变化与健康评价研究，运用地理探测器模型探究了山水林田湖草生命共同体健康水平的驱动机制。

国内外对山水林田湖草海生命共同体的相关研究已取得了一定的成果，但是还有一些问题需要后人深入研究。一是大量的定性研究不能很好地满足国家对山水林田湖草海生命共同体生态修复的需要，应采用定性与定量相结合的科学研究方法，正确把握山水林田湖草海生命共同体的健康状态，为山水林田湖草海生命共同体修复与治理提供一定的理论基础；二是在对山水林田湖草海生命共同体进行健康评价时，对各个子系统空间自相关性的研究比较缺乏；三是山水林田湖草海生命共同体健康评价研究在研究尺度上比较单一，集中在流域系统和喀斯特山区系统，而没有多个系统相结合的研究。基于此，本章从山江海视角出发，以桂西南喀斯特—北部湾地区为研究区，对山水林田湖草海生命共同体空间格局的时空变化特征进行探究；构建山水林田湖草海生命共同体健康评价指标体系，运用 $H=SC$ 模型定量评价山江海地域系统山水林田湖草海生命共同体健康状态，为山江海地域系统空间研究提供新思路与新方法，实现区域内人地关系和谐。

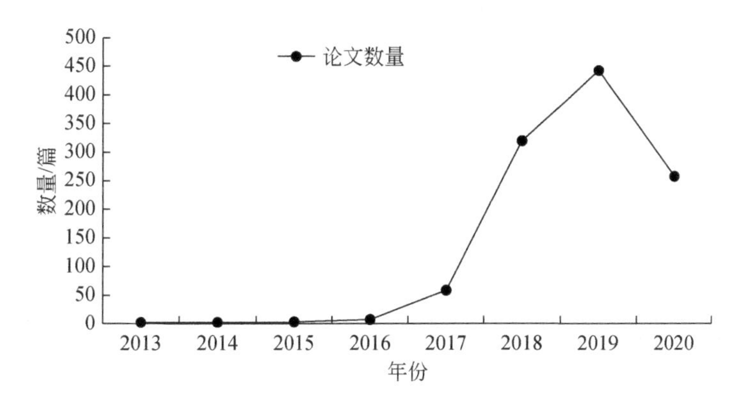

图 20.1　2013～2020 年 CNKI 数据库山水林田湖草相关研究发文数量

20.1.3　研究目标与内容

1. 研究目标

以实现区域人与自然和谐为目标，揭示山江海地域系统山水林田湖草海生命共同体时空变化特征，构建一套山江海地域系统山水林田湖草海生命共同体健康评价指标体系，剖析山江海地域系统山水林田湖草海生命共同体健康状况，为山江海地域系统生态保护及修复提供一定的科学依据。

2. 研究内容

1）建立山江海地域系统山水林田湖草海生命共同体指标体系

深入剖析山水林田湖草海生命共同体内涵及特征，在参考已有研究成果的基础上，结合研究区的特殊性和高度敏感性的特征，从山、水、林、田、草、海 6 个子系统的基本状态及生命共同体与人类之间的协调性方面考虑，建立山江海地域系统山水林田湖草海健康评价指标体系。

2）山江海地域系统山水林田湖草生命共同体空间分布及时空变化

基于山江海地域系统视角，选择桂西南喀斯特—北部湾地区为研究对象，将 50 个县（市、区）作为研究单元，计算出研究区 2018 年三期各县（市、区）山水林田湖草等要素的面积及占比，基于面积占比值分析研究区 2018 年山地、林地、水域、田地、草地等要素的空间分布特征。

3）剖析山江海地域系统山水林田湖草海生命共同体健康状况

根据 $H=SC$ 健康评价模型，得出 2010～2018 年三期研究区山、水、林、田、草、海各子系统及生命共同体与人的协调性及生命共同体综合健康指数；根据山水林田湖草海生命共同体健康评价标准，对山水林田湖草海生命共同体综合健康指数进行分级，最后对分级结果进行健康评价。

20.1.4 技术路线

本章技术路线如图 20.2 所示。

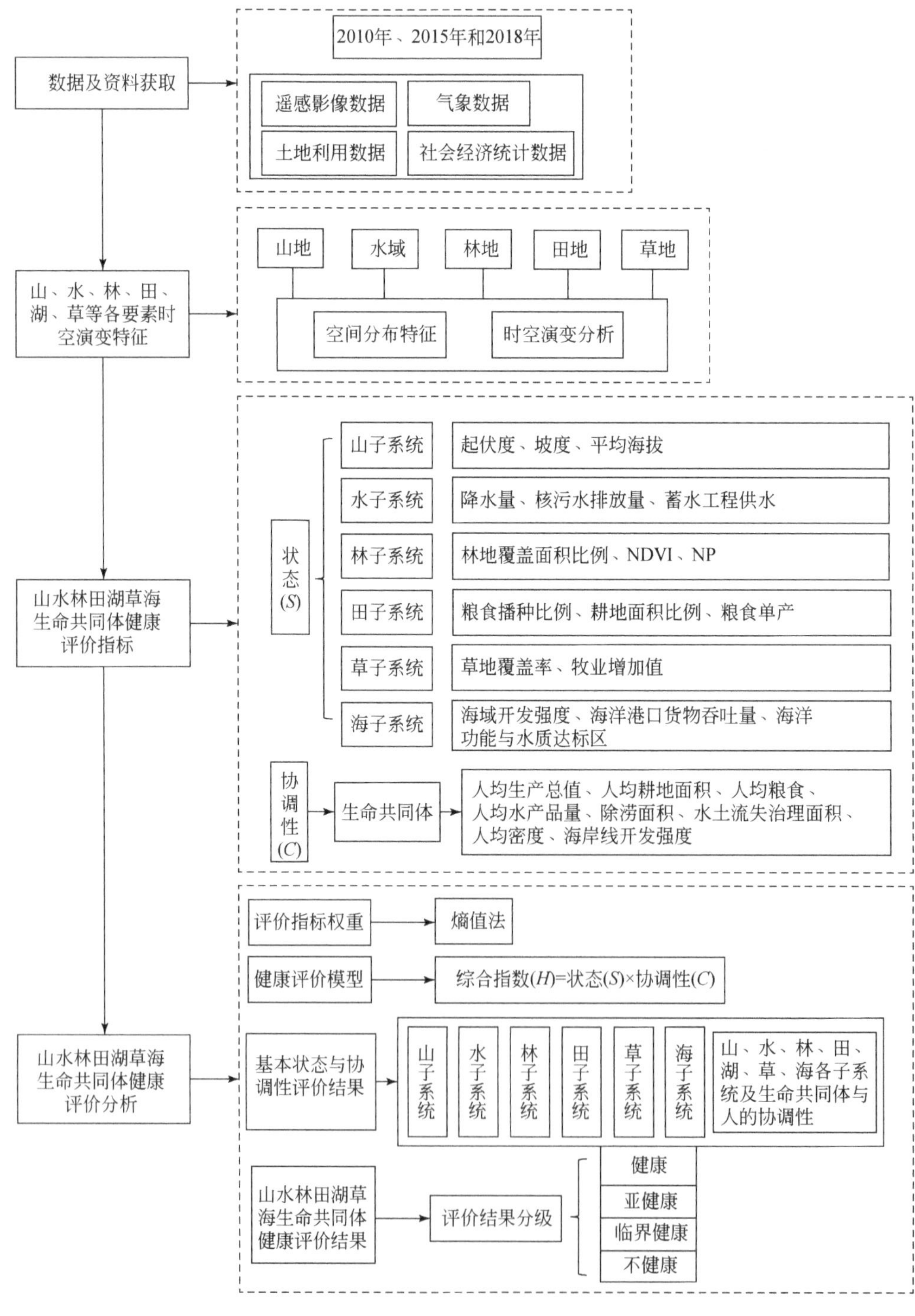

图 20.2 技术路线图

20.2　理论基础与研究方法

20.2.1　理论基础

1. 综合生态理论

19 世纪 60 年代，生态学的概念首次被提出，其定义是研究生物和生物群体与环境的关系。随后产生了生态系统研究，而综合生态系统指在特定时间及空间内，生物和环境构成了统一整体，各要素之间通过物质循环、能量流动、信息传递建立联系。基于综合生态理论的概念，山水林田湖草海生命共同体也是如此，具有综合生态系统功能。山水林田湖草海生命共同体系统内部的结构合理性及优化程度将直接影响该综合生态系统功能的大小及优化程度，也可以提高生态服务功能，提高区域生态环境质量；反之，如果生态系统中的某些要素遭到破坏，则会相应地影响或破坏该综合生态系统各要素之间物质循环、能量流动、信息传递等某个环节，从而导致区域某些生态系统功能减弱，生态环境恶化。因此，在进行山水林田湖草海生命共同体研究时，要综合考虑各个生态系统内部结构及功能优化，将各个生态要素整体考虑，系统整合。

2. 系统理论

“系统”一词最早起源于古希腊，是由部分构成整体的意思。之后开放系统理论被提出，由于当时并没有对其进行科学的定义，所以其未引起学者的关注。此后，该系统理论得到了学术界重视。系统理论以“系统是一个有机的整体”为核心思想，其各个要素不是孤立存在的，而是发挥各自的作用，各要素相互联系、相互依赖。该系统具有整体性、层次性、动态性等特点。基于系统理论思想，山-水-林-田-湖-草-海是一个生命共同体，由山、水、林、田、湖、草、海各个子系统组成，也是一个庞大的、复合的生态系统。系统内部的关系较为复杂，主要的表现有：一是系统与要素的关系，系统与要素相互依存、相互影响、相互制约，即系统决定各要素的性质及其功能，各要素也会反作用于系统；二是系统与结构的关系，若系统中某个要素结构遭到损坏，不能正常发挥其结构功能时，就不能满足系统整体的发展需要，那么新的结构将会代替原有的结构；三是系统与层次的关系，层次是系统组织的等级秩序性，构成系统的各层次之间的关系越扎实、稳定，系统的发展就越好。

3. 可持续发展理论

1987 年，可持续发展概念和内涵首次被世界环境与发展委员会提出，其发展模式是强调经济社会、生态的协调发展，追求人与自然、人与人之间的和谐。指既满足当代人的需求，又不损害后代人满足其需求的能力的发展。1994 年 3 月，我国发布了《中国 21 世纪议程——中国 21 世纪人口、环境与发展白皮书》；目前我国的可持续发展理论已发展成为“两山”理论，“两山”理论是对可持续发展更深层次的表达，其理论定义为，在以经济建设为中心的前提下，树立生态、绿色发展观，我们既要绿水青山，也要金山银山。山水林田湖草海是一个生命共同体，各个要素相互联系、相互制约。因此，在进行生命共同体健康状态分析时，注意识别各种健康类型区域，为山水林田湖草海生命共同体的修复、治理等提供科学依据。

20.2.2　核心概念

1. 山水林田湖草海生命共同体

2013 年 11 月，习近平总书记在《关于〈中共中央关于全面深化改革若干重大问题的决定〉的说明》中指出：“我们要认识到，山水林田湖是一个生命共同体，人的命脉在田，田的命脉在水，水的命脉在山，山的命脉在土，土的命脉在树。”“山水林田湖是一个生命共同体”这一理念界定了人与自然和生态系统要素之间的内生关系。2017 年 7 月，《建立国家公园体制总体方案》将“草”纳入“山水林田湖”中，使生命共同体的内涵更加广泛、完整。习近平总书记用“命脉”把人与山水林田湖草生态系统、山水林田湖草生态系统各要素之间连在一起，生动形象地阐述了人与自然、自然与自然之间唇齿相依、共存共荣的一体化关系，凸显了和谐的人地关系。本章根据研究区的特点以及研究的需要，将“海”加入山水林田湖草这个生命共同体中，使得生命共同体的内涵更加形象、具体。山水林田湖草海生命共同体是一个集山、水、林、田、湖、草、海等不同资源环境要素于一体的复杂系统，是人口、资源及环境等相互作用关系及人地协调关系的高度凝练。

2. 山水林田湖草海生命共同体健康评价

山江海地域系统山水林田湖草海生态系统的健康水平是维持研究区山、水、林、田、湖、草、海各个子系统以及整个生态系统可持续发展的前提与保障。我国高速的经济发展和巨大的人口压力带来了高强度资源开发，导致了水环境污染、土地退化、森林破坏、生物多样性锐减、人居环境恶化等一系列生态环境问题，从而直接影响研究区山水林田湖草海生态系统健康及区域的可持续发展。同时，自然灾害的发生也会在一定程度上影响研究区山水林田湖草海生态系统健康及区域的可持续发展。因此，对山江海地域系统山水林田湖草海生态系统进行健康评价时需要全面地、系统地、客观地考虑与分析问题。维护山江海地域系统山水林田湖草海生态系统健康旨在实现社会、经济及生态系统三者之间的和谐，同时达到区域经济效益、社会效益、生态效益之间的协调统一。人在生命共同体中是顶级消费者，如果人类科学、合理、有序地利用山水林田湖草海等自然资源，将可实现生命共同体的协调发展；反之，生态系统会遭受破坏，生态服务功能下降。山水林田湖草海服务于人类，人类活动又直接影响山水林田湖草海自然生态系统的健康发展，所以人也是生命共同体的一部分，人与自然是和谐、共存、共生、共荣的有机整体。

20.2.3 研究方法

1. 处理数据方法——ArcGIS 空间分析法

本章在处理多源遥感数据时，需要在 ENVI 软件中对 MODI17A3H、ETM＋数据进行提取、图像镶嵌、大气校正、数据格式转换、投影转换及质量检验等进行预处理，然后得到相应的植被覆盖度、NPP 等；再利用 ArcGIS10.2 软件对栅格数据进行空间分析，如空间数据的裁剪、数据的格式转换、重分类、表面分析、区域统计分析、栅格计算等。应用 ArcGIS Spatial Analyst 模块对栅格数据进行操作十分方便，可以解决多种复杂的空间问题。

2. 确定评价指标权重方法——熵值法

熵值法是一种用来评判一个事件随机性及无序程度，以及判断某个指标的离散程度的客观的权重赋值法，并且该方法在评价研究中被广泛运用，计算步骤如下。

1）数据的标准化

健康评价体系中指标不可直接使用，各指标单位不相同，为消除量纲，使数据具有可比性，对数据进行标准化处理，本章采用的是无量纲化模型，处理后的数据范围在 0～1。公式如下：

$$x_{ij}=\frac{x_{ij}-\max_j}{\max_j-\min_j} \text{（正指标）} \tag{20.1}$$

$$x'_{ij}=\frac{\max_j-x_{ij}}{\max_j-\min_j} \text{（负指标）} \tag{20.2}$$

式中，x_{ij} 为第 i 个县（市、区）第 j 项指标的原始数值；max_j 为第 j 项指标所有数值中的最大数值；min_j 为第 j 项指标所有数值中的最小数值；x'_{ij} 为标准化后第 i 个县（市、区）第 j 项指标的标准化数值。

2）熵值法

计算步骤如下。

（1）综合标准化值 P_{ij}：

$$P_{ij}=\frac{x'_{ij}}{\sum_{i=1}^{n}x_{ij}} \tag{20.3}$$

计算第 j 项指标的熵值 e_j（n 为单元数，$P_{ij}=0$ 时，$\ln P_{ij}=0$）：

$$e_j=-\frac{1}{\ln n}\sum_{i=1}^{n}P_{ij}\ln P_{ij} \tag{20.4}$$

（2）计算第 j 项指标的差异性系数 g_j：

$$g_j=\frac{1-e_j}{m-E_e} \tag{20.5}$$

式中，$E_e=\sum_{j-1}^{m}e_j$，$0\leqslant g_j\leqslant 1$，$\sum_{j=1}^{m}g_j=1$

（3）计算第 j 项指标的权重 W_j：

$$W_j=\frac{g_j}{\sum_{j=1}^{m}g_j}(1\leqslant j\leqslant m) \tag{20.6}$$

3. 健康评价模型——$H=SC$ 模型

本章建立山水林田湖草海生命共同体健康评价模型，即 $H=SC$（H 为山水林田湖草海生命共同体健康综合指数；S 为山水林田湖草海等子系统的基本状态指数，即各个子系统的健康指数；C 为山水林田湖草海生命共同体各个子系统与人类活动的协调性指数）。

健康指数的计算公式为

$$M=\sum_{j=1}^{m}W_j\cdot A_j \tag{20.7}$$

$$W=\sum_{j=1}^{m}W_j\cdot B_j \tag{20.8}$$

$$F=\sum_{j=1}^{m}W_j\cdot C_j \tag{20.9}$$

$$P=\sum_{j=1}^{m}W_j\cdot D_j \tag{20.10}$$

$$G=\sum_{j=1}^{m}W_j\cdot E_j \tag{20.11}$$

$$S'=\sum_{j=1}^{m}W_j\cdot E_j \tag{20.12}$$

$$S=M+W+F+P+G+S' \tag{20.13}$$

$$C=\sum_{j=1}^{m}W_j\cdot F_j \tag{20.14}$$

$$H=S\cdot C \tag{20.15}$$

式中，m 为各子系统的评价指标数；A_j、B_j、C_j、D_j、E_j、F_j分别为山、水、林、田、草、海各子系统及生命共同体与人的协调性的第 j 项指标的标准化值；M、W、F、P、G、S'分别为山、水、林、田、草、海各子系统的健康指数值；W_j为第 j 项指标的权重值；S 为山、水、林、田、湖、草、海各子系统的基本状态指数，即各个子系统的指数；C 为自然生态系统的各个子系统与人类活动的协调性指数；H 为山水林田湖草海自然生态系统综合健康指数。

20.3 数 据 来 源

本章 2010 年、2015 年、2018 年的数据有：多源遥感影像数据，来源于 USGS 官网、NASA 官网、地理空间数据云平台；气象数据，来源于国家气象科学数据中心；土地利用数据，来源于资源环境科学与数据中心；自然资源调查监测数据，来源于《广西水利统计年鉴》《广西水土保持公报》《广西壮族自治区海洋环境质量公报》；社会经济统计数据，来源于《中国县域统计年鉴（县市卷）》、《广西统计年鉴》、各市统计年鉴、各市国民经济和社会发展统计公报，以及课题项目数据。

20.4 山水林田湖草生命共同体时空变化分析

20.4.1 山水林田湖草的界定标准

参考孔登魁和马萧（2018）及于恩逸等（2019）学者对山水林田湖草的界定，结合桂西南喀斯特—北部湾地区的实际情况以及中国 LUCC 遥感监测数据分类标准，本章针对桂西南喀斯特—北部湾地区对山水林田湖草进行了界定（表 20.1）。

表 20.1 桂西南喀斯特—北部湾地区山水林田湖草界定标准

类型	界定标准
山	坡度≥25° 且海拔≥500m 的山地区域
水	河渠、水库坑塘、滩涂、滩地、沼泽地
林	有林地、灌木地、疏林地和其他林地
田	水田和旱地
湖	中国 LUCC 遥感监测数据分类标准中的湖泊
草	高覆盖度草地、中覆盖度草地和低覆盖度草地

注：由于“海”界定数据的获取具有局限性以及 2010～2018 年“海”的时空变化微小，本章不对“海”进行时空变化特征分析研究。

20.4.2 山水林田湖草的空间格局

本章基于 ArcGIS 空间分析软件，采用相关的空间分析方法，将桂西南喀斯特—北部湾地区山水林田湖草等各个生态要素精准地识别出来，对各生态要素的空间分布特征进行分析，为下文对山水林田湖草海生命共同体健康评价提供一定的科学依据。

1. 山地空间分布

桂西南喀斯特—北部湾地区的山地面积为 16281.205km^2，约占区域总面积的 14.34%，由表 20.2 可知，区域山地面积主要分布在西北部的百色市和崇左市，百色市各县的山地面积占比较大，地势呈现西北向东南倾斜的特征，主要原因是桂西南喀斯特地区（即百色市与崇左市）与云贵高原接壤，以及西南部的钦州市位于十万大山，因此研究区的西北部和西南部山地海拔较高，多为土山区和石灰岩喀斯特地貌山区，尤其是隆林各族自治县全是山，无平原地区；田林县作为广西土地面积第一大县，其山地面积约占全县总面积的 36.82%，其地貌类型以山地为主；凌云县山高谷深，整个县的山区面积占全县总面积的 93.32%，平地面积很少，该区域地貌类型主要是峰丛洼地，水土流失严重，泥石流、旱涝等灾害易发生，生态环境极其脆弱。对研究区山地空间分布特征开展研究，可以为区域生态环境修复及山水林田湖草海生命共同体健康评价提供有力的科学依据。

表 20.2　桂西南喀斯特—北部湾地区山地面积主要分布区域

市	县（市、区）	面积/km^2
百色市	右江区	1025.122
	田阳区	717.937
	德保县	1572.451
	那坡县	1191.778
	凌云县	1278.102
	乐业县	1169.853
	田林县	2053.728
	西林县	1059.066
	隆林各族自治县	1374.648
	靖西市	1631.886
崇左市	宁明县	280.518
	大新县	266.224
	天等县	538.571

2. 水域空间分布

该区域的水域面积为 1821.874km^2，约占区域总面积的 1.61%；其中河渠的面积约为 588km^2，水库坑塘的面积约为 1118km^2，滩涂的面积约为 69km^2，滩地的面积约为 99km^2，由此可以发现，该区域的不同水域类型在面积上具有很大的差异性，其中水库坑塘的面积最大，面积已超过 1000km^2，而滩涂的面积较小，不足 100km^2。由表 20.3 可知，从各县域水域面积的情况来看，各县域的水域面积分布不均匀，呈现东部、南部多，西部、北部少的特点。该区域百色市大部分地区有右江贯穿，崇左市大部分地区有左江流经，左江、右江两流域相连贯穿着桂西南喀斯特—北部湾经济区，东南部的玉林市有南盘江流经，南部的钦州市地区的钦江、茅岭江、大风江等，以及北海市的三合口江、北仑河等注入大海。根据图 20.3 可知，水域面积占比较大的县（市、区）有 4 个，分别是横州市、合浦县、钦南区和博白县，其水域面积分别为 172.113km^2、149.951km^2、147.475km^2、137.800km^2；水域面积在 50～100km^2 的县（市、区）有江南区、西乡塘区、良庆区、上思县等 9 个；水域面积在 30～50km^2 的县（市、区）有青秀区、武鸣区、隆安县等 7 个；水域面积在 10～30km^2 的县（市、区）有邕宁区、马山县、上林县等 20 个；水域面积不足 10km^2 的县（市、区）有天等县、凌云县、德保县、凭祥市、那坡县等 10 个，其河流甚少。桂西南喀斯特—北部湾地区水域分布呈现县域之间分布不均的特点主要是因为南宁市部分地区境内河流众多，河道长度长，河网密度大，有郁江等河流流经；崇左市境内也有许多河流，水网密度较大，境内左江为最大河流；百色市地区境内也有多条河流流经，境内最大河流为右江，境内水库坑塘面积也大；钦州市水资源丰富，河渠长度长，河网密度也大，其境内有茅岭江、大风江。

表 20.3　桂西南喀斯特—北部湾地区各县（市、区）水域面积统计表

研究区域	水域面积		研究区域	水域面积		研究区域	水域面积	
	面积/km²	比重/%		面积/km²	比重/%		面积/km²	比重/%
兴宁区	6.714	0.369	防城区	29.523	1.620	德保县	3.472	0.191
青秀区	41.733	2.291	上思县	55.274	3.034	那坡县	0.770	0.042
江南区	59.633	3.273	东兴市	15.792	0.867	凌云县	6.307	0.346
西乡塘区	52.596	2.887	钦南区	147.475	8.095	乐业县	15.408	0.846
良庆区	68.743	3.773	钦北区	19.884	1.091	田林县	31.850	1.748
邕宁区	19.970	1.096	灵山县	40.450	2.220	西林县	21.362	1.173
武鸣区	33.001	1.811	浦北县	65.563	3.599	隆林各族自治县	17.400	0.957
隆安县	31.030	1.703	玉州区	5.516	0.303	靖西市	20.444	1.122
马山县	15.089	0.828	福绵区	13.276	0.729	平果市	24.920	1.368
上林县	22.031	1.209	容县	10.195	0.560	江州区	62.433	3.427
宾阳县	39.746	2.182	陆川县	20.540	1.127	扶绥县	58.316	3.201
横州市	172.113	9.447	博白县	137.800	7.564	宁明县	50.854	2.791
海城区	1.583	0.087	兴业县	6.270	0.344	龙州县	33.198	1.822
银海区	17.204	0.944	北流市	19.200	1.054	大新县	15.694	0.861
铁山港区	6.646	0.365	右江区	59.744	3.279	天等县	7.617	0.418
合浦县	149.951	8.231	田阳区	27.104	1.488	凭祥市	0.992	0.054
港口区	25.229	1.385	田东县	14.185	0.779	—	—	—

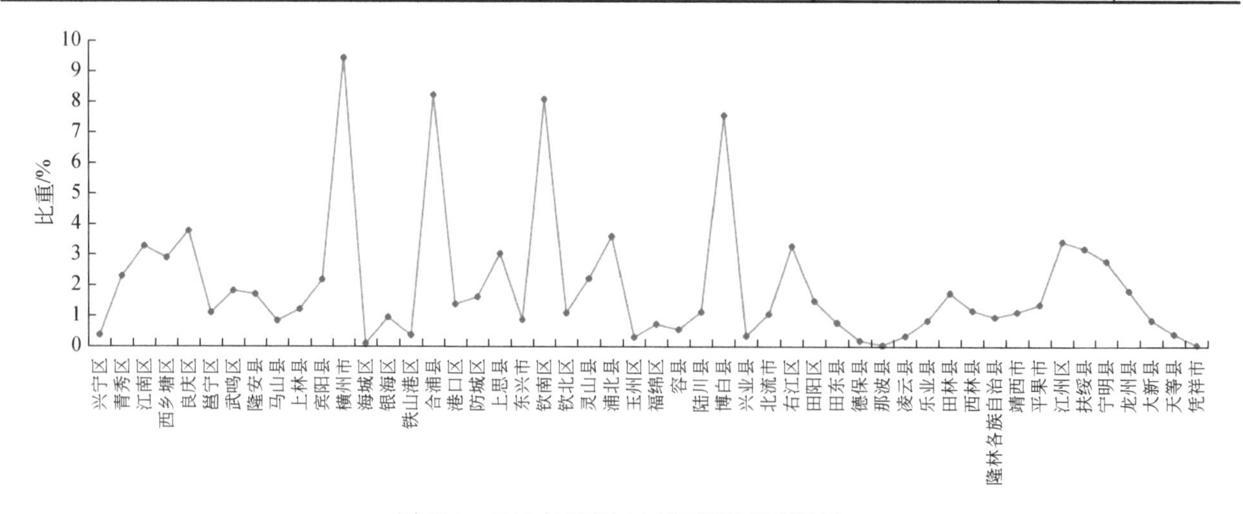

图 20.3　2018 年研究区水域面积比重折线图

3. 林地空间分布

该区域的林地面积为 69562.47km^2，在研究区山、水、林、田、湖、草各生态要素的面积中，林地面积是最多的，约占区域总面积的 64.19%；其中有林地面积为 38074.22km^2，灌木林地面积为 16009.32km^2，疏林地面积为 12622.41km^2，其他林地面积为 2856.52km^2，分别占林地总面积的 55%、23%、18%、4%。由此可见，研究区的林地类型以有林地为主。由图 20.4 可知，区域林地分布广泛，整体上西部比东部多，西北部、西南部及东南部林地较为集中。

基于 ArcGIS10.2 软件中栅格数据的空间分析，采用分区统计法对研究区各县（市、区）水域面积进行统计，统计结果为，田林县、右江区、博白县、宁明县、隆林各族自治县的林地面积排在前五位，面积分别为 4790.82km^2、2905.26km^2、2716.76km^2、2667.66km^2、2592.69km^2，占林地总面积的比重分别为 6.89%、4.18%、3.91%、3.83%、3.73%。林地面积在 1800～2500km^2 的县（市、区）有西林县、上思县、乐业县、靖西市、浦北县、田东县、大新县、那坡县 8 个；林地面积不足 200km^2 的县（市、区）有港口区、玉州区、铁山港区、银海区及海城区 5 个，其林地面积占总林地面积的比重不足 0.1%。因此，研究区不同县（市、区）的林地面积从大到小的前 20 名排序为田林县＞右江区＞博白县＞宁明县＞隆林各族自治县＞西林县＞上思县＞乐业县＞靖西市＞浦北县＞田东县＞大新县＞那坡县＞灵山县＞武鸣区＞防城区＞容县＞德保县＞北流市＞凌云县。由此可知，林地多集中分布在北部和西南部地区，有这种分布格局的主要原因是研究区山地丘陵分布较为广泛，且研究区的气候、土壤等条件都适宜植被生长；随着生态文明建设的发展，政府对生态环境越来越重视，居民的生态环境保护意识也不断提高，所以乱砍滥伐现象减少，植被生长良好。

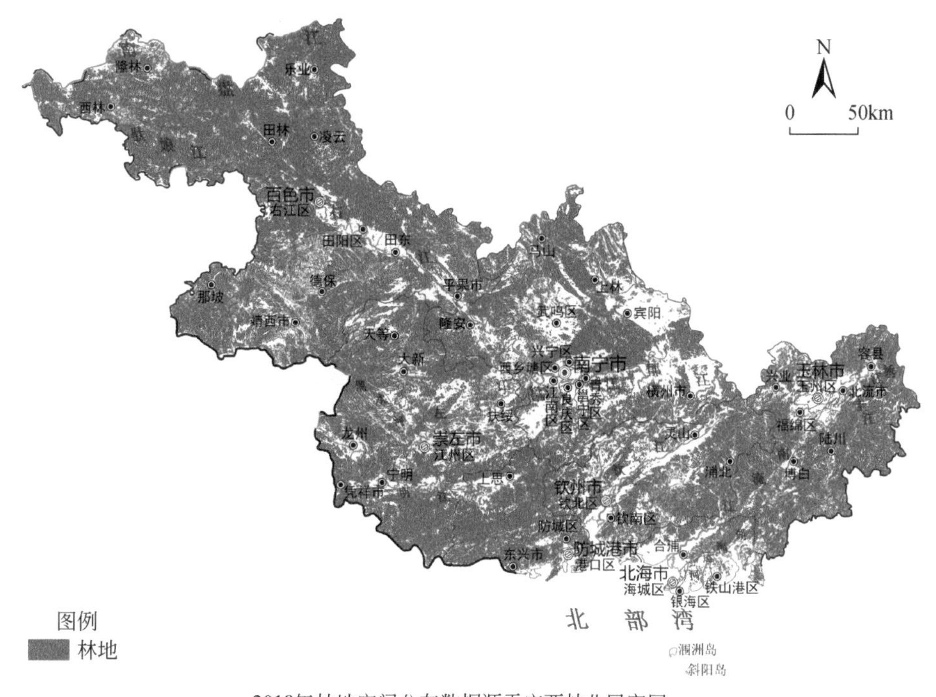

2018年林地空间分布数据源于广西林业局官网。

图 20.4　2018 年研究区林地空间分布图

4. 田地空间分布

该区域的田地面积为 26330.95km^2，在区域山、水、林、田、湖、草各生态要素的面积中，田地面积排名第二，约占区域总面积的 24.29%；其中水田面积为 11975.13km^2，旱地面积为 14355.82km^2，分别占总田地面积的 45.48%、54.52%。由此可见，研究区的旱地面积大于水田面积，主要原因是该区域的山地丘陵分布广泛，特别是桂西南喀斯特山区，由于受溶蚀、侵蚀作用的影响，桂西南喀斯特地区山多且坡陡，土层薄，土壤的储水保水能力差，区域的岩石裂隙、地下溶洞、地下河等发育很好，地表降水后雨水很快就渗透至地下河，导致喀斯特地区不适宜种植水田，但是坡度较为缓和的山坡适宜种植旱作物。

从不同县（市、区）的田地面积来看，灵山县、武鸣区、横州市、合浦县、宾阳县 5 个地区的田地面积最大，面积都超过 1000km^2，面积分别为 1328km^2、1262km^2、1232km^2、1087km^2、1076km^2，占总田地面积的 5.04%、4.79%、4.68%、4.13%、4.09%；田地面积在 700～1000km^2 的县（市、区）有扶绥县、靖西市、江州区、钦北区、钦南区、博白县、德保县和田林县 8 个；田地面积不足 100km^2 的县（市、区）有港口区、海城区、凭祥市和东兴市 4 个。所以，研究区不同县（市、区）田地面积从大到小的前 20 名排序为灵山县＞武鸣区＞横州市＞合浦县＞宾阳县＞扶绥县＞靖西市＞江州区＞钦北区＞钦南区＞博白县＞德保县＞田阳区＞大新县＞宁明县＞平果市＞龙州县＞隆安县＞田东县＞上林县。研究区田地多集中分布在西北部的丘陵缓坡区和南部的平地及盆地，主要原因是区域南部的地貌以丘陵、盆地为主，土壤母质主要为花岗岩风化物，土壤较为肥沃，适宜种植农作物。

5. 草地空间分布

该区域的草地面积为6954.72km^2，约占区域总面积的6.4%；其中高覆盖度草地面积约为6292.38km^2、中覆盖度草地面积约为656.17km^2、低覆盖度草地面积约为6.17km^2，占总草地面积的比重分别为90.48%、9.43%、0.09%。由此可见，研究区的草地以高覆盖度草地为主，而低覆盖度草地面积很少（图20.5）。

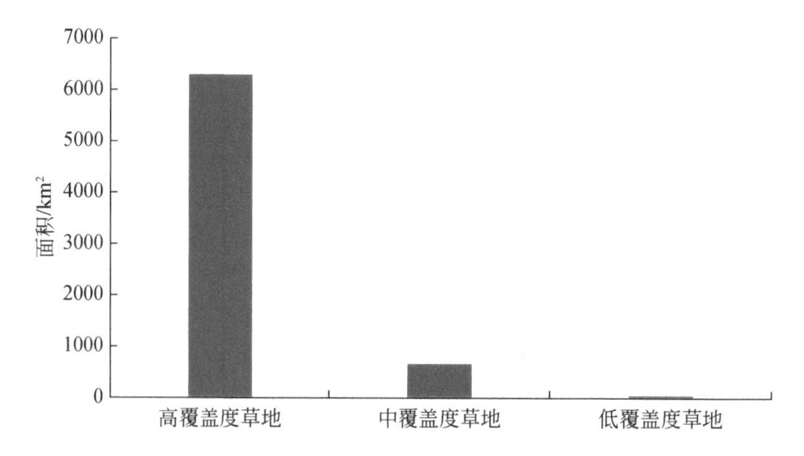

图20.5　2018年研究区各类型草地面积统计图

从不同县（市、区）的草地面积来看，草地面积最大的3个县（市、区）为隆林各族自治县、田林县和靖西市，面积分别为507km^2、475km^2、400km^2，分别占总草地面积的7.29%、6.83%、5.75%。草地面积在200～400km^{2}的县（市、区）有右江区、西林县、田东县、扶绥县、灵山县、宁明县、横州市、乐业县、马山县、江州区、天等县、平果市、博白县、防城区共14个；草地面积不足50km^{2}的县（市、区）有兴业县、容县、东兴市、兴宁区、港口区、玉州区、福绵区、合浦县、银海区、铁山港区、海城区。研究区排名为前20的县（市、区）草地面积由大到小排序为隆林各族自治县＞田林县＞靖西市＞右江区＞西林县＞田东县＞扶绥县＞灵山县＞宁明县＞横州市＞乐业县＞马山县＞江州区＞天等县＞平果市＞博白县＞防城区＞上林县＞武鸣区＞田阳区（图20.6）。研究区草地主要分布在西北部地区以及西南部地区，

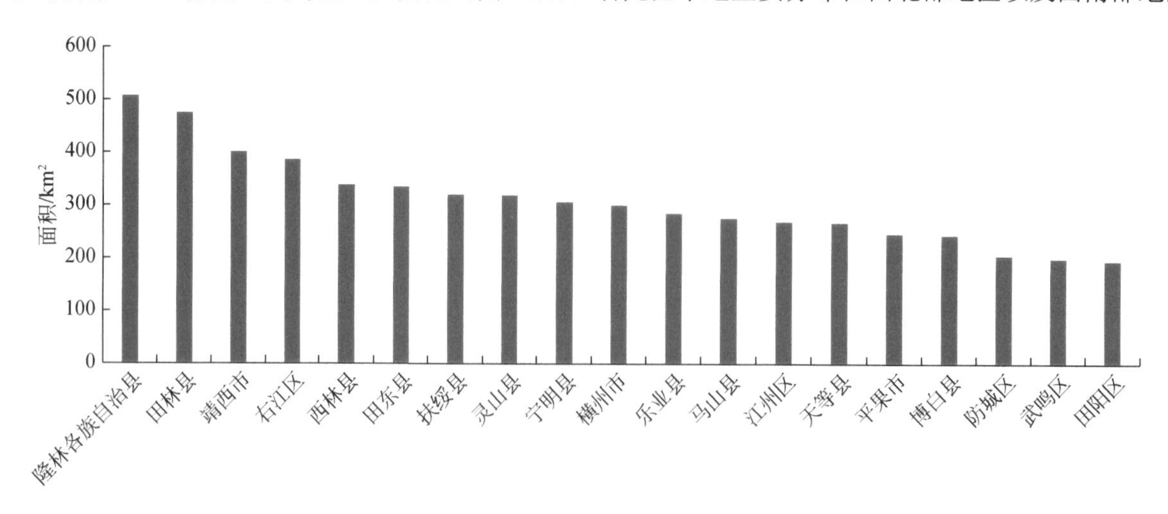

图20.6　2018年研究区排名前20的县（市、区）草地面积统计图

而南部沿海地区分布很少。百色市、崇左市草地面积大，主要是因为该地区多为土山和喀斯特山区，且气候适宜，受地形影响，降水较为丰沛，利于草本植物的生长；研究区南部的北海市、钦州市等地区的地势较为平坦、土壤也较为肥沃，适合种植农作物及经济作物，因此其草地面积不大。

20.4.3　山水林田湖草时空变化过程

1. 山水林田湖草时间变化分析

本节利用 2010～2018 年三期的土地利用数据，基于 ArcGIS 软件，将水、林、田、湖、草各生态要素面积提取出来，见表 20.2，表 20.3 中的水要素包括土地利用中的河渠、水库塘坑、滩涂和滩地及沼泽地，没有把湖泊纳入水要素中，而是单独列出，以便分析 2010～2018 年三期研究区湖泊面积的变化情况。

由表 20.4 可知，2010～2018 年研究区山水林田湖草等各生态要素面积中，林地和田地的面积最多，2010 年、2015 年、2018 年林地和田地占总面积的比例分别为 66.32%和 25.42%、66.35%和 25.29%、66.42%和 25.14%，2010～2018 年研究区水林田湖草的总面积分别为 105499.09km^2、105079.38km^2、104725.27km^2，表明研究区 2010～2018 年水林田湖草资源总面积呈逐渐减少趋势。

对比 2010～2018 年研究区水域、林地、田地、湖泊、草地的面积大小，随着时间变化各地类面积都有显著的变化；2010～2018 年，区域水域面积逐渐增加；林地和田地面积随时间的推移逐渐减少，林地和田地面积分别减少 408.64km^2、483.56km^2，主要原因是在生产活动中，人类在部分山区进行道路工程、水利工程等建设，在部分田地建造旅游设施、房子等，挤占农用地；湖泊和草地的面积变化幅度较小。

表 20.4　研究区不同年份山水林田湖草面积　（单位：km^2）

要素	2010 年	2015 年	2018 年
水	1736.92	1754.75	1876.45
林	69971.12	69717.97	69562.48
田	26814.51	26570.13	26330.95
湖	0.80	0.81	0.68
草	6975.74	7035.72	6954.71

2. 山水林田湖草空间变化分析

本节对 2010～2018 年三期研究区各县（市、区）的水、林、田、湖、草生态要素面积变化结果统计后，把面积变化情况分为三类，即面积增加、面积减少和面积基本不变。面积增加是指随时间推移，面积是增加的且增加值大于 1km^2；面积减少是指随时间推移，面积是减少的且减少值大于 1km^2；面积基本不变是指随时间推移，面积变化值在前两种类型之间。应用以上方法统计出 2010～2018 年三期研究区水域、林地、田地、草地面积变化情况，如表 20.5 所示。

表 20.5　2010～2018 年研究区山水林田湖草面积变化县（市、区）数量　（单位：个）

变化类型/要素	水域	林地	田地	草地
面积增加	13	0	4	13
面积减少	12	46	44	17
面积基本不变	25	4	2	20

1）水域的时空变化特征

依据表 20.5 可知，2010～2018 年，研究区水域面积变化类型为面积增加、面积减少、面积基本不变的县（市、区）数量分别有 13 个、12 个、25 个，占总县（市、区）数量的比例分别为 26%、24%、50%。研究结果表明研究区水域面积基本不变的县域数量最多，而水域面积减少的县域数量较少。

由图 20.7 可见，研究区水域面积变化的整体空间分布特征为，水域面积增加的地区主要分布在研究区的西北部和西南部的大部分地区，集中分布在右江和左江流域地区，而面积减少的地区主要分布在研究区的中部和南部，主要集中在经济集聚地区及沿海发达地区，主要原因是区域的经济发展需要扩建城市和大量利用水资源，进一步占用一定的水域区域和消耗一定的水资源。对不同县域水域面积的变化情况进行分析，水域面积增加值在 10km^2 以上的县域有右江区、西林县及隆林各族自治县；水域面积增加值在 5～10km^2 的县域有田林县；水域面积减少值在 10km^2 以上的县域有港口区、钦南区、武鸣区，其中水域面积减少最多的县域是钦南区，减少值为 40.78km^2。

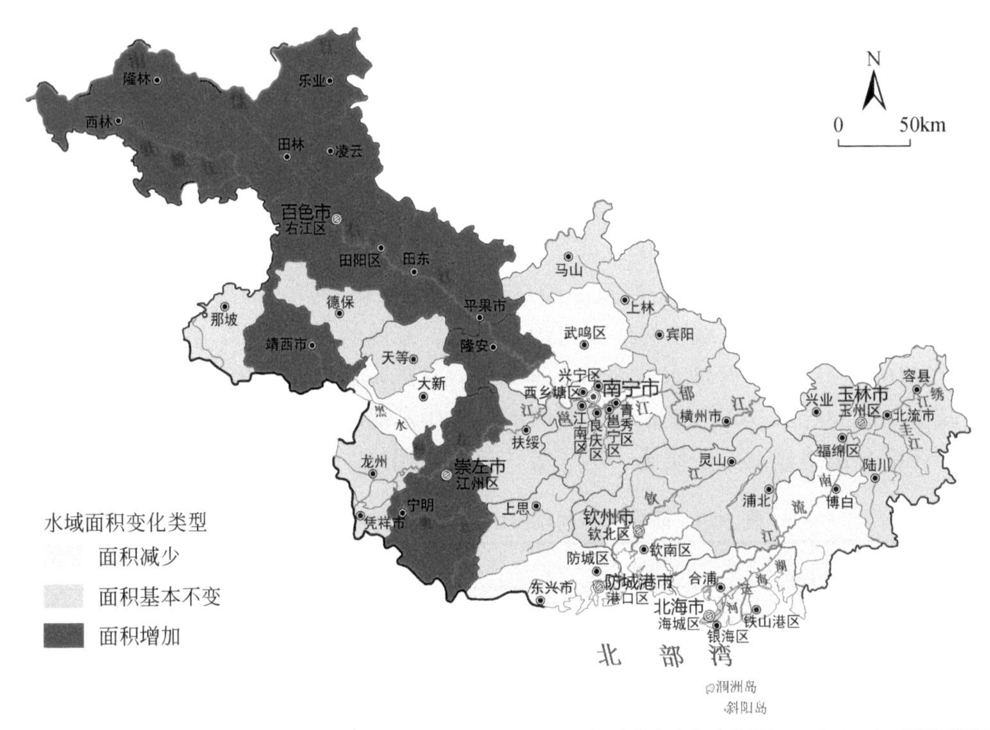

2018年Sentienl2遥感影像数据来源于南宁市锐博影像科技有限公司；图上专题内容为作者根据2018年Sentienl2遥感影像数据推算出的结果，不代表官方数据。

图 20.7 2010～2018 年研究区各县域水域面积变化类型图

2）林地的时空变化特征

由表 20.5 可知，2010～2018 年研究区各县域的林地面积变化类型只有面积减少和面积基本不变两种类型，没有林地面积增加类型的县域。研究区林地面积减少类型的县域数量有 46 个，占总县域数量的比例为 92%，足以表明研究区林地的变化以面积减少类型为主。

从表 20.6 中可以看出，2010～2018 年，除了宾阳县、容县、天等县和凌云县的林地面积基本不变外，其余县域的林地都属于面积减少类型。经研究分析，凭祥市、钦南区、西林县、江州区、右江区、隆林各族自治县 6 个地区的林地面积减少相对较多，减少的面积都在 15km^2 以上，其中钦南区和凭祥市 2 个地区减少面积高达 20km^2 以上；减少的面积值在 10～15km^2 的县域有西乡塘区、银海区、合浦县、港口区、防城区、钦北区、靖西市、宁明县和陆川县 9 个地区；表明林地面积变化比较严重的地区主要集中分布在边境地区和沿海发达地区，主要原因是祖国边境地区与越南交界，其生态环境脆弱，植被生长较为艰难；沿海发达地区由于经济快速发展与人口密集，对森林资源的不合理开发等导致植被减少。2010～2018 年，凌云县、天等县、宾阳县与容县的林地面积基本不变，主要原因是凌云县与天等县地处喀斯特山区，其生态环境极其脆弱，山区海拔较高，林地生长受人类活动干扰较小，所以该区域林地面积基本保持不变。

3）田地的时空变化特征

依据表 20.5 可知，2010～2018 年研究区田地面积变化类型为面积增加、面积减少、面积基本不变，其县域数量分别为 4 个、44 个、2 个，其占总县域数量的百分比为 8%、88%、4%，所以研究区 2010～2018

年三期数据中，田地面积变化的县域数占总县域数的 96%，结果表明研究区田地面积变化类型以面积减少为主。

表 20.6　2010～2018 年研究区林地面积变化县（市、区）

林地面积变化类型	县（市、区）
面积基本不变	宾阳县、容县、凌云县、天等县
面积减少	兴宁区、青秀区、江南区、西乡塘区、良庆区、邕宁区、武鸣区、隆安县、马山县、上林县、横州市、海城区、银海区、铁山港区、合浦县、港口区、防城区、上思县、东兴市、钦南区、钦北区、灵山县、浦北县、玉州区、福绵区、陆川县、博白县、兴业县、北流市、右江区、田阳区、田东县、德保县、那坡县、乐业县、田林县、西林县、隆林各族自治县、靖西市、平果市、江州区、扶绥县、宁明县、龙州县、大新县、凭祥市

从表 20.7 中可以看出，2010～2018 年，田地面积减少的县域广泛分布，只有局部地区田地面积是增加和基本不变的，如乐业县、武鸣区、大新县和宁明县的田地面积是增加的，田林县和隆安县是保持基本不变的。对不同县域田地面积变化情况进行分析，2010～2018 年，武鸣区田地面积增加 14.05km^2，宁明县田地面积增加 8.35km^2；研究区田地面积减少幅度在 20km^2 以上的地区有海城区、钦南区、良庆区、邕宁区、江南区、平果市、右江区和玉州区 8 个，其中田地面积减少最多的地区为江南区，其减少的面积为 35.49km^2；研究区田地面积减少幅度在 10～20km^2 内的地区有铁山港区、合浦县、江州区、青秀区、西乡塘区、横州市、靖西市、田东县和北流市 9 个；表明研究区 2010～2018 年田地面积减少较为严重的地区集中分布在地势较为平坦，且经济发达的城镇地区。

表 20.7　2010～2018 年研究区田地面积变化县（市、区）

田地面积变化类型	县（市、区）
面积减少	兴宁区、青秀区、江南区、西乡塘区、良庆区、邕宁区、马山县、上林县、横州市、海城区、银海区、铁山港区、合浦县、港口区、防城区、上思县、东兴市、钦南区、钦北区、灵山县、浦北县、玉州区、福绵区、陆川县、博白县、兴业县、北流市、右江区、田阳区、田东县、德保县、那坡县、西林县、隆林各族自治县、靖西市、平果市、江州区、扶绥县、龙州县、凭祥市、宾阳县、容县、凌云县、天等县
面积基本不变	隆安县、田林县
面积增加	乐业县、武鸣区、大新县、宁明县

4）草地时空变化特征

依据表 20.5 可知，2010～2018 年研究区草地面积变化类型有面积增加、面积减少、面积基本不变三种，其县域数量分别为 13 个、17 个、20 个，其占总县（市、区）数量的百分比分别为 26%、34%、40%。由此可知，2010～2018 年研究区草地面积变化显著，其草地面积增加和减少的县域数占总县域数的 60%。研究结果表明区域内草地面积减少的县域数量与面积基本不变的县域数量相近，而草地面积增加的县域数量较少。

由表 20.8 可知，研究区草地面积变化的整体分布特征为：草地面积增加的地区主要分布在西北部、西南部和东南部，草地面积减少的地区主要分布在中部和南部，草地面积基本不变的地区主要分布在西部。从不同县域草地面积变化来看，2010～2018 年，草地面积增加较多的地区有扶绥县和江州区，其增加的面积为 8.42km^2 和 6.85km^2；草地面积增加值在 2～6km^2 的地区有右江区、田林县、武鸣区、浦北县、宁明县、钦北区、合浦县、乐业县 8 个，表明研究区草地增加面积主要集中分布在气候温暖湿润且降水较为充沛的地区。2010～2018 年，草地面积减少最多的地区为隆林各族自治县，其减少的面积为 13.05km^2；草地面积减少值在 5～10km^2 的地区有青秀区、邕宁区、良庆区、港口区 4 个，表明研究区草地面积减少较为严重的地区集中在中心城区，其经济发展好，建筑面积不断扩大，草地面积减少。

表 20.8　2010～2018 年研究区草地面积变化县（市、区）

草地面积变化类型	县（市、区）
面积减少	隆林各族自治县、靖西市、平果市、马山县、宾阳县、兴宁区、青秀区、西乡塘区、良庆区、邕宁区、横州市、港口区、防城区、钦南区、玉州区、陆川县、凭祥市
面积基本不变	西林县、凌云县、那坡县、德保县、天等县、龙州县、大新县、隆安县、上林县、江南区、东兴市、灵山县、海城区、银海区、铁山港区、博白县、福绵区、兴业县、北流市、容县
面积增加	乐业县、田林县、右江区、田阳区、田东县、武鸣区、扶绥县、江州区、宁明县、上思县、钦北区、合浦县、浦北县

20.5　山水林田湖草海生命共同体的健康评价

20.5.1　山水林田湖草海生命共同体健康评价体系

1. 指标体系构建的原则

构建山江海地域系统山水林田湖草海生命共同体健康评价体系时，充分考虑研究区山江海地域系统的区域特征，以及参考关于山水林田湖草海生命共同体健康评价的相关文献研究。研究区山水林田湖草海生命共同体健康评价指标的选取涉及山、水、林、田、湖、草、海及人类活动等各种因素，因此，在筛选指标时需要遵循科学性、系统性、代表性、可操作性和易获取性原则。

2. 评价单元的确定

本节以桂西南喀斯特—北部湾地区为研究对象，研究区由南宁市、崇左市、百色市、玉林市、北海市、钦州市、防城港市 7 个市组成。选取这 7 个市的 50 个县（市、区）作为山江海地域系统山水林田湖草海生命共同体评价单元。选取县级行政单位是因为县域规模适中，统计数据相对齐全，方便对评价结果进行排名，可为促进各县（市、区）的山水林田湖草海生命共同体可持续发展提供一定的科学依据。

3. 评价指标体系的构建

建立一套科学、系统的山水林田湖草海生命共同体健康评价指标体系十分重要。研究区不仅存在典型的生态脆弱的喀斯特山区，又有北部湾海岸带的特殊地理条件，目前国内外还没有一套普遍公认的评价指标体系可以应用于山水林田湖草海生命共同体健康评价中。因此，本节通过查阅前人的研究成果，结合研究区山江海地域系统山水林田湖草海生命共同体的实际情况，遵循科学性、系统性、代表性、可操作性及易取性等原则，采用 $H=SC$ 模型，构建桂西南喀斯特—北部湾地区山水林田湖草海生命共同体健康评价指标体系。在选取评价指标时，所参考的主要论文如表 20.9 所示。

表 20.9　构建指标体系参考的主要论文

作者	文献题目	发表刊物及时间
苏维词和杨吉（2020）	山水林（草）田湖人生命共同体健康评价及治理对策——以长江三峡水库重庆库区为例	《水土保持通报》2020 年 10 月
李红举等（2019）	统一山水林田湖草生态保护修复标准体系研究	《生态学报》2019 年 12 月
张仕超等（2020）	基于 DPSIRM 模型的全域综合整治前后山水林田湖草村健康评价	《重庆师范大学学报（自然科学版）》2020 年 10 月
丁冬冬（2019）	陆海统筹区域资源环境承载力研究——以环渤海地区为例	南京大学硕士学位论文 2019 年 5 月
叶艳妹等（2019）	山水林田湖草生态修复工程的社会-生态系统（SES）分析框架及应用——以浙江省钱塘江源头区域为例	《生态学报》2019 年 12 月

1）基本状态指标说明

（1）山子系统指标：起伏度是进行地貌形态分类的重要指标，描述单位面积地貌起伏形态；坡度是地表单元陡缓程度；平均海拔反映研究区总体的宏观地势格局。

（2）水子系统指标：降水量是当年降水量，是地表水和地下水重要补给来源，直接影响区域水资源总量；废污水排放量是指第二、三产业和城镇居民用水户排放出的水量；蓄水工程供水量可以反映居民对水的使用量。

（3）林子系统指标：林地覆盖面积比是指林地面积占总面积的比例，林地具有净化大气、涵养水源的作用，且林地还是典型的生态多样性富集区；植被覆盖度是指植被树冠在地面的垂直投影面积与总面积的百分比，它是反映区域森林资源丰富程度及绿化程度的指标；植被净初级生产力是指在单位时间、单位面积内绿色植物通过光合作用所积累的有机物总量，是生态系统中其他生物成员生存和繁衍的物质基础，同时也是生态环境治理、保护强度的关键评价指标。

（4）田子系统指标：粮食播种比例是粮食播种面积占农作物播种面积的比例；耕地面积比是耕地面积占总面积的比重，是保障农业可持续发展的重要指标之一；粮食单产量是单位面积内区域粮食产出量，是评估耕地质量及耕地利用情况的关键性指标。

（5）草子系统指标：选取草地覆盖率、牧业增加值 2 个指标，分别反映桂西南喀斯特—北部湾地区草地种植面积、草地的生长为社会带来的经济效益；牧业增加值越高，说明草地为区域带来的经济效益越大，但同时也反映人类活动对草地的过度使用，对生态环境造成了一定的影响。

（6）海子系统指标：海域开发强度可以反映区域海域资源被人类开发利用的程度，也可以反映区域海洋开发的潜力；海洋港口货物吞吐量指标是反映海洋港口生产能力的关键指标；海水产品量指标是指区域人工养殖的海产品和在海域自然生长的海产品的捕捞量；海洋功能区水质达标率指标可以表达不同海洋功能区的环境承载能力，表示已达到基本标准水质的面积占总海域面积的比例。

2）协调性指标

（1）人均生产总值指标是衡量区域经济发展状况的指标，人均生产总值=地区生产总值/总人口。

（2）人均耕地面积指标是指每人所拥有的耕地面积，可反映区域内田地是否满足人类对物质的需求。

（3）人均粮食指标是指每人所拥有的粮食量，粮食生产过程除会受土壤质地影响外，还受区域水资源丰富度及山地分布情况的影响。人均粮食=区域粮食总产量/总人口。

（4）人均水产品指标可以间接反映人类对区域水库、坑塘、湖泊等资源的拥有量。人均水产品=渔业产量/总人口。

（5）除涝面积指标可以从侧面描述在地形地貌的影响下，降水对人类居住区、耕作区的影响。

（6）水土流失治理面积指标是人类、植被、土壤、地形、降水等综合作用的最后结果。

（7）人口密度指标是指区域单位面积所有的人口数量，是衡量一个区域人口分布的重要指标。

（8）岸线开发强度指标表示区域内各种类型的人工岸线长度与总海岸线长度之比，反映人类对海岸线的开发利用程度。

4. 评价指标权重值的计算

在进行多种指标评价时，指标权重结果对评价结果的准确性有很大的影响。本节采用较为客观的熵值法来确定指标体系中各种指标的权重值。由上文的熵值法计算式（20.1）～式（20.6），求得各指标的权重值，见表 20.10。

表 20.10　研究区山水林田湖草海生命共同体健康评价指标体系权重值

目标层	准则层	系统层	序号	指标层	权重/%		
					2010 年	2015 年	2018 年
山水林田湖草海生命共同体健康评价（*H*）	基本状态（*S*）	山子系统	M1	起伏度	0.3940	0.3940	0.3940
			M2	坡度	0.3799	0.3799	0.3740
			M3	平均海拔	0.2260	0.2260	0.2260
		水子系统	W1	降水量	0.4578	0.4097	0.4736
			W2	废污水排放量	0.3709	0.3375	0.2212
			W3	蓄水工程供水量	0.1713	0.2527	0.3051
		林子系统	F1	林地覆盖面积比	0.3009	0.3227	0.2954
			F2	植被覆盖度	0.3181	0.2816	0.1541
			F3	植被净初级生产力	0.3810	0.3956	0.5505

续表

目标层	准则层	系统层	序号	指标层	权重/%		
					2010 年	2015 年	2018 年
山水林田湖草海生命共同体健康评价（*H*）	基本状态（*S*）	田子系统	P1	粮食播种比例	0.2672	0.1878	0.2981
			P2	耕地面积比	0.3654	0.3013	0.3632
			P3	粮食单产量	0.3674	0.5108	0.3388
		草子系统	G1	草地覆盖率	0.2709	0.2592	0.2567
			G2	牧业增加值	0.7290	0.7407	0.7433
		海子系统	S1	海域开发强度	0.3745	0.3861	0.3863
			S2	海洋港口货物吞吐量	0.2249	0.2081	0.2090
			S3	海水产品量	0.2023	0.2013	0.2026
			S4	海洋功能区水质达标率	0.1982	0.2044	0.2021
	协调性（*C*）	山水林田草海人	C1	人均生产总值	0.1109	0.0849	0.0857
			C2	人均耕地面积	0.0329	0.0395	0.0322
			C3	人均粮食	0.0149	0.0205	0.0222
			C4	人均水产品	0.2043	0.1975	0.1994
			C5	除涝面积	0.0178	0.0191	0.0185
			C6	水土流失治理面积	0.0325	0.0414	0.0238
			C7	人口密度	0.0180	0.0199	0.0201
			C8	岸线开发强度	0.5686	0.5768	0.5979

5. 评价分级标准

本节参考刘国彬等（2003）的研究成果，结合研究区的特殊自然和社会条件等实际情况，同时考虑数据获取的有限性，将区域山水林田湖草海生命共同体健康指数由高到低排序。由上文的式（20.12）～式（20.20），计算得到研究区 2010～2018 年三期的山水林田湖草海生命共同体综合健康指数的范围在 0.5～2.5，所以将研究区山水林田湖草海生命共同体健康状况分为 4 级，即健康、亚健康、临界健康、不健康，各级含义见表 20.11。

表 20.11　研究区山水林田湖草海生命共同体健康评价分级标准

健康等级	综合指数（HI）	健康状态	生命共同体健康特征
Ⅰ	2≤HI<2.5	健康	生态系统结构完整，自然条件优良，生态系统稳定，活力极强，压力小，生态功能完善，人地关系和谐，生态系统自我恢复力强，处于可持续发展状态
Ⅱ	1.5≤HI<2	亚健康	生态系统结构较为完善，自然条件好，生态系统尚稳定，活力一般，外界压力较小，生态功能较为完善，人地关系处于比较和谐的状态
Ⅲ	1≤HI<1.5	临界健康	生态系统结构尚合理，自然条件一般，系统尚稳定，受外界压力较大，生态敏感地带面积大，人类活动明显，已有少量的生态异常状况出现，较适合人类生存
Ⅳ	0.5≤HI<1	不健康	生态系统结构出现缺陷，植被退化严重，生态系统不稳定，受外界压力大，生态异常区面积广，生态服务功能很弱，不能满足维持生态系统的需要，生态系统已经逐步退化，人类干扰强烈

20.5.2　基本状态评价结果分析

1. 山子系统基本状态

根据式(20.7)，计算得到 2018 年桂西南喀斯特—北部湾地区山子系统健康指数，其范围在 0.05～0.98，且健康指数的平均值为 0.53。2018 年研究区山子系统健康指数最低值和最高值所处的地区分别为凌云县和海城区，其中山子系统健康指数小于 0.25 的县域有 8 个，健康指数大于 0.75 的县域有 7 个。为了更清晰地说明山子系统健康等级，参考前人研究成果，基于研究区山子系统健康指数，在 ArcGIS10.2 软件中，采用自然断点法，将 2018 年山子系统健康指数划分为 4 个等级，其健康指数划分标准为 0.05～0.25、0.25～0.5、0.5～0.75、0.75～0.98，按照健康指数标准将健康等级分为差、中、良和优 4 个等级。利用 ArcGIS10.2 统计分析工具，统计出了表 20.12 桂西南喀斯特—北部湾地区 2018 年山子系统不同健康等级的面积及其所占的百分比。

从表 20.12 来看，研究区山子系统各个健康等级的面积差异明显。研究区山子系统健康等级面积占比最大的是良级别，面积为 46833.86km^2，占总面积的比例为 43.06%；面积占比最小的为优级别，面积仅为 9531.58km^2，占总面积的比例为 8.76%。区域山子系统健康等级为中、差级别的面积占比分别为 25.21%和 22.97%，说明山子系统总体健康水平一般，需要对差、中级别的山体进行进一步治理，防止差级别的山体健康状态恶化。

表 20.12　2018 年研究区山子系统不同健康等级面积及其占比

项目	差	中	良	优
面积/km^2	24985.78	27420.88	46833.86	9531.58
占比/%	22.97	25.21	43.06	8.76

从表 20.13 各县域山子系统不同健康等级情况来看，2018 年研究区山子系统健康指数最低值和最高值所处的地区分别为凌云县和海城区，健康等级为优的县域有横州市、海城区等 7 个；健康等级为良的县域有兴宁区、青秀区等 24 个；健康等级为中的县域有隆安县、马安县等 11 个；其余健康指数低于 0.25 的县域的山子系统健康等级均为差，有德保县、那坡县等。从各个县域的健康等级情况来看，整体上研究区山子系统健康等级呈现从西北内陆向东南沿海方向逐渐上升趋势，具有阶梯式过渡性分布特征。健康等级为优的区域集中在研究区的南部，如钦南区及北海市，该区域位于沿海地带，海拔在 8～30m，起伏度在 127～249m，坡度在 6°～7°，地势低且较为平坦，该区域的山子系统健康指数较高，健康指数都大于 0.75。健康

表 20.13　2018 年研究区各县（市、区）山子系统不同健康等级

县（市、区）	健康指数	健康等级	县（市、区）	健康指数	健康等级	县（市、区）	健康指数	健康等级
横州市	0.761	优	东兴市	0.716	良	容县	0.469	中
海城区	0.971	优	钦北区	0.679	良	右江区	0.324	中
银海区	0.963	优	灵山县	0.726	良	田阳区	0.311	中
铁山港区	0.898	优	浦北县	0.583	良	田东县	0.415	中
合浦县	0.884	优	玉州区	0.716	良	平果市	0.358	中
港口区	0.940	优	福绵区	0.615	良	龙州县	0.437	中
钦南区	0.867	优	陆川县	0.660	良	大新县	0.295	中
兴宁区	0.597	良	博白县	0.601	良	天等县	0.275	中
青秀区	0.682	良	兴业县	0.584	良	德保县	0.136	差
江南区	0.640	良	北流市	0.555	良	那坡县	0.063	差
西乡塘区	0.732	良	江州区	0.574	良	凌云县	0.050	差
良庆区	0.603	良	扶绥县	0.674	良	乐业县	0.106	差
邕宁区	0.699	良	宁明县	0.513	良	田林县	0.175	差
武鸣区	0.577	良	凭祥市	0.513	良	西林县	0.173	差
宾阳县	0.721	良	隆安县	0.464	中	隆林各族自治县	0.092	差
防城区	0.530	良	马山县	0.313	中	靖西市	0.143	差
上思县	0.505	良	上林县	0.446	中	—	—	—

等级为良的区域主要分布在研究区中部、东部，如南宁市辖区、玉林市辖区和北流市、陆川县、兴业县、宾阳县、凭祥市、宁明县、上思县、防城区、灵山县、浦北县等地区，这些地区的地貌主要为丘陵、盆地等，起伏度在 254～348m，坡度在 9°～13°，海拔在 112～210m，平均海拔为 144m，地势较为缓和。健康等级为中的区域多集中在研究区的中北部和西南部，如右江区、田东县、田阳区、平果市、马山县、龙州县等地区，该区域山地分布较为广泛，且以喀斯特山区为主，该区域部分地区为边境地区，生态环境较为恶劣，该区域的起伏度在 300～400m，坡度在 14°～19°，海拔在 227～500m，平均海拔为 343m。健康等级为差的区域主要分布在西北部，如隆林各族自治县、西林县、乐业县、凌云县、那坡县、靖西市和德保县等地区，该区域位于云贵高原山麓，连绵的山脉贯穿于此，如金钟山脉和青龙山脉，该区域是典型的山区，且喀斯特地貌分布广泛，该区域的起伏度在 450～831m，坡度在 20°～25°，海拔在 760～1120m，平均海拔为 902m，地面起伏大且海拔高。

综上所述，2018 年研究区山子系统健康水平为一般。不同健康等级面积由多到少的排序为良＞中＞差＞优。不同健康等级空间分布呈现从西北内陆向东南沿海逐渐上升的趋势，具有过渡性分布特点。研究区中部及西北部地区属于典型山区，整体地势较高，地形起伏大，以土山和石山为主，喀斯特地貌广布。研究区大部分山区土壤贫瘠，气候属于亚热带季风气候，雨热同期，易发生水土流失，进一步易出现石漠化现象，所以该区域的山子系统健康等级较低，健康状况较差。而东南沿海地区地势较为平坦，山体面积也较小，所以山子系统健康水平较高。

2. 水子系统基本状态

根据式（20.8），计算得到 2010 年、2015 年和 2018 年研究区水子系统健康指数，其范围分别为 0.24～0.97、0.26～0.96 和 0.41～0.89，平均值分别为 0.61、0.62、0.59，且 2010 年、2015 年和 2018 年研究区水子系统健康指数大于 0.6 的地区分别有 28 个、32 个和 19 个，说明 2010 年和 2015 年研究区水子系统的健康水平总体比 2018 年好。为了更清晰地说明水子系统健康等级，基于研究区各地区的水子系统健康指数，在 ArcGIS10.2 软件中，采用自然断点法，将各年份水子系统健康指数划分为 4 个等级，其健康等级分为差、中、良和优。利用 ArcGIS10.2 统计分析工具统计出了研究区 2010～2018 年水子系统不同健康等级的面积及其所占比例，如表 20.8 和图 20.14 所示。

从表 20.14 和图 20.8 来看，研究区水子系统不同健康等级的面积差异明显。2010～2018 年三期的水子系统健康等级为良的面积占比都是最大的，面积分别为 101118.83km^2、98912.33km^2 和 78604.13km^2，在前两期中，面积占比超过 90%，表明三期水子系统的总体健康水平较好。2010～2018 年三期水子系统健康等级为差的面积占比变化不大，其面积占比均不足 6%，表明研究区水子系统健康水平有待提升。2010～2018 年三期研究区水子系统健康等级为良的面积占比由大到小排序为 2010 年＞2015 年＞2018 年，面积持续下降，2010～2018 年下降了 20.7 个百分点，2015～2018 年下降了 18.67 个百分点；2010～2018 年健康等级为中的面积占比先下降后急速上升，2010～2015 年下降了约 4.12 个百分点，2015～2018 年上升了 20.77 个百分点；2010～2018 年健康等级为优的面积占比由大到小排序为 2018 年＞2015 年＞2010 年，面积占比逐渐上升，2010～2018 年上升了 2.95 个百分点。

表 20.14　2010～2018 年研究区水子系统各个健康等级面积统计表　（单位：km^2）

年份	差	中	良	优
2010	1183.23	5663.45	101118.83	807.61
2015	5649.30	1183.23	98912.33	3028.26
2018	2381.31	23778.15	78604.13	4009.53

从 2010～2018 年三期水子系统健康等级空间分布来看（图 20.9），区域水子系统不同健康等级在空间上呈集中分布的态势。2010～2015 年百色市和崇左市等边境地区的水子系统健康等级大部分为优、良级别，2018 年，这些地区的水子系统健康等级发生了极大转变，大部分地区从 2015 年的优、良级别下降到 2018

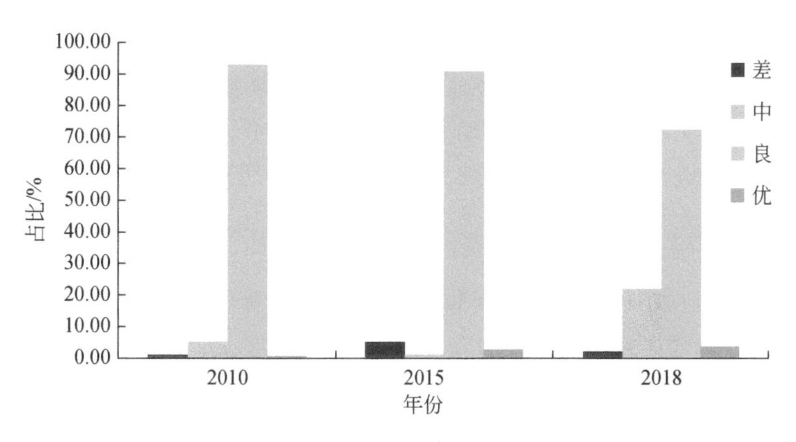

图 20.8　2010～2018 年研究区水子系统不同健康等级面积占比统计图

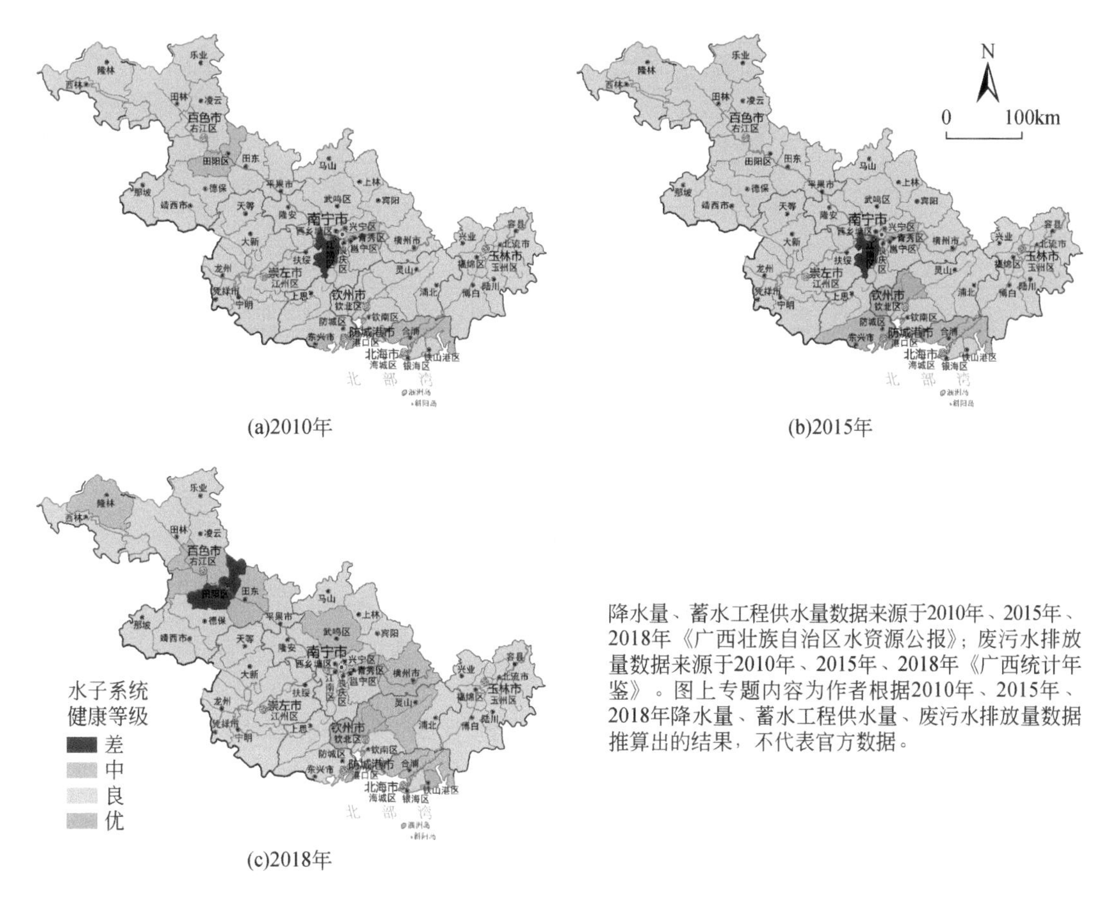

图 20.9　2010～2018 年三期研究区水子系统健康等级空间分布图

年的中级别，如隆林各族自治县、右江区、田阳区、武鸣区、横州市、灵山县等地区，这些地区的降水量 2018 年比 2015 年平均减少了 751mm，且这些地区的蓄水工程供水量 2018 年比 2015 年增加，如右江区增加了 717 万 m^3、武鸣区增加了 657 万 m^3。2010～2018 年南宁市及周边地区和玉林市的水子系统健康等级变化不大，大部分都处于优、良级别，降水量稳定，3 年的平均降水量为 1387mm、1447mm 和 1358mm，总蓄水工程供水量也较为稳定，废污水排放量也有一定的控制。2010～2018 年北部湾沿海地区（北海市、钦州市、防城港市）水子系统健康等级变化大。2010 年和 2015 年该地区的水子系统健康等级大部分处于优、良级别，而 2018 年，该地区的钦南区、灵山县和浦北县的水子系统健康等级发生了改变，由优、良级别变为中、差级别。2018 年和 2015 年相比，2018 年钦南区、灵山县和浦北县的降水量分别减少了 284mm、620mm 和 596mm，蓄水工程供水量分别增加了 881.69m^3、102m^3 和 658.03m^3；北海市地区的水子系统健康指数较高，2010～2018 年的平均健康指数分别为 0.6412、0.8241 和 0.8046，该地区降水量丰富，年均降水量为 1800mm，随着污水的治理，废污水排放量也少了许多，2018 年较 2015 年北海市地区废污水排放量减少了 9 万 t。由 2010～2018 年的演变分析得到，2015 年水子系统健康状态最好，2010 年水子系统健康状态一般，而 2018 年水子系统健康状态出现了极端化，大部分地区水子系统健康等级都降低了，健康状态不佳，需要对区域水域进行一定的治理，防止水子系统状态恶化。

3. 林子系统基本状态

根据式（20.9）计算得到 2010 年、2015 年和 2018 年研究区林子系统健康指数，其范围分别为 0.67～0.92、0.72～0.94 和 0.52～0.95，其平均值分别为 0.67、0.72、0.52，且 2010 年、2015 年和 2018 年研究区林子系统健康指数大于 0.7 的地区分别有 27 个、37 个和 6 个，说明 2010 年和 2015 年研究区林子系统的健康指数总体比 2018 年高。为了更清晰地说明林子系统健康等级，基于研究区各地区的林子系统健康指数，在 ArcGIS10.2 软件中，采用自然断点法，将各年份林子系统健康指数划分为 4 个等级，其健康水平的健康等级分别为差、中、良和优。利用 ArcGIS10.2 统计分析工具，统计出了研究区 2010～2018 年林子系统不同健康等级的面积及其所占比例，见表 20.15 和图 20.10。

表 20.15　2010～2018 年研究区林子系统各个健康等级面积统计表

（单位：km^2）

年份	差	中	良	优
2010	860.47	1942.38	51802.42	54167.84
2015	424.66	1299.02	38925.92	68123.51
2018	1287.85	31259.66	58694.12	17531.48

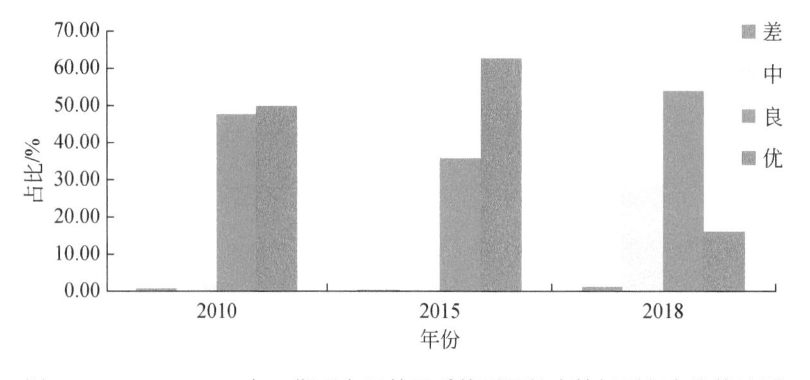

图 20.10　2010～2018 年三期研究区林子系统不同健康等级面积占比统计图

从表 20.15 和图 20.10 来看，2010～2018 年研究区林子系统不同健康等级的面积差异明显。2010 年和 2015 年的林子系统不同健康等级面积占比由大到小的排序趋势相似，林子系统不同健康等级面积占比由大到小排序为优＞良＞中＞差，面积占比最高的都是优级别，面积分别为 54167.84km^2 和 68123.51km^2，其次为良级别，面积分别为 51802.42km^2 和 38925.92km^2，所以 2010 年和 2015 年优、良等级的面积占比分别为 97.42%和 98.42%，远远超过了总面积的一半，表明研究区 2010 年和 2015 年林子系统健康状态整体很好。但是 2018 年林子系统不同健康等级面积占比由大到小的排序发生了变化，林子系统不同健康等级面积占比由大到小排序为良＞中＞优＞差，面积占比最高的是良级别，面积为 58694.12km^2，其次为中级别，面积占比为 28.74%，而 2018 年林子系统健康等级为优、良级别的面积占比分别为 16.12%和 53.96%，相比于前两期的优、良等级数据，2018 年的优、良等级数据下降幅度很大，因此 2018 年的林子系统整体健康状况较 2010 年和 2015 年差。2010～2018 年健康等级为差的面积占比保持不变；2010～2018 年健康等级为中的面积占比由大到小排序为 2018 年＞2010 年＞2015 年，面积占比先保持基本不变后迅速上升，2010～2018 年面积占比上升了 26.95 个百分点；2010～2018 年健康等级为良的面积占比由大到小排序为 2018 年＞2010 年＞2015 年，面积占比先下降后上升，2010～2015 年面积占比下降了 11.83 个百分点，2015～2018 年面积占比上升了 18.17 个百分点；2010 年和 2015 年健康等级为优的面积占比先上升后迅速下降，2010～

2015 年上升了 12.83 个百分点，2015～2018 年下降了 46.51 个百分点。

由表 20.16 可知，整体上林子系统不同健康等级分布差异显著。2010 年与 2015 年对比分析，这两期健康等级为优的地区主要分布在西北、西南和东部地区，但是个别地区的林子系统健康等级变差，如右江区、田阳区、田东县从 2010 年的优等级向 2015 年的良等级转变，其余较多都是从良等级转到优等级。对 2015 年和 2018 年数据进行对比分析后，发现研究区大部分地区健康等级明显下降，如兴宁区、钦北区、灵山县等 17 个县（市、区）从优等级降到良等级；中部的良庆区、武鸣区、隆安县、马山县和东部的兴业县从优等级降到中等级。2015 年这些县（市、区）的平均健康指数为 0.827，而 2018 年这些县（市、区）的平均健康指数为 0.577，这些地区的平均健康指数下降了 0.250。2015 年这些地区的平均 NPP 值为 484gG/(m^2·a)，而 2018 年这些地区的平均 NPP 值为 294 gG/(m^2·a)，这些地区的平均 NPP 值下降了 190gG/(m^2·a)。这些地区的植被净初级生产力下降，下降的主要原因是这些地区主要为北部湾经济核心区，建筑物广泛分布，且城镇也不断扩建，沿海地区也常常遭受台风、暴雨等自然灾害的影响。2010～2018 年三期北部湾沿海地区的林子系统健康等级都较低，健康指数也较低，不足 0.1。该地区林地面积少，林地面积不足 150km^2，主要原因是该区域山地丘陵面积很少，地势较为平坦，且为沿海发达地区，土地利用类型多为建设用地，植被覆盖率相对较小。

表 20.16　2010～2018 年研究区各县（市、区）林子系统健康等级统计表

县（市、区）	2010 年	2015 年	2018 年	县（市、区）	2010 年	2015 年	2018 年
兴宁区	良	优	良	福绵区	良	优	良
青秀区	良	良	良	容县	优	优	优
江南区	良	良	中	陆川县	优	优	良
西乡塘区	中	良	中	博白县	优	优	良
良庆区	良	优	中	兴业县	良	优	中
邕宁区	良	良	中	北流市	优	优	良
武鸣区	良	优	中	右江区	优	良	优
隆安县	良	优	中	田阳区	优	良	良
马山县	良	优	中	田东县	优	良	良
上林县	良	良	中	德保县	优	优	良
宾阳县	良	良	中	那坡县	优	优	良
横州市	良	良	良	凌云县	优	优	良
海城区	差	差	差	乐业县	优	优	优
银海区	中	中	差	田林县	优	优	良
铁山港区	中	中	差	西林县	优	优	良
合浦县	良	良	中	隆林各族自治县	良	优	良
港口区	差	差	差	靖西市	良	优	良
防城区	优	优	优	平果市	良	良	中
上思县	优	优	优	江州区	良	良	良
东兴市	良	良	良	扶绥县	良	良	中
钦南区	良	良	中	宁明县	优	优	优
钦北区	优	优	良	龙州县	良	良	良
灵山县	良	优	良	大新县	优	优	良
浦北县	优	优	良	天等县	良	良	中
玉州区	差	中	中	凭祥市	优	优	良

4. 田子系统基本状态

根据式（20.10）计算得到2010年、2015年和2018年研究区田子系统健康指数，其范围分别在0.25～0.83、0.19～0.76和0.20～0.88，其平均值分别为0.6、0.46、0.51，且2010年、2015年和2018年研究区田子系统健康指数大于0.6的地区有27个、12个和17个，说明2010～2018年三期研究区田子系统健康指数高的地区不多。为了更清晰地说明田子系统健康等级，基于各地区的田子系统健康指数，在ArcGIS10.2软件中，应用自然断点法，将各年份田子系统健康指数划分为4个等级，其健康水平的健康等级分别为差、中、良和优。利用ArcGIS10.2统计分析工具统计出了研究区2010～2018年三期田子系统不同健康等级的面积及其占比，如表20.17和图20.11所示。

表20.17　2010～2018年三期研究区田子系统各个健康等级面积统计表

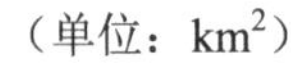
（单位：km^2）

年份	差	中	良	优
2010	829.92	25031.20	58427.29	24484.70
2015	3466.69	57791.43	26414.42	21100.57
2018	3584.75	45174.05	43971.36	16042.95

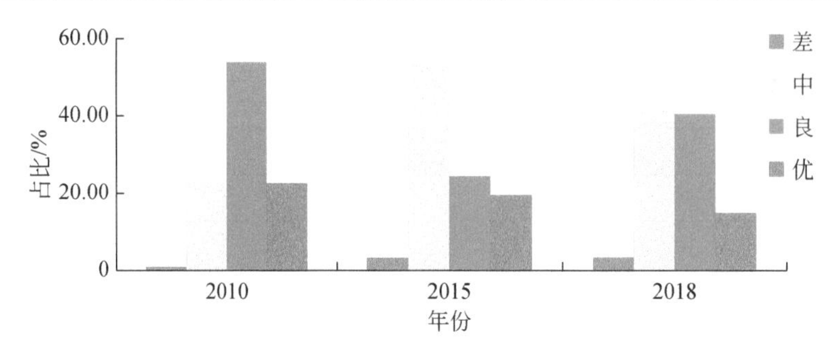

图20.11　2010～2018年三期研究区田子系统不同健康等级面积占比统计图

从表20.17和图20.11可得，2010～2018年研究区田子系统不同健康等级的面积差异明显。2010年田子系统不同健康等级面积占比由大到小排序为良＞中＞优＞差，面积占比最高的是良级别，面积为58427.29km^2，面积占比为53.71%，其次是中级别，面积占比为23.01%，优级别面积占比为22.51%，而差级别面积占比不足1%，所以2010年研究区田子系统健康等级为优、良级别的面积占比和为76.72%，超过了研究区总面积的一半，表明研究区2010年田子系统总体健康状况较好。2015年田子系统不同健康等级面积占比由大到小排序为中＞良＞优＞差，面积占比最高的是中级别，面积为57791.43km^2，面积占比为53.13%，而健康等级为优、良级别的面积占比和为43.68%，不足研究区总面积的一半，表明2015年研究区田子系统总体健康状态一般。2018年田子系统不同健康等级面积占比由大到小排序为中＞良＞优＞差，健康等级为优、良级别的面积总和为60014.31km^2，面积占比为55.17%，超出了研究区总面积的一半，且健康等级为中级别的面积占比为41.53%，而健康等级为差的面积占比为3.30%，说明2018年研究区田子系统总体健康状况较好。2010～2018年田子系统健康等级为差的面积占比变化不大，均在5%内；2010～2018年健康等级为中的面积占比由大到小排序为2015年＞2018年＞2010年，面积占比先升高后下降，2010～2015年上升了30.12个百分点，2015～2018年下降了11.6个百分点；2010～2018年健康等级为良的面积占比先下降后上升，2010～2015年下降了29.43个百分点，2015～2018年上升了16.14个百分点；2010～2018年健康等级为优的面积占比由大到小的排序为2010年＞2015年＞2018年，面积占比逐渐下降，2010～2018年下降了7.76个百分点。

从2010～2018年三期田子系统不同健康等级空间分布（图20.12）来看，整体上研究区的空间格局相似，即健康等级为优和良级别的区域主要分布在研究区东部和东南部，健康等级为差和中级别的区域主要分布在西北部和西南部。从2010～2018年的演变分析来看，南宁市的邕宁区，钦州市的灵山县、钦北区，玉林市的兴业县、陆川县、玉州区以及北海市的铁山港区、合浦县的田子系统健康等级都处于优、良级别，这些地区田子系统健康指数高，2010～2018 年的平均健康指数分别为 0.64、0.665 和 0.64，这些地区的气候属于亚热带季风气候，温暖湿润，且地势不高，耕地面积相对较多，2010～2018 年这些地区的平均耕地面积比分别为 35.94%、28.14%和 28.38%，这些地区的粮食单产量也相对较高，2010～2018 年的平均粮食单产量分别为 4.82 万 t、5.12 万 t 和 5.01 万 t，这些地区的粮食播种比例也相对较高，平均粮食播种比例分别为 52%、51%和 52%；而崇左市大部分地区（龙州县、凭祥市、宁明县、江州区）田子系统健康等级都处于中、差级别，这些地区的健康指数较低，2010～2018 年的平均健康指数分别为 0.3554、0.3415 和 0.3258，这些地区主要为边境地区，又是典型的喀斯特山区，平地少且土壤较为贫瘠，水田和旱地面积都相对较少，粮食播种比例较低，这些地区三期的平均粮食播种比例都为 0.29；百色市地区的西林县、田林县、右江区的田子系统都为中、差级别，这些地区的健康指数较低，2010～2018 年这些地区的平均健康指数分别为 0.3209、0.3066 和 0.3575，这些地区属于典型山区，海拔高且地形起伏大，平地少，耕地面积少，2010～2018 年这些地区的耕地面积比都不足 10%。

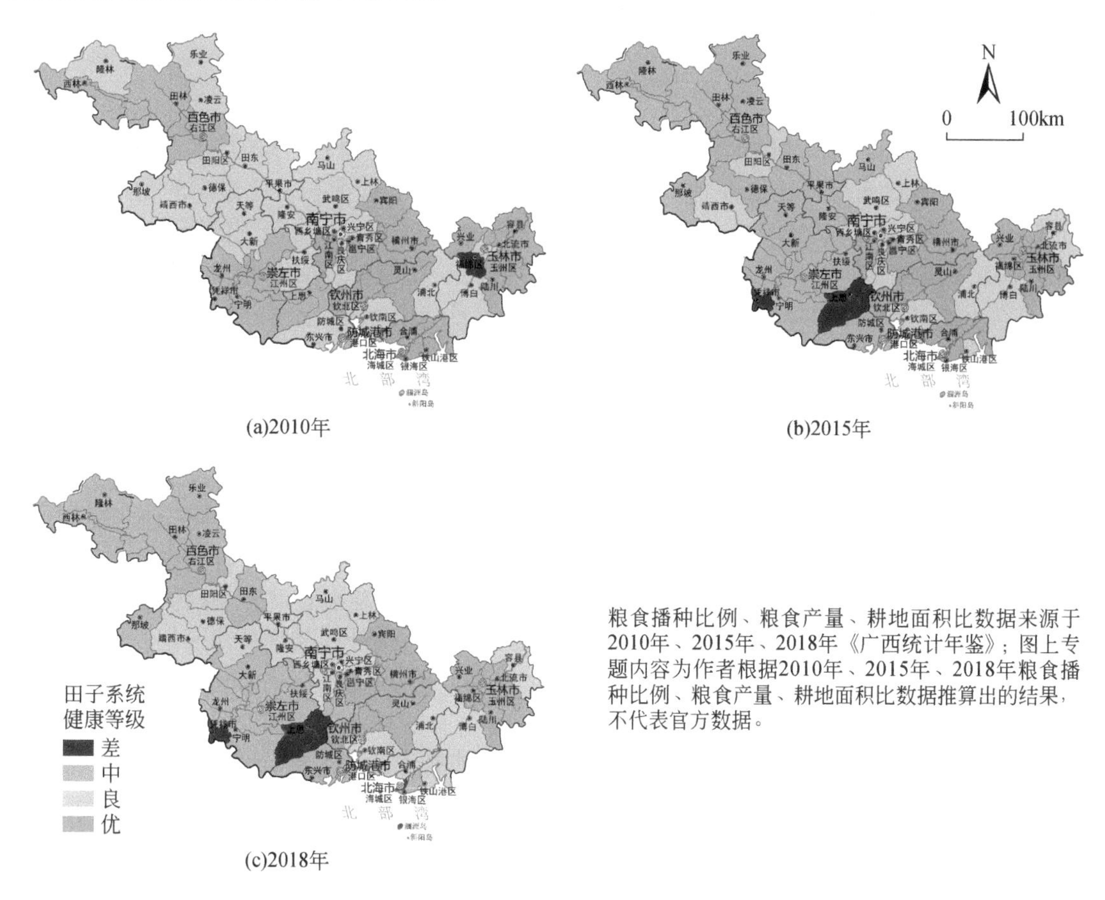

图 20.12　2010～2018 年三期研究区田子系统不同健康等级空间分布图

5. 草子系统基本状态

根据式（20.11）计算得到 2010 年、2015 年和 2018 年研究区草子系统健康指数，其健康指数范围分别为 0.09～0.94、0.09～0.94 和 0.09～0.93，其健康指数平均值分别为 0.689、0.684、0.677，且 2010 年、2015 年和 2018 年研究区草子系统健康指数大于 0.6 的地区有 37 个、38 个和 36 个。为了更清晰地说明草子系统健康等级，基于研究区各地区的草子系统健康指数，在 ArcGIS10.2 软件中，应用自然断点法，将各年份田子系统健康指数划分为 4 个等级，其健康水平的健康等级分别为差、中、良和优。利用 ArcGIS10.2 统计分析工具统计出了研究区 2010～2018 年草子系统不同健康等级的面积及其占比，如表 20.18 和图 20.13 所示。

表 20.18 2010～2018 年三期研究区草子系统各个健康等级面积统计表 （单位：km^2）

年份	差	中	良	优
2010	5293.67	11640.41	33869.86	57969.17
2015	5293.67	11640.41	34734.49	57104.54
2018	5293.67	15168.82	33550.01	54760.61

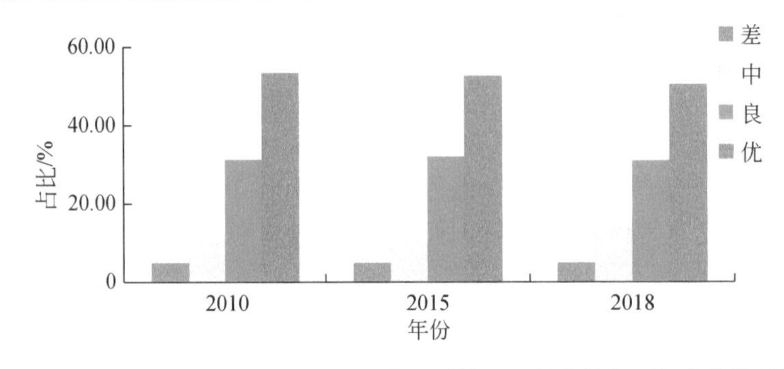

图 20.13 2010～2018 年三期研究区草子系统不同健康等级面积占比统计图

从表 20.18 和图 20.13 来看，2010～2018 年三期研究区草子系统不同健康等级的面积差异明显。2010 年草子系统不同健康等级面积占比由大到小排序为优＞良＞中＞差，面积占比最高的是优级别，面积为 57969.17km^2，面积占比为 53.29%，其次是良级别，面积占比为 31.14%，中级别的面积占比为 10.7%，而差级别的面积占比为 4.87%，所以 2010 年研究区草子系统健康等级为优、良级别的面积占比和为 84.43%。2015 年草子系统不同健康等级面积占比由大到小排序为优＞良＞中＞差，面积占比最高的是优级别，面积为 57104.54km^2，面积占比为 52.5%，而健康等级为优、良级别的面积占比和为 84.43%。2018 年草子系统不同健康等级面积占比由大到小的排序与 2015 年的趋势一致，健康等级为优、良的面积占比和为 81.18%，且健康等级为差的面积占比仅为 4.87%；所以 2010～2018 年三期草子系统健康等级为优、良的面积占比超出了研究区总面积的一半，且健康等级为差的面积占比不足 5%，表明这些年研究区草子系统总体健康状况良好。2010～2018 年草子系统健康等级为差、中和良的面积占比都基本保持在同一水平，变化很小；2010～2018 年健康等级为优的面积占比持续下降，2010～2018 年下降了 2.95 个百分点。

从 2010～2018 年三期草子系统各个县（市、区）的健康等级情况来看（表 20.19），整体上三期的研究区健康等级分布较相似，研究区的东南沿海区域的健康等级低于西北区域的健康等级，可以看出从研究区东南沿海向西北内陆方向，草子系统健康等级呈现逐渐上升的趋势，具有过渡性分布特点。对 2010～2015 的数据进行对比分析，发现健康等级为优和良的区域都分布在研究区中部、西北部、西南部，如百色市、崇左市、南宁市部分市辖区和部分周边地区等，这些地区草子系统健康指数都较高，2010 年和 2015 年的平均健康指数为 0.689 和 0.684，主要原因是这些地区山地丘陵面积分布广泛，且土壤质地较好，较为适宜草的生长，如百色市的隆林各族自治县、西林县、田林县等区域的草地面积有 300km^2 以上，这两期平均草地覆盖率都达 10%以上，这些地区的牧业增加值低，两年平均牧业增加值为 21106.43 万元；健康等级为中的地区主要分布在研究区中部和东部，如南宁市地区的横州市、武鸣区和玉林市的福绵区、陆川县及北海市的合浦县的草地面积较少。这两期的平均草地覆盖率都为 2.6%，平均牧业增加值为 685223 万元和 79919 万元，牧业增加值高。

对 2010 年、2015 年与 2018 年数据进行对比分析，发现大部分地区的草子系统健康等级仍保持不变，如隆林各族自治县、西林县、田林县、那坡县、大新县、凭祥市、宁明县等研究区的西北部和西南地区，这些地区的草地覆盖率仍然保持在 10%以上，说明这些地区没有对草地进行大规模破坏；另外个别地区的健康等级有降低现象，草子系统健康等级由 2015 年的良级别转变成 2018 年的中级别，如邕宁区、宾阳县；兴业县、博白县的草子系统健康等级为差级别，其牧业增加值分别高达 260978 万元和 198629 万元，说明这些地区对草地的开发强度加大，对区域草地的生态系统造成了一定的影响。

表 20.19　2010～2018 年研究区各县（市、区）草子系统各个健康等级统计表

县（市、区）	2010 年	2015 年	2018 年	县（市、区）	2010 年	2015 年	2018 年
兴宁区	良	良	良	福绵区	中	中	中
青秀区	优	良	良	容县	中	良	良
江南区	良	良	良	陆川县	中	中	中
西乡塘区	良	良	良	博白县	差	差	差
良庆区	良	良	良	兴业县	差	差	差
邕宁区	良	良	中	北流市	中	良	良
武鸣区	中	中	中	右江区	优	优	优
隆安县	良	良	良	田阳区	优	优	优
马山县	优	优	良	田东县	优	优	优
上林县	良	良	良	德保县	优	优	优
宾阳县	中	良	中	那坡县	良	良	良
横州市	中	中	中	凌云县	优	优	优
海城区	良	良	良	乐业县	优	优	优
银海区	良	良	良	田林县	优	优	优
铁山港区	良	良	良	西林县	优	优	优
合浦县	中	中	中	隆林各族自治县	优	优	优
港口区	优	优	优	靖西市	优	优	优
防城区	优	优	优	平果市	优	优	优
上思县	优	优	优	江州区	优	优	优
东兴市	优	优	优	扶绥县	优	优	优
钦南区	良	良	良	宁明县	优	优	优
钦北区	良	良	良	龙州县	优	优	优
灵山县	良	良	良	大新县	良	良	良
浦北县	良	良	良	天等县	优	优	优
玉州区	中	良	良	凭祥市	优	优	优

6. 海子系统基本状态

由于海子系统的特殊性，在选取海子系统指标时，考虑非海岸带地区没有相关海子系统评价指标数据，所以选取海城区、银海区、铁山港区、合浦县、钦南区、防城区、东兴市 7 个沿海县（市、区）作为海子系统的研究对象进行健康评价。

根据式（20.12）计算得到 2010 年、2015 年和 2018 年海岸带地区海子系统健康指数，其健康指数的范围分别为 0.3486～0.8275、0.2703～0.7763 和 0.2709～0.7501，其健康指数的平均值分别为 0.5683、0.5491、0.5047，三年的海子系统健康指数都高于 0.6 的地区有银海区和钦南区，这两个区的海子系统健康状态良好。为了更清晰地说明海岸带地区海子系统健康等级，基于研究区各地区的海子系统健康指数，在 ArcGIS10.2 软件中，应用自然断点法，将各年份海子系统健康指数划分为 4 个等级，其健康水平的健康等级分别为差、中、良和优。利用 ArcGIS10.2 统计分析工具统计出了海岸带地区 2010～2018 年海子系统不同健康等级的面积及其占比，如表 20.20 和图 20.14 所示。

从表 20.20 和图 20.14 来看，海岸带地区海子系统不同健康等级的面积差异明显。2010 年和 2018 年海子系统不同健康等级面积占比由大到小的排序是相似的，海子系统不同健康等级面积占比由大到小排序为良＞优＞中＞差，面积占比最高的健康等级是良级别，其次为优级别，且健康等级为优、良级别的面积占比总共有 95%；2015 年海子系统健康等级面积占比由大到小排序为优＞良＞中＞差，面积占比最高的健康等级为优级别，其次为良级别，且这两个等级的面积占比总共有 94%；说明 2010～2018 年三期海岸带地区海子系统健康水平都较高。2010～2018 年，区域海子系统健康等级为中和差级别的面积占比变化不大，面积均不足 6%；海子系统健康等级为良级别的面积占比由大到小排序为 2018 年＞2010 年＞2015 年，这三期的面积占比先下降后上升，2010～2015 年下降了 21.96 个百分点，2015～2018 年上升了 27.51 个百分点；健康等级为优级别的面积占比由大到小排序为 2015 年＞2010 年＞2018 年，面积占比先上升后下降，2010～2015 年上升了 21.22 个百分点，2015～2018 年下降了 26.77 个百分点。

表 20.20　2010～2018 年三期研究区海子系统健康等级面积统计表　（单位：km^2）

年份	差	中	良	优
2010	323.01	114.33	5254.79	3405.12
2015	504.99	0.00	3257.12	5335.14
2018	323.01	114.33	5759.78	2900.13

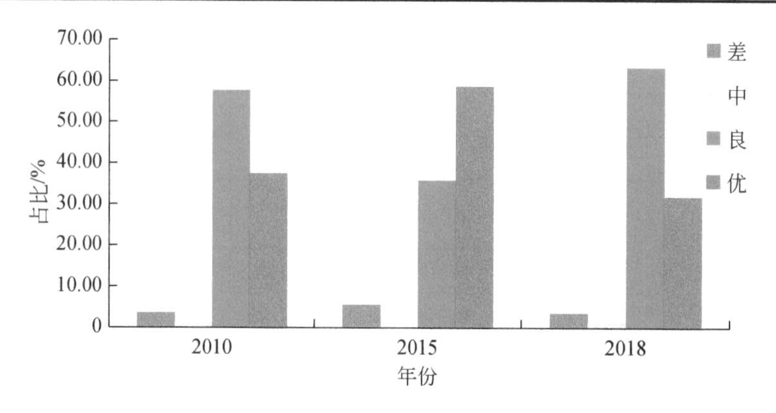

图 20.14　2010～2018 年三期研究区海子系统不同健康等级面积占比统计图

对 2010～2018 年三期健康数据进行对比分析，海岸带地区海子系统平均健康指数呈现逐渐下降的趋势，从表 20.21 中可以看出，除了东兴市海子系统健康等级不一致外，其他县域 2010 年与 2018 年的海子系统健康等级分布态势极为相似，健康等级为中和差级别的区域都分布在港口区和海城区，其他地区都是优、良级别。2010 年和 2018 年海城区和港口区的海域开发强度大，该地区的海洋功能区水质达标率相对较低，2010 年这两个地区的海域开发强度分别为 1.85 和 1.61，海洋功能区水质达标率分别为 79%和 73%；2018 年这两个地区的海域开发强度分别为 1.34 和 1.41，海洋功能区水质达标率分别为 78%和 70.8%。2015 年海子系统健康等级空间分布发生转变，只有东兴市的健康等级为差，其他地区都处于优、良级别。2015 年东兴市的海子系统健康指数较低，健康指数为 0.2703，海域开发强度大，海域开发强度为 2.51，海洋港口货物吞吐量相对较少，海洋港口货物吞吐量为 568.9 万 t，且海水产品量相对较少，海水产品量为 11.88 万 t。2010～2018 年健康等级都处于优级别的地区为钦南区和银海区，这些地区的海域开发强度小，海域开发强度都小于 1，海水产品量大，钦南区和银海区三年的海水产品量分别为 37.8 万 t、20.35 万 t。

表 20.21　2010～2018 年三期研究区海子系统健康等级统计表

县（市、区）	2010 年	县（市、区）	2015 年	县（市、区）	2018 年
海城区	中	海城区	良	海城区	中
铁山港区	良	铁山港区	良	铁山港区	良
银海区	优	银海区	优	银海区	优
东兴市	优	东兴市	差	东兴市	良
港口区	差	港口区	良	港口区	差

续表

县（市、区）	2010 年	县（市、区）	2015 年	县（市、区）	2018 年
防城区	良	防城区	良	防城区	良
合浦县	良	合浦县	优	合浦县	良
钦南区	优	钦南区	优	钦南区	优

20.5.3　协调性评价结果分析

根据式（20.14）计算得到 2010 年、2015 年和 2018 年研究区山水林田湖草海与人的协调性健康指数，其范围分别在 0.22～0.68、0.20～0.71 和 0.20～0.71，其平均值分别为 0.61、0.65、0.63，且 2010 年、2015 年和 2018 年研究区山水林田湖草海与人的协调性健康指数大于 0.6 的地区分别为 41 个、47 个和 42 个，说明三期中研究区山水林田湖草海与人的协调性均良好。为了更清晰地说明山水林田湖草海与人的协调性健康等级，基于研究区各地区山水林田湖草海与人的协调性健康指数，在 ArcGIS10.2 软件中，应用自然断点法将各年份山水林田湖草海与人的协调性健康指数划分为 4 个等级，其健康水平的健康等级分别为差、中、良和优。利用 ArcGIS10.2 统计分析工具统计出了研究区 2010～2018 年山水林田湖草海与人的协调性不同健康等级的面积及其占比，如表 20.22 和图 20.15 所示。

从表 20.22 和图 20.15 来看，2010～2018 年三期研究区山水林田湖草海与人的协调性不同健康等级的面积差异明显。2010 年和 2015 年这两期的不同健康等级面积占比由大到小的排序一致，即良＞优＞中＞差，健康等级为优、良级别的总面积分别为 100992.13km^2 和 105786.86km^2，面积占比分别为 92.85%和 97.25%；2018 年的山水林田湖草海与人的协调性不同健康等级面积占比由大到小排序为优＞良＞差＞中，面积占比最高的是优级别，面积为 53238.65 km^2，其次为良级别，面积为 47042.16 km^2，所以 2018 年的优、良等级面积占比为 92.19%，而中、差级别的面积占比均不足 10%，因此，2010～2018 年研究区三期的山水林田湖草海各个子系统与人的协调性高。2010～2018 年，山水林田湖草海与人的协调性健康等级为中和差的面积占比变化不大，中、差级别面积占比均在 10%内；而山水林田湖草海与人的协调性健康等级为良的面积占比先趋于平缓后下降，2015～2018 年下降了 13.12 个百分点；山水林田湖草海与人的协调性健康等级为优的面积占比逐渐上升，2010～2018 年上升了 12.38 个百分点，可以得出，2010～2018 年，山水林田湖草海与人的协调性健康等级为优和良的健康等级变化差异明显，主要为优和良级别相互转换，即良减少，优增多，反之良增多，优减少。

表 20.22　2010～2018 年三期健康协调性健康等级面积统计表　（单位：km^2）

年份	差	中	良	优
2010	2918.53	4862.46	61224.09	39768.04
2015	501.02	2485.23	61311.90	44474.96
2018	5295.75	3196.55	47042.16	53238.65

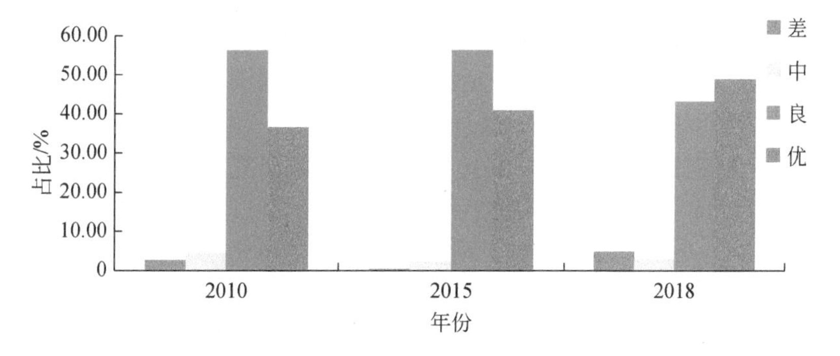

图 20.15　2010～2018 年三期山水林田湖草海与人的协调性不同健康等级面积占比统计图

从 2010～2018 年山水林田湖草海与人的协调性不同健康等级空间分布（图 20.16）来看，整体上研究区的空间格局相似，健康等级呈现出由西北内陆向东南沿海方向过渡分布的特点，且部分地区有集中分布，如研究区中部、西南部和东部。对 2010～2018 年三期数据进行对比，健康等级为优、良级别的主要分布在西北部、西南部、中部及东部地区。随着时间的推移，部分地区有由良级别逐渐向优级别转换的趋势，如西北部的那坡县、靖西市等喀斯特地区；而健康等级为中、差的区域集中分布在海岸带地区，且部分地区有由中、良级别向差级别转换的趋势，这些地区的海岸开发强度大，又因气候的影响，台风、暴雨等自然灾害频繁发生，水土流失严重，这些地区经济发展水平高，人口密度大，耕地面积少。

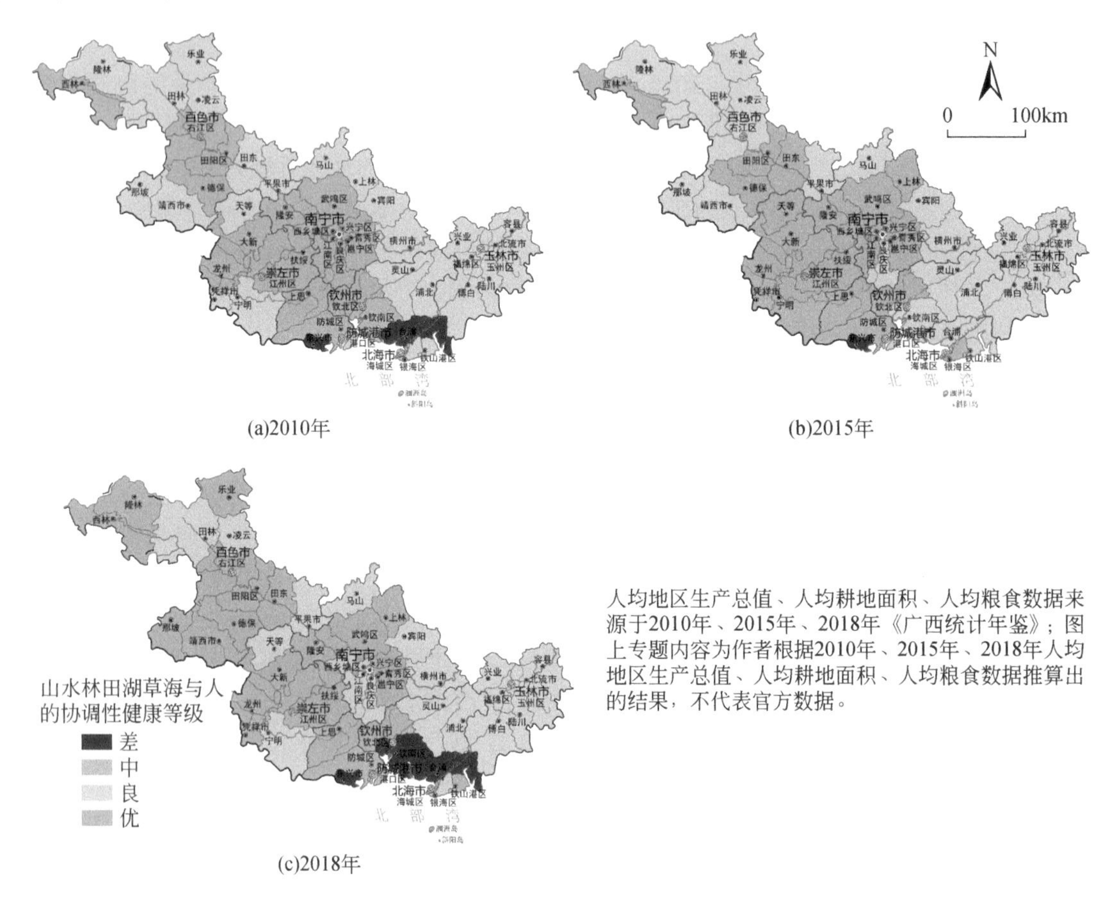

(a)2010年　(b)2015年　(c)2018年

图 20.16　2010～2018 年三期研究区山水林田湖草海与人的协调性不同健康等级空间分布图

20.5.4　山水林田湖草海生命共同体健康评价结果与分析

本章参考 VOR 模型，采用 *H=SC* 健康评价模型对研究区山水林田湖草海生命共同体健康状况进行综合评判。运用式（20.15）计算出研究区 2010～2018 年三期的山水林田湖草海生命共同体健康评价综合指数，利用 ArcGIS10.2 软件，按照上文的健康评价综合标准，把健康评价综合指数分为 4 个等级，分别为健康、亚健康、临界健康和不健康，最后绘制出 2010～2018 年三期山水林田湖草海生命共同体健康评价综合结果空间分布图，接着利用统计分析工具，统计出研究区 2010～2018 年三期山水林田湖草海生命共同体不同健康等级的面积及其占比（图 20.17）。2010～2018 年三期研究区的山水林田湖草海生命共同体健康评价综合指数范围分别为 0.84～2.47、0.92～2.52 和 0.71～2.43，且三期山水林田湖草海生命共同体健康评价综合指数的平均值分别为 1.94、2.03 和 1.82。研究表明，整个研究区的山水林田湖草海生命共同体健康状态为，2015 年整体处于健康等级，2010 年和 2018 年整体处于亚健康等级。

由图 20.17 可以看出，山水林田湖草海生命共同体不同健康等级面积占比差异十分显著。2010 年和 2018 年的山水林田湖草海生命共同体不同健康等级面积占比由大到小排序为亚健康＞健康＞不健康＞临界健康，这两期健康等级为健康和亚健康级别的面积占比分别为 46.26%、46.59%以及 50.17%、49.26%，临界健康与不健康等级面积占比均小于 10%，且两期不健康等级数据变化不大，占比较为稳定。2015 年的山水林田湖草海生命共同体不同健康等级面积占比由大到小排序为：健康＞亚健康＞不健康＞临界健康，且健康等级面积超过研究区面积一半，表明研究区山水林田湖草海生命共同体健康水平良好。2010～2018 年三期中，处于临界健康和不健康级别的面积占比均趋于平稳；处于亚健康级别的面积占比持续上升，2010～2018 年上升了 17.75%；处于健康级别的面积占比态势为先上升后下降，2010～2015 年上升了 5.91%，2015～2018 年下降了 24.32%。

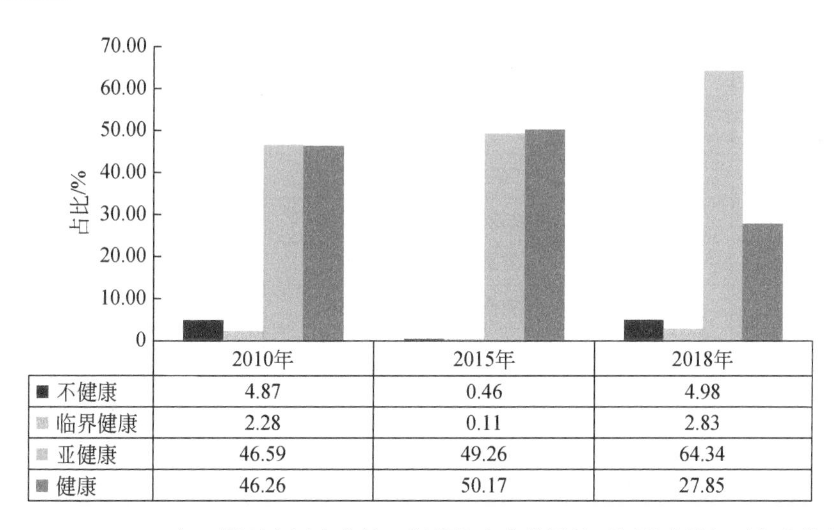

	2010年	2015年	2018年
■ 不健康	4.87	0.46	4.98
■ 临界健康	2.28	0.11	2.83
■ 亚健康	46.59	49.26	64.34
■ 健康	46.26	50.17	27.85

图 20.17　2010～2018 年三期研究区山水林田湖草海生命共同体不同健康等级面积占比统计图

从 2010～2018 年三期研究区山水林田湖草海生命共同体健康状况来看（表 20.23），整体上研究区的山水林田湖草海生命共同体健康状况相似，东南沿海向西北内陆方向，山水林田湖草海生命共同体健康状况有好转趋势，具有过渡性分布特点。处于健康和亚健康等级分布具有连片集聚现象，且处于亚健康等级的地区分布均较为广泛，处于健康等级的地区分布主要在中部平地、东部及东南丘陵盆地地带；而处于临界健康和不健康等级的地区分布较少，其中临界健康和不健康地区主要分布在北部湾海岸带地区。除了银海区外，其他 6 个沿海地区在 2010～2018 年几乎处于临界健康或者不健康状态，健康水平较差，有个别县（市、区）在 2015 年处于健康等级。由上文的分析可知这些地区山水林田湖草海生命共同体与人的协调性较差，水子系统、林子系统、田子系统的健康状态都处于较低级别。北部湾沿海地区也时常发生极端天气，森林覆盖率较低，水土流失严重，人口密度大，人类活动频繁，且对海岸线开发强度大，且该地区耕地面积少，建筑面积分布广泛，城镇居民区域产生许多生活垃圾，工厂等生产车间废污水排放量大，对该地区的生态环境造成污染和破坏，严重影响该地区山水林田湖草海生命共同体的健康发展，因此该地区需要加强生态治理及保护力度。防城港市在三期数据中健康状态较差，这些地区的山、水、林、草子系统的健康状态都处于较低级别，田子系统处于较差级别，且该地区山水林田湖草海生命共同体与人的协调性健康等级为差级别，该地区位于北部湾沿海地带，生态环境相对恶劣，生态系统较为脆弱，社会经济发展较为缓慢，所以该地区在综合自然与人文因素作用下，山水林田湖草海生命共同体健康状况相对较差。南宁市、崇左市、百色市及玉林市的大部分地区在 2010～2018 年的健康等级都为健康和亚健康等级，这些地区的山水林田湖草海生命共同体健康指数都较高，且这些地区的山水林田湖草与人的协调性健康等级都为优、良级别。除了研究区西北部的西林县、乐业县和田林县等地区外，其他地区处于健康等级的县（市、区）的山子系统的健康指数都较高，地形起伏度不大，且多为山地丘陵地貌，适宜种植树林。对于水子系统，大部分地区的健康等级处于中、良级别。除了中心城区外，其他处于健康等级的县（市、区）的林子系统健康等级都为优、良级别，植被覆盖率都较高。除了西北部和西部边境地区的健康等级为中、差级别外，其他处于健康等级的县（市、区）的田子系统的健康等级都为优、良级别，耕地面积相对较大，农业发展较好。草子系统的健康等级都较高。

表 20.23　2010～2018 年三期研究区山水林田湖草海生命共同体健康状况统计表

县（市、区）	2010 年	2015 年	2018 年	县（市、区）	2010 年	2015 年	2018 年
兴宁区	健康	健康	健康	福绵区	亚健康	健康	健康
青秀区	健康	健康	健康	容县	健康	健康	健康
江南区	亚健康	亚健康	健康	陆川县	健康	健康	健康
西乡塘区	健康	健康	亚健康	博白县	亚健康	亚健康	亚健康
良庆区	健康	健康	亚健康	兴业县	亚健康	亚健康	亚健康
邕宁区	健康	健康	亚健康	北流市	健康	健康	健康
武鸣区	亚健康	亚健康	亚健康	右江区	亚健康	亚健康	亚健康
隆安县	健康	健康	亚健康	田阳区	亚健康	亚健康	亚健康
马山县	亚健康	健康	亚健康	田东县	健康	健康	亚健康
上林县	健康	健康	亚健康	德保县	亚健康	亚健康	亚健康
宾阳县	健康	健康	健康	那坡县	亚健康	亚健康	亚健康
横州市	健康	健康	健康	凌云县	亚健康	亚健康	亚健康
海城区	临界健康	临界健康	不健康	乐业县	亚健康	亚健康	亚健康
银海区	亚健康	健康	亚健康	田林县	亚健康	亚健康	亚健康
铁山港区	亚健康	健康	临界健康	西林县	亚健康	亚健康	亚健康
合浦县	不健康	亚健康	不健康	隆林各族自治县	亚健康	亚健康	亚健康
港口区	亚健康	健康	临界健康	靖西市	亚健康	亚健康	亚健康
防城区	临界健康	亚健康	临界健康	平果市	健康	亚健康	亚健康
上思县	健康	健康	健康	江州区	健康	健康	健康
东兴市	不健康	不健康	不健康	扶绥县	健康	健康	健康
钦南区	不健康	健康	不健康	宁明县	健康	健康	健康
钦北区	健康	健康	健康	龙州县	健康	健康	亚健康
灵山县	健康	健康	健康	大新县	亚健康	亚健康	亚健康
浦北县	健康	健康	健康	天等县	亚健康	亚健康	亚健康
玉州区	亚健康	亚健康	健康	凭祥市	健康	健康	健康

20.6　结　　论

（1）在空间分布上，2018 年研究区山地集中分布在西北部和西南部，林地分布广泛且集中分布在西北部、西南部及东南部，田地主要分布在西北河谷和缓坡丘陵以及南部的平地和盆地，水域和草地都呈现零散分布。在时空变化上，2010～2018 年三期研究区水域面积增加了 139.53km^2，湖泊、草地面积保持平稳，而林地和田地的面积减少，分别减少 408.64km^2 和 483.56km^2。

（2）2018 年山子系统总体健康水平一般，从西北内陆向东南沿海，其健康水平由一般向优良过渡。2010～2018 年，水子系统的总体健康水平由良好向一般转变，且分布集中；林子系统的总体健康水平由优良向一般转变，从西北内部向东南沿海，其健康水平由优良向差过渡；田和草子系统的总体健康水平均先是良好后转变为一般再转变为良好，优良级别地区主要分布在中部和东南部，中、差级别地区主要分布在西部和北部，而草子系统不同健康等级的空间分布情况与林子系统相似；海子系统总体健康水平一般。

（3）2010～2018 年，山水林田湖草海与人的协调性整体上逐渐变好；协调性为优、良级别的地区集中分布在研究区中部、西南部和西北部，而中、差级别的地区主要分布在南部沿海地区。2010 年、2015 年和 2018 年山水林田湖草海生命共同体健康评价综合指数的平均值为 1.94、2.03 和 1.82，研究区三期的整体健康水平均处于健康状态；健康和亚健康区域分布呈连片集聚现象，健康区域主要分布在东南丘陵盆地地带，亚健康区域分布广泛，临界健康和不健康区域主要分布在北部湾海岸带地区。

参 考 文 献

成金华，尤喆，2019. “山水林田湖草是生命共同体”原则的科学内涵与实践路径. 中国人口·资源与环境，29（2）：1-6.

丁冬冬，2019. 陆海统筹区域资源环境承载力研究. 南京：南京大学.

孔登魁，马萧，2018. 构建“山水林田湖草”生态保护与修复的内生机制. 国土资源情报，（5）：22-29.

李红举，宇振荣，梁军，等，2019. 统一山水林田湖草生态保护修复标准体系研究. 生态学报，39（23）：8771-8779.

刘国彬，胡维银，许明祥，2003. 黄土丘陵区小流域生态经济系统健康评价. 自然资源学报，（1）：44-49.

明庆忠，刘安乐，2020. 山-原-海战略：国家区域发展战略的衔接与拓展. 山地学报，38（3）：348.

史莎娜，李晓青，谢炳庚，等，2018. 喀斯特和非喀斯特区农业景观格局变化及生态系统服务价值变化对比——以广西全州县为例. 热带地理，38（4）：487-497.

苏维词，杨吉，2020. 山水林（草）田湖人生命共同体健康评价及治理对策——以长江三峡水库重庆库区为例. 水土保持通报，40（5）：209-217.

王增军，韦江玲，王丹，等，2019. 1985—2018 年广西北海银滩海岸带地形变化研究. 测绘通报，（S1）：158-162.

熊小菊，2020. 广西西江流域山水林田湖草时空变化及其生命共同体健康评价研究. 南宁：南宁师范大学.

杨庆媛，毕国华，2019. 平行岭谷生态区生态保护修复的思路、模式及配套措施研究——基于重庆市“两江四山”山水林田湖草生态保护修复工程试点. 生态学报，39（23）：8939-8947.

叶艳妹，林耀奔，刘书畅，等，2019. 山水林田湖草生态修复工程的社会-生态系统（SES）分析框架及应用——以浙江省钱塘江源头区域为例. 生态学报，39（23）：8846-8856.

于恩逸，齐麟，代力民，等，2019. “山水林田湖草生命共同体”要素关联性分析——以长白山地区为例. 生态学报，39（23）：8837-8845.

张仕超，周仪琪，李英杰，等，2020. 基于 DPSIRM 模型的全域综合整治前后山水林田湖草村健康评价. 重庆师范大学学报（自然科学版），37（5）：45-58.

张泽，胡宝清，丘海红，等，2021a. 基于山江海视角与 SRP 模型的桂西南—北部湾生态环境脆弱性评价. 地球与环境，49（3）：297-306.

张泽，丘海红，胡宝清，2021b. 山水林田湖草空间格局与生态变化分析——以桂西南喀斯特—北部湾海陆交互关键带为例. 中国科技论文，16（1）：65-70.

Cairns J，Mccormick P V，Niederlehner B R，1993. A proposed framework for developing indicators of ecosystem health. Hydrobiologia，263（1）：1-44.

Hutton J X，2013. Theory of the earth；or an investigation of the laws observable in the composition，dissolution，and restoration of land upon the globe. Transactions of the Royal Society of Edinburgh，1（2）：209-304.

Karr J R，1987. Biological monitoring and environmental assessment：a conceptual framework. Environmental Management，11（2）：249-256.

Lee B J，1982. An ecological comparison of the McHarg method with other planning initiatives in the Great Lakes Basin. Landscape Planning，9（2）：147-169.

Tansley A G，1935. The use and abuse of vegetational concepts and terms. Ecology，16（3）：284-307.

第21章　山江海耦合关键带社会生态特征及其生态治理研究

21.1　区域已实施的重要生态治理工程回顾

21.1.1　珠江流域防护林体系建设工程

广西地处珠江流域中上游，生态区位非常重要。保护和建设好珠江流域生态环境，不仅关系广西自身的发展，也关系珠江流域下游地区乃至港澳地区的生态安全。根据《关于编制珠江流域防护林体系建设总体规划的通知》、《珠江流域防护林体系建设二期工程规划（2004—2010年）》及相关文件精神，广西先后编制《广西珠江流域防护林体系建设规划》《珠江流域广西综合治理防护林体系建设二期工程规划（2001—2010年）》《广西壮族自治区珠江流域防护林体系建设三期工程规划（2011—2020年）》。1996～2010年，在国家的大力支持下，广西实施了珠江流域防护林体系一、二期工程，工程建设范围涉及广西12个地级市的85个县（市、区），共完成营造林面积48.36万hm^2，其中，人工造林23.50万hm^2，封山育林21.14万hm^2，低产林改造2.63万hm^2，中幼龄林抚育1.09万hm^2。经过一、二期工程建设，珠江流域生态建设取得了显著成效，流域区林种树种结构得到有效调整，林分质量提高，水土流失治理步伐加快，局部地区生态环境恶化趋势得到有效遏制。珠江流域防护林体系三期工程，重点实施南盘江水源涵养林、左江流域水源涵养林、右江流域水源涵养林、红水河流域阶梯电站库区水源涵养水土保持林、珠江中下游水源涵养水土保持林、西江千里绿色走廊六大重点建设项目，共在11个设区市的93个县（市、区）、9个自治区直属国有林场实施工程任务，完成珠江防护林工程面积11.30万hm^2，其中，人工造林7.48万hm^2，退化林修复0.82万hm^2，封山育林3.00万hm^2，工程项目总投资5.66亿元。珠江流域防护林工程的实施对区域经济社会发展有着深远影响，促进区域生态状况改善、经济发展、社会稳定和精神文明建设，保障香港、澳门地区经济繁荣稳定，具有显著的生态、社会和经济效益，是一项意义重大的林业生态工程。

珠江流域防护林建设涉及南宁、百色、崇左、玉林、防城港5个市34个县（市、区），建设规模为人工造林13.36万hm^2，封山育林34.05万hm^2，低效林改造20.45万hm^2，详见表21.1。

表21.1　珠江流域防护林建设规模表

市	单位数/个	涉及县（市、区）	建设规模/万 hm^2		
			人工造林	封山育林	低效林改造
南宁市	7	邕宁区、武鸣区、隆安县、马山县、上林县、横州市、宾阳县	2.93	7.14	2.57
百色市	12	右江区、田阳区、田东县、平果市、德保县、靖西市、那坡县、凌云县、乐业县、田林县、隆林县、西林县	8.09	17.36	14.73
崇左市	7	江州区、扶绥县、大新县、宁明县、天等县、龙州县、凭祥市	0.97	8.46	1.97
玉林市	7	容县、陆川县、博白县、北流市、兴业县、玉州区、福绵区	1.14	0.89	1.18
防城港市	1	上思县	0.23	0.2	—
合计	34	34	13.36	34.05	20.45

21.1.2　沿海防护林体系工程建设

广西从 1987 年开始实施沿海防护林体系工程建设。一期工程（1987～2000 年）实施范围包括北海市、钦州市、防城港市 3 个市的 10 个县（市、区），二期工程（2001～2010 年）实施范围增加了崇左市的宁明县、凭祥市、龙州县和玉林市的博白县、陆川县，共完成营造林面积 37.84 万 hm^2，其中，人工造林 24.33 万 hm^2，封山育林 3.82 万 hm^2，低产林改造 2.52 万 hm^2，中幼龄林抚育 7.17 万 hm^2；共投入资金 8.23 亿元。随着北部湾经济区开放开发加快，广西壮族自治区党委、广西壮族自治区人民政府对沿海地区生态建设提出了新的更高的要求，要求加快推进沿海防护林体系工程建设，打造北部湾绿色生态屏障，为此，广西壮族自治区林业局组织编制和实施《广西沿海防护林体系建设工程规划（2011—2015 年）》，在沿海沙化地区积极营造红树林，加大对海岸基干林带的修复。在沿海沙化地区规划营造恢复红树林 4000hm^2，现有红树林保护面积 5810hm^2；海岸基干林带人工造林 24900hm^2，基干林带修复 2200hm^2；纵深防护林人工造林 21700hm^2，封山（沙）育林 5500hm^2，护路林 800km（折合面积 480hm^2），农田林网长度 170km（折合面积 170hm^2），村镇绿化总株数为 310.7 万株。经过沿海防护林工程建设，构建起了以村镇绿化为点，以海岸基干林带建设为线，以荒山荒滩绿化为面，以农田林网建设为网，形成点线面网相结合的立体配置的沿海防护林体系工程建设基本框架，增强了其抵御海啸和风暴潮等自然灾害的能力，维护了沿海地区国土生态安全。

21.1.3　退耕还林工程

2000 年，中央 2 号文件和国务院西部地区开发会议将退耕还林还草列为西部大开发的重要内容，将 25°以上的陡坡应用于植树种草，25° 以上的坡耕地应当按照当地政府规划，逐步退耕、植树和种草。2001 年，广西被列为全国退耕还林试点省区，广西壮族自治区人民政府下发《关于切实做好我区退耕还林还草试点工作的意见》，广西壮族自治区林业局编制《广西退耕还林还草工程建设总体规划》，按照全面规划、分步实施、突出重点、先易后难、先行试点、稳步推进的原则，计划在 2000～2010 年，实施退耕还林面积 23.37 万 hm^2，宜林荒山造林 20.88 万 hm^2，建设投资 64.8 万元。2002 年，退耕还林工程全面启动实施。2014 年，国家相关部门印发了《新一轮退耕还林还草总体方案》。广西在认真总结前一轮退耕还林经验的基础上，以改善生态环境、改善民生为总任务，加强统筹规划和政策导向，以珠江流域、岩溶石漠化地区等重点生态脆弱区为重点，实施新一轮退耕还林工程 3.33 万 hm^2。同时加强对第一轮退耕还林工程实施森林抚育管护、补植补种和低效林改造措施，巩固造林成果，提高工程建设成效。退耕还林能够有效减少水土流失和石漠化危害，取得生态改善、农民增收、农业增效和农村发展的巨大成效。

退耕还林工程建设涉及 7 个市 47 个县（市、区），其中南宁市 11 个县（市、区）、百色市 12 个县（市、区）、崇左市 7 个县（市、区）、玉林市 7 个县（市、区）、钦州市 4 个县（市、区）、北海市 2 个县（市、区）、防城港市 4 个县（市、区），工程建设总面积为 47.79 万 hm^2，其中退耕还林面积 12.83 万 hm^2、荒山造林面积 30.48 万 hm^2、封山育林面积 4.48 万 hm^2。详见表 21.2。

表 21.2　退耕还林工程建设规模一览表

市	单位数/个	涉及县（市、区）	建设规模/万 hm^2		
			退耕还林	荒山造林	封山育林
南宁市	11	青秀区、江南区、良庆区、邕宁区、兴宁区、武鸣区、隆安县、马山县、上林县、横州市、宾阳县	1.45	6.35	0.57
百色市	12	右江区、田阳区、田东县、平果市、德保县、靖西市、那坡县、凌云县、乐业县、田林县、隆林县、西林县	8.38	11.77	3.41
崇左市	7	江州区、扶绥县、大新县、宁明县、天等县、龙州县、凭祥市	1.66	1.91	0.4

续表

市	单位数/个	涉及县（市、区）	建设规模/万 hm²		
			退耕还林	荒山造林	封山育林
玉林市	7	容县、陆川县、博白县、北流市、兴业县、玉州区、福绵区	0.13	5.05	—
钦州市	4	钦北区、钦南区、灵山县、浦北县	0.4	3.13	—
北海市	2	银海区、合浦县	0.23	0.2	—
防城港市	4	防城区、港口区、东兴市、上思县	0.58	2.07	0.1
合计	47		12.83	30.48	4.48

21.1.4　重点公益林保护工程

重点公益林是指生态区位极为重要或生态状况极为脆弱，对国土生态安全、生物多样性保护和经济社会可持续发展具有重要作用，以提供森林生态和社会服务产品为主要经营目的的重点防护林和特种用途林。为了保障重点公益林资源安全，改善国土生态状况，国家于 2001 年启动全国森林生态效益补助资金试点，2004 年中央建立森林生态效益补偿资金。2001 年，广西建立森林分类区划界定和森林生态效益补助资金试点，2004 年，根据财政部和国家林业局联合颁布的《重点公益林区划界定办法》，区划界定国家重点公益林面积 383.8 万 hm²，2005 年，根据广西生态环境保护需要，区划界定自治区级重点公益林 135.5 万 hm²，区划后的广西自治区级以上重点公益林面积 519.3 万 hm²；2020 年根据《中华人民共和国森林法》、《国家级公益林区划界定办法》、《关于开展 2020 年森林督查暨森林资源管理“一张图”年度更新工作的通知》（林资发〔2020〕33 号）、《广西壮族自治区林业局关于做好 2020 年公益林天然林管理有关工作的通知》（桂林资发〔2020〕6 号）等要求进行自治区级以上公益林落界调整工作，共区划界定自治区级以上公益林面积 545.20 万 hm²，其中国家级公益林面积 467.05 万 hm²，自治区级公益林面积 78.15 万 hm²。广西自治区级以上公益林分布在江河源头、江河两岸、自然保护区、水库周边、沿海基干林地及红树林区、边境地区等重要生态区位，涵盖阳朔、环江 2 个世界自然遗产区、63 个森林或野生动物类型自然保护区、360 多条大小河流、600 多个水库、800 多千里国境线、1000 多千里海岸线和 2.7 万 km² 岩溶地区的防护林和特用林，其中 90%以上分布在珠江流域，初步形成了以森林公园、自然保护区、风景名胜区和世界自然遗产为“点”，以江河林带、沿海基干林带、边界国防林带为“线”，以岩溶地区水土保持林为“面”的重要的生态安全屏障。

2004 年，权属为国有、集体及个人的公益林补偿标准均为 5 元/（亩·年）；2013 年，权属为集体及个人的公益林补偿标准提高至 15 元/（亩·年）；2016 年，权属为国有的公益林补偿标准提高至 8 元/（亩·年）；2020 年，权属为国有的公益林补偿标准提高至 10 元/（亩·年），权属为集体及个人的公益林补偿标准提高至 16 元/（亩·年）。2017 年开始，广西提高已落界确权自然保护区范围内权属于集体和个人的公益林补偿标准，2017 年与 2018 年已落界确权自然保护区范围内权属于集体和个人的自治区级以上公益林补偿标准为 20 元/（亩·年）；2019 年为 21 元/（亩·年）；2020 年为土山 27 元/（亩·年）、石山 22 元/（亩·年）；2021 年和 2022 年为土山 36 元/（亩·年）、石山 22 元/（亩·年）。公益林补偿标准逐年提高或按立地条件不同而区别对待，进一步加强公益林管护，促进了公益林效益的发挥。森林生态效益补偿基金制度的建立与实施结束了长期以来无偿享用森林生态效益的历史，进入有偿享用森林生态效益的新阶段，这是中国林业发展史上的一次重大突破，也是国家在市场经济条件下，按照分类经营的原则，通过经济手段优化配置社会资源的有效方式，为公益林建设与保护奠定重要的基础；为维护和改善生态环境、保持生态平衡、保护生物多样性等发挥了重要作用。

公益林保护工程建设涉及 7 个市 49 个县（市、区），其中南宁市 12 个县（市、区）、百色市 12 个县（市、区）、崇左市 7 个县（市、区）、玉林市 7 个县（市、区）、钦州市 4 个县（市、区）、北海市 4 个县（市、区）、防城港市 3 个县（市、区），总面积为 193.79 万 hm²，其中南宁市 32.23 万 hm²、百色市 94.62 万 hm²、崇左市 42.21 万 hm^2、玉林市 5.4 万 hm^2、钦州市 3.3 万 hm^2、北海市 0.13 万 hm^2、防城港市 15.9 万 hm^2，详见表 21.3。

表 21.3　公益林保护工程建设规模表

市	单位数/个	涉及县（市、区）	建设规模/万 hm^2
南宁市	12	青秀区、江南区、良庆区、邕宁区、西乡塘区、兴宁区、武鸣区、隆安县、马山县、上林县、横州市、宾阳县	32.23
百色市	12	右江区、田阳区、田东县、平果市、德保县、靖西市、那坡县、凌云县、乐业县、田林县、隆林县、西林县	94.62
崇左市	7	江州区、扶绥县、大新县、宁明县、天等县、龙州县、凭祥市	42.21
玉林市	7	容县、陆川县、博白县、北流市、兴业县、玉州区、福绵区	5.4
钦州市	4	钦北区、钦南区、灵山县、浦北县	3.3
北海市	4	铁山港区、银海区、海城区、合浦县	0.13
防城港市	3	防城区、东兴市、上思县	15.9
合计	49		193.79

21.1.5　岩溶地区石漠化综合治理工程

我国岩溶地区主要分布在西南 8 个省份，其中以广西、贵州、云南最为集中。所谓的石漠化，指在热带、亚热带湿润-半湿润气候条件和岩溶极其发育的自然背景下，且受人为活动干扰，地表植被遭受破坏，造成土壤侵蚀严重，基岩大面积裸露、砾石堆积的土地退化现象，是岩溶地区土地退化的极端形式。石漠化问题阻碍了广西经济的可持续发展，已经成为贫困之源、灾害之根。开展石漠化综合治理，对改善岩溶地区生态环境状况和人民群众的生产生活条件、维护国土生态安全、促进生态文明与实现社会经济可持续发展的意义重大。开展石漠化综合治理不仅受到了国内外专家、学者的关注，而且引起了党和国家的高度重视。2008 年国务院批复《岩溶地区石漠化综合治理规划大纲（2006—2015 年）》并开展综合治理试点工作。

石漠化综合治理工程指遵循自然、社会与经济规律，在系统工程和生态恢复理论指导下，通过生物与工程技术措施，干预受损系统演替过程和发展方向，恢复与重建岩溶地区生态系统结构与功能的工程技术。石漠化综合治理工程主要包括封山育林、荒山造林、退耕还林、林草结合与农业综合开发、农村能源建设，其同步实施并与地头水柜建设、砌墙保土、小流域治理和生态移民相结合。为探索石漠化综合治理模式，全面推进石漠化治理工程创造条件，国家有针对性地选择 100 个有代表性的县，安排专项资金，先行试点，其中广西马山、柳江、环江、凤山、都安、大化、忻城、天等、田阳、田东、平果、平乐等 12 个县域被纳入综合治理试点县范围，试点建设期为 2007～2010 年。通过试点进一步探索和完善石漠化综合治理模式，总结成功经验，为全面推进石漠化综合治理工程提供典型示范与经验借鉴。2011 年，广西新增 23 个治理重点县，全区石漠化综合治理重点县达到 35 个，建设期为 2011～2013 年，通过对 35 个石漠化重点县进行综合治理，有效地加快了岩溶地区石漠化综合治理步伐。2013 年广西共有 65 个县被纳入岩溶地区石漠化综合治理重点县范围。2008～2015 年国家共下达广西石漠化综合治理专项投资计划 27.14 亿元，其中中央投资 23.86 亿元，地方投资 3.28 亿元，治理岩溶面积 136.64 万 hm^2。2016～2020 年国家共安排广西石漠化综合治理工程中央预算内投资 21.5 亿元，重点支持南宁、崇左、桂林、柳州、来宾、贺州、河池、百色 8 个市 43 个石漠化重点县开展石漠化综合治理工程建设。

根据我国第三次石漠化监测结果，截至 2016 年底，区域石漠化土地总面积为 81.5 万 hm^2，约占广西石漠化面积的 53%。经过多方面不懈努力，在石漠化综合治理方面，结合当地实际，探索出多种治理模式：“山、水、田、林、路”统一规划的小流域水土保持综合治理模式，“山顶林，山腰竹，山脚药果，地上粮，低洼桑”的立体生态治理模式，种养与培育后续产业相结合的治理开发模式，易地扶贫搬迁模式等多种成功的石漠化治理模式，建成了一批如马山弄拉、平果果化、田阳大路村等成效显著的治理典型；总结出了“封、造、管、沼、保、扶、移、圈、用、补”石漠化治理十字要诀，初步确立了以小流域为单元，山、水、田、林、路统一规划，优化配置水土资源，综合实施植物、工程和农业措施，治理、保护与开发相结合的石漠化综合防治方法，有效地遏制了岩溶地区石漠化的进一步扩张，促进岩溶地区的植被恢复和生态环境改善。

石漠化综合治理工程建设涉及 3 个市 27 个县（市、区），其中南宁市 8 个县（市、区）、百色市 12 个县（市、区）、崇左市 7 个县（市、区），总人工造林面积 9324.36hm^2，封山育林面积 146613hm^2，植被管护面积 34250.3hm^2，森林抚育面积 661.68hm^2，总投入资金 204951.6 万元，其中国家投资 181628.6 万元，自治区配套 11265.28 万元，市配套 12057.7 万元，详见表 21.4。

表 21.4　2008～2020 年石漠化综合治理工程建设与投资一览表

市	单位数/个	涉及县（市、区）	建设规模/hm^2				投入资金/万元			
			人工造林	封山育林	植被管护	森林抚育	国家投资	自治区配套	市配套	合计
南宁市	8	宾阳县、横州市、江南区、隆安县、马山县、上林县、武鸣区、西乡塘区	527.61	29237.3	8595.9	367.88	33023.55	2120.52	3027.37	38171.44
百色市	12	右江区、田阳区、田东县、平果市、德保县、靖西市、那坡县、凌云县、乐业县、田林县、隆林县、西林县	7876.25	78702.6	16316.8	293.8	105905	6618.26	6336.12	118859.38
崇左市	7	江州区、扶绥县、大新县、宁明县、天等县、龙州县、凭祥市	920.5	38672.7	9337.6	—	42700	2526.5	2694.25	47920.75
合计	27	—	9324.36	146612.6	34250.3	661.68	181628.55	11265.28	12057.74	204951.57

21.1.6　天然林保护工程

天然林是指天然下种、人工促进天然更新或萌生形成的森林、林木和灌木林，按其退化程度可大致将其分为原始林、过伐林、次生林和疏林，其中原始林是森林演化的顶级群落，物种丰富，结构良好，功能稳定；过伐林的形成一般是原始林经过一定强度择伐后残余的林分，林分结构不合理，但通过合理经营仍有希望恢复到原始林的状态；次生林一般由先锋树种组成，大多丧失原始林的森林环境，生态稳定性较差与生态功能较低；原始林经过严重破坏后可能变成疏林或无林地。

1998 年，我国启动天然林保护工程，加大天然林保护力度，全面停止天然林商业性采伐，取得了显著成效。2019 年 7 月，中共中央办公厅、国务院办公厅印发了《天然林保护修复制度方案》，指出天然林是森林资源的主体和精华，是自然界中群落最稳定、生物多样性最丰富的陆地生态系统。全面保护天然林，对于建设生态文明和美丽中国、实现中华民族永续发展具有重大意义。《中华人民共和国森林法》第三十二条规定国家实行天然林全面保护制度，严格限制天然林采伐，加强天然林管护能力建设，保护和修复天然林资源，逐步提高天然林生态功能。

广西自古以来森林茂密，18 世纪中叶，大部分地区仍有保存完好的天然森林植被，在战争、政策、刀耕火种、毁林开荒等人为因素及气候变化和自然灾害的影响下，天然林遭到了严重破坏，至 20 世纪 50 年代，广西森林覆盖率仅有 16.04%。根据 2020 年广西森林资源管理“一张图”统计，全区现有天然林面积 705.72 万 hm^2，蓄积 33243.49 万 m^3。天然乔木林以常绿阔叶林为主，比较集中连片分布在猫儿山、花坪林区、大瑶山、九万大山、海洋山、西大明山、西岭山、大明山、姑婆山等地，天然灌木林多分布在喀斯特地区，这些天然林基本上都为生态公益林。2021 年，广西壮族自治区林业局、广西壮族自治区自然资源厅印发《广西壮族自治区天然林保护修复制度实施方案》，提出要建立健全天然林保护修复制度，全面保护天然林，实施科学修复，严格天然林用途管控，提升天然林生态系统功能。

2016 年，广西按照中央部署实施全面停止天然林商业性采伐政策，将桂林、玉林、百色、贺州、河池等 5 个设区市作为集体和个人天然商品林协议停伐试点，至 2020 年广西共核实落界 60.283 万 hm^2 天然商品林，按地类为：有林地 48.443 万 hm^2，疏林地 0.023 万 hm^2，灌木林地 10.885 万 hm^2，未成林造林地 0.927 万 hm^2，其他林地 0.005 万 hm^2；按树种组分为：针叶林 0.767 万 hm^2，阔叶树类 48.057 万 hm^2，竹子 0.175 万 hm^2，经济林木 0.001 万 hm^2，一般灌木类 10.882 万 hm^2，其他 0.401 万 hm^2。

天然商品林保护工程建设涉及 6 个市 45 个县（市、区），其中南宁市 12 个县（市、区）、百色市 12 个县（市、区）、崇左市 7 个县（市、区）、玉林市 7 个县（市、区）、防城港市 3 个县（市、区）、钦州市 4 个县（市、区），总面积为 27.71 万 hm^2，其中南宁市 0.71 万 hm^2、百色市 18.67 万 hm^2、崇左市 4.16 万 hm^2、玉林市 3.69 万 hm^2、防城港市 0.04 万 hm^2、钦州市 0.44 万 hm^2，详见表 21.5。

表 21.5　天然商品林保护工程建设规模表

市	单位数/个	涉及县（市、区）	建设规模/万 hm^2
南宁市	12	青秀区、江南区、良庆区、邕宁区、西乡塘区、兴宁区、武鸣区、隆安县、马山县、上林县、横州市、宾阳县	0.71
百色市	12	右江区、田阳区、田东县、平果市、德保县、靖西市、那坡县、凌云县、乐业县、田林县、隆林县、西林县	18.67
崇左市	7	江州区、扶绥县、大新县、宁明县、天等县、龙州县、凭祥市	4.16
玉林市	7	容县、陆川县、博白县、北流市、兴业县、玉州区、福绵区	3.69
防城港市	3	防城区、东兴市、上思县	0.04
钦州市	4	钦南区、钦北区、浦北县、灵山县	0.44
合计	45	—	27.71

21.2　新时期规划实施的重大生态工程

21.2.1　岩溶地区生态保护和修复

2020 年 4 月，中央全面深化改革委员会第十三次会议审议通过《全国重要生态系统保护和修复重大工程总体规划（2021—2035 年）》，明确提出“南方丘陵山地带生态保护和修复重大工程”等九大生态系统保护和修复重大工程，本节以石漠化严重县为重点，因地制宜采取封山育林育草、人工造林（种草）、退耕还林还草、草原改良、土地综合整治等多种措施，着力加强林草植被保护与恢复，推进水土资源合理利用。《“十四五”林业草原保护发展规划纲要》提出要加大植被保护与恢复，以及开展石漠化治理。主要措施是严格保护石山植被，科学封山育林育草、造林种草、退耕还林还草，治理水土流失，提升植被质量。同时要求推广优良树种草种、困难立地造林种草技术，以及生态经济型综合治理模式，适度开展以坡改梯为重点的土地整治，合理配置小型水利水保设施。《广西壮族自治区林业草原发展“十四五”规划》明确提出要科学推进石漠化和沙化综合治理，要“继续以岩溶小流域为单元，分区实施岩溶地区石漠化综合治理工程，加大森林草原治理力度，通过封山育林育草、人工造林种草、退耕还林还草等多种措施，恢复和增加森林草原植被，促进植被向顶级群落正向演替，增强岩溶山地生态系统稳定性。在保障岩溶生态安全基础上，因地制宜地进行适度的生态化产业开发，探索“生态＋产业”融合发展双赢模式，提高石漠化治理生态产业比重。到 2025 年，岩溶地区乔灌植被面积达到 510 万公顷以上，改善区域生态环境和提高生态产品供给能力。”“双重”规划实施范围（一）见表 21.6.

表 21.6　“双重”规划实施范围表（一）

重点项目	市	涉及县（市、区）
红水河水土流失及石漠化综合治理项目	南宁市	马山县、上林县、宾阳县
	百色市	凌云县、乐业县
左右江水土流失及石漠化综合治理项目	南宁市	武鸣区、隆安县
	百色市	田阳区、田东县、德保县、那坡县、靖西市、平果市
	崇左市	大新县、天等县

21.2.2　北部湾滨海湿地生态系统保护和修复

习近平总书记考察广西期间，实地察看了北海金海湾红树林保护情况，强调要做好珍稀植物的研究和保护。2016 年，国务院办公厅印发《湿地保护修复制度方案》，指出多措并举增加湿地面积，实施湿地保护修复工程。2020 年，自然资源部、国家林业和草原局印发的《红树林保护修复专项行动计划（2020—2025 年）》提出严格保护现有红树林，科学开展红树林生态修复，恢复红树林自然保护地生态功能。2021 年，广西壮族自治区人民政府批复《广西红树林资源保护规划（2020—2030 年）》。《全国重要生态系统保护和修复重大工程总体规划（2021—2035 年）》指出加强重点海湾环境综合治理，推动北仑河口、山口、雷州半岛西部等地区红树林生态系统保护和修复，开展北海、防城港等地海草床保护和修复，建设海岸防护林，推进互花米草防治。《“十四五”林业草原保护发展规划纲要》提出贯彻落实习近平总书记关于“全面保护湿地”重要指示批示精神，落实湿地保护修复制度，增强湿地涵养水源、净化水质、调蓄洪水等生态功能，保护湿地物种资源。《广西壮族自治区林业草原发展“十四五”规划》提出贯彻落实广西湿地保护条例，全面保护湿地资源；完善湿地分级管理体系，继续推进自治区重要湿地和一般湿地名录认定并向社会公布，积极申报国家重要湿地；将现有红树林和红树林适宜恢复区域划入生态保护红线，落实《红树林保护修复专项行动计划（2020—2025）》《广西红树林资源保护规划（2020—2030 年）》，整体提高红树林生态系统质量。广西近期主要任务是养殖塘退养还湿、退养还滩、互花米草清除、退化红树林修复造林、浒苔清理、野生动植物生境恢复、退化林修复等。同时开展生态状况评价监测，建设生物多样性保护管理监测信息平台，提高监测评价综合分析能力，提升动态监管、绩效评估的信息化管理能力和水平。“双重”规划实施范围（二）见表 21.7。

表 21.7　“双重”规划实施范围表（二）

重点项目	市	范围
北部湾滨海湿地生态系统保护和修复	北海市	铁山港区、合浦县、山口红树林生态保护区
	防城港市	防城区、港口区、北仑河口红树林保护区

21.2.3　建立以国家公园为主体的自然保护地体系

自然保护地是由各级政府依法划定或确认，对重要的自然生态系统、自然遗迹、自然景观及其所承载的自然资源、生态功能和文化价值实施长期保护的陆域或海域。其通常包括国家公园、自然保护区、自然公园三大类，其中，自然公园包括风景名胜区、森林公园、地质公园、海洋公园、湿地公园等。划定自然保护地是世界公认的最有效的自然保护手段之一，其意义在于坚持绿色发展、着力改善生态环境，确保自然保护地在保护自然生态系统、生物多样性、建立生态屏障等方面发挥越来越大的作用。

贯彻落实习近平总书记“实行国家公园体制，目的是保持自然生态系统的原真性和完整性，保护生物多样性，保护生态安全屏障，给子孙后代留下珍贵的自然资产”重要指示精神。《关于建立以国家公园为主体的自然保护地体系的指导意见》指出，遵从保护面积不减少、保护强度不降低、保护性质不改变的总体要求。《“十四五”林业草原保护发展规划纲要》提出合理布局国家公园、健全国家公园管理体制机制、提升国家公园管理水平；推进自然保护地整合优化、加强保护管理能力建设；提升自然公园生态文化价值和自然教育体验质量。我国应积极推进以国家公园为主体的自然保护地体系建设，构建生态廊道和生物多样性保护网络。《广西壮族自治区林业草原发展“十四五”规划》提出建立科学合理的自然保护地体系，包括国家公园潜力区域调查研究、自然保护地整合优化、自然保护地勘界立标、自然保护地总体规划，以及修订完善自然保护地管理制度，提升自然保护地保护管理能力，创新自然保护地保护发展机制。积极探索“一张图”监管机制，推进自然保护地“天空地一体化”监测网络体系建设，定期对自然保护地开展综合监测，及时掌握自然保护地资源动态变化、人为活动及计划项目推进情况。

涉及 7 个市 54 个重要保护地，其中南宁市 8 个、百色市 23 个、崇左市 9 个、玉林市 4 个、钦州市 2 个、北海市 4 个、防城港市 4 个，详见表 21.8。

表 21.8　重要的自然保护地一览表

市	单位数/个	自然保护区	国家湿地公园	国家森林公园
南宁市	8	大明山、龙山、弄拉、三十六弄	横州市西津、南宁大王滩	良凤江、九龙瀑布群
百色市	23	岑王老山、邦亮、澄碧河、大哄豹、金钟山、那佐苏铁、泗水河、王子山雉类、雅长、达洪江、大王岭、古龙山、百东河、黄连山、德孚、地州、底定、老虎跳	凌云浩坤湖、平果芦仙湖、靖西龙潭、百色福禄河	黄猄洞天坑
崇左市	9	弄岗、崇左白头叶猴、恩城、龙虎山、西大明山、下雷、青龙山	大新黑水河、龙州左江	—
玉林市	4	大容山、那林、天堂山	—	大容山
钦州市	2	茅尾海、王岗山	—	—
北海市	4	山口、涠洲岛	北海滨海	冠头岭
防城港市	4	十万大山、北仑河、防城金花茶	—	十万大山

21.2.4　森林质量精准提升工程

森林质量精准提升是指基于具有提升潜力的中幼龄林或近熟林、预期实现的服务功能和培育目标，实施精细化的经营方案和措施，综合提升森林生态、社会和经济效益的森林经营过程。森林经营是实现森林质量精准提升的过程和手段，森林质量精准提升是森林经营的目标和结果。具体措施有开展森林经营规划，编制森林经营方案，强化森林科学经营，提升森林质量，加快培育多目标多功能森林；加强对新造林地的抚育和管护，加强中幼林抚育间伐，大力改造低产用材林和低效经济林；增加森林碳汇，增强林业减缓气候变化能力。同时，实施森林质量精准提升工程，持续提高主要造林树种的良种覆盖率，提高育苗、整地、造林、抚育、采伐等营林作业机械化水平，培育大径材和珍贵材，特别是在桉树经营管理上，要创新推广定向培育、林地土壤肥力维持等经营技术，增加林分生物多样性。

《广西壮族自治区“十三五”森林质量精准提升工程规划》将森林质量精准提升工程涉及区域按地域划分为桂北山地、桂西山原、桂东南低山丘陵、桂中桂西南岩溶山地、桂南丘陵台地 5 个区域，规划完成森林质量精准提升工程任务 139152hm^2，其中新造林 42005hm^2，森林抚育 57627hm^2，退化林修复 39520hm^2；工程区每公顷乔木林蓄积量达 69.4m^3，每公顷乔木林年均生长量达 9.6m^3。在 2019 年 12 月召开的广西森林质量精准提升论坛暨 2019 年广西人工林种植行业协会年会上，《广西森林质量精准提升研究报告》被首次发布，报告指出，要实现森林质量精准提升，必须采取营造更加良好的林业营商环境、加大林业投入、科学调整森林结构、提升造林技术水平、加强森林经营管理等系列措施；“十四五”广西森林质量精准提升的总体目标是，到“十四五”期末，广西森林面积达 1580 万 hm^2，森林覆盖率 66.5%，森林蓄积 9.5 亿 m^3，森林生态服务功能价值达到 1.8 万亿元。

森林质量精准提升工程建设涉及 7 个市 49 个县（市、区），其中南宁市 12 个县（市、区）、百色市 12 个县（市、区）、崇左市 7 个县（市、区）、玉林市 7 个县（市、区）、钦州市 4 个县（市、区）、北海市 3 个县（市、区）、防城港市 4 个县（市、区），总建设任务为 40547hm^2，其中人工林栽培 6243hm^2、森林抚育 14492hm^2、退化林修复 19713hm^2，详见表 21.9。

表 21.9　森林质量精准提升工程建设规模一览表

市	单位数/个	涉及县（市、区）	人工林栽培/hm^2		森林抚育/hm^2		退化林修复/hm^2	
			商品林	公益林	商品林	公益林	商品林	公益林
南宁市	12	青秀区、江南区、良庆区、邕宁区、西乡塘区、兴宁区、武鸣区、隆安县、马山县、上林县、横州市、宾阳县	939	—	3160	—	4868	—
百色市	12	右江区、田阳区、田东县、平果市、德保县、靖西市、那坡县、凌云县、乐业县、田林县、隆林县、西林县	—	—	2800	—	—	395
崇左市	7	江州区、扶绥县、大新县、宁明县、天等县、龙州县、凭祥市	962	38	1720	—	2545	—
玉林市	7	容县、陆川县、博白县、北流市、兴业县、玉州区、福绵区	2030	970	2900	2300	3700	1640
钦州市	4	钦北区、钦南区、灵山县、浦北县	800	—	1570	—	1390	—
北海市	3	铁山港区、银海区、合浦县	—	—	—	—	15	—
防城港市	4	防城区、港口区、东兴市、上思县	603	—	42	—	5160	—
合计	49	—	5334	1008	12192	2300	17678	2035

21.2.5　国家储备林工程

《国家储备林划定办法》中明确国家储备林是指列入《国家储备林树种目录》，由国家统一收储、动用及轮换，具有一定规模和培育潜力的珍稀树种及大径级活立木资源。建设国家储备林基地，是贯彻落实习近平生态文明思想、践行绿水青山就是金山银山理念的重要举措，是推进乡村振兴、巩固脱贫攻坚成就的必然要求，对保障我国木材安全意义重大。2013 年，国家林业局编制印发了《全国木材战略储备生产基地建设规划（2013—2020 年）》，提出要采取科学措施，着力培育和保护国内珍稀树种种质资源，大力营造和发展速丰林、珍稀大径级用材林，形成树种搭配基本合理、结构相对优化的木材后备资源体系，初步缓解国内木材供需矛盾；到 2020 年完成营造用材林 1400 万 hm^2，其中集约人工林栽培 451.46 万 hm^2，现有林改培 497.17 万 hm^2，中幼林抚育 451.37 万 hm^2。2018 年，国家林业和草原局印发《国家储备林建设规划（2018—2035 年）》，提出通过集约人工林栽培、现有林改培、中幼林抚育等措施，营造规模适度、优质高效的国家储备林；到 2020 年规划建设国家储备林 700 万 hm^2，到 2035 年建设国家储备林 2000 万 hm^2，建成后每年蓄积净增加量约 2 亿 m^3，实现一般用材基本自给。

森林在维护国土生态安全、保障木材有效供给，助推区域经济发展等方面有重要的地位和作用。为贯彻落实国家储备林建设要求，《广西壮族自治区国家储备林建设规划（2013—2035 年）》（2018 年修编）明确了广西国家储备林建设的总体思路、建设布局、重点工程、目标任务和保障措施，规划建设储备林面积 187.16 万 hm^2。2022 年广西壮族自治区人民政府、国家林业和草原局联合印发《广西现代林业产业示范区实施方案》，提出实施国家储备林“双千”计划，推广“县级人民政府＋区直林场（国有林业企业）”等合作方式，丰富国家储备林金融产品，拓宽项目资金用途，探索国家储备林新型产权模式和经营模式，到

2025 年力争广西国家储备林项目贷款余额达到 1000 亿元，新建国家储备林 1000 万亩，“亩产万元林”规模达到 100 万亩以上。

国家储备林建设涉及 7 个市 46 个县（市、区、区直林场），其中南宁市 5 个县域、百色市 12 个县域、崇左市 7 个县域、玉林市 6 个县域、钦州市 3 个县域、北海市 1 个县域、防城港市 2 个县域、区直林场（热林中心）10 个，总建设任务为 63.712 万 hm^2，详见表 21.10。

表 21.10　国家储备林建设范围一览表

市	单位数/个	范围	建设规模/万 hm^2			
			合计	集约人工林栽培	现有林改培	抚育及补植补造林
南宁市	5	邕宁区、武鸣区、横州市、宾阳县、青秀区	3.877	1.333	1.288	1.256
百色市	12	右江区、田阳区、田东县、平果市、德保县、靖西市、那坡县、凌云县、乐业县、田林县、隆林各族自治县、西林县	12.501	4.933	2.173	5.395
崇左市	7	江州区、扶绥县、大新县、宁明县、天等县、龙州县、凭祥市	5.131	2.992	1.115	1.024
玉林市	6	福绵区、容县、陆川县、博白县、北流市、兴业县	3.49	1.48	1.35	0.66
北海市	1	合浦县	0.642	0.33	0.309	0.003
防城港市	2	防城区、上思县	2.189	1.082	0.842	0.265
钦州市	3	钦南区、浦北县、灵山县	2.133	1.028	0.803	0.302
区直林场（热林中心）	10	树木园、高峰、七坡、东门、博白、六万、钦廉、雅长、派阳山、热林中心	33.749	18.535	9.513	5.701
合计	46	—	63.712	31.713	17.393	14.606

21.3　山江海耦合关键带区域特征与统筹治理

根据海拔和土壤类型的不同，划分出Ⅰ桂西南喀斯特生物多样性保护生态区、Ⅱ北部湾滨海湿地保护生态区、Ⅲ桂东南水源涵养生态区 3 个大区 6 个小区，其中Ⅰa 区最低海拔为 175m，最高海拔为 914m，土壤类型以黄红壤、黄壤和石灰（岩）土为主；Ⅰb 区最低海拔为 65m，最高海拔为 463m，土壤类型以赤红壤、石灰（岩）土和红壤为主；Ⅰc 区最低海拔为 19m，最高海拔为 191m，土壤类型以赤红壤、淋溶黑钙土和水稻土为主；Ⅰd 最低海拔为-22m，最高海拔为 423m，土壤类型以赤红壤、石灰（岩）土和黄红壤为主；Ⅱ区最低海拔为-49m，最高海拔为 105m，土壤类型以赤红壤、水稻土和砖红壤为主；Ⅲ区最低海拔为-33m，最高海拔为 184m，土壤类型以赤红壤、水稻土和红壤为主，详见表 21.11。

表 21.11　各分区海拔与土壤类型一览表

分区代码		海拔/m			土壤类型面积/hm^2								
		最小值	最大值	平均值	名称 1	面积 1	占比 1/%	名称 2	面积 2	占比 2/%	名称 3	面积 3	占比 3/%
Ⅰ	Ⅰa	175	2058	914	黄红壤	761621.38	45.6	黄壤	378888.43	21.7	石灰（岩）土	186926.86	11.2
	Ⅰb	65	1612	463	赤红壤	639177.51	34.7	石灰（岩）土	496434.71	27.0	红壤	220357.91	12.0
	Ⅰc	19	1745	191	赤红壤	920200.60	46.5	淋溶黑钙土	296280.96	15.0	水稻土	227075.16	11.5
	Ⅰd	-22	1662	423	赤红壤	853023.59	36.3	石灰（岩）土	597876.64	25.5	黄红壤	320940.73	13.7
Ⅱ		-49	1422	105	赤红壤	802242.53	46.9	水稻土	340000.40	19.9	砖红壤	335602.18	19.6
Ⅲ		-33	1263	184	赤红壤	805309.89	62.8	水稻土	300745.47	23.5	红壤	93355.40	7.3

以空间分异规律为理论基础，遵循发生统一性、空间连续性、综合性及主导因素等原则，提出分区统筹治理方案。

21.3.1 桂西南喀斯特生物多样性保护生态区（Ⅰ区）

1. 区域基本情况

研究区范围主要包括百色（Ⅰa、Ⅰb 区）、南宁（Ⅰc 区）、崇左（Ⅰd 区）3 个市所辖范围，共 32 个县（市、区）。

1）百色（Ⅰa、Ⅰb 区）基本情况

百色市位于广西西部，地处 104°28′～107°54′E，22°51′～25°07′N。全市辖 12 个县域，土地总面积 362.02 万 hm^2，其中林业用地面积 275.19 万 hm^2，有林地面积 196.38 万 hm^2，国家灌木林面积 46.22 万 hm^2，森林覆盖率 88.16%；全市活立木蓄积量 8825.9 万 m^3，其中杉木 1198.4 万 m^3，松类 1172.3 万 m^3，桉树 347.7 万 m^3，阔叶树 6107.5 万 m^3。区域内有岑王老山、金钟山、雅长兰科 3 个国家级自然保护区和大哄豹、那佐苏铁、泗水河、王子山雉类 4 个自治区级自然保护区和澄碧河 1 个市级自然保护区，保护区总面积为 12.51 万 hm^2。其主要有芒果、油茶、油桐、八角、核桃等经济林；有德保苏铁、单座苣苔、望天树、掌叶木、云南穗花杉、广西火桐、广西青梅等国家重点保护植物。

2）南宁（Ⅰc 区）基本情况

南宁市位于广西西南部，地处 107°45′～108°51′E，22°13′～23°32′N。全市辖 12 个县域，土地总面积为 221.12 万 hm^2，其中林业用地面积 124.57 万 hm^2，有林地面积 94.30 万 hm^2，国家灌木林面积 19.62 万 hm^2，森林覆盖率 51.52%；全市活立木蓄积量 3475.0 万 m^3，其中杉木 148.7 万 m^3，松类 1673.4 万 m^3，桉树 1321.3 万 m^3，阔叶树 330.6 万 m^3。特色经济林有荔枝、龙眼、芒果、菠萝蜜、青梅、茉莉花等；辖区内有石山苏铁、伯乐树、广东松、福建柏、蚬木、格木等国家重点保护植物。

3）崇左（Ⅰd 区）基本情况

崇左市位于广西西南部，地处 106°33′～108°06′E，21°36′～23°22′N。全市辖 7 个县城，土地总面积为 173.51 万 hm^2，其中林业用地面积 105.34 万 hm^2，有林地面积 69.86 万 hm^2，国家灌木林面积 25.53 万 hm^2，森林覆盖率 54.98%；全市活立木蓄积量 2745.7 万 m^3，其中杉木 58.9 万 m^3，松类 1496.3 万 m^3，桉树 286.3 万 m^3，阔叶树 904.3 万 m^3。特色经济林有八角、玉桂、龙眼、荔枝、板栗、芒果等；辖区内有叉叶苏铁、石山苏铁、望天树、蚬木、紫荆木等国家重点保护植物。

2. 土地利用概况与特点

该区土地总面积为 784.48 万 hm^2，其中耕地面积 138.92 万 hm^2，占 17.71%；林业用地面积 526.15 万 hm^2，占 67.07%；草地面积 7.86 万 hm^2，占 1.00%；湿地面积 0.33 万 hm^2，占 0.04%；建设用地面积 37.37 万 hm^2，占 4.76%；其他土地面积 73.85 万 hm^2，占 9.42%。区域森林覆盖率达到 60.05%，表明区域生态质量较好。林地是该区域主要土地利用类型，有如下特点。

（1）保护性用地占比高，防护林面积大。区域内公益林面积 176.17 万 hm^2，占区域林地面积 33.48%，占区域土地总面积的 22.46%。其中，防护林面积 136.37 万 hm^2，占公益林面积的 77.41%，特用林面积 38.92 万 hm^2。林种区划与当地岩溶地貌、水土保持防护功能高度吻合。

（2）生产性用地总面积大，但集约经营林地比例小。区域商品林面积 349.39 万 hm^2，占区域林地面积的 66.41%，占区域土地总面积的 44.54%。人均林地面积 0.4hm^2。其中用材林面积 266.73 万 hm^2，经济林面积 21.28 万 hm^2，能源林面积 19.05 万 hm^2。可充分利用良好的林地和资源条件，在该地区因地制宜地发展短轮伐用材林、特色经济林、国家储备林。

（3）立地质量总体较差，森林质量不高，树种结构相对单一。区域林地面积 526.15 万 hm^2，其中林地质量为Ⅰ级的林地 2.61 万 hm^2，占 0.50%；林地质量为Ⅱ级的林地 169.08 万 hm^2，占 32.13%；林地质量为

Ⅲ级的林地 194.94 万 hm^2，占 37.05%；林地质量为Ⅳ级的林地 139.89 万 hm^2，占 26.59%；林地质量为Ⅴ级的林地 19.63 万 hm^2，占 3.73%；条件优良的林地多种植桉树林、经济林，表明立地条件与发展的树种匹配。

3. 主要生态问题

（1）森林质量不高，挤占生态空间的潜在威胁较大，水土流失严重、生物多样性受到破坏、野生动植物自然栖息地受损。

（2）区域内岩溶土地面积大，土地石漠化严重。第三次全区岩溶土地石漠化监测结果表明，区域内有岩溶土地面积 321.24 万 hm^2，其中石漠化土地面积 56.34 万 hm^2，潜在石漠化土地面积 112.29 万 hm^2；石漠化程度在重度以上的石漠化土地面积 35.95 万 hm^2，占石漠化土地面积的 63.81%。

（3）矿山开采对山体和植被破坏较严重。区域内有大型铝厂和矿厂，以及建筑用的采石场等，对矿石资源需求量大，对区域内山体和植被的保护与修复有影响。

4. 治理对策与建设重点

1）治理对策

以增强森林生态系统质量和稳定性为导向，在全面保护常绿阔叶林、石山植被的基础上，科学实施森林质量精准提升，加强中幼林抚育和退化林修复，大力推进石漠化综合治理和矿山生态修复等。

（1）大力实施天然商品林保护，强化一级公益林地的严格保护，优化整合自然保护地。

（2）加强珍稀濒危野生动植物保护。划定并严格保护野生动物重要栖息地，连通生态廊道；构建珍稀濒危野生植物调查监测与评价体系，开展极小种群物种野外回归试验，保护德保苏铁、广西青梅、中华桫椤等珍稀濒危物种种质资源库以及白头叶猴、黑颈长尾雉、东黑冠长臂猿等珍稀濒危野生动物资源。

（3）推进岩溶地区石漠化综合治理。严格保护石山植被，科学封山育林育草、造林种草、退耕还林还草，适度开展以坡改梯为重点的土地整治，合理配置小型水利水保设施，统筹治理水土流失，提升植被质量。区域内重点开展受损自然生态系统修复，推进边境地区、跨境生物多样性保护廊道建设。

2）建设重点

A. Ⅰa 区建设重点

（1）抓好木本油料产业发展。大力发展油茶产业，继续推广岑软、香花、长林、湘林及赣系等系列油茶优良品种，建设油茶高产高效基地，助力乡村振兴建设。

（2）继续发展八渡笋、茶叶、板栗、八角等特色经济林产业。

（3）稳步推进国储林项目建设，建立杉木、西南桦等针叶、阔叶林国家储备林基地。

（4）抓好自然保护地的优化整合，区域内有国家级、自治区级和市县级自然保护地 8 处，面积 12.5 万 hm^2。

（5）推进乐业大石围生态旅游区、凌云浩坤湖等国家级旅游度假区建设，抓好雅长兰科植物国家级自然保护区、伶站林场等生态旅游建设，培育森林康养、休闲度假旅游产业。

（6）深入实施退耕还林、水土保持治理、石漠化综合治理等生态工程，支持凌云县、乐业县申报“绿水青山就是金山银山”实践创新基地。

B. Ⅰb 区建设重点

（1）抓好木本油料产业发展，推广岑软、香花、长林、湘林及赣系等系列油茶优良品种，建设高产高效油茶基地，力争种植面积达到 200 万亩。

（2）继续发展芒果、板栗、龙眼等特色经济林产业。

（3）稳步推进国储林项目建设，力争到 2025 年建成国家储备林 200 万亩。

（4）对自然保护地进行优化整合，区域内有国家级、自治区级和市县级自然保护地 11 处，面积 18.8 万 hm^2。

（5）抓好红色旅游业的发展，推进森林康养、森林小镇培育与创建。抓好以右江红色主题国家文化公园为代表的一批红色旅游项目建设，推进红泥坡林场、百林林场等生态旅游建设工程的建设。

（6）深入推进退耕还林、水土保持治理、石漠化综合治理等生态工程建设。

C. Ⅰc 区建设重点

（1）加快花卉产业发展。加快培育和发展茉莉花、三角梅等广西种苗花卉优势品种，建立国家级花卉种质资源库，建设中国—东盟国际花卉集散中心、北部湾花卉交易市场、广西花卉生产培育基地和珍稀名贵盆花培育基地。

（2）创新集群化发展康养产业，打造集医、养、健、游、居于一体的全季节、全产业链条。依托大明山国家级自然保护区、南宁七彩世界森林旅游度假区、南宁树木园、高峰森林公园、大王滩国家湿地公园发展森林旅游与康养产业，以及推进西津国家湿地公园等自然遗产地保护，深挖人文景观，助力文旅业发展。

（3）加强村屯绿化景观提升，服务乡村振兴。加强辖区村屯绿化、美化、彩化、果化建设，改造村屯房屋外貌、保护典型民居，强化村屯道路、人饮、书屋、议事室等基础设施建设，引导乡村产业振兴、人才振兴、文化振兴、生态振兴、组织振兴。

（4）积极对接东盟国家，主动参与中国—东盟林业合作建设。积极推动“一带一路”倡议同东盟的发展战略深度对接，拓展生态旅游、森林康养产业，加强珍贵树木和花卉种子资源培育、自然资源保护管理等领域合作，积极培育林浆纸、木材精深加工、林产化工、油茶、花卉、森林旅游等特色产业集群，建立林产品贸易、林业资源、信息、人才、技术等方面的交流与合作机制，打造更高水平的中国—东盟战略伙伴关系。

D. Ⅰd 区建设重点

（1）以国家储备林基地建设工程为抓手，大力发展红椎、香椿、降香黄檀、西南桦、任豆、楠木、格木、土沉香等乡土珍贵树种；积极实施竹资源培育与综合利用一体化工程，抓好竹林基地育苗和种植示范建设。

（2）结合区域特点，大力发展特色经济林产业，稳步发展澳洲坚果、八角、肉桂、龙眼、大果山楂及热带水果，建设一批集育苗、种植、采收、深加工于一体的经济林种植核心园区。

（3）以自然保护地优化整合为基础，强化自然保护地监管。加快实施“三线一单”生态环境分区管控，抓好自然保护地生态环境破坏问题排查整治；开展辖区内保护地优化整合，勘界立碑，科学监测保护地人类活动状况；开展单性木兰、观光木、海南风吹楠、广西青梅、狭叶坡垒等极小种群野生植物以及弄岗穗鹛、冠斑犀鸟等珍稀濒危野生动物拯救保护活动，推动中越边境跨境生物多样性保护廊道建设；开展珍稀濒危野生动植物基因保存库、救护繁育场所建设，建立生物资源数据库。

（4）充分利用桂西南地区丰富的自然旅游资源大力发展旅游业。深度开发中越边关风情游、白头叶猴生态旅游、发现·弄岗生态旅游、骆越壮族文化生态保护区旅游项目，提升综合服务软实力，积极推进大新明仕旅游度假区建设以及花山岩画、友谊关景区国家 5A 级旅游景区建设。

（5）开展石漠化治理。以纳入“双重”规划“左右江水土流失及石漠化综合治理项目”范围的大新县和天等县为重点，开展辖区内土地石漠化治理工作。通过人工造林、封山育山、中幼林抚育、低质低效林改造等措施，严格保护天然林和生态公益林，优化树种结构、林分密度、林龄和空间结构，促进岩溶区林草植被恢复与修复，防治水土流失，治理石漠化土地，提升珠江防护林体系功能。

21.3.2 北部湾滨海湿地保护生态区（Ⅱ区）

1. 区域基本情况

该区范围包括钦州市、北海市和防城港市的防城区、东兴市、港口区等，共 11 个县（市、区）。

1）钦州市基本情况

钦州市位于广西南部，地处 107°27′～109°56′E，21°35′～22°41′N。全市辖 4 个县域，土地总面积 108.43 万 hm^2，其中林业用地面积 64.47 万 hm^2，有林地面积 53.43 万 hm^2，国家灌木林面积 2.05 万 hm^2，森林覆盖率 51.17%；全市活立木蓄积量 2032.2 万 m^3，其中杉木 99.1 万 m^3，松类 956.8 万 m^3，桉树 714.8 万 m^3，

阔叶树 261.5 万 m^3。特色经济林品种有八角、玉桂、柑橘等；区域内有桫椤、樟树、格木、土沉香等国家二级重点保护植物。

2）北海市基本情况

北海市位于广西南部，地处 108°50′～109°47′E，20°26′～21°55′N。全市辖 4 个县域，土地总面积 33.37 万 hm^2，其中林业用地面积 13.15 万 hm^2，有林地面积 11.90 万 hm^2，国家灌木林面积 0.05 万 hm^2，森林覆盖率 35.81%；全市活立木蓄积量 497.2 万 m^3，其中松类 15.3 万 m^3，桉树 337.7 万 m^3，阔叶树 144.2 万 m^3。特色经济林品种有龙眼、荔枝、玉桂、芒果、柑、橙等。区域内有膝柄木、樟树、格木、土沉香等国家一、二级重点保护植物。

3）防城港市基本情况

防城港市位于广西西南部，地处 107°28′～108°36′E，21°31′～21°22′N。全市辖 4 个县域，土地总面积 62.22 万 hm^2，其中林业用地面积 43.88 万 hm^2，有林地面积 38.61 万 hm^2，国家灌木林面积 1.79 万 hm^2，森林覆盖率 64.93%；全市活立木蓄积量 1573.7 万 m^3，其中杉木 14.5 万 m^3，松类 785.6 万 m^3，桉树 224.1 万 m^3，阔叶树 549.5 万 m^3。特色经济林有八角、玉桂、柑橘等；国家重点保护植物有十万大山苏铁、狭叶坡垒、海南风吹楠、海南石梓、紫荆木、华南锥等。

2. 土地利用概况与特点

土地总面积 183.46 万 hm^2，其中耕地面积 30.78 万 hm^2，占 16.78%；林业用地面积 100.62 万 hm^2，占 54.85%；草地面积 2.35 万 hm^2，占 1.28%；湿地面积 10.72 万 hm^2，占 5.84%；建设用地面积 15.62 万 hm^2，占 8.51%；其他土地面积 23.37 万 hm^2，占 12.74%；区域森林覆盖率达到 48.30%。林地仍是该区域主要土地利用类型，有如下特点。

（1）保护性用地占比不高，特用林面积较大。区域内公益林面积 13.19 万 hm^2，占区域林地面积 13.11%，占区域土地总面积的 7.19%。其中，防护林面积 5.93 万 hm^2，特用林面积 7.16 万 hm^2，林种区划与当地沿海沿边区位、平坦地貌相符，适合农业生产。

（2）生产性用地总面积较大。区域商品林面积 86.91 万 hm^2，占区域林地面积的 86.37%，占区域土地总面积的 47.37%。其中有用材林面积 69.14 万 hm^2，经济林面积 5.85 万 hm^2，能源林面积 0.56 万 hm^2。区域内热量充足、雨量充沛、土壤疏松、地势平坦，非常适合桉树生长，适宜发展短轮伐用材林。

（3）有两处国际重要湿地。区域内红树林面积 9316.72 hm^2，分布有列入国际重要湿地名录的山口红树林生态国家级自然保护区和北仑河口国家级自然保护区，生态区域十分重要。

3. 主要生态问题

（1）近海岸海域自然资源过度利用。近海岸线内陆部分土地资源开发过度，造成自然景观受破坏，近海域生态功能受损、生物多样性降低、有害生物危害严重，生态系统脆弱，风暴潮、赤潮、绿潮等灾害多发。

（2）调节和防灾减灾功能减弱。近海岸线原有防护林带受损、建设迟滞，红树林遭受破坏、建设不足，滨海湿地生态系统退化较严重，防护功能难以发挥。

（3）沙化土地仍然存在。据广西第六次沙化土地监测结果，区域内有沙化土地面积 13.71 万 hm^2，占区域土地总面积的 7.47%，多为轻度沙化土地，占 97.59%。

4. 治理对策与建设重点

1）治理对策

以海岸线生态系统结构恢复和服务功能提升为导向，全面保护自然岸线，严格控制过度捕捞等人为威胁，重点推进入海河口、海湾、滨海湿地与红树林、珊瑚礁、海草床等多种典型海洋生态系统的保护和修复，提升海岸带生态系统结构完整性和功能稳定性，提高其抵御海洋灾害的能力。按照《广西壮族自治区防沙治沙规划（2021—2030 年）》推进沙化土地治理，着力加强沿海防护林建设，以营建防护层次多样、功能完备、效益兼顾的综合防沙治沙体系，提升抵抗风沙灾害的能力。

2）建设重点

A. 钦州市建设重点

（1）以林下经济示范基地为依托，积极发展林药、林菌、林禽等生态或仿生态种养模式。

（2）促进浦北石祖禅茶森林养生基地的发展；提升八寨沟、那雾山森林旅游品质。

（3）加强生态保护和修复，开展“湾长制”试点。抓好红树林病虫害和松材线虫防控工作，促进红树林和松类树种的生态保护修复；推进金鼓江、茅尾海、永福湾、犀丽湾等海岸带生态修复工程建设，探索茅尾海养殖业污水生态化处理模式，进一步强化“大工业与白海豚、红树林同在”的生态品牌建设。

（4）加强城市和乡村绿化、美化、彩化工作，推进国家森林城市、绿美乡村、林业生态示范村屯建设。

B. 北海市建设重点

（1）加大湿地保护和修复力度。对红树林、珊瑚礁、海草床等滨海湿地和内陆重要湿地实行最严格的保护措施，推进东湾红树林国家级湿地公园建设。

（2）加强海岛生态保护与修复。开展涠洲岛湿地保护与修复工作，加强海岛社区共管建设，改善鸟类等野生动植物栖息地环境；建设涠洲岛自治区级自然保护区生态旅游示范基地和生态文明教育示范基地。

（3）创建滨海国家级旅游度假区。优化旅游营商环境，强化旅游基础设施建设，发展罗汉松、三角梅等特色花卉盆景产业，推进北海涠洲岛、北海银滩、北海侨港等滨海旅游区建设，创建以滨海休闲为特色主题的北部湾滨海度假品牌。

C. 防城港市建设重点

（1）抓好国家储备林基地建设，大力开展桉树大径材用材林基地建设，以发展油茶、金花茶、八角、玉桂等特色经济林基地。

（2）依托防城港国际医学开放试验区，建设集中草药种植、科研和成果应用于一体的基地，在十万大山科学发展砂仁、益智等中草药种植产业。

（3）利用当地丰富的自然旅游资源，建设特色自然生态旅游景区、森林生态度假疗养区、十万大山环山旅游带等，打造森林康养精品园区和中医药健康旅游示范基地，推进防城港江山半岛创建国家级旅游度假区工作，推进“海、边、山”全域旅游和“上山下海又出国”精品旅游线路建设，持续打造千亿级文旅康养产业。

21.3.3　桂东南水源涵养生态区（Ⅲ区）

1. 区域基本情况

该区范围包括玉林市所辖范围，共7个县域。玉林市位于广西南部，地处109°32′～110°53′E，21°38′～23°07′N。全市土地总面积为128.38万hm^2，其中林业用地面积75.54万hm^2，有林地面积63.94万hm^2，国家灌木林面积3.63万hm^2，森林覆盖率52.63%；全市活立木蓄积量2573.3万m^3，其中杉木139.1万m^3，松类1070.4万m^3，桉树939.2万m^3，阔叶树424.7万m^3。特色经济林有龙眼、荔枝、沙田柚、八角、柑橘等；国家重点保护植物有伯乐树、桫椤、格木、紫荆木等。

2. 土地利用概况与特点

土地总面积128.23万hm^2，其中耕地面积20.54万hm^2，占16.02%；林业用地面积75.73万hm^2，占59.06%；草地面积1.14万hm^2，占0.89%；湿地面积0.05万hm^2，占0.04%；建设用地面积12.14万hm^2，占9.47%；其他土地面积18.63万hm^2，占14.52%；区域森林覆盖率达到52.69%。林地仍是该区域土地利用的主要地类，有如下特点。

（1）保护性用地占比不高，公益林面积较小。区域内公益林面积为5.51万hm^2，占区域林地面积的7.28%，占区域土地总面积的4.30%。其中，防护林面积3.1万hm^2，特用林面积2.31万hm^2。林种区划与当地经济发展水平、人多地少等特征相吻合。

（2）生产性用地总面积较大，用材林面积较大。区域商品林面积 70.04 万 hm^2，占区域林地面积的 92.49%，占区域土地总面积的 54.62%。其中用材林面积 58.01 万 hm^2，经济林面积 4.83 万 hm^2，能源林面积 0.17 万 hm^2。区域内热量充足、雨量充沛、土山较多、地势平坦，非常适合林木生长，适宜发展短轮伐用材林、国家储备林等。

3. 主要生态问题

（1）公益林面积小，水源涵养功能较弱。区域内经济较发达，人口众多，人多地少矛盾较为突出；天然阔叶林少，多为人工林或果木经济林，公益林水源涵养功能较弱。

（2）树种结构单一，外来入侵物种危害较严重。人工商品林多，人工经营强度大，种植树种多为桉树；树种林种单一、林层结构简单，微甘菊等外来入侵物种和病害危害较严重。

4. 治理对策与建设重点

1）治理对策

立足现有自然保护地保护与修复基础，积极调整林种树种结构，改善经营模式，加快推进森林质量精准提升工程建设，提升森林水源涵养功能；发展特色经济林，建立高效高产油茶基地，推进森林康养、休闲度假、温泉疗养等旅游业发展。

2）建设重点

（1）积极调整林种结构，建设国家储备林。区域内树种以松类、桉树为主，结构较单一，应积极防治松材线虫和进行树种结构调整，大力推进红锥、火力楠等乡土树种造林，建设国家储备林。

（2）积极发展特色经济林。大力建设高产高效油茶基地，加快油茶低产林改造进度；积极打造具有区域影响力的八角、玉桂、松脂、沉香等香精香料生产及出口核心基地；发展荔枝、龙眼、沙田柚等地理标志产品。

（3）积极推进生态旅游景区建设。加快景区提档升级，积极推进大容山森林康养基地、六万大山森林康养产业、都峤山旅游景区、勾漏洞风景名胜区等项目建设，着力打造一批 4A 级景区。

（4）积极发展林下经济和油茶产业，推动林产工业转型升级；加快推进国家林业和草原局林产品质量检验检测中心桂东南中心、沉香产业示范区等项目建设。

第22章　山江海地域系统人-山水林田湖海系统和谐与高质量发展耦合性研究

22.1　引　　言

22.1.1　研究背景与意义

1. 研究背景

经济发展是国家发展的命脉，自改革开放以来，我国经济持续增长，已经成为世界第二大经济体，有关经济的发展研究也是学者关注的热点。从早期单纯研究经济扩张，到研究经济增长质量，到研究中国经济发展的效率以及环境成本，我国学者已将区域经济与生态系统进行耦合性的相关研究。习近平总书记指出，“高质量发展，就是能够很好满足人民日益增长的美好生活需要的发展，是体现新发展理念的发展，是创新成为第一动力、协调成为内生特点、绿色成为普遍形态、开放成为必由之路、共享成为根本目的的发展”，“中国特色社会主义进入新时代，我国经济发展也进入了新时代”。新时代我国经济发展的特征就是我国经济已由高速增长阶段转向高质量发展阶段。如何高效地推动国家发展成为人们关心的问题。以牺牲生态环境来追求经济的快速增长会对生态环境带来负面影响。

人类在发展过程中实施了一系列不合理的措施，对生态环境、自然资源造成了伤害，如对地下矿产资源的不合理开采，导致地形地貌破坏、地面塌陷、大气污染等；对森林的乱砍滥伐，破坏土壤、植被资源，导致泥石流、滑坡等灾害频发；气候变暖导致青藏高原冰雪加速消融；华北平原地下水超采，导致湿地变干、地面沉降、耕地资源破坏、草地退化、局部水循环过程被破坏等一系列环境问题。自然资源和生态环境相互依存、相互作用、相互影响，是一个特殊的不可分割的有机系统，所以任何环节遭到破坏，都会影响生态环境的整体性发展。通过科技创新手段支撑研究自然资源利用和人类发展共生关系，是非常有效的。“十四五”规划中，明确提出要加快推动绿色发展，促进人与自然和谐同生，和谐发展。目前我国经济已经由改革开放初期的高速增长转向中低速增长，进入经济新常态，在这样的背景下党的十九大报告提出了高质量发展的概念。在社会发展进程中，我们不仅要对山水林田湖草生命体进行保护修复，同时在发展中要做到在有效利用自然资源情况下，人与自然和谐相处，做到高效发展，才是后续研究的重点。

2. 研究意义

本章对山江海地域系统人-山水林田湖海系统和谐与高质量发展耦合性研究的时空特征及影响因素进行实证研究，促进人与自然和谐发展，具有一定的理论与实践意义。

（1）在理论方面：有利于了解山江海地域系统的人-山水林田湖海系统和谐度、高质量发展度，以及人-山水林田湖海系统和谐与高质量发展耦合协调关系的现状，为山江海地域系统人-山水林田湖海系统和谐与高质量发展的相关研究提供信息与数据的支撑。同时，对山江海地域系统人-山水林田湖海系统和谐与高质量发展耦合协调关系的影响因素进行分析，为提高山江海地域系统人-山水林田湖海系统和谐与高质量发展耦合协调性研究提供有效的数据支撑。

（2）实践意义：本章通过建立山江海地域系统人-山水林田湖海系统和谐与高质量发展耦合协调指标体系测度其两大系统的耦合协调度，并运用空间计量模型把握山江海地域系统人-山水林田湖海系统和谐与高质量发展耦合协调性的全局规律与局部规律，对其关键因素予以理论剖析和实证研究。总结山江海地域系统人-山水林田湖海系统和谐与高质量发展的相关结论，以期为制定山江海地域系统人-山水林田湖海系统和谐与高质量发展协调发展的方针政策提供夯实可信的数据支撑。同时，对后续制定其他有关国家发展战略的方针政策具有借鉴意义。

22.1.2　国内外研究现状

山江海地域系统以山地、流域、海岸带区域过渡性为研究视角，以桂西南喀斯特—北部湾地区为研究区，该区域从地貌角度看，整体处于中国地貌第二阶梯和第三阶梯过渡地带，地处云贵高原南部，是沿云贵高原山麓向北部湾沿海地区呈自上而下的倾斜过渡地带，而且内部还包括不同大小、不同性质的过渡带。山江海地域系统具有典型的过渡带特征。人-山水林田湖海系统和谐与高质量发展研究是当前研究的热点，与本章相关的主题为山江海地域系统、“人-山水林田湖草海生命共同体”、高质量发展研究。

1. 山江海地域系统过渡带相关研究进展

国内外关于过渡性空间的研究多集中于交错带的概念、内涵及应用研究，在早期的研究中交错带的含义比较狭窄，在不断发展过程中交错带的含义也在不断扩大。国外对地理空间交错带的研究比较早，在 20 世纪初，生态交错带就被生态学家引入生态学研究中，被生态学家用来专指不同群落间的交错带。随着生态学的发展及景观生态学兴起，景观生态格局、生态系统之间的相互关系、相互联系引起了人们极大的兴趣，从而推动了生态交错带新的发展阶段（高洪文，1994）。后来地理学家也关注到交错带的概念，并将其引入地理学领域中。交错带的定义为，两个区域或两个地理类体间的过渡带，并提出将交错带同区域的核心组成部分一样看作区域结构的要素。随后安德鲁斯提出了乡村-城市边缘带的概念，其中也包括了城乡交错带。

国内对过渡性地理空间的研究多集中在对各种交错带概念、内涵及属性和应用等的研究。朱芬萌等（2007）对生态交错带与生态边界层、生态过渡带、边缘及环境梯度带等术语的定义进行了区分，并阐述了其 7 个属性，最后总结了生态交错带的基本原理与假说。马溪平等（2020）也对生态交错带的概念、发展进行了研究与梳理。明庆忠和刘安乐（2020）分析山-原-海战略的提出背景、实现条件并定义了山-原-海战略的基本概念。他们认为山-原-海是一个山地、平原和海洋等相互关联的有机发展的系统，要实现山地、平原和海洋统筹协调发展。山江海地域系统相关研究多集中在对平原与山区过渡带、江湖过渡带、水陆过渡带、海陆过渡带等的研究。张琴等（2021）以四川乐山为例，对平原山地过渡带土地利用综合效益耦合协调度时空变化进行研究分析。钟文挺等（2020）以彭州市为例，对成都平原-山地过渡带不同高程下耕地土壤养分变异特征进行分析。

在广西关于山江海地域系统的研究主要是对喀斯特山区、流域地区、海岸带地区的研究。张泽等（2021）以桂西南喀斯特—北部湾海岸带为双重典型研究区，运用生态敏感度—生态恢复力—生态压力度模型，科学系统地对该区域进行生态环境脆弱性评价。黄莉玲（2021）以桂西南喀斯特—北部湾海岸带为研究空间，对乡村多功能时空格局演变及影响因素进行分析，建立适合研究区的乡村多功能评价指标体系，评价其乡村多功能的时序演变特征和空间集聚特征。毛蒋兴等（2019）以广西北部湾海岸带为研究区，分析了广西北部湾海岸带在海洋生态环境、海洋产业及岸线利用等方面的问题，为其生态格局、产业发展和空间管理等方面提供了方案。由此可以发现，专家学者已经进行了多方面的研究，但研究系统相对单一，对于区域一体化的研究较少，在生态-经济上的综合研究较少，因此会出现发展不平稳、不充分的问题。

2. 人-山水林田湖草海系统研究进展

2013 年习近平总书记在《关于〈中共中央关于全面深化改革若干重大问题的决定〉的说明》中指出：“我们要认识到，山水林田湖是一个生命共同体，人的命脉在田，田的命脉在水，水的命脉在山，山的命脉在土，土的命脉在树。”用途管制和生态修复必须遵循自然规律，如果种树的只管种树、治水的只管治水、护田的单纯护田，很容易顾此失彼，最终造成生态的系统性破坏。2017年中央全面深化改革领导小组第三十七次会议通过《建立国家公园体制总体方案》中将“草”纳入山水林田湖生命共同体中（成金华和尤喆，2019），自此，山水林田湖草生命共同体的概念就更加完善，更加充实。自习近平总书记提出“山水林田湖草是一个生命共同体”这一理念之后，相关学者对此理念开展了深入探讨，并进行了相关评价、系统修复等大量研究工作。山水林田湖草各要素间相互影响，相互依赖，具有强烈关联性。其本质上深刻地揭示了人与自然生命过程之根本，是不同自然生态系统间能量流动、物质循环和信息传递的有机整体，是人类紧紧依存、生物多样性丰富、区域尺度更大的生命有机体，同时不同的学者也对山水林田湖草生命共同体的特征进行了不同的定义，王波等（2019）提出山水林田湖草生命共同体具有整体性、系统性和综合性的特征。也有不同学者从不同的视角对其展开研究与讨论。

人-山水林田湖草海的研究有各种地理范围的研究，如全球范围、全国范围、省级范围、县级范围等不同的空间尺度（王随继等，2021）。目前研究最广泛的为流域尺度，研究最多的流域有黄河流域、长江流域。根据众多学者的研究、讨论及对各种研究方法的总结，人-山水林田湖草的研究开始不仅限于流域地区。近些年对于人-山水林田湖草的研究多在生态保护与修复、健康评价等方面，钟业喜等（2020）通过文献计量法分析了流域山水林田湖草生命共同体的研究进展，总结了国内研究的主要内容集中于系统治理、生态保护修复、土地整治。对于山水林田湖草生命共同体，学者也建立了不同的理论体系进行研究。比较常用的指标体系构建方法有综合指标体系法（苏冲等，2019），对粮食供给、产水、碳固定、土壤保持、生境维持五个关键的生态系统进行评估。王军和钟莉娜（2019）提出以压力-状态-响应为主体构建评价指标，叶艳妹等（2019）提出社会-生态系统（SEC）理念，构建集人类活动、流域于一体的社会-生态系统概念框架。吕思思等（2019）以红枫湖区域为例，建立了山水林田湖生命共同体健康评价指标体系。丘海红（2021）对山江海地域系统山水林田湖草生命系统进行健康评价，为山江海复合系统的发展提供了研究思路。我国进入高质量发展新阶段，人-山水林田湖海系统是生态发展、社会发展的重要因素，因此学者对于人-山水林田湖海系统的研究更加深入，符合国家发展的需要，对促进人与自然和谐具有重要意义。

3. 高质量发展相关研究进展

高质量发展研究于我国首次提出，坚持创新发展、协调发展、绿色发展、开放发展、共享发展相统一。在高质量发展研究刚被提出时，学者多对经济高质量发展的含义、内在机理、实现途径等方面进行定性研究，现在已经发展至定性、定量研究相结合，并且做到自然要素、生态系统、经济要素相互耦合统筹的研究。在此之前，众多学者也根据可持续发展理论进行了多年的研究与探讨，主要提出“经济-资源-环境”耦合模型（余瑞林等，2012；姜磊等，2017）。同时我国高质量发展研究主要集中在对黄河流域、长江经济带进行研究，其作为国家发展的重点地域，黄河流域、长江经济带的生态保护、高质量发展研究也成为专家的研究热点。在研究过程中，各学者对不同的生态因素进行研究分析，多对水资源发展（韩宇平等，2022）、农业结构（王晓鸿和赵晓菲，2021）、水沙调控（张红武，2022）、产业结构（李志远和夏赞才，2021）与高质量发展进行耦合分析。

基于忽视生态保护的经济增长方式带来的负面影响日益凸显的问题，经济发展方式需要全面转型，需要将生态保护理念融入高质量发展过程中。因此，实现生态保护和高质量发展的和谐统一显得尤为重要（刘琳轲等，2021）。生态环境、自然资源利用和保护与经济发展的耦合关系已经成为当前的重要研究领域。2012年，王介勇和吴建寨（2012）对生态系统、经济系统进行耦合分析后建立了区域经济系统模型，评估了黄河三角洲区域生态经济系统的演变过程。刘琳轲等（2021）以省域为单位，利用面板向量自回归模型定量考察黄河流域生态保护和高质量发展的交互响应关系，分析了黄河流域生态保护指数与高质量发展的耦合协调性。由于系统的复杂性和整体性，单一的经济表征指标与生态系统的耦合已经不能够充分彰显两个系统之间的关系，也存在很多弊端。有学者尝试将土地利用变化引入经济发展与生态环境协调关系研究中，构建不同尺度的评价模型。在生态、经济、能源、人口、资源及社会等（王维，2018；许振宇和贺建林，2008）内容研究中，能值分析法（方创琳和任宇飞，2017；高阳等，2011）、灰色关联度模型（刘耀彬等，2005）和系统动力学模型（刘承良等，2013；崔学刚等，2019）等多种方法在经济系统和生态环境系统耦合方面得到了广泛应用。

4. 研究评述

综上所述，国内外针对过渡性空间、生态环境和经济发展研究的丰硕成果，为本章山江海地域系统人-山水林田湖海系统和谐与高质量发展研究奠定了坚实的理论基础。但是对有些问题的研究仍然欠缺，对多系统的统筹研究较少，研究系统相对单一，对构建区域一体化的研究较少，不能充分体现其综合发展，对生态-经济方面的研究存在两极分化、发展不平衡及人地矛盾的问题。在过渡性空间研究中，对于研究区复杂的、综合的新型多重生态系统区域的研究较少，如广西山江海地域系统，学者缺少对生态环境更加复杂、地理位置敏感的地区的研究。

在人-山水林田湖海系统的研究中，国内外学者都有了众多成果，对内涵特征、机制机理、应用等定性方面进行多种研究，为了对人-山水林田湖草生命共同体进行更好的研究，应采用定性与定量相结合的研究方法，正确掌握人地关系，符合国家发展战略。在研究中，要多考虑各个研究子系统之间的关系，也要考虑人在其发展过程中的重要影响，以及考虑多种地形地貌、生态环境。

在高质量发展研究中，学者开始对方法及系统研究有了创新，在经济、水资源、产业等方面的高质量发展研究中得到了很多研究成果，但研究对象较为单一，多为单系统研究。同时研究多以流域为单位，并且集中在黄河流域及长江经济带，关于其他区域的高质量发展研究还较少，对于其他区域生态环境与经济发展的耦合性研究有待深入。

22.1.3　研究目的与内容

1. 研究目的

人-山水林田湖海系统与社会经济发展两者相辅相成，相互作用，有着强烈的联系。基于这种无法分割的关系，建立人-山水林田湖草生命共同体子系统，高质量发展子系统，进行山江海地域系统人-山水林田湖海系统和谐与高质量耦合性研究，评价两者的耦合协调性，并结合实际进行研究分析，探讨其驱动因子，对自然-社会经济高质量发展进行理论探讨与分析。通过构建指标体系评价山江海地域系统人-山水林田湖海系统和谐与高质量发展耦合协调性，研究山江海地域系统人-山水林田湖海系统和谐与高质量发展耦合协调性时空变化特征及其影响因素，为山江海地域系统人-山水林田湖海系统和谐与高质量发展的耦合提供一定的科学依据，促进人与自然和谐。

2. 研究内容

分析研究区高质量发展情况与人-山水林田湖海系统情况，对研究区自然资源概况、经济发展以及社会民生各项资料进行掌握、分析，构建山江海地域系统人-山水林田湖海系统和谐与高质量发展评价指标体系，主要对人-山水林田湖海系统、高质量发展两个系统构建指标。阅读大量文献，深入研究人-山水林田湖海系统的内涵与特征，以科学性、可行性、系统性为原则，以人地协调、可持续发展理论为支撑，参考已有学者的研究，结合研究区的地理位置、自然特征，根据山、水、林、田、海 5 个子系统的基本状态及人类参与的因素来构建人-山水林田湖海子系统。根据学者的研究及理论支撑，根据创新、协调、绿色、开放、共享 5 个子系统来构建高质量发展系统。

对研究区人-山水林田湖海系统和谐度指数进行初步划分，分析其时空分布规律。对研究区高质量发展水平指数进行初步划分，分析研究区高质量发展水平的时空变化特征与规律。为提高山江海地域系统人-山水林田湖海系统和谐与高质量发展耦合协调性提供有效的数据支撑。

梳理高质量发展系统与人-山水林田湖海系统相互作用机理，构建山江海地域系统人-山水林田湖海系统和谐与高质量发展耦合协调性模型。对研究区的耦合协调性综合指数进行初步划分，分析其耦合协调度的时空分异特征与规律。

研究人–山水林田湖海系统、高质量发展系统耦合发展的主要驱动因子，剖析其影响因子及影响因子特征，为人–山水林田湖海系统与高质量发展系统的规划与发展提供数据支撑。

22.1.4　技术路线

本研究技术路线如图 22.1 所示。

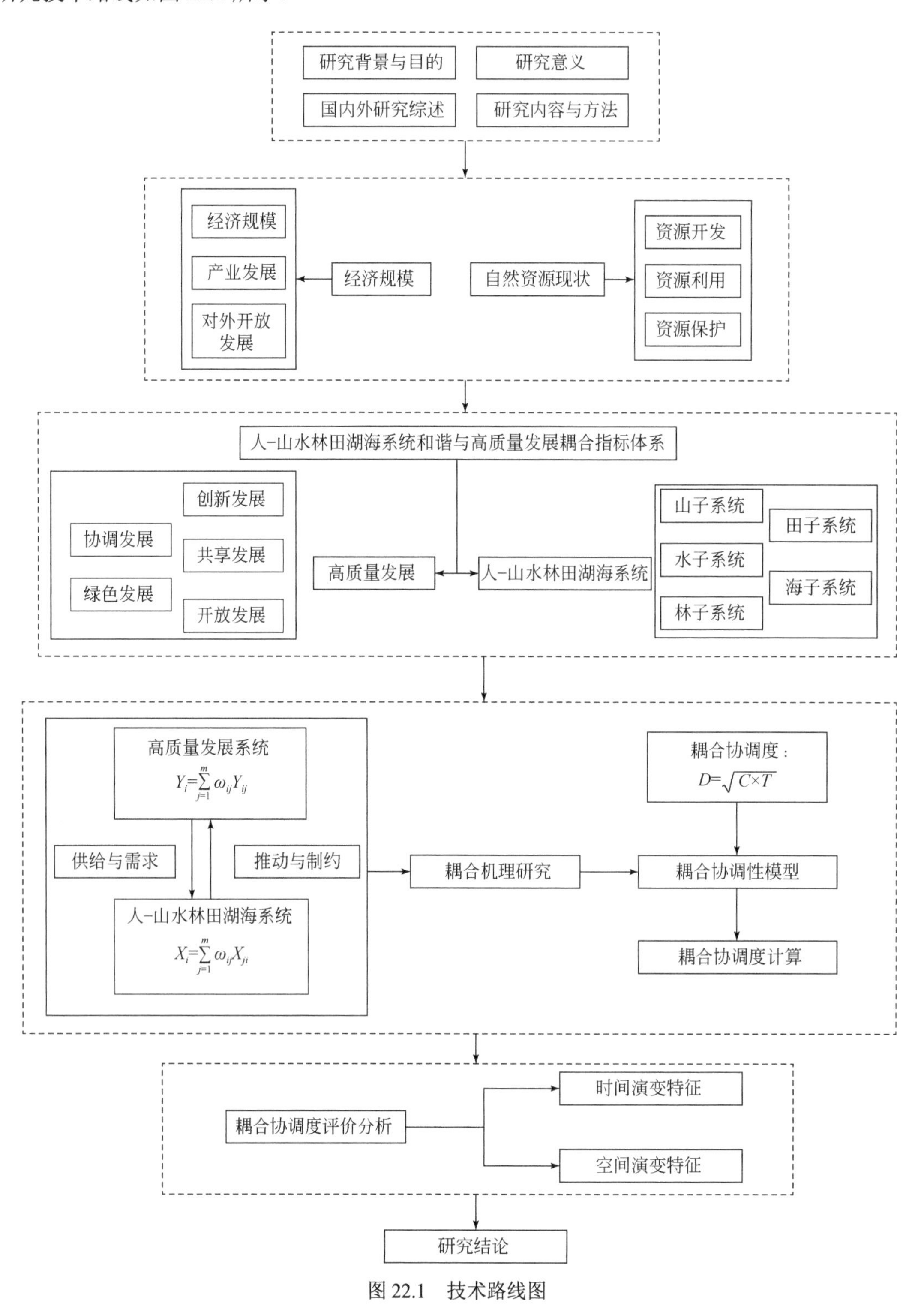

图 22.1　技术路线图

22.2 理论与方法

22.2.1 理论基础

1. 人地协调理论

人地关系人地系统协调理论始终是地理学研究的中心内容。人地关系是人类活动与地理环境之间相互影响相互作用的关系。人类的社会活动与自然要素形成统一的整体，相互制约、相互促进。其理论基础就是保护生态环境，促进经济的快速发展，最终改变人类生活质量与满足人类全面发展的需求。人地系统是统一的社会-自然综合体。人地和谐共生为人类社会追求的理想模式和人地关系优化的最终目标，已经成为专家学者的共识。在 20 世纪 90 年代以前对人地关系理论的研究一方面是对人地关系理论流派的梳理、分析和评价；另一方面是对地理环境决定论的反思与补充。90 年代以后则以人地关系思想和理论创新为主，一些学者从新的角度对人地关系理论进行了诠释，特别是可持续发展思想的引入对中国人地关系理论的发展起到了非常大的促进作用。以协调论为主旋律的各种人地关系思想不断涌现出来。在现代社会，人类对自然界的掠夺、破坏的规模与深度非常大，如人类对矿石的不合理开采、将未经处理的废污水排放至河流、对树林的乱砍滥伐等，对山水林田湖草生命共同体造成了一定的影响，从而会影响其人地协调关系。

2. 高质量发展理论

习近平总书记指出，“高质量发展，就是能够很好满足人民日益增长的美好生活需要的发展，是体现新发展理念的发展，是创新成为第一动力、协调成为内生特点、绿色成为普遍形态、开放成为必由之路、共享成为根本目的的发展”。高质量发展是坚持以人民为中心的发展，是宏观经济稳定性增强的发展，是创新驱动的发展，是生态优先的发展。

22.2.2 研究方法

文献资料分析法：收集并整理有关人-山水林田湖海系统及与高质量发展的相关文献，分类整理相关文献资料，同时理清本章的研究目的、研究内容、研究方法、研究框架、研究模型，为后续协作研究提供清晰的研究思路。

ArcGIS 空间分析法：利用 ENVI 软件对遥感影像数据进行提取、镶嵌、大气校正、辐射定标等一系列预处理后，得到研究区相应的植被覆盖度、净初级生产力等，再利用 ArcGIS 软件对栅格数据进行空间分析，如空间数据的裁剪、数据格式的转化、表面分析、栅格计算等。

指标权重确定熵值法：熵值法是用来评判一个事件的随机性及无序程度，以及判断某个指标的离散程度的客观权重法。在山江海地域系统人-山水林田湖海和谐系统与高质量发展耦合协调性研究中，耦合性评价指标体系中的指标不可以直接被使用，各指标单位不同，为消除量纲，使数据具有可对比性，要对数据进行标准化处理，然后用熵值法计算各指标的权重。

采用定性与定量相结合的方法：针对参考文献的梳理与概括，对山江海地域系统的人-山水林田湖海系统、高质量发展系统进行分析概括，并对两者之间的耦合关系进行相关实证分析，再对人-山水林田湖海系统和谐、高质量发展水平和两者之间的耦合协调关系进行评价与时空分析。

22.2.3 数据来源

此次研究主要针对 3 个时间节点 2010 年、2015 年、2019 年，研究区土地利用数据来源于资源环境科学与数据中心（http://www.resdc.cn/），应用 ArcGIS 10.4 软件对图像进行预处理，形成 2010 年、2015 年、2019 年 3 个年份土地利用现状图。DEM 数据来源于地理空间数据云（https://www.gscloud.cn/）。其他社会经济数据来自《广西统计年鉴》，7 个市统计年鉴、统计公报及 50 个县（市、区）的统计公报、政府网站。

22.3 人-山水林田湖海系统与高质量发展子系统分析

22.3.1 人-山水林田湖海系统与高质量发展评价指标

1. 指标体系的构建原则

本章所构建的人-山水林田湖海系统和谐评价指标与高质量发展评价指标体系应遵循系统性、科学性、代表性、可操作性和易获取性原则。①系统性原则要求所建立的人-山水林田湖海系统和谐评价指标体系中各指标之间应具有较强的逻辑关系，不仅应包含反映山江海地域系统区域特征的指标，还应包含反映研究区的资源状况、生态情况、对人类社会的反馈等一系列状况的指标。所建立的高质量发展指标体系囊括创新发展、协调发展、绿色发展、开放发展、共享发展这五大子系统，其能够科学地反映研究区的高质量发展水平。②科学性原则要求指标体系的构建和选取能反映山江海地域系统经济、科技、生态、人民、社会等发展状况及指标特征的客观性与真实性，详尽地体现各指标间存在的内在联系。③代表性原则表示选取的指标要能对山江海地域空间的地域特征、经济发展、人类活动等各个因素具有代表性。④可操作性和易获取性原则，指在各指标体系中，同一指标层的指标数据应具有一致的测算口径及方法，应保证各指标数据均具有较强的可比性和现实可操作性且易于汇集，若某些指标数据难以获取可选用其他易获取的相似指标代替。

2. 人-山水林田湖海系统指标体系构建

在人-山水林田湖海系统和谐度评价研究中，建立一套科学的、系统的评价体系非常重要。研究区不仅存在典型的喀斯特山区，又有北部湾海岸带的特殊地理条件，目前国内没有一套公认的评价体系用于和谐度的研究。因此本章通过查阅前人的研究成果，结合研究区山江海地域系统山水林田湖海实际情况，以人-山水林田湖海生命共同体为主题，围绕人与自然，依据状态—压力—响应的逻辑思路，以及山、水、林、田、湖、海各系统的资源现状、利用情况构建指标体系，共构建 13 个指标。由于研究区湖泊分布零散以及特征性不强的特点，本节将湖子系统归在水子系统中。用数量与质量描述子系统（山、水、林、田、湖）资源总量状态，空间格局状况决定了其开发利用的便利性及其带来的生态、社会影响效应；人的活动与山水林田湖海各子系统相互作用的结果共同决定人-山水林田湖海系统是否能实现和谐发展。在此体系上建立人-山水林田湖海系统和谐度评价模型，见表 22.1。

3. 高质量发展指标体系的构建

在高质量发展研究方面，根据国家提出的高质量发展的“创新、协调、绿色、开放、共享”的新发展理念，分别建立创新发展、协调发展、绿色发展、开放发展、共享发展的指标体系：①创新为第一动力，我们要加大对创新技术的投入，以及需要更多创新行业、技术行业的优秀人才，为创新发展提供基本条件与环境。②协调成为内生特点，协调发展要求产业结构协调、区域发展协调、城乡发展协调。③高质量发展要求绿色成为普遍现象，坚持绿色发展，坚持在过程和结果中都实现“绿色化”“生态化”。④开放成为必由之路，延续“对外开放”的政策，开放经济，进一步放宽外商的投资。⑤共享作为高质量发展的亮点与根本目的，是让人民共享并朝着共同富裕的方向发展。根据众多学者的研究以及国家、地区的发展现状，一共建立 5 个二级指标、24 个三级指标，如表 22.1 所示。

表 22.1　研究区指标体系

目标层	一级指标	二级指标	性质	权重		
				2010 年	2015 年	2019 年
人-山水林田湖海系统	山子系统	坡度	-	0.0499	0.0598	0.0545
		平均海拔	-	0.0291	0.0344	0.0318
		山体起伏度	-	0.0481	0.0575	0.0524
	水子系统	降水量	+	0.0380	0.0890	0.0753
		人均水产品	+	0.3522	0.4607	0.4550
		人均生活日用水量	-	0.0531	0.0589	0.0911
	林子系统	森林覆盖率	+	0.1052	0.0252	0.0205
		植被净初级生产力	+	0.0171	0.191	0.0195
	田子系统	耕地面积占比	+	0.0843	0.0613	0.0748
		人均耕地面积	+	0.1472	0.0948	0.0805
		人均粮食	+	0.0758	0.0392	0.0466
	海子系统	海域滩涂养殖面积	+	0.2850	0.3625	0.3525
		海岸线长度	+	0.2983	0.3083	0.3107
高质量发展	创新发展	人均教育费用支出	+	0.209	0.0251	0.0270
		普通中学在校人数	+	0.1089	0.0497	0.4770
		科技支出占比	+	0.0467	0.0769	0.0944
	协调发展	人均 GDP	+	0.0158	0.0031	0.0606
		城乡可支配收入差距	-	0.0041	0.0035	0.0048
		城镇登记失业率	-	0.0156	0.0030	0.0177
		城镇化率	+	0.0260	0.0263	0.0411
		第二产业占比	+	0.0416	0.0174	0.0126
		第三产业占比	+	0.0120	0.0140	0.0118
	共享发展	人均绿地面积	+	0.0105	0.0141	0.0107
		人均医疗费用支出	+	0.0225	0.0311	0.0232
		人均道路面积	+	0.0190	0.0263	0.0181
		万人拥有公共交通车辆数	+	0.3225	0.0174	0.0586
		万人医疗机构床位数	+	0.0228	0.0308	0.0298
	绿色发展	废水排放量	-	0.0074	0.0105	0.0090
		水土流失治理面积	+	0.0694	0.0352	0.0265
		建成区绿化率	+	0.0104	0.0075	0.0779
		空气污染天数	-	0.0028	0.0072	0.0094
		污水处理率	+	0.0237	0.0052	0.0046
		单位 GDP 能耗	-	0.0019	0.0662	0.0045
	开放发展	出口额	+	0.0826	0.2202	0.1751
		外商投资占比	+	0.0863	0.1058	0.1503
		接待游客数量	+	0.0266	0.1172	0.0847

4. 指标权重的确立

为了使结果更加合理客观，本节采取极大-极小值方法对数据进行归一化处理后，分别运用熵值法计算指标权重。考虑两大子系统较为复杂且指标较多，为了真实地反映各指标对系统的贡献，本节采用熵权法确定权重，得出较为客观的指标权重。权重的计算结果可能存在较大的差异性，这是由指标的自身特征及其在系统中的贡献决定的。

针对各指标产生的不同影响及其不同的量纲与数量级，本节进一步采用极值法对各项指标数据作标准化处理以消除这些因素所带来的影响。

正向指标：

$$z'_{ij} = \frac{z_{ij} - \min(z_{ij})}{\max(z_{ij}) - \min(z_{ij})} \tag{22.1}$$

负向指标：

$$z'_{ij} = \frac{\max(z_{ij}) - z_{ij}}{\max(z_{ij}) - \min(z_{ij})} \tag{22.2}$$

在此基础上计算人-山水林田湖海系统和谐度指数和高质量发展综合指数，公式分别为

$$X_i = \sum_{j=1}^{m} \omega_{ij} X_{ij} \tag{22.3}$$

$$Y_i = \sum_{j=1}^{m} \omega_{ij} Y_{ij} \tag{22.4}$$

$$\sum_{j=1}^{m} \omega_{ij} = 1 \tag{22.5}$$

式中，X_i为人-山水林田湖海系统和谐度指数；Y_i为高质量发展综合指数；ω_{ij}为各个变量的权重。

22.3.2 人-山水林田湖海系统和谐度指数分析

1. 人-山水林田湖海系统和谐度指数时间演变分析

根据公式分别计算得到研究区 2010 年、2015 年、2019 年三期人-山水林田湖海系统的和谐度指数。由图 22.2 可以看出，2010～2019 年人-山水林田湖海系统和谐度指数并非呈现线性变化。2010～2015 年人-山水林田湖海系统和谐度指数呈下降趋势，2015～2019 年人-山水林田湖海系统和谐度指数呈上升趋势。从图 22.3 中可以看出，2010～2019 年人-山水林田湖海系统和谐度等级的变化情况。2010～2019 年人-山水林田湖海系统和谐度等级为差的占比逐年增加，人-山水林田湖海系统和谐度等级为中、良的占比逐渐减少，人-山水林田湖海系统和谐度等级为优的占比在 2010～2015 年为下降趋势，在 2015～2019 有小幅度增加。这表明，2010～2019 年整体人-山水林田湖海系统和谐度呈现变差的发展趋势。

2. 人-山水林田湖海系统和谐度等级空间演变分析

由表 22.2 可见，研究区人-山水林田湖海系统和谐度等级空间分布不均匀，大致呈现山地—流域—海洋过渡性分布格局。2010 年人-山水林田湖海系统和谐度等级，沿海防城港、北海、钦州地区高于南宁市、玉林市等沿江流域地区，其中和谐度最差的为百色市。百色市的右江区、靖西市等级为良，其余县域人-山水林田湖海系统和谐度等级多为中。崇左市天等县、江州区、凭祥市等级为中度水平，其余县域为良。南宁市近山发展的马山县、上林县、隆安县，以及市区中心的西乡塘区、兴宁区、青秀区、良庆区和谐度

等级为中，工业发达的江南区的人-山水林田湖海系统和谐度等级为差，其余县域等级为良。玉林市除兴业县和谐度等级为差以外，其余县域均为良。沿海县域和谐度等级整体较高，除北海市的银海区、铁山港区为中差水平外，其余县域多为优良水平。

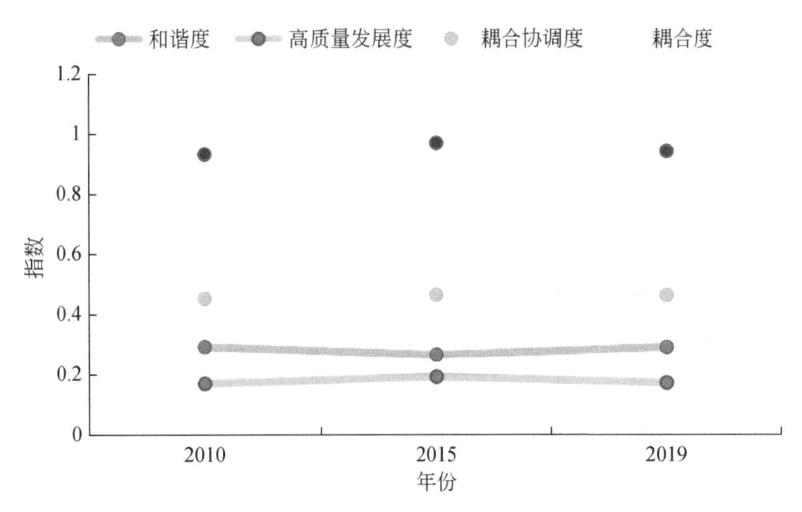

图 22.2　2010～2019 年人-山水林田湖海系统和谐度指数变化

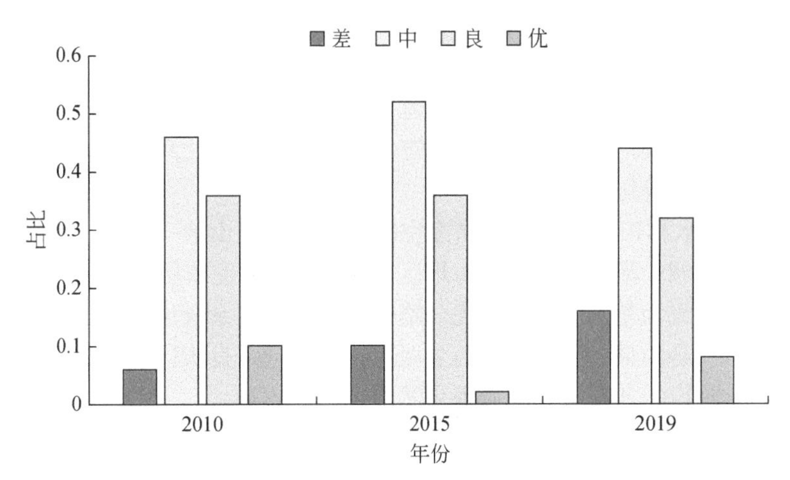

图 22.3　2010～2019 年人-山水林田湖海系统和谐度等级

表 22.2　2010～2019 年研究区各县（市、区）人-山水林田湖海系统和谐度等级

县（市、区）	2010 年	2015 年	2019 年	县（市、区）	2010 年	2015 年	2019 年
兴宁区	中	差	差	福绵区	良	中	中
青秀区	中	中	差	容县	良	良	中
江南区	差	中	中	陆川县	良	良	良
西乡塘区	中	良	中	博白县	良	良	良
良庆区	中	中	中	兴业县	差	良	良
邕宁区	良	良	良	北流市	良	中	良
武鸣区	良	良	良	右江区	良	差	差
隆安县	中	中	中	田阳区	中	中	优
马山县	中	中	中	田东县	中	中	中
上林县	中	良	良	德保县	中	中	差
宾阳县	良	中	良	那坡县	中	中	中
横州市	良	良	良	凌云县	中	差	差
海城区	优	中	中	乐业县	中	中	中

续表

县（市、区）	2010 年	2015 年	2019 年	县（市、区）	2010 年	2015 年	2019 年
银海区	中	中	中	田林县	中	差	差
铁山港区	差	中	中	西林县	中	中	差
合浦县	优	中	良	隆林各族自治县	中	中	中
港口区	优	良	优	靖西市	良	中	良
防城区	良	中	优	平果市	中	中	中
上思县	良	良	良	江州区	中	良	中
东兴市	优	优	差	扶绥县	良	良	良
钦南区	优	差	优	宁明县	良	良	良
钦北区	良	中	中	龙州县	良	中	中
灵山县	良	良	良	大新县	良	中	中
浦北县	良	良	良	天等县	中	良	中
玉州区	良	良	中	凭祥市	中	中	中

2015 年，研究区整体人-山水林田湖海系统和谐度情况变差，其中百色市的人-山水林田湖海系统和谐度发生大幅度变化，等级由中变为差，其中田林县、凌云县、右江区等级为差。崇左市大新县、龙州县等级降低为中，凭祥市依旧为中。南宁市西乡塘区、江南区等级有所提高，兴宁区降为差。玉林市整体等级为中、良水平，兴业县提高至良，而福绵区、北流市降为中。沿海县区等级整体变差，钦州市的等级变化最大，钦北区由良变为中，钦南区由优变为差，等级变化跨度大。北海市整个地区等级为中。防城港市防城区、港口区均降低了一个等级。

2019 年，研究区人-山水林田湖海系统和谐度空间分布又呈现山地—流域—海洋过渡性分布格局，和谐度指数整体呈现喀斯特区域＜沿江流域＜沿海地区。百色市和谐度依然为研究区最差，西林县、田林县、凌云县、右江区、德保县等级为差，田阳区为优，靖西市为良，其余县域为中。崇左市主要为中、良。南宁市兴宁区、青秀区为差，马山县、隆安县、西乡塘区、江南区、良庆区等级为中，其余县域为良。玉林市等级主要为中、良。钦州市、北海市、防城港市等级多为优、良。

22.3.3 高质量发展水平系统分析

1. 高质量发展水平时间演变分析

由图 22.4 可知，2010～2019 年高质量发展度变化幅度不大，呈现波动性变化趋势。2010～2015 年高质量发展度呈现上升趋势，2015～2019 年高质量发展度有些许下降。由图 22.5 可以看出，2010～2015 年高质量发展度差水平占比呈现上升性变化，中等水平占比呈现下降的变化趋势，良水平占比发生下降变化，优水平占比变化不大。2015～2019 年高质量发展度差水平占比呈现下降变化，中水平占比有下降的趋势，良水平占比产生上升的变化，优水平占比有明显上升。2010～2019 年，高质量发展度差水平占比呈现上升变化，中水平占比呈现下降趋势，良水平占比发生下降的变化，优水平占比明显上升。

2. 高质量发展水平空间演变分析

由图 22.5 可以看出，在空间分布上，2010 年整个研究区高质量发展度发展明显不均匀。喀斯特地区百色市靖西市、崇左市凭祥市高质量发展度为良，其他县域为差或者中。南宁市、玉林市中心县市高质量发展度为良，其他大部分县域多为差、中。沿海地区防城港市、北海市、钦州市沿海县域高质量发展度为中、良，内陆地区高质量发展度为差。2015 年研究区高质量发展度整体水平不高。百色市整体高质量发展度为差、中，整体低于其他地区，仅右江区、靖西市为中，其他县域皆为差。崇左市除凭祥市高质量发展度为良外，其他县域为差、中。南宁市西乡塘区发展度为中，其余市中心县域为良，周边县域为差或者良。玉林市除玉州区以外，其余县域高质量发展度为差、中。沿海地区北海市、钦州市高质量发展度多为中、良，防城港市临海东兴市、港口区高质量发展度为良，靠近内陆的上思县、防城区高质量发展度为中。2019 年百色市高质量发展度为差、中。崇左市南部地区高质量发展度为优、良，其他县域为差、中。南宁市中心县域多为良，马山县、上林县为差，其余县域为中。沿海城市钦州市整体高质量发展度为中。防城港市、北海市高质量发展度呈现由内陆向沿海逐渐升高的趋势。

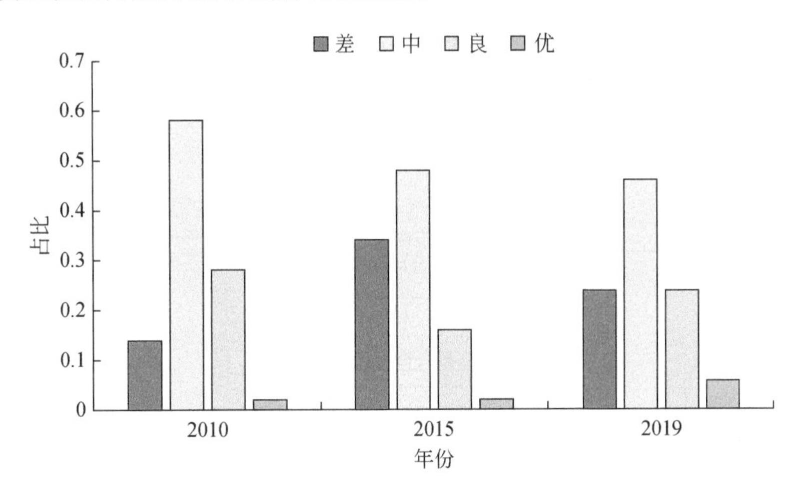

图 22.4　2010～2019 年研究区高质量发展度变化图

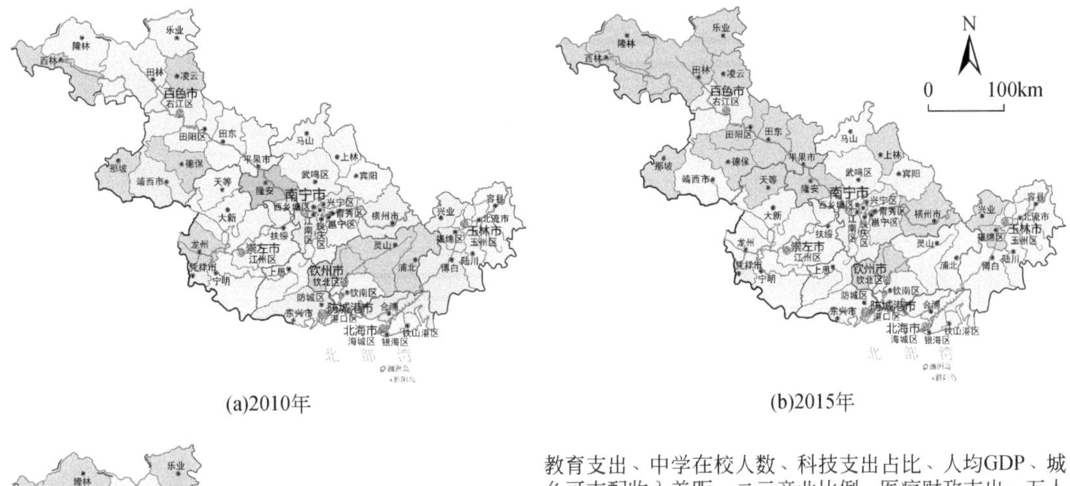

(a)2010年　　(b)2015年

(c)2019年

教育支出、中学在校人数、科技支出占比、人均GDP、城乡可支配收入差距、二三产业比例、医疗财政支出、万人医疗机构床位、人均城市道路面积、人均公园绿地面积、建成区绿化覆盖率、污水处理率数据来源于2010年、2015年、2020年《广西统计年鉴》；2010年、2015年、2020年空气质量优良天数比例数据来源于《广西壮族自治区生态环境状况公报》；水土流失减少面积数据来源于2010年、2015年、2020年《广西壮族自治区水土保持公报》；图上专题内容为作者根据2010年、2015年、2020年教育支出、中学在校人数、科技支出占比、人均GDP、城乡可支配收入差距、二三产业比例、医疗财政支出、万人医疗机构床位、人均城市道路面积、人均公园绿地面积、建成区绿化覆盖率、污水处理率、空气质量优良天数比例、水土流失减少面积数据推算出的结果，不代表官方数据。

图 22.5　2010～2019 年研究区高质量发展度空间分布图

由三期研究数据可以看出，研究区的高质量发展度不高，整体普遍处于中度水平，部分县域多年来一直处于差水平，极少县域达到优、良水平。因此研究区要达到高质量发展的目的还需要进一步努力。

22.4 人-山水林田湖海系统与高质量发展耦合性协调关系研究

22.4.1 人-山水林田湖海系统与高质量发展耦合协调性评价模型

以人-山水林田湖海生命共同体、高质量发展为核心内容开展研究。人-山水林田湖海系统与高质量发展两者之间有着密切的联系，如图 22.6 所示。

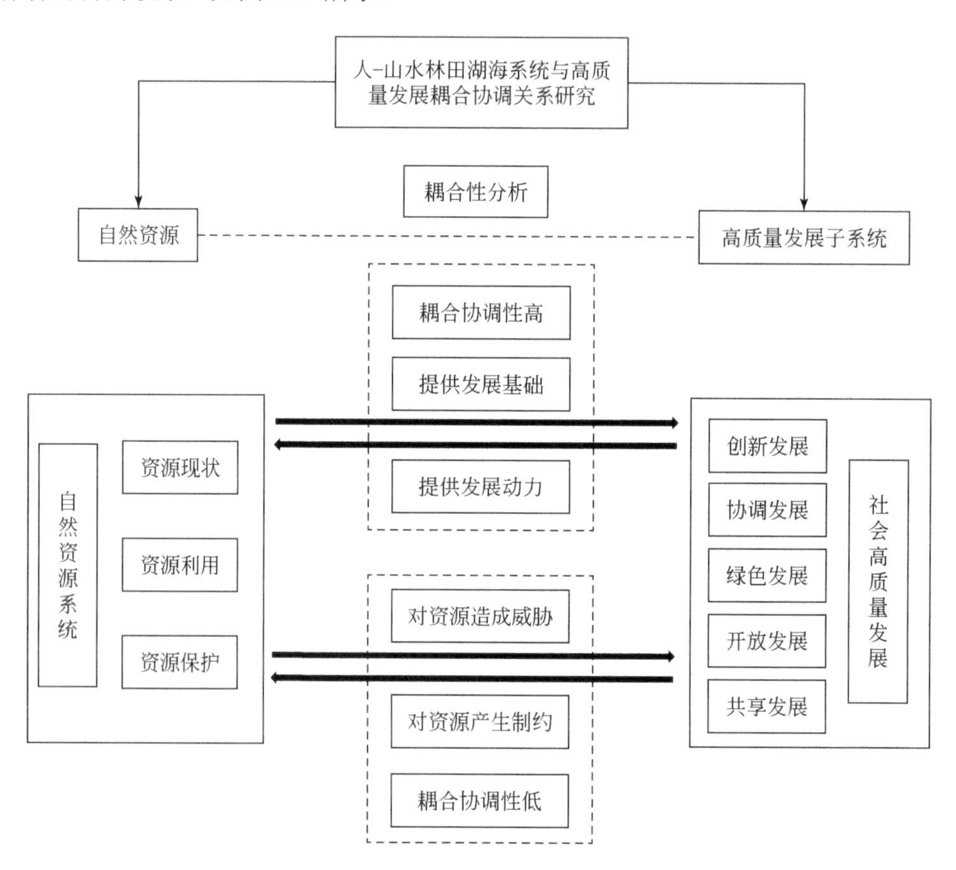

图 22.6 人-山水林田湖系统与高质量发展作用机理

1. 人-山水林田湖海系统对高质量发展的作用机理

实现社会经济的可持续、高质量发展并促进人与自然和谐的重要前提就是需要良好的自然生态环境和自然资源，以及对山水林田湖海生命共同体空间格局的合理利用。人-山水林田湖海系统对高质量发展的作用机理主要表现在以下两个方面：①为高质量发展提供物质基础和生产要素。生态资源数量是有限的，为了实现生态资源的永续利用，有效的生态保护是必需的，这也为高质量发展提供良好的自然环境条件和充足的生产要素支撑。②过度利用与不合理地使用自然资源要素，对资源环境造成了巨大的威胁，在此情况下，环境资源不能得到有效的保护与利用，则会对社会经济的发展形成制约，从而影响整个高质量发展的进程。

2. 高质量发展对人-山水林田湖海系统的作用机理

高质量发展是创新、协调、绿色、开放、共享的协同作用，其目标既涉及经济的可持续增长，又兼顾生态保护，进而促进人与自然和谐发展。可见，山水林田湖海利用、保护与高质量发展是相辅相成的，同时也是相互渗透、相互影响的。同样，实现山水林田湖海生命共同体的可持续高质量发展，离不开社会经济发展的支持。①高效、高质量的经济发展为资源环境提供了发展动力，为山水林田湖海生命共同体的可持续发展利用提供了技术、经济的支持。②经济的低质量发展不仅是经济环境的低迷，而且会对山水林田湖海生命共同体的发展产生制约。

3. 耦合协调性评价模型及标准

耦合协调度计算公式为

$$C=（U_1,U_2,\cdots,U_n）\tag{22.6}$$

$$C=n\times\left[\frac{U_1U_2\cdots U_n}{U_1+U_2+U_n}\right]^{\frac{1}{n}}\tag{22.7}$$

$$T=\beta_1U_1+\beta_2U_2+\beta_3U_3+\cdots+\beta_nU_n\tag{22.8}$$

$$D=\sqrt{C\times T}\tag{22.9}$$

式中，C 为耦合协调度；U 为系统综合指数；T 为协调指数。为表示系统重要性相等，将 β_1，β_2，…，β_n 的取值设定为相等。C 取值范围在 0～1，C 值越大表示耦合协调性越好。参考相关研究，将人-山水林田湖海系统与高质量发展的耦合协调度划分为 4 个阶段，见表 22.3。

表 22.3　人-山水林田湖海系统与高质量发展的耦合协调度阶段

耦合协调度	耦合协调度发展特征	耦合协调度发展阶段
$0<T<0.3$	人-山水林田湖海系统与高质量发展不能和谐共存，两者关系较差	失调
$0.3\leqslant T<0.4$	两者关系开始优化，其中一者的发展优于另外一者	拮抗
$0.4\leqslant T<0.5$	两者关系进一步优化，两者发展开始趋于同步发展	磨合
$0.5\leqslant T<1$	两者之间的关系达到平衡，发展开始同步	协调

22.4.2　人-山水林田湖海系统与高质量发展耦合协调度时空分异分析

1. 人-山水林田湖海系统与高质量发展耦合协调度时间演变特征

从图 22.7 来看，人-山水林田湖海系统与高质量发展存在高水平的耦合，2010～2015 年研究区耦合协调度升高，耦合协调度从 0.456 增长至 0.473，在此期间耦合协调度小于 0.5，两者处于磨合阶段。2015～2019 年研究区耦合协调度呈现下降的趋势，由 0.464 下降至 0.463，两者依旧处于磨合阶段。因此可以发现，研究区这几年来耦合协调度常处于磨合阶段，耦合协调度指数呈现波动性变化。

2. 人-山水林田湖海系统与高质量发展耦合协调度空间演变特征

由图 22.8 可以看出，在 3 个时期的研究中，2010 年研究区人-山水林田湖海系统与高质量发展耦合协调度呈现喀斯特区域＜流域区域＜沿海地区，呈现一个过渡性的变化。百色市、崇左市多为磨合阶段，部分县域处于拮抗阶段。南宁市、玉林市多为磨合阶段，南宁市部分县域存在协调阶段，玉林市兴业县处于失调阶段。防城港市、钦州市、北海市多为磨合、协调阶段。2015 年研究区耦合协调度发生一些变化，耦合协调度呈现沿江地区＞沿海地区＞喀斯特山区。百色市耦合协调度整体低于其他地区，多处于磨合阶段，部分处于拮抗阶段。其余县域多处于磨合阶段，喀斯特区域的崇左市有县域处于协调阶段。研究区的南宁市、玉林市有多个县域处于协调阶段，其余县域也多为磨合阶段。沿海地区防城港市东兴市、港口区处于协调阶段，钦州市、北海市均为磨合阶段。由此可见沿江地区耦合协调度整体高于其他地区。2019 年，从空间上看百色市整体耦合协调度依旧比其他县域差，多处于磨合阶段，部分处于拮抗阶段。崇左市耦合协调度变化较大，整体有了提升，中部与南部县域处于协调状态。南宁市、玉林市耦合协调度呈下降趋势。沿海地区的防城港市、钦州市的耦合协调度上升，北海市耦合协调度整体为磨合阶段。

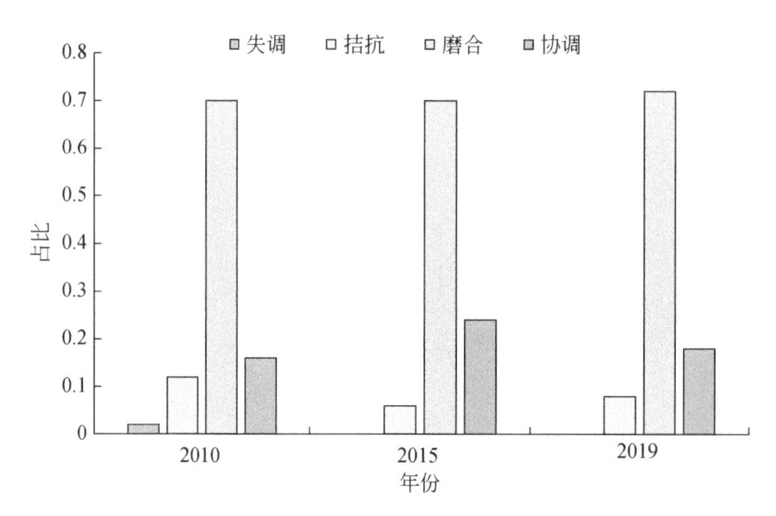

图 22.7　2010～2019 年耦合协调度变化

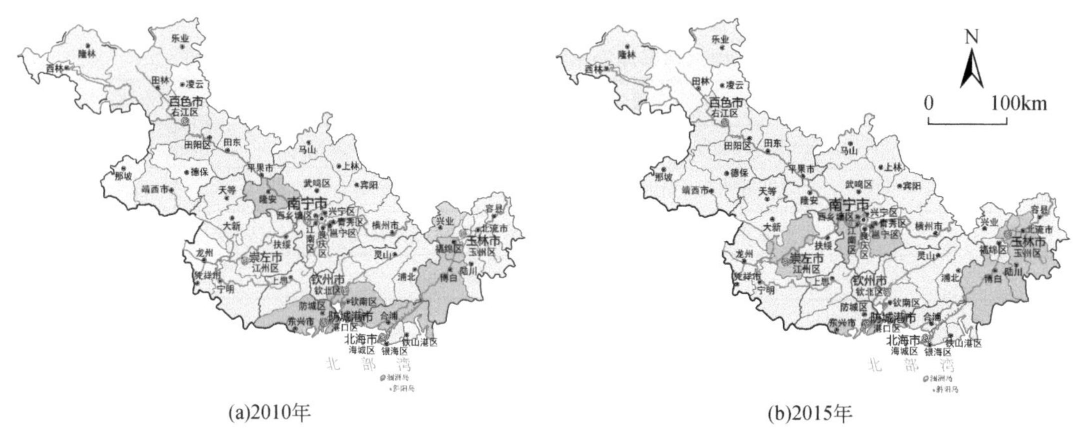

(a)2010年

(b)2015年

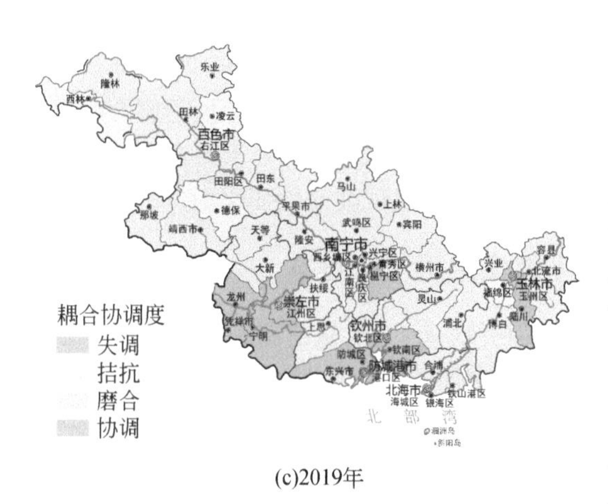

(c)2019年

2020年DEM、坡度数据来源于地理空间数据云平台；人均水产品、森林覆盖率、海岸线长度、滩涂面积、教育财政支出、中学在校人数、科技支出占比、人均GDP、城乡收入差距、二三产业比例、医疗财政支出、万人医疗机构床位、人均城市道路面积、人均公园绿地面积、建成区绿化覆盖率、污水处理率数据来源于2010年、2015年、2020年《广西统计年鉴》；水土流失减少面积数据来源于2010年、2015年、2020年《广西壮族自治区水土保持公报》；2010年、2015年、2020年空气质量优良天数比例数据来源于《广西壮族自治区生态环境状况公报》；降水量数据来源于2010年、2015年、2020年《广西壮族自治区水资源公报》；2010年、2015年、2020年NDVI、NPP数据来源于中国科学院资源环境科学与数据中心；图上专题内容为作者根据2010年、2015年、2020年DEM、坡度、人均水产品、森林覆盖率、海岸线长度、滩涂面积、教育财政支出、中学在校人数、科技支出占比、人均GDP、城乡收入差距、二三产业比例、医疗财政支出、万人医疗机构床位、人均城市道路面积、人均公园绿地面积、建成区绿化覆盖率、污水处理率、水土流失减少面积、空气质量优良天数比例、降水量、NDVI、NPP数据推算出的结果，不代表官方数据。

图 22.8　2010～2019 年研究区耦合协调度空间分布图

22.5　驱动因子分析

22.5.1　人-山水林田湖海系统驱动因子研究

人-山水林田湖海系统是一个包含多个子系统的复杂整体，为了进一步分析研究区人-山水林田湖海系统和谐度的影响因素，需要对人-山水林田湖海系统进行因子分析，探究其发展的驱动因子的变化。如表 22.4 所示，对因子值 q 排名前六的指标进行分析。

表 22.4　人-山水林田湖海系统驱动因子

2010 年		2015 年		2019 年	
因子	q	因子	q	因子	q
坡度	0.959	坡度	0.972	坡度	0.976
山体起伏度	0.955	山体起伏度	0.969	山体起伏度	0.972
平均海拔	0.915	平均海拔	0.926	平均海拔	0.920
人均粮食	0.909	人均耕地面积	0.887	降水量	0.817
降水量	0.806	人均水产品	0.757	人均生活日用水资源量	0.766
人均生活日用水资源量	0.693	耕地面积占比	0.729	耕地面积占比	0.745

2010 年，影响研究区人-山水林田湖海系统和谐度的重要因子有 6 个，排序如下：坡度＞山体起伏度＞平均海拔＞人均粮食＞降水量＞人均生活日用水量，可以看出，山、水、田子系统对和谐度的影响非常大。区域的坡度、山体起伏度、平均海拔对区域的和谐度的影响最大，其次是人均粮食，这些指标对研究区和谐度的影响超过 90%，此外人均生活日用水量对和谐度的影响极大。区域地形、山体自然因素在很大程度上影响和谐度，坡度、山体起伏度、平均海拔越高，其和谐度就越差，因此研究区的和谐度大致上呈现了山—江—海过渡性变化。田子系统中人均粮食对和谐度的影响较大。水子系统的降水量适度对和谐度有促进作用，而人均生活日用水量则表示人们生活对水资源的压力。

2015 年，影响研究区和谐度的重要因素有 6 个，排序如下：坡度＞山体起伏度＞平均海拔＞人均耕地面积＞人均水产品＞耕地面积占比。2015 年山子系统同样为影响和谐度变化的重要因素。除此之外，田子系统的人均耕地面积、耕地面积占比也有着重要的影响，耕地为人类生活的基础，因此耕地面积在和谐度中是一项重要的驱动因子。水子系统的人均水产品在一定程度上反映水资源的生产力，反映了人们利用水资源的情况。

2019 年，影响研究区和谐度的重要因素有 6 个，排序如下：坡度＞山体起伏度＞平均海拔＞降水量＞人均生活日用水量＞耕地面积占比。同 2010 年、2015 年相比，2019 年主要驱动因子基本上没有变化，只是部分因子在排序上有些变化。山子系统依旧是影响最大的因子，地形因素对和谐度的发展有着重要的影响。影响 2019 年和谐度的还有水子系统的降水量、人均生活日用水资源量，还有田子系统的耕地面积占比。

可以发现，在三期数据中，山子系统对和谐度的影响是逐渐增大的，在和谐度的空间变化上大致呈现山—江—海过渡性的变化。水子系统和田子系统对和谐度的影响相对稳定，而林、海子系统对和谐度没有较大的影响。这也可以说明影响人-山水林田湖海系统和谐度的主要因素具有相对稳定性。

22.5.2　高质量发展系统驱动因子研究

高质量发展也是一个包含多个子系统的整体，包含创新、协调、绿色、开放、共享 5 个子系统，为了更好地研究高质量发展系统的发展趋势，因此需要对其驱动因子进行研究分析，对因子值 q 排名前八的指标进行分析，见表 22.5。

表 22.5　高质量发展系统驱动因子

2010 年		2015 年		2019 年	
因子	q	因子	q	因子	q
普通中学在校人数	0.936	出口额	0.935	建成区绿化率	0.910
科技支出占比	0.918	人均 GDP	0.929	人均教育费用支出	0.839
人均绿地面积	0.849	第三产业占比	0.922	人均医疗费用支出	0.833
第三产业占比	0.836	科技支出占比	0.875	人均道路面积	0.818
万人医疗机构床位数	0.813	外商投资占比	0.845	外商投资占比	0.809
出口额	0.751	人均道路面积	0.809	第三产业占比	0.790
人均教育费用支出	0.742	污水处理率	0.793	污水处理率	0.771
接待游客数量	0.710	城镇化率	0.786	万人拥有公共交通车辆数	0.77

2010 年，影响研究区高质量发展的重要因子有 8 个，排序如下：普通中学在校人数＞科技支出占比＞人均绿地面积＞第三产业占比＞万人医疗机构床位数＞出口额＞人均教育费用支出＞接待游客数量。可以看出，2010 年，影响高质量发展的因子中，创新子系统排在第一位，普通中学在校人数、科技支出占比、人均教育费用支出作为高质量发展的第一动力，发挥着关键的引导作用。此外，共享子系统中的人均绿地面积、万人医疗机构床位数也有重要影响，表明在高质量发展中，加大对人居生活环境、医疗事业的投入有着重要的作用。此外由开放子系统出口额、接待游客数量可知，加大出口事业的发展力度、大力发展旅游事业同样对高质量发展有着促进作用。协调子系统的第三产业占比同样有着重要的影响。

2015 年，驱动因子排序如下：出口额＞人均 GDP＞第三产业占比＞科技支出占比＞外商投资占比＞人均道路面积＞污水处理率＞城镇化率。开放子系统在 2015 年成了高质量发展的第一动力，出口额为高质量发展的首要驱动因子。其次为协调子系统的人均 GDP。人均 GDP 的增长、第三产业占比的上升、城镇化率的提高都有利于高质量发展。创新子系统的科技支出占比，共享子系统的人均道路面积，以及绿色子系统的污水处理率也有重要影响。

2019 年，驱动因子排序如下：建成区绿化率＞人均教育费用支出＞人均医疗费用支出＞人均道路面积＞外商投资占比＞第三产业占比＞污水处理率＞万人拥有公共交通车辆数。2019 年最重要的影响因素成了绿色子系统的建成区绿化率，表明生态环境保护问题成了高质量发展首要考虑的问题。共享子系统的人均医疗费用支出、人均道路面积、万人拥有公共交通车辆数，也是高质量发展的重要影响因素。

五大子系统共同影响着研究区高质量发展水平，从三期的驱动因子可以看出，创新、共享、开放子系统驱动作用较为明显。这从侧面反映了研究区要进行高质量发展，首先要进行创新发展，加大对教育事业的投资力度，创新是第一驱动力。共享子系统的重要驱动作用，表明研究区需要关注惠民工程，使人民共享高质量发展成果。开放子系统的重要驱动作用表明在进行高质量发展时，要进行开放发展，加大出口，吸引外资，发展旅游事业。同时也发现，随着时间的推移，绿色子系统各因子逐渐成为重要影响因子，表明在发展过程中生态因素被人们忽略，在发展经济的同时对生态保护工作有所懈怠。因此研究区在进行高质量发展时需要及时对生态环境进行监测与保护，时刻保持警惕。

22.6　结　　论

本章以山江海地域系统为视角，构建了山江海地域系统人-山水林田湖海系统和谐度评价指标及高质量发展评价指标，采用熵值法确定指标权重，并对两个系统进行耦合研究分析，探究研究区 2010～2019 年三期人-山水林田湖海系统与高质量发展之间的耦合协调性时空变化特征，并对和谐度、高质量发展度进行驱动因子分析。清楚掌握了研究区人-山水林田湖海系统和谐度、高质量发展度，以及两者的耦合情况，了解了研究区人与自然和谐发展的状态。通过研究主要得出以下主要结论。

（1）人-山水林田湖海系统和谐度在时间尺度上逐渐变差，差水平占比逐年升高，中、良、优水平占比逐年降低。在空间尺度上，研究区和谐度水平大致呈现山—江—海过渡性变化。2010～2019 年百色市、崇左市的和谐度水平变差，多为中、差水平。南宁市、玉林市和谐度水平变化不大，市区以及山区较多的县域和谐度水平略低于其他县域。沿海地区的防城港市、钦州市、北海市和谐度变化幅度较大。

（2）高质量发展度在时间尺度上逐渐升高，优、良水平占比升高，中、差水平占比降低。在空间尺度上，整体上看，研究区高质量发展度水平并不高。自 2010 年以来，研究区整体发展度水平提高，但百色市发展度水平依然为中差水平，崇左市南部地区高质量发展度为优、良，其他县域高质量发展度为差、中。南宁市中心县域多为良水平，马山县、上林县为差水平，其余县域为中水平。沿海城市钦州市整体高质量发展度为中水平。防城港市、北海市高质量发展度呈现由内陆向沿海逐渐升高的过渡性变化。

（3）耦合协调度在时间尺度上逐渐变好。失调阶段占比为 0，拮抗阶段占比也在降低，磨合、协调阶段占比升高。从空间尺度上看，研究区耦合协调度整体处于磨合阶段。自 2010 年，耦合协调度呈现山—江—海过渡性变化特征，研究区的西南、南部地区耦合协调度高于其他县域，主要为协调、耦合阶段。西北地区的百色市耦合协调度较差，部分处于拮抗阶段。研究区中部及东部地区多处于磨合阶段。

（4）对驱动因子进行分析，在人-山水林田湖海系统中，山子系统对和谐度的影响是逐渐增大的，因此和谐度的空间变化大致呈现山-江-海过渡性变化。水子系统和田子系统对和谐度的影响相对稳定，而林、海子系统对和谐度没有较大的影响，说明影响人-山水林田湖海系统和谐度的主要因素具有相对稳定性。在高质量发展中，从三期的驱动因子可以看出创新、共享、开放子系统驱动作用较为明显，随着时间的推移，绿色子系统逐渐成为重要影响因子，表明在经济发展过程中人们易忽略生态因素，对生态保护有所懈怠。因此研究区在进行高质量发展时需要及时对生态环境进行监测与保护，时刻保持警惕。

本章由数据分析得出一些客观的结论，存在有待研究和完善的方面：本章对人-山水林田湖海系统的概念与理论理解来源于人-山水林田湖草生命共同体，受限于对生命共同体复杂体系和理论知识的把握，人-山水林田湖草生命共同体的理论体系仍需要不断丰富完善。由于本章的研究数据多来源于官方地区统计年鉴数据及相关部门数据，数据来源比较单一，野外观测数据欠缺，在以后的研究中，可以适当开展野外观测，获得一手数据。由于指标数据的难获得性，以及目前国内外没有统一的、完整的评价指标体系，因此在指标选取的时候不够全面和系统，在今后的研究中需要更加系统、全面、客观地去建立评价指标体系。对指标进行赋权的方法还需要改进，在今后的评价研究中要使用多种赋权方法来确定指标权重，并对结果进行科学验证。

参考文献

成金华，尤喆，2019.“山水林田湖草是生命共同体”原则的科学内涵与实践路径. 中国人口·资源与环境，29（2）：1-6.

崔学刚，方创琳，刘海猛，等，2019. 城镇化与生态环境耦合动态模拟理论及方法的研究进展. 地理学报，74（6）：1079-1096.

方创琳，任宇飞，2017. 京津冀城市群地区城镇化与生态环境近远程耦合能值代谢效率及环境压力分析. 中国科学：地球科学，47（7）：833-846.

高洪文，1994. 生态交错带（Ecotone）理论研究进展. 生态学杂志，（1）：32-38.

高阳，黄姣，王羊，等，2011. 基于能值分析及小波变换的城市生态经济系统研究——以深圳市为例. 资源科学，33（4）：781-788.

韩宇平，苏潇雅，曹润祥，等，2022. 基于熵-云模型的我国水利高质量发展评价. 水资源保护，38（1）：26-33，61.

黄莉玲，2021. 桂西南喀斯特-海岸带乡村多功能时空格局演变及影响因素识别. 南宁：南宁师范大学.

姜磊，柏玲，吴玉鸣，2017. 中国省域经济、资源与环境协调分析——兼论三系统耦合公式及其扩展形式. 自然资源学报，32（5）：788-799.

李志远，夏赞才，2021. 长江经济带旅游业高质量发展水平测度及失配度时空格局探究. 南京师大学报（自然科学版），44（4）：33-42.

刘承良，颜琪，罗静，2013. 武汉城市圈经济资源环境耦合的系统动力学模拟. 地理研究，32（5）：857-869.

刘琳轲，梁流涛，高攀，等，2021. 黄河流域生态保护与高质量发展的耦合关系及交互响应. 自然资源学报，36（1）：176-195.
刘耀彬，李仁东，宋学锋，2005. 中国区域城市化与生态环境耦合的关联分析. 地理学报，（2）：237-247.
吕思思，苏维词，赵卫权，等，2019. 山水林田湖生命共同体健康评价——以红枫湖区域为例. 长江流域资源与环境，28（8）：1987-1997.
马溪平，段琤烜，刘丽，等，2020. 生态交错带植被动态监测与评估研究进展. 辽宁大学学报（自然科学版），47（2）：173-179.
毛蒋兴，覃晶，陈春炳，等，2019. 广西北部湾海岸带开发利用与生态格局构建. 规划师，35（7）：33-40.
明庆忠，刘安乐，2020. 山-原-海战略：国家区域发展战略的衔接与拓展. 山地学报，38（3）：348.
丘海红，2021. 山江海地域系统山水林田湖草海时空变化与健康评价研究. 南宁：南宁师范大学.
苏冲，董建权，马志刚，等，2019. 基于生态安全格局的山水林田湖草生态保护修复优先区识别——以四川省华蓥山区为例. 生态学报，39（23）：8948-8956.
王波，何军，王夏晖，2019. 拟自然，为什么更亲近自然?——山水林田湖草生态保护修复的技术选择. 中国生态文明，（1）：70-73.
王介勇，吴建寨，2012. 黄河三角洲区域生态经济系统动态耦合过程及趋势. 生态学报，32（15）：4861-4868.
王军，钟莉娜，2019. 生态系统服务理论与山水林田湖草生态保护修复的应用. 生态学报，39（23）：8702-8708.
王随继，程维明，师庆三，2021. 流域尺度上山水林田湖草生命共同体内在机制分析. 新疆大学学报（自然科学版）（中英文），38（3）：313-320.
王维，2018. 长江经济带生态保护与经济发展耦合协调发展格局研究. 湖北社会科学，（1）：73-80.
王晓鸿，赵晓菲，2021. 农业高质量发展水平测度与空间耦合度分析. 统计与决策，37（24）：106-110.
许振宇，贺建林，2008. 湖南省生态经济系统耦合状态分析. 资源科学，（2）：185-191.
叶艳妹，陈莎，边微，等，2019. 基于恢复生态学的泰山地区“山水林田湖草”生态修复研究. 生态学报，39（23）：8878-8885.
余瑞林，刘承良，熊剑平，等，2012. 武汉城市圈社会经济—资源—环境耦合的演化分析. 经济地理，32（5）：120-126.
张红武，李琳琪，彭昊，等，2021. 基于流域高质量发展目标的黄河相关问题研究. 水利水电技术，52（12）：60-68.
张琴，李加安，潘洪义，2021. 平原-山地过渡带土地利用综合效益耦合协调度及时空变化研究——以四川省乐山市为例. 四川师范大学学报（自然科学版），44（2）：262-269.
张泽，胡宝清，丘海红，等，2021. 基于山江海视角与SRP模型的桂西南-北部湾生态环境脆弱性评价. 地球与环境，49（3）：297-306.
钟文挺，李浩，谢丽红，等，2020. 成都平原-山地过渡带不同高程下耕地土壤养分变异特征分析——以彭州市为例. 西南农业学报，33（3）：575-583.
钟业喜，邵海雁，徐晨璐，等，2020. 基于文献计量分析的流域山水林田湖草生命共同体研究进展与展望. 江西师范大学学报（自然科学版），44（1）：95-101.
朱芬萌，安树青，关保华，等，2007. 生态交错带及其研究进展. 生态学报，（7）：3032-3042.

第 23 章　桂西南喀斯特人地系统及其统筹共治研究

23.1　引　　言

23.1.1　研究背景及意义

喀斯特地区环境承载力低、人地矛盾尖锐，是兼具脆弱性与多样性的脆弱生态系统（李雪，2021）。长期以来，受人类活动的影响，喀斯特脆弱生境导致水土流失和地表裸露，造成耕地资源锐减及土地利用价值丧失。石漠化为喀斯特地区土地退化的极端表现形式，是我国西南地区重要的生态环境问题之一，石漠化地区具有裸岩率高、生态脆弱等特点，严重阻碍了我国西南地区社会经济的发展（陈静，2021），造成区域人地关系紧张。随着生态环境建设步伐的加快及可持续发展目标的推进，我国高度重视喀斯特地区生态建设与石漠化综合治理（白义鑫，2020），先后开展了石漠化综合治理工作。石漠化综合治理作为国家生态保护与建设的重要战略，对恢复生态环境、防止土地退化、保护生物多样性具有重要意义，同时也是区域社会经济可持续发展的迫切需求（张红梅，2021；赵楚，2021）。自 2008 年国家对西南喀斯特地区开展石漠化专项治理以来，石漠化治理工作取得了阶段性成效，人地关系稍缓和。由于喀斯特生态系统的脆弱性及石漠化治理任务的复杂性，在生态环境初步变好的基础上，石漠化地区仍面临生态治理成果巩固困难，社会经济发展相对缓慢，农村生计状况仍低于全国平均水平等诸多问题（卢涛，2021），因此对石漠化治理进行效益评价、对喀斯特生态系统恢复力进行评估显得尤为重要。在保护喀斯特生态环境基础上如何使石漠化治理产业化，开发喀斯特生态衍生产业、实现喀斯特山区脱贫攻坚成果巩固与乡村振兴，对促进区域人与自然和谐发展具有重大意义，已成为国家可持续发展过程中不可忽视的重大科学问题（邓木子然，2021）。

桂西南是岩溶地区的典型代表，是岩溶地区石漠化综合治理工程建设规划的重点区域，位于广西西南部。右江水系经过桂西南，属于珠江流域水系。其生态区位比较特殊，是国家重要的生态屏障。广西左右江流域山水林田湖草生态保护修复工程是 2017 年国家第二批山水林田湖草生态保护修复工程试点，中央及地方财政大力支持左右江流域山水林田湖草生态建设。该区具有民族地区、边境地区、革命老区的特征（丘海红，2021），长期以来石漠化引发的水土流失、生态系统退化、可利用土地减少等生态问题，削弱了珠江中上游水源涵养能力，进而影响流域下游生态安全，严重阻碍当地发展进程。尖锐的人口、资源、环境矛盾已成为桂西南喀斯特可持续发展和提高人民生活生产水平最主要的障碍之一（钟昕，2021）。在快速城镇化进程阶段，西南喀斯特地区要摆脱生态脆弱—贫困—掠夺式发展—生态经济系统退化—更加贫困的恶性循环、走经济社会可持续发展道路，是国家生态文明建设的重要提议（张云兰，2019）。因此，对桂西南石漠化地区进行治理效益评估、社会-生态恢复力评估，并对区域人地系统可持续发展等方面进行探索对促进区域人与自然和谐具有重要意义。

23.1.2　相关研究进展

1. 喀斯特人地系统研究进展

人类与喀斯特环境相互作用，人类的生存与发展离不开喀斯特环境，喀斯特环境为人类活动提供了自然条件与物质基础，而人类又通过发挥主观能动性作用于喀斯特环境，彼此构成一个喀斯特人地系统。区域的自然资源、人文因子是喀斯特的重要组成部分，喀斯特土地资源、水资源与社会经济发展与人口密切相关，喀斯特的可持续发展关系到人类的未来。作为地理学研究热点和难点的人地关系，在喀斯特研究中，要把人类与喀斯特自然各要素更紧密地联系起来。

喀斯特生态环境脆弱，人地关系失衡是石漠化产生的主要诱因，石漠化治理是生态环境恢复的重要组成部分，人在喀斯特人地关系系统演化中具有主动性与调控能力，制定有效的调控机制，调控喀斯特地区人地关系中不协调的因素，从根源遏制催生石漠化形成的因素，并对现存石漠化问题进行有效调控，以促进喀斯特地区生态环境的改善与恢复，促进喀斯特地区人地关系的协调统一发展。

为了探究人类活动对喀斯特生态环境影响的机制与强度，国内许多学者尝试使用不同的方法对人类活动进行量化，从不同方面和角度探究人类活动对喀斯特生态环境产生的影响。在定量研究上，胡莉（2015）强调从人类的需求与空间行为入手，研究人类活动对喀斯特环境的作用及人类对喀斯特环境变化的响应与适应，将研究重点放在要素之间的相互作用与过程之间的相互作用上，选择具有代表性的典型示范区，在人类需求的驱动下，研究喀斯特环境是如何变化的及人类又是如何适应喀斯特环境变化的。在定性研究上，张勇荣（2021）为探究人类活动对喀斯特脆弱区河流（水库）水质的影响，从土地利用类型结构和人类活动强度两个方面进行探讨。

2. 喀斯特石漠化研究进展

喀斯特生态环境是一种非常敏感的脆弱生态环境，其演变关系着全球变化、碳循环，因而受到各国政府、组织和学术界的高度重视。喀斯特石漠化的概念最早是在 20 世纪 80 年代初由国外学者提出的，国内外对于喀斯特环境问题的认识基本上是同步的。早期国际上对喀斯特的研究以欧洲占主导地位，自 Legrand（1973）在美国 *Science* 杂志上发表文章指出了喀斯特地区地面塌陷、森林退化、旱涝灾害、原生环境中的水质等生态环境问题，喀斯特环境问题开始引起世界的关注。1983 年 5 月，美国科学促进会第 149 届年会特别安排了喀斯特环境问题专题讨论，并将喀斯特环境列为一种脆弱的环境。国际上从开始的对喀斯特地区植物区系、洞穴动物、植被进行调查分析等初步研究，发展到 20 世纪 90 年代以后侧重于对喀斯特生态环境脆弱性成因机理、喀斯特生态系统的碳循环及其对全球的响应等方面的研究（任海，2005）。

目前在我国有关喀斯特地区石漠化状况的研究较多，研究内容、类型、方法等非常丰富，许多学者都针对喀斯特石漠化提出了自己的看法。在石漠化的动态演替过程及规律方面，学者熊康宁（2001）基于 2000 年 Landsat TM 影像和实际调查数据，将贵州省石漠化分为 6 级并探讨了贵州省石漠化的现状及其空间演变趋势。陈起伟（2009）运用空间分析和转移矩阵研究 2000～2005 年贵州石漠化的变化，在此基础上运用马尔可夫预测法和石漠化治理工程效益估算法对贵州石漠化发展趋势进行了预测。在石漠化治理生态恢复方面，学者蒋忠诚等（2009）通过研究实施土地整理、采用生物覆盖技术等，构建了果-草-养殖-沼等复合模式，形成了火龙果等新生态产业，完善了不同环境峰丛洼地的生态重建模式与配套技术，石漠化得到了有效治理。曹建华等（2016）以滇东蒙自、建水、泸西为研究区，以水土资源高效利用为基础、生态服务功能提升为核心，研发石漠化综合治理技术，形成生态治理-生态产业协同发展模式，为生态富民和生态文明建设提供技术与示范。在石漠化治理效益评估方面，学者杨洁（2006）选取了 31 个指标对花江示范区治理项目效益进行了评价，在确定各项指标的理想值之后，得出的评分值表明示范区在发展社会经济、合理开发利用社区资源以及保护和建设生态环境方面取得了一定成效。艾雪（2019）运用能值理论及方法分析研究区各生态产业以及石漠化治理工程实施前后生态经济系统投入和产出的变化情况，从社会、经济、生态 3 个方面筛选出能值指标评价体系，综合评价研究区生态治理效益。

喀斯特石漠化相关研究取得了丰硕的成果并获得了丰富的经验，为后续石漠化研究和治理奠定了极其重要的基础。但由于喀斯特生态系统的复杂性，人们对于石漠化的认识并不深刻。因而有必要继续深化大众对喀斯特生态系统的认识，加强对石漠化治理的研究，从多角度、多学科分析石漠化机理，为我国后续对石漠化进行相关研究提供理论基础。

23.1.3　研究目的与内容

以桂西南喀斯特为研究区域，以区域人与自然和谐为目标，分析研究区石漠化状况，探讨桂西南植被变化情况。从生态、经济、社会 3 个层面构建桂西南石漠化综合治理效益评价体系，并对其进行分析。采用植被覆盖度、土地利用强度、人口密度等典型因子作为评价指标建立桂西南喀斯特社会-生态系统恢复力评价体系，通过熵值法分析桂西南生态恢复力评价结果。对桂西南喀斯特人地关系进行把握，为区域生态修复及可持续发展研究提供支撑，促进区域人地关系和谐。

23.2　概念与方法

23.2.1　核心概念

1. 喀斯特石漠化

石漠化是我国学者专门针对我国喀斯特地貌现状提出来的。袁道先于 1991 年最早提出了石漠化的概念，他认为，石漠化是喀斯特地区的植被、土壤裸露转变为岩石喀斯特景观的过程，在热带、亚热带湿润季风气候下，西南岩溶地区生态系统特别脆弱，为该地区石漠化的形成提供了良好的地质岩溶环境与物质基础，加上人地矛盾突出、人为活动不合理等，加剧了石漠化问题的严重性与治理的难度。目前，袁道先院士提出的石漠化概念影响较大，已经被学术界广泛接受。

此外，一些学者从不同的角度也对石漠化的概念进行定义。屠玉鳞（1989）认为，石漠化是在喀斯特自然背景下，其受人类活动干扰破坏而形成的土壤严重侵蚀、基岩大面积裸露、土壤生产力下降的土地退化过程。2007 年 4 月，国家发展和改革委员会《西南岩溶地区石漠化综合治理规划大纲（初稿）》对石漠化的定义是，喀斯特石漠化是指在热带、亚热带湿润、半湿润气候条件和岩溶极其发育的自然背景下，受人为活动干扰，地表植被遭到破坏，造成严重的土壤侵蚀，大面积基岩裸露，是土地退化的极端表现形式。

2. 生态效益

生态效益是指对喀斯特石漠化区的植被和土壤进行恢复和重建，使恶化了的生态系统逐步恢复和稳定提供的生态服务价值。它关系到人类生存发展的根本利益和长远利益，其价值表现在涵养水源、固土保肥、光合作用、净化环境、环保、系统抗逆力、生物多样性保护、生态旅游等 8 个方面。

3. 经济效益

经济效益一般指喀斯特石漠化综合治理后随着生产经营方式的改变，农业结构的调整、土地利用率的变化带来的单位产量和人均收入的变化，包括已转变为货币和具有潜在货币转换形式的效益，经济效益直接表现在产业结构变化之后林产品、蔬菜、禽畜产品、农副产品等带来的经济收入。

4. 社会效益

社会效益指石漠化治理区域从社会良性运行和协调发展的角度对他人和社会产生的影响。喀斯特石漠化导致喀斯特地区的生产力低下、生产技术落后、人民收入低、社会经济发展受到严重阻碍。通过对喀斯特地区进行开发治理，控制水土流失，改善当地的生态环境，来为当地的人民群众创造良好的生活环境并促进社会发展。

5. 恢复力

恢复力思想提供了一种人类与其不断适应的复杂的自然系统之间的一种理解方式。Holling（1973）于1973 年首次将恢复力的概念引入生态学领域，并将其定义为系统吸收状态变量、驱动变量和参数的变化并继续存在的能力。20 世纪 80 年代，Boucot（1985）提出了新的定义，认为是系统在遭受扰动后恢复到原有稳定态的速度。2002 年召开的可持续发展世界首脑会议建议将恢复力理论加入《21 世纪议程》中，因为恢复力理论为区域在充满不确定性的环境中实现可持续发展提供了解决思路。恢复力的概念最早出现在生态系统研究中，随着社会-生态系统的引入，恢复力的概念逐渐完善。恢复力联盟将恢复力定义为系统应对外部干扰或意外事件的恢复能力，具有阈值效应，如果越过阈值，系统将无法恢复早期的模式，面对未来不断变化和不可预测的环境，有效的社会-生态系统恢复力管理可以增加可持续发展的可能性。

23.2.2　研究方法

1. 极值法

由于各个指标的性质不同，单位和量纲也不一致，因此无法直接使用，所以必须进行指标标准化处理。公式如下：

$$X_i' = \frac{X_i - X_{\min}}{X_{\max} - X_{\min}} \tag{23.1}$$

$$X_i' = \frac{X_{\max} - X_i}{X_{\max} - X_{\min}} \tag{23.2}$$

式中，X_i' 为指标 i 的标准化值；X_i 为指标 i 的初始值；$X_{\min}$ 为指标 i 的最小值；$X_{\max}$ 为指标 i 的最大值。

2. 熵值法

熵值法是一种客观的评价方法，受主观的影响较小。根据熵值大小能有效判断事件的随机性和均匀程度，如果指标的离散程度越大，熵值越小，则该指标对综合评价的影响越大，即指标权重越大，反之则越小。公式如下：

（1）计算第 i 个样本第 j 项指标占该指标的比重 P_{ij}，其中 X_{ij} 为指标值：

$$P_{ij} = \frac{X_{ij}}{\sum_{i=1}^{n} X_{ij}} \tag{23.3}$$

（2）确定各指标熵值 E_j：

$$E_j = -k\sum_{i=1}^{n} P_{ij} \ln P_{ij} = -\frac{1}{\ln n} P_{ij} \ln P_{ij} \tag{23.4}$$

其中，$k = \frac{1}{\ln n} > 0$，满足 $E_j \geqslant 0$。

（3）确定各指标权重 G_j：

$$G_j = \frac{1 - E_j}{\sum_{j=1}^{m}(1 - E_j)} \tag{23.5}$$

3. 综合评价得分 Q_i

$$Q_i = \sum_{j=1}^{m} W_j P_{ij}\left(i = 1, 2, \cdots, n\right) \tag{23.6}$$

式中，Q_i 为各效益的综合评价得分；W_j 为各指标的权重。

4. 熵权 TOPSIS 法

TOPSIS 法属于多决策算法，其原理是基于归一化后的原始矩阵，找出方案中的最优及最劣方案，将各级指标与最优、最劣解的接近程度作为评价标准。主要计算步骤如下：

（1）采用极值法对原始数据进行标准化处理。

（2）确定指标权重 G。为了减少权重设置的主观随意性以及兼顾决策者对属性的偏好，本章采用熵值法赋权。

（3）构建加权规范化矩阵 N_{ij}，即指标权重×标准化值：

$$N_{ij} = G_j \times Y_{ij} \tag{23.7}$$

（4）确定最优解 N^+和最劣解 N^-：

$$N^+ = \{\max N_{ij} \mid j = 1, 2, \cdots, n\} \tag{23.8}$$

$$N^- = \{\min N_{ij} \mid j = 1, 2, \cdots, n\} \tag{23.9}$$

（5）计算各评价对象与最优解 N^+、最劣解 N^-之间的欧氏距离：

$$D^+ = \sqrt{\sum_{j=1}^{n} (N_{ij} - N_j^+)^2} \tag{23.10}$$

$$D^- = \sqrt{\sum_{j=1}^{n} (N_{ij} - N_j^-)^2} \tag{23.11}$$

（6）计算各评价对象与最优解的相对接近度 C_i：

$$C_i = \frac{D_i^-}{D_i^+ + D_i^-} \tag{23.12}$$

式中，$0 \leqslant C_i \leqslant 1$，$C_i$ 值与评价指数正相关，反之亦然。C_i 越大，表明第 i 年区域恢复力越接近最优水平，即恢复力较强。

5. 空间自相关分析

为探索桂西南喀斯特社会-生态系统恢复力的空间分布关联特征，本章利用 ArcGIS 进行空间自相关分析。应用局部空间自相关方法分析社会-生态系统恢复力的空间趋势，并应用全局空间自相关和局部空间自相关方法进行检验。

（1）全局空间自相关。通过测算全局 Moran's I 指数来分析桂西南喀斯特社会-生态系统恢复力的空间分布特征，其公式为

$$I = \frac{n}{T_j} \times \frac{\sum_{i=1}^{n}\sum_{j=1}^{n} W_{ij}\left(x_i - \bar{x}\right)\left(x_j - \bar{x}\right)}{\sum_{j=1}^{n}(x_i - \bar{x})^2} \tag{23.13}$$

式中，n 为研究区空间单元的数量；T_j 为所有指标之和；W_{ij} 为空间权重矩阵 W 的元素；x_i 和 x_j 分别为第 i 个和第 j 个空间位置恢复力指数；$\bar{x}$ 为研究区各空间单元恢复力均值。

（2）局部空间自相关。应用局部空间自相关分析度量每一区域与周边地区恢复力间的局部关联性，其公式为

$$I_i = Z_i \sum_{j}^{n} W_{ij} Z_j \tag{23.14}$$

式中，I_i 为局部自相关指数；Z_i、Z_j 分别为地区 i 和 j 标准化形式；W_{ij} 为空间权重矩阵 W 的元素。Z 检验为

$$Z(I_i) = \frac{I_i - E(I_i)}{\sqrt{\text{Var}(I_i)}} \tag{23.15}$$

若 I_i 显著为正且 Z_j 大于 0，高恢复力地区被高恢复力地区包围，为高-高集聚型；若 I_i 显著为负且 Z_j 大于 0，高恢复力地区被低恢复力地区包围，为高-低集聚型；若 I_i 显著为负且 Z_j 小于 0，低恢复力地区被高恢复力地区包围，为低-高集聚型；若 I_i 显著为正且 Z_j 小于 0，低恢复力地区被低恢复力地区包围，为低-低集聚型。

6. 障碍度模型

根据因子贡献度（G_{ij}）、指标偏离度（P_{ij}）和障碍度（Z_{ij}）识别障碍因素，因子贡献度（G_{ij}）即单个因素对总目标的贡献度，一般用权重表示；指标偏离度（P_{ij}）表示单项指标与最优值之间的差距，一般设为指标标准化值与 100%之差；障碍度（Z_{ij}）为单项指标对恢复力的影响程度。

$$P_{ij} = 1 - Y_{ij} \tag{23.16}$$

$$Z_{ij} = \frac{P_{ij} \times G_{ij}}{\sum_{j=1}^{n} P_{ij} \times G_{ij}} \tag{23.17}$$

23.2.3 研究数据来源

多源遥感数据来源于地理空间数据云、资源环境科学与数据中心；统计数据来源于《中国县域统计年鉴》《广西统计年鉴》《南宁年鉴》《百色年鉴》《崇左年鉴》。

23.3 桂西南喀斯特社会-生态系统研究

23.3.1 桂西南喀斯特社会-生态系统结构

1. 自然地理概况

桂西南位于广西西南部、珠江中上游，南与越南接壤，地处 21°36′～24°18′N，105°32′～108°36′E，主要包括百色、崇左、南宁、上思 4 市（县），土地总面积为 4.25 万 hm^2，其中岩溶地貌面积为 1.93 万 hm^2，约占研究区总面积的 45.4%。本章研究的桂西南主要针对百色、崇左、南宁 3 个市进行分析。

1）地质地貌

桂西南是中国乃至全世界最典型、最集中的峰林峰丛喀斯特地貌分布区之一。岩溶地貌岩石为晚古生代泥盆纪至中生代三叠纪的碳酸盐岩石类，岩性较纯，大部分为石灰岩和白云岩，且多为厚层，最有利于岩溶的发育，常形成陡峭的峰林；钙质紫色砂石岩、燧石灰岩、泥质石灰岩等钙质盐类也有分布。地势由西北向东南降低，西靠云贵高原的延伸地段，北为广西中部弧形山脉，南部为十万大山，四面山丘环绕。其地貌类型十分丰富，有峰林谷地山丘台地、峰林丛洼地、孤峰平原，也有高大雄伟的山脉、低缓的山丘。右江、左江等重要支流流经该区域，该区域属珠江流域。

2）气候

研究区属于南亚热带季风气候区，年平均气温在 20～23℃，气候温暖湿润，雨热同期，雨量充沛，受季风影响明显，雨量较集中、分配不均，多年平均降水量为 1200～1800mm，其中 80%左右的降水集中在 4～9 月，具有明显的干湿季节特征。由于大面积的碳酸盐基岩裸露在温暖湿润的气候条件下，其喀斯特作用十分强烈，形成了成土速率慢、土层浅薄且不连续、地表地下连通的蓄水结构且水分交换迅速、植被结构稳定性差的喀斯特生境。喀斯特地区生态系统较为脆弱，受外界干扰易发生退化，植被极难恢复，是典型的生态脆弱区。

3）土壤

该地区以红壤、赤红壤为主，有少量紫色土分布。区内土层浅薄，土壤肥力低，砾石含量高，除山麓和山脚部分有厚的坡积土外，大多岩石裸露，土壤主要存在于岩隙之间。有些地方土壤厚度只有 10cm 左右，土壤覆盖度不足，岩石裸露率达 80%～90%。由于土壤中砾石含量高，涵养水源能力差，因此研究区在遇到暴雨天气时极易发生山洪和泥石流等自然灾害。

4）水文

由于岩溶区碳酸盐岩的可溶性，形成的含水介质是多孔隙介质，大气降水能迅速渗入地下，入渗系数为 0.3～0.6，有的甚至高达 0.8。长期岩溶作用形成了地表、地下双层水文地质结构，从而使得很大一部分随水流失的土壤进入地下，并在地下河中发生沉积，从而使得水土流失具有隐蔽性。同时，由于存在较大的地下空间和排水网，地表水系不发育或发育不完整，多封闭洼地、落水洞和漏斗；没有统一的地下水面，地下水面也常常与地形坡度不一致。目前，岩溶地下水资源的开采量仅为可开采量的 10%左右。

5）植被

植被类型以热带季雨林为主，有少部分亚热带常绿阔叶林。研究区是岩溶地貌，其土壤中有 80%的钙镁碳酸盐类，这些化学元素和土壤中的腐殖质酸极易形成难溶于水的腐殖质酸钙镁，植物本身很难对其吸收和分解，加上土壤中的有机质矿化速度慢，导致喀斯特地区的植被生长慢，再加上人类活动的影响，此类地区大多生态脆弱，抵抗与恢复能力弱。

2. 社会经济状况

桂西南涉及 3 个市 31 个县（市、区），是我国典型的喀斯特地貌区。由于喀斯特地区生境脆弱，生物生产力与生物量低，人口容量小，发展经济条件差，加上人口的增长伴随着严重的石漠化危害，该地区人地矛盾、人粮矛盾十分突出，粮食来源于石缝中点种的玉米等旱地作物，难以维持群众的基本口粮，曾经长期陷于生态退化—贫困—生态进一步退化的恶性循环中，成为广西经济发展最落后的区域之一。

根据第七次全国人口普查，该地区总人口 144.0178 万人，占全区总人数的 28.3%。2020 年地区生产总值为 6869.07 亿元，人均地区生产总值为 130753 元，粮食总产量为 2500329t，农村居民人均可支配收入 14580.33 元，相当于当年全国居民人均可支配收入平均水平的 45%左右，全国农村居民人均可支配收入平均水平的 85%左右（2020 年全国居民人均可支配收入为 32189 元，农村居民人均可支配收入为 17131 元），桂西南喀斯特地区经济比较落后。区内基本经济见表 23.1。

表 23.1　2020 年桂西南地区基本经济情况

项目	行政区域土地面积/km^2	人口/万人	地区生产总值/亿元	人均地区生产总值/元	农村居民人均可支配收入/元	粮食总产量/t	林业生产总值/亿元
南宁	22099	875.26	4726.34	54699	16130	881728	575.1
百色	36201	357.6	1333.73	37332	13305	1119150	241.5
崇左	17332	209.13	809	38722	14306	499451	255.3
合计或平均	75632	1441.99	6869.07	43584.33	14580.333	2500329	1071.9

资料来源：2021 年《广西统计年鉴》。

该区有壮族、瑶族、仫佬族、毛南族、布依族等少数民族人口，是广西少数民族主要聚居地。一方面少数民族风俗习惯和文化的差异使得该区文化教育水平不高；另一方面石山区人口不断增加，耕地不足，经济收入少。

3. 现有土地利用情况

桂西南土地总面积为74369.79km²，其中，耕地面积23480km²，占31.57%；林地面积43292km²，占58.21%；草地面积5540km²，占7.45%；水域面积1012km²，占1.36%；建设用地面积1034.79km²，占1.39%；未利用土地面积11km²，占0.02%（表23.2）。

表 23.2 桂西南土地利用结构统计表

类型		面积/km²	占比/%	面积/km²	占比/%
土地总面积/km²		74369.79	100	74369.79	100
耕地	水田	7829	10.53	23480	31.57
	旱地	15651	21.04		
林地	有林地	16499	22.19	43292	58.21
	灌木地	15104	20.3		
	疏林地	9859	13.26		
	其他林	1830	2.46		
草地	高覆盖草地	5012	6.74	5540	7.45
	中覆盖草地	525	0.71		
	低覆盖草地	3	0.005		
水域	河渠	385	0.52	1012	1.36
	水库坑塘	590	0.79		
	滩地	37	0.05		
建设用地	城镇用地	518	0.7	1034.79	1.39
	农村居民点	10.79	0.01		
	其他建设用地	506	0.68		
未利用土地	裸土地	6	0.008	11	0.02
	裸岩石质地	5	0.007		

23.3.2 桂西南喀斯特社会-生态系统脆弱性

以云贵高原为中心的西南地区喀斯特面积达45.2万km²，是全球三大喀斯特连片发育区中面积最大、石漠化最严重的区域，与黄土高原、北方的沙漠和寒漠并称为我国四大生态环境脆弱区（侯远瑞，2015；张军以等，2014）。

桂西南喀斯特地区具有成土速率慢、水文循环快、生态环境脆弱、植被异质性高、岩石裸露率高、抗干扰性和稳定性差、自我恢复能力弱等特点（马丰丰等，2017）。该地区多为碳酸盐岩，抗风蚀能力弱，酸不溶物含量低，成土过程缓慢，每形成1cm厚的风化土层平均需要4000余年，长则需要8500年，所以喀斯特地区土层浅薄，土壤肥力低，且土壤与碳酸盐岩之间的黏着力差，遇暴雨易流失土壤。此外，土壤分配不均，多分布在盆地、洼地、谷地等“负向地形”，峰丛、峰林及残丘的土层浅薄，导致喀斯特地区耕地零星分布、岩石裸露等。地下流域系统发达，岩体孔隙、裂隙、漏斗、落水洞及地下管网等发育，渗漏性强，形成地下水富集区，特殊的地上地下双层空间结构导致地下水渗漏严重，缺水干旱，以及过去人类的过度干扰，导致植被退化，成为特殊的干旱区。受可溶性碳酸盐岩地质背景制约，碳酸盐岩风化形成的石灰土的理化性质有别于地带性的土壤，表现为富钙、偏碱性，有效营养元素供给不足且不平衡，质地偏黏重，有效水分含量偏低，水文过程响应迅速，植被被破坏后恢复较为困难，对人类干扰的响应更为敏感。由于碳酸盐岩成土速率缓慢、土层薄分布不连续、土层与下层的刚性岩层直接接触，土壤易侵蚀。在地表，植物的生存环境恶劣，地表植被覆盖率低，再加上严重的人口负担、不合理的开荒方式，导致土层变薄，土壤肥力降低，耕地面积减少，粮食产量降低，水土流失、石漠化等生态环境问题连年加重，这严重威胁着区域生态和人类生存（穆洪晓，2019）。

桂西南喀斯特环境因素和人为活动的叠加使得该区的生态环境十分脆弱，加之其地处珠江中上游，生态区位十分特殊。石漠化的广泛发育削弱了珠江上游水源涵养能力，严重阻碍当地生态文明建设和社会经济发展进程，对珠江流域下游生态安全构成潜在威胁，人地关系十分紧张。

23.4　桂西南石漠化特征及综合治理

23.4.1　桂西南石漠化特征

1. 桂西南石漠化成因

桂西南石漠化形成的因素是复杂多样的，受气候、土壤、地形地貌、水文及植被等自然因素的影响，同时也受人类活动和社会经济活动的影响，是一个复杂的综合体。

在自然因素方面，桂西南由于地处亚热带地区，气候温暖湿润，雨量充沛，光、热充足，雨热同期，为喀斯特地貌的发育提供了必要的溶蚀条件；碳酸盐岩大量分布为石漠化的大面积发育奠定了必要的物质基础。在长期强烈内外营力的作用下，桂西南的地形切割度及地面坡度比较大，岩石裂缝极度发育，形成了地表崎岖、山多坡陡、平地少的地表结构，容易导致水土流失。由于成土速率较小，喀斯特山区的土层非常浅薄，受到侵蚀后的石灰土的土壤结构容易遭到破坏，土壤的保肥保水能力减弱。由于缺少植物生长所必需的养分，植被生长困难，植被覆盖率低，岩石裸露面积增加。

不合理的人为活动是石漠化发生的根本原因。桂西南喀斯特山区社会经济发展水平较低、地域闭塞、交通不便、生产技术落后、人口众多。为了维持人口生计问题以破坏生态环境和自然资源来解决人口增长问题，通过毁林开垦、陡坡垦殖、过度樵采、过度放牧、采矿等解决温饱问题，使森林资源、地表植被遭到破坏，地表水土易流失，基岩大面积裸露，最终导致石漠化的形成。

2. 桂西南石漠化特点

桂西南石漠化主要特征有以下几个方面：①分布集中。我国石漠化基本上集中发生在西南喀斯特地貌区域，涉及的区域是相对固定的。在广西，石漠化也相对集中在桂西南和西北地区，其中桂西南地区的百色、崇左等地石漠化问题相对突出。②与以往的地区贫困关联性较大。已经有多项研究表明，石漠化与地区贫困存在关联，虽然不能说是石漠化导致了贫困，但从某种程度上来说，石漠化加剧了地区贫困。而地区贫困又反作用于石漠化，导致石漠化进一步扩大和恶化。③生态区位十分特殊。石漠化土地主要分布在桂西南的左江、右江流域，石漠化地区水土流失严重，河流泥沙含量高，这不仅直接影响本土水电资源的开发和利用，而且威胁珠江下游地区的生态安全，生态区位十分重要。

23.4.2　桂西南石漠化综合治理典型技术模式

2006 年，《国家中长期科学和技术发展规划纲要（2006—2020 年）》提出“生态脆弱区域生态系统功能的恢复重建”作为优先主题。2008 年，国务院批复了《岩溶地区石漠化综合治理规划大纲（2006—2015 年）》，启动了 100 个试点县治理工作，工程建设范围界定为贵州、云南、广西、湖南、湖北、四川、重庆、广东。从 2011 年开始，中央将预算内专项资金扶持的试点县改为综合治理重点县，规模由 100 个县扩大到 200 个县，逐步将 451 个县全部覆盖。广西壮族自治区人民政府办公厅在 2007 年印发了《广西壮族自治区人民政府关于印发<生态广西建设规划纲要>的通知》（桂政发〔2007〕34 号），制定了到 2010 年石漠化治理率达到 30%，到 2020 年石漠化治理率达到 70%的具体目标。2016 年的《广西岩溶地区石漠化综合治理工程项目建设管理实施细则》，对全区石漠化治理试点工程进行了具体的指导（吕诗，2013）。

为响应国家政策，有关部门2001年在平果等13个国家贫困县开展石漠化治理工程试点。桂西南石漠化趋势已得到有效遏制，实现了石山生态环境“稳步向好”，石漠化综合治理成效显著。

1. 治理技术

根据《广西壮族自治区岩溶地区石漠化综合治理规划》，桂西南石漠化主要治理措施为：建立桂西南岩溶山地水土保持重要生态功能保护区，实施严格的封山管护和封山育林；人工造林以水源涵养林和水土保持林为主，适当发展以珍贵用材树种为主的用材林；继续实施退耕还林、小流域综合治理等，尽快恢复林草植被；加强自然保护区建设管理，构建生态廊道，保护自然生态系统与重要物种栖息地，控制外来物种入侵；开展矿区生态恢复与重建。采取建设引水渠、排涝渠、拦山沟、小水池，以及坡改梯等工程措施，提高基本口粮田灌溉保肥能力。合理利用土地资源种植牧草，发展以山羊、奶水牛为主的养殖业（规划编写组和张菁，2008）。

2. 典型治理模式

桂西南石漠化问题的严重性受到政府的高度重视且政府出台了相关政策，给石漠化治理的研究工作提供了高度支持。多年来，不断对桂西南喀斯特地区石漠化治理工程试点进行探索，针对该地区的地理与气候条件等，在树种选择与综合治理模式方面进行了大量的研究，利用国家退耕还林、生态公益林补偿等政策，通过封山育林、退耕还林、界定公益林管护、综合治理试验、生态能源建设等措施，探索出了十多种石漠化综合治理典型模式。

（1）“饲料林—养殖”生态治理模式。平果市果化镇龙色村地处典型的喀斯特山区，岩石裸露度高，生态环境恶化，水旱灾害频繁，人均耕地面积少，群众生活水平低。该村采用“封、造、管、节、移”综合治理方式，即选择任豆和竹子混交造林＋封山育林＋建设沼气、集雨水柜＋生态移民＋转移富余劳动力的模式等。坚持利用乡土树种任豆进行造林，构建了“饲料林—养殖”的喀斯特生态重建模式，取得了良好的治理效益。任豆树根系发达，萌芽能力强，能沿石缝、石穴伸展固土，起到蓄养水源、保持水土的作用，且其鲜叶中含有较高的粗蛋白质，可作为饲料，是一种适应性强、速生丰产的石山优良乔木树种。通过种植任豆树，发展饲料林，不仅绿化了山体，提高植被覆盖度，且其叶子还可以作为饲料，增加经济收入。取树叶作为饲料后，剩下的木质枝条还可以做柴薪，既能解决石山区生活能源问题，又利于产业结构的调整及封山育林。现在全村石山已基本绿化，森林覆盖率较高，土壤湿度和肥力增强，水源增加，粮食自给有余，畜牧业得到发展，群众经济收入增加。

（2）“山顶林、山腰竹、山脚果药、地上粮桑”的立体生态发展模式。弄拉是南宁市一个典型的喀斯特高寒石山区，具有典型的岩溶地貌，石漠化严重，生态环境问题十分突出。弄拉人民通过封山育林保护植被，同时栽竹种果，移植中草药进行石漠化治理。南方竹子长得快，两三年即可出售，因此弄拉人民积极种竹子，并把这种造林办法称为以短养长，后来还逐步尝试种植了适宜石山地区生长的果树、木材、药材等。经过长期的实践和总结，探索出了“山顶林、山腰竹、山脚果和药、地上粮桑”的立体生态发展模式，形成了“以林为主、林果结合、套种药材、综合经营”的绿色经济新格局，建成了以枇杷、黄皮果、李果、柑橘、柿子、龙眼等为代表的水果基地，以金银花、两面针、土党参、苦丁茶、青天葵为代表的药材基地，以及以竹子、任豆树、椿树等为主的石山区用材林基地。经过对喀斯特峰丛山地可持续发展的资源、经济与环境的合理配置模式进行研究，建立了适合峰丛山地的立体生态农业模式，取得了显著的生态、经济与社会效益。在生态保护成效基础上，以“公司＋农户”的合作发展模式发展生态旅游、民俗旅游、低碳旅游，走生态旅游业致富之路，建设美好生态家园。

（3）“香椿＋金银花混交造林模式”“乔木任豆树、林下金银花模式”。隆林县地势南高东低，东南两部相对高差大，气候、土壤等环境因子差异极大，南部石山、东部土山的分布情况十分明显。根据这一实际情况，隆林县在退耕还林工程中因地制宜，采取了以封为主、封造结合的方式，在石山区种植香椿、酸枣、金银花、花椒等，并建沼气池节能等。确定了东部地区以发展马尾松为主，板栗为辅；南部地区以发展杉木、桦木为主，经济树种为辅，石山地区以发展香椿、酸枣为主，金银花、花椒等藤灌与乔木混交为辅的经营体系，形成“香椿＋金银花”混交造林模式。在山上栽植香椿树，在林下发展金银花，实现了以短养长、长短结合。同时积极探索并推广“公司＋基地＋农户”的联合退耕经营模式，解除了退耕户的后顾之忧，提高了退耕还林的造林成效。

（4）“任豆树与肥牛树混交”造林模式。天等县石山区生态综合治理实验区包括驮堪乡的南岭村、启新村至孔民村片区，是典型的石山区。由于当地群众对自然资源过度开发利用，以及毁林开垦等人为活动，石山区水土流失严重，山上林木尽失，石头显露，森林覆盖率超低，石漠化面积大。因此实施以退耕还林、封山育林为重点的生态林业工程，采取“任豆树与肥牛树混交”等造林模式。任豆树具有固水保土作用，可用做饲料、柴薪，肥牛树木材坚硬、结构细致，可用作建筑等用材，种子榨油可作工业用油。肥牛树含有丰富的营养物质，用其可解决家畜饲料问题。采用任豆树与肥牛树混交，既可绿化荒山，又能出产饲料和木材，具有较高的生态、社会和经济效益。此外，天等县配套草地建设与草食畜牧业发展工程、农田基础设施建设工程和水利水保配套工程，整合以工代赈、巩固退耕还林成果等项目资金，通过“造、封、管、节、永续利用”等措施，开展退耕还林、森林生态效益补偿、珠（海）防护林、森林抚育补贴、“绿满八桂”造林绿化工程等林业重点工程建设，大力实施坡改梯、水土保持、小流域治理、生态能源保护等生态保护措施，有效抑制了水土流失状况，天等县石山区的植被逐步得到恢复。

石山岩溶地区并非草木不生。只要树种选择得当，技术措施到位，方法科学，石漠化是可以治理的，石山岩溶地区造林绿化也是具有潜力的。

23.4.3 桂西南喀斯特植被变化

1. 桂西南植被覆盖度年际变化

以年为时间尺度，基于平均植被覆盖度进行分析。结果表明（图 23.1），2000～2019 年桂西南平均植被覆盖度总体上呈增加趋势，植被覆盖度改善，年平均覆盖度在 72%～84%，增速为 5.67%/10a，R^2＝0.9208。2014 年出现较大波动，2001 年植被覆盖度值为 19 年来最低值，为 72.32％；2017 年达到峰值，为 84.08%。桂西南地区 2000～2019 年植被覆盖度由 72.63%上升至 82.63%，增长率为 10 个百分点，表明植被整体生长状况开始好转。

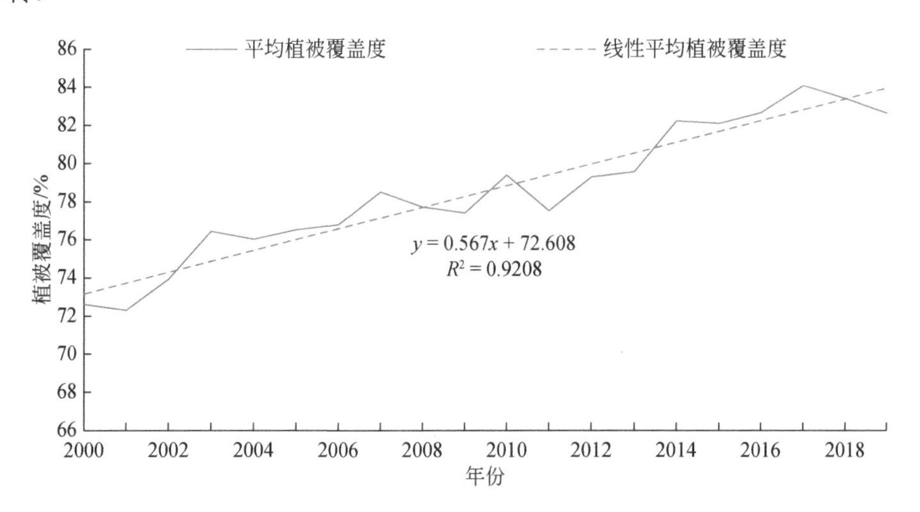

图 23.1 2000～2019 年桂西南植被覆盖度变化趋势图

桂西南地区植被覆盖度在 2000～2019 年大致可以划分为以下几个阶段：2000～2001 年植被覆盖度呈下降趋势；2002～2003 年植被覆盖度呈明显上升趋势；2003～2007 年植被覆盖度呈现先降后升的变化趋

势；2007～2012 年植被覆盖度呈现“W”形的波动过程，但总体呈现缓慢上升趋势；2012～2019 年植被覆盖度呈现波动上升—下降—上升—下降的趋势，且每年的植被覆盖度高于 19 年平均值。

2. 桂西南植被覆盖度空间分布格局分析

应用 ArcGIS 区域统计功能获取桂西南地区植被覆盖度变化趋势。从图 23.2 中可以看出，在过去的 19 年，桂西南地区植被覆盖度呈现正向变化，表明植被覆盖度得到了提高。区域植被覆盖度整体上呈现西北部地区高于东南部地区的分布格局。由不同时期、不同等级植被覆盖度分析可知（表 23.3），中植被覆盖度、中低植被覆盖度面积减少，高植被覆盖度面积增加。中植被覆盖度、中低植被覆盖度分别由 2000 年的 8170.83km^2、18195.57km^2 减少至 2019 年 3815.26km^2、12025.26km^2，减少量分别为 4355.57km^2、6170.31km^2，降幅分别为 5.77 个百分点、7.18 个百分点。高植被覆盖度由 2000 年的 23253.13km^2 增加至 2019 年的 33302.97km^2，增加量为 10049.84km^2，增幅为 13.32 个百分点，植被恢复明显好转。从图 23.3 中可以看出，区域西南部植被恢复明显，中低植被覆盖度面积减少、中及中高植被覆盖度面积增加，呈现好转态势。

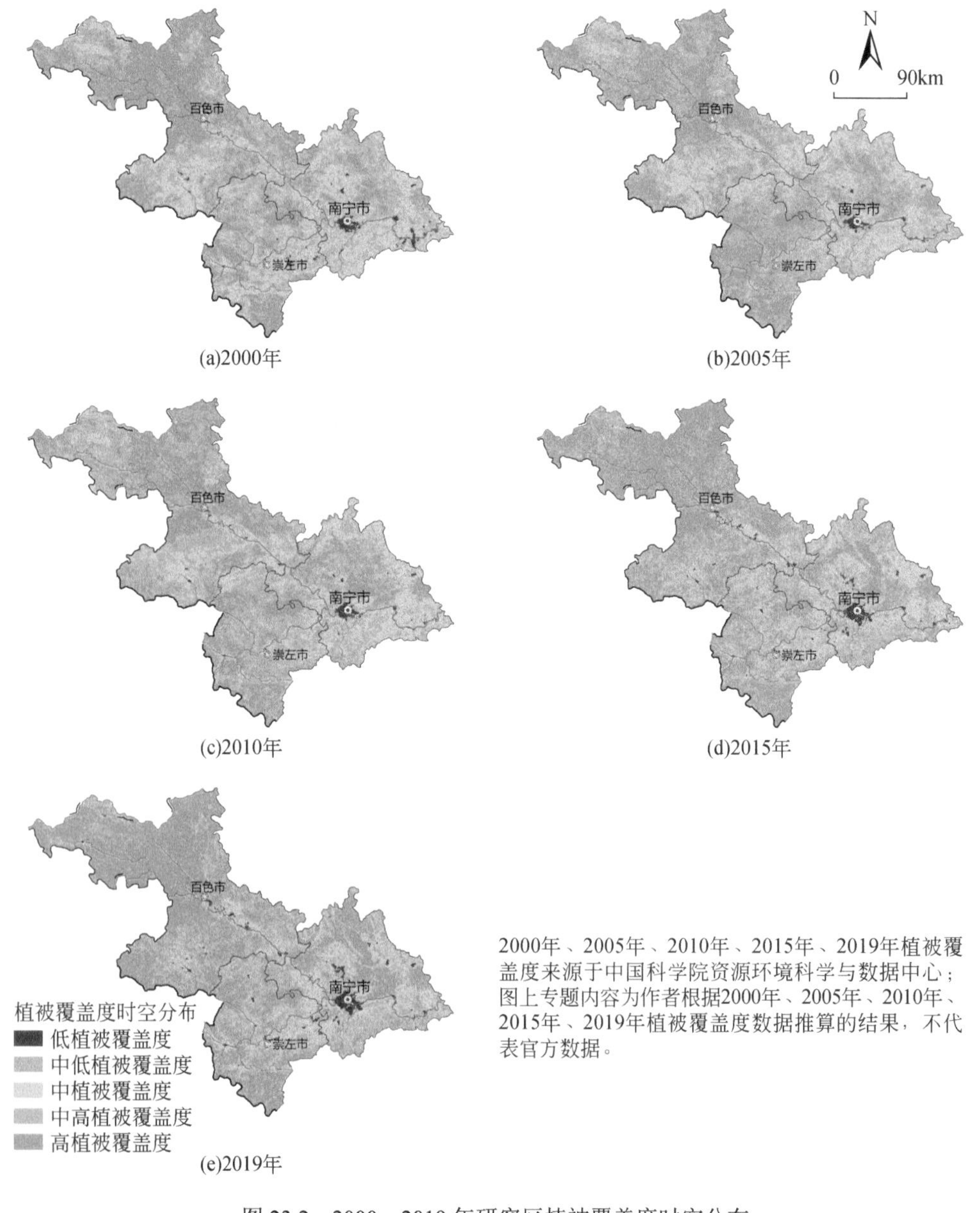

图 23.2　2000～2019 年研究区植被覆盖度时空分布

表 23.3　桂西南地区 2000～2019 年植被覆盖度统计

类型	2000 年		2005 年		2010 年		2015 年		2019 年	
	面积/km^2	比例/%	面积/km^2	比例/%	面积/km^2	比例/%	面积/km^2	比例/%	面积/km^2	比例/%
低植被覆盖度	689.94	0.91	374.60	0.50	448.91	0.6	877.74	1.16	1021.35	1.35
中低植被覆盖度	8170.83	10.83	4387.71	5.81	3322.16	4.4	3972.9	5.27	3815.26	5.06
中植被覆盖度	18195.57	23.12	17872.19	23.69	15523.18	20.57	15175.69	20.11	12025.26	15.94
中高植被覆盖度	25138.16	33.32	30081.23	39.87	32238.43	42.73	23872.77	31.64	25282.78	33.51
高植被覆盖度	23253.13	30.82	22731.91	30.13	23913.95	37.7	31548.49	41.82	33302.97	44.14

对桂西南 2000～2019 年每 5 年之间的植被覆盖度作两两差值分析，研究其变化特征。分别运用 ArcGIS 的栅格计算器作出 2000～2005 年、2005～2010 年、2010～2015 年、2015～2019 年植被覆盖度空间差值图，并将所获得的影像按明显退化、中度退化、基本不变、中度改善、明显改善 5 种进行重分类，并用 Excel 将各县域植被覆盖度面积分别进行统计（图 23.3）。

从表 23.4 中可以看出，桂西南地区 5 个时间段植被覆盖度中度改善、明显改善区域面积大于中度退化、明显退化区域面积。2000～2005 年区域内中部植被覆盖退化明显、西部及西南部植被覆盖明显改善；2005～2010 年区域内植被覆盖明显退化面积减少，总体上植被覆盖面积变化不大；2010～2015 年区域内植被覆盖明显退化面积增大，主要集中在中部及西南部，区域明显改善面积主要集中在西北部；2015～2019 年区域内植被覆盖退化面积减少，中度改善面积较中度退化面积占比大。总体上，2000～2019 年区域植被改善面积明显，以西南部植被改善最为明显。

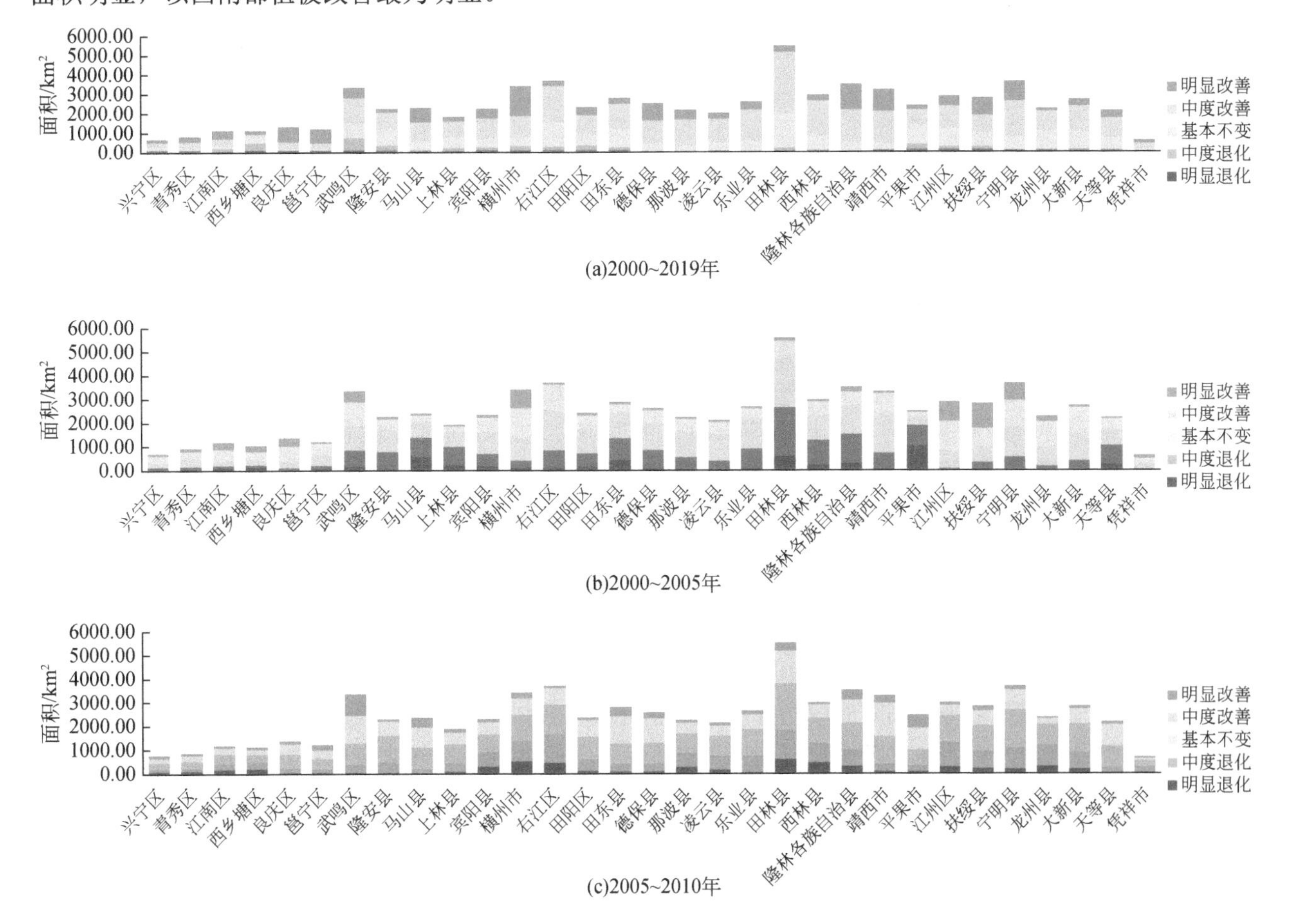

(a)2000~2019年

(b)2000~2005年

(c)2005~2010年

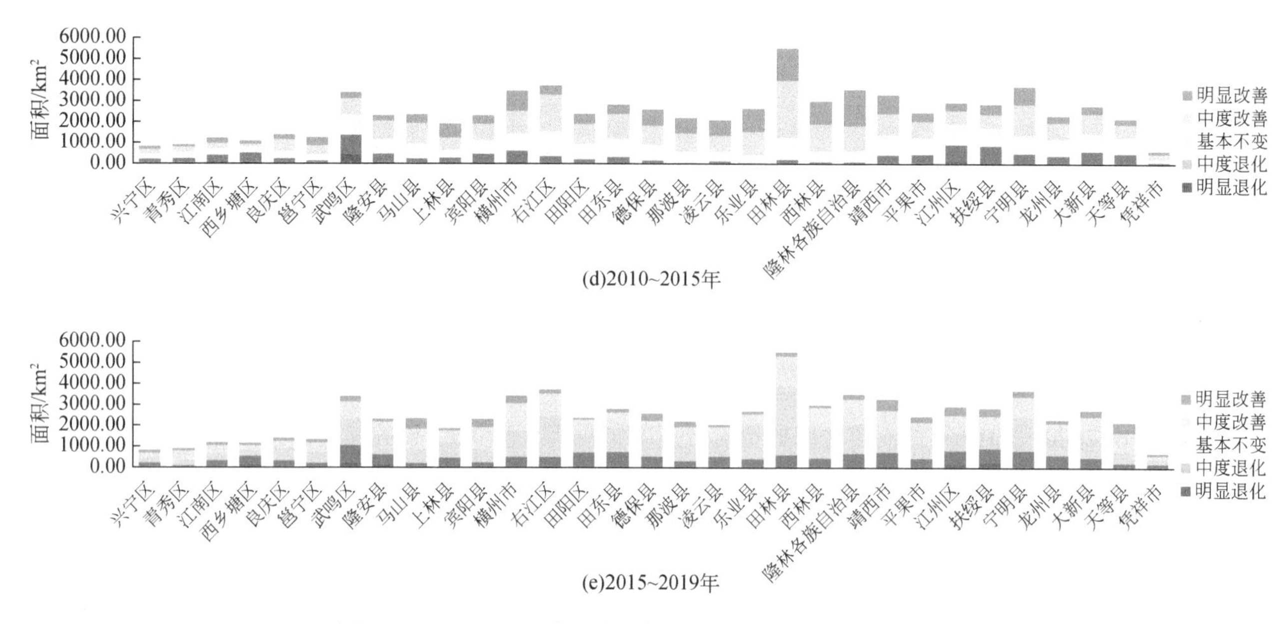

(d)2010~2015年

(e)2015~2019年

图 23.3　2000～2019 年研究区植被覆盖面积变化趋势分布图

表 23.4　桂西南地区植被覆盖变化趋势占比　　（单位：%）

变化趋势	2000～2005 年	2005～2010 年	2010～2015 年	2015～2019 年	2000～2019 年
明显退化	1.75	0.87	2.46	1.62	1.74
中度退化	18.62	17.68	18.79	14.99	18.62
基本不变	51.32	56.42	50.69	60.49	51.32
中度改善	23.7	23.46	25.13	21.19	23.7
明显改善	4.61	1.57	2.93	1.71	4.62

23.4.4　桂西南石漠化综合治理效益评估

据悉，党的十八大以来，桂西南认真践行“绿水青山就是金山银山”理念，将石漠化治理作为生态建设的重要考核指标，采取综合措施，加大资金投入，取得了明显的治理成效。为科学评价桂西南地区石漠化防治效果，掌握石漠化土地现状及动态变化趋势，本节采用定性和定量结合的手段，在建立桂西南石漠化综合治理效益评价体系的同时，对桂西南石漠化治理综合效益评价体系的各评价指标进行可持续性分析，以期为桂西南石漠化综合治理及效益评价提供科学依据。

目前石漠化治理效益评估体系还不够完善，且指标数值获取方法尚未规范，不同研究者对同一区域估算结果差异较大。通过对前人相关文献进行总结，确定 3 个层次 12 个指标的综合效益指标体系（表 23.5）。应用熵权法建立桂西南地区石漠化治理综合效益评价指标体系与权重（表 23.5）。根据桂西南石漠化治理综合效益评价指标体系，桂西南石漠化治理生态效益、经济效益、社会效益组合权重之比为 14.39∶66.85∶18.75。自石漠化治理以来，桂西南地区社会效益和经济效益比生态效益熵权大，数据波动更为明显。

桂西南地区石漠化治理不同时间段指标层各指标所占权重有一定差异，在 2005 年的石漠化治理中，植被覆盖率、经济密度、居民储蓄存款分别对生态、经济及社会效益有较大影响；2010 年在生态效益中，土地垦殖率有重要影响；2015 年在综合效益中，在所占权重较大的 5 个指标中，前 4 个属于经济效益，可见桂西南地区石漠化治理带动了经济产业的发展；2020 年，土地垦殖率由 2005 年的 4.39%减少至 2020 年的 1.98%，表明在桂西南地区随着石漠化治理的加强，人们对土地的开发程度降低。经过近十年的石漠化综合治理，桂西南地区的经济效益由 2005 年的 3.5872 增加至 2020 年的 4.1575，效益增幅明显。

表 23.5　桂西南地区石漠化治理综合效益评价指标体系与权重

目标层	准则层	准则层权重/%	指标层	熵值法权重/%			
				2005 年	2010 年	2015 年	2020 年
综合效益	生态效益	14.39	植被覆盖率	5.91	3.27	2.27	3.33
			植被净初级生产力	3.86	2.57	2.93	3.69
			生物丰度指数	3.83	3.28	3.63	2.51
			土地垦殖率	4.39	4.82	3.82	1.98
	经济效益	66.85	人均地区生产总值	10.37	15.26	10.45	11.91
			人均耕地面积	9.25	4.68	5.60	6.55
			经济密度	28.88	30.85	23.9	32.82
			第二、第三产业占比	3.97	6.09	23.18	4.36
			农林牧渔业总产值	7.36	9.07	8.05	13.78
	社会效益	18.75	农村居民可支配收入	7.52	6.16	4.44	5.13
			公路密度	4.72	5.05	2.06	4.93
			居民储蓄存款	9.94	8.90	7.67	9.02

根据综合评价模型［式（23.6）］，计算得到 2005～2020 年研究区生态、经济、社会及综合效益综合评价得分。为了更清晰地说明各年份生态、经济、社会及综合效益等级，进一步深入了解桂西南地区石漠化治理成效，基于研究区各地区的生态效益综合评价得分，在 ArcGIS10.8 软件中，采用自然断点法，将石漠化治理效益划分为 4 个等级，其生态效益的评价等级为差、中、良和优。将数据导出在 Excel 中，清晰展示桂西南地区各县域的生态效益等级分布。

桂西南地区 2005～2020 年石漠化治理的生态效益综合评价得分范围在 0.0106～0.1622、0.0126～0.1312、0.0120～0.1150、0.0256～0.0941，综合评价得分的平均值分别为 0.0953、0.0788、0.0657、0.0591，呈现缓慢减弱的趋势。2005～2015 年百色和崇左的大部分地区等级为良、优等级，由 2005 年的良等级的 5 个县域增加至 2010 年的 10 个县域，到 2020 年这些地区发生了极大的变化，大部分地区从 2015 年的优、良等级降为 2020 年的中、差等级，特别是田林县、凌云县、田阳区、田东县、平果市、江州区、扶绥县（表 23.6）。

表 23.6　2005～2020 年研究区石漠化治理生态效益等级分布

生态效益等级	县域	2005 年	县域	2010 年	县域	2015 年	县域	2020 年
差	邕宁区	0.0106	江南区	0.0126	江南区	0.0120	江南区	0.0256
	江南区	0.0116	邕宁区	0.0179	宾阳县	0.0224	邕宁区	0.0264
	西乡塘区	0.0299	西乡塘区	0.0288	邕宁区	0.0233	西乡塘区	0.0310
中	宾阳县	0.0504	宾阳县	0.0338	西乡塘区	0.0286	扶绥县	0.0363
	扶绥县	0.0644	扶绥县	0.0510	武鸣区	0.0379	宾阳县	0.0385
	良庆区	0.0660	横州市	0.0549	扶绥县	0.0406	江州区	0.0405
	武鸣区	0.0660	青秀区	0.0576	青秀区	0.0448	武鸣区	0.0438
	青秀区	0.0661	良庆区	0.0618	横州市	0.0465	田林县	0.0448
	横州市	0.0732	武鸣区	0.0621	良庆区	0.0468	凌云县	0.0503
	上林县	0.0765	江州区	0.0622	兴宁区	0.0489	上林县	0.0511
	平果市	0.0767	兴宁区	0.0638	江州区	0.0502	良庆区	0.0518
	兴宁区	0.0770	上林县	0.0647	上林县	0.0533	青秀区	0.0530
	江州区	0.0844	靖西市	0.0740	田阳区	0.0657	兴宁区	0.0536

续表

生态效益等级	县域	2005年	县域	2010年	县域	2015年	县域	2020年
中	马山县	0.0860	田阳区	0.0760	平果市	0.0679	隆安县	0.0545
	田阳区	0.0881	平果市	0.0763	田东县	0.0680	横州市	0.0551
	靖西市	0.0900	德保县	0.0786	隆安县	0.0692	平果市	0.0584
	田东县	0.0910	隆安县	0.0813	德保县	0.0762	田阳区	0.0589
	德保县	0.0918	龙州县	0.0857	天等县	0.0771	田东县	0.0610
良	天等县	0.0971	天等县	0.0862	宁明县	0.0796	龙州县	0.0663
	隆安县	0.0992	田东县	0.0874	马山县	0.0807	天等县	0.0675
	隆林各族自治县	0.1159	马山县	0.0875	龙州县	0.0808	大新县	0.0677
	大新县	0.1189	大新县	0.0907	大新县	0.0809	马山县	0.0687
	龙州县	0.1227	隆林各族自治县	0.1029	靖西市	0.0811	西林县	0.0707
优	凌云县	0.1348	凌云县	0.1087	右江区	0.0836	右江区	0.0735
	宁明县	0.1412	宁明县	0.1092	凭祥市	0.0856	隆林各族自治县	0.0744
	乐业县	0.1453	那坡县	0.1177	凌云县	0.0892	靖西市	0.0753
	右江区	0.1496	乐业县	0.1184	乐业县	0.0901	宁明县	0.0802
	那坡县	0.1548	凭祥市	0.1192	田林县	0.0914	乐业县	0.0817
	西林县	0.1553	右江区	0.1200	西林县	0.0987	凭祥市	0.0843
	凭祥市	0.1576	西林县	0.1200	隆林各族自治县	0.0991	德保县	0.0928
	田林县	0.1622	田林县	0.1312	那坡县	0.1150	那坡县	0.0941

2005～2020年桂西南地区石漠化治理的经济效益综合评价得分范围分别在0.0352～0.3840、0.0291～0.5216、0.0242～0.3937、0.0382～0.5119，综合评价得分的平均值分别为0.1157、0.1472、0.1175、0.1341，呈现缓慢增加的趋势。2005年只有青秀区的经济效益等级为优，大部分地区以中、差级别为主，经济效益状况堪忧；2010年，经济效益开始明显好转，青秀区、西乡塘区、江南区3个区等级为优，等级为良的有10个县域，由2005年处于差级别的14个县域减少至2010年的7个。总体上来说，桂西南地区石漠化治理带来的经济效益主要体现在西南部，以南宁为主，少数则有百色、崇左的部分地区（表23.7）。石漠化治理不仅是生态环境治理，同时也是经济产业的调整，由于南宁是首府，很多产业一开始考虑定点在南宁，一方面有利于增加就业机会，为附近贫困地区提供就业机会，吸引贫困等地区人口就业；另一方面，通过增加人口就业，减少喀斯特石漠化地区人民对土地的过分开发利用。

表23.7　2005～2020年研究区石漠化治理经济效益等级分布

经济效益等级	县域	2005年	县域	2010年	县域	2015年	县域	2020年
差	那坡县	0.0352	那坡县	0.0291	凌云县	0.0242	田林县	0.0382
	凌云县	0.0460	西林县	0.0376	田林县	0.0275	西林县	0.0383
	乐业县	0.0523	田林县	0.0401	乐业县	0.0320	乐业县	0.0472
	田林县	0.0555	凌云县	0.0468	隆林各族自治县	0.0367	凌云县	0.0492
	德保县	0.0588	乐业县	0.0476	西林县	0.0374	隆林各族自治县	0.0535
	上林县	0.0606	上林县	0.0518	马山县	0.0401	那坡县	0.0627
	靖西市	0.0616	马山县	0.0559	那坡县	0.0435	马山县	0.0655
	马山县	0.0618	隆安县	0.0760	天等县	0.0467	天等县	0.0710

续表

经济效益等级	县域	2005 年	县域	2010 年	县域	2015 年	县域	2020 年
差	隆林各族自治县	0.0649	隆林各族自治县	0.0798	上林县	0.0499	德保县	0.0749
	邕宁区	0.0710	宁明县	0.0802	德保县	0.0639	上林县	0.0754
	天等县	0.0722	邕宁区	0.0889	隆安县	0.0742	靖西市	0.0779
	宁明县	0.0834	田阳区	0.0922	靖西市	0.0755	田阳区	0.0805
	隆安县	0.0873	天等县	0.0927	邕宁区	0.0824	宁明县	0.0881
	江南区	0.0920	德保县	0.1042	平果市	0.0832	田东县	0.0947
中	龙州县	0.1085	扶绥县	0.1088	田阳区	0.0834	隆安县	0.0978
	西乡塘区	0.1086	靖西市	0.1165	右江区	0.0893	大新县	0.1047
	大新县	0.1088	大新县	0.1182	良庆区	0.0987	平果市	0.1063
	田东县	0.1165	龙州县	0.1228	宁明县	0.0991	凭祥市	0.1134
	西林县	0.1195	田东县	0.1372	大新县	0.1021	龙州县	0.1194
	横州市	0.1282	宾阳县	0.1385	田东县	0.1064	邕宁区	0.1456
	宾阳县	0.1332	平果市	0.1517	凭祥市	0.1076	宾阳县	0.1461
	凭祥市	0.1374	江州区	0.1526	龙州县	0.1242	右江区	0.1468
	田阳区	0.1401	凭祥市	0.1572	横州市	0.1393	扶绥县	0.1614
良	武鸣区	0.1558	良庆区	0.1575	扶绥县	0.1406	横州市	0.1662
	平果市	0.1595	横州市	0.1639	江州区	0.1414	江州区	0.1708
	扶绥县	0.1599	右江区	0.1756	武鸣区	0.1926	良庆区	0.2086
	兴宁区	0.1613	武鸣区	0.1907	江南区	0.2376	兴宁区	0.2302
	江州区	0.1769	兴宁区	0.2967	兴宁区	0.2540	武鸣区	0.2367
	良庆区	0.1848	西乡塘区	0.4495	西乡塘区	0.2881	江南区	0.2853
	右江区	0.2017	江南区	0.4823	宾阳县	0.3271	西乡塘区	0.2891
优	青秀区	0.3840	青秀区	0.5216	青秀区	0.3937	青秀区	0.5119

2005～2020 年桂西南地区石漠化治理的社会效益综合评价得分范围为 0.0013～0.1676、0.0126～0.1859、0.0109～0.1165、0.0129～0.1528，综合评价得分的平均值分别为 0.0794、0.0887、0.0519、0.0759，呈现上下波动的趋势。总体上来看，社会效益提升明显，石漠化治理社会效益处于优、良等级的县域由 2005 年的 11 个增加至 2020 年的 15 个，石漠化治理社会效益处于差等级的县域由 2005 年的 8 个减少至 2020 年的 5 个，其中右江区、田阳区、田东县、平果市、江州区、良庆区、宾阳县、隆林县、靖西市、德保县的社会效益提升明显（图 23.4）。这说明桂西南地区石漠化治理在对生态进行治理的同时，喀斯特地区衍生产业推动了经济的发展，经济的发展反过来促进人民生活水平的提高。

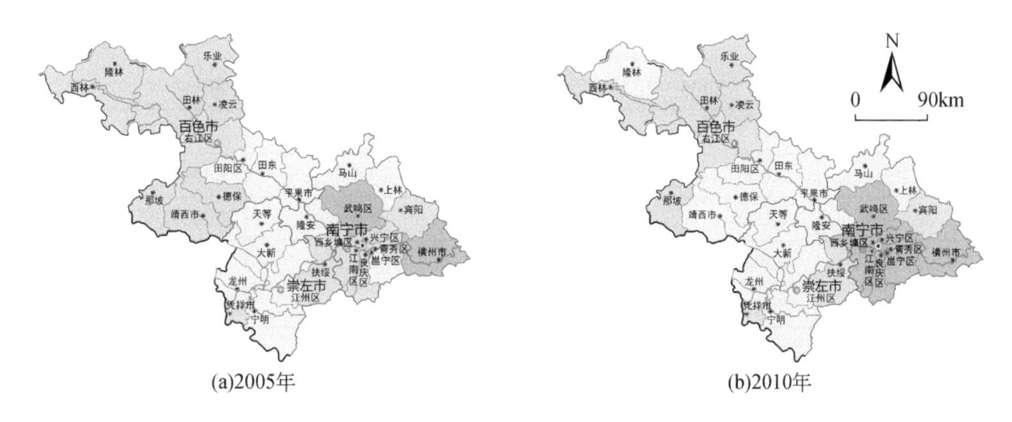

(a)2005年　(b)2010年

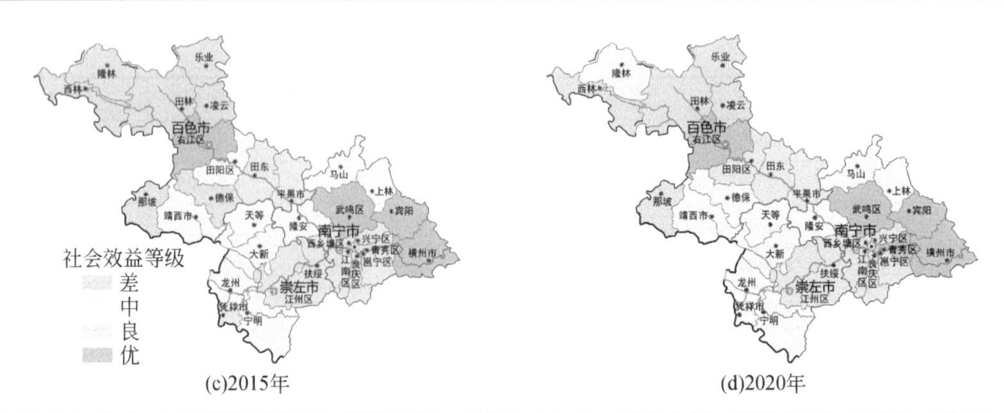

农村居民人均可支配收入、居民储蓄存款数据来源于2005年、2010年、2015年、2020年《广西统计年鉴》；2005年、2010年、2015年、2020年公路密度数据来源于广西壮族自治区交通运输厅官网；图上专题内容为作者根据2000年、2005年、2010年、2015年、2020年农村居民人均可支配收入、居民储蓄存款、公路密度数据推算出的结果，不代表官方数据。

图 23.4 2005～2020 年研究区石漠化治理社会效益等级空间分布

2005～2020 年桂西南地区石漠化治理的综合效益综合评价得分范围分别在 0.1561～0.5667、0.1703～0.7650、0.1344～0.5103、0.1182～0.6805，综合评价得分的平均值分别为 0.2904、0.3148、0.2351、0.2691，呈上下波动的趋势。石漠化治理较为明显的地区主要分布在南宁的大部分区域和百色的右江区，2005 年有 12 个县域的石漠化治理综合效益处于差级别，2010 年有 13 个县域的石漠化治理综合效益处于差级别，2015 年有 11 个县域的石漠化治理综合效益处于差级别，2020 年有 9 个县域的石漠化治理综合效益处于差级别。总体上来说大部分县域的石漠化治理的综合效益处于差、中级别，南宁大部分县域处于良级别（图 23.5、表 23.8）。这可能是由于南宁相对于百色、崇左经济较为发达，对石漠化治理的投资力度也相对较大，人们对于石漠化的认识程度也相对较高，对石漠化治理的支持力度较大，因而石漠化治理综合效益较为明显；百色、崇左部分县域处于大山深处，人口以老人和小孩为主，对土地资源开垦过度，文化教育水平低，石漠化治理程度较大，效益提升较慢，因而百色、崇左的石漠化治理综合效益相对于南宁来说提升速度较慢。

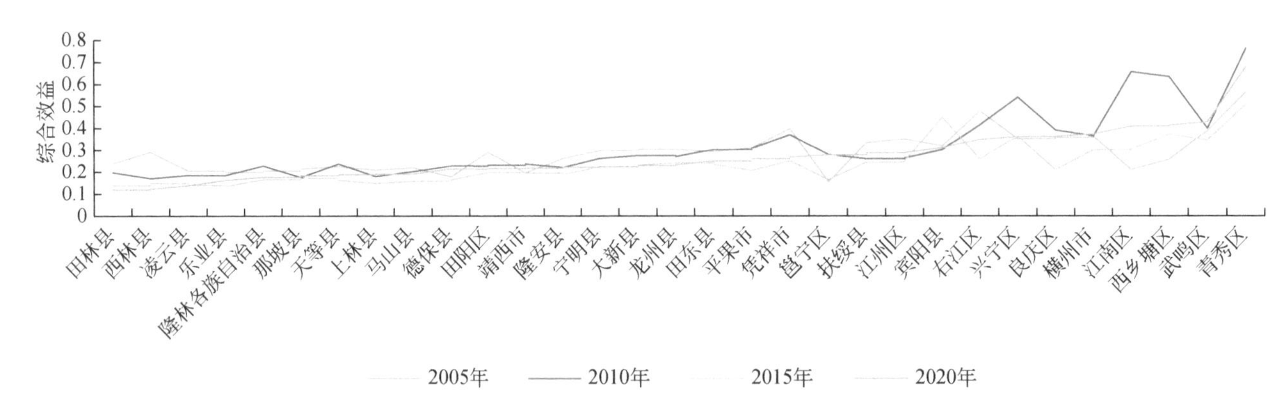

图 23.5 2005～2020 年研究区石漠化治理综合效益等级趋势分布

表 23.8 2005～2020 年研究区石漠化治理综合效益等级分布

综合效益等级	县域	2005 年	县域	2010 年	县域	2015 年	县域	2020 年
差	邕宁区	0.1561	西林县	0.1703	乐业县	0.1344	田林县	0.1182
	德保县	0.1775	那坡县	0.1749	田林县	0.1381	西林县	0.1219
	靖西市	0.1968	上林县	0.1793	凌云县	0.1389	凌云县	0.1374
	乐业县	0.1989	乐业县	0.1846	西林县	0.1471	乐业县	0.1618
	凌云县	0.2045	凌云县	0.1847	上林县	0.1476	隆林各族自治县	0.1752
	隆林各族自治县	0.2052	田林县	0.1971	马山县	0.1578	那坡县	0.1832

续表

综合效益等级	县域	2005 年	县域	2010 年	县域	2015 年	县域	2020 年
差	上林县	0.2090	马山县	0.2016	天等县	0.1616	天等县	0.1863
	江南区	0.2121	隆安县	0.2213	德保县	0.1640	上林县	0.1903
	那坡县	0.2139	德保县	0.2272	隆林各族自治县	0.1649	马山县	0.1905
	马山县	0.2191	隆林各族自治县	0.2272	邕宁区	0.1663	德保县	0.2137
	天等县	0.2249	田阳区	0.2328	那坡县	0.1709	田阳区	0.2158
	田林县	0.2406	天等县	0.2361	隆安县	0.1890	靖西市	0.2181
中	西乡塘区	0.2586	靖西市	0.2376	靖西市	0.1961	隆安县	0.2215
	隆安县	0.2622	扶绥县	0.2611	田阳区	0.1981	宁明县	0.2238
	西林县	0.2916	宁明县	0.2626	平果市	0.2077	大新县	0.2298
	田阳区	0.2923	江州区	0.2645	良庆区	0.2111	龙州县	0.2321
	田东县	0.2944	龙州县	0.2711	宁明县	0.2246	田东县	0.2501
	宁明县	0.3003	大新县	0.2761	大新县	0.2316	平果市	0.2593
	龙州县	0.3064	邕宁区	0.2810	田东县	0.2351	凭祥市	0.2682
	大新县	0.3071	宾阳县	0.3030	龙州县	0.2421	邕宁区	0.2782
	平果市	0.3125	田东县	0.3041	扶绥县	0.2457	扶绥县	0.2872
	宾阳县	0.3200	平果市	0.3099	江州区	0.2511	江州区	0.2882
良	扶绥县	0.3355	横州市	0.3664	凭祥市	0.2516	宾阳县	0.3110
	江州区	0.3521	凭祥市	0.3711	右江区	0.2605	右江区	0.3486
	兴宁区	0.3531	良庆区	0.3925	横州市	0.3023	兴宁区	0.3619
	良庆区	0.3585	武鸣区	0.4014	江南区	0.3052	良庆区	0.3636
	横州市	0.3642	右江区	0.4164	武鸣区	0.3461	横州市	0.3741
	武鸣区	0.3895	兴宁区	0.5423	兴宁区	0.3638	江南区	0.4098
	凭祥市	0.3996	西乡塘区	0.6359	西乡塘区	0.3725	西乡塘区	0.4138
优	右江区	0.4797	江南区	0.6582	宾阳县	0.4509	武鸣区	0.4289
	青秀区	0.5667	青秀区	0.7650	青秀区	0.5103	青秀区	0.6805

23.5　桂西南喀斯特统筹共治研究

23.5.1　桂西南喀斯特社会-生态系统恢复力评估

主要从复杂动力学角度研究社会-生态系统恢复力，为人地关系和可持续发展研究提供新的视角。恢复力具有 3 个典型属性：①系统保持自身结构和功能不变的量；②系统的自组织能力；③系统的学习适应能力。一个具有恢复力的系统可以将危机转化为进入更理想状态的机会，社会-生态系统是人与自然紧密结合的开放适应系统，易受到外界干扰，具有不可预期、非线性和多稳态等多种特征。社会-生态系统的动态变化过程往往由一些关键变量控制和决定，在系统运行过程中，某一要素发生变化将引起其他要素变化，从而使系统发生巨变。直接测度恢复力是困难的，但可以通过在系统中选取具有前瞻性且可测量的关键替代因子进行测度。桂西南喀斯特生境具有异质性，生态环境十分敏感，因而对其社会-生态系统恢复力进行评估显得十分重要。

由于尚未形成广泛应用的测度体系，按照研究框架将社会-生态系统解构为社会、经济、生态三大子系统，分别根据脆弱性和适应能力两大要素构建指标体系。按照科学性、系统性和数据可获得性等原则，遴选出控制系统的关键变量，结合熵值法建立桂西南喀斯特社会-生态系统评价体系与权重（表 23.9）。

表 23.9　桂西南喀斯特社会-生态系统评价指标体系与权重

系统层	准则层	指标层	指标解释及影响性质	熵值权重%			
				2005 年	2010 年	2015 年	2020 年
社会系统	脆弱性	人口密度 X_1	衡量系统人口特征（−）	0.0131	0.0084	0.0128	0.0126
		公路密度 X_2	衡量系统可进入性（+）	0.0313	0.0322	0.0141	0.0327
		普通在校中学生占人口比重 X_3	衡量系统学习能力（+）	0.0467	0.0203	0.0234	0.0277
	适应能力	社会消费品总额 X_4	衡量系统消费能力（+）	0.1798	0.1911	0.1762	0.2095
		拥有医疗卫生床位数 X_5	衡量医疗卫生情况（+）	0.0813	0.1383	0.0882	0.1049
		城乡居民储蓄存款余额 X_6	衡量社会储蓄情况（+）	0.0659	0.0568	0.0522	0.0598
经济系统	脆弱性	金融机构贷款 X_7		0.0075	0.0092	0.0112	0.0103
		二三产业产值占比 X_8	衡量区域产业结构水平（+）	0.0263	0.0389	0.1646	0.0289
		人均粮食产量 X_9	衡量农业在经济发展中的健康水平（+）	0.0665	0.0319	0.0309	0.0403
	适应能力	人均 GDP X_{10}	衡量人均经济水平（+）	0.0688	0.0975	0.0711	0.0790
		经济密度 X_{11}	衡量地区经济发展程度（+）	0.1914	0.1970	0.1695	0.2176
		农村居民人均可支配收入 X_{12}	衡量农村收入水平（+）	0.0498	0.0393	0.0302	0.0385
生态系统	脆弱性	年降水量 X_{13}	衡量自然条件（+）	0.0149	0.0138	0.0375	0.0391
		土地垦殖率 X_{14}	衡量系统土地特征（−）	0.0290	0.0308	0.0260	0.0131
		生物丰度 X_{15}	衡量生物情况（+）	0.0254	0.0209	0.0247	0.0167
	适应能力	植被覆盖度 X_{16}	衡量植被抗干扰能力和缓冲能力（+）	0.0392	0.0209	0.0155	0.0224
		植物净初级生产力 X_{17}	衡量植被恢复能力（+）	0.0256	0.0164	0.0200	0.0245
		土地利用强度 X_{18}	衡量系统适应能力（+）	0.0375	0.0363	0.0319	0.0224

采用熵权法计算桂西南喀斯特社会-生态系统各子系统恢复力评价值。利用 ArcGIS 和自然间断法将计算结果分为 5 级并对结果进行可视化表达。2005 年、2010 年、2015 年、2020 年桂西南喀斯特社会系统恢复力平均值分别为 0.2119、0.1815、0.2124、0.2170，呈现先减小后增大的趋势。2005 年社会系统恢复力较高地区主要集中在南宁大部分地区和百色市的右江区，如武鸣区、宾阳县、横州市、右江区显著高于其他县域，尤其是以宾阳县社会系统恢复力增强最为显著，通过发展经济项目，其城镇化进程加快，社会系统恢复力持续处于较高状态。2010 年社会系统恢复力较高的县域有所增加，由 2005 年的 4 个恢复力较高的县域提高至 2010 年的 8 个县域，江南区、西乡塘区社会系统恢复力等级提高至高等级。截至 2020 年，除个别县域等级有所降低以外，相对于 2015 年社会系统恢复力较高的区域仍保持在较高水平（表 23.10）。恢复力等级提高显著主要是由于随着桂西南地区石漠化治理等国家政策对桂西南地区的扶持，社会公路设施日渐完善、医疗卫生机构床位数显著上升、接受教育的普通在校中学生人数也越来越多，社会消费能力显著提高。随着人们生活水平提升速度的放缓，除南宁的兴宁区、青秀区、江南区、西乡塘区、宾阳县、横州市、右江区仍处于较高水平以上以外，个别县域出现降低趋势。

表 23.10　2005～2020 年研究区社会系统恢复力等级分布

社会系统恢复力等级	县域	2005 年	县域	2010 年	县域	2015 年	县域	2020 年
低	德保县	0.0769	西林县	0.0595	德保县	0.0869	西林县	0.0861
	田林县	0.0921	田林县	0.0647	龙州县	0.0980	龙州县	0.0867
	邕宁区	0.1018	江州区	0.0662	那坡县	0.0980	田林县	0.0953
	西林县	0.1018	乐业县	0.0695	田林县	0.0985	那坡县	0.0954
	那坡县	0.1058	那坡县	0.0734	田阳区	0.1033	天等县	0.0980

续表

社会系统恢复力等级	县域	2005 年	县域	2010 年	县域	2015 年	县域	2020 年
较低	隆林各族自治县	0.1229	大新县	0.0774	西林县	0.1050	德保县	0.0988
	大新县	0.1267	德保县	0.0790	宁明县	0.1064	乐业县	0.1036
	田阳区	0.1327	天等县	0.0836	大新县	0.1070	宁明县	0.1055
	凌云县	0.1341	龙州县	0.0878	凭祥市	0.1078	大新县	0.1076
	良庆区	0.1353	凌云县	0.0886	隆林各族自治县	0.1098	凌云县	0.1122
	乐业县	0.1426	宁明县	0.0889	天等县	0.1139	凭祥市	0.1124
	马山县	0.1439	隆林各族自治县	0.0939	江州区	0.1157	马山县	0.1153
	靖西市	0.1456	田阳区	0.0978	凌云县	0.1161	田阳区	0.1156
	龙州县	0.1463	隆安县	0.1052	邕宁区	0.1171	隆安县	0.1232
	天等县	0.1467	马山县	0.1066	良庆区	0.1176	隆林各族自治县	0.1240
	江州区	0.1512	上林县	0.1076	乐业县	0.1185	上林县	0.1274
	宁明县	0.1524	靖西市	0.1104	马山县	0.1228	扶绥县	0.1314
	隆安县	0.1639	扶绥县	0.1165	隆安县	0.1263	田东县	0.1372
中等	上林县	0.1746	田东县	0.1204	扶绥县	0.1292	靖西市	0.1403
	扶绥县	0.1876	凭祥市	0.1219	上林县	0.1299	江州区	0.1431
	田东县	0.1891	平果市	0.1369	田东县	0.1397	邕宁区	0.1494
	凭祥市	0.1939	邕宁区	0.2185	靖西市	0.1400	平果市	0.1714
	平果市	0.2050	良庆区	0.2187	平果市	0.1530	良庆区	0.1815
	江南区	0.2085	武鸣区	0.2263	武鸣区	0.2572	武鸣区	0.2365
	西乡塘区	0.2232	江南区	0.2380	右江区	0.2880	宾阳县	0.2756
较高	武鸣区	0.3115	右江区	0.2439	横州市	0.3019	横州市	0.2906
	横州市	0.3711	宾阳县	0.2663	宾阳县	0.3070	右江区	0.3661
	右江区	0.3935	横州市	0.2670	江南区	0.5327	江南区	0.5613
	宾阳县	0.4014	西乡塘区	0.4298	兴宁区	0.6910	兴宁区	0.6911
高	青秀区	0.6736	兴宁区	0.6682	西乡塘区	0.7650	西乡塘区	0.7350
	兴宁区	0.7129	青秀区	0.8947	青秀区	0.7826	青秀区	0.8095

2005 年、2010 年、2015 年、2020 年桂西南喀斯特经济系统恢复力平均值分别为 0.2036、0.2257、0.1680、0.2047，呈现先增大后减小再增大的趋势。2005 年南宁市的青秀区、兴宁区、良庆区、武鸣区、右江区、平果市的经济系统恢复力都处于较高水平及以上，2010 年西乡塘区、江南区经济系统恢复力显著增强，2015 年江州区、扶绥县、西林县、天等县、大新县、龙州县、凭祥市、隆安县、西乡塘区、江南区、良庆区为较低或低等级，尤其是江州区和扶绥县，2020 年西乡塘区、江南区、兴宁区在经济增长极的辐射作用下经济系统恢复力等级提高（图 23.6）。经济系统恢复力等级提高主要是由于经济发展水平提高，人均 GDP、经济密度显著增加，人均 GDP、经济密度增加越显著的地区恢复力增强越显著。经济系统恢复力分布格局与区域分布基本吻合，高水平地区主要是南宁市的青秀区。经济系统恢复力严重依赖人均 GDP 和经济密度，大部分县域经济系统恢复力一直处于低水平状态，提高这些低水平县域的经济是提高桂西南喀斯特整体经济系统恢复力的关键。

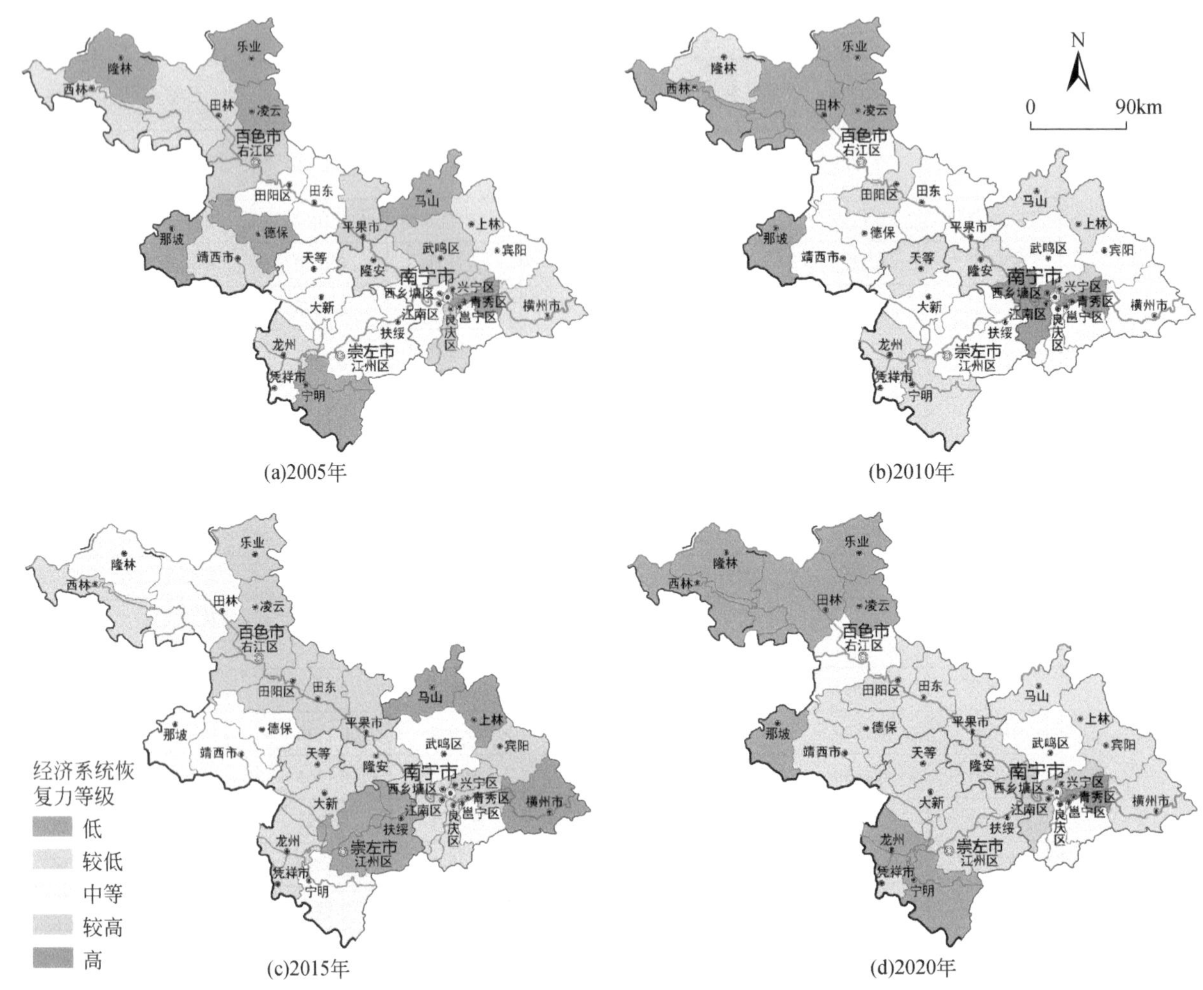

金融机构贷款、人均GDP、农村居民可支配收入、二三产业产值占比、人均粮食产量数据源于2005年、2010年、2015年、2020年《广西统计年鉴》；图上专题内容为作者根据2005年、2010年、2015年、2020年金融机构贷款、人均GDP、农村居民可支配收入、二三产业产值占比、人均粮食产量数据推算出的结果，不代表官方数据。

图 23.6　2005～2020 年研究区经济系统恢复力等级空间分布

2005 年、2010 年、2015 年、2020 年桂西南喀斯特生态恢复力平均值分别为 0.5059、0.5207、0.4835、0.4606，呈现先增大后减小的态势，空间分异特征显著。由 2005 年的 7 个县域处于较高等级，增加至 2010 年的 13 个县域，尤其是田东县、天等县、马山县、上林县、武鸣区、青秀区等级显著提高（图 23.7）。2008 年前后，国家一系列生态工程——西南地区石漠化专项治理、退耕还林（还草）的实施有利于植被生长，植被净初级生产力增强，气候条件和人类活动使植被覆盖度增加，水土流失等问题得到改善，2010 年后为退耕还林（还草）巩固期，造林面积逐渐减少。

2005 年、2010 年、2015 年、2020 年桂西南喀斯特社会-生态系统恢复力平均值分别是 0.2408、0.2264、0.2134、0.2293，呈现先减小后增大的态势。在空间上，桂西南喀斯特社会-生态系统恢复力呈现高值集中分布、低值分散的特征，南宁大部分县域恢复力始终处于较高水平，西北部及西部区域为较低及以下状态，如隆林各族自治县、凌云县、宁明县等县域（图 23.8），低值区域则因为社会、经济或生态条件方面的限制而恢复力状态不稳定。2005 年，生态系统恢复力>社会系统恢复力>经济系统恢复力；2010 年，生态系统恢复力>经济系统恢复力>社会系统恢复力；2015 年，生态系统恢复力>社会系统恢复力>经济系统恢复力；2020 年，生态系统恢复力>社会系统恢复力>经济系统恢复力，表明生态系统恢复力增强对社会-生态系统恢复力具有显著的促进作用，社会-生态系统恢复力较高的县域经济系统恢复力也较高。生态系统与社会-生态系统变化趋势不协同，生态系统恢复力较高的县域，其社会-生态系统恢复力不一定高。

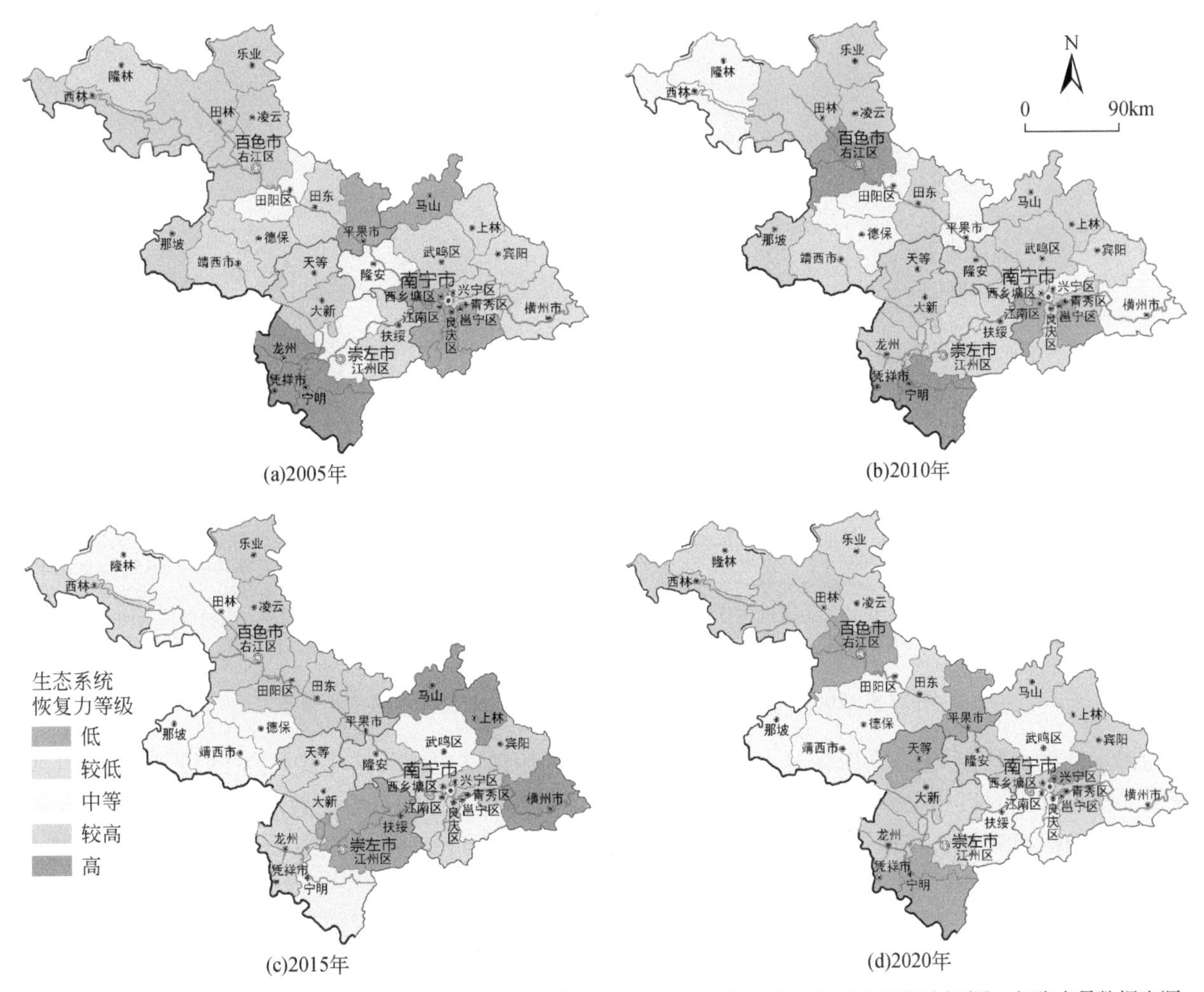

耕地、林地、草地、水域、建设用地面积数据来源于2005年、2010年、2015年、2020年《广西统计年鉴》；年降水量数据来源于2005年、2010年、2015年、2020年《广西壮族自治区水资源公报》；2005年、2010年、2015年、2020年NDVI、NPP数据来源于中国科学院资源环境科学与数据中心；图上专题内容为作者根据2005年、2010年、2015年、2020年耕地、林地、草地、水域、建设用地面积、年降水量、NDVI、NPP数据推算出的结果，不代表官方数据。

图 23.7　2005～2020 年研究区生态系统恢复力等级空间分布

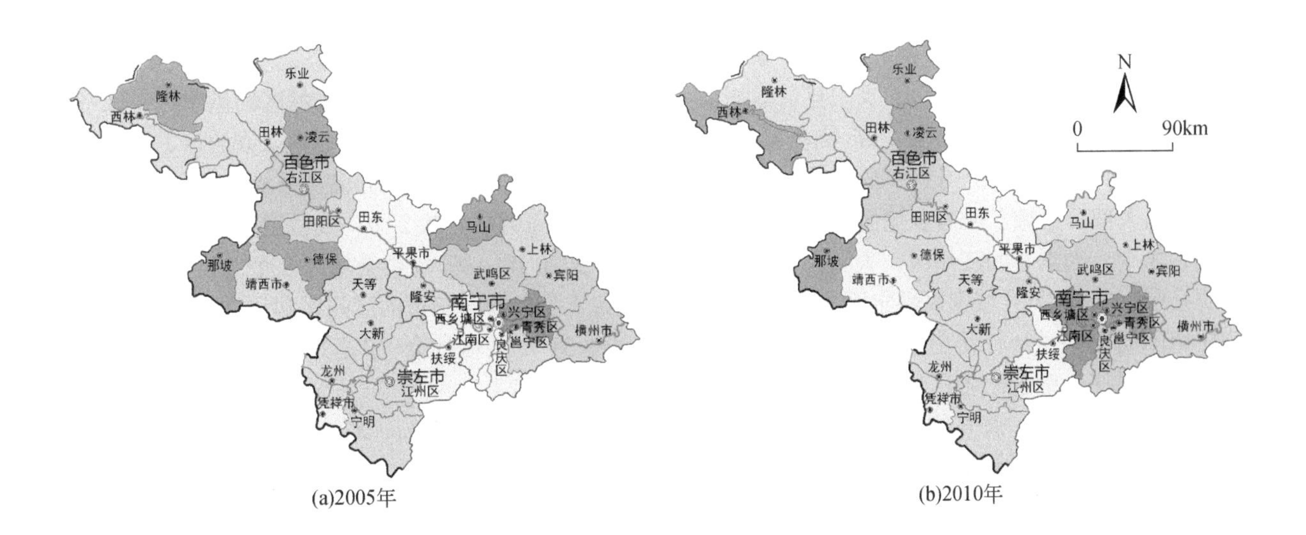

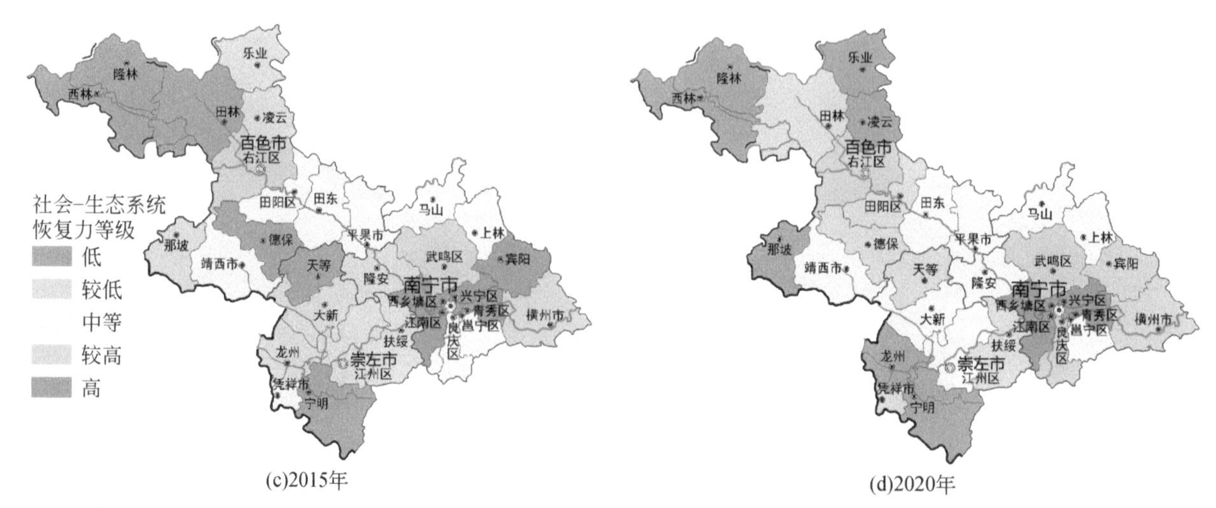

人口密度、公路网密度、拥有医疗卫生床位数、金融机构贷款、二三产业产值占比、人均粮食产量、人均GDP、农村居民人均可支配收入、普通在校中学生、耕地、林地、草地、水域、建设用地面积数据来源于2005年、2010年、2015年、2020年《广西统计年鉴》；2005年、2010年、2015年、2020年公路密度数据来源于广西壮族自治区交通运输厅官网；2005年、2010年、2015年、2020年NDVI、NPP数据来源于中国科学院资源环境科学与数据中心；图上专题内容为作者根据2005年、2010年、2015年、2020年人口密度、公路网密度、拥有医疗卫生床位数、金融机构贷款、二三产业产值占比、人均粮食产量、人均GDP、农村居民人均可支配收入、普通在校中学生、耕地、林地、草地、水域、建设用地面积、公路密度、NDVI、NPP数据推算出的结果，不代表官方数据。

图 23.8 2005～2020 年研究区社会-生态系统恢复力等级空间分布

为揭示桂西南社会-生态系统恢复力空间格局特征，采用局部自相关法［式（23.15）］对社会-生态系统恢复力值进行空间自相关分析。2005 年、2010 年、2015 年、2020 年 Moran'*I* 指数均为正值，分别为 0.5235、0.7485、0.7048、0.7251，均通过了 5%的显著性水平检验（表 23.11）。由此可见，社会-生态系统恢复力具有显著的空间正相关性。

表 23.11 全局相关性分析结果

指标	2005 年	2010 年	2015 年	2020 年
Moran's *I* 指数	0.5235	0.7485	0.7048	0.7251
Z	5.2724	7.1820	6.2797	6.7446
P	0	0	0	0

注：Moran's *I* 为空间自相关指数；*Z* 为 *Z*-value；*P* 为显著性水平。

2005～2020 年桂西南喀斯特社会-生态系统恢复力局部空间自相关 Moran's *I* 指数呈现较为明显的空间集聚趋势，主要集聚类型为高-高、低-高、低-低三种类型（图 23.9）。2005 年，高-高类县域共 4 个，主要分布在南宁市的兴宁区、青秀区、宾阳县、横州市；低-高类县域 2 个，分布在西乡塘区和邕宁区；低-低类县域有 1 个，为靖西市。2010 年，高-高类县域共 8 个，主要分布在南宁市，如青秀区、兴宁区、横州市等；低-高类县域有 1 个，为邕宁区；低-低类县域为崇左市的大新县。2015 年，高-高类县域共 7 个，主要分布在南宁市的大部分县域，如西乡塘区、江南区、宾阳县等；低-高类县域共 2 个，为邕宁区和良庆区；低-低类县域共 3 个，为崇左的江州区、大新县及百色的靖西市。2020 年，高-高类县域共 8 个，也主要集中在南宁市的县域；低-高类县域则以邕宁区为主；低-低类县域共 2 个，为崇左市的江州区和凭祥市。

应用障碍度模型计算得出 2005～2020 年桂西南喀斯特 31 个县域社会-生态系统恢复力的障碍因子，并对其进行排序，筛选出各区域前 5 位恢复力障碍因子（表 23.12）。

从区域总体来看，前 6 位恢复力障碍因子出现次数由大到小排序为 X_{13}、X_8、X_6、X_7、X_9、X_{12}。X_{13}、X_8 对区域社会-生态系统恢复力的障碍度最大，除兴宁区、青秀区、江南区、西乡塘区、良庆区、宾阳县、横州市、田阳区、凌云县外，其他县域恢复力均受到影响。X_{13} 对于区域生态系统恢复力具有重要的影响，在降水量较为丰富的年份，植被生长较好；第二、第三产业发展能增加就业机会，提高人民收入水平，改善社会基础与服务设施，对区域社会、经济子系统恢复力的提高具有重要的促进作用。但也应看到，第二、第三产业的发展干扰了生态环境，在一定程度上限制了社会–生态系统恢复力的提高。同时，土地、粮食和收入是区域可持续发展最基本的人地关系要素，对于大多数山区来说，土地垦殖率金融机构贷款、人均粮食产量、农村居民人均可支配收入的障碍度占比较大，意味着人类对社会–生态系统的干扰增加，进而影响着区域社会–生态系统恢复力。

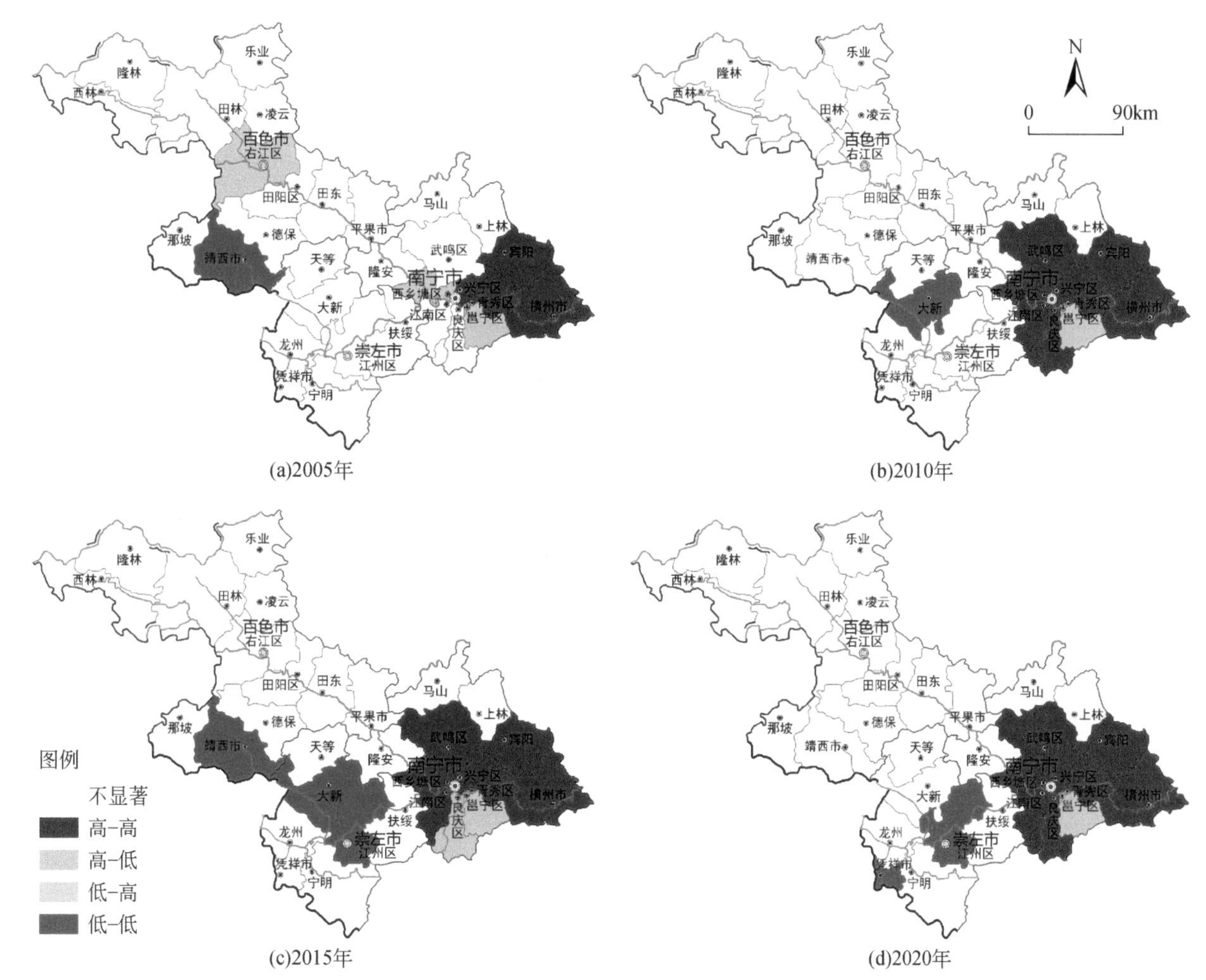

人口密度、公路网密度、拥有医疗卫生床位数、金融机构贷款、二三产业产值占比、人均粮食产量、人均GDP、农村居民人均可支配收入、普通在校中学生、耕地、林地、草地、水域、建设用地面积数据来源于2005年、2010年、2015年、2020年《广西统计年鉴》；2005年、2010年、2015年、2020年公路密度数据来源于广西壮族自治区交通运输厅官网；2005年、2010年、2015年、2019年NDVI、NPP数据来源于中国科学院资源环境科学与数据中心；图上专题内容为作者根据2005年、2010年、2015年、2020年人口密度、公路网密度、拥有医疗卫生床位数、金融机构贷款、二三产业产值占比、人均粮食产量、人均GDP、农村居民人均可支配收入、普通在校中学生、耕地、林地、草地、水域、建设用地面积、公路密度数据，2005年、2010年、2015年、2019年NDVI、NPP数据推算出的结果，不代表官方数据。

图 23.9　2005～2020 年研究区社会–生态系统恢复力局部空间自相关性

表 23.12　2005～2020 年桂西南喀斯特社会–生态系统恢复力主要障碍因子

县域	障碍因子				
	1	2	3	4	5
兴宁区	X_1	X_3	X_9	X_4	X_7
青秀区	X_7	X_1	X_3	X_{16}	X_4
江南区	X_1	X_{16}	X_{15}	X_{14}	X_9
西乡塘区	X_7	X_1	X_{16}	X_{15}	X_9
良庆区	X_4	X_9	X_1	X_7	X_{16}

续表

县域	障碍因子				
	1	2	3	4	5
邕宁区	X_{17}	X_{16}	X_{14}	X_1	X_8
武鸣区	X_7	X_8	X_{14}	X_{17}	X_{15}
隆安县	X_8	X_{17}	X_{13}	X_{10}	X_{12}
马山县	X_1	X_{16}	X_{12}	X_{18}	X_8
上林县	X_1	X_8	X_{10}	X_{17}	X_{12}
宾阳县	X_1	X_{14}	X_7	X_{15}	X_{16}
横州市	X_1	X_7	X_3	X_{16}	X_{15}
右江区	X_7	X_2	X_{13}	X_9	X_{18}
田阳区	X_3	X_6	X_4	X_{14}	X_2
田东县	X_7	X_{17}	X_2	X_{18}	X_8
平果市	X_7	X_{16}	X_1	X_{13}	X_9
德保县	X_7	X_{12}	X_4	X_{13}	X_6
靖西市	X_{12}	X_{16}	X_{10}	X_{13}	X_6
那坡县	X_{12}	X_{13}	X_8	X_{18}	X_{10}
凌云县	X_{14}	X_{12}	X_{15}	X_6	X_{18}
乐业县	X_{12}	X_{18}	X_6	X_2	X_8
田林县	X_{14}	X_{15}	X_{13}	X_{18}	X_2
西林县	X_{13}	X_8	X_2	X_{12}	X_{18}
隆林各族自治县	X_{13}	X_{12}	X_{18}	X_6	X_9
江州区	X_7	X_9	X_{13}	X_{17}	X_3
扶绥县	X_{17}	X_8	X_{13}	X_9	X_{14}
宁明县	X_8	X_{13}	X_2	X_{18}	X_9
龙州县	X_{13}	X_4	X_9	X_{12}	X_8
大新县	X_{13}	X_2	X_6	X_{18}	X_4
天等县	X_{12}	X_{13}	X_6	X_8	X_2
凭祥市	X_9	X_{13}	X_{18}	X_4	X_5

注：变量解释见表 23.9。

23.5.2 喀斯特区人地系统可持续发展

1. 树立紧迫感，列入新农村建设重要内容

桂西南是喀斯特发育最典型的区域之一，其可持续发展程度较低，而其可持续发展程度低又主要表现在乡村，特别是喀斯特生态脆弱区的乡村及民族地区的乡村。因此加快喀斯特乡村可持续发展任重道远，具有紧迫性和重要的现实意义。各级政府部门应结合社会主义新农村建设的要求深化对喀斯特地区的认识，把乡村可持续发展能力建设与新农村建设相结合。

2. 科学划分喀斯特山区地貌生态经济类型分类指导

在对喀斯特山区可持续发展的现状格局、发展的主要制约因素及瓶颈、发展的优势与潜力等进行诊断评价的基础上，从喀斯特水文地貌类型、资源条件、产业结构及发展水平等方面划分喀斯特山区生态经济

类型，明确不同典型类型乡村发展的优势，找准乡村可持续发展驱动因子及可持续发展突破口、分类指导。

3. 抓好乡村产业结构优化调整升级，突出特色、实施产业化经营

重点发展有喀斯特地域特色和市场需求的产业，如喀斯特生态旅游、喀斯特山区特有中药材及绿色无公害农副产品的生产、加工、销售等。各县域依托当地特有的森林资源逐步开发特色经营果林、花卉苗木和森林旅游等产业链，这些产业的发展受自然资源和地理环境的影响较大，适宜采用自然资源主导的模式发展林业产业。各县域实行龙头企业带动的发展模式。鼓励各地区采用“公司＋林农”“公司＋批发市场＋林农”“公司＋基地＋林农”等经营一体化的组织形式，引进大型龙头企业，以其完备的生产和服务系统、较强的科技创新能力及市场竞争优势，围绕一项或者多项森林产品进行生产，通过龙头企业的带动，形成林业产业集群，壮大产业。

4. 多渠道筹措资金，增大投入

桂西南喀斯特山区是我国贫困人口集中区，大部分地方政府财政困难，中央应进一步加大对该地区财政转移支付力度，如加大基本农田建设经费、退耕还林经费、山区农业综合开发资金、石漠化治理专项资金等经费的切块划拨力度或通过建立生态补偿机制筹措资金解决问题，以加大喀斯特山区基础设施（如交通、文教卫等）建设、基本农田建设及生态建设力度，增强喀斯特山区可持续发展后劲。

23.5.3　基于山水林田湖草系统统筹共治的桂西南喀斯特人地系统生态修复

生态环境建设是生态文明建设的核心，促进人与自然和谐共生是党的二十大的重要提议，将山水林田湖草作为生命共同体，以增强可持续性为目标，提升生态系统质量和稳定性，提出“美丽中国”建设的系统性解决方案，使其成为新时期国家生态文明建设战略迫切的科技需求（何霄嘉等，2019）。未来生态保护与修复研究将以增强生态治理的可持续性为导向，强调自然过程与人文过程的有机结合，融合大数据、空天地一体化等新技术，实现生态环境多要素、多尺度、全过程的监测与模拟，实现生态治理综合效益的提高，以科技支撑国家生态文明建设战略。

桂西南为我国主要的生态脆弱区、珠江中上游生态安全屏障区，人地关系紧张。在喀斯特初步实现“变绿”基础上，通过生态治理将喀斯特地区的生态资源优势转化为发展优势，提高生态恢复质量、巩固扶贫成果、增强生态恢复与扶贫开发的可持续性，成为当前喀斯特生态保护与修复面临的现实需求。在植被覆盖快速增加和喀斯特生态系统服务功能恢复与提升的基础上，实现石漠化治理的提质与增效，以及喀斯特绿水青山转变为金山银山成为当前喀斯特生态保护与修复亟须解决的问题。迫切需要深入剖析喀斯特生态系统演化对气候变化、人类活动的响应机理，厘清自然和人为因素对喀斯特系统演化的相对贡献。在此基础上，根据水土资源赋存特征、社会经济发展现状及文化差异，开展喀斯特生态系统的综合评估，识别喀斯特系统关键类型区与生态红线，将生态修复与人口布局、产业结构调整、城镇化发展、生态产业等有机结合，提出不同喀斯特功能类型区可持续发展的适应性调控途径与生态空间管控方案，为美丽中国和建设乡村振兴战略的贯彻实施及全球喀斯特分布国家的生态治理提供“中国方案”。在此基础上，加强喀斯特生态修复的格局-过程-功能响应机理研究，突出喀斯特地上-地下生态过程的相互作用及其反馈调节机制。研究在高强度人为干扰向大规模生态建设转变背景下，生态修复对喀斯特生态系统格局、水土流失、土壤养分水分及植被结构与功能的影响机理，厘清自然因素与生态治理对喀斯特生态系统演变的相对影响。构建喀斯特区域生态监测体系，开展石漠化治理模式成效系统评估，包括对生态效益、社会经济效益及投入产出比进行评估等，划定喀斯特生态-生产-生活空间，优化喀斯特区域生态安全格局。打造和完善不同喀斯特类型区的特色生态产业链，建设西南喀斯特农牧复合带，形成石漠化地区生态经济协调发展的新增长点。以石漠化治理提质增效为重点，建设喀斯特地区生态产品与生态服务价值评估机制，为基于山水林田湖草生命共同体的桂西南喀斯特生态修复助力，促进区域人与自然和谐。

23.6 结　语

在国家石漠化治理专项行动下，桂西南石漠化面积均在减少，石漠化治理向较好方向好转。其多年平均植被覆盖度总体上呈增加趋势，植被整体生长状况得到改善。经过近十年的石漠化综合治理，效益增幅明显，带动了经济产业的发展，生态治理状况好转，社会基础设施建设水平也得到了一定程度的提高。2005～2020 年桂西南喀斯特社会-生态系统恢复力呈现缓慢增强的态势，南宁大部分县域恢复力始终处于较高水平，西北部及西部区域始终处于较低及以下水平。生态系统恢复力增强对社会-生态系统恢复力具有显著的促进作用，社会-生态系统恢复力较高的县域经济系统恢复力也较高，两者具有明显的空间自相关关系，呈现较为明显的空间集聚趋势。

参考文献

艾雪，2019. 基于能值分析的喀斯特槽谷区石漠化生态治理效益评价. 贵阳：贵州财经大学.
白义鑫，2020. 基于土壤碳储量和农业活动碳排放的喀斯特石漠化增汇型植被修复技术模式的构建. 贵阳：贵州师范大学.
曹建华，邓艳，杨慧，等，2016. 喀斯特断陷盆地石漠化演变及治理技术与示范. 生态学报，36(22)：7103-7108.
陈静，2021. 石漠化区人工林草植被恢复下土壤团聚体稳定性及其影响因素研究. 贵阳：贵州师范大学.
陈起伟，2009. 贵州岩溶地区石漠化时空变化规律及发展趋势研究. 贵阳：贵州师范大学.
邓木子然，2021. 基于天空地一体化的喀斯特世界遗产地旅游产业效益监测评价研究. 贵阳：贵州师范大学.
规划编写组，张菁，2008. 广西壮族自治区岩溶地区石漠化综合治理规划. 草业科学，25(9)：93-102.
何霄嘉，王磊，柯兵，等，2019. 中国喀斯特生态保护与修复研究进展. 生态学报，39(18)：6577-6585.
侯远瑞，2015. 桂西南石漠化治理树种选择及复合栽培研究. 南宁：广西壮族自治区林业科学研究院.
胡莉，2015. 中国南方喀斯特地区人地关系与石漠化调控. 贵阳：贵州师范大学.
蒋忠诚，李先琨，曾馥平，等，2009. 岩溶峰丛山地脆弱生态系统重建技术研究. 地球学报，30(2)：155-166.
李雪，2021. 基于景观格局的喀斯特石漠化地区产业适宜性评价与布局. 贵阳：贵州师范大学.
卢涛，2021. 滇东喀斯特地区石漠化时空演化特征及其驱动机制研究. 昆明：云南师范大学.
吕诗，2013. 广西凤山县两种石漠化治理模式综合效益比较研究. 南宁：广西大学.
马丰丰，潘高，李锡泉，等，2017. 桂西南喀斯特山地木本植物群落种间关系及 CCA 排序. 北京林业大学学报，39(6)：32-44.
穆洪晓，2019. 西南喀斯特地区石漠化综合治理效益评价及典型案例研究. 北京：北京林业大学.
丘海红，2021. 山江海过渡性空间山水林田湖草海时空变化与健康评价研究. 南宁：南宁师范大学.
任海，2005. 喀斯特山地生态系统石漠化过程及其恢复研究综述. 热带地理，(3)：195-200.
屠玉鳞，1989. 贵州喀斯特森林的初步研究. 中国岩溶，(4)：33-41.
熊康宁，2001. 喀斯特石漠化的遥感-GIS 典型研究—— 以贵州省为例. 贵阳：贵州省水土保持监测站.
杨洁，2006. 喀斯特生态环境治理综合效益评价研究. 贵阳：贵州师范大学.
袁道先，2006. 现代岩溶学在中国的发展. 地质论评，(6)：733-736.
张红梅，2021. 石漠化治理区野生经济植物资源及代表植物生态适应研究. 贵阳：贵州师范大学.
张军以，戴明宏，王腊春，等，2014. 生态功能优先背景下的西南岩溶区石漠化治理问题. 中国岩溶，33(4)：464-472.
张勇荣，2021. 基于空间量化模型的人类活动强度对喀斯特筑坝河流水质影响研究. 贵阳：贵州师范大学.
张云兰，2019. 人类命运共同体背景下西南喀斯特地区生态安全评价. 安全与环境学报，19(6)：2226-2234.
赵楚，2021. 西南喀斯特石漠化地区土壤表面电化学特征及其对土壤养分的影响研究. 贵阳：贵州师范大学.
钟昕，2021. 典型岩溶区石漠化影响因素分析及敏感性综合评价. 贵阳：贵州师范大学.
Boucot A J，1985. The complexity and stability of ecosystems. Nature，315：635-636.
Holling C S，1973. Resilience and stability of ecological systems. Annual Review of Ecology and Systematics，4：1-23.
Legrand H E，1973. Hydrological and ecological problems of karst regions. Science，179(4076)：857-864.

第24章　典型陆海统筹区山水林田城海生命共同体时空演变及健康评价

24.1　引　　言

24.1.1　研究背景和意义

1. 研究背景

随着社会经济的快速发展，人类粗放型的开发方式致使自然环境遭受严重破坏，生态服务供给能力日益下降（张中秋等，2021）。近年来，国家加大退耕还林、水土保持、国土资源整治等生态工程建设。但在单一系统、单一类型的生态保护与治理下，环境恶化问题依旧严峻，环境保护与经济发展的矛盾依旧存在（彭建等，2019）。流域-海湾是连接陆海两大生态系统的核心过渡带，由山、水、林、田、湖、草、城、海这 8 个子系统组成，其物质能量与生态过程均受人类活动的强烈影响。近年来，人类对流域-海湾进行粗放式开发，其生态健康受损，环境污染问题严重（孔一颖和吕华当，2015）。为此，我国出台了相应的管控政策，2017 年《全国海洋经济发展“十三五”规划》中提出要基于陆海统筹视角解决海洋环境、近岸海域尤其是河口-海湾富营养化、入海污染物排放等问题（张玉强和莫姝婷，2019）。2021 年的《2020 年中国海洋生态环境状态公报》显示，2020 年我国海洋海水环境质量总体有所提高，典型海洋生态系统健康状况总体保持稳定，但是河口、海湾的生态健康状况不容乐观。这表明我国海洋、海水生态环境治理已有初步成效，但生态脆弱的河口、海湾健康问题依旧存在。2020 年生态环境部强调河流、海域生态环境保护需突出“一河一策”“一湾一策”，强调要从流域-海域的研究视角，系统、整体地开展保护与治理工作，这表明河口-海湾的生态研究拓展到流域-海湾研究已成为共识（Huang and Pontius，2012；Zhu et al.，2018），流域-海湾的生态健康关乎人类生存的福祉，维护流域-海湾的生态健康，是实现陆海统筹、建设美丽海湾、实现海岸带生态文明可持续发展与促进区域人与自然和谐的根本。

平陆运河是茅尾海入海流域的人工建成部分，是西部陆海新通道的关键部分，其全长约 140km，是连接西江黄金水道和北部湾海港的大通道。平陆运河于 2022 年开挖，建成后能通航 3000t 级船舶，相较于从广州出海缩短 560km 距离。这将缓解广州出海压力，为周边地区开辟更便捷的出海通道，能有效构建西部地区发展新格局，更能推动区域经济快速发展。但是，经济建设需立足于区域生态环境状况，经济建设与生态健康协同共筑，才能实现区域可持续发展（谢升申，2020）。钦江与茅岭江是西部陆海新通道中连接陆、海两大系统的重要纽带。随着经济的增长，人类过度开发自然资源，致使流域生态环境质量日益下降。2011～2018 年，钦江水质为Ⅲ类或Ⅳ类，水环境状态不稳定。2013～2016 年钦江西监测断面，水质长期为Ⅴ类，水质量恶劣。茅岭江的水质相对较好，2018～2020 年茅岭江水质基本能达到Ⅲ类水质标准，但是稳定性有待提高。钦江与茅岭江均承受着相似的生态压力，水产养殖、畜禽养殖产生的污水直排入江，过量的化肥和农药渗入江中，加之河流下游是潮汐河段，潮水顶托，自净能力弱，纳污能力不强等，不仅使河流水质下降，也导致流域生态健康受损，生态质量不佳。2018 年 9 月至 2019 年 3 月的调查显示，茅尾海海水环境质量整体极差（韦蔓新等，2001），海水生态环境问题严重，人地关系差。

西部陆海新通道是我国重大的工程建设，平陆运河—入海流域—茅尾海是西部陆海新通道的重要部分。平陆运河—入海流域—茅尾海的生态环境脆弱，面临着多重生态压力，西部陆海新通道的打造及通航易加重其生态负荷，加深生态环境建设与经济发展的矛盾。为了经济建设与生态建设协同发展，在西部陆海新通道通航前，系统、整体地分析平陆运河—入海流域—茅尾海生态系统时空分布特性及生命共同体健康状态，不仅能为政府合理开发提供参考依据，也能为工程建成使用后的生态健康研究提供本底对照依据，促进区域人地关系和谐。

2. 研究意义

理论意义：在山水林田湖草生命共同体理论指导及在建设美丽中国的背景下，对平陆运河—入海流域—茅尾海生命共同体进行科学分析、评价，不仅能从新的视角了解平陆运河—入海流域—茅尾海生命共同体各子系统的变化动向及本底健康状况，也能丰富陆海统筹区的生态修复、治理与评价理论，是山水林田湖草生命共同体、陆海统筹理论的新发展。

实践意义：本章应用 ArcGIS、ENVI、SPSS 软件平台对平陆运河—入海流域—茅尾海生命共同体各子系统进行时空变化分析，探测影响各子系统分布的主要解释因子。对系统进行健康评价并识别健康问题，可为流域—海湾的生态环境修复与治理提供依据，对西部陆海新通道的工程建设与经济发展有重要的实践意义和科学的参考价值（汪浩，2021），同时为进一步识别区域人地关系提供依据。

24.1.2 研究现状

1. 山水林田湖草生命共同体研究进展

生态系统内部子系统间存在普遍联系。在生态安全格局构建中，也应着重维护生态过程的完整性与连通性（李文朝等，2005）。山水林田湖草生命共同体的内涵强调子系统之间的系统性、整体性、协调性。整体性思想很早于国外提及，亚里士多德曾提出整体大于部分的总和一说，此观点深刻揭示整体是内部子系统之间的复杂关联，而构造的综合体不是子系统的简单加和（张笑千等，2018；Willer，2012）。生态整体主义代表人物奥尔多、罗尔斯顿强调共同体是整体及整体内部的紧密联系，而不是将整体的某部分看成整体的核心（Gordon et al.，1986）。国外关于整体性的研究较多，但从山水林田湖草生命共同体的角度分析区域生态的研究较少。

在国内，自习近平总书记提出“山水林田湖是一个生命共同体”开始，国内学者开始从“山水林田湖是一个生命共同体”角度去探究生态环境特性，寻求可持续发展的策略。自 2018 年起中国知网关于“山水林田湖草”的论文发表数量逐年上升，至 2019 年，论文数量达到顶峰，共 399 篇（图 24.1）。国内学者对“山水林田湖草”的研究逐渐增多。关于山水林田湖草生命共同体的研究方式，2013～2017 年以定性研究为主（赵建军和博海，2016），2018 开始出现定量分析。之后，结合研究区特性，选择区域内主要的子系统进行定量研究的方式，逐渐成为山水林田湖草生命共同体的主流研究方式，如苏维词和杨吉（2020）以长江三峡水库重庆库区为例，对其山水林田湖人生命共同体的健康状况进行评价，提出生命共同体的修复主要是林、田、湖与人子系统的统筹共治；张泽等（2021）对桂西南喀斯特—北部湾进行山水林田湖草生态变化研究，提出治理的焦点应在平原丘陵等。总而言之，国内关于山水林田湖草生命共同体的研究包含定性分析与定量研究，定性分析是对其理论与内涵的丰富，定量研究是以定性分析结果作为理论基础，用定量手段，系统、综合地分析生态问题，但相关研究成果不多。

2. 生态健康评价研究现状

健康一词最早用来评价生物的身体状况，但在 20 世纪 70 年代末，Rapport 将健康一词引入生态系统中，提出了生态系统医学（ecosystem medicine），旨在将生态系统作为一个整体进行评估，此后，演变成生态系统健康这一概念，将其定义为生态系统在一定时间内能够保持内部结构稳定，有自我调节和恢复能力的状态（Mageau et al.，1995）。崔保山和杨志峰（2001）将生态系统健康定义为生态系统能提供一定的生态服务，系统内部组分机制完善，物质循环、能量流动正常，并且具有一定的抗干扰能力。

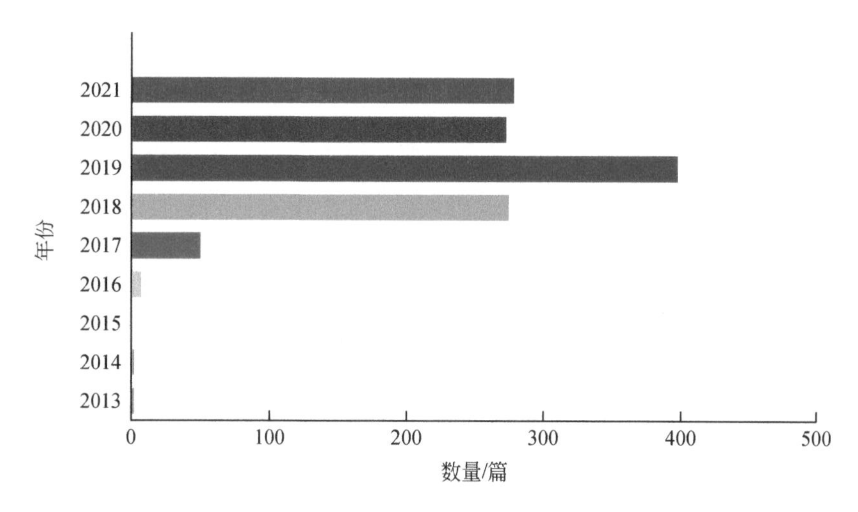

图 24.1　2013～2021 年中国知网数据库主题为“山水林田湖草”的文章数量

健康评价是量化生态健康的主要手段，为区域治理措施的选择提供参考依据（尚文绣，2017），国内外学者用各种方法评价生态系统健康，其健康评价方法主要有生物监测法与综合指标法两种，生物监测法最早起源于 20 世纪 80 年代，其原则是，生物的生态结构与组成是人类活动对区域生态环境干扰的映像。国外学者 Muniz 等（2011）、Baek 等（2014）、Kelly 和 Whitton（1998），国内学者陈凯等（2016）、张葵等（2021）使用生物监测法进行研究均得到可靠的科学结论，因而，在生态系统健康评价研究中得到广泛认可。但是，应用生物监测法进行研究既要采集研究区的与参考区的生物数据，也要将研究范围内的物理化学数据作为基础研究数据，工作量庞大且难以实现。另一种用于生态系统健康评价的方法是综合指数法，此方法是通过整合多个评价指标的健康状态来判断生态系统是否健康。由于综合指标法灵活，可操作性强，评价结果也具有科学性与可靠性，因而成为国内外学者常用的评价方法。我国学者针对各区域特性选择典型指标来评价我国城市河流、内流河、入海河流（王琳等，2007；韩雪梅等，2015；张楠等，2009；彭涛和陈晓宏，2009）等的生态系统健康，最后均能得出可靠的科学结果。

3. 平陆运河—入海流域—茅尾海研究现状

平陆运河连接钦江与西江，海路延伸 18km 便入钦州港，大部分是在沙坪河和钦江基础上改造的，需要开挖的河段约为 30km，是茅尾海入海河流的重要组成之一。早在 1915 年，我国研究人员在对平陆运河地形地质做过多次勘测后，规划了平陆运河的建设（谢升申，2020）。但计划因工程规模大、牵涉广、人力财力的投入需求多而暂且搁置（韦民翰，1994）。2017 年，水利部计划将平陆运河打造为西部陆海新通道的关键部分（韦民翰，1995）。2022 年，平陆运河开挖，平陆运河的开挖工程规模浩大，势必会对所涉区域的环境有所影响，甚至可能会引起环境恶化问题。而此前，关于平陆运河的研究多为定性研究，主要描述平陆运河建设的重要意义，或是关于平陆运河开挖实施进展的报道（雷达，2019），定量研究较少，关于平陆运河所涉区域的生态健康研究几乎没有。

随着北部湾经济发展，工业、农业兴起，茅尾海环境质量严重下降，关于其入海河流的研究也较多，如流域的生态服务功能评价、土壤生态价值估量、水质污染源辨识、流域水文模型模拟等（覃冬等，2019；陈群英等，2016；田义超等，2015；陶艳成等，2012）。从研究方向来看，多为对茅岭江和钦江的水文、水质、流域土壤、流域土地利用变化等进行研究（谭庆梅，2009；高峰等，2014；李鸿儒，2017），缺少从整体、系统的视角进行研究，从山水林田湖草生命共同体角度剖析流域生态健康的相关研究更是少之又少。学者张文主和吴彬（2014）对茅尾海滨海湿地健康状态进行评价，发现茅尾海滨海湿地生态系统健康状况较好，健康状态处于健康与亚健康之间等。前人的研究主要是从海水水质着手分析茅尾海的生态环境状况，但将陆、海作为一个系统的生态系统健康研究较少。

综上，关于平陆运河的研究主要为定性研究，对钦江、茅岭江流域及茅尾海的研究主要是从单一方面对其生态环境质量进行分析，而将运河-流域-海域作为整体，从陆海统筹、山水林田湖草生命共同体的视角去定量分析其健康状态的研究较少。因此，本章基于山水林田湖草生命共同体视角，基于陆海统筹理论分析平陆运河—入海流域—茅尾海生命共同体各子系统时空演变格局，同时构建一套适宜的评价指标体系对其进行生态系统健康评价与剖析，为我国海陆统筹共治、生态环境整治提供科学的理论与技术支撑。

24.1.3　研究目标与内容

1. 研究目标

分析平陆运河—入海流域—茅尾海的山水林田城海各子系统的时空演变特性，识别影响子系统时空分布的主要影响因子。评价区域内部各子系统及生命共同体的生态健康状况并识别子系统组合之间的耦合协调性，为我国山水林田湖草生命共同体健康评价、陆海统筹共治、生态环境分区整治提供科学依据，对促进区域人与自然和谐具有重要意义。

2. 研究内容

本章基于陆海统筹的研究视角，以流域-海湾（注：流域-海湾中的流域指平陆运河所涉乡镇、茅尾海及钦江流域内的乡镇，海湾为茅尾海的海湾）的山水林田城海的时空演变特性及健康状态为研究主线，具体的研究如下。

（1）统计山、水、林、田、城各子系统的面积，利用对比分析法分析各子系统的时空分布特征，进而利用地理探测器辨识影响各子系统时空分布的主要因子。

（2）先对各子系统及其生命共同体的生态系统健康进行分析，了解子系统及其生命共同体的健康状态。山水林田城这 5 个子系统均属于陆域系统，海子系统属于海域系统，海子系统与其他的陆域子系统既紧密相连，又相对独立，因而对陆域系统与海域系统的生态系统健康进行单独分析，发现陆、海的健康等级集中在欠健康与亚健康两种等级。为能深入了解两者的健康状况，利用聚类分析法细化陆、海的健康指数，深入探究其生态健康情况，利用对比法分别分析陆、海系统的健康演变特性。

（3）生命共同体各子系统之间是具有强烈关联性的，子系统之间的耦合协调性良好则利于生命共同体的生态健康，反之则不利。以 2011 年与 2015 年为时间节点，对各子系统的组合做耦合协调性分析，得到各子系统的耦合协调结果。

24.1.4　技术路线

本章研究的技术路线如图 24.2 所示。

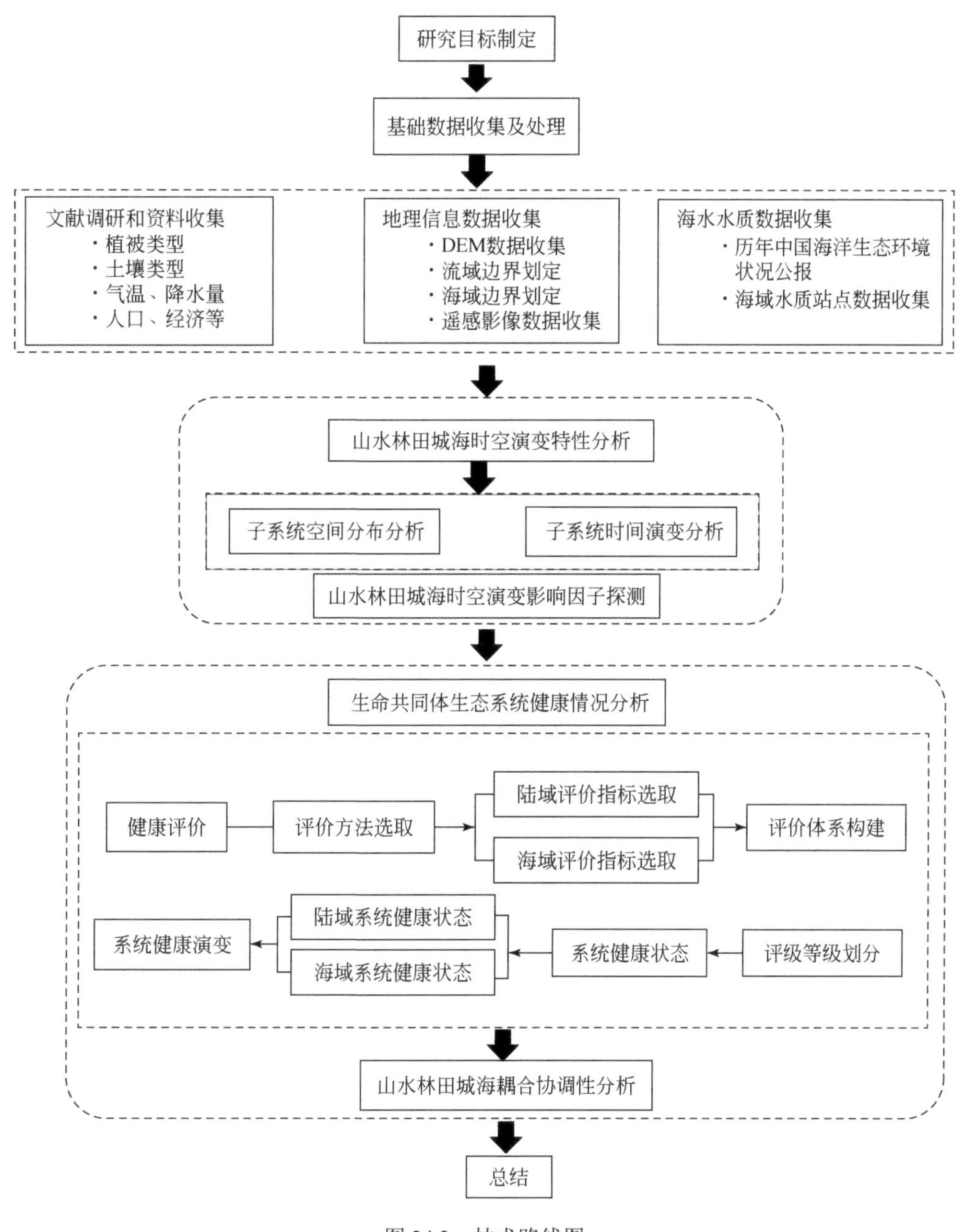

图 24.2　技术路线图

24.2　核心概念与研究方法

24.2.1　核心概念

我国学者鲍捷认为陆海统筹主要对象是海岸带，是为促进海岸带社会、经济与生态发展的战略。目前陆海统筹多指在陆与海之间，构建一种资源开发、经济发展、生态安全的协调关系（程晓娅等，2021）。本章认为陆海统筹是视陆、海为生命共同体，指导系统内部资源利用、经济建设、生态保护的综合发展理念。流域是分水线包围的河流集水区，内部由不同等级水系组成。运河是用以方便地区或水域间水运的人工水道，通常与自然水道相连。平陆运河是西部陆海新通道的重要人工水道，连接西江与钦江，本章将其纳入钦江水系之中，钦江是茅尾海的重要入海流域，因而平陆运河也属于茅尾海流域的组成部分。海陆之间具有极大的关联性，入海河流则是重要的关联纽带。平陆运河、茅岭江与钦江流域及茅尾海三者组成运河-入海流域-海湾生态系统。因平陆运河被纳入钦江流域之中，因此将运河-入海流域统称为流域，流域与海湾结合成流域-海湾。流域、海湾之间资源互补、经济关联、生态一体，人与自然紧密相连，需要以陆海统筹的模式发展，是典型的陆海统筹区。

24.2.2　研究方法

1. 子系统时空演变——对比分析法

对比分析法是指通过对比各子系统的时空分布来反映其时空变化特性的方法。本节主要对水、林、田、城这 4 个子系统进行时空演变分析。

2. 子系统影响因子探测——地理探测器

地理探测器是探测地理事物空间分异及其驱动力的一种统计学方法。此方法的设计思路是，因变量与自变量在空间分布上越相似，因变量的影响力越大。为识别影响山、水、林、田、城这 5 个子系统时空分布的主要因子，本节选取地理探测器来进行探究（李鹏等，2021）。基于已有的研究成果，针对子系统的特性，选取影响子系统时空分布的因子。接着，在 ArcGIS 10.4 中随机生成 2245 个采样点，将山、水、林、田、城的图层数据与影响因子图层数据进行空间叠加，获得子系统与各因子关联的定量关系，以乡镇为单元进行均值分区统计。然后，采用相等间隔法将各个因子划分为 7 类（王劲峰和徐成东，2017）。最后，探测不同影响因子对各子系统的相对重要性。计算方法为

$$\mathrm{PD}=1-\sum_{h=1}^{L}\frac{N_h\delta_h^{\ 2}}{N\delta^2}=1-\frac{\mathrm{SSW}}{\mathrm{SST}} \tag{24.1}$$

式中，PD 为因子对子系统的解释力，值域为［0，1］，PD 越大表示因子对子系统的影响力越强，反之越弱；$h=1, 2, \cdots, L$，为子系统（Y）或因子（X）的分层或者分区；N_h 和 N 分别为 h 层和区域的单元数；δ_h^2 和 δ^2 分别为 h 层和区域的 Y 值的方差；SSW 和 SST 分别为 h 层内方差之和以及区域总方差。

3. 指标权重确定——熵值法

熵值法是一种根据指标所反映的信息量大小来确定权重的方法，此方法能深刻反映指标的价值，故其赋予的权重可信度较高。其广泛应用于各类评价研究中。具体的步骤如下。

1）标准化处理

为将指标无量纲化，需对指标做标准化处理。本节选取熵值法作为指标标准化处理的方法。极差法是将评价指标划分为正、负两种类型，正指标大则利于生态健康发展，负指标大则不利于生态健康发展。处理后的指标范围在［0～1］，具体的计算方法如下。

正向指标：

$$x_{ij}=\frac{x_{ij}-\mathrm{Min}(x_j)}{\mathrm{Max}(x_j)-\mathrm{Min}(x_j)} \tag{24.2}$$

负向指标：

$$x'_{ij}=\frac{\mathrm{Max}(x_j)-x_{ij}}{\mathrm{Max}(x_j)-\mathrm{Min}(x_j)} \tag{24.3}$$

式中，x_{ij} 为正向指标第 i 个乡镇/监测站点的第 j 项指标的标准化值；x'_{ij} 为负向指标第 i 个乡镇/监测站点的第 j 项指标的原始数值；$\mathrm{Min}(x_j)$ 为所有 j 项指标中数值最小的值；$\mathrm{Max}(x_j)$ 为所有 j 项指标中数值最大的值。

2）熵值计算

$$F_{ij} = \frac{x_{ij}}{\sum_{i=1}^{n} x_{ij}} \tag{24.4}$$

$$k = \frac{1}{\ln n} \tag{24.5}$$

$$H_j = -k\sum_{i=1}^{n} F_{ij} \ln F_{ij} \tag{24.6}$$

式中，F_{ij} 为第 i 个乡镇/监测站点的第 j 项指标的综合标准化值；H_j 为第 j 项指标的熵，若 $F_{ij}=0$，则 $\ln F_{ij}=0$，即 $H_j=0$；k 为常数；n 为评价单元数。

3）权重确定

$$W_j = \frac{1-H_j}{m-\sum_{j=1}^{m} H_j} \tag{24.7}$$

式中，W_j 为第 j 项指标的权重；m 为评价子系统指标数。

4. 生命共同体健康评价——综合指数法

为能从多角度系统地评价平陆运河—入海流域—茅尾海的生态健康状况，参考了前人的研究过程（徐珊楠等，2016；董经纬等，2008；李银久等，2022；邹兰等，2019；袁毛宁等，2019），选取综合指数法进行生态健康评价。具体公式如下：

$$M = \sum_{j=1}^{m} W_j \cdot A_j \tag{24.8}$$

$$W = \sum_{j=1}^{m} W_j \cdot B_j \tag{24.9}$$

$$F = \sum_{j=1}^{m} W_j \cdot C_j \tag{24.10}$$

$$P = \sum_{j=1}^{m} W_j \cdot D_j \tag{24.11}$$

$$C' = \sum_{j=1}^{m} W_j \cdot E_j \tag{24.12}$$

$$S' = \sum_{j=1}^{m} W_j \cdot F_j \tag{24.13}$$

$$S_{\mathrm{L}} = \frac{1}{5}\left(M+W+F+P+C'\right) \tag{24.14}$$

$$S_{\mathrm{o}} = S' \tag{24.15}$$

$$S = W_M \cdot M + W_W \cdot W + W_F \cdot F + W_P \cdot P + W_{C'} \cdot C' + W_{S'} \cdot S' \tag{24.16}$$

式中，M、W、F、P、C'、S'分别为山、水、林、田、城、海各子系统的健康指数；m 为评价指标数；A_j、B_j、C_j、D_j、E_j、F_j 分别为山、水、林、田、城、海子系统第 j 项评价指标的标准化值；W_j 为第 j 项评价指标的权重值；S_{L} 为陆域生命共同体的综合健康指数；S_{o} 为海域生命共同体的综合健康指数；S 为生命共同体的综合健康指数；W_M、W_W、W_F、W_P、$W_{C'}$、$W_{S'}$分别为山、水、林、田、城以及海子系统的权重。

5. 子系统耦合协调度分析法

本节基于综合健康指数测算出各子系统之间的耦合协调度，以此获取生命共同体中各子系统组合的耦合协调状态。计算公式如下：

$$C=\left[\frac{M\times W\times F\times P\times C'\times S'}{\left(M+W+F+P+C'+S'\right)^{6}}\right]^{\frac{1}{6}} \tag{24.17}$$

$$T=\sum_{I=1}^{N}W_I\cdot S_I \tag{24.18}$$

$$D=\sqrt{C\cdot T} \tag{24.19}$$

式中，C 为子系统的耦合度；T 为子系统组合间的综合指数；S_I 为第 I 个子系统健康指数；N 为子系统个数；W_I 为子系统权重；D 为子系统之间的耦合协调度，其取值范围为［0，1］，D 的值越靠近 1，表明子系统之间的耦合协调度越大及良性互动越大，D 的值越靠近 0，表明子系统之间的耦合协调度越小及良性互动越小。

24.2.3 生命共同体健康评价体系构建

1. 评价指标单元确定

平陆运河—入海流域—茅尾海的陆域生态系统健康评价单元是以乡镇（注：部分评价单元为街道，下文统称为乡镇）为评价单元。以平陆运河所流经的乡镇、钦江与茅岭江流域涵盖的乡镇以及茅尾海海岸的乡镇作为评价单元，一共选取了 41 个镇。海子系统不单独归属任何一个乡镇辖区范围，其生态健康评价指标数据主要源于海内各个监测站点的监测数据。因此海子系统的评价单元主要以监测站点为评价单元。

2. 评价指标体系构建

为得到科学、严谨的生态系统健康评价结果，建立一套科学、系统的评价指标体系十分重要。因此，本节参照前人相关的研究成果，结合研究区的实际情况，选取了具有代表性的评价指标。

（1）山子系统指标：选取山地、丘陵面积占比，起伏度，以及沟壑密度作为评价山子系统的生态健康指标，见表 24.1。

表 24.1 山子系统评价指标

子系统	指标	计算方式	物理意义
山（M）	山地、丘陵面积占比（M_1）	山地、丘陵面积/乡镇面积	反映地表山地、丘陵规模
	起伏度（M_2）	最高海拔与最低高程之差	反映地表起伏状况和脆弱性
	沟壑密度（M_3）	沟壑总长度/乡镇面积	反映地表的规整性和开发的便利性

（2）水子系统指标：选取降水量、地形湿度、水面率及水网密度作为评价水子系统的生态健康指标，见表 24.2。

（3）林子系统指标：选取植被面积占比、植被净初级生产力、人均林地面积作为评价林子系统的生态健康指标，见表 24.3。

（4）田子系统指标：选取 6°以上田地面积、田地面积占比、人均田地面积作为评价区域田子系统的生态健康指标，见表 24.4。

表 24.2　水子系统评价指标

子系统	指标	计算方式	物理意义
水（W）	降水量（W_1）	《水资源公报》	反映水资源丰度和赋存程度
	地形湿度（W_2）	ArcGIS 软件提取	反映土壤水分干湿状况
	水面率（W_3）	水域面积/乡镇面积	反映水资源可开发利用潜力
	水网密度（W_4）	河流长度/乡镇面积	反映水资源利用的便利性

表 24.3　林子系统评价指标

子系统	指标	计算方式	物理意义
林（F）	植被面积占比（F_1）	植被面积/乡镇面积	反映林覆盖规模
	植被净初级生产力（F_2）	利用 ENVI 软件提取	反映林覆盖质量
	人均林地面积（F_3）	植被面积/乡镇人口总数	反映人均林资源占有量

表 24.4　田子系统评价指标

子系统	指标	计算方式	物理意义
田（P）	6°以上田地面积（P_1）	坡度数据与田地面积叠加	反映田地可开发利用潜力
	田地面积占比（P_2）	田地面积/乡镇面积	反映田地规模
	人均田地面积（P_3）	田地面积/乡镇人口总数	反映人均田地资源占有量

（5）城子系统指标：选取人均收入、人口密度、城市面积占比作为评价城子系统的生态健康指标，见表 24.5。

表 24.5　城子系统评价指标

子系统	指标	计算方式	物理意义
城（C'）	人均收入（C'_1）	《统计年鉴》	反映经济收入状况
	人口密度（C'_2）	人口数量/乡镇面积	反映人口对生态系统的压力
	城市面积占比（C'_3）	城市面积/乡镇面积	反映城子系统规模

（6）海子系统指标：选取溶解氧、活性磷酸盐、油类、铵盐、汞、砷、铬、镉、铜及锌作为评价海子系统的生态健康指标，见表 24.6。

表 24.6　海子系统评价指标

子系统	指标	计算方式	物理意义
海（S'）	溶解氧（S'_1）	茅尾海测站数据	反映海水营养化程度
	活性磷酸盐（S'_2）		
	油类（S'_3）		反映海域内船只溢油现象
	铵盐（S'_4）		反映陆源污染强度
	汞（S'_5）		反映海水金属元素含量
	砷（S'_6）		
	铬（S'_7）		
	镉（S'_8）		
	铜（S'_9）		
	锌（S'_{10}）		

3. 评价指标权重确定

本节采用熵值法来确定各子系统的指标权重值，见表 24.7。

表 24.7　评价指标权重表

目标层	子系统层	指标层	变量号	正负	健康评价权重				子系统权重
					2007 年	2011 年	2015 年	2020 年	2011～2015 年
山水林田城海生命共同体健康评价	山（M）	平均海拔	M_1	-	0.280	0.280	0.280	0.280	0.027
		起伏度	M_2	-	0.348	0.348	0.348	0.348	
		沟壑密度	M_3	-	0.372	0.372	0.372	0.372	
	水（W）	降水量	W_1	+	0.237	0.279	0.309	0.284	0.148
		地形湿度	W_2	+	0.201	0.278	0.310	0.278	
		水面率	W_3	+	0.220	0.210	0.265	0.208	
		水网密度	W_4	+	0.342	0.233	0.116	0.23	
	林（F）	植被面积占比	F_1	+	0.376	0.343	0.328	0.352	0.192
		植被净初级生产力	F_2	+	0.289	0.348	0.336	0.355	
		人均林地面积	F_3	+	0.335	0.309	0.336	0.293	
	田（P）	6°以上田地面积	P_1	-	0.335	0.337	0.338	0.333	0.028
		田地面积占比	P_2	+	0.331	0.336	0.335	0.336	
		人均田地面积	P_3	+	0.335	0.327	0.327	0.331	
	城（C'）	人均收入	C'_1	+	0.331	0.329	0.333	0.333	0.009
		人口密度	C'_2	-	0.335	0.336	0.334	0.334	
		城市面积占比	C'_3	-	0.334	0.335	0.333	0.333	
	海（S'）	溶解氧	S'_1	+	—	0.217	0.208	—	0.605
		油类	S'_2	-	—	0.092	0.068	—	
		活性磷酸盐	S'_3	-	—	0.082	0.073	—	
		铵盐	S'_4	-	—	0.139	0.173	—	
		汞	S'_5	-	—	0.080	0.122	—	
		砷	S'_6	-	—	0.078	0.115	—	
		铬	S'_7	-	—	0.045	0.110	—	
		镉	S'_8	-	—	0.063	0.045	—	
		铜	S'_9	-	—	0.130	0.051	—	
		锌	S'_{10}	-	—	0.074	0.035	—	

4. 评价分级标准

参照已有的研究成果，结合研究区的实际情况，将生态健康指数分为 5 个等级，见表 24.8，分别为不健康、相对不健康、欠健康、亚健康及健康。

表 24.8　健康等级分类表

健康等级	健康指数	健康状态
不健康	0～1.5	生态系统极不稳定，生态系统自然恢复能力极差，生态服务功能极低，生态治理、恢复艰难
相对不健康	1.5～3.5	生态系统很不稳定，生态系统自然恢复能力很差，生态系统服务功能很低，人类活动干扰作用强，生态治理、修复难
欠健康	3.5～5.5	生态系统比较稳定，生态敏感面积广，人类活动干扰作用不大，生态系统易退化，自我恢复能力差，人为帮助才能逐步恢复
亚健康	5.5～7.5	生态系统稳定，结构合理，受外界干扰小，自我恢复能力强，生态服务功能强，生态系统可持续发展格局健全，生态系统中各子系统协调发展
健康	7.5～1	生态系统稳定，结构合理，受外界干扰小，且干扰后自我恢复能力强，生态服务功能强，生态系统可持续发展格局健全，人地关系和谐

24.3　研究区概况与数据来源

24.3.1　研究区概况

1. 地理位置

平陆运河源头为横州市西津水库的平塘江口，沿沙坪河向南跨越分水岭，经灵山县陆屋镇入钦江（图 24.3）。钦江是茅尾海东部的入海河流，其发源于广西钦州市灵山县的罗阳山，流经灵山县和钦州市区，流

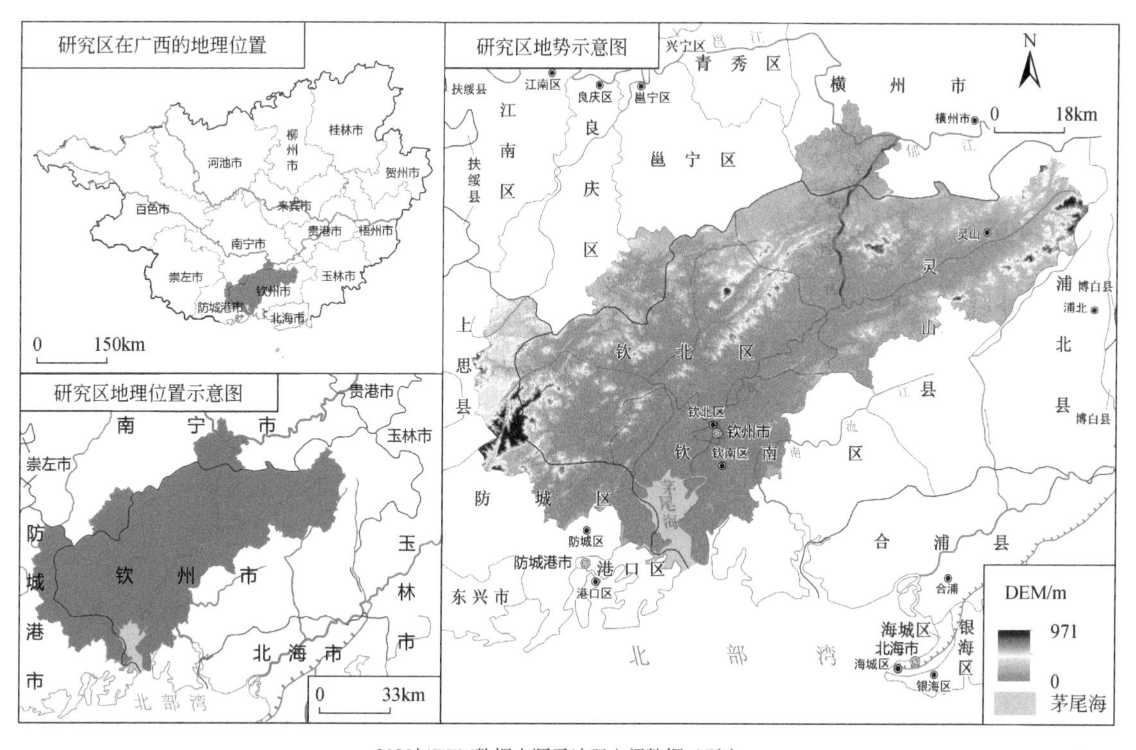

2020年DEM数据来源于地理空间数据云平台。

图 24.3　研究区的地理位置与地势图

至尖山镇黎头咀，分 2 支注入茅尾海。钦江流域面积约 2457km^2，流域干流全长约 179km。茅岭江是茅尾海西侧的入海河流，发源于钦州市钦北区的板城镇，流经钦州市钦北区、钦南区和防城港市防城区。其流域面积约为 2875km^2，干流全长约 117km，总落差约 135m。流域西部为十万大山山脉，山脉发育有两条支流，其中滩营河支流在离入海河口约 11km 处入汇；另一支流为冲仑江，在入海河口附近入汇。

茅尾海位于广西钦州市的钦州湾顶部，地理位置为：108°28′～108°37′E；21°46′～21°54′N。茅尾海又名“猫尾海”，因其海口窄，内部宽，形态与猫尾相类似而得名，是典型的半封闭式内湾，其东、西、北三面均被陆地围绕，东岸以砂泥质海岸及红树林海岸为主，西岸与北岸则以人工海岸为主。海域面积约为 135km^2，东西贯长约 12.6km，南北纵深约 18km，近年来受围填海工程影响，湾口宽度由 16.5km 缩窄至 3.7km，水深范围约在 0.1～5m，海岸线长达 120km（徐程，2020）。

2. 自然资源概况

区内各子系统分布情况见表 24.9，区域内地形平坦，地貌类型以平原与丘陵为主。山地面积小，平原面积广。西南方横贯十万山山脉，东北方横贯罗阳山山脉，山脉多呈东北—西南走向。地形区域差异明显，地势呈两边高中部低的特点。地处北回归线以南的热带、亚热带季风区内，气候具有亚热带向热带过渡的海洋季风气候特点，多年平均气温为 21～23℃，多年平均降水量在 1550～1850mm，气候温暖，光热充足，降水充沛，雨热同期。降水存在区域分配不均现象，局部地区易产生洪涝灾害。该区域的植被类型丰富多样，主要植被类型有阔叶林、针叶林、灌木林、灌丛、栽培植被、草丛、人工栽培植物等。其中人工栽培植物分布较广泛，人工栽培植物中最多的为速生桉。在种植速生桉过程中，采伐、挖坑施肥、炼山清理等环节易导致地力衰退，严重时会造成水土流失。区域内发育的土壤类型复杂多样，有紫色土、滨海盐土、水稻土、红壤、赤红壤、砖红壤等。土壤母质以花岗岩、砂砾岩为主。在气候与地形影响下，红壤的发育面积最广，河岸附近地区的水稻土发育的面积次之。受海水潮汐的影响，入海河流下游的海岸低地主要分布的土壤类型为滨海砂土和滨海盐土（田义超等，2014，2021；陶进等，2020）。

表 24.9　2020 年研究区子系统面积分布情况　（单位：km^2）

项目	面积
研究区面积	7319.459
茅尾海子系统	157.743
水子系统	248.552
城子系统	500.248
田子系统	1751.007
林子系统	4007.317

海域全年平均风速约为 2.6m/s，最高可达 5m/s，夏、秋两季受台风影响较大，冬季则受寒潮影响，多大风天气，温度较低。年平均气温约为 22.4℃，气温随季节变化较为明显。雨季集中在 5～9 月，降水日数多，年平均降水日数约 170d，年均降水量约为 2140mm。钦江、茅岭江每年向茅尾海排放的淡水量约为 $2.773×10^{10}$m^3，茅尾海海水盐度低，平均盐度约为 11.8‰。入海河流带来的工业废水、生活污水、虾塘养殖污水使茅尾海海水水质变差，污染日益严重（李毅等，2015）。

3. 社会经济概况

研究区内所涉及的县域主要为钦州市钦北区、钦南区及灵山县，面积占研究区总面积的 81.53%。涉及的乡镇共 41 个，其中钦州市辖区内的乡镇共 21 个，灵山县内的乡镇共 13 个，防城区内的乡镇共 5 个，横州市内、南宁良庆区的乡镇各 1 个。

据 2020 年第七次人口普查统计，研究区内总人口约为 242.15 万人。2020 年，3 个主要县域的生产总值共约为 920.13 亿元，第一产业生产总值为 200.78 亿元，第二产业生产总值为 194.97 亿元，第三产业生产总值为 508.48 亿元，如图 24.4 所示。其中，钦北区经济水平最高，生产总值最大，为 330.65 亿元，钦北区的三产中，第三产业的产值最大，占生产总值的比例高达 52.42%，其次是第二产业，这表明工业与服务业是钦北区经济发展的主要产业。钦南区的总产值为 299.36 亿元，灵山县的总产值为 290.12 亿元，这两个县域的第一、第三产业产值均较高，这表明钦南区及灵山县的农业与工业是经济发展的主要产业。

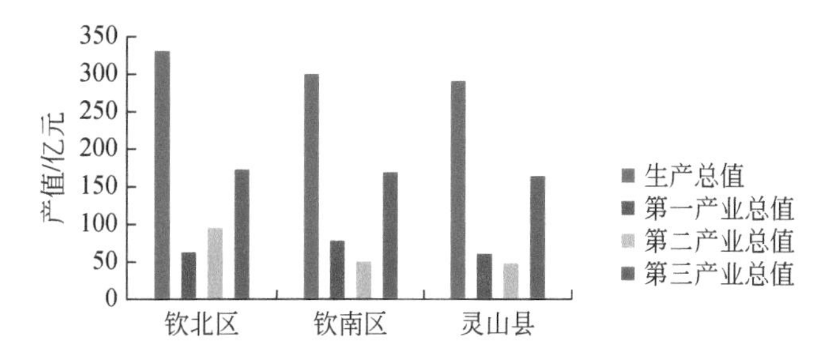

图 24.4　2020 年研究区主要县域产值

24.3.2　数据来源与处理

1. 数据来源

本节涉及的数据包括 2007 年、2011 年、2015 年及 2020 年的社会经济数据、气象数据、DEM 数据、海洋水质数据以及遥感影像数据，见表 24.10。社会经济数据来源于《钦州统计年鉴》和《防城港市统计年鉴》、《中国县域统计年鉴（乡镇卷、县市卷）—2021》以及社会发展统计公报等；气象数据来源于国家气象科学数据中心；DEM 数据为地理空间数据云平台的地形 ASTER GDEM（分辨率为 30m×30m）；2007 年和 2011 年遥感数据来源于 NASA 网站的 ASTER-L1T 遥感影像数据；2015 年及 2020 年的遥感数据为 USGS 官网的 Lansat-8-OLI 遥感影像数据，所有遥感影像数据的分辨率均为 15m×15m；海洋水质数据为钦州市海洋局的监测站点数据。

表 24.10　数据来源表

数据类型	数据来源	分辨率
社会经济数据	《钦州统计年鉴》 《防城港市统计年鉴》 《中国县域统计年鉴（乡镇卷、县市卷）》 社会发展统计公报	—
气象数据	国家气象科学数据中心	—
DEM 数据	地理空间数据云平台	分辨率为 30m×30m
2007 年、2011 年遥感数据	ASTER-L1T 遥感影像	分辨率为 15m×15m
2015 年、2020 年遥感数据	Lansat-8-OLI 遥感影像	分辨率为 15m×15m
海洋水质数据	钦州市海洋局	分辨率为 15m×15m

2. 数据预处理

（1）遥感影像数据预处理过程：下载影像后，在 ENVI5.3 软件平台中进行图像融合、影像嵌套、大气校正、图像裁剪等过程，接着通过人工目译方式进行监督分类，草与湖面积极小，因而将草归入林子系统中，形成林（草）子系统（注：下文统称林子系统），湖归入水子系统中，形成水（湖）子系统（注：下文统称水子系统）。对于山子系统，借助 ArcGIS10.4 软件中的重分类功能，对研究区的 DEM 数据进行重分类，提取出坡度≥25℃，海拔≥500m 的山子系统。基于 ArcGIS10.4 软件中的栅格计算器提取各子系统，利用分区统计统计出各乡镇各子系统面积量。

（2）DEM 数据预处理过程包括：起伏度提取与沟壑密度提取。起伏度的提取在 ArcGIS 的 Spatial Analyst Tool 中进行，利用栅格计算器提取汇流累积量≥50 的栅格河网，将栅格河网转为矢量格式，然后删除伪沟谷得到沟壑数据。在沟壑数据的属性表中计算各乡镇沟壑总长度（L），然后将各乡镇沟壑总长度（L）除以各乡镇总面积（aer）得到各乡镇的沟壑密度（Ds），计算公式如下：

$$\mathrm{Ds}=\frac{L}{\mathrm{aer}} \tag{24.20}$$

（3）海洋数据的处理：海洋数据是钦州市海洋局的监测站点数据，包括枯水期、平水期及丰水期3个时期的数据，对各时期的数据做均值计算。部分数据有所缺失，为保证数据的连续性与科学性，利用同年的相近站点的均值作为补充，若相邻站点有所缺失，则用站点内相邻年份的监测数据求均值作为补充。

（4）经济数据处理过程：筛选出所需数据并进行统计、分类、归纳整理。其中部分乡镇的部分人均收入数据有所缺失，因此利用相邻两年的均值作补充，如果相邻年份的数据不完整，则用一元线性回归趋势分析、推算而得。

24.4 山水林田城海时空演变及影响因子分析

山、水、林、田、城、海是平陆运河—入海流域—茅尾海生命共同体的主要子系统，精准把握各子系统的时空分布格局，有利于掌握生命共同体的变化动向。因此，利用对比分析法分析各子系统的空间分布特性，采用地理探测器中的因子探测功能辨识各子系统时空分布的主要影响因子。海的空间位置稳定，面积变化小，因此本节不对海做时空分布特性分析。

24.4.1 山水林田城空间分布特征

1. 山空间分布

基于已有研究成果，将山地界定为海拔≥500m 的地形。从山子系统空间分布特性看，平陆运河—入海流域—茅尾海的山地面积少，集中分布在西南及东北两部分地区，这两个地区均为山麓地带。研究区的地势由西北、东北往南部滨海倾斜下降，西北与东北分别为十万大山与罗阳山山麓，中部则为低山、台地。研究区内有钦江、茅岭江流经，干、支流沿岸为河谷平原，南部为滨海岗地与河口平原，整体以丘陵、台地及平原为主，山地面积极小，山地面积仅为 57.104km^2，约占总面积的 1.90%。各乡镇的平均海拔均在35m 以下，500m 以上的山地主要分布在十万山瑶族乡、公正乡、平山镇、大直镇，面积约为 21.612km^2、17.649km^2、7.207km^2、6.466km^2（表 24.11），面积占比分别约为 21.87%、5.25%、6.25%、1.70%。除十万山瑶族乡的山地面积超过 20%外，其余 3 个乡镇的山地面积占比均小于 6%，这几个乡镇内有山脉贯穿，因而山地面积较大。

表 24.11 2020 年研究区山子系统分布情况

DEM	乡镇名称	面积/km^2
500～971m	十万山瑶族乡	21.612
	公正乡	17.649
	平山镇	7.207
	大直镇	6.466
	佛子镇	2.517
	贵台镇	1.653

2. 水空间分布

从水空间分布特性来看，研究区内水域面积较小，河网密度不大，空间分布不均（图 24.5）。2020 年研究区内水域面积约为 203km^2，约占研究区总面积的 2.77%。研究区内的水体主要汇聚在低洼集水区，即河谷、水库、坑塘之中。研究区内的河流主要有钦江及茅岭江，其干、支流的河谷是重要的集水区域，因此河流流经的乡镇水域面积较大。研究区内无大型湖泊，稍大的集水洼地为水库，主要水库为凤亭江水库、灵东水库、西津水库，分别位于公正乡、灵城镇和新福镇。海岸乡镇的虾塘也是水体分布的重要区域，至 2018 年，茅尾海沿岸的虾塘面积约为 28.655km^2，龙门港镇、康熙岭镇、尖山镇、大番坡镇的对虾养殖面积分别为 2.292km^2、4.58km^2、7.16km^2、1.7km^2，虾塘面积大的乡镇水域面积亦较广，这意味着虾塘是主要的集水形式之一。

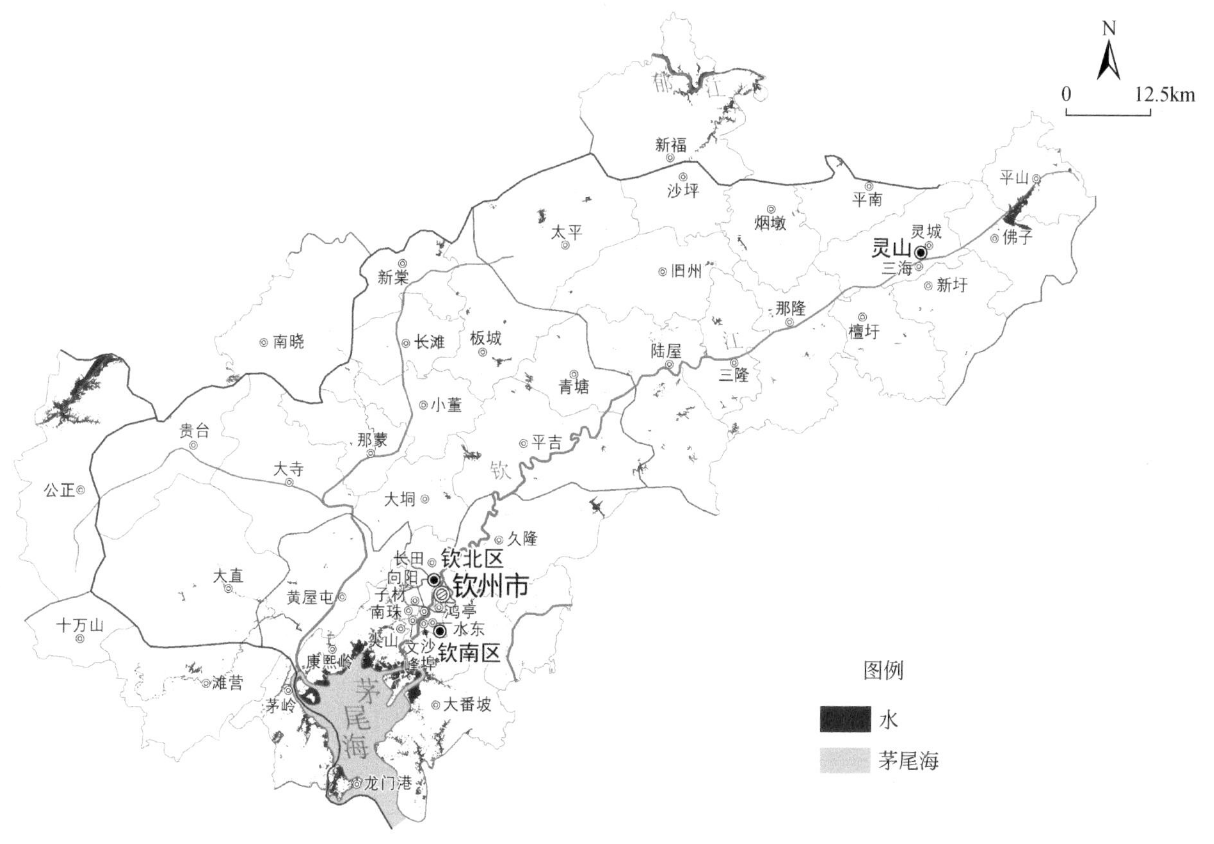

图 24.5 2020 年研究区水子系统空间分布图

3. 林空间分布

从林地空间分布特性来看，研究区内林地面积分布广泛，覆盖面积大（表 24.12）。2020 年研究区内林地面积约为 4695km^2，约占研究区总面积的 64%，是平陆运河一入海流域—茅尾海的所有子系统中分布面积最广的子系统，呈现出城市稀疏的西南地区林地面积多，城市密集的地区林地面积少的分布规律。究其原因可能是，西南地区是山地或者海拔较高的丘陵，城市少，人类活动不频繁，开发程度较低，因此森林生态保护较好；城市密集区域地形平坦，便于人类开发利用，因而多为耕地或者建筑用地，用于粮食生产或者人类居住与经济开发，用于营林的土地面积少，特别是地表硬化范围广的乡镇，树林多为绿化种植，面积少。

表 24.12 2020 年研究区林子系统分布情况

县域名称	乡镇名称	面积/km^2	占比/%
钦北区	鸿亭街道、青塘镇、长田街道、平吉镇、大直镇、大寺镇、小董镇、贵台镇、板城镇、子材街道、那蒙镇、大垌镇、长滩镇、新棠镇	1500.443	31.96
灵山县	平山镇、佛子镇、新圩镇、檀圩镇、灵城街道、平南镇、烟墩镇、那隆镇、三隆镇、沙坪镇、太平镇、旧州镇、陆屋镇	1429.024	30.44

续表

县域名称	乡镇名称	面积/km²	占比/%
钦南区	向阳街道、南珠街道、文峰街道、久隆镇、大番坡镇、钦州港经济技术开发区、康熙岭镇、沙埠镇、黄屋屯镇、尖山街道、龙门港镇	578.63	12.32
防城区	十万山瑶族乡、滩营乡、茅岭镇	373.848	7.96
横州市	新福镇	303.88	6.47
上思县	公正乡	277.993	5.92
良庆区	南晓镇	231.421	4.93

4. 田空间分布

研究区内田地面积一般，整体呈现东北部多西部少的特点，集中分布在流域干支流的河谷两侧（表24.13）。2020年研究区田地面积约为1749km²，约占研究区总面积的24%。田地主要集中分布在流域干、支流两侧的乡镇外围，以钦江两侧分布最广，西南地区田地少且零散。如此分布的原因可能是，流域两侧为河谷地带，地形平坦，水源充足，便于开垦与灌溉。同时，河流两侧也是城镇集中分布地区，是人口集散地，粮食作物或经济作物的市场需求量大。人口密集也给农业种植提供充足的劳动力，而西南地区海拔较高，地表崎岖，地形较复杂，难以开垦。

表24.13 2020年研究区田子系统空间分布

县域名称	乡镇名称	面积/km²	占比/%
灵山县	平山镇、佛子镇、新圩镇、檀圩镇、灵城街道、平南镇、烟墩镇、那隆镇、三隆镇、沙坪镇、太平镇、旧州镇、陆屋镇	733.661	41.94
钦北区	鸿亭街道、青塘镇、长田街道、平吉镇、大直镇、大寺镇、小董镇、贵台镇、板城镇、子材街道、那蒙镇、大垌镇、长滩镇、新棠镇	581.734	33.26
钦南区	向阳街道、南珠街道、文峰街道、久隆镇、大番坡镇、钦州港经济技术开发区、康熙岭镇、沙埠镇、黄屋屯镇、尖山街道、龙门港镇	276.696	15.82
防城区	十万山瑶族乡、滩营乡、茅岭镇	67.292	3.85
良庆区	南晓镇	51.208	2.93
上思县	公正乡	23.059	1.31
横州市	新福镇	15.511	0.89

5. 城空间分布

从城市空间分布特性来看，城市集中分布在东北及南部地区（图24.6)。城市范围不大，存在明显的空间差异性。地表平坦且经济较发达的地区，城市面积较大；地表崎岖且经济欠发达的地区，城市面积较小。2020年研究区城市面积约为203km²，约占研究区总面积的2.77%，表明城市的空间分布具有明显的经济指向性，这是因为城市的扩张需要资金的投入，因此城市规模大小很大程度上取决于当地经济发展水平。

24.4.2 水林田城演变特性

研究区内山地面积小且稳定，因此不对山子系统做演变分析，仅对水、林、田、城这4个子系统做演变分析。基于ArcGIS10.4平台，将子系统的变化情况绘制成图。为更好地区分变化程度，基于已有研究，结合研究区特性，将变化情况分为面积增加、面积减少、几乎不变三种，以1.5km²为界，面积变化范围在1.5km²内表明面积变化较小，归类为几乎不变；面积增加量大于1.5km²的归类为增加；面积减少量大于1.5km²，表明子系统变化存在一定的降幅，归类为减少（丘海红，2021），见表24.14。

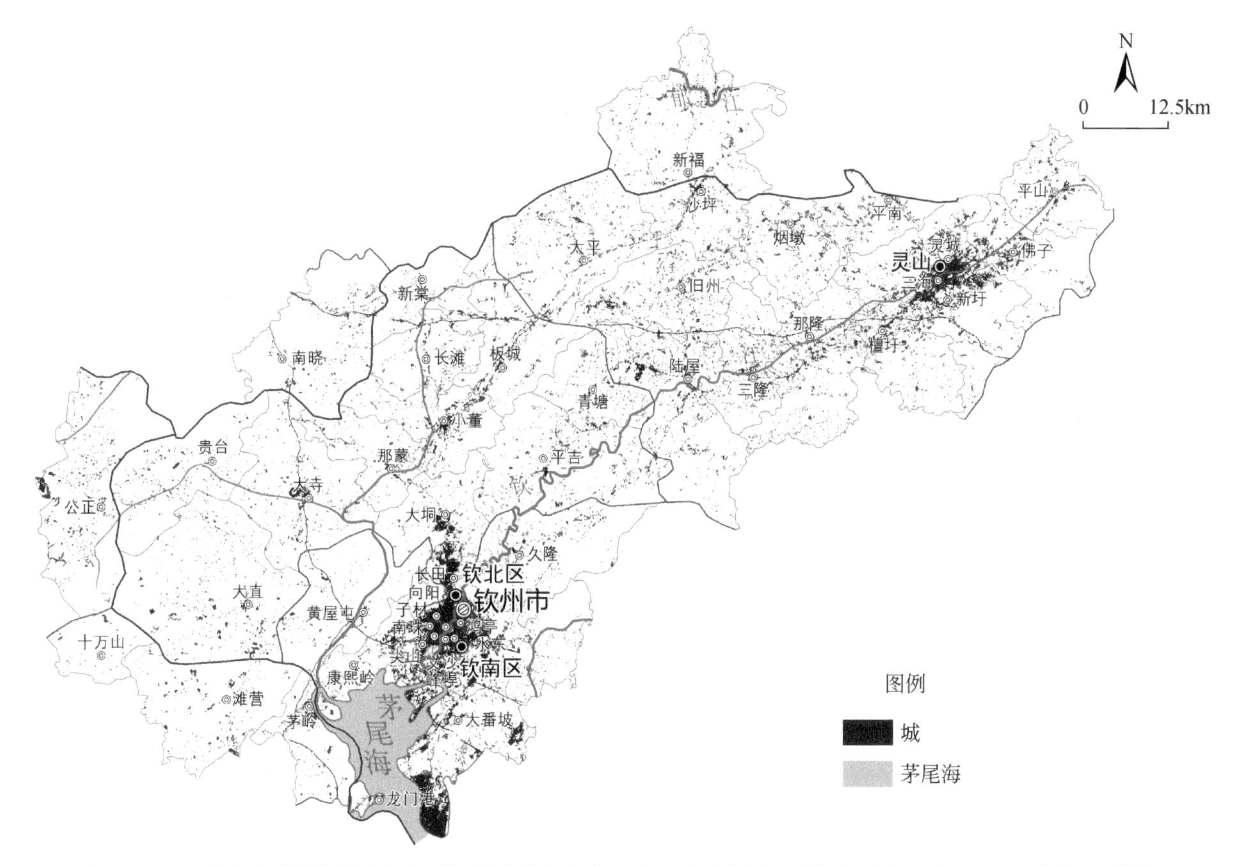

2020年Sentienl2遥感影像数据来源于南宁市锐博影像科技有限公司；图上专题内容为作者根据2020年Sentienl2遥感影像数据推算出的结果，不代表官方数据。

图 24.6 2020 年研究区城子系统空间分布图

表 24.14 子系统面积变化情况

年份	面积变化/km^2			
	水	林	田	城
2007～2011	-14.36	306.12	-49.01	12.54
2011～2015	-59.77	365.10	-358.33	53.14
2015～2020	42.33	-51.55	-109.12	69.50
2007～2020	-31.80	619.67	-516.46	135.18

1. 水演变特性

对水域面积变化情况进行分析，研究区内水域面积整体有所减少，呈先减少后增加的变化趋势。2007～2020 年，研究区水域面积整体减少了 31.80km^2。其中，2007～2011 年水域面积减少量最小，仅为 14.36km^2；2011～2015 年水域面积减少量最大，达 59.77km^2；2015～2020 年研究区水域面积有所增加，增量为 42.33km^2。究其原因可能是 2007～2015 年，经济发展缓慢且稳定，水消耗形式以生活用水、农业生产用水为主，消耗慢，消耗量少；2015 年后，经济发展进程加快，工业生产用水量大，民用、工业生产建筑规模扩张，致使水域面积被侵占，因而水域面积变化大。

对 2007～2020 年各个乡镇水域面积变化情况进行分析，结果见表 24.15。增加、减少、几乎不变的乡镇个数相差不大。水域面积增加的乡镇个数是 14 个，约占乡镇总个数的 34.15%，水域面积减少的乡镇个数是 13 个，约占乡镇总个数的 31.70%，而水域面积几乎不变的乡镇个数是 14 个，约占乡镇总个数的 34.15%，三种变化类型的乡镇个数基本相同。其中，2007～2011 年水域面积增加的乡镇共 3 个，几乎不变的乡镇有 33 个，减少的乡镇一共 5 个。2011～2015 年，水域面积增加的乡镇共 1 个，几乎不变的乡镇有 31 个，减少的乡镇共 9 个。2015～2020 年，水域面积增加的乡镇共 14 个，几乎不变的乡镇共 17 个，减少的乡镇共 10 个。2007～2015 年水域面积以几乎不变为主，水域面积几乎不变的乡镇约占乡镇总数的 75%。2015～2020 年，水域面积变化较大，水域面积增加和减少的乡镇数量之和已达 24 个，约占乡镇总数的 58.54%。

表 24.15 2007～2020 年研究区水子系统面积变化

年份	水子系统面积变化情况	乡镇个数/个	乡镇个数占比/%	面积变化/km^2
2007～2011	增加	3	7.31	−14.36
	减少	5	12.20	
	几乎不变	33	80.49	
2011～2015	增加	1	2.44	−59.77
	减少	9	21.95	
	几乎不变	31	75.61	
2015～2020	增加	14	34.15	42.33
	减少	10	24.39	
	几乎不变	17	41.46	
2007～2020	增加	14	34.15	−31.80
	减少	13	31.70	
	几乎不变	14	34.15	

从分布角度看，2007～2020 年水域面积变化的三种类型分布零散。水域面积增加较大的乡镇主要有 4 个，分别是十万山瑶族乡、南晓镇、滩营乡及黄屋屯镇。究其原因为，这 4 个乡镇的经济发展水平均不高，十万山瑶族乡与南晓镇的人均收入更是排在所有乡镇的末尾。为追求更高收入，人们往经济较发达的地区迁移，致使当地从事农业生产的人口数量下降，生活用水及农业灌溉用水减少，水域面积增加。水域面积减少量超 10km^2 的乡镇共有 3 个，分别是大番坡镇、新福镇及公正乡。大番坡镇的水域面积减少量最多，多达约 52km^2，这是由于大番坡镇经济发展快，钦州保税港区、钦州港综合物流加工区、钦州港至大榄坪铁路支线等涉海工程大量建造，占用大量水域面积，且工业发展进程快，工业耗水量大，人口密度大，生活用水量多。其余乡镇，水域面积减少量较少，整体稳定。

2. 林演变特性

对林地面积变化的整体情况进行分析，结果见表 24.16。研究区内林地面积整体有所增加，呈先减少后增加状态。2007～2020 年林地面积共增加了 619.67km^2。其中，2011～2015 年增加幅度最大，林地面积共增加了 365.10km^2，2007～2011 年林地面积也有所增加，增量为 306.12km^2，至 2015～2020 年，林地面积减少，减少的量约为 51.55km^2，可能是因为 2002 年之后国家倡导退耕还林，广西积极响应号召。加之速生桉的经济效益高，刺激农民大规模种植，因此大面积耕地转化为林地，使得林地面积有所增加。但速生桉种植、砍伐等过程对生态环境有破坏效应，2014 年广西壮族自治区林业厅印发《进一步调整优化全区森林树种结构实施方案（2015—2020 年）》，要求重新调整全区的森林种植结构，调减桉树种植面积。此方案的实施导致 2015～2020 年研究区内桉树种植面积缩减，林地面积减少。

表 24.16 2007～2020 年研究区林子系统面积变化

年份	林子系统面积变化情况	乡镇个数	乡镇个数占比/%	面积变化/km^2
2007～2011	增加	22	53.66	306.12
	减少	12	29.27	
	几乎不变	7	17.07	

续表

年份	林子系统面积变化情况	乡镇个数	乡镇个数占比/%	面积变化/km^2
2011～2015	增加	25	60.98	365.10
	减少	10	24.39	
	几乎不变	6	14.63	
2015～2020	增加	13	31.71	−51.55
	减少	18	43.90	
	几乎不变	10	24.39	
2007～2020	增加	21	51.22	619.67
	减少	13	31.71	
	几乎不变	7	17.07	

对 2007～2020 年各乡镇林地面积变化情况进行分析，2007～2020 年林地面积增加的乡镇有 21 个，几乎不变的乡镇有 7 个，减少的乡镇有 13 个。其中，2007～2011 年林地面积增加的乡镇共 22 个，几乎不变的乡镇共 7 个，减少的乡镇共 12 个；2011～2015 年林地面积增加的乡镇共 25 个，几乎不变的乡镇有 6 个，减少的乡镇共 10 个；2015～2020 年，林地面积增加的乡镇共 13 个，林地面积几乎不变的乡镇共 10 个，林地面积减少的乡镇共 18 个。这表明，2007～2015 年，林地面积以增加为主，增加的乡镇个数较多，2015～2020 年林地面积缩减，政府在调控林地时空分布中起主导作用。

从分布情况看，林地面积增加的乡镇集中分布在东北部地区，林地面积几乎不变或减少的乡镇主要分布在西南地区。其中，面积增加超 30km^2 的乡镇有 9 个，这 9 个乡镇中有 7 个属于灵山县，这可能与灵山县大面积种植桉树有关，灵山县人口多，劳动力足，而速生桉生长迅速，收成高，受当地农民的青睐，因而大规模种植。新福镇、那隆镇的林地面积增加最多，增加值分别为 78.26km^2、66.65km^2。林地面积大幅增加，表明该地生态环境向好转化，利于生态建设。林地面积小幅度增加的是贵台镇、大寺镇、平山镇，其中贵台镇的增量为 13.82km^2。林地面积几乎不变的是那蒙镇、尖山街道、新棠镇、向阳街道、大直镇、文峰街道、小董镇，这 7 个乡镇主要分布在研究区中部地区，这些地区林地情况相对稳定，变化小。林地面积减少的乡镇集中分布在南部，即十万大山山麓、入海河口及海岸地区。林地面积减少量在 5km^2 范围内的乡镇有 6 个，其中，公正乡林地面积减少最多，减少量为 23.75km^2，公正乡位于十万大山山麓，林地面积较广。近年来，公正乡城市扩张进程快，其中，仅 2015～2020 年城市扩建面积就达 5.94km^2，城市面积的扩大对林地有一定的侵占，使得林地面积缩减。茅岭镇、大番坡镇是河口以及海岸乡镇，随着河口、海岸乡镇经济的快速发展，城市化进程也加快。2008 年起保税港区投入使用，对周边的经济发展有带动作用，随之而来的是经济建筑、民用建筑等数量增加，这致使林地面积减少。

3. 田演变特性

研究区内田地面积整体呈减少状态，但减少速度有所减缓（图 24.7）。2007～2020 年田地面积减少了 516.45km^2，2007～2011 年、2011～2015 年及 2015～2020 年这 3 个时间段的田地面积均呈减少状态。其中，2011～2015 年减少幅度最大，田地面积共减少 358.33km^2，2007～2011 年减少幅度较小，共减少约 49.01km^2。

由 2007～2020 年研究区内各乡镇田地面积变化情况发现，各乡镇的田地面积整体以减少为主，田地面积增加的乡镇个数少，且增量较小。2007～2020 年，田地面积增加的乡镇有 4 个，几乎不变的乡镇有 8 个，减少的乡镇有 29 个。其中，2007～2011 年，田地面积增加的乡镇共 7 个，几乎不变的乡镇有 4 个，减少的乡镇共 30 个。2011～2015 年，田地面积增加的乡镇共 11 个，几乎不变的乡镇有 6 个，减少的乡镇共 24 个。2015～2020 年，田地面积增加的乡镇共 14 个，几乎不变的乡镇共 7 个，减少的乡镇共 20 个。在这三种变化类型中，田地面积减少的乡镇个数最多，这可能是随着城市现代化进程加速，第二、第三产业劳动力缺口大，经济效益促使劳动力从第一产业涌入第二、第三产业，田地丢荒，加上城市面积扩张侵占田地，致使田地面积萎缩。

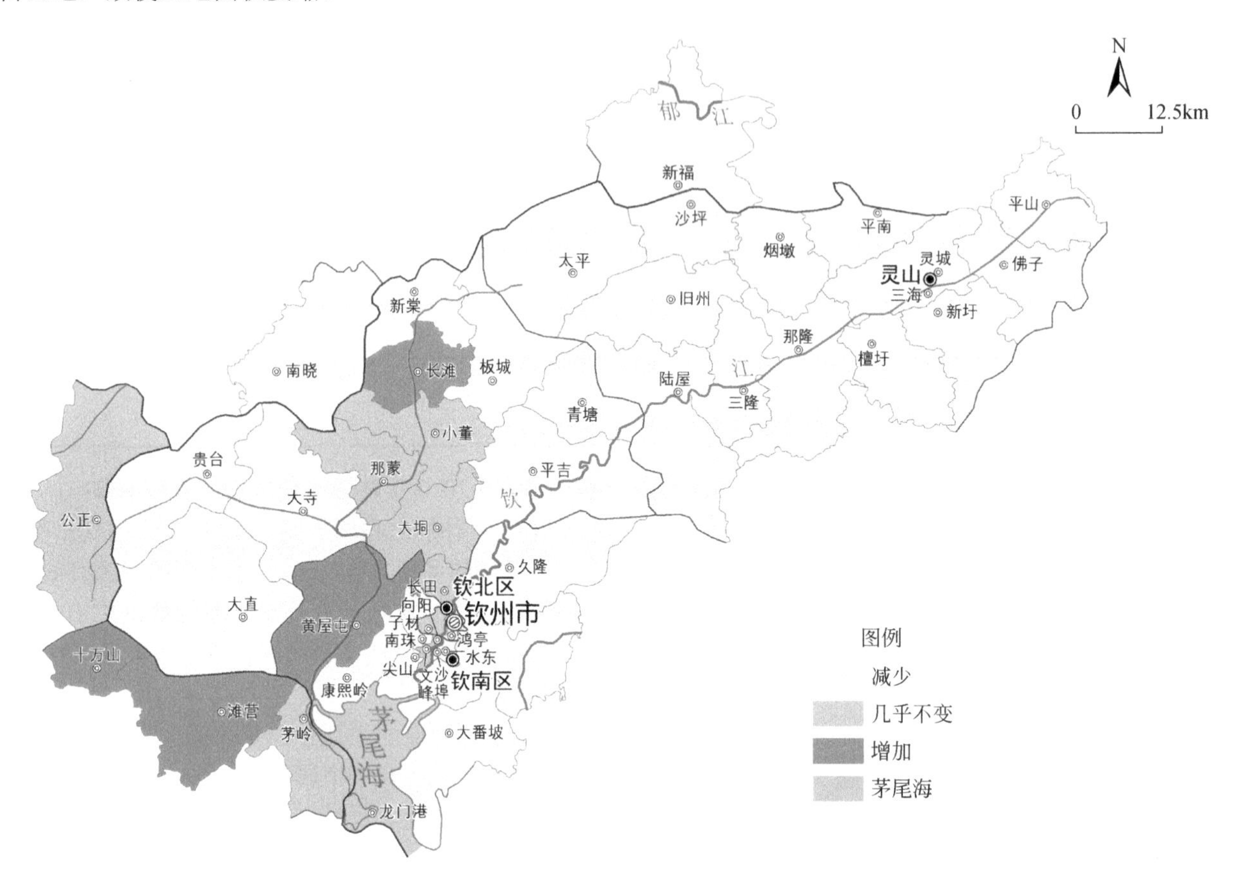

2007年、2011年、2015年、2020年ASTER、Sentienl2遥感影像数据来源于南宁市锐博影像科技有限公司；图上专题内容为作者根据2007年、2011年、2015年、2020年Sentienl2遥感影像数据推算出的结果，不代表官方数据。

图 24.7　2007～2020 年研究区田子系统面积变化

面积减少的乡镇分布最广，面积增加及几乎不变的乡镇主要分布在中部以及西南边沿地区。经统计可得，2007～2020 年面积减少的乡镇占乡镇总个数的 70.73%，其中，面积减少超过 40km^2 的乡镇共有 8 个，其中，新福镇、那隆镇面积减少量均超 70km^2，分别是 76.31km^2 与 73.09km^2。这 8 个乡镇中有 7 个属于灵山县。近年来，灵山县的经济发展相对较快，城市扩张速度快，城市面积增幅较大，导致田地被改造成建设用地。同时，林地的扩张可能会侵占田地。田地面积几乎不变的乡镇分别是向阳街道、大垌镇、龙门港镇、文峰街道、那蒙镇、公正乡、小董镇及茅岭镇。这 8 个乡镇的田地面积均较小，因此变化不明显。田地面积增加的乡镇分别是黄屋屯镇、长滩镇、十万山瑶族乡、滩营乡，这 4 个乡镇的田地面积虽有增加但增量较小。这表明随时间推移，研究区内的田地受人类开发影响大，存在大部分乡镇的田地被改造成其他地类的现象。田地是粮食生产基地，是人类赖以生存的资源，《中共中央 国务院关于全面推进乡村振兴加快农业农村现代化的意见》提出：“坚决守住 18 亿亩耕地红线。”为保证粮食安全，在生产开发过程中，需要加强田地保护意识，确保粮食生产的安全与稳定。

4. 城演变特性

研究区内城市面积持续增加，但增速有所放缓。2007～2020 年，城市面积增加了 135.14km^2。其中 2015～2020 年城市面积增加最明显，增量达 69.50km^2。2011～2015 年城市面积增量最小，增量仅为 53.14km^2。2015～2020 年增量为 69.50km^2，较 2011～2015 年的城市面积增量稍有上升。产生此变化的原因是，2007～2011 年为促进经济发展年份，在研究区内建设了大量的工业基础设施，如钦州市保税港区、中石化炼油基地、各类工业园区等，工业建筑面积得以快速扩张，导致城市快速往外延展。2015～2020 年，入驻企业在已建成的工业基础设施上进行生产，不需要建新的工业建筑，因而城市面积拓展速度有所减缓。城市面积扩张受经济变动的影响，2007 年、2011 年、2015 年研究区生产总值分别约为 222 亿元、369.89 亿元、769.52 亿元，经济在持续增长，同时，城市面积也随之不断拓展。城市面积拓展也存在弊端，城市面积拓展易侵占田地、林地、水域等地类。以田地为例，对比田与城面积变化趋势，两者变化趋势具有反向同步变化的特点，即田地面积在不断下降，城市面积在不断上升，这表明城市扩张致使田地缩减。因此，政府在做城市建设规划时需多关注城市拓展的影响，保证区域内部土地利用结构的合理性。

对 2007～2020 年各个乡镇城市面积变化情况进行分析，结果发现，大部分乡镇的城市面积是增加状态，城市面积几乎不变与减少的乡镇数量极少（图 24.8）。表明这 13 年来，各个乡镇的经济收入均有所增长。城市面积减少或者几乎不变的乡镇集中在北部地区，表明北部经济发展较慢，人类生产活动密集性较小，城市化进程慢。2007～2020 年，城市面积增加的乡镇共有 34 个，占乡镇总个数的 82.93%，几乎不变的有 6 个，占乡镇总个数的 14.63%，减少的仅有 1 个，占乡镇总个数的 2.44%。其中，2007～2011 年，城市面积增加的乡镇有 25 个，几乎不变的乡镇有 14 个，减少的乡镇有 2 个。2011～2015 年，城市面积增加的乡镇共 10 个，几乎不变的乡镇有 16 个，减少的乡镇共 15 个。2015～2020 年，城市面积增加的乡镇共 18 个，几乎不变的乡镇共 18 个，减少的乡镇共 5 个。城市面积增加超过 10km^2 的主要有大番坡镇、沙埠镇、灵城街道、大垌镇、公正乡及新圩镇，其中大番坡镇、沙埠镇的城市面积增量最大，增量分别是 46.51km^2、23.43km^2。城市面积增加超 5km^2 的共有 19 个，约占乡镇总个数的 46%。表明此类区域经济进程较快，人类生产活动密集性较大。城市面积几乎不变的乡镇为小董镇、黄屋屯镇、长滩镇、久隆镇、文峰街道、南晓镇、十万山瑶族乡，表明这几个乡镇城市面积稳定，受经济发展的影响较小，城市面积稍有减少的乡镇是板城镇。

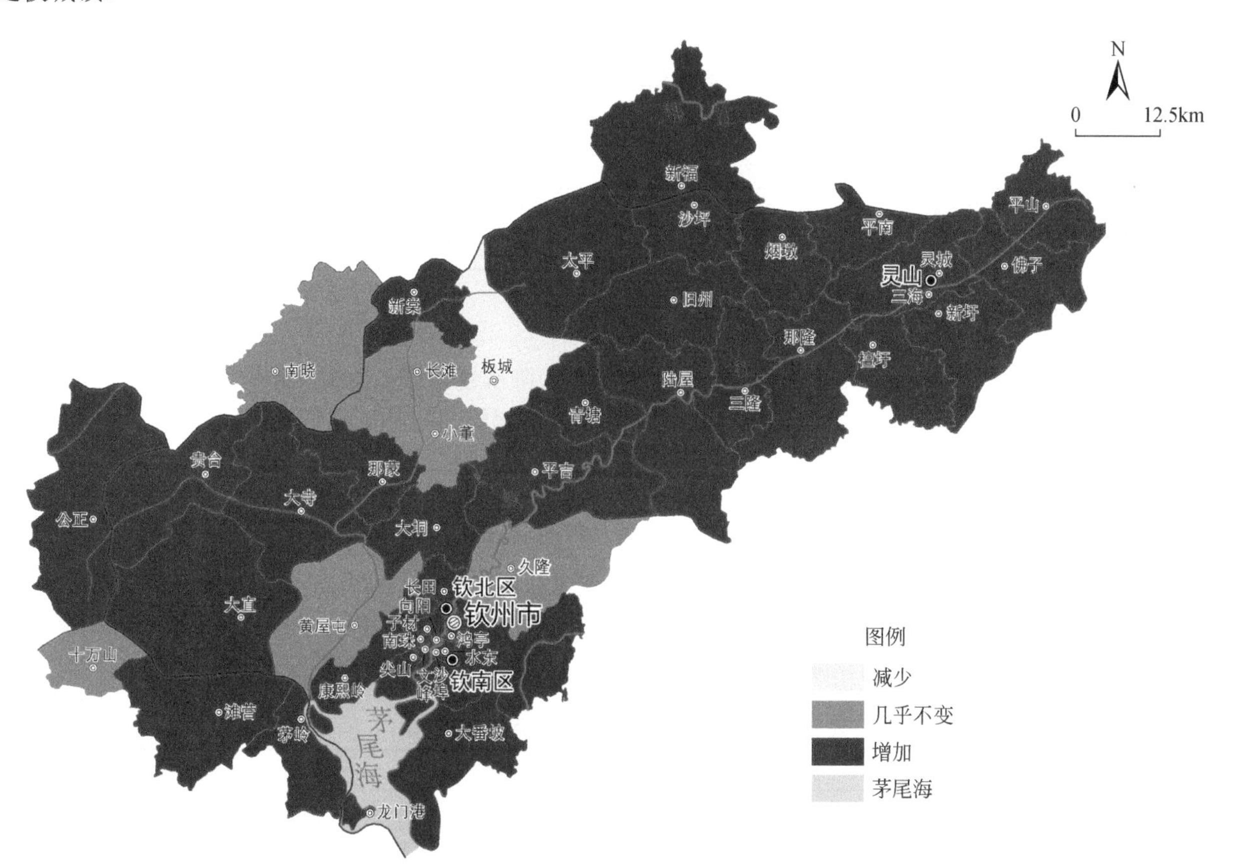

2007年、2011年、2015年、2020年ASTER、Sentienl2遥感影像数据来源于南宁市锐博影像科技有限公司；图上专题内容为作者根据2007年、2011年、2015年、2020年Sentienl2遥感影像数据推算出的结果，不代表官方数据。

图 24.8　2007～2020 年研究区城子系统面积变化

24.4.3 水林田城影响因子探测

为进一步了解研究区各子系统时空分布的主要影响因素，对 2011 年、2015 年水、林、田、城的影响因子做探测分析。由于山的面积较小，因此不对其做因子探测。海的影响因素复杂多样，主要有管道排放、航运、潮汐、洋流、港口开发程度、气候等，数据难以获取，因而也没有对海子系统做因子探测分析。基于已有研究及数据的可获取性原则，针对各子系统的特性选取各子系统的主要影响因子，利用相等间隔法对各影响因子进行分类，均分为 7 类，然后借助因子探测器辨识各子系统的主导因子。

1. 水影响因子探测

根据水的特性，共选取了 5 个影响因子，分别是气温、降水量、人口密度、城市面积、林地面积。对水域时空分布做因子探测分析，结果见表 24.17。2011 年与 2015 年的各影响因子解释力由高到低排序相同，排序为人口密度＞城市面积＞气温＞降水量＞林地面积。2011 年与 2015 年水域分布的主导因子均为人口密度，解释力排名第 2 的是城市面积。2011 年人口密度的解释力高达 54.4%，2015 年其解释力有所下降，约为 32.0%。2011 年城市面积的解释力约为 15.8%，2015 年其解释力有所上升，约为 19.8%。水是生命之源，人类的生产生活离不开水资源。随着社会经济的发展，人口迁移方向具有明显的经济指向性，经济越发达的地区人口密度越大。人口密度大的地区对生活生产用水、工业用水的需求量均有所增加，导致人口密度大的地方地表水量少，水域面积小，反之则较大的现象。城市面积的影响力也较大，且有上升趋势，这是因为研究区内的城市集中分布在沿江地带，城市面积扩张势必会侵占水域分布区，进而导致水域面积减小。

表 24.17 水子系统因子探测解释力（PD 值）

年份	解释力（PD 值）				
	气温	降水量	人口密度	城市面积	林地面积
2011	0.156	0.044	0.544	0.158	0.039
2015	0.116	0.069	0.320	0.198	0.033

2. 林影响因子探测

根据林的特性，共选取了 4 个影响因子，分别是气温、降水量、城市面积及起伏度。对林地的时空分布做因子探测分析，结果见表 24.18。2011 年，各影响因子解释力按从高到低的排序为起伏度＞城市面积＞气温＞降水量。起伏度是林地变化最主要的影响因子，其解释力高达 37.6%。森林种植区多为山地地区，这是因为平原区域多用于耕作与城市建设。由树苗成为树林周期长，起伏度大的区域开发难度也大，人类干扰少，适合森林长期生长与发展。至 2015 年，排序转变为城市面积＞气温＞起伏度＞降水量。城市面积是最主要的影响因子，解释力均值约为 53.1%。城市面积的扩张也意味着人类对木材资源需求量大，乱砍滥伐现象也随之增加。同时，城市面积大的区域，高楼林立，绿化面积小。加之，城市扩张时林地被迫转变成建设用地，导致林地面积减少，因此城市面积的变化会影响林地的时空分布。

表 24.18 林子系统因子探测解释力（PD 值）

年份	解释力（PD 值）			
	气温	降水量	城市面积	起伏度
2011	0.282	0.208	0.333	0.376
2015	0.491	0.213	0.531	0.489

3. 田影响因子探测

根据田的特性，共选取了 4 个影响因子，分别是城市面积、人口密度、人均收入、起伏度。对田地的影响因子做探测分析，结果见表 24.19。2011 年与 2015 年的影响因子解释力排序一致，从高到低的排序为城市面积＞起伏度＞人口密度＞人均收入。城市面积是田地时空分布的主导因子，其解释力高达 46.5%。田地是粮食生产的主要区域，是人类生存发展所需物质的提供场所，为了方便人们开发与种植，田地一般分布在水域丰富或者城乡周边地形平坦的地区。城市面积与田地面积的变化呈反向趋同性，究其原因主要有两个，一是城市扩张方向是由近到远的，邻近的田地、水域是其扩张的首选地类，稍远的林地也是城市扩张的次要选择；二是城市建设选址趋于平坦地形，便于施工建设、节约开发成本，因此田地无疑是较好的选择。2011～2015 年，解释力上升的因子有 2 个，分别是人口密度及人均收入，解释力下降的因子有 2 个，分别是城市面积及起伏度。其中，解释力上升最大的是人均收入，上升了约 10.9 个百分点。究其原因是，人均收入越高，从事农业种植的人口越少，田地丢荒，田地面积减少。2011 年之后，城市面积变化幅度小，对农田侵占的现象有所缓解，因而城市面积解释力有所下降，解释力降低最大的是起伏度，降低了 10.90 个百分点。研究区整体地形平坦，加之随着农业生产水平的提高，起伏度大的地区开发难度下降，因而起伏度对耕作的影响力随之下降。

表 24.19　田子系统因子探测解释力（PD 值）

年份	解释力（PD 值）			
	人口密度	城市面积	起伏度	人均收入
2011	0.219	0.465	0.444	0.087
2015	0.267	0.382	0.335	0.196

4. 城影响因子探测

根据城的特性，共选取了 4 个影响因子，分别是水域面积、人口密度、人均收入、起伏度。对影响城市时空分布的因子做探测分析，结果见表 24.20。2011 年影响因子解释力从高到低的排序为起伏度＞人均收入＞水域面积＞人口密度。2015 年影响因子解释力从高到低的排序为起伏度＞人均收入＞人口密度＞水域面积。2011 年主导城市面积变化的原因是起伏度。2011 年研究区整体的经济水平较低，起伏度大的地方开发难度大，开发经济成本高，因而城市建设用地主要选取的是地形平坦的地区。2015 年，人均收入与起伏度的解释力均较大，是两个主导要素，解释力在 27%～28%。2011～2015 年，各因子解释力均有所增大，其中增量最大的是人均收入。这表明，经济因素逐渐成为主导因子。经济增长、生产活动规模扩大以及人们对生活品质的追求等均使得城市建筑数量不断增加。

表 24.20　城子系统因子探测解释力（PD 值）

年份	解释力（PD 值）			
	水域面积	人口密度	人均收入	起伏度
2011	0.145	0.083	0.159	0.234
2015	0.170	0.189	0.273	0.275

24.5　生命共同体健康评价

24.5.1　生命共同体子系统健康状态

平陆运河—入海流域—茅尾海生态系统主要有山、水、林、田、城、海这 6 个子系统。子系统之间相互联系、相互制约，共同构成生命共同体。不同的子系统具有不同的特点，针对各子系统的特性选取典型的评价指标，利用综合指数法评价 2020 年各子系统的健康状态。通过等级划分将健康状态划分为健康、亚健康、欠健康、相对不健康、不健康这 5 个类型。

1. 山子系统生态健康状态

山子系统凝聚养料，维系田地，给植被提供生长空间，是生命共同体中重要的子系统。研究区内各乡镇的山子系统的生态健康状况整体较好，生态健康等级以健康、亚健康等级为主，见表 24.21。

表 24.21 研究区山子系统的健康状态统计

山子系统健康状态	乡镇名称	乡镇个数/个	占比/%
健康	新福镇、沙坪镇、烟墩镇、平南镇、灵城街道、陆屋镇、新棠镇、南晓镇、小董镇、那蒙镇、大垌镇、久隆镇、黄屋屯镇、南珠街道、向阳街道、水东街道、文峰街道、沙埠镇、康熙岭镇、茅岭镇、大番坡镇、龙门港镇	22	53.66
亚健康	新圩镇、檀圩镇、那隆镇、三隆镇、旧州镇、太平镇、长滩镇、板城镇、青塘镇、平吉镇、贵台镇、大寺镇、滩营镇、尖山街道	14	34.15
欠健康	平山镇、佛子镇、大直镇、十万山瑶族乡	4	9.76
相对不健康	公正乡	1	2.44
不健康	—	0	0.00

山子系统健康指数在 0.43～1，整体健康平均值为 0.75，健康指数较大，属于健康等级，健康状态优良，这表明山子系统生态质量优良，生态服务功能优越，抗压能力强。41 个乡镇中，为健康、亚健康等级的乡镇个数最多，无不健康等级的乡镇。属于健康等级的乡镇共 22 个，占乡镇总数的 53.66%。属于亚健康等级的乡镇个数共 14 个，占乡镇总数的 34.15%。属于健康与亚健康等级的乡镇分布广阔，集中在平原、台地地形区，这部分地区山地、丘陵面积小，地表平缓且破碎程度低，因此山地生态环境质量高。属于欠健康与相对不健康的乡镇主要分布在山地与平原过渡区，该区域地表崎岖，山地、丘陵面积占比均值约为 46.98%，山地起伏度较大，起伏度均值约为 846.2m，沟壑密度也大，地表破碎程度高，加上土壤的成土母质多为花岗岩和碳酸盐岩，土层薄且松散，物理性黏粒在 8%～20%，黏性差，抗冲击能力弱，在雨量大而集中的夏季，易引发水土流失（吴风文，2019）。同时，此区域大面积种植经济适用林，吸水量大，持水性差，导致土地沙化，且焚山垦殖的种植方式，使得地表裸露，加剧水土流失，从而使山子系统的健康较差（蓝启文等，1988）。因此，为保持山地生态健康，在对欠健康与相对不健康的乡镇进行开发时，需要注重合理开发，优化森林生态结构，保护植被，以降低山地生态健康恶化风险。

2. 水子系统生态健康状态

水子系统涵养田地，滋润林草，辅助生长，是生命共同体中物质与能量循环的重要载体。研究区生命共同体的水子系统生态健康状况整体较差，以欠健康与相对不健康为主，属于健康与亚健康等级的乡镇数量较少（表 24.22）。

表 24.22 研究区水子系统的健康状态统计

水子系统健康状态	乡镇名称	乡镇个数/个	占比/%
健康	—	0	0.00
亚健康	水东街道、文峰街道、尖山街道、龙门港镇	4	9.75
欠健康	新福镇、沙坪镇、烟墩镇、平南镇、灵城街道、陆屋镇、那蒙镇、久隆镇、黄屋屯镇、南珠街道、向阳街道、沙埠镇、康熙岭镇、茅岭镇、大番坡镇、新圩镇、檀圩镇、那隆镇、三隆镇、青塘镇、平吉镇、滩营乡、佛子镇	23	56.10
相对不健康	平山镇、太平镇、旧州镇、新棠镇、长滩镇、板城镇、小董镇、大垌镇、大寺镇、贵台镇、公正乡、大直镇、十万山瑶族乡	13	31.71
不健康	南晓镇	1	2.44

水子系统的健康指数在 0.11～0.72，平均值约为 0.40，属于欠健康等级，健康状态一般。这表明水子

系统整体生态质量不高，生态服务功能低，抗压能力弱，需要加大监管与修复力度。对 41 个乡镇的水子系统健康状态进行分析：属于健康等级的乡镇个数为 0；属于亚健康等级的乡镇个数共 4 个，占乡镇总个数的 9.75%；属于欠健康等级的乡镇个数共 23 个，占乡镇总个数的 56.10%；属于相对不健康等级的乡镇个数仅为 13 个，占乡镇总个数的 31.71%；不健康的乡镇个数共 1 个，为南晓镇。研究区降水量虽然丰富，但是水资源时空分布不均，因此其生态健康存在空间异质性。不健康与相对不健康等级的乡镇主要分布在中北部及西北部地区，此区域地表崎岖，坡度较大，保水能力弱，少雨季节面临干旱问题，加之水网密度不大，水资源利用的便利性受阻，因而水的生态健康状况一般。欠健康等级的乡镇分布在东部、西南部，此区域地形较平坦，土壤保水保肥能力不低，水网密度不小，便于灌溉，因而水的生态健康状态稍好。但是，此区域也面临着由人类生活、工业以及水产养殖产生的废水肆意排放等造成的河流水质下降的问题，以钦江为例，钦江东、钦江西监测断面上游大概分布着 100 万 m^2 水产养殖场，因此有关部门需加强对污水处理的监管。属于亚健康等级的乡镇主要分布在入海河口地区，这部分地区为滨海岗地，地势低平，多河交汇，水资源丰富，加之河流水位高，水量大，具有承船能力，水运交通便利，因而水的生态健康状况较好。

3. 林子系统生态健康状态

林子系统汲取阳光，通过光合作用吸收二氧化碳释放氧气，是协调生态系统平衡、改善局部气候的重要子系统。研究区生命共同体的林子系统整体健康状态一般，以亚健康等级为主（表 24.23）。林子系统健康指数在 0.036～0.92，健康指数平均值为 0.54，属于欠健康等级，生态健康为中等状态。区域内林地具有一定的规模，但是经过多年绿化开发，宜林面积缩小，栽植条件差、难度大、成本高。加上粗放式的开采与种植模式，原始林逐渐转化为次生林、人工林。营林水平低，树种单一，结构不合理，人工林速生桉规模大，经济效益多，生态效益少（廖前景，2022）。日后可以大力引进营林人才，优化森林结构，提升森林生态服务功能。对各乡镇的林子系统生态健康进行分析：属于健康等级的乡镇个数为 3 个，约占乡镇总个数的 7.32%；属于亚健康等级的乡镇个数共 24 个，约占乡镇总个数的 58.54%；属于欠健康等级的乡镇个数共 8 个，约占乡镇总个数的 19.51%；属于相对不健康等级的乡镇个数仅为 2 个，约占乡镇总个数的 4.88%；属于不健康等级的乡镇个数共 4 个，约占乡镇总个数的 9.75%。各乡镇的健康状况整体以亚健康等级为主，不健康及相对不健康的乡镇集中分布在钦州市经济较发达的中心老城区。这些区域林地面积范围小，地表硬化程度过高，植被生态服务功能较为低下，此后应规划可绿化区，栽种林木，净化空气，减缓噪声，提升乡镇林子系统的生态健康。

表 24.23　研究区林子系统的健康状态统计

林子系统健康状态	乡镇名称	乡镇个数/个	占比/%
健康	新福镇、公正乡、十万山瑶族乡	3	7.32
亚健康	沙坪镇、烟墩镇、平南镇、那蒙镇、久隆镇、黄屋屯镇、茅岭镇、新圩镇、那隆镇、平吉镇、滩营乡、佛子镇、平山镇、太平镇、旧州镇、新棠镇、长滩镇、板城镇、小董镇、大垌镇、大寺镇、贵台镇、大直镇、南晓镇	24	58.54
欠健康	灵城街道、檀圩镇、三隆镇、陆屋镇、青塘镇、沙埠镇、南珠街道、大番坡镇	8	19.51
相对不健康	康熙岭镇、水东街道	2	4.88
不健康	向阳街道、文峰街道、尖山街道、龙门港镇	4	9.75

4. 田子系统生态健康状态

田地是农产品生长的主要空间，是粮食生产基地，也是维持人类生产活动持续发展的重要根源，是生命共同体中重要的系统之一。田子系统整体健康状态欠佳，健康等级以欠健康为主（表 24.24）。田子系统的健康指数在 0.33～0.68，各乡镇的健康指数平均值为 0.47，属于欠健康等级，健康状态存在一定问题。田子系统的健康状态主要面临水土流失、盐渍化及化肥超量三重压力。平陆运河—入海流域—茅尾海西部为山麓地区，属于山前冲积平原地区，山前冲积平原田地质优，但是，受季风气候影响，夏季降水集中且雨量大，面临水土流失问题。南部地处海陆交界处，沿海田地遭受海水盐渍化侵蚀，导致粮食产量下降。中部沿江地区的田地耕种面积广，但土壤保护意识不够强，化肥使用量易超标，土壤退化，造成田地生产动力不足（闭馨月和卢远，2018）。对各乡镇的田子系统健康状态进行分析：不存在健康等级的乡镇；属于亚健康等级的乡镇共 6 个，占乡镇总个数的 14.63%；属于欠健康等级的乡镇个数共 32 个，占乡镇总个数的 78.05%；属于相对不健康的乡镇个数共 3 个，占乡镇总个数的 7.32%，分别为大直镇、向阳街道和新福镇。属于欠健康等级的乡镇广泛分布，属于亚健康、相对不健康等级的乡镇分布零散，无明显集聚性。

表 24.24　研究区田子系统的健康状态统计

田子系统健康状态	乡镇名称	乡镇个数/个	占比/%
健康	—	0	0.00
亚健康	新棠镇、青塘镇、三隆镇、久隆镇、茅岭镇、大番坡镇	6	14.63
欠健康	平山镇、佛子镇、新圩镇、灵城街道、平南镇、烟墩镇、十万山镇、沙坪镇、太平镇、旧州镇、陆屋镇、平吉镇、檀圩镇、那隆镇、板城镇、南晓镇、长滩镇、小董镇、那蒙镇、公正乡、贵台镇、大寺镇、大垌镇、黄屋屯镇、南珠街道、水东街道、文峰街道、沙埠镇、康熙岭镇、滩营乡、尖山街道、龙门港镇	32	78.05
相对不健康	新福镇、大直镇、向阳街道	3	7.32
不健康	—	0	0.00

5. 城子系统生态健康状态

城是人类主要的集聚地，给人类生存提供了居住场所，人类生产活动都集中在城市开展。研究区生命共同体的城子系统整体健康状态较好，等级以健康为主（表 24.25）。城子系统健康指数在 0.36～0.1，各乡镇的健康指数平均值为 0.85，属于健康等级。对各乡镇的城子系统健康状态进行分析：属于健康等级的乡镇共 36 个，约占乡镇总数的 87.80%；属于亚健康等级的乡镇共 3 个；属于欠健康等级的乡镇共 2 个，约占乡镇总个数的 4.88%。属于欠健康等级的乡镇分别为文峰街道、向阳街道，属于相对不健康及不健康的乡镇个数均为 0 个。城子系统生态健康优良，属于健康等级的乡镇多，健康异常的乡镇个数少。生态健康较差的乡镇主要集中在钦州市老城区，此区域人口多且密集，城市面积广，高楼建筑面积大，地表硬化程度高。总之，城市面积小的区域，受人类干扰程度弱，健康状态优良，城市面积大的区域，受人类干扰程度强，健康状态较差。但是城市面积小的区域，经济密度低，经济相对落后，应加大经济发展，促进城市化进程，城市面积广的区域，经济密度高，但生态质量差，应有效地开展园林绿化工程，提高生态质量。

表 24.25　研究区城子系统的健康状态统计

城子系统健康状态	乡镇名称	乡镇个数/个	占比/%
健康	新棠镇、青塘镇、三隆镇、久隆镇、茅岭镇、大番坡镇、平山镇、佛子镇、新圩镇、平南镇、烟墩镇、那隆镇、沙坪镇、太平镇、旧州镇、陆屋镇、平吉镇、檀圩镇、那隆镇、板城镇、南晓镇、长滩镇、小董镇、那蒙镇、公正乡、贵台镇、大寺镇、大垌镇、黄屋屯镇、沙埠镇、康熙岭镇、滩营乡、尖山街道、龙门港镇、新福镇、大直镇	36	87.80
亚健康	灵城街道、南珠街道、水东街道	3	7.32
欠健康	向阳街道、文峰街道	2	4.88
相对不健康	—	0	0.00
不健康	—	0	0.00

6. 海子系统生态健康状态

平陆运河—入海流域—茅尾海生命共同体的海子系统主要指茅尾海。收集到的茅尾海的评价数据较少，基于数据的易获取性原则，本节仅对 2016 年茅尾海的生态健康做评价与分析。茅尾海的评价数据是监测站点数据，一共 16 个监测站点（S1～S16），对各监测站点数据做健康评价与分析后，再基于 ArcGIS10.4

软件平台，对各监测站点的健康指数做反距离权重插值，得到插值图。

2016 年茅尾海的健康状态整体一般，健康等级以亚健康为主。生态健康等级从入海河口往海域内部逐渐下降，说明陆源污染排放是影响茅尾海海水健康状况的重要原因。茅尾海的健康指数在 0.30～0.72，各监测站点的健康平均值为 0.58，属于亚健康等级。对各监测站点的生态健康情况进行分析：属于健康等级、不健康等级的监测站点个数均为 0 个，即不存在健康等级及不健康等级的监测站点；属于亚健康等级的站点共 11 个，约占监测站点总数的 68.75%；属于欠健康等级的监测站点个数共 4 个，约占监测站点总数的 36.4%；属于相对不健康等级的监测站点仅 1 个，为 S15，S15 监测站点的活性磷酸盐、油类及铵盐的含量均严重超过《海水水质标准》中一类海水水质范围，这可能是由于 S15 监测站点位于河口，流域的大量污染物通过河流排入茅尾海，导致入海河口处水质生态健康较差。此前有研究结果（韦重霄等，2017）与本节结果一致，分析发现茅尾海的富营养化情况以钦江口、茅岭江口的富营养化程度严重，为严重富营养等级，湾顶沿岸富营养化程度次之，为重度富营养等级，茅尾海中南部富营养化程度相对较好，为轻至中度富营养等级。茅尾海有机污染程度的空间分布状况与富营养程度相似，因而认为钦江、茅岭江的入海污染物是导致茅尾海富营养和有机污染的主要因素，也是影响茅尾海生态健康的重要原因。

24.5.2　生命共同体健康评价结果

平陆运河—入海流域—茅尾海生命共同体包括流域与海域两大系统，两者的子系统组成存在显著差异，陆域的子系统主要为山水林田城，海域的子系统主要为海。陆域与海域两大系统是流域海域生命共同体的有机结合，但也相对独立，因而，针对两者的特性，选取合理的评价指标，利用综合指数法，求得两大子系统的健康指数，得到陆域（即平陆运河—茅尾海入海流域）与海域（即茅尾海）各自的健康状态。

1. 陆域生命共同体健康特性

平陆运河—入海流域—茅尾海生命共同体各乡镇的综合健康指数主要集中在 0.46～0.73 之间，从属的健康等级类型仅两种，即欠健康和亚健康，健康状态一般。为能更详细地分析各乡镇的健康情况，基于 SPSS 平台，通过组间连接的聚类方法将 2020 年各乡镇的综合健康指数进行聚类，共聚类为五类，分别为 I 类健康区（≥0.689）、II 类健康区（0.61～0.67）、III类健康区（0.57～0.60）、IV类健康区（0.51～0.55）、V 类健康区（0～0.47），聚类的距离谱系图为图 24.9。

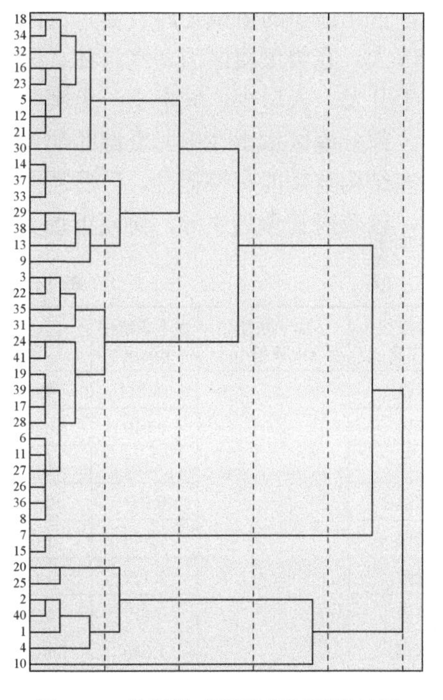

图 24.9　陆域健康指数组间聚类结果

1～41 分别代表水东街道、文峰街道、康熙岭镇、尖山街道、龙门港镇、十万山瑶族乡、茅岭镇、南晓镇、新福镇、向阳街道、南珠街道、沙埠镇、黄屋屯镇、大番坡镇、久隆镇、大垌镇、平吉镇、青塘镇、小董镇、板城镇、那蒙镇、长滩镇、新棠镇、大寺镇、灵城镇、新圩镇、平山镇、佛子镇、平南镇、烟墩镇、檀圩镇、那隆镇、三隆镇、陆屋镇、旧州镇、太平镇、沙坪镇、滩营乡、公正乡、大直镇、贵台镇

依照山、水、林、田、城的顺序分析各乡镇的健康情况发现：I 类健康区各个子系统的资源禀赋理想，结构合理，生态服务功能强健，健康状态稳定；II 类健康区各个子系统要素匹配性均较好，但水子系统的生态结构与功能有待提升；III级健康区林、田子系统生态状况较佳，其余各个子系统仍承受着较大的环境压力；IV级健康区除水子系统生态质量较好以外，其余生态系统的赋存状况较不理想；V 级健康区除山子系统的生态质量较好以外，其余各子系统均需加强生态建设。

I 类健康区涉及的乡镇包括 2 个，这 2 个乡镇的共同特点是地形相对平坦，丘陵、山地面积近乎为 0，地形起伏度小（表 24.26）。山地生态系统稳定，沟壑密度小，地表破碎程度较低。乡镇中有河流干流流经，水网密度大，水域调蓄能力强。林地面积较广，人均林地面积多，各乡镇的林地面积占比大，占比均值约为62%，其中，茅岭镇的林地面积占比超过64%。该区土壤质地好，耕种面积占比较其他健康区大，田地面积占比均值约为26.6%，人均田地面积多，可开发利用的田地面积广。城市面积不大，城市面积占比仅为4.7%。人口数量不多，人口密度不大，对生态的干扰强度较弱。Ⅰ类健康区地势平坦，水资源丰富，林田分配比例适中，生态环境优越，生活宜居。山水林城各个子系统的资源禀赋较理想，结构合理，不存在明显的短板与缺陷，生态服务功能强，生态系统发展格局健全，人地关系和谐，生命共同体健康态势稳定。

表 24.26 研究区Ⅰ类健康分布情况统计

Ⅰ类健康区乡镇名称	山子系统DEM值/m	水子系统面积/km^2	占比/%	林子系统面积/km	占比/%	田子系统面积/km	占比/%	乡镇子系统面积/km	占比/%
久隆镇	0～500	49.489	22.38	124.828	56.46	80.79	36.54	7.778	3.52
茅岭镇	0～500	12.318	9.93	76.39	61.58	22.0798	17.80	7.014	5.65

Ⅱ类健康区涉及的乡镇主要包括16个镇，见表24.27。这16个乡镇的共同特点是：Ⅱ类健康区涉及的乡镇主要分布在茅尾海入海河流沿岸，山地、丘陵面积占比较小，地形起伏度范围在40～551m，沟壑密度不大，地表破碎程度不高。河流流经该区，降水量大，但是，水域分布不均，各镇水域面积占比相差较大，比值处于0.24%～42%，均值为5.5%，部分地区存在缺水现象。植被覆盖度适中，各乡镇林地面积占比值处于21%～88%，占比均值约为60%。16个镇中有13个镇的林地面积占比超过40%。其中，滩营乡的林地面积占比值最广，占比超 80%。田地面积较广，各乡镇的田地面积值处于 22.7～75.2km^2，平均值约为48.17km^2，田地面积占比较大，占比均值约为24.5%，田地面积占比值超过20%的乡镇共有10个。城市面积不大，面积占比值在2.6%～30.2%之间，占比均值为7.7%，其中，城市面积占比最大的乡镇是大番坡镇，占比最小的乡镇是滩营乡，占比超过10%的乡镇个数仅3个。人口数量较少，各乡镇人口均值仅为47083人。Ⅱ类健康区山、水、林、田、城各子系统匹配性较好。该地区地势起伏较小，地表破碎度低下，便于开发。人口少，城市小，土壤肥沃，田地资源禀赋高，耕种面积广，但是各乡镇的水资源存在明显差异，部分地区水土（田）资源匹配性有所欠缺。故Ⅱ类健康区，山、田、林、城的生态较好，水子系统的生态结构与功能有待提升，日后需要突破流域环境保护与防治的行政分割难点，加强各个乡镇间跨区域合作，以政府管理为主导，协同市场、社会等主体，多元参与协同防治（刘国琳，2019）。

表 24.27 研究区Ⅱ类健康分布情况统计

Ⅱ类健康区乡镇名称	山子系统DEM值/m	水子系统面积/km^2	占比/%	林子系统面积/km	占比/%	田子系统面积/km	占比/%	乡镇子系统面积/km	占比/%
新福镇	40～551m	16.011	4.60	299.696	86.05	15.523	4.46	10.697	3.07
沙坪镇		0.019	0.02	78.829	70.11	26.557	23.62	6.782	6.03
陆屋镇		4.567	1.60	150.663	52.64	110.907	38.75	15.986	5.59
烟墩镇		0.803	0.55	99.398	68.00	37.322	25.53	7.557	5.17
那隆镇		2.746	1.09	145.079	57.83	83.156	33.15	15.208	6.06
三隆镇		2.329	1.66	62.208	44.34	66.272	47.23	8.941	6.37
平南镇		0.419	0.38	72.556	65.01	27.766	24.88	7.877	7.06
青塘镇		1.646	1.27	69.509	53.75	49.962	38.64	6.112	4.73
那蒙镇		2.560	1.88	87.269	64.17	40.169	29.54	5.901	4.34
大垌镇		1.112	0.81	94.184	68.70	32.986	24.06	8.054	5.87
新棠镇		1.436	1.27	66.042	58.59	39.172	34.75	4.929	4.37
龙门港镇		9.119	24.23	4.616	12.26	1.652	4.39	1.652	4.39
大番坡镇		14.898	8.61	87.431	50.52	33.567	19.40	18.327	10.59
沙埠镇		8.633	3.79	124.007	54.37	47.826	20.97	30.389	13.32
黄屋屯镇		6.979	3.04	167.291	72.96	48.060	20.96	6.414	2.80
防城区滩营乡		3.323	1.32	200.625	79.82	37.964	15.10	6.420	2.55

Ⅲ类健康区涉及的乡镇共 16 个（表 24.28），这 16 个乡镇的共同特点是：地表崎岖，地形起伏度较大，起伏度均值约为 543m，16 个乡镇的起伏度均超过 100m，但沟壑密度不太大，表面破碎程度不高。各乡镇水域面积整体不大，平均水域面积占比均值约为 4.36%，河网密度小，水域调蓄能力弱，水资源禀赋低。相较于其他健康区，Ⅲ级健康区的林地面积最大，16 个乡镇中有 15 个乡镇的林地面积超过 60%。该区的田地面积较广，各乡镇田地面积占比均值为 23.05%，田地面积占比大于 10%的镇就有 14 个。该区域的城市面积较小，城市面积占比值在 1.4%～11%，城市面积超过 10km^2 的乡镇仅有 1 个。人口数量较多，各乡镇人口均值仅为 63166 人。Ⅲ类健康区主要分布在山麓地区，地表崎岖，山地多，山子系统结构不稳定，田地面积广，农业生产需水量大，但水域面积小，田水存在供需矛盾，农业生产动力不足；林地面积较大，植被覆盖率高，生态本底条件优越，植被生态功能健全；城域面积小，人口数量多，城市化进程慢，经济较落后。故Ⅲ类健康区，林、田子系统生态较好，但山、水、城等子系统仍承受着较大的环境压力，日后需要加强山、水、城子系统的生态建设，协调好子系统间生态发展的均衡性。

表 24.28　研究区Ⅲ类健康分布情况统计

Ⅲ类健康区乡镇名称	山子系统 DEM 值/m	水子系统面积/km^2	占比/%	林子系统面积/km	占比/%	田子系统面积/km	占比/%	乡镇子系统面积/km	占比/%
南晓镇	0～500	1.010	0.31	229.399	70.45	51.490	15.81	8.388	2.58
新圩镇	0～500	0.294	0.17	96.577	57.07	51.995	30.72	17.316	10.23
佛子镇	0～700	3.125	1.87	115.614	69.02	34.728	20.73	10.091	6.02
太平镇	0～500	1.586	0.57	195.778	70.60	65.880	23.76	12.550	4.53
旧州镇	0～500	0.790	0.36	130.858	59.77	71.459	32.64	14.701	6.72
平山镇	0～971	4.962	3.43	98.906	68.41	26.688	18.46	6.687	4.63
檀圩镇	0～500	0.595	0.37	84.946	53.36	60.816	38.20	11.402	7.16
平吉镇	0～500	6.875	2.29	167.963	55.92	112.933	37.60	10.939	3.64
大寺镇	0～500	3.288	1.20	192.906	70.31	65.684	23.94	10.640	3.88
小董镇	0～500	1.620	1.07	92.323	60.99	46.258	30.56	9.998	6.60
贵台镇	0～971	1.170	0.51	192.529	84.09	26.350	11.51	5.206	2.27
长滩镇	0～500	0.810	0.70	70.833	60.79	39.499	33.90	5.388	4.62
南珠街道	0～500	0.968	3.84	16.161	64.09	2.387	9.47	5.713	22.66
康熙岭镇	0～500	16.576	11.87	31.862	22.82	31.848	22.81	8.577	6.14
公正乡	0～971	19.167	5.62	271.852	79.78	22.624	6.64	11.372	3.34
十万山瑶族乡	0～971	0.000	0.00	88.592	89.67	7.310	7.40	1.254	1.27%

Ⅳ类健康区涉及的乡镇共 6 个（表 24.29），这 6 个乡镇的共同特点是：地形较平坦，山地、丘陵面积少。地形起伏度不大，约为 341.3m，但是，各乡镇的地形起伏度存在明显差异，地形起伏度范围在 32～971m。沟壑密度较大，地表破碎程度高，山子系统的生态系统结构的稳定性差。该区域的降水量丰富，水域面积较小，水域面积占比不大，水网密度也一般，水资源赋存度较低。Ⅳ类健康区除大直镇外，其余各乡镇林面积较少，各乡镇林面积占比均值约为 37%，林覆盖度不大，林生态系统服务功能不高。田地面积较大，田地面积占比为 22%，6 个乡镇的田地面积占比均超过 15%，田地发展状况较为理想。该区域的城市面积较大，各乡镇城市面积占比均值约为 26.3%。人口数量多，人口均值约为 60515 人，且人口密度大，城市所需承载的环境压力大。Ⅳ类健康区地表崎岖且破碎，存在一定的水土流失隐患；地势不平，区域开发成本高；田地面积广，资源禀赋高；水域面积较大，河流调蓄功能强；城市化进程快，经济水平高，但人口密度大，城市环境压力大。故Ⅳ类健康区除田、水子系统生态质量较好外，山、林、城等子系统的生态系统的赋存状况较不理想，日后需要加强山、林、城子系统的生态建设，协调好城市发展与各个子系统生态建设的关系。

表 24.29　研究区Ⅳ类健康分布情况统计

Ⅳ类健康区乡镇名称	山子系统DEM 值/m	水子系统面积/km^2	占比/%	林子系统面积/km	占比/%	田子系统面积/km	占比/%	乡镇子系统面积/km	占比/%
灵城街道	0～500	33.044	18.28	83.357	46.11	62.402	34.52	33.044	18.28
水东街道	0～500	5.699	74.00	0.756	9.82	0.982	12.75	5.699	74.00
大直镇	0～971	11.455	2.75	326.338	78.36	75.070	18.03	11.455	2.75
板城镇	0～500	9.379	5.20	125.771	69.72	43.743	24.25	9.379	5.20
文峰街道	0～500	3.657	59.28	0.613	9.94	1.160	18.81	3.657	59.28
尖山街道	0～500	12.565	14.77	0.685	0.80	15.581	18.31	12.565	14.77

Ⅴ类健康区涉及的乡镇仅 1 个，见表 24.30。向阳街道的特点是：地形平坦，几乎无山，起伏度仅为 60m，沟壑密度小；水域面积较小，水面率仅为 0.14%；林地面积极少，林地面积占比仅仅为 1.2%，植被的生态服务功能低下，水源涵养能力弱，空气净化难度大；田地面积也极少，田地面积占比也仅为 5%。工业水平提升，城市扩张，田地萎缩，粮食短产；城市面积占比极大，占比可达 91%，城市建筑面积广，人口密度大，生态受干扰程度高，不利于生态发展的持续性。故Ⅴ类健康区除山子系统的生态质量较好外，水、林、田、城等子系统的生态赋存状况较差，需要加强生命共同体的生态建设。

表 24.30　研究区Ⅴ类健康分布情况统计

Ⅴ类健康区乡镇名称	山子系统DEM 值/m	水子系统面积/km^2	占比/%	林子系统面积/km	占比/%	田子系统面积/km	占比/%	乡镇子系统面积/km	占比/%
向阳街道	0～500	0.144	8.43	0	0.00	0.016	0.95	1.568	91.49

2. 海域生命共同体健康特性

根据聚类结果，将 2016 年海域内 16 个监测站点的健康综合指数分为 5 个类别：分别为海Ⅰ类健康区、海Ⅱ类健康区、海Ⅲ类健康区、海Ⅳ类健康区、海Ⅴ类健康区，结果如图 24.10 所示。

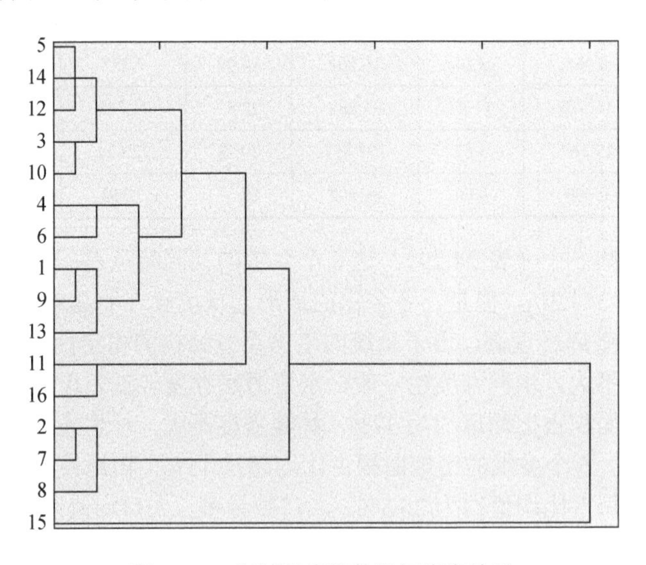

图 24.10　海域健康指数组间聚类结果

1～16 分别代表监测站点 S1、S2、S3、S4、S5、S6、S7、S8、S9、S10、S11、S12、S13、S14、S15、S16

按照海子系统评价指标中溶解氧、油类、活性磷酸盐、铵盐以及汞、砷、铬、镉、铜、锌的顺序分析各监测站点健康情况，结果发现，汞、砷、铬、镉、铜、锌的超标现象较少，海Ⅰ类健康区超标指标为活性磷酸盐及铵盐、海Ⅱ类健康区～海Ⅴ类健康区的超标指标均为油类、活性磷酸盐、铵盐，且海Ⅱ类健康区～海Ⅴ类健康区超标量越来越大。生态健康存在从河口、沿岸至海内部逐渐变差的特点（图 24.11）。具体分析如下。

海Ⅰ类健康区涉及的站点包括 S2、S7、S8 共 3 个站点，该 3 个站点均位于茅尾海中部海域，受海岸工程、陆源排污的影响较小，整体健康状况较好，90%的评价指标均值都符合《海水水质标准》（以下简称《标准》）中一类水质标准。3 个监测站点的溶解氧含量在 6.05～6.15mg/L，均值为 6.1mg/L，均值比《标准》中第一类水质的溶解氧标准值（＞6mg/L）大 0.1mg/L；油类含量为 0.026～0.057mg/L，均值为 0.037mg/L，均值比《标准》中第一类水质的油类标准值（＜0.05mg/L）小 0.013mg/L；活性磷酸盐含量在 0.030～0.034mg/L，均值为 0.032mg/L，均值比《标准》中第一类水质的活性磷酸盐标准值（≤0.015mg/L）大 0.017；铵盐含量在 0.105～0.13mg/L，均值为 0.113mg/L，均值比《标准》中第一类水质的铵盐标准值（≤0.02mg/L）高；汞、砷、铬、镉、铜、锌的含量均值都符合《标准》中第一类水质的重金属标准。故海Ⅰ类健康区内活性磷酸盐及铵盐均值均超标，活性磷酸盐、铵盐含量超标易造成富营养化现象，威胁海域生态系统平衡与健康。

海Ⅱ类健康区涉及的站点包括 S1、S4、S6、S9、S13 共 5 个站点，该 5 个站点均位于茅尾海中南部海域的沿岸海区，受人类生产活动影响大，整体健康状况不佳。5 个监测站点中，溶解氧含量在 6.01～6.3mg/L，均值约为 6.2mg/L，均值比《海水水质标准（以下简称《标准》)》中第一类水质的溶解氧标准值（＞6mg/L）大 0.2mg/L；油类含量在 0.037～0.058mg/L，均值为 0.054mg/L，均值比《标准》中第一类水质的油类标准值（＜0.05mg/L）大 0.004；活性磷酸盐含量在 0.030～0.049mg/L，均值为 0.037mg/L，均值比《标准》中第一类水质的活性磷酸盐标准值（≤0.015mg/L）大 0.022mg/L；铵盐含量在 0.105～0.17mg/L，均值为 0.13mg/L，均值比《标准》中第一类水质的铵盐标准值（≤0.02mg/L）高；5 个站点中汞、砷、铬、镉、铜、锌的含量均值基本都符合《标准》中第一类水质的重金属标准。故海Ⅱ类健康区油类、活性磷酸盐以及铵盐均值都超标，其余各站点均不超标。

海Ⅲ类健康区涉及的站点包括 S3、S5、S10、S12、S14 共 5 个站点，该 5 个站点均位于茅尾海南部海域东侧以及中部海域东西两侧沿岸海域，健康状况整体一般。溶解氧含量在 6.01～6.3mg/L，均值约为 6.2mg/L，均值比《标准》中第一类水质的溶解氧标准值（＞6mg/L）大 0.2mg/L；油类含量在 0.037～0.058mg/L，均值为 0.054mg/L，均值比《标准》中第一类水质的油类标准值（＜0.05mg/L）大 0.004mg/L；活性磷酸盐含量在 0.030～0.049mg/L，均值为 0.037mg/L，均值比《标准》中第一类水质的活性磷酸盐标准值（≤0.015mg/L）大 0.022mg/L；铵盐含量在 0.105～0.17mg/L，均值为 0.13mg/L，均值比《标准》中第一类水质的铵盐标准值（≤0.02mg/L）高；汞、砷、铬、镉、铜、锌中，除 S6 站点的锌含量超标之外，其余各站点的重金属监测值基本都符合《标准》中第一类水质的重金属标准。海Ⅲ类健康区的油类、活性磷酸盐、铵盐及锌均值都超标。

海Ⅳ类健康区涉及的站点包括 S11、S16 共 2 个站点，该 2 个站点均位于茅岭江入海口南部河流附近海域，健康状况较差。溶解氧均值约为 6.32mg/L，均值比《标准》中第一类水质的溶解氧标准值（＞6mg/L）大 0.32mg/L；油类含量在 0.046～0.083mg/L，均值为 0.065mg/L，均值比《标准》中第一类水质的油类标准值（＜0.05mg/L）大 0.015mg/L；活性磷酸盐的含量在 0.047～0.058mg/L，均值为 0.052mg/L，均值比《标准》中第一类水质的活性磷酸盐标准值（≤0.015mg/L）大 0.037mg/L；铵盐含量在 0.225～0.258mg/L，均值为 0.24mg/L，均值比《标准》中第一类水质的铵盐标准值（≤0.02mg/L）高；汞、砷、铬、镉、铜、锌的均值含量均不超标。海Ⅳ类健康区油类、活性磷酸盐及铵盐的均值都超标，且超标量大。

海Ⅴ类健康区涉及的站点为 S15，仅一个，该站点位于钦江入海口附近海域，健康状况最差，生态系统最不稳定。溶解氧均值为 6.37mg/L，均值比《标准》中第一类水质的溶解氧标准值（＞6mg/L）大 0.37mg/L；油类均值为 0.064mg/L，均值比《标准》中第一类水质的油类标准值（＜0.05mg/L）大 0.014mg/L；活性磷酸盐均值为 0.043mg/L，均值比《标准》中第一类水质的活性磷酸盐标准值（≤0.015mg/L）大 0.028mg/L；铵盐均值为 0.204mg/L，均值比《标准》中第一类水质的铵盐标准值（≤0.02mg/L）高。海Ⅴ类健康区的油类、活性磷酸盐及铵盐的均值都超标，且超标量较大，汞、砷、铬、镉、铜、锌的均值均在标准范围之内。

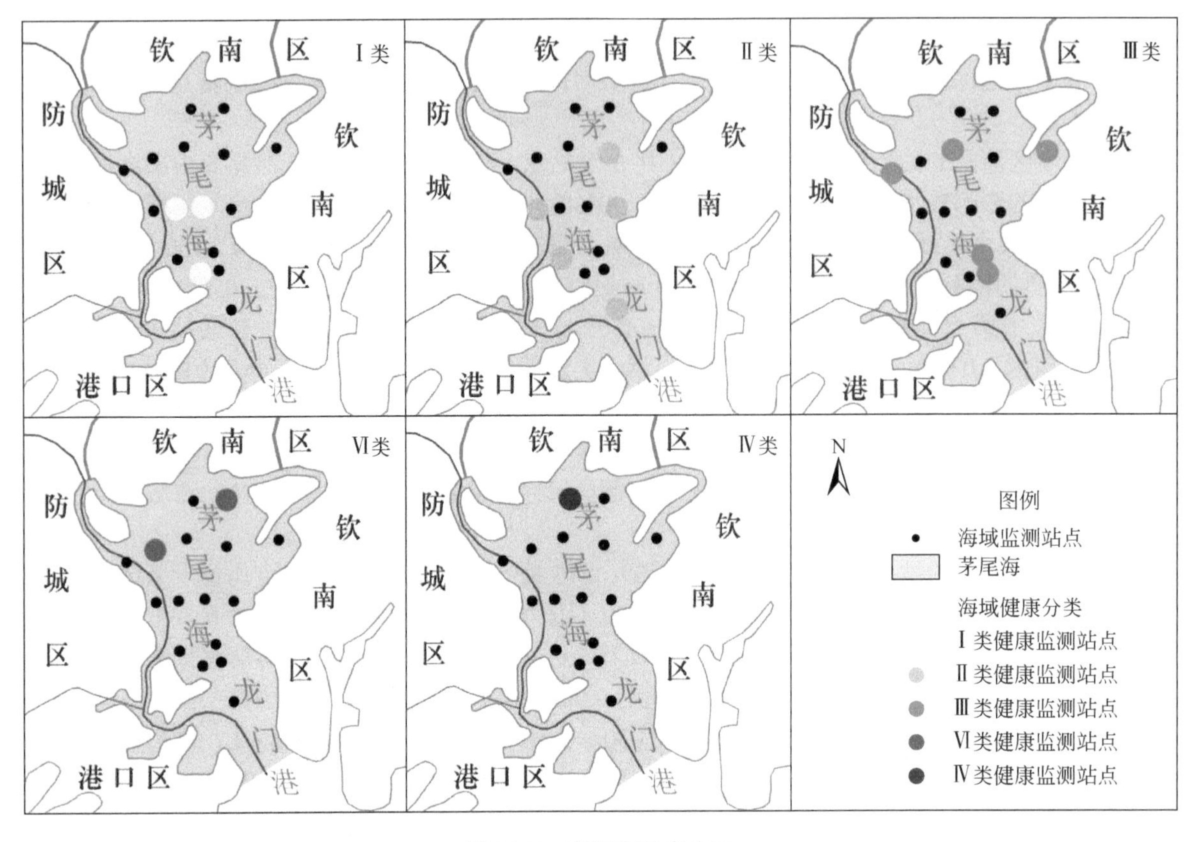

图 24.11　茅尾海健康分区

3. 陆域生命共同体健康变化特性

为了解陆域生命共同体的健康情况的演变特性，基于现有的研究数据，以 2011 年、2015 年为时间节点，计算 2007～2011 年、2011～2015 年及 2015～2020 年 3 个时间段的健康指数变化。基于已有研究，以 2020 年陆域健康值聚类结果为基准，对各等级的健康指数求均值，再对相邻等级的健康指数均值求差，最后对所有差求均值，约为 0.02。将健康变化情况划分为好转、稳定、恶化 3 个等级，好转是指健康指数增加值大于 0.02，稳定是指健康指数增减范围在 0～0.02（包括 0.02），恶化是指健康指数减少值小于 0.02。

2007～2011 年，陆域生命共同体的健康状态较稳定，且有好转的趋势（表 24.31）。41 个乡镇的健康状态以稳定与好转为主，各乡镇的健康指数变化范围在 0.09～0.11。陆域生命共同体健康变化类型为好转的乡镇共有 19 个，占乡镇总数的 46.34%，其中健康指数增加值大于 0.05 的乡镇共有 4 个，南晓镇的好转度最大，健康指数增加了 0.11。陆域生命共同体健康变化类型为稳定的乡镇个数最多，一共有 20 个，占乡镇总数的 48.78%。陆域生命共同体健康变化类型为恶化的乡镇个数较少，仅为 2 个，占乡镇总数的 4.88%，分别为水东街道及烟墩镇，烟墩镇恶化程度最高，健康指数下降了约 0.87。从 3 个变化类别的分布情况看，生态健康情况好转的乡镇主要分布在北部及东北部地区，生态健康情况稳定的乡镇主要集中在研究区的中部、南部及西部山地地区。

表 24.31　2007～2011 年研究区陆域生命共同体健康变化

陆域生命共同体健康变化类型	乡镇名称	乡镇个数/个	占比/%
好转	龙门港镇、茅岭镇、南晓镇、小董镇、板城镇、长滩镇、新棠镇、大寺镇、灵城街道、新圩镇、平山镇、檀圩镇、那隆镇、陆屋镇、旧州镇、太平镇、大直镇、贵台镇、文峰街道	19	46.34
恶化	水东街道、烟墩镇	2	4.88
稳定	康熙岭镇、尖山街道、十万山瑶族乡、新福镇、向阳街道、南珠街道、沙埠镇、黄屋屯镇、大番坡镇、久隆镇、大垌镇、平吉镇、青塘镇、那蒙镇、佛子镇、平南镇、三隆镇、沙坪镇、滩营乡、公正乡	20	48.78

2011～2015 年，陆域生命共同体的健康状态依旧较稳定，且有好转的趋势（表 24.32）。41 个乡镇的健康变化状态以稳定与好转为主，各个乡镇的健康指数变化范围在 0.03～0.13。陆域生命共同体健康变化等级为好转的乡镇依旧有 19 个，健康指数增加值大于 0.05 的乡镇共有 5 个，分别为佛子镇、平南镇、烟墩镇、三隆镇及沙坪镇，其中，烟墩镇的好转度最大，健康指数增加了约 0.13。陆域生命共同体健康变化为稳定的乡镇个数与好转的乡镇个数一致，一共有 19 个。陆域生命共同体健康变化类型为恶化的乡镇个数依旧较少，为 3 个，占乡镇总数的 7.32%，分别为文峰街道、龙门港镇及茅岭镇，海岸乡镇出现恶化现象，茅岭镇的恶化程度最大，健康指数减少了约 0.056。从三种健康变化类型的分布情况看，生态健康情况好转的乡镇主要分布在中部以及东北部地区；生态健康情况稳定的乡镇分布面积广，主要集中在研究区的中部、西部地区。

表 24.32　2011～2015 年研究区陆域生命共同体健康变化

陆域生命共同体健康变化类型	乡镇名称	乡镇个数/个	占比/%
好转	新福镇、南珠街道、久隆镇、大垌镇、平吉镇、青塘镇、那蒙镇、长滩镇、新棠镇、新圩镇、平山镇、佛子镇、平南镇、烟墩镇、檀圩镇、那隆镇、三隆镇、旧州镇、沙坪镇	19	46.34
恶化	龙门港镇、茅岭镇、文峰街道	3	7.32
稳定	康熙岭镇、尖山街道、十万山瑶族乡、南晓镇、沙埠镇、黄屋屯镇、大番坡镇、小董镇、板城镇、大寺镇、灵城街道、陆屋镇、太平镇、滩营乡、公正乡、大直镇、贵台镇、向阳街道、水东街道	19	46.34

2015～2020 年，陆域生命共同体的健康变化状态以稳定与恶化为主，好转态势变弱，恶化加剧（表 24.33）。41 个乡镇健康指数变化范围约 0.02～0.17，变化范围不大。陆域生命共同体健康变化类型为好转的乡镇较少，仅有 3 个，仅占乡镇总数的 7.32%，健康指数增加值大于 0.05 的乡镇个数为 0，在生态健康好转的 3 个镇中，健康指数增加量均仅为 0.02，好转度不大。陆域生命共同体健康变化类型为稳定的乡镇个数最多，一共有 21 个，占乡镇总数的 51.22%。陆域生命共同体健康变化类型为恶化的乡镇个数急骤增加，共 17 个，占乡镇总数的 41.46%，其中健康指数恶化值大于 0.05 的乡镇有 3 个，分别为水东街道、沙埠镇、南晓镇。水东街道的恶化程度最大，恶化值为 0.075。从 3 个变化类别的分布情况看，生态健康情况稍有好转的乡镇少而零散，生态健康情况恶化的乡镇分布在中部以及茅尾海沿岸地区，生态健康情况稳定的乡镇主要分布在北部、东北部以及西部地区。

表 24.33　2015～2020 年研究区陆域生命共同体健康变化

陆域生命共同体健康变化类型	乡镇名称	乡镇个数/个	占比/%
好转	文峰街道、向阳街道、黄屋屯镇	3	7.32
恶化	水东街道、尖山街道、茅岭镇、南晓镇、南珠街道、沙埠镇、大番坡镇、大垌镇、平吉镇、青塘镇、小董镇、板城镇、那蒙镇、新棠镇、大寺镇、灵城街道、大直镇	17	41.46
稳定	康熙岭镇、龙门港镇、十万山瑶族乡、新福镇、久隆镇、长滩镇、新圩镇、平山镇、佛子镇、平南镇、烟墩镇、檀圩镇、那隆镇、三隆镇、陆屋镇、旧州镇、太平镇、沙坪镇、滩营乡、公正乡、贵台镇	21	51.22

从整体看，陆域生命共同体的生态健康状况在 13 年间有下降趋势，生态系统恶化，生态健康受损。2007～2011 年生态健康整体较平稳，且有好转的趋势。2011～2015 年生态健康依旧稳定，生态健康好转的乡镇个数依旧保持不变，但是开始出现恶化的苗头，恶化的乡镇开始上升。2015 年之后，经济快速发展，但是资源开发过度，导致生态环境质量下降，生态健康恶化的乡镇增多。林地、田地、水域被城市建设用地侵占，城市快速扩张。土地利用类型产生变化主要因为经济适用林的建设以及围填海等工程的建设，这些工程的建设客观上提升了区域的经济效益，促进了区域的经济发展，但是，也造成部分乡镇的生态结构失衡，生态服务功能下降，今后需要优化土地利用格局，均衡生态系统结构。

从空间格局变化看，平陆运河—入海流域—茅尾海生态健康变化具有一定的集聚性。生态健康好转区主要分布在东部、北部地区，生态健康恶化区主要分布在茅尾海沿岸及钦州市中心城区。从时间变化看，生态健康变化的突变点为 2015 年，2007～2015 年生态健康状况好转多、恶化少，生态健康好转的乡镇分布在北部、东部地区。这是因为在 2015 年以前，研究区经济发展较缓慢，生态环境未遭受太大干扰，生态健康保持良好状态，加之在退耕还林政策的推动下，林地面积大幅度提升，因而生态健康好转。2015 年之后，生态健康恶化情况以茅尾海沿岸以及钦州老城区中心乡镇为源头，逐渐往近距离乡镇蔓延，呈现出恶化源头的乡镇持续恶化，恶化程度深，新恶化的乡镇，恶化伊始，恶化程度浅。随着经济的发展，中心城区及海岸地区的生产规模扩大，经济活动往外拓展，带动了周边欠发达乡镇的发展，随着周边地区人类资源开发力度逐年加强，其生态环境质量开始下降，生态健康恶化。

为避免陆域生命共同体的生态健康恶化态势的继续扩大，需要缓解生态环境保护与粮食需求和社会经济发展之间的矛盾。在后续的开发建设中需要进一步关注以下几点：一是调整生态系统内部结构，优化林地、田地生态质量，实施中低产田改造、土地整治及生态林建设等工程；二是持续监测水、城子系统生态健康的稳定性，在追求经济效益时，要关注生态效益，帮助促进外围低生态健康区向一般生态健康区转变，生态恶化区向生态稳定区及生态好转区转变（李少帅等，2018）。

4. 海域生命共同体健康变化特性

基于前人研究成果，以 2016 年海域健康值聚类结果为基准，对各等级的健康指数求均值，再对相邻等级的健康指数均值求差，最后对差求均值，约为 0.1。将其作为划分界线，将海域各监测站点的生命健康指数的变化情况分成好转、稳定、恶化三种。划分依据是，各监测站点的健康指数变化值在 0.1 之内（包括 0.1）的为稳定，健康指数减少值大于 0.1 的为恶化，健康指数增加值大于 0.1 的为好转。2011～2016 年，海域生命共同体健康指数变化范围在 0.008～0.400，变化等级为好转的站点个数一共为 6 个，分别是 S2、S4、S6、S7、S8 及 S13。好转程度最大的是 S2，S7 次之，好转值分别为 0.25、0.21。健康变化等级为稳定的监测站点个数共 5 个，分别为 S1、S3、S5、S9、S10（图 24.12），其中，S10 健康指数变化最小。海域生命共同体健康变化等级为恶化的监测站点个数共 5 个，分别为 S11、S12、S14、S15、S16，恶化最严重的是 S15 与 S11，恶化值分别为 0.4、0.27。对三种变化的分布进行分析，好转的监测站点主要分布在茅

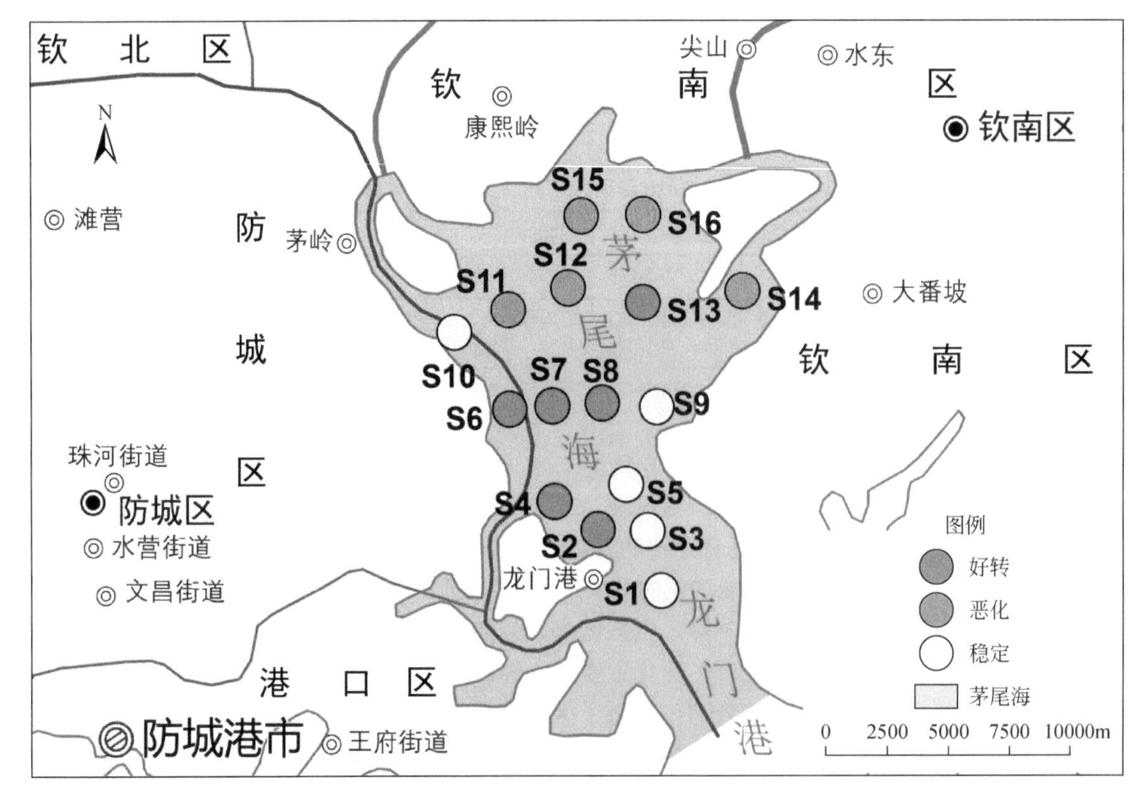

图 24.12　2011～2016 年海域生命共同体健康变化

尾海中部、南部海域，稳定的监测站点主要分布在茅尾海南部海域的东侧区域；恶化的监测站点主要分布在茅尾海北部，即茅岭江及钦江入海口的部分海域。三种变化类型的监测站点数量相当，好转的站点个数稍多，意味着各站点健康变化情况迥异，中部海域受人类活动开发的影响较小，生态健康状况有所好转。东部沿岸地区的健康状况稳定，河口海域的健康状况有所恶化。此结果与前人研究成果基本一致，产生此现象的原因可能是流域生态环境恶化，污染物通过河流大量汇入茅尾海。捕捞渔船的漏油、卸油会加剧海洋生态环境的恶化，应改变污染过大的捕捞方式。茅尾海附近围填海工程浩大，应建立和完善海洋环境监测体系，逐步开发近岸海域环境监测高新技术，建立近岸海域环境变化趋势的预测预警信息系统，以避免无序、盲目地开发而加剧生态恶化态势。

5. 生命共同体健康特性

基于数据的连续性与完整性原则，以研究区为评价单元，对所选指标进行标准化处理。陆域与海域数据两者均存在的年份仅有 2011 年与 2015 年，因此仅对 2011 年与 2015 年平陆运河—入海流域—茅尾海生命共同体做健康评价，结果发现 2011 年、2015 年生命共同体的健康均为欠健康类型，生态健康状态一般且稳定，表明平陆运河—入海流域—茅尾海生命共同体的生态健康本底脆弱，存在生态敏感区，会受人类活动的干扰，但是干扰性不是特别强，生态系统出现退化，自我恢复能力弱，生态服务功能不大，在人为帮助下能逐步恢复。因此在开发建设时，需要多方考虑，系统、综合地合理开发。对于生态健康存在问题的区域或者子系统，需要加大对问题源头的识别、整治与修复工作，对于生态健康稳定且良好的区域，则需时时监察，节制开发强度，避免过度开发导致生态问题出现。

24.5.3　子系统间耦合协调特性分析

1. 两子系统耦合协调特性

平陆运河—入海流域以及茅尾海的健康情况受生命共同体内部子系统之间耦合协调性的影响，若协调性优良，则利于生命共同体的生态健康发展，反之则不利于生命共同体的生态健康发展。不同的耦合协调度反映不同的协调情况，将耦合协调度结果划分为不同的等级类型，划分结果见表 24.34。

表 24.34　子系统耦合协调分类表

耦合协调类型	耦合协调分类	取值范围
高度协调	Ⅰ优质协调型	0.91～1.00
	Ⅱ良好协调型	0.81～0.90
	Ⅲ中级协调型	0.71～0.80
基本协调	Ⅳ初级协调型	0.61～0.70
	Ⅴ勉强协调型	0.51～0.60
过渡协调	Ⅵ濒临失调型	0.41～0.50
	Ⅶ轻度失调型	0.31～0.40
	Ⅷ中度失调型	0.21～0.30
失调衰退	Ⅸ严重失调型	0.11～0.20
	Ⅹ极度失调型	0～0.10

以研究区为分析单元，利用耦合协调模型对山水林田城海这 6 个子系统的耦合协调度进行计算，由于本节收集到的海指标数据仅有 2011 年、2015 年、2016 年的数据，陆地指标数据为 2007 年、2011 年、2015 年及 2020 年的数据。为全面反映研究区 6 个子系统的耦合协调情况，本节仅对 2011 年、2015 年子系统间的耦合协调性进行分析。

生命共同体两个子系统（注：下文统称两子系统）之间的耦合协调度结果见表 24.35，统计发现，两子系统间的耦合协调性较差，且有下降的趋势。耦合协调类型以过渡协调类型为主，基本协调次之，失调衰退的组合个数较少，不存在高度协调组合。2011 年，两子系统耦合协调类型为基本协调类型的共 5 组，其中，4 组为勉强协调，组别为山-海、林-海、田-海以及城-海；1 组为初级协调，组别为水-海。耦合协调类型为过渡协调的共 9 组，占组合总数的 60%。其中 7 组为中度失调，组别为山-林、山-田、山-城、水-田、水-城、林-田、田-城；2 组为轻度失调，组别为山-水、水-林。耦合协调类型为失调衰退的组合仅为 1 组，组合为林-城。2015 年，基本协调类型的组合共 5 组，分别为山-海、水-海、林-海、田-海以及城-海，均为勉强协调型。海域的开发力度日渐增强，陆域子系统与海域子系统间的统筹性工作不够完善，导致陆海之间两子系统的耦合协调性较差。耦合协调类型为过渡协调类型的组合共有 7 组，均为中度失调型，组别为山-水、山-林、山-田、山-城、水-林、水-田以及水-城。属于失调衰退的子系统组合共 3 组，严重失调型组合共 2 组，分别为林-田、田-城；极度失调型组合为 1 组，为林-城。田地耕作与城市建设均与人类活动密切相关，林-田、田-城及林-城之间的协调度最差，表明人类需要进一步考虑林、田及城之间的开发合理性。

表 24.35　两子系统耦合协调度

两子系统组合	2011 年	2015 年
山-水	0.33	0.25
山-林	0.30	0.22
山-田	0.27	0.21
山-城	0.29	0.23
山-海	0.60	0.60
水-林	0.31	0.23
水-田	0.29	0.22
水-城	0.30	0.24
水-海	0.61	0.60
林-田	0.25	0.18
林-城	0.03	0.02
林-海	0.59	0.59
田-城	0.24	0.19
田-海	0.58	0.58
城-海	0.58	0.59

从变化角度来看，2011～2015 年耦合协调度为高度协调的子系统组合一直没出现，耦合协调度为基本协调的组合数保持不变，过渡协调类型的组合数下降了 2 个，失调衰退型组合增加了 2 组，耦合协调度下降的组合共 11 组，约占组合总数的 73%，其中下降程度最大的组合为水-林、山-林、山-水。耦合协调度上升的组合仅 1 组，为城-海。两子系统组合的耦合协调度整体往更差的情况变化。

2. 三子系统耦合协调特性

生命共同体三个子系统（注：下文统称三子系统）之间的耦合协调度结果见表 24.36。统计发现，三子系统之间的耦合协调性不佳，耦合协调度有所下降，下降幅度小。耦合协调类型以过渡协调类型为主，基本协调类型次之，失调衰退类型的组合个数较少，没有高度协调组合。

表 24.36 三子系统耦合协调度

三子系统组合	2011 年	2015 年
山-水-林	0.38	0.29
山-水-田	0.36	0.28
山-水-城	0.38	0.30
山-水-海	0.65	0.62
山-林-田	0.33	0.25
山-林-城	0.35	0.27
山-林-海	0.47	0.34
山-田-城	0.33	0.26
山-田-海	0.62	0.61
山-城-海	0.63	0.62
水-林-田	0.25	0.18
水-林-城	0.36	0.28
水-林-海	0.64	0.62
水-田-城	0.34	0.27
水-田-海	0.62	0.61
水-城-海	0.63	0.62
林-田-城	0.30	0.24
林-田-海	0.61	0.60
林-城-海	0.61	0.61
田-城-海	0.60	0.60

2011 年，三子系统之间的耦合协调类型中没有高度协调组合。耦合协调类型为基本协调的共 9 组，占总数的 45%。其中，8 组为初级协调类型，组合为山-水-海、山-田-海、山-城-海、水-林-海、水-田-海、水-城-海、林-田-海、林-城-海；1 组为勉强协调类型，组合为田-城-海。耦合协调类型为过渡协调的共 11 组，占总数的 55%。其中 8 组为轻度失调，组合分别为山-水-林、山-水-田、山-水-城、山-林-田、山-林-城、山-田-城、水-林-城以及水-田-城；2 组为中度失调，组合为水-林-田以及林-田-城。濒临失调的组合为 1 组，组合为山-林-海。耦合协调类型为失调衰退类型的组合为 0 组。2015 年，三子系统之间的耦合协调度为高度协调的组合个数依旧为 0。基本协调的组合依旧共 9 组，初级协调的组合为 7 组，分别为山-水-海、山-田-海、山-城-海、水-林-海、水-田-海、水-城-海及林-城-海，勉强协调的组合共 2 组，分别为林-田-海和田-城-海。耦合协调类型为过渡协调的组合共有 10 组，约占总数的 50%。其中 9 组为中度失调，分别为山-水-林、山-水-田、山-水-城、山-林-田、山-林-城、山-田-城、水-林-城、水-田-城以及林-田-城。1 组为轻度失调，组合为山-林-海。失调衰退类型的子系统组合为 1 组，为水-林-田，为严重失调类型。从变化角度来看，2011～2015 年三子系统间的耦合协调类型没有高度协调，基本协调型组合数保持不变，过渡协调型组合下降了 1 组，失调衰退型组合增加了 1 组。这表明研究区三子系统之间耦合协调情况整体变化不大，较稳定。耦合协调度降低的组合共 18 组，约占总数的 90%，其中下降程度最大的为山-林-海组合，山-水-林组合次之。三子系统组合的耦合协调度整体有下降趋势，虽整体变化幅度小，但依旧要受到关注。

3. 四子系统耦合协调特性

生命共同体四个子系统（注：下文统称四子系统）之间的耦合协调度见表 24.37，四子系统间的耦合协调性不佳，耦合协调度稍有下降。耦合协调类型以基本协调及过渡协调为主，不存在高度协调组合及失调衰退组合。

表 24.37 四子系统耦合协调度

四子系统组合	2011 年	2015 年
山-水-林-田	0.41	0.31
山-水-林-城	0.42	0.32
山-水-林-海	0.67	0.64
山-林-田-城	0.38	0.29
山-林-田-海	0.65	0.62
山-田-城-海	0.64	0.63
水-林-田-城	0.39	0.30
水-林-田-海	0.65	0.63
水-田-城-海	0.65	0.63
林-田-城-海	0.63	0.62

2011 年，四子系统的耦合协调类型为基本协调的共 6 组，占总数的 60%，均为初级协调。组合为山-水-林-海、山-林-田-海、山-田-城-海、水-林-田-海、水-田-城-海、林-田-城-海。耦合协调类型为过渡协调的共 4 组，占总数的 40%。其中，濒临失调组合为 2 组，分别为山-水-林-田、山-水-林-城；轻度失调组合为 2 组，分别为山-林-田-城与水-林-田-城。2015 年，四子系统之间的耦合协调类型为基本协调的组合数与 2011 年的组合数相同，也均为初级协调。耦合协调类型为过渡协调的共 4 组。其中，轻度失调的组合为 2 组，分别为山-水-林-田、山-水-林-城；中度失调型的组合数为 2 组，分别为山-林-田-城与水-林-田-城。从变化角度来看，2011～2015 年，四子系统之间的耦合协调类型基本不变。2011～2015 年四子系统的耦合协调度均有所下降。其中下降程度最大的是山-水-林-田和山-水-林-城组合次之，不存在耦合协调度上升的组。四子系统组合的耦合协调度变化幅度不大，耦合协调情况较为稳定，需要重点关注山-水-林-田、山-水-林-城这两个组合的耦合协调性。

4. 五子系统耦合协调特性

生命共同体五个子系统之间的耦合协调度结果见表 24.38。统计发现，五个子系统之间的任意组合（注：下文统称五子系统）耦合协调性一般，耦合协调度稍有下降。耦合协调类型以基本协调为主，不存在高度协调组合及失调衰退组合。2011 年，五子系统之间的耦合协调类型为基本协调的共 2 组，约占总数的 67%，均为初级协调，组合为山-水-林-田-海、水-林-田-城-海。耦合协调类型为过渡协调的有 1 组，占总数的 33%，类型为濒临失调，组合为山-水-林-田-城。2015 年，五子系统之间的耦合协调类型为基本协调的依旧为 2 组，亦均为初级协调。耦合协调类型为过渡协调的为 1 组，类型为轻度失调，组合为山-水-林-田-城。从变化角度来看，2011～2015 年五子系统之间的耦合协调类型基本不变。2011～2015 年五子系统的耦合协调度均有所下降，其中下降程度最大的是山-水-林-田-城组合，山-水-林-田-海组合次之，不存在耦合协调度上升的组，日后需多加关注山-水-林-田-城组合以及山-水-林-田-海组合的协调性。

表 24.38 五子系统耦合协调度

五子系统组合	2011 年	2015 年
山-水-林-田-城	0.45	0.35
山-水-林-田-海	0.69	0.65
水-林-田-城-海	0.68	0.65

5. 六子系统耦合协调特性

生命共同体六子系统之间的耦合协调度的结果见表 24.39。统计发现，六个子系统之间（注：下文统称六子系统）的耦合协调性良好，且耦合协调度稳定。2011 年耦合协调类型是高度协调，耦合协调度为 0.71，属于中级协调；2015 年耦合协调类型为基本协调，耦合协调度为 0.67，属于初级协调。从变化的角度分析，2011～2015 年，耦合协调度虽然有所下降，但是下降的幅度很小，仅下降了 0.04。这表明研究区内所有子系统协调性稳定，且状态较好。

表 24.39　六子系统耦合协调度

六子系统耦合协调状态	2011 年	2015 年
山-水-林-田-城-海	0.71	0.67

各子系统的多重组合形成了生命共同体的有机系统。内部子系统之间的耦合协调性影响生命共同体的生态稳定性与应对外部极端环境的承压性，进而影响生命共同体的生态健康。经分析，平陆运河—入海流域—茅尾海的各子系统之间耦合协调状态整体一般但稳定，六子系统之间的耦合协调状态良好，这表明研究区生命共同体的整体要素组成合理、有序。但是，五子系统、四子系统、三子系统之间的耦合协调状态一般，两子系统之间的耦合协调状态较差，意味着五、四、三、两子系统之间的发展存在不协调现象。因此在开发建设时，需针对局部地区筛选其典型要素，关注要素之间的内在联系及发展的联动性，针对具体组合的具体特点对区域进行开发与保护。2011～2015 年两、三、四、五、六子系统组合的耦合协调度均有所下降，这表明随着经济的发展，人类活动愈加频繁，开发建设力度加强，子系统之间的耦合协调度有所下降。在日后的生产建设中需要树立系统的、整体的开发理念，协调内部要素之间的复杂联系，这样才能保证区域生态环境质量与经济建设协调发展。

24.6　结　　论

（1）子系统时空演变格局：山地面积小，仅分布在西南、西北地区；水域面积少，主要集中分布在河流和海岸坑塘中，有下降趋势；林地面积广，覆盖范围大，有增加趋势；田地主要分布在河流两岸，存在大幅度下降趋势；城市分布零散，集中分布在海岸及经济较发达的县域中心地区，并有不断向周边扩张的趋势。2011～2015 年，人口密度及城市面积占比是水域变化的主要影响因子；地形湿度是林地变化的主要影响因子，温度的影响力度也逐渐增大；城市面积占比、地形湿度是田地变化的主要影响因子，人口密度及人均收入的影响力度在不断增大。

（2）2020 年，山的生态健康整体较好，水的生态健康整体最差，林的生态健康整体一般，田的生态健康整体较差，城的生态健康整体较好，但钦州市中心老城区生态健康欠佳。海的生态健康整体一般，以亚健康为主。2011 年与 2015 年研究区生命共同体生态健康状况一般，均为欠健康等级。2015 年陆域生态健康状况一般，以亚健康及欠健康为主。陆域Ⅰ类健康区的健康状态良好且稳定；Ⅱ类健康区水的生态结构与功能有待提升；Ⅲ类健康区山、水、城承受着较大的环境压力；Ⅳ类健康区山、水、林、城的赋存状况较不理想；Ⅴ类健康区对水、林、田、城需加强生态建设。2015 年海域生态健康状况一般，以欠健康为主。海域海Ⅰ类健康区活性磷酸盐及铵盐超标，海Ⅱ类健康区～海Ⅴ类健康区油类、活性磷酸盐、铵盐超标，且这 3 个指标由海Ⅱ类健康区至海Ⅴ类健康区不断增大，金属指标超标现象较少。从变化角度分析，2007～2015 年陆域生命共同体健康状态良好且稳定，2015～2020 年恶化的乡镇数量剧增，且由沿海往近距离乡镇大面积蔓延。2011～2016 年海域生命共同体健康变化存在明显差异，呈湾顶恶化，湾内与沿岸好转且稳定的特点。

（3）2015 年子系统组合的耦合协调性特点为，两子系统的耦合协调性较差，耦合协调类型以过渡协调为主，有恶化的趋势。三、四子系统的耦合协调性均不佳，耦合协调类型以基本协调及过渡协调为主，耦合协调度均有所下降，但下降幅度小；五子系统的耦合协调性一般，耦合协调类型以基本协调为主，耦合协调度稍有下降；六子系统的耦合协调性良好，且状态稳定。

参考文献

闭馨月，卢远，2018. 基于 RS 和 GIS 的广西干旱格局分析. 广西师范学院学报（自然科学版），35（1）：105-111.

陈凯，刘祥，陈求稳，等，2016. 应用 O/E 模型评价淮河流域典型水体底栖动物完整性健康的研究. 环境科学学报，36（7）：2677-2686.

陈群英，冼萍，蓝文陆，2016. 茅岭江流域入河污染源问题诊断及其防治对策研究. 环境科学与管理，41（4）：37-42.

程晓娅，林立，岳文，2021. 陆海统筹理念下的海堤生态化建设研究. 海洋开发与管理，38（10）：63-68.

崔保山，杨志峰，2001. 湿地生态系统健康研究进展. 生态学杂志，20（3）：31-36.

董经纬，蒋菊生，蒋利军，2008. 海南农垦天然橡胶产业生态系统健康评价研究. 广西农业科学，（3）：401-405.

高峰，华璀，卢远，等，2014. 基于 GIS 和 USLE 的钦江流域土壤侵蚀评估. 水土保持研究，21（1）：18-22，28.

韩雪梅，张万华，白泽龙，等，2015. 基于综合指数法的新疆典型内陆流域陆域生态健康评估研究. 新疆环境保护，37（2）：12-19.

孔一颖，吕华当，2015. 国务院印发《全国海洋主体功能区规划》提出 2020 年我国海洋主体功能区布局基本形成. 海洋与渔业，（9）：46-47.

蓝启文，杨俊泉，黎向东，1988. 灵山县水土流失现状及综合治理建议. 广西农学院学报，7（2）：47-54.

雷达，2019. 一河贯通八桂向海——略谈平陆运河在广西发展向海经济中的意义. 当代广西，（6）：58-59.

李鸿儒，2017. 基于 SWAT 模型的钦江流域土地利用/覆被变化水沙响应研究. 南宁：广西师范学院.

李鹏，嵇佳丽，丁倩雯，2021. 基于熵值法特征筛选的 GRNN 降雹识别. 气象，47（7）：854-861.

李少帅，郧文聚，靳京，等，2018. 内蒙古河套灌区沈乌灌域生态系统健康评价和时空变化分析. 地域研究与开发，37（6）：128-133.

李文朝，潘继征，陈开宁，等，2005. 滇池东北部沿岸带生态修复技术研究及工程示范——生态修复目标的确定及其可行性析. 湖泊科学，（4）：317-321.

李毅，石豫川，王平，等，2015. 基于 DEM 的吉太曲流域水文信息分析. 人民黄河，37（9）：32-34，37.

李银久，李秋华，焦树林，2022. 基于改进层次分析法、CRITIC 法与复合模糊物元 VIKOR 模型的河流健康评价. 生态学杂志，（2）：1-14.

廖前景，2022. 广西壮族自治区林业生态建设调查与分析. 乡村科技，13（2）：107-109.

刘国琳，2019. 协同治理视角下钦江流域水污染治理研究. 南宁：广西大学.

彭建，吕丹娜，张甜，等，2019. 山水林田湖草生态保护修复的系统性认知. 生态学报，39（23）：8755-8762.

彭涛，陈晓宏，2009. 海河流域典型河口生态系统健康评价. 武汉大学学报（工学版），42（5）：631-634，639.

丘海红，2021. 山江海过渡性空间山水林田湖草海时空变化与健康评价研究. 南宁：南宁师范大学.

尚文绣，2017. 基于水文要素的河流健康评价及其生态用水调度研究. 北京：清华大学.

苏维词，杨吉，2020. 山水林（草）田湖人生命共同体健康评价及治理对策——以长江三峡水库重庆库区为例. 水土保持通报，40（5）：209-217.

覃冬，卢远，沈思考，等，2019. 茅尾海入海河流流域生态分区与景观格局特征. 区域治理，（41）：135-138.

谭庆梅，2009. 钦州流域水污染状况与水环境保护. 广西水利水电，（1）：49-51，84.

陶进，田义超，张强，等，2020. 北部湾龟仙岛红树林生态系统 NPP 数据集（2018）. 全球变化数据学报（中英文），4（4）：370-379.

陶艳成，华璀，卢远，等，2012. 基于 DEM 的钦江流域水文特征提取研究. 广西师范学院学报（自然科学版），29（4）：60-64，82.

田义超，陈志坤，梁铭忠，2014. 北部湾海岸带植被覆盖时空动态特征及未来趋势. 热带地理，34（1）：76-86.

田义超，梁铭忠，胡宝清，2015. 北部湾钦江流域土地利用变化与生态服务价值时空异质性. 热带地理，35（3）：403-415.

田义超，杨棠，徐欣，2021. 北部湾典型入海流域植被净初级生产力时空分布特征及其影响因素. 生态环境学报，30（5）：938-948.

汪浩，2021. 习近平生态文明思想的科学内涵——以湖州践行“绿水青山就是金山银山”理念为样本. 湖州师范学院学报，43（11）：12-17.

王劲峰，徐成东，2017. 地理探测器：原理与展望. 地理学报，72（6）：116-134.

王琳，宫兆国，张炯，等，2007. 综合指标法评价城市河流生态系统的健康状况. 中国给水排水，（10）：97-100.

韦重霄，赵爽，宋立荣，等，2017. 钦州湾内湾茅尾海营养状况分析与评价研究. 环境科学与管理，42（9）：148-153.

韦蔓新，童万平，赖廷和，等，2001. 钦州湾内湾贝类养殖海区水环境特征及营养状况初探. 黄渤海海洋，（4）：51-55.

韦民翰，1994. 建设平陆运河对发电、供水、灌溉等作用与效益探讨. 广西水利水电，（4）：6-10.

韦民翰，1995. 建设平陆运河的综合作用与效益分析. 人民珠江，（2）：12-13，19.

吴风文，2019. 道路工程项目水土保持评价计算方法——以钦州市某道路工程项目为例. 建材与装饰，（22）：155-159.

谢升申，2020. 平陆运河对珠江三角洲压咸流量的影响分析. 广西水利水电，（3）：21-24.

徐程，2020. 茅尾海主要入海河口区不同介质磷形态分布特征及迁移转化研究. 桂林：桂林理工大学.

徐姗楠，陈作志，林琳，等，2016. 大亚湾石化排污海域生态系统健康评价. 生态学报，36（5）：1421-1430.

袁毛宁，刘焱序，王曼，等，2019. 基于“活力—组织力—恢复力—贡献力”框架的广州市生态系统健康评估. 生态学杂志，38（4）：1249-1257.

张葵，王军，葛奕豪，等，2021. 基于大型底栖动物完整性指数的伊犁河健康评价及其对时间尺度变化的响应. 生态学报，41（14）：5868-5878.

张楠，孟伟，张远，等，2009. 辽河流域河流生态系统健康的多指标评价方法. 环境科学研究，22（2）：162-170.

张文主，吴彬，2014. 广西茅尾海湿地生态健康评价. 钦州学院学报，29（8）：6-10，33.

张笑千，王波，王夏晖，2018. 基于“山水林田湖草”系统治理理念的牧区生态保护与修复——以御道口牧场管理区为例. 环境保护，46（8）：56-59.

张玉强，莫姝婷，2019. 政策工具视角下我国海洋经济政策文本量化分析——以《全国海洋经济发展“十三五”规划》为例. 浙江海洋大学学报（人文科学版），36（4）：1-8.

张泽，丘海红，胡宝清，2021. 山水林田湖草空间格局与生态变化分析——以桂西南喀斯特-北部湾海陆交互关键带为例. 中国科技论文，16（1）：65-70.

张中秋，劳燕玲，王莉莉，等，2021. 广西山水林田湖生命共同体的耦合协调性评价. 水土保持通报，41（3）：320-332，365.

赵建军，博海，2016. 以生命共同体理念保护山水林田湖. 中国环境报，2016-01-08（02）.

邹兰，高凡，马英杰，等，2019. 基于距离协调发展度模型的乌伦古湖健康评价. 环境科学与技术，（7）：206-212.

Baek S H，Son M，Kim D，et al.，2014. Assessing the ecosystem health status of Korea Gwangyang and Jinhae bays based on a planktonic index of biotic integrity（P-IBI）. Ocean Science Journal，49（3）：291-311.

Gordon D C，Keizer P D，Daborn G R，et al.，1986. Adventures in holistic ecosystem model-ling：The cumberland basin ecosystem model. Netherlands Journal of Sea Research，20（2-3）：324-335.

Huang J，Pontius R G，2012. Use of intensity analysis to link patterns with process of land change from 1986 to 2007 in a coastal watershed of southeast China. Applied Geography，34：371-384.

Kelly M G，Whitton B A，1998. Biological monitoring of eutrophication in rivers. Hydrobiologia，384（1-3）：55-67.

Mageau M T，Costanza R，Ulanowicz R E，1995. The development and initial testing of a quantitative asessment of ecosystem health. Ecosystem Health，1（4）：201-213.

Muniz P，Venturini N，Hutton M，et al.，2011. Ecosystem health of Montevideo coastal zone：a multi approach using some different benthic indicators to improve a ten-year-ago assessment. Journal of Sea Research，65（1）：38-50.

Willer R A，2012. Respect and promote the community of life with justice and wisdom. Theology and Science，10（2）：124-139.

Zhu G，Xie Z，Xie H，et al.，2018. Land-sea integration of environmental regulation of land use/land coverchange—a case study of Bohai Bay，China. Ocean & Coastal Management，151：109-117.

第25章 南流江流域人地系统变化及其统筹共治研究

25.1 引 言

生态系统服务是生态系统能够提供的维持和满足人们生活需求的各种环境条件与效用（Daily，1997），即人类直接或间接地从生态系统中获得的各种惠益（Costanza et al.，1997；MEA，2005）。以生态系统服务为主体构成的自然资本对人类社会发展及人类福祉有着重要作用，人们不同层次的需求则是生态系统服务形成的基本驱动力（李双成等，2014）。为此，党的十八大报告提出“把生态文明建设放在突出地位”，尤其是在经济开发区，在发展经济的同时要重视环境保护和提升生态服务，构建国土空间生态保护新格局。然而，过去几十年里，人类对生态系统服务及其重要性的认识不够，对自然资源进行了掠夺式的开采和开发，且人口的增加、资源过度消耗、环境污染和全球气候变化正影响着区域生态系统服务功能及其生态安全（Butchart et al.，2010；傅伯杰，2019）。而随着人们对美好生活环境的需求日益增加，尤其是后疫情时代（Zhao et al.，2020）对环境质量与生态服务需求的显著提高，提升生态系统服务、识别和保护生态空间、构建国土生态安全格局、实施国土统筹共治已成为区域不可或缺的生态系统宏观管理行为（曹宇等，2019；彭建等，2020）。

党的十九大报告指出，必须树立和践行绿水青山就是金山银山的理念，加大生态系统保护力度，提升生态系统质量和稳定性，优化生态安全屏障体系（傅伯杰，2021；何霄嘉等，2019）。十九届五中全会通过的《中共中央关于制定国民经济和社会发展第十四个五年规划和二〇三五年远景目标的建议》也强调，保护基本农田和生态空间、国土空间开发保护格局得到优化。《全国重要生态系统保护和修复重大工程总体规划（2021—2035年）》明确指出我国生态保护与修复的重要目标是：坚持新发展理念，统筹山水林田湖草一体化保护和修复，全面扩大优质生态产品供给（王克林等，2020；彭建等，2020）。这在客观上要求我们了解区域土地利用变化及人类活动基础，厘清生态系统服务供给及其空间变化特征，并以生态系统服务与健康为前提，识别和界定生态空间，落实区域国土统筹共治与规划（樊杰，2016；彭建等，2017；赵文武等，2018）。

广西北部湾经济区地处中国沿海西南端，是我国重要的国际区域经济合作区，沿海、沿边区位优势明显，战略地位突出，先后于2008年和2017年迎来《广西北部湾经济区发展规划》和《北部湾城市群发展规划》发展战略。如今，作为中国与东盟合作的前沿，正积极努力打造中国经济发展新一极。在此背景下，北部湾经济区迅速成为开放开发的热土。然而，随着经济快速发展、资源不合理开发且在全球环境变化的影响下，区域也产生了一系列生态问题，如水土流失、水资源短缺、环境污染、生物多样性减少等，这些生态问题的本质是生态系统服务功能丧失与退化、生态空间缺失（Bai et al.，2011；Ouyang et al.，2016）。因此，维护和提升生态系统服务功能，识别和划定生态空间，探讨流域土地统筹共治，不仅提高了国家可持续发展和国际竞争力的战略地位（戴尔阜等，2016；Francis et al.，2018），而且是当前政府和学术界关注的热点（Peng et al.，2018；傅伯杰，2019）。

25.1.1　研究方法

在人地系统耦合框架下，以亚热带典型海陆交错过渡带北部湾经济区南流江流域为研究区，通过系统分析流域土地利用变化、人类活动强度，开展流域生态系统服务识别、评价、时空变化和热点区以及生态空间及其管控与统筹共治策略研究，在研究过程中涉及系统科学、生态学、地理学、统计学、社会学、环境科学及土地资源管理等多学科的相关方法，具体如下。

（1）遥感与 GIS 空间分析方法。根据 2000 年、2010 年、2015 年和 2020 年的 Landsat TM/ETM 和 Landsat OLS 影像数据、DEM 数据以及气象数据，采用 ENVI5.3 软件平台对遥感影像数据进行大气校正、裁剪、融合、解译、实地调研与验证，获取流域海拔、坡度、植被覆盖度、土地利用、降水量、气温等信息。收集和整理流域社会经济数据并进行分区统计以获取网格单元基础数据，最后构建流域基础数据库。

（2）空间分析方法。例如，利用转移矩阵分析不同时期土地利用类型相互转化的演变过程与特征。对流域不同时期生态系统服务功能的空间分布等数据进行比对分析，量化和可视化其时空变化特征。采用空间自相关方法，分析因变量和自变量空间依赖程度及相互作用关系等。

（3）生态系统服务与权衡模型。采用食物营养成分计算法、生境质量模型（integrated valuation of ecosystem servicesand tradeoffs，InVEST）和当量因子模型以及 GeoDA 软件、R 语言，系统分析和评价流域生态服务系统食物供给、土壤保持服务、固碳服务和生物多样性维持服务，并进行可视化表达与制图。

（4）机器学习方法。例如，结合 GIS 空间分析技术与 R 语言，将自然、生态、社会经济等数据进行标准化处理，采用机器学习中的聚类方法和智能化修正等方法，对流域生态系统服务热点区，自下而上地开展国土生态空间识别与评价，探讨流域土地生态安全冲突及其管控措施。

（5）其他方法。例如，地理探测器方法，可将其用于探测和分析人类活动强度、生态系统服务背后的作用机制和影响因子，探究各因子的影响程度及其是否存在非线性叠加作用等；地统计方法，利用相关性统计分析流域生态系统服务相互关联程度，甚至探讨生态系统服务时空变化格局背后的自然因素和人文因素的作用机制。

25.1.2　技术路线

采用遥感与 GIS 技术、景观生态学、土地变化科学、地统计方法、生态模型分析等多学科及交叉学科方法，并综合利用遥感影像、土地利用数据、实验观测数据、野外调研数据、社会经济与文献资料等，开展北部湾经济区南流江流域人类活动强度、生态系统服务及其权衡协同关系研究，探讨流域生态空间划分与统筹共治，旨在为流域资源开发、环境规划管理和可持续发展提供科学依据。研究的具体技术路线如图 25.1 所示。

25.2　研究区概况

南流江流域位于广西壮族自治区东南沿海北部湾地区（图 25.2），地处 21°21′～23°04′N 和 105°47′～107°41′E，发源于广西大容山自治区级自然保护区，流经玉州区、福绵区、北流市、博白县、浦北县、合浦县等 11 个县域，最后在合浦县注入北部湾的廉州湾，是广西境内流域面积最广、流程最长、水量最丰富的入海河流，被称作广西独流入海第一大河，也是我国南亚热带典型的陆海过渡性地理空间。

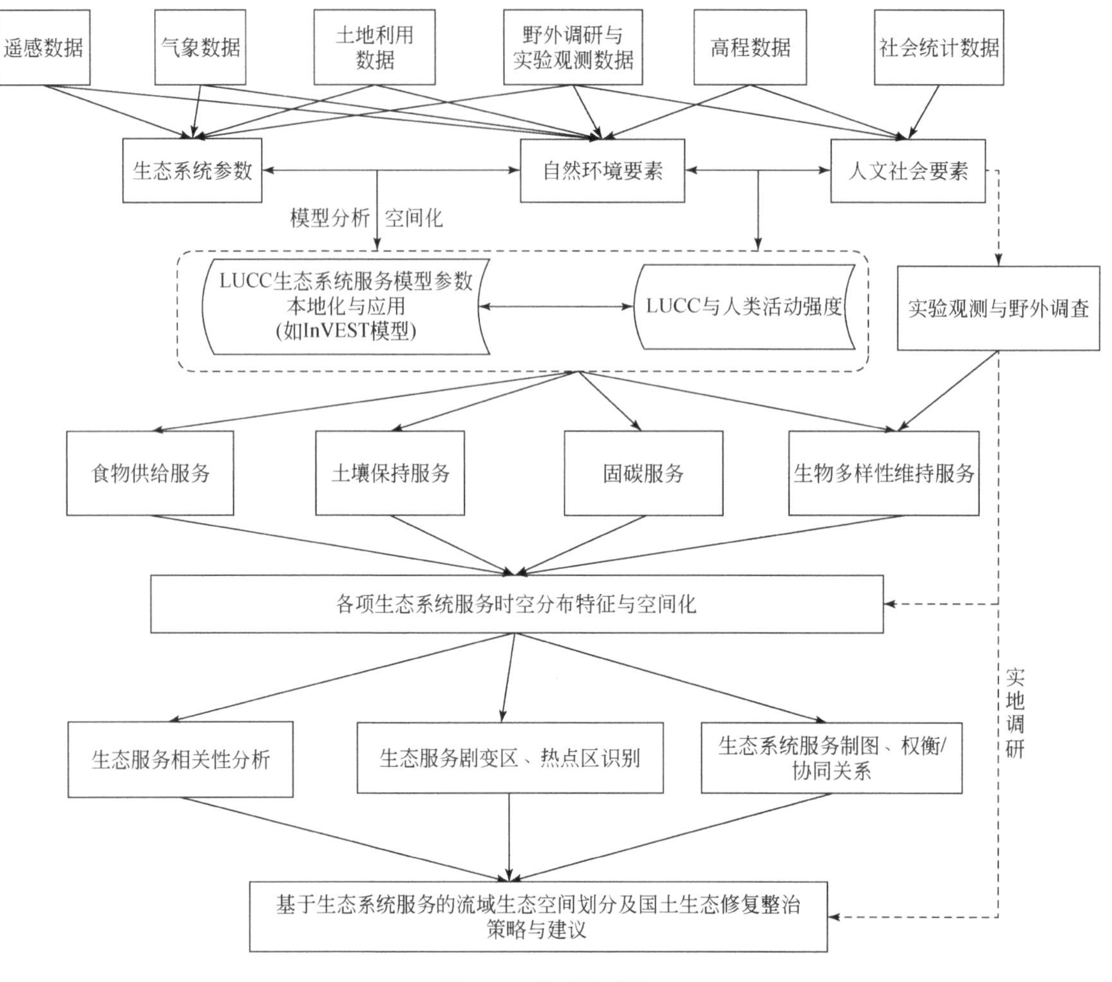

图 25.1 技术路线图

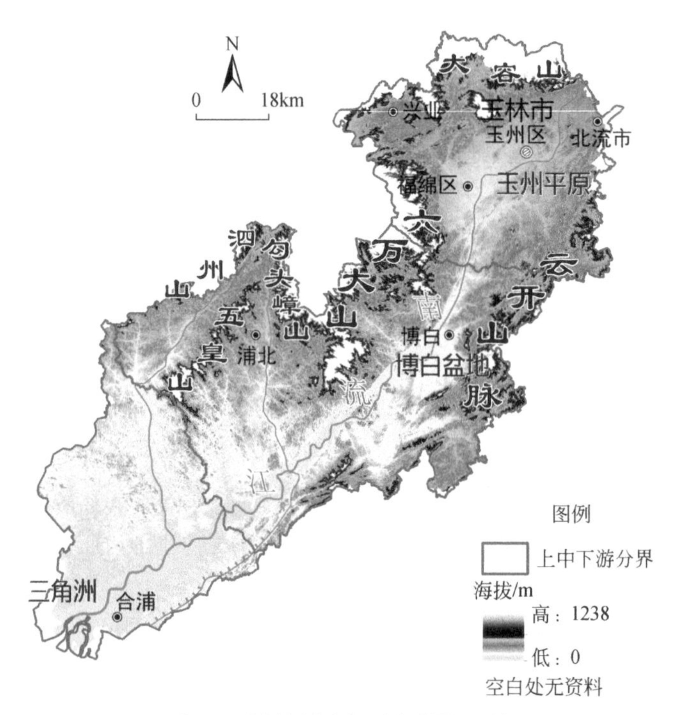

2020年DEM数据来源于地理空间数据云平台。

图 25.2 研究区地势图

25.2.1　自然地理环境

首先，南流江流域地形错综复杂，流域内东部、西部和北部地势相对较高，总体地势自东北向西南倾斜。流域内崇山峻岭、沟谷纵横，盆地-丘陵-山地-江河-湖库-滩涂等交错分布。岩石地层出露丰富，二叠纪、三叠纪和第四纪花岗岩广泛出露，主要分布于流域六万大山、勾头嶂山等西北侧山地（莫永杰，1988）。新近系、白垩系及志留系碎屑岩主要分布于低山丘陵区。流域上游是大容山脉，中游云开山脉和六万大山呈弧形环绕于东南侧和西北侧，故南流江顺地势沿大容山、六万大山和云开山脉三大山脉形成的山谷顺流而下，奔流入海，形成三山夹一江的地理格局（胡宝清和周永章，2018）。其次，南流江流域属于典型的亚热带季风气候区，热量充足、冬短夏长、雨热同季。夏季炎热多雨，冬季温凉少雨，年平均气温为 21～23℃，无霜期长达 320d 以上，降水丰沛，年平均降水量达 1400～1760mm，4～9 月降水最多。南流江流域植被覆盖度高、丛林密布，天然林和人工林等森林资源丰富、动植物种类繁多。森林以南亚热带常绿季雨林、亚热带常绿阔叶林和人工林为主（阚兴龙，2013）。同时，海港湾滩涂地区红树林分布广泛、生长茂密。流域主要土壤类型为赤红壤、砖红壤、红壤、黄壤、石灰土、潮土、水稻土、滨海盐土、新积土等（胡宝清和周永章，2018）。其中，赤红壤面积最大、分布最广泛，水稻土、砖红壤次之。

25.2.2　社会经济概况

南流江流域是广西粮食主产区和北部湾经济发展核心区，包括玉州区、福绵区、兴业县、北流市、博白县、合浦县、浦北县和灵山县 8 个县 77 个乡镇。至 2020 年末，南流江流域常住总人口约 965.70 万人，占广西总人口的 18.62%，人口密度高达 391.84 人/km²，远远高于广西平均人口密度（207 人/km²）。近 20 年来，南流江流域经济持续增长，2020 年流域 GDP 达 2206.07 亿元，约占北部湾经济区生产总值的 26.92%，人均 GDP 约 2.28 万元（舒晓艺，2021）。从各产业占比上看，第一、二、三产业产值分别占 20.93%、32.75%、46.32%，可见第三产业在该区域所占比重最大（约 1021.85 亿元）。同时，区内矿产资源丰富，上游地区石灰岩、磷矿分布广泛。中游地区金属和非金属矿产资源则相对较丰富，有金矿、铜矿、钨矿、锡矿、铁矿、锰矿、金红石、锆英石等金属矿产以及水晶、云母、高岭土、花岗岩等非金属矿产。下游地区优势矿产有石油、天然气、高岭土、石膏、玻璃石英砂、钛铁矿砂等。

25.3　南流江流域人类活动强度研究

25.3.1　研究方法

1. 人类活动强度计算方法

从景观生态学视角来看，人类活动作用的结果使得土地利用类型（或者景观组分）的原始自然特性不断降低（刘彦随，2020；徐勇等，2015），而不同类型的土地利用状况（或景观组分）代表着不同的人类活动或开发利用强度特征（徐小任和徐勇，2017；刘世梁等，2018）。因此，可以通过对不同土地利用景观组分构建一个客观反映人类活动对陆地表层影响和作用强度的指标并对其进行赋值，来计算人类活动强度（或者干扰度）（徐志刚等，2009）。具体计算公式如下：

$$\mathrm{HAI}=\sum_{i=1}^{n}(A_i\times P_i)/T \tag{25.1}$$

式中，HAI 为人为影响指数；n 为景观组分类型的数量；T 为景观总面积；A_i 为第 i 种景观组分的总面积；P_i 为第 i 种景观组分的人为影响强度参数，主要由 Lohani 清单法、利奥波德矩阵法或者德尔菲法确定。

2. 空间自相关分析方法

空间自相关是定量描述某一变量在空间上相关性及其依赖程度的空间统计方法，全局空间自相关分析可描述区域单元观测值的整体分布状况，局部空间自相关分析可确定空间集聚区域的分布（孟斌等，2005），多采用莫兰指数（Moran's I 指数）来描述。Moran's I 指数能反映空间邻接或空间邻近的人类活动强度的相似程度（Ord and Getis，1995），将二者相结合，研究南流江流域人类活动强度的空间关联和集聚模式。全局空间自相关 Moran's I 指数和局部空间自相关 Moran's I_{LISA} 计算公式分别如下：

$$\text{Moran's } I=\frac{k\sum_i\sum_j w_{ij}\left(x_i-\bar{x}\right)\left(x_j-\bar{x}\right)}{\left(\sum_i\sum_j w_{ij}\right)\sum_i\left(x_j-\bar{x}\right)^2} \tag{25.2}$$

$$\text{Moran's } I_{\text{LISA}}=Z_i\sum_{j\neq 1}^{m}w_{ij}\times Z_j \tag{25.3}$$

式中，x_i 和 x_j 为变量 x 在相邻配对空间单元（或栅格细胞）的属性值；$\bar{x}$ 为属性值的平均值；k 为研究单元数；w_{ij} 为要素变量 x_i 和 x_j 之间的空间权重矩阵。当 Moran's $I>0$ 时，表明存在正空间自相关，研究单元属性值呈趋同集聚；当 Moran's $I<0$ 时，则表示负空间相关，呈离散分布。x 为变量要素，j=1，2，3，…，n，n 为变量总数，S 为变量的标准差。Z_j 为经过标准差标准化的数值。LISA 集聚图包括高高（HH）、高低（HL）、低高（LH）及低低（LL）四种空间分布模式，这四种模式分别代表每个单元与周围单元的不同相关关系，如高高类型表示人类活动强度高值区的周围地区人类活动强度也较高，同理可解释其他三种类型。高高和低低类型是局部空间正相关类型，低高和高低类型是局部空间负相关类型（孟斌等，2005；Ord and Getis，1995）。

25.3.2 南流江流域土地利用变化特征与格局分析

南流江流域土地利用以林地和耕地为主，其次是建设用地、草地、水域和未利用地（表 25.1）。2000～2020 年流域耕地面积逐渐减少，近 20 年面积减少 92.32km^2，土地利用单一动态度为-0.17%。耕地面积占比由 2000 年的 29.18%降至 2010 年的 28.76%，单一动态度约为-0.14%；至 2020 年流域耕地面积持续减少，面积占比降至 28.19%、单一动态度为-0.19%。林地面积呈先缓慢增加后减少的趋势，2000 年和 2010 年林地面积分别为 5674.20km^2 和 5678.21km^2，2000～2010 年林地面积由 5674.20 km^2 增长为 5678.21 km^2，动态度为 0.01%。2020 年南流江流域林地面积规模略有下降（面积约为 5637.32km^2），较 2010 年林地总面积约减少 40.89km^2，2010～2020 年林地单一动态度为-0.72%。南流江流域草地所占比例不大，总体呈现先减少后增长的趋势，草地面积由 2000 年的 318.91km^2 减少至 2010 年的 301.96km^2，单一动态度为-0.53%；至 2020 年，草地面积增加了 3.84km^2，单一动态度为-0.21%。研究期间，流域水域面积持续增加，由 2000 的 255.91km^2 增至 2020 年的 258.65km^2，其面积增长量为 2.74km^2，单一动态度为 0.05%。其中，2010～2020 年水域面积增长较快，单一动态度高达 0.33%（图 25.3）。2000～2020 年南流江流域建设用地持续扩张，其面积占比从 3.52%增长至 2020 年的 5.01%，单一动态度约为 2.35%。未利用地面积呈先减少后增加趋势，2000 年、2010 年和 2020 年面积占比分别为 0.03%、0.02%和 0.03%。2000～2020 年面积增加了 0.73km^2，单一动态度为 1.50%，但由于其面积占比极小，图斑变化很不明显。

表 25.1 南流江流域土地利用结构

土地利用类型	2000 年		2010 年		2020 年	
	面积/km^2	占比/%	面积/km^2	占比/%	面积/km^2	占比/%
耕地	2710.53	29.18	2671.35	28.76	2618.21	28.19
林地	5674.20	61.09	5678.21	61.13	5637.32	60.69

续表

土地利用类型	2000 年		2010 年		2020 年	
	面积/km^2	占比/%	面积/km^2	占比/%	面积/km^2	占比/%
草地	318.91	3.43	301.96	3.25	305.80	3.29
水域	255.91	2.75	257.80	2.78	258.65	2.79
建设用地	325.67	3.52	377.02	4.06	465.51	5.01
未利用地	2.43	0.03	2.32	0.02	3.16	0.03

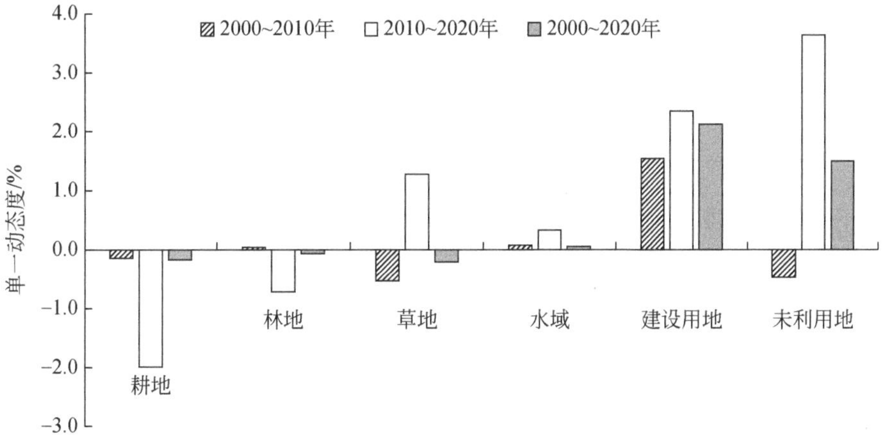

图 25.3 南流江流域 2000～2020 年土地利用单一动态度

南流江流域耕地主要分布在玉州平原、博白盆地、合浦三角洲以及灵山县、浦北县、兴业县的河谷、缓丘地区，以玉州平原耕地面积最大。林地分布在南流江流域大部分地区，面积规模最大（占比在 60%以上），森林自然保护区、经济林场及林业管护区最为密集，如广西大容山自治区级自然保护区、六万大山森林公园、五皇山人工速生桉林区等。草地分布相对零散、破碎，且多为山地草地/草甸，在博白县和浦北县分布较多，在其他各县域均有分布，但在玉州区、北流市、合浦县分布相对较少，水域面积小且分布变化微弱。

25.3.3 南流江流域人类活动强度过程与时空变化

根据前人研究成果和南流江流域实际情况采取折中方法，确定研究时段内统一的分级标准为＜15%、15%～20%、20%～26%、26%～38%和＞38%，将各乡镇人类活动强度划分为轻微、较低、中等、较高、高五种类型（表 25.2）。根据结果进行分析，整体来看，2000～2020 年人类活动强度在区域上主要呈现出以玉林市城区为核心的玉州平原和下游三角洲较高，流域东西两侧区域较低的特点。具体来说：①高强度类型区，人类活动强度大于 38%，建设用地当量面积的单元平均值为 341.78km^2，人类活动强度的单元平均值在 47%以上，主要集中在玉林市城区和北流市区，人类活动强度高的乡镇有 3～4 个。②较高强度类型区，人类活动强度在 26%～38%，2020 年建设用地和耕地当量面积的单元平均值分别为 118.18km^2、508.09km^2；人类活动强度的单元平均值为 30%以上，主要分布在上游的玉州盆地和下游三角洲人类活动频繁、工农业发达的城乡区、工业园区和农业高度密集区，其涉及 18 个乡镇。③中等强度类型区，其人类活动强度在 20%～26%，2000～2020 年人类活动强度的单元平均值在 22%以上，其建设用地当量面积的单元平均值为 151.12km^2；其主要分布在上游平原和盆地、中游博白盆地和下游三角洲四周的平地缓丘等农业种植区。④较低强度类型区，人类活动强度在 15%～20%，人类活动强度的单元平均值大于 17%，2020 年建设用地和耕地当量面积的单元平均值分别为 90.31km^2 和 1128.55km^2，该强度区域分布最为广泛，涉及乡镇大约 36 个（占比 46.75%），从上游玉州平原沿着南流江一直到下游三角洲地带以及广西大容山自治区级自然保护区。⑤轻微强度类型区，人类活动强度小于 15%，建设用地和耕地当量面积的单元平均值分别为 4.01km^2 和 99.50km^2，集中分布在六万大山、五皇山、云开山脉等森林保护区、水源涵养地以及生物多样性保护区、水土流失综合治理区等。

表 25.2　2000～2020 年南流江流域人类活动强度分级

等级	分级标准/%	2000 年		2010 年		2020 年	
		乡镇数/个	均值/%	乡镇数/个	均值/%	乡镇数/个	均值/%
高	＞38	3	47.92	4	47.95	4	53.69
较高	26～38	10	30.30	11	30.11	18	30.80
中等	20～26	18	22.40	16	22.68	17	22.81
较低	15～20	36	17.09	36	17.31	36	17.30
轻微	＜15	10	14.25	10	14.32	7	14.30

25.3.4　南流江流域人类活动强度空间自相关分析

由表 25.3 可知，2000～2020 年南流江流域人类活动强度全局空间自相关 Moran's I 指数值均大于 0（均大于 0.4 以上），且 Z 值检验显著，表明南流江流域人类活动强度不仅具有显著的空间集聚特点，而且近 20 年来流域人类活动强度空间集聚程度相对较高，呈现先高度集聚后放缓集聚的特征。同时，2000～2020 年人类活动强度变化的 Moran's I 指数值为 0.229，显示南流江流域人类活动强度的变化也具有空间集聚特征。其热点区由人类活动强度高于全流域平均水平且空间上彼此邻近的乡镇构成，近 20 年里，尽管各个热点区的规模随着时间的变化而有所变化，但总体上，南流江流域人类活动强度变化的热点区主要集中在以玉林市城区为核心的玉州平原地区，包括玉城、南江、城西、名山、城北、福绵、茂林、仁东、仁厚、北流、珊罗等乡镇的玉林—北流城市区及城乡接合部。

表 25.3　南流江流域人类活动强度全局空间自相关指标结果

指标	2000 年	2010 年	2020 年	2000～2020 年
Moran's I	0.501	0.542	0.467	0.229
Z	7.438	8.475	7.016	3.781
P	0	0	0	0

25.4　流域生态系统服务评估及其时空变化

由于南流江流域是广西粮食生产的重要基地和北部湾经济生态安全格局的重要组成部分，且近些年来水土流失、生物多样性减少、面源污染较常见，故选取食物供给服务、固碳服务、土壤保持服务和生物多样性维持服务作为南流江流域主要生态系统服务功能。

25.4.1　南流江流域食物供给服务评估与时空变化

1. 数据来源与研究方法

1）数据来源

结合南流江流域土地生态系统农产品生产的实际情况与各县域农业调查数据，将各类农产品食物划分为四大类 24 小类，一是谷物杂粮类（粮食类），包括谷物（水稻和玉米等）、豆类（绿豆、大豆、红小豆）

和薯类（马铃薯、甘薯、木薯）；二是蔗糖类；三是油料类，包括油菜籽、花生、芝麻；四是水果和蔬菜类（果蔬类），如蔬菜、甜瓜、西瓜、蕉类、龙眼、柑橘、荔枝、桃子、芒果、葡萄、柿子等主要水果（王莉雁等，2015；谢余初等，2020b）。数据来源于各县域统计年鉴、《广西农村统计年鉴》、《广西统计年鉴》和主要农作物生产抽样评估数据。不同类型食物所含热量和可食部分比重数据主要来源于 2018 年《中国食物成分表》。

2）食物热量计算方法

将土地生态系统四大类农产品转化为食物热量，并将其作为统计标准，按照食物营养计算方法［式(25.4)］分析各类食物热量供给状况（Yue et al.，2010；王莉雁等，2015；王情等，2010；谢余初等，2020b），并利用 GIS 空间分析功能定量探讨南流江流域食物热量供给时空分异特征。

$$\mathrm{NUTR}=\sum_{i=1}^{n}(M_i\times \mathrm{EP}_i\times A_i) \tag{25.4}$$

式中，NUTR 为食物热量（kJ）；M_i 为区域第 i 种食物的产量（t）；EP_i 为第 i 种食物可食部分的比例（%）；A_i 为第 i 种食物每 100g 可食部分所含热量状况；i=1，2，3，…，n，为研究区食物种类。

2. 南流江流域食物供给服务估算

2000～2020 年南流江流域生态系统食物热量供给总体呈现波动变化，其食物热量供给从 2000 年的 4.42×10^{18}kJ 降至 2010 年的 4.40×10^{18}kJ，再降至 2020 年的 4.35×10^{18}kJ，年均变化量为 -0.0035×10^{18}kJ，食物热量供给减少区域面积占 14.6%。在空间上，南流江流域食物热量空间分布格局变化不大，总体上呈现北部和南部食物供给服务较高、中部较低的特点，超过 96%的区域的食物供给服务是相对稳定的，这些区域主要分布在地势平坦、土壤肥沃的下游合浦三角洲、玉林盆地、博白盆地等区域，即流域食物供给服务高值区持续分布在博白县的菱角镇、沙河镇、顿谷镇及其沿线一带的农业种植区。食物供给服务低值区主要集中在玉林市玉州区、福绵区、博白县博白镇、浦北县江城镇、灵山县文利镇等区域（图 25.4）。从行政区划角度看，食物供给服务较高值区主要分布在北海市西北部、兴业县中部、玉林市市辖区、陆川县北部以及合浦县西部；南流江流域中部的浦北县、博白县食物供给服务能力为中等水平；低值区分布在合浦县中部及钦州市东部。从土地利用类型上看，食物供给服务高值区主要属于水田、园地和旱地；食物供给服务低值区主要为林地。从食物类型上看，南流江北部的玉林市、兴业县及北流市以油料种植为主，而博白县、灵山县和钦州市区则以糖类种植居多，相对于油料供给的食物热量相对较高；南流江南部的合浦县、灵山县及钦州市区的果蔬占比较大，相比于油料和糖类供给的食物热量，水果类供给的食物热量值小。

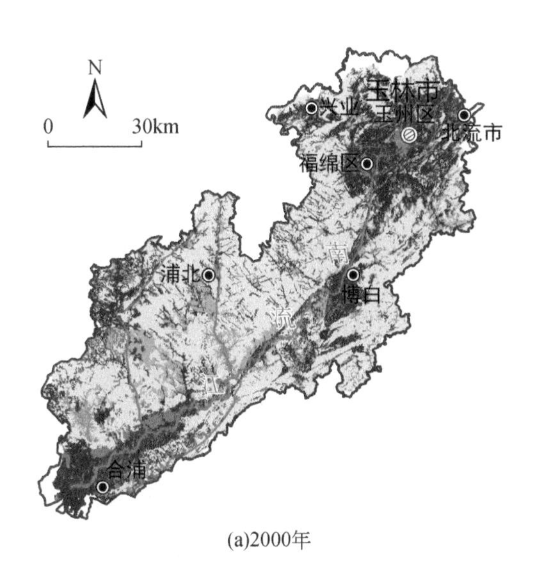

(a)2000年

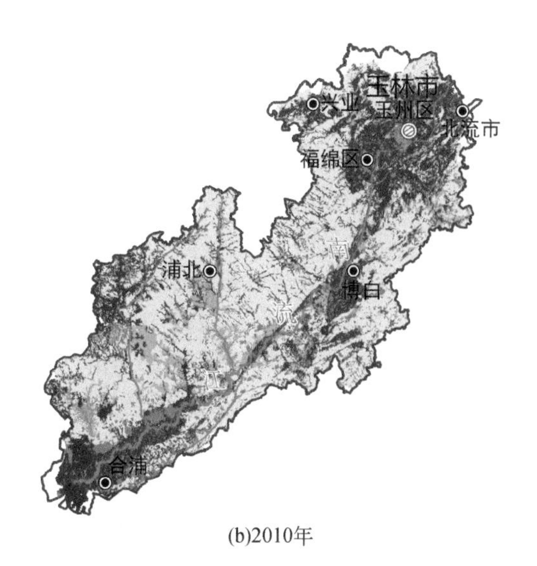

(b)2010年

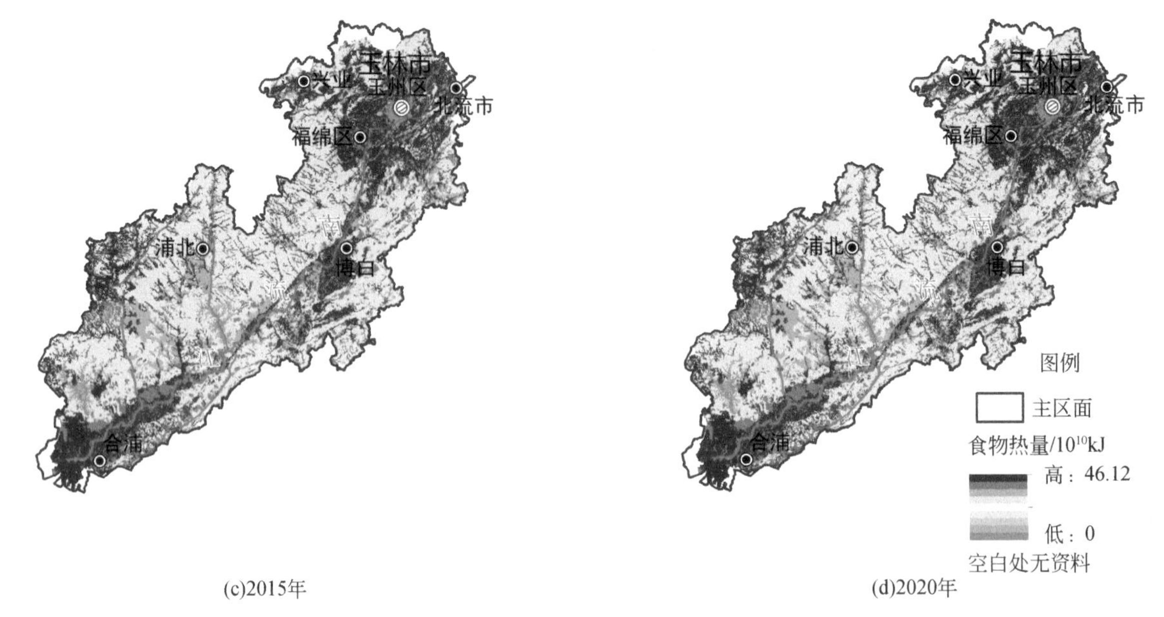

(c)2015年

(d)2020年

食物产量数据来源于2000年、2010年、2015年、2020年《广西统计年鉴》；2000年、2010年、2015年、2020年食物所含热量、可食部分比重数据来源于食物营养成分查询平台；图上专题内容为作者根据2000年、2010年、2015年、2020年食物产量、食物所含热量、可食部分比重数据推算出的结果，不代表官方数据。

图 25.4　2000～2020 年研究区Ⅵ食物供给服务分布图

25.4.2　南流江流域生态系统固碳服务估算与时空变化

1. 研究方法

1）NPP 的估算

MODIS_NPP 数据是由 BIOME～BGC 模型和光能利用率模型相结合所建立的 NPP 估算模型（CASA 模型）模拟计算得到的区域生态系统的年 NPP 值（朱文泉等，2007）。CASA 模型主要基于 NPP 是由植被所吸收的光合有效辐射（APAR）和光能利用率（ε）两个驱动变量所决定的（朱文泉等，2005；朴世龙等，2001），该模型应用比较广泛，已成为国内外估算 NPP 的主要模型之一。模型具体计算公式如下：

$$\mathrm{NPP}(x,t)=\mathrm{APAR}(x,t)\times\varepsilon(x,t) \tag{25.5}$$

式中，x 为空间；t 为时间；NPP(x，t)为 t 年像元 x 的 NPP；APAR(x，t)为像元 x 在 t 年吸收的光合有效辐射［(g C/(m^2 • a))；ε(x，t)为像元 x 在 t 年的光能利用率（g C/MJ）。

2）土壤微生物呼吸量的估算

土壤微生物呼吸量主要根据其与环境因子之间的关系或阿伦尼乌斯（Arrhenius）函数估算（牛铮和王长耀，2008），前人通过样地实验观测发现碳排放与环境因子的关系，并在此基础上建立了温度、降水量与碳排放量的回归方程（潘竟虎和文岩，2015）。因此，根据前人研究成果，结合南流江流域实际情况，利用温度、降水量与碳排放量的回归方程估算土壤微生物呼吸量：

$$\mathrm{HR}=3.70\times[\mathrm{EXP}(0.0913\times T)+\ln(0.3415\times P+1)] \tag{25.6}$$

式中，HR 为年土壤微生物呼吸量[g C/(m^2 • a)]；T 为年平均温度（℃）；P 为年降水量（mm）。

3）净生态系统生产力（固碳服务）的估算

生态系统的碳源/汇储存量包含一般植物之间生物量、凋落物生物量及土壤有机质呼吸量（刘双娜等，2012）。在不考虑自然因素和人为因素影响的前提下，生态系统固碳服务可表示为 NPP 与土壤微生物呼吸量之间的差值（刘春雨，2015；巩杰等，2017），即植被净生态系统生产力。模型计算公式如下：

$$\mathrm{NEP}=\mathrm{NPP}-\mathrm{HR} \tag{25.7}$$

式中，NEP 为植被净生态系统生产力；NPP 为植被净初级生产力；HR 为土壤微生物呼吸量。若 NEP＞0，则表明植被固定的碳量高于土壤排放的碳量，表现为碳汇；反之，若 NEP＜0，则表现为碳源。

2. 南流江流域 NPP 估算

2000～2019 年广西陆地生态系统的 NPP 平均值为 853.65g C/(m^2 • a)。其中，广西 NPP 平均最大值出现在 2017 年，约为 898.17g C/(m^2 • a)；平均最小值出现在 2005 年，其值为 763.99g C/(m^2 • a)。南流江流域 NPP 与广西的 NPP 变化趋势大致相似。2000～2019 年，南流江 NPP 总体呈现波动上升趋势，其中，2000～2003 年 NPP 上升最快，年均增长速率达 4%。2003～2005 年，NPP 有所回落，其 NPP 平均值从 2003 年的 891.15g C/(m^2 • a)降至 2005 年的 763.99g C/(m^2 • a)。2005～2019 年，南流江 NPP 呈现先缓慢上升、后波动变化的趋势（图 25.5）。总体上，2000～2019 年，南流江 NPP 表现为波动缓慢上升的趋势，至 2019 年 NPP 平均值约为 853.82g C/(m^2 • a)，最大值为 1360.8g C/(m^2 • a)。

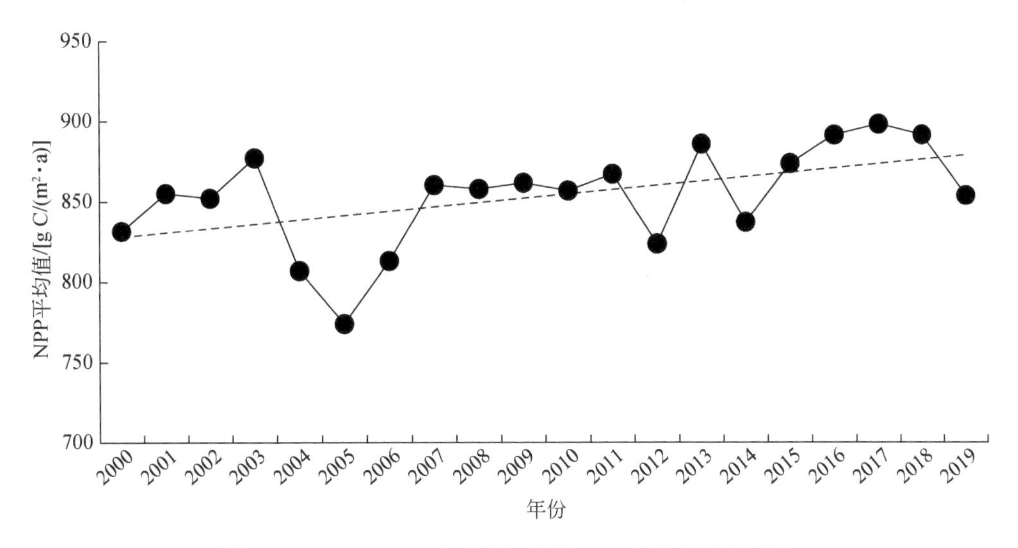

图 25.5　2000～2019 年南流江流域 NPP 平均值变化情况

3. 南流江流域陆地生态系统固碳服务估算与分析

由图 25.6 和图 25.7 可知，2000～2019 年南流江流域陆地生态系统碳固持能力呈现明显增长趋势，其 NEP 的总量和年均值分别从 1.38×10^{7}g C/m^2 和 688.87g C/(m^2 • a)增至 1.31×10^{7}g C/m^2 和 693.12g C/（m^2 • a），近 20 年来 NEP 均值平均增速为 0.03%/a。空间上，流域生态系统固碳能力较高的区域（NEP≥700g C/m^2）

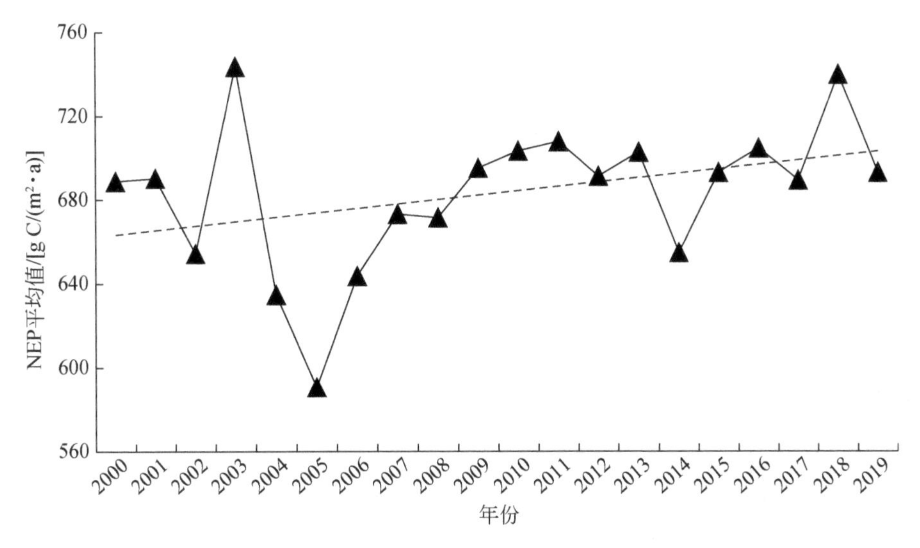

图 25.6　2000～2019 年南流江流域 NEP 均值变化情况

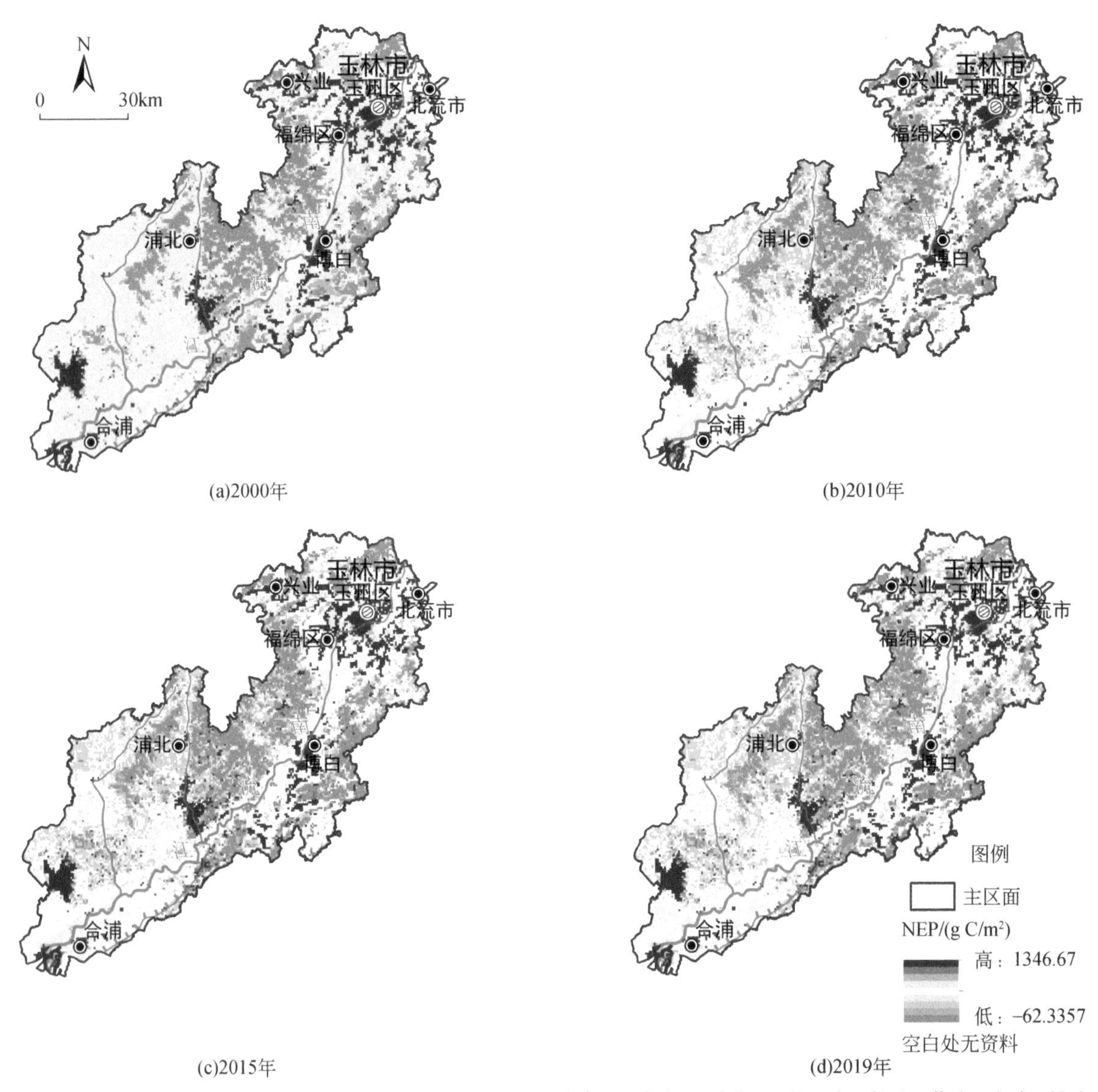

(a)2000年　(b)2010年　(c)2015年　(d)2019年

年降水量数据来源于2000年、2010年、2015年、2019年《广西壮族自治区水资源公报》；平均温度、林地、草地、水域、耕地、建设用地面积数据来源于2000年、2010年、2015年、2019年《广西统计年鉴》；2000年、2010年、2015年、2019年NPP数据来源于中国科学院资源环境科学与数据中心；2000年、2010年、2015年、2019年碳排放数据来源于中国碳核算数据库；图上专题内容为作者根据2000年、2010年、2015年、2019年NPP、碳排放、平均温度、年降水量、林地、草地、水域、耕地、建设用地面积数据推算出的结果，不代表官方数据。

图 25.7　2000～2019 年研究区 NEP 空间分布图

主要分布在六万大山、浦北五皇山、云开山脉等山林区域，低值区（NEP＜640g C/m^2）主要位于河流岸堤、水库区、滩涂和城乡居民点，如玉林市城区、博白县城、合浦县城、浦北县江城镇和龙门镇等。

25.4.3　南流江流域生态系统土壤保持服务估算与时空变化

1. InVEST 模型土壤保持原理与方法

InVEST 模型土壤保持模块是在修正后的土壤侵蚀方程（revised universal soil loss equation，USLE）基础上，综合考虑了土壤侵蚀减少量和不同地表状况对泥沙的截留效应，即认为各植被在减缓土壤侵蚀的同时，也对上坡栅格土壤侵蚀物具有一定的拦截作用（Nyakatawa et al.，2007；Tallis et al.，2013）。目前在国内外研究中，针对不同土地覆被或不同植被类型下泥沙持留量效应的野外实验开展相对较少（李婷等，

2014），且缺乏速生桉人工林等林下侵蚀相对较大的林地的野外观测试验数据和资料。因此，研究过程中需结合土地利用数据、实验观测数据、气象数据和野外调查数据，利用 GIS 和 InVEST 模型定量评估南流江流域土壤保持服务，并探讨南流江流域不同地类的土壤保持服务的空间分布特征。具体计算公式如下：

$$\mathrm{SEDRET}_x = \mathrm{PKLS}_x - \mathrm{USLE}_x + \mathrm{SEDR}_x \tag{25.8}$$

$$\mathrm{PKLS}_x = R_x \cdot K_x \cdot \mathrm{LS}_x \tag{25.9}$$

$$\mathrm{SEDR}_x = \mathrm{SE}_x \sum_{y-1}^{x-1} \mathrm{USLE}_y \prod_{z=y+1}^{x-1} (1 - \mathrm{SE}_x) \tag{25.10}$$

式中，R_x 为降水侵蚀因子；K_x 为土壤侵蚀因子；LS_x 为坡长度因子；SEDRET_x 和 SEDR_x 分别为栅格 x 的土壤保持量和泥沙持留量；SE_x 为栅格 x 的泥沙持留效率；PKLS_x 为栅格 x 的潜在土壤侵蚀量；USLE_x 和 USLE_y 分别为栅格 x 及其上坡栅格 y 的实际侵蚀量，即植被覆盖和水土保持措施下的土壤侵蚀量。

2. 南流江流域降雨侵蚀力分析

通过分析和计算南流江流域不同级别雨量条件下的降雨侵蚀力与河流输沙量的相关关系可知，日降雨量≥20mm 时，流域降雨侵蚀力与下游输沙量的相关系数相对较高，R^2 约为 0.773，相对于其他级别雨量条件更符合研究区实际情况。故选取日降雨量≥20mm 进行流域年降雨侵蚀力分析与计算（陈国清等，2020）。结果表明，南流江流域 1961～2006 年平均降雨侵蚀力为 13935MJ · mm/（hm^2 · h · a），年均降雨侵蚀力呈现波动变化、轻微增加的趋势。南流江流域年均降雨侵蚀力［图 25.8（a）］与年降雨量［图 25.8（b）］变化趋势基本相似。其中，流域内年均降雨侵蚀力和年降雨量较低的谷值年份相一致，两者均出现在 1962 年。从季节变化上看，流域内春季年均降雨侵蚀力呈现波动不显著的降低趋势，其多年平均降雨侵蚀力为 3092.1MJ · mm/（hm^2 · h · a），占年均降雨侵蚀力的 22.19%。夏季、秋季和冬季呈现波动不明显的上升趋势（由大到小为夏季＞冬季＞秋季）。其中，夏季多年平均降雨侵蚀力为 7325.1MJ · mm/（hm^2 · h · a），占年均降雨侵蚀力的 52.57%，降雨侵蚀力增加速率为 36.0MJ · mm/（hm^2 · h · 5a）。秋季和冬季的多年平均降雨侵蚀力分别占年均降雨侵蚀力的 20.16%和 5.08%。在空间分布上，南流江流域降雨侵蚀力整体呈现南高北低的格局，沿流域下游到上游逐渐减弱。降雨侵蚀力高值区［≥17000MJ · mm/（hm^2 · h · a）以上］主要分布在沿海地区；低值区［≤12000MJ · mm/（hm^2 · h · a）］则分布在内陆地区等区域。分县域统计发现，钦南区和合浦县降雨侵蚀力及年均降雨量最高，博白县和浦北县次之，北流市、兴业县和玉州区最小。

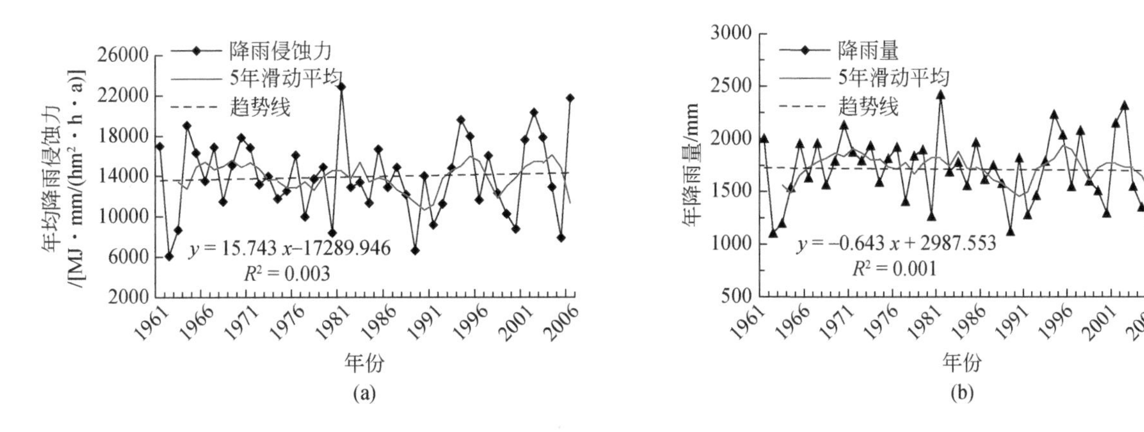

图 25.8 1961～2006 年南流江流域年均降雨侵蚀力（a）和年降雨量（b）

25.4.4 南流江流域生态系统土壤保持服务变化分析

南流江流域土壤保持服务空间分布格局变化不大，总体上呈现沿流域的东北—西北—西南逐渐减弱。流域生态系统土壤保持服务高值区主要集中分布在流域中上游山林地和自然保护区中，如五皇山、云飞嶂山脉等林区或林场，植被覆盖度高，水土保持能力较强。而流域内的城乡区和农耕区土壤保持量相对较少（图 25.9）。从县域行政区划上看，土壤保持总量最大的是博白县，其次为玉州区和浦北县。在时间上，南流江流域生态系统土壤保持服务呈先减少后增加的状态，整体波动幅度较缓。2000 年南流江流域土壤保持总量为 5.85×10^7t，2010 年土壤保持总量为 5.78×10^7t，2015 年增加至 7.11×10^7t，2020 年土壤保持总量最高，为 12.53×10^7t。2000～2020 年南流江流域有 97.40%的区域的土壤保持量呈增加趋势，主要分布在山地和丘陵的林地，减少区域分布在党江镇、沙岗镇。从不同土地利用类型上看，南流江流域陆地生态系统多年土壤保持量最大的是有林地，为 5.75×10^7t，其次是水田，为 0.37×10^7t，最小的是未利用地为 0.003×10^7t，其土壤保持量由大到小依次为有林地＞灌木林＞水田＞旱地＞疏林地＞城乡居民用地＞园地＞草地＞河流＞工矿用地＞未利用地。

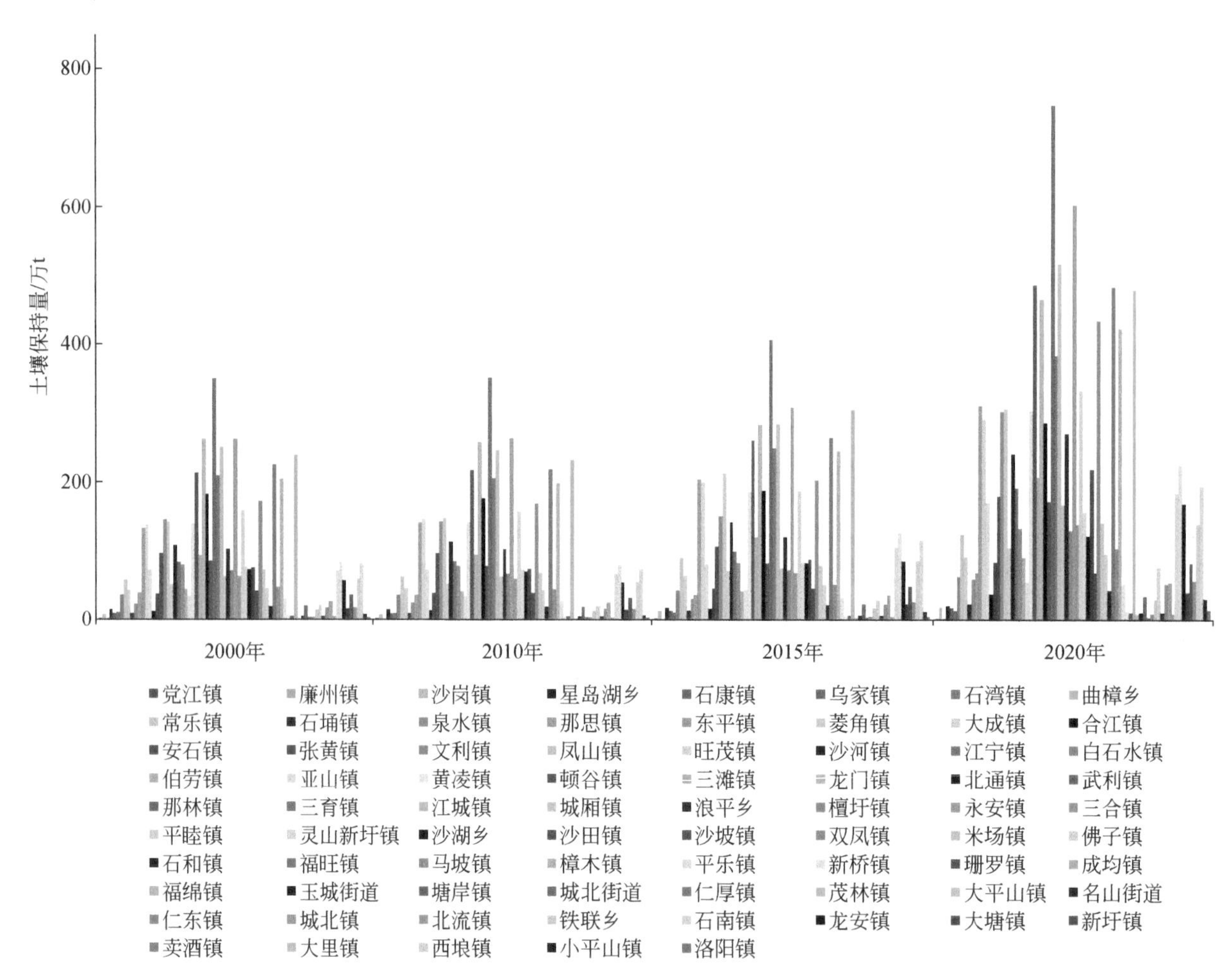

图 25.9　南流江流域 2000～2020 年土壤保持量

25.4.5　南流江生态系统生物多样性维持服务评估与时空格局

1. InVEST 生境质量模块评价原理与方法

InVEST 生境质量模块是通过分析人为活动或自然灾害等生态威胁因子对区域土地利用与土地覆盖斑块的影响程度，来对区域生境退化（habitat degradation）程度和生境质量（habitat quality）进行合理的分析和评价（Tallis et al.，2013；吴健生等，2015）。一般而言，随着人们对周围土地使用强度的增大，生境质量会下降（Tallis et al.，2013；Forman et al.，2003），根据不同的土地利用类型的敏感度，不同威胁因子的位置、最大威胁距离、威胁强度计算出生境质量、生境稀缺性和生境退化程度（UNEP，2001；Gong et al.，

2019），以计算生境退化程度为基础进行生境质量的计算（包玉斌等，2015；谢余初等，2020a）。具体计算公式如下：

$$D_{xj} = \sum_{r=1}^{R}\sum_{r=1}^{Y_r}\left(\frac{W_r}{\sum_{r=1}^{R} w_r}\right) r_y i_{rxy} \beta_x S_{jr} \tag{25.11}$$

$$Q_{xj} = H_j\left[1-\left(\frac{D_{xj}^2}{D_{xj}^2 - k^z}\right)\right] \tag{25.12}$$

式中，Q_{xj}为第 j 类生境类型中栅格 x 的生境质量；H_j为第 j 类生境的生境适宜度，值域是［0,1］；D_{xj}为第 j 类生境类型中栅格 x 的生境退化度；k 为半饱和系数，模型默认值为 0.5；z 为归一化常量，模型中默认设置为 2.5；R 为威胁因子个数；W_r为威胁因子的权重，取值范围为 0～1；y 为第 r 类威胁因子的栅格个数；Y_r为威胁因子栅格单元的总数；i_{rxy}为栅格 y 的胁迫值 r_y 对栅格 x 的胁迫程度；β_x为各种威胁因子对栅格的可达性；S_{jr}为第 j 类生境类型对威胁因子的敏感度（Tallis et al.，2013；刘志伟，2014）。

2. 南流江流域生境退化程度分析

生境退化程度分值的大小反映地类景观受威胁因子影响的程度，其值越大，表明所受到的各类外界影响越大，流域生物栖息地生境退化程度越高；反之，则越低。根据南流江流域实际情况，将流域生境退化程度划分为 5 个等级，分别为低值区（0≤D_{xy}＜0.13），即生境退化程度最小；一般区（0.13≤D_{xy}＜0.16），即生境退化程度一般；中值区（0.16≤D_{xy}＜0.21），即生境退化程度中等；中高区（0.22≤D_{xy}＜0.30），即生境退化程度相对偏高；高值区（0.31≤D_{xy}＜0.55），即生境退化程度较严重。2000～2020 年南流江流域总体生境退化程度呈现下降趋势，且大部分区域处于中值区及以下，即低值区、一般区和中值区范围内，其面积占比在 82.25%以上。2000～2020 年，流域内生境退化程度低值区呈现波动变化，其面积占比由 2000 年的 26.80%上升至 2010 年的 27.38%后又降至 2020 年的 25.27%，高值区面积占比持续下降，其面积占比由 2000 年的 5.59%下降至 2020 年的 5.45%。流域生境退化一般区和中值区面积总体呈现先增长后减少的波动变化。空间分布上，南流江流域生境退化高值区主要受城乡建设和交通道路的影响，集中分布在各县域道路两侧及城镇区和人口密集的农村居民点，如玉州城区、玉林—博白—合浦的国道沿线地区。这可能是因为在城乡与道路建设开发过程中，农业用地和基础设施用地增加，人口和 GDP 发展需求促使生态用地向非生态用地转化，破坏了周边生物栖息地，致使生境退化程度较大。而人类活动干扰较少的山区和森林保护区生境退化程度相对较低，尤其是近些年来生态红线的划定、水源地保护、天然林禁伐、退耕还林及生态修复工程等使山林地和自然保护区生物栖息地得到有效保护，区域植被净初级生产力不断提高，生物多样性日趋丰富。

3. 南流江流域生境质量评价与分析

利用 InVEST 生境质量模块计算获得南流江流域 2000～2020 年的生境质量空间分布情况，并在 ArcGIS 中将流域生境质量划分为 5 个等级：低值区（0≤HQ＜0.01）、中低值区（0.02≤HQ＜0.41）、中值区（0.41≤HQ＜0.62）、中高值区（0.62≤HQ＜0.82）和高值区（0.82≤HQ＜1）。从空间分布上来看，2000～2020 年南流江流域生境质量空间格局变化不大，总体分布存在明显的差异性。由图 25.10 可知，南流江流域大部分地区生境质量较好，尤其是远离人类生产生活活动的山林地区；生境质量高值区面积占比在 44.78%以上，这些区域生物多样性丰富，特有属和种相对较多，NPP 高，生态系统丰富多样，人类活动干扰相对较少。2000～2020 年，生境质量中等区域（中值区）面积占比在 21.30%～23.07%，区域以农林生态系统为主，林灌草交错分布，植被覆盖良好、NPP 高，物种和群落丰富度一般，局部山岭丘陵地区的生物丰富度及其多样性较高。生境质量较低的区域主要分布在工农业发达、人类活动频繁的城镇地区和水域，尤其是沿河发展的地区，该区域人类耕作活动频繁且密集，导致其生境质量较低。这些区域物种相对贫乏，生境质量较差，人类活动干扰频繁而强烈，生态系统类型单一。在时间变化上，2000 年南流江流域生境质量平均值约为 0.762，生境质量中高值区和高值区面积占比约 62.75%，生境质量较低区域（低值区和中低值区）面积占 15.53%。2000～2010 年流域生境质量有所下降，2010 年流域生境质量平均值约为 0.755，生境质量中高值区和高值区面积占比约为 61.43%，生境质量中值区面积增长明显，面积年均增长约 0.62%。2010～2015 年，流域生境质量总体上持续较弱，但个别区域生境质量提高明显，主要表现在自然保护区、森林公园、林场管护区和退耕还林区等。2015～2020 年南流江流域生境质量逐渐上升，生物多样性维持服务持续增强，其年均生境质量约为 0.771，流域生境质量中高值区和高值区面积占比约 62.27%，生境质量低值区面积占比为 16.42%，两极分化更加明显。原因可能是南流江流域社会经济不断发展，人口不断向城市移动，工业园区、农耕区和城郊区人类活动强度大、方式多样，致使这些区域生态环境质量降低、生物多样性下降。但同时，自然保护区、水源涵养保护区、森林公园、林场、实施退耕还林还草措施区、生态修复区等地区植被生长较好，生境质量较高，生物丰富度高，景观破碎度有所减小，故生物多样性水平高。

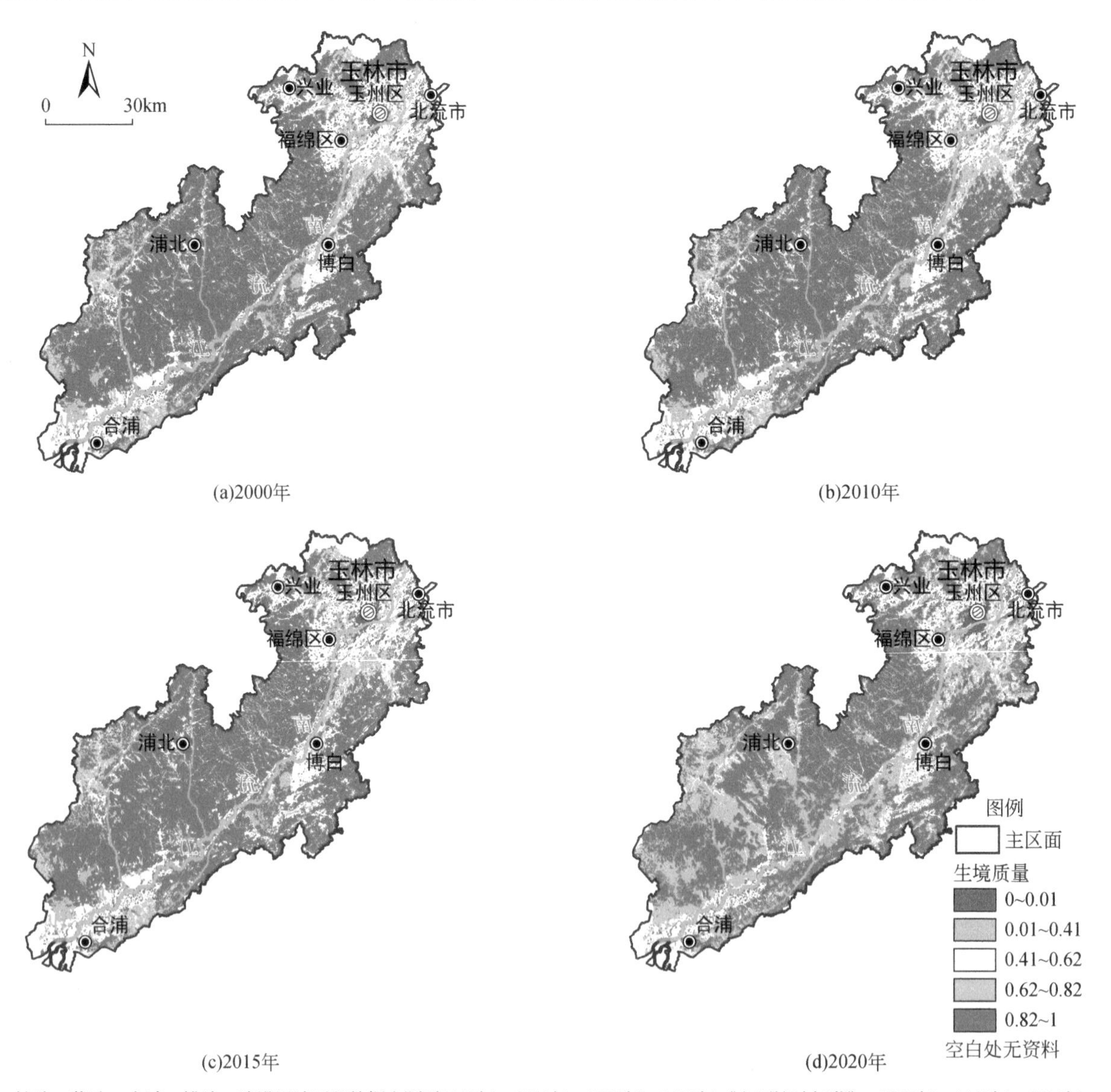

林地、草地、水域、耕地、建设用地面积数据来源于2000年、2010年、2015年、2020年《广西统计年鉴》；2000年、2010年、2015年、2020年高速公路里程、公路密度数据来源于广西壮族自治区交通运输厅官网；图上专题内容为作者根据2000年、2010年、2015年、2020年林地、草地、水域、耕地、建设用地面积、高速公路里程、公路密度数据推算出的结果，不代表官方数据。

图 25.10　2000～2020 年研究区生境质量分布图

25.5　流域生态系统服务权衡/协同关系分析

25.5.1　研究方法

1. 生态系统服务估算

由于南流江流域是广西粮食生产的重要基地和北部湾经济生态安全格局重要组成部分，且近些年来水土流失、生物多样性减少、农业面源污染等现象较突出，故选取食物供给服务、固碳服务、土壤保持服务和生物多样性维持服务作为南流江流域关键性生态系统服务功能。其中，食物供给服务主要以土地农产品产量作为评估指标，考虑各类农产品的量纲不同，将其统一转化为食物热量（能量）来表征流域食物供给能力（王莉雁等，2015），即将各类农产品食物折算成食物热量，计算每一类土地利用类型产生的总的食物供给量（谢余初等，2020b）。固碳服务选取 NEP 来表征，NEP 能有效地反映植被生态系统生产有机物的能力，是评估区域碳循环和固碳能力的重要指标（戴尔阜等，2015）。生境质量的高低在一定程度上反映着区域生物多样性状况及其水平，因此采用 InVEST 生境质量模块，结合研究区威胁因子、生境敏感性因子等参数（Tallis et al.，2013；吴健生等，2015；谢余初等，2018），计算获得南流江流域生物多样性维持服务。土壤保持服务主要基于土壤流失方程的原理，根据 InVEST 模型计算获得（Tallis et al.，2013；胡胜等，2014）。

2. 生态系统服务权衡与协同关系分析

参考前人研究结果，将各项生态系统服务进行归一化处理，采用 R 软件 chart.Correlation 函数计算分析南流江流域食物供给服务、固碳服务、土壤保持服务和生物多样性维持服务 4 种典型生态系统服务之间的权衡/协同相互关系，并绘制散点图矩阵（Jopke et al.，2015；王川等，2019）。当两种生态系统服务彼此间的相关系数为正，且通过 0.05（或 0.01）显著性水平检验时，表明这两种生态系统服务间存在协同关系（或显著性协同关系）；反之相关系数为负且通过显著性检验则为权衡关系（Jopke et al.，2015）。基于线性拟合的原理，构建生态系统服务权衡/协同模型（ESTD）来分析各项生态系统服务相互作用方向、程度（戴尔阜等，2016；高艳丽等，2020）。同时，以乡镇为单元，利用 GeoDA 软件进行生态系统服务双变量空间自相关分析，以了解流域内不同生态系统服务在空间上的权衡/协同关系。其中生态系统服务权衡/协同模型计算公式如下：

$$\mathrm{ESTD}_{ab}=\frac{\mathrm{ESC}_{ai}-\mathrm{ESC}_{aj}}{\mathrm{ESC}_{bi}-\mathrm{ESC}_{bj}} \tag{25.13}$$

式中，ESTD_{ab} 为 a、b 两种生态系统服务权衡/协同度；ESC_{ai}、ESC_{aj} 为第 a 种生态系统服务分别在 i、j 时刻的变化量；ESC_{bi}、ESC_{bj} 为第 b 种生态系统服务分别在 i、j 时刻的变化量。当 $\mathrm{ESTD}>0$ 时，a、b 两种生态系统服务为协同关系，当 $\mathrm{ESTD}<0$ 时，a、b 两种生态系统服务为权衡关系。

25.5.2　生态系统服务权衡协同关系数值分析

在生态系统服务散点图矩阵中，对角线为 4 种服务的直方图和核密度曲线，直方图能反映横轴数据（生态系统服务数值）的分布特征，核密度曲线能反映横轴数据分布集中程度；对角线以上部分是服务间的相关系数及显著性结果，对角线以下部分是两两服务间的散点图及平滑拟合曲线（王川等，2019；武文欢等，2017）。由图 25.11 可知，南流江流域食物供给服务、固碳服务、生物多样性维持服务和土壤保持服务两两之间均通过 0.01 显著性水平检验，表明各项生态系统服务两两之间存在显著性相关关系。食物供给服务与固碳服务、生物多样性维持服务和土壤保持服务之间均为显著性权衡关系，其中与生物多样性维持服务的相关系数性最高，且其相关系数绝对值呈现不断增大的趋势，至 2020 年相关系数达-0.58。固碳服务与生物多样性维持服务、土壤保持服务均呈现协同关系，且呈现逐年减弱的趋势，分别从 2000 年的 0.51 和 0.56 下降至 2020 年的 0.44 和 0.53。生物多样性维持服务与土壤保持服务也呈现协同关系且逐年下降，但下降的强度相对较小，2000～2020 年其协同相关性系数年均减小速率仅为 0.15%。从生态系统服务类型来看，供给服务（食物供给服务）与支持服务（生物多样性维持服务）、调节服务（固碳服务和土壤保持服务）均呈现权衡关系，且供给服务与支持服务权衡关系明显高于供给服务与调节服务的权衡关系。调节服务之间、调节服务与支持服务之间是协同关系，且相关性较高，其相关系数均在 0.44 以上。图 25.11 为生态系统服务散点图矩阵，对角线为 4 种服务的直方图和核密度曲线，直方图能反映横轴数据，即生态系统服务数值的分布特征，单位为 km^2；核密度曲线反映横轴数据分布集中程度；对角线以上部分是服务间的相关系数及显著性结果，无单位。

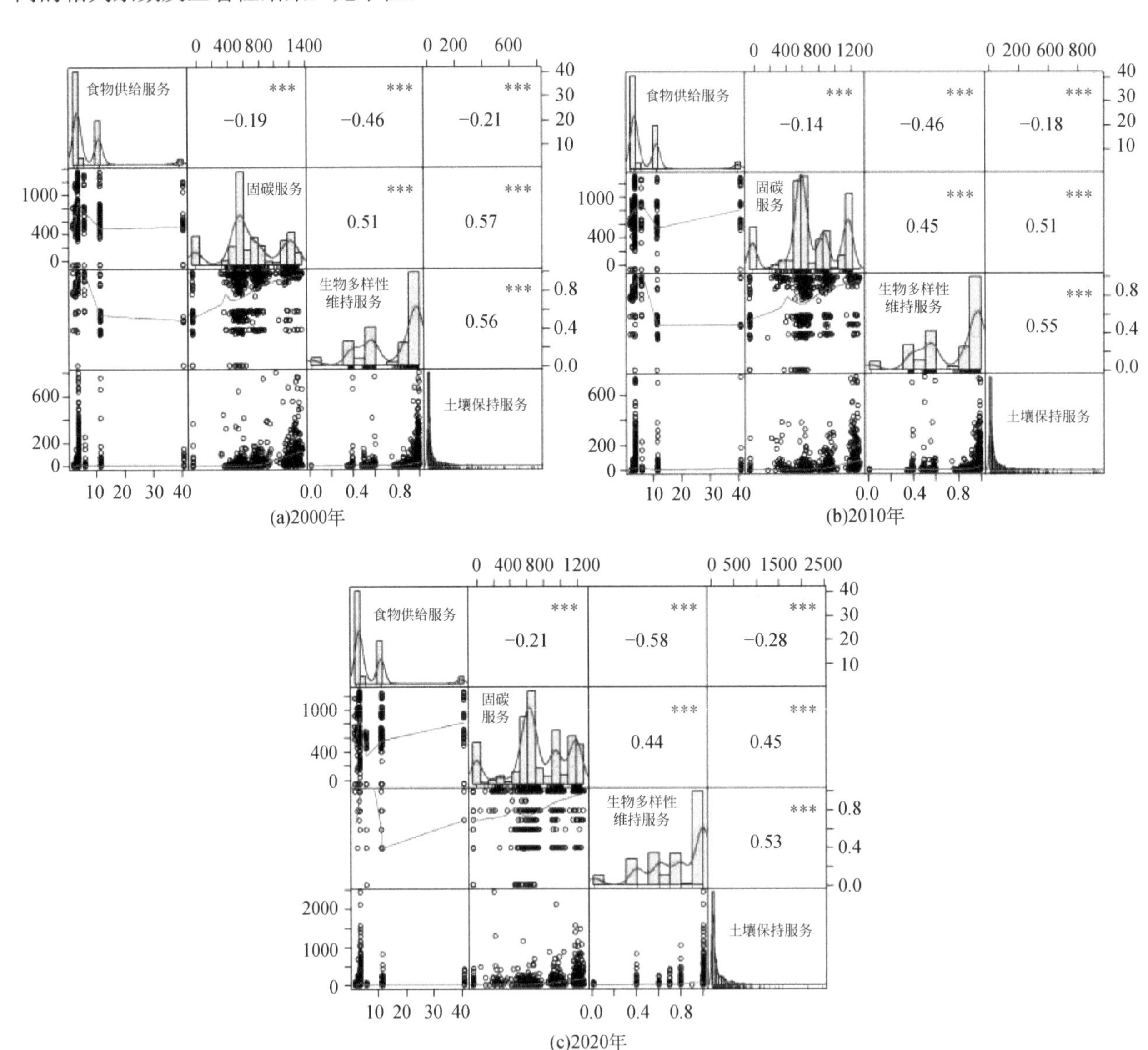

图 25.11　2000～2020 年南流江流域生态系统服务权衡/协同关系散点图

25.5.3　生态系统服务权衡与协同关系的空间差异性表达

由图 25.12 和图 25.13 可知，食物供给服务与固碳服务空间权衡分布格局相对比较分散，其权衡关系区域面积为 2383.63km^2（占比 25.53%）；而协同关系区域分布相对集中（占比 23.26%），主要分布在流域上游的玉州平原、下游三角洲和中游六万大山、泗州山的农林过渡带；其他区域空间权衡/协同显著性不明显。食物供给服务与生物多样性维持服务、土壤保持服务的空间权衡/协同分布格局相似，权衡关系区域空间分布相对广泛且分散，权衡关系集中区域主要体现在玉林市城郊接合部、以浦北县城为核心的小江流域中上游地区等。固碳服务、生物多样性维持服务和土壤保持服务两两之间以协同关系为主。其中，固碳服务与生物多样性维持服务协同关系面积为 5185.62km^2，占全流域面积的 55.54%，整体上分布相对零散，协同关系相对聚集区域主要是南流江中游自然资源禀赋较好的乡镇，如平睦镇、永安镇、那林镇、江宁镇和上游大容山林区；权衡关系区域面积仅为 3643.14km^2（占比 39.02%），主要集中在玉州盆地、五皇山、勾头嶂山、六万大山和中游博白段沿岸。固碳服务与土壤保持服务、生物多样性维持服务与土壤保持服务的空间权衡与协同分布格局相似，其权衡关系区域面积占比分别为 44.56%和 35.52%；协同关系区域面积占比则分别为 54.35%和 61.15%，但空间分布相对零散；其余区域权衡/协同关系不显著。

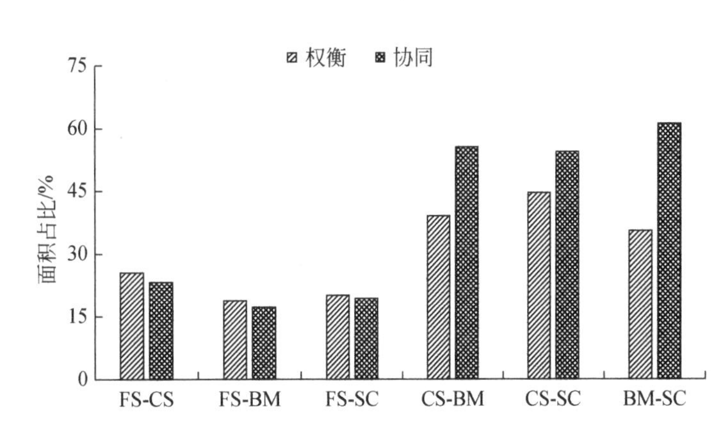

图 25.12　南流江流域各项生态系统服务权衡/协同关系面积百分比

FS 为食物供给服务，CS 为固碳服务，BM 为生物多样性维持服务，SC 为土壤保持服务

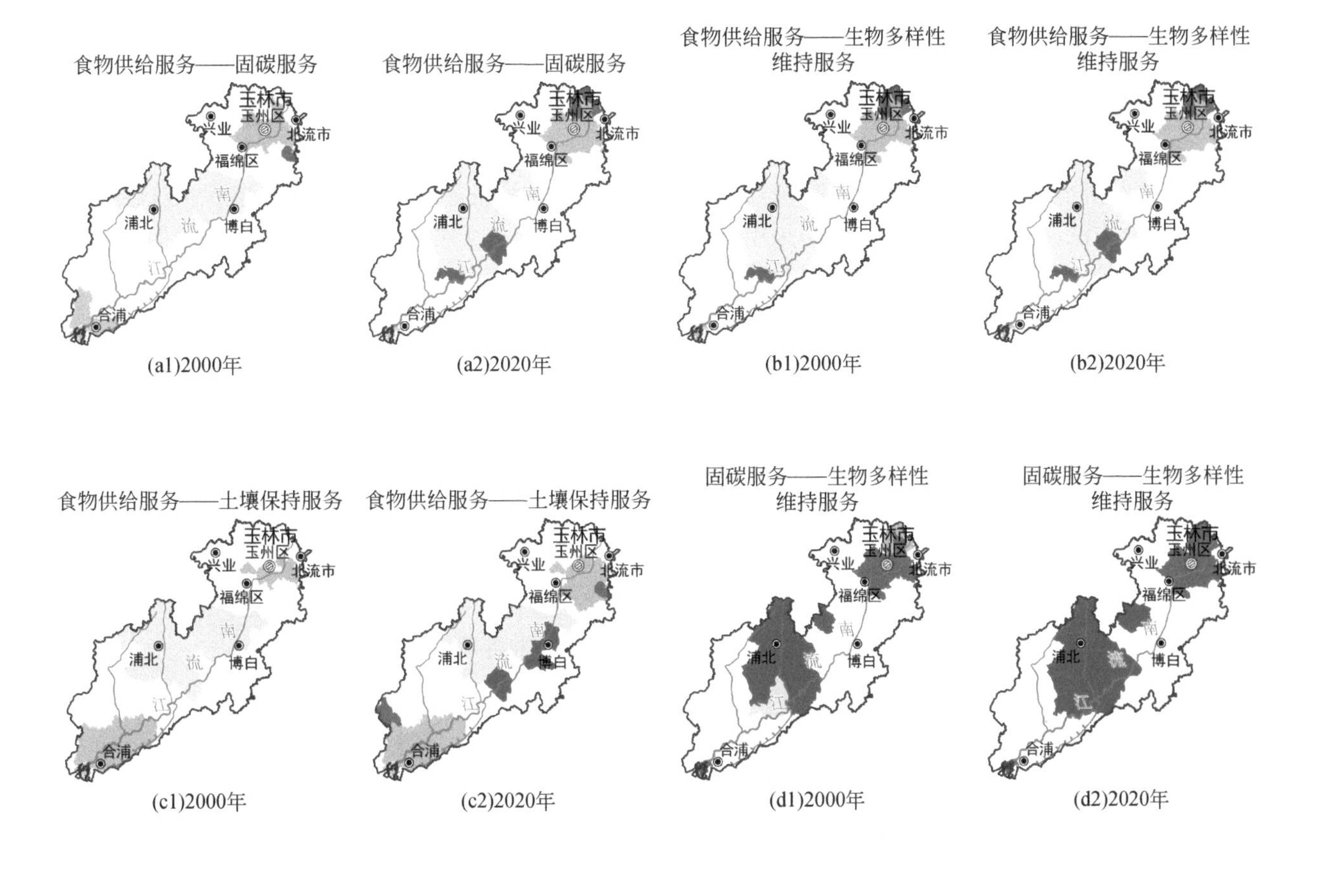

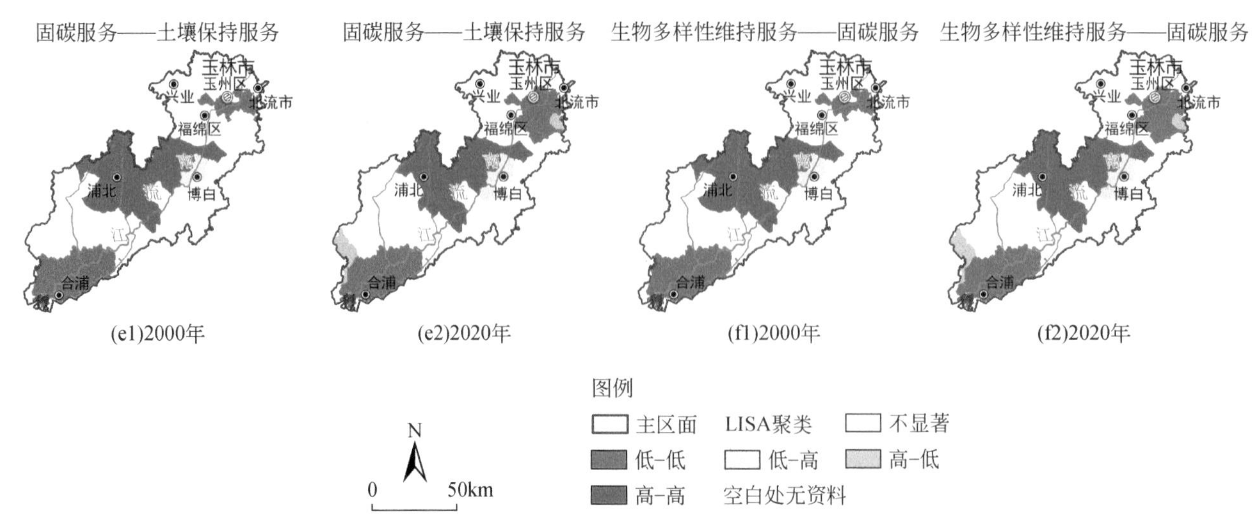

食物产量、年平均气温、林地、草地、水域、耕地、建设用地面积数据来源于2000年、2020年《广西统计年鉴》；年平均降水量数据来源于2000年、2020年《广西壮族自治区水资源公报》；2000年、2020年食物所含热量、可食部分比重数据来源于食物营养成分查询平台；2000年、2020年NPP数据来源于中国科学院资源环境科学与数据中心；2000年、2020年碳排放数据来源于中国碳核算数据库；图上专题内容为作者根据2000年、2020年食物所含热量、可食部分比重、NPP、碳排放、食物产量、年平均气温、林地、草地、水域、耕地、建设用地面积、年平均降水量数据推算出的结果，不代表官方数据。

图 25.13　2000～2020 年研究区生态系统服务之间权衡/协同度空间分布图

25.6　流域生态空间评价及其分区统筹共治

25.6.1　研究方法

1. 生态系统服务功能重要性评估

根据《广西壮族自治区生态功能区划》、《广西壮族自治区生物多样性保护战略与行动计划（2013—2030年）》以及玉林市、北海市、钦州市的生态功能区划，结合南流江流域实际情况，选取水源涵养服务、土壤保持服务和生物多样性维持服务作为南流江流域主要的生态系统服务功能。参考《生态保护红线划定指南》中的评价方法，水源涵养服务评价拟采用 NPP 定量指标评价法（谢花林等，2018）。土壤保持服务评估拟基于通用的修正水土流失方程，利用 InVEST 模型评估土壤保持模块计算获得（黄心怡等，2020）。生物多样性维持服务评价则通过根据植被净初级生产力、生境质量和植被丰富度构建生物多样性保护综合指数来进行评价（Gong et al.，2019；谢余初等，2017）。结合水源涵养服务、土壤保持服务和生物多样性维持服务三种服务指标评价结果，在 ArcGIS 技术平台上利用空间叠加分析和析取运算方法进行生态系统综合服务功能重要性估算，并根据评估结果将研究区划分为一般重要、中度重要和高度重要 3 个等级，进而获得南流江流域生态系统服务重要性指数分布图。综合生态系统服务重要性指数具体计算公式如下：

$$\mathrm{ESI} = \mathrm{Max}\left(\mathrm{WR} + A_{\mathrm{c}} + S_{\mathrm{bio}}\right) \tag{25.14}$$

式中，ESI 为综合生态系统服务重要性指数；Max 为矩阵最大值；WR 为生态系统水源涵养服务重要性指数；A_{c} 为生态系统土壤保持服务重要性指数；S_{bio} 为生物多样性维持服务重要性指数。

2. 生态环境敏感性评价

南流江流域生态环境敏感性评价主要考虑水土流失敏感性和地质灾害敏感性两个方面。首先，南流江流域水土流失以水力侵蚀为主，其与降雨、土壤性质、地形起伏度、植被覆盖状况和人类活动密切相关（熊善高等，2018）。在前人研究基础上，参照《生态保护红线划定指南》选取降雨侵蚀力、土壤可蚀性、坡长坡度、地表植被覆盖度等指标构建水土流失敏感性评估模型（环境保护部和中国科学院，2015）。具体计算公式见式（25.15）。其次，南流江流域地质灾害主要体现为塌方、滑坡等，多发生在地势差异大、坡度陡、植被稀疏的山区。从地质灾害因子影响角度出发，选取海拔、坡度、地形起伏度、植被覆盖度、人类活动干扰程度等指标构建流域地质灾害敏感性综合评估模型（谢花林等，2018；环境保护部和中国科学院，2015），具体计算方法见式（25.16）。最后，对水土流失敏感性和地质灾害敏感性分析结果进行标准化，利用 GIS 空间分析技术进行叠加分析计算，并利用自然断点法对评价结果进行分级，将研究区分为轻度敏感区、中度敏感区、极度敏感区，从而得到南流江流域生态环境敏感性分布图。

$$\mathrm{SS}_i = \sqrt[4]{R_i \times K_i \times \mathrm{LS}_i \times C_i} \tag{25.15}$$

$$\mathrm{GS}_i = \sqrt{H_i \times \mathrm{LS}_i \times \mathrm{TR}_i \times C_i \times I_i} \tag{25.16}$$

式中，SS_i 为研究区水土流失敏感性指数；GS_i 为南流江流域地质灾害敏感性指数；R_i 为降雨侵蚀力；K_i 为土壤可蚀性；LS_i 为坡度坡长；C_i 为植被覆盖度；H_i 为海拔；TR_i 为地形起伏度；I_i 为人类活动干扰程度。

3. 重要生态廊道与禁止开发区识别

依据广西林业普查数据，以林业保护等级和森林保护区为评价对象，参考张雪飞等学者的生态空间与生态保护红线划定的研究成果（张雪飞等，2019；常君雪和帅红，2021），筛选出重要生态源地，将国家级森林公园（或自然保护区）、林业保护等级的一级和二级设定等级为 3，将自治区级森林公园、自然保护区、林业保护等级的三级和四级设定等级为 1。同时，识别具有饮水、灌溉、防洪等重要功能的主要水库和入海滩涂湿地，并将大型水库设定等级为 3，设置半径为 500m 的缓冲区；中小型水库设定等级为 1，设置半径为 100m 的缓冲区，以此作为重点生态工程及水源保护地。滩涂湿地管控区设定等级为 2，设置缓冲半径为 50m（张雪飞等，2019）。

4. 流域生态空间划分

在遵循可持续发展原则、主导性原则、整体性原则与可操作性原则基础上，根据南流江流域生态系统服务重要性和生态环境敏感性评价结果，按由高到低的评价等级构建二维关联判断矩阵表（高吉喜等，2020；崔宁等，2021），并结合南流江流域重要生态廊道、禁止开发区和公益林地（如自然保护区、湿地公园、森林公园、重要饮用水源地等）（张雪飞等，2019；常君雪和帅红，2021），在 GIS 平台上将流域生态空间划分为底线型生态空间、核心型生态空间、缓冲型生态空间和宜开发型生态空间 4 种类型（田浩等，2021），见表 25.4，其中底线型生态空间和核心型生态空间共同构成了流域关键性生态空间。

表 25.4　南流江流域生态空间分区规则

生态空间类型	生态系统服务重要性与生态环境敏感性	生态廊道与禁止开发区情况
底线型生态空间	高度重要高度敏感区 高度重要中度敏感区 中度重要高度敏感区	国家级森林公园（或自然保护区）、林业保护等级的一级和二级、分水岭和干流河流源地、大型水库及其缓冲区等级为 3 的区域；滩涂、湿地及其缓冲区等级为 2 的区域
核心型生态空间	中度重要中度敏感区 一般重要高度敏感区 高度重要低度敏感区	自治区级森林公园、自然保护区、林业保护等级的三级和四级、水源涵养地和中小型水库及其缓冲区等级为 1 的区域
缓冲型生态空间	中度重要低度敏感区 一般重要中度敏感区	无
宜开发型生态空间	一般重要低度敏感区	无

5. 人类活动强度模拟方法

利用 InVEST 生境质量模块，考虑城镇、农村居民点、农业耕种、交通等，模拟南流江流域生境退化程度，并以生境退化程度来表征人类活动强度，将其与生态空间范围叠加，分析流域生态空间人类活动胁迫状况（魏子谦等，2019）。同时，将土地利用现状中的建设用地、耕地与生态空间用地叠加，分析和评价建设用地和农业用地的生态空间分布情况与生态安全冲突（谢花林等，2018；田浩等，2021）。最后，结合流域生态空间、人类活动强度及用地冲突的情况，探讨流域生态空间管控与统筹整治。

25.6.2 生态系统服务重要性分析

由图 25.14 可知，南流江流域水源涵养服务高度重要区面积约为 4149.19km^2，约占流域总面积的45.41%，集中分布于流域中游的丘陵山地，如六万山脉、云开山脉、铜罗山、勾头嶂山脉、腊鸭岭等山林区和丘陵岗地区；在行政区划上，以博白县、浦北县、灵山县和陆川县为主。中度重要区域面积占比约31.21%，零散分布于流域上、中、下游。一般重要区域面积约 2126.05km^2，占比 23.38%，主要分布在上游的玉州平原和兴业县缓丘坡地、下游的合浦三角洲。南流江流域土壤保持服务重要性类型以中度重要为主，其区域面积占比高达 45.09%，分布于全流域大部分区域。土壤保持服务一般重要区面积约为3481.53km^2，约占流域总面积的 38.10%，主要分布在人类活动频繁的农耕区和城镇区，如玉州平原、博白盆地、合浦三角洲、浦北丘陵谷地、钦南缓丘旱地等。而高度重要区面积相对较小，面积占比仅为 16.81%，主要分布在大容山、铜罗山、六万山脉、云开山脉、勾头嶂山等自然保护区或者山林地。南流江流域生物多样性维持服务重要性类型以高度重要为主，其区域面积约为 4666.18km^2（占比 51.06%），主要为流域山地、丘陵、山岗地和河谷台地等地貌的林地。中度重要区零散分布于高度重要区四周，面积占比约为 25.39%。一般重要区面积约为 2152.04km^2，占比约为 23.55%，主要集中在上游的玉州平原、中游的博白盆地和下游干流两岸冲积平原及三角洲。

将水源涵养服务、土壤保持服务、生物多样性维持服务进行空间叠加综合评价，发现南流江流域生态系统综合服务高度重要区面积约为 3353.20km^2，约占流域总面积的 36.70%，主要分布在流域中游山地丘陵区、上游的大容山森林自然保护区和下游钦南的缓丘岗地；这些区域植被覆盖较好，林、灌、草植被生态系统丰富，对维护流域的生态安全都具有重要作用。中度重要区面积约占流域总面积的 27.37%，零散分布于高度重要区的四周。一般重要区面积约为 3282.71km^2（占比为 35.93%），主要分布在人类活动频繁、开发建设程度较高的农耕区和城镇区，如南流江干流沿岸的玉州平原、博白盆地、合浦三角洲冲积平原。

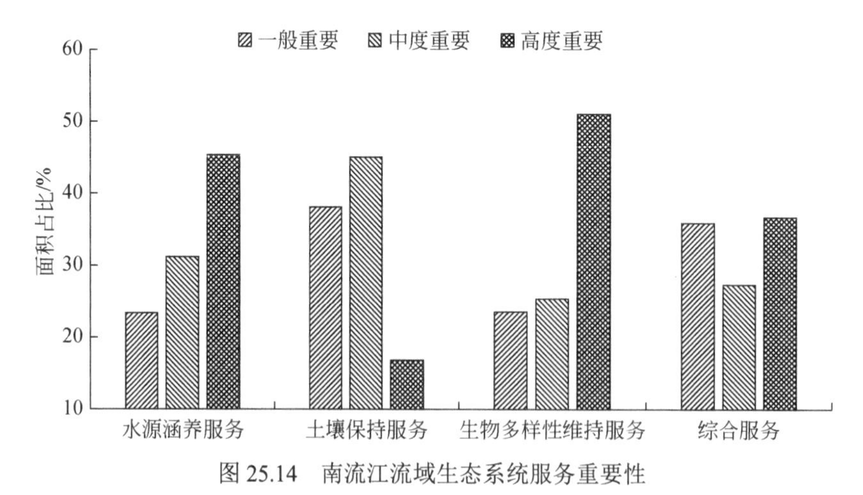

图 25.14　南流江流域生态系统服务重要性

25.6.3 生态环境敏感性分析

由图 25.15 可知，南流江流域水土流失敏感性和地质灾害敏感性均较低，但空间分布差异较大。具体为水土流失极度敏感区域面积约 1270.82km^2，占总流域面积的 13.91%，主要分布在中下游的云开山脉、六万大山和勾头嶂山等山区；中度敏感区域面积约占总流域面积的 35.96%，主要分布在中下游地区；一般敏感区域面积约 4580.73km²，占流域总面积的 50.13%，以上游的玉州平原最为集中，其次是以博白县城为核心的博白盆地。南流江流域地质灾害敏感性类型以轻度敏感为主，其区域面积占比高达 49.84%，主要分布在上游的福绵区、中游的博白县城及周边地区、下游的合浦县、钦南区以及灵山县、浦北县南部地区。地质灾害中度敏感区域面积约 3831.01km²，占流域总面积的 41.92%，主要分布在上中游地区的大容山、六万大山、铜罗山、勾头嶂山、腊鸭岭等山地和丘陵地区以及玉林市城区；极度敏感区面积相对较少，仅为 752.90km²（占比 8.24%），且分布零散，多分布在山地区域。将水土流失和石漠化空间分布进行叠加综合评价，结果表明南流江生态环境综合敏感类型以轻度敏感为主，面积约为 5892.0km²，占流域总面积的 64.49%，分布于流域大部分地区，以玉州平原、博白盆地和合浦三角洲平原区最为突出；中度敏感区和极度敏感区分别占 22.19%和 13.32%，主要分布在中游地区六万大山、铜罗山、勾头嶂山、腊鸭岭以及博白县和陆川县交界的篱嶂山岭地、丘陵岗地等区域。

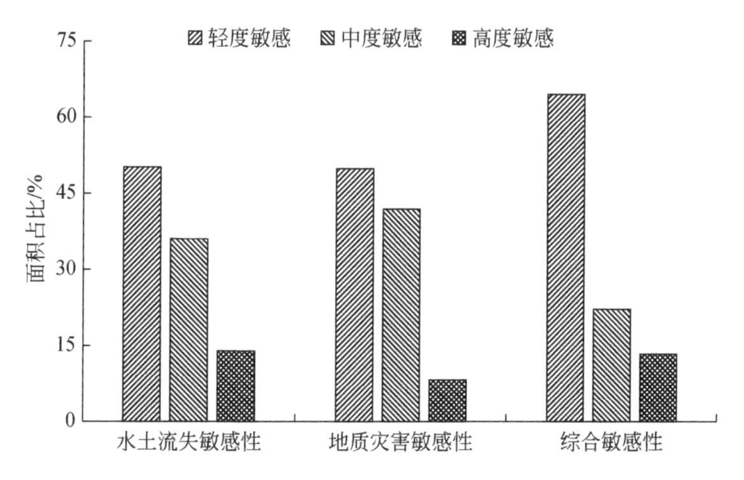

图 25.15　南流江流域生态环境敏感性

25.6.4　流域生态空间分布状况

通过实地调研与林业普查发现，南流江流域森林植被廊道区域主要是大容山国家森林公园，五皇山、六万大山、博白那林、合浦南珠等自治区级森林公园，以及周边的公益林和用材林等林区；考虑生态廊道的特性，将流域主要分水岭及干支流河源头及其周边有林地和优势树种生境范围纳入生态空间范畴。水域廊道主要考虑了流域内大中型水库及其缓冲区域，如小江水库、洪潮江水库、清水江水库、六湖水库、东城水库、共和水库、罗田水库、江口水库、茶根水库、充粟水库、石康水库、佛子湾水库、寒山水库、苏烟水库等，以及滩涂湿地等区域，从而形成以流域禁止开发区和生态源地为主要组成部分的关键性生态空间预选区。

在此基础上，叠加南流江流域生态系统服务重要性和生态环境敏感性分布结果并结合南流江流域生态环境问题和保护特点，将流域划分为底线型生态空间、核心型生态空间、缓冲型生态空间、宜开发型生态空间。经研究，南流江流域底线型生态空间面积为 2093.96km²，占流域总面积的 22.70%，空间分布相对集中，主要分布于六万大山脉及其周边铜罗山、勾头嶂山、腊鸭岭、以篱嶂山岭为核心的云开山脉以及洪潮江水库、小江水库等区域。核心型生态空间面积约为 1646.52km²，占流域总面积的 18.02%，主要分布在南流江流域底线型生态空间的周边以及大容山山地、水库区周边丘陵岗地。底线型生态空间和核心型生态空间共同构成了南流江流域的关键性生态空间，其对流域生态系统安全起着至关重要的作用，是流域生态环境的重点保护区。缓冲型生态空间面积占比约为 22.24%，空间分布相对零散。宜开发型生态空间面积约为 3385.31km²，占流域总面积比重最大（约 37.05%），主要分布在上游的北流市至福绵区之间的玉州平原、中游以博白县城为核心的博白盆地、下游的合浦县。从上中下游之间来看，上游地区以宜开发型生态空间为主，面积约 951.75km²，占上游面积的 46.05%，缓冲型生态空间次之（占上游面积的 25.68%），其中以玉州市区为核心的玉林盆地地区贡献最多；底线型生态空间占比最小（仅为 8.61%），主要集中在大容山森林保护区和樟木镇、成均镇、沙湖镇、马坡镇等地区。中游地区大部分是核心型和底线型生态空间，其面积约为 2605.48km^2，约占中游面积的 55.54%，分布在流域中游大部分地区。下游地区以宜开发型生态空间为主，面积占比为 55.79%，主要集中在合浦县；其次是缓冲型生态空间（占比 22.82%）。

25.6.5　人类活动影响下的生态空间管控与统筹共治

考虑城镇、农村居民、交通道路、耕作等人类活动，利用 InVEST 生境质量模块模拟了人类活动强度指数空间格局，获得南流江流域人类活动强度范围在 0.0093～0.3484，平均值约为 0.1205。同时，结合建设用地和耕地在不同生态空间类型上的分布结构、流域生态空间分布格局和人类活动强度指数分布图，探讨土地利用生态安全冲突与分区管控建议（表 25.5）。

（1）底线型生态空间作为生态环境保护的底线安全区域，人类活动强度较弱，其人类活动强度指数平均值约为 0.095，但人类活动强度在较强水平以上的区域占底线型生态空间面积的 5.60%；同时，有 1.98%的建设用地和 7.63%的耕地处于底线型生态空间范围中（脆弱的生态环境），这些建设用地和耕地的存在不仅会有生命财产安全风险，而且将会对区域生态环境构成较大的威胁。因此，底线型生态空间应按优先保护区来进行管控，一是实施严格的区域准入措施，严禁一切人为活动对生态系统的干扰，禁止与生态保护不符的工矿、商用及城镇开发建设等人类活动，严格控制农业产业活动。二是加强生态基础设施建设，通过封山育林、实施退耕还林还草工程、坡改梯等工程治理、农村厨灶革命、生态移民以及改变耕作方式和畜牧圈养方式等措施，恢复乔木灌草等自然植被，以减少人类生产活动对区域的影响，促进生态功能的修复。三是实施生态移民工程或建立生态补偿机制，实施乡村土地整治工程、促进区域内村屯结构重构与地方经济发展。四是加强生态保护宣传和教育。利用科普基地、自媒体以及科研院所与高校等向人民宣传广西青山绿水金不换的理念，普及生态环境保护教育，并调动当地群众参与环境保护与监督管理（谢余初等，2020）。

（2）核心型生态空间人类活动强度指数平均值约为 0.107，尽管大部分区域人类活动强度处于较弱和一般水平（占比 71.98%），但仍有约 9.37%的区域人类活动强度在较强水平以上，表明人类活动对生态空间的渗透和影响也不容忽视。同时，有 1.51%的建设用地和 6.21%的耕地处于核心型生态空间范围中，这必将对流域生态安全构成一定程度的潜在威胁。因此，作为流域生态安全的重点管控区，核心型生态空间区域应以生态保护为主，一是实施严格的人员和产业准入清单，严格控制建设用地的开发强度和规模，明确当地居民生产和生活活动范围。二是在农村广泛开展农村生态能源建设、严禁陡坡垦荒，防范和控制人工桉树林面积的扩大。三是合理开发旅游资源和动植物资源，积极发展生态旅游、乡村旅游、亚热带特色经济林果绿色食品、有机食品加工等生态产业。同时，加强生态基础设施建设与生态保护教育。

（3）缓冲型生态空间人类活动强度整体处于中下水平，其平均值约为 0.124；有 15.94%的建设用地和 22.84%的耕地处于缓冲型生态空间范围中。缓冲型生态空间是生态空间与生产生活空间的缓冲控制区，与人类活动关联密切，在生态空间管控与生态修复整治过程中，应禁止与生态保护相悖的建设项目，履行严格的用地审批和生态环境保护要求。一是合理统筹城乡建设用地，在一定条件下适度开展农林牧生产活动以及农村重构和土地整理。二是切实保护和维护好基本农田，加强生态农业集约发展和生态环境保护基础设施建设，改善低效耕地，发展现代化农业与乡村旅游产业。

（4）宜开发型生态空间人类活动强度相对较高，其人类活动强度指数平均值约为 0.143，约 30.79%的区域人类活动强度处于较强和剧烈水平。该区域人类活动相对活跃，受经济建设活动的影响也较大，建设用地和耕地面积占比分别高达 80.57%和 63.32%。因此，该区域属于一般控制区，其应坚持生态优先、绿色发展理念，在生态环境承载力允许的条件下，一方面科学地开发与利用自然资源，合理地发展农业、工业等，重视基本农田保护和高标准农田建设，加强农业生产功能和提高农田产出经济效益，如建设以蔗糖、水稻、特色水果、蔬菜为核心的平原丘陵农业生态功能区等。另一方面，不断完善路网、水利设施等基础设施建设与流域管理，优化土地利用结构；同时，鼓励公众参与生态环境修复与保护，增强区域生态功能。

表 25.5　不同生态空间类型面积及其占比、人类活动强度指数及建设用地、耕地面积占比

生态空间类型	面积/km^2	面积占比/%	人类活动强度指数	建设用地占比/%	耕地面积占比/%
宜开发型生态空间	3385.31	37.04	0.143	80.57	63.32
缓冲型生态空间	2031.97	22.24	0.124	15.94	22.84
核心型生态空间	1646.52	18.02	0.107	1.51	6.21
底线型生态空间	2073.96	22.70	0.095	1.98	7.63

参考文献

包玉斌，刘康，李婷，等，2015. 基于 InVEST 模型的土地利用变化对生境的影响——以陕西省黄河湿地自然保护区为例. 干旱区研究，32（3）：622-629.

曹宇，王嘉怡，李国煜，2019. 国土空间生态修复：概念思辨与理论认知. 中国土地科学，33（7）：1-10.

常君雪，帅红，2021. 洞庭湖生态经济区典型城市生态空间识别研究. 湖南师范大学自然科学学报，44（1）：30-39.

陈国清，赵银军，莫德丽，等，2020. 广西南流江流域降雨侵蚀力时空变化特征. 广西科学，27（3）：303-310.

崔宁，于恩逸，李爽，等，2021. 基于生态系统敏感性与生态功能重要性的高原湖泊分区保护研究——以达里湖流域为例. 生态学报，41（3）：949-958.

戴尔阜，李双元，吴卓，等，2015. 中国南方红壤丘陵区净生态系统生产力空间分布及其与气候因子的关系——以江西省泰和县为例. 地理研究，34（7）：1222-1234.

戴尔阜，王晓莉，朱建佳，等，2016. 生态系统服务权衡：方法、模型与研究框架. 地理研究，35（6）：1005-1016.

樊杰，2016. 我国国土空间开发保护格局优化配置理论创新与“十三五”规划的应对策略. 中国科学院院刊，31（1）：1-12.

傅伯杰，2019. 土地资源系统认知与国土生态安全格局. 中国土地，（12）：9-11.

傅伯杰，2021. 国土空间生态修复亟待把握的几个要点. 中国科学院院刊，36（1）：64-69.

高吉喜，徐德琳，乔青，等，2020. 自然生态空间格局构建与规划理论研究. 生态学报，40（3）：749-755.

高艳丽，李红波，侯蕊，2020. 汉江流域生态系统服务权衡与协同关系演变. 长江流域资源与环境，29（7）：1619-1630.

巩杰，张影，钱彩云，2017. 甘肃白龙江流域净生态系统生产力时空变化. 生态学报，37（15）：5121-5128.

何霄嘉，王磊，柯兵，等，2019. 中国喀斯特生态保护与修复研究进展. 生态学报，39（18）：6577-6585.

胡宝清，周永章，2018. 北部湾南流江流域社会生态系统过程与综合管理研究. 北京：科学出版社.

胡胜，曹明明，刘琪，等，2014. 不同视角下 InVEST 模型的土壤保持功能对比. 地理研究，32（12）：2393-2406.

环境保护部，中国科学院，2015.《全国生态功能区划（修编版）》.

黄心怡，赵小敏，郭熙，等，2020. 基于生态系统服务功能和生态敏感性的自然生态空间管制分区研究. 生态学报，40（3）：1065-1076.

阚兴龙，2013. 北部湾南流江流域生态环境演变及区域可持续发展动力机制重构. 广州：中山大学.

李双成，王珏，朱文博，等，2014. 基于空间与区域视角的生态系统服务地理学框架. 地理学报，69（11）：1628-1639.

李婷，刘康，胡胜，等，2014. 基于 InVEST 模型的秦岭山地土壤流失及土壤保持生态效益评价. 长江流域资源与环境，23（9）：1242-1250.

刘春雨，2015. 省域生态系统碳源/汇的时空演变及驱动机制. 兰州：兰州大学.

刘世梁，刘芦萌，武雪，等，2018. 区域生态效应研究中人类活动强度定量化评价. 生态学报，38（19）：6797-6809.

刘双娜，周涛，魏林艳，等，2012. 中国森林植被的碳汇/源空间分布格局. 科学通报，57（11）：943-950.

刘彦随，2020. 现代人地关系与人地系统科学. 地理科学，40（8）：1221-1234.

刘志伟，2014. 基于 InVEST 的湿地景观格局变化生态响应分析. 杭州：浙江大学.

孟斌，王劲峰，张文忠，等，2005. 基于空间分析方法的中国区域差异研究. 地理科学，25（4）：393-400.

莫永杰，1988. 南流江河口动力过程与地貌发育. 海洋通报，（3）：25-27.

牛铮，王长耀，2008. 碳循环遥感基础与应用. 北京：科学出版社.

潘竟虎，文岩，2015. 中国西北干旱区植被碳汇估算及其时空格局. 生态学报，35（23）：1-10.

彭建，杨旸，谢盼，等，2017. 基于生态系统服务供需的广东省绿地生态网络建设分区. 生态学报，37（13）：4562-4572.

彭建，吕丹娜，董建权，等，2020. 过程耦合与空间集成：国土空间生态修复的景观生态学认知. 自然资源学报，35（1）：3-13.

朴世龙，方精云，郭庆华，2001. 利用CASA模型估算我国植被净第一性生产力. 植物生态学报，25（5）：603-608.

舒晓艺，2021. 南流江流域土地利用/覆被变化模拟研究. 南宁：南宁师范大学.

田浩，刘琳，张正勇，等，2021. 天山北坡经济带关键性生态空间评价. 生态学报，41（1）：401-414.

王川，刘春芳，乌亚汗，等，2019. 黄土丘陵区生态系统服务空间格局及权衡与协同关系——以榆中县为例. 生态学杂志，38（2）：521-531.

王克林，岳跃民，陈洪松，等，2020. 科技扶贫与生态系统服务提升融合的机制与实现途径. 中国科学院院刊，35（10）：1264-1272.

王莉雁，肖燚，饶恩明，等，2015. 全国生态系统食物生产功能空间特征及其影响因素. 自然资源学报，30（2）：188-196.

王情，岳天祥，卢毅敏，等，2010. 中国食物供给能力分析. 地理学报，65（10）：1229-1240.

魏子谦，徐增让，毛世平，2019. 西藏自治区生态空间的分类与范围及人类活动影响. 自然资源学报，34（10）：2163-2174.

吴健生，曹祺文，石淑芹，等，2015. 基于土地利用变化的京津冀生境质量时空演变. 应用生态学报，26（11）：3457-3466.

武文欢，彭建，刘焱序，等.2017. 鄂尔多斯市生态系统服务权衡与协同分析. 地理科学进展，36（12）：1571-1581.

谢花林，姚干，何亚芬，等，2018. 基于 GIS 的关键性生态空间辨识——以鄱阳湖生态经济区为例. 生态学报，38（16）：5926-5937.

谢余初，巩杰，齐姗姗，等，2017. 基于综合指数法的白龙江流域生物多样性空间分异特征研究. 生态学报，37（19）：6448-6456.

谢余初，巩杰，张素欣，等，2018. 基于遥感和InVEST模型的白龙江流域景观生物多样性时空格局研究. 地理科学，38（6）：979-986.

谢余初，张素欣，林冰，等，2020a. 基于生态系统服务供需关系的广西县域国土生态修复空间分区. 自然资源学报，35（1）：217-229.

谢余初，张素欣，刘巧珍，等，2020b. 基于热量的食物供给服务时空分异研究——以广西土地农产品为例. 中国生态农业学报（中英文），28（12）：1859-1868.

熊善高，秦昌波，于雷，等，2018. 基于生态系统服务功能和生态敏感性的生态空间划定研究：以南宁市为例. 生态学报，38（22）：7899-7911.

徐小任，徐勇，2017. 黄土高原地区人类活动强度时空变化分析. 地理研究，36（4）：661-672.

徐勇，孙晓一，汤青，2015. 陆地表层人类活动强度：概念、法及应用. 地理学报，70（7）：1068-1079.

徐志刚，庄大方，杨琳，2009. 区域人类活动强度定量模型的建立与应用. 地球信息科学学报，11（4）：452-460.

张雪飞，王传胜，李萌，2019. 国土空间规划中生态空间和生态保护红线的划定. 地理研究，38（10）：2430-2446.

赵文武，刘月，冯强，等，2018. 人地系统耦合框架下的生态系统服务. 地理科学进展，37（1）：139-151.

朱文泉，陈云浩，徐丹，等，2005. 陆地植被净初级生产力计算模型研究进展. 生态学杂志，（3）：296-300.

朱文泉，潘耀忠，张锦水，2007. 中国陆地植被净初级生产力遥感估算. 植物生态学报，（3）：413-424.

Bai Y，Zhuang C W，Ouyang Z Y，et al.，2011. Spatial characteristics between biodiversity and ecosystem services in a human-dominated watershed. Ecological Complexity，8：177-183.

Butchart S H，Walpole M，Collen B，et al.，2010. Global biodiversity：indicators of recent declines. Science，328（5982）：1164-1168.

Costanza R，Arge R，de Groot R，et al.，1997. The value of the world's ecosystem services and natural capital. Nature，387（6630）：253-260.

Daily G C，1997. Nature's services：societal dependence on natural ecosystems. Washington，DC：Island Press.

Forman R，2003. Road Ecology：Science and Solutions. New York：Island Press.

Gong J，Liu D Q，Zhang J X, et al.，2019. Tradeoffs/synergies of multiple ecosystem services based on land use simulation in a mountain-basin area，western China. Ecological Indicators，99：283-293.

Jopke C，Kreyling J，Maes J，et al.，2015. Interactions among ecosystem services across europe：bagplots and cumulative correlation coefficients reveal synergies，trade-offs，and regional patterns. Ecological Indicators，49：46-52.

MEA，2005. Ecosystems and Human Well-Being：Synthesis. Washington，DC：Island Press.

UNEP，2001. GLOBIO. Global methodology for mapping human impacts on the biosphere. UNEP/DEWA/TR.01-3.

Nyakatawa E Z，Jakkula V，Reddy K C，et al., 2007. Soil erosion estimation in conservation tillage systems with poultry litter application using RUSLE 2.0 model. Soil and Tillage Research，94：410-419.

Ord J K，Getis A，1995. Local spatial autocorrelation statistics：distribution issues and an application. Geographical Analysis，27（4）：286-306.

Ouyang Z Y，Zheng H，Xiao Y，et al.，2016. Improvements in ecosystem services from investments in natural capital. Science，352（6292）：1455-1459.

Peng J，Yang Y，Liu Y X，et al.，2018. Linking ecosystem services and circuit theory to identify ecological security patterns. Science of the Total Environment，644：781-790.

Tallis H T，Rickets T，Guerry A，et al.，2013. InVEST 3.0.1 User's Guide. Stanford，CA：The Natural Capital Project.

Turkelboom F，Leone M，Jacobs S，et al.，2018. When we cannot have it all：ecosystem services trade-offs in the context of spatial planning. Ecosystem Services，29：566-578.

Yue T X，Wang Q，Lu Y M，et al.，2010. Change trends of food provisions in China. Global and Planetary Change，72（3）：118-130.

Zhao W W，Zhang J Z，Meadows M E，et al.，2020. A systematic approach is needed to contain COVID-19 globally. Science Bulletin，65（11）：876-878.

第 26 章 广西防城金花茶国家级自然保护区土壤生态系统变化及其健康评价研究

广西防城金花茶国家级自然保护区（简称广西金花茶保护区）地处广西北部湾滨海地区，属于我国少有的北热带滨海山地，主要保护对象为珍稀濒危金花茶组植物及其赖以生存的北热带森林生态系统；同时，在其缓冲区与实验区土地利用类型多样，为探究地形-植被-人类活动复杂环境下土壤生态系统变化提供了良好实验场所。本章以土壤重金属及土壤微生物（细菌、真菌）为研究对象，分析山江海地域系统土壤生态系统的变化及其健康状况。

26.1 样地选取与样品采集

以地形部位（坡向、海拔）、土地利用为分类依据，沿广西防城金花茶国家级自然保护区所在山地的南北坡山麓至山顶采集农田、茶园、经济林与原生林等不同土地利用方式共 17 种样地的土壤样品，见表 26.1。每种样地选取 3 块样区，并在每块样区内随机采集 5 个样品点进行混合，作为该样地的代表样品。具体操作为采样时去除土壤表面石头、植物根系等杂物后，利用土钻（钻头直径 5cm）采集 0～20cm 的表层土壤，共采集了 70 个土壤样品，并将每份土壤样品分成两份，一份保存于带有冰袋的保温箱中，后转移至-80℃冰箱保存，用于土壤微生物的测定，另一份放于干净通风的实验室自然风干，用于土壤理化性质的测定。

表 26.1 样地基本信息

地形部位	序号	样地名称	基本情况
山顶	1	山顶草地（DC）	植被覆盖度良好，植被主要为延地青、白茅，土层较厚
	2	山顶灌草地（DGC）	样地以原生米碎花灌木丛为主，盖度较高，林下有铁芒箕、延地青等草本，土层较厚
	3	山顶灌乔林（DGQ）	样地内生长着原生灌木林及少量乔木，土层较厚
	4	山顶原生林（DY）	样地植被以乔木为主，林下有灌木、蕨类、草本以及藤本植物，且地表有枯枝落叶层
南坡山腰	5	南坡山腰肉桂林（NYR）	肉桂经济林，种植年限 20 年以上，土层较厚，管理活动包括除草、施肥等，地表有枯枝落叶
	6	南坡山腰松树林（NYS）	松树经济林，林下土层浅薄，多草本植物，定期割松脂，种植年限 20 年以上
	7	南坡山腰原生林（NYY）	以自然乔木为主，林下土层浅薄，地表枯枝落叶层较厚，林下生长有瘤足蕨、薜荔等植物
北坡山腰	8	北坡山腰原生林（BYY）	以自然乔木为主，林下土层浅薄，地表枯枝落叶层较厚，林下生长有瘤足蕨、薜荔等植物
	9	北坡山腰八角林（BYB）	样地由原生林转化为八角林，为了增加土壤熟化程度，套种肉桂
南坡山麓	10	南坡山麓甘蔗地（NLG）	样地甘蔗长势良好，甘蔗成熟后剖叶覆盖地表，日常管理以甘蔗根际施肥和焚烧秸秆还田为主
	11	南坡山麓茶园 1（NLC1）	样地有乔木覆盖，林下有金花茶，地表有枯枝落叶层，承担金花茶资源的引种和保育工作
	12	南坡山麓茶园 2（NLC2）	位于上岳保护站的核心区域，主要开展金花茶种植保护与研究工作
	13	南坡山麓茶园 3（NLC3）	位于上岳保护站的松光垌区域，主要负责金花茶的繁殖、繁育和保育工作
	14	南坡山麓松树林（NLS）	该样地植被类型由原生林改造为松树林，林下草本植物有毛蕨、狗牙根，灌木为猪古稔
	15	南坡山麓原生林（NLY）	样地内以高大乔木为主，林下有灌木与草本植物，且地表有枯枝落叶层，石头质杂物多
北坡山麓	16	北坡山麓八角林（BLB）	该样地为八角肉桂混合林，定期除草、施肥，管理方式为雨后撒肥料（包括农家肥）
	17	北坡山麓农田（BLN）	样地以砂土为主，农田耕作为每年两季，管理方式以施肥和秸秆焚烧还田为主

26.2　土壤性质测定

26.2.1　土壤理化性质与重金属的测定

待样品自然风干，剔除样品中的石头、植物根系、动物残体等杂质后研磨，并将磨细的样品一分为二，分别过 10 目（用于测定土壤粒度）与 100 目（用于测定其他理化性质与重金属）尼龙筛备用。土壤全钾（氧化钾）、全磷测定方法参照《区域地球化学样品分析方法 第 1 部分：三氧化二铝等 24 个成分量测定 粉末压片—X 射线荧光光谱法》（DZ/T 0279.1—2016），土壤全氮测定方法参照《区域地球化学样品分析方法 第 29 部分：氮量测定 凯氏蒸馏—容量法》（DZ/T 0279.29—2016），土壤铬（Cr）、铅（Pb）、镉（Cd）、砷（As）、汞（Hg）分别参照《区域地球化学样品分析方法 第 2 部分：氧化钙等 27 个成分量测定 电感耦合等离子体原子发射光谱法》（DZ/T 0279.2—2016）、《区域地球化学样品分析方法 第 3 部分：钡、铍、铋等 15 个元素量测定 电感耦合等离子体质谱法》（DZ/T 0279.3—2016）、《区域地球化学样品分析方法 第 5 部分：镉量测定电感耦合等离子体质谱法》（DZ/T 0279.5—2016）、《区域地球化学样品分析方法 第 13 部分：砷、锑和铋量测定 氢化物发生—原子荧光光谱法》（DZ/T 0279.13—2016）、《区域地球化学样品分析方法 第 17 部分：汞量测定 蒸气发生—冷原子荧光光谱法》（DZ/T 0279.17—2016）；土壤有机质、水解性氮、有效磷、速效钾测定方法参照《森林土壤有机质的测定及碳氮比的计算》（LY/T 1237—1999）、《森林土壤氮的测定》（LY/T 1228—2015）、《森林土壤磷的测定》（LY/T 1232—2015）、《森林土壤钾的测定》（LY/T 1234—2015）；土壤 pH 测定方法参照《森林土壤 pH 值的测定》（LY/T 1239—1999）；土壤粒度采用密度计法测定。

26.2.2　土壤微生物性质测定

土壤细菌群落测序过程包括样品准备、DNA 提取与检测、聚合酶链式反应（PCR）扩增、产物纯化、文库制备与库检以及 Hiseq 上机测序 6 个主要部分。采用 CTAB 方法提取土壤样品中的 DNA 后，用 1%琼脂糖凝胶监测其 DNA 的浓度和纯度，取适量的样本 DNA 置于离心管中，使用无菌水稀释样本至 1ng/μL。以稀释后的样本 DNA 为模板，利用带有 Barcode 序列的通用引物 515F 与 907R 对土壤样本中的细菌 16S rDNA 基因的 V4-V5 进行 PCR 扩增，利用 ITS2-2043R（5′-GCTGCGTTCTTCATCGATGC -3′）对土壤真菌 ITS 基因 ITS1 区进行 PCR 扩增。PCR 反应体系为，所有 PCR 反应均在 30μL 反应中进行，15μL Phusion®High-Fidelity PCR Master Mix；0.2μm 的正、反引物，约 10ng 的模板 DNA。PCR 反应条件为：98℃初始变性 1min，98℃变性 10s，50℃退火 30s，72℃延伸 30s，共 30 个循环，最后 72℃处理 5min。对得到的 PCR 产物根据浓度进行等量、均匀混样后，使用 2%浓度的琼脂糖凝胶进行电泳检测，使用胶收回试剂盒收回产物——目的条带。随后使用 TruSeq® DNA PCR-Free Sample Preparation Kit 建库试剂盒进行文库构建，构建好的文库经过 Qubit 和 Q-PCR 定量，文库合格后，使用 NovaSeq6000 进行上机测序，测序工作委托某生物信息科技有限公司完成。

26.3　土壤重金属分布特征及其污染评价

26.3.1　土壤重金属含量统计特征

由表 26.2 可知，研究区土壤重金属 Cd、Hg、As、Cr、Pb 含量差异明显，各自具有较大的分布区间，整体呈正偏尖峰分布趋势（Pb 除外），变异系数均大于 25%，处于中度及以上变异程度（Wilding，1985），表明在山地环境及人类活动的影响下，重金属空间异质性较强；此外，As、Cd 变异系数超过 50%，高达 100.82%、59.87%，说明研究区有外源 As、Cd 不均匀进入，具有点源污染的可能性。各重金属含量虽未超过《土壤环境质量农用地土壤污染风险管控标准（试行）》（GB 15618—2018）限值，但均大幅度超出相应元素的广西土壤重金属背景值，Cd、As 的超标率分别高达 138.25%、104.76%，Pb、Hg 为中等，超标率分别为 32.67%、28.44%，仅 Cr 超标率较低，为 6.72%。同时，各元素含量超标样点比例高，除 As 超标样点比例未过半（41.43%）以外，Cd、Hg、Cr、Pb 超标样点比例分别达 92.86%、80.00%、64.29%、72.86%，体现出较大的区域污染风险。

表 26.2　土壤重金属含量统计特征值与超标概况

元素	样点数/个	均值 /(mg/kg)	最大值 /(mg/kg)	最小值 /(mg/kg)	分布区间 /(mg/kg)	峰度	偏度	标准差	变异系数 /%	超标率 /%	超标样点比例/%
Cd	70	0.147	0.489	0.027	0.462	2.51	1.78	0.088	59.87	138.25	92.86
Hg	70	0.112	0.219	0.042	0.177	4.05	1.74	0.034	29.95	28.44	80.00
As	70	20.374	80.500	4.290	76.210	1.20	0.65	20.542	100.82	104.76	41.43
Cr	70	60.029	99.900	11.800	88.100	1.08	1.47	16.245	27.06	6.72	64.29
Pb	70	24.969	51.800	12.700	39.100	1.57	−0.19	8.568	34.32	32.67	72.86

注：超标率指各重金属含量均值超过广西土壤重金属背景值的比率，超标样点比例指各重金属含量超过广西土壤重金属背景值的样点数占总样点数的比例。

26.3.2　地形因子与土地利用对土壤重金属分布的影响

地形因子（海拔、坡向）与土地利用对土壤重金属分布均具有明显影响，但对各元素分布的影响程度各异，见图 26.1。土壤 Cd 在山顶和山腰差异不显著，但在山麓不同土地利用类型之间具有显著差异，其中茶园土壤（NLC1、NLC2、NLC3）Cd 含量最高，林地土壤（NLS、NLY、BLB）次之，农田（NLG、BLN）最低。土壤 Hg 含量具有随海拔降低而降低、北坡高于南坡的趋势，林地较农田土壤 Hg 含量高。土壤 As 在山地的分布趋势是在山顶富集，山腰与山麓、南北坡之间差别不大，人工林与茶园相较于农田土壤高。除南坡山麓高于北坡山麓以外，土壤 Cr 受地形因子影响甚微，但土地利用类型的不同使土壤 Cr 在北坡山麓、山腰分布情况较为复杂，整体呈 BYY＞BYB（BLB）＞BLN 的趋势，而在南坡山麓，农田与茶园土壤表现出了 Cr 富集的趋势。土壤 Pb 受海拔影响不大，但坡向显著改变了其分布特征，北坡含量显著高于南坡；同时，土地利用类型效应在北坡更为显著，山腰与山麓不同土地利用类型间的 Pb 含量存在显著差异。

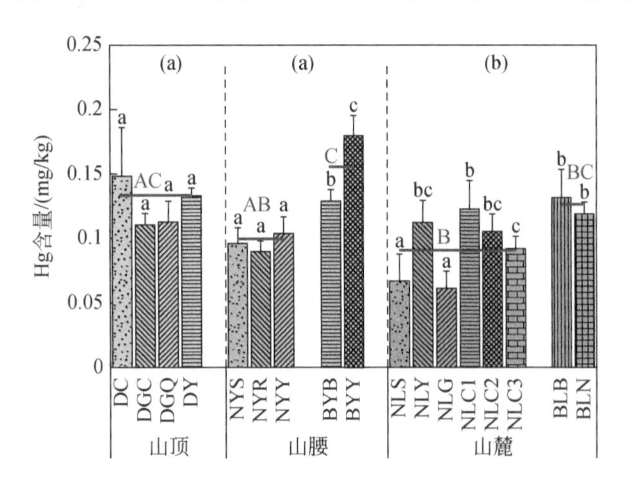

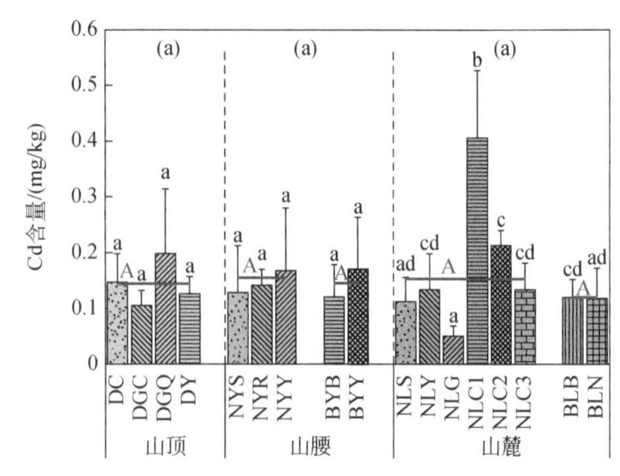

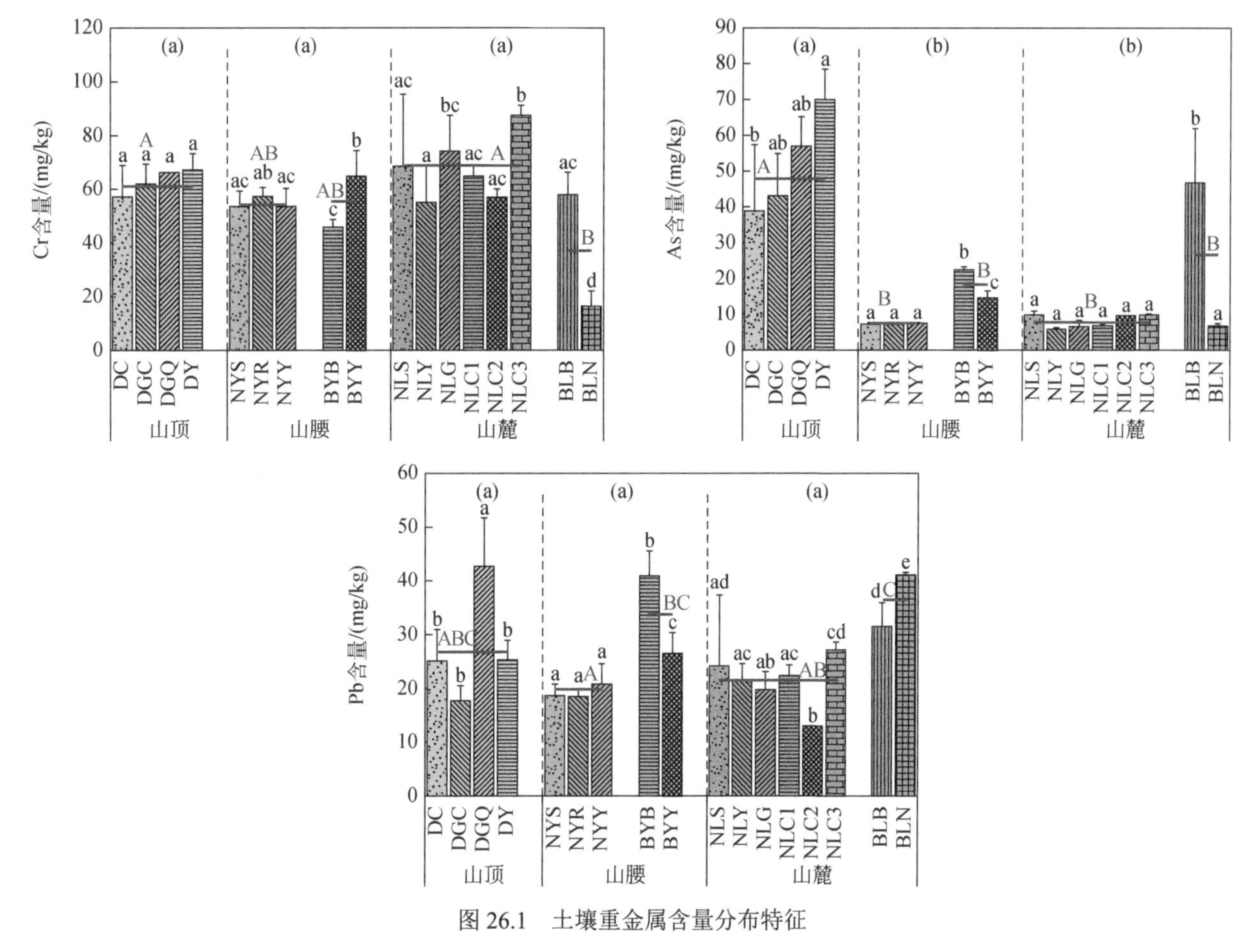

图 26.1　土壤重金属含量分布特征

小写字母分别表示山顶、山腰、山麓内各样地之间各重金属含量的差异性分析结果，括号+小写字母表示山顶、山腰、山麓间各重金属含量的差异性分析结果，红色大写字母表示山顶、山腰南坡、山腰北坡、山麓南坡、山麓北坡各重金属含量差异性分析结果，字母相同表示差异不显著，字母不同表示差异显著，$P<0.05$

26.3.3　土壤重金属污染评价

分别采用土壤单因子污染指数、内梅罗指数、地质累积指数、潜在生态风险指数、综合潜在生态危害指数表征土壤重金属环境健康状况（蔡芸霜等，2020；赖书雅等，2021），其计算公式及评价标准见表 26.3、表 26.4。

表 26.3　土壤重金属污染评价指数

污染指数	计算公式与参数解释	污染等级划分标准
单因子污染指数 P_i	$P_i=C_i/S_i$ C_i 为土壤重金属 i 的实测值；S_i 为土壤重金属 i 在土壤中的环境质量评价标准	$P_i \leqslant 1.0$，无污染； $1.0< P_i \leqslant 2.0$，轻度污染； $2.0< P_i \leqslant 3.0$，中度污染； $P_i >3.0$，重度污染
内梅罗指数 P_N	$P_N=\sqrt{\left(P_{iave}^2+P_{imax}^2\right)/2}$ P_N 为土壤重金属综合污染指数值，P_{iave} 为重金属 i 的单因子污染指数平均值，P_{imax} 为重金属 i 的单因子污染指数最大值	$P_N \leqslant 0.7$，安全； $0.7< P_N \leqslant 1.0$，警戒值； $1.0< P_N \leqslant 2.0$，轻度污染； $2.0< P_N \leqslant 3.0$，中度污染； $P_N >3.0$，重度污染

续表

污染指数	计算公式与参数解释	污染等级划分标准
地质累积指数 I_{geo}	$I_{geo}=\log_2^{\frac{C_n}{1.5BE_n}}$ C_n 为元素的实测浓度；1.5 为修正指数；BE_n 为地球化学背景值。通常地质累积指数计算中选用工业化前全球沉积物重金属的平均背景值为参比值，而不同地球化学背景可能造成各地所获得的重金属污染信息的差异，因此本章采用广西土壤重金属背景值作为计算标准	$I_{geo}\leqslant 0$，无污染； $0< I_{geo}\leqslant 1$，轻度-中等污染； $1< I_{geo}\leqslant 2$，中等污染； $2< I_{geo}\leqslant 3$，中等-强污染； $3< I_{geo}\leqslant 4$，强污染； $4< I_{geo}\leqslant 5$，强-极严重污染； $5< I_{geo}\leqslant 10$，极严重污染
潜在生态风险指数 E_i	$E_i=\sum_{i=1}^{n}\left(T_i\times\frac{C_i}{C_n^i}\right)$ T_i 为重金属 i 的毒性系数，C_i 为重金属 i 的实测值，C_n^i 为重金属 i 的背景值	$E_i<40$，轻微风险； $40< E_i\leqslant 80$，中等风险； $80< E_i\leqslant 160$，强风险； $160< E_i\leqslant 320$ 很强风险； $E_i>320$，极强风险
综合潜在生态危害指数 RI	$RI=\sum_{i=1}^{n}E_i$ E_i 为重金属 i 的潜在生态风险系数，同上	$RI\leqslant 150$，轻微危害； $150< RI\leqslant 300$，中等危害； $300< RI\leqslant 600$，强危害； $RI>600$，很强危害

表 26.4 广西土壤重金属背景值、农田土壤污染风险筛选值与毒性系数

元素	广西土壤重金属背景值/(mg/kg)	农田土壤污染风险筛选值/(mg/kg)	毒性系数
Cd	0.062	0.3	30
Hg	0.087	1.3	40
As	9.95	40	10
Cr	56.25	150	2
Pb	18.82	70	5

1. 单因子污染指数与内梅罗指数

以广西土壤重金属背景值为基准，地形因子对土壤 Cd 单因子污染指数影响不大，各地形部位土壤 Cd 单因子污染指数均值整体处于 2～3，为中度污染，仅北坡山麓指数处于 1～2，为轻度污染；不同土地利用类型之间的单因子污染指数差异较大，排名前 3 的分别为 NLC1（6.55）、NLC2（3.44）、DGQ（3.17），均大于 3，属于重度污染，NLC 为最低值（0.8），为唯一无污染样地。Hg 元素单因子污染评价结果整体为轻度污染，单因子污染指数仅 BYY（2.07）为中度污染、NLS（0.76）与 NLG（0.70）为无污染，其余样地为 1.04～1.70；各地形部位 Hg 元素单因子污染指数均值差异不大（1.07～1.78），均属于轻度污染。地形因子显著影响了土壤 As 污染的空间分异，山顶土壤为重度污染，北坡山麓为中度污染，北坡山腰为轻度污染，南坡山腰与山麓则为无污染；不同土地利用类型对土壤 As 单因子污染指数的影响主要集中在北坡，BYB、BYY、BLB 和 BLN 污染程度分别为中度污染、轻度污染、重度污染和无污染。土壤 Cr 在山顶、南坡山麓整体表现为轻度污染，其余地形部位为无污染；污染程度在不同土地利用类型之间的分布情况为 NYS、NYY、BYB、NLY、BLN 为无污染，其余样地为轻度污染；BLN 为最低值，为 0.29，NLC3 为最高值，为 1.56。土壤 Pb 的污染程度整体为轻度污染，但土地利用类型的不同使不同地形部位样地的差异较为明显，其中 DGQ（2.28）、BYB（2.17）、BLN（2.18）分别为山顶、山腰和山麓的最高值，达中度污染程度，DGC（0.95）、NYR（0.99）、NLC2（0.69）分别为山顶、山腰和山麓的最低值（图 26.2）。

内梅罗污染指数结果表明，研究区土壤重金属污染情况形势严峻，整体呈中度污染以上水平，且受地形与土地利用类型影响明显，山顶均值最高（5.25）、其次为北坡山麓（3.48），均达重度污染程度；山腰与南坡山麓为中度污染；NLG（1.38）为各样地最低值，为唯一轻度污染样地；山顶各样地、NYY、NLC1、BLB 为重度污染样地。

以农用地土壤污染风险筛选值为标准，各样地土壤重金属单因子污染指数整体小于 1，为无污染状态，仅 NLC1 的 Cd、山顶各样地的 As 单因子污染指数处于 1～2，为轻度污染状态。内梅罗污染指数方面，山顶均值（1.3）及各样地（1.05～1.47）土壤重金属污染为轻度污染，北坡山麓处于警戒状态，其他地形均值处于安全状态，但 NLC1（1.2）、BLB（1.18）为轻度污染样地，NYY（0.8）处于警戒状态（图 26.2）。

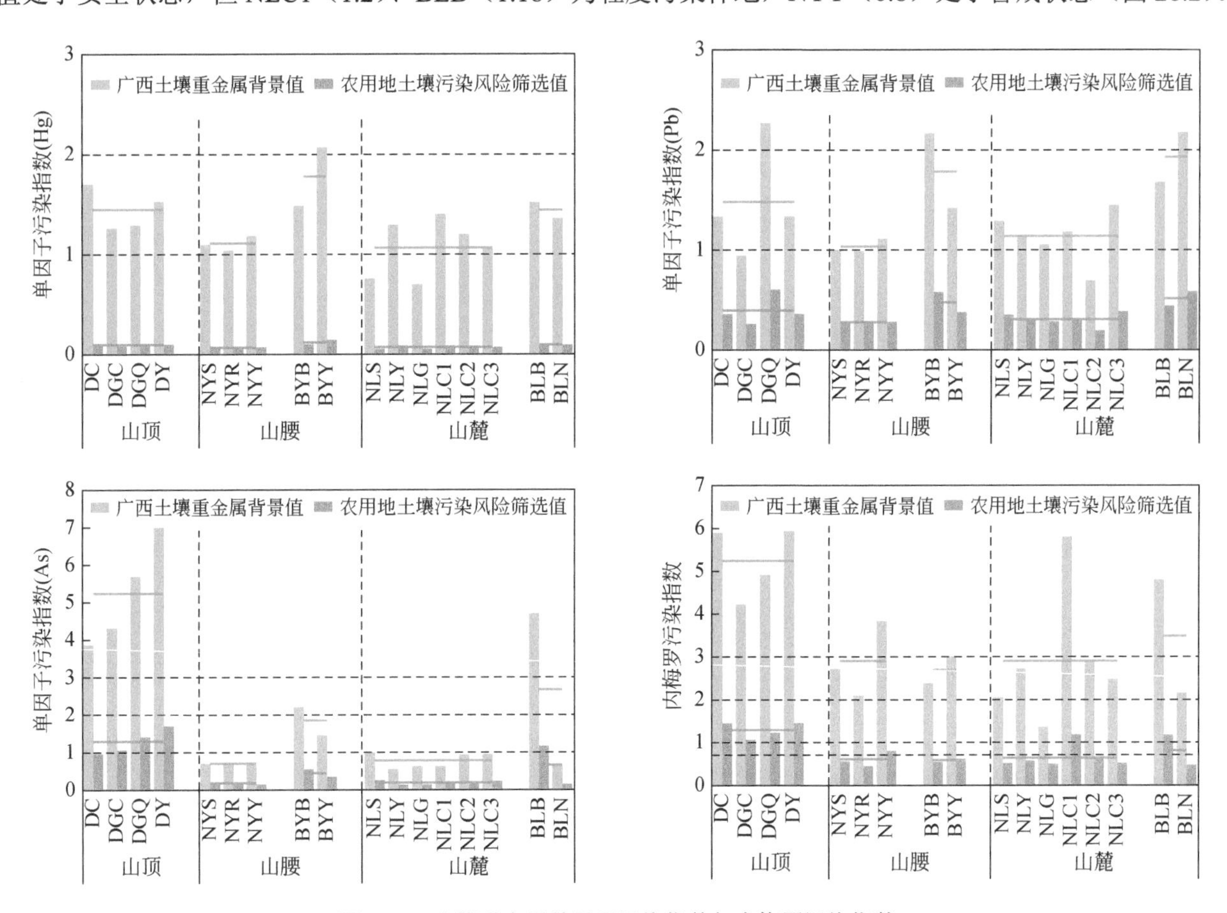

图 26.2　土壤重金属单因子污染指数与内梅罗污染指数

2. 潜在生态风险指数与综合潜在生态危害指数

基于广西土壤重金属背景值的潜在生态风险指数结果表明，Cd 污染风险等级最高，其分布特征为南坡山麓为强风险，其余地形均值为强风险；土地利用也使得同一地形部位污染差异明显，如南坡山麓，NLC1 指数高达 196.6，属很强风险级别，但 NLG 值为 23.99，属于轻微风险级别。Hg 在各地形部位和绝大部分土地利用类型中的潜在生态风险为中等风险，仅南坡山麓中的 NLS（30.55）、NLG（26.99）为轻微风险，北坡山腰的 BYY（82.72）为强风险。As 的潜在生态风险在山顶为中等风险，山腰、山麓均为轻微风险，仅北坡山麓的 BLB（46.97）为中等风险。Cr、Pb 的潜在生态风险指数虽然在不同地形部位、不同土地利用类型间有差异，分别介于 0.58～3.12、3.47～11.38，但整体为轻微风险等级。综合潜在生态危害指数在山顶各样地及北坡山腰、北坡山麓的均值处于中等危害等级，南坡山腰及山麓的均值处于轻微危害等级，但南坡山麓的 NLC1、NLC2 值分别为 267.47、166.32，处于中等危害等级。

以农用地土壤污染风险筛选值为基准的土壤重金属潜在生态风险指数、综合潜在生态危害指数在不同地形、不同土地利用类型的分布特征均为轻微风险、轻微危害，除了南坡山麓 NLC1 的 Cd 潜在生态风险指数为 40.43，略微超过轻微风险阈值，呈中等风险以外（图 26.3）。

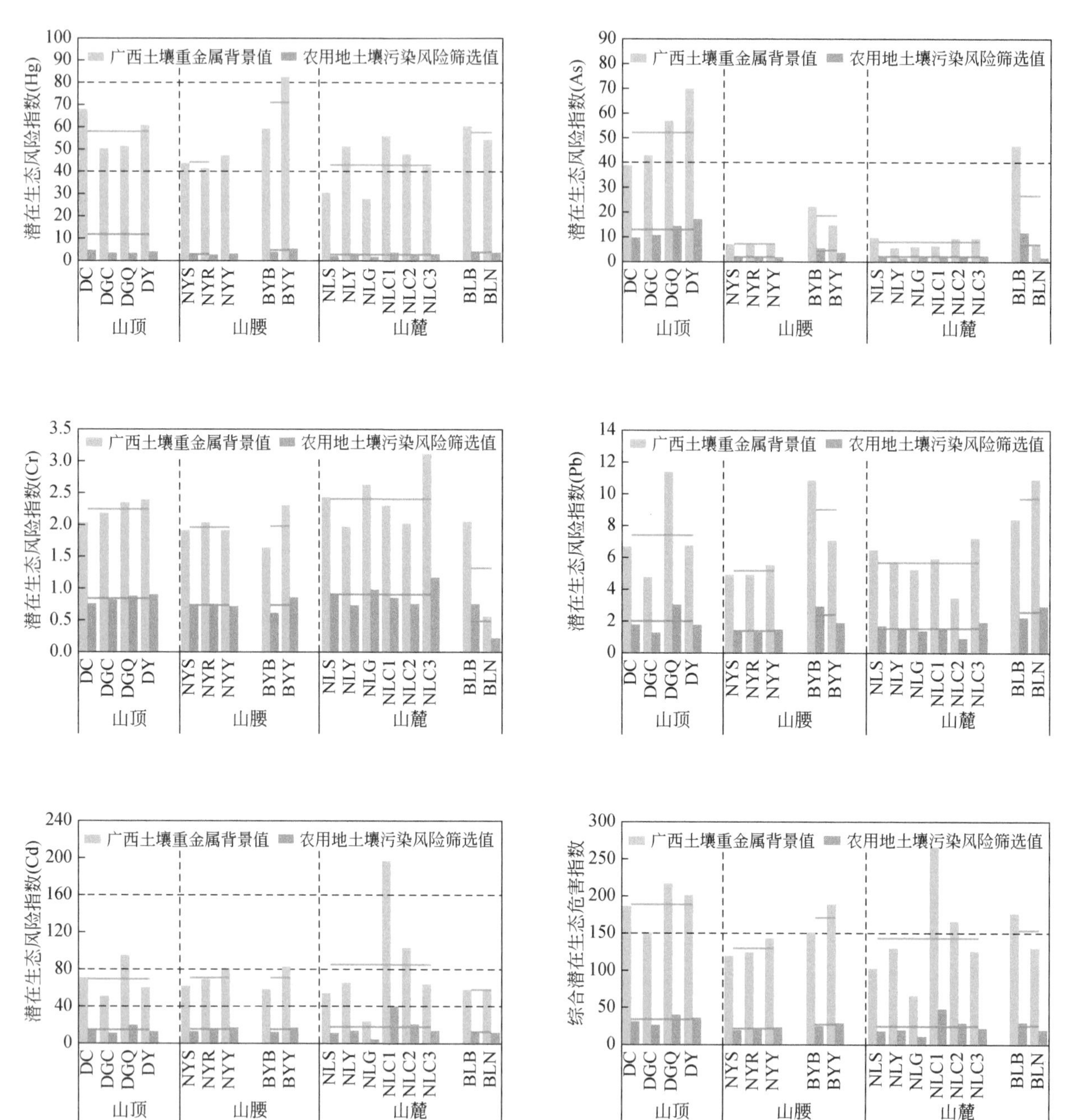

图 26.3　土壤重金属潜在生态风险指数与综合潜在生态危害指数

3. 地质累积指数

基于广西土壤重金属背景值的地质累积指数结果表明，各样地 Cd 的污染程度分为无污染（NLG）、中等污染（NLC2）、中等-强污染（NLC1）、轻度-中等污染（剩余样地）。Hg 元素除 DC、DY、BYY 外，其余样地为无污染。As 在山顶的污染程度较重，整体为中等污染，DY 为中等-强污染；其他地形部位上，除 BYB 为轻度-中等污染、BLB 为中等污染以外，其他均为无污染。Cr 整体处于无污染状态，除了 NLC1 值为 0.06，略微超过无污染阈值（0）以外。Pb 也整体处于无污染状态，除了 DGQ、BYB、BLB、BLN 为轻度-中等污染以外（图 26.4）。

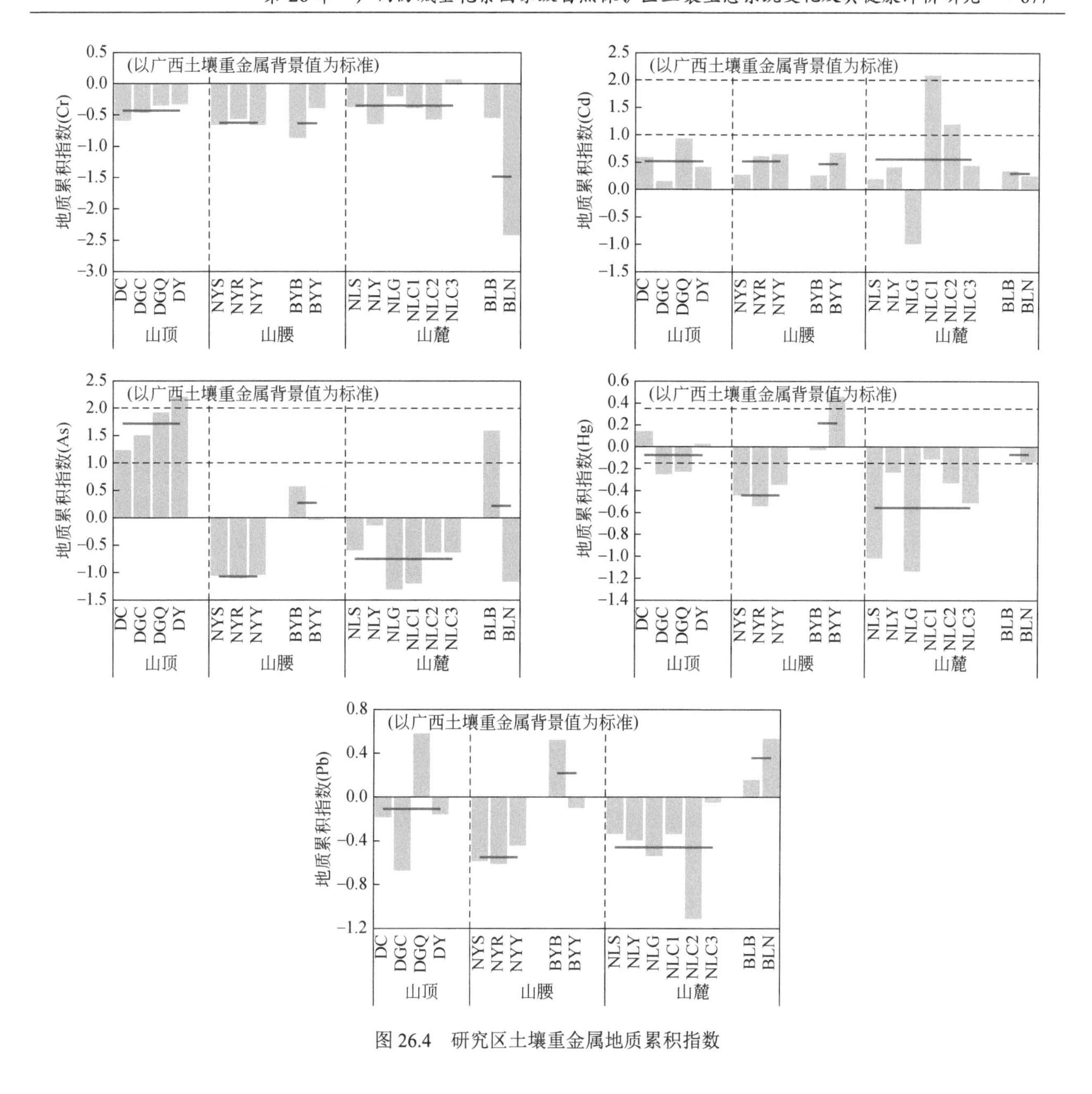

图 26.4　研究区土壤重金属地质累积指数

26.4　土壤微生物群落特征

26.4.1　土壤微生物分析指标

1. α-多样性

α-多样性分析是微生物群落多样性分析中重要的组成内容，α-多样性通过群落内物种数目大小（物种丰度）与单个物种的相对密度（物种均匀度）来反映，常用 Chao1 与 ACE（a bundance-based coverage estimator，基于外延的覆盖面估算器）指数来反映群落中菌群丰度，用香农指数和辛普森指数反映菌群多样性，分别采用 Chao1 与香农指数体现研究区土壤微生物群落的丰富度与多样性。Chao1 指数用于估算土壤样品中 OTU（operational taxonomic unit，操作分类单元）数量，指数越大表示土壤样本中微生物物种越丰富。若土壤样本中微生物物种越丰富且均匀，则香农指数值越大。Chao1 和香农指数运用 R 软件与 excel

2010 软件进行计算并绘制组合柱状图。

2. β- 多样性

β-多样性表征土壤微生物群落结构差异。本章运用 Bray-Curtis 距离矩阵进行主成分分析（principal component analysis，PCA），通过排序分析在一个可视化的二维空间对土壤样品物种组成重新排列，使得样地的相互距离在最大程度上反映出平面散点图内样品间物种分布的差异。样品之间分布越集中，相距越近，表明样品间物种分布的差异越小，群落结构也越相似。UPGMA 聚类树是基于不同样本之间的 Bray-Curtis 距离将样品或组别分类的一种统计方法，其分析原理是将原始数据集分成不同簇，同簇的样本相似性高，不同簇样本间差异性大。本章采用的 PCA 可利用 R（3.6.3）软件或登录 https://www.bioincloud.tech［2024-05-01］进行可视化，UPGMA 聚类树利用 Qiime（Version 1.9.1）完成。

3. 土壤细菌功能预测

本章将物种信息与 KEGG PATHWAY 数据库进行比对以获得 KEGG 的一级和二级功能通路。KEGG 为京都基因与基因组百科全书，是一个由人工整合了系统功能信息、基因信息和化学信息而创建的综合数据库，下属共有 16 个数据库。功能信息储存在系统功能信息下属代谢通路数据库（KEGG PATHWAY Database）里，代谢通路数据库包含细胞过程（cellular processes）、环境信息处理（environmental information processing）、遗传信息处理（genetic information processing）、人类疾病（human diseases）、新陈代谢（metabolism）、有机系统（organismal systems）、药物开发（drug development）7 方面的分子间相互作用和反应网络。

4. 土壤真菌群落功能预测

土壤真菌群落功能预测利用物种信息通过 FUNGuild 数据库注释获得与 OTU 的物种对应的真菌生态功能分类信息，大量文献已证实该数据库的科学性与合理性。该数据库涵盖了超过 12000 个真菌的功能注释信息，并基于资源利用吸收的功能分类，将相似的环境资源吸收利用方式划分为同一类，按照营养方式可将其分为病理营养型（pathotroph）、腐生营养型（saprotroph）和共生营养型（symbiotroph）三大类，其又可被进一步细分为 12 类。

26.4.2 土壤微生物多样性分布特征分析

1. 土壤微生物测序样本量与测序数据合理性

物种累积箱型曲线与稀释曲线分别用来检验土壤细菌测序的样本量是否充足与测序数据是否合理。若曲线随着样本量与测序量的增加而逐渐趋于平坦，则代表样本量充足与测序数据合理。本次检验了 70 个土壤样本，土壤细菌 16s rRNA 基因测序结果显示，共获得 12329800 条质量序列数据集，每个样本的平均序列数为 154122.5 条（最大值是 186703 条，最小值为 92777 条，标准差为 24406.7），将 97%相似的序列定义为 OTU，共得到 10286 个 OTU，土壤真菌 ITS 基因测序显示，在 70 个土壤样本中共检测出 5839898 条序列，其中最大值为 107226 条，最小值为 51953 条，平均为 83427 条，以 97%相似的序列聚类成 OTU，共获得 18468 个 OTU。

物种累计箱型曲线显示，随着样本量的增加，箱型曲线趋于平坦，且新增的样本数种新产生的物种数目也越少，逐渐趋于 0，这表明本章采用的样本量充足，能较为全面地检验到土壤细菌群落的物种［图 26.5（a)］。同样地，随样本量的增加，土壤真菌的物种数目先剧增后缓慢增加，箱型曲线表现为先陡峭后趋于平坦，这表明此次土壤真菌 ITS 基因测序能够较为全面地检验到土壤中的真菌物种，说明本次土壤真菌测序所采用的样本量充足［图 26.5（b)］。

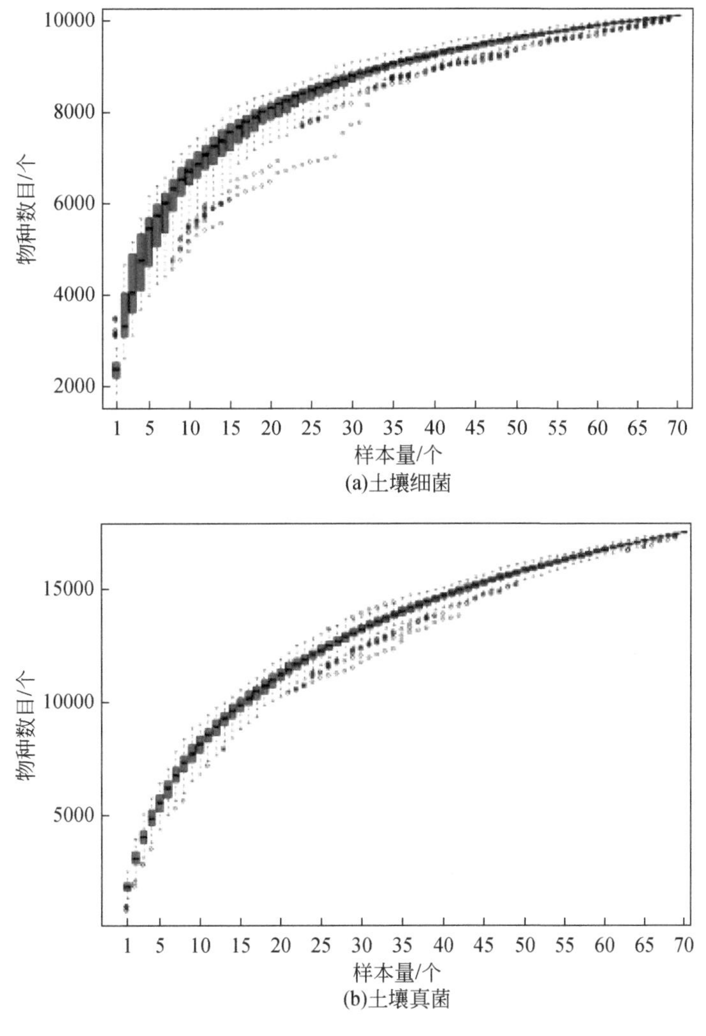

(a)土壤细菌

(b)土壤真菌

图 26.5　土壤微生物群落物种数目箱型图

稀释曲线显示，当测序量在 10～5605 条时，稀释曲线急剧上升，发现了大量新的物种，测序量在 5606～11200 条时，依旧产生大量新物种，测序量在 11200 条后不断增加，新物种产生的速度逐渐变慢，稀释曲线逐渐趋于平缓，表明本次测序深度合理，测序数据已包含土壤样品内绝大部分的细菌类群，因此其结果能够真实地反映研究区土壤细菌群落组成状况［图 26.6（a）]，同时间接反映了 NLC1、NLC2、NLC3 的土壤细菌群落物种丰富度最高，而 DC 与 NLS 明显低于其他样地。此外，从土壤样本中随机抽取一定的土壤真菌测序量数据构建稀释曲线，结果显示随着抽取的测序量数据的增加，新的 OTU 数目先剧增后缓慢增加，稀释曲线呈现先陡后缓的趋势，这表明本次测序结果已包含土壤样品中大多数真菌物种，测序数据合理，且还能间接反映研究区内 BYY、BLB 的土壤真菌群落物种丰富度最高，NLC3 最低［图 26.6（b)]。综上，本次测序样本量和测序数据合理，测序结果能够真实地反映研究区土壤细菌和真菌群落状况，可进一步研究广西金花茶保护区土壤微生物分布格局、结构组成并对其功能进行预测等。

2. 土壤微生物多样性分布特征

研究结果显示，南坡土壤细菌的 OTU 数目大于北坡，且随海拔升高，南北坡土壤细菌的 OTU 数目都呈现单调递减的分布格局［R=−0.56，P=0.001；R=−0.48，P=0.0073，图 26.7（a）］。土壤真菌北坡的 OTU 数目大于南坡，随海拔升高南坡土壤真菌的 OTU 数目无显著变化规律，但北坡土壤真菌的 OTU 数目随海拔升高呈现单调递减的分布格局［图 26.7（b)]。

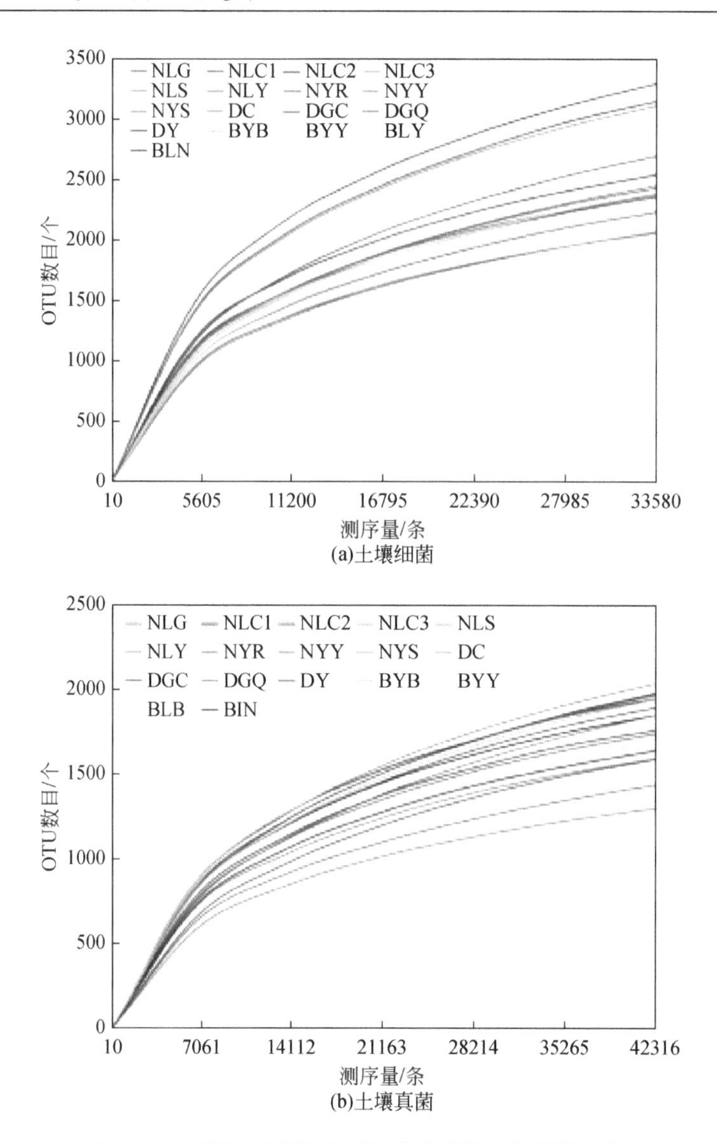

(a)土壤细菌

(b)土壤真菌

图 26.6　不同土地利用方式下的土壤微生物稀释曲线

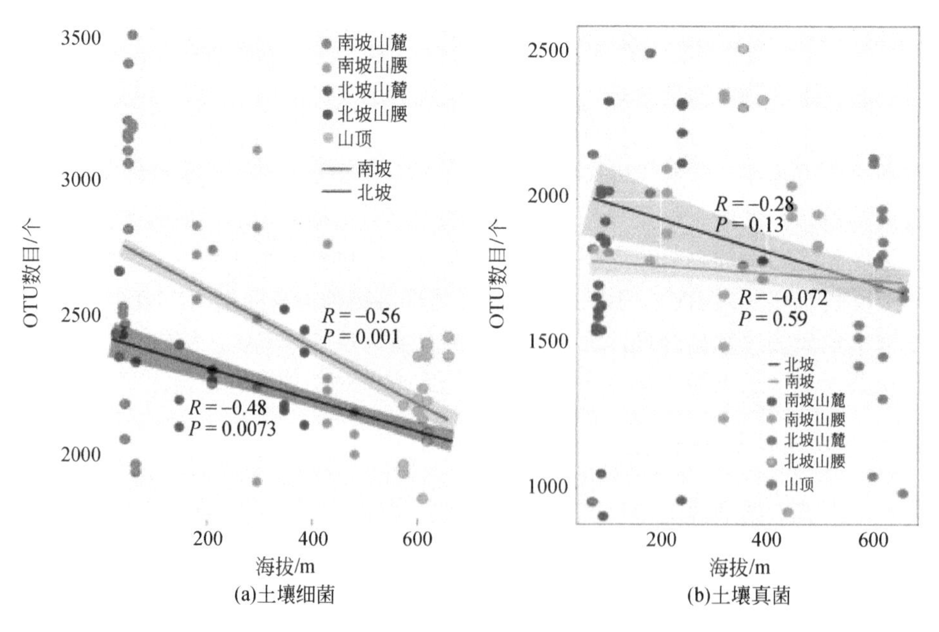

(a)土壤细菌

(b)土壤真菌

图 26.7　土壤微生物群落 OTU 数目沿海拔分布特征

在特有 OTU 数目方面，土壤细菌群落 NYY 的特有 OTU 数目大于 BYY 特有 OTU 数目，且不同海拔天然植被下的土壤细菌群落特有 OTU 数目差异明显。在不同土地利用方式下、NLC 的特有 OTU 数目最大（1321 个），BLB 的特有 OTU 数目最小（38 个）。NLY 和 NYY 转变为经济林后，其特有 OTU 数量明显下降，尤其是转化为松树林后，但在 BYY 转变为肉桂林后，其特有 OTU 数量却无明显变化［图 26.8（a)］。在土壤真菌群落中，不同海拔与坡向下不同土地利用方式或者同一土地利用方式特有 OTU 数目差异显著，其中 NLC 的特有 OTU 数目最大（2138 个），远远大于研究区各样地土壤真菌的特有 OTU 数目，其次为 NYY（775 个），NYS 的特有 OTU 数目最小（135 个）。研究区将原生林转化为人工林后土壤真菌的 OTU 数目发生了变化，其中 NLY 转化为 NLS 后特有 OTU 数目减少，NYY 转化为松树林与肉桂林后特有 OTU 数目减少，尤以松树林最为显著，BYY 转化为肉桂林后特有 OTU 数目明显减少［图 26.8（b)］。

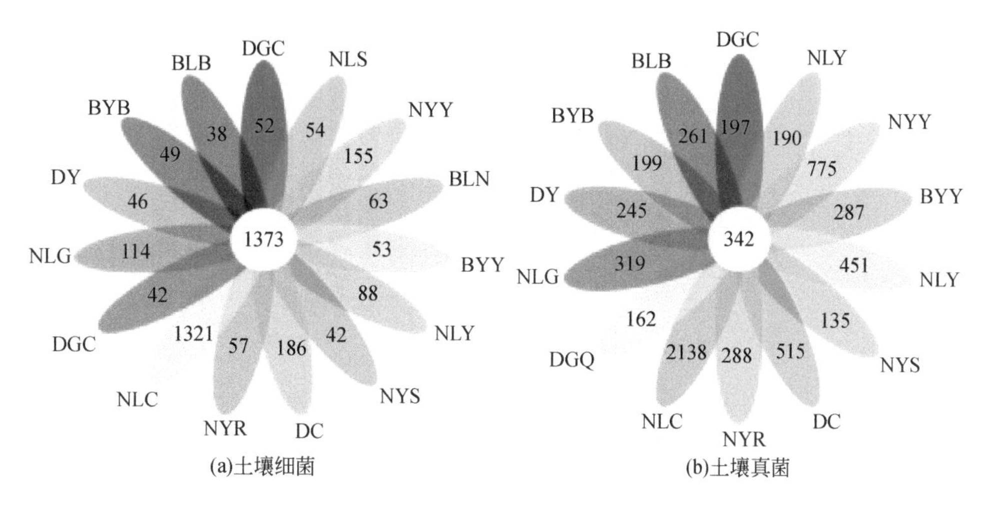

图 26.8　不同土地利用类型土壤微生物特有 OTU 数目

上述内容表明广西金花茶保护区土壤真菌群落的 OTU 数目明显大于土壤真菌，海拔、坡向及土地利用方式显著影响了研究区土壤微生物的 OTU 数目分布格局以及 OTU 组成的相似性与差异性。

Chao1 与香农指数用于估算群落中菌群的丰富度与多样性，是评价土壤细菌群落多样性的重要指标。结果显示，广西金花茶保护区南坡的土壤细菌群落 Chao1 与香农指数均大于北坡，随海拔变化 Chao1 指数呈单调递减分布格局（山麓＞山腰＞山顶），而香农指数随海拔升高却无明显变化，且山麓、山顶与山腰土壤细菌群落的丰富度与多样性存在明显差异（P＜0.05），其中山腰土壤细菌群落由山麓向山顶呈过渡性特征。从不同利用方式来看，山麓土壤细菌群落的 Chao1 与香农指数变化趋势基本一致，其中 NLC2、NLC1 和 NLC3 的 Chao1 指数与香农指数最大，NLS 最小，进一步发现 NLY 转化为 NLS 后土壤细菌群落丰富度与多样性均下降。同样地，NYY 转化为 NYS 后土壤细菌群落丰富度与多样性也明显下降，但转化为 NYR 后土壤细菌群落丰富度与多样性却明显上升，BYY 转化为肉桂八角混合林后土壤细菌群落丰富度与多样性无明显变化。山顶土壤细菌群落丰富度与多样性变化趋势存在明显差别，其中 Chao1 指数表现为 DGC＞DGQ＞DY＞DC，香农指数整体表现为 DGQ＞DGC＞DC＞DY（图 26.9）。

在土壤真菌方面，分析结果显示，广西金花茶保护区土壤真菌群落 Chao1 指数与香农指数北坡大于南坡。不同坡向 Chao1 指数与香农指数随海拔升高发生改变，北、南坡的土壤真菌群落 Chao1 指数、香农指数表现为山腰＞山麓＞山顶。在不同土地利用方式下土壤真菌群落的 Chao1 指数与香农指数变化各异，其中 NLC3、DGQ、NLG、BLN 的土壤真菌群落的 Chao1 指数与香农指数较小，而 BYY、BLB、NLS、NYR 土壤真菌群落的 Chao1 指数相对较大，BLB、NLC1、DGC、BYY 的香农指数相对较大。同时，NLY 转化为松树林后 Chao1 指数与香农指数上升，NYY 转化为松树林与肉桂林后 Chao1 指数增大，香农指数无明显变化，BYY 转化为肉桂林后 Chao1 指数表现为 BYY＞NYR＞NYS＞BYB＞NYY，香农指数整体表现为 DGQ＞DGC＞DC＞DY 减小。在山顶土壤真菌群落 Chao1 指数表现为 DGC＞DY＞DC＞DGQ，香农指数表现为 DGC＞DC＞DY＞DGQ（图 26.10）。

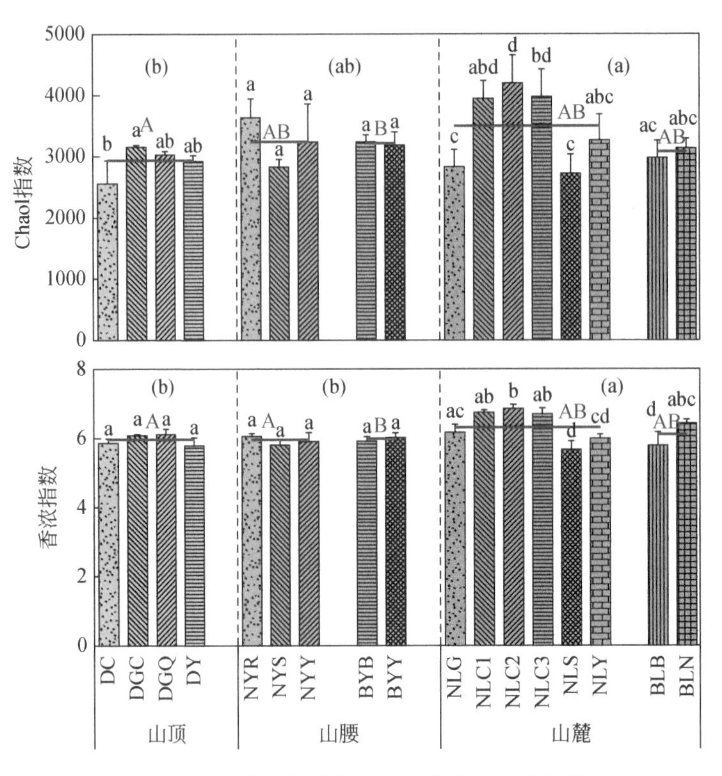

图 26.9　土壤细菌群落 Chao1 指数、香农指数

不同小写字母代表山顶、山腰与山麓不同地类间差异显著（$P<0.05$），不同大写字母代表山顶、南坡山腰、北坡山腰、南坡山麓、北坡山麓样地间差异显著（$P<0.05$），带有括号的不同小写字母代表山顶、山腰与山麓样地间差异显著（$P<0.05$）

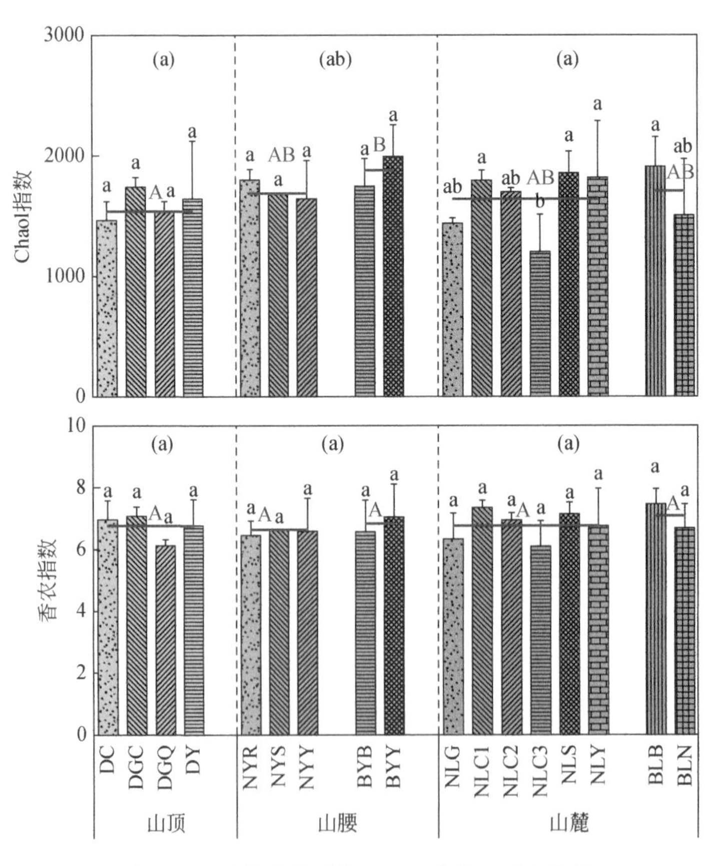

图 26.10　土壤真菌群落 Chao1 指数、香农指数

3. 土壤微生物群落结构组成特征

PCA 结果显示，在土壤细菌方面，NLG 与 BLN 的样品分布集中，NLC1、NLC2、NLC3 的样品也集中分布，而林地样品聚成一类，表明研究区土壤细菌群落有茶园、农田与林地 3 个结构类型[图 26.11（a）]。进一步对林地样品进行 PCA 发现，山顶、山腰与山麓的土壤细菌结构的相似度不高，表明山顶、山腰与山麓的林地土壤细菌群落结构差异明显。同时，NLY 转变为松树林后群落结构有所差异，而 NYY 转变为肉桂林与松树林后群落结构无明显差异，但 BYY 转化为经济林后结构差异明显［图 26.11（b）]。同样地，在土壤真菌方面，NLG 与 BLN 的土壤样品相距较近，NLC1、NLC2、NLC3 的土壤样品分布集中，而林地样品聚成一类，结果表明研究区茶园、农田与林地的土壤真菌群落结构相似度小［图 26.12（a)]。进一步对林地的土壤真菌群落结构进行分析，结果发现山顶、山腰与山麓的土壤样品相互分开，说明山顶、山腰与山麓的林地土壤真菌群落结构存在差异。同时，NYY 土壤样品相距较远，表明南坡山腰土壤真菌群落结构差异度高，当原生林转变为经济林后土壤真菌群落结构未发生显著变化，且不同坡向相同土地利用方式下土壤真菌群落结构不同，如南坡山腰肉桂林与北坡山腰肉桂林［图 26.12（b)]。

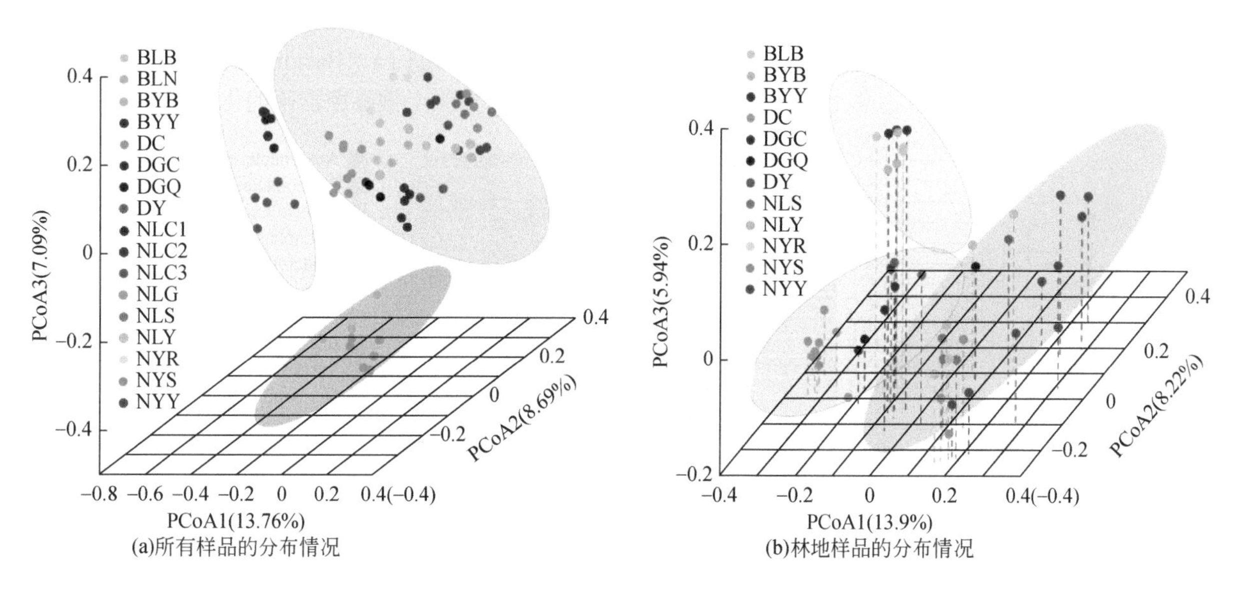

图 26.11　土壤细菌群落 PCA

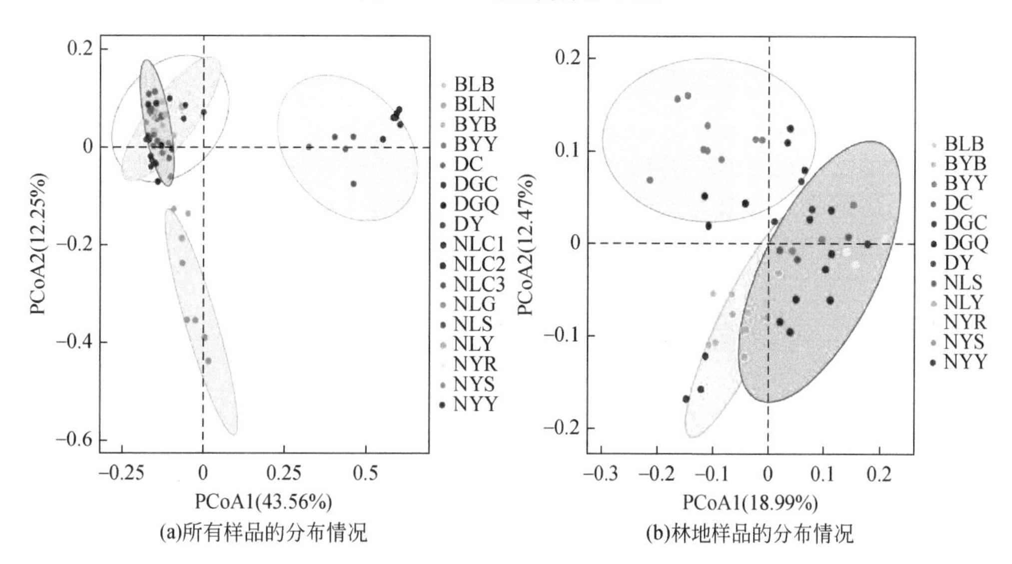

图 26.12　土壤真菌群落 PCA

综上，研究区土壤微生物群落结构受土地利用方式与地形的影响较大，具体表现为茶园、农田与林地三大土地利用方式的土壤微生物群落结构差异大，且山麓、山腰及山顶的林地土壤微生物群落结构不相似度较大。

广西金花茶保护区土壤细菌群落测序经物种注释后分属 58 门、64 纲、134 目、236 科、501 属、340 种，土壤真菌群落测序经物种注释后分属 17 门、67 纲、176 目、426 科、1138 属、1612 种。在门水平上，Acidobacteria（酸杆菌门）、Proteobacteria（变形菌门）、Chloroflexi（绿湾菌门）、Actinobacteria（放线菌门）、Planctomycetes（浮霉菌门）、Firmicutes（厚壁菌门）、Latescibacteria（匿杆菌门）、Rokubacteria（己科河菌门）、Verrucomicrobia（疣微菌门）、Gemmatimonadetes（芽单胞菌门）是研究区土壤细菌群落相对丰度排名前十的物种，也是土壤细菌群落的主要组成部分，其中 Acidobacteria（酸杆菌门）、Proteobacteria（变形菌门）、Chloroflexi（绿湾菌门）、Actinobacteria（放线菌门）、Planctomycetes（浮霉菌门）为广西金花茶保护区土壤细菌群落的优势菌门（图 26.13），占总土壤细菌群落的 80%以上。在门水平上，Ascomycota（子囊菌门）、Basidiomycota（担子菌门）、Mortierellomycota（被孢霉门）、Mucoromycota（毛霉门）、Chytridiomycota（壶菌门）、Glomeromycota（球囊菌门）、Rozellomycota（罗兹菌门）、Kickxellomycota（梳霉门）、Entomophthoromycota（虫霉门）、Aphelidiomycota（根肿黑粉菌门）是土壤真菌群落相对丰度排名前十的物种，也是土壤真菌群落的主要组成部分，其中 Ascomycota（子囊菌门）、Basidiomycota（担子菌门）、Mortierellomycota（被孢霉门）占总土壤真菌群落的 70%以上，是研究区土壤真菌群落的优势菌门（图 26.13）。

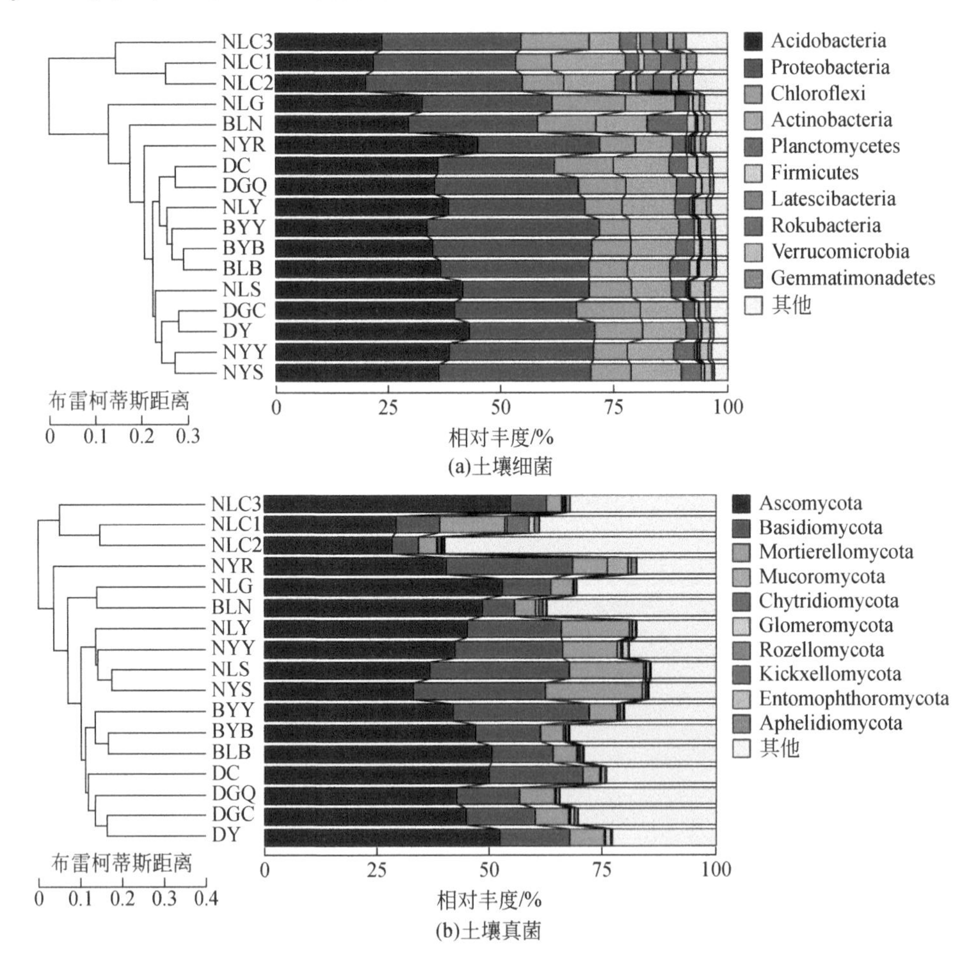

图 26.13 不同土地利用方式土壤细菌、真菌群落门水平物种相对丰度聚类树

南北坡土壤微生物各优势菌门相对丰度存在差异。在土壤细菌方面，Acidobacteria（酸杆菌门）、Proteobacteria（变形菌门）、Planctomycetes（浮霉菌门）的相对丰度北坡大于南坡，优势菌门随海拔的升高而呈现出不同的分布格局，主要有 4 种类型（图 26.14）：一是相对丰度呈单调递增或单调递减的线性分

布格局，如北坡的 Acidobacteria（酸杆菌门）、南北坡的 Latescibacteria（匿杆菌门）、Gemmatimonadetes（芽单胞菌门）等；二是相对丰度呈驼峰型或倒“U”形的非线性分布格局，如南坡的 Acidobacteria（酸杆菌门）、南北坡的 Chloroflexi（绿湾菌门）等；三是优势菌门均匀分布格局，如南北坡的 Actinobacteria（放线菌门）。在土壤真菌方面，Ascomycota（子囊菌门）相对丰度北坡大于南坡，而 Basidiomycota（担子菌门）、Mortierellomycota（被孢霉门）相对丰度南坡大于北坡，随海拔的变化各优势菌门分布格局不同，主要表现为驼峰型、“U”形非线性分布和均匀分布，如南北坡 Ascomycota（子囊菌门）的相对丰度沿海拔升高在山腰处最低，均呈现“U”形分布格局；相反地，南北坡 Basidiomycota（担子菌门）和南坡 Mortierellomycota（被孢霉门）相对丰度随海拔升高在山腰处最高，表现为驼峰型分布格局；北坡 Mortierellomycota（被孢霉门）相对丰度沿海拔升高未发生显著变化（图 26.14）。

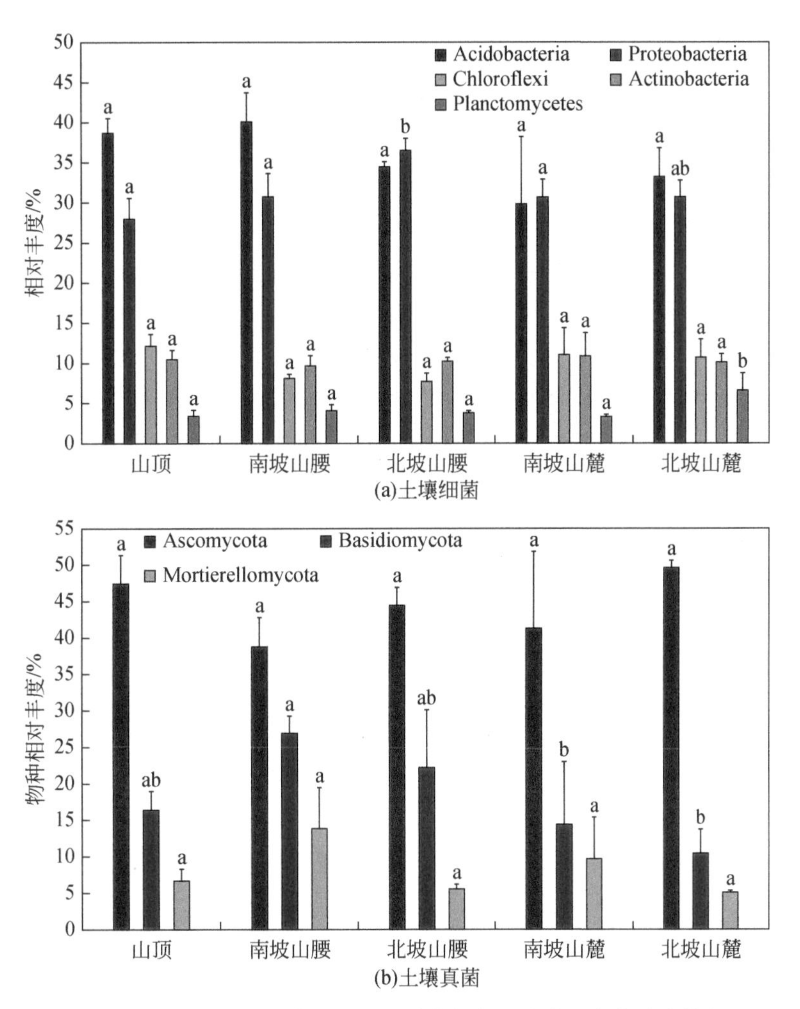

图 26.14　土壤细菌、真菌群落优势菌门相对丰度沿海拔分布特征

此外，研究区不同土地利用方式下土壤微生物在门水平上物种相对丰度各异。在土壤细菌方面，在山麓不同样地中 NLS 的 Acidobacteria（酸杆菌门）相对丰度明显大于其他样地，NLC1、NLC2 与 NLC3 的 Acidobacteria（酸杆菌门）相对丰度最小，而 Proteobacteria（变形菌门）、Rokubacteria（已科河菌门）的丰度相对在 NLC1、NLC2 与 NLC3 中最高，聚类分析结果表明 Acidobacteria（酸杆菌门）、Proteobacteria（变形菌门）及 Rokubacteria（已科河菌门）是导致茶园土壤细菌群落结构与农田、林地土壤细菌群落结构之间差异的重要菌种，同时 BLN 与 NLG10 个优势菌门的相对丰度变化趋势一致，聚类分析结果显示 BLN 与 NLG 为一簇，表明相比于坡向的影响，土地利用方式（同为农耕地）对土壤细菌群落的影响更大，进一步发现原生林转化为松树林后优势菌门组成没有发生变化，但相对丰度具有明显变化。同样地，南北坡山腰原生林转化为肉桂林、松树林与肉桂八角混合林后优势菌门组成、丰度和山麓一致。在山顶不同样地

的优势菌门的相对丰度变化一致，其中 Acidobacteria（酸杆菌门）、Proteobacteria（变形菌门）、Chloroflexi（绿湾菌门）分别在 DY、DGQ 与 DGC 最大（图 26.13）。

在土壤真菌方面，NLC1、NLC2 样地中的 Ascomycota（子囊菌门）相对丰度明显低于其他样地，NLC3 中的 Ascomycota（子囊菌门）最大，且研究区门水平上相对丰度排名前十的物种在 NLC2 仅占 40.35%，这表明保护区不同管理与保护模式会引起土壤真菌物种相对丰度发生变化进而导致不同管理与保护模式下金花茶园土壤真菌群落结构的差异，其中 Ascomycota（子囊菌门）丰度的差异可能是引起群落间结构差异的重要物种。BLN 与 NLG 的 Ascomycota（子囊菌门）、Basidiomycota（担子菌门）、Mortierellomycota（被孢霉门）相对丰度大小相近，同时聚类分析结果显示 BLN 与 NLG 为一簇，原生林转化为经济林后土壤真菌优势菌门组成没有发生变化，但相对丰度发生了改变，原生林转化为松树林后 Ascomycota（子囊菌门）相对丰度明显缩小，而 Basidiomycota（担子菌门）、Mortierellomycota（被孢霉门）相对丰度扩大，原生林转化为肉桂林后不同坡向下物种相对丰度变化不同，在南坡山腰原生林转化为松树林后，Ascomycota（子囊菌门）、Mortierellomycota（被孢霉门）相对丰度明显变小，而 Basidiomycota（担子菌门）相对丰度变大，在北坡山腰表现为 Ascomycota（子囊菌门）相对丰度变大，Basidiomycota（担子菌门）、Mortierellomycota（被孢霉门）、Mucoromycota（毛霉门）相对丰度变小（图 26.13）。

运用随机森林模型构建物种分类模型，后使用基尼指数筛选对分类起重要作用的物种（筛选组间差异的重要物种），Gin 指数值越大表示该物种重要性越强。研究结果显示，Chloroflexi（绿湾菌门）、Firmicutes（厚壁菌门）、Rokubacteria（已科河菌门）、Acidobacteria（酸杆菌门）、Planctomycetes（浮霉菌门）、Nitrospirae（硝化螺旋菌门）等 20 个菌门是辨别广西金花茶保护区 17 个不同样地间土壤细菌群落差异的重要菌门（图 26.15），其中造成 NLC1、NLC2、NLC3 样地与其他样地差异的菌门主要为 Nitrospirae（硝化螺旋菌门）、Latescibacteria（匿杆菌门）、Rokubacteria（已科河菌门）、Gemmatimonadetes（芽单胞菌门）、unidentified

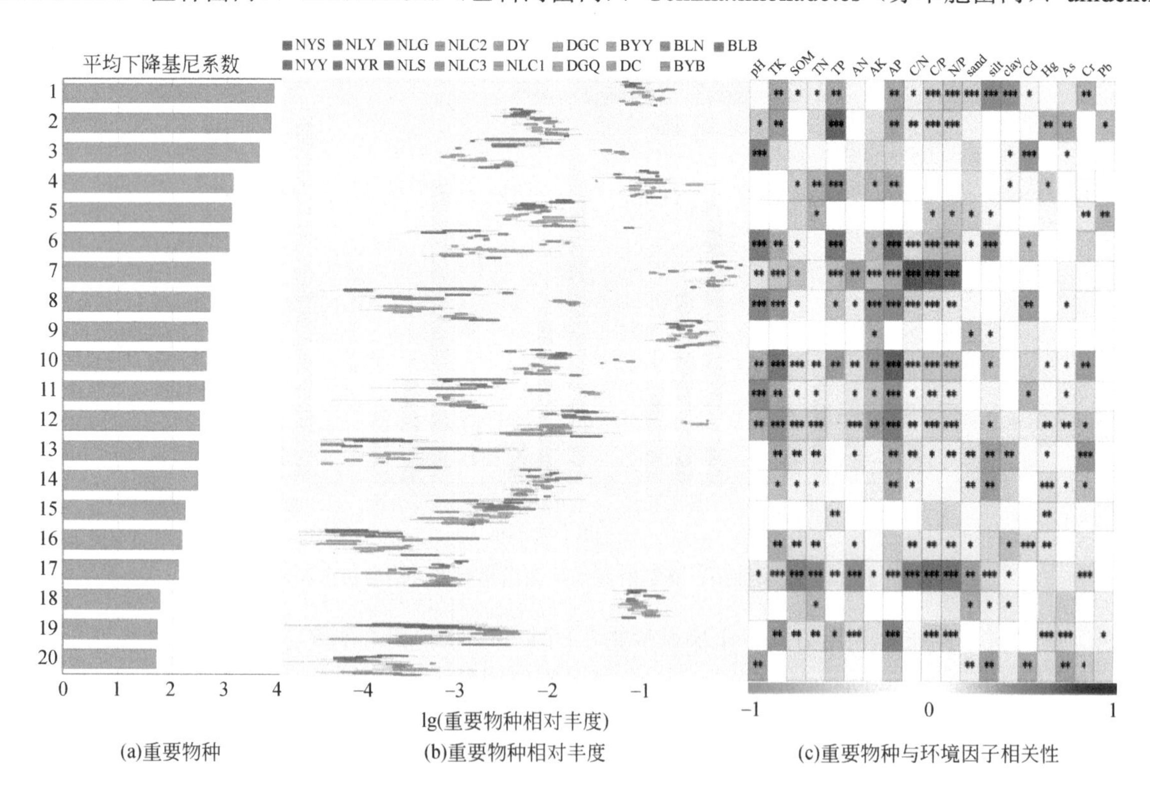

(a)重要物种　　(b)重要物种相对丰度　　(c)重要物种与环境因子相关性

图 26.15　土壤细菌群落前 20 个重要菌种、相对丰度与理化因子的相关性

“*” $P < 0.05$；“**” $P < 0.01$；“***” $P < 0.001$

1：Chloroflexi，2：Firmicutes，3：Rokubacteria，4：Actinobacteria，5：Planctomycetes，6：Nitrospirae，7：Acidobacteria，8：Latescibacteria，9：Proteobacteria，10：Gemmatimonadetes，11：unidentified_Bacteria，12：Bacteroidetes，13：Cyanobacteria，14：Armatimonadetes，15：Chlamydiae，16：Candidatus_Jorgensenbacteria，17：Melainabacteria，18：Verrucomicrobia，19：Thaumarchaeota，20：Spirochaetes；TN：全氮；TK：全钾；TP：全磷；SOM：土壤有机质；AK：有效钾；AN 有效氮；AP：有效磷；clay：黏土

Bacteria、Bacteroidetes（拟杆菌门），引起南北坡土壤细菌群落存在差异的物种为 Bacteroidetes（拟杆菌门），南坡山麓原生林转化为松树林后差异菌门为 Actinobacteria（放线菌门）、Latescibacteria（匿杆菌门），造成 NYY、NYS 与 NYR 样地间存在差异的菌门为 Latescibacteria（匿杆菌门）与 Gemmatimonadetes（芽单胞菌门）。进一步分析前 20 个重要菌种与土壤环境因子之间的相关性，结果显示，Bacteroidetes（拟杆菌门）和 Gemmatimonadetes（芽单胞菌门）与 pH、土壤养分［除总磷（TP）外］、土壤粒度（silt）及土壤重金属（Hg、As、Cr）具有显著相关性，表明这两类细菌对土壤环境的变化较为敏感，可作为指示北热带典型山地土壤环境变化的生态标识物。同时，Acidobacteria（酸杆菌门）与 pH、总氮（TN）、TP、AN（丙烯腈）具有显著的负相关关系，而与 SOM（土壤有机质）、AK（乙酰磺胺酸钾）、C/N、C/P、N/P 呈现较强的正相关关系，结果表明 Acidobacteria（酸杆菌门）是广西金花茶保护区土壤酸碱度与土壤养分变化的指示器（图 26.15）。

在门水平上，Chytridiomycota（壶菌门）、Mucoromycota（毛霉门）、Kickxellomycota（梳霉门）、Basidiomycota（担子菌门）、Glomeromycota（球囊菌门）、Rozellomycota（罗兹菌门）、Mortierellomycota（被孢霉门）是鉴别 17 种样地下土壤真菌群落差异的最重要菌种。其中 NLC1、NLC2、NLC3 样地的差异土壤真菌为 Chytridiomycota（壶菌菌门）、Ascomycota（子囊菌门）；南坡山麓原生林转化为松树林后差异菌种为 Aphelidiomycota（隐真菌门）；南坡山腰原生林转化为松树林后差异菌种为 Chytridiomycota（壶菌菌门）、Kickxellomycota、Glomeromycota（球囊菌门），转化为肉桂林后差异菌种为 Chytridiomycota（壶菌菌门）、Rozellomycota（罗兹菌门）、Aphelidiomycota（隐真菌门）；北坡山腰原生林转化为肉桂林后差异菌种为 Rozellomycota（罗兹菌门）、Basidiomycota（担子菌门）。进一步分析显著差异菌种与环境的相关性发现，Basidiomycota（担子菌门）与土壤理化性质具有显著的相关性，而与土壤重金属无显著性相关性，这说明土壤理化性质的改变易造成 Basidiomycota（担子菌门）物种相对丰度的变化，同时也说明 Basidiomycota（担子菌门）对土壤环境变化较为敏感，尤其是对土壤养分与粒度。Ascomycota（子囊菌门）和 Zoopagomycota（捕虫霉门）仅与土壤 Cd 含量有相关性，Ascomycota（子囊菌门）与土壤 Cd 含量呈现负相关，Zoopagomycota（捕虫霉门）与土壤 Cd 含量呈现正相关，Chytridiomycota（壶菌门）也与土壤 Cd 含量具有较强的正相关关系，因此这些菌门可作为研究区土壤 Cd 含量变化的生态标识物（图 26.16）。

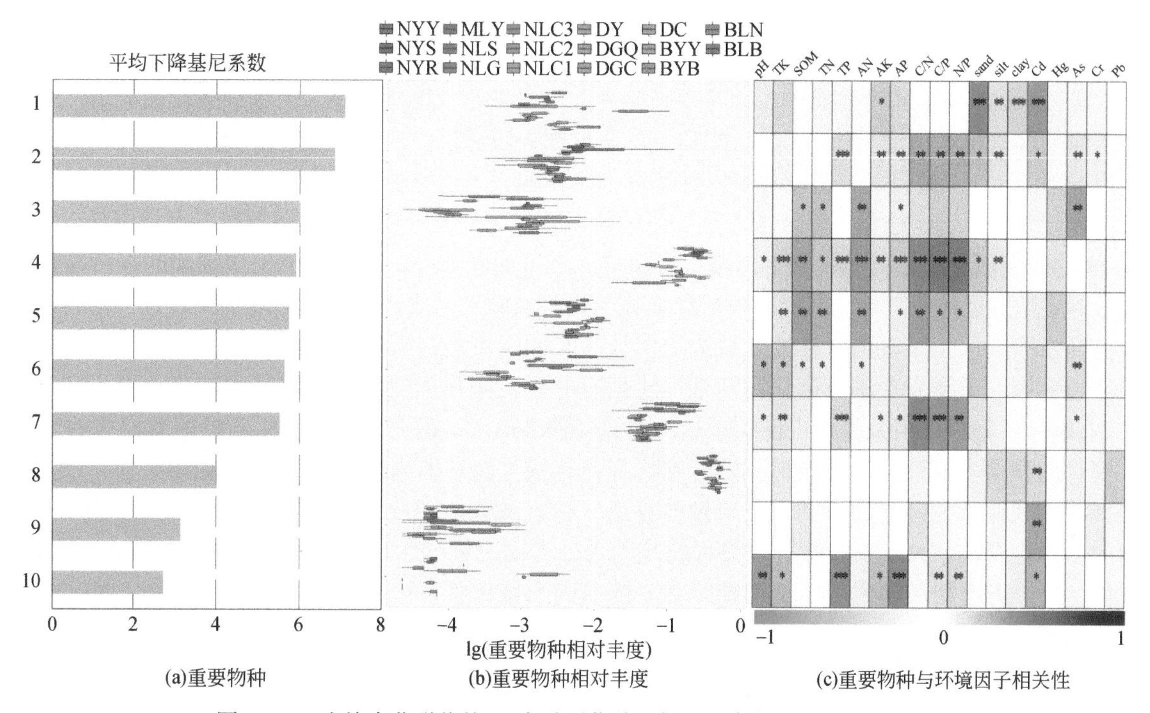

图 26.16　土壤真菌群落前 10 个重要菌种、相对丰度与理化因子相关性

“*” $P<0.05$；“**” $P<0.01$；“***” $P<0.001$

1：Chytridiomycota，2：Mucoromycota，3：Kickxellomycota，4：Basidiomycota，5：Glomeromycota，6：Rozellomycota，7：Mortierellomycota，8：Ascomycota，9：Zoopagomycota，10：Aphelidiomycota

4. 本节讨论与结论

菌种累计曲线与稀释曲线表明，研究区土壤细菌 16S rRNA、土壤真菌 ITS 高通量测序样本量与测序数据合理，能够真实地反映土壤微生物群落状况，测序结果显示研究区土壤微生物群落中真菌 OUT 的数目大于细菌 OUT 的数目，研究区地上植被覆盖率高且类型多样，凋落层多样且厚，这为参与分解的土壤真菌群提供了良好栖息地（刘会梅和张天宇，2008）。在不同土地利用类型下土壤细菌、真菌群落多样性差距甚远，土壤细菌多样性在茶园（NLC1、NLC2、NLC3）具有明显优势，但土壤真菌多样性在茶园中最低，尤以 NLC3 最为显著，茶树本身致酸性可引起土壤酸化以及与茶园施肥管理有极大的关系（季凌飞等，2018）。值得一提的是，研究区当原生林转换为松树林后土壤细菌代谢活性有所下降，尤以松树林最为显著，同时土地利用方式的转变会导致土壤微生物群落结构的改变，但只改变群落菌种组成的相对丰度，未改变物种组成结构。

研究区土壤微生物多样性分布特征具有一定差异，土壤细菌群落多样性分布特征研究结果显示，南坡土壤细菌群落的 OTU 数目、丰富度与多样性均大于北坡，且南北坡土壤细菌群落的 OTU 数目、丰富度随海拔升高呈现单调递减的分布格局，这是由于南坡相较于北坡土壤温度高与水分相对大，海拔的升高也会导致土壤温度的降低与水分的减少，相关的酶活性变弱（金碧洁和张彬，2020），同时还会改变地上植被组成与降低植被多样性，造成凋落物减少与生态生理特征的改变（刘兴良等，2005），进而影响地下土壤细菌群落的变化。但土壤细菌群落多样性随海拔的升高却无明显变化，可能是因为研究区土地利用开发方式多样，受人为干扰强（潘伟志，2015）。因此，适度的人为活动利于维持山地土壤细菌群落多样性。有研究认为土壤真菌群落多样性与有机质、氮素含量有紧密联系，尤其是土壤中氮素含量是生物生长的重要限制性因子（刘丽等，2009），更是直接影响土壤真菌代谢活性的因素。

在不同土地利用方式下，NLC1、NLC2、NLC3 土壤细菌的特有 OTU 数目与研究区共有 OTU 数目相差甚微，表明茶园土壤细菌结构具有独特性，且茶园土壤细菌群落的 OTU 数目、丰富度与多样性最高，这与相关研究结果一致（黄付平，2000），这很可能是因为：其一，保护区茶园定期施肥直接改善了土壤的养分条件，促进了土壤微生物活动（陈玉真等，2020）；其二，金花茶茶园样地多有乔木覆盖且有较厚的枯枝落叶层，产生了肥岛效应，植物多样性高、植物根系发达促进碳的输入（Jangid et al.，2011；Guo et al.，2016）；其三，这与生态稳定性有关。金花茶茶园受人为保护对土壤扰动少，土壤细菌代谢会更广泛，产生化合物从而使群落相对稳定（Fan et al.，2022）。研究结果还显示，南坡山麓与山腰原生林转化为松树林后土壤细菌群落的 OTU 数目、丰富度与多样性整体下降，转化为肉桂林却无明显变化，原因在于松树林的土壤有机质含量明显低于肉桂林，降低了土壤细菌的激发效应，从而导致土壤细菌群落多样性降低（朱平等，2015），表明研究区种植松树林不利于土壤肥力保持、土壤固碳效应，也不利于土壤细菌的存活与繁殖。因此，因地制宜地发展林业，合理选择、种植经济林，使自然的人为改造对保护山地生境具有一定的作用。

研究显示研究区土壤真菌多样性北坡大于南坡，其原因可能是研究区土壤 TN 含量北坡大于南坡，北坡土壤环境更有利于激发土壤真菌代谢活性，进而有利于土壤真菌的存活，同时大部分土壤真菌与 TN、N/P、C/N 具有显著的正相关关系也证实了这一结论（图 26.10）。研究区土壤 TN 含量随着海拔的升高而增加但土壤真菌群落多样性呈现单调递减的分布格局，这很可能是因为海拔升高、土壤温度与水分降低阻碍了土壤真菌的代谢活性，进而不利于其繁殖与存活（秦纪洪等，2013）。在不同土地利用方式下，BYY 土壤真菌的多样性最高，NLC3 最低，这很可能是因为一方面 BYY 的土壤 TN 含量最高，NLC3 的土壤 TN 含量最低；另一方面相关研究表明长期施肥会降低茶园土壤真菌多样性（季凌飞等，2018），NLC3 承担金花茶植物组繁殖、繁育和保育工作，因此对其土壤施肥频繁。

PCA 结果显示，研究区土壤细菌群落结构受地形与土地利用方式的影响显著，但两者仅改变了土壤细菌群落菌种的相对丰度，未改变群落菌种种类。在门水平上，Acidobacteria（酸杆菌门）、Proteobacteria（变形菌门）、Chloroflexi（绿湾菌门）、Actinobacteria（放线菌门）、Planctomycetes（浮霉菌门）是研究区土壤细菌群落的优势菌门，也是主要组成部分。土壤细菌群落的优势菌门随海拔分布模式各异，且在不同土地利用方式下土壤细菌群落的优势菌门差异明显，主要原因是海拔变化与土地利用方式变化会引起地上植被群落的差异，出现植物根际效应，从而刺激或阻碍不同种类土壤细菌的繁殖（梁儒彪等，2015；周际海等，2020），同时脂肪酸（He et al.，2017）、生理学（Lin et al.，2010）与 DNA 技术（Myers et al.，2001）的运用证明了在不同植物群落形成了独特的土壤微生物群落结构。随机森林结果显示，Chloroflexi（绿湾菌门）、Firmicutes（厚壁菌门）与 Rokubacteria（己科河菌门）是造成在不同土地利用方式以及地形下研究区土壤细菌群落存在最重要作用的菌种，同时重要菌种在各样地中的相对丰度差异显著，表明不同土地利用方式会引起土壤细菌群落菌种的差异，且 Bacteroidetes（拟杆菌门）和 Gemmatimonadetes（芽单胞菌门）对土壤环境变化尤为敏感，因此二者可作为指示土壤环境变化的生态标识物（Li et al.，2020）。

研究显示地形以及土地利用方式对土壤真菌群落结构的影响显著，不同土地利用方式的植被类型不同，其产生的凋落物数量、营养物质结构及根系分泌物不同，凋落物和根系分泌物是地下微生物群落的主要碳源，进而影响地下土壤真菌群落结构的差异。在门水平上，Ascomycota（子囊菌门）、Basidiomycota（担子菌门）、Mortierellomycota（被孢霉门）是土壤真菌群落的优势菌门，Ascomycota（子囊菌门）对环境胁迫具有较好的抵御能力（Egidi et al.，2019），Basidiomycota（担子菌门）对木质纤维素具有较强的降解能力（满百膺等，2021），利于分解土壤中的凋落物，Mortierellomycota（被孢霉门）在健康植物中的土壤相对丰度最高（吴照祥等，2015），研究发现该菌门在 NLC3 的相对丰度最低，表明广西金花茶保护区整体上生态环境优良，其中承担金花茶植物组的繁殖、繁育和保育工作的松光垌茶园生态环境质量较差。

综上，本节得出如下结论。

广西金花茶保护区土壤微生物测序样本量充足且测序数据合理，可用来进一步对研究区土壤微生物分布及其影响因素进行分析研究。

广西金花茶保护区土壤微生物群落多样性分布特征受地形和不同土地利用方式的影响显著。在土壤细菌方面，群落 OTU 数目、丰富度与多样性南坡大于北坡，OTU 数目与丰富度沿海拔的升高呈现单调递减的分布格局，但受人为干扰的胁迫多样性无显著变化规律。在不同土地利用方式下，茶园的土壤细菌群落丰富度与多样性最高，原生林转化为松树林后的丰富度与多样性明显下降，但转化为肉桂林却无明显变化。在土壤真菌方面，群落 OTU 数目分布格局以及 OTU 组成具有相似性与差异性。土壤真菌群落丰富度与多样性均表现为北坡大于南坡，但随着海拔的升高不同坡向土壤真菌群落丰富度与多样性发生改变，在不同土地利用方式下土壤真菌群落的丰富度与多样性变化各异，其中 BYY 变化程度最大，NLC3 变化程度最小。原生林转化为经济林后土壤真菌群落丰富度与多样性升高或无明显变化。

地形与土地利用方式对土壤微生物群落结构也造成了一定程度的干扰，但二者只改变了群落物种组成的相对丰度，未改变物种组成结构。在门水平上，Acidobacteria（酸杆菌门）、Proteobacteria（变形菌门）、Chloroflexi（绿湾菌门）、Actinobacteria（放线菌门）、Planctomycetes（浮霉菌门）为研究区土壤细菌群落的优势菌门，其中 Bacteroidetes（拟杆菌门）、Gemmatimonadetes（芽单胞菌门）是指示土壤环境变化的关键菌种。在门水平上，Ascomycota（子囊菌门）、Basidiomycota（担子菌门）、Mortierellomycota（被孢霉门）是研究区土壤真菌群落的优势菌门，也是土壤真菌群落的主要组成部分，其中 Chytridiomycota（壶菌门）、Mucoromycota（毛霉门）、Kickxellomycota（梳霉门）、Basidiomycota（担子菌门）、Glomeromycota（球囊菌门）、Rozellomycota（罗兹菌门）、Mortierellomycota（被孢霉门）为鉴别 17 种样地下土壤真菌群落差异的最重要菌种。

26.4.3　土壤微生物群落功能预测

土壤微生物群落对调节全球生态系统功能具有重要作用，尽管土壤微生物功能如此重要，但是多数土壤微生物类群难以培养，阻碍了进一步挖掘与利用土壤微生物资源。因此，本节利用 KEGG PATHWAY 数据库、FUNGuild 工具分别对土壤细菌、真菌群落进行功能预测，以期为研究区土地利用以及生态保护提供科学依据。

1. 土壤微生物群落功能分析

经过将物种信息与 KEGG 数据库进行比对，共获得 7 类一级功能通路，分别为细胞过程、环境信息处理、遗传信息处理、人类疾病、新陈代谢、有机系统与未分类的功能通路，其中新陈代谢是研究区土壤细菌相对丰度最大的一级功能通路，占比约为 75%（图 26.17）。进一步比对二级功能通路，结果发现 44 个二级功能通路基因，筛选相对丰度大于 1%的主要功能通路基因，共获得 31 类，以碳水化合物代谢、氨基酸代谢、膜运输、翻译复制和修复为主要二级功能通路。基于 PCA 对研究区土壤细菌功能多样性进行探讨（图 26.18），结果发现 PC1 轴、PC2 轴和 PC3 轴上的特征值分别为 39.28%、26.37%、18.97%，解释 84.62%

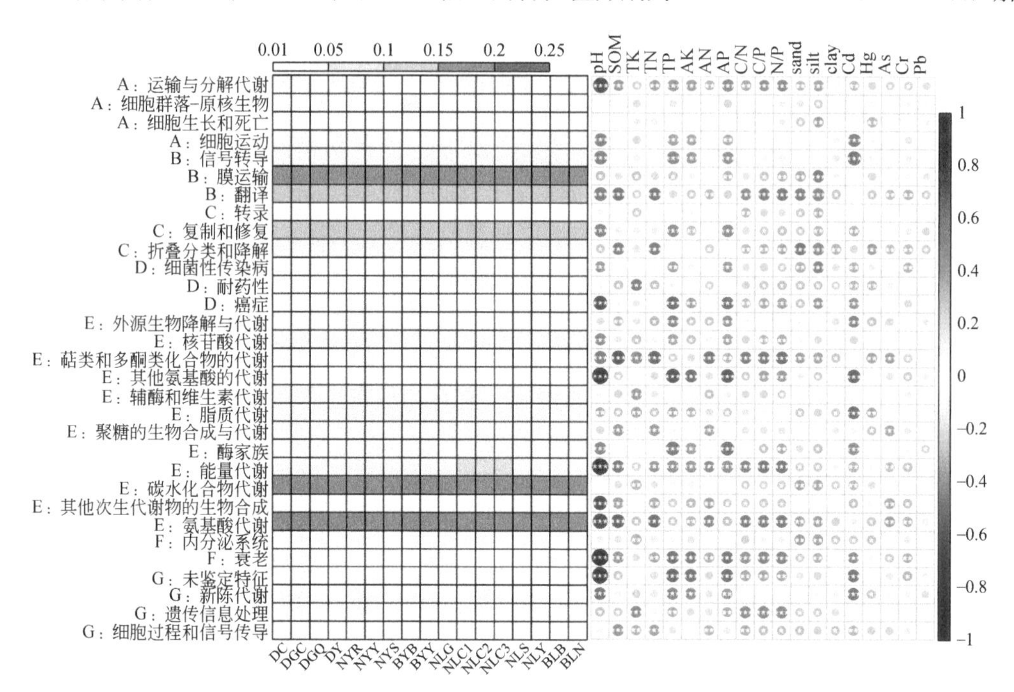

图 26.17　土壤细菌一、二级功能通路相对丰度

A：细胞过程，B：环境信息处理，C：遗传信息处理，D：人类疾病，E：新陈代谢，F：有机系统，G：未鉴定；图中红色代表正相关，蓝色代表负相关；气泡大小代表相关性强弱；“*” $P<0.05$，“**” $P<0.01$，“***” $P<0.001$

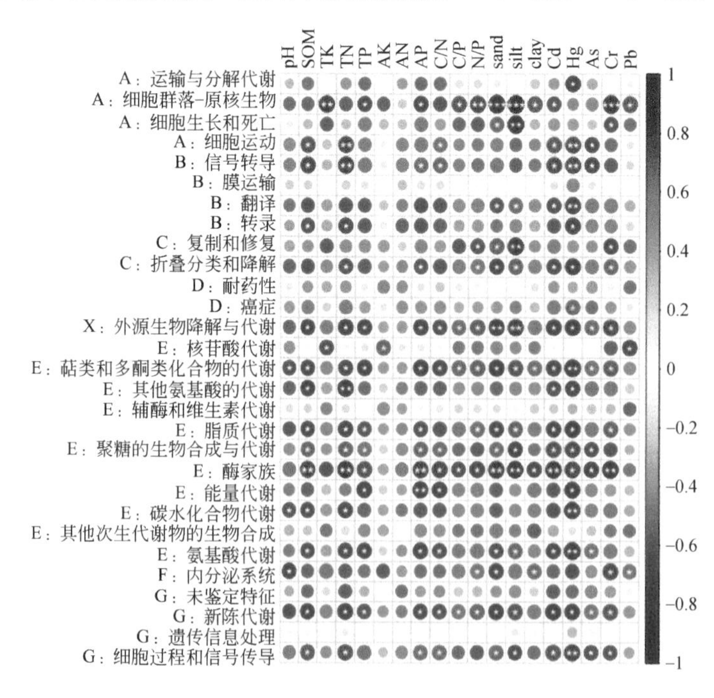

图 26.18　土壤细菌群落功能 PCA 分析

A：细胞过程，B：环境信息处理，C：遗传信息处理，D：人类疾病，E：新陈代谢，F：有机系统，G：未鉴定；图中红色代表正相关，蓝色代表负相关；气泡大小代表相关性强弱；“*” $P<0.05$，“**” $P<0.01$，“***” $P<0.001$

的土壤细菌群落功能差异性，其中在人工林、原生林、农田等土地利用方式下土壤细菌群落功能相似度高。但茶园和其他样地的土壤细菌群落功能明显不同，且 NLC3 与 NLC1、NLC2 两个样地的距离较远，表明茶园土壤细菌群落具有独特的功能，且保护区茶园中不同管理方式会导致土壤细菌群落功能差异。

在不同土地利用方式下，NLC1、NLC2、NLC3 在一级功能通路基因中，能量代谢占比明显高于其他土地利用方式（图 26.19）。将二级功能通路与环境因子进行斯皮尔曼相关性分析，结果发现土壤 pH、土壤理化与大多数二级功能通路具有显著相关关系（P>0.05），尤其是土壤 pH 最为显著，除 Cd 外其他土壤重金属含量与多数二级功能通路无显著相关性，表明土壤 pH 是影响研究区土壤细菌功能的主要影响因素，除 Cd 外其他土壤重金属的影响较小。在二级功能通路中，碳水化合物代谢与 TK、silt、clay 呈显著正相关，与 N/P、C/P、C/N、sand 呈负相关，能量代谢和氨基酸代谢均与 TK、TP、AK、AP、silt、Cr 呈正相关，与 SOM、TN、AN、N/P、C/P、C/N、As 呈负相关，膜运输受 silt、sand、N/P、C/P、TK、TP 的影响最为显著。进一步分析影响茶园土壤细菌群落功能的影响因素，筛选丰度大于 1%的二级功能通路进行斯皮尔曼相关性分析（图 26.20），结果表明 Cd、Hg 对茶园土壤细菌群落功能的影响最大，TP、AP、C/N、Hg 对能量代谢功能通路具有较强限制作用，pH、SOM、TN、TP、Hg 与碳水化合物代谢功能通路具有显著负相关关系，氨基酸代谢与 sand 具有正相关关系，与 SOM、TN、TP、AN、AP、Cd、Hg 具有负相关关系。

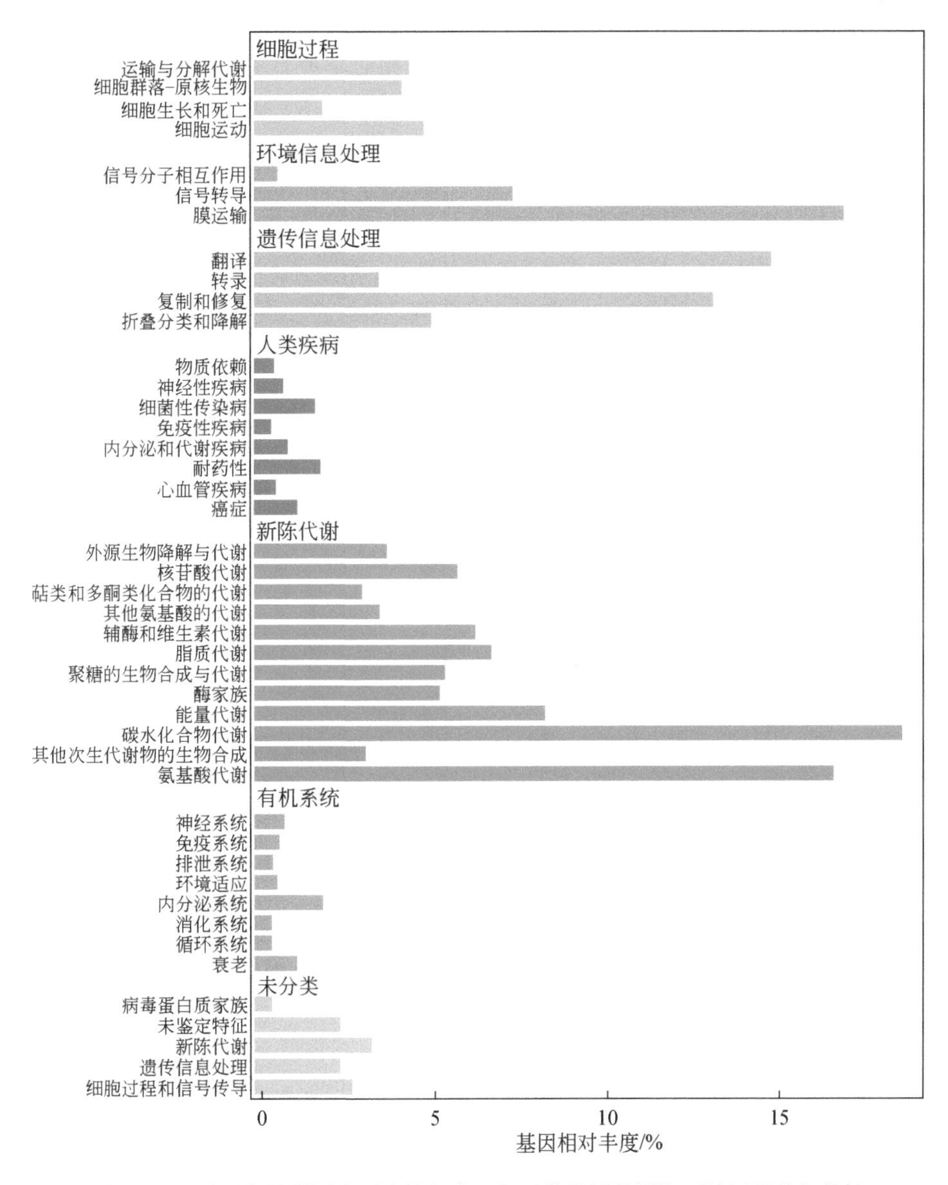

图 26.19　不同土地利用类型土壤细菌二级功能基因热图与环境因子的相关性

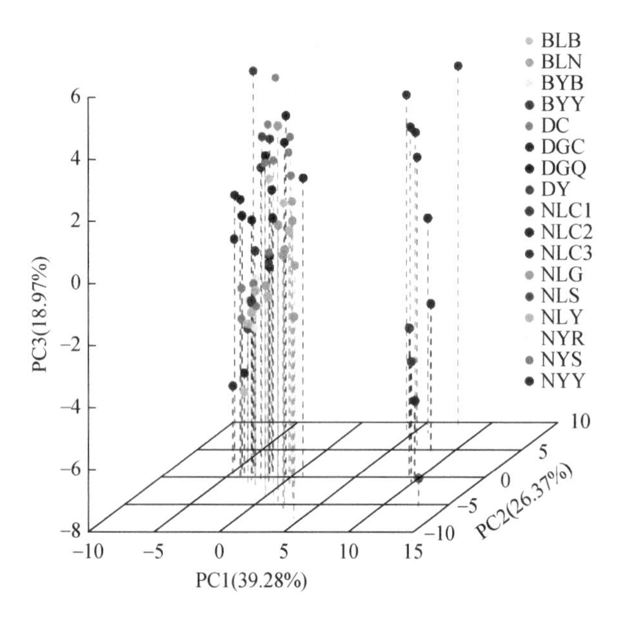

图 26.20 茶园二级功能通路与环境因子的相关性

可将土壤真菌对环境资源的吸收利用方式分为病理营养型（pathotroph）、腐生营养型（saprotroph）和共生营养型（symbiotroph）三种类型，病理营养型类群主要通过损害宿主而获取营养，共生营养型通过与宿主细胞交换资源而获得营养，而腐生营养型与前两者不同，该真菌类群主要通过降解死亡宿主细胞获取营养。利用 FUNGuild 工具预测广西金花茶保护区土壤真菌群落的营养类型，可将其分为未定义营养型类群、腐生营养型、共生营养型、病理-腐生过渡型、病理-共生过渡型、病理-腐生-共生过渡型、病理营养型、腐生-共生过渡型等（图 26.21）。其中研究区土壤真菌未定义营养型占总类群比例的 50%以上，除未定义营养型类群外，研究区土壤真菌腐生营养型类群丰度最大，其次为共生营养型类群。研究区不同土地利用类型下 3 种功能类群相对丰度具有明显分化，其中腐生营养型类群在 NLS、NYS、NLG、NYY 的相对丰度明显高于其他样地，共生营养型类群在 NYS 与 NLS 具有明显优势，在 NLG 与 BLN 具有明显劣势，病理营养型类群在 NLC3、NLC1 相对丰度较高（图 26.22）。

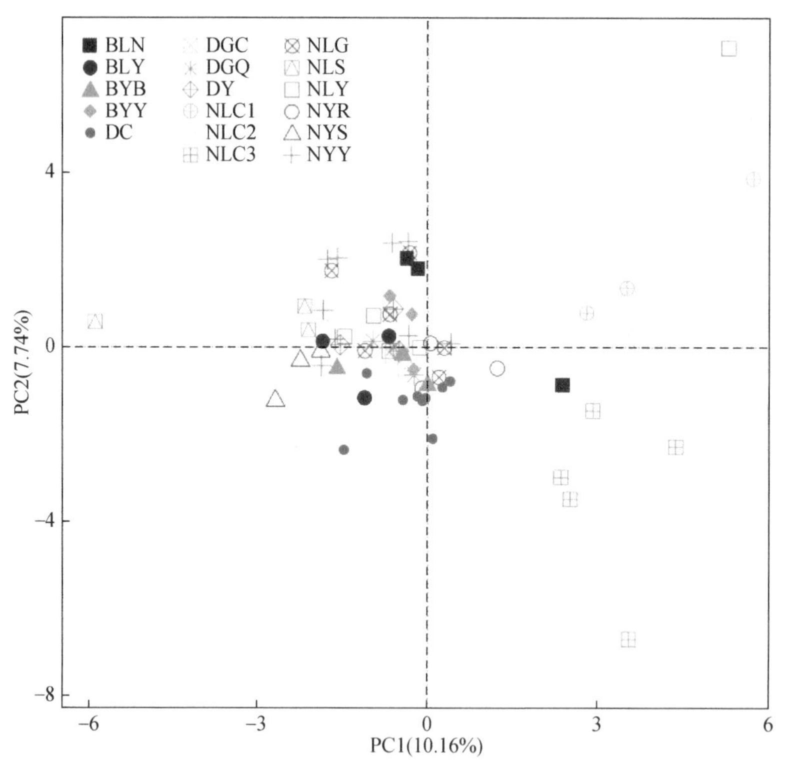

图 26.21 土壤真菌功能预测

进一步对这 3 种功能类群细分为土壤腐生类群（soil saprotrophs）、木质腐生类群（wood saprotrophs）、植物病原类群（plant pathogens）、丛枝菌根类群（arbuscular mycorrhizal）、外生菌根类群（ectomycorrhizali）、杜鹃花类菌根类群（ericoid mycorrhizal）、未定义腐生类群（undefined saprotrophs）等。其中土壤腐生类群多集聚于 NYR、DC，木质腐生类群在 NLC1 分布最为显著，病理营养型下属功能在 NLC3 分布较为广泛，如植物病原类群，NYY 中杜鹃花类菌根类群最具有优势（图 26.22）。PCA 分析结果显示，研究区不同土地利用方式下土壤真菌功能结构存在差异，NLC1、NLC2、NLC3 与其他样地相距较远，其中 NLC3 与 NLC1、NLC2 的样本距离相距较远，说明研究区茶园土壤真菌功能与其他样地差异较大，具有独特的功能结构，且 NLC1、NLC2 差异性较小，两者与 NLC3 差异大。同时，NLS、NYS 土壤真菌功能相似度较高，而 NLS 与 NLY 的土壤真菌功能差异大，同样地，NYS 与 NYS 的土壤真菌功能也存在较大差异（图 26.23）。通过 Spearman 分析探究功能类群与环境因子间的相关关系，结果显示植物病原类群（plant pathogens）、木质腐生类群（wood saprotrophs）与土壤 pH、TP、AP、Cd 为显著正相关关系，与 SOM、N/P、C/N、C/P 为显著正相关关系。而土壤腐生类群却与 SOM、TN、AN、Hg、As 呈正相关，与 TK、AP 呈负相关，这表明植物病原类群、木质腐生类群与土壤腐生类群在一定程度上相互排斥且可能存在竞争的关系（图 26.22）。

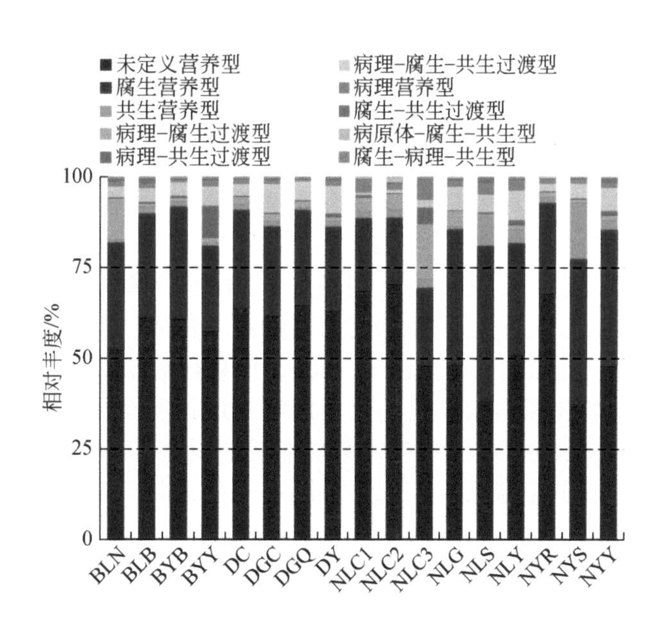

图 26.22　土壤真菌细分功能

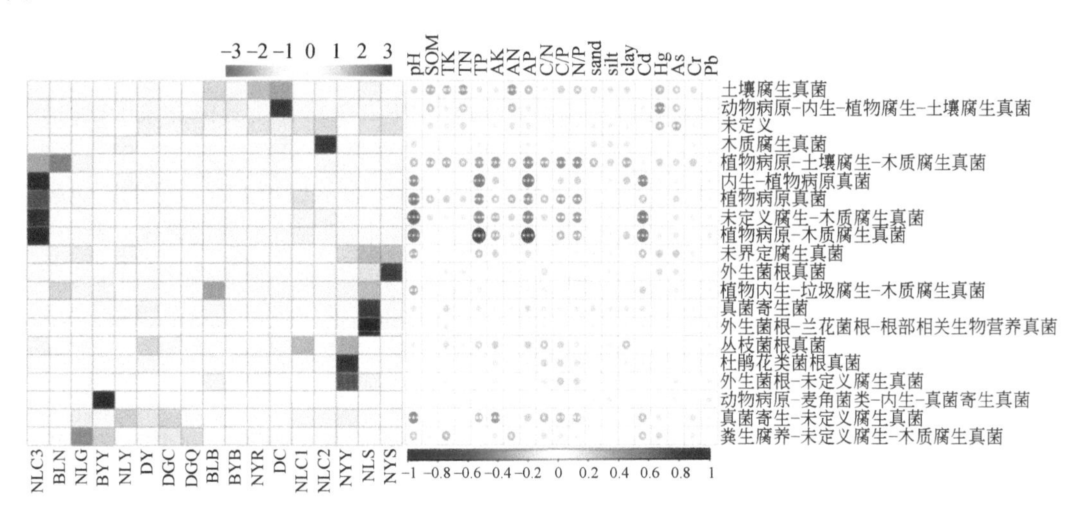

图 26.23　土壤真菌功能差异分析

2. 本章结论与讨论

通过将土壤细菌群落数据与 KEGG 数据库对比，结果显示，广西金花茶保护区土壤细菌群落功能主要由细胞过程、环境信息处理、遗传信息处理等 6 个一级功能通路组成，包括其他次生代谢产物的生物合成、碳水化合物代谢、氨基酸代谢等 44 个二级功能通路，表明研究区土壤细菌群落功能具有多样性。在一级功能通路中新陈代谢功能的相对丰度最高，表明研究区土壤细菌群落通过代谢活动来维持生态系统的运作与稳定，这与相关研究结果一致（刘坤和等，2022；南镇武等，2021）。在二级功能通路中，碳水化合物代谢、膜运输、氨基酸代谢和能量代谢为核心，表明土壤细菌群落通过代谢活动对碳水化合物、氨基酸、能量进行消耗，并通过膜运输参与土壤细菌群落间、群落与环境的能量物质交换来维持群落的生存与发挥群落的功能（王树梅等，2021；Rahman et al.，2015）。研究区土壤细菌群落碳水化合物代谢功能与土壤粒度有密切联系，通气性好、保水性差的土壤不利于土壤细菌群落的碳水化合物代谢，进而阻碍土壤固碳效应、磷的溶解等（Polónia M et al.，2014）。茶园的能量代谢大，可能是土壤细菌群落丰富度与多样性高，极大地增加了群落对能量的代谢功能，主要是对土壤全钾、全磷、有效钾与有效磷等物质的代谢最大，不利于土壤钾、磷等物质的保存（William et al.，2014），同时能量代谢提升了土壤固碳功能。因此，定期对广西保护区茶园土壤施钾、磷肥将有利于保护珍稀濒危金花茶组植物。

在土壤真菌方面，研究区土壤真菌未定义营养型类群相对丰度最大，说明关于土壤真菌功能的研究较少，未来需要进一步挖掘其功能。研究区松树林土壤的腐生营养型真菌丰度最高，同时也刺激了病理营养型真菌的生长，研究区松树林及原生林下多草本植物、枯枝落叶层较厚，甘蔗地中待甘蔗成熟时剥叶还田，植物叶片含有大量的木质素和纤维素，为腐生营养型真菌生长与发育提供了物质基础（刘坤和等，2022）。病理营养型真菌在 NLC3、NLC1 中具有明显优势，这类真菌功能类群通过损害宿主细胞获取营养，进而对植物生长具有一定的负面影响，这说明在繁育、保育与保护金花茶植物组时应多警惕植物病虫害（Anthony et al.，2017）。原生林转化为松树林（NYS 与 NLS）后，共生营养型真菌的比例最大，NLG 与 BLN 的共生营养型真菌比例最小，共生营养型真菌与植物健康、营养和品质息息相关，这类真菌有利于降低松树林病虫害风险，但是研究区的农作区农田病虫害风险高，不利于农作物生长，产量与品质不高（Igiehon and Babalola，2017）。

综上，研究区不同土地利用方式对土壤微生物功能结构影响较大，研究区三大类土地利用方式——茶园、林地及农田土壤微生物群落功能差异明显。其中 NLC3 的土壤细菌群落对能量代谢大，可能会引起土壤病理型真菌增加，进而限制金花茶植物组的生长与发育，还会导致茶园病虫害发生。

综上，本节结论如下。

研究区土壤细菌群落功能丰富且多样，共有 7 类一级功能，包括 44 个二级功能，土壤 pH 是群落功能的主要影响因素。研究区主要通过代谢活动与其他功能相互协作，维持土壤细菌群落运作，在茶园土壤中细菌对土壤钾、磷等物质能量代谢大。

研究区土壤真菌群落功能对不同土地利用方式响应显著，其中腐生营养型真菌富集于松树林（NLS、NYS）土壤中，同时也刺激了病理营养型真菌的生长，病理营养型真菌在 NLC3、NLC1 中具有明显优势，原生林转化为松树林（NYS 与 NLS）后共生营养型真菌的比例最大，在 NLG 与 BLN 中的比例最小。

因此，广西金花茶保护区所在山地应根据当地的土壤环境条件，因地制宜地发展林木，种植适宜的经济林木有利于山地土壤安全与可持续发展。定期对广西保护区茶园土壤施钾肥、磷肥将有利于保护珍稀濒危金花茶组植物，在繁育、保育与保护金花茶组植物时应多警惕植物病虫害的发生以及农田病虫害风险。

参 考 文 献

蔡芸霜，张建兵，陆双龙，等，2020. 涠洲岛土壤重金属分布特征及风险评价. 江苏农业科学，48（2）：247-256.

陈玉真，王峰，吴志丹，等，2020. 林地转变为茶园对土壤固氮菌群落结构及多样性的影响. 应用与环境生物学报，26（5）：1096-1106.

黄付平，2000. 防城金花茶林地土壤生化特性的研究. 广西林业科学，（4）：178-181.

季凌飞，倪康，马立锋，等，2018. 不同施肥方式对酸性茶园土壤真菌群落的影响. 生态学报，38（22）：8158-8166.

金碧洁，张彬，2020. 增温对土壤生态系统多重功能性影响的元分析. 土壤通报，51（4）：832-840.

赖书雅，董秋瑶，宋超，等，2021. 南阳盆地东部山区土壤重金属分布特征及生态风险评价. 环境科学，42（11）：247-256.

梁儒彪，梁进，乔明锋，等，2015. 模拟根系分泌物 C∶N 化学计量特征对川西亚高山森林土壤碳动态和微生物群落结构的影响. 植物生态学报，39（5）：466-476.

刘会梅，张天宇，2008. 土壤真菌研究进展. 山东农业大学学报（自然科学版），（2）：326-330.

刘坤和，薛玉琴，竹兰萍，等，2022. 嘉陵江滨岸带不同土地利用类型对土壤细菌群落多样性的影响. 环境科学，43（3）：10.

刘丽，段争虎，汪思龙，等，2009. 不同发育阶段杉木人工林对土壤微生物群落结构的影响. 生态学杂志，28（12）：2417-2423.

刘兴良，史作民，杨冬生，等，2005. 山地植物群落生物多样性与生物生产力海拔梯度变化研究进展. 世界林业研究，（4）：26-34.

满百膺，向兴，罗洋，等，2021. 黄山典型植被类型土壤真菌群落特征及其影响因素. 菌物学报，40（10）：2735-2751.
南镇武，刘柱，代红翠，等，2021. 不同轮作休耕下潮土细菌群落结构特征. 环境科学，42（10）：4977-4987.
潘伟志，2015. 典型岩溶流域不同生态环境土壤细菌多样性特征研究. 武汉：华中科技大学.
秦纪洪，张文宜，王琴，等，2013. 亚高山森林土壤酶活性的温度敏感性特征. 土壤学报，50（6）：1241-1245.
王树梅，王波，范少辉，等，2021. 带状采伐对毛竹林土壤细菌群落结构及多样性的影响. 南京林业大学学报（自然科学版），45（2）：60-68.
吴照祥，郝志鹏，陈永亮，等，2015. 三七根腐病株根际土壤真菌群落组成与碳源利用特征研究. 菌物学报，34（1）：65-74.
周际海，郜茹茹，魏倩，等，2020. 旱地红壤不同土地利用方式对土壤酶活性及微生物多样性的影响差异. 水土保持学报，34（1）：326-332.
朱平，陈仁升，宋耀选，等，2015. 祁连山不同植被类型土壤微生物群落多样性差异. 草业学报，24（6）：75-84.
Anthony M A, Frey S D, Stinson K A, 2017. Fungal community homogenization，shift in dominant trophic guild, and appearance of novel taxa with biotic invasion. Ecosphere, 8（9）：1951.
Egidi E, Delgado-Baquerizo M, Plett J M, et al., 2019. A few Ascomycota taxa dominate soil fungal communities worldwide. Nature Communications, 10（1）：2369.
Fan L, Shao G, Pang Y, et al., 2022. Enhanced soil quality after forest conversion to vegetable cropland and tea plantation has contrasting effects on soil microbial structure and functions. CATENA，211：106029.
Guo X P, Meng M J, Zhang J C, et al., 2016. Vegetation change impacts on soil organic carbon chemical composition in subtropical forests. Scientific Reports, 6（1）：29607.
He S B, Guo L X, Niu M Y, et al., 2017. Ecological diversity and co-occurrence patterns of bacterial community through soil profile in response to long-term switchgrass cultivation. Scientific Reports, 7（1）：3608.
Igiehon N O, Babalola O O, 2017. Biofertilizers and sustainable agriculture：exploring arbuscular mycorrhizal fungi. Applied Microbiology and Biotechnology, 1（12）：4871-4881.
Jangid K, Williams M A, Franzluebbers A J, et al., 2011. Land-use history has a stronger impact on soil microbial community composition than aboveground vegetation and soil properties. Soil Biology & Biochemistry, 43（10）：2184-2193.
Li N, Chen X, Zhao H X, et al., 2020. Spatial distribution and functional profile of the bacterial community in response to eutrophication in the subtropical Beibu Gulf, China. Marine Pollution Bulletin, 161：111742.
Lin Y T, Huang Y J, Tang S L, et al., 2010. Bacterial community diversity in undisturbed perhumid montane forest soils in Taiwan. Microbial Ecology, 59（2）：369-378.
Myers R T, Zak D R, White D C, et al., 2001. Landscape-level patterns of microbial community composition and substrate in upland forest ecosystems. Soil Science Society of America Journal, 65（2）：359-367.
Polónia A R M, Cleary D F R, Duarte L N, et al., 2014. Composition of archaea in seawater, sedimen, and sponges in the Kepulauan Seribu Reef System, Indonesia. Microbial Ecology, 67（3）：553-567.
Rahman M S, Quadir Q F, Rahman A, et al., 2015. Screening and characterization of phosphorus solubilizing bacteria and their effect on rice seedlings. Research in Agriculture Livestock & Fisheries, 1（1）：26-35.
Wilding L P, 1985. Spatial variability：its documentation, accommodation and implication to soil surveys//Bouma J，Nielsen D R. Soil Spatial Variability. Wageningen：Pudoc：166-194.
William J, David M, Matthew C, 2014. Soil properties and tree species drive ß-diversity of soil bacterial communities. Soil Biology and Biochemistry, 76：201-209.

第 27 章　防城港山江海人地系统变化及其统筹共治

27.1　引　　言

27.1.1　研究背景与意义

1. 研究背景

人地系统是现代地理学的研究对象，可持续人地系统是区域可持续发展研究的前沿领域。人地系统是以地球表层一定地域为基础的人地关系系统。吴传钧先生指出，人地系统是由地理环境和人类活动两个子系统交错构成的复杂的开放的巨系统，其内部具有一定的结构和功能机制（吴传钧，1991）。本质上，人地系统是统一的社会-自然综合体。人地系统理论是众多国家战略的重要基础理论（Wu，2019）。为了解决人地矛盾，协调人地关系，构建人与自然和谐发展关系，世界各国都调整了新的发展思路和发展路径。我国积极贯彻科学发展观，走绿色发展道路；坚持环境保护和节约资源的基本国策。这是新形势下人地系统理论的具体实践形式，充分体现了人地系统理论在指导国家区域经济社会发展中的重要地位。

自党的十八大以来，习近平总书记从生态文明建设的整体视野提出“山水林田湖草是生命共同体”的论断，并强调“统筹山水林田湖草沙系统治理”“全方位、全地域、全过程开展生态文明建设”。我国于2016 年启动山水林田湖草生态保护修复工程试点（齐丽，2021），在生态综合治理的系统性、均衡性、整体性等方面做出了许多有益的探索（贾艳才，2020；陈晓，2021；常国梁等，2018）。在推进山水林田湖草统筹共治的过程中，首先要统筹好人与自然的关系，实现人与自然和谐共生。要按照生态系统的整体性、系统性及内在规律，统筹考虑自然生态各要素、山上山下、地上地下，进行整体保护、系统修复、综合治理，增强生态系统循环能力，维护生态平衡。其次，要统筹好经济发展与环境保护的关系。

山江海人地系统是地理环境中一个独特的人地系统，它物质能量循环变异极其强烈，具有生态环境系统变异敏感度高、空间转移能力强、稳定性差、承灾能力弱、灾害承受阈值弹性小等一系列生态脆弱性特征。探索山江海复合区人地系统演变空间格局、变化过程、驱动机制、环境效应、生态服务、智慧决策，是人口、资源、环境与经济协调发展的迫切需要。从地理上看，从十万大山到防城江，再到防城港市及防城湾，是典型的山江海人地系统；从经济发展看，防城港是广西北部湾经济区的核心城市，是中国仅有的两个沿边与沿海交会的城市之一，也是我国西南地区的沿海区域和最便捷的出海通道。在这样的背景下，以具有沿边、沿海和沿江特征的防城港市为研究对象，开展防城港山江海人地系统变化及其统筹共治研究，为山江海人地系统合理开发利用自然资源和实现该区域生态修复治理提供一定的科学依据。

2. 研究意义

在现代地理学中，人地系统是一个重要的研究对象，而在区域可持续发展领域，可持续人地系统又处于前沿地位。山江海地域空间是集水、土、气、生、地、人等地理要素于一体，是人文自然耦合所呈现的多层级、多类型的复杂区域空间。推动区域可持续发展，可以完善地理学中关于人地系统的理论；在实践方面，选择地域特征鲜明，具有山江海人地系统的防城港市作为研究对象，具有重要的现实意义；在技术方法方面，基于供需综合运用多种方法，增强技术性与科学性，为其他相关研究提供借鉴。

理论意义：从山江海地域空间视角，将经济学中的供需和供需平衡的概念引入人地系统研究中，将人地系统中地理环境界定为“地”的供给，人对地的作用和影响界定为“人”的需求，在此基础上构建指标体系，探究二者的协调度和耦合协调发展，并分析区域人地系统的可持续发展，从“山水林田湖草是生命共同体”的角度探讨如何推进防城港市山水林田湖草统筹共治，为人地系统可持续发展及其统筹共治提供一个新的视角。

现实意义：为进一步推动防城港市可持续发展提供决策依据。实现经济发展与生态保护协调推进，实现人与自然和谐相处，是缓解资源环境约束压力、建设生态文明示范区的重要保障，对防城港市人地矛盾的缓解以及协调发展具有重要意义。从供需视角开展防城港山江海人地系统可持续发展的研究，划分人地系统协调类型，研究各区域可持续发展的时空格局，有针对性地分析不同区域人地系统的特点和发展存在的问题，科学全面地提出优化路径，在阐明防城港山江海人地系统变化的基础上，提出防城港市山水林田湖草统筹共治的建议，推进山江海地域空间生态文明建设，对实现区域的生态-社会可持续发展具有非常重要的理论及现实意义。

27.1.2　国内外研究进展

1. 山江海地域人地系统与可持续发展研究进展

近几十年来，人类活动对陆地表层影响的范围、强度和幅度不断扩大，人地矛盾突出，全球可持续发展面临的威胁不断增加，需要耦合自然与人文要素过程，通过发展系统整体的综合方法，探讨变化环境下的自然要素与人文要素耦合机制和陆地表层系统动态变化特征（傅伯杰，2018）。可持续性是人地系统的重要属性和关键维度，可持续性可以被理解为一个过程，人地系统通过这一过程，走向可持续发展（赵文武等，2020）。

国际组织对人地系统耦合与可持续发展的关注度较高，20 世纪末后相关研究开始逐渐兴起。从关注人地耦合系统状况和动态，探讨概念框架，到探讨气候变化下的影响和适应，再到探讨双向反馈与可持续发展。目前，人地系统的耦合研究经历着快速发展，正在从直接相互作用深化为间接相互作用、从近程耦合发展为远程耦合，从局地尺度拓展到全球尺度，从简单过程演化为复杂模式。近年来，学界在人地系统耦合研究框架、耦合模型、研究网络或科学计划以及耦合分析和综合评价等方面取得了丰富的成果。

在人地系统耦合研究中，生态系统服务作为连接自然生态系统与社会经济系统的纽带与桥梁（Lewison et al.，2017），也为推动形成“格局—过程—服务—可持续性”的人地系统耦合研究框架提供了重要支撑。该研究框架是在探讨格局与过程作用机制的基础上，进行生态系统服务权衡与协同分析，辨析生态系统服务动态变化与人类福祉、可持续性的互动机制，进而有效连接自然生态系统和人类社会系统（赵文武等，2018）。而在 Aspinall 提出的基于土地系统概念的人地耦合框架中，也将生态系统服务作为耦合人类系统和自然系统的关键，只是其从土地利用和土地覆盖角度，将人地系统分别划分为土地利用和土地覆盖系统进行耦合（Richard and Michele，2017）。与之相似，Chen 和 Liu（2014）从景观生态学角度出发，认为生态系统和人类系统分别作为景观中的自然本底要素和周围环境要素自然耦合起来，不可分割，共同塑造着景观的格局和过程。人地系统耦合研究的核心是明晰人类社会系统和自然系统间复杂的相互影响关系，进而服务于有效资源利用和生态系统管理，以实现可持续发展目标。

实现复杂性区域可持续发展的基础是建立和谐、稳定的复杂性区域人地系统。作为人地系统理论研究的重要课题，复杂性区域人地系统研究不仅需要刻画和揭示特有的自然地理环境演化特征，同时也要将社会人文情况纳入研究范畴（敬博等，2021）。综合性、复杂性、多元化的系统研究越来越受学界关注，但关于复杂区域人地系统的研究成果并不充足，分散性明显，在概念内涵、耦合机制、模型应用与模拟等方面仍未成熟。部分学者进行了相关的探讨，如邓伟等（2020）基于人文自然耦合视角，认为山江海地域系统地理空间具有半人文半自然的过渡性属性，还从地理学系统观的角度，结合多学科等理论，表征了色差渐变性原理，并结合地理编解码和空间分析技术，构建了人文自然耦合地理空间科学研究逻辑框架；明庆忠和刘安乐（2020）对山-原-海概念、战略价值解读及科学发展思路进行研究，他们认为山-原-海是一个由山地、平原和海洋相互关联有机发展的系统，是对山地、平原和海洋统筹发展的战略；张泽等（2021）基于山江海视角并应用 SPR 模型对桂西南—北部湾地区进行生态环境脆弱性评价分析研究。在广西关于山江海人地系统的相关研究主要是在喀斯特山区、流域地区、海岸带地区，如史莎娜等（2018）以典型喀斯特丘陵盆地——全州县为研究对象，对区域 2005～2015 年喀斯特区和非喀斯特区的农业景观格局和生态系统服务价值变化进行分析研究；毛蒋兴等（2019）以广西北部湾海岸带为研究区，分析了广西北部湾海岸带在海洋生态环境、海洋产业及岸线利用等方面的问题，并从生态格局、产业发展和空间管制方面提出布局方案；这些研究为后续的发展提供了很好的基础。在研究视角上，学科综合性趋势明显，系统科学研究内核凸显，在研究内容上，研究领域广泛、成果丰富，但理论基础和系统性有待加强，在研究方法上，定量化和数字化不断加强，但针对性研究有待提高。在未来的研究发展中，我们应当致力于构建一个多学科交叉融合的复杂性区域人地系统理论体系。在大数据和人工智能技术的支撑下，我们不仅要深入研究尺度交互中复杂性区域要素的时空分布规律、内在机理和预测方法，还要立足于生态文明建设的视角，加强对复杂性区域自然环境变化的监测和预警机制以及人地系统的调控研究。这将有助于我们更好地理解和应对环境变化，实现人与自然的和谐共生，促进可持续发展。

2. 山江海地域系统的人地系统统筹共治研究进展

山江海地域系统的人地系统统筹共治和综合管理是保障资源-生态环境-社会-经济-人口可持续发展的有效措施与重要工具（邓伟等，2020）。中国在山-江-海单要素治理方面有卓越的经验，在古代，大禹治水就是典型案例。现代山江海地域系统的人地系统综合管理兴起于 20 世纪 30 年代欧洲、北美洲等地，其中有不少优秀的模式案例，如澳大利亚墨累-达令河流域人地系统管理模式、欧洲莱茵河的国际合作开发与管理模式以及美国密西西比综合管理模式（明庆忠和刘安乐，2020）。许多国际组织和国家利用生态综合治理方式，促进湿地、农田、森林等自然资源的保护和合理利用，实现提升生物多样性、缓减和适应气候变化、保障人类健康等目标，极大地促进了生态系统管理方法研究（陈洁等，2022）。我国对人地系统统筹共治和综合治理的研究起步较晚，20 世纪 90 年代开始对资源、生态环境及海岸的经济、人口等进行管理。为了推动人地系统人口、经济、生态环境可持续发展，十七大报告提出要加强生态文明建设。自党的十八大以来，习近平总书记从生态文明建设的整体视野提出“山水林田湖草是一个生命共同体”的论断，强调“统筹山水林田湖草沙系统治理”“全方位、全地域、全过程开展生态文明建设”。山水林田湖草生态综合治理是我国生态文明建设的重要实现手段，也是我国未来生态治理的重要方向。但我国山水林田湖生态综合治理正处于研究和初步实践中，目前缺乏整体系统理念和顶层设计，山水林田湖草生态综合治理统筹机制尚待完善；林草、农业、环境等自然管理部门之间缺乏交流与合作，山水林田湖草生态综合治理各项措施之间缺乏系统性和整体性；理论研究居多，实践应用研究偏少，无法充分把握山水林田湖草生态综合治理问题和需求。

27.1.3　研究内容

1. 防城港山江海人地系统变化研究

在供需视角下构建防城港山江海人地系统供需指标体系，基于土地利用变化计算生态系统服务价值，包括林地、草地、农田、湿地、水域等不同地类的供给、调节、文化和支持服务价值，以此反映“地”的供给；从人口、经济发展、自然资源消耗、粮食需求压力和污染排放压力 5 个方面构建指标体系，以此反映“人”的需求。从供需视角阐明防城港山江海人地系统变化情况。

2. 防城港山江海人地系统可持续发展指数及人地系统协调类型划分

通过供需指标体系，计算人地系统可持续性指数。运用耦合度和耦合协调度来探讨人地系统中“人”的各类生活生产基本需求与各类“地”的生态系统服务之间的平衡关系。根据“人”的需求水平和“地”

的供给水平的状态匹配关系，将人地系统协调的状态划分为人地关系协调、人地关系较协调、人地关系较不协调、人地关系不协调四种类型。

3. 防城港山江海地域系统空间统筹共治

我国山水林田湖生态综合治理正处于研究和初步实践中，统筹指跨区域、流域制定生态环境保护方案，共治指调动各利益相关方参与生态环境保护。在分析防城港山江海人地系统变化的基础上，积极探索研究区统筹共治的原则和建议，为防城港山江海地域系统空间可持续发展提供参考。

27.1.4　研究思路与方法

1. 研究思路

以防城港山江海人地系统变化及其统筹共治为目的，计算自然供给指数、人类需求指数，从供需视角研究防城港市人地系统可持续发展；计算山江海人地系统可持续发展指数及人地系统协调类型划分；基于供给视角、需求视角、综合视角分析优化路径，从生态补偿机制构建方面提出统筹共治对策建议。具体技术路线如图 27.1 所示。

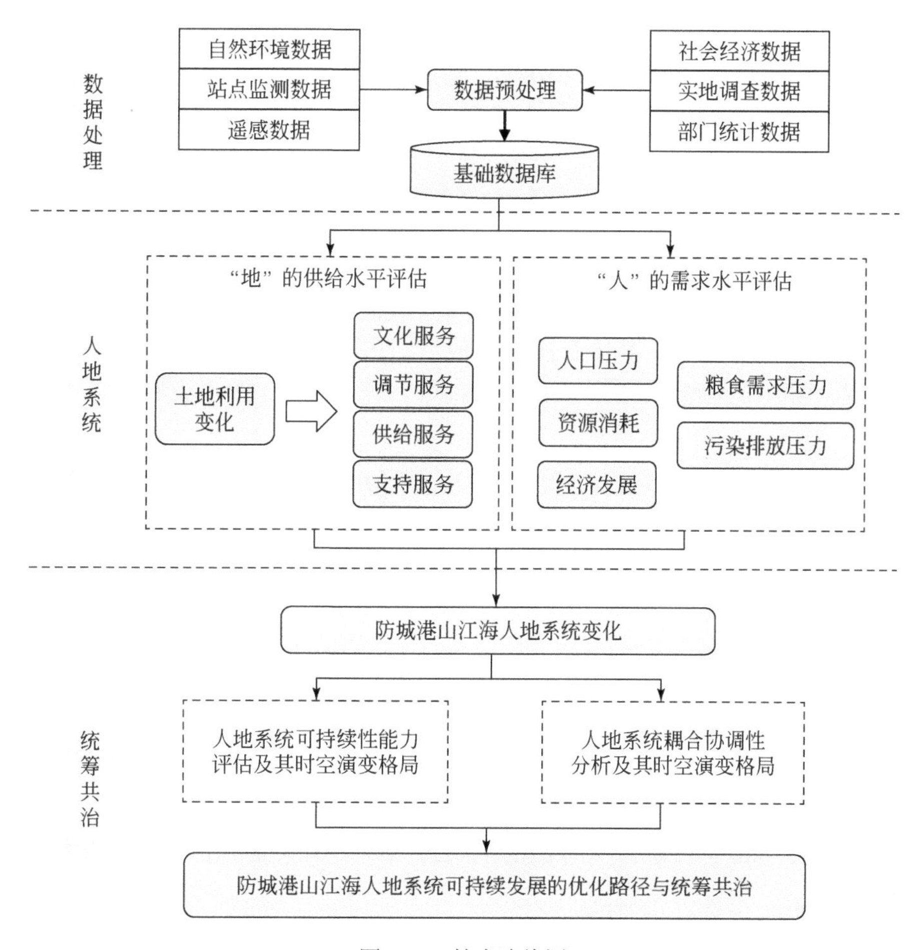

图 27.1　技术路线图

2. 研究方法

1）文献分析和实地调研相结合

收集相关文献资料，梳理国内外在山江海地域空间、人地关系、人地系统、可持续发展理论和统筹共治等方面的相关研究成果和数据资料。通过实地调研、专家咨询等手段全面掌握研究区的一手资料与数据，从而对区域概况进行全面把握，提高数据的准确性以及研究的科学性和可靠性。

2）理论研究与实证案例相结合

在已有相关理论的基础上，梳理山江海人地系统变化及其统筹共治的理论方法。在理论研究的基础上，结合研究区防城港市的发展现实，利用回归模型、耦合协调模型等分析防城港市自然供给与人类活动指数的时空演变，对人地系统的可持续性进行评估并分析人地系统的耦合性和耦合协调性。

3）数学模型与 GIS 空间分析相结合

运用 GIS 技术手段分析防城港市土地利用栅格图，分析土地利用时空演变及生态系统服务，形成各种类型和尺度的土地利用变化和时空格局图，为分析供需视角下人地系统可持续发展提供原始数据、技术手段和分析结果，并以此作为空间行为的决策依据。

27.2 研究区概况

防城港市位于我国广西壮族自治区南部，中国大陆海岸西南端，北回归线以南。地理位置为107°28′～108°36′E，21°36′～22°22′N，行政区域总面积为 6238.62km^2。防城港市是一座临海城市，同时也是我国的边关城市、港口城市。其位于我国大陆海岸线的西南端，面朝东南亚，南临北部湾，北与南宁市接壤，东与钦州市相接，西南与越南接壤。海岸线为 580km，陆地边界为 100.90km。

27.2.1 自然状况

1. 地理状况

防城港的地势中间高、两边低，十万大山山脉横贯其间，向东南和西北倾斜。全市主要分布有丘陵、山地、沿海滩涂三种主要地形，其中丘陵面积最广，占全市总面积的 80%以上。全市境内大小河流众多，水资源丰富，其中流域面积达到 50km^2 以上的河流共有 50 条，流域面积达到 10050km^2 以上的河流有 21 条。

2. 气候条件

防城港市地处低纬度地区，属于海洋性季风气候。其主要受到海洋与十万大山山脉的影响，具有雨量充沛的特点。该地区雨量集中在每年的 6～9 月，降水量占全年降水量的 71%。一年中，年最大降水量为 3111.9mm，年最小降水量为 2362.6mm。其历年的平均气温为 22.5℃，每年 7 月温度达到最高值，而全年最低气温多出现在冬末春初之间。

3. 自然资源

土地资源：防城港市土地总面积为 623861.88hm^2，其中耕地面积为 91397.46hm^2，占土地总面积的 14.6%左右；林地面积为 392596.4hm^2，占总面积的 62.9%左右；山地、丘陵面积占 7.8%；水域面积占 8%；其他占 6.7%。

土壤资源：防城港市土壤分属水稻土、砖红壤、赤红壤、黄壤、紫色土、冲积土、风沙土、沼泽土 8 个土类。西北山区以黄壤和红壤为主，主要种植旱地作物和经济林；南部丘陵沿海地带多分布冲积土、潮汐土、紫色土，为市内重要水稻耕作区。

矿产资源：防城港市现已知的矿产种类共有 48 种，包括煤、锰、花岗岩、砖瓦用页岩、石灰岩、建筑用河砂、建筑砂岩等，其中已查明储量的矿床共有 28 种。

海洋资源：防城港管理海域面积近 1 万 km^2，因此全市海产十分充足。在其浅海范围内，有浮游植物

104 种、浮游动物 132 种，各类海洋生物种类达 1155 种，其中，虾类 35 种，蟹类 191 种，螺类 143 种，贝类 178 种，头足类 17 种，鱼类 326 种。其中，包括 20 多种主要经济鱼类、10 多种经济虾类等。防城港市凭借优质的海水质量，具有充足的自然饵料，有很大的养殖业发展潜力。

动植物资源：该地区野生动物资源极其丰富，现发现陆栖脊椎动物共有 397 种，其中两栖动物 29 种，爬行动物 69 种，鸟类 218 种，兽类 81 种。拥有云豹、金钱豹、巨蜥和蟒蛇等国家一级保护野生动物，以及穿山甲、猕猴、黑熊、虎纹蛙等 58 种国家二级保护动物。防城港市拥有充足的日照和雨量，为植物的栖息和分布提供了优质的发育条件，防城港市野生维管束植物在 2500 种以上，国家一级重点保护野生植物有狭叶坡垒、十万大山苏铁、膝柄木 3 种，国家二级保护野生植物有金毛狗、苏铁蕨、水蕨等 20 种。防城港市沿海滩涂有 3.59 万亩红树林，有木榄、秋茄、桐花树和白骨壤等 17 个种类，是全国红树林植物种类分布较多的地方。

27.2.2　社会经济状况

防城港市是我国唯一一个与东盟相连的边关城市，是“一带一路”的通道城，与越南最大的特区芒街仅相隔一条河。防城港市拥有 4 个国家级口岸，其中东兴口岸是我国陆路边境第一大口岸、沿海主要出入境口岸。防城港作为西部第一大港，共与 170 多个国家和地区展开贸易往来，且有 250 多个港口实现通航，正在逐渐成为中国与东盟区域性国际航运枢纽和港口物流中心。

1. 经济结构

2020 年全年实现生产总值 732.81 亿元，比上年增长 5.1%。从产业看，第一产业增加值为 111.08 亿元，增长 3.9%；第二产业增加值为 348.07 亿元，增长 6.8%；第三产业增加值为 273.66 亿元，增长 3.2%。第一、第二、第三产业对经济增长的贡献率分别为 11.4%、64.9%、23.6%，其中，工业对经济增长的贡献率为 50.5%。

防城港已成为我国最大的磷酸加工出口基地和重要的粮油加工基地，依托港口对钢铁、能源、化工、粮油、物流等大型产业的布局，大力发展以重工业为主轴的特色产业群，加快构建粮油加工、钢铁、电力、化工、电子、制糖、制药、特色农产品加工八大工业体系。

2. 人口状况

2020 年末，防城港市户籍人口 101.27 万人，比上年末增加 0.90 万人。其中男性有 54.5 万人，女性 46.77 万人，分别占全市总人口的 53.8%、46.2%。防城港市是一个多民族聚居的地区，包括汉族、壮族、瑶族以及京族 4 个世居民族。随着防城港市城市建设快速发展和户籍政策的开放，防城港市的人员流动逐渐增多，来该地区就业、经商的人日益增多。截至 2020 年底，全市有 37 个少数民族，共 50.75 万人，占全市总人口的 50.1%，其中京族人口 29415 人。

国家统计局的数据显示，防城港市 2015 年男性人口为 51.84 万人，女性人口为 43.78 万人，男女性别比为 118.41（以女性为 100）；2020 年男性人口为 54.51 万人，女性人口为 46.77 万人，男女性别比为 116.55。图 27.2 显示了 2015～2020 年防城港市男女性别比情况，防城港市人口性别比实现了连续五年持续下降，男女人口数量差从 2015 年的 8.06 万人减少到 2020 年的 7.74 万人。在正常的自然状况下，男女性别比应介于 103～107。防城港市男女性别比已远超

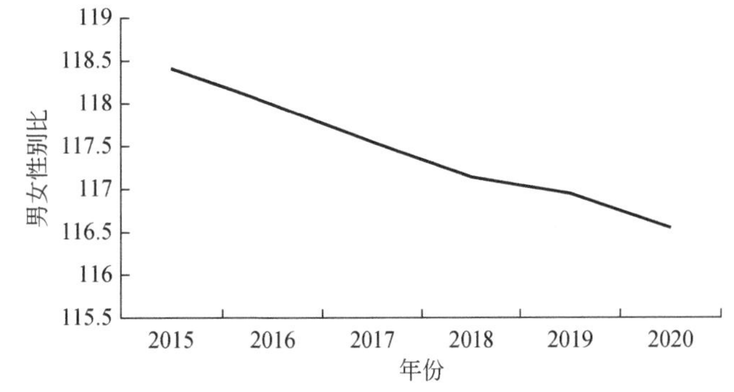

图 27.2　防城港市 2015～2020 年男女性别比统计图

这一数据，仍然属于人口性别结构失衡的地区，如图 27.2 所示。

国家统计局的数据显示，防城港市 2015～2020 年各年龄段人口占比见表 27.1。2015 年防城港市 0～18 岁人口 24.86 万人，2020 年增长至 27.46 万人；2015 年防城港市 19～60 岁劳动人口 57.8 万人，2020 年增长至 59.09 万人，约占总人口数的 59%；2015 年防城港市 60 岁以上人口占比高达 13.5%，2020 年上升至 14.50%，高于全国平均水平（12.6%），处于人口老龄化社会水平。

表 27.1 防城港市 2015～2020 年各年龄段人口占比

年龄构成	2015 年人口/万人	占比/%	2020 年人口/万人	占比/%
0～18 岁	24.86	26.00	27.46	27.10
19～35 岁	26.18	27.30	23.36	23.10
36～60 岁	31.62	33.10	35.73	35.30
60 岁以上	12.95	13.50	14.71	14.50

27.3 供需视角下防城港山江海人地系统变化

通过定量化和空间化“地”的供给和“人”的需求，分析土地利用、生态系统服务和人类需求指数的时空演变特征，结合供需两方面阐明防城港山江海人地系统变化情况。

27.3.1 人地系统供给时空演变分析

生态系统是人地系统的重要组成部分，生态系统服务供给是生态系统为人类提供生产产品与服务，满足人类的各种需求，其时空演变能够较好地反映人地系统供给的变化趋势与特征（井波，2021）。根据防城港市土地利用类型数据，分析不同土地利用类型面积变化、土地利用动态度、土地利用强度以及生态服务价值变化，揭示不同土地生态系统类型供给数量变动及时空演变特征，识别生态系统服务的供给能力。

时间尺度：本次分析选择的研究时段为 2015～2020 年，选取 2015 年和 2020 年两个年份的土地利用类型数据及其相关指数进行计算和分析，以探讨其年际变化特征。

空间尺度：本次主要从栅格尺度和区域尺度进行分析。其中，栅格尺度主要在 30m×30m 尺度上对数据进行计算和分析。在栅格尺度上计算生态系统服务价值、土地利用强度、土地利用动态度以及土地利用类型面积变化，分析空间格局分布特征。区域尺度主要以行政区划为评价单元。

1. 不同用地类型供给数量时空演变分析

1）土地利用类型数量变化

研究以土地利用数据为基础，对耕地、林地、草地、水域、建设用地、未利用地和海洋 7 类土地利用类型进行分析，探究防城港市 2015～2020 年不同土地利用类型供给数量时空格局和动态特征，结果如表 27.2 所示。林地是防城港市最主要的土地利用类型，面积超过土地总面积的 70%；耕地是面积第二大土地利用类型，面积占比为 14%左右；未利用地面积最小，面积占比保持在 0.06%。综合来看，2015～2020 年防城港市各土地利用类型总量变化较为平缓，主要表现为建设用地面积显著增加，其他 6 类土地利用类型面积均有所减少。土地利用类型变化幅度由大到小依次为建设用地、未利用地、水域、海洋、草地、耕地和林地。2015～2020 年耕地面积减少 1151.10hm^2，减幅为 1.34%，主要与建设用地的扩张利用有关；未利用地小幅减少 30.15hm^2，减幅为 7.68%。建设用地有明显的增长，增加 5284.08hm^2，增幅达到 38.50%。防城港市林地面积占比超过 70%，且 2015～2020 年面积变化最少，这与防城港市高度重视林业发展，侧重生态林业和民生林业，以保持防城港市林地高质量发展有关。

表 27.2　2015～2020 年防城港市土地利用类型面积及变化

土地利用类型	2015 年		2020 年		面积变化量/hm²	面积变化幅度/%
	面积/hm²	比例/%	面积/hm²	比例/%		
耕地	86087.97	14.52	84936.87	14.32	−1151.1	−1.34
林地	437883.3	73.83	435094.65	73.37	−2788.65	−0.64
草地	36957.42	6.23	36199.98	6.10	−757.44	−2.05
水域	17241.21	2.91	16623.09	2.80	−618.12	−3.59
建设用地	13723.47	2.31	19007.55	3.21	5284.08	38.50
未利用地	392.49	0.07	362.34	0.06	−30.15	−7.68
海洋	800.55	0.13	782.73	0.13	−17.82	−2.23

2）土地利用类型转换变化

土地利用转移矩阵可用于分析区域土地利用类型结构变化，反映两个时期各土地利用类型间转出和转入的数量关系，基于马尔可夫模型可进一步建立转移概率矩阵用于研究土地利用结构变化趋势。2015～2020 年防城港市土地利用转移矩阵见表 27.3。耕地向其他地类共转化 4657.95hm²，占期初耕地面积的 5.41%，主要转化为林地和建设用地。防城港市利用油茶、防护林项目造林补助的惠民政策，全力以赴推进植树造林，促使 2776.77hm² 耕地向林地转变，占转出面积的 59.61%。城镇扩张占用耕地面积 1415.88hm²，占转出面积的 30.40%。其他地类向耕地转化的面积共 3527.73hm²，占期末耕地面积的 4.15%，林地、建设用地和草地是耕地最主要的补充来源，分别占耕地流入总面积的 78.29%、8.75%和 6.85%。

表 27.3　2015～2020 年防城港市土地利用类型转移矩阵

土地类型	耕地	林地	草地	水域	建设用地	未利用地	海洋	2020 年总计	流入总量	流入比例
耕地	81407.88	2761.92	241.74	215.1	308.61	0.09	0.27	84935.61	3527.73	4.15
林地	2776.77	429511.05	1719.99	795.33	262.44	6.75	16.2	435088.53	5577.48	1.28
草地	195.12	1720.98	34127.1	69.66	32.31	36	10.98	36192.15	2065.05	5.71
水域	268.83	794.97	73.98	15409.26	47.79	2.52	22.14	16619.49	1210.23	7.28
建设用地	1415.88	2990.34	772.92	723.51	13042.62	0	23.22	18968.49	5925.87	31.24
未利用地	0.18	4.5	7.02	2.43	1.26	344.61	0.63	360.63	16.02	4.44
海洋	1.17	21.06	6.84	10.89	5.85	1.08	726.93	773.82	46.89	6.06
2015 年总计	86065.83	437804.82	36949.59	17226.18	13700.88	391.05	800.37	592938.72	—	—
转出总量	4657.95	8293.77	2822.49	1816.92	658.26	46.44	73.44	—	18369.27	—
转出比例	5.41	1.89	7.64	10.55	4.80	11.88	9.18	—	—	3.10

注：除转出比例和流入比例单位为%以外，其他项目单位为 hm²。

3）土地利用动态度

土地利用动态度是研究土地利用在特定时间内不同土地利用类型的变化速率。指标数值越大，表征土地利用变化程度越大，反之，土地利用变化程度越小。对于单项地类动态度的计算，综合转入和转出两方面变化过程，避免只考虑转入数量变化而低估变化程度的弊端，构建土地利用动态度模型，用以分析土地利用动态变化特征（李俊翰，2019）。公式如下：

$$D_i = \frac{\mathrm{TC}_i}{\mathrm{SC}_{ij} + \mathrm{TC}_i} \times 100\% \tag{27.1}$$

式中，i 为土地利用类型；D_i 为第 i 种土地利用类型的土地利用动态度；TC_i 为第 i 种土地利用类型的转入面积和转出面积之和；SC_{ij} 为第 i 种土地利用类型未发生转移的面积。为反映研究期内所有土地利用类型的整体变化程度，使用各地类的转入面积和转出面积之和除以未发生转移的地类面积。

利用土地利用动态度模型计算 2015～2020 年防城港市的各土地利用类型单一动态度和综合土地利用动态度。2015～2020 年防城港市土地利用变化趋势较为平缓，综合土地利用动态度为 3.20%。不同土地利用类型单一动态度见表 27.4。2015～2020 年，建设用地变化最为剧烈，单一动态度高达 50.48%，是防城港市的敏感变化地类。其次，水域、未利用地和海洋的单一动态度介于 15%～20%之间，随后是草地和耕地，其单一动态度介于 10%～15%之间，林地变化最为平缓，单一动态度仅为 3.23%。

表 27.4 2015～2020 年防城港市各土地利用类型单一动态度

土地利用类型	转入转出面积之和/hm^2	未转移面积/hm^2	单一动态度/%
耕地	8185.68	81407.88	10.06
林地	13871.25	429511.05	3.23
草地	4887.54	34127.1	14.32
水域	3027.15	15409.26	19.65
建设用地	6584.13	13042.62	50.48
未利用地	62.46	344.61	18.12
海洋	120.33	726.93	16.55

2. 不同土地利用强度时空演变分析

土地利用强度反映了人类活动对陆地表面的扰动程度，是人类因素与自然环境因素的综合响应。土地利用强度指数如下：

$$L=\sum_{i=1}^{n}(A_i \times C_i)\times 100\% \tag{27.2}$$

式中，L 为研究区土地利用强度指数；A_i 为第 i 种土地利用类型的强度等级值；C_i 为第 i 种土地利用类型面积占研究区总面积的比例；n 为研究区土地利用类型的数量。参考冯佰香等（2017）研究，对土地利用类型自然状态被人为干扰的程度进行分级，见表 27.5。

表 27.5 土地利用强度分级表

土地利用类型	耕地	林地	草地	水域	建设用地	未利用地	海洋
强度分级	4	3	2	2	5	1	2

结合研究区实际状况与土地利用类型，对其自然状态被人为干扰的程度进行分级，未利用地为 1 级，水域、草地和海洋为 2 级，林地为 3 级，耕地为 4 级，建设用地为 5 级，根据其土地利用类型面积得到各等级面积分布，如图 27.3 所示。从其分布情况来看，土地利用强度等级为 3、4 的中强度等级面积分布最广，主要分布在防城港市中部的广大区域，如上思县、防城区，占防城港市面积的 83%以上。强度等级为

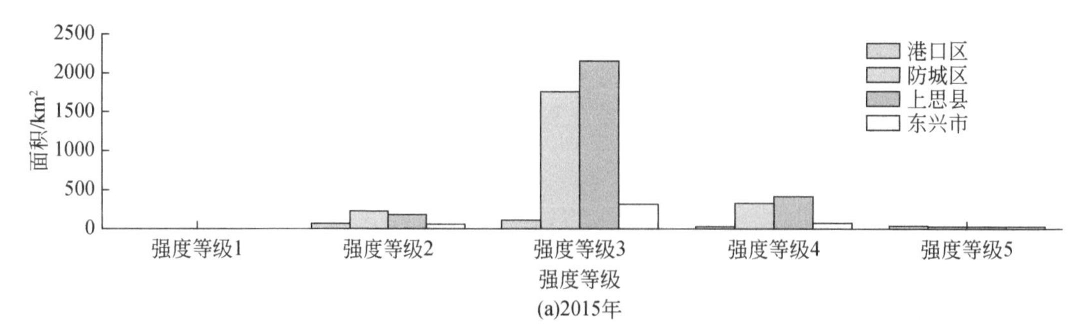

(a)2015年

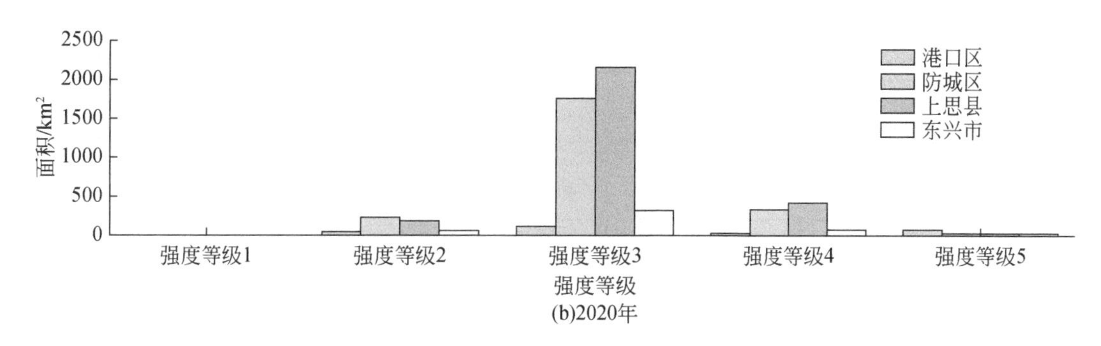

图 27.3　2015 年与 2020 年防城港市土地利用强度等级分布图

2 的低强度等级和强度等级为 5 的高强度等级在各县域均有分布，但其面积占比较小。根据数据分析，2015～2020 年防城港市强度等级为 5 的高强度等级面积持续增长，但其增长幅度不明显。其他土地利用强度等级面积减少，其变化也不显著。

汇总防城港市各县、市土地利用强度综合指数来分析研究区土地利用强度变化，结果见表 27.6 所示。2015 年防城港市土地利用强度综合指数为 309.74，到 2020 年土地利用强度综合指数上升至 311.57。从县域尺度来看，2015 年和 2020 年土地利用强度综合指数由高到低依次为港口区、东兴市、上思县和防城区，2020 年港口区土地利用强度综合指数达到 346.15，防城区仅为 306.93。除港口区外，其他各区域土地利用强度增量较为缓慢，仅为 1 上下，港口区土地利用强度综合指数增量最大达到 28.91，增幅为 9.11%，明显高于其他县域，上思县增量最低。

表 27.6　2015～2020 年防城港市各县（区）土地利用强度综合指数及增幅

县、市	土地利用强度综合指数		增量	增幅/%
	2015 年	2020 年		
上思县	310.86	311.09	0.23	0.07
防城区	306.11	306.93	0.82	0.27
东兴市	313.04	314.41	1.37	0.44
港口区	317.24	346.15	28.91	9.11
防城港市	309.74	311.57	1.83	0.59

3. 土地利用变化影响下防城港市生态系统服务价值的时空演变

生态环境作为人类生存发展的基础，为人类活动提供了重要的空间载体和基本保障，同样也是无法替代的自然资源和自然资产。参考谢高地等（2015）、丘海红等（2022）的研究，并考虑到研究区的实际情况与可操作性，将生态系统类型划分为 5 类一级生态系统和 9 类二级生态系统（未考虑建设用地和海洋的生态系统服务价值），表 27.7 展示了单位面积生态系统服务价值当量参数表。

表 27.7　单位面积生态系统服务价值当量参数表　　［单位：元/（$hm^2 \cdot a$）］

生态系统分类		供给服务			调节服务				支持服务			文化服务
一级分类	二级分类	食物生产	原料生产	水资源供给	气体调节	气候调节	净化环境	水文调节	土壤保持	维持养分循环	生物多样性	美学景观
农田	旱地	0.85	0.40	0.02	0.67	0.36	0.10	0.27	1.03	0.12	0.13	0.06
	水田	1.36	0.09	−2.63	1.11	0.57	0.17	2.72	0.01	0.19	0.21	0.09
森林	森林	0.29	0.66	0.34	2.17	6.52	1.93	4.74	2.65	0.20	2.41	1.06
草地	草地	0.10	0.14	0.08	0.51	1.34	0.44	0.98	0.62	0.05	0.56	0.25
水域	水域	0.80	0.23	8.29	0.77	2.29	5.55	102.24	0.93	0.07	2.55	1.89

续表

生态系统分类		供给服务			调节服务				支持服务			文化服务
一级分类	二级分类	食物生产	原料生产	水资源供给	气体调节	气候调节	净化环境	水文调节	土壤保持	维持养分循环	生物多样性	美学景观
未利用地	沙地	0.01	0.03	0.02	0.11	0.10	0.10	0.21	0.13	0.01	0.12	0.05
	盐碱地	0.01	0.03	0.02	0.11	0.10	0.10	0.21	0.13	0.01	0.12	0.05
	裸地	0.00	0.00	0.00	0.02	0.00	0.10	0.03	0.02	0.00	0.02	0.01
	裸岩石地	0.00	0.00	0.00	0.02	0.00	0.10	0.03	0.02	0.00	0.02	0.01

根据防城港市土地利用数据，统计 6 个一级生态系统各土地利用类型的面积；根据不同类别生态系统服务公式计算防城港市各县域生态系统生产、调节、支持以及文化服务价值，其计算公式如下：

$$G_n = \sum[p_{Ni1} \times (F_{j1} + F_{j2} + F_{j3})] \tag{27.3}$$

$$T_n = \sum[p_{Ni1} \times (F_{j4} + F_{j5} + F_{j6} + F_{j7})] \tag{27.4}$$

$$Z_n = \sum[p_{Ni1} \times (F_{j8} + F_{j9} + F_{10})] \tag{27.5}$$

$$W_n = \sum(p_{Ni1} \times F_{j11}) \tag{27.6}$$

式中，p_{Ni1} 为第 i 类土地利用类型的面积；F_{j1} 为单位面积生态系统服务价值当量；G_n 为该市的生态系统供给服务总值；T_n 为该市的生态系统调节服务总值；Z_n 为该市的生态系统支持服务总值；W_n 为该市的生态系统文化服务总值（丘海红等，2022）。

最后，从市、县两个层面计算生态系统服务总值，根据公式计算防城港市生态系统服务总值：

$$S_n = G_n + T_n + Z_n + W_n \tag{27.7}$$

式中，S_n 为防城港市生态系统服务总值。

2015～2020 年防城港市生态系统服务价值核算结果和结构变化情况见表 27.8～表 27.10。2015 年和 2020 年生态系统服务价值总量分别为 12754197.5005 元/a 和 12604080.3742 元/a，共减少 150117.1263 元/a，减幅为 1.18%；单位面积生态系统服务价值由 22.04 元/(hm^2/a)减少到 21.99 元/(hm^2/a)。

表 27.8　2015 年防城港市生态系统服务价值　[单位：元/（$hm^2 \cdot a$）]

一级服务	二级服务	耕地	林地	草地	水域	未利用地
供给服务	食物生产	83927.95	126986.16	3695.74	13792.97	3.11
	原料生产	27898.94	289002.98	5174.04	3965.48	9.33
	水资源供给	−54152.59	148880.32	2956.59	142929.63	6.22
调节服务	气体调节	66956.19	950206.76	18848.28	13275.73	35.83
	气候调节	35419.45	2854999.12	49522.94	39482.37	31.09
	净化环境	10084.72	845114.77	16261.26	95688.72	39.25
	水文调节	74901.17	2075566.84	36218.27	1762741.31	67.73
支持服务	土壤保持	67164.26	1160390.75	22913.60	16034.33	42.04
	维持养分循环	11806.48	87576.66	1847.87	1206.88	3.11
	生物多样性	12878.21	1055298.75	20696.16	43965.09	38.94

续表

一级服务	二级服务	耕地	林地	草地	水域	未利用地
文化服务	美学景观	5797.82	464156.30	9239.36	32585.89	16.36
合计		342682.60	10058179.41	187374.11	2165668.40	293.01
价值占比/%		2.69	78.86	1.47	16.98	0.0023

表 27.9 2020 年防城港市生态系统服务价值 [单位：元/（$hm^2 \cdot a$）]

一级服务	二级服务	耕地	林地	草地	水域	未利用地
供给服务	食物生产	82790.06	126177.45	3620.00	13298.47	3.18
	原料生产	27535.43	287162.47	5068.00	3823.31	9.54
	水资源供给	−53347.06	147932.18	2896.00	137805.42	6.36
调节服务	气体调节	66047.38	944155.39	18461.99	12799.78	35.86
	气候调节	34939.39	2836817.12	48507.97	38066.88	31.79
	净化环境	9947.73	839732.67	15927.99	92258.15	36.23
	水文调节	73824.35	2062348.64	35475.98	1699544.72	68.09
支持服务	土壤保持	66297.54	1153000.82	22443.99	15459.47	42.21
	维持养分循环	11646.46	87018.93	1810.00	1163.62	3.18
	生物多样性	12703.55	1048578.11	20271.99	42388.88	39.03
文化服务	美学景观	5719.37	461200.33	9050.00	31417.64	16.34
合计		338104.20	9994124.11	183533.91	2088026.34	291.81
价值占比/%		2.68	79.29	1.46	16.57	0.0023

表 27.10 2015～2020 年防城港市各生态系统服务价值变化

县、市	2015 年		2020 年		价值变化/元	变化率/%
	生态系统服务价值/元	占比/%	生态系统服务价值/元	占比/%		
上思县	6008417.86	47.11	6002442.209	47.62	−5975.651	−0.10
防城区	4910248.651	38.50	4895460.609	38.84	−14788.042	−0.30
东兴市	1136229.932	8.91	1129924.209	8.96	−6305.723	−0.55
港口区	699301.0575	5.48	576253.3202	4.57	−123047.7373	−17.60
防城港市	12754197.5005	100.00	12604080.3742	100.00	−150117.1533	−1.18

不同土地利用类型提供的生态系统服务价值占比由高到低依次为林地、水域、耕地、草地和未利用地。其中林地所提供的服务价值最高，分别占 2015 年和 2022 年研究区总价值的 78.86%和 79.29%，是防城港生态系统服务价值的主要提供者。2015～2020 年，不同土地利用类型提供的生态系统服务价值均呈现下降趋势，其中水域生态系统服务价值减少量最大，为 77642.06 元/(hm^2/a)，其次为林地，林地生态系统服务价值减少量为 64055.30 元/(hm^2/a)，未利用地生态系统服务价值减少量最少，为 1.20 元/(hm^2/a)。

从生态系统服务价值一级结构来看，2015 年和 2020 年防城港市生态系统调节服务价值占比最高，高达 70%以上，其次为生态系统支持服务价值，占比在 19.5%以上，随后是生态系统供给服务价值，占比为 6.23%，最后为生态系统文化服务价值，占比仅为 4%左右。从生态系统服务价值二级服务功能来看，生态系统水文调节服务价值始终最高，占总价值量的 30%左右，维持养分循环服务价值最低，仅占总价值量的 0.80%左右；单项生态系统服务价值占总价值比例由低到高依次为维持养分循环价值、食物生产价值、水资源供给价值、原料生产价值、美学景观价值、净化环境价值、气体调节价值、生物多样性价值、土壤保持价值、气候调节价值和水文调节价值。

从变化情况来看，所有二级服务功能的服务价值都有所减少，水文调节服务价值的减少量最大，为 78233.54 元/(hm^2/a)；维持养分循环价值减少量最少，仅有 798.81 元/(hm^2/a)；其中水资源供给服务价值变化速度最快，2020 年比 2015 年降低了 2.21%；土壤保持服务价值变化最慢，2020 年比 2015 年减少了 0.73%。

从县、市尺度来看，见表 27.10，上思县和防城区为防城港市生态系统服务价值主要供应地，二者共占研究区总服务价值的 85%以上；港口区服务价值最少，2015 年仅占 5.48%，2020 年占比缩减至 4.57%。各县域生态系统服务价值占比由大到小顺序为：上思县＞防城区＞东兴市＞港口区。从变化率来看，港口区变化率最大，为-17.60%，生态系统服务价值减少 123047.7373 元，上思县最稳定，变化率仅为-0.10%，生态系统服务价值减少 5975.651 元。

2015～2020 年防城港市单位面积生态系统服务价值的空间分布格局如图 27.4 所示，总体上看，单位面积生态系统服务价值高值区面积均略有减少，而低值区面积有所增加。

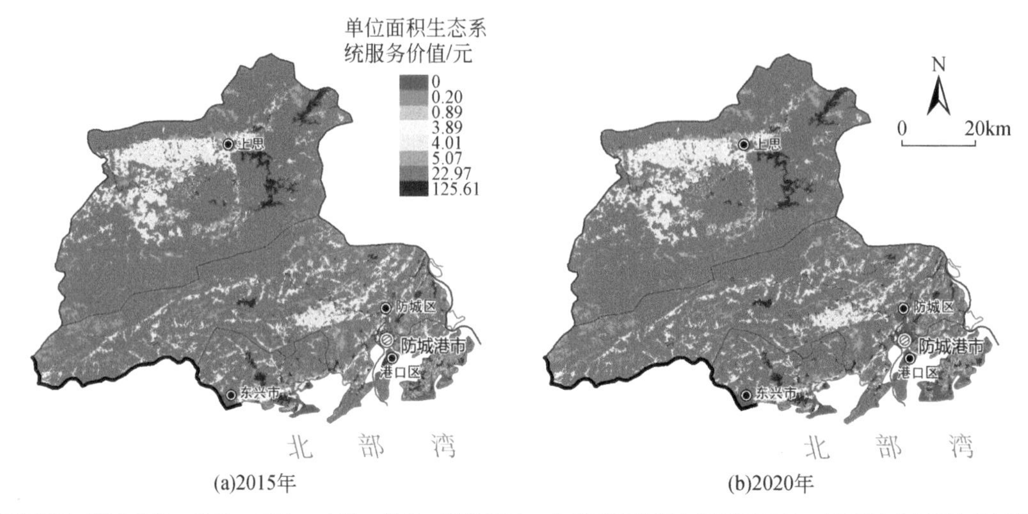

粮食播种面积、粮食产量、林地、草地、水域、耕地、建设用地、土地面积数据来源于2015年、2020年《广西统计年鉴》；图上专题内容为作者根据2015年、2020年粮食播种面积、粮食产量、林地、草地、水域、耕地、建设用地、土地面积数据推算出的结果，不代表官方数据。

图 27.4 防城港市单位面积生态系统服务价值空间分布格局

从人均生态系统服务价值看，如图 27.5 所示，2015 年防城港市人均生态系统服务价值为 13.93 元，到

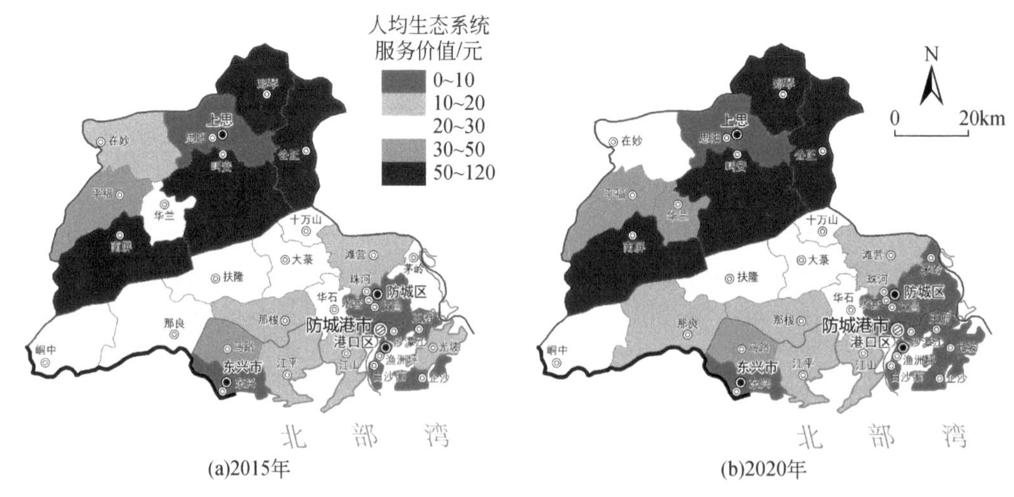

粮食播种面积、粮食产量、林地、草地、水域、耕地、建设用地面积、常住人口数据来源于2015年、2020年《广西统计年鉴》；图上专题内容为作者根据2015年、2020年粮食播种面积、粮食产量、林地、草地、水域、耕地、建设用地、常住人口数据推算出的结果，不代表官方数据。

图 27.5 防城港市人均生态系统服务价值空间分布格局

2020 年降低为 12.03 元。人均生态系统服务价值呈现降低趋势。人均生态系统服务价值存在显著的空间差异，2015 年港口区除了光坡镇之外，其余 4 个乡镇以及东兴市东兴镇、防城区防城镇和上思县思阳镇的人均生态系统服务价值均低于 6 元；除防城镇之外，防城区其他乡镇的人均生态系统服务价值在 15～35 元，高于全市平均值。

2020 年防城港市人均生态系统服务价值空间分布与 2015 年较为类似，其中港口区大部分乡镇人均生态系统服务价值均有所降低，且其均低于 10 元，东兴市和防城区各乡镇人均生态系统服务价值也呈现降低趋势，而上思县由于人口变少，各乡镇人均生态系统服务价值呈现上升趋势。

27.3.2　人地系统需求时空演变分析

从人口压力、经济发展、自然资源消耗、粮食需求压力、污染排放压力等方面详细说明人类发展的需求状况，进一步多层次、多方面构建“人”的需求综合评价指标体系，利用熵值法计算出人类需求指数，以探究防城港山江海人地系统需求的时空演变趋势与特征。

1. 主要人类需求时空演变

1）人口压力

人口压力方面主要分析人口数量和人口密度两个指标的变动，2015～2020 年，防城港市人口数量呈现稳定上升态势，人口密度不断上升，城市资源供应压力持续增大，空气、水、土地等基本环境要素趋于紧缩。人口数量和人口密度都呈上升趋势，人口压力较大。

2015～2020年防城港市人口规模整体呈现平稳增长态势，如图 27.6 所示，年末常住人口由 2015 年的 91.57 万人增长至 2020 年 104.61 万人。人口密度由 2015 年的 147 人/km^2 逐步上升至 2020 年的 168 人/km^2。

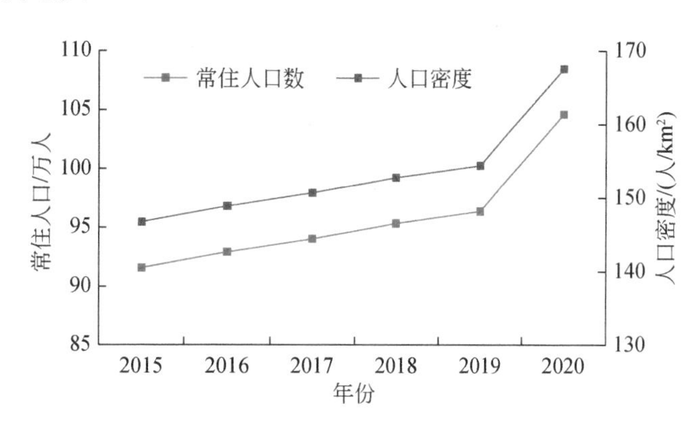

图 27.6　2015～2020 年防城港市年末常住人口数及人口密度

2015～2020 年各县、市常住人口总数如表 27.11 所示。2015 年常住人口数由高到低依次为防城区、上思县、港口区和东兴市，而 2020 年常住人口数由高到低依次为防城区、港口区、东兴市和上思县。2015～2020 年，上思县常住人口减少了 1.45 万人，其余三个县域均呈现人口增加的情况，其中，防城区常住人口呈现缓慢增长的趋势，增幅 2.65%，港口区常住人口增幅最大，高达 44.39%，其次为东兴市，增幅为 39.19%。

表 27.11　2015～2020 年防城港各县、市常住人口分布

县、市	2015 年		2020 年		变化/万人	变化率/%
	人口/万人	占比/%	人口/万人	占比/%		
港口区	16.94	18.50	24.46	23.35	7.52	44.39
防城区	38.14	41.65	39.15	37.38	1.01	2.65
上思县	20.95	22.88	19.50	18.62	−1.45	−6.92
东兴市	15.54	16.97	21.63	20.65	6.09	39.19
防城港市	91.57	100.00	104.74	100.00	13.17	14.38

防城港市人口密度空间分布格局较为稳定，如图 27.7 所示。港口区和东兴市的人口密度一直位于前列。港口区人口密度由 2015 年的 646 人/km^2 上升至 2020 年的 933 人/km^2，港口区拥有较高的人口密度，与其

是中国进出东盟各国最重要的中转基地和大西南最便捷的出海通道，享有国家给予的沿海开放城市、民族自治、边境贸易及西部大开发等一系列投资开发优惠政策有关。东兴市人口密度呈现缓慢上升趋势，由 2015 年的 314 人/km^2 上升至 2020 年的 437 人/km^2。防城区人口密度变化较为平缓，人口密度维持在 165 人/km^2 左右。上思县人口密度在全市最低，人口密度由 2015 年的 74 人/km^2 减少至 2020 年的 69 人/km^2，原因是其地处桂西南十万大山北麓，不沿海、不沿边，是一个经济欠发达的山区县。

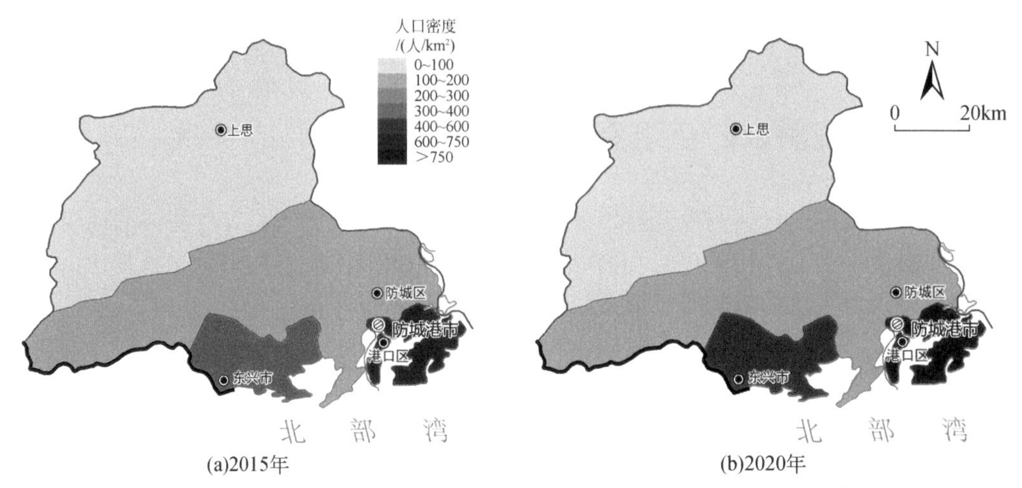

常住人口数据来源于2015年、2020年《广西统计年鉴》；图上专题内容为作者根据2015年、2020年常住人口数据推算出的结果，不代表官方数据。

图 27.7 防城港市 2015～2020 年人口密度分布图

2）经济发展

防城港市坚持以港立市、以开放兴市、以工贸强市、以文化旅游旺市的发展战略，全面推进东兴国家重点开发开放试验区建设，加快打造现代化钢铁基地、有色金属基地、能源化工基地、粮油食品基地、商贸物流基地、滨海旅游胜地，成为广西北部湾经济区生态友好、开放度高、活力迸发的新兴港口工业城市、重要门户城市和海洋文化名市。本节主要从地均 GDP 和人均社会消费品总额两方面分析防城港市经济发展时空变化趋势。

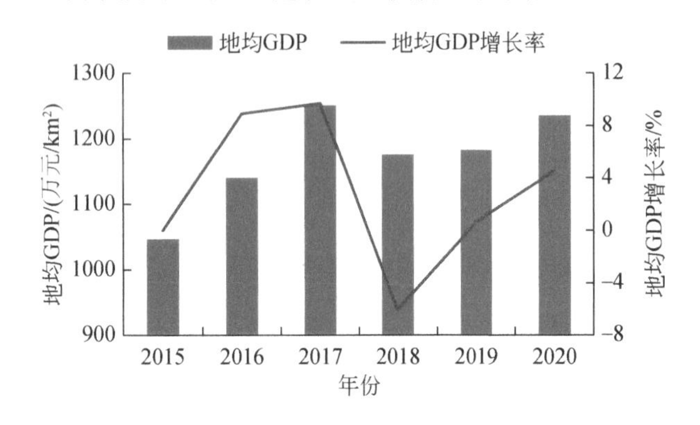

图 27.8 2015～2020 年防城港市地均 GDP 变化

如图 27.8 所示，2015～2020 年防城港市地均 GDP 基本呈上升趋势，地均 GDP 的增长表明单位土地上发生的经济活动越来越密集，表现出人对地的需求程度在不断增加。2015～2020 年地均 GDP 增长率呈现波动变化趋势，体现了人类经济活动强度的变化。其中，2017 年地均 GDP 增长率最高，而后产生大幅度波动后继续上升，此期间防城港市进一步加强对工业企业进行协调和服务，加大降成本政策落实力度，推进产业加快转型升级，不断做大做强支柱产业，工业运行总体保持平稳。

防城港市地均 GDP 空间分布如图 27.9 所示，港口区和东兴市处于领先地位，2015～2020 年防城港市各县域地均 GDP 不断增长。其中港口区单位土地面积内创造的 GDP 最高，2020 年为 17694.95 元/km^2，土地利用效率较高及经济活动密度较大。在空间分布上，港口区和东兴市处于领先地位，港口区享有国家给予的沿海开放城市、民族自治、边境贸易及西部大开发等一系列投资开发优惠政策，拥有比较完善的基础设施，有良好的投资环境，经济发展速度较快。上思县地理位置独特，具有近边、近海、近首府、近航空港等特点，但是在合那高速还没有建成通车前，上思县的交通不便，且政策和发达地区的辐射范围有限，这是上思县经济发展相对滞后的主要原因。

防城港市社会消费品零售总额总体呈现上升趋势，如图 27.10 所示。自 2015 年的 105.20 亿元上升至 2019 年的 148.76 亿元，后又下降至 2020 年的 129.34 亿元，增长率为 23%。由于经济的快速发展，国内整体消费需求能力持续上升，人均社会消费品零售总额的变化趋势与全社会消费品零售总额保持一致。2020 年受新型冠状病毒感染疫情的影响，人均消费品总额总体下降。

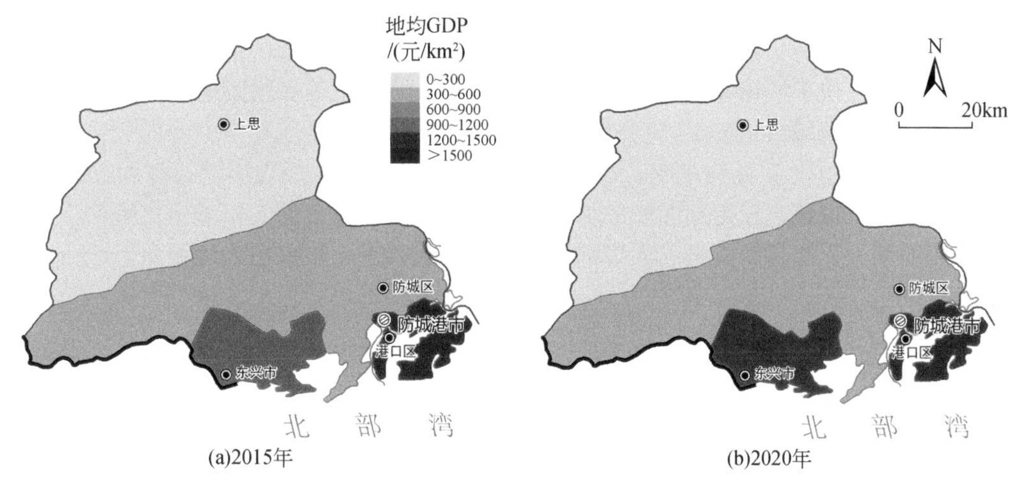

地均GDP数据来源于2015年、2020年《广西统计年鉴》；图上专题内容为作者根据2015年、2020年地均GDP数据推算出的结果，不代表官方数据。

图 27.9　2015～2020 年防城港市地均 GDP 空间分布

图 27.10　2015～2020 年防城港市社会消费品零售总额及其人均值

3）自然资源消耗

自然资源是人类社会和经济发展必不可少的物质基础，自然资源消耗变化能够在一定程度上表征人类发展对于自然资源的需求变化，下文从人均用电量、人均用水量和城镇化率等方面分析其变化特征。

防城港市全社会用电量和人均用电量均呈现上升趋势，如图 27.11 所示。2015～2020 年，防城港市全社会用电量从 47.07 亿 kW •h 上升至 109.58 亿 kW • h，人均用电量由每年 5125.69 亿 kW •h 上升至 10475.10 亿 kW •h，2020 年较 2015 年增长了 1.04 倍，全社会用电量和人均用电量的持续增长反映出防城港

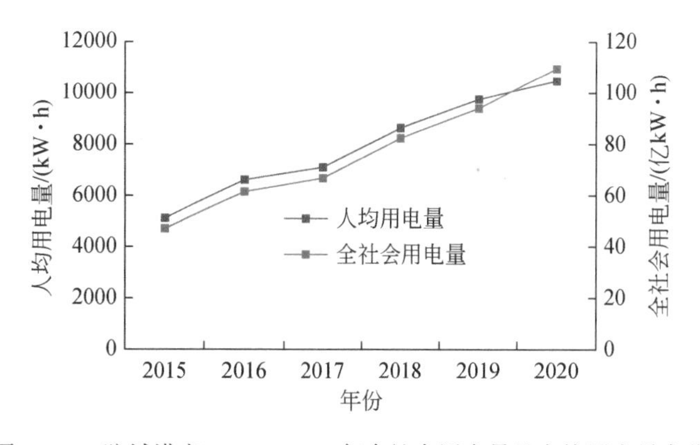

图 27.11　防城港市 2015～2020 年全社会用电量及人均用电量变化

市社会经济发展水平处于持续增长的阶段，且针对电网负荷持续走高的形势，南方电网广西防城港供电局扎实做好供电保障工作，加快推进重点电网项目建设。

如图 27.12 所示，防城港市人均用水量由 2015 年的 718.58m^3 减少到 2020 年的 534.37m^3，人均用水量的显著减少表明防城港市坚持节水行动、量力而行，大力开展了国家节水行动并取得了成效，用水效率进一步提升，用水结构不断优化；同时防城港市水资源利用和保护总体上仍然呈现结构性矛盾：一方面是水资源总量大，但分布不均；另一方面则是水资源浪费和污染现象日益严重，水资源保护力度不够。

城镇化率的增长速度快于城镇建设用地面积的增长速度。城镇化率和城镇建设用地面积的变化反映了防城港市人口城市化和土地城市化情况，研究期内，防城港市城镇化率呈现稳步上升的变化趋势，如图 27.13 所示。2015 年防城港市城镇化率为 55.13%，到 2020 年上升至 61.53%，平均年增长率为 2.22%。综合来看，城镇化率的增长速度快于城镇建设用地面积的增长速度，表明防城港市的人口城镇化率快于土地城镇化，城镇建设用地面积的增大无法缓解大量的人口涌入城市的现状，进一步突出人地矛盾。

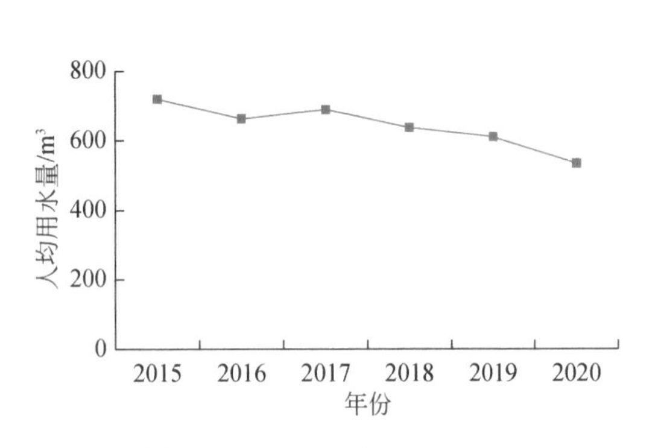

图 27.12　防城港市 2015～2020 年人均用水量变化

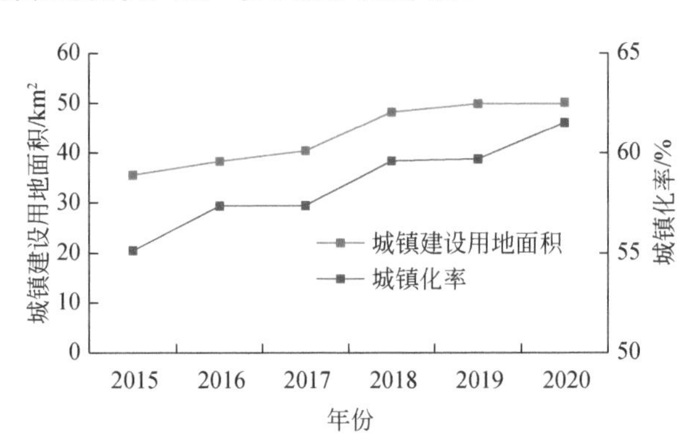

图 27.13　防城港市 2015～2020 年城镇建设用地面积和城镇化率变化

防城港市城镇化率空间格局如图 27.14 所示。2015～2020 年，全市城镇化率增长明显。2015 年，港口区城镇化率明显高于其他县、市，主要与其是中国进出东盟各国最重要的中转基地和大西南最便捷的出海通道有关。2015 年后，各县、市城镇化率以港口区为中心高速提升，港口区拥有得天独厚的自然基础条件，有利于对外开放经济发展，吸引大量的人口涌入城市，反映出港口区对于防城港市总体的经济拉动具有重要作用。

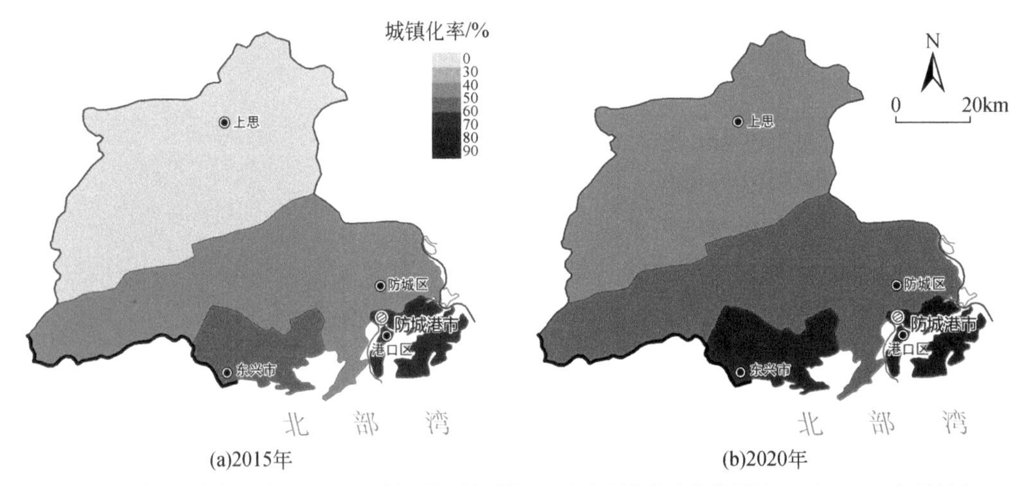

城镇人口、农业人口数据来源于2015年、2020年《广西统计年鉴》；图上专题内容为作者根据2015年、2020年城镇人口、农业人口数据推算出的结果，不代表官方数据。

图 27.14　防城港市 2015～2020 年城镇化率变化

4）粮食需求压力

受全球粮食供求形势、国内粮食消费增长、人口数量增加以及农民种粮倾向变化等因素的影响，防城港市粮食供求平衡压力仍然较大，粮食需求显著增加，因此本节从化肥施用强度、农药使用强度两方面展开分析。

如图 27.15 所示，2015～2020 年防城港市化肥施用量呈现先上升后下降的趋势，且下降趋势大于上升趋势。2015～2016 年，化肥施用量略有增加，2015 年化肥使用量（折纯量）为 62249t，2016 年增长至 63301t；此后化肥施用量不断下降，2020 年下降至 48171t，从化肥施用强度的变化来看，2016 年防城港市化肥施用强度最高，为 0.68t/hm^2，到 2020 年，其化肥施用强度降低至 0.53t/hm^2。化肥施用强度在 2016 年之后下降速度略慢于化肥施用量，是因为化肥施用总量在减少的同时，防城港市的耕地面积也在发生变化。

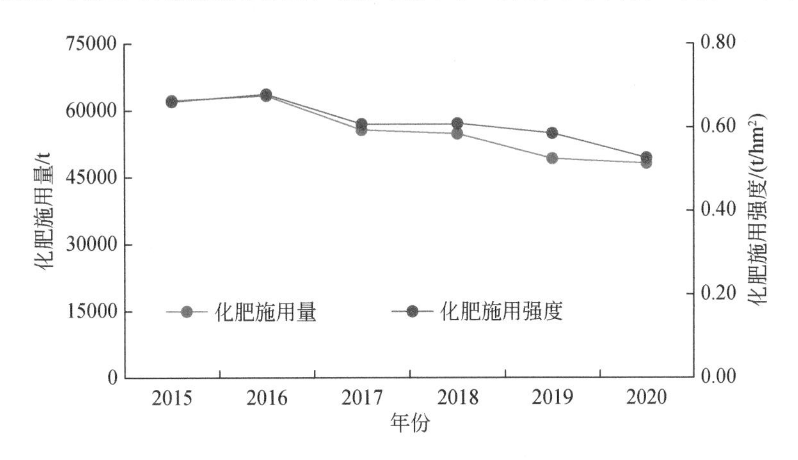

图 27.15　2015～2020 年防城港市化肥施用量和施用强度变化

5）污染排放压力

2015～2020 年，防城港市工业废水排放量和人均工业废水排放量均呈下降趋势。污染排放压力指的是人类在利用、改造自然环境中对环境的破坏，主要通过生产过程中“三废”（三废是指工业污染源头产生的废水、废气和固体废弃物）排放情况来分析。如图 27.16 所示，2015～2020 年，工业废水排放总量总体呈现出下降趋势；2015 年工业废水排放量最高，为 1441 万 t，到 2016 年呈现大幅减少的变化，随后缓慢上升，但变化幅度较小，至 2020 年废水排放量已经降至 642 万 t。工业废水排放量的变化反映出防城港市工业废水节能减排的变化过程，表明人类活动产生的工业废水总量逐渐减少，对自然环境的压力也有所减缓。

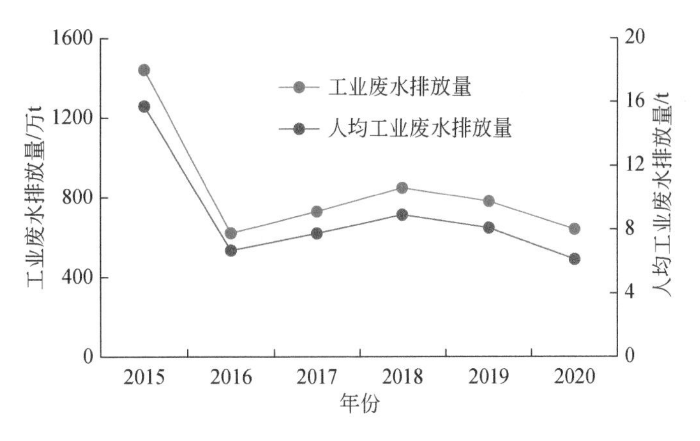

图 27.16　2015～2020 年防城港市工业废水排放量和人均工业废水排放量变化

从人均工业废水排放量的变化来看，其与工业废水排放量的变化趋势基本保持一致。

防城港市工业颗粒物排放总量总体呈现下降趋势，如图 27.17 所示。2015～2020 年，工业颗粒物排放总量总体呈现出持续下降趋势，2015 年工业颗粒物排放总量最高，为 48784t；此后工业颗粒物排放总量急速下降，降至 2018 年的 8732t；2018～2020 年工业颗粒物排放总量比较稳定。工业颗粒物排放总量的变化可以反映出防城港市工业颗粒物节能减排的过程，以及 2015 年后人类活动产生的颗粒物排放量越来越少，对地系统的压力持续减小。从人均工业颗粒物排放量变化来看，其与工业颗粒物排放总量的变化趋势基本一致。

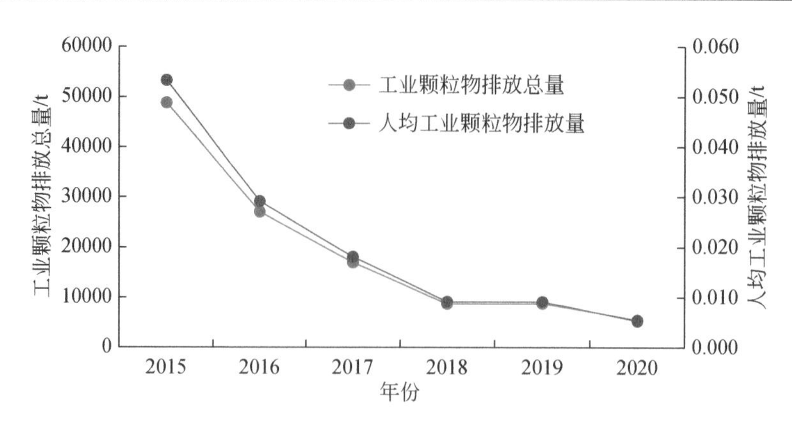

图 27.17 2015～2020 年防城港市工业颗粒物排放总量与人均工业颗粒物排放量变化

2. 人类需求指数时空演变特征

1）人类需求指数计算方法

参考相关文献并结合防城港山江海人地系统现状，基于人口压力、经济发展、自然资源消耗、粮食需求压力、污染排放压力 5 个方面构建人类需求综合评价指标体系，如表 27.12 所示。

表 27.12 人类需求综合评价指标体系

目标层	准则层	指标层	2015 年权重	2020 年权重
人类需求	人口压力	人口密度（人/km^2）	0.1643	0.1798
	经济发展	地均 GDP（万元/km^2）	0.1796	0.1857
		人均社会消费品总额（万元）	0.0593	0.0886
	自然资源消耗	人均用电量（kW·h）	0.0521	0.0603
		城乡建设用地面积占比（%）	0.0517	0.0741
		城市人均用水量（m^3）	0.0754	0.0215
	粮食需求压力	化肥施用强度（t/hm^2）	0.0410	0.0280
	污染排放压力	人均工业废水排放（t）	0.1883	0.1810
		人均工业烟尘排放（t）	0.1883	0.1810

用人均用电量、城乡建设用地面积占比和城市人均用水量来表征自然资源消耗。人均用电量指的是第一、二、三产业所有行业用电领域消耗的电量，包括商业用电、工业用电、农业用电、居民用电等方面；城乡建设用地面积占比，即城市用地中的各项建设用地面积所占比例，城市作为人口集聚区，人类活动高度集中，对土地的利用与改造强度很大；城市人均用水量的含义与人均用电量的含义类似，指的是所有用水领域消耗的水量，包括商业用水、工业用水、农业用水、居民用水等方面。

用化肥施用强度表征粮食需求压力。化肥施用强度指的是农业生产活动中单位土地上化肥与农药的使用量。

本节工业生产过程中废水、废气的人均排放量体现的是人类活动对地理环境的污染程度。

由于不同指标的量纲不同，所以必须对原始数据进行标准化处理来消除其量纲，以方便计算并保证结果的准确性。采用极差法对原始数据进行标准化处理，计算公式如下：

$$x'_{ij} = \frac{x_{ij} - \min_j}{\max_j - \min_j} \quad （正指标） \tag{27.8}$$

$$x'_{ij} = \frac{\max_j - x_{ij}}{\max_j - \min_j} \quad （负指标） \tag{27.9}$$

式中，x_{ij} 为第 i 个县（市、区）第 j 项指标的原始数值；$\max_j$ 为第 j 项指标所有数值中的最大数值；$\min_j$ 为第 j 项指标所有数值中的最小数值；x'_{ij} 为标准化后第 i 个县（市、区）第 j 项指标的标准化数值。

将各指标同度量化，计算第 j 项指标下，第 i 样本占该指标比重 P_{ij}：

$$P_{ij} = \frac{x'_{ij}}{\sum_{i=1}^{n} x'_{ij}} \tag{27.10}$$

计算第 j 项指标的熵值 e_j（n 为样本个数，$P_{ij}=0$ 时，$\ln P_{ij}=0$）：

$$e_j = -\frac{1}{\ln n}\sum_{i=1}^{n} P_{ij} \ln P_{ij} \tag{27.11}$$

计算第 j 项指标的差异性系数 g_j：

$$g_j = \frac{1-e_j}{m-E_e} \tag{27.12}$$

式中，m 为指标个数；$E_e = \sum_{j-1}^{m} e_j$；$0 \leqslant g_j \leqslant 1$；$\sum_{j=1}^{m} g_j = 1$。

计算各项指标的权重 W_j：

$$W_j = \frac{g_j}{\sum_{j=1}^{m} g_j} (1 \leqslant j \leqslant m) \tag{27.13}$$

2）人类需求指数时空演变特征

基于人口压力、经济发展、自然资源消耗、粮食需求压力、污染排放压力等方面构建人类需求综合评价指标体系，利用熵值法计算出人类需求指数。人类需求指数的波动变化反映出人类活动强弱。结果如图 27.18 所示，2015 年上思县各乡镇人类需求指数均较低，其值低于 0.1，多在 0.08～0.1，其次为防城区各乡镇，其人类需求指数介于 0.12～0.17。2020 年上思县各乡镇人类需求指数较 2015 年均有所降低，其值在 0.06～0.075，并且东兴市各乡镇人类需求指数较 2015 年呈现下降趋势，其值介于 0.09～0.14；除防城区管辖街道以外，防城区其他各乡镇的人类需求指数较 2015 年均有所增大，其值介于 0.13～0.16；港口区各乡镇人类需求指数较 2015 年均有所增大，其值介于 0.79～0.97。

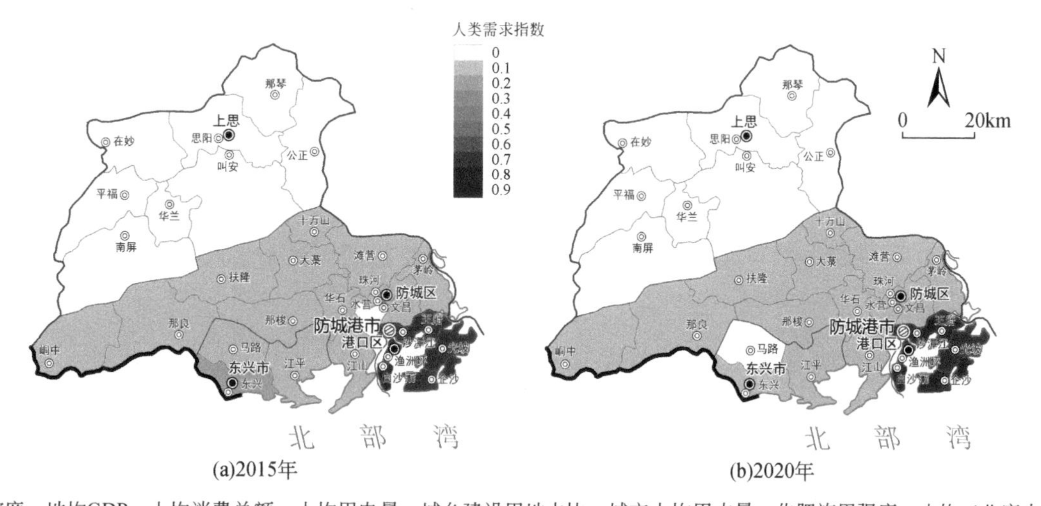

人口密度、地均GDP、人均消费总额、人均用电量、城乡建设用地占比、城市人均用水量、化肥施用强度、人均工业废水排放、人均工业烟尘排放数据来源于2015年、2020年《广西统计年鉴》；图上专题内容为作者根据2015年、2020年人口密度、地均GDP、人均消费总额、人均用电量、城乡建设用地占比、城市人均用水量、化肥施用强度、人均工业废水排放、人均工业烟尘排放数据推算出的结果，不代表官方数据。

图 27.18　2015～2020 年防城港市人类需求指数空间分布图

2015～2020 年港口区人类需求指数始终较高，是因为其为沿海港口，其具有发展沿海经济的优势条件，且其作为中国内地进出东盟各国最重要的中转基地和大西南最便捷的出海通道，对港口区的经济发展有重要作用。而上思县与防城区人类需求指数始终较低，因为其以农业、林业作为特色产业，经济基础相对比较薄弱，又没有港口和外贸的优势，人类活动强度低。人类需求指数在空间上形成了西北到东南逐渐增大的趋势。

27.4　供需视角下防城港山江海人地系统可持续发展评估及其时空演变格局

从供需视角下评估防城港山江海人地系统可持续发展并分析其时空格局变动。通过计算人地系统可持续性指数，分析研究区整体和空间格局上的变动以及人地系统供需平衡时空转换特点；根据供给和需求的耦合度、耦合协调度及其不同类型标准，分析研究区整体和区域空间耦合性和耦合协调性特征，为构建防城港山江海人地系统可持续发展优化路径提供理论依据。

27.4.1　人地系统可持续性能力评估及其时空演变格局

1. 研究方法

传统上人地系统的可持续发展评价一般从经济、社会、生态环境等子系统的可持续发展水平展开，但不同子系统之间存在概念模糊、界定不清，不同研究者选取的指标差异很大等问题，供需视角为这个问题的解决提供了新的思路。因此，井波（2021）提出了基于供需视角的人地系统可持续性指数，将“地”的供给与“人”的需求融合在一起来研判人地系统的可持续性，计算公式为

$$H = \frac{D_{\mathrm{I}}}{S_{\mathrm{I}}} \tag{27.14}$$

式中，H 为人地系统可持续性指数；D_{I} 为“地”的供给指数；S_{I} 为“人”的需求指数。

供需视角下的人地系统协调类型划分：人地系统发展演变的基本动力来源于供给推动与需求拉动，二者之间的状态匹配关系直接决定了人地系统的演变方向，本节从供需视角出发，对人地系统协调状态进行了划分。令横轴代表“人”的需求水平，纵轴代表“地”的供给水平，采用四象限分类法划分两者的关系，将平均值作为参考原点。根据供给水平与需求水平的组合关系，根据二者之间的匹配关系划分为 4 个象限，分别为（高需求、高供给），（低需求、低供给），（低需求、高供给），（高需求、低供给）。再根据供给水平与需求水平高低的组合关系，将人地系统协调状态划分为四种类型：人地关系协调、人地关系较协调、人地关系较不协调和人地关系不协调。人地关系较不协调则位于（低需求、低供给）以及（高需求、高供给）对角线的下方，即供给小于需求的状态，生态系统服务供给已经满足不了人类生产生活的需要，人地关系处于较不协调的状态。

2. 防城港山江海人地系统可持续性空间格局演化

2015～2020 年防城港市各乡镇人地系统可持续发展指数如表 27.13 所示，2015 年防城港市各乡镇人地系统可持续发展指数平均值为 2.3753，总体上属于供给大于需求的状态，其中港口区各乡镇、东兴市东兴镇和江平镇、上思县思阳镇、防城区管辖街道的人地系统可持续发展指数均低于 1，说明“地”的供给指数低于“人”的需求指数，说明该区域内供给小于需求，人类对自然生态的需求越来越多，逐渐超出了“地”的供给水平，人地矛盾开始加剧，人对地的压力超过承载范围，整个系统发展状态由可持续变得不可持续。2015 年防城区江山镇的人地系统可持续发展指数为 1.0883，即“人”的需求指数约等于“地”的

供给指数，人地系统呈现“供给=需求”的态势。防城区大部分乡镇、东兴市马路镇和上思县大部分乡镇的人地系统可持续发展指数大于 1，整体上呈现出“供给＞需求”的态势，其中上思县南屏瑶族乡和公正乡的人地系统可持续发展指数最高，高达 12.1102 和 12.1622，是供给显著大于需求的状态。

表 27.13　2015～2020 年防城港市各乡镇人地系统可持续发展指数

县域	乡镇	2015 年可持续发展指数	2020 年可持续发展指数
港口区	渔州坪街道	0.0106	0.0019
	白沙万街道	0.0000	0.0000
	企沙镇	0.0520	0.0267
	光坡镇	0.1570	0.0975
	公车镇	0.0532	0.0244
防城区	防城镇	0.1315	0.1212
	大菉镇	1.4684	1.3146
	华石镇	1.4679	1.3129
	那梭镇	1.2754	1.1437
	那良镇	1.4283	1.2760
	峒中镇	1.7834	1.5934
	茅岭乡	1.5750	1.4107
	扶隆乡	2.0048	1.8000
	滩营乡	1.2567	1.1221
	江山镇	1.0883	0.9818
	小峰经济作物场	2.4017	2.1542
	十万山华侨林场	1.9059	1.7035
上思县	思阳镇	0.5352	0.6899
	在妙镇	2.0598	2.6294
	叫安乡	5.6248	7.1686
	华兰乡	3.2213	4.1074
	南屏瑶族乡	12.1102	15.4087
	平福乡	3.7812	4.8191
	那琴乡	5.7055	7.2708
	公正乡	12.1622	15.4673
东兴市	东兴镇	0.0972	0.0940
	马路镇	2.3984	2.7395
	江平镇	0.7530	0.8377
可持续发展指数平均值		2.3753	2.7613

2020 年防城港市各乡镇人地系统可持续发展指数平均值为 2.7613，呈现上升趋势。其中，防城区和港口区大部分乡镇的人地系统可持续发展指数呈现下降趋势，而东兴县和上思县大部分乡镇的人地系统可持续发展指数呈现升高趋势。其中，港口区白沙万街道的人地系统可持续发展指数最低，公正乡人地系统可持续发展指数最高。

3. 防城港市人地系统供需平衡的时空转换分析

由表 27.14 可知，2015 年防城港市人地关系较协调的乡镇有防城区大菉镇、华石镇、那梭镇、那良镇、峒中镇、茅岭镇、滩营乡和江山镇以及上思县在妙镇，共 9 个乡镇，这些乡镇均处于（低需求、高供给）象限，但“地”的供给高于“人”的需求指数，生态系统服务基本能够满足人类生产生活的需要，人地关系处于较协调的状态。防城港市人地系统较不协调的乡镇有上思县思阳镇、东兴市东兴镇和江平镇，共 3 个乡镇，这些乡镇处于（低需求、低供给）象限，但出现了自然供给不足的困境，人地系统呈现出不协调的端倪。防城港市人地关系不协调的乡镇有港口区渔洲坪街道、白沙万街道、企沙镇、光坡镇和公车镇以及防城区防城镇（现为水营街道、珠河街道、文昌街道 3 个街道范围），共 6 个乡镇，与“人”的需求水平相比，这类乡镇的“地”的供给存在短缺问题，导致人地关系呈现不协调状态。2020 年，除了防城区江山镇的人地关系协调类型由人地关系较协调转变为人地关系较不协调类型，防城区十万山瑶族乡从人地关系协调转变为人地关系较协调类型以外，其他乡镇的人地关系协调类型没有变化。

表 27.14　2015～2020 年防城港市各乡镇人地系统协调类型

年份	人地关系协调	人地关系较协调	人地关系较不协调	人地关系不协调
2015	扶隆乡、小峰经济作物场、十万山瑶族乡、叫安乡、华兰乡、南屏瑶族乡、平福乡、那琴乡、公正乡、马路镇	大菉镇、华石镇、那梭镇、那良镇、峒中镇、茅岭镇、滩营乡、江山镇、在妙镇	思阳镇、东兴镇、江平镇	渔州坪街道、白沙万街道、企沙镇、光坡镇、公车镇、防城镇
2020	扶隆镇、小峰经济作物场、叫安乡、华兰乡、南屏瑶族乡、平福乡、那琴乡、公正乡、马路镇	大菉镇、华石镇、那梭镇、那良镇、峒中镇、茅岭镇、滩营乡、十万山瑶族乡、在妙镇	江山镇、思阳镇、东兴镇、江平镇	渔州坪街道、白沙万街道、企沙镇、光坡镇、公车镇、防城镇

27.4.2　人地系统耦合协调性分析及其时空演变格局

1. 研究方法

“耦合”的概念最初源于物理学，指两个或者两个以上的系统或者运动方式之间，通过各种相互作用而彼此影响以至联合起来的现象。耦合关系是指某两个事物或两个以上事物存在相互作用、相互影响的关系，体现了更高层次的综合性、复杂性和非线性特征。耦合协调度模型是广泛应用于分析两系统各要素之间的多重互馈关系的模型，耦合协调度计算公式如下：

$$K=\sqrt{C \cdot T} \tag{27.15}$$

$$C=\left[\frac{U_1 U_2}{(\alpha U_1+\beta U_2)^2}\right]^3 \tag{27.16}$$

$$T=\alpha U_1+\beta U_2 \tag{27.17}$$

式中，K 为耦合协调度；C 为耦合度，表征系统间相互影响的强弱程度；T 为综合得分，反映了“地”的供给与“人”的需求的整体效益；U_1 为“地”的供给指数，将人均生态系统服务极值标准化，得到 0～1 值；U_2 为“人”的需求指数，将各指标用极值标准化，按权重汇总得到 0～1 值；α 与 β 为待定系数，本节两个系统同样重要，均取值为 0.5。根据耦合度 C 值的大小，可将人地系统耦合发展阶段分为 4 个阶段，即低度耦合阶段、拮抗阶段、磨合阶段和高度耦合阶段。根据耦合协调度 K 值的大小，设定耦合协调发展类型（表 27.15）。

表 27.15　人地系统耦合协调类型判别标准

耦合度 C	耦合阶段	耦合协调度 K	耦合协调发展类型
0.00～0.30	低度耦合阶段	0.00～0.10	严重失调衰退
0.30～0.50	拮抗阶段	0.10～0.30	中度失调衰退

续表

耦合度 C	耦合阶段	耦合协调度 K	耦合协调发展类型
0.50～0.80	磨合阶段	0.30～0.40	轻度失调衰退
0.80～1.00	高度耦合阶段	0.40～0.50	濒临失调衰退
		0.50～0.60	初级协调发展
		0.60～0.70	中级协调发展
		0.70～0.90	良好协调发展
		0.90～1.00	优质协调发展

2. 防城港山江海人地系统耦合协调度空间格局演化

对耦合协调度的划分标准进行分类，防城港山江海人地系统耦合协调度演化趋势如图 27.19 所示。2015 年防城港市人地系统耦合协调度主要集中在低度耦合阶段和拮抗阶段，其中港口区渔洲坪街道、白沙万街道、企沙镇和公车镇，上思县南屏瑶族乡和公正乡以及东兴市东兴镇人地系统耦合协调度均低于 0.3，说明该区域“地”的供给和“人”的需求两个子系统处于低度耦合阶段。剩余乡镇人地系统耦合协调度介于 0.30～0.50，说明该区域“地”的供给和“人”的需求两个子系统处于拮抗阶段。同样，2020 年防城港市人地系统耦合度也主要集中在低度耦合阶段和拮抗阶段，除了港口区光坡镇从拮抗阶段转变为低度耦合阶段，其他各乡镇人地系统耦合阶段未改变。整体而言，防城港山江海人地系统耦合协调度仍处在较低水平，说明该区域“地”的供给和“人”的需求两个子系统处于供需不平衡的状态，或者人类需求指数和自然供给指数均处于相对较低的水平，仍需进一步协调人类发展与自然供给之间的关系。

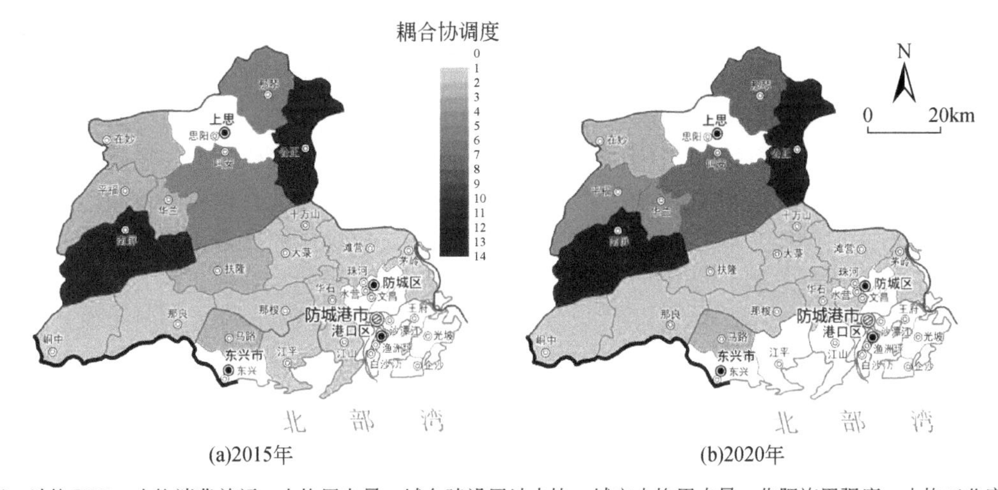

(a)2015年　　(b)2020年

人口密度、地均GDP、人均消费总额、人均用电量、城乡建设用地占比、城市人均用水量、化肥施用强度、人均工业废水排放、人均工业烟尘排放数据来源于2015年、2020年《广西统计年鉴》；图上专题内容为作者根据2015年、2020年人口密度、地均GDP、人均消费总额、人均用电量、城乡建设用地占比、城市人均用水量、化肥施用强度、人均工业废水排放、人均工业烟尘排放数据推算出的结果，不代表官方数据。

图 27.19　防城港山江海人地系统耦合协调度空间分布

由图 27.19 可知，防城港山江海人地系统耦合协调度在 0～0.40，以衰退失调类为主。其中 2015 年防城港市港口区白沙万街道的人地系统耦合协调度最低，小于 0.05，属于严重衰退失调类型；港口区光坡镇和公车镇，防城区扶隆镇和小峰经济作物场，上思县叫安乡、南屏瑶族乡、那琴乡和公正乡，以及东兴市马路镇的人地系统耦合协调度在 0.30～0.40，属于轻度衰退失调类型，剩余乡镇的人地系统耦合协调度处于 0.15～0.30，属于中度衰退失调类型。

2020 年，防城港山江海人地系统耦合协调度在 0～0.36，仍以衰退失调类为主，并且人地系统更加失调。其中，绝大多数乡镇人地系统耦合协调度类型保持不变，港口区白沙万街道仍然是严重衰退失调类型，防城港山江海人地系统耦合协调度类型仍以中度衰退失调类型为主。港口区公车镇、防城区扶隆镇、上思县叫安乡和那琴乡以及东兴市马路镇的人地系统耦合协调度有所降低，从轻度衰退失调转变为中度衰退失调类型。

整体来看防城港各乡镇人地系统耦合协调度呈现 4 个特点：第一，各乡镇耦合协调度整体呈现出下降趋势，并且以拮抗阶段为主。第二，各乡镇耦合协调度整体不高，2015 年和 2020 年各乡镇耦合协调度最高的类型是轻度衰退失调类型，没有协调发展类型，这表明各乡镇人类需求和自然供给尚未形成相互协调、相互促进的发展格局，需要根据不同区域的不同特点，合理调控人类需求，合理开发利用自然资源，促进人地关系相互协调。第三，防城港山江海人地系统耦合协调度空间格局相对稳定，没有发生明显演化，耦合协调度高的乡镇在 2015 年和 2020 年均保持较高水平，耦合协调度低的乡镇在 2015 年和 2020 年均保持较低水平。第四，防城港山江海人地系统耦合协调度存在一定的空间分异性，这也要求各乡镇要因地制宜、因城制宜，制定符合区域发展现实的对策，实现区域人地系统的协调发展。

27.5　防城港山江海地域系统空间统筹共治

基于供需视角构建山江海地域系统空间统筹共治的总体思路，分别从供给视角、需求视角、供需综合视角提出了山江海地域系统空间统筹共治路径及对策建议，为山江海地域人地系统可持续发展提供一定的参考依据。

27.5.1　山江海地域系统空间统筹共治的总体思路

1. 山江海地域系统空间统筹共治的基本原则

山江海地域系统空间统筹共治是实现人地系统可持续发展的有效措施，人地系统的可持续发展是一个长期且复杂的过程，需要从不同的方向着手并依据一定的原则进行统筹优化。首先需要以“地”的承载力为约束原则。尽管地理环境是人类生存发展的物质基础，但是地理环境也有自身的承载能力。在人地系统可持续发展优化调整中，需注重地理环境承载力阈值，不可超过“地”的承载力。其次要以人地发展阶段为调控基础，不同的发展阶段运用不同的优化手段。地理强调了区域的差异性，在人地发展过程中，不同的区域会因条件不同而处于不同的发展阶段。这就要求在优化人地系统可持续发展时应遵从区域不同的发展阶段，调整优化方案，做到因地制宜。最后需以人地协调共生为优化目标。人地关系可持续发展的最终目的是促进系统内部各个要素的协调共生，尽可能避免或者消除各要素之间一切消极的关系，追求人与人、人与地协调综合发展（井波，2021）。

统筹是指跨区域、跨流域制定可持续发展的优化路径。目前防城港山江海人地系统的供给侧还存在一定的不足和短板，制约了整体的可持续发展。生态环境问题的显著特点是具有较强的外部性，一个地区的空气、水等污染问题很容易影响相邻的其他区域，一个地区保护生态环境，提供优质的空气、水资源等也会使相邻的其他区域受益。因此，在提高“地”的供给时，提升生态系统服务功能与价值，就需要打破原有行政区划限制，在坚持生态系统完整性和区域整体性的基础上，统筹制定跨区域、流域生态环境保护措施。需要建立覆盖所有污染源、污染物和环境介质的生态环境保护管理制度，实现生态保护与污染防治、山水林田湖等的统筹管理。

共治是指调动各方参与生态环境保护的积极性，凭借单一的政府监管手段无法有效开展生态保护与环境污染防治工作，还应当综合运用社会手段，全方位调动社会的积极性。首先对政府、企业及其他社会组织和公民的作用重新进行定位，改变生态保护与环境治理主要依靠政府行政手段的现状。政府在充分履行法律法规制定与实施、环境执法等职责的同时，要更加注重发挥间接干预作用，履行宏观管理职责，特别是对社会主体的服务、协助和引导职责。

2. 防城港山江海地域系统空间统筹共治的思路框架

从十万大山到防城江，再到防城港市及防城湾，防城港市是典型的山江海人地系统，同时防城港市是广西北部湾经济区的核心城市，是中国仅有的沿边与沿海交汇的城市之一，在“一带一路”中居于特殊重要的地位。

总体上看，防城港市是经济社会发展的后起之秀，生态环境质量优良。由于自然条件优越，发展起步较晚，加上采取了有效的生态保护措施，防城港至今拥有较良好的生态环境。自 2008 年《广西北部湾经济区发展规划》发布以来，防城港市发展迅速，目标是成为我国沿海主要港口城市，环北部湾地区重要临海工业基地和门户城市，区域性国际滨海旅游胜地。由于具有后发优势，防城港市在实现可持续发展和建设生态文明的政策环境中成长起来。防城港市在发展之初就注重开发与保护并举，在发展过程中建立了一套环境功能区划、环境保护规划、环境评价与监测等基本制度，较好地处理了长期与短期发展面临的各种问题和矛盾，有效地协调了开发、保护工作。

发展之初的防城港，因为起步较晚，工业企业项目不多，给生态环境带来的压力不大，加之政府积极采取有效的措施，也从一定程度上遏制了生态恶化。但是，随着城市建设的加快以及重大工业项目的落户，防城港生态环境保护面临较大压力，一些隐性的生态环境问题也开始凸显：面临实现经济社会跨越发展和生态保护的双重压力；城市开发、生态旅游开发中存在盲目、重复建设的情况；宣传力度仍需加大，城市品位亟待提高，以实现生态与文化的结合；亟须加大环保专项资金投入。由于防城港市经济总量较小等，海洋环境保护投入严重不足，一些重要的海洋环境问题因经费和海洋环境质量监测设备简陋等尚未能深入研究，海洋环境监测监视系统、环境预警系统和海洋防护系统工程及防灾减灾体系没有建立或完善。

从供给侧的生态系统来看，2015～2020 年防城港市建设用地面积显著增加，耕地、草地、林地面积均有所减少，生态系统服务价值呈现下降趋势。从需求侧的社会经济系统来看，防城港市城镇化率增长较快，人口压力有所增长，经济发展较快，自然资源消耗增加，造成人地矛盾日益加剧，以港口区为首的经济发展水平较高的区域，由于其人口大量聚集及居民消费需求的提升，对物质资源的消耗强度和污染物排放程度也显著增大。从供需结合的人地系统来看，防城港各乡镇人地系统耦合协调度呈现显著的空间分异，以中度衰退失调类型为主，人类需求略高于自然供给。

本节从供给侧的“地”、需求侧的“人”以及供需结合的“人地系统”三个视角，分别提出防城港山江海地域空间在“绿水青山就是金山银山”新发展理念的指导下，探索“绿色低碳发展模式”，实现人地关系进一步优化的有效路径。首先，从“地”的供给角度出发，强调生态保护、土地资源高效利用和环境改善。人地系统的可持续发展需要“地”的承载，提高“地”的生态环境承载能力，强化生态环境的安全调控尤为重要。其次，从“人”的需求角度出发，强调经济、社会和环境保护在发展中的转型。人类社会的发展是不断进步的，其中包括经济技术的革新、城市规模的增大和人类文明的进步。人地系统的可持续发展需要从人类社会的发展过程着手，优化调控，统筹安排。最后，综合供需两个视角，构建国土空间保护和环境质量提高的新格局。人地系统的统筹共治及可持续发展不仅需要分别从“人”和“地”的角度优化，更需要运用系统论的思想，协调区域关系，建立可持续发展的空间结构。

27.5.2　基于供给视角的山江海地域系统统筹共治

通过对人地系统供给时空演变进行分析可知，目前防城港市人地系统的供给侧总体比较好，防城港市拥有森林、湿地、海洋等多种类型自然生态系统，相对稳定地维持着各种生态服务功能。2020 年，全市拥有森林面积 39.25 万 km^2，全市森林覆盖率约为 62%，水源林面积为 819.13km^2，国家级森林公园面积为 88.12km^2，水源保护区面积为 550km^2，受保护的土地面积已达 25%；十万大山、金花茶和北仑河口 3 个国家级自然保护区是防城港最大的生态资源，占全市面积的 11.5%。全市红树林面积达 21.82km^2，拥有全国最大的典型海湾红树林和最大连片的城市红树林，素有“红树林城市”之称。由此可见防城港山江海地域系统空间“地”的供给侧总体较好，但该区域生态系统服务价值存在显著的空间差异，其中上思县人均生态系统服务价值较高，港口区人均生态系统服务价值较低。供给侧的空间差异导致局部地区“地”的供给存在不足和限制，制约了整体的可持续发展。

1. 严守生态红线，适当坚持生态留白，强化重点生态功能保护区功能，提升关键区域的生态系统服务功能

生态功能保护区是指在对涵养水源、保持水土、调蓄洪水、防风固沙、维系生物多样性等具有重要作用的生态功能区内，有选择地划定一定面积予以重点保护并限制开发建设。加强生态功能保护建设对于维护区域生态安全、加强区域环境管理、整合区域生态功能、促进区域经济社会可持续发展具有重要意义。科学有序推动山水林田湖草沙一体化保护和修复，筑牢地区生态安全屏障质量。系统提升自然保护区建设管理水平，严厉打击涉及自然保护区的各类违法违规行为，强化重点生态功能保护区功能，实现自然保护区健康有序发展。

2. 划定土地用途区，实行用途管制

统筹土地利用，强化规划的整体控制作用。根据各地区土地适宜性、土地自然条件及经济社会发展需要，规定土地用途，加强土地利用总体规划对区域土地利用的统筹和管控，优化建设用地结构和布局，促进各项建设集约节约用地，为行业发展提供长期稳定、适宜发展的土地资源。

首先要在详细规划上对城市功能要求进行统筹安排，科学布局，把城市建设、土地资源利用和生态保护有机地结合起来，尽量减少“吹沙填海、移山填海、移山造地”等有可能破坏环境的做法。尽快修复过去因盲目建设而导致的植被破坏。其次，树立正确的生态旅游观。在没有规划之前，不开发就是最好的开发。在城市开发旅游产业之前，应事先开展生态环境与旅游资源的承受能力研究，科学合理开发生态旅游资源，遏制盲目开发生态旅游资源对自然保护区和脆弱的生态系统造成不可逆的干扰和破坏。

3. 加强污染联防联控，改善地区生态环境质量

积极开展生态环境保护建设，让良好生态环境成为人民生活的增长点、经济社会持续健康发展的支撑点、展现良好形象的发力点。按照“治、用、保”治理思路，以治控源，以用减排，以保促净，有效解决流域污染。深入实施全流域综合治理，提高地区生态环境质量。

27.5.3 基于需求视角的山江海地域系统统筹共治

人地系统可持续发展目标的实现，不仅要优化“地”的供给，也需要从“人”的需求出发，寻求实现人地系统可持续发展的路径。目前防城港山江海地域空间经济发展活跃，人类需求指数不断增大，对地的需求较大。

1. 推动产业结构调整，促进产业转型升级，以生态学的原理引领产业发展

2020 年，防城港市地区生产总值为 732.81 亿元，其中第一、二、三产业增加值分别增长 3.9%、6.8%、3.2%；三次产业比例为 15.2∶47.5∶37.3。仍需要进一步调整产业结构，发展战略性新兴产业，推动产业转型升级，从经济高速增长转向区域高质量发展，同时也进入转变发展方式、优化经济结构、转换增长动能的关键期，加快发展一批具有一定规模和增长潜力的战略性新兴产业，使之成为支撑国民经济发展的新增长点、新动能。

生态学原理强调的是生物多样性，丰富、复杂的食物链将能保持生态系统的稳定、平衡发展。经济产业的发展同样会遵循生态学原理，支柱产业形成特色，中小经营企业群物竞天择、百花齐放，培育多种经营方式，发展各具特色的产业链，丰富的产业群才利于经济健康、稳步、繁荣发展。

坚持产业发展遵循生态学原理，发展有质量、有底线的工业化种子（技术、商业模式），改良产业发展的土壤（产业关系、专业服务、城市价值基础），保护好产业发展的空气（制度、文化、社会关系、城市性格）。改变单一的以土地、资源换取 GDP 的传统的招商引资模式。建设完整的产业链条，单个企业很难生存，避免陷入大项目主导城市发展的弊端。以单一主题经营城市是有缺陷的，要有底群活跃的中小企业群，构建一个健全的产业链和激发创业活动。处理好政府与市场的关系，政府要少作为，让企业去干。产业发展坚持以大项目—产业链—集群化的模式推进结构性改革，已经形成了以龙头企业引领的钢、铜、铝、粮油、电力支柱产业，其总产值占防城港市规模以上工业总产值的 90%以上。但整体产业链还是不够丰富，雨林经济尚未形成，较为简单的行业发展不利于经济发展的繁荣稳定，2020 年的新型冠状病毒疫情影响、某一行业的停产检修，导致了全市经济的大幅波动，弊端初显。

2. 构建现代环境治理体系，提升生态环境治理水平

进一步完善相关法律法规，加快制定土壤污染防治、生活垃圾管理、生态公益林保护等地方性法规，强化法治思维，严格执法，对造成生态环境破坏的行为依法依规追究相关责任。完善环境治理法规标准体系，制定环境影响评价、生态环境标准修订管理办法、危险废物鉴别工作规范等地方性法规标准，完善环境质量标准，实施信息反馈和评估机制，为环境治理提供科学的、可操作性强的技术方法和工具。健全环境治理监管、综合执法、多部门（单位）并联工作机制，加大执法监管力度，提升生态环境监测能力。

多方参与，构建“多元共治”环境治理体系，强调政府、企业、个人、家庭及社会组织等运用行政和社会力量，采用多种方式保护生态环境、解决生态环境问题。强化生态环境保护责任考核机制，健全完善省、市、县三级生态环境委员会工作机制，出台区直有关部门、中直驻桂单位生态环境保护责任清单，将污染防治攻坚战成效考核结果作为对领导班子和领导干部进行综合考核评价、奖惩任免的重要依据，建立健全生态环境保护督察长效机制。建立生态环境分区管控制度，实施三线一单（生态保护红线、环境质量底线、资源利用上线和生态环境准入清单）生态环境分区管控措施，地方立法、政策制定、规划编制、执法监管要严格落实生态环境分区管控要求。

利用数据监控、智能预测等科技手段建立环境风险大数据态势预警平台，提升环境保护预警能力。依托大数据、云计算、互联网技术实现精准执法与动态监测，避免环境执法“一刀切”，此外，还需强化生态文明宣传教育，鼓励开展生态文明建设示范，推进绿色交通运输体系建设，倡导绿色低碳的生活方式，提高居民生态意识，激发公众参与环境保护的积极性。

27.5.4　基于供需平衡视角的山江海地域系统统筹共治

人与地总是相互制约，又共同发展的。从辩证分析的角度出发，人地系统的可持续发展要处理好局部和全局、当前和长远的关系，推动区域的协调可持续发展。尽管前文已经从“地”的供给和“人”的供给两方面提出了实现人地系统可持续发展的优化路径，但是供需总是在动态中实现系统的最终均衡。人地系统耦合分析表明，总体上防城港山江海人地系统耦合度和协调度仍处在较低水平，以拮抗阶段和衰退失调类为主，说明该区域“地”的供给和“人”的需求两个子系统处于供需不平衡的状态，或者人类需求指数和自然供给指数均处于相对较低的水平，仍需进一步协调自然供给与人类发展之间的供需关系。

生态保护补偿制度作为生态文明制度的重要组成部分，是以保护和可持续利用生态系统服务为目的，以经济手段为主调节生态保护者与受益者之间的利益关系，促进开展生态建设活动、调动各方进行生态保护的积极性，是落实生态保护权责、推进生态文明建设的重要手段。严格按照“谁保护、谁受益；谁污染、谁付费”的原则，积极建立生态保护补偿机制和考核奖惩机制，对于生态环境质量同比提高的区县，给予专项资金补偿，对于生态环境质量同比恶化的区县，由区县向市里提交赔偿。

强化生态环境重点领域的补偿。生态环境要素类型不同、生态环境状况不同，各地市生态保护补偿类型和方式也会不同。应根据各区县生态环境要素特点，制定对应的生态保护补偿政策，促进各类型生态保

护补偿政策的有效衔接，推进地区生态环境保护。

完善跨区域生态保护补偿机制。环境污染的流动性、跨区域性致使生态环保问题也具有共性和联动性，环境污染由局地、单一型污染转变成跨区域、复合型污染，依靠单一区域无法解决跨区域污染治理难题。

探索市场化、多元化生态保护补偿方式。积极健全生态保护补偿机制，完善重点领域、流域上下游等方面的补偿机制，扩大市场化补偿范围。与此同时，应加快建设包含政府、企业、社会等多方在内的生态保护补偿市场化运作方式，提高全社会生态保护的参与度，实现“1＋1＞2”的效果。

27.6　结　　论

山江海人地系统是地理环境中一个独特的人地系统。探索山江海人地系统演变空间格局、变化过程、驱动机制、环境效应、生态服务、智慧决策，是人口、资源、环境与经济协调发展的迫切需要。以具有沿边、沿海和沿江特征的防城港市为研究对象，开展防城港山江海人地系统变化及其统筹共治研究，为山江海人地系统合理开发利用自然资源和实现该区域生态修复治理提供一定的科学依据。

（1）根据防城港市土地利用类型数据，分析不同土地利用类型面积变化、土地利用动态度、土地利用强度以及生态服务价值变化，揭示不同土地生态系统类型供给数量变动及时空演变特征，以此作为“地”的供给水平。结果显示，防城港市2015～2020年土地利用变化平缓，综合土地利用动态度为3.20%，除建设用地面积显著增加之外，耕地、林地、草地、水域等土地面积均有所减少，并且建设用地面积变化最为剧烈，单一动态度高达50.48%，是防城港市的敏感变化地类，林地变化最为平缓，单一动态度仅为3.23%。2015年防城港市土地利用强度综合指数为309.74，到2020年土地利用强度综合指数上升至311.57。2015年和2020年防城港市生态系统服务价值总量分别为12754197.50元和12604080.35元，共减少150117.1533元，减幅为1.18%；单位面积生态系统服务价值由22.04元/(hm^2·a)减少到21.99元/(hm^2·a)，人均生态系统服务价值呈现降低趋势，并存在显著的空间差异。

（2）从人口压力、经济发展、自然资源消耗、粮食需求压力、污染排放压力5个方面构建“人”的需求综合评价指标体系，对防城港山江海地域空间人类需求指数的时空分异进行分析。结果表明，研究区人类需求指数存在显著的空间差异，在空间分布上形成了从西北到东南逐渐增大的趋势，上思县人类需求指数最低，港口区人类需求指数最高。上思县、防城区和东兴市的人类需求指数显著低于港口区。从时间演变看，2020年上思县和东兴市的人类需求指数较2015年有所降低，而2020年防城区和港口区的人类需求指数较2015年所有增大。

（3）在供需结果分析基础上，基于供需视角构建人地系统可持续性指数，对防城港山江海人地系统可持续能力和时空格局进行评估和分析。结果表明，2015年防城港市各乡镇人地系统可持续发展指数平均值为2.3753，总体上属于供给大于需求的状态，2020年可持续发展指数平均值为2.7613，呈现上升趋势。但防城港山江海人地系统可持续发展能力存在显著空间差异，其中港口区各乡镇、东兴市东兴镇和江平镇、上思县思阳镇、防城区管辖街道的人地系统可持续发展指数均低于1，处于供不应求的状态，其他区域人地系统可持续发展指数均大于1，港口区白沙万街道的人地系统可持续发展指数最低，上思县公正乡人地系统可持续发展指数最高。2015～2020年防城区和港口区大部分乡镇的人地系统可持续发展指数呈现减小趋势，而东兴县和上思县大部分乡镇的人地系统可持续发展指数呈现增大趋势。

（4）运用数学模型计算防城港市人地系统的耦合度和耦合协调度。结果表明，2015～2020年防城港山江海人地系统中“地”的供给和“人”的需求两个子系统耦合度较低，主要集中在低度耦合阶段和拮抗阶段；2015年防城港山江海人地系统耦合协调度在0～0.40，以衰退失调类为主。2020年，防城港山江海人地系统耦合协调度在0～0.36，仍以衰退失调类为主，并且人地系统更加失调。其中，绝大多数乡镇人地系统耦合协调度类型与2015年保持不变，港口区白沙万街道仍然是严重衰退失调类型。港口区公车镇、防城区扶隆镇、上思县叫安乡和那琴乡以及东兴市马路镇的耦合协调度有所降低，从轻度衰退失调转变为中度衰退失调类型。

参考文献

常国梁，叶芝菡，薛万来，等，2018. 北京市小流域山水林田湖草一体化治理体系研究. 北京水务，(3)：40-42，62.

陈洁，叶兵，何璆，等，2022. 国外山水林田湖草生态综合治理实践与启示——以苏格兰斯佩河集水区管理为例. 世界林业研究，35（1）：113-117.

陈晓，2021. 重庆市山水林田湖草生态保护修复试点实践与启示. 南方农业，15（2）：16-17.

邓伟，张少尧，张昊，等，2020. 人文自然耦合视角下过渡性地理空间概念、内涵与属性和研究框架. 地理研究，39（4）：761-771.

冯佰香，李加林，龚虹波，等，2017. 30 年来象山港海岸带土地开发利用强度时空变化研究. 海洋通报，36（3）：250-259.

傅伯杰，2018. 新时代自然地理学发展的思考. 地理科学进展，37（1）：1-7.

贾艳才，2020. 浅析塞罕坝“山水林田湖草”综合治理. 安徽农学通报，26（15）：156，168.

井波，2021. 供需视角下的人地系统可持续发展研究. 济南：山东师范大学.

敬博，李同昇，朱依平，等，2021. 我国山区人地系统研究进展. 世界地理研究，30（6）：1230-1240.

李俊翰，2019. 滨州市生态安全综合评价及其安全格局构建研究. 泰安：山东农业大学.

毛蒋兴，覃晶，陈春炳，等，2019. 广西北部湾海岸带开发利用与生态格局构建. 规划师，35（7）：33-40.

明庆忠，刘安乐，2020. 山-原-海战略：国家区域发展战略的衔接与拓展. 山地学报，38（3）：348.

齐丽，2021. 基于文献计量法的山水林田湖草研究概述. 农技服务，38（3）：109-111.

丘海红，胡宝清，张泽，2022. 基于土地利用变化的广西近 20 年生态系统服务价值研究. 环境工程技术学报，12(5)：1455-1465.

史莎娜，李晓青，谢炳庚，等，2018. 喀斯特和非喀斯特区农业景观格局变化及生态系统服务价值变化对比——以广西全州县为例. 热带地理，38（4）：487-497.

吴传钧，1991. 论地理学的研究核心——人地关系地域系统. 经济地理，11（3）：1-6.

谢高地，张彩霞，张雷明，等，2015. 基于单位面积价值当量因子的生态系统服务价值化方法改进. 自然资源学报，30(8)：1243-1254.

张泽，胡宝清，丘海红，等，2021. 基于山江海视角与 SRP 模型的桂西南—北部湾生态环境脆弱性评价. 地球与环境，49（3）：297-306.

赵文武，刘月，冯强，等，2018. 人地系统耦合框架下的生态系统服务. 地理科学进展，37（1）：139-151.

赵文武，侯焱臻，刘焱序，2020. 人地系统耦合与可持续发展：框架与进展. 科技导报，38（13）：25-31.

Brundtland G H，1985. World commission on environment and development. Environmental Policy & Law，14（1）：26-30.

Chen J，Liu Y，2014. Coupled natural and human systems：A landscape ecology perspective. Landscape Ecology，29（10）：1641-1644.

Lewison R L，An L，Chen X，2017. Reframing the payments for ecosystem services framework in a coupled human and natural systems context：strengthening the integration between ecological and human dimensions. Ecosystem Health and Sustainability，3（5）：1335931.

Richard A，Michele S，2017. A conceptual model for land system dynamics as a coupled human-environment system. Land，6（4）：81.

Wu J，2019. Linking landscape，land system and design approaches to achieve sustainability. Journal of Land Use Science，14（2）：173-189.

第 28 章　西部陆海新通道和陆海社会-生态系统发展政策建议

28.1　引　　言

随着社会经济发展，人类面临的生态环境保护压力越来越大。随着生活水平的日益提高，人们对生态环境的要求也越来越高。良好的生态环境是人类生存和发展的基础，也是经济高质量发展的保证。党的十八届五中全会提出“创新、协调、绿色、开放、共享”的新发展理念。“促进生产空间集约高效、生活空间宜居适度、生态空间山清水秀”，实现可持续发展的战略目标。党的十九大报告提出，坚持人与自然和谐共生，树立和践行“绿水青山就是金山银山”的理念，坚持节约资源和保护环境的基本国策，坚定走生产发展、生活富裕、生态良好的文明发展道路。《中共中央关于制定国民经济和社会发展第十四个五年规划和二〇三五年远景目标的建议》提出，“生态环境根本好转，美丽中国建设目标基本实现”“加快构建以国内大循环为主体、国内国际双循环相互促进的新发展格局，发展必须坚持新发展理念，在质量效益明显提升的基础上实现经济持续健康发展”“主要污染物排放总量持续减少，生态环境持续改善，生态安全屏障更加牢固”。

广西地处我国华南地区西部，属于欠发达省份，是我国少数民族聚居区，也是革命老区和边境地区；是我国南方重要的生态屏障，承担着维护生态安全的重要职责；同东盟国家陆海相邻，是我国面向东盟开放合作的窗口。党的十八大以来，习近平总书记情系广西，重视和关心广西发展，多次作出重要批示，明确赋予广西“三大定位”新使命，即构建面向东盟的国际大通道，打造西南中南地区开放发展新的战略支点，形成 21 世纪海上丝绸之路和丝绸之路经济带有机衔接的重要门户，这为新时代广西经济社会高质量发展指明了航向。2021 年中国共产党广西壮族自治区第十二次代表大会提出，不懈推动“南向、北联、东融、西合”。将西部陆海新通道建设上升为国家战略，中国（广西）自由贸易试验区、中国—东盟信息港、面向东盟的金融开放门户等获批建设，努力实现广西“三大定位”，使其深度融入中国—东盟命运共同体建设中，深度融入粤港澳大湾区建设中，实现经济持续健康发展（刘宁，2021）。

28.2　西部陆海新通道建设与广西经济社会发展

促进西部陆海新通道建设，提升我国西部地区与“一带一路”国家互联互通水平，推动西部地区在更大范围、更多领域、更高层次上与“一带一路”国家的贸易往来，拓展市场，驱动产业融合发展，从而改变西部内陆地区传统物流格局。对广西来说，要为产业转型升级注入新动力，推动经济高质量发展，实现更高层次开放和发展。

28.2.1　西部陆海新通道在广西经济社会发展中的地位

西部陆海新通道是指位于我国西部地区腹地，以中国西部 8 省份为关键节点，北接丝绸之路经济带，南连 21 世纪海上丝绸之路，协同衔接长江经济带，是我国西部地区走出内陆、走向大海最便捷、最重要的通道，也是西亚、中亚诸国和中国西部内陆地区通往东盟、南亚等海上丝绸之路沿线地区的最便捷的陆海大通道。

从地理区位看，广西地处祖国西南边疆，南临北部湾，面向东南亚，西南与越南毗邻，东临粤、港、澳，北连华中，背靠大西南，是西部陆海新通道的门户，也是陆海内外联动、东西双向互济的重要衔接点，沿海、沿江、沿边是广西参与西部陆海新通道建设的最大优势。沿海方面，广西有天然的港口群，沿海港口具有水深、避风、浪小等自然优势，是大西南便捷的出海大通道；沿江方面，广西有连接粤港澳大湾区的西江水系运输通道；沿边方面，广西与越南接壤，其中东兴和凭祥是进出越南的重要口岸。

西部陆海新通道建设对广西来说，有利于构建面向东盟的国际大通道、打造西南中南地区开放发展新的战略支点、形成“一带一路”有机衔接的重要门户，“三大定位”新使命会在“一带一路”建设中发挥更大作用；有利于广西释放“海”的潜力，激发“江”的活力，做足“边”的文章，使其积极融入“一带一路”建设，全面实施开放带动战略，加快形成面向国内、国际的开放合作新格局，在服务国家整体战略中谋求更大的发展；有利于增强北部湾国际门户港功能，提升行业综合服务能力，提高通道物流运营效率，促进港产城融合发展；有利于优化广西物流枢纽布局和功能，构建“南向、北联、东融、西合”开放发展新格局，加速通道产业融合发展，增强经济辐射力，提高开拓国际市场的能力，推动经济高质量发展。

28.2.2　西部陆海新通道建设推动广西更深地融入国家对外开放发展战略新格局

海洋运输具有运量大、运费低、对货物适应性强等特点，成为国际贸易主要运输方式之一。为发挥北部湾港的优势，广西加大了以北部湾港为关键节点的通道建设，北部湾港具备通航 20 万 t 级集装箱船的能力，实现 15 万 t 级集装箱船和 30 万 t 级油轮靠泊。2021 年首次开通钦州港—孟加拉国吉大港、印度钦奈港航线，北部湾港货物吞吐量进入全国前十行列，集装箱吞吐量跃升至第 8 位；南宁国际铁路港首次开行南宁—西安（新筑）—努尔苏丹中欧班列。2021 年，北部湾港已开通内贸航线 24 条，外贸航线 30 条，已经能够和全球 100 多个国家和地区的 200 多个港口通航。陆路方面，由广西通往越南、泰国、老挝、柬埔寨的 4 条跨境公路运输线路常态化开行，跨境陆路运输发展势头迅猛，南宁至河内跨境班列开行。北部湾港已常态化开行至西部省份的 5 条海铁联运班列线路及区内桂北、桂东班列，新开通北部湾港至玉林班列。钦州铁路集装箱中心站建设完成，海铁联运班列线路不断拓展，海陆运输频次不断加密，为海铁联运快速发展注入了强劲动力，促进了通道沿线省、区、市经钦州港对《区域全面经济伙伴关系协定》（Regional Comprehensive Economic Partnership，RCEP）成员国的进出口货值的增长。2021 年，北部湾港全年完成货物吞吐量 3.58 亿 t，位列全国沿海港口第 9 位，同比增长 21.2%，新增货物吞吐量超过 6200 万 t，增量位居全国沿海港口首位；2020 年集装箱吞吐量，首次突破 600 万标箱，达到 601 万标箱，位列全国沿海港口第 8 位，同比增长 19%，增速在全国沿海前 15 个港口中排名首位，海铁联运班列完成 6117 列。

陆海新通道建设推动通道区域产业互动合作，带动区域内外资源要素向通道沿线节点城市及交通枢纽聚集，逐步形成具有一定规模效益和辐射带动作用的产业聚集区，提高区域物流资源配置效率，增强通道聚集能力和经贸发展潜力，促进多元化市场拓展，促进广西与西部内陆地区的协作发展，与粤港澳大湾区协同开放，形成区域经济相互支撑、相互促进的发展格局，建成现代化经济体系，在更高层次参与国内外竞争与合作。广西“南向、北联、东融、西合”的发展新格局进一步形成（傅远佳等，2021）。

西部陆海新通道建设推动了广西与东南亚地区共建高质量、高标准、高水平连接通道，促进我国西部与东南亚国家更紧密的经贸合作，促进广西与“一带一路”国家建立更紧密的经贸合作和人文交流，推动广西更高水平的开放和发展。

28.2.3　西部陆海新通道建设加快了生产要素在北部湾经济区聚集

西部陆海新通道不仅是交通运输通道，也是物流通道、贸易通道和产业合作通道。西部陆海新通道建设加快基础设施完善，带动国内生产要素加速向通道节点城市流动和聚集，促进通道经济与枢纽经济的融合，交通、物流、商贸产业融合，营造贸易便利化的营商环境。现代工业将不断向北部湾沿海转移，工业产业聚集，如钦州石化产业园里的华谊钦州化工新材料项目、恒逸项目、中伟新材料南部（钦州）产业基地，惠科电子北海产业新城、华友年产 2 万 t 高精度电子铜箔项目，铁山港千亿元级园区和石油化工千亿级产业集群，龙港新区北海铁山东港产业园新福兴项目、泰嘉超薄玻璃基板项目，推动了北部湾沿海产业的快速发展。2021 年，经济区 10 个重点园区实现产值（贸易额）8866.08 亿元，同比增长 17.27%。北海工业园区升级为国家级经济技术开发区，中国（广西）自由贸易试验区钦州港片区产值接近千亿元，北海市铁山港（临海）工业区成为第 3 个千亿级园区。

交通便捷，物流畅通，资源要素流动聚集，促进通道节点城镇加快发展，联动沿线产业园区、边境经济合作区发展。广西凭祥综合保税区、广西钦州保税港区、防城港市东湾物流加工园区等已形成社会化运输、配送、包装、仓储、信息等产业链。中国—马来西亚钦州产业园区、中新南宁国际物流园等与东盟国家的优势产能产业合作。营商环境日益优化，又将聚集能源、先进装备制造、电子信息、绿色化工新材料等产业集群，也加速向海经济发展，广西经济产业也因此而逐步形成中高端价值链，推动广西产业结构优化升级（仲轶凡，2021）。带动跨境电商、保税物流等新业态发展，进而拓展交易结算、数据信息、商务服务、贸易会展、科技研发、旅游文创等现代服务业态。物流产业聚集，促进新产业、新业态产生发展，加速城镇化发展，推动西部陆海新通道区域产业结构升级，实现经济高速发展，为广西经济建设发展注入新的活力。

28.3　西部陆海新通道广西区域经济社会生态状况

西部陆海新通道是连通“一带”和“一路”的便捷西部的出海大通道，它将有力促进我国区域经济协调发展，增强经济发展活力，实现我国经济社会发展战略目标。西部陆海新通道建设要正确认识人地系统，正确处理人地矛盾，正确处理好经济发展和生态环境保护之间的辩证关系，优化经济发展结构，推进人与自然和谐发展，促进经济健康高效发展。

28.3.1　西部陆海新通道广西区域自然生态环境状况

山江海是山地、江河和海岸带的简称。西部陆海新通道广西区域是山江海过渡性地理空间的典型地带。该区域地处云贵高原东南边缘和两广丘陵西部，南临北部湾，整个地势从西北向东南逐步降低，从云贵高原山麓到北部湾海岸带为自上而下的斜坡地带。西南为十万大山、北部为云贵高原、东部为云开大山和六万大山，在高原和山地之间形成丘陵、小盆地，向南形成山前小平原、河流冲积小平原和三角洲等。有海岸线约 1595km，岛屿岸线约 461km，拥有三角洲海岸、溺谷型海岸、山地型海岸和台地型海岸，近海滩涂面积大。处于热带亚热带季风气候带及热带海洋季风气候带，气温在 2.8～40.4℃，平均气温为 22.5℃，降水量在 1745.6～3111.9mm，雨量充沛，水资源丰富。该区域是我国重要的喀斯特岩溶地区，其在空间上呈梯度变化，河流主要有左江、右江、邕江、南流江、钦江、北仑河等，从西北流向东南或由北流向南，流入珠江和北部湾。

西江是连接西南和华南的“黄金水道”，建设西江经济带已经上升为国家发展战略。西江航道已经成为“西部陆海新通道”的一个重要组成部分。西部陆海新通道广西区域是西江水系源头区、生态屏障区，有独特的自然生态环境，自然资源丰富。西江全长 70%以上的中上游区域为西南土石山区，区域内高温多雨，沿途山多，地表石多土少，土层覆盖薄，河岸生态环境相对脆弱。

随着高程增加，西部陆海新通道广西区域国土空间地带也逐步由三角洲和冲积小平原等过渡到丘陵、盆地和山地、高原。据凌子燕等（2000）的调查研究，西部陆海新通道广西区域山区整体处于微度脆弱区，

2000 年生态环境脆弱指数为 0.47，属于轻度脆弱等级。山区实行了有效的封山育林措施，始终使林地面积增加，而由于林地对外界的抗干扰能力强，因此其脆弱性等级较低。在国家对石漠化治理的重视下，该区域实施退耕还林，整体植被覆盖度有所提高，林地生态环境逐步好转，生态结构和功能不断改善。在江河地区，上游江河脆弱性等级良好，下游江河脆弱性等级较低，因为下游地区城镇化发展速度快，人口压力较大，人类活动强度大大增加，导致生态环境脆弱易损（凌子燕等，2000）。

此外，该区域山江海地理空间呈现出显著脆弱性特征。一方面是山江海系统内部结构不稳定造成的积累性脆弱，另一方面是在人类活动等外界干扰下，其表现出的敏感性。据张泽等（2021）对桂西南－北部湾生态环境脆弱性的整体研究，将其生态环境脆弱性分为潜在脆弱（＜0.24）、微度脆弱（0.24～0.38）、轻度脆弱（0.38～0.51）、中度脆弱（0.51～0.77）、重度脆弱（＞0.77）。2000～2018 年三期生态环境脆弱性指数在 0.14～0.96，平均值在 0.52，整体属于中度脆弱。近岸海域水质总体保持良好，近岸海域优良率在 71.8%～89.3%波动。南宁市、崇左市和钦州市以中度脆弱等级为主，特别是江河入海口北仑河、茅岭江、南流江、钦江以及防城河入海口脆弱性等级最高，生态环境脆弱性指数均在 0.85 以上。

该区域生态脆弱性程度整体有减轻趋势。从北部湾海洋生态环境情况看，北海廉州湾对虾养殖区、涠洲岛海水增养殖区、钦州港茅尾海大蚝养殖区、防城港市红沙大蚝养殖区和防城港珍珠湾珍珠养殖区 5 个海水增养殖区的环境质量能满足养殖要求。北海银滩海水浴场和防城港金滩海水浴场的环境质量总体为优良，无明显影响游泳者身体健康和人身安全的因素。其中，北海银滩国家级旅游度假区的环境质量使该区很适宜开展休闲观光活动，部分时段不适宜的主要原因是天气不佳。各海洋保护区的生态环境质量均有所提高，但仍存在未达标的现象，如 2018 年，北仑河口自然保护区，主要污染物为无机氮、磷酸盐、锌和汞；茅尾海国家级海洋公园，主要污染物为无机氮、磷酸盐和化学需氧量；山口红树林国家级自然保护区，主要污染物为无机氮和磷酸盐。防城港市白浪滩景区、钦州三娘湾旅游风景区和北海侨港浴场的海洋垃圾均以塑料类垃圾为主，占比超过 5%。主要海洋灾害包括风暴潮、海浪、海岸侵蚀、海雾和海水入侵，每年都会造成不同程度的经济损失（宁秋云和陈圆，2021）。

北部湾近岸海域大风江、南流江、钦江、防城江和茅岭江 5 条主要河流携带的入海污染物为化学需要量、氨氮、硝酸盐氮、亚硝酸盐氮、总磷、石油类、重金属、砷共 8 种。南流江、大风江污染物入海量仍很大，主要入海污染物为化学需氧量、硝酸盐氮、氨氮。污染源可被分为市政排污口、工业排污口和排污河 3 种。劣于第四类海水水质标准的海域集中分布在廉州湾、钦州湾口、茅尾海，主要污染物为无机氮、石油类和活性磷酸盐。近岸海域海洋沉积物综合质量状况良好，超第一类海洋沉积物质量标准的污染因子主要为石油类。

从人地关系看，西部陆海新通道广西区域并非单一的自然地理空间，也非单一的人文地理空间，是人与自然相互作用的过渡性地理空间，是山江海过渡性地带生态环境脆弱性典型区域，其表现出人地关系的复杂性和不确定性（凌子燕等，2000）。

28.3.2　西部陆海新通道广西区域经济及人口状况

1. 西部陆海新通道广西区域经济发展状况

在以习近平同志为核心的党中央的坚强领导下，在全区各族人民的努力下，广西地区经济持续健康发展，生产总值由 2016 年的 18375.38 亿元增长到 2021 年的 24740.86 亿元。由表 28.1 中的数据也可以看到，北部湾经济区（指南宁市、北海市、钦州市、防城港市、玉林市和崇左市）地区生产总值由 2016 年的 8809.32 亿元增长到 2021 年的 12148.78 亿元。随着经济的快速增长，其影响力不断增强，逐步成为区域内的重要增长极。

表 28.1 广西各市 2016～2021 年的地区生产总值情况 （单位：亿元）

地区	2016 年	2017 年	2018 年	2019 年	2020 年	2021 年
全区	18375.38	20537.25	20595.98	21278.07	22154.67	24740.86
南宁市	3703.39	4118.83	4244.36	4506.56	4726.34	5120.94
北海市	1007.65	1229.84	1213.80	1300.80	1276.91	1504.43
钦州市	1102.05	1309.82	1291.96	1356.27	1388	1647.83
防城港市	676.12	741.62	696.82	701.23	732.81	815.88
玉林市	1553.91	1699.54	1615.46	1679.77	1761.08	2070.61
崇左市	766.2	907.62	1016.49	760.46	809	989.09
百色市	1114.31	1361.76	1176.77	1257.78	1333.73	1568.71
河池市	657.18	734.60	788.29	878.10	927.71	1041.97
来宾市	589.11	663.69	692.41	654.15	705.72	832.88
贵港市	958.76	1082.18	1169.88	1257.53	1352.73	1501.64
柳州市	2476.94	2755.64	3053.65	3128.35	3176.94	3057.24
梧州市	1175.65	1338.10	1029.85	991.40	1081.34	1369.37
贺州市	518.22	548.83	602.63	700.11	753.95	909.21
桂林市	2075.89	2045.18	2003.61	2105.56	2128.41	2311.06

资料来源：表中资料根据相应年份的《广西统计年鉴》数据整理。

随着广西经济实力的增强，西部陆海新通道建设、北部湾港建设和互联互通基础设施建设日益完善，广西与通道沿线省份的联系和合作更加紧密，与东盟国家的经贸合作更加紧密，通道对广西经济发展的牵引作用更加凸显。由表 28.2 可以看到，广西对东盟国家的机电产品出口额增长加快，广西乃至全国的优势产业产能得到进一步发挥，产业结构得到升级优化。由于广西在联系东盟和 21 世纪海上丝绸之路共建国家中的区位优势，其会吸引更多资本，这更促进了北部湾经济区的发展，从而加速广西经济发展。广西与“一带一路”国家联系更加紧密，如 2017 年，广西与“一带一路”国家和地区的进出口贸易总额为 3866.3 亿元；2018 年，广西与“一带一路”国家和地区的进出口贸易总额为 4104.7 亿元；2019 年，广西与“一带一路”国家和地区的进出口贸易总额为 4694.7 亿元；2020 年，广西与“一带一路”国家和地区的进出口贸易总额为 4861.3 亿元。北部湾经济区 6 市 2020 年的进出口贸易总额为 4055.9 亿元，占广西进出口贸易总额的 83.43%；2021 年为 4839.6 亿元，占广西进出口贸易总额的 81.60%。

表 28.2 广西 2017～2021 年对外贸易情况 （单位：亿元）

项目		2017 年	2018 年	2019 年	2020 年	2021 年
进出口贸易总额		3866.3	4104.7	4694.7	4861.3	5930.6
其中	出口	1855.2	2176.1	2597.1	2708.2	2939.1
	进口	2011.1	1928.6	2097.6	2153.1	2991.5
	一般贸易	1423.59	1380.8	1656.6	1522.7	1847.2
	边境贸易	—	1617.7	1486.1	1408.6	1491.3
	机电产品出口	793.9	965	1301.8	1476	1744.5
	对东盟进出口	1893.85	2061.5	2334.7	2375.7	2821.2

资料来源：根据南宁海关统计数据整理。

此外，中新南宁国际物流园、中马钦州产业园、中泰产业园、东兴边境经济合作区和凭祥边境经济合作区等产业合作平台建设持续推进，为西部地区与东盟地区的国际产能合作提供了平台。

2. 西部陆海新通道广西区域人口及城镇化发展状况

从表 28.1～表 28.3 中的数据变化可以看到，随经济发展和人口增长，西部陆海新通道广西区域人口增长和城镇化发展都很快。其中南宁市常住人口增长最快，从 2019 年的 734.48 万人增长到 2020 年的 874.1584 万人；广西城镇化率也不断提高，2016 年为 48.08%、2017 年为 49.21%、2018 年为 50.22%、2019 年为 51.09%、2020 年为 54.2%，其中，2020 年的城镇化率，南宁市为 65.9%、防城港市为 61.5%、北海市为 58.4%、钦州市为 42%、玉林市为 49.8%、崇左市为 43.4%。北部湾经济区（即六市）的常住总人口，2016 年为 2070.31 万人、2017 年 2093.44 万人、2018 年 2112.09 万人、2019 年 2132.77 万人、2020 年 2281.121 万人。从表 28.3 中也可以看到，北部湾经济区人口规模是加速扩大的，南宁市最为明显。人口聚集加速推动城镇化发展，人口聚集和城镇化发展又共同推动新业态的发展。

表 28.3　广西各地市常住人口状况　　（单位：万人）

地区	2016 年	2017 年	2018 年	2019 年	2020 年
广西	4442.09	4884.95	4923.44	4960.64	5010.9499
南宁市	706.22	715.33	725.41	734.48	874.1584
北海市	164.37	166.33	168	170.7	185.3227
钦州市	324.3	328	328.44	332.41	328.2238
防城港市	92.90	94.02	95.33	96.37	104.61
玉林市	575.60	581.08	584.97	587.78	579.6761
崇左市	206.92	208.68	209.94	211.03	209.13
百色市	362.02	364.65	366.39	368.74	357.1565
河池市	349.90	352.35	354.57	356.36	341.7945
来宾市	220.05	221.86	223.39	224.43	207.4611
贺州市	203.87	205.67	207.26	208.53	200.7858
柳州市	—	400	404.17	407.8	415.7934
桂林市	500.94	505.74	508.55	511.23	493.1137
梧州市	301.8	303.7	306.1	307.7	282.0977
贵港市	433.2	437.54	440.92	443.08	431.6262

28.3.3　广西海洋经济发展状况

广西是一个沿海省份，拥有良好的海洋港口资源、海洋生物资源、海洋矿产资源，以及海岛和海洋空间资源等，发展海洋产业大有可为。广西海洋经济快速发展，2020 年海洋经济生产总值为 1651 亿元，占广西 GDP 的 7.4%，2021 年海洋经济生产总值为 4090 亿元，占广西 GDP 的 16.53%（袁琳和杨晓佼，2022）。广西海洋第一、第二、第三产业结构不断优化，海洋经济协调健康发展。广西海洋第一、第二、第三产业结构之比 2015 年为 16.2∶35.8∶48.0，2020 年为 15.2∶28.7∶54.1，2020 年与 2015 年相比，第一产业和第二产业占比下降，第三产业占比快速上升，说明广西海洋产业结构逐步优化，海洋新兴产业发展初见成效。“十三五”以来，广西以高端海洋装备制造业、生物医药、新能源、新材料为代表的海洋新兴产业快速发展，其中广西海洋药物与生物制品业增加值年均增长 35.1%，区域海洋经济稳步增长。其中，北海市已初步形成电子信息、石油化工、临港新材料三大主导产业，林纸与木材加工、食品加工、海洋经济、高端服务业四个优势产业，以及海洋装备制造业共同发展的“3＋4＋1”现代产业体系。钦州市已形成港口运输业、临港工业、海洋渔业、滨海旅游业等海洋支柱产业，海洋药物与生物制品业、海洋生物育种、海洋船舶与工程装备、航运服务等海洋新兴产业发展潜力巨大。防城港市积极打造边海经济带，滨海旅游业、海洋渔业发展优势突出，已基本形成优势水产品产业带布局。2020 年北海市、钦州市和防城港市三市的海洋经济生产总值为 1651 亿元，占三市生产总值的 48.59%。广西加大海洋教育科研投入，在海洋科技人才培养方面，已有广西大学、桂林电子科技大学、广西民族大学、北部湾大学 4 所高校设立了培养海洋人才的学院，广西中医药大学建有涉海学科，为广西培养海洋科技人才、打造高素质海洋人才队伍创造了条件；在海洋科研机构方面，广西有自然资源部第四海洋研究所、自然资源部第三海洋研究所北海基地、北部湾环境演变与资源利用重点实验室、清华大学海洋技术研究中心北部湾研究所、北部湾海洋产业研究院、广西中医药大学海洋药物研究院等 20 余家海洋类科研机构（云倩和吴尔江，2021）。

尽管广西海洋经济取得了很大成绩，但与其拥有的海洋资源不相称。①广西的海洋经济总量偏小，对地区贡献低。2020 年广西海洋经济生产总值为 1651 亿元，除稍微高于海南外，均低于其他沿海省份，广西海洋经济生产总值仅占广东的 9.57%、山东的 12.51%、福建的 14.36%、上海的 17.01%、浙江的 17.95%、江苏的 20.01%。②海洋产业结构不合理且聚集度偏低。广西海洋第一、第二、第三产业的比重分别是 15.2%、28.7%、54.1%。支撑广西海洋经济发展的主力军还是传统的渔业养殖和仅起“过道”作用的海洋交通运输服务业。海产品精深加工、海洋药物及生物制品、高端船舶修造、海洋仪器装备制造、海洋电子信息、海洋能源开发等海洋新兴产业起步晚、数量少、分散、基础薄弱、产业集群度低，产业链不配套，海洋经济总体质量不高，竞争力不强。③向海经济发展基础设施滞后。北部湾港口码头数量有限且码头吨级偏低。集装箱码头的装卸机械和装卸工艺流程设计比较落后，装卸效率较低，导致作业时间延长，港口物流成本高。码头作业收费高，北部湾港航线以中转和近洋航线为主，特别是主要面向东南亚国家，未能有效满足货物大进大出的需要，造成货物在港等待时间过长，综合物流成本高。④对海洋的开发利用还比较粗放。海洋资源禀赋的优势还远未有效开发利用，功能布局不合理，与关联产业发展不协调，海域陆域资源还没有达成双向联动、协调发展。广西海洋产业或海洋经济发展依然存在政策碎片化、短期化等问题，系统性、针对性、联动性不够强；在发展政策上存在具体政策衔接不够强、政策落地难度大、配套政策不完善等问题，无形中提高了行政管理成本。⑤整个北部湾沿海城市的经济实力整体偏弱。2021 年北海市、钦州市、防城港市的 GDP 分别为 1504.43 亿元、1647.83 亿元和 815.55 亿元，3 个城市的 GDP 总量为 3967.81 亿元。同期，海口市为 2057.06 亿元，湛江市为 3559.93 亿元，广州市为 28231.97 亿元，厦门市为 7033.89 亿元，泉州市为 11304.17 亿元，宁波市为 14594.9 亿元等。由此可以看出，北海市、钦州市、防城港市在全国沿海港口城市中经济总量偏小，难以对周边和相关产业起辐射和带动作用，从而影响向海经济发展。

28.4 西部陆海新通道发展中存在的问题及其原因分析

28.4.1 西部陆海新通道沿线各地产业分工不明显

尽管北部湾港口是西部腹地出海的便捷通道，但由于广西经济实力弱，加之交通运输网络不完善，通道能力弱，港口周边与腹地产业分工程度低，经济联系并不紧密，北部湾港没有起到辐射带动作用。产业分工包括产业间分工、产业内分工、产业链分工及产业深度融合。两地之间的产业分工程度用产业分工指数衡量，产业分工指数反映地区产业差异度。一般来说，地区间产业分工指数值越高，说明地区间产业分工程度越好，产业同构水平越低，产业协同发展的可能性越大；反之产业分工越不明显，产业同构水平就越高，甚至存在恶性竞争，不利于产业的协同发展。据卢耿锋和王柏玲（2021）对宁波舟山港、广州港和北部湾港的研究发现，宁波舟山港和广州港周边地区与腹地间经济联系紧密，港口对腹地货物吸引力强，腹地货物在港口中处于核心地位，原因是港口周边地区与腹地之间的产业分工程度高。2014～2018 年广州港周边地区与腹地的产业分工指数相应为 0.3021、0.2941、0.2930、0.2450、0.2022；宁波舟山港周边地区与腹地的产业分工指数相应为 0.1712、0.1642、0.1518、0.1299、0.1150；北部湾港周边地区与腹地的产业分工指数相应为 0.0398、0.0454、0.0543、0.1004、0.0689。宁波舟山港和广州港周边地区与腹地的产业分工指数远高于北部湾港，前两者的周边地区与腹地的产业分工指数下降是由于港口周边地区产业向腹地转移。北部湾港周边地区与腹地的产业分工指数呈上升趋势，但处于较低水平，说明产业分工不明显，还存在一定程度的产业同构现象，不利于港口周边地区与腹地经济发展的良性互动，不利于整个西部陆海新通道的发展。

28.4.2　产业结构层次低，体系结构不完善

为了加快经济发展，增加经济总量，各地方政府都在努力加快各种产业发展，加快工业化发展进程，但广西是一个欠发达省份，在工业方面，以传统产业为主，高端新兴产业少，重生产轻服务，整体发展不足，产业科技水平低，缺乏深加工。各地发展更多是以粗放型的“资源开发导向型工业化”发展为主。同时承接一部分经济发达地区淘汰下来的重化工产业，由此形成了高能耗高排放的资源密集型产业和技术水平不高的重化工产业。经济结构有了改善，产业结构得到一定程度提升，但广西工业结构仍以糖业、钢材、水泥、有色金属、机制纸及纸板等传统产业为主，且面临着比较严峻的国内外市场饱和、发展动能衰竭等问题，而以新一代信息技术产业、高端装备制造产业、新材料产业、生物产业、新能源汽车产业、节能环保产业、数字创意产业等为代表的战略性新兴产业的总体数量和规模依然偏小（钟明容，2021），如 2020 年和 2021 年广西第二产业产值分别为 7108.49 亿元和 8187.90 亿元，分别占同期我国第二产业产值的 1.85% 和 1.82%，但这与广西的区位优势和总人口数是不相称的。广西整体产业结构仍以高能耗高排放传统产业比重大，高新技术产业比重小，且各地产业结构相似性高，产业之间显示不出优势，加之生产技术落后，难以对资源综合、高效利用，在生产过程中资源消耗大，各种废弃物也快速增加且直接排放，既造成资源的浪费，又污染了生态环境，加剧了自然环境负担，也加重了社会发展成本和环境成本。生产过程中的这些排放物，在陆域无法在环境承载力范围内加以消纳的情况下，通过入海河流或入海排污口进入海洋，甚至远在内陆的污染物也通过江河水流汇向大海，海洋成了天然的纳污场，大量陆域污染物入海导致近岸海域水质恶化，陆源污染物主要有入海河流污染物和直接入海排污口排放污染物。北部湾海域的污染主要集中在河流入海处及其附近海域，防城港、珍珠港、钦州湾、廉州湾和铁山港等海域的入海污染物是造成整个广西北部湾海域环境质量降低的重要隐患。入海排污口的主要污染物是总磷、COD_{Cr}（指用重铬酸钾为氧化剂测出的需氧量）、悬浮物和氨氮，水体富营养化是入海排污口邻近海域的主要环境问题，其生态环境脆弱。

农业生产方面，广大农村地区经济和交通落后，就业岗位少，增收渠道有限。农民为了增加收入，必然加大对自然资源的索取，增加对土地的开垦种植，落后的生产方式，加大了对资源环境的消耗，加重了水土流失，喀斯特岩溶地区还加重了石漠化程度。为了提高农作物产量，在生产过程中大量使用农药、化肥等，对水土、农作物等造成了严重污染。农民生活污染和养殖废水污染等都加大了自然生态环境压力。

人类活动与自然生态环境资源的矛盾凸显，人地关系恶化。西江流域河流沿岸的生产生活活动对生态环境造成了不良影响，如自然植被遭到破坏，水土流失加重，农业生产过程中化肥及农药面源污染造成河流污染，河流防洪工程措施过度强调河岸防洪功能，导致河岸过度硬化，在某种程度上破坏了河岸自然属性，也在一定程度上破坏了河岸两栖动物及水中生物的栖息地、产卵地、越冬地，对河岸两栖动物及水中生物生存和繁衍生息产生不利影响，影响了区域可持续发展。

28.4.3　西部陆海新通道建设增大区域空间生态环境压力

西部陆海新通道建设推动了物流业发展，尤其是推动了北部湾港快速发展，海洋运输业快速增长推动了我国与东盟国家经贸的快速发展。这使海洋运输船上的大量垃圾倾入海中，油船卸油后要用海水压舱，装油前则要抽出海水，并要清洗，最后又把大量油水混合物排入海洋，造成海上污染。北部湾经济区快速

发展，人口快速增长，加快了城镇化发展进程，经济规模扩大。从表 28.1～表 28.3 中可以看到，北部湾经济区经济快速发展，与东盟国家经贸往来日益密切，带动了更多就业，使人口不断聚集，推动城市规模扩大。从表 28.4 中可以看到，南宁市、北海市、防城港市常住人口快速增长，为满足快速增长的人口的生活需要，又带动了第三产业发展。城市规模扩大及城镇基础设施建设发展不断侵占海域资源空间，加大生态环境压力。海洋受到污染，最终造成海洋生物资源逐渐减少，海洋生态系统失衡，生态灾害频发，近岸海域生态环境压力日益增大。

表 28.4　北部湾经济区各市常住人口数　（单位：万人）

城市	2016 年	2017 年	2018 年	2019 年	2020 年
南宁	706.22	715.33	725.41	734.48	875.26
北海	164.37	166.33	168	170.07	185.56
钦州	324.3	328	328.44	332.41	328.64
防城港	92.9	94.02	95.33	96.36	104.74
崇左	206.92	208.68	209.94	211.03	209.13
玉林	575.6	581.08	584.97	587.78	580.41

资料来源：依据《广西统计年鉴》整理。

西部陆海新通道建设带来新机遇新希望，加速了人口、生产要素快速向城镇聚集（表 28.5）。南宁市、钦州市、北海市、防城港市的人口、经济总量及进出口总值都是快速增长的，致使该区域的土地利用、生产力布局及生态环境等都发生了变化。从单位经济效益和资源环境消耗来说，人口和生产活动的聚集使得单位资源消耗下降，资源得到进一步优化配置，获得规模经济，推动经济进一步发展。西部陆海新通道的其他城镇的人口、生产要素也快速聚集，这必然增加水资源、土地资源、能源等的消耗，绿地空间缩减，人类的生产生活所产生的废弃物也必然快速增加，污染物排放量持续增加必然增大自然环境胁迫，生态环境脆弱程度增大（刘娴，2019）。当人类陆域经济活动对区域生态环境的影响超出陆域承受限度时，污染物就往近海排放，影响近海海域生态。广西沿海部分海域水质长期为第三类甚至第四类，重要的原因之一就是内湾和人口密集沿岸水污染趋势逐步加重。一是陆域污染防治不到位，加上工业快速发展导致海洋资源承载力不足。城市污水处理率低，雨污分流不彻底，养殖污染物入海日益严重，大部分养殖尾水都是直排入海，海滨旅游景区的生活污水直排入海现象较严重。广西沿海重工业集聚，但与之相适应的排污处理设施建设滞后，海洋资源环境承载力明显不足。二是无序开发活动导致海洋生态被破坏，自然岸线保有率不足。非法开采海砂活动导致海底生态环境遭到破坏，严重影响海洋生物繁衍，导致海洋生物资源退化，同时改变近岸海底地形，从而增强近岸水动力，造成严重的海岸侵蚀。近岸开发呈现明显的过度状态，自然海岸生态空间压缩，海岸线空间资源流失，可利用岸线资源紧缺。三是海洋生态保护机制不健全。各涉海部门职能之间还没有形成相互协调、有效衔接的体制机制，在统筹经济规划、资源开发、生态修复、项目准入等方面尚未形成系统、高效的监督管理体系。

表 28.5　北部湾经济区各市户籍人口数　（单位：万人）

城市	2016 年	2017 年	2018 年	2019 年	2020 年
南宁	751.74	756.87	770.82	781.97	791.83
北海	174.34	175.42	178.18	180.21	181.64
钦州	409.13	410.92	415.37	417.66	417.88
防城港	97.2	97.79	99.32	100.37	101.27
崇左	250.54	249.94	251.7	252.32	252.17
玉林	717.32	724.19	732.73	736.97	741.15

资料来源：依据《广西统计年鉴》整理。

28.5　西部陆海新通道和陆海社会及生态系统发展政策建议

西部陆海新通道建设给广西发展带来新的机遇，也带来挑战。为促进西部陆海新通道广西区域经济社会及生态系统的可持续发展，要科学合理利用有利条件，形成山江海联动综合发展模式，保护好绿水青山，使各方面均衡发展，实现人地系统耦合，促进实现高质量发展。

28.5.1　以陆海统筹共治推进经济可持续协调发展

1. 以陆海统筹共治推进区域主体功能区规划及落实

人地系统具有开放性和动态性，充分利用人地系统中各子系统间的相互促进作用，提高发展效益与管理水平，尽量规避两大子系统之间的矛盾冲突，推进人地系统的顺利演化。一定的国土空间范围具有多重功能，但一定有某一项功能最能体现该区域的现实发展状况、资源禀赋和区位优势。由于自然资源禀赋、区位、自然生态环境承载力等的差异，区域内各子区域产业布局及发展定位是不同的。重视并进行区域主体功能区发展规划，就是结合区域资源禀赋、区位优势、区域生态环境等，制定区域发展主体功能定位。对区域进行主体功能区规划定位，是为了更好地促进人地系统耦合，提高区域资源环境承载力，优化区域资源配置，增强区域发展的科学性、针对性，提高区域发展效率，提升区域发展竞争力，促进区域经济、社会、生态环境协调发展，以更好地共同应对发展过程中的风险和难题，提高人地系统耦合协调度，使各区域形成合理的资源互补与要素互补，实现区域经济社会的可持续发展。

利用西部陆海新通道建设发展机遇，促进西部陆海新通道广西区域主体功能区发展规划的落实。以主体功能区发展规划为引领，形成广西各区域间经济紧密联系、资源互补、要素互通的经济区。广西区域主体功能区发展规划要紧密结合该区域山江海过渡性空间的经济、资源、生态环境等实际情况，加强对陆海相衔接的产业发展进行规划，把海洋产业发展布局与区域工业化、城镇化、区域特色经济等发展结合起来，合理对区域人口规模、产业发展等进行定位规划，形成结构合理、分工明确、功能互补的陆海产业发展新格局，实现西部陆海新通道广西区域生产力布局的新突破，进而培育出符合资源特点、体现资源优势，具有广西区域特色的陆海联动的产业集群。

广西要充分利用其区位优势，紧紧围绕北部湾国际门户，确定一批支柱产业重点发展。从而形成更加合理的区域聚集效应和规模效应，促进人地系统耦合，实现各区域协调发展。北部湾要依托港口优势，发展现代港口物流业，大型钢铁、电力和石化产业，以及海洋装备制造业。北海市要利用优良海滩资源发展滨海旅游业，利用港口和现有基础的优势，大力发展石化、通信、电子产业、新材料和生物工程等现代产业；钦州市要大力发展物流、石油化工和精细化工等产业；防城港市要发展海滨旅游、边关风情游、物流、大型钢铁、食品加工和先进制造产业等；南宁市要利用其首府地位，发展层次更高的知识密集型产业和信息产业，以及金融、物流、保险、旅游和会展等现代服务业。

2. 推进西部陆海新通道区域资源整合，实现经济高质量发展

世界上绝大多数工业集聚地主要集中于海岸带的港口城市，沿海港口城市是经济最有活力和生机的地区。我国沿海地区也是经济最有活力的地区，沿海城市是物流中心集聚区、生产要素集聚区、各种产业集聚区以及经济繁荣区域。广西北部湾经济区经济虽然有了很大发展，但鉴于历史等原因，北部湾经济区经济规模小，如 2019～2021 年，广西北部湾沿海北海、钦州、防城港三市的地区生产总值的和分别为 3358.30 亿元、3397.72 亿元和 3968.14 亿元，其中没有一个城市地区生产总值达到 2000 亿元。由于其经济规模小，对周边辐射影响力很小，因此其港口优势也就无法发挥出来。

要利用西部陆海新通道带来的机遇，加强海洋重点产业发展与先进制造业基地建设相衔接，海洋港口

等重大基础设施建设要与能源、交通和物流专项发展规划相配套。通过陆海产业配套发展，以陆域经济技术为依托，以陆域空间为腹地，形成双向交流合作，推动陆海产业联动发展，缩小地区差距，使地区经济实现协调发展，推进区域资源整合，打造广西北部湾千亿级产业集群，这些产业集群主要包括电子信息产业集群、轻工业食品、生物医药和健康产业集群、冶金精深加工产业集群、装备制造产业集群。重点发展临港产业，通过以点带面，招商引资，逐步扩大规模，形成临港产业集群，壮大经济实力，增强北部湾港的服务能力，把广西北部湾经济区打造为重要产业聚集区，发挥其辐射带动作用，实现经济持续高质量发展。

3. 以人地系统耦合推进经济社会健康

人地关系是人地系统的中心。人地系统耦合协调度是衡量一个区域协调发展水平与可持续发展水平的重要指标。人地系统功能的强弱取决于各组成部分之间的组合与匹配状况。西部陆海新通道区域人地系统耦合与区域内外各种资源要素开发、土地承载力、区域开发、区域发展规划、区域环境保护治理等紧密相连。

西部陆海新通道建设必然会带动基础设施建设的发展，经济布局的变化、资源要素流动重组使得人地系统的人类活动系统要素和自然地理要素在西部陆海新通道区域的三生空间合理高效流动配置。绿地生态空间和农业生产空间是西部陆海新通道国土空间主要类型。西部陆海新通道建设必然会使通道区域三生空间产生冲突，从而使该区域绿地生态空间总体趋势下降，这是由城镇化发展和工农业生产发展挤压所致；水域生态空间增加主要是由沿海地区人工养殖池的扩张导致的，潜在生态空间波动变化。

从西部陆海新通道广西的区位、资源、生态环境等因素出发，必须尊重生态系统的整体性和系统性，坚持山江海一体，实施陆海统筹，加强生态保护和修复，促进人地耦合。陆域海域开发与产业发展要充分考虑海域资源环境承载力，规范沿海地区的优化开发和重点开发区域的工业化与城市化建设。本着陆海联动原则，采取各种措施和多种形式统筹陆海关系，发挥海洋区位优势，实现区域可持续发展。海洋生态系统和陆域生态系统之间存在复杂的自然和经济联系，陆地与海洋之间存在着广泛的物质、能量交换和生态统一性，存在着密切的社会、经济联系。西部陆海新通道建设要把人口分布、经济布局、国土利用及生态环境保护等多目标规划引入人地系统，促进人地耦合，实现资源的有效保护和高效利用，促进经济与生态环境协调发展，实现经济高质量发展和可持续发展。

开展人地系统耦合试验，优化国土空间管控，打造山水林田湖草生命共同体，以实现西部陆海新通道区域经济社会的可持续发展。加强西部陆海新通道广西区域生态环境协同管理与综合治理，推进珠江上游区域水质保护和水循环生态综合治理，北部湾近海与海岸环境综合治理与保护，推动石漠化脆弱区水土保持与绿色升级发展，绿水青山提质增效与乡村振兴发展，加强区域城市生态建设工程与生态系统智能管理、自然保护地健康管理及生态廊道建设等，以促进人地系统耦合，为实现经济社会可持续发展和高质量发展提供良好的生态环境基础及技术支撑（葛全胜等，2020）。

根据陆域和海域两个地理单元的内在联系，在区域社会经济发展过程中，结合陆域和海域资源环境特点、经济功能、生态功能和社会功能，以及陆域海域资源环境生态系统承载力，在社会经济系统的活力和潜力基础上，统一筹划陆域和海域两大系统的资源利用、经济发展、环境保护、生态安全和区域政策，通过统一规划、联动开发、产业组接和综合管理，把陆海地理、社会、经济、文化、生态系统整合为一个统一整体。正确处理沿海陆域和海域空间开发关系，强化陆域和海域生态环境综合管理，注重土地规划与海洋功能区划的衔接，形成陆域和海域融合的新优势，形成两者紧密融合、协调发展的新态势，推动沿海地区与内陆地区的协调发展，海洋资源开发和海洋环境保护要同步实施。合理划分海岸线功能，严格保护海岸线资源和海岛，避免对海域环境造成破坏。注重陆海产业分工与协作，形成区域陆海产业特色体系；优化陆海产业结构，打造具有竞争优势的陆海产业集群；以临海产业为纽带，进一步增强海陆产业系统间的联系，推动西部陆海新通道和陆海社会-生态系统的发展，使其高质量发展（王芳，2012）。

28.5.2　陆海统筹共治下完善西部陆海新通道建设

我们常说“要致富，先修路”，广西依托其良好的区位条件，在西部陆海新通道建设中，要以交通通道为依托，以经济开放合作为纽带，以经济集聚辐射和产业转移为途径，以参与区域经济协作为手段，全力提升通道能力，实现广西经济持续快速发展。

1. 高标准推进北部湾港建设

海运是最经济、最环保的运输方式。但长期以来，由于经济实力较弱、基础设施等级限制等，广西北部湾港口吞吐量低，航线少，致使港口收入低，港口基础设施难以改造提升，港口装卸效率低，港口装卸成本难以降低，致使本地业主都不想走北部湾港，这又影响新航线拓展，北部湾港的区位优势得不到充分发挥，制约了北部湾港口及该区域经济发展。

2019 年 8 月，国家发展和改革委员会印发的《西部陆海新通道总体规划》提出，建设自重庆经贵阳、南宁至北部湾出海口（北部湾港、洋浦港），自重庆经怀化、柳州至北部湾出海口，以及自成都经泸州（宜宾）、百色至北部湾出海口 3 条通路，共同形成西部陆海新通道的主通道，同时明确把北部湾港作为连接“一带一路”陆海联动新通道的国际门户港。钦州港重点发展集装箱运输，防城港港重点发展大宗散货和冷链集装箱运输，北海港重点发展国际邮轮、商贸和清洁型物资运输。

北部湾港是西部陆海新通道建设发展的重点。完善广西北部湾港功能，提升北部湾港在全国沿海港口布局中的地位，打造西部陆海新通道国际门户。围绕《西部陆海新通道总体规划》发展要求，按国际门户港高标准建设钦州港、铁山港、防城港港 $2\times10^5\sim3\times10^5$t 级码头及进港航道，以及相配套的铁路升级改造和进港铁路专用线建设等，重点是加快推进专业集装箱码头、大型散货码头、江海联运码头、深水航道、增加专业化泊位等基础设施建设，进一步完善全球航线，持续推进国际航运物流枢纽能级提升，优化港区资源整合与功能布局，推进智能化港口建设，提升港口自动化水平，提升装卸效率。把北部湾港建设成为一个高效便捷的物流中心，改善北部湾经济区营商环境，壮大北部湾港的辐射带动能力，进而带动区域生产要素流动，促进区域生产力布局发展，使北部湾港成为陆海新通道的龙头，带动北部湾港周边地区经济发展，实现广西经济持续健康发展。

2. 推动陆海运输通道大能力建设

高效完善的交通运输网络能提高生产要素流动率，降低物质损耗和发展成本，促进经济健康快速发展，也有利于生态环境保护。落后的交通运输系统会大大增加运输成本和物资损耗，降低经济效益，阻碍生产要素流通，最终增加环境负担。

全力提升西部陆海新通道能力，就要统筹铁路、公路、水路、航空通道规划布局，大力推进快速网、干线网和基础网建设，形成分工合理、多向联通、衔接国际的集成大通道，增加铁运和海运相衔接的班列数，将航线拓展到海外更多国家，以降低西部地区的企业在铁路与北部湾港之间进行货物运输所产生的物流成本，增强西部内陆省份的产品竞争力。为此：①建设大能力铁路通道。全面提升铁路运能和联运效率，西线就是要畅通云桂通道，对既有铁路扩能改造，中线扩充黔桂铁路运能，建设北部湾经济区至成渝的集装箱运输通道，推进通往中南地区的东线通道建设，加强其与辐射延展带、长江经济带、粤港澳大湾区等紧密衔接，强化东中通路与柳州至广州等干线铁路连接，推进连接边境口岸的铁路建设。②提升干线公路能力。以出省出边出海通道建设为重点，接断点、通堵点、连网络，完善高速公路主通道能力，推动沿线地区高速公路和普通国省干线建设、扩容，扩大通道网络衔接覆盖范围，有效提升通行效率。③构建高等级内河网络。建设好平陆运河，突破江海联运瓶颈，强化北部湾港与西江黄金水道衔接，提高内河航道等级，形成上游通、中游畅、下游优的内河水运网，提升西江航道通航等级，提升西江航线沿岸内河港口服务水平，优化整合海洋运输与内河运输，推进海陆产业联动、海陆空间衔接，充分发挥海运与西江水道航运的优势，形成通江达海的高效便捷运输网络，促进西江经济带与北部湾经济区的融合发展。④打造高效快捷空中走廊。打造南宁面向东盟的国际航空货运枢纽，拓展东盟国家航线，织密至通道沿线主要城市的航线，提高客机腹舱货运能力，建设好西部陆海通道沿线各机场，推动航空运输融入西部陆海新通道。⑤强化物流枢纽建设。完善海港、陆港、空港、内河港的布局建设，形成一批具有集散、储存、分拨、转运等功能的物流设施。

通过完成通道基础设施建设，在广西境内形成以铁路运输为骨干、以高速公路为补充、物流基地充足、连接北部湾港的陆海联运的有机体系。便捷的交通运输网络将促进沿线省区资源要素连接，加快资源要素自由流动，提高资源配置效率，促进经济高效发展；西部陆海新通道建设也必将会带来一系列辐射和聚集作用，吸引更多资源要素聚集到通道节点，尤其是北部湾经济区，从而实现聚集经济发展；西部陆海新通道建设也将加速国内统一大市场的形成，推动区域内经济发展战略转变；进一步提升广西对外开放水平，推动广西经济实现高质量发展（陈玉卿，2021）。

3. 提升西部陆海新通道的信息化和智能化水平

信息化和智能化是经济社会发展趋势，也是衡量一个国家或地区经济社会发展水平的一个重要指标。信息化和智能化发展有利于提高区域经济发展的协同性，有利于实施现代化管理模式，提高各种生产要素和产品周转效率，从而提高资源利用效率和工作效率，有利于经济结构的更新和优化，实现经济高质量发展，增强区域经济竞争力，实现区域经济的可持续发展。多式联运信息化和智能化管理体系建设，既有利于提高物流效率，节约交易时间和交易费用，又能降低能源消耗，减少碳排放，实现绿色发展。运用云计算、大数据、人工智能、互联网等新一代信息技术，依托现有信息平台，提高信息平台信息化整合能力，加强各职能部门、代理机构、客户等的信息化建设，实现西部陆海新通道信息开放共享，实现铁路、物流企业、港口和海关等平台数据的信息共享和综合利用，提高物流效率，促进生产要素流通。打造大数据信息服务平台，为企业提供实时的信息咨询，发展数字小镇。加快西部陆海新通道基础设施自动化建设，拓展全程物流跟踪、多式联运、贸易融资、金融保险、跨境支付、供应链解决方案等服务功能，提高自动化水平。提高海港、陆港、空港、内河港自动化水平，推动港口、铁路、口岸、金融、贸易等信息系统衔接，既减轻工人的工作强度，也提高工作效率。提高通道物流水平，降低物流成本，促进物流带动辐射通道区域发展，实现西部陆海新通道广西区域的持续健康发展。

28.5.3　全力推动向海经济发展

海洋是连接沿海各国的重要载体。随着世界经济全球化发展，海洋通道的战略地位日益凸显。广西是西部陆海新通道的沿海省份，北部湾经济区是发展国际贸易的重要通道，优势在海、潜力在海、希望在海。习近平总书记 2021 年在广西考察时强调要“大力发展向海经济”。广西发展向海经济要贯彻落实习近平总书记对广西工作的重要指示精神，全面把握新阶段，贯彻新发展理念，构建新发展格局，全方位实施向海发展战略，积极打造陆海统筹、江海联动、山海协作的向海经济；建设海洋强区，是广西实现高水平开放和高质量发展、主动融入国家新发展格局、参与建设海洋强国的重要使命。

1. 加快发展向海经济的战略意义

向海经济是以陆域经济为基础，以海洋经济为依托，以海岸带为空间载体，以海洋生态建设为保障，陆海统筹、由陆及海、陆海贯通，推动海洋与陆地经济资源双向互动，增强海洋经济对区域经济的贡献力，推动区域经济高质量发展的一种开放型经济发展模式，是国民经济发展的新导向。发展向海经济是对海洋经济发展理念的提升，其更加强调连接内外陆海通道，向海经济具有由陆及海、以海带陆、强陆促海、陆海统筹的发展特点。

地处西部陆海新通道南端的广西，发展向海经济有重要现实意义。①发展向海经济将进一步释放

“海”的潜力，扩大海洋经济的开发开放程度，为陆域经济的对外贸易发展提供坚实的支撑，从而深化我国“沿海至内陆”的全方位对外开放战略布局。同时发展向海经济会引导技术、人才等高质量资源向海集聚，为海洋开发能力提升、经济转型升级提供物质基础。②发展向海经济是推动广西创新驱动的重要动力。加强陆海产业链供应链对接整合，构建具有广西特色的现代向海产业体系，参与国际竞争与合作，兼顾新资源、新技术、新业态开发，形成优势互补、产能共享的国际贸易格局，拓展国际市场，从而更好地解决国内优势产业产能过剩和某些自然资源不足的问题，进而推动广西经济结构转型升级，使其成为经济高质量发展的新引擎，实现经济发展层次、发展规模和发展水平的新跨越。③发展向海经济是拓展资源财富、推进开放发展战略深化的需要。拓展资源财富包括自然资源财富和社会资源财富。自然资源财富拓展主要借助先进科学技术和高端装备开发利用海洋资源，以缓解日益紧张的陆域资源，培育和壮大海洋新产业、新业态，促进海洋经济转型升级，实现经济持续发展，实现资源财富积累。社会资源财富拓展，主要是通过国际贸易交流与合作，扩大市场资源的可能性边界，建立稳定的规模化全球市场消费网络，充分利用国内国际两个市场、两种资源，推动国内国际双循环相互促进，形成竞争新优势，推动陆域经济持续稳定发展。④向海经济是塑造全新的开放开发发展的重要动力。发展向海经济，有利于发展广西的区位优势，建设“一带一路”有机衔接重要门户，打通广西对内连接西南中南甚至西北地区、对外连接东盟等国家的南北大动脉，将西部陆海新通道建设成为“一带”连接“一路”最高效、最便捷、最活跃的陆海新通道，加速构建多向并进的全方位开放新格局，更好地融入“一带一路”共建国家，加速推动内陆地区向海发展，引导陆域产业及经济资源要素向海集聚，实现海洋经济与陆域经济多层次、全方位的战略融合，通过科技创新增强海洋开发能力，塑造现代海洋产业体系，扩大我国在国际事务中的影响力，推动广西开放开发发展（王波，2019）。⑤发展向海经济有利于促进广西沿海与内陆，以及其与西南、中南、西北乃至更广区域的产业对接，实现优势互补、协同发展，优化全域空间发展格局，形成一体化分工合作的通道经济，促进形成“南向、北联、东融、西合”的全方位开放新格局，使西部陆海新通道广西区域成为新的经济增长极。⑥发展向海经济有利于推进生态文明建设，促进形成绿色低碳发展新格局。大力发展向海经济有利于实施生态环境保护与治理的陆海统筹模式，提高陆海资源利用的配置效率，促进高污染源头产业向绿色低碳转型发展，实现产业绿、海洋蓝，维护流域海域的生态平衡与生态安全，构建陆海一体化生态新格局，实现广西经济持续高质量发展。

2. 加快向海经济发展的对策

（1）发展壮大产业实力。产业是支撑向海经济发展繁荣的基础。没有产业的向海经济无疑是空中楼阁。通过开发重大产业项目，发展新兴产业，促进广西向海经济的发展。第一，大力发展海洋高端装备制造业。重点发展现代远洋船舶修造、海洋装备零部件和配套设备、海洋新材料等产业。发展深海油气矿产资源开采平台散装部件装备制造产业，推动新装备向深远海生产设备和船舶设备聚力发展，以及新材料向高性能化、高智能化发展，打造具有区域性国际竞争力的北部湾海洋工程装备制造基地和南海资源开发综合保障基地。第二，培育发展海洋能源及环保产业。扶持海洋油气矿产勘探业发展，探索建设大洋深海油气矿产资源加工基地。大力发展清洁能源，支持北部湾海域规模化、集约化发展海上风电，以海上风电产业集群和海上风电产业园为核心，带动风电装备制造全产业链及海上风电服务业集群发展，培育“海上风电＋”融合发展新业态。推动深远海海上风电技术创新，开展深远海海上风电平价示范项目建设，探索推进潮汐能发电、潮流能和波浪能示范，探索推进海上风电能源岛建设示范，安全高效发展核电，推进岸电及节能设施建设。第三，全力培育发展海洋生物医药产业。优化海洋生物产业空间布局，推动海洋微生物、海水螺旋藻、抗癌药用活性成分、鲎试剂、药用南珠等海洋生物资源成果的孵化、转化，构建海洋生物医药产业研究和开发平台。建设面向东盟市场的现代医疗器械与设备电子贸易平台，打造北部湾海洋生物医药产业聚集区。推动内陆与沿海生物制药企业合作，开展新型海洋生物制药产品及产业化示范研究，扶持一批具有自主知识产权的海洋生物制药及生物制品领军企业。第四，发展海洋渔业。积极推进“蓝色粮仓”和“海洋牧场”工程，建设国家级海洋牧场示范区，支持建设一批标准化池塘、工业化循环水养殖、深海抗风浪网箱生态养殖、养殖工船等产业化示范基地和深远海大型养殖设施基地。推进现代渔港经济区建设，建立辐射周边省份和东盟国家的区域性特色海产品精深加工示范基地、冷链物流中心和水产品交易市场，培育海水产品加工龙头企业和区域特色品牌。探索海洋渔业养殖与海上风电融合发展新模式，鼓励发展休闲渔业和远洋渔业。第五，发展现代海洋服务业。积极培育和引入涉海金融服务市场主体，开发涉海金融贷款、保险、租赁等产品与服务，建立面向东盟的国际物流基地，积极开展保税、国际中转、国际采购分销、配送等物流服务业务，积极提升航运服务业水平，构建现代航运服务业体系，打造航运服务业集群，加快广西“智慧海洋”工程和海洋大数据中心建设，打造面向东盟、辐射西南的数字经济集聚区。

（2）建设产业集聚区，为向海经济发展创造条件。第一，发挥港口和开放优势，建设向海经济产业集聚区。以临港产业园、综合保税区等开发平台作为产业示范引领，建立大型港口物流园区，加快集聚港口物流项目，为项目入驻以及完整产业链打造创造条件。以临港产业重点项目为支撑，带动关联产业发展，打造产业集聚区，壮大向海经济。大力发展制造业，贯彻以制造业高质量发展为重心促进经济高质量发展的中心思想，吸引腹地企业和东部沿海企业流入，积极进行产业对接，促进产业高效合作，建设高水平工业基地。第二，建设向海通道产业聚集区。以西部陆海新通道为牵引，培育枢纽经济，加强沿海与内陆产业对接，引导生产要素向通道沿线关键节点集聚，打造电子信息、化工、先进装备制造、生物医药、再生资源、商贸物流等现代向海产业聚集区，形成“物流＋贸易＋产业”新业态，打造高品质陆海经济走廊。第三，建设有特色定位的产业园区。北部湾沿海城市以港口和临海产业园区为支点，充分发挥各自的比较优势，以精品化、链条化、集群化为目标，开展关键产业链补链强链专项行动，加强产业统筹布局和分工协作、错位发展，打造高端产业集群。北海市产业园区重点发展以智能终端及新型显示为主的电子信息、以丙烯深加工为主的精细化工、以不锈钢制品为主的新材料及造纸、光伏玻璃等产业。钦州市产业园区重点发展以乙烯及芳烃为主的石油化工、新能源材料、以高档纸板为主的造纸、以海洋装备为主的高端装备制造等产业。防城港市产业园区重点发展以中高端钢制品为主的冶金和以铝铜镍加工为主的有色金属精深加工、以核能为主的新能源、以大豆菜籽加工为主的粮油加工、以跨境产品精深加工为主的加工贸易等产业。

（3）建设边海联动经济带。统筹百色、崇左、防城港沿海沿边协调发展，依托重点开发开放试验区打造边海联动经济带，实现以海带边、以边促海。发挥西部陆海新通道和北部湾国际门户港在大宗商品集聚流通转运等方面的优势，完善边海物流体系，推动边海贸易政策融通，建设一批进出口加工基地、国际产能合作基地、商贸服务基地，扶持壮大边海特色产业。立足少数民族文化特色，促进边境地区与滨海地区旅游业联动发展，完善沿边重点开发开放试验区、边境经济合作区、跨境经济合作区功能，壮大边贸商品落地加工业和口岸物流业，发展农林产品、矿产品、电子产品加工以及装配配套组装等特色产业，加快边境贸易转型升级。

（4）打造合作示范区，实现共同发展繁荣。发展向海经济，第一，要以西部陆海新通道为牵引，加强与西部陆海新通道相关各省市共建国际产业合作基地，促进通道与产业融合发展，打造通道重要节点枢纽，培育西部陆海新通道经济带。第二，实施通道产业融合发展行动，重点发展现代商贸、国际贸易、跨境电商、临港工业等，深化与中西部地区产业合作，加强与成渝地区双城经济圈联动，支持通道沿线省份在广西建设临海、沿江、沿边产业园，形成一批具有较强规模效益和辐射带动作用的特色产业集聚区。第三，协同湘桂经济走廊，推进长江经济带沿江省份在北部湾经济区共建经济园区、出口加工基地。第四，全面拓展与东盟国家合作的广度和深度，推动建立 RCEP 区域全面经济伙伴关系先行先试示范区，推进与东盟国家基础设施互联互通，完善中国—东盟跨境物流体系，高标准建设中国（广西）自由贸易试验区，做深做实中国—东盟博览会、中国—东盟信息港、中马“两国双园”等开放平台，推动中国—东盟自贸区升级。第五，创新扩大“一带一路”共建国家的产业投资合作，加大吸引国内对广西地区的投资，拓展国际投资市场，有效发挥跨境电商等外国商品企业的作用，发展“飞地经济”。

28.5.4　陆海统筹共治下西部陆海新通道广西区域生态文明建设

生态环境关乎人民福祉，关乎民族未来。良好的自然生态环境状况是区域经济社会发展的基础。

1. 陆海统筹共治，推进山江海过渡地带生态环境建设

生物类型多样、生态环境良好是可持续发展的前提和基础。西部陆海新通道广西区域处于山江海过渡地带，生物多样性丰富，自然资源环境总体优越，但由于其地处喀斯特岩溶地区，人类活动日益频繁，生态脆弱，必须陆海统筹共治，以保护广西自然生态环境。

1）推动陆海统筹共治

海洋和陆地是地球生态系统的两大组成部分，它们是相互依存、相互影响的不可分割的整体。陆海统筹就是根据陆地与海洋之间的内在联系，在区域社会经济发展过程中，综合考虑海、陆资源环境特点，系统考察海、陆的经济功能、生态功能和社会功能，在海、陆资源环境生态系统的承载力、社会经济系统的活力和潜力基础上，统一筹划海洋与沿海陆域两大系统的资源利用、经济发展、环境保护、生态安全和区域政策，通过统一规划、联动开发、产业组接和综合管理，把海陆地理、社会、经济、文化、生态系统整合为一个统一整体，实现区域科学发展、和谐发展。

陆海统筹必须立足于生态环境保护整体性、协调性，按照碳达峰、碳中和要求，重视人类社会经济活动对海洋的影响，把海洋环境保护与陆源污染防治结合起来，打通陆地和海洋，构建陆海联动、统筹规划的治理格局，提升广西生态环境保护水平，促进人地系统耦合，促进山江海协调发展。

2）统筹推进陆海污染联动治理

坚持陆海统筹，实施从山顶到海洋的陆海一盘棋的生态环境保护策略，建立海陆一体化的生态环境保护治理体系。首先，强化陆域污染源头治理，减少陆域污染入海，加强陆域之间的联防联治，实现从海域环境治理目标到陆域控制单元的对接，形成从源头到末端的全程治理，减少源头污染总量。严格管控陆源污染物向近岸海域排放的总量，提高入海河流水质，保护海洋生态环境（谢婵媛和曹庆先，2021）。其次，强化入海排污口溯源，控制和清理入海排污口，控制入海排污口对近海的污染，全面清理非法排污口。完善城镇和工业园区污水处理设施布局及配置，实施生活、农业、工业等污染物的综合治理，控制排入海洋的污染物总量。再次，建立陆海环境监测管理合作机制，统一监测内容、统一技术手段、统一评价标准、统一操作规范、统一信息发布，使生态环境监测能力与生态文明建设要求相适应（贺震，2020）。

2. 构建山江海一体的生态保护新格局

山江海是一个相互依存、相互影响的整体，要践行山江海一体发展理念，完善生态文明治理体系，强化生态保护和修复措施。

1）践行山江海一体发展理念

西部陆海新通道广西区域是山江海一体的空间整体，而山、江、海是一个相互作用、相互影响的统一整体。海洋是陆地生态系统维持平衡和稳定的生态屏障，陆地是海洋开发和保护的重要依托，河流是联系陆海的重要支撑骨架。随着经济发展，重化工业不断向沿海转移，沿海及河流入海口地带是工业发展最快、人口最密集的地带，沿海地区环境承载量日益加大，环境污染日益加剧，在陆域无法在环境承载力范围内对其加以消纳的情况下，海洋就成了天然的纳污场。沿海地区工业企业生产、城镇居民生活和农业生产活动等产生的各种污染物通过入海河流或入海排污口进入海洋；甚至远在内陆的污染物也通过江河水流汇向大海。海洋污染问题表现在海洋，根源在陆地。陆域开发建设过程中所产生的各种污染物通过河流带入海洋并影响海洋，是人类过度利用海洋环境容量与忽视海洋自净能力的体现。全面践行"绿水青山就是金山银山"的理念，坚持陆海生态一体，保护好广西自然生态环境，打通陆海通道，由陆及海、以海带陆，构建陆海联动、统筹规划的生态治理格局，提升陆海新通道生态环境保护水平。

2）构建山江海一体的生态保护新格局

西部陆海新通道广西区域是一个山江海整体系统。广西的生态保护是一个系统工程，需要全社会合作，构建山江海一体的生态保护新格局。首先，坚持生态环境保护与海洋资源开发并重、海陆污染协同治理与生态保护修复并举，创新广西生态综合管理体制，提升生态环境治理能力，推动区域经济循环、集约、低

碳发展。其次，建立和完善生态文明治理体系。建立和完善生态保护、监测和管理体系，掌握生态系统的动态变化，坚持生态环境保护优先和因地制宜的原则，积极开展水土保持、加强石漠化治理等生态治理工作，控制陆源污染对海域的影响，合理适度地开发利用海岸带资源，构建生态安全格局。明确和落实合理的奖惩制度，把生态环境保护的相关工作成果作为衡量政府工作质量的重要指标；提高环境保护和治理工作的有效性和可行性，大力提倡绿色经济、集约经济、低碳经济和循环经济的发展模式，并在政策、资金、技术等方面给予更多的扶持。再次，加强生态保护和修复，严格控制污染，强化流域污染防治，完善水污染联防联控机制。强化海上污染物防治，实施重点海湾综合整治，加强船舶与港口污染管控，建立绿色船舶制度，完善海上污染防治机制。坚持陆海统筹、以海定陆，科学划定并严格落实陆域生态保护红线和海洋两空间一红线制度，筑牢蓝绿生态屏障，推进陆海统筹整治修复，强化向海产业绿色发展管控。落实资源与生态管控政策措施，执行严格的生态准入制度。加强流域水系与河湖湿地保护，加强海洋防灾减灾能力建设，深入推进生态文明建设，构建陆海一体的生态保护新格局。

3. 加强和落实北部湾海洋生态保护与修复

保护好北部湾是发展向海经济、实现北部湾经济高质量发展的前提和基础。加强近岸海域、陆域和流域环境的协同综合整治，形成陆海统筹和全面治理的模式。推动落实海洋生态补偿和海洋生态环境损害赔偿等机制，规范生态补（赔）偿的鉴定评估，提高生态补（赔）偿效率。限期治理超标的入海排污口，优化排污口布局，实施集中深远海排放。开展重点海域排污总量控制，削减主要污染物入海总量。大力推进各类海洋保护区的规范化管理，严格保护典型海洋生态系统，加强对海洋生物多样性的保护和管理，提高滨海湿地和海岛植被的覆盖率，完善主要海洋生态环境风险防控体系，以及海洋环境监测、监视、预警和防灾减灾体系。

扩展海洋生态修复中央资金支持的范围。将中央资金支持的范围从海域、海岛和海岸带修复扩展到海洋综合管理的各个领域，主要包括能力建设、监测工程、海洋文化宣教、海洋科学研究和国际合作交流。推进项目申报和管理的制度化。制定中央海域使用金申请和管理规定，确定每年项目申报的时间、步骤和要求；各地提前谋划，建立项目库，积极上报条件成熟的项目申请资金；加强项目技术指导；加快制定生态恢复技术规程和技术方案，完善海洋生态补偿制度。

建立陆海环境监测管理合作机制，统一监测内容、统一技术手段、统一评价标准、统一操作规范、统一信息发布。重点加强监测评价结果应用，统筹实施近岸海域水质考核，科学有序制定并落实“三线一单”（生态保护红线、环境质量底线、资源利用上线及环境准入负面清单），加大对广西海洋有代表性的自然环境和自然生态系统的保护，增加海洋保护地数量。

28.5.5 加强西部陆海新通道区域协调合作

加强协调与合作是获得发展的制度优势、增强工作针对性、提高工作效率、加快发展的有效途径。

1. 增进与“一带一路”共建国家的协商与合作

广西要充分利用与东盟国家形成的区位优势、中国—东盟博览会举办地的优势以及中国—东盟自由贸易区平台优势，加强与东盟国家在政策、设施、贸易、资金、生态环境等方面的协商与合作，促进与东盟国家人员往来、贸易投资、货物通关、货币兑换、边境交通、信息交换等，促进跨国经济合作与发展。良好的生态环境为经济社会进步与发展提供良好的外部基础条件，加强与东盟国家合作保护自然环境，推动绿色发展，以绿色发展实现经济高质量发展。我国与东盟山水相连，同属于发展中国家和地区，面临着相似的环境问题，如环境污染、气候变化等。加强与东盟的环保合作，加强环境保护、减少环境污染、遏制生态退化以改善该区域生态环境状况，这也有助于推动“陆海新通道”地区绿色发展，实现区域经济高质量发展。

2. 加强西部陆海新通道沿线省份之间的协调合作

建立国家主导下省份政府间的协商合作制度，完善新型区域合作关系，推动西部陆海新通道省份商务部门建立协商机制。明确各自在西部陆海新通道中的功能定位，就西部陆海新通道的建设达成共识，完善省际协作机制，促进沿线各地区之间协调发展，提升整体经济发展水平。促进西部陆海新通道沿线各城市发展规划和产业发展政策的协调与合作，形成特色鲜明的陆海新通道协同发展格局。建立更加紧密的合作工作机制，制定和完善相关政策支持，消除陆海新通道建设中的各种障碍，促进各地区之间的协调发展，推动陆海新通道重点项目建设，加强各地区在招商推介、货源组织、通关便利化、物流标准化、信息化等方面的合作，推动陆海新通道由交通、物流通道转变为经济、贸易大通道，提升整体服务水平和效率（刘娴，2019）。强化陆海新通道沿线省份政府在港口、物流、信息方面的沟通和联系，加强其在贸易投资、招商推介、货物通关、人才交流等方面的合作。

3. 加强通过沿线业主间的联合与协作

加强沿线企业间的协同合作，共同开发海外市场，创新服务方式。北部湾港要主动与各业主联系沟通，提高货物通关效率，提供“一对一”“一站式”“一条龙”定制服务，优化班列接发、车辆取送、货物装卸等流程，加强关键环节卡控和协调配合，确保物流的顺利流通。

完善“一单制”运输服务。“一单制”运输服务是陆海新通道运营公司在铁海联运基础上推出的货运运输服务，全程铁路海运互认互通，“一次委托”“一票到底”“一次保险”“一箱到底”“一次结算”。“一单制”运输服务不仅打破了以往多式联运中不同运输方式之间的藩篱，还改变了铁路、公路、水路、航空不同经营方“各自为政”的局面，打通了铁路和海运因物流不畅通、信息不对称、承运标准不同带来的阻隔。对于客户而言，“一单制”直接降低了因铁路集装箱和海运集装箱互换带来的码头堆放、吊装等成本。“一单制”服务下的“一次结算”利用跨境人民币结算、外币贷款等方式避免汇差风险，避免运输过程中因汇率波动带来的成本损失，进一步降低了运输成本，更有力地推动中小企业“走出去”。进一步探索建立贸易物流金融新规则，提升和完善多种运输方式联合承运互信互认互通机制，并向基于数字互联的公共信息服务，以及银保合作、银担合作的供应链金融等更宽泛领域递进，从而达到降低物流成本，以及关联行业规模化、集约化发展的目的（高维微，2021）。

参考文献

陈玉卿，2021. 贵州加快融入西部陆海新通道的基础、形势和策略研究. 贵州社会主义学院学报，2（4）：80-85.

傅远佳，朱迪，沈奕，2021. 发挥独特优势，大力推进向海经济产业发展. 商业经济，（10）：36-38.

高维微，2021. “一单制”背后的“通道生态圈”. 今日重庆，（5）：36-39.

葛全胜，方创琳，江东，2020. 美丽中国建设的地理学使命与人地系统耦合路径. 地理学报，（6）：1109-1119.

贺震，2020. 陆海统筹保护海洋生态环境. 世界环境，（4）：24-26.

凌子燕，李延顺，蒋卫国，等，2000. 山江海交错带城市群国土三生空间动态变化特征——以广西北部湾城市群为例. 经济地理，（2）：18-24.

刘宁，2021. 牢记领袖嘱托 勇担历史使命 凝心聚力建设新时代中国特色社会主义壮美广西. 广西日报，2021-12-07（001）.

刘娴，2019. 建设西部陆海新通道：中国广西的现状、问题及对策. 东南亚纵横，（6）：67-76.

卢耿锋，王柏玲，2021. 西部陆海新通道建设发展的对策研究. 当代经济，（3）：43-47.

宁秋云，陈圆，2021. 广西北部湾海域生态环境特征与保护对策. 海洋开发与管理，（6）：60-64.

王波，2019. 向海经济：内涵特征、关键点与演进过程. 中国海洋大学学报，（5）：27-33.

王芳，2012. 对实施陆海统筹的认识和思考. 中国发展，（3）：36-39.

谢婵媛，曹庆先，2021. 广西陆海统筹保护发展新格局对策研究. 环境生态学，（9）：33-37.

袁琳，杨晓佼，2022. 广西向海经济生产总值突破 4000 亿元. 广西日报，2022-01-15（001）.
云倩，吴尔江，2021. 广西向海经济高质量发展对策研究. 经济与社会发展，（5）：1-9.
张泽，胡宝清，丘海红，等，2021. 基于山江海视角与 SRP 模型的桂西南—北部湾生态脆弱性评价. 地球与环境，（3）：297-306.
钟明容，曹宇，唐姣美，2021. “一带一路”倡议下广西工业转型升级的策略. 中国经贸导刊（中），（9）：40-42.
仲铁凡，2021. 广西参与西部陆海新通道建设研究. 质量与市场，15：137-139.

第29章　山江海地域系统中自然与社会耦合——“江海联动，陆海互动”协同发展建议

29.1　引　　言

29.1.1　研究背景

山江海地域系统作为地理环境中的人地系统也是复杂多变的，人地系统协调发展是人类在可持续发展中必须面对的问题。可持续发展就是努力使山江海地域系统发挥最有效的作用，要实现这一目的就必须把自然系统与社会系统中的各个部分、各个要素及周边环境耦合起来，也就是将自然规律与人类社会发展需求结合起来，这至少需要从区域内部和外部两方面来考虑。就广西这个人地系统来说，从区域内部看，2009年国务院颁布实施的《国务院关于进一步促进广西经济社会发展的若干意见》（国发〔2009〕42号）将广西规划为广西北部湾经济区、西江经济带和桂西资源富集区三类区域（简称“两区一带”），要求通过实施“两区一带”的区域发展总体布局，实现区域互动、优势互补、协调发展。广西壮族自治区第十次党代会提出：“实施主体功能区战略，推进江海联动、陆海互动，实现‘龙头’与‘腹地’融合发展，完善区域协调发展新格局”，继续加快北部湾经济区开放开发，全力打造西江经济带重要增长区域，加大投资力度建设桂西国家重要战略资源接续区和资源深加工基地。从区域外部看，当前我国形成了以京津冀协同发展、粤港澳大湾区建设、长江三角洲一体化发展等为引领，以长江经济带发展、黄河流域生态保护和高质量发展为依托，以推进海南全面深化改革开放为补充的区域重大发展战略体系，即“3＋2＋1”体系（表29.1）。

表29.1　“3＋2＋1”体系

名称	重要文件名称	范围	主要任务
京津冀协同发展	《京津冀协同发展规划纲要》	北京、天津、河北、山东德州	以疏解北京非首都功能为“牛鼻子”，调整区域经济结构和空间结构，推动交通、生态、产业等重点领域合作先行，推动河北雄安新区和北京城市副中心建设，发挥北京科技创新优势，带动津冀传统行业改造升级，探索超大城市、特大城市等人口经济密集地区有序疏解功能、有效治理“大城市病”的优化开发模式
长江经济带发展	《长江经济带发展规划纲要》	上海、江苏、浙江、安徽、江西、湖北、湖南、重庆、四川、云南、贵州	以共抓大保护、不搞大开发为导向，坚持走生态优先、绿色发展的新路子，建立生态产品价值实现机制，布局一批重大创新平台，打造自主可控、安全高效并为全国服务的产业链供应链，加快培育内陆开放高地，构建“一轴、两翼、三极、多点”的发展格局，推动与共建“一带一路”融合，实现山水人城和谐发展模式
粤港澳大湾区建设	《粤港澳大湾区发展规划纲要》	香港特别行政区、澳门特别行政区和广东省广州市、深圳市、珠海市、佛山市、惠州市、东莞市、中山市、江门市、肇庆市	立足建设国际一流湾区和世界级城市群，在一个国家、两种制度、三个独立关税区的体制框架基础上，推动规则衔接和机制对接，高标准打造国际科技创新中心，发挥粤港澳三地科技和产业综合优势，推动在关键核心技术创新上实现重大突破，提升市场一体化水平，便利港澳居民到内地就业生活，共建宜居宜业宜游的优质生活圈，打造“一国两制”协同发展模式
长江三角洲一体化发展	《长江三角洲区域一体化发展规划纲要》	上海、浙江、江苏、安徽	围绕“一体化”和“高质量”，打破行政壁垒，提高政策协同，推进重点区域联动发展，率先贯通生产、分配、流通、消费各环节，共享优质教育医疗文化资源，共享更高品质公共服务。三省一市自由贸易试验区协同推进开放合作，打造国际一流营商环境，高水平建设长三角G60科创走廊和沿沪宁产业创新带，推进科技产业融合创新，扩大制造业、服务业领域对外开放，使其在共建“一带一路”中发挥更重要作用

续表

名称	重要文件名称	范围	主要任务
黄河流域生态保护和高质量发展	《黄河流域生态保护和高质量发展规划纲要》	青海、四川、甘肃、宁夏、内蒙古、山西、陕西、河南、山东	作为事关中华民族伟大复兴的千秋大计，统筹推进山水林田湖草沙综合治理、系统治理、源头治理，着力保障黄河长治久安，着力改善黄河流域生态环境，着力优化水资源配置，以水定城、以水定地、以水定人、以水定产，合理规划人口、城市和产业发展，统筹优化生产生活生态用水结构，深化用水制度改革，着力保护、传承、弘扬黄河文化，建设好沿黄河粮食主产区，推进黄河流域文化遗产资源保护，让黄河成为造福人民的幸福河
推进海南全面深化改革开放	《中共中央 国务院关于支持海南全面深化改革开放的指导意见》	海南	赋予海南经济特区改革开放新使命，建设自由贸易试验区和中国特色自由贸易港，解放思想、大胆创新，着力在建设现代化经济体系、实现高水平对外开放、提升旅游消费水平、服务国家重大战略、加强社会治理、打造一流生态环境、完善人才发展制度等方面进行探索，构建全面深化改革开放试验区、国家生态文明试验区、国际旅游消费中心、国家重大战略服务保障区

2021 年 4 月 27 日，习近平总书记在考察广西时指示，广西要主动对接长江经济带发展、粤港澳大湾区建设等国家重大战略，融入共建“一带一路”，高水平共建西部陆海新通道，大力发展向海经济，促进中国—东盟开放合作，办好自由贸易试验区，把独特区位优势更好转化为开放发展优势。2022 年 10 月 17 日习近平总书记参加党的二十大广西代表团讨论时指示，广西各级党委和政府团结带领各族干部群众，以党的二十大精神为指引，深入践行新发展理念，坚决贯彻党中央决策部署，在推动边疆民族地区高质量发展上展现更大作为，在服务和融入新发展格局上取得更大突破，在推动绿色发展上实现更大进展，在维护国家安全上作出更大贡献，在推进全面从严治党上取得更大成效，奋力开创新时代壮美广西建设新局面。党的二十大报告把促进区域协调发展作为高质量发展的重要内容，提出深入实施区域协调发展战略。国家陆续实施了京津冀协同发展、长江经济带发展、粤港澳大湾区建设、长江三角洲一体化发展、成渝地区双城经济圈、黄河流域生态保护及高质量发展、推进海南全面深化改革开放等一系列区域重大战略，形成了多方位、多层次、多功能的区域联动新格局。广西如何在主动对接国家重大战略、推动国家重大区域发展战略协调联动中做好服务与融入工作，不仅是为建设壮美广西、共圆复兴梦想注入强大动力的重要课题，更是确保全面贯彻落实习近平总书记指示的重大课题。因此，山江海地域系统中自然与社会耦合协同发展既要考虑广西内部的联动发展，又要考虑与外部的联动发展。

广西各地发展差异较大，区域间发展不平衡现象突出，区域协调发展任务仍很艰巨，促进区域良性互动、协调发展是广西经济社会发展面临的重大课题。成伟光等（2023）提出抓住“一带一路”发展机遇，将粤港澳大湾区、长江经济带等区域战略与广西连接在一起，广西携手新通道沿线省份，主动融入国家构建的动力系统，增强开放与区域战略对接合力，贯通长江经济带，实现沿海联动进而联动东盟市场，积极推进西部陆海新通道共建，为新时代壮美广西建设提供新引擎。实施“江海联动，陆海互动”战略有利于广西增强出海大通道功能，促进对外开放和经济发展，形成带动和支撑西部大开发的战略高地；有利于推动广西经济社会全面进步，从整体上带动和提升民族地区发展水平，促进民族团结，保持边疆稳定。

29.1.2　“江海联动，陆海互动”战略的内涵及其逻辑

本节“江海联动”中的“江”，从内部看包括整个西江流域，包括除北海、钦州、防城港之外的 11 个市行政区域，土地面积为 21.69 万 km^2，占全区土地面积的 91.4%；从外部看，联通粤港澳和西南、中南，甚至通过湘江直通长江流域。

本节“江海联动”中的“海”，内部是指广西北部湾经济区及北部湾所属广西海域，包括南宁、北海、钦州、防城港 4 个行政区（其中，南宁划归北部湾经济区，但同时又属于西江流域），土地面积为 4.25 万 km^2，占全区总面积的 17.9%；广西北部湾濒海面积为 12.93 万 km^2，海岸线长 1595km。外部包括周边国家乃至世界范围。鉴于外部涵盖范围过广，本节仅研究包含在广西内部的海域，外部更广阔范围在第 30 章作为专题论述。

本节“陆海联动”中的“陆”，主要指本书开篇所述的广西陆地部分，同时延伸到与广西有着密切关系的周边省份，主要包括中南、西南和华南等区域。

成伟光等（2012）的研究提出，“江海联动，陆海互动”，首先是“联”，以海带江，以江促海，陆海互动，江海互通。具体来说，就是加快建立和完善交通、物流、信息等基础设施网络体系，建立统一的市场机制，创新管理体制，形成基础设施互通、市场互动、管理规范、互联互促的区域整体。其次是“动”，就是在“联”的基础上，全区统一部署，大力推进“南北钦防”同城化，形成临海城市群；加快西江经济带和桂西资源富集区融入沿海经济，促进沿江、沿边、沿路发展，形成沿江经济带、沿边经济区和沿路经济走廊，在全区范围不同区域间形成分工与合作，构筑市场互动、要素共享、机制顺畅、协同发展的新格局。再次是广西与周边及其他相关区域的联动关系，我国相继推出一系列重大区域战略，“3＋2＋1”体系是中央谋划构建的我国整个区域协调发展的动力系统，是带动全国高质量发展的增长极，并带动未受重大战略区域政策影响的区域的发展，各区域挖掘自身优势，通过生产要素、市场要素的优化实现整体利益的最大化。“3＋2＋1”体系正在成为全国乃至世界新技术、新产业、新开放、新改革、新未来的领头羊。广西积极对接并融入国家重大战略，狠抓北部湾经济区全面对接粤港澳大湾区、海南自由贸易港，携手实现“两湾联动”“港港联动”并与其他重大战略区域彼此呼应、融合发展，尽快形成由“两湾联动”“港港联动”向“沿海联动”发展的新局面。

“陆海互动”即陆地经济发展要与海洋经济发展相结合，使海洋产业发展布局与沿海地区的工业化、城市化及区域特色经济的发展有机结合，形成分工明确、结构合理、功能互补的陆海产业新格局。

总的来说，实施“江海联动，陆海互动”就是要有效整合各种资源，高效配置各种生产要素，形成布局合理、分工明确、相互关联、合作共赢、互促发展的经济带、城市群和产业组团等，形成加快广西经济社会发展的合力。

29.1.3　“江海联动，陆海互动”发展的阶段特征

“江海联动”是“沿江经济”与“沿海经济”间优势互补、相互促进、协调发展的一个动态过程，是一项庞大的系统工程。根据其发展过程，大体可以将“江海联动”发展划分为 3 个阶段：初级阶段表现为“点的形成”，中级阶段出现了“带的联结”，高级阶段则为“网的实现”。发展阶段不同，呈现出来的特征也各不相同。大致可以归纳为表 29.2 中的内容。

表 29.2　“江海联动，陆海互动”不同发展阶段特征表

类型	初级阶段	中级阶段	高级阶段
空间布局	点状	带状	网状
联动等级	较低	较高	很高
推动主体	政府，以政府间协调的方式实施。初步建立起联动发展机制	由政府向企业过渡，市场和政府双向推动，向以企业为主体的市场化组织间协调发展转变。已经建立起较完善的联动机制	企业，以市场化的组织间协调发展为主，政府保驾护航、提供公共服务。联动体制机制已经成熟化运作
基础设施	交通干线、港口群建设等局部领域开始联手协作，但整体覆盖范围小，进度缓慢，重复建设较严重	联动建设取得实质性进展，覆盖范围扩大，交通干线串点成线，向外围呈带状扩散，并具备相当规模，尤其是沿海沿江交通干线和港口的带动作用明显增强	日臻完善，江海联动的软硬件环境建设达到相当层次，交通干线扩散呈网状，港口群互动互促发展，实现江海联动的通道贯通
产业化	生产要素集聚程度差，产业同构现象较普遍，产业分工和协作比较分散、无序，总体发展处在工业化中期阶段	比较优势逐渐凸显，资源要素集聚加快，产业结构梯度推进，产业联动的协调机制初步建立，在增长极的带动下开始形成产业集聚区，临江、临海产业带初具规模，总体发展处在工业化中后期阶段	禀赋资源优化配置，生产要素充分集聚，物流成本大大降低，产业集群化发展，产业分工与协作充分，产业协同效应突出，各产业集聚区呈相互促进、融合趋势，产业联动化水平很高，总体发展处在信息化阶段
城镇化	发展差距较大，整体水平偏低，港口、城镇大多是孤立的点，但已开始形成增长极，并逐步发展成为江海联动发展中心	发展差距逐渐缩小，发展提质加速，江海联动产业带的形成助推卫星城的出现，并向较远的城镇扩散、辐射	发展趋向平衡，发展差距很小，基本实现江海联动的城镇连片，并开始出现沿江沿海城市群的同城化和一体化

1. 初级阶段

此阶段已具备了联动发展的基础，江海区域主体之间已经产生联动发展的需求，并已经在局部地区或领域开始联手协作，但江海区域内部之间仍处于一种松散状态，对联动的认知、实质性的操作还有待加强。因此，此阶段被确定为初级阶段。这一阶段的空间布局表现为点（中心城市）和增长极的形成阶段。在交通发达、区位优越、规划优先的地区出现分散的增长极，逐步发展为江海发展中心。

2. 中级阶段

此阶段已经具备较完善的机制，在基础和联动具体实施层面产生了效果，江海联动的内外机构、网络、设施等形态建设和要素流量已具备了相当规模，但江海联动领域有待于进一步拓展和延伸，区域资源共享机制有待于进一步完善和健全，区域创新网络的正外部效应有待于进一步扩展和释放。因此，此阶段被定义为中级阶段。这一阶段的空间布局表现为“带”——城市群和经济带的联结阶段。在增长极带动下，沿着江海陆的交通主干线向外扩散，出现很强的联动效应，形成了产业链，并沿交通干线向外围扩散，形成沿江沿海交通轴线分布的产业带，工业沿交通线向较远城镇扩散，形成卫星城和一批专业化产业聚集区，沿交通干线的点-轴状产业系统形成，江海联动发展趋于成熟。

3. 高级阶段

此阶段联动机制完善并成熟化运作，即无论是在联动发展的整体基础、内部之间互动融合、外部联动发展协同的具体操作，还是在江海联动效力外部释放方面都已经形成相当程度的良性循环，软硬件环境建设已经达到较高层次，内部之间收益实现最大化，产业集群化和经济集约化高度发展，经济分工和联动相互融为一体。因此，此阶段为高级阶段。这一阶段空间布局已经进入一体化的实现阶段。产业带连接及网络扩散，各巨型经济带间呈现互相衔接、归并、融合的趋势。“江海联动，陆海互动”的三大构成要素通道贯通、产业联动、城镇连片基本实现，供应链、产业链、价值链完善并高效配合，不同区域的城市群的同城化和一体化逐步形成。

29.2 “江海联动，陆海互动”发展的依据

29.2.1 “江海联动，陆海互动”的理论依据

法国经济学家佩鲁提出的增长极理论，德国地理学家克里斯塔勒建立的中心地理论，我国著名学者陆大道提出的点轴开发理论，亚当·斯密、大卫·李嘉图、俄林、克鲁格曼等学者提出的国际贸易分工理论，以及港口腹地经济一体化发展理论、通道经济理论等为“江海联动，陆海互动”战略的提出和实施提供了坚实的理论依据。以增长极理论为指导实现江海联动，就是要通过打造区域经济增长极，发挥极化和扩散效应，对整个区域经济产生带动作用，从而实现联动发展、协调发展。以中心地理论为指导，在探讨江海联动城镇化战略时，应着力打造中心城市，并结合不同的区位优势进行合理的城市群布局。根据点轴开发理论，要在具备条件的沿海、沿江区域实施“江海联动，陆海互动”战略，实行点轴开发，形成“以点串线，以线带面”的空间开发格局。成伟光认为，根据区际分工与区际贸易论，实施“江海联动，陆海互动”战略，要充分发挥各区域比较优势，培育竞争优势，实现各区域合理分工与协作；根据港口腹地经济一体化发展理论，实施“江海联动，陆海互动”战略，以广西北部湾经济区港口经济、海洋经济的发展为统领，推动腹地经济的壮大，同时，发挥腹地的支撑作用，实现港口—腹地经济区域的良性互动发展；根据通道经济理论，实施“江海联动，陆海互动”战略，要形成完善的综合交通体系，大力发展交通轴线产业，沿交通通道形成一系列各具特色、分工不同而又紧密联系的城镇群。本节结合“江海联动，陆海互动”的实

际，综合借鉴不同理论指导，制定相应联动发展策略。

29.2.2　“江海联动，陆海互动”的实践依据

历史上，无论是战国时代秦国的都江堰、郑国渠，唐朝的京杭大运河，还是美国或欧洲国家利用内河和海洋拓宽发展路径，无数的历史经验证明，重视江河、海洋资源的开发利用，对内可促进经济发展，富民强国，对外能促进交流，推动贸易发展。而忽视江河、海洋的开发和利用，便会丧失促进发展的有利条件，经济衰退，处于落后被动的劣势。近年来，我国愈加重视江河海洋的开发和利用，许多地区通过实施“江海联动”战略，大力推动本区域经济的发展，为广西实施“江海联动，陆海互动”战略提供了很好的实践依据。国内外在实施“江海联动，陆海互动”发展方面积累了宝贵的经验，这里着重以欧洲莱茵河流域与港口联动发展、美国田纳西河流域开发以及我国江苏省江海联动发展为例进行分析。

1. 莱茵河流域与港口联动发展

欧洲莱茵河流域从工业布局到水系开发再到城市发展，都力求使得各城市间、各港口间、各产业带间以及上中下游之间相互结合，相互促进，因而在流域内形成了较先进的布局体系，确保了流域内经济的互动发展。流域内港口城市众多，仅在莱茵河干流上，就有近 50 座中等规模以上的港口城市，著名的有鹿特丹、阿姆斯特丹、海牙、法兰克福等。其中，欧洲第一大港口鹿特丹的发展尤为突出，鹿特丹为荷兰第二大城市，亚欧大陆桥的最后一站。利用欧洲莱茵河与马斯河汇合处的独特地理位置，以新水道与北海相连的优势，充分发挥港口城市的连带作用，经历从集装箱单一港口发展为如今延伸至下游，港区面积约 100km^2，码头总长 42km，吃水最深处达 22m，可停泊 54.5 万 t 的特大油轮的新型配套综合型港口城市。其发展历程如下。

第一，西欧国家的兴起为鹿特丹港提供了天然的经济腹地。以德国为代表的西欧国家的兴起，为鹿特丹港口的延伸发展提供了良性的经济腹地基础，推动港口为满足西欧各国的货物运输的需求而不断完善发展。

第二，欧洲共同体的建立创造了有利发展条件。欧洲共同体自建立之日，就十分重视莱茵河流域经济的开发和港口城市的发展，一系列政策大大减少了莱茵河沿岸国家与国家之间、城市与城市之间的经济贸易屏障和人才流动屏障，密切了国际和各区域之间的往来，从而为鹿特丹港的发展壮大提供有利条件。

第三，联动发展创造互动发展利益。鹿特丹港口的不断完善壮大以经济腹地为依托，以港口经济的发展带动沿江港口城市航运、水利等的崛起，以流域促港口经济的延伸发展、通过港口联动延伸至海洋经济的繁荣，最终形成港口、流域沿岸和海洋之间点、线、面的经济体系联通互动的良性双赢格局。

2. 美国田纳西河流域联动开发

1933 年，罗斯福总统的“有计划地发展地区经济”以扩大内需开展的公共基础设施建设为突破口，推动了美国历史上规模性的流域开发，田纳西流域江湖纵横、江湖互动发展被当作一个试点，对其流域内的自然资源进行整体性综合开发，达到开发与发展区域经济的目标。主要做法如下。

第一，结合水库建设，提高环境质量，促进旅游业发展。在科学的统筹规划和组织领导下，坚持生态第一原则，兴建水坝、水库，造林、养鱼、保持水土，建设航运网和综合性度假休闲旅游区，田纳西河流域水资源开发、利用、管理已成为世界上最有效益的水资源系统工程之一，号称美国的骄傲。

第二，充分发挥江、湖等资源优势，重点建设能源、冶金、化工等产业。田纳西流域开发的 3 个主要目标：防洪、航运和水力发电。兴建的一系列水坝工程都考虑了水力发电的要求，与水坝建设配套修筑了水电站与电力输送设施，向流域各地区大量输送电力，在此基础上，还利用储量丰富的煤炭资源和方便而稳定的水源，就近修建大型火电站，其后又修建核电，构成了水土互济的高容量电力系统。廉价的电能有效地促进了沿河两岸炼铝工业、原子能工业、化学工业等高能耗工业部门的发展。目前，田纳西河流域是

美国著名的炼铝中心，且是美国核燃料和军工生产的主要基地之一；廉价的电能吸引大量私人资本，刺激地区经济发展，形成有名的“工业走廊”。农业、林业和水土保持为改善和开发流域土地资源的重要环节。在农业方面，结合流域化肥工业的大力发展与廉价供应，提高土壤肥力；调整农业、林业和牧业结构，退耕还林、退耕还牧，有效控制洪水泛滥；依靠充足的电力供给发展灌溉，改善农业生产条件。

第三，国家成立了一个跨州管理综合部门——田纳西河流域管理局（Tennessee Valley Authority，TVA）。田纳西河流域管理局试图以“一种地区性综合治理和全面发展规划”进行革新，成为流域管理的成功范例。一是法律保障，使权利有法可依。以法律的形式明确开发和保护范围及内容，明确田纳西流域管理局的职责和管理权限，对田纳西河流域管理局流域开发与保护内容的权责进行了明确细致的规定。二是规划有章，资源管理统一有序。根据不同时段存在的主要矛盾和要求，针对流域内重要的生态环境影响因子及其变化，分阶段制定规划，逐步开发建设。

3. 江苏“江海联动，陆海互动”发展

江苏地处江海交汇接合部，通过江海联动开发，放大江海优势，实现了区域协调发展。

第一，统筹规划江海发展。江苏以“江海联动”为纽带，按照整体互动、优势互补、结构优化、协调共进的原则，从工业布局、水系开发、城市发展、生态环境保护等各个方面，系统制定一个既发挥沿江优势，又发挥海洋优势的联动开发规划。规划改变传统“非均衡”发展中偏向于发达地区发展的做法，根据各区域的比较优势，在苏南与苏中、苏北之间建立一种互动的关联，以统筹、协调的发展思路处理好沿江、沿海间的发展关系，确保沿江、沿海地区各城市间、各港口间、各产业带间的相互结合和相互促进，实现江苏区域经济整体结构和布局的优化。

第二，优化基础设施建设。一是加快沿海港口群建设，重点发挥港口资源丰富的优势，加快连云港沿海港口群建设，壮大港口实力，发挥连接南北、沟通东西的桥梁作用；二是加快铁路大通道建设，围绕连接长三角和环渤海、加强与中西部地区交流联系的目标，强化区域对外通道建设，优化路网结构，提高路网质量；三是加快水利建设，重点加强骨干水利工程体系建设，重点保障沿海开发的淡水资源供给，提升沿海沿江防洪排涝和防台防潮能力；四是加快新能源项目建设，重点推进大丰、东台、灌云等陆地风电项目和沿海滩涂海上风电开发，建设千万千瓦级风电基地。

第三，完善沿江沿海体制机制协调。江苏通过健全跨行政区域的、柔性高效的区域发展互动协调机制，引导和推动“江海联动，陆海互动”开发的有效实施。成立由各地级市市委、市政府领导牵头，各有关部门参加的江海联动开发领导小组，下设日常事务办公室，及时沟通、解决联动开发中的一些重大问题，建立完善信息交流机制、利益补偿机制、评价激励机制以及行为约束机制等相关协调机制，此外，还在江苏省政府推动下，实行不同区域政府官员交流任职制度，并采取共建产业园区等方式实现联动发展。

第四，注重沿海沿江生态环境建设。江苏通过江海联动开发实现区域经济共同发展；开发中极为重视沿江、沿海水资源等天然宝贵资源，建设项目和环保工程同步配套发展；严禁工业项目随意占用生态保护岸线、生活岸线和旅游岸线；保护和利用沿江、沿海特有的自然风貌，建设好沿江、沿海生态园和绿色隔离带，形成自然生态与现代文明相交融的江海风貌，创造出人与自然相协调的人居环境。

29.2.3 国内外经验对广西实施“江海联动，陆海互动”的启示

1. 培育形成切合实际、独具特色的发展方式

国内外成功的江海联动发展案例都是依托当地优势资源，抓住重要特点，科学规划布局，坚定实施推进，形成独具特色的发展方式。北美五大湖地区和欧洲莱茵河流域将临港工业与临江（湖）工业相结合，以沿江（湖）港口城市的早期发展为增长极，带动周围沿江（湖）轴线地区的发展，通过密集的内河航道等网状设施不断向腹地扩展，并通过各工业中心的错位发展与合理分工，使临港工业与临江（湖）工业真正地有机结合起来。在工业布局在沿江河（湖）展开的基础上，逐渐向其他地区拓展，并进一步演化为网

络式的全方位发展格局，从而促进了流域工业经济的整体发展与壮大。日韩依靠众多的港口城市，采取临港规模化发展道路，形成世界上工业最发达的太平洋工业带，打造出日韩临港规模化带动发展模式。江苏根据区域结构的特点，形成“点—线—网络”的非均衡发展。

2. 解决制约本地区发展的主要瓶颈问题

纵观国内外江海联动的历史经验可发现：江海联动发展的快慢与解决区域自身瓶颈问题息息相关。重视区域瓶颈问题并妥善处理，将为江海联动带来不容小视的经济联动效应。美国田纳西河流域、德国莱茵河流域开发首先考虑在发展过程中怎样减少港口城市之间的恶性竞争和重复建设现象。为解决这一问题，美国成立了田纳西河流域管理局。欧洲莱茵河流域在开发之初制定各国独立的、双边的或多边的法规或条约，并设置管理和协调机构，从而明确了各港口城市的定位，以及其相互间的分工，确保了流域内经济的互动发展。日韩最大的发展瓶颈就是国土面积小以及陆地资源的单一局限，两国在此基础上因地制宜地依托沿海优势，大力发展“三湾一海”的临港经济，利用自身的科技优势，提供现代化的临港信息化服务，从而形成独具日韩特色、便捷的临港规模化带动发展模式。

3. 采取有计划、分步骤、抓重点的方法，建设关键性港口、产业、城市

国内外江海联动的发展证明，江海联动不是一蹴而就的简单经济规划，而是有计划、分步骤、抓重点的长期区域经济发展战略。它要求在把握整体发展大局上，有步骤地抓住各阶段沿江、沿海的发展关键要素和主要环节，在这些点上率先突破，从而为实现整体联动起到服务作用。田纳西河流域和莱茵河流域开发都将临港、临江工业相结合，通过密集网状内河航道等不断向腹地扩展，以沿江、沿港口的城市和产业发展为早期增长极，通过城市港口、产业壮大带动周围沿江轴线地区的发展，使不同城市实现产业分工，协调发展，从而形成有中心、有重点地带动相关产业发展。日韩等更是在早期以港口城市为重点发展石油化工、钢铁、机械、建材、造船等基础工业，从而带动相关产业的发展，为两国经济打下坚实的经济基础。

4. 从点到面、从陆到海推进区域整体发展

由于我国存在区域发展不均衡、城乡差距大、基础设施建设不平衡等问题，国内大多数地区在江海联动规划中都选择以点及面的区域整体协调发展方式，这不仅有利于壮大本区域经济实力，而且能带动区域周边发展。我国的江苏、河北、辽宁等省份也积极地实施关键性港口城市突破发展，从而带动沿江及内陆地区发展的策略。江苏发挥港口的资源优势和桥梁作用加快沿海港口群建设，实现沿海沿江经济的双重吸引，以点及面带动区域整体协调发展。河北以健全基础设施为中心全面向沿海经济带推进，加强港口建设，把海洋资源优势与陆域各方面优势相结合，实现港陆的互动协调发展。

5. 重视生态保护和社会民生实现可持续发展

历史证明，流域开发中“先污染后治理”的代价是巨大的。欧洲莱茵河流域开发、南美亚马孙河流域开发等给世人敲响了警钟，因而成功的流域开发都将生态保护和社会民生列入与经济发展同等重要的位置。美国田纳西流域和欧洲莱茵河流域在规划实施过程中坚持流域生态第一原则，以完善的法律和严格的惩罚措施为监督和执行手段，在合理开发与保护资源的前提下带动流域经济发展，在注重产业发展和水资源开发利用的同时，与流域内的生态建设、防洪水运、城市用水、工业布局、休闲旅游等紧密结合，带动地方经济和社会的快速健康发展。江苏以“实现江海流域经济社会发展的可持续性，保护好江海资源”为宗旨；河北以资源的节约和循环利用为核心，努力实现资源可循环利用、环境可循环净化的生态保护模式；舟山群岛新区建设以新区流域源头地区生态保护，完善生态补偿机制，着力构筑生态屏障为生态保护重点；辽宁大力推进沿海生态区建设。各省区市都将沿江、沿海的可持续发展作为经济发展的关键。充分保护沿江、沿海特有的自然风貌，建设沿江、沿海生态园和绿色隔离带，实现沿海地区经济、社会、生态可持续发展。

29.3 “江海联动，陆海互动”与广西区域协调发展的关系分析

29.3.1 “江海联动，陆海互动”与广西区域协调发展的互动关系

实施“江海联动，陆海互动”战略是贯彻落实党的十八大关于促进区域协调发展的重要举措。通过实施“江海联动，陆海互动”战略，有助于充分发挥比较优势，实现资源互享、交通互通、产业互动、城市互联，从而形成区域联动发展的格局。如图 29.1 所示，“江海联动，陆海互动”战略与广西区域协调发展相辅相成、互促互进，它们之间呈现良性的互动关系。

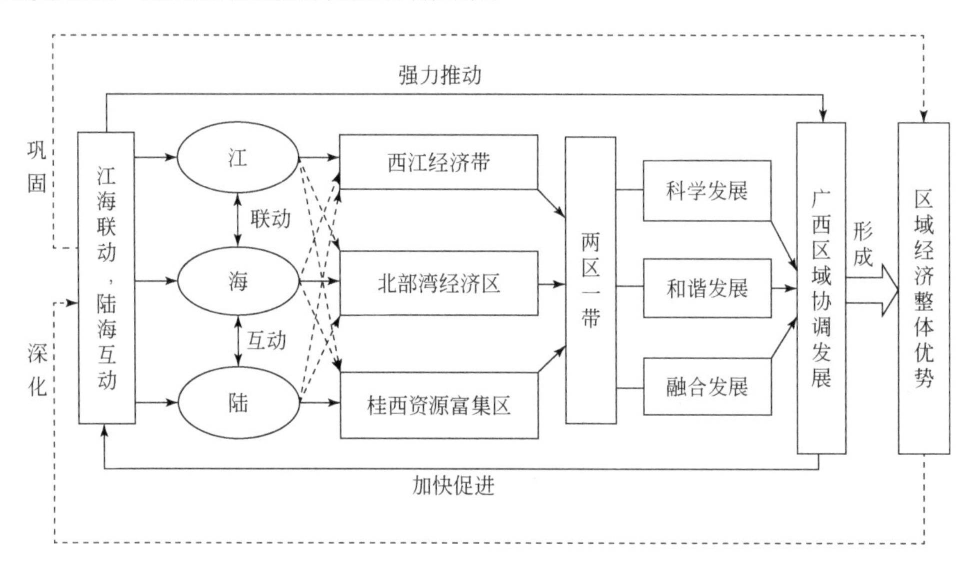

图 29.1 “江海联动”战略与广西区域内部协调发展互动关系

“——►”表示直接关系；“- - - -►”表示间接关系

1. 实施“江海联动，陆海互动”是区域协调发展的必然选择

广西沿江、沿海、沿边，其“联动”发展表现为沿海地区对沿江地区、内陆地区产业化的促动作用，沿江地区对沿海地区产业升级的引动作用，沿海地区与沿江地区、内陆地区形成合理的区域分工格局，互为资源、互为市场、互相支持，互相促进，形成一个有机整体。全面实施“江海联动、陆海互动”，资源互享、优势互补、经济互促，实现“两区一带”的科学发展、和谐发展、融合发展，努力构建“龙头”与“两翼”齐头并进、江海与腹地联动发展的新格局。

“江海联动，陆海互动”以“联动”发展为途径，以资源整合、产业分工、生产要素优化配置、地区间互动为基本手段，把“两区一带”统筹起来，同步发展。大力实施“江海联动，陆海互动”战略，逐步缩小江海发展差距、海陆发展差距，提升广西区域协调发展的整体水平，最终实现共同富裕的目标。反过来，广西区域协调发展将会进一步深化“江海联动，陆海互动”战略的实施，促使产业联动能力增强、城市联动效应凸显，以及区域间协调发展水平提升，这正切合“江海联动”战略的要义，是实现广西江海陆互促发展、协调发展，打造广西碧水、青山、绿地交相辉映的必然选择。

2. 实施“江海联动，陆海互动”战略是广西服务国家重大区域战略的必然选择

从空间格局看，我国东中西三大板块交汇于此，广西向东连接东部板块，承接大湾区资金、产业、技术转移最便捷；向西镶嵌于西部板块，与西南地区共同构建产业链、供应链、价值链；向北连接中部板块，

是贯通南北的大动脉。“江海联动、陆海互动”才能实现上述对接。

习近平总书记强调，广西要主动对接长江经济带发展、粤港澳大湾区建设等国家重大战略，服务和融入新发展格局。要构建以粤港澳大湾区为龙头，以珠江—西江经济带为腹地，带动中南、西南地区发展，辐射东南亚、南亚的重要经济支撑带。党的二十大报告把促进区域协调发展作为高质量发展的重要内容，提出深入实施区域重大战略。国家陆续实施了京津冀协同发展、长江经济带发展、粤港澳大湾区建设、长江三角洲一体化发展等一系列区域重大战略，区域联动新格局正在形成，广西最需要向国家重大区域发展战略借力，必须主动对接国家重大战略、在推动国家重大区域发展战略协调联动中做好服务与融入工作。

3. 实施“江海联动，陆海互动”战略是广西开放发展的必然选择

广西是我国与东盟开放合作的前沿和窗口，开放发展条件优越。中国—东盟博览会已连续成功召开17 届，自 2000 年起东盟连续 21 年保持广西第一大贸易伙伴地位，2020 年互市进口商品范围扩大到东盟10 国，边境贸易额长期居全国首位。广西还是“一带”与“一路”衔接的重要枢纽，是西部陆海新通道的核心区，西部陆海新通道将“一带”与“一路”有效连接在一起，形成一个有机整体。《西部陆海新通道总体规划》明确指出“打造西部陆海新通道国际门户”。《国家综合立体交通网规划纲要》明确指出发挥北部湾港、上海港、深圳港、广州港等国际枢纽海港作用。广西实施“江海联动、陆海互动”战略，必将推动我国内地与东盟对接，与“一带一路”对接，这是广西实现开放发展的必由之路。

29.3.2　“江海联动、陆海互动”战略的机遇与挑战

1. 实施“江海联动，陆海互动”战略的机遇

（1）经济全球化仍然是当今世界的主基调，实施“江海联动，陆海互动”战略的外部环境良好。尽管贸易保护主义有所抬头，但是经济全球化和区域经济一体化趋势势不可挡，中国—东盟自由贸易区建设不断深入，大湄公河次区域经济合作以及泛北部湾合作加快推进，更多的合作机制和合作平台集聚于广西，这有利于广西的区位优势转化为政治优势、经济优势、产业优势，为“江海联动，陆海互动”战略实施创造良好的外部环境。

（2）国家大力支持广西发展，“两区一带”区域联动发展新格局初步形成。这是国家从完善沿海沿边沿江总体布局的高度对广西区域发展提出的新思路，明确了广西加快发展的总体布局，是用新的视野、新的思维、新的理念谋划广西未来发展的宏伟蓝图。随后，国家又发布了《珠江—西江经济带发展规划》《左右江革命老区发展规划》等。“两区一带”呈现优势互补、板块互动、发展互推的新态势。

北部湾经济区是我区产业发展的重点区域，西江经济带是连接北部湾经济区和桂西资源富集区的产业型交通纽带，桂西资源富集区是北部湾经济区和西江经济带发展的原材料基地。北部湾经济区在继续发展壮大自己的同时，可较好地支持桂西资源富集区的发展；西江经济带在增强自身产业实力的同时，可利用便利的交通网络使北部湾经济区和西江经济带与区外省（市）实现江海联动、内联外扩；桂西资源富集区的丰富资源也为广西北部湾经济区和西江经济带的继续发展创造了条件。以此为基础，三大板块正逐步形成优势互补、板块互动、发展互推新格局。北部湾经济区发展的直接辐射面主要集中在南宁、北海、钦州、防城港、崇左、玉林约 5 万～6 万 km^2 的区域。如果将“南北钦防”视为南北向纵轴，西江、浔江、郁江等航运干线视为东西向横轴，两者交汇于首府南宁，构成“T”型主开发轴。总之，经过 13 个五年规划的发展，广西经济综合实力跃上了新台阶，“江海联动，陆海互动”战略的实施具有坚实的基础。交通运输、港口等基础设施的进一步完善提供了强大支撑，中心城市辐射带动作用日益增强。

（3）国家高度重视区域经济协调发展，为实施“江海联动，陆海互动”战略提供了新机遇。国家先后提出促进区域协调互动发展，深入实施“西部大开发”等一系列重大战略，支持西南地区经济协作、泛珠三角区域合作，在中西部培育新的江海增长极。

广西一要紧抓粤港澳大湾区发展机遇，搭上开放发展的“广东高铁”，在《广西全面对接粤港澳大湾区建设总体规划（2018—2035 年）》中指出广西与大湾区毗邻，广西正在实施的东融战略准确把握“湾区所向”“粤港澳所需”“广西所能”，构建以粤港澳大湾区为龙头、以珠江—西江经济带为腹地的格局，带动中南、西南地区发展，辐射东南亚、南亚的重要经济支撑带，实现粤港澳大湾区与北部湾城市群联动发展，既能更好服务落实国家战略，还能推进广西实现高水平开放和经济高质量发展。

二要紧抓长江经济带发展机遇，打造西南中南地区开放发展战略支点。国家赋予广西打造西南中南地区开放发展新的战略支点的定位，明确广西要主动对接长江经济带的任务。广西历来与长江经济带各省份交流密切，借泛珠三角区域合作、中国西部国际博览会、中国国际进口博览会等平台不断深化省份之间的交流合作，实现与长江经济带各省份高铁连通，区内主要机场与长江经济带主要机场通航，经济合作态势发展喜人。

三要紧抓海南自由贸易港发展机遇，打造向海经济“黄金通道”。《海南自由贸易港建设总体方案》明确，海南全省纳入跨境电商零售进口试点范围，高起点建设海南特色国际贸易“单一窗口”，在全国率先创建国际投资“单一窗口”，在全国率先实施服务贸易先导计划，制定出台了海南自由贸易港法等。广西提出要积极打造国内国际双循环市场自由便利地，就是要积极对接海南自由贸易区建设，在开放领域、开放举措、开放创新方面要复制并在某些领域形成超越，与海南联动形成国内一流水平的营商环境，打造北部湾港—洋浦港“港港”联动开放发展新形态。

2. 实施“江海联动，陆海互动”战略的挑战

（1）世界政治经济形势复杂多变，不稳定的局面为经济发展带来了不确定性。当今世界依然不平静，世界和平发展道路上布满乌云。世界经济总体上保持了复苏态势，但诸多复杂因素导致回暖力度不够、态势不均衡。世界经济持续低迷且为自身利益而加大贸易保护。而一些国家为了增加对国际资本的吸引，不断出台各种优惠政策，对我国国际资本的流入造成较大冲击，这些都严重影响国内经济增长，对广西江海联动发展也带来不利的影响。

（2）国内竞争加剧，我国各地发展呈现全面突起之势，国家赋予的优惠政策逐步趋同，广西享受的政策优势不再突出，区域竞争的外在压力不断增大。中国发展伴随人口的老龄化，人口红利逐步消失，各种生产要素的成本不断增加，作为欠发达地区的广西要发挥后发优势，面临严峻挑战。

（3）广西自身短板突出，制约联动发展的因素较多。主要表现在：一是发展理念滞后，联动意识不强。一方面是思想不够解放，在工作中片面理解、观念狭隘，怀疑眼光比较突出；另一方面是执行不到位，工作中存在维护部门利益、地方利益、团体利益现象，主动作为、积极联动发展的意识很弱，市场主体作用发挥严重不足，行政手段推动多，市场手段联动少，成效不理想。二是联动模式固化，举措实招不多。一方面，长期沿用的“政府搭台、企业唱戏”的模式效果不理想，招商活动过于频繁引起当地政府和企业的抵触情绪；另一方面，企业自愿为主、政府推动为辅的市场化招商模式尚未形成，联动成效大打折扣。此外，一些政府部门对民营经济发展支持力度不够，市场不活跃。三是产业匹配度低，承接效果不理想。广西传统产业以初级产品供给为主，而看似高端的战略性新兴产业又大多处于产业链的低端环节，高附加值的产前研发、设计及产品营销等涉及甚少，与国家重大战略区域的产业上下游存在衔接“鸿沟”。四是关键要素支撑短板多，联动成效大打折扣。广西科技创新能力不高，科技经费投入不足全国平均水平的三分之一，仅为广东的四分之一。资本市场不发达，金融配套服务能力不足，中小企业发展的融资难、融资贵问题需要解决。高层次人才、创新创业型人才、外向型人才、科技人才以及高水平的技术工人缺乏。五是多年来广西营商环境综合排名靠后，而地方存在认知误区，把营商环境优化简单视同提升政府服务，营商环境优化没有充分考虑“企业感受”，有些地方存在营商环境“重考核、轻实效”的不良倾向。

29.4 实施“江海联动，陆海互动”，全力构建五大支撑体系

按照“以海引陆、以陆促海、陆海互动”和“以海带江、以江促海、江海联动”的总体思路，加快基础设施建设，构建全方位的联动体系，是实施“江海联动，陆海互动”战略的重要举措。从联动的基础来看，必须加快完善交通、物流、能源、水利、信息和人才六大支撑体系建设，为实施“江海联动，陆海互动”战略提供强有力的保障。从联动体系看，要建立广西“江海联动，陆海互动”战略的基本联动体系，即以“整体”“协调”“共赢”为指导，以资源整合、分工布局、产业互动为抓手，以沿海、沿江、沿边、沿路为轴线，由点到带，由带到网，由城市到乡村，通过政府推动、企业参与、市场运作的联动机制，在行政区联动、经济带联动、开发战略联动3个方面，实现通道贯通、资源共享、产业联动、城镇连片协调发展的新格局。在与周边省份联动方面，需要狠抓“断头路”和“堵点”，使得交通、物流、信息等高效、无障碍流动。

29.4.1 狠抓关键堵点，构建“无障碍”交通运输体系

构建“江海联动，陆海互动”的综合交通运输体系，就是发挥水运、海运、铁路和公路的各自优势，加快构建一体化整体最优的综合交通运输网络。要构建一体化协调发展的综合交通网，首先，要做到各种运输方式在各自运输节点衔接和优化；其次，多种运输方式网络在运输枢纽上要衔接优化，实现综合运输通道中多种运输方式最优配合；最后，要做到通道与枢纽的衔接和优化，从而实现点与线的组合最优化，提高交通运输一体化水平，促进“江海联动，陆海互动”的综合交通运输系统中运输资源有效配置和交通协调发展。抓住区域重大战略实施的机遇期，打通各类堵点，增强基础设施跨区域互联互通的协调性与联动性，提升广西服务京津冀、长三角、粤港澳、海南自由贸易港、成渝等的战略区域的企业、要素等出海出边能力，高标准、高水平共建西部陆海新通道。

1. 构建广西“一中心两港群‘九龙’入港”的综合大通道交通运输体系，实现江海联动的交通运输一体化

要实现广西江海联动的交通运输一体化，必须以交通基础设施一体化为切入点，以衔接、优化和协调发展为主线，充分发挥各种运输方式的优势，完善网络，提高运输系统的整体效率，加快铁路、高速公路主通道建设，构筑以广西北部湾港为龙头向周边地区辐射的综合交通网络，畅通广西北部湾港与腹地的通道；构筑“西起云贵、东达粤港澳、北通长江、南入北部湾”江海水运体系，三高铁六高速的九龙出海陆路交通体系，覆盖东盟主要城市的空中走廊体系，一核心两港群多枢纽的“江海陆空”相互联通的大格局，重点构建以南宁为核心，以北部湾城市群为补充的国际区域性综合交通枢纽中心，贵港、梧州为国家区域性综合交通枢纽的两大港群，百色、桂林、河池、贵港、贺州、崇左、玉林、来宾为地区性综合交通枢纽的多层次综合枢纽体系。加快“九龙”入港集疏运通道建设，构建江海联动综合交通一体化网络。

出海出省出边通道方面，东西北南全方位综合运输大通道初步建成。东向大通道以西江黄金水道为重点，提升航道等级、船闸通过能力和港口综合通过能力，已建成南宁至广州等8条铁路通道、梧州至柳州等8条高速公路通道等，形成北、中、南三条大运量东向通道；西向大通道以高速公路和铁路建设为重点，建成云桂铁路等5条铁路通道、桂林至三江等6条高速公路通道，并开展国道G210、G323、G324瓶颈路段改造工程建设，提升通往云南、贵州等西南省份的通道能力；北向大通道以湘桂铁路、焦柳铁路和洛湛铁路扩能改造为重点，建成兴安至桂林等5条高速公路并开展国道G209、G322瓶颈路段改造工程，提高连接国家中东部经济腹地的通道保障能力；南向大通道以广西北部湾区域国际航运中心以及南宁、桂林国际航空港建设为重点全面提高以南宁—新加坡走廊为主的北、中、南3个陆路国际通道的能力。

港口集疏运通道方面，构建“九龙”入港集疏运通道网络。依托沿海港口，向纵深推进，向腹地拓展，建设快速铁路、高速公路相结合的广西北部湾港集疏运通道体系，主要由3条高速铁路和6条高速公路组成“九龙”入港集疏运通道网络。其中，铁路：一是贵阳—河池—南宁—北部湾港；二是怀化—柳州—黎塘—北部湾港；三是永州—贺州—梧州—玉林—北部湾港。公路：一是昆明—那坡—崇左—北部湾港；二是昆明—百色—南宁—北部湾港；三是贵阳—河池—南宁—北部湾港；四是成都—三江—柳州—贵港—北部湾港；五是长沙—桂林—柳州—南宁—北部湾港；六是长沙—资源—恭城—玉林—北部湾港。正加快建设平陆运河，将实现广西北部湾经济区和西江流域互联互通，真正实现西江流域为广西北部湾经济区的经济腹地，形成以海带江、以江促海的局面，还可为沿海三港的持续发展提供源源不断的水资源支持。

2. 加强与外部联通建设，整体提升广西“通江达海”能力

创优西部陆海新通道“东中西”三条出海大通道，以共建西部陆海新通道为主方向，构建“北部湾港—南宁—贵阳—重庆—兰州—乌鲁木齐”连接“一带”与“一路”的通道经济发展轴，高质量打造北部湾国际门户港，形成以北部湾港为起点，以货运铁路为主要纽带、以高铁为副纽带，高速公路、飞机等交叉连通的交通运输体系，将广西与长江经济带、黄河流域以及我国的西北地区紧密联系在一起，在陆上形成连接“一路”的经济发展带。构筑“西起云贵、东达粤港澳、北通长江、南入北部湾”的江海水运体系，打造覆盖东盟主要城市的空中走廊体系，重点构建以北部湾城市群为国际区域性综合交通枢纽中心，以柳州、梧州为国家区域性综合交通枢纽中心的两大港群，以及以百色、桂林、河池、贵港、贺州、崇左、玉林、来宾为地区性综合交通枢纽中心的多层次综合枢纽体系。打通与周边省通道的“堵点”，率先贯通粤港澳—桂—东盟的国际综合运输大通道，优化连接我国中东部经济腹地的北向大通道，提高以南宁—新加坡走廊为主的北、中、南3个陆路国际通道能力，积极对接中国（广西）—中南半岛铁路网。

29.4.2 以多式联运为重点，大力提升综合物流能力

1. 完善多式联运综合物流

以“客运零距离换乘”和“货运无缝衔接”为导向，增强枢纽与城市内外通道的衔接、城市枢纽布局与城市空间布局规划的衔接、枢纽内各运输方式的有效衔接，全面提高枢纽运营水平和服务质量，建设现代化的综合交通枢纽。建设综合运输枢纽信息港、江海联动综合交通运输信息平台、物流信息港和数字化综合交通管理平台，以及港口之间，港口与公路运输通道之间，电子口岸、港口与铁路运输通道之间，港口与腹地之间互联互通的信息系统，实现全面智能化管理，提升运输管理服务水平。实施“大港口、大通道、大物流”发展战略，尽快实现多种运输方式最优组合目标，鼓励沿海港口物流企业在内陆城市建立“陆地港”，推进发展河海联运、铁水联运等多式联运，通过南宁国际区域性综合交通枢纽、北部湾港国际航运中心以及柳州、梧州国家区域性综合交通枢纽连接广西通往广东、湖南、贵州、云南和新加坡的陆路通道及泛北部湾海上通道，形成一个统一协调的运输体系，提升我区服务于重大战略区域联动的能力。

2. 优化物流业布局，提升运输管理服务水平

南宁以保税物流中心为依托，以中国—东盟国际物流基地为平台，大力发展新型物流业态，打造面向东盟的区域性商贸物流基地，加快发展综合性物流业。柳州、来宾、玉林、桂林等市依托钢铁、汽车及零配件、工程机械、金属材料等产业，大力推动物流业与制造业联动发展。西江沿岸城市依托西江黄金水道大力发展内河运输，加快推动港口数字化物流发展。沿海三市依托港口及区位优势大力发展国际物流，构建国际大通道保税物流体系，建设沿海重要物资配送基地。河池、百色依托丰富的矿产资源及地理优势，大力发展有色金属、煤炭等矿产品以及大宗农副产品物流。崇左依托边境及政策优势，加快发展边境物流和保税物流。重点建设广西北部湾经济区、桂中、桂东北、桂西四大物流区域，打造南宁全国性物流节点城市，构建柳州、桂林、北海、防城港、钦州、崇左6个地区性物流节点城市，完善梧州、贵港、玉林、

百色、贺州、河池、来宾 7 个专业性物流中心，配套建设若干个物流集散节点。大力推进专业物流配送园区建设，扶持一批重点物流企业，建设一批商品交易物流市场、生产资料物流市场和农产品交易物流市场等。加快推进综合交通运输管理体制改革，探求建立“大交通”管理模式，切实提高行业管理水平和服务能力。

29.4.3 加强能源保障，构建与江海联动发展相配套的能源体系

1. 加强现有能源布局与实现江海联动发展的衔接

按照国家规划，结合广西实际，以加快北部湾、强化桂西北、充实西江带、完善桂东北为原则，调整优化能源区域布局。北部湾经济区主要布局沿海港口煤炭储运配送、核电等能源产业。桂西北地区主要布局建设红水河和右江流域大中型水电站、支撑负荷集中区的火电等能源产业。西江经济带主要布局黔江和都柳江流域大中型水电站、内河水运煤炭储配基地、火电扩能等能源产业。桂东北地区主要布局保障主电网安全运行的配套火电、铁路北煤南运接转基地等能源产业。目前国家没有考虑建设从北方煤炭主产区通向广西的铁路煤运专线，中长距离公路运煤不经济，水路运煤又不稳定，随着广西煤炭需求的不断增加，交通运输的压力越来越大。综合考虑煤炭资源、水资源与生态环境承载能力，区域经济社会发展需求，以及能源综合运输能力等多方面因素，根据广西现有能源布局的特点，我们必须加快跨区域煤炭运输通道建设，为广西煤炭的供给提供强有力的运力支撑。加快黄桶至百色、焦作至柳州铁路二线、南宁至昆明、贵阳至柳州、洛阳至湛江铁路扩能改造等项目的建设；加快西江航运干流和主要支流航道提高等级，新建和打通一批大能力船闸，建设主要内河港口码头和转运设施，加强铁路、公路、水路煤炭运输中转衔接协调，实现无缝对接，增加运煤能力；依托良好的港口条件，加强对外能源合作，优化能源结构，构筑安全、稳定、经济、清洁的能源供应体系，提高能源保障能力。利用北部湾沿海港口专用煤码头和集疏运设施，开通定期海运航线和货轮航班，提高煤炭吞吐和转运能力。

2. 为江海联动发展构建安全稳定的能源网络

一是坚持统筹规划、结构优化、加强合作，多渠道、多途径增加能源供给，为广西江海联动发展构建安全稳定的能源网络，提升能源支撑发展的保障能力。二是统筹区域内外能源基础设施建设，坚持“节能优先、效率为本、多元发展、内外结合”的政策导向，构筑开放、稳定、安全、清洁、高效的能源保障体系。三是优先开发水电及煤源有保障的火电机组，积极利用贵州火电、云南及河池的水电，积极推进平南白沙核电站建设。四是积极开发利用生物质能、风能资源。统筹规划，完善输供电配套网络，重点抓好 500kV、220kV、110kV 骨干电网、输变电站及区外输电通道建设。五是重点推进电解铝、电解锰、水泥、陶瓷、钢铁、煤电等高耗能产业的节能降耗工作，大力提倡城乡生活洁净用能。六是稳步推进能源储备工程建设，在梧州、贵港和北部湾港建设石油储备基地和大型煤炭中转基地。七是加强国内外能源合作，多渠道开拓能源资源，建成供应能力强、结构优、效率高的现代能源保障体系。

3. 提高能源服务管理水平

一是加强能源综合管理机构和能源监管机构建设，完善能源行业管理机制，提高能源服务管理水平。二是深化能源价格改革，完善能源价格形成机制，发挥价格调节能源供需平衡的重要作用。三是加强和改善煤电油气运的衔接、协调、调度等运行管理，充分运用价格调节基金等经济手段，协调各方利益，加快能源市场化改革，完善电力等能源的交易市场管理体系，研究制定可再生能源和新能源优惠上网电价政策。四是加快推进阶梯式电价改革，开拓电力市场，对新能源发电要实行优惠上网电价政策，支持可再生能源发展配额制，推动其尽快发展。

29.4.4　推进流域梯级开发及综合利用，构建与“江海联动，陆海互动”战略相配套的水利体系

1. 优化水资源配置

统一开发管理流域内水资源，支持海洋经济发展按照水权明晰、总量控制、用水公平、联合调度、优水优用、有偿使用、有序转让的原则，统一开发管理流域内的水资源，兼顾生态、航运、防洪、供水等多种需求，优化水资源配置。布局建设一批支撑优势资源开发的重点水源工程，建立合理高效的水资源配置和供水安全保障体系，实施骨干水库的联合调度，推进水资源调蓄工程建设，加强流域水资源统一管理，推进水价形成机制、产权制度、水资源管理体制等改革，调动各方面积极性，增强水资源的引、蓄、调、用能力，保障区域供水安全。优化水源地配置方案，逐步建立南宁、柳州、梧州、贵港等重要城市的第二水源和应急水源地。实行水资源利用总量控制制度，优化流域水资源配置，显著提高水资源利用效率，构建与“江海联动，陆海互动”战略相配套的水利体系。

2. 推进流域控制性枢纽工程建设

加快推进流域控制性枢纽工程建设，完善广西防洪体系，重点加强对西江干流及其重要支流郁江（含左江、右江）、柳江、桂江等的治理；积极推进水资源配置工程建设，以及西江干流、柳江、郁江、桂江控制性防洪工程建设，发挥好桂林市防洪及漓江补水工程斧子口、小溶江、川江 3 座水利枢纽以及郁江老口枢纽、西江大藤峡水利枢纽的作用，提高对流域径流的综合调控能力。加快平陆运河建设，早日实现自南宁沿江入海，降低航运时间和成本。与贵州协商加快推进洋溪、落久等控制性防洪枢纽工程的前期工作的落实，争取早日开工建设。

3. 加强灌溉、旅游、航运等领域的综合开发利用

一是坚持水资源综合利用，统筹兼顾防洪、航运、发电、灌溉、旅游和生态等功能，加快形成西江干流、柳江中下游、郁江中下游和桂林市漓江 4 个重要防洪保护区堤库结合防洪工程体系，加快推进防洪控制性工程建设，包括黔江大藤峡水利枢纽，柳江洋溪、落久水库，漓江上游小溶江、斧子口和川江水利枢纽，郁江老口枢纽。二是坚持“梯级开发、扩能改造与新建船闸并举”的原则，有序建设船闸枢纽，提升船闸通过能力和通过效率，重点推进长洲、桂平、贵港、西津、邕宁等船闸建设，形成以 2000t 级以上船闸为主的枢纽体系，提高船闸的通过能力；加快推进西江水上旅游观光航线建设，重点建设一批游艇专用码头、专用船闸、沿江风景廊道，通过西江水上旅游观光航线建设，形成以南宁、贵港、梧州等中心城市为核心，以郁江、左江、右江、黔柳江、浔江为纽带的沿江旅游产业带。三是结合长洲水利枢纽、漓江上游小溶江水利枢纽、大藤峡水利枢纽等大型水利枢纽的建设，发展水上娱乐、滨水休闲等现代旅游产业，形成沿江的旅游产业集聚区。

29.4.5　构建覆盖城乡的基础设施网络，打造江海联动信息高地

1. 建设出海出边的区域性信息网络高地

全方位提升区域性国际信息交换支撑能力，积极打造高速、共享、安全的信息网络，与周边省份合作推进信息基础设施建设，促进信息互联互通水平提升，与广东、海南及内陆有关省份共同搭建海上丝绸之路信息中心。以中国联通南宁区域性国际通信业务出入口项目为突破口，加快国际通信业务出口扩容、光纤宽带接入网、下一代互联网、广西综合数据交换中心、信息服务产业集群、新一代移动通信网和无线宽带的建设，大力发展移动互联网。建设信息交换高速通道，加快推进南宁中国—东盟区域性信息交流中心

建设，积极推进通信技术设施、信息港基地、跨境电子商务、金融信息等重点应用示范项目建设。提高信息品质及容量，满足信息交流和沟通需求，高标准服务自贸区、服务中国—东盟多领域合作、服务重大战略区域联动。提升南宁国际直达数据专用通道、南宁区域国际通信业务出入口局、北部湾数据资源和交换中心、中国—东盟区域性信息交流中心建设，提高信息品质及容量，以满足信息交流和沟通的需要，争取早日把信息交换高速公路建设成为服务自贸区、服务中国—东盟多领域合作、服务江海联动重要平台。

2. 完善信息网络基础设施，加快推进信息化

统筹规划建设信息基础网络，共享公共信息数据库，推进电信网、互联网、广播电视网“三网融合”，促进网络资源共享和互联互通，扩大农村地区通信覆盖面，提升数字化城市管理信息系统、网络增值服务等信息服务能力，加快重要基础设施智能化改造，建设广西数字认证中心，逐步形成面向中国—东盟的数字证书认证体系。加快建设标准统一、功能完善、互联互通、安全可靠的电子政务网络平台，进一步完善信息基础设施，建设高标准的城乡通信网络体系，推进信息技术在政府、社会、企业各领域的应用。加快建设新一代移动通信、下一代互联网、数字电视等网络设施和完善宽带无线城市、农村宽带网络布局，构建覆盖城乡的信息基础设施网络，加快推进重要信息系统建设，实现信息化与工业化融合，强化地理、人口、金融、税收、统计、档案等基础信息资源开发利用。加强信息网络监督、管控能力和无线电频谱监管设施建设，确保信息网络系统安全，建立信息与网络安全问题的有效防范机制和应急处理机制，增强信息安全保障能力。加快综合交通信息港建设，提升综合交通运输管理服务水平。

3. 加快发展物联网及电子商务

加快推进新技术的应用和业务创新，加快物联网建设布局，推进物联网的发展应用，有序推进广西商务信息公共服务平台、广西电子口岸信息服务平台、海运物流服务平台、西江航运物流信息平台、商务信息 GIS 监测平台系统建设和物流信息化等公共服务平台建设，实现对商务信息的全面覆盖，借助信息化手段实现多部门联动、资源共享、科学决策，提高商务一体化程度。加快广西北部湾港国家级的物流信息化示范基地建设步伐，尽快实现物流、航运、税务、海关、检疫、银行等部门数据共享，实现联网申报、核查、作业，优化业务流程，提高物流效率。加快中国—东盟经贸信息港、中国—东盟虚拟中心建设，构建电子交易和数字化城市管理平台，实现全面智能化管理，以实现区域经贸数据的共享和交换，支撑区域经贸业务开展，实现全流程电子商务服务，使信息港成为中国与东盟之间的重要的应用电子商务平台，成为中国—东盟信息交流中心的重要组成部分。

29.5　大力推进六大重点领域发展，实现联动发展突破

实施江海联动战略的根本目的是全面加快广西发展，就是要按照“以海引陆、以陆促海、陆海互动”和“以海带江、以江促海、江海联动”的总体发展思路，加快新型工业化城镇化发展，大力发展海洋经济，提高现代服务业水平，全力推进开放合作，努力抓好生态保护工作，实现经济社会的可持续发展，也就是要紧紧围绕产业、城镇化、海洋经济、现代服务业、开放合作、生态保护六大重点领域发展，实现全区“一盘棋”联动发展的奋斗目标。

29.5.1　深化产业的纵向延伸和横向联合，提升重点产业的辐射带动力，实现产业的联动发展

江海产业联动就是依据市场规律，借助政府改革，破除要素资源流动障碍，充分发挥“江”“海”各自优势，实现产业布局合理，产业链不断延伸，产业间互为配套，集聚发展，形成产业间互补、互利、互

促的发展格局。在各地区之间形成强强联合、协同发展的一批产业链，必须有效整合产业园，打造一批产业基地，使产业纵向延伸，横向联合，形成技术研发、产品生产、市场开拓的整体合力。

1. 着力优化产业布局，构筑江海陆集群式发展的互动格局

实现广西江海联动的产业空间布局，就是将沿海石化、机械、海洋工程等优势产业与沿江汽车、有色、冶金等优势产业相互进行产业链的延伸或转移，使江海产业互为上下游关系，并促使产业间相互补充，形成集群式发展的互动格局（图 29.2）。

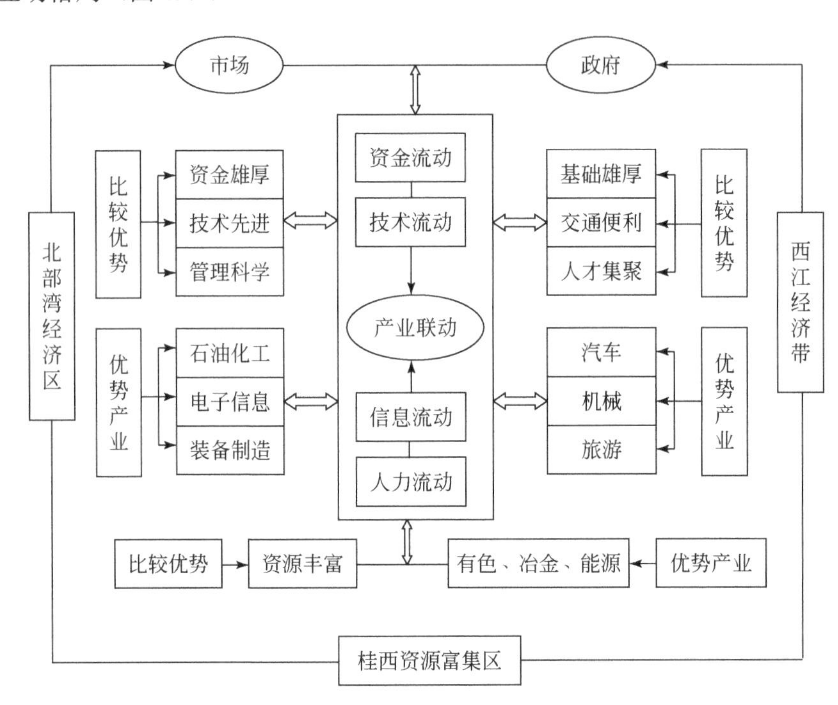

图 29.2　江海陆产业空间联动示意图

根据《国务院关于进一步促进广西经济社会发展的若干意见》精神，深入实施广西“两区一带”总体布局（表 29.3），立足产业基础，发挥资源和区位优势，突出区域特色，打造优势互补、协调发展的产业布局，促进江海产业联动发展。广西北部湾经济区是我国面向东盟国家对外开放的重要门户，拥有丰富的港口、海洋、旅游等资源，是广西经济、文化集聚区。江海联动布局优先支持广西北部湾经济区产业发展。加快培育石化、冶金、电子、机械装备制造和农产品加工等千亿元产业，大力发展石化、钢铁、能源、食品加工、林浆纸、电子信息、修造船、海洋工程装备、生物等临海现代工业，以及现代物流、金融服务、会展服务、信息服务、商贸流通、旅游休闲等现代服务业，大力发展现代都市型农业和北部湾海洋渔业。以此为基础逐步牵引西江经济带和桂西资源富集区相关产业的联动发展。

西江经济带拥有较好的工业基础，以及铁路、公路、水路相互衔接、优势互补的综合交通运输体系。江海联动布局优化沿西江地区产业布局，形成分工明确、优势明显、协作配套的沿江产业带。柳州市加快传统工业城市向现代工业城市转型，提升汽车、钢铁、机械、化工、食品加工、建材等传统工业的产业竞争力，大力发展新能源、环保、机电一体化、新材料、生物制药等新兴产业，发展特色农林业。来宾市打造广西新兴现代工业城市，大力发展食品加工、能源、信息技术、节能环保等产业，大力发展特色农业。梧州市、玉林市、贵港市、贺州市加快建设国家级承接产业转移示范区，承接珠三角等东部沿海发达地区产业转移，大力发展食品加工、工程机械、修造船、医药、光电信息、再生资源加工、纺织服务与皮革、陶瓷、新材料、新能源等产业，发展特色农林业。桂林市建设世界一流的休闲旅游城市，重点发展旅游休闲、商贸流通、金融服务、会展服务、信息服务、物流等现代服务业，大力发展电子信息、装备制造、生物医药、新材料、节能环保等产业，以及具有生态、休闲观光功能的特色农林业。以此为基础逐步向北部

湾经济区和桂西资源富集区辐射，带动相关产业的联动发展。

表 29.3　“两区一带”资源优势及联动产业布局

区域	资源优势	联动产业布局
北部湾经济区	港口、海洋、农林、旅游	石化、钢铁、电子信息、有色金属、食品、装备制造、修造船、能源、林浆纸
西江经济带	工业基础、水运	汽车、冶金、机械、食品、电子信息、有色金属、纺织服装与皮革
桂西资源富集区	矿产、水能、旅游	有色金属、冶金、化工、建材、制糖、食品、能源

桂西资源富集区矿产、水能、旅游等资源富集，江海联动布局要加快发展资源富集区的特色产业。充分发挥矿产、水能、旅游等资源富集优势，在重视生态保护的基础上，大力发展铝锰等有色金属加工、建材、水电、桑蚕业、糖业、林业、红色生态旅游等特色产业。推进资源产业与金融资本相结合，提升资源所有者话语权，加快高附加值的深加工项目转入步伐，提高产业链中高附加值环节比重，适当延伸资源加工产业链，探索资源产业发展的新路子。大力发展边境贸易、跨国旅游、跨境合作、进出口加工、国际物流等口岸经济。以此为基础逐步向西江经济带和北部湾经济区延伸，形成较为完整的产业链条。

2. 着力打造分工协作、强强联合、联动发展的产业链条，加快实现 14 个重点产业的发展目标

1）以糖业为核心的食品联动产业链

（1）联动产业链。根据广西糖业规划以及广西糖业的发展，在现有基础上拉长产业链，推进甘蔗综合利用，发展糖料深加工及其产业关联，形成江海互动发展的产业链条。糖业联动产业链如图 29.3 所示。

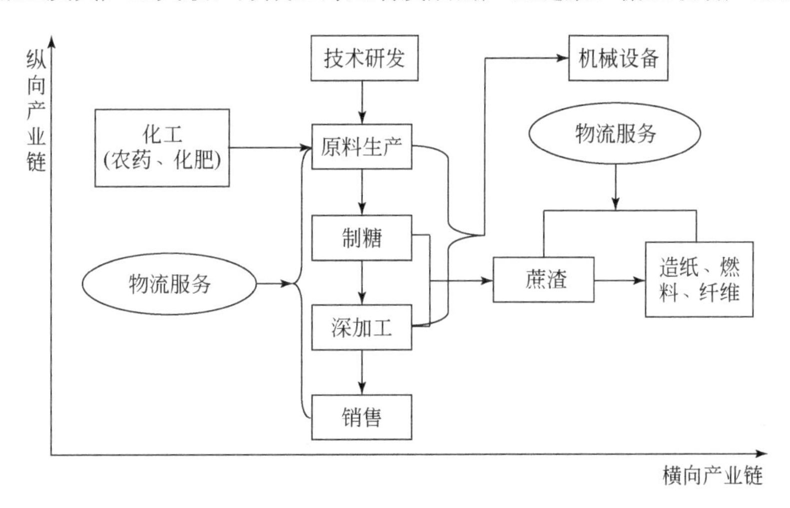

图 29.3　糖业联动产业链示意图

（2）联动机制。①纵向联动：一是南宁、柳州、百色等糖业基地、龙头企业与高校、科研机构联手，形成集产学研于一体的研发平台，提升企业自主创新能力；二是糖业基地和龙头企业带动百色、河池等糖业种植业的发展；三是糖业深加工及关联产业的发展提升糖产业发展水平和产品的竞争力；四是现代化糖业销售市场促进产品销售，带动糖业发展。②横向联动：一是糖业原料基地与农药、化肥等相关产业相互促进，共同发展；二是糖业副产品为造纸、燃料等产业提供大量原料；三是糖业发展与物流服务相互促进提升。

（3）联动布局。糖业产业链联动布局见表 29.4。

2）以沿海石油化工为基础的石化联动产业链

（1）联动产业链。根据广西及北部湾石油化工产业规划，广西将形成以北部湾为基础的沿海石油化工产业集群。江海石油化工产业联动产业链如图 29.4 所示。

表 29.4　糖业产业链联动布局

城市	优势基础	联动布局
南宁	人才聚集、科研能力强、糖业基地、物流顺畅	技术研发、制糖、深加工、销售、物流服务
柳州	糖业基地、种植基础好、物流顺畅、制造基地	制糖、深加工、原料种植、机械设备、物流服务
来宾	糖业基地、种植基础好	制糖、深加工、原料种植
崇左	糖业基地、种植基础好	制糖、深加工、原料种植
百色	糖业基地、种植基础好	制糖、深加工、原料种植
河池	糖业基地、种植基础好	制糖、深加工、原料种植
扶绥	种植基础好	原料种植
贵港	种植基础好	原料种植
北海	种植基础好	原料种植

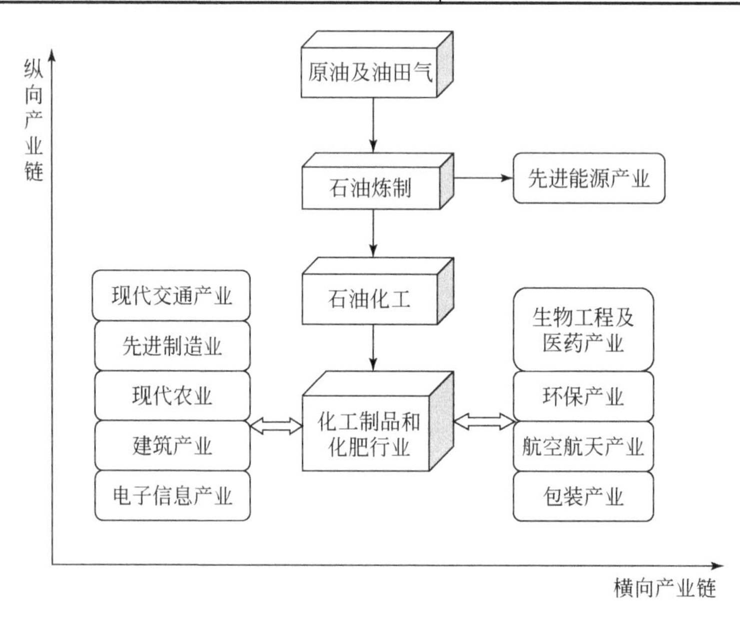

图 29.4　江海石油化工产业联动产业链

（2）联动机制。①纵向联动：一是依托钦州中石油等，延伸二甲苯、乙烯等石油化工，形成较为完整的石化产业链；二是以钦州石化产业园、北海石化基地为重点，形成以北部湾为基础的石油化工产业集群；三是通过信息共享，做大、做强、做优产业链，形成产业链的良性互动。②横向联动：一是甲醇、乙醇汽油和有机化工能源装置与先进能源产业的相互促进、共同发展；二是有机化工中的农药、化肥和医药中间体、现代农业等之间的良性互动；三是化工制品中的高科技材料与现代交通、环保、航天和电子等行业之间的相互促进与提升。

（3）联动布局。石油化工产业链联动布局见表 29.5。

表 29.5　石油化工产业链联动布局

城市	优势基础	联动布局
南宁	人才聚集、科研能力强、工业基础强	技术研发、化工
北海	临海港口、炼油、化工基础强	炼油、化工
钦州	临海港口、炼油、化工基础强	炼油、化工
防城港	临海港口、炼油、化工基础强	炼油、化工
柳州	地理位置、工业基础好	化工
百色	石化工业基础较好	化工

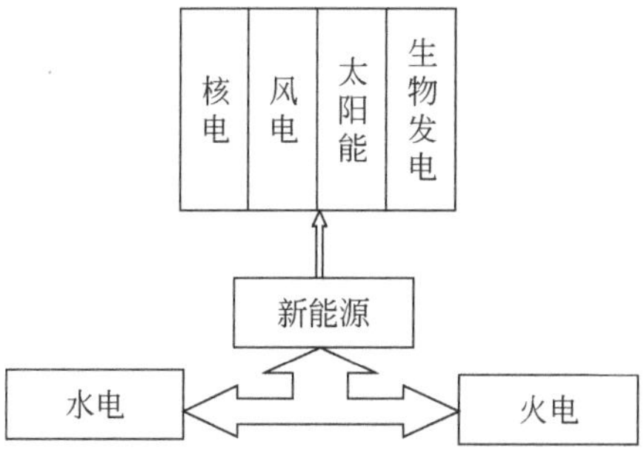

图 29.5　江海电力产业联动图

3）以新能源引领的电力联动产业链

（1）联动产业链。根据广西电力产业规划，广西将在加快发展清洁电源、稳妥发展核电、规模发展风电和太阳能发电等新能源的同时深度开发红水河、郁江和柳江等干流水电资源，形成布局合理的电力产业。江海电力产业联动如图 29.5 所示。

（2）联动机制。一是在桂西资源富集区等水资源丰富的地区深度发展水电，支援江海电力不足的地区；二是在全区合理布局火电，使其与水电一起作为广西主要的电力资源；三是因地制宜地积极发展新能源，使其作为水电与火电有力的补充。

（3）联动布局。电力产业联动布局见表 29.6。

表 29.6　电力产业联动布局

城市	优势基础	联动布局
南宁	科研能力强、生物质资源丰富	技术研发、生物发电
北海	生物质资源丰富、风资源丰富	生物发电、风电
防城港	地理优势	核电
梧州	生物质资源丰富	生物发电
崇左	生物质资源丰富	生物发电
玉林	风资源丰富	风电
河池	水资源丰富	水电
贵港	水资源丰富	水电

4）以结构调整为主的建材联动产业链

（1）联动产业链。建材产业联动产业链如图 29.6 所示。

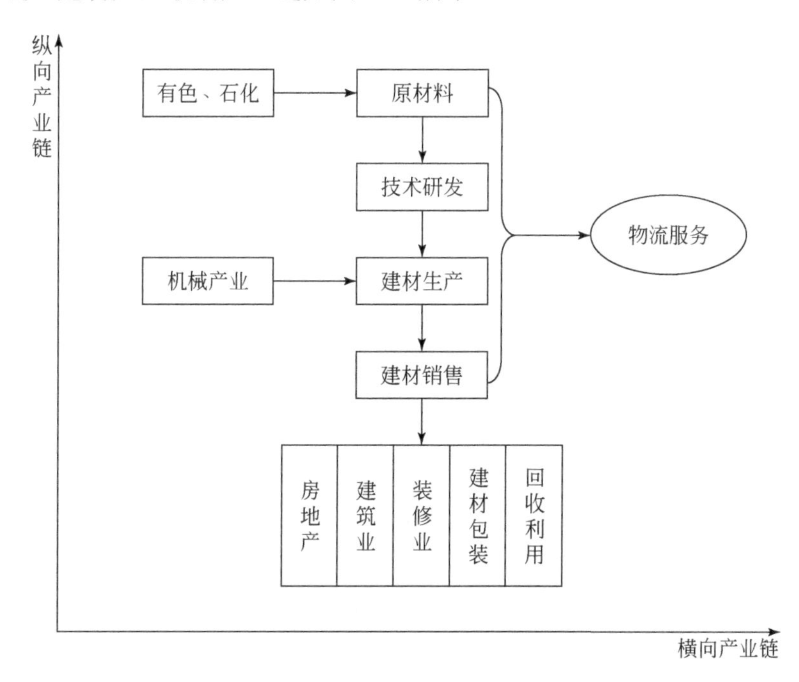

图 29.6　建材产业联动产业链示意图

（2）联动机制。①纵向联动：一是南宁、玉林等水泥、陶瓷建材生产企业牵头与科研机构、原材料供应商、建筑等大客户联手进行技术研发，提升企业和产品创新能力；二是建筑、房地产带动建材生产的同时，促进建材质量与品质的提升，并提高建筑、房地产与装修业的水平。②横向联动：一是有色、石化等产业为建材产业提供创新型原材料，提升建材产业的品质，建材产业的发展带动有色、石化等产业的发展；二是建材产业拉动机械产业的发展；三是建材产业与物流服务互相促进，互相提升。

（3）联动布局。建材产业链联动布局见表 29.7。

表 29.7　建材产业链联动布局

城市	优势基础	联动布局
南宁	科研能力强、工业基础好	技术研发、水泥粉磨站、玻璃
贵港	西江地理优势、水泥工业基础好	水泥生产、水泥粉磨站
防城港	临海港口、水泥工业基础好	水泥粉磨站
钦州	临海港口、水泥工业基础好	水泥粉磨站
北海	临海港口、工业基础较好	水泥粉磨站、玻璃
玉林	陶瓷工业基础好	陶瓷工业

5）推进林浆纸一体化发展的造纸与木材加工联动产业链

（1）联动产业链。根据广西造纸与木材加工业规划，广西造纸与木材加工业以调整和优化结构为主线，江海造纸产业联动产业链如图 29.7 所示。

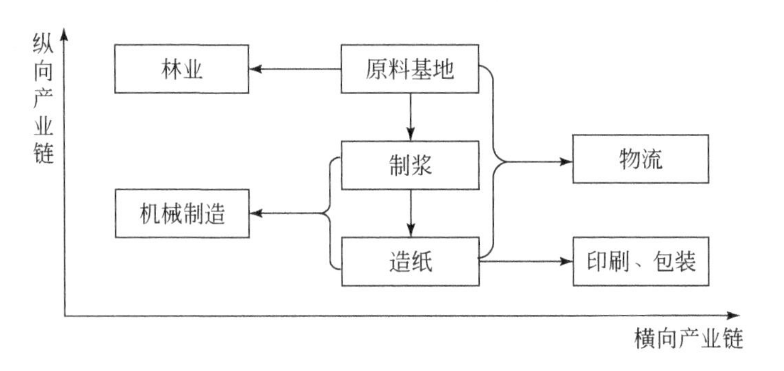

图 29.7　造纸产业联动产业链示意图

（2）联动机制。①纵向联动：一是政府规划、引导，合理布局原料基地、制浆和造纸企业；二是遵循市场机制，企业和原料基地之间通过互相参股等市场行为加强双向联系。②横向联动：一是造纸业带动林业、种植业的发展，原料基地的发展为造纸提供原材料；二是造纸工业和机械制造产业相互促进，相互带动；三是造纸工业提供优质、多样的包装材料，促进包装业的发展，包装业反过来引导造纸业技术的发展。

（3）联动布局。造纸产业链联动布局见表 29.8。

表 29.8　造纸产业链联动布局

城市	优势基础	联动布局
南宁	科研能力强、工业基地好、物流顺畅	技术研发、制浆、造纸、物流
北海	工业基础较好、港口、物流顺畅	制浆、造纸、物流服务
柳州	工业基地好、物流顺畅	制浆、造纸、物流服务
来宾	工业基础较好、种植基础好	种植、制浆、造纸
百色	种植基础好、造纸基础较好	种植、制浆、造纸
梧州	种植基础好、造纸基础较好	种植、制浆、造纸
防城港	种植基础好、造纸基础较好	种植、制浆、造纸
贵港	种植基础好、造纸基础较好	种植、制浆、造纸

6）以承接产业转移为重点的纺织服装与皮革联动产业链

（1）联动产业链。根据广西纺织服装与皮革产业规划，广西要充分利用和发挥区位、资源等优势，积极承接东部产业转移，力争把纺织服装与皮革工业培育成广西比较优势明显的特色产业，江海纺织服装联动产业链如图 29.8 所示。

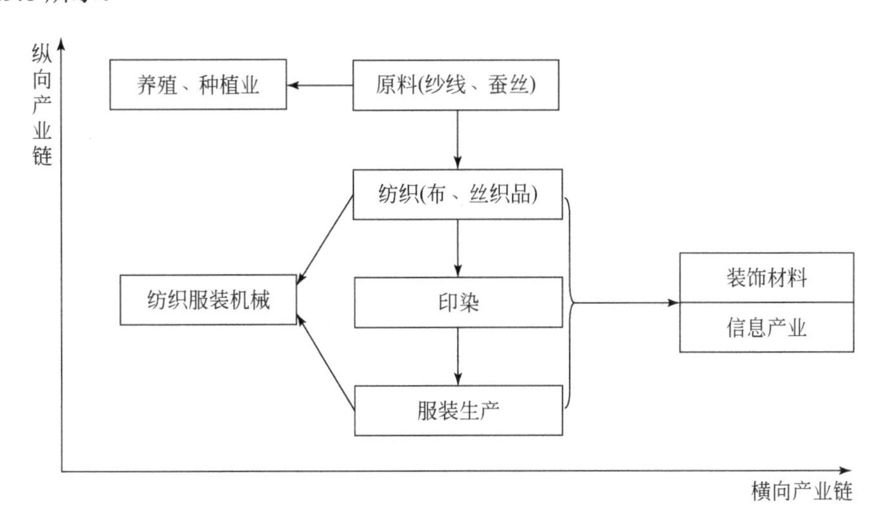

图 29.8　纺织服装联动产业链示意图

（2）联动机制。①纵向联动：一是纺织原料。为南宁、桂林、柳州等纺织企业提供充足的原料，纺织业的发展带动纺织原料的发展。二是布与纺织品。为印染和服装生产提供各种材料，印染和服装生产扩展纺织品市场，带动纺织品业的发展。②横向联动：一是纺织原料带动养蚕等养殖业的发展，养殖业提供优质、多样的纺织原料；二是纺织机械拓展机械产业市场，先进的纺织机械提升纺织业的质量与品质；三是优质纺织品与印染技术提供多样、个性化的装饰材料，装饰产业的发展反过来促进纺织业的技术创新。

（3）联动布局。纺织服装产业链联动布局见表 29.9。

表 29.9　纺织服装产业链联动布局

城市	优势基础	联动布局
南宁	科研能力强、工业基地好、物流顺畅	技术研发、纺织、印染、服装
桂林	工业基础较好、物流顺畅	纺织、服装
柳州	工业基地好、物流顺畅	纺织、服装
玉林	工业基础较好	服装、纺织
梧州	工业基础较好	印染、纺织
百色	养殖基础好、工业基础较好	养殖、纺织
河池	养殖基础好、工业基础较好	养殖、纺织

7）以集群化、规模化为目标的电子信息联动产业链

（1）联动产业链。根据广西电子信息产业规划，广西坚持技术创新，大力发展电子信息产品制造业、软件业和信息服务业，形成较为完善的电子信息产业链。江海电子信息联动产业链如图 29.9 所示。

（2）联动机制。①纵向联动：一是以南宁、桂林、玉林、柳州等信息制造、软件企业牵头，并与科研机构联手，形成集产学研于一体的产业技术研发，提升企业自主创新能力；二是优质原材料和先进零部件为信息设备的制造和优良产品产出提供基础；三是优质产品推动电子信息的快速应用，互联网应用的发展带动电子信息产业的发展。②横向联动：一是有色金属、陶瓷为电子信息产业提供原料，电子信息大发展带动有色金属和陶瓷技术的发展；二是电子信息产品及互联网为信息平台提供物质基础，信息平台的发展带动互联网技术的应用。

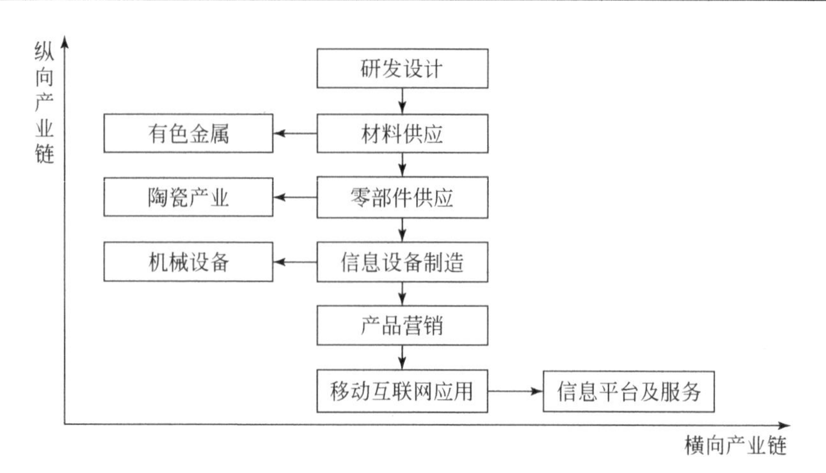

图 29.9　电子信息联动产业链示意图

（3）联动布局。电子信息产业链联动布局见表 29.10。

表 29.10　电子信息产业链联动布局

城市	优势基础	联动布局
南宁	科研能力强、基地好、物流顺畅	研发、生产、物流、信息平台
桂林	科研能力强、基础较好、物流顺畅	研发、生产、物流、信息平台
北海	工业基地较好、港口、物流顺畅	生产、物流、信息
钦州	工业基地较好、港口、物流顺畅	生产、物流、信息
防城港	工业基地较好、港口、物流顺畅	生产、物流、信息
柳州	科研能力较强、基础较好	研发、生产、物流、信息

8）以柳州工程机械制造为龙头的工程机械联动产业链

（1）联动产业链。根据广西工程机械产业规划，广西要加快工程机械工业的发展，促进工程机械实现产业结构的升级优化，江海工程机械联动产业链如图 29.10 所示。

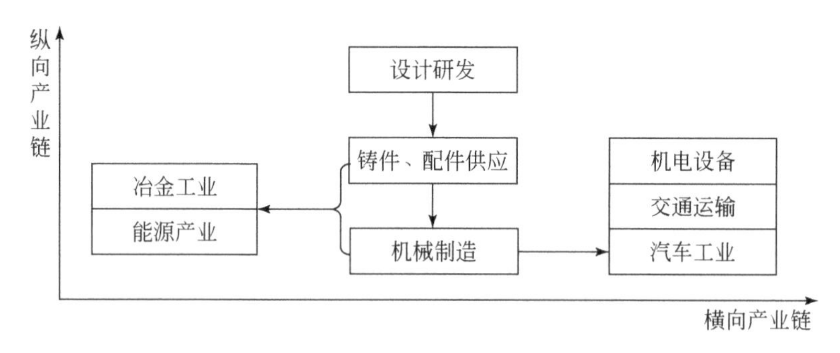

图 29.10　工程机械联动产业链示意图

（2）联动机制。①纵向联动：一是柳州、玉林、南宁等机械制造商、铸件、配件供应商与科研院所联手，形成集产学研于一体的产业技术研发，提升工程机械产业的创新能力；二是铸件、配件供应支持机械制造的生产与服务，机械制造带动铸件、配件的发展与创新。②横向联动：一是冶金与能源产业支持机械制造的发展，机械制造带动冶金与能源产业的发展；二是机械制造支撑机电、交通和汽车工业的发展，机电、交通和汽车工业带动机械工业的发展。

（3）联动布局。工程机械产业链联动布局见表 29.11。

表 29.11　工程机械产业链联动布局

城市	优势基础	联动布局
柳州	科研能力强、基地好、物流顺畅	设计、研发、生产、信息
南宁	科研能力强、基础较好、物流顺畅	设计、研发、生产、信息
桂林	科研能力较强、基础较好、物流顺畅	研发、生产
玉林	科研能力强、基地好	设计、研发、生产
北海	基础较好	生产
梧州	基础较好	生产
防城港	基础较好	生产
贵港	基础较好	生产

9）以海洋经济拉动的修造船及海洋工程联动产业链

（1）联动产业链。根据广西修造船及海洋工程规划，广西要充分利用沿江、沿海优势，大力发展修造船及海洋工程产业。江海修造船及海洋工程联动产业链如图 29.11 所示。

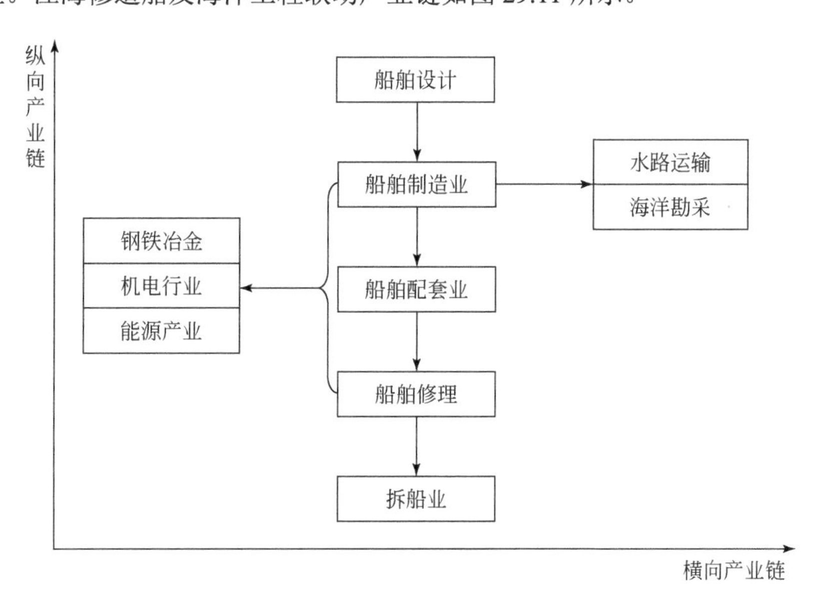

图 29.11　修造船及海洋工程联动产业链示意图

（2）联动机制。①纵向联动：一是船舶设计、船舶制造与科研机构联动设计开发船舶产品；二是以北部湾为主的船舶制造业的发展带动沿江、沿海船舶配件、船舶修理等行业的发展，船舶配件、船舶修理等行业为船舶制造业提供优质的配套服务。②横向联动：一是钢铁、机电和能源业为船舶制造提供原料能源和动力，船舶制造业拓展钢铁、机电和能源市场；二是船舶制造业推动远洋运输、海洋勘探的发展，远洋运输和海洋勘探促进船舶制造的创新与发展。

（3）联动布局。修造船及海洋工程产业链联动布局见表 29.12。

表 29.12　修造船及海洋工程产业链联动布局

城市	优势基础	联动布局
北海	海洋、港口资源丰富、工业基础好	设计、造船、修船
钦州	海洋、港口资源丰富、工业基础好	设计、造船、修船
防城港	海洋、港口资源丰富、工业基础好	设计、造船、修船
南宁	科研能力强、内河资源丰富	设计、船舶配套业
梧州	科研能力强、内河资源丰富	设计、修船、船舶配套业

10）以柳州、玉林、桂林为中心的汽车联动产业链

（1）联动产业链。汽车工业是广西最具优势和发展潜力的支柱产业，根据广西汽车工业规划，广西汽车产业联动产业链如图 29.12 所示。

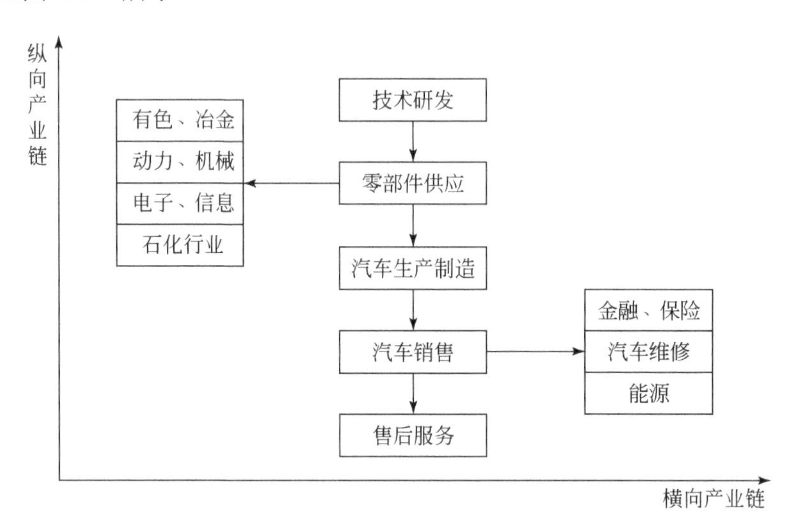

图 29.12　汽车产业联动产业链示意图

（2）联动机制。①纵向联动：一是依据市场需求，由汽车生产制造商、供应商和科研机构联动设计开发整车和零部件；二是推进我区载货车向重型及轻型两头延伸，加快客车向大中轻型全系列发展，加快新能源汽车的研制，完善汽车产业链；三是以整车生产带动零部件及技术开发，从而带动产业的联动发展。②横向联动：一是汽车工业带动有色、冶金、动力、机械、电子、石化等行业的发展，同时这些行业的发展为汽车工业提供保障；二是汽车工业推动金融、保险等行业的完善与发展，相关行业的发展促进汽车工业的发展。

（3）联动布局。汽车工业链联动布局见表 29.13。

表 29.13　汽车工业链联动布局

城市	优势基础	联动布局
柳州	科研能力强、工业基础雄厚	技术研发、整车、零部件、配件
玉林	科研能力强、工业基础雄厚	技术研发、整车、零部件、配件
桂林	科研能力强、工业基础好	技术研发、整车、零部件、配件
南宁	科研能力强、工业基础较好	技术研发、整车、零部件、配件
北海	工业基础较好	整车、零部件、配件
梧州	工业基础较好	整车、零部件、配件

11）以中药与民族医药为特色的医药制造联动产业链

（1）联动产业链。根据广西医药制造规划，广西要大力发展现代中药、化学药品、医疗器械，积极发展海洋和生物制药。江海医药制造产业联动产业链如图 29.13 所示。

（2）联动机制。①纵向联动：一是药材种植和炮制为药材加工提供原料，药材加工业的发展带动药材种植和炮制的发展；二是药材加工推动医疗器械的发展，先进的医疗器械提升药材加工水平。②横向联动：一是医药制造带动种植业、化学工业和机械行业的发展，种植业、化学工业和机械行业提升医药制造业水平；二是包装、印刷、运输带动医药制造的发展。

（3）联动布局。医药制造产业链联动布局见表 29.14。

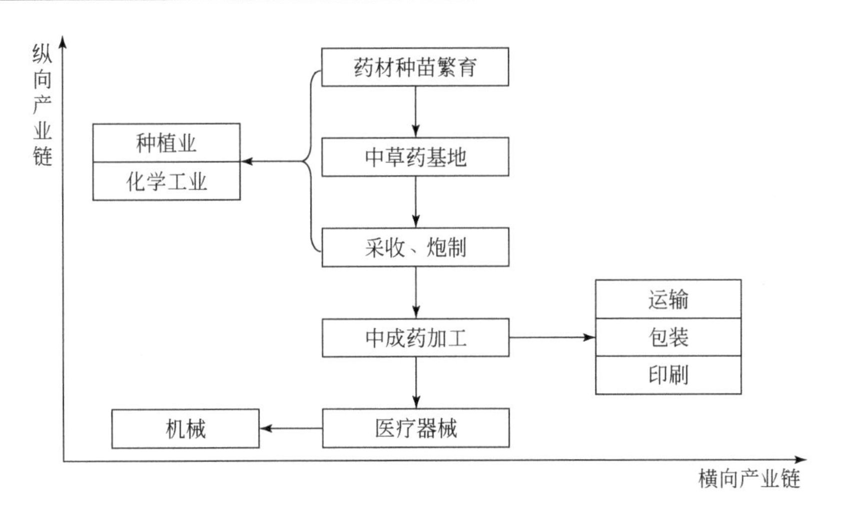

图 29.13　医药制造产业联动产业链示意图

表 29.14　医药制造产业链联动布局

城市	优势基础	联动布局
南宁	科研能力强、工业基础好	研发、良种繁育、生产、加工
百色	种植基础好	种植业
桂林	科研能力较强、种植、工业基础好	研发、生产、加工、种植
北海	种植、工业基础好	生产、加工、种植
玉林	种植、工业基础好	生产、加工、种植
柳州	种植、工业基础好	生产、加工、种植

12）以培育龙头为重点的生物产业联动产业链

（1）联动产业链。根据广西生物产业规划，广西要根据产业发展基础、比较优势和研发能力，坚持做大产业规模与增强自主创新能力并举，尽快形成广西生物产业的群体优势和局部强势。江海生物产业联动产业链如图 29.14 所示。

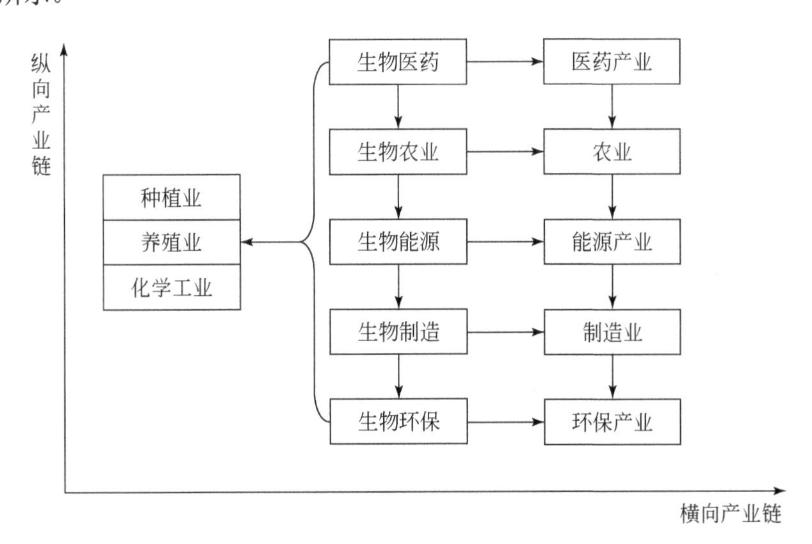

图 29.14　生物产业联动产业链示意图

（2）联动机制。一是生物医药、生物农业、生物能源、生物制造、生物环保为种植业、养殖业和化学工业提供新兴市场，种植业、养殖业和化学工业为生物产业提供原料和技术；二是生物医药、生物农业、生物能源、生物制造、生物环保拓展了医药、农业、能源和环保产业的新领域，医药、农业、能源和环保产业促进生物医药、生物农业、生物能源、生物制造、生物环保的发展。

(3) 联动布局。生物产业链联动布局见表 29.15。

表 29.15 生物产业链联动布局

城市	优势基础	联动布局
南宁	种植、工业基础好、科研能力强	种植、生物化工、深加工、研发
百色	种植、工业基础好	种植、生物化工、能源
崇左	种植、工业基础好	种植、生物化工、能源、深加工
钦州	种植、工业基础好	种植
贵港	工业基础好	生物化工
梧州	种植、工业基础好	种植、生物化工、深加工
北海	种植、工业基础好	种植、生物化工
河池	资源较丰富	生物能源
桂林	资源较丰富	生物能源

13) 以优先发展铝产业为特点的有色金属联动产业链

(1) 联动产业链。根据广西有色金属"十二五"规划：优化发展铝产业，积极发展其他有色金属精深加工，加大资源开发和整合力度，提高资源综合利用水平。江海铝产业联动产业链如图 29.15 所示。

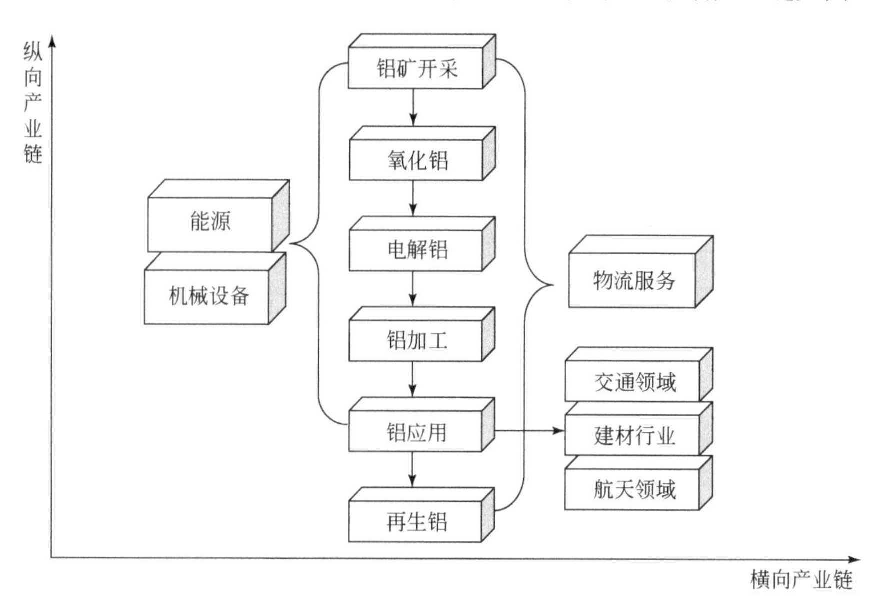

图 29.15 铝产业联动产业链示意图

(2) 联动机制。①纵向联动：一是以百色生态型铝产业基地为依托形成涵盖铝矿开采、提炼、加工、应用到回收的一条较为完整的产业链；二是以百色为核心，辐射南宁、来宾、柳州等地形成产业集群；三是优化发展氧化铝，适度发展电解铝，大力发展铝材深加工产品以实现整个产业互动发展。②横向联动：一是铝产业为能源和机械设备提供材料，能源和机械设备支撑铝产业的发展；二是铝产业为交通、建材和航空等领域提供生产原料，同时这些行业为铝产业提供广阔的市场；三是物流服务的壮大与提升与整个铝产业的发展相互促进。

(3) 联动布局。铝产业链联动布局见表 29.16。

表 29.16　铝产业链联动布局

城市	优势基础	联动布局
百色	资源丰富、铝工业基础好	铝矿开采、氧化铝、电解铝、再生铝
南宁	科研能力强、工业基础好	技术研发、铝加工、铝应用、再生铝
柳州	工业基础好	铝加工、铝应用、再生铝
来宾	工业基础较好	铝加工、铝应用、再生铝

14）以推动钢铁工业结构优化为核心的冶金联动产业链

（1）联动产业链。根据广西冶金工业规划，为促进广西冶金工业的发展，结合广西冶金工业发展实际，以钢铁工业结构优化为主的江海钢铁产业联动产业链如图 29.16 所示。

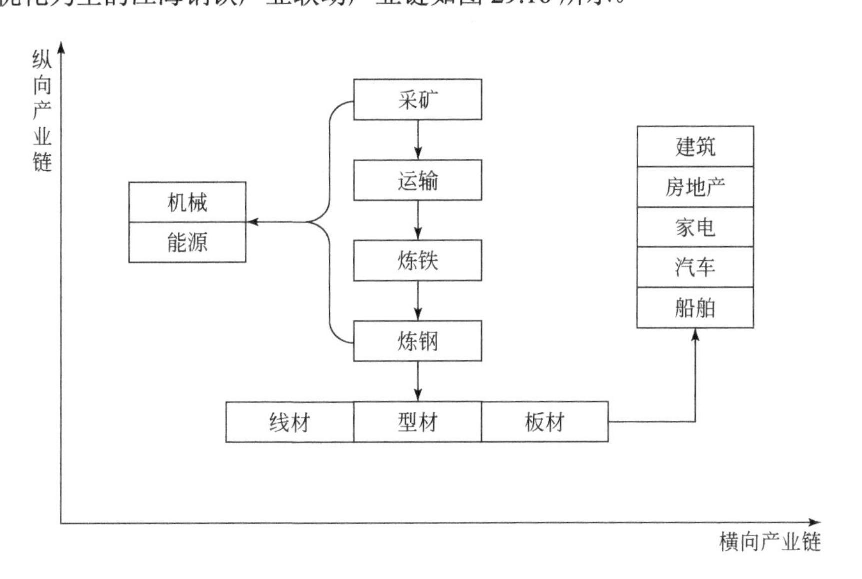

图 29.16　钢铁产业联动产业链示意图

（2）联动机制。①纵向联动：一是以柳州和临海钢铁产业群带动采矿和综合运输业的发展；二是钢铁产业企业不断创新产品，同时新产品带动钢铁企业的创新发展。②横向联动：一是机械、能源等产业为钢铁产业集群提供物质基础，钢铁产业的发展带动机械、能源等产业的发展；二是钢铁产业集群的发展促进建筑、汽车产业和临海船舶产业的发展，同时这些产业反过来促进钢铁产业的提升与集聚。

（3）联动布局。钢铁产业链联动布局见表 29.17。

表 29.17　钢铁产业链联动布局

城市	优势基础	联动布局
柳州	工业基础好、交通便利	冶炼、深加工
南宁	工业基础好、交通便利、科研能力强	技术研发、深加工
北海	工业基础较好、港口资源	冶炼、深加工
钦州	工业基础较好、港口资源	冶炼、深加工
防城港	工业基础较好、港口资源	冶炼、深加工
来宾	工业基础较好	深加工
崇左	工业基础较好	深加工
百色	工业基础较好	深加工

3. 狠抓与周边省份的产业联动，开展“补链、强链、造链”工作

抓住国家区域重大战略实施的机遇期，充分调动各种资源、各种要素融入我国超大规模市场，最大限

度地借助国家区域重大战略各种优势、各种力量、各种平台为我所用，以其为龙头带动广西产业与重大区域战略对接协同发展，大力“补链、强链、固链、造链”。国家区域重大战略都在我国的高梯度区域和大城市实施，它们的产业趋势正在“退二进三”，主动纾解非核心生产环节功能，广西要开展承接引进第二产业的重大行动，合理利用资源，换取关键性产业落地。围绕广西重点打造的十二大产业集群和 23 条关键产业链，做大做实产业对接平台，增强产业配套能力，积极主动承接更多产业转移，实现同一水平产业共建。积极推动数字化、信息化与制造业、服务业融合，加快建设重大战略区域工业互联网平台和产业升级服务平台。加强与东盟国家产业对接，推进能源设施建设和对外合作，探索以沿边承接产业转移示范带动全区高水平开放开发。

围绕广西电子信息、生物医药、农产品加工、消费品工业等优势产业，利用大湾区强大的精深加工制造基础，主动对接京津冀、长三角、大湾区的先进技术、高技术人才、高端设备等，大力提升精深加工能力和附加值。依托食品、汽车、机械、冶金、有色金属、建材等产业基础，鼓励企业、科研院所与大湾区合作共建一批产业技术创新联盟，突破产业的关键技术和关键环节，推动跨领域、跨行业协同创新。加快承接大湾区日用化工、日用不锈钢制品、五金水暖、纺织服装、玩具花卉等消费品加工业，打造一批全产业链园区。

强化培育中高端环节和重构产业链条协同，尽早开展战略性新兴产业“造链”行动。对接大湾区产业，聚焦大健康、大数据、大物流以及新制造、新材料、新能源“三大三新”重点产业，以产业功能整合、协调发展为导向，联合打造一批辐射能力强、市场竞争力大的战略性新兴产业集群。积极承接东部地区新一代信息技术产业转移，推动特色应用电子产品、软件产品、信息服务业实现聚集发展，打造南宁、柳州、桂林、玉林、钦州等高端装备产业集群。积极培育轨道交通装备、输变电装备、海洋工程装备、高技术船舶、工业机器人、高端农机装备等重点产品不断扩大发展优势。紧盯未来产业发展趋势，积极对接大湾区以智慧城市、金融科技、智能制造、医疗健康为代表的未来产业导向，前瞻谋划人工智能、金融科技、前沿新材料、智能制造、基于 5G 技术的新型通信、通用航空航天等未来产业“造链”，促进与新兴产业形成梯度发展格局。积极探索“大湾区＋广西”双总部模式，鼓励和引导大湾区行业龙头企业在广西增设新的总部基地，双总部之间实现错位发展。以共同开拓国内外市场为目标，协同推进广西与东中部制造业发达地区联动发展，推动广西全产业链优化升级，积极构建“东中部研发—广西生产—东盟组装”跨区域跨境产业链供应链，共同培育国际合作和竞争新优势。

4. 加强广西各产业园区联动，提升产业园区发展水平

充分发挥政府的宏观调控作用，加强政府在产业园区联动发展中扮演的角色，从规划、政策、协调、资金、立法等方面给予园区联动足够的支持和保障。加强产业园区联动的基础设施建设。交通网络的建设为产业园区联动发展提供了基础保障，缩短了产业园区间的距离，创造了合作双方相互接触、进行经济和技术交流合作的机会，保证了合作的顺利展开。充分利用市场机制，加强市场运作的推动作用。通过市场机制优化配置资源，激发欠发达地区园区的发展活力，加强欠发达地区园区和发达地区园区的联系，同时加强产业园与物流园、保税区等园区的横向联动发展，形成从资源到加工、从产品到服务的良好发展态势。充分利用园区的载体作用带动江海产业联动发展。例如，高新技术产业以南宁、柳州、桂林高新技术产业开发区为龙头，集聚高新、尖端技术产业，为其他工业园区提供技术支持，带动高新技术产业的联动发展；汽车产业以柳州汽车产业园为重点，向来宾、玉林、南宁、桂林等工业园区延伸产业链，形成柳州汽车产业园以整车为主和其他产业园以汽车零配件为主的江海汽车产业联动布局；动力机械产业形成以玉柴工业园为中心，柳州、南宁、北海等工业园区集聚动力机械配件的联动产业布局；北部湾工业园集聚修造船等临海工业，与梧州、玉林、柳州等内河船舶修造、船舶动力、船舶机械一起联动发展。

5. 大力推动广西工业园区与区外工业园区共建园区联盟、共享机制利益

园区是产业的集聚地，园区合作是产业合作中高效的。广西园区规模小、效益差，借力发达地区的园

区发展势在必行。当前我国国内合作共建园区双方在 GDP、财税、土地收益等方面的利益分成采取按比例分成、分期按比例分成、比例分成＋产业基金、按股份分成四种模式。借鉴这些模式和经验做法，加快制订广西跨区域产业园区共建双方的园区建设管理责任分担以及经济指标统计、财税收入分成的指导意见，各产业园区合作双方遵照广西壮族自治区指导意见的要求，制订产业园区的开发、建设、管理以及经济指标统计、财税收入分成等实施细则，在园区的建设、运营、收益上，形成双方责任共担、利益共享的激励机制。探索制定主要经济指标协调划分的政府内部考核制度。建立跨区域投资、税收等利益争端处理机制。

29.5.2　全力构筑“一核四团”的城镇化联动发展体系

“一核”指北部湾城市群，“四团”指崇百、柳来河、梧玉贵、桂贺四个子区域组团发展。按照实施江海联动战略的思路，在互联互通的交通主干道上，大力发展城市群，突出城市的点轴桥梁纽带作用，形成地缘优势、产业优势联系紧密的城市相互依托发展，最终形成“一核四团”的城镇化联动发展体系。同时，广西作为整体，加快向生产力发达地区靠拢，大力承接东部地区的产业转移，全力推进两广经济一体化发展。

1. 依托海洋经济，完善北部湾城市群基础设施建设，打造江海联动战略的核心区域

大力打造北部湾城市群，以南宁为核心区，使其发挥带动作用。南宁应当在更高层次上来建设。南宁应当依托良好的区位优势和对外合作优势，以实施江海联动战略为契机，率先在西南地区实现跨越发展。尽管南宁的龙头地位已经初步显现，但是基础设施的规划和建设滞后于经济发展需要，城区面积还需进一步扩大，人口规模还有待进一步提升，物流中心地作用不强大，产业发展不突出。因此，需综合各种有利政策、资源，集中人力、物力、财力，加大南宁建设的推进速度，特别是加快推进具有集聚—扩散效应的行业建设，把南宁打造成广西的龙头，以及西南地区的龙头。

把钦州打造成西部沿海龙头城市，使其与南宁交相呼应。钦州具有良好的区位优势，位于南宁、北海、防城港 3 个城市的中间，是距离南宁最近的海港城市。根据利润最大点理论来布局城市，钦州正是在这个利润最大点上，与南宁、北海、防城港形成一个类似正三角形的城市布局。钦州市要以滨海产业发展为导向，依托交通干道，大力推进城市建设，发展与南宁等腹地相关的产业群，发挥其在江海联动中的地位和作用，向着建设西部第一滨海城市的方向发展，建设区域性国际航运中心和物流中心、北部湾港口工业城市、北部湾沿海生产性服务中心。

加快北部湾经济区同城化建设，形成城市群联动发展的格局。北海、钦州、防城港形成三港合一的发展格局，向大城市、大港口发展，在推进临海产业建设和海洋产业建设的同时，加大对内地产业的辐射，对内地资源的吸引，与南宁形成呼应，推动两两城市交通干线上中小城镇的发展，形成北部湾四市同城化发展的格局。把北部湾城市群打造成广西的龙头，中国西部地区的龙头，中国沿海最靠近东盟的第一大港城。

2. 延伸经济腹地，推进崇左、百色两市的组团发展

要实现江海联动，就必须发挥南北钦防对崇左、百色等中心城市的带动作用，逐步实现城市交融，产业互动。桂西南城镇带以崇左为核心，东部向南宁发展，西部利用延边的优势，发挥河内—凭祥—南宁通道作用，大力发展跨境合作。右江河谷走廊城镇带要以百色为核心，以率先发展为目标，发挥西南出海大通道的作用，以融入南宁、立足华南、联手西南和联通越南为战略重点，形成对外开放合作的新格局，带动百色两翼山区的发展。

崇左、百色两市组团发展，要充分利用沿边沿海的区位优势，向中心城市靠拢，向边境发展，强化与东盟的联系，大力发展国际贸易、边境贸易、跨国旅游、边境民族风情旅游，把区域协调发展推向高层次、

多形式、广区域。

3. 依托西江黄金水道，推进梧州玉林贵港组团发展

西江黄金水道既是便利的交通干道，又是资源丰富的干线，还是城镇化布点的主要区域。西江干流城镇带地区首先是要打造交通枢纽节点上的中心城市，形成“点—线—面”的发展阶段和城市布局。西江干流城镇带地区突出桂东南城镇群内的西江干流城镇带发展，重点发展贵梧、玉梧、玉贵走廊，以区域内重点城市为节点，以产业园区为载体，以西江航道为纽带，优先发展物流等现代流通业，完善重大基础设施布局，形成分工明确、优势明显、协作配套的产业带，带动西江流域城镇带发展。梧州市要积极打造广西东部门户城市，不断提升梧州在西江流域的影响力，提升梧州与肇庆市的组团发展，推动广西与广东经济发展的融合度。贵港市要建设成西南地区内河枢纽港、桂东南区域中心城市，打造广西重要的循环经济示范区。玉林市要建设成为国家重要动力机械制造基地、自治区统筹城乡发展改革试验区、北部湾经济区新型临港产业基地、综合物流保税区和北部湾经济区商贸物流次中心。

梧州玉林贵港的组团发展就是要实现桂东地区与北部湾地区的融合，实现桂东地区与广东中山、肇庆地区的融合，推动两广经济一体化发展，这对深化广西“江海联动”、推动全区协调发展具有长远的战略意义。

4. 打造江海联动产业高地，推动柳州来宾河池组团发展

柳州具有雄厚的工业基础和城市化水平，以柳州为中心形成柳州、来宾、河池（柳来河）的组团发展，对广西的全局发展具有重要意义。柳来河组团发展，南部可以与北部湾城市群衔接融合，北部可以与桂林贺州融通，东部可以顺江融入贵港梧州，向西可以承接百色，因此推动柳来河组团发展对实现广西协调发展具有全局的作用。

围绕柳州市打造交通干道，形成除南宁之外的第二个交通枢纽城市，形成立体交通网络，联通八桂，加强融通。把柳州打造成为国内区域性综合交通运输枢纽、西江经济带龙头城市、形成“八桂通柳”的格局。

来宾以柳州为方向，发挥新兴工业城市的后发优势，以建设区域性商贸物流基地、西江黄金水道上的内河枢纽港为方向，大力发展以电力、冶炼、制糖、铝加工为龙头的四大支柱产业，积极推动高新技术、旅游、动漫文化、体育等新兴产业发展，努力打造桂中水城和广西新兴现代化工业城市。

河池积极向柳州靠拢，发挥西南出海大通道作用，加快建设黔桂交通大走廊，建设以河池为核心的黔桂走廊城镇带，重点做好有色金属产业转型升级，发展有色金属材料，建成广西有色金属工业基地、西电东送基地和旅游生态基地，并做好产业、市场等要素的对接和服务。

5. 打造广西与中西部地区的互动区域，推进桂林贺州组团发展

桂林与贺州是广西的北部地区，与桂中、桂东、桂西相连，是西江经济带城市，还是去贵阳、湖南的通道。因此在发展桂贺组团的同时，要把桂贺地区打造成为广西与中国中部、西部地区的互动区域，仿照梧州与肇庆合作模式，推动跨省合作。

桂林与贺州山水相连，同属桂林大旅游圈，要以桂林建设国家旅游综合改革试验区为契机，整合桂北城镇群和桂东北城镇带的旅游城镇资源，加快完善旅游基础设施建设，推进桂贺旅游带建设。

桂林市要向超大城市发展，加快高铁综合服务区、航空物流园区、苏桥经济开发区的建设，带动相关产业链的发展，以旅游业发展为切入点，探索具有中国特色的现代旅游新模式，打造世界优秀旅游目的地和集散地，建设国家旅游综合改革试验区，推动广西与贵州省和湖南省的合作。贺州市要以商贸物流业、旅游产业为重点，加快发展现代服务业，建设成为广西新兴工业城市、桂粤湘区域交通枢纽、华南生态旅游名城、全国循环经济产业示范区。

6. 以县和城镇为中心或节点培育一批新增长点，增强县域经济发展活力

县域在城乡一体化体系中具有承上启下的重要作用，扩权强县改革证明，加强县级政府的经济调节、

市场监管、社会管理和公共服务职能，提高其统筹协调、自主决策能力和行政效能，减少与统筹城乡发展事业相关的行政审批层级和环节，有利于增强县域经济发展活力，扩大县域发展自主权，促进城乡一体化发展。镇是县域经济发展的重要基础，要着力培育发展一批经济强镇。选取一批基础较好、发展潜力大、辐射带动能力强的重点镇，作为扩权强镇试点，通过赋予扩权镇部分县级经济社会管理权限，促进扩权镇经济社会快速发展，带动农村地区的城乡一体化发展进程。加快培育和发展一批强镇强村，把一批具备条件的重点镇发展成为经济强镇，以重点镇为先行带动县域城镇化发展。以强镇（村）富民为目标，以培育主导产业、形成特色产业为主线，把具有鲜明产业特色、发展势头好、潜力大的工贸强镇、旅游名镇（村）、文化名镇（村）、生态（农业）名镇（村）打造成特色工业强镇、特色商贸名镇、特色旅游名镇（村）、特色生态强镇（村），使之成为带动城乡发展、联动发展的重要支撑点和新增长点。

29.5.3 全面提高服务业水平，为“江海联动”提供联动保障

采取有效措施加快发展生产性服务业和生活性服务业，着重抓好物流、科研、金融、会展、旅游等对推动区域互动作用明显的现代服务业，实现江海联动、陆海互动、区域协调发展。

1. 大力发展现代物流业，健全江海联动发展的流通体系

依托区域性中心城市，建设江海联动的物流集散节点。坚持以沿海、沿边物流为龙头，以建设中国—东盟区域性物流中心为目标，积极发展低成本、高效率、多样化、专业化的现代物流服务，构建功能完善、通江达海的现代物流网络。建设特色物流配送园区，完善江海联动专业配套体系。充分利用好柳州、玉林、南宁等有较好产业基础的城市以及钦州、梧州、崇左等具备良好物流基础设施的城市，重点建设一批定位明确、功能明晰、特色明显、覆盖沿海和腹地的物流配送园区，健全配套服务设施，不断完善江海联动发展的专业物流配套体系。扶持一批重点物流企业，壮大物流业联动发展的龙头。重点支持一批专业程度高、实力雄厚、带动力强的物流企业做大做强，发挥龙头带动作用，拉动广西物流业及相关配套产业加快发展。加快建设一批专业交易市场，构建联动发展的市场网络。根据物流节点城市布局和物流园区发展状况，以及不同区域历史形成的特色优势产品资源，加快建设一批涉及沿海和腹地的原料交易市场、生产资料市场、产品交易市场、服务交易市场等专业交易市场，构建能提高市场配置资源效率、促进商品快速流通、促进不同区域加快发展的新兴市场网络，实现江海联动、陆海互动、共同发展。

2. 加快发展金融服务业，增强对江海联动发展的金融支持

加强金融主体建设。大力引进实力强的金融机构进驻广西，积极发展壮大广西地方金融机构，鼓励和支持其他金融机构加快发展；积极推动金融机构加强金融创新，为区域经济发展提供多样化的融资渠道，为江海联动发展提供内容多样、形式多样、层次多样的金融服务。提升中小金融企业服务水平。落实国务院关于鼓励引导民间资本进入金融等领域的要求，支持中小金融机构及民营金融机构发展。积极发展以实体经济为目标群体的小额贷款业务，缓解中小企业和“三农”的资金短缺困难，增强中小企业的自我调整和生存能力，加速我区经济发展。加快南宁区域性国际金融中心建设。落实《国务院关于进一步促进广西经济社会发展的若干意见》要求，把南宁打造成为依托广西、立足西南、服务泛北部湾经济区和中国—东盟自由贸易区，覆盖门类齐全，调控、监管和经营各类机构职能完善，金融机构集中、金融设施完善、金融服务高效的区域性金融中心。

3. 积极发展科技服务业，提高江海联动发展的科技支撑能力

重点培育若干国家级工程技术研究中心和一批自治区级创新型企业，加快企业技术创新能力建设；加强科研机构基础设施建设，新建一批自治区重点实验室，提升高等院校和科研院所的科技创新水平，强化科技基础，为战略性新兴产业、千亿元产业发展提供强大的科学技术支撑。在南宁、柳州、桂林、玉林等

科研机构多、人才资源好、智力支撑强、综合保障水平高的中心城市建设和发展一批具有较强研发能力的科技中心，主要围绕全区各地各企业的不同技术需求安排技术攻关项目，所取得的科研成果应在政府指导下为周边城市和企业服务，促使科技成果尽快转化为现实生产力。

4. 加快发展会展服务业，不断扩大促进江海联动发展的平台

借助会展服务业，加速生产要素、最终产品和服务的流通，带动沿海和内陆不同区域间产业的互助互联互通，助推全区经济加快发展。大力培育特色会展品牌，促进城镇化加快发展。充分发挥中国—东盟博览会永久落户南宁的带动作用，以南宁、桂林、柳州、防城港、玉林等城市为重点，加强会展业设施建设，扶持壮大一批重大会展节庆活动，培育特色会展品牌，发展特色会展业，带动人流、物流、信息流、资金流集聚，带动重点城市发展和周边地区城镇化步伐，促进沿海和腹地区域中心城市和小城镇互动发展。

5. 优化发展旅游服务业，实现“山、海、江、边、红、俗”联动发展

广西旅游资源十分丰富，区域特色非常明显。优化发展我区旅游业，应根据旅游资源的区域差异，科学设计旅游线路，串联各地优势旅游资源，打造旅游精品。重点打造桂东北山水精华游、北部湾休闲度假游、中越边关探秘游、世界长寿之乡巴马休闲养生游、广西少数民族风情游、桂东祈福感恩游六大旅游精品线路；重点开发提升山水观光、民族民俗宗教文化体验、滨海休闲度假、长寿养生及康体运动、红色旅游、跨国游、会展商务游、乡村游八大旅游产品；加快旅游基础设施建设和重点旅游项目建设，完善旅游公共服务设施建设，努力构建特色鲜明、重点突出、龙头带动、南北对接、东西呼应的区域旅游协调发展格局，以及山、海、江、边、红、俗等旅游资源联动发展的良好局面。

29.5.4　大力促进各类市场要素联动，营造自由、高效、便利的发展环境

优先开展区域市场一体化建设，无论广西内部还是全国都要加快市场对接，区外重点对接京津冀、长江三角洲和粤港澳大湾区。大力推进国际高标准市场规则建设，大幅放宽市场准入，营造国际化法治化便利化营商环境，促使国有、民营、外资企业等市场主体公平参与市场竞争，鼓励民营企业、外资企业、中外合资企业等参与国家重大合作项目建设，最大限度释放发展潜能。

1. 全面开展市场对接

大力推进广西区域内各个地方的市场对接，使得资源和市场要素获得最优配置并高效流动。与此同时，将广西优势资源与粤港澳大湾区、长江经济带等区域优势产业、优势服务、优势市场实现“优优”对接，充分借力发达区域的市场牵引并提升广西资源开发利用水平，使得广西资源对发展作出更大的贡献。加强完善利用外资体制机制创新，推动广西融入大湾区外资投资市场。对接重大战略区域自贸区、海南自贸港在金融创新、财税、土地等方面的创新优势，复制推广成功经验，高水平打造中国（广西）自由贸易试验区和高起点建设面向东盟的金融开放门户。

推进现有各类产权交易市场联网交易，推动公共资源交易平台互联共享，建立统一信息发布和披露制度，建设产权交易共同市场。培育完善各类产权交易平台，探索建立水权、排污权、知识产权、用能权、碳排放权等初始分配与跨省交易制度，逐步拓展权属交易领域与区域范围。建立统一的技术市场，实行高技术企业与成果资质互认制度。加强产权交易信息数据共享，建立安全风险防范机制。

2. 深化经济体制改革，构建一流的营商环境

处理好政府与市场的关系，进一步完善政策，优化环境，放宽市场准入，大力支持民间资本进入江海联动基础设施、产业、城镇化等领域。着力打造一批跨地区企业集团，充分发挥不同地区比较优势，在土地、财税、投融资等方面支持有条件的企业跨地区、跨行业、跨所有制兼并重组，在不同地区间实现产业分工合作，形成

联动发展的产业链。着力培育江海联动一体化大市场，扩大国家服务业综合改革试点范围，引进现代交易制度和流通方式，在不同地区间打造专业市场，在不同区域市场间形成分工合作、相互联动的格局。

着力解决在相同的国家政策下，外省能办的事情在广西不能办或者难办的问题。加大力度采取有效措施改善政商关系，形成亲商重商的浓厚范围。借鉴香港设置“方便营商主任”的做法，因营商环境涉及的政府部门多，建议在营商环境建设的重点单位中设置营商环境专员，与相关成员单位开展协作，以形成权责清晰、高效联动的工作机制。加快建立经常性规范化政企沟通机制，构建部门协同、上下联动、市场支撑“三位一体”的服务体系，建立“引导员＋志愿者＋政务服务”新模式，按照“有求必应，无事不扰”的要求，主动靠前实施“一对一”精准服务，为企业排忧解难，畅通企业反映问题渠道，让企业有求必应，有诉必理。

3. 大力促进贸易、金融等发展，激发联动活力

深化金融体制改革，加快发展多层次的资本市场，建立更具活力、更加开放的金融体制，积极探索组建新的投融资平台，增强对江海联动发展的金融服务功能。深化涉外经济体制改革，以保税物流、沿边开放、综合改革试验区等为重点，建立“一站式”通关，探索建立不同地区间通关互认机制，加快建立符合全球化和区域经济一体化市场经济规则要求的涉外经济管理体制和运行机制。

积极对接《区域全面经济伙伴关系协定》（RCEP）等国际高标准经贸新规则，借助自贸试验区政策在京津冀、长三角、大湾区、海南率先推广之势，主动对接国际高标准市场规则体系，复制推广典型经验和做法，持续推进投资、贸易便利化。严格落实“全国一张清单”管理模式，完善市场准入效能评估指标。完善知识产权法院跨区域管辖制度，建立公共信用信息同金融信息共享整合机制，推进信用信息资源互通互认互用。

4. 运用灵活政策促进人才流动，保障联动发展人才

构建金字塔型人才培养与集聚的格局，打造江海联动人才高地。为打造江海联动、协调发展的产业格局，破解人口难题，广西人才的培养与引进应紧密结合“两区一带”资源优势和区位优势，构建与各地区产业结构、经济特征相适应的人才体系，按照区域协调发展的总体部署，合理调整人才布局，形成以大量具有高超职业技能的产业工人为基础，一大批复合型引领专家为塔尖的金字塔型人才培养与集聚格局，为广西实现江海联动、区域协调发展提供坚实的人力资源基础。加大职业教育，为产业发展储备庞大的产业工人，广西职业教育要立足“两区一带”区域经济发展以及广西产业、战略性新兴产业发展的需要，坚持以企业为主体，以院校为基础，以提升职业技能和专业化水平为核心，以技师和高级技师为重点，加快培养一批知识技能型、技术技能型和复合技能型人才。加大高素质人才培养与引进，建成一批具有国内先进水平的产业技术研发中心、重点工业产业紧缺的高技能人才示范性培养培训基地，培养熟悉国际国内市场、具有管理创新精神和市场开拓能力的企业家队伍，以及掌握核心技术、擅长技术攻关和技术集成的专业技术人才队伍，为产业联动提供引领式复合型专家。

彻底转变引进人才的观念和做法，“只求所用，不求所有、所在”，变引进人才为引进能力、引进外脑、引进创新。实施“菜单式”精准引智，积极开展国内外专才特聘、英才招聘，面向国内外招聘急需的相关领域、行业的领军人才和团队。以国家级产业园区（经开区和高新区）为试点，围绕园区规划的重点产业，探索建立“以产业引才、以项目引才、以岗位引才、以服务引才”相结合的产业领军人才引进机制。创新引才用才方式，聘请一批“星期六专家”“远程导师”等，采取柔性流动方式引进所需人才。创新高端人才管理、考核评价机制，营造有利于引进中高端人才的软硬环境。

29.5.5　打造大开放大合作的对外开放格局，促进联动大发展

1. 充分利用海外资源和市场，深化以东盟为重点的联动发展，加快国际区域经济合作新高地建设

以北部湾经济区开放开发为龙头，以西江亿吨“黄金水道”建设以及广西与东盟互联互通交通基础设

施项目建设为重点，依托中国—东盟自由贸易区平台，加快建立和完善桂西资源富集区、北部湾经济区和西江经济带与东盟国家建立互联互通的交通、物流、信息等基础设施网络体系，促进双方产业投资、经贸、旅游等各个领域的快速发展。参照中国—马来西亚钦州产业园区和马来西亚—中国关丹产业园区的运作模式，以现有的东盟中资项目为依托，推动具备条件的国内各省与东盟各国之间合作共建产业园区，在资源开发利用的基础上实现就地产业化，推动各省相关企业以组团形式“走出去”，推动我国大西南经济区、中部经济区、泛珠三角经济区与大湄公河次区域经济区、泛北部湾经济区、“两廊一圈”经济区等多区域合作板块形成陆海协作、市场互动、要素共享的区域整体，为把广西建设成为中国与东盟的区域性物流基地、商贸基地、加工制造基地、信息交流中心，以及打造国际区域经济合作新高地奠定坚实基础。

2. 加强西江上下游区域的联动发展，深化与大西南、粤港澳的合作，开创跨区经济合作新模式

以西江“黄金水道”为桥梁，加快建设连接大西南、粤港澳地区的高速铁路、高速公路、高等级内河航道、信息网络等设施，形成快速直通西南腹地及珠三角地区的人流、物流、资金流、技术流、信息流通道。充分发挥西江经济带的港口优势、资源优势和多重叠加的优惠政策优势，不断创新异地共建产业园区、建设粤桂特别合作试验区等跨区经济合作新模式，大力承接东部地区的产业、资金、技术转移，加快产业结构转型和升级，实现西江上下游区域与大西南、粤港澳地区的交通、产业、物流、旅游、水利等领域的联动发展，加快形成西江上下游区域与大西南、粤港澳地区错位发展、优势互补、互动发展的产业协同体系，全面提升西江经济带的影响力、竞争力和可持续发展能力。

3. 打造南宁与东盟全面对接最具市场竞争力渠道

充分发挥地缘优势和东盟驻南宁领事馆优势，在互联互通、发展商机、市场信息等方面深度对接东盟，以打造全面、便捷、高效、低价的服务业为重点，尽快架起中国与东盟经济合作的“广西桥梁”，构建中国与东盟的市场枢纽，使南宁成为对接东盟最具市场竞争力的渠道，成为类似香港的开放门户。积极引导重大战略区域中的重点城市、重点企业深入参与中国—东盟博览会和中国—东盟商务与投资峰会，充分利用“南宁渠道”优势，共同开拓东盟等周边区域广阔市场。全力服务京津冀、粤港澳大湾区、长江经济带、成渝地区双城经济圈发展，共建与东盟互联互通的“4＋1”条跨境电子信息示范产业链，形成“东盟资源＋自贸试验区制造＋大湾区市场”“长三角、大湾区、成渝总部＋广西制造＋东盟市场”的跨境电子信息产业联盟。

29.5.6 加强山江海的生态保护，实现互联互动可持续发展

1. 各地把保护山江海作为一项重大任务

在加快山江海区域经济发展的同时，要注重生态环境保护，实现科学发展、可持续发展。坚持不懈地抓好节能减排，合理控制能源消费总量和主要污染物排放，改善生态环境，加快推进生态文明示范区建设。坚持“生态功能不退化、水土资源不超载、污染物排放总量不突破、环境准入要求不降低”四条红线，推进“两区一带”重点产业发展战略环评成果的落实，加快推进发展方式转变，促进产业布局和结构优化，构建新兴产业体系。重点建设以石漠化治理、水源涵养、生物多样性保护为主要内容的桂西生态屏障，以及以沿海防护林、海洋生态恢复为主要内容的沿海生态屏障；重点加强桂东北、桂西南、桂中和十万大山生态功能区建设；全力打造以沿江防护林为主的西江千里绿色走廊，强化海岸带综合管理，实现海岸带经济发展与生态环境协调发展，逐步构建“两屏四区一走廊”生态安全格局，提高江海联动发展的生态安全水平。

2. 与周边省份共同加强生态环保合作，共建区域生态屏障

坚持两广生态建设联动发展，积极推进两广重点生态功能区建设。共同推进南岭山地生态屏障建设，

探索建立南岭区域发展合作机制，共同推进国家级南岭山地森林及生物多样性功能试点示范工作，加强生态保护与建设的实质性合作；积极建立有效的跨省生态保护和补偿机制，明确补偿范围、对象、标准和实施机制，协同推进退耕还林、水土保持、生物多样性保护等重点生态工程建设。加强珠江水系生态带保护，两广联手推动云南、贵州、湖南、福建、江西等省份沿江两岸的原始森林、生态林、水源林等保护的发展。构建环绕北部湾城市群的生态屏障，重点推动大明山水源涵养及土壤保持生态功能区、六万大山—云开大山水源涵养生态功能区、四方岭—十万大山水源涵养与生物多样性保护生态功能区的保护和修复，加强对外来有害生物的监测防控。重点加强环北部湾海洋生态区，包括两广和海南以及港澳在内的海洋环境保护。生态布局“保护两带一区”，严格保护三大生态区域，共同向国家争取政策、资金、开发利用的支持，“两带”即南岭山地生态屏障，走向为贵州东南—广西北部—湖南南部—广东北部—福建北部；珠江水系生态带，包括云南、贵州、湖南、福建、江西、广西、广东等省区沿江两岸的原始森林、生态林、水源林等。“一区”即环北部湾海洋生态区，包括两广和海南以及港澳在内的海洋环境保护。以政府引导、企业承担、社会等多元主体共同参与的方式积极构建多元生态环保合作网络。不仅重视多双边合作机制的建立，而且注重发挥企业、环保社会组织、智库和公众的作用。要发挥企业环境治理主体作用，政府要引导企业履行环境责任。积极引导和鼓励环保社会组织“走出去”，充分发挥对企业可持续运营的咨询、服务和协作等作用。此外，积极推动生态环保智库的交流与合作，加强智库在战略制定、政策对接、投资咨询服务等方面的参与力度。

参考文献

成伟光，韦汉权，颜艳，等，2012. 实施“江海联动”战略推动广西区域协调发展问题研究. 广西壮族自治区重大课题研究招标成果.

成伟光，邓霓，唐丰姣，等，2023. 新时代八桂实践与探索. 北京：中国市场出版社.

第30章 山江海地域系统中自然与社会共振——“向海图强，开放发展”的发展建议

30.1 引 言

30.1.1 研究背景

陆地和海洋为地球上的两大生态系统，它们共同构成了一个复杂的社会-生态系统。但长期以来，大多数人认同的是陆与海的二元分割，向海经济有效联结陆海两大经济系统空间，促使要素在陆地和海洋间双向流动，推动陆域经济与海洋经济统筹协调发展，实现新时代陆海统筹下的高质量发展。海洋对全球经济健康发展至关重要，沿海海域和区域已成为全球经济社会的主要场所，全球大约40%的人口生活在沿海地区，3/4的大城市位于沿海地区，尤其是在强调自然与社会协调发展的今天，海洋成为全球关注的焦点，海洋为人类供给了食物、能源和矿物等重要资源，全球43亿人超过15%的动物蛋白摄入来自渔业和水产养殖业，全球油气储量的30%以上蕴藏在海洋，海洋生态系统对全球生物圈的经济价值贡献率超过60%，特别是90%的全球贸易是通过海洋运输进行的。海洋经济已经成为我国国民经济的重要组成部分，对促进经济高质量发展、拉动地区就业、提高人民生活水平起到了不可替代的作用，据自然资源部公布的数据，海洋生产总值占国内生产总值的比重约为9%，2019年我国海洋生产总值超过8.9万亿元，10年间翻了一番。

在本书第1章山江海地域系统研究范式和理论体系研究中，提出了山江海地域系统理论框架，该系统与广西地域的具体结合就是要坚持向海经济与陆海可持续发展模式，这是因为山江海地域系统为地理环境中的人地系统，海洋为地球上最大的生态系统，必须充分发挥海的作用、海的优势以及海洋系统的开放性特征为人地系统发展所利用，以海带陆，向海而兴，通过发展建立雄厚的经济基础，从而建立和谐、稳定的复杂性区域人地系统，实现该区域的可持续发展。

广西是我国西部地区唯一的沿海省级行政区，海域面积宽广、海洋资源丰富，海域面积约2.8万km^2，海洋功能区划面积约7000km^2，海岸线长1628km。

30.1.2 研究依据

习近平总书记指出，“海洋孕育了生命、联通了世界、促进了发展”。2017年4月19日，习近平总书记到广西考察调研时强调，“我们常说要想富先修路，在沿海地区要想富也要先建港”。要建设好北部湾港口，打造好向海经济，要在“一带一路”倡议下推动中国大开放大开发，广西要写好21世纪海上丝绸之路新篇章。2021年4月27日，习近平总书记在广西考察时指出，“要主动对接长江经济带发展、粤港澳大湾区建设等国家重大战略，融入共建‘一带一路’，高水平共建西部陆海新通道，大力发展向海经济，促进中国—东盟开放合作，办好自由贸易试验区，把独特区位优势更好转化为开放发展优势”。习近平总书记2023年12月在广西考察时强调，“广西要完整、准确、全面贯彻新发展理念，牢牢把握高质量发展这个首要任务和构建新发展格局这个战略任务，发挥自身优势，以铸牢中华民族共同体意识为主线，解放思想、创新求变，向海图强、开放发展，努力在推动边疆民族地区高质量发展上展现更大作为，在建设新

时代中国特色社会主义壮美广西上不断取得新进展，奋力谱写中国式现代化广西篇章”。习近平总书记多次谆谆嘱托、一脉相承，向海图强与开放发展密不可分，开放发展是前提，向海图强是目标，二者相互依存、相互配合，向海图强是更大力度、更高水平、更广范围的开放型经济，也是落实中央赋予广西“三大定位”新使命和“五个扎实”新要求的具体实践，广西必须破解各种困难，大力开拓海洋空间，优化海洋资源配置，走大力发展向海经济、持续扩大对外开放的发展道路。

30.1.3　相关研究

“向海经济”是习近平总书记2017年4月19日在广西北海考察时提出的新概念，既有中国特色语义的新概念，又是区域经济应用研究中心的课题。当前，以中国学者为主对此开展研究，研究集中在概念探讨、发展机制建构等方面。多数学者认为，向海经济是陆域经济与海洋经济的深度结合，陆海互动发展是向海经济的本质特征。陆海互动发展是一个复杂的现象，它既涉及海陆界面的自然过程，又涉及与海陆人类活动的相互作用，是生物地球化学过程与社会经济活动的结合体。从社会经济活动层面看，陆海互动发展是资金、技术、人力与管理等要素投入陆地与海洋，并通过从海洋中获取（from）、投入海洋（to）以及在海洋中发展（in）三种活动方式，发挥海洋的资源供给、生态服务及全球媒介的作用，以获得最大化产出，实现区域经济发展与社会福利获取、国家经济发展以及全球经济关系构建。

陈耀认为“向海经济”是指沿海区域要面向海洋发展，重视海洋资源的利用，要向海洋要资源、要财富，要依托港口群构建“大进大出”的临港产业集群，如发展大型海洋装备、深海生物技术转化、海洋资源开发利用等海洋经济，都是探索“向海经济”的有效形式（陈丽冰，2017）。成伟光等（2021）认为广西“向海经济”的核心内容是把独特的区位优势更好地转化为开放发展优势，就是要充分发挥国内国际两个市场、两种资源的作用全力实施开放带动战略，借力“一带一路”发展，加快西部陆海新通道建设，释放“海”的潜力，激发“江”的活力，做足“边”的文章，主动融入粤港澳大湾区、对接长江经济带发展，把广西建设成为新时代西部大开发中的增长极。一些学者认为向海经济意味着城市需要面向海洋发展，向海洋要资源和财富，建立“大进大出”的临港产业带、发展高端的海洋装备和深海生物技术，以及面向“一带一路”国家建设远洋航运服务，都是“向海经济”的实现方式。

陈明宝和韩立民（2023）认为，向海经济的基本内涵可理解为：海为导向、陆为基点；以海引陆、由陆及海；海陆贯通、陆海统筹。具体分为三方面：一是海为导向、陆为基点，即向海经济是陆海两大经济系统交汇融合发展的杠杆，这一杠杆的主要着力点无疑是海洋，而能够支撑杠杆发力的基点则在海岸线。因此，发展向海经济的关键是建设支撑杠杆的陆向支点。只有借助并放大各类陆基支点的能量，才能双向撬动陆海经济系统的各类要素资源，实现资源配置的最优化。二是以海引陆、由陆及海，即海洋经济是陆域经济向海发展的原动力，陆域经济则是海洋经济发展的最终归宿点，两者既互为支撑，又相互转换。向海经济是陆海两大经济系统交互作用的动力转换器，可以有效激活并放大陆海两大经济系统的动力转换机制。也就是说，发展向海经济的重点是培育和强化陆海经济系统之间动力双向转换的功能机制。三是海陆贯通、陆海统筹是陆地经济与海洋经济共同发展的内在机制，而向海经济则是这一机制的集中体现。向海经济为联结陆海两大经济系统空间关系的通行器，只有借助这一载体，才能构建起要素双向流动的传输链条，实现陆海两大经济系统的价值创造。发展向海经济的重要任务就是通过基础设施再造，优化陆海之间的空间结构，借助通道和功能区的点轴极化效应，统筹陆海之间的空间功能及其联结方式，实现海陆空间结构的一体化和最优化。

综合各个研究，概括起来，向海经济就是以海洋资源、港口资源为依托，大力发展与其密切相关的产业，以及由此发生发展的经济活动和经济关系的总和。海洋产业主要包括海洋渔业、海洋油气业、海洋矿业、海洋盐业、海洋化工业、海洋生物医药业、海洋电力业、海水利用业、海洋船舶工业、海洋工程建筑业、海洋交通运输业、滨海旅游业等。向海经济是通过陆海统筹联动机制将海洋经济融入国家开放型经济体系，实现区域更高层次、更宽领域的开放发展。

30.2　广西“向海图强，开放发展”的优势

30.2.1　广西的开放发展优势

1. 广西是我国东中西三大板块的交汇区，是畅通国内国际双循环的重大节点

广西地处华南经济圈、西南经济圈与东盟经济圈的接合部，是西部地区通往粤港澳大湾区和东盟的必经之路。从空间格局看，我国东中西三大板块交汇于此，广西向东连接东部板块，承接大湾区资金、产业、技术转移最便捷；向西镶嵌于西部板块，与西南地区共同构建产业链、供应链、价值链；向北连接中部板块，形成贯通南北的大动脉。要构建以粤港澳大湾区为龙头，以珠江—西江经济带为腹地，带动中南、西南地区发展，辐射东南亚、南亚的重要经济支撑带。广西依托自身独特的区位优势，正加快构建“南向、北联、东融、西合”的全方位开放新格局。南向主要是以参与西部陆海新通道、面向东盟的金融开放门户建设为契机，构建面向东盟和衔接“一带一路”的国际大通道。同时，将加快发展临港产业、向海经济，加强与周边地区的贸易合作，在“一带一路”建设中发挥更大作用。北联主要是以广西北部湾港为陆海交汇门户，深化与贵州、重庆、四川、陕西、甘肃等西部省市合作，形成共谋开放、共赢发展的开放合作格局，进一步发挥广西在中南、西南地区开放发展中新的战略支点的作用。东融主要是全面对接粤港澳大湾区发展，加快提升做实珠江—西江经济带，主动服务大湾区建设，接受大湾区辐射，对接大湾区市场，承接大湾区产业，借力大湾区发展。西合主要是联合云南等省份，加强与越南、缅甸、老挝等湄公河流域国家的合作，大力推进基础设施的“硬连通”以及政策、规则、标准的“软连通”，推动优势产能走出去，积极开拓新兴市场。广西加快构建更高质量全方位开放新格局，为广西向海经济发展带来了良好机遇。

2. 广西是“一带”与“一路”衔接的重要枢纽，是西部陆海新通道的核心区

“一带”与“一路”是我国对外开放和国际合作的重要举措之一，西部陆海新通道将“一带”与“一路”有效衔接在一起，形成一个有机整体。广西北接丝绸之路经济带，衔接长江经济带，南通 21 世纪海上丝绸之路和东盟，成为我国中西部地区的关键性战略要冲，正大力拓展和延伸同欧亚大陆的经贸联系。目前北部湾港已实现与 100 多个国家和地区的 200 多个港口通航，枢纽地位不断上升。

3. 广西是我国与东盟开放合作的前沿和窗口，是落实国家周边外交战略的重点区域

广西和东盟关系友好，在我国与东盟的合作中具有不可替代的地位和作用，长期以来与东盟国家形成一系列稳定互信的沟通通道和成熟平台。中国—东盟博览会已连续成功召开 17 届，泛北部湾经济合作论坛已连续召开 11 届，广西与越南边境四省党委书记新春会晤已形成机制并连续举办了 6 届，搭建了中国—马来西亚、中国—泰国、中国—文莱、中国—印尼等合作园区以及一批边境合作区发展平台，积累了丰富经验。自 2000 年起，东盟连续 21 年保持广西第一大贸易伙伴地位，2020 年互市进口商品范围扩大到东盟 10 国，边境贸易额长期居全国首位。这些都是落实习近平总书记构建中国—东盟命运共同体和“视东盟为周边外交优先方向和高质量共建‘一带一路’重点地区”的有力抓手。

30.2.2　海洋经济正在成为广西经济的新增长点

1. 海洋经济概况

近年来，广西海洋经济保持较快增长，发展质量和效益不断提升，逐渐成为国民经济新增长点。广西海洋生产总值从 2012 年的 761 亿元上升到 2022 年的 2296.9 亿元，占 2022 年广西地区生产总值的比重为

8.7%。2022 年海洋电力业成为全区 12 个海洋产业增加值增速之首，全年实现增加值 8.6 亿元，比上年增长 50.9%。在海洋工程建筑业方面，北部湾门户港建设取得实质成效，一批跨海大桥、码头、航道项目加快推进，海洋工程建筑业实现较快增长，2022 年实现增加值 158.1 亿元，比上年增长 18.0%。2022 年海洋交通运输业因西部陆海新通道建设稳步推进，海铁联运班列增至 8820 列，北部湾港港口货物吞吐量完成 37133.93 万 t、集装箱吞吐量完成 702.08 万标箱，海洋交通运输业继续保持较快增长，全年实现增加值 202.0 亿元，比上年增长 9.9%。海洋产业全面发展，产业涉及海洋渔业、海洋油气业、海洋盐业、海洋矿业、海洋化工业、海洋生物医药业、海洋电力业、海水利用业、海洋船舶工业、海洋工程建筑业、海洋交通运输业、滨海旅游业、海洋科研教育管理服务业以及其他海洋产业十多个产业门类。2022 年沿海三市中北海、钦州两市实现海洋生产总值占比超 35%，防城港占广西海洋生产总值的比重约为 25%。

2. 海洋经济创新发展承担先行示范

广西海洋产业科技创新能力不断增强，引进了自然资源部第四海洋研究所、国家海洋局第三海洋研究所北海基地、北部湾大学、清华大学海洋技术研究中心北部湾研究所、中国科学院烟台海岸带研究所北部湾生态环境与资源综合试验站等一批海洋高校和科研机构，吸引和聚集大量的科学家和高级人才，形成和转化大批高水平的科研成果，成为广西发展向海经济的重要平台和有力抓手。2016 年北海海洋产业科技园区入选第二批国家科技兴海产业示范基地，范围进一步扩大到海洋生物医药、高端海工装备、海洋智能装备、海洋新材料、海洋生态环保、海洋水产育种等领域开展海洋科技研究和应用。2017 年，北海市获批成为国家海洋经济创新发展示范城市，“海洋生物中试技术研发与检测公共服务平台”“北海珍珠高值化医用产品与化妆品产业链开发与示范”“北部湾优势头足类资源高值综合利用关键技术研发与应用示范”“特色海洋生物资源综合利用开发集聚孵化”等一批示范项目有序推进，在带动广西海洋水产品产业链的延伸和规模化发展、推动形成海洋科技创新技术高地和创新创业人才聚集区等方面发挥着重要作用。

3. 多重优惠政策叠加构筑独特优势

广西作为全国唯一既沿海又沿边的民族地区，同时享有民族区域自治、西部大开发、沿海和边境地区等多重优惠政策，广西北部湾经济区发展和珠江—西江经济带建设先后上升为国家战略，国家在行政管理体制改革、市场体系建设、重大项目布局、推进兴边富民与开放合作等方面给予广西重要支持。2008 年以来，国家先后批复在广西北部湾经济区设立四大海关特殊监管区、五个沿边金融综合改革试验区（南宁市、钦州市、北海市、防城港市、崇左市）、两个国家重点开发开放试验区及边境经济合作区（东兴和凭祥）、一个国家级边境旅游试验区（防城港）和一个中国—东盟（凭祥）边境贸易国检试验区（崇左）。这些政策涉及范围广、针对性和可操作性强、相互补充叠加，为广西在税收、土地利用以及人才引进等方面提供了优良的政策环境，带来了多项先行先试的政策红利，推动广西形成了海洋经济跨越式发展的独特政策优势。

4. 海陆生态环境资源具有较强的承载能力

广西生态环境质量位居全国前列，在海洋空间资源方面，广西海域面积约 7000km^2，海岸线总长 1628.59km，拥有无居民海岛 629 个，拥有丰富的天然深水港址资源。北部湾是我国著名的渔场之一，海洋宜渔面积达 1600 万亩，拥有油气资源量为 22.59 亿 t，矿产资源丰富，其中石英砂矿远景储量在 10 亿 t 以上，石膏矿保储量 3 亿多吨，石灰石矿保储量 1.5 亿 t，钛铁矿地质储量近 2500 万 t。沿海地区可利用的风能和潮汐能总储量为 92 万 kW，可建设 10 个以上风力发电场和 30 个潮汐能发电点。在沿海红树林、珊瑚礁和海草床三类最典型的海洋自然生态系统中，海洋生态资源丰富。广西沿海旅游资源丰富，气候温和、岸线漫长，海滩沙细、浪平、坡缓、水暖，海水清澈无污染，银滩、金滩、涠洲岛、红树林、三娘湾等景点闻名国内外，特别是广西近岸海域水质一流，海洋生态监测多项指标位居全国前列，北部湾海洋生态环境保持优良，其中北海市、防城港市近岸海域水质级别为优，北海市水质优良点位比例达 100%。

30.3 广西“向海图强，开放发展”的主要困难和问题

30.3.1 海洋经济发展水平远落后于国内其他沿海省份

从对区内生产总值的贡献来看，2018 年广西海洋生产总值仅占地区生产总值的 7.4%，低于全国平均水平（9.3%），更低于福建（30.7%）、山东（20.9%）、广东（19.9%）等省份比重。从对全国海洋经济增长的贡献来看，2018 年广西海洋生产总值仅占全国海洋生产总值的 1.8%，对全国海洋经济增长的贡献率仅为 2.4%，远低于广东（30.5%）、山东（22.4%）、福建（19.1%）等省份。与国内沿海发达省份海洋经济相比仍存在很大差距。2018 年广西海洋生产总值为 1502 亿元，而同年广东、山东、福建等省份海洋生产总值均已超过 1 万亿元。

广西海洋经济产业结构中第一产业增加值比重过高，第二、第三产业增加值比重较小，与全国海洋生产总值三次产业结构相比有很大差距。2018 年广西海洋经济产业结构中，第一产业所占比重比全国平均水平高 10.9 个百分点，第二、第三产业所占比重分别比全国平均水平低 4.6 个百分点和 6.3 个百分点。从细分行业上看，广西海洋产业以海洋渔业、海洋旅游、海洋交通运输等传统产业为主，海洋风电、潮汐电站、海洋生物医药、海洋生物工程等高新技术产业尚处于起步阶段，面向海洋企业的金融、信息等海洋服务业有待进一步发展。

30.3.2 海洋资源总量和开发利用不足

海洋资源是海洋经济发展的重要基础。从总体上看，广西拥有的海洋自然资源量位居全国沿海省份的中下游水平。广西海岸线长 1628.6km，在全国大陆沿海各省份中排第 7 位，占全国比重为 8.07%；湿地面积 75.43 万 hm^2，在全国排名第 8 位，占全国比重为 6.05%；盐田面积 3503hm^2，在全国排名第 8 位，占全国比重为 0.19%；沿海岛屿面积 84.0km^2，在全国排名第 8 位，占全国比重为 1.18%；海域面积为 2.5 万 km^2，在全国排名第 8 位，占全国比重仅为 0.78%；海水养殖面积为 54720hm^2，在全国排名第 8 位，占全国比重为 2.5%（表 30.1）。

表 30.1 全国海洋空间资源情况（2016 年）

	海岸线长度/km	湿地面积/10^3hm^2	盐田面积/hm^2	沿海岛屿面积/km^2	海域面积/万 km^2	海水养殖面积/hm^2
天津	133.4	295.6	26895	191.5	0.3	3193
河北	487.3	941.9	69840	8.4	0.7	115416
辽宁	2178.3	1394.8	30744	1.6	15.0	769304
上海	167.8	464.6	—	136.0	0.9	—
江苏	1039.7	2822.8	39175	68.0	3.8	185280
浙江	2253.7	1110.1	1683	1339.0	26.0	88816
福建	3023.6	871.0	3998	1358.1	13.6	174554
山东	3124.4	1737.5	193017	1400.1	16.9	561549
广东	4314.1	1753.4	8580	1559.5	41.9	196065
广西	1628.6	754.3	711	84.0	2.5	54720
海南	1823.0	320.0	3503	1000.0	200.0	17823
全国	20173.9	12466	378146	7146.2	321.6	2166720
广西占比/%	8.07	6.05	0.19	1.18	0.78	2.5

注：海南省的海岸线长度值使用其岛屿岸线长度值。

数据来源：《中国海洋统计年鉴 2017》。

虽然广西大陆海岸线长 1628.6km^2，但东西直线距离仅为 187km^2，曲直比为 8.7∶1，为全国之最。海域空间较窄造成北部湾海域水交换能力弱，污染物不易扩散。装备制造、化工、钢铁等大量重工业项目聚集发展，对海洋生态环境提出了严峻挑战。

广西的油气矿产资源可开发价值低。据预测，北部湾油气盆地资源量为 22.59 亿 t，其中石油资源量为 16.7 亿 t，天然气资源量为 1457 亿 m^3。海洋矿产资源主要为建筑砂矿和石英砂矿，其他近海沉积物，如钛铁矿、钴石、电气石等品位普遍不高，达不到工业开发利用的要求。除潮汐能外，广西其他海洋可再生能源相对贫乏，再生能源总储量约为 92 万 kW，在全国沿海 181 个潮汐电站开发利用潜力综合评价中，广西仅有 3 处站址排在前 50 位，广西波浪能、海洋风能可开发潜力分别排 11 个沿海省份的第 10 位和第 7 位。这表明，与全国其他沿海省份相比，广西在海洋资源拥有量方面并没有突出优势，海洋经济发展受到资源占有量少、开发难度大的瓶颈制约。

广西海洋开发广而不深，利用方式粗放，各沿海城市间产业同构和重复建设的问题较为严重，海洋开发潜力未得到充分释放。从海洋经济密度分析，以大陆海岸线长度作为衡量地区海洋资源的量化指标，单位海岸线海洋生产总值（海洋生产总值除以大陆海岸线长度）代表单位海洋资源产生的效益。2018 年，广西单位海岸线海洋生产总值仅 0.9 亿元/km，远低于全国平均水平，更落后于江苏、山东、广东等省份的发展水平。广西港口资源利用率较低，沿海码头大型专业性泊位不够，超大吨级深水航道供给不足，综合枢纽功能和服务水平不足，临港基础设施发展慢，对港口发展的支撑能力不足。

30.3.3 涉海龙头企业带动不强

广西第一次全国海洋经济调查结果显示，全区共有涉海企业 3328 家，企业所在行业以海洋渔业、海洋旅游业、海洋交通运输业和海洋管理为主，四者企业数合计 2551 家（图 30.1），占全区海洋企业总量的 76.7%。虽然广西涉海企业已有一定规模，但海洋龙头企业和海洋高新技术企业仍处于稀缺状态，产业竞争力不强。以占比最高的海洋渔业企业为例，广西深远海捕捞能力不足，没有形成大规模的海产品集散交易市场，缺少大型水产品精深加工龙头企业。

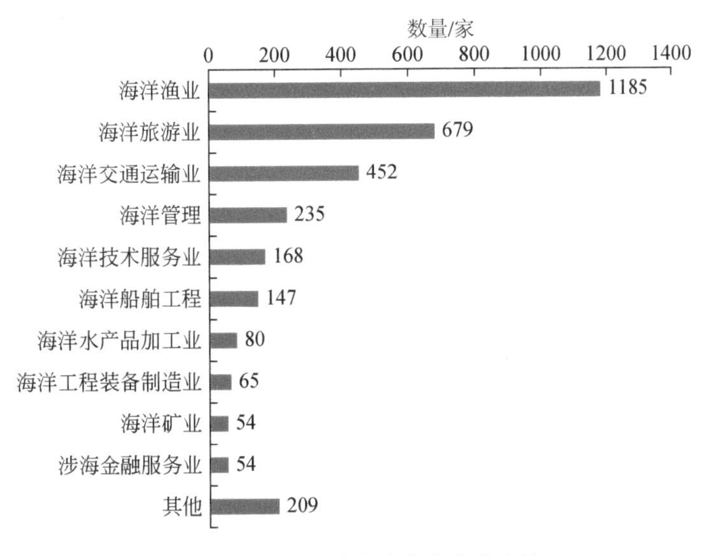

图 30.1 广西海洋产业企业行业分布情况

数据来源：广西第一次全国海洋经济调查

30.3.4 海洋专业人才匮乏、科技创新不足

广西的海洋高等教育、中等职业教育基本处于组建阶段，以广西大学为例，其海洋学院于 2016 年首

次招收本科生，海洋科学研究和发展的机构、人员、项目数量较少，广西海洋科研能力薄弱，科研机构和学术机构少，高层次海洋科技人才匮乏，涉海产业工程技术人员人数少，特别是海洋新兴产业领域人才严重不足（表 30.2）。

表 30.2　全国海洋人才培育情况（2016 年）

	开设海洋专业学校、机构数/个	海洋专业专任教师数/人	海洋专业博士点数/个	海洋专业硕士点数/个	海洋专业在校博士生人数/人	海洋专业在校硕士生人数/人
天津	14	16455	3	9	32	231
河北	31	28783	—	4	—	36
辽宁	25	21866	8	24	353	1012
上海	17	21581	17	32	478	1132
江苏	50	67505	11	24	558	1115
浙江	29	34936	5	25	157	861
福建	21	21421	8	21	241	522
山东	48	58619	13	32	953	1146
广东	27	41188	12	16	151	472
广西	20	18652	1	3	6	50
海南	8	7389	1	4	9	65
全国	537	591928	138	316	4723	10226
广西占比/%	3.72	3.15	0.72	0.95	0.13	0.49

数据来源：《中国海洋统计年鉴 2017》。

《自然资源科技创新指数试评估报告 2019～2020》从海洋创新资源、海洋创新环境、海洋创新绩效、海洋知识创造 4 个方面对全国 11 个沿海地区海洋科技创新能力进行综合评价，评价结果显示，广西海洋科技创新指数仅为 26.6，仅高于河北，在沿海地区排名第 10 位，海洋科技创新能力远低于排名前三位的广东（63.39）、山东（56.65）和江苏（52.93）。在 4 个分指数中，海洋创新资源分指数与发达沿海地区差距最为明显，广西海洋创新资源分指数得分为 9.28，在 11 个沿海地区中排名第 10。广西海洋创新环境在沿海地区中处于中下水平，得分为 31.53，在 11 个沿海地区中排名第 8，与排名第一的山东（73.55）差距明显。由于科技创新能力落后，向海经济发展的技术创新驱动力不足，海洋产业向价值链高端攀升缺乏有力的技术支撑。2016 年，广西海洋科研机构经费为 1.4 亿元，占全国的 0.6%；其中基本建设中政府投资为 0，在沿海省份中排名倒数第一；海洋科研课题数仅 52 项，排名倒数第二；R&D（研究与试验发展）经费内部支出为 3258.7 万元，仅占全国的 0.2%。广西海洋科技创新体系尚未形成，海洋科技投入不足，科技力量不强，研发及成果转化、产业化程度低，科技对现代海洋产业的贡献率仍处于较低水平。涉海企业产品竞争力不强，主要海洋产业以资源开发型和劳动密集型为主，海洋产业产品主要集中在初级产品，科技含量和附加值低，海洋高技术产业在海洋经济中所占的比重较低，海洋船舶、海洋生物医药等产业还是空白。

30.3.5　沿海优势发挥和区位转化能力严重不足

面向东盟的国际大通道作用远未发挥。北部湾港受深水泊位偏少、远航航线不多、集疏运能力弱、综合服务费用高等影响，海上大通道能力发挥受到制约。陆路交通网络质量不高，沿边公路等级低、口岸规模小、通关能力有限，陆路通道作用也远未发挥。西南中南地区开放发展新的战略支点作用远未发挥。自 2013 年广西被确定为西南、中南地区开放发展新的战略支点以来，与湘云贵川渝等的产业、交通、物流仍存在较多的堵点、痛点、难点，区域合作抓手不多、程度不深、成效不大，加上广西经济排名下滑、辐射作用弱，导致战略支点功能与作用都远未发挥。广西作为丝绸之路经济带和 21 世纪海上丝绸之路有机衔接的重要门户作用远未发挥。目前重要门户依然处于起步建设的阶段，西部陆海新通道干线铁路黄桶至百色铁路等瓶颈项目尚未开展，铁路运力不足、运输成本高，大能力运输尚未形成。北部湾港到欧美及地中海地区的远洋航线偏少，与国际门户港和枢纽港还有较大差距。

广西对外开放的侧重点和差异化策略不精准，对东盟国家采取的差异化策略不准。东盟诸国经济总量最大的是印度尼西亚，其他依次为泰国、菲律宾、新加坡、马来西亚、越南。就贸易而言，广西与越南的贸易总额最高，达到 1762.39 亿元，边贸占比高达 79.9%；其次是泰国、马来西亚，再次为印尼、新加坡、菲律宾，最后为老挝、缅甸、柬埔寨等。在合作过程中运用差异化策略不足，尚有较大潜力可挖。对东盟国家的竞争估计不准。除新加坡、文莱外，其他东盟国家在发展阶段上与广西相似或更落后，竞争在所难免。由于生产要素成本相对低，近年来吸引我国东部沿海地区和日韩等国的大量产业转移。

30.3.6　海洋政策扶持力度不够，各地差异大

广西已经建立国家级海洋经济示范区和体制改革试验区，加强海洋经济产业布局的顶层设计和战略规划，建立健全财政转移支付、海域使用、海岛开发、海洋金融服务、海洋生态补偿、海洋综合管理等方面的政策法规体系。广西早期对海洋经济的财政支持大多偏向于海洋生态保护、渔业投入及渔业现代化产业升级方面。扶持海洋产业发展升级的政策少，尚未形成系统的规划和针对性政策，工信、农业、科技、海洋、财政、金融等相关部门出台的政策支持向海经济的精准性、协同性还有待提高，政策碎片化问题依然存在，难以形成政策以协同有效地解决现代海洋产业发展中遇到的突出问题。广西沿海各市的扶持政策杂乱、不统一，造成企业（行业）不必要的同质发展和恶性竞争。山东、广东和浙江等海洋经济发达省份不仅在战略定位、空间布局、管理体制等方面走在前列，而且在财税、金融、海域海岛使用、对外开放等方面制定了系统性支持政策体系，对海洋经济发展起到了积极的引领和推动作用。

30.4　国内外向海经济的发展经验及其启示

作为向海经济发展的重点和重要形式，湾区经济已经成为世界经济发展的重要增长极。全球约 60%的经济总量集中在入海口，湾区成为国际竞争力，尤其是创新能力的新载体，湾区经济成为大国向海发展的标配。本节对美国旧金山、纽约，日本东京以及我国广东、浙江等地的向海发展经验进行分析，将为广西创新优化向海经济发展动力机制与政策支持体系提供宝贵的经验借鉴和启示。

30.4.1　美国旧金山和纽约的向海发展

旧金山湾区面积约 1.8 万 km^2，主要城市包括旧金山半岛上的旧金山，东部的奥克兰和南部的圣何塞。世界著名的高科技研发基地硅谷位于旧金山湾区的南部，也被称为世界的“科研湾区”。旧金山的向海发展以旧金山湾区为依托，以大力度的优惠政策、全方位开放政策等吸引世界各国的优质人才，推动科技创新和经济高速发展。全方位开放的政策、优厚的待遇和良好的环境与服务使得人才聚集在旧金山湾区，大约有 1/4 的初创公司创始人来自中国或印度，而大约 1/3 的科学家和工程师不是在美国出生。国家移民政策为高素质的年轻人提供了入驻的机会，并为后来的旧金山湾区成为世界创新中心奠定了基础。在旧金山湾区，年龄在 25 岁以上的人口中，40%以上的人口具有本科或更高学历，政产学研一体化模式符合青年创业者需求。大学、研究机构、企业和政府之间的互动和无缝连接增强了旧金山湾区的科学技术创新、技术产业化和创新扩散效应，培育了一些巨型公司和众多中小型研发公司，使其成为“全球创新高地”。

纽约湾区面积约为 3.35 万 km^2，庞大的城市群以纽约为中心，创造的 GDP 占全美的 1/10，外贸营业

额占全美的 1/5，集中了美国 500 强企业超过 1/3 的总部。纽约的向海发展以纽约湾区为依托，构建起世界最便利的水陆交通网络、贸易物流网络和金融中心，在纽约湾区，一方面，要进行合理规划，构建便捷交通体系，将其打造成为世界贸易中心，极大地带动地方经济的全面发展；另一方面，先进的金融体系为贸易持续深化提供了支撑。曼哈顿作为纽约中央商务区的核心产业，创造了高额的附加值，对全球和美国经济产生了巨大拉动，特别是证券业提供了超过 50%的金融服务岗位，吸引了大量华尔街金融家。金融、贸易和科技一起支撑起纽约的产业体系，高质量管理使得资源配置高效，纽约湾区形成了涵盖货币市场、资本市场、信贷市场等的完整、立体的金融体系，以优质的金融服务吸引世界各地的金融机构和企业，促进了贸易全球化发展。

30.4.2 日本东京向海发展

东京湾区面积约 1.36 万 km^2，人口约 4100 万，占日本总人口的 1/3，经济总量和工业产值分别占日本总量的 2/3 和 3/4。东京的向海发展是通过完善港城协调与区域一体化举措，采取港城一体化发展模式，构建钢铁、石油化工、现代物流、装备制造等多种临海产业聚集区。环东京湾的 6 个主要港口首尾相连，形成了马蹄形的港口城市群，为东京湾区港口、城市协调发展及区域一体化奠定了良好的自然地理条件，开放、包容和合作的海洋文化为区域一体化奠定了良好的商业环境。为处理好不同城市同质化竞争，它们制定了区域规划，设立了城市群协调机构，通过立法确保国家利益和地方自治，如《港湾法》《首都圈整备法》《首都圈市街地开发区域整备法》《多极分散型国土形成促进法》等，最终将内部竞争转向整体对外竞争，带动港城一体化发展，使东京湾区逐渐发展成为港城联动的世界级湾区。大力发展新型临港工业，先是建立钢铁、石化、机械制造基地，后又积极转型发展现代临港工业，沿海大开发和大开放融入世界经济发展新潮流，建立起临港工业的自动化生产装配线，使其与全球物流运输装配线对接，创建了世界级的自动化流水线，极大地促进了临港经济发展，20 世纪 80 年代后，东京湾区经济发展模式逐渐转变为知识密集型和创新型经济发展模式，在中心城区进一步布局高端产业，普通制造业转移到了横滨和川崎等周边城市，均衡了产业布局，最终形成了以第三产业和高端制造业为主的产业结构体系。

30.4.3 广东向海经济从珠江三角洲起步向大湾区协同发展升级

改革开放之初直到 21 世纪的前十年，广东主要依托珠江三角洲发展外向型经济。“十二五”规划期间开始通过共建粤港澳大湾区合作发展平台，推动市场要素高效便捷流动、高效配置，建设具有国际竞争力的区域协同创新体系，打造世界级城市群，使其尽快成为全球开放经济和创新经济发展的主要动力。粤港澳大湾区由“9+2”区域组成，即广东的广州、深圳、珠海、佛山、中山、东莞、惠州、江门、肇庆以及香港特别行政区、澳门特别行政区，总面积约 5.6 万 km^2。粤港澳大湾区的 GDP 是旧金山湾区的两倍，紧随东京湾区和纽约湾区。广东对标国际一流湾区，利用体制机制创新、城市融合发展、产业协同和技术创新等多重优势，不断把粤港澳大湾区建设成中国经济增长的新动能和连接全球经济的新支点，体现中国以城市群为主体扩大经济发展新空间的发展战略。粤港澳大湾区是世界上最难建设的湾区之一，它具有“一个湾区、两种制度、三种货币、三个关税区、三种法律”的现实特点。目前，通过对标世界三大湾区的发展，广东认识到可以通过深化香港和深圳的金融合作、服务实体经济发展，完善产学研合作机制、坚持创新驱动发展，培育高端产业集群、提升制造业核心竞争力等途径打造世界级大湾区。打造粤港澳大湾区 1 小时交通圈，形成“轴带支撑、极轴放射”的多层铁路网络，粤港澳大湾区的城际铁路要与高铁干线铁路通过枢纽换乘实现互联互通，都市圈市域（郊）铁路、城市轨道交通在枢纽场站换乘衔接，使大湾区主要城市间 1 小时通达，以促进该地区的人流、物流、资金和信息的互联互通，并实现产业链深度融合。粤港澳大湾区的一体化发展已经从交通一体化转变为产业一体化，以及教育、医疗等社会公共资源一体化，从而逐渐发展成为超级大城市。重点围绕 7 个区域重点合作领域，促进基础设施互联互通、建立国际科技创新中心、建立协调发展的现代产业体系、进一步提高市场一体化水平、共同建设宜居宜业宜游的生活圈、培育国际合作的新优势和支持重大合作平台建设。

30.4.4　上海向海经济与海洋科技齐飞

海洋经济早已成为上海高质量发展的主要支撑，海洋交通运输和航运服务、海洋船舶和装备制造、海洋旅游业等现代海洋产业优势突出，海洋生物医药、海洋可再生能源利用、海洋新技术制造等新兴产业正在壮大成长。上海支柱产业在全国同业中大多处于领先水平，三次产业结构之比为 0.1∶36.5∶63.5，产业结构优化，且基本保持稳定。上海的国际航运中心地位多年保持在全球前列，国际班轮航线遍及全球各主要航区，是中国大陆集装箱航线最多、航班最密、覆盖面最广的港口。航运信息咨询服务、航运法律服务、航运人才服务等在现代航运服务中长期处于领先地位，海洋产业向高端化发展。超过 1700 家国际海上运输及辅助经营单位在上海从事经营活动，一批国际性、国家级航运功能性机构先后入驻上海。上海航运交易所成为全国集装箱班轮运价备案中心、中国船舶交易信息中心。海洋科技资源方面，海洋工程全国重点实验室、海洋地质国家重点实验室、河口海岸学国家重点实验室集聚了大批海洋科技人才队伍，成为我国海洋科技的高地。

30.4.5　浙江通过体制机制创新激发向海发展活力

杭州湾区主要包括上海、嘉兴、杭州、绍兴、宁波和舟山 6 个城市，其中上海、杭州和宁波 3 个是顶级支撑，连接嘉兴、绍兴和舟山，构建湾区的基本地理区域形态，城市间差异化发展战略是实现杭州湾区经济一体化效应的关键，上海发挥其金融和科学技术优势，杭州重点建设全球“互联网＋”创新创业中心，宁波成为先进的制造业和生产性服务业基地，嘉兴、绍兴和舟山 3 个协同发展空间形成经济一体化发展格局。浙江积极探索改革与实践，有力促进了杭州湾区的快速发展，通过推动杭州湾城市群交通、教育、医疗、旅游等各方面信息共享和服务共享，促进“同城效应”的发挥，杭州湾区建立长三角合作与发展联席会议、浙东经济合作区等跨区域合作机制，通过多年的合作与交流，不断完善和创新，有效促进了杭州湾区经济发展。浙江在参与杭州湾区发展的过程中，各城市之间分工明确、互促互补、协同发展。阿里巴巴总部所在的杭州打造具有世界影响力的“互联网＋”创新创业中心，使其成为新一代智能技术信息产业发展高地。世界一流大港宁波，临海制造业发达，是著名的国际港和中国第一个“中国制造 2025”试点城市。绍兴、嘉兴和舟山等城市也有自己的特色。杭州湾区的各个城市产业各具特色，尤其是杭州和宁波的产业结构更加多元化。杭州、宁波和绍兴是重要的机械设备城市，杭州的信息服务类设备公司具有明显优势。宁波靠近港口，交通运输设备公司有很多，纺织服装公司规模大。绍兴和嘉兴的化工、制药和生物实力雄厚，嘉兴轻工制造和纺织服装积聚了深厚的产业基础，均展现出良好的发展态势。

30.4.6　对广西“向海图强开放发展”的经验启示

一是科学规划、协同创新是向海经济高质量发展的持续动力。在向海经济发展过程中，规划是先导，一张蓝图干到底，持续发力必有所成。向海发展要利用海来开放发展，利用海引进资源、汇集资源。加快培育多元化的向海经济创新主体，尤其是要培育一批技术含量高、创新能力强和成长性好的向海经济龙头企业以及富有创新性和充满活力的向海经济中小型企业，逐步形成向海经济发展的增长点和产业驱动力。充分发挥沿海、沿边等对外交往便利的优势，创新区域合作机制，加强国际的向海经济科技交流与合作，构建开放型创新体系，打造向海经济创新示范高地。

二是借鉴“港城联动是向海经济的成功模式”，以湾区为核心“港城融合、产城融合”，打造沿海特色优势产业集群。妥善处理好向海经济发展中的港城关系，促进产业、港口和城市互动融合发展，有力促进向海经济发展。积极对标和对接国际一流湾区和粤港澳大湾区，在向海经济发展思路、主要模式、关键技术、具体做法和政策保障等方面不断学习和总结，从而推动向海经济高质量发展。在湾区城市核心区发展金融、贸易和航运服务等高端服务业，在临港产业园区发展石油化工、智能制造和新能源汽车等产业。完善贸易、生活、文化和教育等配套功能，实现产港城联动，打造特色优势产业集群，从而推动向海经济一体化发展。

三是建立向海经济合作共赢机制共建共享共同发展。成立广西向海经济发展的协调机构，建立健全跨区域、多层次的向海经济联席会议制度，协调解决向海经济重大发展问题。进一步强化港口群之间的合作，鼓励港口合资经营、互相持股、利益共享、风险共担，提升港口的整体实力和经营水平，从而推动向海经济高质量发展。湾区城市各具特色功能定位明确，彼此之间优势互补、错位发展，共同构筑一个多元化的经济生态。其产业链与供应链紧密相扣，各类发展要素得以高效配置，协同共进。

30.5 向海图强、开放发展的对策建议

习近平总书记系列重要论述使向海经济的科学范畴不断清晰化、完整化。向海经济即由陆向海拓展经济活动空间，充分挖掘和创造海洋经济价值，促进陆海经济一体化的经济高质量发展方式。习近平总书记的重要论述紧密结合我国的时代特征和历史方位，在发展方式和路径上突出了新发展格局的要求，在发展主题和效率上突出了高质量发展导向，在主要着力点和支撑点上突出了现代化产业体系构建，指明了发展向海经济的根本道路与方式方法，回答了如何发展向海经济的问题，体现了新发展理念的思路、方向和着力点要求。广西向海发展必须捍卫和坚持以习近平新时代中国特色社会主义思想为指导，深入贯彻党的十八大以来的各项方针政策，下大力气贯彻落实好习近平总书记对广西工作的系列重要指示精神，紧紧围绕“建设壮美广西、共圆复兴梦想”总目标，以推动高质量发展为中心，以解放思想、开放发展为引领，以改革创新为动力，以向海图强、开放发展为奋斗方向，充分发挥国内国际两个市场、两种资源的作用，全力实施开放带动战略，释放“海”的潜力，激发“江”的活力，做足“边”的文章，用好用足各类平台全力对接长江经济带发展、粤港澳大湾区等国家重大战略，融入共建“一带一路”，高水平共建西部陆海新通道，大力发展向海经济，加快形成国内国际双循环重要节点枢纽和西部大开发新的增长极。

30.5.1 向海图强，大力实施开放发展

1. 充分发挥沿海沿江沿边优势，全面加快面向东盟的国际大通道建设

发挥区位优势，大力释放“海”的潜力、激发“江”的活力、做足“边”的文章，全力推进西部陆海新通道建设，加快建设西南中南地区连接北部湾港的大能力主通道，加快平陆运河建设，贯通江海联运捷径。织密航运服务网络，积极培育欧美等远洋航线。加快建设南宁面向东盟门户枢纽机场，推进桂林、北海、梧州等机场的建设和完善，增开“一带一路”国际航线。加快建设、完善公路网、铁路网，加快形成大能力铁路运输通道和支撑沿边开放开发的高效便捷的公路网络。立足沿边资源区位优势，着力建设沿边开放新高地、跨境合作示范区、沿边新型城镇示范区和沿边开放型现代产业体系。

2. 充分发挥东中西三大板块交汇区优势，全面深化与粤港澳大湾区、长江经济带等合作

全面融入粤港澳大湾区建设，强化顶层设计，增进广西与粤港澳大湾区在重大规划、重大政策、重点工程等方面的对接。以珠江—西江“黄金水道”、南广和贵广高铁等为纽带，大力推进南宁、贵港、梧州、肇庆、广州、深圳以及桂林、贺州、肇庆、广州、深圳等协同发展，形成紧密的沿江一线及高铁沿线的城市协调发展带。推进西江港口集约化、规模化发展，使其积极融入粤港澳大湾区世界级港口群。加强与粤港澳大湾区产业集群精准对接，发挥粤桂合作特别试验区、广西东融先行示范区（贺州）等平台作用，大

力吸引“湾企入桂”。主动对接长江经济带，发挥西部陆海新通道北接长江三角洲城市群、长江中游和成渝城市群，南通北部湾城市群、直达东盟的作用，加快畅通国内市场和东盟市场循环大通道，推进重要城市圈相通、重要产业链相连。推进长江经济带沿江省份在北部湾经济区共建经济园区、出口加工基地，积极融入国内国际循环。全面深化与中南西南合作，以北部湾港为龙头，提升西部陆海新通道三大主通道能力水平，加强西南中南重要节点城市和物流枢纽与主通道的联系，打造通道化、枢纽化物流网络，创新“物流＋贸易＋产业”运行模式，构建交通、物流与经济深度融合的重要平台。加强西南中南地区“无水港”建设合作，提升粤桂黔滇高铁经济带建设，启动湘桂走廊、潇贺走廊等经济带建设。

3. 充分发挥国际重大平台优势，推动开放合作高质量发展

全面落实习近平总书记在 2020 年中国—东盟博览会上重要致辞精神，用足用好中国－东盟博览会平台功能，加强高层对话，携手东盟畅通贸易、促进投资，相互开放市场，推动产业链、供应链、价值链深度融合，推动澜湄合作、泛北部湾经济合作、南宁—新加坡经济走廊合作、中国－东盟东部增长区合作走深走实，逐步实现区域经济一体化。持续加强展览与会议融合，形成全方位多渠道的经营服务体系，带动会展服务业发展。高标准建设中国（广西）自由贸易试验区，推进投资贸易、产业合作、金融开放、人文交流等制度创新，深入开展系统集成制度创新改革，持续推进贸易投资自由化、便利化。深化拓展与东盟跨国产业链供应链合作，大力拓展与“一带一路”共建国家产业链供应链合作，形成跨境产业链、价值链、服务链。加强 RCEP（区域全面经济伙伴关系协定）工作对接，推动中国（广西）自由贸易试验区争创 RCEP 先行先试区，积极推动中国—东盟博览会升级为中国—东盟暨 RCEP 博览会，将“南宁渠道”拓展升级为服务 RCEP 的渠道。积极参与 RCEP 的产业链、供应链重构。依托西部陆海新通道建设，加快国家物流枢纽建设，加快融入 RCEP 产业链、供应链，推进医疗器械、现代农业装备、新能源汽车等融入 RCEP 市场。探索在广西建立中国—RCEP 地方合作示范园区。以中国—东盟信息港建设为抓手，在智慧城市、5G、人工智能、电子商务、大数据、区块链、远程医疗等领域打造更多新的合作亮点，推动数字互联互通，打造畅通高效的通信通道。强化跨境金融合作，推动国内金融机构有序“走出去”。深化跨境金融创新，加快建设面向东盟的人民币跨境结算、货币交易和跨境投融资服务体系，大力开展跨境人民币同业融资、跨境人民币双向流动便利化等业务，加快建成面向东盟的金融开放门户。加快建设防城港国际医学开放试验区，规划建设国际健康养生产业园区和国际医疗保健中心，构建“医疗＋康养＋旅游”等发展模式。

30.5.2 向海图强，大力发展海洋运输

1. 加快港口基础设施建设，提升服务能力

以打造西部陆海新通道国际门户为目标方向，完善提升广西北部湾港功能，统筹三港发展和建设重点，钦州港建设大型化、专业化、智能化集装箱泊位，重点发展集装箱运输；防城港港建设大型化干散货码头，促进干散货作业向专业化、绿色化方向发展，重点发展大宗散货和冷链集装箱运输；北海港重点发展国际邮轮、商贸和清洁型物资运输。加快钦州港大榄坪南作业区自动化集装箱泊位、30 万 t 级油码头，以及北海铁山港东港区及西港区泊位建设，启动防城港港 30 万 t 级码头、钦州港 20 万 t 级集装箱码头前期工作。在公路方面重点推进凭祥—同登—河内、东兴—芒街—下龙—河内、南宁—凭祥—同登—河内等高速公路建设，在铁路方面重点推进钦州东—三墩铁路支线、钦州港—大榄坪支线、南防线南宁—钦州段电气化改造等项目建设，加快建设黄桶至百色铁路、黔桂二线、南昆铁路百色至威舍等瓶颈路段，构建连接东盟“三铁三桥十三高速”及湘黔滇“十四铁二十四高速三航道”综合交通网。推进钦州港东站集装箱办理站、南宁国际铁路港、柳州铁路港、中新南宁国际物流园等建设，提升物流设施装备水平。积极推进物流枢纽“无水港”建设，建设冷藏物流设施，重点发展产地冷库、流通型冷库、立体库等，加快冷藏集装箱、空铁联运集装箱等新型多样化载运工具和转运装置的研发与推广应用。提升口岸通关能力，推进东兴、友谊关等重点口岸扩容。钦州港、北海港、防城港、梧州港、友谊关、东兴等口岸要配备大型集装箱检查系统、大

宗散装货物自动取制样系统及核与辐射生物化学探测仪等查验设备。

2. 大力建设北部湾国际航运中心

加快建设服务西南、中南、西北的国际陆海联运基地。支持钦州港提升集装箱干线运输水平。支持设立航运、物流区域总部或运营中心，开展国际中转、中转集拼、航运交易等服务。探索依托现有交易场所依法依规开展船舶等航运要素交易。支持开展北部湾港至粤港澳大湾区的内外贸集装箱同船运输建设。充分依托自贸试验区政策优势，积极培育航运交易服务、航运金融保险服务、航运法律服务、航运信息服务、运价指数服务、船舶技术服务等现代航运服务业，吸引国际航运服务企业进驻。依托广西创建保险创新综合试验区，创新发展出口信用保险、航运保险、物流保险、融资租赁保险、质量保证保险、邮轮游艇保险、海上工程保险、大型海洋装备保险等业务，打造航运保险创新示范区。与上海、大连、青岛等海洋类高校合作，联合东盟打造东盟船员培训中心。全面提升港口物流供应链一体化服务能力与水平，依托国家交通运输物流公共平台和港口物流信息平台，建设公路、铁路、港口和航空四位一体的多式联运物流信息综合服务平台，实现广西与西南中南地区、广西与东盟、中国与东盟之间国际国内多式联运全程物流供应链的网上交易。加快推进中国—东盟港口城市合作网络建设，争取更多的国内和东盟国家港口城市、港口管理机构、港务企业和航运公司加入。

3. 推动构建海运大网络体系

坚持江海联动、陆海互动策略，统筹用足用好中国与东盟海陆运输资源，打造北部湾港及沿边口岸连接东盟国家和我国西南中南地区、东部沿海地区的陆海货运通道，形成以北部湾港为陆海交汇门户多条运输通道汇集的物流枢纽，充分发挥西部陆海新通道的牵引作用。加密北部湾港国际海运航线，稳定加密北部湾港至天津、日照、上海、广州等重要港口航线，常态化开行与重庆、四川、云南、贵州、甘肃等省（直辖市）的班列。充分沟通合作，加密中国—中南半岛跨境货运班列、国际道路运输线路。强化南宁空港、南宁国际铁路港的服务支撑能力，支持加密南宁至东南亚、南亚的客运/货运航空航线。推动广西北部湾港与海南自由贸易港的集装箱运输航线合作，共同培育北部湾港-洋浦港至东南亚、南亚、大洋洲、中东等地区的双向联运航线。主动融入泛北部湾区域合作，开通更多连接泛北部湾各港口的直达航线。加密北部湾港至东盟国家、日本、韩国及国内主要港口航线，积极培育美洲、欧洲等远洋航线。依托腹地货源市场，加快发展东盟航线，大力拓展非洲、南美、北美、欧洲、中东、南亚等远洋航线海运网络体系。

4. 不断完善航运大物流服务体系

以中国—东盟区域性国际航运物流中心建设为重点，完善北部湾港口物流配套设施，提升物流枢纽功能。依托自由贸易试验区和保税港区等，按照陆港型、港口型等不同物流枢纽功能定位建设物流设施，提升国际物流功能。积极开展保税、国际中转、国际采购分销、配送等物流服务业务。提升港口服务能力和铁海联运水平，完善广西北部湾港仓储、中转、分拨等物流功能。加强陆路边境口岸物流枢纽建设，提供国际贸易通关、国际班列集散换装和公路过境运输等服务。支持建立桂港澳台货运代理企业协作联盟，增辟中国—东盟主要物流通道。引入全球运营网络的承运企业、国际供应链整合供应商，提升以海铁联运为主干的多式联运能力水平。建立国际陆海贸易新通道班列全程定价机制。发挥中国—东盟多式联运联盟作用，建设高水平综合物流信息服务平台，构建高效多式联运集疏运体系和现代航运服务体系。依托广西北部湾港，持续开行至香港、新加坡的“天天班”航线，推进常态化和规模化运营；开行至越南沿海港口的直达航线和至洋浦港的海上“穿梭巴士”。提高通关便利化水平，加强与周边国家在国际道路运输、国际铁路联运、国际班轮航线、国际航空航线等方面的相互对接，推动海关“经认证的经营者”（Authorized Economic Operator，AEO）互认国际合作，加强国际运输规则衔接，推动与东盟的国际货物“一站式”运输。依托中国—东盟自由贸易区、共建“一带一路”及西部陆海新通道建设，利用东盟国家入境海产品，发展冷链物流和水产品进出口加工产业，加快冷链配送体系和信息化建设，打造网上物流配送平台和电子商务平台。

30.5.3　向海图强，奋力打造海洋产业体系

1. 加快传统海洋产业转型升级

在海洋交通运输方面，大力提升北部湾港口现代化水平，整合资源、优化配置、创新体制、拓展功能，推动陆海联动、港产城融合，打造国家综合运输体系的重要枢纽。加快构建海＋铁、公、空多元化的“多式联运”集疏运体系，提升货物通关效率，大力发展海洋物流、冷链仓储行业，建设面向东盟的区域性国际航运中心。在海产养殖方面，大力推动南珠产业振兴，做大南珠产业基地，打造广西知名品牌。实施“蓝色粮仓”和“海洋牧场”工程，加快防城港市白龙珍珠湾海域、北海市银滩南部海域、钦州三娘湾海域和北海冠头岭西南海域精工南珠等国家级海洋牧场示范区建设。围绕深远海养殖、海洋生物医药、现代设施渔业和智慧海洋牧场等高端产业，全面提升海洋渔业创新驱动能力，建设现代海洋渔业示范基地，打造生态“蓝色粮仓”。鼓励发展休闲渔业。在海洋化工方面，以提质升级为导向，做大做强海藻化工，引进技术开发高附加值化工产品，推动产业链向高端延伸。引导化工项目向董家口化工产业园和平度新河化工产业园集聚。

2. 大力发展绿色临海工业

坚持绿色发展理念，发展以电子信息、石化、冶金及有色金属产业为龙头的临海（临港）产业集群，主动承接粤港澳大湾区产业转移，打造“油、煤、气”三头并进的多元化临海石化产业体系，建设国家级冶金创新平台、有色金属加工基地，建成西南最大的石化产业基地。推动防城港、钦州、铁山港等港区和重点工业园区以及北海、防城港、钦州等能源基地的绿色化改造。加快推进龙港新区产港城一体化建设，打造北部湾新兴临港工业基地。

3. 重点培育海洋新兴产业

加快打造广西北部湾海洋工程装备产业制造基地，大力发展深远海养殖、冷链运输和加工一体化船等装备，引进海洋油气矿产资源开采工程装备制造，统筹运用好已有的梧州、北防钦等修造船和海洋工程装备制造产业。用好用足联合玉柴船用发动机制造技术建设防城港云约江、北海铁山港和钦州中船大型船修造基地。加快海洋信息网络体系建设，促进海洋信息服务业与海洋渔业、海洋物流、海洋制造业等产业融合发展，依托南宁东盟遥感空间信息科技产业园，建设海上丝绸之路空间信息综合服务平台，形成卫星综合服务“一张网”“一张图”。建立海洋生物制药原产地，推动海洋微生物、海洋抗癌活性物、鲎试剂、珍珠保健品等海洋生物资源的成果孵化转化，打造面向东盟的北部湾海洋生物医药产业聚集区。积极发展海水利用，推动水淡化工程，探索海水制氢产业。扩大沿海电力、石化、钢铁等重点行业海水冷却的循环利用。支持海洋油气矿产勘探，争取国家大洋深海油气矿产资源接纳加工基地落户广西。安全发展核电，大力发展清洁能源，合理开发渔光互补业，扶持海洋能源及环保产业，积极培育邮轮游艇产业。

4. 加快发展海洋现代服务业

充分发挥滨海文化旅游资源优势，将其融入国家全域旅游战略，建设一批广西—东盟沿海旅游环线、沿海休闲度假养生基地。强化辐射节点与沿海旅游综合发展带、腹地市场的旅游关联，以北海、钦州、防城港等滨海城市为辐射节点，建设北部湾沿海旅游经济带，发展广西滨海旅游线路的海岛旅游与邮轮、游艇等新型交通载体结合，拓展海上旅游新空间。发展壮大海洋文化旅游，围绕文化旅游强区建设目标，统筹创新“海＋江”“海＋山”“海＋边”滨海旅游新模式，持续推动文化、体育、养生深度融合发展，统筹沿海地区旅游资源，高质量打造北部湾滨海旅游度假区。以“渔”文化为载体，以海鲜美食、渔港观光、海滨度假等为特色，使海、港、城、镇成为集渔业生产、旅游观光、休闲度假于一体的特色小城镇。加快

北部湾国际滨海度假胜地和北海邮轮母港建设步伐，推动建设一批高档次、精品级滨海度假设施和度假酒店群，积极推进北海银滩、涠洲岛和防城港江山半岛、钦州三娘湾等项目建设，创建国家级旅游度假区。积极培育以海洋文化为主题的展览、动漫游戏、影视制作等文化创意产业，建成一批有影响力和带动力的海洋文化产业园。探索以“金融支持海洋经济发展”为主题的金融改革创新。支持金融机构和企业设立海洋产业投资基金，组建海洋产业投资公司。支持东盟海产品物流城项目、防城港国际航运服务中心、东兴海产品仓储加工冷链基地、广西北部湾国际生鲜冷链基地一期、防城港国际航运服务中心、钦州国际冷链物流示范项目、水产品加工物流园等一大批项目加快建设。

5. 以临海带动腹地打造“四大”产业链

以海洋产业发展带动陆域产业转型升级，以陆域产业延伸推动海洋经济从传统产业向新兴产业发展，围绕四大产业链培育一批具备陆海联动发展特质的海洋产业集群。钢铁产业链：以防城港钢铁基地为龙头，大力培育和发展钢铁产业集群，打造全国重要的钢铁精品基地，以优质的产品为国内和广西西江经济带、桂西资源富集区等腹地区域汽车、工程机械、造船、装备制造、电子信息、冶金、建材等产业的发展服务，促进和带动腹地经济发展。有色金属产业链：以沿海新兴有色金属加工企业为龙头，打造沿海有色金属产业链，重点发展铜冶炼、贵金属提炼和加工等。推动沿海有色金属加工企业与河池、百色、崇左等市矿业企业建立稳定的合作关系，实现有色金属矿或初级矿产品在广西区内就地深加工，生产出具有更高附加值的产品，既充分利用沿海环境容量大的优势，又解决桂西地区深加工的技术问题。临海能源产业链：为沿海和腹地提供安全稳定的能源保障。充分发挥港口优势，高质量建设一批核电、火电、煤炭储备、液化天然气利用等项目，努力保障全区能源供应，并以沿海电厂相对较低的上网电价平抑全区电网电价水平，为桂西资源富集区高载能资源产业和西江经济带产业聚集区的发展创造有利条件。临海产业循环经济产业链：按照循环经济理念，科学设计循环产业链条和布局新上项目，将上游产业的废弃物作为下游产业的原料，物尽其用，最大限度减少能源消耗和污染物排放。重点发展以产业链和产业集群为特点的循环经济，如钢铁项目产生的混合煤气用来发电，火电厂的煤渣用来生产水泥，发电的余热用来搞海水淡化，海水淡化产生的浓盐水拿来发展盐化工等，减少能源资源消耗，推动临海循环经济加快发展。

30.5.4 向海图强，大力推进海洋产业园区建设

1. 提质升级现代海洋渔业园区

大力发展海水高效循环的设施化养殖、生态养殖等先进模式，扶持发展深水抗风浪网箱养殖、工厂化养殖、循环水养殖等设施渔业，建设北部湾海洋牧场。建设南珠产业标准化示范基地和南珠专业市场，打造全球南珠和南珠产品集散地，建设白龙珍珠、乌坭珍珠、文蛤、弹涂鱼、近江牡蛎养殖带，打造罗非鱼养殖示范和越冬场建设示范基地、对虾健康养殖示范基地、优质珍珠深水吊养示范基地；在涠洲岛及其附近海域，创建涠洲渔家乐休闲示范点和国家级马氏珠母贝原种场。加快推进渔港升级改造，延伸海洋渔业产业链，创新发展海洋渔业新业态，加快建设防城港京岛国家现代海洋渔业产业园和钦州现代渔港产业园、大风江现代特色渔业核心示范区，打造集水产增养殖、水产品交易、水产品加工、冷链物流、休闲渔业、旅游观光、远洋渔业等为特色的现代渔港经济区。

2. 加快建设海洋产业园区

加快海洋新兴产业园区建设，加快发展功能性食品、高端化妆品和保健食品产业，发展大蚝、珍珠等海洋生物深加工产业，研发海洋生物制药及珍珠保健品。大力推进防城港国际医学试验区，建立医产学研紧密结合的新药研发平台，开展海洋资源药物的研究与开发、海洋生物活性分子提取研究，提升海洋生物制品和药物科研成果的转化力度。建设海洋电子信息城，加快推进中国—东盟卫星应用产业基地、中国—东盟信息港跨境数据中心、东盟国际贸易智慧服务信息港、北海电子信息配套产业园等一批项目的建设，

大力培育海洋电子信息龙头企业。重点发展基于北斗卫星导航系统的船舶通信导航设备，打造北斗卫星导航技术产业园，推动卫星导航系统应用核心元器件产业化。积极发展水声和浮标等船载传感器、深海观测仪器和运载设备、海洋专用通信设备、海洋电子元器件、电子海图显示与信息系统、海洋地理信息与遥感探测系统、水下无线通信系统、船联网等。集约布局现代海洋服务园区，加强公共服务平台建设，提升产业服务水平，在北海、钦州、防城港等布局一批服务型园区。

3. 着力打造临港特色工业园区

建设海洋装备制造基地。重点依托钦州和北海产业基础，鼓励现有装备制造企业逐渐向海工领域拓展，钦州重点推进修造船、海工装备制造等一批重大项目，加快建设中船钦州大型海工修造及保障基地项目；北海重点依托北海工业园、北海高新区和北海海洋产业科技园区，大力发展海洋装备零部件和配套设备，着力支持系列高新海洋探测装备国产化研制与信息系统开发、北部湾深海网箱高效养殖装备集成制造、环保型自动化水产品精制系统装备制造，建设现代海洋装备制造业基地和船舶修造基地。推进玉林精密零配件加工、深圳正威集团无人机等一批项目的建设，重点建设钦州千万吨级炼化一体化、中石油原油储备二期、北海炼油基地改造二期、广西（北海）液化天然气等项目。

30.5.5　向海图强，大力提升综合保障服务能力

1. 提升向海经济科技人才支撑能力

加强海洋领域人才的培养、使用和激励，引进从事产业技术创新、成果产业化和技能攻关的海洋高端领军人才，推动海洋高端人才资源集聚。大力引进国家级海洋类科研院所和高校分院落户，加快自然资源部第四海洋研究所建设。实施顶尖人才奖励资助计划、科技创新高层次人才团队引进计划、创新创业领军人才计划等。探索建立国际合作人才培养模式，完善人才激励机制和科研人才双向流动机制。建设“一带一路”向海经济北部湾先行区，重点推进北海海洋经济发展示范区建设，开展示范区建设的监控评价和经验推广，促进产业链和创新链的深度融合，实现新旧动能转换。构建海洋产业创新孵化器，吸引一批国内外优秀的海洋领域内的创新团队、科技公司落户，形成海洋科技国际创新合作中心。加快建设一批跨省份关键技术创新平台和自治区级企业技术创新平台，壮大海洋领域高新技术企业队伍，攻克制约海洋产业转型升级的技术瓶颈。支持高校院所建设专业化技术转移平台，组建产业技术研究院，推动一批重大海洋科技成果工程化、产业化。支持军民融合科研创新示范，拓展北斗综合应用示范，建设面向东盟的北斗卫星导航应用与运营服务中心，以及卫星导航生产制造基地，加快形成集产品研发、推广应用、技术服务于一体的北斗导航产业链。

2. 加强动态监测能力，提高防灾减灾水平

建设覆盖广西全海域的立体观测网，建立海洋立体监测系统，实现对海水水质、水文、气象、海洋生态等的动态监测。建立海洋灾害精细化预警预报机制，提高海洋防灾减灾支撑能力。建设北部湾海洋气象能力系统工程，提高沿海气象灾害综合预警服务能力和应急能力。建设辐射北部湾沿岸国家的海洋观测网和预报中心，组建防灾减灾队伍，全面提高沿海风险防控与灾情预报能力。实施北钦防地区重点海堤加固工程和郁江、北流河、南流江等流域的防洪排涝工程。健全地震（海啸）灾害监测预警体系，实施北部湾区域防震减灾重点基础设施工程。因地制宜建设、改造和提升应急避难场所。健全救灾物资储备体系，提升救灾物资和装备统筹保障能力。

3. 建设数字海洋信息平台，提升服务向海发展的能力

组建广西向海经济运行监测与评估中心，完善海洋经济运行监测与评估系统建设，完善海洋经济调查与监测评估联动的机制和信息数据库，建设智慧海洋大数据共享支撑平台。深化“蓝色指数”监测指标、

评价指数和评估方法的研究，丰富评估产品和政策工具，提升海洋经济运行监测与评估能力。完善海洋资源普查机制，开展物理海洋、海洋化学、海底底质、海底地形地貌、海洋生物与生态等普查工作，逐步建立统一的海洋与规划国土信息平台，加强海陆现状数据、管理数据、规划数据的“三统一”。

开展海洋经济运行监测与统计分析工作，搭建海洋经济运行监测网络，实现海洋经济运行监测与评估业务化运行。开发月度、季度、年度海洋经济运行评估产品和各类海洋经济专题评估报告，提高服务海洋经济的能力。

4. 加强污染防治，优化海陆生态环境水平

优化近岸海域空间布局，严格控制围填海规模，强化岸线资源保护和自然属性维护，加强生态修复，确保自然岸线保有率稳步提高。实施生态系统修复工程，推进海岛和海岸线生态修复项目建设，加强对红树林、珊瑚礁、滨海湿地的保护。推动受损岸线、海湾、河口、海岛和典型海洋生态系统等重点区域结构和功能的修复，开展珍稀濒危海洋生物、渔业资源的保护修复工作，构建“壮美”海洋景观。加快推进南流江、茅尾海、钦州湾、廉州湾和防城港西湾、东湾等重点入海河流和近岸海域的污染防治。加强海洋岸线流域综合整治及城市污染物排放整治，改善近岸海域水环境。完善临海工业环保基础设施建设，杜绝工业污染物直接排放入海。加强船舶运输和港口污染物防治。深化海陆统筹联防共治，陆域污染排海管控和海域生态环境治理并举，做到海域和陆域联防、联控和联治。创新生态合作体制机制，建立健全广西北部湾经济区与粤港澳大湾区生态环境保护联防联控机制，深化推进广西与越南水环境联防共治，共享蓝天大海。

30.5.6　向海图强，构建国际海洋合作开放格局

1. 积极推动国际合作园区建设

广西已与东盟 8 个国家开展跨境园区合作，中马“两国双园”开创了国际产能合作的新模式，文莱—广西经济走廊成为中文两国共建“一带一路”的旗舰项目，中国—印尼经贸合作区等境外合作园区建设取得了积极进展。继续加大力度，推进园区发展，深入参与中国—中南半岛经济走廊和中国—东盟港口城市合作网络建设，推进文莱—广西经济走廊、中国—印尼经贸合作区、东兴跨境经济合作区建设，研究设立中国（广西）—东盟海洋合作试验区。加快推进中马钦州产业园、中泰（玉林）旅游文化产业园、中泰（崇左）产业园、中国—文莱玉林健康产业园等产业合作新平台建设。探讨推进现有中马“两国双园”、中国—印尼经贸合作区等转型升级为科技园区，探索建设中国—东盟科技城，打造区域性创新中心。支持与东盟国家共建联合实验室、创新平台、科技园区，充分发挥中国—东盟技术转移中心作用，加强国际产能合作，强化第三方市场合作，提升园区创新能力和区域开放合作水平。

2. 创新自贸试验功能拓展“一带一路”发展

对标国际先进规则，创新推动一系列体制机制，建成贸易投资便利、金融服务完善、监管安全高效、辐射带动作用突出、引领中国—东盟开放合作的高标准高质量自由贸易园区。加快实施东兴、凭祥重点开发开放试验区管理体制改革方案，争取北海出口加工区尽快获批升格为综合保税区，加快推进钦州保税港区等海关特殊监管区创新升级发展。加快推进设立国家进口贸易促进创新示范区、中国（南宁）跨境电子商务综合试验区建设。建设“一带一路”国际交流平台，举办中国—东盟海洋科技合作论坛，构建中国—东盟海洋产业联盟，推动与国际蓝色产业联盟建立友好合作关系。建立健全与海上丝绸之路共建国家“一国一港”或“一国多港”合作机制，构建港口＋配套园区“双港双园”发展新模式。加强“一带一路”沿线技术性贸易的交流合作，并举办相关国际论坛。加强与“一带一路”沿线友城的联系与合作，组建由多国专家学者共同参与的“一带一路”智库联盟和咨询研究产业集群，建设“一带一路”企业服务平台，完善企业“走出去”公共服务体系，建立“桂企出海＋”综合服务平台，汇聚金融、保险、法律、税务等服

务。探索建设跨境区域知识产权交易平台，推动“一带一路”知识产权交易、科技与产业对接、科技研发合作、科技信息共享，建设“一带一路”要素信息平台。在自由贸易片区建设集大宗商品交易、结算、金融服务等功能于一体的交易平台。建设以广西为辐射中心、海陆统筹、无缝衔接的中国—东盟区域信息高速公路。

3. 密切与南部沿海各国的海洋合作

加强与东盟沿海各国的海洋合作，创建东盟海上丝绸之路研究院，建设中国—东盟海洋合作研究中心、海产品质量检测中心。国家海洋局等部门支持建设自然资源部第四海洋研究所、国家海洋局南海信息中心、南海深远海可持续立体观测系统、南海国际共同保护等机构平台。大力推动海洋新兴产业、海洋服务业发展，建设国际海洋科技创新高地、国际海洋经济合作区，积极争取成为国家“海洋强国”战略的重要支点和南方基地。国家防灾减灾救灾委员会办公室、应急管理部、民政部、公安部、交通运输部等支持推动在北海设立南海国际应急服务中心，重点承担海上应急救援、地质灾害监测、气象水文灾害、疫情联防联控、跨国犯罪治理、环境污染防治、公路交通监测及应急管理等任务。加强与南海周边国家信息互换共享，拓展区域应急联动信息交流渠道，提升区域应急联动响应能力、联合决策指挥能力。依托广西海上紧急医学救援中心，加快中国—东盟海上紧急医学救援信息平台建设，开展灾难医学教育、专业救援队伍培训、应急救援信息互通、远程医学救援等活动。

参考文献

陈丽冰，2017. 首提向海经济 北部湾经济区打造蓝色引擎. 中国—东盟博览（政经版），(7).

陈明宝，韩立民，2023. 向海经济推动高质量发展的内在逻辑与实现路径. 国家治理，(8)：53-60.

成伟光，邓霓，杜中晗，等，2021. 把独特的区位优势更好转化为开放发展优势研究报告. 广西决策咨询委员会重点课题.